Gesamtverzeichnis des deutschsprachigen Schrifttums (GV) 1700 – 1910

Bearbeitet unter der Leitung von
Hilmar Schmuck und Willi Gorzny
Bibliographische und redaktionelle Beratung:
Hans Popst und Rainer Schöller

128

Schmie - Schom

K · G · Saur München · New York · London · Paris 1985

CIP-Kurztitelaufnahme der Deutschen Bibliothek

Gesamtverzeichnis des deutschsprachigen Schrifttums :
(GV). München, New York, London, Paris : Saur.
Bd. 1 6 bearb. unter d. Leitung von Peter Geils
u. Willi Gorzny.
ISBN 3-598-30000-X

1700 1910 / bearb. unter d. Leitung von Hilmar
Schmuck u. Willi Gorzny. Bibliograph. u. red.
Beratung: Hans Popst u. Rainer Schöller

NE: Schmuck, Hilmar [Bearb.]

128. Schmic - Schom. - 1985.

Techn. Realisierung und Druck: Norbert Gärtner, Mainz-Kastel
Binden: Karl Schaumann, Darmstadt
Printed in the Federal Republic of Germany
ISBN 3-598-30000-X (Gesamtwerk)

Schmied, Bruder. Organ der deutschen Huf-, Wagen-, Schiffs-, Anker-, Kessel-, Nagel-, Zeug- u. Messerschmiede. Red. in B.: J. Andorf. 1. Jahrg. Juli—Decbr. 1887. 13 Nrn. (½ B. m. Beilagen.) gr. 4. Hamburg, Jensen & Co. n. 2. —

— dasselbe. Red.: Fr. Theiß. 2. 3. Jahrg. 1888. 1889. à 24 Nrn. (½ B. m. Beilagen.) gr. 4. Ebd. à Jahrg. n. 4. —

Schmied, Bruder. Organ der deutschen Huf-, Wagen-, Schiffs-, Anker-, Kessel-, Nagel-, Zeug- u. Messerschmiede. Red.: Fr. Theiß. 4. Jahrg. 1891. 24 Nrn. (½ Bog.) gr. 4. Hamburg-Eilbeck, Fr. Meyer. n. 4. —

Hedwig | die | Banditen-Braut. | Eine lehrreiche und unterhaltende Erzählung | von | A. Schmied. | Reutlingen. | Druck und Verlag von Robert Bardtenschlager. (= *Nro.* 202).
o. J. (1878), 64 S., 161 × 106, U.-Fig.: *Zwei Damen werden von Banditen überfallen*, 73 × 76.
LBS d. D. oct K 3387.

Marie | die | Regimentstochter. | Eine historische Erzählung für das Volk | von | A. Schmied. |Reutlingen. | Druck und Verlag von Robert Bardtenschlager. (= *Nro.* 160).
o. J., 48 S., 158 × 103, U.-Fig.: *Marie zu Rosse*, 71 × 88.
LBS d. D. oct K 3556.

Schmied, Andr., s. Brüder, die ungleichen.

Schmied, Anton Adam

Schmied, Ant. Adam, die Bodenlehre. Ein Handbuch für die Theorie und Praxis. Zum Gebrauche an landwirthschaftl. Lehranstalten, sowie zum Selbstunterrichte. Nach den neuesten wissenschaftl. Fortschritten und prakt. Erfahrungen bearb. Lex.-8. (VIII, 374 S.) Prag 886, Calve'sche Hof- und Universitäts-Buchh. *

Schmied, Ant. Adam, die Feldwirthschaft, s.: **Ausstellungs-Bericht, officieller.**

— die Verhältnisse der Landwirthschaft in Böhmen. Auf Grundlage d. Thatbestandes v. Ende Dezbr. 1870 dargestellt. 1. Bd. Die landwirthschaftl. Production. gr. 8. (VIII, 274 S.) Prag 872. Calve. n. 4. —

Schmied, A. A., Die landwirtschaftlichen Verhältnisse im böhmischen Erzgebirge. gr. 8°. Prag 1875.

Schmied, C., (Buchdrucker,) die leichteste Erlernung d. Notensatzes mit Typen. Nebst Anweisung, wie die 5 Linien durchlaufend u. überhaupt die Stückelungen vermieden werden können. Nebst einem lithogr. Notentypenkasten. 8. Weimar 844, Voigt. $^{7}/_{12}$ ♯

Schmied, C., die Fabrikation der Regen- u. Sonnenschirme, s. Schauplatz, neuer, der Künste u. H., 126. Bd.

— die Korb- u. Strohflechtkunst, s. Schauplatz, neuer, der Künste u. H., 77. Bd.

— s. Schauplatz, neuer, der Künste u. H., 50. Bd.

Schmied, C., die Verfertigung d. Gypsfiguren, siehe: Schauplatz, neuer, der Künste u. Handwerke, 165. Bd.

Schmied, C. (Bearb.), s. Vitalis, J.: Lehrb. d. ges. Färberei auf Wolle ...

Schmied, Charles, cours complet de sténographie avec exercices de lecture. Application à la langue française de la „sténotachygraphie". Manuel pratique pour l'étude de la sténographie en 10 leçons sans professeur. gr. 8. (42 S.) Mülhausen i/E. 1892. l'Express de Mulhouse. n. 1. —

Schmied, F: Über die neuesten Prismenfernrohre von Zeiß in Jena. Jena 1906

Schmied, Fr.: Die Rede des Protagoras im gleichnamigen platonischen Dialoge. 14 S. 8°. – Teschen I. OG., Progr. 1873

Schmied Dr. **Heinrich:** Über Ungleichblättrigkeit (Heterophyllie) in der Pflanzenwelt. 10. Römerstadt R. 05.
Progr.

Schmied, J., prakt. Handbuch d. Thierarzneiwissenschaft. 2 Thle. 8. Wien 823. Bauer. 1 ♯ 4 ℛ Schrbp. 1 ♯ 12 ℛ

Schmied, J., Predigt bei d. Begräbnisse d. wiedertäuferischen Frau Susanna Spitzli, geb. Schlaginhaufen, im Neuhaus, Gemeinde Niederglatt. Geh. d. 30. Jan. 1839. gr. 8. (1 B.) St. Gallen, [Scheitlin u. Zollikofer.]

Schmied, J., der deutsche Satz. Beiträge zu einer rationellen Methode der Syntax. Für Lehrer und Lernende. gr. 8. (93 S. mit 4 Stnt.) St. Gallen 861, Scheitlin und Zollikofer.

Schmied, Johann Michael (Hersbruck) A. S. 122/31

Dissertatio inauguralis iuridica de figmento criminis famosi libelli.
Altdorf (Hessel) 12. III. 1781. 32 S.

Gew. : Stadt Nürnberg. 30971

Schmied, Karl Die erste philippische Rede des Demosthenes, nach Veranlassung, Gedankengang und Zweck untersucht.
8 (30 S.). **Progr.** Niederösterr. Landes R.- u. Oberg Horn 1894

64. **Neujahrstück** der allgemeinen Musik-Gesellschaft in Zürich. 1876. Mit 2 Portraits. 22 S. 4. Zürich, Druck von Orell Füssli & Co.
* **Inh.: Zwei Schweizersänger. (P. Alberic Zwyssig. Dr. Karl Schmied.)**

Schmied, Mart. (Slavia-Pomer.), auct. (M. Chp. *Schultz*, Regiom.-Pruss., praeses), dissertatio historica de *Judæo non-mortali*, vulgo vom *ewigen Juden* . . . . .. ob argumenti raritatem recusa. Regiomonti 1711. 4°. Cart. 12 Bll., unpag. Ohne Namen d. Verlegers u. Druckers.

Schmied Otto: De proverbiis Romanorum, quae ad canem et cetera animalia rapacia pertinent.
H. 1910 PN 3044 Diss. Wien, Univ. 1676

Schmied, Rud., Carlos u. Nicolás. Kinderjahre in Argentinien. (Umschlag v. Joh. Pilliet) 1. u. 2. Aufl. (à VII, 132 S.) 8. München (906). R. Piper & Co. n. 2. —; geb. in Leinw. n. 3. —

Schmied, Rud. Johs., Carlos u. Nikolas auf dem Meere. (134 S.) 8. Berlin (909). E. Reiß. 2. —; geb. 3. —

Rudolf Johannes **Schmied**. Carlos und Nikolas auf dem Meere. Berlin-Westend: Reiß (1910). 134 S. 8° [10. 1964

Schmied, Samuel s. [Walther, Gottlieb.] Grundsätze zu Beurtheilung der Verfassung... der alten Helvetier.... Bern 1781.

Schmied, Siegfr., der Knabe Antonio, ein Mährchen rc. 8. Erlang. 818. Heyder. 1 ₰ 8 ℊ

— Phantasien. Mit Kupf. 8. Erlang. 818. Heyder. 1 ₰ 4 ℊ

Schmied, V. J., Verzeichniss der Buch-, Kunst- und Musikalien-Handlungen in Böhmen, s.a. Verzeichniss.

Schmied, V. J., Verzeichniss der Buch-, Kunst- und Musikalien-Handlungen in Böhmen nebst den verwandten Zweigen: Leihbibliotheken, Buchdruckereien und Lithographien, Prägeanstalten, Kupfer- und Stahlstichdruckereien im ganzen Lande, den vorzüglicheren photographischen Anstalten Prags; eine Aufführung der Prager Firmen, welche Commissionen besorgen, mit ihren Committenten und deren Commissionären am Leipziger und Wiener Platze, ferner: Angabe der erscheinenden Zeitungen und Zeitschriften, deren Auflagen, Inserations- und Beilagegebühren. 8. (19 S.) Prag, Schmied. 1861. 50 kr.

Schmied-Kowarzik, Duellbuch, s.: Kufahl, Hans.

Schmied-Kowarzik, Jos., u. Hans Kufahl, Fechtbüchlein, s.a. Universal-Bibliothek.

Schmied-Kowarzik, J., & H. Kufahl: Fechtbüchlein. Leipzig 1894. 249 S. m. Abb. (Reclams Univ. Bibl. 3301—03.)

Schmied-Kowarzik Walther: Zeit und Raum. M. 1908 PN 2450 Diss. Wien, Univ. 125

Schmiedbalthes, der starke, zu Kochel, Fahnenträger und Anführer der wackern Hochländer bei dem bayer. Volksaufstande in der Christnacht 1705. 2. Aufl. 8. (48 S.) Augsburg 849, Jaquet's Vrlgsh. Thlr.

Schmiedchen, C. B., kurzgef. Anfangsgründe a. d. Clavier f. Anfänger. 4. Leipz. Schwickert. 781.

Schmiede, die. Illustr. Fachblatt f. die Metallwarenindustrie. 1886. Remscheid 1886

Schmiede, Sattler und Alle, welche in diesem Fach arbeiten. gr. Fol. (8 S. mit 10 lithogr. Taf. in Imp.-Fol.) [Berlin 880.] Leipzig, Grieben's Verlag. cart. * 20 —

Schmiede- u Wagnerarbeiten. Herausgegeben von der Zentralstelle f. d. Gewerbe etc. in Darmstadt. Bearbeitet von J Ackermann. I. II. (22 T mit Text) 4° Darmstadt 1889

Schmiede- und Wagnerarbeiten. Herausg. von der Zentralstelle f. d. Gewerbe etc. in Darmstadt. Bearbeitet von J Ackermann. I. III. (20 T m Text) 4° Darmstadt 1889

Schmiedearbeiten aus d. besten Werkstätten d. Gegenwart. Ausgef. Vorbilder f. d. Praxis in Zeichngn. u. photograph. Aufnahmen. 8 Lfgn. gr. Fol. (à 10 Taf. in Lith. u. Lichtdr. m. V, 4 S. Text.) Berlin 893. 95. E. Wasmuth. In Mappe à Lfg. n. 8. —

Schmiedearbeiten aus den besten Werkstätten der Gegenwart. Ausgeführte Vorbilder für die Praxis in Zeichngn. u. photograph. Aufnahmen. II. Bd. 8 Lfgn. gr. Fol. (80 Taf. m. IV S. Text.) Berlin (899-901). E. Wasmuth. In Mappe n. 64. —

Schmiedearbeiten aus den besten Werkstätten der Gegenwart. Ausgeführte Vorbilder f. die Praxis in Zeichngn. u. photograph. Aufnahmen. III. Bd. 1. bis 8. Lfg. (80 Taf. m. IV S. Text.) gr. Fol. Berlin (904. 905). E. Wasmuth. n. 64. —

Schmiedearbeiten aus den besten Werkstätten der Gegenwart. Ausgeführte Vorbilder f. die Praxis in Zeichngn. u. photograph. Aufnahmen. IV. Bd. 1.—4. Lfg. (40 Taf.) 49,5×32,5 cm. Berlin 908. 10. E. Wasmuth. Mit Mappe 32. —

Schmiedeberg [Sachl. Ordnungswort]

Städtisches Eisen-Moorbad Schmiedeborg (Prov. Sachsen, Reg.-Bez. Merseburg). (*Bad Schmiedeberg 1900: H. Becker.*) (40 S.) 8° 100. 9381 3

Schmiedeberg im Riesengebirge und seine Umgebungen. Ein Führer für Besucher des Eglitz- und Lomnitz-Thales. 8. (53 S.) Schmiedeberg 884, Sommer's Buchh. * — 50

Schmiedeberg [Schlagwort]

Schmiedeberg, Bez. Halle, s.: Preussen, Messtischblätter.

Schmiedeberg u. Umg., s.: Weisseritzthal.

Schmiedeberg [Verfasser]

Schmiedeberg, Eduard Friedrich

Schmiedeberg, Ed. Frdr., vor e. grauen Haupte sollst du aufstehen u. die Alten ehren, s.a. Woywod's Volks- u. Jugend-Bibliothek. 20. Bd.

Vor einem grauen Haupte sollst du aufstehen und die Alten ehren. Eine Erzählung f. d. Jugend von Eduard Friedrich Schmiedeberg. *Breslau: M. Woywod 1901.* (103 S.) 8° [F.]
— Volks- u. Jugend-Bibliothek, Woywods. Bd 20. [03. 5...]

Schmiedeberg, Hans: Reformationsgeschichte für den Religionsunterricht in Obertertia. Velbert 1905: G. Sinnhoffer. (68 S.) 8°
Velbert, RPG m. R i. E. P 1905 (584)

Schmiedeberg, (Oswald), s.: Archiv f. experimentelle Pathologie u. Pharmakologie.

Schmiedeberg, Oswald, Ueber die quantitative Bestimmung des Chloroforms im Blute und sein Verhalten gegen dasselbe. Diss. Dorpat. 8°. 43 pp. 1866.

Schmiedeberg, Oswald, Grundriss der Arzneimittellehre. gr. 8. (VIII, 279 S.) Leipzig 883, F. C. W. Vogel. * 5 —

Schmiedeberg, Osw., Grundriss der Arzneimittellehre. 2. Aufl. gr. 8. (X, 309 S.) Leipzig 888, F. C. W. Vogel. * geb. *

— Grundriss der Arzneimittellehre. 3., umgearb. Aufl. gr. 8. (X, 386 S.) Leipzig 895. F. C. W. Vogel. n. 6. —; geb. n. 7. 25

Schmiedeberg, Oswald: Grundriss d. Arzneimittellehre. 6. Aufl. 1909, s. Schmiedeberg: Grundriss d. Pharmakologie.

— Grundriss der Pharmakologie in Bezug auf Arzneimittellehre u. Toxikologie. Zugleich als 4. Aufl. des Grundrisses der Arzneimittellehre. gr. 8. (XII, 496 S.) Leipzig 902. F. C. W. Vogel. n. 10. —; geb. n. 11. 25
Frühere Aufl. u. d. T.: Grundriss der Arzneimittellehre.

— Grundriss der Pharmakologie in Bezug auf Arzneimittellehre u. Toxikologie. 5. Aufl. 1.—3. Aufl. u. d. T.: Grundriss der Arzneimittellehre. (XII, 574 S.) gr. 8. Leipzig 906. F. C. W. Vogel. n. 11. 50; geb. n. 12. 75

— Grundriss der Pharmakologie in Bezug auf Arzneimittellehre u. Toxikologie. 6. Aufl. (XII, 611 S.) gr. 8. Leipzig 909. F. C. W. Vogel. 11.50; geb. n 12. 75

Schmiedeberg, Osw., und Rich. Koppe, das Muscarin, das giftige Alkaloid des Fliegenpilzes [agaricus muscarius L.], seine Darstellung, chem. Eigenschaften, physiolog. Wirkungen, toxicolog. Bedeutung und sein Verhältniss zur Pilzvergiftung im Allgemeinen. gr. 8. (III, 111 S.) Leipzig 869, F. C. W. Vogel. * 2 40

— über Naturwein u. Kunstwein. Eine diätet. Studie. gr. 8. (31 S.) Ebd. 900. n. 1. —

Schmiedeberg, O. Ueber die chemische Zusammensetzung des Knorpels. gr. 8. (50 S.) Lpz. 891, F. C. W. Vogel. * 1 —
Aus: Archiv f. experimentelle Pathologie u. Pharmakologie, besonders abgedruckt.

Schmiedeberg, Paulus, Brandenburgensis: De Asconi codicibus et de Ciceronis scholiis Sangallensibus.
Vratislaviae 1905: Grass, Barth & Co. (58 S.) 8°
Breslau, Phil. Fak., Ref. Skutsch, Diss. v. 11. Sept. 1905
[Geb. 8. Juni 82 Birkholz, Kr. Friedeberg-Neumark; Wohnort: Birkholz; Staatsangeh.: Preußen; Vorbildung: Gymn. Friedeberg-Neumark Reife O. 00; Studium: Greifswald 2, Straßburg 3, Breslau 6 S.; Rig. 26. Juli 05.]

Schmiedeberg, R. v., das Rebhuhn, s. Naturgeschichte, künstl. Aufzucht, Jagd u. Fang. M. zahlr. Abb. (Weidmannsbücher.) 8. (IV, 108 S.) Berlin 896. P. Parey. Kart. n. 1. 60

Schmiedeberg, R. v., der deutsche Vorstehhund. Mit 6 ganzseit. Abbild. nach Zeichnungen von Ludw. Beckmann und H. Sperling. gr. 4. (62 S.) Leipzig 884, C. Twietmeyer. * 2 25
Aus: Shaw, V., das illustrirte Buch vom Hunde, besonders abgedruckt.

Schmiedeberg, Walter: Die mathematische Darstellung des täglichen Ganges der Lufttemperatur als Folge von Insolation und Ausstrahlung. Bielefeld 1909: Eilers. 19 S. 4°
Bielefeld, st. OR P 1909 (507) [S 09. 408

Schmiedeberg, Walther, aus Birkholz ⟨Neumark⟩: Zur Geschichte der geographischen Flächenmessung bis zur Erfindung des Planimeters. (Berlin 1906: W. Pormetter.) (52 S.) 8° ¶ Aus: Zeitschrift der Gesellschaft für Erdkunde zu Berlin Jahrgang 1906, Nr. 3. u. 4.
Göttingen, Phil. Fak., Ref. Wagner, Diss. v. 14. Juni 1906
[Geb. 26. Nov. 80 Birkholz bei Friedeberg; Wohnort: Leer in Ostfriesland; Staatsangeh.: Preußen; Vorbildung: Gymn. Friedeberg i. N. Reife O. 99; Studium: Marburg 2, Berlin 3, Göttingen 3 S.; Rig. 28. Juni 05.]

Schmiedecke, die Verkehrsmittel im Kriege, s. a. Handbibliothek d. Offiziers. 10. Bd.

Die Verkehrsmittel im Kriege. Von [Hugo] **Schmiedecke**, Major. Mit 3 Karten u. 60 Abb. Berlin: E. S. Mittler & Sohn 1906. (X, 242 S.) 8° [J.]
= **Handbibliothek** d. Offiziers. Bd 10. [06. 7448

Schmiedehausen, G(eorg), appr. Arzt: Die pathologisch-anatomischen Veränderungen der Lungen bei verändertem Sauerstoffgehalt der Atemluft. Halle a. S. 1909: Wischan & Burkhardt. 19 S. 8°
Halle, Med. Diss. v. 22. Febr. 1909, Ref. Schmidt
[Geb. 19. Aug. 80 Oberlarnstedt; Wohnort: Halle a. S.; Staatsangeh.: Preußen; Vorbildung: Latina Halle Reife O. 02; Studium: Halle 10 S.; Coll. 10. Febr. 09; Approb. 1. Okt. 08.] [U 09. 1619

Schmiede-Kalender f. d. J. 1893. 2. Jahrg. gr. 16. (132 S.) Berl., Elsner. geb. 1 25
Der 1. Jahrg. f. 1892 erschien bei J. Bloem in Dresden.

(Adolph L. H.) Schulz' **Schmiede-Kalender**. Hrsg. von d. offiz. Organ d. Bundes Deutscher Schmiede-Innungen: 'Deutsche Schmiede-Zeitung'. ⟨Jg. 1.⟩ Berlin: W. Mannstaedt & Co. 1906. 8° [J.] [07. 8646

Schmiedekampf, Enoch, a. Rostock: Über Anilo- und Iminopyrine des Bis-1-Phenyl-3-Methyl-5-Pyrazolons. Parchim 1905: H. Freise. (82 S.) 8°
Rostock, Phil. Fak., Ref. Michaelis, Diss. v. 24. Febr. 1905
[Geb. 3. Sept. 75 Lübz; Wohnort: Rostock; Staatsangeh.: Preußen; Vorbildung: Gymn. Parchim Prima-Reife O. 94; Studium: Rostock 9 S.; Rig. 21. Febr. 05.]

Schmiedeknecht, H. L. Otto, Apidae europaeae [die Bienen Europa's] per genera, species et varietates dispositae atque descriptae. Accedunt tabulae lapidi incisae. Fasc. 1—11. gr. 8. (XLVI, S. 1—977 mit Taf.) Gumperda 882—85. (Berlin, Friedländer und Sohn.)
Preis für Fasc. 1—12 * 42 —

Schmiedeknecht, H. L. Otto, apidae europaeae [die Bienen Europa's] per genera, species et varietates dispositae atque descriptae. Accedunt tabulae lapidi incisae. 12 fasc. gr. 8. (XLVI, 1071 S. mit 17 Stnt.) Gumperda 882—86. (Berlin. Friedländer und Sohn.) [*M 42.—.] **

— dasselbe, Fortsetzg., s.: Friese, Heinr., d. Bienen Europa's.

Schmiedeknecht, Ludw., deutsche Handelsbriefe zum Gebrauch f. Handels- u. Gewerbeschulen sowie zum Selbstunterricht. 16. (III, XX, 284 S.) Guben 894. A. Koenig. Kart. 1. 20

Schmiedeknecht, Ludw., Lehrbuch der einfachen und doppelten Buchhaltung. 16. (VIII, 159 S.) Guben 888, König. cart. *

— Lehrbuch der einfachen u. doppelten Buchhaltg. 8. Aufl. 16. (VIII, 159 S.) Ebd. 893. Kart. — 75

Schmiedeknecht, Ludw. Warenkunde. Ein Handbuch z. Selbstbelehrg. f. Kaufleute. 16. (XIV, 349 S.) Guben 891, Koenig. cart. * 1 50

Schmiedeknecht, Ludw. Aug. Albert, Bad Blankenburg u. seine Welt. Erinnerungsblätter f. Einheimische u. Fremde. 8. (88 S.) Blankenburg 852. (Leipzig, Matthes.) 9 ngr

Schmiedeknecht, Otto

Schmiedeknecht, O. Die Gattungen u. Arten der Cryptinen, revidirt u. tabellarisch zusammengestellt. gr. 8. (40 S.) Berl. 890, Friedländer u. Sohn. * 1 60
Aus: Entomolog. Nachrichten, besonders abgedruckt.

Schmiedeknecht, Otto, Gumperda u. seine Umgebg. Ein Beitrag zur Flora u. Fauna Thüringens. gr. 16. (VIII, 94 S.) Rudolstadt 875. Müller. n. 1. —

Schmiedeknecht, Otto, die Hymenopteren Mitteleuropas. Nach ihren Gattgn. u. zum grossen Tl. auch nach ihren Arten analytisch bearb. (VII, 804 S. m. 120 Fig.) Lex. 8. Jena 907. G. Fischer. 20. —

— Liste der Ichneumonidea u. Braconidea vom westlichen u. zentralen Südafrika, s. Denkschriften der medicinisch-naturwissenschaftlichen Gesellschaft zu Jena. XVI. 1.

Schmiedeknecht, Otto, Opuscula Ichneumonologica. Fasc. I. Allgemeine Eintheilg. Die Gattgn. der Joppinen, Ichneumoninen, Listrodrominen, Heresiarchinen, Gyrodontinen, u. Alomyinen. Bestimmungstabelle der paläarkt. Arten der Gattung Ichneumon. (80 S.) gr. 8. Blankenburg i/Th. 902. Dr. O. Schmiedeknecht. n.n. 3. —

— dasselbe. Fasc. II—XIII. (VII—IX hrsg. m. Beihilfe des königl. preuss. Ministeriums f. Landwirtschaft u. Forsten, X—XIII auch m. Beihilfe der königl. preuss. Akademie der Wissenschaften.) Ichneumonidae, Cryptinae, Pimplinae. (S. 81—1040.) gr. 8. Ebd. 903—906, à n.n. 3. —

Schmiedeknecht, O., das Studium der Braconiden nebst e. Revision d. europ. u. benachbarten Arten d. Gattgn. Vipio u. Bracon. gr. 8. (III, 24 S.) Neudamm 897. J. Neumann. n. 1.—

— die Wirbeltiere Europa's m. Berücksicht. der Fauna v. Vorderasien u. Nordafrika. Analytisch bearb. (VII, 472 S.) gr. 8. Jena 906. G. Fischer. n. 10.—

Schmiedekunst, die, nach Originalen d. 15. bis 18. Jahrh. 1.—7. Lfg. gr. Fol. (à 10 Steintaf.) Berlin 884—86. Wasmuth. à n. 4.—

Schmiedekunst, die, nach Originalen d. XV.—XVIII. Jahrh. 8.—10. (Schluss-)Lfg. Fol. (30 Taf. m. 4 Bl. Text.) Berlin 887. Wasmuth. à n. 4.— (cplt.: n. 40.—)

Schmiedekunst, die, älterer und neuerer Zeit, hrsg. von Gust. Trelenberg und Osc. Halfpaap unter Mitwirkung hervorragender Fachmänner. 1. und 2. Heft. Fol. (à Heft 6 Lichtdr.-Taf. mit 1 Bl. Text.) Breslau 888, Dülfer. à Heft *M 5.—. *

Schmiedel, Rettungs- und Confirmanden-Anstalt a. d. Hunsrück. Nach ihrer Gründung und Entwickelung aus der Hunsrücker Chronik dargestellt. Simmern 1864. V: *Reuss.* (StBKöln I, 232)

Schmiedel, Arth. (geb. Ramor 28. 1. 1843): Ueber Eczeme und deren Behandlung mit Kautschuk. Berlin (1868). (32 S.) 8°. [illegible]
Berlin, Med. Diss. v. 4. Aug. 1868.

Schmiedel, Casimir Christoph, s. Schmidel, Kasimir Christoph

Schmiedel, F. Leop.

Schmiedel, (F. L.,) Handwörterb. d. deutschen Sprache, s. a. Adelung.

Schmiedel, F. Leop., Handwörterbuch d. deutschen Sprache, nach J. C. Adelungs großem Wörterbuche, mit Rücksicht auf die Sprachlehre der k. k. Normal- u. Hauptschulen bearbeitet. 3 Thle in 4 Bden. 8. Wien 820—27. v. Mösle, Wwe. 3 ⅊ (A. u. d. T.: Jh. Chr. Adelung's kl. Wörterbuch d. deutschen Sprache.)

Schmiedel, F. L., theatralische Werke. 8. Wien 785. v. Mösle. 16 gl.

Schmiedel, Hans. Vaganten-Lieder. Gedichte. 8. (103 S.) Lpz. 889, Meissner. geb. m. Goldschn. • 3 50

Schmiedel, I., s. Schmiedel, Johann Vespasian

Schmiedel, Jh. Trgtt., s. a. Versuche in Gedichten.

Schmiedel, Versuche in Gedichten nach d. Zeitfolge geordnet. 8. Neudorf bei Annaberg, Verfass. 811.

Schmiedel, J. T., Versuche in Gedichten, nach der Zeitfolge geordnet. 8. Freyberg, Craz und Gerlach. 817.

Schmiedel, Johann Vespasian

— elementa trigonometriae sphaericae, c. fig. 8maj. Bresl. 778. J. Fr. Korn. 6 gl.

Schmiedel, Jh. Vespasian, († . . .) institutiones calculi infinitesimalis et integralis. 8. Bresl. 776. J. Fr. Korn. . . .

Schmiedel, Karl: Reibung von Elektrizitätszählern mit rotierendem Anker und der Einfluß der Reibung auf die Fehlerkurve. 1911. 47 S. 4° ¶ Aus: Verhandlungen d. Vereins zur Beförderung d. Gewerbfleißes. Jg. 89. 90. 1910. 11.
Dresden, Dr.-Ing.-Diss. v. 7. 3. 1910

Schmiedel, Kasimir Christoph, s. Schmidel

Schmiedel, M. J., Rechenaufgaben aus dem prakt. Leben. Für die Oberklassen der Werktags- sowie für Sonntagsschulen zusammengestellt. 12. verb. und umgearb. Aufl. 8. (35 S.) Würzburg 886, (Stuber's Verlag.) *
Ergebnisse. 11. Aufl. (12 S.) *

Schmiedel, Martin [aus Zell a. Main]: Über stereoisomere Diazosulfonate und freie Diazosulfonsäuren ... Würzburg, Becker's Univ.-Buchdr., 1896; 61 S., 1 Bl. 8.
Würzburg, Phil. Fak., Inaug.-Diss. v. 1896

Schmiedel, Max, der junge Kerbschnitzer. Musterbuch f. Kunstarbeiten in Holz f. die reifere Jugend. gr. 4. (21 S. m. 20 Vorlageblättern u. zahlr. Text-Abbildgn.) Leipzig 890. Spamer. In Mappe. n. 4.—

Schmiedel, Max, der junge Kerbschnitzer. Musterbuch f. Kunstarbeiten in Holz f. die reifere Jugend. 2. Aufl. Mit 20 Vorlageblättern u. zahlreichen Text-Abbildgn. gr. 4. (21 S.) Leipzig 894. O. Spamer. In Mappe. n. 4.—

Schmiedel, Max, der junge Kerbschnitzer. Musterbuch f. Kunstarbeiten in Holz f. d. reifere Jugend. 3. Aufl. M. 20 Vorlageblättern u. zahlr. Text-Abb. gr. 4. (21 S.) Leipzig 898. O. Spamer. In Mappe n. 4.—

Schmiedel, Max, der junge Kerbschnitzer. Musterbuch für Kunstarbeiten in Holz f. die reifere Jugend. 4. [Titel-] Aufl. Mit 20 Vorlageblättern u. zahlr. Textabbildgn. gr. 4. (21 S.) Leipzig [898.] (902). O. Spamer. In Mappe n. 4.—

Schmiedel, Otto, die Hauptprobleme der Leben Jesu-Forschung, s. a. Sammlung gemeinverständl. Vorträge u. Schriften aus d. Gebiet der Theologie. 27.

Die Hauptprobleme der Leben Jesu-Forschung. Von Otto **Schmiedel**, Prof. zu Eisenach. 2. verb. u. verm. Aufl. Tübingen: J. C. B. Mohr 1906. (VIII, 124 S.) 8°
— **Sammlung** gemeinverständl. Vorträge u. Schriften aus d. Geb. d. Theol. u. Religionsgeschichte. 27. [illegible]

Schmiedel, Otto, in der Fremde daheim. Lebensbild aus der deutschen Kolonie in Tokyo. kl. 4. (147 S.) Heidelberg (902). Ev. Verlag. n. 1.65; geb. 2.50

— Kultur- und Missions bilder aus Japan, s. Flugschrift des allgemeinen evang.-protestant. Missionsvereins.

Schmiedel, Otto, Prof.: Primitive Religion bei Natur- und Kulturvölkern. Eisenach 1907: Hofbuchdruckerei. (S. 3 bis 23.) 4°
Eisenach, Carl Friedrichs-G OP 1907 (846)

— Was lehrt und lernt der Missionar in Japan?, s. a. Flugschrift des allgemeinen evang.-protestant. Missionsvereins.

Was lehrt und lernt der Missionar in Japan? Von Otto Schmiedel. Mit 2 Taf. *Berlin: A. Haack 1898.* (15 S.) 8° [F.]
— **Flugschrift** d. Allgem. evang.-prot. Missionsvereins. 7. [illegible]

Schmiedel, Otto, Richard Wagners religiöse Weltanschauung, s. a. Volksbücher, religionsgeschichtliche. V, 5

Richard Wagners religiöse Weltanschauung. Von Prof. Otto Schmiedel-Eisenach. 1.–10. Taus. Tübingen: J. C. B. Mohr 1907. (64 S.) 8° [J.]
— Volksbücher, Religionsgeschichtliche, f. d. deutsche christl. Gegenwart. Reihe 5. H. 5.

— Eine Woche in der japanischen Christengemeinde zu Tokyo, s. Flugschrift des Allgemeinen evangel.-protestant. Missionsvereins.

Schmiedel, O., e. Woche in der japanischen Christengemeinde zu Tokyo. Mit 2 Taf.: Abbildungen v. Kirche u. Pfarrhaus. [Flugschrift d. Allg. evang.-protest. Missionsvereins.] 1. u. 2. Aufl. gr. 8. (16 S.) Berlin 888 u. 89. Haack. n. — 50

Eine Woche in der japanischen Christengemeinde zu Tokyo. Von Pfarrer Missionar Otto **Schmiedel**. Mit 2 Taf. 4. Aufl. Berlin: A. Haack 1895. (20 S.) 8°
(Flugschrift d. Allgemeinen ev.-prot. Missionsvereins. 1.)

Schmiedel, Ottom., s.a. **Sheddachbauten, die.**

Die Sheddachbauten, Parallel- oder Sägedachbauten. Eine Zusammenstellung d. wichtigsten Konstruktionen dieser Dächer ... mit ... Berechnungsangaben, sowie 2 ... Beispielen u. e. Anh. über Windträger. Mit 75 Abb. u. 4 Taf. 2 Aufl. bearb. von Ottomar **Schmiedel**. Oberingen. Berlin: W. & S. Loewenthal 1904. (130 S.) 8°

Schmiedel, Ottom., Spannungsnetze f. Parallelgurt u. Paraboltrüger beliebiger Dimensionen. gr. 8. (40 S. m. 3 Taf.) Mittweida 900. Polytechn. Buchh. n. 2. 50

— die Statik der statisch bestimmten Brückenträger. Elementares Lehrbuch zum Gebrauch f. Schüler techn. Unterrichtsanstalten, f. Techniker u. Ingenieure in der Praxis u. zum Selbststudium angeh. Ingenieure. (IV, 158 S. m. 202 Fig.) Lex.-8. Berlin (906). W. & S. Loewenthal. n. 9. —; geb. n. 10. 50

Schmiedel, Ottom., die Statik des Eisenbetonbaues. Elementares Lehrbuch zum Gebrauch an Schulen u. zum Selbstunterricht. Mit 99 im Text abgedr. Abb. u. e. Anh.: Bestimmungen f. die Ausführg. v. Konstruktionen aus Eisenbeton bei Hochbauten. (Amtl. Ausg.) (V, 166 S.) Lex. 8. Wiesbaden 909. C. W. Kreidel. 3. —

Schmiedel, Paul Wilh., die Briefe an die Thessalonicher u. an die Korinther, s.: Hand-Commentar zum Neuen Testament.

— Evangelium, Briefe u. Offenbarung des Johannes nach ihrer Entstehung u. Bedeutung, s. Volksbücher, religionsgeschichtl.

Evangelium, Briefe und Offenbarung des Johannes nach ihrer Entstehung und Bedeutung von Prof. D. Paul Wilh. **Schmiedel**-Zürich. 1.–10. Taus. Halle a. S.: Gebauer-Schwetschke 1906. (80 S.) 8° [J.]
= Schmiedel: Johannesschriften des N. T. H. 2.
= Volksbücher, Religionsgeschichtliche. Reihe 1. H. 12.

Schmiedel, Paul Wilh., das 4. Evangelium gegenüber den 3 ersten, s. Volksbücher, religionsgeschichtl.

Das vierte Evangelium gegenüber den drei ersten von Prof. D. Paul Wilh. **Schmiedel**-Zürich. 1.–10. Taus. Halle a. S.: Gebauer-Schwetschke 1906. (131 S.) 8° [J.]
= Schmiedel: Johannesschriften des N. T. H. 1.
= Volksbücher, Religionsgeschichtliche. Reihe 1. H. 8. 10.

— Grammatik des neutestamentlichen Sprachidioms, s.: Winer, Geo. Benedict.

Schmiedel, P. W., s.: Hand-Kommentar zum Neuen Testament.

Schmiedel, Paul Wilh[elm]. Johannesschriften des Neuen Testaments. 2 Hefte.... Von Professor D. P' Wilh. Sch'-Zürich. 8. Halle a. S., Gebauer-Schwetschke, 1906.
Heft 1: Das vierte Evangelium gegenüber den drei ersten. (1.–10. Tausend.) VIII + 136 S. (M. –. 80)
Heft 2: Evangelium, Briefe und Offenbarung des Johannes nach ihrer Entstehung und Bedeutung. 1.–10. Tausend. VIII + 80 S. (M. –. 40)
(Religionsgeschichtliche Volksbücher für die deutsche christliche Gegenwart. Hrg. von Lic. theol. Friedrich Michael Schiele-Marburg i. H. I. Reihe Heft 8 u. 10 ... und Heft 12....)

— die Person Jesu im Streite der Meinungen der Gegenwart. Vortrag, bei der 17. Hauptversammlung des schweizer. Vereins f. freies Christentum zu Chur am 11. VI. 1906 gehalten. (31 S.) gr. 8. Leipzig 906. M. Heinsius Nachf. n. — 40

Schmiedel, Paul Wilh[elm]. Die Person Jesu im Streite der Meinungen der Gegenwart. Vortrag, bei der 17. Hauptversammlung des schweizerischen Vereins für freies Christentum zu Chur am 11. Juni 1906 gehalten von D. P' Wilh. Sch' ... (Separatabdruck aus den «Protestantischen Monatsheften» [Jahrg. 10, 1906], und Erstes Votum von J[ohann] G[eorg] Hosang, Dekan in Pontresina, samt Schlusswort des Referenten). 37 S. 8. Berlin, Verlag der Prot' Monatshefte (*Umschlag: Zürich, A. Frick), 1906.
Ausg. C. — Ausg. A u. B s. Bulletin 1906, S. 356.

Schmiedel, Paul Wilh., quae intercedat ratio inter doctrinam epistolae ad Hebraeos missae et Pauli apostoli doctrinam. Commentatio biblico-theologica. gr. 8. (66 S.) Jena 878. Deistung. n. 1. –

Schmiedel, P. W., 1. 2. Thessalonicherbrief; 1. 2. Korintherbrief, s.: Hand-Commentar zum Neuen Testament.

— (Bearb.), s. Winer, Georg Benedict: Grammatik des neutestamentlichen Sprachidioms.

Schmiedel, Thdr., kathol. Andachtsbuch, zur Beförder. d. thätigen Christenthums. 8. Augsb. 805. Bolling. 8 gr.

Schmiedel, Th., katholisches Andachtsbuch zur Beförderung des thätigen Christenthums. 8. Augsburg. (Leipzig, Herbig.) 805.

— Einschränkung des elektrisch. Dunstkreises. 8. Neuhaus 787. Prag 792. Widtmann. 4 gr.

— Freude an Gott im Gebet. Ein Gebetbuch z. Erweckung der Fröhlichkeit auch sogar mitten in den traurigsten Lebensumständen. Mit 1 Titelkpf. 12. Prag 808. Widtmann. 8 gr. N. A. 12. Ebd. 824. G. Haase, Söhne. 6 gr. Schrbp. 8 gr.

Schmiedel, Freude an Gott, ein Gebetbuch. 8. Prag, G. Haas. 815. Druckp. Schreibp.

— die von d. geoffenbart. Religion unterstützte Moralphilosophie, od. Moraltheologie. 2 Bde. gr. 8. Wien 787.

— Predigt auf die Installationsfeier des Hrn. Caj. Herrmann, Pfarrer zu Dehlau. gr. 8. Prag 813. Widtmann. 2 gr.

— Predigten auf alle Sonn- u. Feiertage d. ganzen Jahres rc. 3 Bde. gr. 8. Augsb. 805. Bolling. (Leipz., Herbig). 2 rthl. 16 gr.

— Rede auf das Geburtsfest Sr. Maj. Franz II. gr. 8. Augsb. 805. Bolling. 1½ gr.

— — funfzehn Schulpredigten nebst vier Gelegenheitsreden. 8. Ebend. (Ebend.) 806.

— fünfzehn Schulpredigten, nebst e. Casual: u. drei Festpredigten. 8. Augsb. 806. Bolling. (Leipz., Herbig). 16 g.

— Staatskatechismus zur Bildung christl. Bürger, e. Auszug aus d. geoffenbart. Religion. 8. Prag 788. Widtmann. 6 g.

Schmiedel, Ulrich, Reise nach Süd-Amerika, s.: Bibliothek d. litterar. Vereins in Stuttgart. 184.

Schmiedel, Willy, a. Niederwürschnitz i. Erzgeb.: Der bildliche Ausdruck im „Heiligen Georg" Reinbots von Durne. Borna-Leipzig 1908: R. Noske. (95 S.) 8°
Leipzig, Phil. Fak., Ref. Sievers-Köster, Diss. v. 2. Mai 1908
[Geb. 31. März 83 Niederwürschnitz; Wohnort: Niederwürschnitz; Staatsangeh.: Sachsen; Vorbildung: Realgymn. Annaberg Reife O. 03; Studium: Leipzig 10 S.]

Schmiedemeister, Der deutsche. Organ für die Interessen der gesamten Kunst-, Grob-, Huf- und Kupferschmiede sowie des Schlossergewerbes und verwandter Berufszweige. Jg. 1 –
Leipzig: M. Busch 1895 – 8°

Schmiedemeister, der deutsche. Organ f. die Interessen der Huf-, Waffen- u. Wagenschmiede. Publikations-Organ der Schmiede-Berufsgenossenschaft. Red.: P. Kühr. 5.—8. Jahrg. 1899—1902. Nebst Unterhaltungsbeilage: Welt im Bild. à 24 Nrn. gr. 4. (à ca. 16 S. m. Abb. u. Taf.) Leipzig (M. Busch). à Jahrg. n. 6.—

Schmiedemeister, der deutsche. Publikations-Organ der Schmiede-Berufsgenossenschaft. Organ f. die Interessen der Huf-, Waffen- u. Wagenschmiede. Officielles Verbands-Organ des sächs. Schmiede-Innungs-Bez.-Verbandes. Red.: P. Kühr. 9.—12. Jahrg. 1903—1906. Nebst Beilage: Illustriertes Unterhaltungsblatt. à 24 Nrn. (à ca. 20 u. 4 S. m. Taf.) gr. 4. Leipzig, Auslaender & Kühr. à Jhrg. n. 6.—

Schmiedemeister, der deutsche. Publikations-Organ der Schmiede-Berufsgenossenschaft. Organ f. die Interessen der Huf-, Waffen- u. Wagenschmiede. Amtl. Publikations-Organ d. Schmiede-Berufsgenossenschaft. Offizielles Verbands-Organ des sächs. Schmiede-Innungs-Bezirks-Verbandes usw. Red.: P. Kühr. 13.—16. Jahrg. 1907—1910. Nebst Beilage: Illustr. Unterhaltungsblatt. à 24 Nrn. (826, 888, 968 u. 936 S.) 30,5×22,5 cm. Leipzig, Auslaender & Kühr. à Jahrg. 6.—

Schmieden, Dekoration innerer Räume, s. Gropius.

Schmieden, Evacuations-Pavillon für die Kranken-Anstalt Bethanien, s. Gropius.

—— das zweite Garnison-Lazareth für Berlin bei Tempelhof, s. Gropius.

Schmieden, das neue Gewandhaus in Leipzig, s: Gropius.

— das städtische allgemeine Krankenhaus in Friedrichshain zu Berlin, s.: Gropius.

—— das neue Universitätsgebäude in Kiel, s. Gropius.

Schmieden, Alfred

Schmidtgen, Alfred, genannt **Schmieden:** Die bühnengerechten Einrichtungen der Schillerschen Dramen für das Königliche National-Theater zu Berlin. T. 1. Wilhelm Tell. (Roitzsch) 1906: (Buchdruckerei Roitzsch.) (126 S.) 8° [J.]
Rostock, Phil. Fak., Ref. Golther, Diss. v. 3. Mai 1906
[Geb. 6. Juni 74 Biesdorf (Prov. Brandenburg); Wohnort: Berlin; Staatsangeh.: Preußen; Vorbildung: Joachimsth. Gymn. Berlin, Gymn. Konstanz Reife M. 04; Studium: Berlin 4 S.; Rig. 1. Mai 06.]

Schmieden, Alfred. Die bühnengerechten Einrichtungen der Schillerschen Dramen für das Königliche National-Theater zu Berlin, von Dr. phil. A' (Schmidtgen genannt) Sch'. Teil 1: Wilhelm Tell. VI + 126 S. 8. Berlin, Egon Fleischel & Co., 1906. [M. 2. —, geb. 3. —]

Schmieden, Elise, s.a. Juncker, E.

Schmieden, Elise

Der getreue Eckart. Erzählung. Von Elise Junker [d.i. Elise Schmieden]. Berlin 1880.
In: Roman-Zeitung, Deutsche. Bd 3.

Schmieden, Elise

Frühlingsstürme. Roman. Von E. Juncker [d.i. Elise Schmieden]. Bd 2.
Berlin: Janke 1895. 222 S. 8°

Schmieden, Elise

Unter Kosaken. Erzählung. Von E. Juncker [d.i. Elise Schmieden].
Berlin: Janke 1896. 318 S. 8°

Schmieden, Elise

Lebensräthsel. Roman. Von Elise Juncker [d.i. Elise Schmieden]. Berlin 1878.
In: Roman-Zeitung, Deutsche. Bd 2.

Schmieden, Elise

Was die Sterne lehren. Erzählung. Von Elise Junker [d.i. Elise Schmieden]. Berlin 1879.
In: Roman-Zeitung, Deutsche. Bd 2.

Schmieden, Elise, s. Juncker, E.

Schmieden, Karl Kurt Ferd. von

Schmieden, Carl Curt Ferd. v., das Elementar- u. Bürgerschulwesen in d. Provinz Brandenburg in seiner Entwickelung u. seinen Fortschritten, unt. Benutz. authent. Quellen dargest. u. zusammengetragen. (I.) gr. 8. (5¾ B.) Leipzig 840, Hinrichs'sche Buchh.

Schmieden, Viktor

Schmieden, V., neuere Anschauungen über das Wesen u. die Behandlung der Prostatahypertrophie, s.a. Bibliothek, moderne ärztliche. 24. Hft.

Neuere Anschauungen über das Wesen und die Behandlung der Prostatahypertrophie. Von Dr. V[iktor] Schmieden, Privatd. Berlin: L. Simion Nf. 1905. (40 S.) 8°
= Bibliothek, Moderne ärztliche. H. 24. [06. 8790]

Schmieden, Victor [aus Berlin]: Aus d. chirurg. Univ.-Klinik zu Bonn. Ueber Magenchirurgie ... Bonn, Buchdr. v. A. Henry, 1896; 38 S. 8.
Bonn, Med. Fak., Inaug.-Diss. v. [13. Febr.] 1897

Der chirurgische Operationskursus. Ein Handbuch f. Ärzte u. Studierende von Prof. Dr. Victor **Schmieden**. Mit 354 Abb. u. e. Vorw. von Prof. Dr. A[ugust] Bier. Leipzig: Barth 1910. XV, 327 S. 8° [10. 7373] II

Schmieden, Walter [aus Berlin]: Über Verschleppung von Thrombenmaterial aus dem rechten Herzen in den grossen Kreislauf bei offenem Foramen ovale durch Drucksteigerung im rechten Herzen. . . . Freiburg i. B., Univ.-Buchdr. v. Chr. Lehmann, 1888; 80 S. 8°
Freiburg i. B., Med. Fak., Inaug.-Diss. v. 1888

Schmiedenzunft, Der löblichen, zum 18. November 1901. [Zürich 1902.] V: *Rahn, Joh. Rud.* (Zuwachsverz. d. Bibliotheken in Zürich 1898 ff.)

Schmieder: Disputationen zu den drei olynthischen Reden des Demosthenes. 12 S. – Colberg, Progr. 1870.

Schmieder, s.: **Wegweiser, biblischer.**

Schmieder, A., Natur u. Sprache. Eine Sprachlehre für Denkfreunde in Schule u. Haus. (133 S.) 8. Leipzig 906. R. Voigtländer. Kart. n. 2. –

Schmieder, Amalie, evangelisches Gebetbuch für alle Tage im Jahre. Hervorgegangen aus der Zusammenstellung kräftiger Gebetsstellen frommer gläubiger Männer und Frauen alter und neuer Zeit. gr. 8. (IV und 752 S.) Lübbenau 854(58). Wittenberg, (Herrosé.) *

Schmieder, Arno, Anregungen zur psychologischen Betrachtung der Sprache, s.a. **Magazin**, pädagog.

Anregungen zur psychologischen Betrachtung der Sprache. Von Arno Schmieder. Langensalza: H. Beyer & Söhne 1902. (37 S.) 8°
(Magazin, Pädagogisches. H. 178.)

Schmieder, Arno, der Aufsatzunterricht auf psychologischer Grundlage. Für Volksschulen u. f. die Unterklassen höh. Lehranstalten. (IV, 75 S.) 8. Leipzig 904. B. G. Teubner. Kart. n. 1. –

Schmieder, Arno, der Aufsatzunterricht auf psycholog. Grundlage. Für Volksschulen u. f. die Unterklassen höh. Lehranstalten. 2. Aufl. (VI, 92 S.) 8. Leipzig 908. B. G. Teubner. 1. 40

– Deutsches Lesebuch, s.: **Gaudig, H.**

– Kleine Staatskunde f. Volks- u. Mittelschulen. Ausg. f. das Königr. Preußen. (33 S.) 8. Leipzig 910. Röder & Schunke. – 30

– dasselbe. Ausg. f. das Königr. Sachsen. (34 S.) 8. Ebd. 910. – 30

Schmieder, Benjamin Friedrich

– Anleit. zur feinern Latinität in Uebungen u. Anmerkk. 2 Thle. 8. Halle 797 u. 805. Schwetschke u. S. 1 ₰ 18 gl

Schmieder, Benj. Fr., († d. 28. Febr. 1813.) Anmerkk. zur latein. Grammatik; e. Zehend. 8. Leipz. 778. Hilscher. 6 gl

Schmieder, B. F., Anmerkungen z. latein. Grammatik. 1r Thl. 8. Lpz. Hilscher. (Comt. f. Litt.) 778.

– Anweis. zum vernunftmäß. u. thätigen Christenthum f. d. Jugend. 8. Halle 785. Hendel. 4 gl

– s. **Arriani**, historia Indica et ejusd. expedit. Alexandri.

Schmieder, Benj. Fr., vollständ. Atlas z. alten Erdbeschreibung. 12 Bl. Fol. Berlin ... (Veit u. Comp.) 1 1/3 ₰

– vollständ. Atlas z. alten Erdbeschreibung. Fol. Berlin 824, jetzt Boike.

Schmieder, B. F., Atlas der alten Welt in 12 Charten. Berlin 802. 4. 3 rthl.

– histor.-philolog. Bemerkk. zur Erläuter. der Briefe Ciceronis ad diversos. 8. Halle 799. Schwetschke u. S. 21 gl

– de calice, quam Christus patiens deprecatus est. 4. Leipz. 763.

– s. **Cicero**, Oratt. XIV selectae.

– comment. in M. A. Plauti comoedias, vide **Plautus**.

– Commentar. in M. A. Plauti, quae supersunt, comoedias conscriptus. 8maj. Gött. 804. Dieterich. 1 ₰ 8 gl Schrbp. 2 ₰ Velinp. 3 ₰ (Vergl. *Scriptores*, 5r Thl.)

– s. **Cornelius Nepos.**

– Eurydice, nach dem Virgil u. Ovid verglichen; Einladungsschr. gr. 8. Halle 791.

– des Symmachis Gründe fürs Heidenthum, u. des Ambrosius Gegengründe; e. Progr. 8. Halle 790.

– u. Fr., Handbuch d. alten Erdbeschreib. zum nähern Verständniß des vollständ. Atlasses rc. in 12 Karten. gr. 8. Berl. 802. 1 ₰ 16 gl 2e Aufl. gr. 8. Ebd. 831. Recht. 1 ₰ 6 gl

– u. Fr., Handbuch d. alten Erdbeschreibung z. nähern Verständniß d. vollständ. Atlasses d. d. Alten bekannt geword. Theile d. Erde, in 12 Karten. gr. 8. Ebend. 802.

Schmieder, (B. F. u. F.) Handbuch d. alten Erdbeschreibung gr. 8. Berlin 802, jetzt Boike.

Schmieder, Benj. Fr., und Fr. Schmieder, Handbuch d. alten Erdbeschreibung; zum nähern Verständnisse d. „vollständ. Atlasses der den Alten bekannt geword. Theile d. Erde in 12 Karten." 2. Ausg. gr. 8. (31 B.) Berlin 831, Recht.

– Hymnologie; od. üb. Tugenden u. Fehler d. versch. Arten geistlicher Lieder. 8. Halle, Trampe. (Hahn in Hannover.) 789.

– u. Fr., Lehrbuch d. alten Erdbeschreibung z. vollst. Atlasse d. d. Alten bekannt geword. Theile d. Erde in 12 Karten z. Unterr. d. Jugend. gr. 8. Berlin, Akadem. Buchhandl. 802.
d. Atlaß hierzu

– u. Fr. Schmieder, Lehrbuch d. alten Erdbeschreib. zum vollständ. Atlasse der den Alten bekannt gewordenen Theile d. Erde in 12 Karten. gr. 8. Berl. 802. (Sander). 12 gl – Der Atlas dazu 2 ₰

– Lehrbuch d. alten Erdbeschreibung rc. gr. 8. Berlin 802, jetzt Boike.

– Lexicon üb. den Cornelius Nepos, welches Sprache u. Sachen vollständ. erklärt. 8. Halle 798. Schwetschke u. S. 1 ₰ 2e Aufl. v. Fr. Schmieder. 816. 8. Ebd. 18 gl

– Terenzens 6 Lustspiele, s. Terenz

—notae criticae in Arriani Nicomed. de Alexandri M. expeditione Lib. VII; Spec. I. et II. 8maj. Halle 795. Renger. 5 gr.

– Dass, s.a. Schmieder, Fr.

—Pr. IV.: Anacreontis Odaria latine conversa et illustr 4. Halle 782—84.

— s. Plautus, quae supers. Comoediae.

— Psalmi LXVIII. nova versio poetica. 4. Halle 781.

—de ratione linguam Hebraicam tirones docendi. 4. Halle 781.

— synchronist. Tabellen f. d. histor. Unterr. auf Schulen. gr. 8. Halle, Trampe. (Hahn in Hannover.) 789.

— s. Terenz, Comoediae sex.

Schmieder, B. F., de Themistio, tolerantiae patrono. Hal. 1789. 4.

—natürl. Theologie, f. nachdenkende unstud. u. studirende Jugend. 8. Leipz. 798. Schwickert. 16 gr.

—de versione scriptorum classicorum. 8. Eisleben 779.

—ein Versuch, den Terenz so zu übersetzen, daß er Terenz bleibt. 8. Halle 789.

Plan von Bautzen. Gezeichnet Br. Schmieder. [Bautzen]: E. M. Monse 1901; Lith. P. Elssner. (1 Kartenbl. 30x30 cm mit Legende.) quer-2° [kol.]

Schmieder, C. C., s. Schmieder, Karl Christoph

Schmieder, Carl Rob., s. Schmieder, Karl Rob.

Schmieder, Cölestin, s. Schmieder, Zölestin

Schmieder, Edm., die doppelte, italienische Buchführung. Zum Selbstunterricht theoretisch und prakt. ausgearb. und hrsg. (In 10 Lfgn.) 1. Lfg. gr. 8. (IV, 32 S.) Dresden 886, Jaenicke. *

Schmieder, Edm., die einfache Buchführung für Gewerbtreibende. Zum Selbstunterricht theoretisch und praktisch ausgearb. und hrsg. gr. 8. (V, 75 S. mit 1 Tab.) Dresden 883, Jaenicke. * 1 —

Schmieder, Edm., die einfache Buchführung f. Gewerbtreibende m. neuem Kontrolverfahren. Zum Selbstunterricht theoretisch u. praktisch ausgearb. u. hrsg. 2. Aufl. gr. 8. (VII, 84 S. m. 1 Formular.) Chemnitz 893. C. Strauß. 1. —

Schmieder, Ernestus Fridericus Guilielmus (geb. Greifenberg in Schl. 10.10.1790): Typhi stupidi affusionibus frigidis sanati exemplum; adnexis non nullis, quae usus aquae frigidae in morbis tum externi tum interni spectant historiam, fragmentis. Vratislaviae 1818. 33 S. 4 (Verf. erlebte die Doktorpromotion nicht; ... Geh. Sanitätsrat in Liegnitz ...).

Breslau, Med. Diss. v. 28. Febr. 1818

Schmieder, F. Isocratis ad Demonicum adhortatio. (lat.) 12 S.
Brieg, Progr. 1826

Schmieder, F. Ein Blick in das Schulleben, wie es vor 200 Jahren war. Forts. (In zwei Theilen, im eigentl. Programm, und der Gedächtniß-Schrift.) 22 S.
Progr. Brieg 1832

Schmieder, F., De Laelii codice Bregensi. Pr. 1882. 18 S. 4°. 1.—

Schmieder, F. Die Elementarschulen zu Brieg. Ein Beitrag zur Geschichte der Volksschulen neuerer Zeit. 15 S.
Progr. Brieg 1831

Schmieder, F. Erklärung einiger Epitaphien des Martial. 16 S.
Brieg, Progr. 1828

Schmieder, F. M. V. Martialis de spectaculis libellus. Part. I. II. (c. commentar.) 22 S. . . . .
Brieg, Progr. 1837

Schmieder, F. Ueber die Murrinen. 17 S.
Brieg, Progr. 1830

Schmieder, F. Rede, (Warnung vor zu großer Eile bei dem Uebergange der Jugend zur Universität.) 10 S.
Brieg, Progr. 1825

Schmieder, F. Rede bei der Säkular-Feier der Augsburgischen Confession 26. Juni. 17 S.
Brieg, Progr. 1830

Schmieder, F. Senecae praecepta artis legendi juvenib. commendantur. 10 S. . . . .
Progr. Brieg 1826

Schmieder, F. De sportula (Romanorum). 10 S. . . . . . .
Brieg, Progr. 1836

Schmieder, F. (Ueber d. innern Zustand des Gymn. am Ende des 16. Jahrh. Vorzüglich nach einer Schrift des Rectors P. Sickius: Scholae Bregensis Constitutiones. Breslau 1581.) 11 S.
Progr. Brieg 1829

Schmieder, Fr.

— comment. in Q. Curtii Rufi, vide Curtius.

Schmieder, Fr., (Gtthlf. Benj.,) commentat. perpet. in Curtii Rufi de rebus gestis etc. libros. 8maj. Götting. 804. Dieterich. 20 gr. Schrbp. 1 rℓ 6 gr. Velinp. 2 rℓ (Vergl. *Scriptores*, 3r Thl.)

— s. Curtius Rufus de rebus gestis Alexandri.

Schmieder, F., Specim. I. II. notarum criticarum in Arriani librum de Alexandri expeditione. Hal. 795. 8.

Schmieder, F., notarum criticarum in Arriani Nicomed. de Alexandri M. expeditione libros sept. specim. gr. 8. Halae, Renger. 795. *

– Dass., s.a. Schmieder, Benjamin Friedrich

— s. Plutarch Chäron. vitae parall. Alexandri.

— s. B. F. Schmieder, Handbuch u. dessen Lehrbuch.

Schmieder, G. F., Flächen-Factoren-Tabelle für Landwirthe, Staatsökonomen und Staatsbehörden. 1 Bog. in Imp.-Fol. Weimar 855, Böhlau. *

—— Fruchtmaaß-Factoren-Tabelle für Landwirthe, Staatsökonomen und Staatsbehörden. 1 Bog in Fol. Weimar 855, Böhlau. *

Schmieder, Gottfried

Schmieder, Gf., († d. 17. Dec. 1792.) Auszug aus einigen sächs. Mandaten in Fragen u. Antworten f. die Schuljugend. 2 Stcke. 8. Dresd. 778 u. 792. Walther. 4 gr.

— kurzgefaßte Beweisthümer von d. Göttlichkeit der heil. Schrift. gr. 8. Dresd. 793. Walther. 2 gr.

— s. Corpus juris ecclesiast. Saxonici, u. setze hinzu: geordnet u. bis auf gegenwart. Zeiten fortgesetzt v. Gf. Schmieder.

— kursächs. Kriegsrecht, sammt den Verfahren v. den Kriegsgerichten. 2 Bde. gr. 8. Dresd. 768—80. Walther. 2 ℛ 8 gr.

— allgem. Polizeiverfassung von Sachsen u. der Stadt Dresden insbesond., in e. auf die Landesgesetze u. andere Verordnn. sich gründeten Samml. dargestellt. 3 Bde. gr. 8. Dresd. 774—91. Walther. 4 ℛ

S c h m i e d e r, Gf.: „Des Kurfürstenthums Sachsen allgemeine und der Residenzstadt Dresden besondere Polizey-Verfassung", 3 Bände, Dresden 1774 bis 1791 (Walther).

Schmieder, Gottfried (Dresden) A. S. 308/3

Problema iuridicum I. an ex facto antecessorum illicito teneatur collegium ? Präs. Traugott Thomasius. **Leipzig (Breitkopf) VII. 1733. 10 S.**

Gew.: Iean Albert d'Arnet. 30973

Schmieder, H.

—— und Möller, zwei Ansprachen, auf der Pastoral-Conferenz der Prov. Sachsen zu Wittenberg am 26. und 27. Juni 1882 gehalten. gr. 8. (19 S.) Wittenberg 882, Herrosé Verlag. — 30

Schmieder, H., Luther, der Gottesmann, s. Festschriften zur 400jähr. Jubelfeier der Geburt Dr. Martin Luthers.

Schmieder, [Hans], Bürgermeister: Die Vorgeschichte der Anstalt. Bromberg 1904: O. Grunwald. (S. 4—5.) 4° [F.]
Bromberg, st. R i. E. P 1904 (207)

Schmieder, Heinrich, s. S c h m i e d e r, Heinrich Gottlieb

Schmieder, Heinrich Eduard

Schmieder, Heinr. Ed., Abend-Andachten des evangelischen Predigerseminars in Wittenberg. Zehn geistl. Reden. gr. 8. (XI und 85 S.) Berlin 860, Herz. *

Schmieder, H. E., die moderne Bildung. Ein Vortrag gehalten auf Veranstaltung des Evangel. Vereins für kirchliche Zwecke am 22. März 1858. Berlin 858. Schlawitz. 8. (24 S.) n. 5 ngr.

Schmieder, über das Buch der Weisheit. Ein Vortrag auf Veranstaltung des evangel. Vereins für kirchl. Zwecke am 7. Febr. 1853 gehalten. gr. 8. (17 S.) Berlin 853(59), W. Schultze.

— Einleitung in die heilige Schrift. Für Schüler der oberen Classen auf Gelehrtenschulen. gr. 8. Leipz. 836. W. Vogel. 7/12 ℛ

— Einleitung in d. kirchliche Symbolik für Gelehrtenschulen, nebst dem deutschen u. latein. Texte der Augsburgischen Confession als Grundlage für den mündlichen Unterricht. gr. 8. Leipzig 835. W. Vogel. 1/2 ℛ

Schmieder, Heinrich Eduard. Erinnerungen aus meinem Leben (1794—1823) ... Wittenberg [1892]. H: *Schmieder, Paul.* (Berl)

Schmieder, Heinr. Ed. Erinnerungen aus meinem Leben (1794—1823). Für die Familie u. die Freunde gedruckt. 8. (240 S. m. Bild.) Wittenb. 892, (Wunschmann). * 2 —

Schmieder, H. E., Erinnerungs-Blätter. Zur 3. Jubelfeier der k. preuß. Landes-Schule Pforte. gr. 8. (15 B.) Leipzig 843, Vogel.

Schmieder, H. E., de solemnibus in re divina formulis minime contemnendis. Martisb. 1824. 4.

Schmieder, (H. E.), das hohepriesterliche Gebet unsers Herrn Jesu Christi. 20 Betrachtungen. 12. (XXIV u. 216 S.) Hamburg 848, Agentur des Rauhen Hauses. 18 ngr

—— der Geist der unirten evangel. Kirche. (1. Hft.) gr. 8. (2 1/2 B.) Leipzig 845, Vogel.

—— dass. 2. Hft. das apost. Symbolum. gr. 8. (3 B.) Ebds. 846.

— s. Georgi, Chr. Fr., das christl. Kirchenjahr in d. Schule.

Schmieder, Heinr. Ed., Karl Friedrich Göschel, Dr. jur. weil. Präsident des Consistoriums der Provinz Sachsen. gr. 8. (87 S.) Berlin 863, Schlawitz. *
Aus: Evangelische Kirchenzeitung, besonders abgedruckt.

Schmieder, H. E., Jesaja, Jeremia, Hesekiel, s. Schrift, die heilige.

Schmieder, H. E. Nova interpret. loci Paulini Galat. III, 19—20. 50 S.
Schulpforte, Progr. 1826

— Leben Jesu v. der Geburt bis zu der Rede Ev. Joh. 6. Aus dem Nachlaß. gr. 8. (128 S.) Gütersloh 894. C. Bertelsmann. n. 1. 60; geb. n. 2. —

Schmieder, H. E., evangel. Lehrbuch. 1—3. Thl. gr. 8. Leipzig, Vogel.
Thl. 1. Einleit. in d. heil. Schrift. 1. Aufl. u. neue Ausg. (à 10 1/4 B.) 836, 38. à 14 Gr.
" 2. Einleit. in d. kirchl. Symbolik. 1. Aufl. u. neue Ausg. (à 9 1/4 B.) 835, 39. à 12 Gr.
" 3. Die christl. Religionslehre z. Anregung u. Unterweis. f. Schüler d. 1. Classe auf Gelehrtenschulen. 2., verb. Ausg. (9 B.) 838. 6 Gr.

Schmieder, H. E., evangel. Lehrbuch f. Schüler der oberen Classen auf Gelehrtenschulen. 2 Abthl. 2., verb. Aufl. gr. 8. Leipzig, Vogel. Thlr.
A. u. d. Titln.:
Abthl. 1. Einleitung in die heil. Schrift. (11 B.) 844. 17 1/2 Ngr.
" 2. Einleitung in die kirchl. Symbolik f. Gelehrtenschulen, nebst d. deutschen u. latein. Texte der augsburg. Confession als Grundlage f. d. mündl. Unterricht. (10 B.) 845. 15 Ngr.

—— evangelisches Lehrbuch für Schüler der oberen Classen auf Gelehrtenschulen. 1. (Thl.) A. u. d. T.: Einleitung in die heil. Schrift. 3., verb. Aufl. gr. 8. (XIV und 160 S.) Leipzig 858, Vogel. *

—— evangelisches Lehrbuch für Schüler der oberen Classen auf Gelehrtenschulen. III. (Thl.) A. u. d. T.: Die christliche Religionslehre zur Anregung und Unterweisung für Schüler der ersten Classe auf Gelehrtenschulen. 3., verm. Aufl. gr. 8. (XII und 135 S.) Leipzig 863, Vogel.
1. Thl. 3. Aufl. Ebendas. 1858. 17 1/2 Ngr. und 2. Thl. 2. Aufl. 1845. 15 Ngr.

— Luther der Apostel des deutschen Volkes. Predigt zu Dr. Martin Luthers Gedächtnißfeier zu Wittenberg gehalten. gr. 8. (1 B.) Halle 846, Mühlmann.

— Ob die Erweckung im methodistischen Sinne aus der heil. Schrift begründet werden kann? Ein Referat abgestattet auf der Berliner Pastoralconferenz in der Trinitatiswoche 1861. (Abdr. aus der Evangelischen Kirchenzeitung.) Berlin 861. Rauh. gr. 8. (28 S.) n. 5 ngr

Schmieder, Heinr. Ed., Pforte, e. Wohnstätte d. göttl. Segens. Einige Worte bei d. kirchl. Morgenfeier d. Stiftungsfestes d. Kgl. Landes-Schule Pforte am 1. Nov. 1827 gespr. gr. 8. (1/4 B.) Naumburg 828. (Halle, Schwetschke u. Sohn.)

— das königl. Predigerseminar zu Wittenberg in seinen ersten Anfängen. Aufzeichngn. aus dem J. 1818. Zur Feier d. 75jähr. Bestehens d. Seminars hrsg. v. der Seminargemeinschaft. gr. 8. (32 S.) Wittenberg 892. (P. Wunschmann.) n. — 60

— die christl. Religionslehre, zur Anregung u. Unterweis. f. Schüler d. ersten Classe auf Gelehrtenschulen. Ein Versuch. gr. 8. (7 B.) Leipzig 833, Vogel.

Schmieder, Hnr. Ed., über Cyprians Schrift von d. Einheit der Kirche. gr. 8. Leipz. 822. W. Vogel. 5 gr

Schmieder, (H. E.), siehe: Schrift, die heilige, nach Luthers Uebersetzung.

— der Seelenfreund. Zum Andenken f. Confirmirte. 8. (3 B.) Naumburg 834. (Zeitz, Webel.)

— der Seelenfreund. 2. Aufl. 8. (2 1/4 B.) Heidelberg 841, K. Winter.

Schmieder, über den Ursprung des bischöflichen Amtes. Ein Vortrag, auf Veranstaltung des evangel. Vereins für kirchliche Zwecke gehalten am 28. Jan. 1856. gr. 8. (24 S.) Berlin 856, W. Schultze. *

— über d. Vereinigung d. getrennten Evangel. Kirchen am Tische d. Herrn mittelst d. erneuerten Einführ. d. Brodbrechens. Eine Predigt. M. 3 Beil. gr. 8. (1 B.) Naumburg 830. (Halle, Schwetschke u. Sohn.)

Schmieder, H.E. De vitis Pastorum et Inspector. Portensium. 64 S. Schulpforte. P 1838

— Petrus Waldus und Franz von Assisi. Ein Vortrag auf Veranstaltung des Evangelischen Vereins für kirchliche Zwecke am 27. März 1854 gehalten. (Aus der Evangel. Kirchenzeitung.) Berlin 854. W. Schultze. gr. 8. (24 S.) 4 ngr

— Zeugniß von Christo in Predigten, gehalt. zu Rom u. zu Pforte. gr. 8. (24 B. u. 1 Stnt.) Hamburg 829, Fr. Perthes.

Schmieder, Heinrich Gottlieb, s. Anspielungen aus dem Gebiete der Zauberei.

— Axur, König von Ormus. Schspl. 8. Jena, Voigt. 8 gr

— Axur, König von Ormus. Operette. 8. Wien 793. (Jülicher in Leipz.) 8 gr

Schmieder, Hnr. Gli., dramat. Beiträge f. d. deutschen Bühnen. 1r Bd. (Enth.: 1) Die Rächer; ein Trspl. in 5 Aufz. 2) Axur, König v. Ormus; ein Singspl in 4 Aufz., nach Beaumarchais. 3) Adelheid von Teck; Ritterschspl. in 5 Aufz., von Elisa Bürger). 8. Hamb. 799.

— Raoul Blaubart. Heroische Oper in 3 A.; aus d. Französ. 8. Altona 802. Bechtold. 8 gr

Schmieder, Heinr., d. Erdbeben in Messina, dialogis. Gesch. 8. Halle, Hemmerde u. S. 786.

Schmieder, Hnr. Gli., das Erdbeben in Messina, dialog. Geschichte. 8. Halle 786. Schwetschke u. S. 9 gr

— das Familienabendessen; ein häusl. Sittengemälde in 1 Aufz. Frei nach d. Französ. 8. Hamb. 800. ... 5 gr

— Folgen der Eifersucht. 8. Leipz. 811. Andrä. 1 ß

— s. Gedichte und Skizzen als Jahresgeschenk für Damen.

— s. Gestorben u. entführt.

— s. Heldin, Die, der Vendée.

— der Inquisitor von Tortosa. Trspl. in 4 A. 8. Hamb. 804. (Herold jun.) 8 gr

— Journal für Theater u. andere schöne Künste, s. Journal.

— s.a. König, Der schwache.

HEINRICH IV., König von Castilien, der Unvermögende (geb. 1423, reg. seit 1454, † 1474). — König, Der schwache. Scenen aus der Geschichte König Heinrichs IV. v. Kastilien (von *Heinr. Gottlieb Schmieder*, geb. 1776, † nach 1804). 3 Thle. Gotha, Ettinger, 1786—88. 8°. Rar! 262 S., 1 Bl. Err. (1 fl. 48 xr. Scheible, vor 1870; jetzt theurer!)

„Meinem theurern Freunde Gotter gewidmet. — Dialogform. Anon.-Lex. II. p. 368 (nach Schröder u. Kayser).

— Kronholm, oder gleich ist der werthe fort. 8. Leipz. 783. Compt. f. Lit. 6 gr

— Mißtrauen u. Neckerei. Nachspl. in 1 A. 8. Hamb. 804. (Herold jun.) 6 gr

— (Hrsg.), s. Musen, Rheinische.

Schmieder, Hnr. Gli., das Nixenreich. Oper. 8. Leipz. 806.

— die Rächer. Trspl. in 5 A. 8. Jena ... N. A. 8. Leipz. 812. Hinrichs. 14 gr

— das Räthsel; ein Orig.-Singspl. in 2 Aufz. 8. Mainz 790.

Über Reise-Nachbetereien und Naturauftritte. Bemerkungen auf einer Reise nach Weimar, Jena, Naumburg, Lauchstädt, Halle, Gotha, Erfurt, Weissenfels, Leipzig (von *Heinr. Gottlieb Schmieder*). Halle, Hendel, 1786. 8°. (30 Mk. F. W. Haschke, Lpz., 1912) Anon.-Lex. IV. p. 240 (nach Meusel, Kayser, Schröder).

— Samml. neuer Schauspiele für das deutsche Theater. 3 Bde. 8. Hamb. 803—5.

— die beiden Savoyarden. Singspl. in 1 A. 8. Manh. 795. (Lpz. Krappe). 3 gr

— s.a. Scenen aus der neuesten Welt.

— Scenen a. d. neuesten Welt. 1r Thl. 8. Halle, Hemmerde u. S. 785.

— die Seelenverkäufer. Lstspl. 8. Dresd. 784. Richter. 4 gr

— der Seelenverkäufer. 8. Leipz. 807. (W. Rauck). 9 gr

— der gutherzige Sohn. Lstspl. von Florian. 8. Frankf. 791.
(Leipz., Rauck). 5 gr

– s. Theaterjournal, Allgemeines.

– (Hrsg.), s. Theaterkalender für die Jahre 1799 und 1800.

— der Wasserträger. Kom. Oper; aus d. Französ. 8. Hamb.
804. ... 10 gr

— die Wilden. Singspl.; aus d. Französ. 8. Frankf. ... N. A.
805. Peck. (Leipz., Rauck). 8 gr

Schmieder, J., Lektüre zur Geschichte des 19. Jahrh. aus
Meisterwerken deutscher Geschichtschreibung. Für die
Oberstufe höh. Lehranstalten. (VIII, 211 S.) gr. 8.
Leipzig 910. E. Wunderlich. 1.80; geb. 2.20

Schmieder, Johannes [aus Stargard i. Pomm. Apotheker und Repetitor für Chemie und Physik an der K. Thierarzneischule zu Hannover]:
Über Bestandtheile des Polyporus off. Fr. .... Hannover, Druck
v. I. C. König & Ebhardt, 1886; 67 S. 8°.
Erlangen, Phil. Fak., Inaug.-Diss. v. 1886.

Schmieder, Johannes, über Bestandtheile des Polyporus
off. Fr. Diss. Erlangen 1886, Th. Blaesing. 8°. 67 S.

Schmieder, Isidor: Die pädagogischen Anschauungen Montaignes. *Leipzig: G. Fock 1898.* (63 S.) 8°
Leipzig, Phil. Diss. v. [13. Nov.] 1898

Schmieder, Karl Christian, s. Schmieder, Karl Christoph

Schmieder, Karl Christoph: Theophrasts Abhandlung
von den Steinarten, s. Theophrast

Schmieder, C. C. Drei Abhandlungen über die Substitute der Puzzolanerde,
das scharfe und narkotische Princip. (Aus neuen Schriften der naturf. Gesellsch.) Halle. 1810. 8

SCHMIEDER, CARL CHRISTOPH.
Dissertatio de affinitatibus chemicis. Halæ Magdeburgicæ, 1799. 8vo.
For a notice of the author, *see, in Section III,* Schmieder, C. C.: Geschichte
der Chemie.

Allotrien zur Unterhaltung in Feierstunden. Von S. Ch. M. Jeder [d. i. Karl Christoph Schmieder]. Berlin: Cawitzel 1824. VIII, 462 S. 8°

[Dasselbe.] Berlin: Rücker 1826. VIII, 462 S. 8°
cf. LBl. 1825 Nr 2, 3, 4.
Kl. 2854, Tt. 342. 18 Aufsätze vermischten
Inhalts.

— Auszug aus d. deutschen Sprachlehre f. Bürgerschulen. gr. 8.
Marb. 818. Krieger. 16 gr

— — Auszug aus der deutschen Sprachlehre für Bürgerschulen. gr. 8. Ebend. 819.

Schmieder, Karl Chrstn., Auszug aus d. deutschen Sprachlehre
f. Bürgerschulen, wie auch f. Diejen., welche sich selbst nachzuhelfen wünschen. 2., verb. u. verm. Ausg. gr. 8. (14½ B.)
Kassel 833, [Krieger, Brlsh.]

Schmieder, Karl Cph., (gewöhnl. Karl,) üb. die Einrichtung
höherer Bürgerschulen; ein Versuch. gr. 8. Halle 809. Gebauer. 18 gr

— das Gemeinnützige der Chemie, als Handbuch f. Schullehrer u.
Lectüre f. Naturfreunde. 2 Thle. gr. 8. Freiberg 804, 805.
Craz u. G. 3 Rthlr

— d. Geognosie, nach chem. Grundsätzen dargestellt. gr. 8.
Lpz. Crusius. (F. C. W. Vogel.) 802.

SCHMIEDER, KARL CHRISTOPH.
* Geschichte der Alchemie. Halle, 1832. pp. x–613, 8vo.
In this History of Alchemy the author, Director of a High School in Cassel,
endeavors to establish by historic proofs the reality of the transmutation
of metals. He recognizes two distinct sciences, chemistry and alchemy,
and claims they existed independently of each other from the earliest
ages. Alchemy, he states, has a threefold dogma: I. It is possible to
prepare by true art perfect gold from substances which contain no gold.
II. The same is true of silver. III. This artificial preparation is a
wonderful medicine, panacea of life.

—— Geschichte der Alchemie. gr. 8. (39 B.) Halle 832, Buchh.
d. Waisenhauses.

— Geschichte d. Entstehung u. neuern Einrichtung d. naturforsch.
Gesellsch. in Halle, s. Geschichte d. naturforsch. Gesellsch.,
1s Hft.

Karl Christoph Schmieder

Grundriß der Gewerb-Naturlehre oder technischen
Physik, zum Gebrauche in Gewerbschulen... .Von
Karl Christoph Schmieder. Cassel: Bohné 1829.
VI,439 S. 8°

— Handwörterbuch d. gesammten Münzkunde. Für Münzliebhaber u. Geschäftsleute verfaßt. gr. 8. Halle 811. Waisenhaus-B.
2 Rthlr 8 gr

— Nachtrag zu diesem Handwörterbuche, od. 2r Bd. gr. 8. Ebd.
815. 16 gr

Schmieder, K. Chr., s. Frau Holle.

— topograph. Mineralogie der Gegend um Halle in Sachsen. 8.
Halle 797. Hendel. 10 gr

— Mythologie d. Griechen u. Römer f. Freunde d. schönen Künste. Mit 33 Kpft. u. 5 Steindr. 8. Kassel 821. 2e A. 825.
3e A. 829. Bohné. 1 Rthlr 4 gr

—— Mythologie der Griechen u. Römer, f. Freunde d. schönen
Künste. 3., umgearb. Ausg. 8. (24½ B., 33 Kpfrst. u. 5 Stnt.)
Kassel 830, Bohné.

– s.a. Reisebuch für junge Handwerker.

Schmieder, K. Chr., Reisebuch für junge Handwerker,
die sich auf der Wanderschaft befinden, mit 1 Wanderkarte
von Deutschland. 8. Marburg, Krieger. 820.

— üb. blasenziehende Schärfe rc. der Pflanzen, s. Schriften d.
naturforsch. Gesellsch. in Halle, 4s Hft.

— üb. die Substitute d. Puzzolanerde, s. Schriften d. naturforsch. Gesellsch. in Halle, 4s Hft.

— s. Theophrast, Abhandl. v. Steinarten.

– Über das chemische Verhalten des Sommerflungs.
s. Schriften der naturforsch. Gesellsch. in Halle. 5. Hft.

— Versuch e. prakt. Elementar-Geometrie. gr. 8. Halle 800.
Hendel. 16 gr

Schmieder, C. C., Versuch einer Liturgik d. ökonom. Mineralogie. 2 Thle. gr. 8. Lpz. Crusius. (J. C. W. Vogel.) 803–4. (1r 2 Rthlr. 2r 2 Rthlr. 12 gr.) Rthlr.

— die Wasserdichtmachung d. Zeuge u. einiger anderer Körper. Mit 1 Steindr. 8. Kassel 825. Bohné. 21 gr.

Schmieder, Carl Rob., Handbuch d. sächs. Wechselgesetze bis z. J. 1830. gr. 8. (19½ B.) Dresden 836, [Korische Bh.] 1½ Thlr., hrbgs. Pr.

Schmieder, Karl Rob., die Nachtwandlerin. Melodram in 2 Aufz. N. d. Franz. gr. 16. (3¾ B.) Leipzig 834, [Franke'sche Vrls.-Expedit.]

Schmieder, Karl Rob., die Nachtwandlerin. Melodram in 2 Aufzügen. Nach d. Franz. gr. 16. Leipzig 834. (Melzer.) ⅓ rf.

Schmieder, Ottilie, das Wesen und der Nutzen des Kindergartens nach Friedr. Fröbel's Erziehungssystem. 8. (16 S.) Dessau 850, Gebr. Katz. *

Schmieder, Paul [Dr., Dir.]: *Bericht über die Feier zum Andenken an die Einführung der Reformation in der Grafschaft Henneberg.* Meiningen, Druck d. Keyssnerschen Hofbuchdr., *1894*; 28—30 S. 4.
Schleusingen, k. Hennebergisches G, OP 1894 (252)

Schmieder, Paul [Dr., Dir.]: *Bericht über die Feier des vierhundertjährigen Geburtstages Philipp Melanchthons.* Meiningen, Druck d. Keyssnerschen Hofbuchdr., *1897*; 23—24 S. 4.
Schleusingen, k. Hennebergisches G, OP 1897 (258)

Schmieder, Paul Die Lektüre von Platos Politeia in Gymnasialprima. 16 S. **Progr.** *Schleusingen* 1881.

Schmieder, Paul Mitteilungen aus dem Leben der Schule in alter und neuer Zeit, betreffend Schulfestlichkeiten und den Schülern gestattete oder bereitete Ergötzlichkeiten, bes. Festaktus, Umzüge und dramatische Aufführungen. 4 (VIII S.). **Progr.** Henneberg. G. *Schleusingen* 1888 (236).

Schmieder, P[aulus]: • Commentatio philologica de partibus praecipuis, quibus Sophoclis elocutio differat ab Aeschyli. 31 S. 4° (2°)
Halle-Wittenberg, Phil. Diss. v. 12. Febr. 1856
Geb. [Pforta (Kr. Naumburg a. d. S.) 28. 3. 1832]
Verf. erlebte die Diplomerneuerung 1906 als Gymnasialdirektor a. D. in Schleusingen.

Schmieder, Paul [Dr., Dir.]: Über den Schluss von Shakespeares Julius Cäsar in den deutschen Übersetzungen. Meiningen, Druck d. Keyssnerschen Hofbuchdr., *1897*; 1—10 S. 4.
Schleusingen, k. Hennebergisches G, OP 1897 (253)

Schmieder, P. Zur Schrift des Apollonius Dyscolus de pronomine. Barmen, R., 1865. 16 S. 4. **Progr.**

Schmieder, Paul Über das Singen der Passionsgeschichte im evangelischen Gottesdienst. 4 (S. III—VII). **Progr.** Henneberg. G. *Schleusingen* 1886 (232)

Schmieder, Pius, matricula episcopatus Passaviensis saeculi XV. Auf Grund der Handschriften hrsg. 1. Thl. Text. gr. 8. (X, 71 S.) Wels 885. Trauner. n. 3. —

Schmieder, Rob., siehe: Abendzeitung.

Schmieder, Rob., Hülfsbuch für Gewerbtreibende, Innungen, Fabrikinhaber, Advokaten rc. enth.: Entwürfe zu Innungsstatuten, Fabrik- und Arbeiterordnungen, zu Regulativen für allgemeine Gesellenkrankenkassen, Privatkrankenunterstützungs-Vereine und Begräbnißcassen, nebst Motiven und Erläuterungen zu denselben. gr. 8. (IV und 151 S.) Döbeln 862, Schmidt. *

Schmieder, Sieg., († ...) Schediasma pathologico-medicum de polypo oesophagi rarissimo etc., cum fig. Leipz. 762 Junius. 4 gl.

Schmieder, Sigsm., detectio genuin. caus. visionum Annabergensium. 719. 8.

Schmieder, Zölestin

Schmieder, Cölestin, die ärztlich constatirten Cholera-Todesfälle der Stadt Leipzig im Jahre 1866. Statistisch bearb. Leipzig 867. (Hinrichs'sche Sortimentsh.) br. 8. (20 S.) n. 5 *ngr.*

Schmieder, Cölest., Erkenntniß Gottes, Gebet u. öffentl. Gottesdienst in pädagog. Rücksicht betrachtet. 8. Dresd. 785. Walther. 3 gr.

Schmiederer, Ign., thierärztl. Gutachten üb. die im Lande allgem. ausbrechende Rindvieh-Seuche, die Ueber-Gälligkeit, Löser-Dürre, Ruhr rc., nebst Anzeige d. ärztl. u. polit. Anordnung dagegen. 8. Freiburg 796.

Schmiederer, Joh., am Tische des Herrn. 7 Erzählgn. 12. (VIII, 172 S. m. Titelbild.) Salzburg 899. F. Pustet. Geb. n. 1. 40

Schmiedeskamp, ..., Mittel wider die Hundwuth. gr. 8. Lemgo 813. Meyer. 1 gr.

Schmiedewerk, das. **Ausgeführte moderne Kunstschmiedearbeiten, wie Haustüren u. -Tore, Türbeschläge, Versenktore, Vorgartentüren u. -Gitter, Fenster- u. Türfüllgn., Balkongitter, Brüstgn., Vordächer, Fahrstuhl-Umkleidungen, Treppengeländer, grössere u. kleinere Galanteriearbeiten, Kandelaber, Grabgitter u. Grabdenkmäler usw. usw. Photographische Aufnahmen v. Entwürfen hervorrag. Architekten, durch Lichtdruck wiedergegeben. 1. Serie. 3 Lfgn. (60 Taf. m. VI S. Text.) Fol. Düsseldorf 905. 906. [F. Wolfrum.] Leipzig, Baumgärtner. In Mappe à n. 10. —**

Schmiede-Zeitung, deutsche. Verbands-Blatt der deutschen Schmiede-Inngn. Organ f. Schmiederei, Wagenbau u. Automobilwesen, m. techn. Beilagen. Mit der monatl. Beilage „Der Beschlagschmied". Nebst Unterhaltungsbeilage: In der Familie. 15.—18. Jahrg. 1899—1902. à 24 Nrn. gr. 4. (à ca. 12 u. 8 S.) Berlin, Dr. A. Schulz. à Jahrg. n. 6. —

Schmiede-Zeitung, deutsche. Verbands-Blatt der deutschen Schmiede-Innungen. Publikations-Organ der Schmiede-Berufsgenossenschaft. Fachblatt f. Schmiederei, Wagenbau u. Automobilwesen, m. techn. Beilagen. Mit den kostenlosen Beilagen „Der Beschlagschmied" u. „In der Familie". Red.: Ad. Schulz. 19.—22. Jahrg. 1903 bis 1906. à 24 Nrn. (à ca. 16 u. 8 S. m. Taf.) gr. 4. Berlin, W. Mannstaedt & Co. à Jhrg. n. 6. —

Schmiede-Zeitung, deutsche. Verbands-Blatt des Bundes deutscher Schmiede-Inngn. Publikations-Organ der Schmiede-Berufsgenossenschaft. Fachblatt f. Schmiederei, Wagenbau u. Automobilwesen, m. techn. Beilagen. Mit d. kostenlosen Beilagen „Der Beschlagschmied" u. „In der Familie". Red.: Ad. Schulz. 23.—26. Jahrg. 1907—1910. à 24 Nrn. (à ca. 32 u. 8 S.) 32×26 cm. Berlin, W. Mannstaedt. à Jahrg. 6.—; m. Haftpflichtversicherg. 12. —

Schmiede-Zeitung, deutsch-österreichische. Organ für die Interessen des gesammten Schmiedehandwerks. Redact.: G. Grützner. 1. und 2. Jahrg. Juli 1883—Juni 1885. à Jahrg. 36 Nrn. (Bog. mit Illustr.) gr. 4. Berlin, (Expedition.) à Jahrg. *

Schmiede-Zeitung, deutsch-österreichische. Organ f. die Interessen d. gesammten Schmiedehandwerks. Red.: G. Grützner. 1. Jahrg. Juli 1883—Juni 1884. 36 Nrn. (B. m. Illustr.) gr. 4. Berlin, (E. Mecklenburg). n. 8. —

Schmiedgen, G., Mac Clures Nordpolfahrt z. Aufsuchung Sir John Franklins u. die Entdeckung d. „Nordwestdurchfahrt". Dem Volke u. der Jugend erzählt nach e. Tagebuche v. J. A. Miertsching, der die Expedition als Dolmetscher begleitete. (VIII, 198 S. m. 3 farb. Karten.) 8. Gotha 907. F. A. Perthes. Geb. in Leinw. 3. —

Schmiedgen, G., Nansens Nordpolfahrt. Dem Volke u. der Jugend erzählt nach „Fridtjof Nansen, in Nacht u. Eis". Mit Nansens Portr., Titelbild, 5 in den Text eingedr. Abbildgn. u. 1 Karte. gr. 8. (VIII, 268 S.) Gotha 901. F. A. Perthes. Geb. in Leinw. n. 4. —

Schmiedgen, G., Nansens Nordpolfahrt. Dem Volke u. der Jugend erzählt nach „Fridtjof Nansen, in Nacht u. Eis". Mit Nansens Portr., Titelbild, 5 in den Text eingedr. Abbildgn. u. 1 Karte. 2. [Titel-]Aufl. (VIII, 268 S.) gr. 8. Gotha [901] 903. F. A. Perthes. Geb. in Leinw. n. 3. —

— Nansens Nordpolfahrt. Dem Volke u. d. Jugend erzählt nach „Fridtjof Nansen, in Nacht u. Eis". Mit Nansens Portr., 3 Vollbildern, 5 in den Text eingedr. Abb. u. 1 Karte. 3. Aufl. (VIII, 266 S.) gr. 8. Ebd. 909. 2.40; geb. 3. —

Schmiedgen, J. G. D., s. Schmiedtgen, Joh. Gottfr. Daniel

Schmiedhauser, Joh.: Aufgaben zweiten Grades aus der projektivischen Geometrie. Basel, Realschule 1886.
Progr.

Schmiedhauser, Joh.: Beiträge zur Stereometrie. Basel, Gewerbeschule 1868.
Progr.

– Transformationen in der Centralprojektion. Basel, Gewerbeschule 1874.
Progr.

Schmiedicke, Ernst Bogislaus

Schmiedicke, E. B., systematische Darstellung der die Personalien der Subaltern- und Unterbeamten der königl. preußischen Gerichte erster und zweiter Instanz (mit Ausschluß des Bezirkes des Appellationsgerichtshofes zu Cöln) regelnden Vorschriften nebst einleitender Uebersicht der Organisation der verschiedenen gerichtlichen Subaltern-Institute und 2 besondern Beilagen über die Amtskautionen und das Pensionswesen. gr. 8. (XII und 144 S.) Frankfurt a. O. 856, Trowitzsch und Sohn.

— [Neuer Abdruck u. d. Tit.] Die Dienstverhältnisse der gerichtlichen Subaltern- und Unter-Beamten im preußischen Staate (mit Ausschluß des Bez. des Appellations-Gerichtshofes zu Köln). E. system. Darstellung. 1860.

SCHMIEDICKE, E. B.: De historia processus criminalis Romanorum. Commentatio I. de judiciis criminalibus inde ab urbis origine usque ad quaestionum perpet. aetatem exercitis. *Vratislaviae*, **Max et soc. 827. 8maj. (16 Gr.)**

Schmiedicke, Ern[estus] Bogislaus: De processu criminali **Romanorum.** Halle-Wittenberg, Jur. Diss. v. 28. Dez. 1826, **nachgeliefert am 5./31. Okt. 1827.**

Geb. [Schmiedeberg (Kr. Hirschberg, Schles.) 14. 7. 1803]

Vollst. Buchausg. in Breslau 1827 bei Max u. d. T.: De historia processus criminalis Romanorum. Commentatio I. De iudiciis criminalibus inde ab urbis origine usque ad quaestionum perpetuarum aetatem exercitis. VIII. 179 S. 8°. T. 2 u. 3 sind nicht ersch. — Verf. erlebte die Diplomerneuerung 1876 als Apellationsgerichts-Direktor in Köslin.

Schmiedicke, Ernestus Bogislaus:
Theses, quas loco dissertationis de processu criminali **Romanorum** in scriptis exhibitae propediem edendae ... **publice defendet. Halis Saxonum (1826): Grunert.** 2 Bl. 8° (4°)
Halle-Wittenberg, Jur. Thesen v. 28. Dez. 1826

Schmiedicke, Otto (Rud.) (geb. Ratibor 28. 3. 1858): Ueber das Rhinosklerom. Berlin (1880). (32 S.) 8°
Berlin, Med. Diss. v. 16. März 1880

SCHMIEDIGEN, Friedrich Carl (Kaulsdorf): De pupillae vicariae conformatione.- Monachii: Poessenbacher 1834. 18 S.
28.6.1834 - Urk; F 61
Diss. Ingolst.-Landsh.-Mchn.

Schmieding-Dortmund. Rede, s. Bergarbeiter-Ausstand, der, d. J. 1890 im Abgeordnetenhause.

Schmieding, Frid. Guil. (Ruhlemannus) (geb. Witten an d. Ruhr 11. 3. 1817): De morbis, qui ab animalibus domesticis contagio in homines transferri possunt. Berolini (1843). (32 S.) 8°
Berlin, Med. Diss. v. 9. Juni 1843

Schmieding, Wilhelm, Referendar aus Dortmund: **Die Bedeutung der gemeinrechtlichen actio ad exhibendum verglichen mit dem Anspruche aus § 809** Bürgerlichen Gesetzbuchs. *Borna-Leipzig 1902: R. Noske.* **(VIII, 26 S.) 8°**
Leipzig, Jur. Diss. v. 1902

Schmiedl, A., Betrachtungen über die fünf Bücher Mosis nach Ordnung der Wochenabschnitte. Ein Buch für Schule, Haus und Tempel. Zur Verbreitung erhöhter Kunde und Würdigung des Judenthums, so wie zur Förderung religiöser Innigkeit und Begeisterung. 8. (XII und 288 S.) Wien 864, Herzfeld und Bauer. *

Schmiedl, A., die Lehre vom Kampf um's Recht im Verhältniß zu dem Judenthum und dem ältesten Christenthum. gr. 8. (41 S.) Wien 875, [Brüder Winter.] Löwy. *

Schmiedl, A., Saadia Alfajumi und die negativen Vorzüge seiner Religionsphilosophie. Aus einem Cyclus von religionsphilosoph. Vorträgen, gehalten im Wintersemester 1870 im Bet Hamidrasch zu Wien. 8. (23 S.) Wien 870, (Herzfeld und Bauer.) [Brüder Winter.] * — 40

Schmiedl, A., סנסנים Sansinnim. Betrachtungen über die fünf Bücher Mosis nach Ordnung der Wochenabschnitte. Ein Buch für Schule, Haus und Tempel. Zur Verbreitung erhöhter Kunde und Würdigung des Judenthums, sowie zur Förderung religiöser Innigkeit u. Begeisterung. Prag 859. — Leipzig, C. L. Fritzsche. gr. 8. (XII, 288 S. u. 1 Lithogr.) n. 1 ₰

Schmiedl, A., Sansinnim. Betrachtungen zu den fünf Büchern Mosis, nach Ordnung der Wochenabschnitte. Zur Verbreitung erhöhter Kunde und Würdigung des Judenthums, sowie zur Förderung religiöser Wärme und Innigkeit. 2. reichl. verm. Aufl. gr. 8. (VIII, 336 S.) Prag 885, Brandeis. *
geb. **

Schmiedl, A., Studien über jüdische, insbesondere jüdisch-arabische Religionsphilosophie. Wien 869. Herzfeld & Bauer. gr. 8. (VIII, 332 S.) n. 2 ₰ 10 *ngr.*

Schmiedl, Adolf, s. Schmidl

Schmiedl, Geo., die darstellende Arbeit, e. Notwendigkeit f. alle Schulen. Bericht, erstattet auf dem „1. österr. Schulreformtage" zu Gmunden, am 21. VII. 1909. (15 S.) gr. 8. Wien 909. A. Pichler's Wwe. & Sohn. — 30
Sonderabdruck aus: „Bürgersch.-Ztg."

Schmiedlein, Gottfried Benedikt

— Beitr. zur Naturgeschichte der schädl. Waldraupe. 8. Leipz. 797. Hilscher. 2 gr.

— — z. Naturgesch. d. schädl. Waldraupe. 8. Lpz. Hilscher. 799.

Schmiedlein, Gf. Bdkt., († d. 21. Febr. 1808.) Beitrr. zur physischen Topographie d. Stadt Leipzig. gr. 8. Leipz. 799. Linke. 4 gr.

Schmiedlein, Gottfried Benedikt: De Derivatione ... humorum ..., s. Krause, Karl Christian [Praes.]

— Einleit. in d. nähere Kenntniß d. Insektenlehre, n. Linnäischen System, m. K. gr. 8. Lpz. Böhme. 786.

— Einleit. in die nähere Kenntniß der Insektenlehre, nach d. Linnéischen System. Mit 2 Kpf. gr. 8. Leipz. 786. (Knobloch). 1 ℛ 12 gr.

— specimen faunae insectorum Lipsicae. 8. Leipz. 790. Kindel. 8 gr.

— Handwörterbuch d. Naturgeschichte. 3 Thle. gr. 8. Leipz. 800, 801. Baumgärtner. 3 ℛ 1812 Hbg. Pr. 1 ℛ 8 gr.

— schediasma de historia divisionis insectorum. 8maj. Leipz. 790.

— vollst. Lehrbegriff d. Entomologie, m. K. 1r Thl. 8. Leipz. Schäfer. (Kühn.) 795.

— primae lineae historiae medicinae universalis, praelect. acad. accommod. 8. Leipz. 776. Joachim. 2 gr.

Godofr. Bened. Schmiedlein primae lineae historiae medicinae universalis, praelectionibus academicis accommodatae. Lips. 1777. 8.

— Tagebuch, od. monatl. Anweis., zum Gebrauch f. Schmetterlingssammler. 3 Hfte. 8. Leipz. 800. Linke. 20 gr.

— f. Taschenbuch für Insektenfreunde.

Schmiedlein, Gottfried Benedikt: Insektologische Terminologie oder Grundbegriffe der Insektenlehre... 264 S., gbd., 2 Taf.

Leipzig: Crusius 1789

JB 92

— insektolog. Terminologie, od. Grundbegriffe der Insektenlehre nach Linné. Mit 2 Kpf. gr. 8. Leipz. 789. (W. Vogel). 20 gr.

Gottfried Benedikt Schmiedlein

Versuch einer genauen Berichtigung der mittlern Höhe des Barometers für Leipzig und des Verhältniß der Höhen von Wittenberg und Leipzig durch barometrische Abmessungen zu bestimmen. Von Gottfried Benedikt Schmiedlein. Leipzig: Schneider 1780. XII, 32 S. 8°

Schmiedlein, Gottfr. Bened., Versuch e. genauen Berichtigung d. mittl. Höhe d. Barometers f. Leipzig. 8. Leipz. Schneider. (Linke.) 780.

— Versuch e. genauen Berichtigung der mittl. Höhe des Barometers für Leipzig 2c. 8. Leipz. 790. Schneider. 2 gr.

Schmiedlin, Th[eophil]. Gutachten (betreffend den Bau einer) Strassenbahn Schaffhausen-Schleitheim-Oberwiesen ([an die] Baudirektion des Kantons Schaffhausen. 1902 Mai 3). [II + 5 S.] 4. [Schaffhausen, H. Meier & Cie.]

Schmiedt, s.a. Schmidt

Schmiedt Kurze Bearbeitung der deutschen Stilistik, der deutschen Metrik und der allgemeinen Sprachlehre. 52 S.
Roßleben, Progr. 1843

Schmiedt: Les temps et les modes du verbe français comparés à ceux de verbe latin. 16 S.– Rossleben, Progr. 1852.

Schmiedt De via ac ratione, lyceor. discipulos ling. gallicae notitia imbuendi. 14 S. . . . .
Progr. Rosleben 1833

Schmiedt, Andreas Karl (Bernburg) A. S. 21/9

Beneficium competentiae quousque nobilibus competat. Präs. Augustin Leyser.
Wittenberg (Eichsfeld) III. 1733. 28 Bl.

W. v.: Johann Dietrich Andreas Bose (Opp.), Johann Friedrich Leyser (Opp.), Johann Jakob Metzner (Opp.)

30975

Schmiedt, Fr. Christoph

Schmiedt, F. Ch., neuester Briefsteller f. Liebende. 8. Lpz. Gräff. (Polt in Prag) 805.

Schmiedt, Fr. Cph., neuester Briefsteller f. Liebende, in gewählten Beispielen. 8. Leipz. 805. 8. Wien 815. v. Mösle. 12 gr.

Schmiedt, Friedrich: Beiträge zur elektrolytischen Oxydation des Chroms. [1909.] 56 S. 8°
Berlin, Dr.-Ing.-Diss. v. 26. 11. 1909

Schmiedt, Ioa[nnes] Car[olus] Gottwerth: • De mysticismo commentatio. 19 Bl. 4°
Halle-Wittenberg, Phil. Diss. v. 9. April 1830
Geb. [Bitterfeld 19. 7. 1806]
Im Diplom lautet der Name fälschlich Schmidt, ist das e hs. eingefügt und der „Schreibefehler" vom Dekan attestiert. — Verf. erlebte das goldene Dr.-Jubiläum 1880 als Gymnasial-Professor a. D. in Leipzig.

Schmiedt, Joh., die Aufzeichngn. d. rigaschen Rathssecretairs J. Sch. zu den J. 1558—1562. Bearb. v. Alex. Bergengrün. gr. 8. (XXXIV, 164 S.) Leipzig 892. Duncker & Humblot. n. 4. 40

Schmiedt, Jh. Fr., ist aus d. Kantischen Philosophie Nutzen f. die Religion zu erwarten? gr. 8. Dresd. 811. Walther. 6 Gr.

Schmiedt, Johann Georg Bernhard (Schleusingen)
A. S. 577/28a

Quaestio iuris controversi de legati hypothecae rei immobilis usu hodierno.
Präs. Christian Heinrich Breuning.
Leipzig (Rumpf) 27. II. 1773. 8 S. 30978

Schmiedt, Johann Karl Gottwerth, s. Schmiedt, Gottwerth

Schmiedt, Maximil. Ferd. (geb. Rossleben 4. 4. 1842): De pseudarthrosi. Berolini (1862). (32 S.) 8°
Berlin, Med. Diss. v. 26. Dez. 1862

Schmiedt, Tob. Edw., († ...) Lehren des christl., auf Beförderung d. Glaubens u. d. Gottseligkeit gerichteten Unterrichts, aus d. Sonn- u. Festtags-Evangelien, in e. Predigt-Jahrg. vorgetragen. 1r Thl. 1e Abtheil. u. 2r Thl. 1e Abtheil. gr. 8. Hildburgh. 799–804. Hanisch. 2 Thlr. 16 Gr.

— Rede im Frühgottesdienst in d. Hauptkirche zu Suhla am 1. Jan. 1801 gehalten. gr. 8. Hildburgh. 801. (Er. Fleischer in Lpz.) 4 Gr.

Schmiedt, Wlh. Herm., († 1770.) Betrachtt. über e. auserles. Schriftstellen, in vier heil. Reden. 4. Hildburgh. 756.

— erbaul. Reden, der Gemeine Jesu Christi gehalten. 4 Thle. 8. Leipz. 758. Junius. 1 Thlr.

Schmiedtchen, C. B., kurzgefaßte Anfangsgründe auf d. Clavier, f. Anfänger. 4. Leipz. 781. Schwickert. 8 Gr.

Schmiedtgen, Joh. Gottfr. Daniel

Schmiedtgen, Jh. Gf. Dan., Adonide, od. Liebe u. Schein. 8. Leipz. 811. Cnobloch. 1 Thlr.

— — Dasselbe. Neue wohlf. Ausgabe. Ebd. 1815. 8°.

— — Albert und Jacobine, oder die friedlichen Thäler an der Starrenburg. Ein Gemälde ländlicher Glückseligkeit. Neustrelitz 1802. 8°.

— — Dasselbe. Zweite mit Kupf. vermehrte Ausgabe. Leipzig, Hinrichs, 1805. 8°. (2 Rthl.)

— Albert u. Jacobine, oder die friedl. Thäler rc. 8. Neustrel. 806. (Hinrichs in Leipz.) 1 Thlr.

— — Andeutungen, oder (17) kleine Erzählungen. 4 Bde. Kiel, akademische Buchhandlung, 1809–12. 8°.

I (Andeutungen): Dorchen, oder Schirners kleine Reise. — Die Treibjagd. (Auch im Toilettenfreund I, 3.) — Duldung und Pflicht. — Vater Holms Reise zu seinen Kindern.
II (Landfrüchte): Der Börgerstock (sol). — Entsagung und Liebe. — Lottchen, oder die moderne Bildung. — Die heimliche Freude.
III (Zöglinge): Der Wurf aus dem Fenster. — Das Brauseloch. — Die Büste meines Vaters. — Die Hingebung.
IV (Silenen): Euphrosine, oder die Frucht des Mitleids. — Die Trümmer der Liebe auf Ogygia. — Die Stiefmutter. — Die gemalten Eier, oder Geschichte meiner Liebe. — Jacob und Maria.

— Andeutungen, od. kleine Erzählungen. 1r Bd. 8. Kiel 809. Hesse. 1 Thlr. — 2r Bd. unt. d. T.: Landfrüchte. 8. Ebd. 810. Ebd. 1 Thlr. — 3r Bd. unt. d. T.: Zöglinge. 8. Ebd. 811. Ebd. 1 Thlr. — 4r Bd. unt. d. T.: Silenen. 8. Ebd. 812. Ebd. 1 Thlr.

SCHMIEDTGEN, Joh. Gottfr. Daniel (geb. am 15. April 1766 in Sorau, † als hildburghaus. Rath in Leutenberg bei Saalfeld am 30. Sept. 1816. — Goedeke V, 488, 6, nach Meusel, Gelehrtes Teutschland. —

Anna, oder der Fallstrick der Ehre und des Reichtums, ein Volksbuch. Leipzig und Gera, Heinsius, 1796. 248 S. (2 Mk. J. Taussig, Prag, 1907:)
Als „Volksbuch" gedacht ist die Erzählung nichts weniger als moralisch.

— — Dasselbe. 2. Aufl. Ibid. 1798. 8°. 248 S. (6 Mk., unbed. fleckig, der Vorige, 1904.)

— u. J. C. A. Bauer, gemeinnütz. Blätter zur Belehrung u. Unterhaltung. 4. Neust. a. d. O. 810. Wagner. 2 Thlr.

— — Dämmerungen. Für Deutschlands gute Töchter. Leipzig 1796. 8°.
1. Benjamine, oder die Aster. 2. Der Widerspruch oder die Bettlerfreude. 3. Das Gericht der Grünlinge

Schmiedtgen, J. G. D. Dämmerungen für Deutschlands gute Töchter, mit 1 Kupf. 8. Daselbst, 796. Leo. 1 Rthl. 5 sgl.

– Darstell. der auffallendsten Fehler der deutschen Sprache, s.a. Schmiedtgen: Rügen für Deutsche ...

— Darstellung d. auffallend. Fehler d. deutsch. Sprache im gemeinen Leben rc. 8. Lpz. Meinicke. 799.

— — Die stille Ecke am Rohrteiche, oder: Anton und Edda. 2 Bde. Ebd. 1800. 8°.

— die stille Ecke am Rohrteiche. 2 Thle. 8. Leipz. 807. Hinrichs. 1 Thlr. 8 Gr.

— bibl. Erzähll. des Alt. u. Neuen Testaments f. die Jugend u. Schulen bearb. 2 Thle. 8. Leipz. 805. N. A. 808. (Hinrichs). 12 Gr. Mit 72 Kpf. 1 Thlr. (2r Thl. A. u. d. T.: Leben u. Thaten Jesu.)

— biblische Erzählungen d. Alt. u. N. Testam. f. d. Jugend u. Schulen bearbeitet. 2 Thle. 8. Leipz. Rabenhorst. (Hinrichs.) 808.
Bl. R.

— kleine Erzählungen. 8. Leipz. 805. Rabenhorst. 1 Thlr.

— üb. die Euphonie oder den Wohllaut auf der Kanzel. gr. 8. Leipz. 794. Leo. 20 Gr.

— d. Friede im Hause; od. üb. die Verschlimmerung unsres Gesindes. 8. Leipz. Solbrig. 808

— der Friede im Hause; üb. die Verschlimmerung unsres Gesindes; nebst d. Mitteln, auf die Veredlung desselb. zu wirken. 8. Leipz. 809. (Fr. Fleischer). 16 Gr.

— — Der Friede im Hause; oder über die Verschlimmerung unsers Gesindes, nebst den Mitteln, auf die Veredelung desselben zu wirken. Ein Hausbedarf für Familien-Väter und Mütter. Leipzig, Solbrig, 1809. 8°. (2/3 Rthlr.)

— die Gränznachbarn. 8. Leipz. 812. Cnobloch. 1 Thlr. 8 Gr.

— — Die Gränznachbarn oder Otto von Tettenberg. Ebd. 1813. 8°. (1 Kr. 20 H. Halm & Goldmann, 1907.)
Goedeke V, 489, 6, 21 hat „Trettenberg" (?) u. „1812" (?).

— — Das Haus Grodnow, oder: Die Liebe nach der Ehe. 2 Thle. Ebd. 1798. 8°.

— — Dasselbe. Ebd. 1800. 8°.

— — Der Hagestolz, oder die sieben Liebschaften. Mit TKpf. Leipzig 1802. 8°. (2 Mk. 40 Pfg. Scheible, vor 1885.)
Neue Allg. dsch. Bibl. 83, 365.

— der Hagestolz, od. die sieben Liebschaften. 8. Leipz. 803. Hinrichs. 1 ß 8 gr

— das Haus von Grodnow. 2 Thle. 8. Leipz. 798. Gr. Fleischer. 1 ß 16 gr

— Heda! oder das neue Lottobüchlein. 8, Bayr. 799. (Dyck in Leipz.) 6 gr

— — Helena, oder so kommt man zu Ehren. Ein Gegenstück zu Anna. Ebd. 1797. 8°.

Schmiedtgen, J. G. D., Helene, od. so kommt man zu Ehren, ein Volksbuch, Gegenstück z. Anna od. d. Fallstrick. 8. Leipz. Gerh. Fleischer. 797. Rthlr.

— — Juchhei! oder: das neue Hochzeitbüchlein. Zur Lust und Freude der Junggesellen und Jungfern. (Roman, kein Jocosum!) Leipzig, bei Gerhard Fleischer; d. J. 1798. 8°.
104 S. (incl. Tit., 1 Bl. „Unserm Starke in Bernburg gewidmet", 1 Bl. Vorw.). Selten!

— Clementine, oder mein Wonneleben ꝛc. 8. Leipz. 810. 2e A. 813. Gnobloch. 1 ß

— — Clementine oder Mein Wonneleben am Friedrichsbrunnen. Mit Titelkpfr. u. gestoch. Tit. m. Vignette. Leipzig (o. Adresse) 1811. 8°. 236 S.
Sentimental-erotisch.

— — Dasselbe. Zweite wohlf. Ausgabe. Ebd. 1813. 8°.

— ſ. Kuhpockenimpfung, etc.

Schmiedtgen, Jh. Gf. Dn., Leben u. Thaten Jesu, s. Dess. bibl. Erzählungen.

— Leben u. Thaten Jesu. (ist aus d. aten Th. d. bibl. Erzähl.) 8. Leipz. Hinrichs. 807.
m. K.

— — Die Liebe am See bey Vollmersgrün. 2 Bde. Mit Kupf. Eisenberg, b. J. Schöne und Comp., 1804—6. 8°. (2⅔ Rthl.)

— die Liebe am See bei Vollmersgrün. 2 Bde. 8. Eisenb. 806. N. A. 807. Schöne. 2 ß 8 gr

— — Theobalds Morgengabe für seine Enkeltochter Pauline. Ein Buch für deutsche Töchter zur Beherzigung in der Zeit der Liebe und des Frohsinns. Mit 1 Kupfer von Mansfeld. Leipzig 1798. 8°. (1⅓ Rthl.) (4 Kr. Halm & Goldmann, 1907.)

— Theobalds Morgengabe f. seine Enkeltochter Pauline, e. Buch f. deutsche Töchter. Mit 1 Kpf. 8. Leipz. 798. Gr. Fleischer. 1 ß 8 gr

— Hellwigs Reise nach Dresden. Ein Volksbuch. 8. Leipz. Gleditsch. 805.

— Jak. Hellwigs Reise nach Dresden, oder: so reist man mit Nutzen; e. Volksbuch. 8. Leipz. 805. (Brockhaus). 16 gr

Schmiedtgen, (J. G. D.,) Rügen f. biedere Deutsche, in Hinsicht ihrer Sprache, in Briefen ꝛc. 8. Halle 796, ist Verl. v. Reinicke u. C.

— Rügen f. Deutsche, in Hinsicht ihrer Sprache, in Briefen. 8. Leipz. 796. Reinike in Halle. 21 gr (1799 mit folg. n. T.: Darstell. d. gewöhnl. Fehler d. deutschen Sprache im Reden u. Sprechen. Ebd.)

— Rügen f. Deutsche in Hinsicht ihrer Sprache, in Briefen. (hat a. d. Tit. Darstellung auffallender Fehler der deutschen Sprache.) 8. Leipz. Reinicke. (Hinrichs.) 796.

– Die friedl. Thäler an d. Stahrenberg, s. Schmiedtgen: Albert u. Jacobine.

— Leipziger Taschenbuch f. Liebhaber des Schönen u. Guten, f. 1800, 1 u. 2. Mit Kpf. 16. Leipz., Weigel. 1 ß 14 gr

— der erfahrne Wandersmann, oder: Anweis. zum zweckmäß. Wandern in Deutschland. Mit 1 Karte. 8. Bayr. 800. (Grau in Hof; a. Hinrichs in Leipz.) 12 gr

Schmiedtgen, J. Gfrd Dan., Der erfahrene Wandersmann; oder Anweisung zum zweckmässigen Wandern in Deutschland für Handwerksgesellen, mit 1 Karte .. Bayreuth 1802. 8.

— — Pauline Well. Ein Gegenstück zum Hagestolzen. Mit Kpfrn. Leipzig 1803. 8°. 292 S.

— Pauline Well. 8. Leipz. 804. Hinrichs. 1 ß 4 gr

— — Lydie Willmar, oder die Früchte der Zeiten. Eine Geschichte aus den stürmischen Tagen des Krieges. 2 Bde. Mit Kupf. Leipzig, Hinrichs, 1809. 8°. (Schreibp. 1⅔ Rthl.; Velinp. 2 Rthlr.)

— — Der hohe Windbruch, oder Eduard und sein Freund. Ebd. 1800. 8°.

— — Dasselbe. Ebd. 1806. 8°.

— der hohe Windbruch; od. Eduard u. sein Freund. 12. Leipz. 807. Hinrichs. 1 ß 4 gr

Schmieg, J., die Tabak-Fermentation mit Dampfkraft, für Tabakpflanzer, so wie für Tabak- und Cigarren-Fabrikanten. gr. 8. (30 S. mit 6 Stnt.) Frankfurt a. M. 852, Jaeger'sche Buchh.

Schmieg, Jos., de febribus biliosis. 8. Nürnb. 801. Bauer u. R. 12 gr

— Diss. inaug. de symptomatibus febrilibus. 8. Würzb. 788.

Schmiegel [Schlagwort]

Schmiegel, Kreis, s.a. Forstkarten.

— s.a. Posen, Reg.-Bez.

Schmiegel, Kreis. Baron, Paul, Spezial-Karte des Kreises Schmiegel. 1 : 125,000. 35×30 cm. Farbdr. Lissa (899). F. Ebbecke. n. — 50

Schmiegel, Kreis. Baron, Paul. Spezial-Karte vom Kreise Schmiegel in 5fachem Farbendr. Rev. v. den zuständ. Behörden. 1 : 125,000. 3. verb. Aufl. 32,5×26 cm. Lissa (906). O. Eulitz. n. — 50; auf Leinw. in Taschenformat n. 1. —

— — Wandkarte des Kreises Schmiegel, entworfen nach den Messtischblättern der königl. preuss. Landes-Aufnahme. 1 : 35,000. 4 Blatt à 56×50,5 cm. Farbdr. Ebd. (899). n. 12. —; auf Leinw. m. Stäben n. 15.—

Schmiegel [Verfasser]

Schmiegel, A. Die Organe der socialpolitischen Gesetzgebung im Königr. Sachsen. Nach amtl. Materialien bearb. 12. (57 S.) Dresd. 890, Lehmann'sche Buchdruckerei. * — 50

Beiträge zu den Funktionsuntersuchungen an Taubstummen in Dänemark von E[rnst Karl] Schmiegelow. Mit 13 in d. Text gedr. Abb. *Kopenhagen: Nord. Forlag; Berlin: A. Hirschwald 1901.* (113 S.) 4°(8°) [illegible]

Schmiel, Hans Georg, Referendar in Trebbin: **Die Arten und** die rechtliche Stellung der Sachen des § 95 B.G.B. *Borna-Leipzig 1902: R. Noske.* (IX, 55 S.) 8°
Leipzig, Jur. Diss. v. 1902

Schmiel, J. N., Unterricht über den Militärdienst, d. Miliz des Schweizerischen Freystaats gewidmet. 8. Basel, Flick. (auch Sauerländer in Aarau.) 806.

v. Schmiel, J. N., Unterricht üb. den Militärdienst, der Miliz des Schweizerisch. Freistaats gewidmet. 8. Basel 806. (Neukirch). 1 ₰

Schmiel, Wilhelm, aus Meuro b. Schmiedeberg: **Die Laute und** Formen der Apocalypse en français. (Bibl. Nat. Fr. 403.) *Halle a. S. 1904: C. A. Kaemmerer & Co.* (85 S.) 8°
Halle, Phil. Diss. v. 1904

Schmielau, Fritz [aus Schoenebeck a/E.] : Ueber Spina bifida ... Würzburg: Druck d. Ferdinand Röhrl'schen Buchdr. 1889. 31,1 S. 8°
Würzburg, Med. Fak., Inaug.-Diss. v. 1889

Schmiele, Emil Zur Geschichte des schwedisch-polnischen Krieges von 1655—1660. Graf Christoph Karl von Schlippenbach. Teil I. 4 (S. 3—23). Teil II. 4 (S. 3—26).
Progr. K. Wilhelms-G *Berlin* 1887 (57) 1888 (57)

Schmiele, E., Geschichtstabellen f. höhere Schulen, s.: Rothwisch, C.

Schmiele, Emil, Geschichtstafeln f. höhere Schulen, s.: Rothwisch, Conr.

Schmiele, Emil, das königl. Wilhelms-Gymnasium in den J. 1858 bis 1908. Festschrift zum 17. V. 1908. (VIII, 223 S.) gr. 8. Berlin 908. (Trowitzsch & Sohn.) 1. 50

Schmier, Benedikt A. S. 768/38

Tractatus juridicus de praescriptionibus.
Präs. Franz Schmier.
Salzburg (Mayr) V. 1707. 268 S.

Gew. : Johann Ernst von Thun, Eb. von Salzburg.

30979

Schmier, Bened., Theologia scholastico-polemico-practica tractatus 29 complectens. Aug. Vind. 1737, 3 tomi in folio.
Über das Werk s. Hurter, Nomenclator litt. II, 1271 (2. Aufl.).

Schmier, Benedikt, Ursachen (fünfzig), warum die römisch-katholische Religion vor allen andern zu wählen sei. Aus dem Latein. übers. von P. Maurus Feuerabend. Einsiedeln 1810. 8°.
Vgl. die oben S. 493 verzeichnete Schrift von Peißel, mit der die vorstehende im Titel übereinstimmt. Vielleicht liegt bei der einen oder andern eine Irrung bezüglich des Verf. vor, so daß hier thatsächlich nur eine Schrift vorhanden ist.

Schmier, Franz

— comment. in IV libr. decretalium. 4. ibid 714.

Schmier, Franz, Consultationes canonicae de Coadjutoribus perpet. etc. 4. Salzb. Mayr. 724.

Schmier, Franz [Praes.], s. Egckher v. Käpfing & Liechtenegg, Maximilian Franz Dominicus Frh.: De processu judiciario, ad librum II. decretalium, a tit. III. usque ad finem, et concordantes titulos ex jure civili.

— fundamenta et vertex juris canon. 4. ibid. 716.

— jurisprudentia canonica civilis, sive jus canonicum universum. 3 Tmi. fol. ibid. 729.

— jurisprudentia practico-consiliaria. fol. Augsburg, Wolf. 737.

Schmier, Frz.: Jurisprudentia publica imperii romano-germ. nova et scientifica methodo decorata. *Salisburg.*, Mayr. Fol. (1 Thl.)
1771.

Schmier, Franc.: Jurisprudentia publica universalis et jure tum naturali tum divino positivo nec non jure gentium nova et scientifica methodo derivata et juris publici facta. *Salisb.* 722. Fol.

— — univers. publ. fol. ibid. 703.

— Ius canonicum universum. III Tmi. fol. Avenione. (Wolf, Augsburg.) 738.

— jus canonicum universum cum Suppl. III Tomi. fol. Lips. Weidmann. 738.

— de pactis et contractibus. 4. Salzburg, Mayr. 712.

— de processu judiciario. 4. ibid. 710.

Schmier, Franz [Praes.], s. Schmier, Benedikt: De praescriptionibus.

— de sponsalibus et matrimonio et ejus pertinentiis. 4. ibid. 715.

— theologia scholastica. fol. August. Vind. (Weidmann, Lips.) 737.

Schmierer, A., u. J. Kammerer. Unsere wichtigsten eßbaren Pilze, nebst 1 Abbildg. d. gift. Fliegenschwammes, f. Schule u. Haus bearb. qu. Fol. (8 farb. Taf. m. 23 Sp. Text.) Stuttg. 889, C. Hoffmann's Verlag. * 6 —; cart. * 6 50

Schmierer, Friedrich, aus Darmstadt (Hessen): **Über Jodoso-, Jodo- und Jodiniumverbindungen des s-Jod-m-Xylols.** *Freiburg i. B. 1901: K. Henn.* (32 S.) 8°
Freiburg i. B., Phil. Diss. v. 1901

Schmierer, Th., üb. e. glazial gefaltetes Gebiet auf dem westlichen Fläming, seine Tektonik u. seine Stratigraphie unter besond. Berücksicht. d. marinen Oligocäns. (S. 105—135 m. Fig., 1 eingedr. Kartenskizze u. 1 Karte.) Lex. 8. Berlin (N. 4, Invalidenstr. 44) 910. Vertriebsstelle der kgl. preuss. geolog. Landesanstalt. nn 1. 50
Sonderabdruck aus: „Jahrb. d. kgl. preuss. geol. Landesanst."

Schmierer, Theodor, aus Rieth: Das A l t e r s v e r h ä l t n i s der Stufen 'Epsilon' und 'Zeta' des weißen Jura. Berlin 1902: J. F. Starcke. (S. 525–607.) 8⁰ (Aus: Zeitschr. d. Deutschen geol. Ges., Bd. 54, 4.)
Tübingen, Naturwiss. Diss. v. 1902

SCHMIERJACKEL i n A l t s c h a c k e n l a n d, Hanns (ps.), N e u e s m i t d e m a l t e n U e b e r z u g v e r s e h e n e s F r a g - u n d A n z e i g b l ä t t l e i n. (Satirische Gedichte.) O. J. (Nürnberg, c. 1790).
Weller, Lex. Ps. p. 506. — Rar!

Schmierling, Thad., die wiener Fiaker. 8. (..B.) Kaschau 838. [Pesth, Heckenast.] Thlr.

—— die wiener Schusterbuben. 8. (..B.) Kaschau 836. [Pesth, Heckenast.]

Schmiers, Werner & Stein: Preisliste über Schnellpressen. Leipzig (1897)

Schmies, Gustav, aus Mannheim: Über eine neue Synthese von Chinolinderivaten. Mannheim F. Raisberger Dr. 1895. 74 S. 8⁰.
Zürich. Phil. Diss. [v. 9. Dec. 1895].

Schmiesing, Freifrau Juliane von, geb. Gräfin zu Stolberg, s. S t o l b e r g, Fr. Leop. Graf zu, aus d. letzten. Lebenstagen.

Schmigalla, Fr., s.: T a s c h e n - K a l e n d e r f. Beamte.

Tendenzstatistik auf dem Gebiete der Lebens-Versicherung. Von Paul **Schmigalla**. Berlin: Puttkammer&Mühlbrecht 1906. (56 S.) 8⁰ [J. J. 6. 1938]

Schmigalla, Paul, Tendenzstatistik auf dem Gebiete der Lebens-Versicherung. 2. Aufl. (56 S.) gr. 8. Berlin 906. Puttkammer & Mühlbrecht. n. 2.—

Schmigd, Johann Baptista (Neustadt a. Haar)
U. S. Duisburg 1777. 1

De viribus vitae exercitatio inauguralis medica. Duisburg (Benthon) V. 1777. 16 S.

Gew.: Johann Peter Jodocus von Otten.
W. v.: Johann Gottlieb Leidenfrost. 30981

Schmige, das Seebad Heringsdorf. Kurze Anleitung zum zweckmässigen Gebrauch des Seebades f. Kurgäste. 8. (X u. 150 S. m. 1 Lith. in qu. gr. 4.) Berlin 852, A. Hirschwald. n. 1 ₰ 6 ngr

Schmige, Fritz, Referendar in Riesenburg i. Wpr.: **Das Vorkaufsrecht der Miterben im Bürgerlichen Gesetzbuch.** *Borna-Leipzig 1904: R. Noske.* (IX, 56 S.) 8⁰
Leipzig, Jur. Diss. v. 1904

Schmige, Joan. Christoph. (geb. Breslau 4. 12. 1812): Adumbratio brevis morborum pilorum corporis humani. Berolini (1838). (67 S.) 8⁰
Berlin, Med. Diss. v. 16. Jan. 1838

Schmige, Ioannes, Adumbratio brevis morbor. pilor. corporis humani. 8maj. (4¼ B.) Berolini 838, A. Hirschwald. *

Schmigelski, Rosa, im Hafen des Glücks. Eine Liebesgeschichte u. „Nachdem ich resigniert . . .". Ein Luftschiffahrts-Idyll. (51 S.) 8. Strassburg 909. J. Singer. —80

Schmigmator, K., u. S. Dernier. Situations-Plan d. Landeshauptstadt Brünn m. Bezeichnung der öffentlichen Gebäude u. Anstalten. 1 : 5760. Farbendr. gr. Fol. Mit Verzeichniss d. Strassen, Gassen u. Plätze. 8. (IV S.) Brünn 890, Winkler. * 2 —

—— Situationsplan der Landeshauptstadt Brünn nach den neuesten Aufnahmen von 1890. 1 : 2889. 2. Aufl. 4 Blatt. Farbendruck. Ebd. 891. * 10 —; auf Leinw. m. Holzrollen * 13 60

Schmigotz, J. L., vollständig theoretisch-praktische Windische Sprachlehre, mit e. Sammlung von Gesprächen u. einem Radikal-Wörterbuche versehen. gr. 8. Grätz, Tusch. 812.

Schmikat, Frau, oder die Folgen eines Kusses. De Locke! Königsberg i. Pr. [ca. 1900]. V: *Waas, E.* (Berl)

Schmil, Flor., theoret.-prakt. Grundsätze der Katechetik f. angeh. Religionslehrer. 8. Reisse 805. Rosenkranz. 18 gr

— homilet. Reden üb. die gewöhnl. sonntägl. Episteln. 2 Thle. gr. 8. Bresl. 798, 99. (J. F. Korn). 2 ₰

— Versuch e. Plans zur Verbesserung d. kathol. Landschulen in Schlesien. 8. Reisse 801.

Schmilg, Jos., über Entstehung und historischen Werth des Siegeskalenders Megillath Ta'anith. Historisch-krit. Abhandlung. Inaugural-Dissertation. gr. 8. (50 S.) Leipzig 874, (Dörffling und Franke.) * 1 50

Schmilinsky, Gust. Probe eines Glossars zur Chanson de Roland. 16 S. **Progr.** St. G. *Halle* 1876.

Schmilinsky, Gustavus: De proprietate sermonis Plautini **usu linguarum** Romanicarum illustrato [!]. Halis Saxonum (1866): **Orphanotropheum.** 48 S. 8⁰
Halle-Wittenberg, Phil. Diss. v. 23. März 1866
Geb. Magdeburg 5. 6. 1842. V.
Im Buchhandel Halis Saxonum (Berlin: Calvary) 1867. 50 S. 8⁰ Verf. erlebte das goldene Dr.-Jubiläum 1916 als Gymnasial-Professor (früher in Halle) a. D. in Bad Harzburg.

Schmilinsky, Gust., de proprietate sermonis Plautini usu linguarum romanicarum illustrata. Dissertatio inauguralis philologica. Halis Saxonum 867. (Berlin. Calvary & Co.) gr. 8. (50 S.) n. 10 ngr

Schmilinsky, G., s.: R o l a n d s l i e d.

Schmilinsky, Gustav [Dr.]: Der Rudens des Plautus. Übersetzt. Halle a. S., Druck v. E. Karras, 1897; 1 Bl., 18 S. 4.
Halle a. S., Stadt-G, OP 1897 (243)

Schmilinsky, H., e. Beitrag zur Lehre v. den Magenmykosen, s.: J a h r b ü c h e r d. hamburg. Staatskranken-anst.

— s.: D e n e k e, Th., das neue allgem. Krankenhaus zu Hamburg-Eppendorf.

Schmilinsky, Hermann [cand. med. aus Hamburg]: Über E m b o l i e der arteria centralis retinae und ihre Behandlung ... München: Druck v. Knorr & Hirth 1890. 43 S. 8⁰
München, Med. Fak., Inaug.-Diss. v. 1891

Schminck. De Expeditione cruciata in Stedingos. Marburg 1722.

Schminck, J. Hermann [Praes.], s. F ü l l i n g, Johann: De Wenceslao, rege Romanorum.

Schminck, Joh. Her., De cultu religioso arboris Jovis, praesertim in Hassia. Marburgi 1714. 4. . . . . (D.)

——. —— recusa Lipsiae 1740. 4. . . . . (D.)

Schminck, Wilhelm, app. Arzt aus Schwerin i. M.: Aus d. Universitäts-Augenklinik zu Marburg. Über Papillitis bei Anämie und Leukämie. Marburg 1899: F. Sömmering. (44 S.) 8°
Marburg, Med. Diss. v. 5. Jan. 1900

Schmincke, Alex., die Eintrittspforten der Tuberkulose in den menschlichen Organismus u. die Disposition d. Lungen zur Tuberkulose, s.: Abhandlungen, Würzburger, aus dem Gesamtgebiet der prakt. Medizin. X, 10.

Schmincke, Alexander, approb. Arzt aus Kassel: Magencarcinom im Gefolge eines chronischen Magengeschwürs bei einem Sechzehnjährigen. *Würzburg 1901: Verlagsdruckerei.* (20 S.) 8°
Würzburg, Med. Diss. v. 1901

Schmincke, Alexander, Dr., Prosektor am pathol. Institut d. Univ. Würzburg: Die Regeneration der quergestreiften Muskelfasern bei den Wirbeltieren. Eine vergleichende pathologisch-anatomische Studie. 1. Ichthyopsiden. Mit 2 lithogr. Taf. Würzburg: A. Stuber 1907. (S. 15—130.) 8° (Aus: Verhandlungen d. Phys.-Med. Gesellschaft zu Würzburg N. F. Bd 39.)
Würzburg, Med. Fak., Hab.-Schr. v. 1907

— Die Regeneration der quergestreiften Muskelfasern bei den Wirbeltieren. Eine vergleich. pathologisch-anatom. Studie. (130 S. m. 2 lith. Taf.) gr. 8. Würzburg 907. C. Kabitzsch. 3.50
Sonderabdruck aus: „Verhandlgn. d. phys.-med. Gesellsch. zu Würzburg".

Schmincke, C. F. W., Bemerkk. über verschied. Gegenstände der Forstwissenschaft. 8. Cassel 799. (Luckhardt). 4 gr.

– Dass., s.a. Schminke

SCHMINCKE, C. H. W.: Bemerkungen über verschiedene Gegenstände der praktischen Forstwissenschaft. - Hersfeld 1792. 64 S.

Schmincke, Friedrich Christoph

Schmincke, F. C., Monimenta Hassiaca, darin z. hess. Geschichte u. Rechtsgelehrsamkeit dienende Nachricht. 4 Thle. Cassel, Cramer. (Krieger in Marburg.) 747-65.

Schmincke, Fr. Cph.: Monimenta Hassiaca, darin versch. zur hess. Gesch. u. Rechtsgelehrsamk. dien. Nachrr. 4 Thle. *Cassel*, Krieger. 747—65. 8. (1 Thl.)

Schmincke, Friedrich Christoph (Kassel) A. S. 299/11

De superarbitris vulgo von Obmannen exercitatio ex iure Romano canonico ac Germanico explicata.
Präs. Georg Ludwig Boehmer.
Göttingen (Schulz) IV. 1744. 66 S.

Gew.: Heinrich Otto Kalckhoff.
W. v.: Präs. 30982

— histor. Unters. v. Otto d. Schützen, gebohr. Prinzen von Hessen Begebenh. am Clev. Hofe. 4. Cassel, Cramer. 746.

— s. Versuch e. Beschreib. d. Stadt Cassel.

Schmincke, Harry, Referendar in Bremen: Eigenes Verschulden des Beschädigten nach römischem-gemeinem Recht und dem Bürgerlichen Gesetzbuche. *Borna-Leipzig 1903: R. Noske.* (VI, 53 S.) 8°
Leipzig, Jur. Diss. v. 1903

Schmincke, J., Urkundenbuch des Klosters Cornberg, s. Zeitschrift des Vereins für hess. Geschichte.

Schmincke, Joh. Herm. Dissertatio historica de Wenceslav, rege Romanorum. 4. Marburgi 1718. — 4. Lipsiae 1742.

Schmincke, Jul., Register zu Dronke's Codex diplomaticus Fuldensis. gr. 4. (III und 77 S.) Cassel 862, Fischer. *

Schmincke, Jul., Register zu Dronke's Codex diplomaticus Fuldensis. Cassel 865. Fischer. gr. 4. (2 Bl., 77 S.)
n. 1 ₰ 15 ngr.

Schmincke, Richard, approb. Arzt aus Altenritte b. Cassel: Der Durchbruch von perityphlitischen Abscessen in die Harnblase. *Leipzig 1902: B. Georgi.* (31 S.) 8°
Leipzig, Med. Diss. v. (4. März) 1902

Ueber die Schminke, ihre Bereitung, ihren Gebrauch, und ihren schädlichen und nützlichen Einfluß auf den menschlichen Körper, bearbeitet für die Toilette von einem Freund der Schönen. Frankfurt am Main, in der Andreäischen Buchhandlung 1796
XVI + 92 S. 8°

Schminke, C. F. W., Bemerkungen über verschiedene Gegenstände der Forstwissenschaft. 8. Cassel, Griesbach. 799.

– Dass., s.a. Schmincke

Schminke, F. C., s. Schmincke, Friedrich Christoph

Schminke, I. H., Syntagma criticum variorum auctorum in quo Iurisconsulti, Philosophi, Historici, Oratores et Poëtae etc. 4. Marburg, Müller. (Hermann. et. Brönner, Francf.) 717.

Schminkeverfertiger, der geübte, nebst 8 nützl. Hausmitteln. Ein empfehlenswerthes Werkchen f. elegante Herren u. Damen. 8. (4½ B.) Nordhausen 829, Fürst.

Schmirgel, Carl [aus Schlesien]: Stil und Sprache des mittelenglischen Epos Sir Beves of Hamtoun. 1 . . . . Breslau, Buchdr. zum Gutenberg Anton Schreiber (1886); 40 S. + 1 Bl. 8°.
Breslau, Phil. Fak., Inaug.-Diss. v. 13. Okt. 1886.

Schmirgel, Carl, Stil und Sprache des mittelenglischen Epos Sir Beves of Hamtoun. I. Inaugural-Dissertation. gr. 8. (40 S.) Breslau 886, (Köhler.) *

SCHMIRMAUL, Franz: Die Unfehlbarkeit des Römischen Papstes in ihrer Tragweite und Begründung mit besonderer Berücksichtigung des Vatikanischen Conzils. — um 1909. 63 S. Diss. Graz, Univ.

Schmirtz, F.: De bibliopolis Romanorum. 17 S. – Progr. Saarbrücken 1857.

Schmischke, Gustav: Über den Einfluss der Galle, der Gallenbestandteile und einiger Darmprodukte auf die Darmbakterien. Heidelberg 1910: Straus. 22 S. 8°
Heidelberg, Med. Diss. v. 20. Juni 1910, Ref. Neumann
[Geb. 19. Dez. 83 Reichertswalde; Wohnort: Buckow b. Berlin; Staatsangeh.: Preußen; Vorbildung: Sophien-Realgymn. Berlin Reife O. 03; Studium: Berlin 2, München 4, Berlin 4 S.; Coll. 2. März 10; Approb. 1. Juni 10.]
[U 10. 3093

Schmising-Kerssenbrock, Graf Clem. Aug., Suum cuique. Bericht über die Thatsachen u. Verhandlungen, welche der Entlassung seiner Söhne Xaver Clemens u. Adolf aus dem königl. preuß. Militair-Dienste vorangegangen u. bisher gefolgt sind, unter Beifügung der bezüglichen Schriftstücke. Osnabrück 864. Richard. (Overwetter.) gr. 8. (93 S.) n. 10 ngr.

Schmit, Erato u. Calliope, oder Dichtungen am Mutterbusen der Natur, m. K. u. Musik. 8. Breslau, Barth. 809.

Schmit, ..., Erato u. Calliope, od. Dichtungen am Mutterbusen der Natur. Mit Kpf. 8. Rawitz (Bresl.) 809. (Holäufer). 1 ₰

Schmit, A., Anhang zu Sam. Hahnemanns Aufruf an denkende Menschenfreunde üb. d. Ansteckungsart d. asiat. Cholera. gr. 8. (1½ B.) Leipzig 831, [Berger's Brlsbuchh.]

—— Heilung d. asiat. Cholera u. Schützung vor ders. gr. 8. (2 B.) Leipzig 831, [Berger's Brlsbuchh.]

Schmit, F., s. Ramadge, die Lungenschwindsucht.

Schmit, Frz., Oesterreichs Baumzucht, s. Schmidt.

Schmit, Franz, approb. Arzt aus Diedenhofen ⟨Lothr.⟩: 7 Fälle von Syringomyelie als kasuistischer Beitrag. *Berlin (1903): G. Schade.* (30 S.) 8°
Berlin, Med. Diss. v. 13. März 1903

Schmit, Friedr., s.a. Schmid

Schmit, Fr., s. Alexis, oder das Hüttchen im Walde.

– s. Anthologie, Italienische.

— Erzähll., Fabeln u. Romanzen. 8. Leipz. 781. Weygand. 15 gl.

Schmit, Fr., Fabeln, Erzählungen u. Romanzen. 8. Leipz. Weygand. 781.

– s. Fielding, Tom Jones.

– (Hrsg.), s. Floegel, Karl Fr.: Geschichte der Burlesken.

Schmit, ursprüngl. Schmid, Fr., Gedichte. 8. Nürnb. 779. (Eichhorn). 21 gl.

— s. Lalotte u. Fanfan.

– s. Lesebuch für Frauenzimmer.

NETTCHEN, oder das Findelkind. Roman (von *Friedrich Schmit*). Neue Auflage. Berlin 1808.
Anon.-Lex. III. p. 207 (Privatmitthlg.).

– s. Robinson Crusoe.

– s. Tassoni, Alex.: Der geraubte Eimer.

– s. Wochenblatt ohne Titel.

Schmit, J. E.: Historische Schilderung des Schießhauses und der Schützengesellschaft zu St. Johannis vom Jahre 1429 bis zum heutigen Tage sammt ausführlicher Beschreibung der dortselbst aufbewahrten Alterthümer und Schützen-Kleinode. Nürnberg, 1838. 2096

Schmit, J. P., Deutscher Arbeiter-Katechismus. 16. (60 S.) Leipzig 848, Brügmann. 3 ngl.

Σμιτ, Ιω. Αδ., Γραμματικὴ Λατινικὴ ἀκριβεστάτη εἰς χρῆσιν τῶν Ἑλλήνων μετὰ πάσης ἐπιμελείας συνιεθεῖσα. Ἐν Λειψίᾳ τῆς Σαξονίας. — **Grammatica latina in usum Graecorum.** 8maj. (13¾ B. u. 1 Tab.) **Lipsiae 842, (T. O. Weigel.)**

Schmit Karl: Geschichte des n.-ö. L. R. G. Waidhofen a./Th. in den ersten 25 Jahren seines Bestandes (1870—94). 87. 79. Waidhofen a./Th. 94. 95.
Progr.

– Verzeichnis aller an der Anstalt in den Jahren 1870—1894 aufgenommenen Schüler mit Angabe ihres gegenwärtigen Berufes (Beschäftigung) und Aufenthaltsortes. 92. ibd. 94.
Progr.

Schmit Ritter v. Tavera, Ernst, Geschichte der Regierung der Kaisers Maximilians I. u. die französ. Intervention in Mexiko 1861—1867. 2 Bde. Mit 2 Planskizzen im Texte u. 1 Karte. (XIII, 433 u. IV, 517 S.) gr. 8. Wien 903. W. Braumüller. n. 14. —; geb. in Leinw. n. 16. 60

— die mexikanische Kaisertragödie. Die letzten 6 Monate meines Aufenthaltes in Mexiko. im J. 1867. Mit 1 Titelbilde u. 17 Abbildgn. im Texte. 1. u. 2. Aufl. (XII, 202 S.) gr. 8. Wien 903. A. Holzhausen. n. 5. —

Die mexikanische Kaisertragödie. Die letzten 6 Monate meines Aufenthaltes in Mexiko im Jahre 1867 von Dr. Ernst Schmit Rr v. Tavera, k. u. k. Gesandter i. R. Mit 1 Titelbilde u. 17 Abb. (Vorr.: Dr. Ernst Franz Weisl.) *Wien: A. Holzhausen 1903.* (X, 201 S.) 4°(8°) [03. 1813

Schmit Ritter von Tavera, Karl

Schmit Ritter v. Tavera, Carl, Bibliographie zur Geschichte des österreichischen Kaiserstaates. 1. Abthl. 1. Heft: Geschichte des Hauses Habsburg bis zum Tode Maximilians I. Lex.-8. (VII und 128 S.) Wien 858, (Seidel und Sohn.) *

— - dass. — 1. Abthl. 2. Bd.: Bibliographie zur Geschichte Oesterreichs unter Carl V. und Ferdinand I. Lex.-8. (VII und 156 S.) Ebendas. 858. *

Schmiterloew, v., Geschichte d. brandenburg. Kürassier-Regiments (Kaiser Nicolaus I. v. Rußland) Nr. 6 von 1842 — 1876. gr. 4. (V, 196 S. m. 5 Farbdr.) Brandenburg 876. (Berlin, E. S. Mittler & Sohn.) n. 7. 50

(Schmiterlöw, v.) Instruktion für den Cavalleristen über sein Verhalten in und ausser dem Dienste. Von einem Stabsoffizier. Mit einem Bildniss Sr. Majestät Kaiser Wilhelm II. und vielen in den Text gedruckten Abbild. 43. Auflage. kl. 8. Berlin 1890.

Schmiterlöw, G. v., talar ni svenska?, s.: Koch's Sprachführer. 9. Bd. (Christensen, J.)

Schmitfeldt, G., Karte von Böhmen nebst den angrenzenden Ländern, mit Angabe aller Poststrassen: entworfen ... 1831. Wien, T. Mollo, 1831. . . . . (Br. Mus.)

Schmitfranz, Paul, De verborum auxiliarium apud poetas comicos Romanos usu. Diss. 1910. 88 S. 2.50

Schmitgen, Carl, Gepr. Rechtsprakt. u. **Landgerichtssekr.:** Pfälzisches Kirchengemeinde-Umlagenrecht. Mit Berücks. d. Entwurfs e. bayer. Kirchengemeindeordnung. Ansbach 1910: Brügel. VI, 146 S. 8°
Würzburg, Jur. Diss. v. 9. Juli 1910, Ref. Meurer
[Geb. 9. Nov. 80 Oggersheim; Wohnort: Ansbach; Staatsangeh.: Bayern; Vorbildung: Gymn. Mannheim Reife M. 99; Studium: Heidelberg 2, München 4, Würzburg 2 S.; Rig. 4. Mai 10.] [U 10. 4327

Schmith, s.a. Smith.

SCHMITH, A(NTON): Was ist der Priester? Eine Primizrede am Schutzengel-Feste, an welchem der Joseph Perger Wohlehrwürdige Priester aus dem Orden des heiligen Francisci Marianischer Provinz, seine erste feyerliche Meße hielt, vorgetragen von Anton von Schmith, Weltpriester und Seelsorger zu Láng den 3ten September 1815. Pest (1815). Gedruckt mit Trattnerischen Schriften. 27-43 S. - 180 mm. Mitgedruckt: Mészáros József: Egyházi beszéd az Isten hivásáról . . egy uj misének szolgáltatásakor. S. 1-26.

Schmith, August: Über Vulva- und Scheidenkrebs. *Strassburg i. E. 1897: C. & J. Goeller.* (46 S.) 8°
Strassburg, Med. Diss. v. 1897

Schmith, Florian, prakt. Arzt a. Iffezheim (Baden): Über Stieltorsionen wachsender Ovarialtumoren und deren Blutversorgung durch Darm-, Bauchfell- und Netzadhaesionen. Freiburg i. B.: Speyer & Kaerner 1907. (34 S.) 8°
Freiburg i. B., Med. Fak., Ref. Krönig, Diss. v. 1907
[Geb. 6. Juni 49 Iffezheim; Wohnort: Ettlingen; Staatsangeh.: Baden; Vorbluboa: Lyzeum Rastatt Reife 70; Studium: Freiburg i. B.; Coll. 25. Jan. 07; Approb. 23. Jan. 77.]

Schmith, (J. C.,) s. Smith.

Schmithals, J. J. Die Glas-Malerey der Alten, eine Anleitung für Künstler und Liebhaber. Mit einer Vorrede von Dr. Rud. Brandes. Lemgo 1826. 8°.

Schmithals, J. J., die Glas-Malerei der Alten, e. Anleit. für Künstler u. Liebhaber, zum Nutzen u. Vergnügen. Mit Vorrede v. R. Brandes. gr. 8. Lemgo 826. Meyer. 8 gr.

Schmithals, Otto, a. Wesel: Drei freiherrliche Stifter am Niederrhein. Bonn 1907: C. Georgi. (80 S.) 8°
Bonn, Phil. Fak., Ref. Schulte, Diss. v. 13. Nov. 1907
[Geb. 24. Sept. 83 Wesel; Wohnort: Bonn; Staatsangeh.: Preußen; Vorbildung: Gymn. Wesel Reife O. 03; Studium: Tübingen 1, München 1, Bonn 4 S.; Rig. 19. Juni 07.]

Schmithof, C., der Liebesbrief, s. Bloch's, Ed., Dilettanten-Bühne.

Schmithoff, E., Döring od. Dessoir,
— Helmerding ist da,
— Moltte in Köpnik,
} s.: Kühling's, A., Album f. Liebhaber-Bühnen.

Schmithuisen, Peter, a. Aachen: Die Heilung des typischen Nasenrachenpolypen vermittelst der Elektrolyse nebst einem Anhang: Über die Wirkung der Elektrolyse im animalischen Gewebe. Rostock 1906: Adlers Erben. (33 S.) 8°
Rostock, Med. Fak., Ref. Körner, Diss. v. 15. Sept. 1906
[Geb. 14. Sept. 49 Xanten a. Niederrhein; Wohnort: Aachen; Staatsangeh.: Preußen; Vorbildung: Gymn. Wesel Reife O. 70; Studium: Greifswald 9 S.; Coll. 20. Juli 06; Approb. 12. Febr. 76.]

Schmitian, Hermann Levin: Adversaria quaedam medica theoretico-practica et chemica nonnulla. 28 S., gbd.

Erlangae: (Walther) 1775
(Adversaria argumenti physico-medici, Fasc. 1;2)

JB 1.608

Schmits, Augustus (geb. am 8 Nov. 1839 in Düren): De hexametri Germanici historia ... Bonnae, form. Carthausianis (1862). 1 Bl., 40 S. 8. ¶ Erschien zugleich selbständig bei Habicht in Bonn.
Bonn, Phil. Fak., Diss. v. 4 Aug. 1862

Schmits, Aug., de hexametri germanici historia. Bonn 862. Habicht. gr. 8. (43 S.) n. 8 ngr.

Schmits, Aug. Der Kampf gegen die Sprachverwilderung. Abdruck aus d. Köln. Zeitg., verm. durch frühere Aufsätze ähnl. Inhalts. gr 8. (III, 63 S.) Köln 892, DuMont-Schauberg. * — 80

Schmits, Aug., der Kampf gegen die Sprachverwilderung. Abdruck aus der Köln. Zeitg., vermehrt durch frühere Aufsätze ähnl. Inhalts. 2. verm. Aufl. gr. 8. (73 S.) Köln 901. M. du Mont-Schauberg. n. 1. —

Schmits, Aug., über Rechtschreibung und Druckschrift. gr. 8. (IV, 80 S.) Köln 876, DuMont-Schauberg'sche Buchh. ** — 75
Aus: Kölnische Zeitung, besonders abgedruckt.

Schmits, Frz., das Stämpel-Gesetz vom 27. Jänner 1840, für die deutschen Provinzen alphabet. abgefaßt, auch in Beziehung auf die mit verschied. Stämpeln belegten Eingaben u. Protokolle speciel behandelt 2c. 2. verm. Aufl. gr. 8. Grätz 843. (Wien, Klang.) 1 1/3 Thlr.

Schmits, Frz., das Stämpel-Gesetz v. 27. Jänner 1840, f. die deutschen Provinzen alphabet. abgefaßt, auch in Beziehung auf die mit verschied. Stämpeln belegten Eingaben u. Protokolle speciel behandelt 2c. 2., verm. Aufl. gr. 8. (17 1/4 B.) Wien 844, (Klang.)

Schnitson, Ant., über Anatomie u. anatom. Demonstrationen. 8. Jena 806. (Knobloch in Leipz.) 4 gr.

Schmitson, Ant., über Anatomie u. anatom. Demonstrationen. 8. Jena, Gabler. 806.

— Beschreib. e. zweckmäß. u. wohlfeilen Geburtslagers für alle Stände. Mit 9 Kpft. 8. Leipz. 809. (Aue in Altona). 18 gr.

— Geist der latein. Sprache. 8. Leipz. 804. Rein. 1 Thlr.

— latein. Sprachlehre. gr. 8. Leipz. 804. Rein. 18 gr.

Schmitson, D. F., Uebersicht der Kriegswissenschaft und ihrer Theile. 8. Frankfurt a. M., Wilmans. 819.

– Dass., s.a. Schmitson, Teutwart

Schmitson, Teutwart, Grundriß e. Wehranstalt des deutschen Bundes nach Zeit u. Umständen. Fol. Leipz. 817. (Weygand). 16 gr.

— — Grundriß einer Wehranstalt des teutschen Bundes. Leipzig 1817. 32 S. 4°

Schmitson, Dr. T. übersicht der Kriegswissenschaft u. ihrer Teile. Frankfurt a. M. 1818. 96 S.

Schmitson, L.: „Uebersicht der Kriegswissenschaft und ihrer Teile", Frankfurt a. M. 1818 (Fr. Wilmans).

— Uebersicht d. Kriegswissenschaft u. ihrer Theile. 8. Frkf. a. M. 819. (Gebhard in Grimma). 10 gr.

– Dass., s.a. Schmitson, D. F.

Schmitson, Teutwart, Die Wehr- und Schirm-Anstalt, Aus der Staatsverfassungslehre, D. hohen teutschen Bundesversammlung zu Frankfurt a. M. untertänigst dargelegt, Leipzig 1816, 160 S., 4°.

Schmitson, Teutwart, die Wehr- u. Schirm-Anstalt; aus d. Staatsverfassungslehre. Fol. Leipz. 816. Weygand. 2 Thlr. 12 gr.

Schmitt, s.a. Schmid

– s.a. Schmidt

– s.a. Schmied

– s.a. Schmiedt

– s.a. Schmit

– s.a. Smidt

– s.a. Smidth

– s.a. Smith

– s.a. Smitt

Schmitt: Der Einfluss der natürlichen Beschaffenheit Griechenlands auf die Entwicklung des Volkes. 8 S. 8° – Elbogen OR., Progr. 1854

Schmitt, aus der ungeschriebenen Geschichte des Unterinnthales. Nach e. in der Versammlg. des Verschönerungs- u. Alpenvereines Kufstein am 27. III. 1890 geh. Vortrag. (15 S.) 8. Kufstein 890. E. Lippott. n. —20
Sonderabdruck aus: „Tiroler Gebirgsbote".

Schmitt: Die katechetische Methode. 23 S. - Bamberg, Progr. 1863.

SCHMITT, ——.
Mittheilungen aus der amtlichen Lebensmittel- Untersuchungs-Anstalt und chemischen Versuchsstation zu Wiesbaden, über die geschäftliche und wissenschaftliche Thätigkeit in dem Betriebsjahre 1883–84. Berlin, 1885. pp. [iv]-268, 8vo. Plates.

Schmitt, De oratione in novercam, quae Antiphontis fertur, dissertatio. Pr. 1853. 14 S. 4°.

Schmitt, 3000 gelöste Rechenaufgaben f. Elementarschulen, so eingerichtet, daß sie in einigen Augenblicken in gehöriger Menge u. Verschiedenheit gegeben, u. ihre Auflösungen ebenso schnell geprüft werden können. Dabei sind die Auflösungen der Aufgaben des Druckenmüller'schen Rechenbuches u. Lektionsplan. gr. 12. (4 B.) Trier 842, Lintz'sche Buchh.

Schmitt, s.: Taschenkalender f. die Rheinschiffahrt.

Schmitt, A.: Vittorio Alfieri's Agide. Im Versmasse des Originals ins Deutsche übersetzt. Mit einem Vorworte. 48 S. - Würzburg, Progr. 1869.

– – s.a. Schmidt

Zu Pytheas von Massilia. I. - Von A. Schmitt, G. P. -- 1876. Landau, ibid. — S. 4—50°.
Progr. Landau (Pfalz) K. Gymn.

Schmitt, A., Taschenbuch für Ammen. 12. Leipz. 797. Schladebach. 8 gr.

Schmitt, Ad., Leiter des Bureaus für Rechts- und Verwaltungssachen auf d. Eisen- u. Stahlwerk Hoesch in Dortmund: Der Frachtzuschlag im Eisenbahnfrachtrecht. Dortmund 1905: H. Meyer. (VIII, 69 S.) 8°
Gießen, Jur. Fak., Ref. Leist, Diss. v. 3. Okt. 1905
[Geb. 18. Febr. 74 Muhlheim; Wohnort: Dortmund; Staatsangeh.: Hessen; Vorbildung: Gymn. Mainz Reife O. 94; Studium: Gießen 6 S.; Rig. 1. Aug. 05.]

Schmitt, Adam, Handbuch der Andacht f. Katholiken. Enthaltend die gewöhnl. Gebete u. Gesänge zum öffentlichen Gottesdienste. 2. umgearb. u. verm. Aufl. 16. (XII u. 452 S. m. 1 Holzschn.) Würzburg 851, Stahel. 1/3 ₰

Schmitt, Adam, Handbuch der Andacht für Katholiken. Enthaltend die gewöhnlichen Gebete und Gesänge zum öffentlichen Gottesdienste. Mit 1 Stahlst. 3. abermals verm. Aufl. Würzburg 854. Stahel. 16. (XII, 468 S.) 10 ngr.

Schmitt, Adam, Handbuch der Andacht für Katholiken. Enthaltend die gewöhnlichen Gebete und Gesänge zum öffentlichen Gottesdienste. Mit 1 Stahlst. 5. Aufl. Würzburg 863. Stahel. 16. (XII, 458 S.) 10 ngr.

Schmitt, Adam (Finthen)
Ileus, dessen Ursachen, Versuch einer differentiellen Diagnose, Behandlung.
Giessen 1866. 67 S. u. 1 Taf.
Diss. med. 1866. 14. Febr. vorh. 26.7

Schmitt, Adf., Anlage und Pflege der Fichten-Pflanzschulen. gr. 8. (X, 101 S. mit 3 lithogr. Taf. Abbild. in qu. gr. 4.) Weinheim 875, Ackermann. * 3 —

Schmitt, Adf., die Erkrankungen des Mastdarmes, s.: Abhandlungen, Würzburger, aus dem Gesamtgebiet der prakt. Medizin.

Schmitt, Adolf [Dr., Assistenzarzt d. kgl. chir. Klinik]: Die Fascienscheiden und ihre Beziehung zu Senkungsabscessen ... *München*, J. F. Lehmann, 1893; 2 Bl., 123 S., 2 Taf. 8.
München, Med. Fak., Hab.-Schr. v. 1893
(Nicht für den Austausch)

Schmitt, Adf., die Fascienscheiden u. ihre Beziehungen zu Senkungsabscessen. Eine anatomisch-klin. Studie. gr. 8. (III, 123 S. m. 2 Taf.) München 893. J. F. Lehmann's Verl. n. 4. —

Schmitt, Adolf [aus Volkach a. M.]: Zur Kenntniss der Tubengonorrhoe. . . . Leipzig, Druck v. A. Th. Engelhardt, 1889; 2 Bl. 25 S. 8°
Würzburg, Med. Fak., Inaug.-Diss. v. 1889

Schmitt, Adf., Weinheim u. Umgebung. Gedichte. gr. 16. (158 S.) Weinheim 877. Ackermann in Comm. n.n. 2.—; geb. n.n. 3. —

Schmitt, Alb., S. J., zur Geschichte des Probabilismus. Historisch-krit. Untersuchung über die ersten 50 Jahre desselben. (III, 188 S.) 8. Innsbruck 904. F. Rauch. n. 1. 80

Schmitt, Albert, gepr. Rechtspraktikant a. München: Der Eigentumsvorbehalt, seine Bedeutung und Wirkung nach den gegenwärtig in Bayern r. d. Rh. geltenden Gesetzen und dem künftigen Liegenschaftsrecht des Bürgerlichen Gesetzbuches. Würzburg 1904: P. Scheiner. (93 S.) 8°
Tübingen, Jur. Fak., Ref. Rietschel, Diss. v. 9. März 1904
[Geb. 7. Juni 74 Wiesthal, Bez.-A. Lohr a. M.; Wohnort: Regensburg; Staatsangeh.: Bayern; Vorbildung: Neues Gymn. Würzburg Reife O. 94; Studium: Würzburg 8 S.; Coll. 9. März 04.]

SCHMITT, Albert Georg (Ettlingen): Einfluss der Pneumonie auf Schwangerschaft, Geburt und Wochenbett. 44 Pneumoniefälle der letzten 25 Jahre (1883 bis 1908 inkl.) in der Univ.-Frauenklinik zu München.- Stuttgart: Stuttgarter Vereins-Buchdr. 1910. 68 S.
2.5.1911 - Chr 1910/11,25; U 11.3726
Diss. Ingolst.-Landsh.-Mchn.

Schmitt, Alfred C., aus Muscoda, Wis., U. S. A.: **Entstehung der National-Politischen Parteien in den Vereinigten Staaten von Nord-Amerika.** *Roswein i. S. 1902: A. Haubold.* (86 S.) 8°
Leipzig, Phil. Diss. v. [19. Juni] 1902

Schmitt, Alois, Bibel u. Naturwissenschaft, s.a. Zeitfragen, bibl. III. 7.

Bibel und Naturwissenschaft. Von Dr. Alois **Schmitt**, Prof., Offenburg i/B. 1. u. 2. Aufl. Münster i. W.: Aschendorff 1910. 55 S. 8°
(Biblische Zeitfragen. Folge 3, H. 7.) [10. 1090] 2

– Die Eiszeit u. ihr Mensch, s.: Naturstudien f. Jedermann. 7. Heft.

Basler Gesangverein [in Basel]. Grosse Messe in C-moll von W[olfgang] A[madeus] Mozart ⟨Werk 427⟩ für Soli, Chor, Orchester und Orgel. Nach Mozart'schen Vorlagen vervollständigt von Alois Schmitt. Aufgeführt ... den 25. Mai 1902.... ([Einleitung von] Alois Schmitt, Text [und] Verzeichnis der Mitwirkenden.) 16 S. 8. Basel, Emil Birkhäuser.

Schmitt, Alois, aus Waldstetten ⟨Baden⟩: Über involutorische **Transformationen.** *Leipzig 1904: B. G. Teubner.* (31 S.) 8°
Freiburg i. B., Phil. Diss. v. 1904

– (Hrsg.), s. Volksblatt, Musikalisches.

— Das Zeugnis der Versteinerungen gegen den Darwinismus od. die Bedeutung d. persistenten Lebensformen f. Abstammungslehre u. Apologetik. (VIII, 124 S. m. 14 Abb.) gr 8. Freiburg i/B. 908. Herder. 2.40

Schmitt, A[ndreas], Rekt.: Zwei noch unbenützte Handschriften des Ioannes Scotus Erigena. *Bamberg 1900: Bamberger Neueste Nachr.* (62 S.) 8° [J.]
Bamberg, k. neues G, P 1900*

Schmitt, Ant., Entwickelung d. Sprache u. Schrift. Nebst Folgerung e. neuen Structur beider. Hrsg. v. Friedr. Mor. v. Moissberg. gr. 8. (5¼ B.) Mainz 835, Wirth.

Schmitt, Anton. Archäologische Karte des Königreiches Böhmen zusammengestellt und herausgegeben von — —. Prag, 1856. J. G. Calve'sche Buchhandl. Joh. Ed. Wagner lith., S. Eberhard präl., Steindr. von C. Kutschera. 1 Bl. 21'' h., 26'' breit, ohne Gradeintheilung, Netz und Terrainzeichnung. Sowohl der Titel als auch die Ortsnamen, ein Verzeichniß der Kreise, eine Erklärung der für alle archäologischen Gegenstände vorkommenden Zeichen sind zugleich in böhmischer und deutscher Sprache geschrieben. Auch befindet sich darauf eine kurze Anleitung über die böhmische Aussprache.

Schmitt, Ant., Materialien zu Sprachübungen für Schulen. Eine Zusammenstellung der am häufigsten vorkommenden Aufsätze in Poesie und Prosa, nebst einer faßlichen Erklärung der Gattung, zu welcher dieselben gehören. Prag 860. Dominicus. gr. 8. (VII, 104 S.) n. 10 ngr

—— Organismus d. griech. Sprache. 2 Thle. gr. 8. Mainz, Wirth. [1. (5½ B.) 836. ½ Thlr., 2. (6 B. u. 2 Tab.) 837. ⅔ Thlr.]

— Organismus der Griech. Sprache. 2 Thle. (Mit 2 Tabellen.) gr. 8. Ebd. 837. 1 ₰

Schmitt, Ant., Organismus der latein. Sprache, od.: Darstellung der Weltanschauung des römischen Volkes in seinen Sprachformen. 2 Thle. gr. 8. (20 B. u. 6 Formentaf.) Mainz 846, (Wirth, Sohn.) *

Schmitt, Ant., Organismus der lateinischen Sprache od.: Darstellung der Weltanschauung d. röm. Volkes in seinen Sprachformen. 2 Thle. Mit 6 Formentaf. (in qu. gr. Fol.) 2. Aufl. gr. 8. (XII u. 310 S.) Mainz 851, Wirth Sohn. 1 ₰

Schmitt, Anton, *Lehrer im Mädchen Lehr- u. Erzieh.-Institut der Frau Marianne Ullbricht in Prag.* Der deutsche Rechtschreibungsschüler in der Volksschule Böhmens und Mährens. *Prag* 1858. *H. Dominicus.* I. Theil. 54 S. 1 Bl., 8°. 16 kr.
INHALT. Der Elementarschüler.

— der deutsche Rechtschreibungsschüler in der Volksschule Böhmens und Mährens, mit 100 methodisch verfaßten, die Schreibweise der meisten deutschen Stammwörter enthaltenden Aufgaben, welche zugleich die Stelle eines Nachschlagsverzeichnisses vertreten. 2. umgearb., verm. u. verb. Aufl. Ebend. 860. gr. 8. (84 S.) n. 7½ ngr

Schmitt, Ant., der deutsche Rechtschreibungsschüler in der Volksschule Böhmens und Mährens mit 120 methodisch verf., die Schreibweise der meisten deutschen Stammwörter und vieler Fremdnamen enth. Aufgaben, welche zugleich die Stelle eines Nachschlagsverzeichnisses vertreten. 3., verm. und verb. Aufl. 8. (84 S.) Prag 868, Dominicus. cart. *

Schmitt, Anton, System der Übereinstimmung der Philosophie mit der Theologie überhaupt und insbesondere mit der Lehre Jesu. Mainz, Wirt, 1844, gr. 8°, 2 Mk.
Vgl. dazu J. A. Seubert, Ob Schelling? Ob Schmitt? Oder Dr. Schellings u. Dr. Schmitts Offenbarungsphilosophie miteinander verglichen u. gewürdigt. Daselbst 1845, gr. 8°.

Schmitt, Ant., Wörterbuch der deutschen Sprache bearb. für den Schul- und Hausgebrauch. Mainz 853. Wirth. 8. (VI, 795 S.) 1 ₰. 12 ngr

Schmitt, Ant. Prokop, Aus der Heimat. Malerische Wanderungen auf dem Gebiete der Stiftsherrschaft Gradlitz. Mit Holzschn. nach Originalzeichnungen des Malers Ant. Lewy. 1. Heft. gr. 16. (32 S. mit eingedr. Holzschn. und 1 Holzschntaf.) Prag 871, (Dr. Grégr und Dattel.) * — 60

Schmitt, Artur, appr. Arzt a. Würzburg: **Über den suprasymphysären Hautfascienquerschnitt nach Pfannenstiel unter besonderem Hinweis auf seine primären Heilungserfolge.** Würzburg 1907: F. Staudenraus. (61 S.) 8°
Würzburg, Med. Fak., Ref. Hofmeier, Diss. v. 28. März 1907
[Geb. 20. Juli 79 Würzburg; Wohnort: Würzburg; Staatsangeh.: Bayern; Vorbildung: Gymn. Würzburg Reife Juli 99; Studium: Jena 4, Würzburg 7 S.; Coll. 9. Jan. 07; Approb. 14. Juli 06.]

Schmitt, Askan, Herrn Manfred Pulvermüllers Wanderung von Lindenstadt nach Kaldenbreit. (92 S.) 8. Weimar 910. A. Schmitt. 1. —

Jahres-Bericht, vierter — der selbständigen Wiener Kommunal-Realschule in der Vorstadt **Gumpendorf.** *Wien* 1858. Druck von *A. Schweiger.* 36 S. 8°.
INHALT. Bericht über die erste Wiener Gewerbeschule zu Gumpendorf. Von *Aug. Schmitt* (S. 25—36).

(AUGUST SCHMITT), Bericht der Commission zur Prüfung der Berliner Vorschläge zur Reform des Buchhandels. (Ohne bes. Titelblatt. Leipzig 1878. Druck von B. G. Teubner.) 8°.

Schmitt, August, gepr. Lehramtskandidat a. Bayreuth: Die Sprache der altenglischen Bearbeitung des Evangeliums Nicodemi. Weimar 1905: R. Wagner Sohn. (VIII, 129 S.) 8°
München, Phil. Fak., Ref. Schick, Diss. v. 15. Apr. 1905
[Geb. 22. Apr. 80 München; Wohnort: Haisbronn, Bez.-Amt Pegnitz; Staatsangeh.: Bayern; Vorbildung: Gymn. Bayreuth Reife Juli 99; Studium: Berlin 3, München 6 S.; Rig. 23. Jan. 05.]

Schmitt, Augustin, die Krankheiten des Mundes u. der Zahne, ihre Behandlung u. Heilung nach den vorzüglichsten Quellen u. eigenen Erfahrungen vom wissenschaftl. Standpuncte dargestellt, nebst einer popularen Anleitung zur Pflege u. Erhaltung der Zahne; für Aerzte, Zahnarzte, Chirurgen u. gebildete Laien. gr. 8. (XII u. 316 S.) Wien 850, Schaumburg & Co. n. 1⅓ ₰

SCHMITT, B. W. F.: **Institutiones juris ecclesiastici universalis ad statum Germaniae catholicum accommodatae 5 libri. Fuldae. (Stabel in** *Würzburg.*) **772. 4. (5 Thl.)**

Schmitt, Bertha, die Cousinen, s. a. Bibliothek f. junge Mädchen, Bd. VIII.

[F.] Die Cousinen. Von Bertha Schmitt. M. 3. ganzseit. Tonbild u. 10 Textill. v. F. Schwormstädt. M. Gladbach & New York: A. Riffarth [1898]. (118 S., 3 Taf.) 1 Bd 8°
= Bibliothek f. junge Mädchen. Bdch. VIII.

Schmitt, Bruno, notleidende Agrarier. (45 S.) 8. München (906). Buchdruckerei u. Verlagsanst. G. Birk & Co. — 40

Schmitt, C., s. Schmitt, Konrad

Zum Weihnachts-Schwesternfest der Loge zur Eintracht in Berlin am 29. Dez. 1888. Epilog von C. A. Schmitt. Gesprochen vom Br. Olbricht. [Berlin 1888: Stankiewicz.] 2 Bl. 8⁰ [Umschlagtit.]
„Die Eintracht lud zu Gaste; ...“

Schmitt, C. A., Volks-Gesangschule für die Jugend u. für Erwachsene mit zahlreichen Uebungsstücken. Nach der neuen Methode von Wilhem u. Hullah besonders z. Gebrauche in Schulen deutsch bearb. In 2 Abthlgn. I. Abth. enthaltend die C-Dur-Tonart. gr. 8. (4¼ B.) Stuttgart 844, Metzler'sche Buchh.

Schmitt, Carl, s. Schmitt, Karl

Schmitt, Carl August, s. Schmitt, Karl August

Schmitt, Carl Ferdinand, s. Schmitt, Karl Ferdinand

Schmitt, Ch., topographisch-statistisches Handbuch des Königr. Bayern, s. Bavaria.

Schmitt, Ch., topographisch-statistisches Handbuch des Königr. Bayern, s. Heyberger, J.

[F.] Die Belagerung von Strassburg. Erlebn. e. deutschen Schülers (Charles Schmitt) im J. 1870. Hrsg. v. J[ul.] Pederzani-Weber. M. Abb. *Leipzig: Volkening & C. (1893).* (SA. a. d. Deutschen Schülerztg.) (134 S.) 1 Bd 8. [96. 7843

Schmitt, Chr. Wilhelm

Schmitt, Ch. Guil.: De adoptione minus plena dissert. (3 Gr.); adjunctum est prooemium de adopt. minus plena Codd. legum Borussicar. civil. Germanicis civit. suadenda comp. a A. S. Kori. Ab Acad. Heidelb. praemio ornata. 8. maj. *Jenae*, Mauke. 823. (6 Gr.)

— de adoptione minus plena dissert. ab Acad. Heidelb. praemio ornata. 8 maj. Jenae 824, Mauke.

Schmitt, Ch. W., die Lehre von d. Adoption. 8. Jena 825. Mauke. 12 ℊ

Schmitt, Chrn. Allsalieder. Gedichte e. Elsässers. 12. (88 S.) Straßb. i. E. 891, [Schmidt.] Bull. * 1 50
cart. * 1 80; geb. m. Goldschn. * 2 40

Schmitt, Chrn., Alsalieder. 2., verm. Aufl. 8. (VIII, 100 S. m. Bildn., Initialen u. Vignetten.) Zabern 895. Straßburg, L. Beust. n. 1.50

Schmitt, Chrn., Anleitung zur Erlernung der schwedischen Sprache, s. a. Ollendorff, H. G.

Schmitt, Chrn., Anleitung zur Erlernung der schwedischen Sprache nach H. G. Ollendorff's Methode. Für den Schul- und Privatgebrauch eingerichtet. 3. verb. und verm. Aufl. 8. (XV, 500 S.) Frankfurt a. M. 879, Jügel's Verlag. cart. 4 —
Schlüssel (160 S.) 1 50

Schmitt, Christian. Anleitung zur Erlernung d. schwedischen Sprache. Für den Schul- u. Privatunterricht. 4. verb. u. verm. Aufl. 8. (XVIII, 490 S.) Frankf. a. M. 888, Jügel's Verlag. geb. 4 —
—— dass. — Schlüssel. 8. (134 S.) Ebd. 888. geb. 1 50

Schmitt, Chrn., leichtfassliche Anleitung zur schnellen Erlernung einer ganz populaeren u. zeitgemaessen stenographischen Currentschrift. Für Studirende, Geistliche u. Lehrer, sowie für jeden Gebildeten zum Selbstunterricht bearb. gr. 8. (44 lith. S.) Eltville 852. (Mainz, Leroux.) n. 1/2 ℛ

Schmitt, Christian, aus Viernheim in Hessen: Pädagogische Bestimmungen über intellektuelle Entwicklung bei Beneke. Zürich 1909. 81 S. 8⁰. [6. VIII. 09.]
Zürich, Phil. Diss. I. S. 1908/09.

Schmitt, Christian. Pädagogische Bestimmungen über intellektuelle Entwicklung bei (Friedrich Eduard) Beneke. Diss. Phil. I. Univ. Zürich. 81 S. 8. Zürich, Gebr. Leemann & Co., 1909.

Schmitt, Chrn., Blumen am Wege. Ein Liederstrauß aus dem Elsaßlande. Gedichte. 8. (XV, 157 S.) Straßburg 887. Heitz. n. 2.50

Schmitt, Christian: Cardinal Nicolaus Cusanus.
27 S. 8.
In: Festschrift zu der ... Feier der Einweihung des neuen Schulgebäudes u. des 52 jähr. Bestehens der Anstalt Realgymn. mit Realschule i. E. *Coblenz* 1907 (zu 597).
I. Das Leben u. die kirchliche Wirksamkeit des Cardinals von C.
II. Die wissenschaftl. Bedeutung des Cardinals von C.
Progr.

Schmitt, Chrn., neue Gedichte. 8. (X, 142 S.) Straßburg 901. L. Beust. n. 2.40; geb. n. 3.—

— Joh. Wolfg. v. Goethe, im Elsaß, s.: Diesterweg's deutsche Schulausgaben.

Schmitt, Christian, aus Höhen u. Tiefen. Dritte Liedersammlung. (108 S.) 8. Straßburg 907. L. Beust.
Geb. in Leinw. 2.40

Schmitt, Chrn., H. G. Ollendorff's neue Methode, in sechs Monaten eine Sprache lesen, schreiben und sprechen zu lernen. — Anleitung zur Erlernung der schwedischen Sprache nach einem erweiterten Plane für den Schul- u. Privatunterricht eingerichtet. Frankfurt a. M. 861. Jügel's Verlag. 8. (XII, 496 S.) 1 ℛ 7½ ngr.;
Schlüssel dazu (170 S.) 14 ngr.

Prolog zum 25jährigen Stiftungsfest der Loge „An Erwins Dom“ in Strassburg i. E. [Unterz.:] Christian Schmitt. Strassburg [1907]: Du Mont-Schauberg. 1 Bl. 18,5×38,5 cm. [Kopftit.]
„Das Licht der Freude scheine dieser Stunde!“

— die Weihnachtsboten. Ein szen. Prolog zur Feier d. Christfestes. 8. (16 S. m. Titelbild.) Ebd. 908. n. —40

Schmitt, Christoph Franz Hieronymus (Würzburg) U. S. Giessen 1758/1

Theses ex universo iure.
Giessen (Braun) 20. XII. 1758. 7 S. 30984

Schmitt, Conrad, s. Schmitt, Konrad

Schmitt, Cornel(ius), s. Schmitt, Kornel(ius)

Schmitt, D., s. a. Schmid

Schmitt, D. *Die jungen Helden.* Ein Buch für Knaben, mit zwölf gemalten [lithographierten, handkolor.] Darstellungen von D. Schmitt. Mainz, J. Scholz, [c. 1840]. 44 S. Quer-kl. 8⁰. Neuerer Hlwd. 40.—
Reizende Szenen von Kindern, die Soldaten spielen. — Bibliotheksstempel der Prinzessin Maria zu Anhalt. Mit geringfügigen Flecken.

Schmitt, D., Lehrbuch der Arithmetik zum Gebrauche an Fortbildungs-Schulen u. zum Selbstunterichte. Mit Tab. zu gegenseitigen Vergleichungen u. Reductionen in- u. ausländischer Maße, Gewichte u. Münzen nebst vielen Beispielen hierüber, sowie über die verschiedenen Rechnungsarten im bürgerlichen Leben, über geometr. u. kaufmänn. Rechnen. Landau 865. Kaußler. gr. 8. (VIII, 205 S. mit 1 Steintaf.) n. 20 *ngr.*

Schmitt, D., Lehrbuch der Buchstaben-Rechnung und Algebra zum Gebrauche beim Unterricht und zur Selbstbelehrung. Mit zahlreichen Uebungsbeispielen. gr. 8. (XII und 238 S.) Heidelberg 866, C. Winter's Universitäts-Buchh. *

— Lehrbuch der Buchstaben-Rechnung u. Algebra zum Gebrauche beim Unterricht u. zur Selbstbelehrung. Mit zahlreichen Uebungsbeispielen. Heidelberg 868. C. Winter's Univ.-Buchh. gr. 8. (XII, 238 S.) n. 28 *ngr.*

Schmitt, David „Elektricität und Telegraphie". pg. 1—12. 4°. Mit einer Tafel. E. Kaussler.
Landau, Progr. 1861/62

Schmitt, David „Von den trigonometrischen Funktionen und ihrer Anwendung in der niederen Analysis". pg. 3—13. 4°. Mit einer Tafel. Ed. Kaussler.
Landau, Progr. 1856/57

Schmitt, E., der Gesanglehrer, s.: Fröhlich, J. G.

Schmitt, E., französische Grammatik f. die oberen Klassen höh. Lehranst. gr. 8. (VIII, 351 S.) Straßburg 895. Straßburger Druckerei u. Verlagsanstalt. n.n. 2.50

— Notentafel, s.: Fröhlich, J. G.

— in Sturm u. Sonnenschein, s.: Schmidt-Brädikow.

—— Übungsbuch für den französischen Anfangsunterricht, s. Ehretsmann, J.

Schmitt, E., Übungsbuch f. den französischen Unterricht in Quarta u. Tertia. 2. Tl. d. Übungsbuches f. den französ. Anfangsunterricht von J. Ehretsmann u. E. Schmitt. gr. 8. (VIII, 380 S.) Straßburg 887. Straßburger Druckerei u. Verlagsanstalt. n. 2.60; geb. n. 3.—
1. Tl. s.: Ehretsmann, J., u. E. Schmitt.

Schmitt, E., encyklopädisches französisch-deutsches u. deutsch-französisches Wörterbuch, s.: Sachs, Karl.

Schmitt, Edmund J. P. Lose Blätter aus d Gesch d Dten St Marien Gmde von New Albany, Ind. im Zusammenhange mit der Diocaesan-Kirchen Geschichte. Cincinnati, 1890.

Schmitt, Eduard

Schmitt, Ed., Anlage v. Treppen u. Rampen, s.: Schmidt, Otto.

Schmitt, Eduard, Anlagen zur Versorgung der Gebäude m. Licht u. Luft, Wärme u. Wasser, s.: Handbuch d. Architektur. III. 4.

Schmitt, Ed., Bahnhöfe und Hochbauten auf Locomotiv-Eisenbahnen. Nach den an der Universität Giessen gehaltenen Vorlesungen bearb. und ergänzt. 2. Thl.: Hochbauten für die Zugförderung und Bahnbewachung. 2 Lfgn. hoch 4. Leipzig, Felix. [1. Lfg. (S. 1—304 mit 167 eingedr. Holzschn. und 22 lithogr. Taf.) 880. **ℳ** 22.; 2. Lfg. (III, S. 305—408 mit 31 eingedr. Holzschn. und 6 lithogr. Taf.) 882. **ℳ** 8.] *
1. Thl. vgl. XV. Bd. 2. Abthl. S. 525: Schmitt, Ed., Vorträge über Bahnhöfe und Hochbauten auf Locomotiv-Eisenbahnen. 1. Thl. Ebendas. 1872,73. **ℳ** 18.

Schmitt, Eduard, Baulichkeiten f. Kur- u. Badeorte usw., s.: Lieblein, Jak.

Schmitt, Eduard, *öffentl. pol. Geschäftsagent zu Lemberg.* Beleuchtung der Angelegenheit wegen der mit kais. Patent vom 5. Juli 1853 vorgezeichneten Grundlasten-, insbesondere Servituten-Ablösung und Regulirung, mit Beiträgen zur Behandlung dieser Angelegenheit. *Lemberg* 1858. Gedr. bei *Kornel Piller.* I. Heft. 48 S. 8°. 2 fl.

Schmitt, Ed., Dächer im Allgemeinen. Dachformen, s.: Handbuch d. Architektur, III, II, 4.

Schmitt, Ed., verglaste Decken u. Deckenlichter, s.: Schacht, Adf.

— Einfriediggn., Brüstgn. u. Geländer, s.: Ewerbeck, Frz.

— Einfriedigungen, Brüstungen u. Geländer; Balcons, Altane u. Erker, s.: Handbuch der Architektur.

— Entwässerung u. Reinigung der Gebäude; Ableitung d. Haus-, Dach- u. Hofwassers; Aborte u. Pissoirs; Entfernung der Fäcalstoffe aus den Gebäuden, s.: Knauff, Max.

Entwässerung u. Reinigung der Gebäude, s.: Handbuch d. Architektur. III, 5. II.

—— der Erdkunstbau auf Strassen und Eisenbahnen. 1. und 2. Thl. gr. 8. Ebendas. 871. à Thl. * ℳ 5. * 10 —
Inhalt:
Thl. 1. Futtermauern und Durchlässe. (IV, 79 S. mit 15 lithogr. Taf. in 4., qu. 4. und qu. Fol. und 37 eingedr. Holzschn.)
» 2. Bohlwände und Verschlussvorrichtungen der Planieübergänge. (98 S. mit 16 lithogr. Taf. in gr. 4. und 73 eingedr. Holzschn.)

— Erhellg. der Räume mittels Sonnenlicht, s.: Handbuch der Architektur, III, III, 1.

Schmitt, Eduard [cand. med. aus Herxheim '(bei Landau in d. Rheinpfalz)']: Ein Fall von Verkalkung der Fimbrien bei Lebercirrhose und Ascites ... München, Buchdr. Kastner & Lossen, 1896; 35 S. 8.
München, Med. Fak., Inaug.-Diss. v. 1896

— Fundamente, s.: Handbuch der Architektur. III. 1.

— Gas- u. Wasserinstallationen m. Einschluss der Abortanlagen, s.: Sammlung Göschen.

Gas- und Wasserinstallationen. Mit Einschl. d. Abortanlagen. Von Dr. phil. u. Dr.-Ing. Eduard **Schmitt**. Mit 123 Abb. Leipzig: Göschen 1908. 122 S. 8°
(Sammlung Göschen. 412.)

— Gasthöfe niederen Ranges; Schlaf- u. Herbergshäuser. — Volksküchen u. Speiseanstalten f. Arbeiter; Volkskaffeehäuser, s.: Handbuch der Architektur. 4. IV.

— Gebäude f. Bibliotheken, s.: Kortüm, Alb.

– Gebäude für Gesellschaften und Vereine, s. Handbuch der Architektur.

— u. Alfr. Schubert, landwirtschaftliche Gebäude u. verwandte Anlagen, s.: Handbuch d. Archit. IV. 3. 1.

Schmitt, E., Gebäude f. mittlere technische Lehranstalten, höhere Mädchenschulen u. sonstige höhere Lehranstalten,
— Gebäude für niedere technische Lehranstalten u. gewerbliche Fachschulen,
— Gebäude f. Lehrer- u. Lehrerinnen-Seminare,
} s.: Handbuch der Architektur.

— Gebäude f. Pflanzenhäuser, s.: Kerler, Adb.

— Gerichtshäuser, Straf- u. Besserungsanstalten, s.: Landauer, Thdr. v.

– Gestüte und Marstall-Gebäude, s. Handbuch der Architektur.

Schmitt, Ed., s. Handbuch der Architektur.

— Heimstätten f. Wöchnerinnen u. f. Schwangere. Sonder-Heil- u. Pflegeanstalten (Sanatorien), s.: Handbuch der Architektur. IV. 5.

— Hochschulen im allgemeinen usw., s.: Eggert, Herm.

— Hochschulen (Universitäten u. technische Hochschulen) m. besond. Berücksicht. der indirecten Beleuchtung v. Hör- u. Zeichensälen, s.a. Fortschritte auf dem Gebiete der Architektur.

Hochschulen ⟨Universitäten und Technische Hochschulen⟩ mit besond. Berücks. d. indirecten Beleuchtung von Hör- und Zeichensälen. Von Dr. Eduard Schmitt, Prof. zu Darmstadt. Mit 47 Abb. sowie 1 Taf. Erg.H. zu Th. 4, Halbbd 6, H. 2 d. 'Handbuchs d. Architektur'. Darmstadt: A. Bergsträßer 1894. (66 S.) 4°(8°)
— Fortschritte auf d. Gebiete d. Architektur. No 4. [illegible]

— naturwissenschaftl. Institute d. Hochschulen u. verw. Anlagen, s.: Fortschritte auf d. Gebiete d. Architektur, Nr. 7.

Schmitt, Eduard, Der neue Kettensteg über die Moldau in Prag. (Separat-Abdruck aus den „Technischen Blättern". Vierteljahrschrift des deutschen Ingenieur- und Architekten-Vereines in Böhmen. II. Jahrgang. I. Heft. Mit V Tafeln Abbildungen. gr. 8. (15 S.) Prag, Calve'sche U.-B. (O. Beyer.) 1870. 60 kr.

— Koch-, Spül-, Wasch- u. Bade-Einrichtungen, s.: Marx, Erwin.

Schmitt, Ed., über die Construction eiserner Bogenbrücken. Mit 4 lith. Taff. (in qu. Fol.) [Aus dem „Civilingenieur."] Leipzig 870. Felix. gr. 4. (32 Sp.) n. 20 ngr.

— Konzerthäuser u. Saalbauten,
— Künstlerateliers,
} s.: Handbuch der Architektur. 4. VI. 3.

— medizinische Lehranstalten der Universitäten usw., s.: Müsselbrodt, Paul.

— mittlere techn. Lehranstalten. Höh. Mädchenschulen. Sonstige höh. Lehranstalten. — Niedere technische Lehranstalten u. gewerbl. Fachschulen, s.: Handbuch der Architektur. IV. 6.

— Lehrer- u. Lehrerinnenseminare, s.: Lang, Heinr.

— Leichenschauhäuser, s.: Handbuch d. Archit. IV. 7.

— Magazine, Vorraths- u. Handelsspeicher f. Getreide, s.: Engel, F.

– Märkte f. Getreide, s. Handbuch der Architektur.

Markthallen, Märkte f. Pferde u. Hornvieh, s.: Handbuch der Architektur. IV, 3. II.

— Markthallen u. Marktplätze, s.: Osthoff, G.

– Maurer- u. Steinhauerarbeiten, s.a. Sammlung Göschen.

Maurer- und Steinhauerarbeiten von Dr. phil. u. Dr.-Ing. Eduard Schmitt. Mit Abb. Leipzig: Göschen 1909–11. 8°
1. Mauern- u. Maueröffnungen; Fundamente. 1909.
2. Gewölbe u. Gurtbogen; steinerne Fußböden u. Treppen. 1911.
(Sammlung Göschen. 419. 420.)

— Pflanzenhäuser, s.: Handbuch der Architektur. VI. 4.

Schmitt, Eduard, prakt. Arzt aus Kaiserslautern, Rheinpfalz: Über Retropharyngealabscesse. *Kaiserslautern 1898: H. Kayser.* (30 S.) 8°
München, Med. Diss. v. 1898

Schmitt, E., Signalwesen, s.a. Vorträge üb. Eisenbahnbau.

Schmitt, E., Das Signalwesen. 8°. 786 S. mit 474 zum Theil color. Holzschn., 10 color. Holzschn.-Tabellen und 2 lith. Tafeln. Prag, Dominicus. 1878. fl. 11.25
(Winkler, E., Vorträge über Eisenbahnbau. Heft 11.)

— die Technik der wichtigeren Baustoffe, s.: Exner, W. F.

— s. Tiefbau, der städtische.

— Treppen u. innere Rampen, s.: Schmidt, Otto.

– Versorgung der Gebäude mit Sonnenlicht und Sonnenwärme, s. Handbuch der Architektur.

– Volksküchen u. Speiseanstalten f. Arbeiter, Volks-Kaffeehäuser. s. Handbuch der Architektur

— Vordächer, s.: Handbuch der Architektur 3. Tl.

—— Vorträge über Bahnhöfe und Hochbauten auf Locomotiv-Eisenbahnen. 1. Thl.: Die Anlage der Bahnhöfe. 2 Lfgn. hoch 4. (S. 1—144 mit 45 eingedr. Holzschn. und 13 lithogr. Taf. in qu. Fol.; VI, S. 145—365 mit 129 eingedr. Holzschn. und 5 lithogr. Taf. in qu. Fol.) Leipzig 872,73. Felix. à Lfg. * M. 9. * 18 —

Schmitt, E: Vorträge über Bahnhöfe und Hochbauten auf Locomotiv-Eisenbahnen. Leipzig
Th. 1. Die Anlage der Bahnhöfe. 1873
Th. 2. Hochbauten für die Zugförderung und Bahnbewachung. 1882

Schmitt, E., üb. das bürgerliche Wohnhaus im Alterthum, im Mittelalter u. in der Neuzeit, s.: Sammlung gemeinnütz. Vorträge.

— Zirkus- u. Hippodromgebäude, s.a. Handbuch der Architektur.

Zirkus- und Hippodromgebäude. Von Dr. Eduard Schmitt, Prof. in Darmstadt. Mit 139 Abb. *Stuttgart: A. Bergsträßer 1904.* (113 S.) 4°(8°)
— Handbuch d. Architektur. T. 4. Halbbd 6, H. 6. [illegible]

Schmitt, Elisabeth: Die unendlichen Modi bei Spinoza. Leipzig: J. A. Barth 1910. VIII, 135 S. 8°
Heidelberg, Phil. Diss. v. 10. Mai 1910, Ref. Windelband
[Geb. 9. April 77 Heidelberg; Wohnort: Heidelberg; Staatsangeh.: Baden; Vorbildung: Kgl. Gymn. Dresden-Neustadt Reife M. 01; Studium: Heidelberg 2, Freiburg i. B. 2, Heidelberg 5, Berlin 1, Heidelberg 7 S.; Rig. 20. Juli 09.] [U 10. 2169

Schmitt, Emil, Großherzogtum Baden, s.: Landes- u. Provinzialgeschichte. Hft. 19.

Schmitt, Ernst, Gerichtsaccessist: Die Surrogation im bürgerlichen Gesetzbuch. *Giessen 1902: Hof- u. Univ.-Druckerei.* (57 S.) 8° [J.]
Giessen, Jur. Diss. v. 1902

Schmitt, Eugen, a. Dortmund: Über Richtung und Gestalt der Interferenzstreifen keilförmiger Blättchen und ihre Anwendung zur Bestimmung der Dicke dünner Schichten. Marburg 1907: R. Friedrich. (53 S.) 8°
Marburg, Phil. Fak., Ref. Feussner-Richarz, Diss. v. 11. Febr. 1907
[Geb. 5. Jan. 83 Dortmund; Wohnort: Dortmund; Staatsangeh.: Preußen; Vorbildung: Gymn. Dortmund Reife O. 01; Studium: Marburg 5, Berlin 1, Marburg 4 S.; Rig. 1. Aug. 06.]

Schmitt, Eug., Übungsstoff f. Sprachlehre u. Rechtschreiben nach dem amtlichen Lehrplan. Für die Hand d. Schüler zusammengestellt. I. u. II. Heft. 8. Rottenburg 910. W. Bader. à nn — 15
I. (1. u. 2. Schulj.) (20 S.) — II. (3. Schulj.) (24 S.)

Schmitt, Eug. Heinr., Christus, Bekenntnis eines Ungläubigen, s.a. Bundesschule, die. 1, 2.

Christus. Bekenntnis eines Ungläubigen. Von Dr. Eugen Heinrich **Schmitt**, Budapest. Berlin-Schlachtensee: W. Schwaner 1907. (30 S.) 8° [J.]
— **Bundesschule**, Die. Bd 1, H. 2. [07. 1539]

Schmitt, Eug. Heinr., das Geheimnis Christi. Ein Mysterium. 12. (68 S.) Leipzig 895. Hamburg, A. Jansson. n. — 80

Schmitt, E. H., das Geheimniss der Hegel'schen Dialektik, s. a. Vorträge, philosophische.

Das Geheimniss der Hegelschen Dialektik, beleuchtet vom concret-sinnlichen Standpunkte. Von Eugen Heinrich **Schmitt**. ([Cancellist in] Zombor). Halle a. S.: C. E. M. Pfeffer 1888. (XIV, 144 S.) 8°
— **Vorträge**, Philosophische. N. F. H. 15–17. [87. 3113]

Schmitt, Eug. Heinr., die Gnosis. Grundlagen der Weltanschaug. e. edleren Kultur. 1. Bd. Die Gnosis des Altertums. gr. 8. (627 u. VII S.) Leipzig 903. E. Diederichs. n. 12.—; geb. n. 14.—

— Die Gnosis. Grundlagen d. Weltanschaug. e. edleren Kultur. 2. Bd. Die Gnosis des Mittelalters u. d. Neuzeit. (413 u. VI S.) gr. 8. Jena 907. E. Diederichs. 12.—; geb. 14.—

Schmitt, Eug. Heinr. Die Gottheit Christi im Geiste d. modernen Menschen. Ein Sendbrief an Gläubige u. Ungläubige. gr. 8. (VIII, 76 S.) Lpz. 892, A. Janssen. * 1 50

— Herodes od.: Gegen wen ist d. Umsturzvorlage gerichtet? E. Denkmal d. Reaktion d. 19. Jahrh. gr. 8. (55 S.) Ebd. 895. n. — 60

Neue Horizonte. Leo Tolstois Ideen über d. Trennung von Kirche und Staat. Auf Grund e. Briefes Tolstois an Paul Sabatier dargest. von Dr. Eugen Heinrich **Schmitt**. Leipzig: O. Wigand (1907). (63 S.) 8° [07. 15647]

—— Henrik Ibsen als psychologischer Sophist. Ein Zeitbild. gr. 8. (27 S.) Berl. 889, Haase u. Mues. * — 80

Dr. Eugen Heinrich **Schmitt**. Ibsen als Prophet. Grundgedanken zu e. neuen Ästhetik. Leipzig: F. Eckardt 1908. (VIII, 401 S.) 8° [08. 14413]

— der Idealstaat, s. a. Kulturprobleme der Gegenwart. 8. Bd.

Der Idealstaat. Von Dr. Eugen Heinrich **Schmitt**. *Berlin: J. Räde 1904.* (XI, 232 S.) 8° [J.]
— **Kulturprobleme** d. Gegenwart. Bd 8. [04. 6917]

— Katechismus d. Religion d. Geistes. gr. 8. (14 S.) Ebd. 895. n. — 20

Dr. Eugen Heinrich **Schmitt**. Kritik der Philosophie vom Standpunkt der intuitiven Erkenntnis. Leipzig: F. Eckardt 1908. (VIII, 507 S.) 8° [08. 4749]

— die Kulturbedingungen der christlichen Dogmen u. unsere Zeit. Mit Buchschmuck v. J. V. Cissarz. 8. (225 S.) Ebd. 901. n. 3.—; geb. n. 4.—

— Mammon u. Belial. [Aus: „Die Religion d. Geistes".] gr. 8. (16 S.) Ebd. 894. -- 30

—— Michelet und das Geheimniss der Hegel'schen Dialektik. gr. 8. (34 S.) Frankfurt a. M. 888, Koenitzer's Verlag. *

Dr. Eugen Heinrich Schmitt. Friedrich Nietzsche an der Grenzscheide zweier Weltalter. Versuch e. Beleuchtg v. Standpunkte e. neuen Weltanschauung. . . *Leipzig: A. Janssen 1898.* (V S., 1 Bl., 151 S.) 1 Bd 8. [98. 9391]

Schmitt, Eug. Heinr., Friedrich Nietzsche an d. Grenzscheide zweier Weltalter. Versuch e. Beleuchtg. durch e. neue Weltanschaug. Neue [Titel-]Ausg. gr. 8. (V, 151 S.) Leipzig [898.] 902. E. Diederichs. n. 2.—

— s.: Religion, die, des Geistes.

— Religion u. Kultur, s. a. Flugschriften des Giordano Bruno-Bundes, Nr. 1.

Dr. Eugen Heinrich **Schmitt**, (Budapest). Religion und Kultur. (Vortrag geh. 1904 zu Berlin vor d. Giordano Bruno-Bund.) Schmargendorf bei Berlin: 'Renaissance' 1904. (15 S.) 8° [J.]
— **Flugschriften** d. Giordano Bruno-Bundes. No 1. [05. 90]

— Religionslehre f. die Jugend. Zugleich e. Leben Jesu u. e. Einführg. in die Erkenntnis f. Jedermann. (132 S.) 8. Ebd. 909. 3.—; geb. 4.—

Schmitt, Eug. Heinr., moderne u. antike Schicksalstragödie. Kritik der modernen Anschaug. üb. die Tragödie. gr. 8. (IV, 40 S.) Berlin 874. W. Müller. n. 1. 50

— an die Sozialdemokraten. [Aus: „Die Religion d. Geistes".] gr. 8. (16 S.) Ebd. 894. — 10

— Leo Tolstoi u. seine Bedeutung f. unsere Kultur. 1. u. 2. Tausd. Mit Buchschmuck v. J. V. Cissarz. 8. (482 S. m. 1 Bildnis.) Ebd. 901. n. 5.—

– (Hrsg.), s. Tolstoj, Lev Nikolaevič: Der Weg zur sozialen Befreiung.

Schmitt, Eug. Heinr., warum ist e. religiöse Bewegung Notwendigkeit? Ein Wort an die „Gesellschaften f. eth. Kultur". [Aus: „Religion d. Geistes".] gr. 8. (8 S.) Leipzig 894. A. Janssen. — 10

Schmitt, F. — Personal- und statistisches Handbuch des Ministeriums für Handel, Gewerbe und öffentliche Bauten und der demselben unterstehenden Verwaltungs-Organe. Im hohen Auftrage nach amtlichen Quellen zusammengestellt von — —. Wien. 1855 K. K. Hof- und Staatsdruckerei. (240 S. gr. 8) geh.

Schmitt, F., Personalstand des k. k. Ministeriums für Handel, Gewerbe und öffentliche Bauten, und der demselben unterstehenden Verwaltungs-Organe. Im hohen Auftrage nach amtlichen Quellen zusammengestellt. Wien 854. Tendler. gr. 8. (219 S.) n. 1 rthl. 10 ngr.

Schmitt, F. Das Spiralsieb; Princip. Wirkungsweise und Bau desselben. Dillenburg, 1878.

Schmitt, F. — Statistik des österreichischen Kaiserstaates. Nach »Hain's Handbuch der Statistik« für den Schulgebrauch bearbeitet. 8. (272 S.) Wien. Verlag von Tendler und Komp. Druck von Ferdinand Ullrich. 1854.

Schmitt, F., Statistik des österreichischen Kaiserstaates. 2. Aufl. Wien 860. Tendler & Co. (Gerold.) gr. 8. (2 Bl., 311 S.) n. 1 ℛ

Schmitt, F., Statistik des österreichischen Kaiserstaates. 3. Aufl. Wien 867. Gerold's Sohn. gr. 8. (III, 233 S.) n. 1 ℛ

Schmitt, F., Statistik des österreichisch-ungarischen Kaiserstaates. In 4. Aufl. neu bearb. von Gust. Adf. Schimmer. gr. 8. (IV, 238 S.) Wien 872. Gerold's Sohn. * 3 40

Schmitt, F., Statistik der österreichisch-ungarischen Monarchie. In 5. Aufl. neu bearb. von Gust. Adf. Schimmer. gr. 8. (IV, 240 S.) Wien 878, Gerold's Sohn. * 3 20

Schmitt, F. A., und E. v. Gumppenberg, Miesbach, s. Gumppenberg, E. v.

Schmitt, F. R. E., Abschiedsrede. 8. Münch., Jaquet. 3 g.

GESCHICHTE, Kurze, vom Ursprung und Fortgang des Ansehens, Reichthums etc. der Geistlichkeit, besonders des römischen Bischofs (von *F. W. Schmitt*). Breslau (Montag in Regensburg) 1799.
Anon.-Lex. II. p. 208 (nach Weller, fing. Dr.). — Selten!

Schmitt, F. W. F., General-Leitfaden für die unteren Klassen von Gymnasien u höheren Bürgerschulen. 2 Abthlgn. Thorn 869. Lambeck. gr. 8. Jede Abthlg. n. 6 ngr.
1. Sprachen. (V, 79 S.)
2. Realien. (70 S.)

Schmitt, F. W. F., General-Leitfaden für die unteren Klassen von Gymnasien und höheren Bürgerschulen. 2 Abthlgn. gr. 8. Thorn 870, Lambeck. à Abthl. * 60 Pf. * 1 20
Inhalt:
Abthl. 1. Sprachen. (V, 79 S.)
" 2. Realien. (70 S.)

Schmitt, F. W. F., die Provinz Westpreußen, wie sie entstanden und wie sie gegenwärtig beschaffen ist. In zwei Skizzen. gr. 8. (VII, 64; III, 168 S.) Thorn 879, E. Lambeck. * 2 —

Schmitt, F. X., siehe: Manuale sacerdotale.

Schmitt, Fel., Caligula, s.: Häupter, gekrönte.

Schmitt, Fr. Albert. Atlantis. Gedichte. Cincinnati, 1881.

Schmitt, Frz., die Behandlung d. Gläubiger nach österreich. Privatrechte. Dissertat. gr. 8. (4½ B.) Wien 828, (Beck.)

Schmitt, Franz [aus Wurzburg]: Beitrag zur Symptomatologie der Chorea .... Wurzburg, J. M. Richter's Buchdr., 1887; 25 + 1 S. 8°
Würzburg, Med. Fak., Inaug.-Diss. v. 1887

Schmitt, Franz, Beitrag zur Symptomatologie der Chorea. Diss. Würzburg 1887, Stahelsche Univ.-Buchh. 8°. 25 S.

Schmitt, Franz, aus Ladenburg: Systematische Darstellung der Doppelembryonen der Salmoniden. *Leipzig: W. Engelmann 1901.* (49 S.) 8° ¶(Aus: Archiv f. Entwickelungsmechanik, Bd 13, H. 1—2.)
Würzburg, Phil. Diss. v. 1901

Schmitt, Franz [app. Arzt aus Urach]: Drei Fälle von Eclampsia puerperalis aus der geburtshilflichen Klinik in Tübingen ... Tübingen, Druck v. H. Laupp jr., 1891; 50 S. 8.
Tübingen, Med. Fak., Inaug.-Diss. v. 1891

Schmitt, Frz., 3 Fälle v. Eclampsia puerperalis aus der geburtshilflichen Klinik in Tübingen. Diss. gr. 8. (50 S.) Tübingen 891. (F. Fues.) n. 1. —

SCHMITT, Franz: Die Gewinnung der Eichenlohe in Österreich-Ungarn. - Krems 1873. 9 S., 1 Taf.

Schmitt, Frz., u. Art. Ziegler, Leitfaden f. die Vorbereitung zur Meisterprüfung in handwerksmäßigen Gewerben. Ein Handbuch f. den Gewerbetreibenden in gesetzl. u. kaufmänn. Fragen. (VIII, 170 S.) Lex. 8. Wien 909. A. Hölder. Geb. 2. 40

Schmitt, Franz, aus Paris: Über die Organisationsvorgänge bei der Lungeninduration. *Würzburg 1896: P. Scheiner.* (30 S.) 8°
Würzburg, Med. Diss. v. 1896

Schmitt, Frz., die Rechtsverhältnisse Ungarn's zu den übrigen Ländern der österreichischen Monarchie als Entgegnung auf Deák's Adress-Antrag. Wien 861. Lechner. Lex.-8. (39 S.) n. 8 ngr.

[Kopft.:] **Schmitt,** Franz [Dr.]: Der Unterricht in Quinta nach dem Concentrationsprincip. I. Sprachlich-grammat. T. *Giessen, W. Keller'sche Druckerei, 1893;* 18 S. 4.
Giessen, grossh. G, OP 1893 (627)

[Kopft.:] **Schmitt,** Franz [prov. Gymnasiall. Lehramtsassessor Dr.]: Der Unterricht in Quinta nach dem Concentrationsprincip. II. Sachlich-histor. Th. [Forts. d. P-Beil. 1893] *Giessen, 1894;* 23 S. 4.
Giessen, grossh. G, OP 1894 (632)

Schmitt, Franz [aus Giessen]: Die Verschiedenheit der Ideenlehre in Platos Republik und Philebus ... Giessen, Brühl'sche Druckerei, 1891; 42 S., 1 Bl. 8.
Giessen, Phil. Fak., Inaug.-Diss. v. 1891

Schmitt, **Franz Karl (Fulda)** **Erlg. F, zl/19**

De peripneumonia nervosa analecta pathologica.
Erlangen (Junge) **7. XI. 1797. 48 S.** **30985**

Die Schutzimpfung gegen die Hämoglobinurie ⟨das Rotwasser, Weiderot, Blutharnen⟩ der Rinder und ihre Ergebnisse im J. 1909 von Dr. F[ranz] M. Schmitt-Züllchow. Stettin: Pommersche Reichspost 1910. 56 S. 8°
(Arbeiten d. Landwirtschaftskammer f. d. Provinz Pommern. H. 18.)

Schmitt, F. M.: Versuche mit den sogenannten Mutterimpfstoffen gegen das Kälbersterben ⟨Ruhr und ansteckende Brustkrankheit⟩, gegen die Kälberruhr und gegen die Schweineseuche. Berlin 1910. S. 72—96.
Aus: Zeitschrift für Infektionskrankheiten, parasitäre Krankheiten u. Hygiene d. Haustiere. Bd 7. 1910.

Schmitt, Frz. Xav., die Taufe der Erwachsenen nach dem Ritus der christkathol. Kirche. Aus dem Rituale der Erzdiözese Bamberg übersetzt u. mit beigefügter Erklärung der Tauf-Ceremonien hrsg. 8. (2⅓ B.) Bamberg 845, Züberlein. *

Schmitt, Friedrich, Rechtsprakt.: Zur Arbeiterfrage in der römischen Landwirtschaft. München 1910: Wild. 66 S. 8°
Leipzig, Jur. Diss. v. 22. April 1910
[Geb. 9. Nov. 84 Nürnberg; Wohnort: München; Staatsangeh.: Bayern; Vorbildung: Altes Gymn. Würzburg Reife Juli 03; Studium: Würzburg 8, Leipzig 1 S.; Rig. 24. Juli 09.] [U 10. 2871

Schmitt, Friedr., die Auffindung der Voix mixte der Sopranstimme. gr. 8. (22 S.) München 868, Beck. — 50

Schmitt, Frdr., die Auffindung der Voix mixte der Sopranstimme. München 868. Gummi. gr. 8. (22 S.) 5 ngr.

Schmitt, Friedr., Einleitung zur großen Gesangschule für Deutschland. München 853. (Lindauer.) gr. 8. (50 S.) nn. 7 ngr.

—— große Gesangschule für Deutschland. Imp.-4. (IV und 248 S., wovon 184 lithogr.) München 854, (Lindauer'sche Buchh.) **

Schmitt, Friedr., große Gesangschule für Deutschland. 2. Aufl. Imp.-4. (248 S.) Leipzig 864, Bergson-Sonenberg. [Berlin, Reymann.]

Schmitt, Friedrich [app. Arzt aus Dürkheim a. H.]: K y p h o s k o l i o s e der Brustwirbelsäule als Indikation zur Einleitung der künstlichen Frühgeburt. . . . Lohr a. M., Buchdr. G. E. Distler 1889. 23 S. 8°
Würzburg, Med. Fak., Inaug.-Diss. v. 1889

Schmitt's, Frdr., System zur Erlernung der deutschen Aussprache. Neuer Abdr. 8. (VIII, 139 S.) München 874. Beck. (?) n. 1. 50

—— neues System zur Erlernung der deutschen Aussprache nebst neuer Eintheilung des ABC. 8. (VIII und 139 S. mit eingedr. Holzschn.) München 868, Gummi.

Schmitt, Friedrich: Die mittelenglische Version des Elucidariums des Honorius Augustodunensis. Burghausen a. S. 1909: Trinkl. XXIX, 35 S. 8° ¶ [Ersch. auch als Phil. Diss. Würzburg.]
Burghausen, k. G P 1909* [S 09. 400

Schmitt, Friedrich: Die mittelenglische Version des Elucidariums des Honorius Augustodunensis. Burghausen a. S. 1909: Trinkl. XXIX, 35 S. 8°
Würzburg, Phil. Diss. v. 28. Juli 1909, Ref. Förster
[Geb. 22. März 77 Mönchstockheim; Wohnort: Burghausen a. S.; Staatsangeh.: Bayern; Vorbildung: Neues Gymn. Würzburg Reife Juli 96; Studium: Würzburg 4, München 3, Würzburg 3 S.; Rig. 28. Juli 09.] [U 09. 4173

Schmitt, Frdr., die mittelenglische Version des Elucidariums d. Honorius Augustodunensis. Progr. (XXIX, 35 S.) 8. Burghausen 909. (Passau, M. Waldbauer.) 1. —

Schmitt, Fritz, aus Mannheim: Ueber M e t a l l t r e n n u n g e n in einem Chlorwasserstoffstrome. Heidelberg 1899: J. Hörning. (42 S.) 8°
Heidelberg, Naturwiss.-math. Diss. v. [11. Febr.] 1899

Schmitt, F(ritz) [Kreistierarzt in Kleve]: Ueber das postembryonale Wachstum des Schädels verschiedener Hunderassen. Mit 2 Tafeln und einer Tabelle. S.-A. aus d. Archiv f. Naturgeschichte Jahrg. 1903, Bd. I. H. 1. Berlin 1903. 70 S. 8°.
Bern. Phil. Diss. 1902/1903.

Schmitt, F[ritz]. Über das postembryonale Wachstum des Schädels verschiedener Hunderassen. Diss. Phil. Bern. Hierzu zwei Tafeln [und 1 Tabelle]. (Sonder-Abdruck aus «Archiv für Naturgeschichte» Jahrg. 1903. Band 1. Heft 1.) 72 S. 8. Berlin, Nicolai, 1903.

Schmitt, G. H., Qua ratione veteres et quot inter actores Terentii fabularum in scaenam edendarum partes distribuerint. Gel. 1882. 85 S. 4°.

– – s.a. S c h m i t t , Hermann

Schmitt, G. M., das Selbst-Einbinden der Bücher m. sehr wenig Hilfsmitteln sowohl in solide, einfache Einbände, wie in d. jetzt so modernen, eleganten Einband-Decken, v. kleinsten Formate bis zum grössten Prachtbande. Nebst Anweisg. z. Binden der Acten, Kassa-Rechnungen u. dergl. Illustr. u. f. Jedermann leicht fassl. dargest. gr. 8. (44 S.) Grosswenkheim (Unterfranken) 897. Selbstverlag. Kart. n. 2. 60

Schmitt, Georg [app. Arzt aus Ungstein]: Ein Fall von Sublimat-Intoxikation nach Aufnahme des Giftes per os . . . München, Buchdr. v. M. Ernst, 1892; 24 S. 8.
München, Med. Fak., Inaug.-Diss. v. [17. März] 1892

Schmitt, Georg, Geschichte des Turn-Vereins zu A s c h a f f e n b u r g, 1860—1885. Aschaffenburg 1885, 40 S., 8°.

Schmitt, Geo., neueste Original-Karte der Umgebungen Wiens. Lithogr. gr. Fol. (Mit 12 S. in 16.) Wien 855(56,) Wenedikt.

Schmitt, Georg, aus Oppau (Rheinpfalz, Bayern): Ueber das Phenylhydrazondi-carbodi-p-tolylamin R. Wessel's Spaltungen und Derivate desselben. Uster-Zür. A. Diggelmann Dr. 1892. 55 S. 8°.
Zürich, Phil. Diss. [v. 5. Nov. 1892].

Schmitt, Georg [Dr. jur.]: Die Schlüsselgewalt der Ehefrau nach deutschem Recht. München, J. Schweitzer, 1893; 2 Bl., 31 S. 8.
Erlangen, Jur. Fak., Inaug.-Diss. v. 1893

Schmitt, Geo., die Schlüsselgewalt der Ehefrau nach deutschem Recht. gr. 8. (III, 31 S.) München 893. J. Schweitzer, Verl. n. 1. —

Schmitt, Geo., wirkliche Überzeugung od. „Erkenntnis auf Befehl"? Offener Brief an Hrn. Jesuitenpater Christian Pesch üb. dessen neueste Schrift: Glaube, Dogmen u. geschichtl. Tatsachen, e. Untersuchg. üb. den Modernismus. (29 S.) gr. 8. Augsburg 908. Lampart & Co. — 60

Schmitt, Geo., Vernunft u. Wille in ihrer Beziehung zum Glaubensakt. 1. u. 2. Aufl. (à 128 S.) gr. 8. Augsburg 903. Lampert & Co. n. 2. —

Georg Adam Schmitt

De Tela accidentali scirrhosa. Berolini (1830:) Jordan. 31 S. 8°
Berlin, Med. Diss. v. 8. Dez. 1830

Schmitt, Gerhard [app. Arzt aus Kostheim]: Aus d. patholog. Institut zu Giessen. Das primäre Carcinom des Ductus hepaticus und choledochus ... M. 2 Abbild. im Text. Giessen, C. v. Münchow, Univ.-Dr., 1892; 31 S. 8.
Giessen, Med. Fak., Inaug.-Diss. v. 1892

Schmitt, Gertha, praktisches Trier-Kölner Kochbuch für die gewöhnliche und feinere Küche. Zuverlässige und selbst geprüfte Recepte zur Bereitung der verschiedenartigsten Speisen, kalter und warmer Getränke, Gelées und Gefrorenem, Backwerken, sowie zum Einmachen und Trocknen von Früchten. 3. Aufl. 8. (III, 157 S.) Trier 875, (Löwenberg.) cart. * 1 20

Schmitt, Gottfr. Ritter v., die bayerischen Ausführungs-Gesetze zum bürgerlichen Gesetzbuche, s.: H e n l e, Wilh. v.

Schmitt, Gottfried [Assistenzarzt im K. b. 18. Inf.-Reg. „Prinz Ludwig Ferdinand" aus Dürkheim a. H.]: Ein Beitrag zur Casuistik der Nervennaht. . . . Dürkheim u. Kaiserslautern: Druck v. J. Rheinberger (1890). 39 S. 8°
Würzburg, Med. Fak., Inaug.-Diss. v. 1890

Der Familienwechsel nach bayerischem Fideikommißrechte. Von Dr. Gottfried R' v. **Schmitt**, Reichsrat. München: J. Schweitzer 1907. (42 S.) 8° [J.] 07. 17386

—— der Gerichtsvollzieher-Dienst nach der bayerischen Civilprozeßordnung vom 29. April 1869 auf Veranlassung des k. bayer. Staatsministeriums der Justiz bearb. 7 Lfgn. Lex.-8. München 869,70, Kaiser. [1.—3. Lfg. (VII, S. 1—240.) *M 3.; 4.—6. Lfg. (IV, S. 241—498.) *M 3,30.; 7. Lfg. (IV, S. 499—609.) *M 1,50.] * 7 80

Schmitt, Gfr., bayerische Justizgesetze. Sammlung v. Landesgesetzen f. die Rechtspflege nach dem Stande der Zeit des Inkrafttretens des bürgerl. Gesetzbuchs. 1.—3. Lfg. gr. 8. (S. 1—384.) München 899—902. J. Schweitzer Verl. à n. 1.60

Schmitt, Gottfr., bayerische Justizgesetze. Sammlung der in den J. 1818—1904 erlassenen Landesgesetze f. die Rechtspflege nach dem Stande vom Ende des J. 1904. 4.—6. Lfg. (VIII u. S. 385—1464.) gr. 8. München 903.905. J. Schweitzer Verl. n. 11. 20
(Vollst. n. 16. —; geb. in Halbfrz. n. 18. —)

Schmitt, Gfr., Reichsgesetz betr. die Abzahlungsgeschäfte vom 16. Mai 1894. Mit Einleitg. Anmerkgn. u. Register hrsg. v. (IV, 89 S.) München 894. C. H. Beck. Kart. n. 1. 20

— drei Vorträge, gehalten im Club der liberalen Mittelpartei über den Entwurf des neuen Civilprocesses. Ebend. 869. gr. 8. (58 S.) n. 4 *ngr.*

— s.: Zeitschrift f. das Notariat rc. in Bayern.

Schmitt, Gfr., der bayerische Civilproceß nach der Civilproceßordnung vom 29. April 1869 systematisch dargestellt. (In 8—10 Liefgn.) 1—6. Liefg. Bamburg 870. Buchner. Lex.-8. (1. Bd. XVI, 782 S. u. 2. Bd. S. 1—160.) Jede Liefg. n. 28 *ngr.*

Schmitt, Gfrd., der bayerische Civilproceß nach der Civilproceßordnung vom 29. April 1869 systematisch dargestellt. 7—10. (Schluß-)Lfg. gr. 8. (2. Bd. XI u. S. 161 bis 770.) Bamberg 871. 72. Buchner. à n. 2. 80

Schmitt, Greg., die Apologie der drei ersten Jahrhunderte in historisch-systematischer **Darstellung.** Von der theolog. Fakultät in Würzburg gekrönte Preisschrift. gr. 8. (XI, 138 S.) Mainz 890. Kupferberg. n. 3. —
Würzburg, Theol. Fak., Inaug.-Diss. v. 1890

Schmitt, Gr., die Arzneimittel der heutigen Medizin, s.: Roth, O.

Schmitt, Greg. (I.). Rede zum Gedächtniss an den kgl. Hofrat u. prakt. Arzt Hrn. Dr. Jak. Rosenthal, gesprochen in der feierl. Sitzg. d. physikalisch-medicin. Gesellschaft zu Würzburg am 27. Juli 1889. gr. 8. (15 S.) Würzb. 889, Stahel. * — 20
Aus: Sitzungsber. d. physik.-medicin. Gesellsch. zu Würzburg, besonders abgedruckt.

Schmitt, Greg., Rede zum Gedächtniss an den kgl. Regierungs- u. Kreismedicinalrath a. D. Dr. Friedr. Aug. Vogt, gesprochen in der feierl. Sitzg. der physikalisch-medicin. Gesellschaft zu Würzburg am 28. Apr. 1894. [Aus: „Sitzungsber. d. physik.-med. Gesellsch. zu Würzb."] gr. 8. (9 S.) Würzburg 894. Stahel. n. — 50

Schmitt, Greg., medicinische Statistik der Stadt Würzburg für die J. 1880 und 1881. gr. 8. (79 S. mit 2 lithogr. Taf.) Würzburg 883, Stahel'sche Universitäts-Buchh. *
Aus: Sitzungsberichte der physikalisch-medicinischen Gesellschaft zu Würzburg, besonders abgedruckt.

Schmitt, G., ärztliches Taschenbuch, s. Taschenbuch.

—— Aerztliches Taschenbuch. Bearb. v. Friedr. Böhm. 1893. 41. Jahrg. [3. Folge. 1. Jahrg.] gr. 16. (XII S., Schreibkalender u. 343 S.) Ebd. geb. in Leinw. * 2 40; durchsch. * 2 80
geb. in Ldr. * 3 20; durchsch. * 3 50
Frühere Jahrg. s. u. d. T.: Taschenbuch, ärztliches.

— ärztliches Taschenbuch. **Bearb. v. Frdr. Böhm.** 1895. 43. Jahrg. [3. Folge. 3. Jahrg.] gr. 16. (XII S., Schreibkalender u. 281 S.) Ebd. Geb. in Leinw. n. 2. 40; durchsch. n. 2. 80; in Ldr. n. 3. 20; durchsch. n. 3. 50
Früher u. d. Titel: Taschenbuch, ärztliches.

Schmitt, Gregor, Ludwigsbad Wipfeld im bayerischen Kreise Unterfranken, dessen Schwefelquelle und Schwefelmineralmoor. 8. (VIII, 160 S. mit 3 eingedr. Holzschn., 3 Holzschn.-Taf., 1 lithogr. Situations-Karte, Reductions- und Distanzen-Tabelle.) Würzburg 875, (Stahel'sche Buchh.) * 2 —

Schmitt, Gustav, Rechtspraktikant aus Würzburg: Systematisch-kritische Darstellung der zur Zeit in Deutschland und Oesterreich bestehenden allgemeinen Staatseinkommensteuergesetze. Würzburg 1900: Verlagsdruckerei. (193 S.) 8°
Würzburg, Jur. Diss. v. 1900

Schmitt, H., Historiola curiosa. Komische Geschichte eines Zahnleidenden m. untrag. Ausgang in 9 Kapiteln. Illustriert v. K. Kleffler. gr. 8. (72 S. m. Bildnis.) Saargemünd 901. (R. Klein.) n. 2. —

Schmitt, H., lobt den Herrn! Gebet- u. Gesangbüchlein, zusammengestellt aus dem „Psälterlein". (96 S.) 16. Regensburg 905. F. Pustet. n. — 35

Schmitt, H., Präparation zu Sophokles' Antigone, dasselbe zu dessen Ajas, s.: Krafft u. Ranke, Präparationen f. die Schullektüre griechischer u. lateinischer Klassiker.

Schmitt, H., Präparationen zu Homers Ilias u. Sophokles, s.: Präparationen f. die Schullektüre griech. u. latein. Klassiker.

Schmitt, H., Präparationen, s.: Krafft u. Ranke's Präparationen f. die Schullektüre.

Schmitt, H., s.: Präparationen für die Schullektüre griechischer u. lateinischer Klassiker.

Schmitt, H., s. Putsche-Schottmüller's latein. Schulgrammatik.

Schmitt, H., lateinische Schulgrammatik, s.: Heil, B.

— griechisches Verbal-Verzeichnis, s.: Hensell, W.

Schmitt, Hans. Zur Geschichte der Jankó-Claviatur. (Beilage zu No. 26 der Musikalischen Rundschau. Wien 1889.)

Schmitt, Hans. Ueber die natürlichen Gesetze d. musikalischen Vortrages. 8. (35 S.) Wien 885, Doblinger. — 60

Schmitt, Hans, approb. Arzt aus Bayreuth: **Zur Casuistik der Pseudoleucämie.** (Staphylokokken-Sepsis mit Endocarditis u. Uebergang in Pseudoleucämie nach recidivierenden [!] Erysipelas faciei.) *München 1901: M. Ernst.* (34 S.) 8°
München, Med. Diss. v. 1901

Schmitt, Hans, üb. d. Kunst des Anschlags. Vorlesg., geh. im wissenschaftl. Club. 8. (46 S.) Wien 894. L. Doblinger. n. 1. —

Schmitt, Hans, Lehrplan f. die ersten Jahre d. Clavier-Unterrichtes. Ausgabe v. 603 progressiv geordneten Aufgaben. gr. 8. (V, 26 S.) Wien 871. Wessely in Comm. n.n. — 40

—— Eine neue Notenschrift. Studie. 8. (61 S.) Brünn 892, Rohrer. * 1 20

— das Pedal d. Claviers. Seine Beziehg. zum Clavierspiel u. Unterricht zur Composition u. Akustik. 4 Vorlesgn. geh. am Wiener Conservatorium der Musik. gr. 8. (VIII, 124 S) Ebend. 875. n. 3. 60

—— Das Pedal d. Claviers. Seine Beziehg. zum Clavierspiel und Unterricht, zur Composition u. Akustik. Vier Vorlesgn., geh. am Wiener Conservatorium d. Musik. 3. verb. Aufl. gr. 8. (XII, 148 S.) Wien 892, Doblinger. * 5 —

— Repertoirstudien f. Clavierspieler. 1—4. Hft. Ebend. 876. n.n. 1. 50

1. Stufenweise geordnetes Verzeichniß sämmtlicher Compositionen v. F. Chopin. gr. 16. (16 S.) n.n. — 30
2. Stufenweise geordnetes Verzeichniß der Etüden v. Stephan Heller. gr. 16. (16 S.) n.n. — 30
3. Stufenweise geordnetes Verzeichniß sämmtlicher Orig.-Compositionen f. Klavier v. Rob. Schumann. 8. (14 S.) n.n. — 60
4. Stufenweise geordnetes Verzeichniß sämmtlicher Compositionen v. Fel. Mendelssohn-Bartholdy. 8. (8 S.) n.n. — 30

—— Repertoirestudien f. Clavierspieler. 4 Hefte. Ebd. à Heft — 60

1. Stufenweise geordnetes Verzeichniss sämmtlicher Compositionen von F. Chopin. (Neudruck). gr. 8. (6 S.) 889.
2. Stufenweis geordnetes Verzeichniß d. Etüden v. Stephen Heller. 16. (14 S.) 885.
3. Stufenweise geordnetes Verzeichniß sämmtlicher Orig.-Compositionen f. Klavier v. Rob. Schumann. 12. (14 S.) 885.
4. Stufenweise geordnetes Verzeichniß sämmtlicher Compositionen v. Felix Mendelssohn-Bartholdy. 12. (8 S.) 885.

Schmitt, Hans Otto

Schmitt, H. O., Das Fischereigesetz f. das Königr. Bayern vom 15. VIII. 1908 (G. V. Bl. S. 527). Handausg. m. Erläutergn. u. Sachverzeichnis, unter Verwertg der Begründg. zum Gesetzentwurfe u. der Kammerverhandlgn. hrsg. (XV, 188 u. 22 S.) 8. Stuttgart, J. Hess. 1909. 2. 40.

Schmitt, H. O., Das Fischereigesetz f. das Königr. Bayern vom 15. VIII. 1908 (G. V. Bl. S. 527) m. den Ausführungs-Bestimmungen u. die Landesfischereiordnung vom 23. V. 1909 (G. V. Bl. S. 294), unter Verwertg. der Begründg. zum Gesetzentwurfe u. der Kammerverhandlgn. erläutert u. hrsg. 2. Tl. (VIII S., S. VIII a u. b u. S. 177—350.) 8. Stuttgart, J. Hess. 2. —. 1909. (Vollständig, geb. in Leinw. 4. 40.)

Schmitt, Hans Wilhelm

Schmitt, J.: Gesetzbuch, das bürgerliche, m. besond. Berücksicht. der Rechtsprechung des Reichsgerichts.

Schmitt, Hans Wilhelm, Rechtsprakt.: Die privatrechtliche Natur der Tarifverträge. Heidelberg: Heidelberger Verlagsanst. u. Dr. 1910. 86 S. 8° ¶(Ersch. auch als Buch ebd.)
Würzburg, Jur. Diss. v. 2. Mai 1910, Ref. Mayer
[Geb. 30. Juni 83 Speier; Wohnort: Würzburg; Staatsangeh.: Bayern; Vorbildung: Gymn. Hof Reife Juli 03; Studium: Würzburg 8 S.; Rig. 14. Dez. 09.] [U 10. 4318

Schmitt, Hans Willy, die privatrechtl. Natur d. Tarifverträge. (Diss.) (86 S.) 8. Heidelberg 910. Heidelberger Verlagsanstalt u. Druckerei. 1. —

Schmitt, Harry. Die kaufmännischen Fortbildungs-Schulen Berlins. Ihre Entstehg. u. Entwickelg., sowie die gegenwärt. Organisation der kaufmänn. Fortbildungs-Schulen Inselstr. 2—5 u. Dorotheenstr. 13 u. 14. 1. u. 2. verm. Aufl. gr. 8. (88 S.) Berl. 891, K. Siegismund. * 2 —

—— Das kaufmännische Fortbildungs-Schulwesen Deutschlands. Seine gegenwärt. Gestaltg. u. Ausdehng. Bearb. auf Grund e. umfass. Statistik u. unter Mitbenutzg. d. v. der Handelskammer zu Oppeln zu gleichem Zwecke gesammelten Materials. gr. 8. (VIII, 216 S. m. 7 Tab.) Ebd. 892. * 5 —

Schmitt, Harry, Frauenbewegg. u. Mädchenschul-Reform. Untersuchgn. u. Vorschläge zur Förderg der Frauenbildungsfrage. 2 Bde. gr. 8. (XI, 318 u. VII, 408 S.) Berlin 903. K. Siegismund. n. 12. —; geb. in Loinw. n.n. 15. —

Schmitt, Heinr., Anleitung zur Einrichtung der Landwirthschaft u. des Viehstandes im Verhältnisse zur Waldkultur nebst speciellem Frucht-, Wiesen-, Futterkräuterbau u. Viehzucht. Zunächst für den sauerländ. Landwirth. 8. (VI u. 79 S. m. 1 lith. Taf. in qu. gr. 4.) Soest 852, Nasse in Comm. n. 1/3 ℛ

Schmitt, Heinr., die Behandlung der Lesestücke. Vortrag, geh. am 7. Novbr. in der Rektoratskonferenz der Mannheimer Lehrer. [Aus: „Neue bad. Schulzeitg."] 8. (21 S.) Bühl 894. (Konkordia.) n. — 25

Schmitt, Heinr., mein Garten Eden. Gedichte. Vignetten v. Adf. Helzmann. Mit e. Geleitwort v. Oswald Plawina u. Nicolaus Müller. (XVIII, 267 S. m. Bildnis.) 8. Dresden (906). E. Pierson. n. 3. 50; geb. n. 4. 50

†Schmitt, [Heinrich]: Die Einweihungsfeier. S. 15—16. 4.
Progr. Gymn. i. E. nebst Realschule *Neumünster* 1904 (332).

Schmitt [Heinrich], Direktor Dr.: Die Entwicklung der Anstalt im Zeitraume von 1896—1906. Neumünster 1907: J. Gottesleben. (S. 3—15.) 4° [J.]
Neumünster, G u. R OP 1907 (348)

Schmitt, Heinrich, approb. Arzt aus Ludwigshafen a. Rh.: Ueber die Entwicklung der Milchdrüse und die Hyperthelie menschlicher Embryonen. *Jena: G. Fischer 1898.* (68 S.) 8°
¶[Aus: Morphol. Arbeiten, 8,2.]
Freiburg i. B., Med. Diss. v. 1898

Schmitt, *Heinrich* [cand. med. aus Hassloch '(Rheinpfalz)']: Ein Fall von Alveolär-Sarcom des Rectums ... Germersheim, Buchdr. v. F. Zumwinkel, 1892; 22 S., 1 Bl. 8.
Wurzburg, Med. Fak., Inaug.-Diss. v. 1892

Schmitt, Heinr., Garnisongeschichte der Stadt Mergentheim seit d. Ende d. 18. Jahrh. 12. (243 S.) Stuttgart 895. W. Kohlhammer. n. 1. 50

Schmitt, Heinr., reingefallen, s. a. Bloch's, Ludw., Herren-Bühne. Nr. 56.

Reingefallen. Schwank in 1 Aufz. von Heinrich Schmitt. *Berlin: E. Bloch (1901).* (18 S.) 8° [A]
= Herren-Bühne, Ludwig Blochs. No 56.

Schmitt, Heinrich, approb. Arzt aus Germersheim a. Rh.(Pfalz): Spätheilung von Psychosen. Freiburg i. B. 1904: K. Henn. (43 S.) 8°
Freiburg i. B., Med. Diss. v. 1904

Schmitt, Heinrich. Versuch einer Geschichte der Hilde- und Kudrunsage. 4 (28 S.). Progr. G. *Wiesbaden* 1887 (372).

Schmitt, Heinr. Ludw., Abriß d. Geographie, französ. u. deutsch, f. Schulen. 1. Bdchn., die Vorbegriffe u. d. allgem. Beschreib. d. fünf Welttheile enth. — A. u. d. T.: Abrégé de Géographie franç. et allem., à l'usage des écoles. Vol. 1. 8. (19 1/4 B.) Darmstadt 837, Leske.

Schmitt, Heinr. Ludw., narratio de Frider. Taubmanno adolescente. Scripsit et epistolis ejus illustravit. Editio II. Leipzig 861. Teubner. 8. (IV, 68 S.) n. 10 ngr.

Schmitt, Heinr. Ludw., quaestiones chronologicae ad Thucydidem pertinentes. gr. 8. (105 S.) Leipzig 882. (Teubner.) n. 1. 60

Schmitt: Die altklassischen Studien, insbesondere die lateinischen Stilübungen in unseren Gymnasien. 16 S.– Weilburg, Progr. 1867.

Schmitt, [Frl.] Helene. Stickereien. Entwürfe von H' Sch'. Auf den Stein gezeichnet von der Verfasserin, gedruckt von Wassermann & Schäublin. Liefg. 1. 11 Bl. + 9 Tafeln, *in Umschlag*, fol. Basel 1906. vollständig in 5 Liefg. zu je fr. 10. —

Schmitt, [Frl.] Helene. Stickereien. Entwürfe von H' Sch'. Auf den Stein gezeichnet von der Verfasserin, gedruckt von Wassermann & Schäublin. Liefg. 2. 9 Tafeln, *in Umschlag*, fol. Basel, Selbstverlag, 1906. vollständig in 5 Liefg. zu je fr. 10. —

Schmitt, [Frl.] Helene. Stickereien. Entwürfe von H' Sch'. Auf den Stein gezeichnet von der Verfasserin, gedruckt von Wassermann & Schäublin. Liefg. 3. 9 Tafeln, *in Umschlag*, fol. Basel, Selbstverlag, 1907. vollständig in 5 Liefg. zu je fr. 10. —

– – (Dresden: Baensch 1907.)

Schmitt, Hermann: Das Grundbuchwesen in Bayern, s. Henle, Wilhelm von .

Schmitt, Herm., das Polizeistrafgesetzbuch f. das Königr. Bayern f.: Staudinger, Jul. v.

Hermann Schmitt. Qua ratione veteres et quot inter actores Terentii fabularum in scenam edendarum partes distribuerint. (Festschrift zur Begrüssung der XXXVI. Versammlung deutscher Philologen und Schulmänner zu Karlsruhe vom 27. bis 30. September 1882. S. 24—58.) Freiburg, P 1882

– – s.a. Schmitt, G. H.

— H., Sammlung v. Reichsgesetzen strafrechtlichen Inhalts. Textausg. m. Anmerkgn. u. Sachregister. (XI, 339 S.) kl. 8. München '05, C. H. Beck. Geb. in Leinw. 2. 25.

Schmitt, H., Sammlung v. Reichsgesetzen strafrechtlichen Inhalts. Textausg. m. Anmerkgn. u. Sachregister. 2., bis zur Gegenwart fortgeführte u. ergänzte Ausg. (X, 402 S.) kl. 8. München, C. H. Beck. 1909. Geb. 2. 50.

— Strafgesetzbuch f. das Deutsche Reich, f.: Staudinger, Jul. v.

Schmitt, Herrm. Jos., krit. Geschichte d. neugriech. u. d. russ. Kirche, mit besond. Berücksichtigung ihrer Verfass. in d. Form e. permanenten Synode. gr. 8. (37½ B.) Mainz 840, Kirchheim, Schott u. Thielmann.

Schmitt, Herrm. Jos., kritische Geschichte der neugriechischen und der russischen Kirche, mit besonderer Berücksichtigung ihrer Verfassung in der Form einer permanenten Synode. 2. (Titel-) Aufl. gr. 8. (X und 585 S.) Mainz 854, Kirchheim.

Schmitt, Herm. Jos., Grundidee des Mythus, oder Spuren der göttlich geoffenbarten Lehre von der Welterlösung in Sagen u. Urkunden der ältesten Völker. Ein Versuch, den Mythus u. die Mysterien der Heiden auf eine Uroffenbarung zurückzuführen. Mit einer Beilage von der tiefern Bedeutung der heidnischen Opfer. Frankfurt, Andreä, 1826, gr. 8°. 284 S.

Schmitt, (H. J.,) Harmonie der morgen- u. abendländ. Kirche. Ein Entwurf zur Vereinigung beider Kirchen. Nebst einem Anhange üb. die anerkannten Rechte des Primats in den ersten acht Jahrhunderten. Mit Vorrede v. Fr. Schlegel. gr. 8. Wien 824, Wimmer.

Schmitt, Herrm. Jos., Harmonie der morgenländischen und abendländischen Kirche. Ein Entwurf zur Vereinigung beider Kirchen. Mit einem Vorwort von Frdr. Schlegel. 2. ganz umgearb., um die Hälfte verm. Aufl. Würzburg 863. Stahel. Lex.-8. (XX, 542 S.) n. 1 ℛ 26 ngr.

— die morgenländ., griech.-russ. Kirche, od. Darstell. ihres Ursprungs, ihrer Lehre, Gebräuche, Verfassung u. ihrer Trennung. Mit 1 Steintaf. gr. 8. Mainz 826. Müller. 1 ℛ 18 gr.

Schmitt, Herrm. Jos., kathol. Kirchenzeitung, f. Kirchenzeitung, kathol., 1. Jahrg.

Schmitt, Herm. Jos., Uroffenbarung, oder: Die großen Lehren des Christentums, nachgewiesen in den Sagen u. Urkunden der ältesten Völker, vorzüglich in den kanonischen Büchern der Chinesen. Landshut, Manz (jetzt Regensburg, Verlagsanst.), 1834, gr. 8°, 6,75 Mk.

Recens. Katholik Bd. 58 (1835), S. 74—83.

—— Versuch e. philosoph.-histor. Darstellung d. Reformation in ihrem Ursprunge. gr. 8. (29½ B.) Sulzbach 828, v. Seidel.

Schmitt, J., Fahrdienst-Vorschriften f. die kgl. bayer. Staatseisenbahnen. Gültig v. 1. IV. 1898. In Fragen u. Antworten dargestellt u. m. Erläutergn. versehen. 3. Aufl. gr. 8. (66 S.) München 900. (J. Lindauer.) n. 1.—

Schmitt, J., Generalregister, f.: Gartenlaube, die.

Schmitt, J., u. G. G. **Kallenbach**, die christliche Kirchenbaukunst, siehe: Kallenbach, G. G.

J. **Schmitt,** Die Obstzucht des Landwirths. Eine kurze, leichtfaßliche Unterweisung in der Baumzucht und Baumpflege. Würzburg 1866

Schmitt, J., die Obstzucht des Landwirts. Eine kurze, leicht faßl. Unterweisung in der Baumzucht und Baumpflege. 2. verb. und verm. Aufl. gr. 8. (IV, 106. S. mit 30 eingedr. Abbild. in Holzschn.) Würzburg 882, Stuber's Verlagsh. *

1. Aufl. erschien 1864 im Verlage der landwirthschaftl. Fortbildungsschule zu Würzburg. (108 S.) *ℳ 1.

Schmitt, J., u. J. L. **Becht**, Taschen-Liederbuch f. Lehrer, f.: Becht, J. L.

Schmitt, J., was muß geschehen, wenn es besser werden soll? (Aufforderung zur Gründung e. Deutschen Wirthschaftsreform-Partei.) 1.—10. Tauf. 12. (IV, 52 S.) Berlin 894. Kurtze & Herzfeld. n. —50

Schmitt J, was muss geschehen, wenn es besser werden soll? (52 S) Berlin (1895)

Schmitt, J. A. L.: Rechtfertigung gegen d. in der öffentlichen Sitzung d. ersten Civilsenats des ehem. Appellationsgerichtshofes v. 30. Dec. 1823 u. s. w. von Hrn. J. A. Aldenhofen d. Verf. zur Last gelegten Beschuldigungen. *Köln*, Bachem. 824. gr. 8. (4 Gr.)

Schmitt, J. B., das Helenen-Bad zu Bingen nebst einem Anhange pract. Bemerkungen u. Erfahrungen über die Traubencur. gr. 8. (6⅞ B. u. 4 Stahlst.) Mainz 844, [Wirth, Sohn.]

Schmitt, J. C., praktische Ausrechner für Handels- und Gewerbetreibende. 2. Ausg. 8. (VI, 192 S.) Lahr 878, Schauenburg. cart. * 1 50

Schmitt, J. C., de codice Sangermanensi, qui continet L. Junii Moderati Columellae de re rustica libros XIII. gr. 8. (24 S.) Würzburg 881, Stahel'sche Universitäts-Buchh. *

Aus: Festschrift für Ludwig Urlichs, besonders abgedruckt.

Schmitt, J. C., Lahrer Fruchtrechner nach dem Gewicht. 8. (VIII, 192 S.) Lahr, 878. Schauenburg. 1. 50

Palladii Rutilii Tauri Aemiliani de Insitione liber. Ad codices nunc primum conlatos edidit Dr. J. C. Schmitt, G. P. – 1877. Würzburg, ibid. — S. 5–16⁸. (Viro doctissimo constantissimo Leonhardo de Spengel etc. quinquagenalia doctoratus in philosophia sacra etc. gratulatur Gymnasium Munnerstadiense.
Progr. Münnerstadt, K. Gymn.

Dr. J. C. Schmitt. Observationes criticae in Aeschyli Agamemnonem. 27 S. Mannheim, P 1859

Schmitt, J. C., observationes criticae in Aeschyli Agamemnonem. Mannheim 859. Löffler. (Segnitz.) gr. 8. (27 S.) n. 8 ngr.

Schmitt, J. C., die Osterburg bei Bischofsheim vor der Rhön. gr. 4. (8 S. m. Abbildgn.) Berlin (901). F. Ebhardt & Co. — 50
Sonderabdruck aus: „Burgwart".

Schmitt, J. C., Palladii Rutilii Tauri Aemiliani de re rustica. Diss. 53 S. Würzburg. 1876. 1.20

— wie alt ist Würzburg? Historische, geograph. u. linguist. Untersuchg. gr. 8. (29 S.) Würzburg 898. (Stahel's Sort.) n.n. — 50
Sonderabdruck aus: „Archiv d. histor. Vereins f. Unterfranken u. Aschaffenburg".

Schmitt, J. D., kurze Anleitung zur Verwaltung des Bußsakramentes, s.: Schick, A.

Schmitt, J. C. v., auserles. Geschichten, Anekdoten u. Gedichte zur Belehr. u. Erheiterung d. Gemüthes. 8. ... Znaim 829. (Wien, Beck.)

Schmitt, J. Ev., vollständ. christ-kathol. Gebetbuch zur Kirchen- u. Hausandacht f. das ganze Jahr. Mit 2 feinen Kpf. u. 1 Holzschn. 18. Wien 824. 2e Aufl. 12. Ebd. 831. Haas. 16 gl. Schrbp. 1 ℛ Velinp. 1 ℛ 8 gl.

— christ-kathol. Gebetbuch, Auszg. aus Obigem. 12. Wien 824. Haas. 8 gl. N. A. 828. (Leipz., Fr. Fleischer). 6 gl.

Schmitt, J. Ev., vollständ. christkathol. Gebethbuch z. Kirchen- u. Haus-Andacht f. d. ganze Jahr. 2. Aufl. 12. (12¼ B. u. 3 Bild.) Wien 831, Haas. 18 Gr., Schrbp.

Schmitt, J. J., De vulneribus capitis externis. 26 pp. Herbornae. 4°. 1719.

Schmitt, J. K., Beiträge zur Behandl. einiger Wassersuchten torpider Form. gr. 8. (1¼ B. u. 1 Stnt. gr. 4.) Würzburg 833, (Etlinger.)

Schmitt, J. L., Geometrie f. Realschulen u. untere Gymnasialklassen, besond. auch zum Selbstunterr. 1r Thl. Die Lehre von der geraden Linie u. dem Kreise enthalt. Mit 3 Steintaf. 8 Bern 831. Jenni. (Streng in Frankf.) 1 ℛ

Schmitt, Jac., Anleitung zur Ertheilung des Erstcommunicanten-Unterrichts. 1. u. 2. Aufl. 1865. n. 18 ngr., u. 3., durch viele Beispiele u. eine Reihe von Predigtskizzen verm. Aufl. Freiburg im Br. 868. Herder'sche Verlagsh. gr. 8. (XI, 316 S.) n. 22 ngr.

Schmitt, Jak., Anleitung zur Ertheilung d. Erstcommunicantenunterrichts. 5., neu durchgeseh. Aufl. gr. 8. (X, 335 S.) Freiburg i/Br. 875. Herder. n. 2. 40

Schmitt, Jak., Anleitung zur Ertheilung d. Erstcommunicanten-Unterrichts. 6., neu durchgeseh. Aufl. gr. 8. (X, 336 S.) Freiburg i/Br. 880. Herder. n. 2. 40.

Schmitt, Jak., Anleitung zur Erteilung d. Erstkommunikanten-Unterrichts. 7. Aufl. gr. 8. (VIII, 357 S.) Freiburg i/Br. 884. Herder. n. 2. 40

Schmitt, J., Anleitung zur Erteilung d. Erstkommunikanten-Unterrichts. 8., neu durchgeseh. Aufl. gr. 8. (VIII, 353 S.) Freiburg i/Br. 889. Herder. n. 2. 40

Schmitt, Jak., Anleitung zur Erteilung des Erstkommunikanten-Unterrichts. 9., neu durchgeseh. Aufl. gr. 8. (VIII, 355 S.) Freiburg i/B. 893. Herder. n. 2. 40; geb. in Halbfrz. n. 3. 60

Schmitt, Jak., Anleitung zur Erteilung des Erstkommunikanten-Unterrichtes. 10., neu durchgeseh. Aufl. gr. 8. (VIII, 356 S.) Freiburg i/B. 899. Herder. n. 2.40; geb. in Halbfrz. n. 3. 60

Schmitt, Jak., Anleitung zur Erteilung des Erstkommunikanten-Unterrichtes. 11., neu durchgeseh. Aufl. (X, 356 S.) 8. Freiburg i/B. 904. Herder. n. 2. 60; geb. in Halbfrz. n. 3. 80

Schmitt, Jakob, la primera communión. Método fácil y práctico para preparar á los niños á este sacramento, con 37 pláticas y planes de sermones. Traducido de la 7. ed. alemano por el Juan Manuel Orti y Lara. 3. ed. revisada. (XII, 341 S.) 8. Freiburg i/B. 910. Herder. 2.80; geb. in Kunstldr. 3. 80

Schmitt, Jak., Döllinger, seine „Erklärung" u. sein Anhang. Gemeinverständlich besprochen. Das. 1871, gr. 8°, 44 S., 30 Pf.
Litt. Handw. 1871, S. 289.

—— Erklärung des kleinen Deharbe'schen Katechismus. 1. Aufl. 1867. und 2. Aufl. gr. 8. (VIII und 278 S.) Freiburg im Br. 868, Herder'sche Verlagsh. *

—— Erklärung des kleinen Deharbe'schen Katechismus. 3. Aufl. (VIII, 279 S.) 1870. *ℳ 1,80, und 4. Aufl. gr. 8. (VIII, 287 S.) Ebendas. 873. * 2 20

Schmitt, Jak., Erklärung des kleinen Deharbe'schen Katechismus. 5. Aufl. gr. 8. (VIII, 288 S.) Freiburg i. Br. 878, Herder'sche Verlagsh. * 2 20

— Erklärung d. kleinen Deharbe'schen Katechismus. 6. Aufl. gr. 8. (VI, 300 S.) Ebend. 882. n. 2. 20

Schmitt, Jak., Erklärung des kleinen Deharbeschen Katechismus. 7. Aufl. gr. 8. (VII, 293 S.) Freiburg i. Br. 887, Herder'sche Verlagsh. *ℳ 2.20.; geb. **

— Erklärung d. kleinen Deharbeschen Katechismus. 8. Aufl. 8. (XII, 286 S.) Ebd. 892. n. 2. 20; geb. in Halbfrz. n. 3. 40

Schmitt, Jak., Erklärg. d. kleinen Deharbeschen Katechismus. 9. Aufl. 8. (XII, 286 S.) Freiburg i/B. 898. Herder. n. 2. 20; geb. in Halbfrz. n. 3. 40

— Erklärung des mittleren Deharbe'schen Katechismus zunächst für die mittlere u. höhere Klasse der Elementarschulen. (In 2 Bdn.) 1. Bd. Ebend. 870. gr. 8. (X, 589 S.) n. 1 ℛ 8 ngr.

— Erklärung d. mittleren Deharbe'schen Katechismus zunächst f. die mittlere u. höhere Klasse der Elementarschulen. 1—3. Bd. gr. 8. Ebend. 871—76. n. 14. —
1. 2. Aufl. (XI, 592 S.) n. 3. 80. — 2. (XI, 663 S.) n. 4. 80. — 3. (XII, 695 S.) n. 5. 40.

— dasselbe. 1. u. 2. Bd. 3. Aufl. gr. 8. Ebend. 874. 75. n. 9. 50
1. Von dem Glauben. (XVI, 594 S.) n. 4. 50
2. Von den Geboten. (IX, 669 S.) n. 5. —

—— Erklärung des mittleren Deharbe'schen Katechismus zunächst für die mittlere und höhere Klasse der Elementarschulen. 4. Aufl. 3 Bde. gr. 8. Ebendas. 877. * 15 —
Inhalt:
Bd. 1. Von dem Glauben. (XVI, 600 S.) *ℳ 4.60.
" 2. Von den Geboten. (IX, 676 S.) *ℳ 5.
" 3. Von den Gnadenmitteln. (XII, 695 S.) *ℳ 5,40.

—— Erklärung des mittleren Deharbe'schen Katechismus zunächst für die mittlere und höhere Klasse der Elementarschulen. 5. Aufl. 3 Bde. gr. 8. Ebendas. *
Inhalt:
Bd. 1. Von dem Glauben. (XVI, 616 S.) 881. *ℳ 4,60.
" 2. Von den Geboten. (IX, 695 S.) 882. *ℳ 5.
" 3. Von den Gnadenmitteln. (X, 711 S.) 882. *ℳ 5,40.

— Erklärung des mittleren Deharbe'schen Katechismus zunächst f. die mittlere u. höhere Klasse der Elementarschulen. 3 Bde. 5. Aufl. gr. 8. Ebend. 882. n. 15. —
1. Von dem Glauben. (XVI, 606 S.) n. 4. 60
2. Von den Geboten. (IX, 695 S.) n. 5. —
3. Von den Gnadenmitteln. (X, 711 S.) n. 5. 40

—— Erklärung des mittleren Deharbeschen Katechismus zunächst für die mittlere und höhere Klasse der Elementarschulen. 3 Bde. 6. Aufl. 8. Ebendas. *
geb. **
Inhalt:
Bd. 1. Von dem Glauben. (XVI, 612 S.) 885. *ℳ 4.60.; geb. **ℳ 6.—.
" 2. Von den Geboten. (IX, 686 S.) 885. *ℳ 5.—.; geb. **ℳ 6.40.
" 3. Von den Gnadenmitteln. (X, 703 S.) 886. *ℳ 5.40.; geb. **ℳ 6.80.

— Erklärung d. mittleren Deharbe'schen Katechismus zunächst f. die mittlere und höhere Klasse der Elementarschulen. 3 Bde. 7. Aufl. gr. 8. Ebd. 889. n. 15. —
1. Von dem Glauben. (XVI, 612 S.) n. 4. 60
2. Von den Geboten. (IX, 686 S.) n. 5. —
3. Von den Gnadenmitteln. (X, 703 S.) n. 5. 40

— Erklärung d. mittleren Deharbeschen Katechismus zunächst f. die mittlere u. höhere Klasse der Elementarschulen. 3 Bde. 8. Aufl. gr. 8. Ebd. 892. n. 15. —; geb. in Halbfrz. n. 19. 20
1. Von dem Glauben. (XVI, 612 S.) — 2. Von den Geboten (IX, 686 S.) — 3. Von den Gnadenmitteln. (X, 703 S.)

— Erklärung d. mittleren Deharbeschen Katechismus, zun. f. die mittl. u. höh. Klasse der Elementarschulen. 3 Bde. 9. Aufl. 8. (XVI, 612; IX, 686 u. X, 703 S.) Ebd. 897. n. 15. —; geb. in Halbfrz. n. 19. 20

— Erklärung des mittleren Deharbeschen Katechismus zunächst f. die mittlere u. höhere Klasse der Elementarschulen. 3 Bde. 10. Aufl. gr. 8. Ebd. 904. n. 15. 60
geb. in Halbfrz. n. 20. 40
I. Von dem Glauben. (XXII, 605 S.)
II. Von den Geboten. (XI, 686 S.)
III. Von den Gnadenmitteln. (XII, 703 S.)

Schmitt, James, explanation of Deharbe's small catechism. Translated from the 7th German ed. 8. (VIII, 298 S.) Freiburg i/B. 894. Herder. n. 3. —; geb. in Leinw. n. 3. 50

Schmitt, Jac., explicación del catecismo abreviado de la doctrina cristiana. Traducción según la séptima edición alemana de la explicación del pequeño catecismo del P. Deharbe. Adoptada al catecismo abreviado con las modificaciones y adiciones necesarias por Bernh. Aug. Thiel. 2. ed. gr. 8. (VII, 239 S.) Freiburg i B. 891. Herder. 3. —; geb. in Halbfrz. n. 4. 20

— Explicación del catecismo abreviado de la doctrina cristiana. Ofrecida á los países de lengua castellana por Bernardo Augusto Thiel. 3. ed. cuidadosamente revisada. (VIII, 301 S.) 8. Ebd. 910. 2.80; geb. in Kunstldr. 3. 80

— **Explicación del catecismo de la doctrina cristiana acomodado á las clases media y superior de las escuelas elementales. 2. ed. 3. voll. (XIII, 630; IX, 674 u. 703 S.) gr. 8. Ebd. 903. n. 16. —; geb. in Halbfrz.** n. 22. —

— explicación del catecismo de la doctrina cristiana del obispo Bernardo Augusto Thiel. Según la sexta edición de la explicación del catecismo acomodato á las clases media y superior de las escuelas elementales del R. J. Deharbe, Escrita en aleman por J. S. y traducida al castellano por Vicente Orti y Escolano. Vol. I: De la fe. gr. 8. (XII, 492 S.) Freiburg i/Br. 891. Herder. 4. 50

— explicación del catecismo de la doctrina christiana del Bernardo Augusto Thiel. Según la 6. ed. de la explicación del catecismo acomodado á las clases media y superior de las escuelas elementales del R. J. Deharbe. Traducida al castellano por Vinc. Orti y Escolano. Vol. II. III. gr. 8. Ebd. 891. 10. 50 (kplt.: 15. —)
II. De los mandamientos. gr. 8. (II, 536 S.) 5. —
III. De los medios de obtener la gracia. gr. 8. (VIII, 555 S.) 5. 50

Schmitt, **Jakob**, Die Lehre von der päpstlichen Unfehlbarkeit für das kath. Volk dargestellt u. beleuchtet. Freiburg, Herder, 1870, gr. 8°, II, 40 S., 1. u. 2. Aufl., 20 Pf.
Von bündiger Kürze u. durchsichtiger Klarheit, dabei erschöpfend vollständig. Zur katechet. Unterweisung u. zur Hauslektüre für kath. Familien sehr geeignet. Ökum. Konzil. Stimmen rc. Heft 11, S. 110—1.

— manna quotidianum sacerdotum sive preces ante et post missae celebrationem, cum brevibus meditationum punctis pro singulis anni diebus. Preces ed., meditationum puncta composuit, appendicem adjecit J. S. 3 tomi. 12. (XII, 470, XII, 629, XII, 687 u. Anh. LV S.) Ebend. 883. 84. à n. 3. —; geb. à n. 4. —

—— **Manna quotidianum sacerdotum sive preces ante et post missae celebrationem, cum brevibus meditationum punctis pro singulis anni diebus. Preces edidit, meditationum puncta composuit, appendicem adjecit. Edit. II. 3 tomi. 12. (XII, 470 S., Anhang LV S.; XII, 629; XII, 687 S.) Ebendas. 883,84. à Bd. *ℳ 3. *
geb. à Bd. *ℳ 4. ***

— Manna quotidianum sacerdotum sive preces ante et post missae celebrationem, cum brevibus meditationum punctis pro singulis anni diebus. Preces edidit, meditationum puncta composuit, appendicem adjecit J. S. Tom. I—III. Ed. III. 8. Ebd. 890. à n. 3. —; geb. à n. 4. 20
I. Ab adventu usque ad Dominicam I. quadragesimae. (XII, 473 u. LII S.)
II. A Dom. I. quadrag. usque ad Dom. VIII post Pentecosten. (XII, 546 u. LII S.)
III. A Dom. post Pentec. usque ad Dom I. adventus. (XII, 580 u. LX S.)

Schmitt, Jak., **Manna** quotidianum sacerdotum sive preces ante et post missae celebrationem, cum brevibus meditationum punctis pro singulis anni diebus. Preces edidit, meditationum puncta composuit, appendicem adiecit Sch. 3 tomi. Ed. IV. 8. Freiburg i/B. 903. Herder. n. 10. —; geb. in Leinw. m. Ldr.-Rücken n. 14. —
I. Ab adventu usque ad Dominicam I. quadragesimae. (XIII, 476 u. LVI S.)
II. A Dom. I. quadrag. usque ad Dom. VIII. post pentecosten. (XIII, 552 u. LVI S.)
III. A Dom. VIII. post pentec. usque ad Dom. I. adventus. (XIII, 584 u. LXIV S.)

— método para preparar á los niños á la primera comunión. Traducido de la 7. ed. alemana por Juan Manuel Orti y Lara. Obra precedida de una carta introductoria del R. Obispo de Costa-Rica. 8. (VIII, 334 S.) Ebd. 891. 3. —; geb. in Halbfrz. n. 4. 20

— Método para preparar à los niños à la primera comunión. Traducido de la 7. ed. alemana por el Don Juan Manuel Ortí y Lara. Obra precedida de una carta introductoria del Rmo. Sr. Obispo de Costa Rica. 2. ed. 8. (XII, 339 S.) Ebd. 897. 3. —; geb. in Halbfrz. n. 4 20

Schmitt, Jacob. Vollständige practische Pianoforte-Schule. Hamburg (1845).

—— das katholische Priesterthum. Festpredigt, gehalten bei dem 25jähr. Priesterjubiläum des Hrn. Münsterpfr. G. Brugier in Konstanz und seiner Coäven. gr. 8. (23 S.) Ebendas. 877. * — 30

—— der Priestercölibat. 8. (30 S.) Münster 870, Russell's Verlag. — 30
Aus: Zeitgemäße Broschüren, besonders abgedruckt.

— Psalm 118, für Betrachtung u. Besuchung des Allerheiligsten erklärt u. verwertet. 12. (VIII, 392 S.) Ebd. 901. n. 2. 20; geb. in Leinw. n. 2.80

Schmitt, Jakob, Psalm 118, f. Betrachtung u. Besuchung des Allerheiligsten erklärt u. verwertet. 2. Aufl. (VIII, 401 S.) kl. 8. Freiburg i/B. 908. Herder. 2.40; geb. in Leinw. 3.

Schmitt, Jak., katholische Sonn- und Festtagspredigten. 1. Jahrg. 1. und 2. unveränd. Aufl. gr. 8. (XI, 814 S.) Freiburg i. Br. 877,78, Herder'sche Verlagsh. * 6 —

—— katholische Sonn- und Festtagspredigten. 2. Jahrg. 1. und 2. unveränd. Aufl. 8. (VII, 908 S.) Ebendas. 881. *
1. Jahrg. Ebendas. 1878. *ℳ 6.

—— katholische Sonn- und Festtagspredigten. 2. Jahrg. 3. Aufl. 8. (VII, 924 S.) Ebendas. 887. *
geb. **
1. Jahrg. Ebendas. 1878. *ℳ 6.—.

—— Katholische Sonn- u. Festtagspredigten. 1. Jahrg. 4. Aufl. 8. (XII, 840 S.) Ebd. 890. * 6 —; geb. in Hlbfrz. ** 7 40
2. Jahrg. 3. Aufl. Ebd. 1887. * 6 70; geb. ** 8 10,

— kathol. Sonn- u. Festtagspredigten. 2. Jahrg. 4. Aufl. 8. (VII, 912 S.) Ebd. 897. n. 6. 70; (1. u. 2.: n. 12. 70; Einbde. in Halbfrz. à n. 1. 40)

— katholische Sonn- u. Festtagspredigten. 1. Jahrg. 5. Aufl. gr. 8. (XII, 840 S.) Ebd. 899. n. 6. 40; geb. in Halbfrz. n. 8.—

— kathol. Sonn- u. Festtagspredigten. 2. Jahrg. 5. Aufl. (VI, 621 S.) gr. 8. Ebd. 909. 7.20; geb. in Halbfrz. 9. —

— s.: Stolz, Alban, Nachtgebet meines Lebens.

Schmitt, James, s. Schmitt, Jakob

Danoise. Arrangirt von JEAN NICOLAS SCHMITT. Kiel. 1831. P.

SCHMITT, Ignaz (München): Allgemeine Pathologie und Therapie der traumatischen Blutergüsse.- München: Wild 1839. 34 S.
24.6.1838- Urk (Titel: De extravasationibus sanguineis traumaticis.); F 64
Diss. Ingolst. - Landsh. - Mchn.

Schmitt, Johann „Entwicklungen über das einbeschriebene Dreieck einer Curve". pg. 3—25. 4°. Mit Textfiguren. G. Schröder.
Ingolstadt, Progr. 1860/61

Schmitt, Joh., die Erziehungs- u. Rettungsanstalten f. sittl. verwahrloste Kinder, als das vorzüglichste Mittel z. Verminderung d. Armuth u. d. Verbrechen. 8. (5⅛ B.) Friedberg 840, Bindernagel. *

Schmitt, Joh., Exempelbuch für Mittelklassen. Darmstadt 861. Will. 12. (40 S.) n. 2 ngr.

—— Exempelbuch für Oberklassen. 12. (48 S.) Darmstadt 861, Will. *

—— Fibel für den Schreib-Leseunterricht im ersten Schuljahre. gr. 8. (48 S. mit eingedr. Holzschn.) Darmstadt 860, Will.

Alsfeld, Georg Ludwig [Präs.] u. Joh. Schmitt (Halberstadt) [Resp. et Auctor] Dissertatio de fluore albo ex neglectu diaetae foeminarum Belgicarum praecipue propullulante.
Giessae 16. Juni 1766: 20 S. 4°

Schmitt, Joh. (II.), Handbuch des Wissenswürdigsten aus dem Gebiete der Welt- und Naturkunde, der Landwirthschaft und des Gewerbewesens. Zum Gebrauch an landwirthschaftl. und gewerbl. Lehranstalten. 2. Aufl. von „Schmitt's Lebensbilder, zugleich landwirthschaftliches Lesebuch." gr. 8. (VIII und 522 S.) Mainz 867, Kunze's Nachfolger. *

Schmitt, Johann, a. Essen: Ionisation der Luft des rheinisch-westfälischen Industriegebiets und Radioaktivität von Bodenproben des Karbons. Weinheim ⟨Baden⟩ 1908: H. Diesbach. (30 S.) 8°
Freiburg i. B., Phil. Fak., Ref. Himstedt, Diss. v. 1908
[Geb. 4. Juni 74 Ladenburg (Baden); Wohnort: Essen a. d. Ruhr; Staatsangeh.: Preußen; Vorbildung: Realgymn. Mannheim Reife Juli 03; Studium: Heidelberg 7 S.; Rig. 16. Juli 07.]

—— der Jugendfreund. Eine Samml. 100 d. auserlesensten Spiele z. Kräftigung u. Erheiterung d. Körpers u. Geistes im Freien wie im Zimmer; nebst e. freundl. Zugabe üb. Volks- u. Jugendfeste ꝛc. gr. 8. (12⅛ B. u. 2 Stnt.) Wiesbaden 837, Ritter'sche Buchh.

Schmitt, Joh., Jugendlust, s. Jugendlust.

— Jugendlust. Eine Auswahl beliebter Jugend- und Volks-Lieder für Schule und Haus. 3. Aufl. (Ausg. in Ziffern.) Friedberg 861. Scriba. 8. (36 S.) n. 2 ngr.

— Lebensbilder aus dem Gebiete der Welt- und Naturkunde, der Landwirthschaft und des Gewerbewesens für Lehrer, Landwirthe und Gewerbtreibende. Zugleich ein Lesebuch für landwirthschaftliche und gewerbliche Fortbildungsschulen. Mainz 860. Kunze. gr. 8. (VIII, 522 S.) 1 ₰ 6 ngr.

— vaterländisches Lehr- u. Lesebuch für die Mittelklassen der Volksschule. Darmstadt 865. Will. gr. 8. (VIII, 232 S.) n. 7 ngr.

— vaterländisches Lehr- und Lesebuch für die Oberklassen evangelischer Volksschulen des Großherzogthums Hessen. Darmstadt 861. Will. gr. 8. (VIII, 472 S.) n. 18 ngr.

— landwirthschaftliches Lesebuch. 3 Thle. gr. 8. Mainz 862, Kunze's Nachfolger.
Inhalt:
Thl. 1. Welt- und naturkundliche Bilder. (IV und S. 1—252.) 18 Ngr.
„ 2. Landwirthschaftliche Bilder. (S. 253—436.) 14 Ngr.
„ 3. Gewerbliche Bilder. (IV und S. 437—532.) 7 Ngr.

— erstes Lesebüchlein für Elementarklassen, enthaltend den Stoff für den Lese-, Schreib- und Anschauungsunterricht im zweiten Schuljahre. Darmstadt 860. Will. gr. 8. (IV, 96 S.) n. 4 ngr.

— Liederverse, zunächst nach d. Hauptwahrheiten d. badischen Katechismus geord. f. Schule u. Haus. 8. (3¼ B.) Offenbach a. M. 840, Heinemann.

Schmitt, Joh., lustige Reime. (III, 43 S.) 8. Dresden (909). E. Pierson. 1.—; geb. n 2.—

Schmitt, Joh., Sagen u. Geschichten aus dem lieben Badnerlande. Für Schule u. Haus bearb. 1. u. 2. Bdchn (106 S. u. VIII, 147 S. m. je 1 Titelbild.) 8. Weinheim 903. 904. F. Ackermann. Geb. in Leinw. à n. 1.—

Schmitt, Joh., Sagen u. Geschichten aus d. lieben Badnerlande. Gesammelt u. bearb. 1.—4. Bdchn. Mit je 4 Kunstblättern. 8. Weinheim, F. Ackermann. Geb. in Lw. 6.90
1. 2. verm. u. verb. Aufl. (VI, 112 S.) (907.) Geb. 1.50
2. 2. verm. u. verb. Aufl. (VII, 160 S.) (909.) Geb. 1.80
3. (VII, 163 S.) 907. Geb. 1.80
4. (VII, 159 S.) (909.) Geb. 1.80

— Sonette. (VI, 57 S. u. 1 Bl.) kl. 8. Ebd. 908. 1.—; geb. n 2.—

— s. a. Sprachschüler, der.

— der Sprachschüler. Methodisch geordnete Aufgaben u. Musterstücke für obere Schulklassen. 2. Aufl. Mainz 865. Wirth'sche Sortimentsbuchh. 8. (IV, 48 S.) n. 3 ngr.

Schmitt, Joh., die ausgezeichnete Stellung Mariä im Reiche Gottes u. im Leben seiner Kirche. Ein Cyclus von zwölf Kanzelvorträgen auf die Marienfeste des Kirchenjahres, mit besond. Berücksichtigung der einschläg. dogmat. Wahrheiten. Paderborn 865. Schöningh. 8. (IV, 120 S.) 10 ngr.

Schmitt, Ioannes ⟨geb. am 24 Aug. 1826 in Hangenmeilingen Rgbz. Wiesbaden⟩: De typho epidemico Frickhofiae pagi Nassoviensis … Bonnae, form. C. Georgii (1856). 2 Bl., 26 S., 1 Bl. 8.
Bonn, Med. Fak., Diss. v. 30 Dez. 1856

Schmitt, Joannes, De celeberrimo vaticinio Isaiae 7. et indiciis theologicis de libro Isenbiehlii per dissertationem vindicatis. Aschaffenburg, 1779. 8°.

— die Wiederaufnahme der Gymnastik. Ein Wort an Deutschlands biedere Volksschullehrer. gr. 12. Mainz 837. Wirth. ¼ ₰

Schmitt, Johann Anton

— Anleit. zur Erziehung d. Waldungen. gr. 8. Wien 821. Gerold. 2 ₰ 4 K

SCHMITT, Johann Anton: Theoretisch-practische Anleitung zur Forstgehaubestimmung, oder: Taxation und Regulirung der Waldungen zum Selbstunterricht. - Wien 1818 u. 1819. 2 Bd. 368 S. u. 426 S., 8 Taf.

Schmitt, J. A., Anleitung z. Forstgehaubestimmung od. Abschätzung u. Regulirung d. Waldungen zum Selbstunterricht rc. 2 Bde. M. Karten und Tabellen. gr. 8. Prag, und Wien, Haas. (auch Gerold in Comm.) 818. 19.

Schmitt, Jh. Ant., Anleit. z. Forstgehaubestimmung od. Abschätzung u. Regulirung d. Waldungen zum Selbstunterricht rc. 2 Bde. Mit Kart. u. Tabb. gr. 8. Prag u. Wien 818, 819. Wallishauser. 4 ₰

SCHMITT, Johann Anton: Grundsätze zum Entwurf einer zweckmäßigen Schlagordnung. Ein Beytrag zur höheren Forstwissenschaft, nebst einer vollständigen und gründlichen Anleitung zum Abtriebe der Wälder. - Wien 1810. 340 S., 17 Tab.

— Grundsätze z. Entwurf e. zweckmäßigen Schlagordnung, ein Beytrag z. höhern Forstwissensch. rc. gr. 8. Wien, Gerold. (Kummer in Leipz.) 810. a 8

— Grundsätze zum Entwurf e. zweckmäß. Schlagordnung; ein Beitr. zur höhern Forstwissenschaft rc. gr. 8. Wien 812. Gerold. 2 ₰

SCHMITT, Johann Anton: Die Lehre der künstlichen Holzzucht durch die Anpflanzung. - Wien 1800. - Neubearb. u. m. neuen Beitr. verm. Aufl. ebd. 1808. 232 S., 1 Taf.

— die Lehre der künstl. Holzzucht durch dessen Anpflanzung. Mit 1 Kpft. gr. 8. Wien 800. N. Aufl. 808. Gerold. 1 ₰ 16 g/ Hbg. Pr. 1 ₰

Schmitt, Ioannes Baptista ⟨geb. am 25 Sept. 1809 in Bitsch Lothr.⟩: De aëre intestinali … Bonnae, litt. F. P. Lechneri 1846. 2 Bl., 39 S., 2 Bl. 8.
Bonn, Med. Fak., Diss. v. 10 Febr. 1846

Schmitt, Jh. Bapt., s. Cicero, Cato, — Lälius, — Paradoxa, — Reden.

Schmitt, Johann Carl, s. Schmitt, Johann Karl

Schmitt, Johann Conrad, s. Schmitt, Johann Konrad

Schmitt, Johann Josef, s.a. Schmitt, Johann Josef Hermann

Schmitt, Joh. Jos., Leitfaden für Schullehrlinge rc., s. Leitfaden.

Die Absolventen der Lateinschule Edenkoben von 1840—1881. Ein Beitrag zur Schulstatistik aus der Pfalz. — Von Dr. Joh. Jos. Herm. Schmitt, Subr. — 1882, Edenkoben, ibid. — S. 3—14⁸.
Progr. Edenkoben (Pfalz). Isol. lat. Schule

Schmitt, Joh. Jos. Herm., 25 Festreden meist geschichtl. Inhalts. (VII, 52 S.) 8. Kaiserslautern 903. H. Kayser. —25

Geschichte der Stadt Edenkoben in der Pfalz. I. Teil. Von den ältesten Zeiten bis zur Verlegung des Klosters Heilsbruck nach Edenkoben im Jahre 1262 n. Chr. — Von Dr. Johann Jos. Schmitt, Subr. — 1886 und 1887, Edenkoben, Heinrich Mietens. — S. V—VI und 1—102.
Progr. Edenkoben (Pfalz). Kgl. Isolierte Lateinschule

Der pfälz. Geschichtsschreiber Joh. Georg Lehmann. Ein Lebensbild. (47 S. m. 1 Bildnis.) 8. Ebd. 892. —50
Sonderabdruck aus: „Pfälz. Museum".

Die Lehrer der Anstalt von 1837—1880. — Von Dr. Schmidt, Subr. — 1880, Edenkoben, Heinr. Mietens. — S. 19—22⁸.
Progr. Edenkoben (Pfalz). Isol. lat. Schule

Schmitt, *Johann Joseph Hermann* [Subrekt. Dr.]: Rede, gehalten … am 30. Juni 1890 vor dem Standbilde weiland Seiner Majestät des Königs Ludwig I. von Bayern auf dem Marktplatze zu Edenkoben. Edenkoben, Buchdr. v. H. Mietens, 1890; S. 21—30; 8°
Edenkoben in der Pfalz, k. LS, P 1890

Lateinische Sprichwörter, Redensarten, Musterstellen und Musterverse zum Memorieren für Schüler gesammelt — von Dr. Joh. Jos. Herm. Schmitt, Subr. - 1886, Edenkoben, H. Mietens. — S. 5—107. (Dem hochwohlgebornen Herrn Dr. Wolfg. Markhauser, K. Rektor des Gymnasiums in Speier, Ritter des Verdienstordens I. Klasse vom hl. Michael, in dankbarer Verehrung gewidmet).
Progr. Edenkoben (Pfalz), Kgl. isolierte Lateinschule

Schmitt, Joh. Jos. Herm., lateinische Sprichwörter, Redensarten, Musterstellen u. Musterverse, zum Memorieren f. Schüler gesammelt. gr. 8. (107 S.) Edenkoben 886. Kreiselmeyer. n. 1. —; geb. n. 1. 30

Schmitt, Johann Karl

Schmitt, Jo. Carol., de secundo in Odyssea [*E.* 1—42.] Deorum concilio interpolato eoque centone commentatio. 8. (34 S.) Friburgi Brisg. 852, Wagner. 1/4 ℳ

Schmitt, Johann Konrad

Schmitt, Joh. Conr., einzige Ursachen, Verhütungs- u. Rettungsmittel der jetzt so allgemein verbreiteten Kartoffel-Krankheit. gr. 8. (16 S.) Nürnberg 847, Leuchs & Co. n. 1/6 ℳ

Schmitt, Johann Lorenz. Ueber die Wichtigkeit und den Zweck des Geschichtsunterrichtes in Schulen, und Winke zur Benutzung des Geschichtsvortrages. Im Gymnasium katholischer Fundation als Einleitung zur Geschichte der Schweiz vorgetragen von J' L' Sch'.... 8. St. Gallen 1828.

Schmitt, Johannes [appr. Arzt aus Oppau (Rheinpfalz)]: Statistische Bemerkungen über Ligaturen der Carotis communis nebst einem Fall von glücklich verlaufener Unterbindung derselben .... Frankenthal, Buchdr. v. Louis Göhring & Co., 1887; 20 S. 8°.
Würzburg, Med. Fak., Inaug.-Diss. v. 1887.

Schmitt, Johannes, statistische Bemerkungen über Ligaturen der Carotis communis nebst einem Fall von glücklich verlaufener Unterbindung derselben. Diss. Würzburg 1887, Stahelsche Univ.-Buchh. 8°. 29 S.

Schmitt, Johs., eine naturgemäße Schreiblesemethode nach phonetischem Prinzipe. Führer f. Elementarlehrer. (32 S.) 8. Worms (905). C. Bürckl. n. 1.—

Schmitt, John [aus Cincinnati, O.]: Die Chronik von Morea. Eine Untersuchung über das Verhältnis ihrer Handschriften und Versionen ... München: Verl. v. Buchholz u. Werner 1889. 128 S., 1 Bl. 8°
München, Phil. Fak., Inaug.-Diss. v. 1889

Schmitt, John, die Chronik v. Morea. Eine Untersuchg. üb. das Verhältnis ihrer Handschriften u. Versionen. Inaug.-Diss. gr. 8. (129 S.) München 889. Buchholz & Werner. n. 2. 40

Schmitt, John, die Chronik v. Morea als e. Quelle zum Faust, s.: Hochschul-Vorträge f. Jedermann. 34.35. Hft.

Schmitt, John: Über phonetische und graphische Erscheinungen im Vulgärgriechischen. *Leipzig 1898: B. G. Teubner.* (36 S.) 8°
Leipzig, Phil. Hab.-Schr. v. 11. März 1898

Schmitt, John, über phonet. u. graph. Erscheingn. im Vulgärgriechischen. gr. 8. (36 S.) Leipzig 898. B. G. Teubner. n. 1. —

Schmitt, Jos(ef), aus Kempen a. Rh.: Ueber die Bedeutung des Kathodenmaterials für die electrolytische Reduktion des meta- und para-Nitrotoluols. *Bonn 1904: S. Foppen.* (75 S.) 8°
Bonn, Phil. Diss. v. 9. März 1904

SCHMITT, Joseph (München): Ueber einen Fall von Nervennaht.- München: Wolf 1881. 18 S. 26.11.1881 - Urk (Titel: De sutura nervosa.); Chr 1881/82,7
Diss.Ingolst.-Landsh.-Mchn.

Schmitt, Josef [pr. Arzt in Buchbach]: Ueber einen seltenen Fall von multiloculärem Myxokystom des grossen Netzes ... München, k. Hof- u. Univ.-Buchdr. v. Dr. C. Wolf & Sohn, 1893; 20 S. 8.
München, Med. Fak., Inaug.-Diss. v. 1893

Schmitt, Joseph: Zur Geschichte der Beziehungen zwischen Hessen und Mainz im Ausgange des grossen Schismas. 1409—1416. Marburg 1909: Fuldaer Actiendr., Fulda. 72 S. 8°
Marburg, Phil. Diss. v. 9. Sept. 1909, Ref. v. der Ropp
[Geb. 22. Mai 82 Niederklein; Wohnort: Marburg; Staatsangeh.: Preußen; Vorbildung: Gymn. Fulda Reife O. 03; Studium: Marburg 2, München 1, Berlin 1, Marburg 8 S.; Rig. 20. Jan. 09.] [U 10. 3389

Schmitt, Jos., (eigentl. Jos. Ant.) Handbuch der Synonymik für Schulen. 8. Frankf. a. M. 809. Andreä. 10 gr.

Schmitt, Josef, Rechtsanwalt: Die Occupation als Eigentumserwerb. *Bamberg (1902): Handels-Druckerei.* (80 S.) 8°
Erlangen, Jur. Diss. v. 16. Juli 1902

Ueber Prolepsis und Enallage. Von Joseph Schmitt, G. P. — 1868. Ebend. — S. 3—16.
Progr. Amberg

Schmitt, Jos., die Selbsthilfe im römischen Privatrecht. Erlangen 868. Deichert. gr. 8. (VI, 176 S.) 21 ngr.

Schmitt, Jos., Simultankirchenrecht im Großherzogt. Baden (einschließlich des Altkatholikenrechts) unter d. Herrschaft des bürgerl. Gesetzbuchs. Ortsgeschichte, Rechtsgeschichte u. systemat. Tl. (XII, 333 S.) 8. Karlsruhe 909. G. Braun'sche Hofbuchdr. Geb. in Leinw. 7. —

Schmitt, Jos., Stil u. Stilvergleichg. Kurzgefasste Stillehre f. Kunstschlosser. (42 S. m. 70 Abb.) 32×24 cm. Dresden 909. G. Wolf. Geb. in Leinw. 2. —

Schmitt, Josef, a. Bingen a. Rhein: Studien zur Technik der historischen Tragödie Friedrich Hebbels. Dortmund 1906: F. W. Ruhfus. (42 S.) 8°
Bonn, Phil. Fak., Ref. Litzmann, Diss. v. 8. März 1906
[Geb. 18. Sept. 81 Bingen; Wohnort: Bonn; Staatsangeh.: Preußen; Vorbildung: Oberrealsch. Darmstadt Reife O. 01; Studium: Bonn 1, Berlin 1, Bonn 6 S.; Rig. 26. Juli 05.]

Schmitt, Josef Anton, s. Schmitt, Josef

Schmitt, Jos. Ant. Leonh.: Rechtfertigung gegen die in der öffentlichen Sitzung des ersten Zivilsenats des Rheinischen Appellationsgerichtshofes vom 30. Dez. 1823 in der Rechtssache der Gemeinde Conz, Appellantin wider den Kaufmann Emmerich **Grach** zu Trier Appellaten, von dem Advokaten des letztern, Joh. Adam Aldenhoven, dem Verf. zur Last gelegten Beschuidigungen. Köln a. Rh. 1824.

Hirtenbrief des Hochw. Herrn Joseph Damian [**Schmitt**], Bischof von Fulda, bei der herannahenden Fastenzeit. [1.] 1908. Fulda (1908): Fuldaer Actiendr. 8° [F.] [08. 3184

Hirtenbrief des Hochwürdigsten Herrn Joseph Damian [**Schmitt**], Bischof von Fulda, bei der herannahenden Fastenzeit des Jahres 1910. Fulda (1910): Fuldaer Actiendr. 25 S. 8° [11. 3309

Hirtenbrief des Hochwürdigsten Herrn Joseph Damian [**Schmitt**], Bischof von Fulda, an die hochwürdige Geistlichkeit und die Gläubigen der Diözese beim Antritte seines Hirtenamtes. Fulda (1907): Fuldaer Actiendr. (14 S.) 8° [F.] [07. 6743

Schmitt, Jos. Dam., s.: Jahrbuch, philosophisches.

Schmitt, Jul., Ablaß-Gebetchen, nach P. Bonif. Schneider's Ablaß-Brevier u. Andachts-Büchlein hrsg. f. Welt- u. Ordensleute. 2. Aufl. (XV, 268 S.) kl. 8. Mainz 904. Kirchheim & Co. n. 1.20; geb. in Leinw. n. 1.60

Schmitt, Jul. (Red.), s. Armen-Seelen-Blatt.

Schmitt, Jul. (Hrsg.), s. Armen-Seelen-Freund.

— die göttliche Vorsehung, od. die liebevolle Führg. der Menschen v. seiten Gottes u. das Glück jener, welche sich dieser Führg. anvertrauen, so wie es recht u. billig ist. Nach den Schriften des R. P. de la Colombière. 3. verb. Aufl. (143 S.) kl. 8. Ebd. 904. n. 1.20 geb. in Leinw. n. 1.60

Schmitt, Jul., die göttliche Vorsehung od. die liebevolle Führg. der Menschen v. seiten Gottes u. das Glück jener, welche sich dieser Führg. anvertrauen, so wie es recht u. billig ist. Nach den Schriften des P. de la Colombière. 7. Aufl. (143 S.) kl. 8. Mainz 910. J. Kirchheim & Co. — 90; geb. in Leinw. 1.20

SCHMITT, Julius: Der Wonnegau der Pfalz und sein angrenzendes Waldgebiet. - Bad Dürkheim 1909. 2 Bd. 223 S., 1 Kt. u. 293 S., 2 Kt.

Schmitt, K., Predigt bei der Eröffnung der außerordentl. Synode am 25. März 1873 geh. in der Stadtkirche zu Darmstadt. gr. 8. (8 S.) Mainz 873. v. Zabern. n. — 20

Schmitt, K. A. v. Rangliste der Kgl. baier. Armee i. J. 1819. (Lith.) München 1819. 233 S.

Schmitt, K. J., die Grundlagen der Verwaltungsrechtspflege im constitutionell-monarchischen Staate. Eine rechtswissenschaftl. Abhandlung. gr. 8. (X, 144 S.) Stuttgart 878, Cotta'sche Buchh. * 3 —

Schmitt, Karl, s.a. Schmitt, Karl W.

Schmitt, K., Erwiederung auf: „die wahren Grundlagen des religiösen Friedens", } s. Zimmermann.
— Erwiederung auf Ketteler's Schrift, }

Schmitt, Karl [pr. Arzt Dieburg (Hessen)]: Ein Fall von Sternfractur des Fersenbeines. . . . Würzburg, Druck d. Stahel'schen k. Hofbuchdr., 1891; 17 S. 8°
Würzburg, Med. Fak., Inaug.-Diss. v. 1891

Schmitt, Carl, 40 Confirmations-Scheine mit Denksprüchen u. Liederversen. Mainz 867. v. Zabern. hoch 4. In Mappe. n. 1 *ℛ* 6 *ngr.*

Schmitt, Carl (I.), die Principien der neueren ebenen Geometrie und deren Anwendung auf die geradlinigen Figuren und den Kreis. Ein Lehrbuch für höhere Unterrichts-Anstalten. gr. 8. (IX und 149 S. mit eingedr. Holzschn.) Wien 864, Gerold's Sohn. *

Schmitt, Karl: Die innere Reibung von Luft und Helium bei tiefen Temperaturen. Halle a. S. 1909: Kandler. 32 S. 8°
Halle, Phil. Diss. v. 11. Aug. 1909, Ref. Dorn
[Geb. 15. Juni 82 St. Wendel; Wohnort: Halle a. S.; Staatsangeh.: Preußen; Vorbildung: Realgymn. Darmstadt Reife O. 03; Studium: Halle 3, Berlin 1, Halle 3 S.; Rig. 24. Febr. 09.] [U 09. 1760

Der moderne Roman. Ein Beitrag z. Literaturgeschichte v. Carl **Schmitt**. Mit 63 Textill. Osnabrück: G. Pillmeyer 1908. (VII, 270 S.) 8° [5.] [08. 3173] 7

Über Schuld und Schuldarten. Eine terminolog. Untersuchung. Von Dr. jur. Carl **Schmitt**. Breslau: Schletter 1910. X, 155 S. 8° (Strafrechtliche Abhandlungen. H. 120.) [10. 16310 2

— Dass., s.a. Abhandlungen ...

Schmitt, Karl August

Schmitt, Carl Aug., Principien für den Bau und die innere Einrichtung von Papierfabriken. Eine fachmännische Arbeit. Neustadt a. d. H. 862. Gottschick. gr. 8. (2 Bl., 23 S.) n. 10 *ngr.*

Schmitt, Karl Ferdinand

Schmitt, Carolus Ferdinandus: De emphysemate pulmonum. Berolini 1835: Friedlaender. 35 S. 8° (4°)
Halle-Wittenberg, Med. Diss., nachgeliefert von dem am 6. Mai 1835 promovierten Verf.
Geb. Frankfurt am Main 25. 3. 1813. V.

Schmitt, Carolus Ferdinandus: Theses, loco dissertationis de calculis biliosis mox edendae. Halis (1835): Ploetz. 2 Bl. 8°
Halle-Wittenberg, Med. Thesen v. 6. Mai 1835

Schmitt, Karl W.

Schmitt, Carl (W.), Jakob Ayrer. Ein Beitrag zur Geschichte des deutschen Dramas. gr. 8. (55 S.) Marburg 851, Elwert'sche Universitäts-Buchh.

—— Dichtungen. gr. 12. (102 S.) Marburg 849, Elwert'sche Universitäts-Buchh.

—— Paul Flemming. Nach seiner literargeschichtl. Bedeutung dargestellt. gr. 8. (34 S.) Marburg 851, Elwert'sche Universitäts-Buchh.

Schmitt, Carl, Johann Friedrich, Kurfürst von Sachsen. Schauspiel in 5 Akten. 12. (94 S.) Marburg 852, Elwert'sche Universitäts-Buchh.

—— Lord Byron's Tod. (Gedicht.) gr. 12. (22 S.) Marburg 850, Elwert'sche Universitäts-Buchh.

Schmitt, Konrad

SCHMITT, Conrad: Forstwissenschaftliche Bemerkungen über den Käplerschen Safthieb. Ein Beitrag zur Forstbetriebs- und Umtriebslehre. - Gotha 1804. 54 S.

Schmitt, C., forstwissenschaftl. Bemerkk. üb. den Käplerschen Safthieb. 8. Gotha 804. Ettinger. 4 *gr.*

Schmitt, C.: Die Weine des Herzoglich Nassauischen Kabinettskellers. Wiesbaden. 1892.

Schmitt, Conr., die Weine d. herzogl. nassauischen Cabinetskellers. Eine wissenschaftl. Studie. gr. 4. (104 S. m. 8 Taf., 3 Tab. u. 9 Bl. Erklärgn.) Berlin 893. P. Parey. Geb. in Leinw. n. 20.—

Schmitt, Kornel

Schmitt, Cornel, Bilder aus dem Pflanzenleben. Botan. Plaudereien. Gedichte v. Rud. Birkner. Buchschmuck v. Ernst Koeppel. (VI, 113 S.) 8. Freising (908). Dr. F. P. Datterer & Co. 1.20

— 150 leicht ausführbare botanische u. zoolog. Schülerübungen nebst Resultaten. (40 S.) kl. 8. Ebd. 910. — 50

— Der biologische Schulgarten. Seine Anlage u. unterrichtl. Verwertg. Anh.: 80 biolog. Aufgaben u. ihre Lösg. im Schulgarten. (VI, 100 S.) 8. Ebd. (908). 1.—

Schmitt, Kornelius

Schmitt, Cornel., der Jungfernsprung zu Landsberg. Historisches Drama in 4 Aufzügen. (58 S.) 8. Landsberg (905) A. Samweber. n. — 75

SCHMITT, Kurt (Heidelberg): Die kaufmännische Auskunftei, insbesondere der Auskunfts-Vertrag.- Stuttgart: Union 1911. 114 S.- S.-Abdr.aus: Zeitschrift für das gesamte Handelsrecht. Bd.70.
15.10.1911 - Chr 1911/12,23; U 12.3607
Diss.Ingolst.-Landsh.-Mchn.

Schmitt, L., Cantate am Grabe unseres Br. Marchal, Grossmajor des 61. Linien-regiments- und Ehrenmitglied des wiederErb. Tempels d. Brliebe zu Worms ca. 1810. 8. 2 Bl. — Fehlt bei Kloss.

Schmitt, L., das deutsche Volkslied, s. Broschüren, Frankfurter zeitgemäße.

Schmitt, Leonh., wie pflege ich Sectiere im Seewasser-Aquarium? Nach 15jähr. Erfahrgn., 1894—1909, f. den Liebhaber bearb. (IV, 71 S. m. Abb. u. 2 [1 farb.] Taf.) gr. 8. Stuttgart 909. F. Lehmann. 1. —

Schmitt, Leon. Clem., s. Brendel, L., über den klerikal. Geist in Exercitien-Reden.

Kurze Darstellung der Geschichte des Ernestinischen Klerikal-Seminars zu Bamberg. Von Dr. L. Cl. Schmitt. — 1849. Ebend. — S. 3—32.
Progr. Bamberg

Schmitt, L. Cl., Praktische Erklärung des 1. Psalmes. Bamberg, 1843. 22 S., Lyceal-Progr.

Schmitt, Leonard Clem., Geschichte des Ernestinischen Klerikal-Seminars zu Bamberg. Bamberg 857. Buchner in Comm. gr. 8. (VIII, 492 S.) n. 1 ₰. 15 ngr.

Schmitt, Leonh. Klem., Grundriß einer Christologie des Alten Testamentes. Bamberg, 1841, 21 S., Lyceal-Programm.

SCHMITT, Leonhard Clemens (Hochstädt): Die Construction des theologischen Beweises. Mit bes. Rücksicht auf die spekulative Entwicklung der Theologie in der Gegenwart.- Bamberg: Lachmüller 1835. VII,146 S.
10.3.1835 - Urk (Titel: über den theologischen Beweis.): F 43
Diss.Ingolst.-Landsh.-Mchn.

Schmitt, Leonh. Clem., die Construction d. theolog. Beweises. Mit besond. Rücksicht auf d. spekulat. Entwickel. d. Theologie in d. Gegenwart. gr. 8. (9¾ B.) Bamberg 836, Lachmüller. (Literar.-art. Institut.)

Schmitt, Leonard Clemens, die Predigt im Geiste des Kirchenjahres. 1. Hft. gr. 8. (110 S.) Bamberg 851, Züberlein. 5/12 ₰

— s. Seelsorger, der, in den Verrichtungen seines Amtes.

—— die bamberger Synoden. gr. 8. (224 S.) Bamberg 851, Züberlein.

Schmitt, Leopold, Rechtsprakt.: Das Recht der Schiffahrt auf internationalen Flüssen. Aschaffenburg 1909: Werbrun. VIII, 67 S. 8°
Würzburg, Jur. Diss. v. 17. Febr. 1909, Ref. Meurer
[Geb. 9. Sept. 83 Hundsfeld; Wohnort: Tirschenreuth; Staatsangeh.: Bayern; Vorbildung: Gymn. Würzburg Reife Juli 03; Studium: Würzburg 10 S.; Rig. 28. Okt. 08.] [U 09. 4088

Schmitt, Lorenz, a. Heddesheim ⟨Nahe⟩: Die Akzente in altenglischen Handschriften mit Berücksichtigung der Akzente im Lateinischen und Althochdeutschen. Bonn 1907: E. Eisele. (37 S.) 8° ¶(Erscheint vollst. u. d. T.: „Lautliche Unters. der Sprache der Laceboc" im Verl. v. P. Hanstein, Bonn.)
Bonn, Phil. Fak., Ref. Bülbring, Diss. v. 5. März 1907
[Geb 18. März 78 Heddesheim (Rheinpr.); Wohnort: Heddesheim (Nahe); Staatsangeh.: Preußen; Vorbildung: Friedrich-Wilhelms-Gymn. Trier Reife O. 01; Studium: München 1, Berlin 1, Paris 1, Bonn 8 S.; Rig. 25. Juli 06.]

Marchal: Cantate am Grabe unsers L.·. B.·. Marchal. Von Lorenz Schmitt [recte: Sebastian Laurenz Schmidt?]. [Worms ca 1817.] 2 Bl. 8⁰ [Umschlag-tit.]
Tt. 2585. Ohne Noten: „In Todtesnacht (!) hinab gesunken ..."

Das Paradies der Nahe. Von Dr. Lorenz **Schmitt**-Heddesheim. Kreuznach 1909: Harrach. 60 S. 8°
Aus: Öffentlicher Anzeiger f. d. Kreis Kreuznach. [10. 1958

Lautliche Untersuchung der Sprache des Lacceboc. Von Lorenz **Schmitt**. Bonn: Hanstein 1908. 184 S. 8⁰
Ein T. erschien als Bonner Inaug.-Diss. 1907 u. d. T.: Die Akzente in altengl. Hss.

Schmitt, Ludwig [Rechtspraktikant aus Schwabmünchen]: Beiträge zur Frage der autorrechtlichen Beurteilung und Behandlung der Übersetzungen ... München, k. Hof- u. Univ.-Buchdr. v. Dr. C. Wolf & Sohn, 1896; 50 S. 8.
Erlangen, Jur. Fak., Inaug.-Diss. v. 1896

Schmitt, Ludw., der Karmeliter Paulus Heliä, Vorkämpfer der kathol. Kirche gegen die sogenannte Reformation in Dänemark, s.: Stimmen aus Maria-Laach.

Schmitt, Ludw., S. J., d. Kölner Theologe Nikolaus Stagefyr u. d. Franziskaner Nikolaus Herborn, s. a. Stimmen aus Maria-Laach.

[S.] Der Kölner Theologe Nikolaus Stagefyr und der Franziskaner Nikolaus Herborn. Von Ludwig Schmitt S. J. *Freiburg i. B.: Herder 1896.* (VI S., 1 Bl., 184 S.) 8.
= Ergänzungshefte zu d. 'Stimmen aus Maria-Laach'. [II.] 67.

Johann **Tausen** oder der dänische Luther. 1494—1561. Zur 400-jährigen Feier seiner Geburt. Von Ludwig Schmitt. — Köln: Bachem in Comm. 1894. 120 S. 8°
(Vereinsschrift [der] Görres-Gesellschaft. 3. 1894.)

Schmitt, Ludw., S. J., die Verteidigung der kathol. Kirche in Dänemark gegen die Religionsneuerg. im 16. Jahrh. gr. 8. (224 S.) Paderborn 899. Junfermann. n. 3.50

Schmitt, Ludwig Julius Karl

Schmitt, L. J. K., das Auswandern aus d. Vaterlande. Eine Predigt am Sonntage Jubilate, d. 18. Mai 1832 gehalten. gr. 8. Marb. 832. Elwert. 2 gr.

Schmitt, Ludw. Jul. Carl, die Bewegungen unserer Zeit auf dem Gebiete der christl. Kirche. Predigt bei der Einführung des neuen Prorectors gehalten. 2. Aufl. gr. 8. (1 B.) Marburg 845, Elwert'sche Universitäts-Buchh.

—— Rede am Erinnerungstage der dem Kurfürstenth. Hessen am 15. Sept. 1830 zugesicherten landständ. Verfassung. 8. (½ B.) Marburg 831, Elwert.

Schmitt, Ludw. Jul. Karl, das Religionsgespräch zu Marburg im J. 1529. gr. 8. (9½ B.) Marburg 840, Elwert'sche Univ.-Buchh.

— s. W. Usener, biblische Geschichte.

—— drei Weihnachts-Predigten. gr. 12. (1½ B.) Marburg 838, Elwert'sche Univ.-Buchh.

Schmitt, M. B., praktisches Rechenbuch nach russischem Münz-, Maß- und Gewicht-System. 8. (VI, 68 S.) Dorpat 875, Schnakenburg's Verlag. cart. * — 80
Auflösungen (21 S.) * — 60

Schmitt, Max, uis Brottero. (Aus Brotterode.) Humorist. in Brotteröder Mundart. (62 S.) 8. Eisenach 908. (Hofbuchdruckerei Eisenach, H. Kahle.) 1. —

Uis Brottero (Aus Brotterode). Humoristisches in Brotteröder Mundart von Max **Schmitt**. Eisenach: Selbstverl. 1908. (62 S.) 8° [F.] 08. 8174

Worte liebenden Andenkens an Max Schmitt [Sch. der III. G. Kl. † 17. Nov. 1856] bei seinem frühen Dahinscheiden aus dem Kreise seiner Mitschüler. — 19. Nov. 1856. Ebend. — 1 Bog. — I u. II zwei Sonette von Mitschülern. — III. 3 Stanzen [v. Stdr. Dittmar].
Progr. Zweibrücken.

Schmitt, Michael

Schmitt, M., prakt. Tierarzt aus Trier: Sind Rapskuchen infolge zu hohen Senfölgehaltes schädlich? Trier 1909. 27 S. 8°
[1. III. 09.]
Bern. Vet.-med. Diss. 1908/09.

Schmitt, M[ichael]. Sind Rapskuchen infolge zu hohen Senfölgehaltes schädlich? Diss. Vet.-Med. Bern. 27 S. 8. Trier, Paulinus-Druckerei. 1909.

Schmitt, N., Erläuterungen zu d. durch Ministerial-Erlaß vorgeschriebenen Gedichten f. die preuß. Volksschulen. Ausg. A. Für drei- u. mehrklass. Schulen. (XI, 308 S.) 8. Paderborn 909. F. Schöningh. 3. 30.

— dasselbe. Ausg. B. Für ein- u. zweiklass. Schulen. (VIII, 139 S.) 8. Ebd. 908. 1. 50

Schmitt, N. W., moderne Jugendlektüre u. ihr Einfluß auf d. religiös-sittliche Kindesleben. Zur Beherzigg. f. Eltern u. Erzieher. (56 S.) 8. Essen 907. G. D. Baedeker. — 60

Schmitt, Nikol., neues Jesuiten-Büchlein, oder von der Gründung, Verbreitung, Aufhebung, Wiederherstellung, der Verfassung u. den Grundsätzen des Ordens der Gesellschaft Jesu. Ein Buch für's Volk. 16. (48 S.) Philadelphia 851. (Schäfer & Koradi.) n. 1/3 ℳ

Schmitt, Nik., Leben und Wirken von Friedrich Wilhelm v. Steuben. Vortrag, gehalten in dem Künstlerverein von Philadelphia. 12. (42 S. mit dem lithogr. Bildnisse Steubens.) Philadelphia 858, (Schäfer und Koradi.) *

Schmitt, Nikolaus: Leben und Wirken von Friedrich Wilhelm von Steuben. *Vortrag gehalten in dem Künstlerverein von Philadelphia . . . Zum Besten des Steuben-Denkmals. Philadelphia, Pa.: John Weik und Co. 1858. pp. 42, ill.*

Schmitt, O., s.: Kinderbeschäftigungen nach Fröbel.

Schmitt, O., Über Zentralkondensationen. Berlin, 1905. 4 S.

Schmitt, Oh., s. Schmitt, Ph.

Schmitt, Oskar [app. Arzt aus Massbach]: Über eine operative Behandlung eines schnellenden Fingers. . . . Augsburg: Druck d. lit. Inst. v. Haas & Grabherr (Vorbesitzer: Doktor M. Huttler) 1889. 21 S. u. 1 Taf. 8°
Würzburg, Med. Fak., Inaug.-Diss. v. 1889

Schmitt, Osk., von dem Lande der Reben. Eine bunte Folge heim. Lieder u. Gedichte. Mit Buchschmuck v. Heinr. Strieffler. (160 S.) kl. 8. Neustadt a/H. 905. D. Meininger. Geb. in Leinw. n. 2. 50

Schmitt, Otto, appr. Arzt a. Kaiserslautern (Rheinpfalz): Kasuistische Beiträge zu den Verletzungen des Oesophagus. München 1905: C. Wolf. (36 S.) 8°
München, Med. Fak., Ref. v. Bollinger, Diss. v. 15. Dez. 1905
[Geb. 7. Dez. 78 Kaiserslautern; Wohnort: Kaiserslautern; Staatsangeh.: Bayern; Vorbildung: Gymn. Kaiserslautern Reife Juli 97; Studium: München T.H. 2, München 2, Erlangen 2, München 2, Berlin 1, München 3 S.; Coll. 15. Dez. 05; Approb. 13. Sept. 05.]

Schmitt, Otto, appr. Arzt aus Kimratshofen: Ueber eine Blutcyste des großen Netzes mit Ausgang in Ruptur und Verblutung in die Bauchhöhle. *München 1903: Kastner & Callwey.* (26 S.) 8°
München, Med. Diss. v. 1903

Aufgabensammlung für das gemeinschaftliche Schnellrechnen von P. **Schmitt**, Lehrer. *Langensalza: F. G. L. Gressler 1903.* (124 S.) 8° [F.] 03. 6914 3

Aufgabensammlung für das gemeinschaftliche Schnellrechnen von P. **Schmitt**, Lehrer. 2. Aufl. Langensalza: F. G. L. Gressler 1906. (124 S.) 8° [F.] 06. 14348 3

Schmitt, P., Aufgabensammlung f. das gemeinschaftliche Schnellrechnen. 2. Aufl. (III, 124 S.) 8. Langensalza 906. Schulbuchh. n. 1. 20

Methodische Behandlung der gemeinen und Dezimalbrüche von P. **Schmitt**. *Langensalza: F. G. L. Gressler 1903.* (45 S.) 8° [F.] 03. 6915 3

— methodische Behandlung der gemeinen u. Dezimalbrüche. 2. Aufl. (46 S.) kl. 8. Ebd. 907. n. — 60

Die Behandlung der Raumlehre in der Volksschule von P. **Schmitt**, Lehrer. Darmstadt. Langensalza: F. G. L. Greßler 1904. (IV, 151 S.) 8° [F.] 04. 3

Die Behandlung der Raumlehre in der Volksschule von P. **Schmitt**, Lehrer in Darmstadt. 2. Aufl. Langensalza: F. G. L. Greßler 1907. (IV, 151 S.) 8° [F.] 08. 1139

Schmitt, P., die Behandlung der Raumlehre in der Volksschule. 2. Aufl. (IV, 151 S. m. Fig.) 8. Langensalza 907. Schulbuchh. 1. 50

Schmitt, P., die Behandlg. der Satzlehre in der Volksschule. 2., verb. u. verm. Aufl. 8. (71 S.) Leipzig 899. R. Voigtländer. n. — 75

— d. Behandlg. der Wortlehre in d. Volksschule. 12. (87 S.) Heidelberg 896. Ch. Th. Groos. n. — 90

— Satzlehre f. die Volksschule. 12. (80 S.) Heppenheim 894. Ebd. n. — 40

Schmitt, P., deutscher Sprachunterricht in 3 Stufen. Bearb. f. Volksschulen. 8. (IV, 80 S.) Wiesbaden 899. Ch. Limbarth's Verl. n. — 50

— Stoff zur Einübg. der Rechtschreibung. 8. (IV, 74 S.) Leipzig 899. R. Voigtländer. n. — 75

Schmitt, P. G., die Kultus-Baulast m. besond. Berücksicht. der Particularrechte in Franken dargestellt, unter Benützg. zahlreicher, bisher ungedruckter Orig.-Urkunden d. bischöfl. Archivs in Würzburg. gr. 8. (XVI, 408 S.) Regensburg 888. Verlags-Anstalt. 4. 80

Schmitt, P. F. W., Institutionis juris ecclesiastici universalis ad statum Germaniae catholicum accommodatae. lib. V. 4. Würzb. Stahel. 772.

Schmitt, Paul, die Berechnung d. Wechselräder beim Gewindeschneiden. Ein unentbehrl. Handbuch f. den Metalldreher. Frei bearb. nach eigenen, prakt. Erfahrgn. (108 S. m. Abb.) kl. 8. Mülhausen i/E. (907). (Strassburg, E. d'Oleire.) 1. 20

Schmitt, Paul Gabr., die Kultus-Baulast mit besonderer Berücksichtigung der Particularrechte in Franken dargestellt, unter Benützung zahlreicher, bisher ungedruckter Orig.-Urkunden des bischöfl. Archivs in Würzburg. gr. 8. (XVI, 408 S.) Regensburg 888, Verlags-Anstalt.

Schmitt, Pet., die hl. Konstantia, e. Kaiserstochter und Ordensstifterin. Zugleich e. Zeitgemälde des 4. Jahrh. 2. verm. Aufl. v. J. H. Schütz. (112 S.) 8. Paderborn 903. Junfermann. n. 1.20; geb. in Leinw. n. 1.60

Schmitt, Pet., deutsches Lesebuch, s.: Zettel, Karl u. Nicklas.

Schmitt, Peter [D^R., k. Studienlehrer am alten Gymn. in Würzburg]: Über den Ursprung des Substantivsatzes mit Relativpartikeln im Griechischen. . . . Würzburg, Becker's Univ.-Buchdr., 1889; 1 Bl.+ 40 S. 8°
Würzburg, Phil. Fak., Inaug.-Diss. v. 1889

Schmitt, Peter. Ueber den Ursprung d. Substantivsatzes m. Relativpartikeln im Griechischen, s.a. Beiträge zur histor. Syntax der griech. Sprache.

– – compl. 1889. 80 S.

Schmitt, Ph., die Kirche des heiligen Paulinus bei Trier, ihre Geschichte und ihre Heiligthümer. Trier 853. Grach in Comm. 8. (VI, 484 S.) n. 1 ₰. 10 ngr.

Schmitt, Ph., der Kreis Saarlouis u. seine nächste Umgebung unter den Römern u. Celten. Ein Bericht an die Gesellschaft f. nützliche Forschungen zu Trier. gr. 8. (IV u. 159 S.) Trier 850, Lintz. 2/3 ₰

— Sprachlehre, Erdbeschreibung und Abriß der Preußischen Geschichte für Elementarschulen. 10. verm. Stereot.-Ausg. Saarlouis 855. Stein. 12. (VI, 105 S.) 4½ ngr.

Schmitt, Ph., geognost. Studien am Litermonte. Eine Monographie, als Beitr. z. Gesch. d. Gebirge an d. Saar, besond. d. Porphyr- u. Trappgebirge. 8. (4 B. u. ill. Ttlbild.) Saarlouis 839. (Trier, Lintzsche Buchh.) *

Schmitt, Philipp, Medizinalpraktikant a. Darmstadt: Aus dem pathologischen Institut zu München. Ein Fall von diffuser Carcinose, ausgehend von primären[!] Appendix-Carcinom (gleichzeitig als Beitrag zur primären Multiplizität von Tumoren). München 1905: Kastner & Callwey. (26 S.) 8°
München, Med. Fak., Ref. v. Bollinger, Diss. v. 22. Sept. 1906
[Geb. 21. Sept. 78 Darmstadt; Wohnort: Darmstadt; Staatsangeh.: Hessen; Vorbildung. Ludwig-Georg-Gymn. Darmstadt Reife M. 98; Studium: Gießen 4, München 6 S.; Coll. 22. Sept. 06; Approb. 3. Sept. 06.]

Schmitt, R., s.: Beamten-Kalender, allgem.

Schmitt, R., s.: Ministerialblatt f. die gesammte innere Verwaltung in den königl. preuß. Staaten. Haupt- u. Sachregister.

— Mittheilungen aus der Verwaltung der directen Steuern im preußischen Staate. gr. 8. (VIII, 135 S.) Hagen 883. Risel & Co. n. 2. —

Schmitt, R. Reglement f. die außergerichtlichen Auctionatoren, nebst den dazu erlassenen Nachträgen, Bestimmgn. u. Erlassen, die Cautionsbestellg. derselben etc. 2. Aufl. 8. (88 S.) Hamm 889, Griebsch. * 1 25

Schmitt, R., Reglement f. die außergerichtlichen Auctionatoren, nebst den dazu erlassenen Nachträgen, Bestimmgn. u. Erlassen, die Cautionsbestellg. derselben und die von denselben zu beacht. Stempelvorschriften, sowie verschiedene Muster zu Auctions-Aufträgen, Auctions- u. Verpachtungs-Protokollen. (2. Aufl.) 8. (88 S.) Hamm 889. Grote. n. 1.25

— Sachregister, s.: Ministerialblatt d. inn. Verwaltg.

Schmitt, R. W.: Über einige neue Derivate der Salicylsäure. 28 S. Marb., Schul-/Univ.-Schrift 1864

Schmitt, Rich. Die Gefechte bei Trautenau am 27. u. 28. Juni 1866. Nebst e. Anh. üb. moderne Sagenbildg. gr. 8. (XVI, 271 S.) Gotha 892, F. A. Perthes. * 4 —

Schmitt, Rich., Geschichte Deutschlands im 19. Jahrh., s.a. Jahrhundert, das deutsche, in Einzelschriften. 5.

Schmitt, Richard, Dr. phil., a. o. Professor der Geschichte an der Universität Berlin. Geschichte Deutschlands im neunzehnten Jahrhundert. 2. Auflage. 8. Berlin 1904.

[F.] Prinz Heinrich von Preussen als Feldherr im siebenjährigen Kriege. [Tl] I. II. Von Prof. Dr. Richard Schmitt in Greifswald. *Greifswald: J. Abel 1885–97.* 2 Bde 8.
1. D. Kriegsjahre 1756–59. Inaug.-Diss. d. phil. Fak. d. Univ. Greifswald 1885. (3 Bl., 160 S.)
2. D. Kriegsjahre 1760–1762. 1897. (VIII, 322 S.) [97. 5979

Schmitt, Rich., Prinz Heinrich v. Preußen als Feldherr im 7jährigen Kriege. I. Die Kriegsjahre 1756—59. gr. 8. (III, 157 S.) Greifswald 885. Abel. n. 3. —

Schmitt, Rich., Prinz Heinrich v. Preußen als Feldherr im siebenjähr. Kriege. II. Die Kriegsjahre 1760—1762. gr. 8. (VIII, 322 S.) Greifswald 897. J. Abel. n. 4.50 (I. u. II.: n. 7.50)

Schmitt, Richard, a. Kassel: Über einige Phenanthrenderivate. Über das Caroten. Würzburg 1904: C. J. Becker. (45 S.) 8°
Würzburg, Phil. Fak., Ref. Medicus, Diss. v. 15. Nov. 1904
[Geb. 18. Sept. 74 Kassel; Wohnort: Würzburg; Staatsangeh.: Bayern; Vorbildung: Gymn. Würzburg Reife Juli 96; Studium: Würzburg 8 S.; Rig. 27. Juli 04.]

Schmitt, S. A., s. Schmitt, Adolf

Schmitt, Saladin, Hebels Dramatechnik, s.a. Schriften der literarhistorischen Gesellschaft Bonn.

Hebbels Dramatechnik. Von Saladin Schmitt. Dortmund: F. W. Ruhfus 1906(1907). (112 S.) 8°
= Schriften d. literarhist. Gesellschaft, Bonn. 1. [07. 3479 6

Schmitt, Stanislaus

— s. Feldblumen

Schmitt, Stanisl., Gedichte. Mit 1 Kpf. u. Musik. 8. Kreuznach 804. Kehr. 20 ₰

Schmitt, St., Gedichte, mit K. u. Musik. 8. Kreutznach. (Leipz. Schmidt.) 804.

—— s. Hildegarde.

Schmitt, T., lateinische Lese- u. Übungsbücher f. Sexta bis Tertia, s.: Kautzmann, Ph.

Schmitt, Theodor: Die Meteorologie und Klimatologie des Albertus Magnus. 1909. 116 S. 8°
München, Dr.-Ing.-Diss. v. 4. 8. 1908

Schmitt (Theod.), Die Meteorologie und Klimatologie des Albertus Magnus. Dürkheim 1909. 116 S.
München, Ing.-Diss.

Schmitt, Theodor [aus Würzburg]: Über Phenylindole. . . . Würzburg, J. M. Richter's Buchdr., 1889; 19 S. 8°
Würzburg, Phil. Fak., Inaug. Diss. v. 1889

Schmitt, Thdr., die Schutzimpfung gegen den Rauschbrand. Bericht üb. eine Studienreise nach der Schweiz u. Frankreich. [Aus: „Rundschau auf d. Gebiete d. Thiermed."] gr. 8. (20 S.) Osterwieck 887. A. W. Zickfeldt. — 75

Schmitt, Theodor [app. Arzt aus Dreis]: Wasserabgabe durch Haut und Lunge bei Fiebernden ... München, k. Hof- u. Univ.-Buchdr. v. Dr. C. Wolf & Sohn, 1892; 41 S. 8.
München, Med. Fak., Inaug.-Diss. v. [17. März] 1892

Schmitt, Valentin, neueste, auf langjährige praktische Erfahrungen gegründete Anweisung, den Spargelbau im Großen und Kleinen zu betreiben, sowie Riesenspargel zu ziehen, Spargel das ganze Jahr hindurch stechen zu können, Spargel in Blechbüchsen zu conserviren und in denselben abzukochen. Ferner gründliche Anleitung zum Schwarzwurzelbau und Riesenschwarzwurzel zu ziehen, sowie den Weinbau auch in nördl. Gegenden zu betreiben, die Anlage mit Draht in den Rebgeländen und das Aufziehen der Reben mit Draht. 8. (32 S.) Mannheim [Straßburg] 874, Schneider's Verlag. * 70

Schmitt, Valentin, der Hopfenbau mit Draht. Eine Anleitung zur Anlage desselben, sowie zur Wahl der Aecker, deren Düngung und Bearbeitung nebst Mitteln zur Verhütung der Krankheiten, sowie Anweisung zum Schwefeln und Pressen zu jahrelanger Aufbewahrung. Nach vieljähr. Erfahrungen wonach der Hopfen selbst in schlechtem Boden und in nördl. Gegenden gezogen werden kann. gr. 8. (32 S. mit eingedr. Holzschn.) Mannheim [Straßburg] 874, Schneider's Verlag.

Schmitt, Valentin, Pius IX. Ein Sonettenkranz. gr. 16. (86 S.) Aschaffenburg 877. (Würzburg, Woerl.) geb. mit Goldschn. * 3 —

Schmitt, Val., Pius IX. Ein Sonettenkranz. 3. unveränd. (Titel-)Aufl. 12. (86 S.) Würzburg 895. F. X. Bucher. n. — 50

Schmitt, Valent., die Verheissung der Eucharistie (Joh. VI.) bei den Antiochenern Cyrillus v. Jerusalem u. Johannes Chrysostomus. (VII, 102 S.) gr. 8. Würzburg 903. Göbel & Scherer. n. 2.40

Schmitt, Valentin, Präfekt im Chilianeum zu Würzburg: Die Verheissung der Eucharistie (Joh. VI.) bei den Vätern. Historisch-kritisch dargestellt. Buch 1: Grundlegung u. patristische Literatur bis Constantin einschliesslich d. alexandrinischen Schule. *Würzburg: A. Göbel 1900.* (VI, 121 S.) 8°
Würzburg, Theol. Diss. v. 1900

Schmitt, Val., die Verheissung der Eucharistie (Joh. VI.) bei den Vätern. Historisch-kritisch dargestellt. 1. Buch: Grundlegung u. patrist. Literatur bis Constantin, einschliesslich der alexandr. Schule. gr. 8. (VI, 121 S.) Würzburg 900. Göbel & Scherer. n. 2.—

Schmitt, Viktor: Ein Briefwechsel zwischen Joseph Alexis Stoltz und Franz Carl Naegelé. Strassburg 1909: Heitz. 161 S. 8° (Ersch. auch als Buch ebd.)
Straßburg, Med. Diss. v. 26. Juni 1909, Ref. Fehling
[Geb. 26. Febr. 75 Schlettstadt; Wohnort: Andlau; Staatsangeh.: Elsaß-Lothringen; Vorbildung: Bischöf. Gymn. Straßburg Reife Juli 97; Studium: Straßburg 10 S.; Coll. 25. Juni 09; Approb. 1. Dez. 02.] [U 09.3819

Schmitt, V., vom Himmel. Astronomische Erzählg. f. Volk u. Jugend. gr. 8. (V, 170 S.) Berlin 891. Wiesenthal. n. 2.40; geb. n. 3.—

Schmitt, Vikt., vom Himmel. Astronomische Erzählgn. f. d. Volk u. die Jugend. Mit 25 in d. Text gedr. Zeichngn. 2. verm. u. verb. Aufl. (184 S.) 8. Lahr 910. M. Schauenburg. Geb. in Leinw. 1.50

Schmitt, Vict., s.: Stoltz, Jos. Alexis, u. Frz. Carl Naegelé, e. Briefwechsel.

— Streifzüge im Darwinismus, s.: Volksschriften zur Umwälzg. der Geister.

Schmitt, W., s. Schmitt, Wilhelm Joseph

Schmitt, Wilhelm [aus München]: Über einen auf chirurgischem Wege geheilten Fall von Paradoxia sexualis ... München, Dr. Wild'sche Buchdr., *1896*; 27 S., 1 Bl. 8.
Berlin, Med. Fak., Inaug.-Diss. v. 14. Juli 1896

Schmitt, Wilhelm ⟨geb. am 21 Aug. 1859 in Büderich Kr. Neuss⟩: Ueber den Fettgehalt der Thiere nach Phosphorvergiftung ... Bonn, Univ.-Buchdr. v. C. Georgi 1885. 22 S. 8.
Bonn, Med. Fak., Diss. v. 5 Aug. 1885

Schmitt, Wilhelm (Joseph): Abhandlung über die Schusswunden als Beantwortung einer von der k.k. Josephinischen medicinisch-chirurgischen Akademie im Jahre 1787 aufgegebenen Preisfrage, welche ist die sicherste und beste Methode, Schusswunden (vulnera sclopetaria) zu heilen? Gekrönt den 13. Junius 1788. 163 S., gbd.

Wien: Graeffer 1788

JB 3.698

Schmitt, Wilhelm Joseph (Mitarb.), s. Abhandlungen, Einige auserlesene medizinisch-gerichtliche.

(Schmitt, Wilhelm Joseph) (Hrsg.):

s. a. Antigoulard, der, in Wahrnehmungen über Misbrauch und Unsicherheit des Bleyextrakts, von österreichischen Feldchirurgen aufgestellt. Erster Versuch. Wien: 1785

JB 1.565

Schmitt, W., d. Antigoulard, in Wahrnehm. über Mißbr. u. Unsicherh. d. Bleyextracts, v. österr. Feldchirurgen aufgesetzt. gr. 8. Wien, Gräffer. (Camesina.) 785.

Schmitt, Wlh. Jos., Beleuchtung, einiger, auf die gerichtl. Beurtheilung d. Kopfverletzungen neugeborn. Kinder sich beziehenden Fragepunkte durch zwei belehrende Geburtsfälle. Mit 1 Kpft. gr. 4. Nürnb. 813. Schrag. 6 gr.

Wilhelm Josef Schmitt

Wilhelm Joseph Schmitt's Bemerkungen und Erfahrungen über die Zurückbeugung der Gebärmutter bey Nichtschwangeren nebst einigen Beobachtungen über die Vorwärtsbeugung. Wien: Wimmer 1820. 180 S. 8°

— Bemerkung, über die Krankenbetten, und Beschreibung eines neu erfundenen einfachen Krankenbettes. gr. 8. Wien, Gräffer. 791.

— s. Brambilla, üb. die Entzündungsgeschwulst, 2. Thl.

Schmitt, Wilhelm Joseph: Geburtshülfliche Fragmente. 149 S., gbd., 1 Taf.

Wien: Camesina 1804

JB 3.830

— geburtshülfl. Fragmente. Mit 1 Kpf. 8. Wien (804.) (Volke). 12 gr.

Schmitt, Wilhelm Joseph: Gedächtnisrede auf den verstorbenen k.k.Rath und Professor Dr. J(oseph) Gabriel von Gabriely. Gehalten im Hörsaale der k.k.medicinisch-chirurgischen Josephs-Akademie. 30 S., gbd.

Wien: typ.Bauer 1806

JB 5.828

— über diejenig. Krankheiten der Harnblase, Vorsteherdrüsen u. Harnröhre (mit Ausnahme d. Blasensteine), denen vorzügl. Männer im hohen Alter ausgesetzt sind. 8. Wien 806. (Becke). 21 gr

Schmitt, Wlh. Jos., üb. obstetricische Kunst u. Künstelei. gr. 8. Frkf. a. M. 816. Varrentrapp. 12 gr

Schmitt, Wilhelm Joseph: Ueber den herrschenden Lehrbegriff von Einsackung des Mutterkuchens. 26 S.(S.409 - 434). Wien: 1820

s.: Schmitt, W.J.: Gesammelte obstetricische Schriften mit Zusätzen. Anhang.

JB 3.965/Anh.

Wilhelm Schmitt
1760-1827 ?
Preisfrage, welche ist die sicherste und beste Methode, Schusswunden <vulnera sclopetaria> zu heilen? Beantwortet von Wilhelm Schmitt. Wien: Graeffer 1788. 163 S. 4°
[Vort.:] Abhandlung über die Schusswunden.

— beantwortete Preisfrage: Welches ist die sicherste u. beste Methode, Schußwunden zu heilen. gr. 4. Wien 789. Gräffer. 16 gr

Schmitt, Wilhelm Joseph: Sammlung zweifelhafter Schwangerschaftsfälle nebst einer kritischen Einleitung über die Methode der Untersuchung. 181 S., gbd.

Wien: Wimmer 1818

JB 3.964

Schmitt, Wilhelm Joseph (Hrsg.):

s.: Schmidt, Johann Adam: Handschriftlich hinterlassenes Lehrbuch der Materia medica. Wien: 1811

JB 1.484

Schmitt, Wilhelm Joseph (Hrsg.):

s.: Schmidt, Johann Adam: Prolegomena zu der allgemeinen Therapie und Materia medica. Abgedruckt nach dem Manuscripte des Verfassers. Wien: 1812

JB 2.402

Schmitt, Wilhelm Joseph (Hrsg.):

s.: Schmidt, Johann Adam: Vorlesungen über die syphilitische Krankheit und ihre Gestalten. Abgedruckt nach dem Manuscripte des Verfassers. Wien: 1812

JB 4.675

— gesammelte obstetricische Schriften, mit Zusätzen u. e. Anh. üb. den herrschend. Lehrbegriff von Einsackung des Mutterkuchens. gr. 8. Wien 819. Beck. 3 rf Velinp. 4 rf

Schmitt, Wilhelm Joseph: Gesammelte obstetricische Schriften mit Zusätzen und einem Anhange: Ueber den herrschenden Lehrbegriff von Einsackung des Mutterkuchens. 435 S., gbd.

Wien: Beck 1820

JB 3.965

Schmitt, Wilhelm Joseph: Neue Versuche und Erfahrungen über die Ploucquet'sche und hydrostatische Lungenprobe. 254 S., gbd., Tab.

Wien: Doll 1806

JB 5.314

— neue Versuche u. Erfahrungen üb. die Plouquetische u. hydrostatische Lungenprobe. gr. 8. Wien, Ant. Doll. (Liesbeskind in Leipz. in Commiss.) 806.

— Warnung gegen Faust's guten Rath an Frauen üb. das Gebären. 8. Wien 814. Wimmer. 10 gr

— üb. das Zurücklassen des Mutterkuchens. gr. 8. Frkf. a. M. 822. Varrentrapp. 8 gr (Aus Siebold's Journ. f. Geburtshülfe.)

Schmitt, Wolfgang

— commentatio juridica de eo, quod circa paroemiam juris Germanici: Hut bei Schleier, Schleier bei Hut, ex Ordinatione topica Fuldensi de a. 1719 praeprimis justum est. 8. Lauterbach 776.

— disquisitio canonico-publica de eo, quod circa reservationes pontificias ex Concordatis Germaniae generatim justum est. 8. Fulda 773.

Schmitt, Wolffg.: Institutiones juris ecclesiastici universalis ad statum Germaniae catholicum accommodatae. Fuldae.
5 Bde
Lib. 1. De praecognitis et fontibus iuris eccles. 1772.
„ 2. De personis eccles. 1770.
„ 3. De rebus et iuribus eccles. 1771.
„ 4. De processu eccles. civili. 1772.
„ 5. De processu criminali eccles. 1772.

Schmitt, Wolfg., († d. 19. Nov. 1779.) institutiones juris ecclesiastici universalis ad statum Germaniae catholicum accommodatae. V Tomi. 4. Fulda 772, 773. (Stahel in Würzb.) 5 rf

C. Schmitt-Blank. Althellenische Culturbilder nach den Homerischen Gleichnissen. 75 S. Mannheim. P 1864

Schmitt (Blank), J. C., De secundo in Odyssea (ε 1—42) deorum concilio interpolato eoque centone commentatio. 1852. 84 S. 1.20

Schmitt-Blank, J. C., deutsche Grammatik für Mittelschulen und zum Selbstgebrauche verfaßt. gr. 8. (VIII, 128 S.) Mannheim 872, Löffler. *

—— zu Lied und Lehre. Gedichte. 16. (VII, 236 S.) Mannheim [Straßburg] 872, Schneider's Verlag. *
geb. *

— — s.a.: Schmitt-Blank, Karl

— u. Aug. Schmidt, deutsch-lateinisch-griechische Parallelgrammatik für Gelehrtenschulen. 1. Thl.: Deutsche Grammatik für Gelehrtenschulen. Mannheim 865. (Löffler.) gr. 8. (XVI, 140 S.) n. 15 ngr; cart. n. $17\frac{1}{2}$ ngr

— — 2. Thl. Lateinische Grammatik für Gelehrtenschulen. Ebend. 870. gr. 8. (XI, 477 S.) n. 1 rf 10 ngr

Schmitt-Blank, J. C., deutsch-lateinisch-griechische Parallel-grammatik für Gelehrtenschulen. Lateinische Vorschule. Neue Ausg. Mannheim 870. Löffler. gr. 8. (VIII, 89 S.) n. 10 ngr.

—— lateinische Vorschule, nach der von J. C. Schmitt-Blank und Aug. Schmidt verfaßten latein. Parallelgrammatik bearb. gr. 8. (VII, 89 S.) Ebendas. 868. *

Schmitt-Blank, Karl, zu Lied u. Lehre. Gedichte. 16. (VII, 236 S.) Straßburg 872. Schneider. n. 2. 80

— — s.a. Schmitt-Blank, J. C.

Schmitt-Hartlieb, Max, Aphorismen. (31 S.) kl. 8. Leipzig 907. Verlag f. Literatur, Kunst u. Musik. 1.—; geb. n 1. 50

— Joachim Nettelbeck, s.: Charakterköpfe, deutsche. IV.

Schmitt-Heddesheim, Lorenz, s. Schmitt

Schmitt-Marcel, William: Aus d. zool. Inst. München. Über Pseudo-Hermaphroditismus bei Rana temp. ⟨Hierzu 1 Taf. u. 4 Textfig.⟩ Bonn: Cohen 1908. 24 S. 8° [Umschlagt.] ¶(Aus: Archiv f. mikrosk. Anatomie u. Entwicklungsgesch. Bd 72.)
München, Phil. Diss. v. 5. März 1908, Ref. Hertwig
[Geb. 3. Aug. 79 Milwaukee Wis.; Wohnort: München; Staatsangeh.: Vereinigte Staaten; Vorbildung: Realgymn. Würzburg Reife Juli 00; Studium: München 14 S.; Rig. 5. März 08.] [U 09. 3514

Schmitt-Müller, J[ulius]. Männerchor Concordia La Chaux-de-Fonds. Denkschrift zur Feier des 50jährigen Bestandes 1854—1904. Im Auftrage des Vereins verfasst und demselben gewidmet. Anhang: Mitgliederverzeichnis und Programm der 50. Gründungsfeier. 104 S. 8. (La Chaux-de-Fonds, R. Haefeli & Co., [1903].)

Schmitt vom Rheine, Wellenspiele. Gedichte. 1. Bd. 8. (X, 220 S.) Mannheim [Straßburg] 874, Schneider's Verlag. geb. mit Goldschn. * Prachtbd. mit Goldschn. *

Schmitt-Züllichow, Franz M., s. Schmitt

Schmittat, H., der Aufsatzunterricht in der Gegenwart, s.a. Studien, pädagogische.

Der Aufsatzunterricht in der Gegenwart. Welcher Wert kommt d. selbständigen schriftl. Übungen in d. Volksschule zu u. wie sind sie fruchtbar zu gestalten? Von H. Schmittat, Rektor. Leipzig: Siegismund & Volkening (1909). 16 S. 8°
(Pädagogische Studien. H. 187.) [11. 1580

Schmittbauer

— s. auch Schmidbauer.

Schmittbauer, H., neue Kirchen-Melodien mit unterlegtem deutschen Texte, für den kathol. Gottesdienst. Fol. Carlsruhe, Müller. 820.

Schmittbets, Karl Roland, a. Elberfeld: Das Adjectiv im Verse von Syr Gawayn and the Grene Knyzt. Bonn 1908: E. Eisele. (49 S.) 8°
Bonn, Phil. Fak., Ref. Bülbring, Diss. v. 11. März 1908
[Geb. 24. Juni 81 Elberfeld; Wohnort: Godesberg; Staatsangeh.: Preußen; Vorbildung: Realgymn. Elberfeld Reife 03; Studium: Bonn 8 S.; Rig. 19. Dez. 07.]

Schmittdiel, Aug., s. a.: Faber, Ernst.

Schmittdiel, Augustin

Schmittdiel, A., Angebinde für brave Meßdiener. 1. und 2. Aufl. 16. (82 S.) Dülmen 880,82, Laumann'sche Verlagsh. *

Angebinde für brave Messdiener. Hrsg. von A[ugustin] Schmittdiel. Kanonikus. 4. Aufl. *Dülmen: A. Laumann 1899.* (36 S.) 8° [F.] [02. 11538

Schmittdiel, A., Bußandacht f. Schulkinder zur gemeinschaftl. Vorbereitg. auf d. hl. Beichte. [Aus: „S., Samstagslehre" 2. Bd.] 16. (16 S.) Paderborn 895. Bonifacius-Druckerei. —05

— Katechismusgeschichten. Freie u. kurzgefaßte Erzählgn. zu den einzelnen Abschnitten des Schulkatechismus mit wörtl. Anschluß an denselben. Der Schule u. den Familien gewidmet. gr. 8. (VIII, 311 S.) Paderborn 899. Junfermann. n. 2.—; geb. in Leinw. n. 2.75

[F.] Betrachtender Kommentar zur Nachfolge Christi des gottseligen Thomas von Kempen. Von A[ugustin] Schmittdiel, Priester d. Diöc. Paderborn. Lfg 1. *Paderborn: Bonifacius-Dr. 1896.* 8.
= Hausschatz, Geistl., f. kathol. Christen. Jg. 18. H. 4. [97. 1301

— betrachtender Kommentar zur Nachfolge Christi des gottsel. Thomas v. Kempen. 8. (1284 S.) Paderborn 901. Bonifacius-Druckerei. n. 6.—; geb. in Leinw. n. 7.40

Schmittdiel, A., Samstagslehre. Ein Hilfsbuch f. Katecheten. 2 Tle. 12. Paderborn, Bonifacius-Druckerei. à n. 2.—; geb. à n. 2.80
1. Evangelienerklärung. (476 S.) 891. — 2. Gottesdiensterklärung. (458 S.) 892

Schmittdiel, A. Sonntagslehre. Ein Hilfsbuch f. Katecheten. 1. Tl.: Evangelienerklärung. 12. (476 S.) Paderb. 891, Bonifacius-Druckerei. * 2 —

— Tage des Heils. Ein Hilfsbüchlein zur Vorbereitg. der Schulkinder auf die Tage ihrer gemeinschaftl. hl. Kommunion. gr. 8. (VIII, 76 S.) Paderborn 900. Junfermann. n. 1.—

Schmitten, Reinhold (Rud. Anton Chr. Georg) (geb. Haidau in Schles. 11. 9. 1826): De locali remediorum anaestheticorum applicatione. Berolini (1852). (31 S.) 8°
Berlin, Med. Diss. v. 9. Febr. 1852

Schmitter, A., üb. d. Anwendg. u. Wirksamkeit d. neueren Düngemittel. Vortrag, geh. am 1., 2. u. 3. Febr. im Cyklus v. Vorträgen f. prakt. Landwirthe zu Leipzig. gr. 8. (51 S.) Leipzig 893. (E. Volkening.) n. 1.25

Schmitter, Alb. G. Grundriß der praktischen Düngerlehre. Für Schulen, wie auch zum Selbstunterrichte bearb. nach den neuesten Forschungsergebnissen. gr. 8. (VI, 179 S. m. 49 Holzschn.) Stuttg. 890, Ulmer. * 2 75; geb. ** 3 —

—— s.a. Wissen, das, d. praktischen Landwirts.

— das Wissen d. praktischen Landwirths. Ein Compendium d. deutschen Landwirthschaftsbetriebes, zugleich e. Hilfs- u. Nachschlagebuch f. den tägl. Gebrauch. 4. Tausend. 8. (XV, 583 S.) Leipzig 890. H. Voigt. geb. n. 10.—

Schmitter, das Wissen des praktischen Landwirts, e. Hilfs- u. Nachschlagebuch f. den tägl. Gebrauch. 3., neu bearb. Aufl., hrsg. v. A. Conradi. gr. 8. (XVI, 639 S.) Leipzig 903. H. Voigt. Geb. in Leinw. n. 8.—

Schmitter, Albert. Die Impfung des Lehmbodens zu Lupinen mit bakterienreicher Erde. (Heidelberg) Erfurt, 1892.

Schmitter, Albert *Georg*: Die Impfung des Lehmbodens zu Lupinen mit bakterienreicher Erde ... Erfurt, Druck v. G. A. Brodmann, *1893*; 58 S. 8.
Heidelberg, Naturw.-math. Fak., Inaug.-Diss. v. [4. März] 1893

Schmitter, Ant., bayer. Geschichte nach Lor. v. Westenrieder u. A. verfaßt und hrsg. für Schule und Haus in 24 Tableaux. Imp.-Fol. (24 Stnt. mit Text.) (Augsburg 835, Schmid's Sortimentsh.) **

Kurze Geschichte der Hieronymianischen Bibelübersetzung. Von Anton Schmitter, P. der Exegese des a. u. n. Test. und der biblisch-orient. Lit. — 1842. Ebend. S. 1—24.
Progr. Freising

— s. Gläser, Jos., Grammatik der hebräischen Sprache.

Schmitter, Anton, Grundlinien der Hermeneutik. Regensburg, Pustet, 1844, 8°, 110 S., 1 Mk.

Schmitter, Ant., Grundlinien der bibl. Hermeneutik. gr. 8. (6⅞ B.) Regensburg 844, Pustet.

—— Syntax der hebräischen Sprache, s. Gläser, J.

Schmitter, Ant., unsere Zeitungen, s.: Aufwärts! 10.

Schmitter, Aug., einige Notizen zur Statistik des Tabakbaues in Elsass-Lothringen. 8. (64 S.) Strassburg 877, (Noiriel.) — 60

Schmitter, Carl, s. Schmitter, Karl

Schmitter, J. E. (Hrsg.), s. Cassius Hemina: Annalium fragmenta.

Schmitter, Josef —. Das Erhabenste in der Welt, der Schlüssel, welcher den Himmel öffnet, ist das Gebet des Herrn im Geiste und in der Wahrheit, und der englische Gruß mit Vertrauen und Zuversicht gebetet. Von — —. Prag. 1855. Druck von Karl Bellmann (vormals C. W. Medau). Im Verlag bei Wilhelm Stiasny. (8 S. 8.)

Schmitter, Karl

I geh' nöt nach Berlin. I bleib' in Wien! .... (Vf.: *Carl Schmitter.*) Wien, o. J. (1885).
Anon.-Lex. V. p. 161 (Eigenbericht).

Schmitter, W. Über Luftströmungen. 17 S. Progr. Apost. *Cöln* 1883.

Schmitter-Hug, s. J. A. Sambuga, Reden u. Aufsätze.

Schmitthenner: Die hebräischen Conditional-Partikeln. 12 S. – Weilburg. Progr. 1869.

Schmitthenner. Wisset ihr nicht, wes Geistes Kinder ihr seid, s. Flugschriften d. Evangelischen Bundes.

Zwischen Abend und Morgen. Erzählung von d. Halligen von Michaelis-Grau [d. i. Max Grau]. Friede auf Erden. Novelle von Adolf Schmitthenner. Osterwieck/H.: A. W. Zickfeldt 1906. (32 S.) 8° [Umschlagt.]
= Bücherschatz, Stenogr., f. Gabelsb. Stenogr. Ser. B. Bd 5.

Schmitthenner, Adf., der Ad'm, s.a. Verein f. Verbreitg. guter Schriften. Zürich Nr. 46.

Schmitthenner, Adf., der Ad'm. Friede auf Erden, s.a. Volksbücher, Wiesbadener. Nr. 50.

Der Ad'm. Novelle von Adolf Schmitthenner. Ein Weihnachtsabend. Von Georg. Frh. v. Ompteda. Osterwieck/H.: A. W. Zickfeldt 1906. (32 S.) 8° [Umschlagt.]
= Bücherschatz, Stenogr., f. Gabelsb. Stenogr. Ser. B. Bd 6. [.6. 1906 8

— das Ehe-Examen, s.: Verein f. Verbreitung guter Schriften, Bern.

Schmitthenner, A., s.: Familien-Bibel d. Neuen Testamentes.

Schmitthenner, Adolf, Friede auf Erden. Der Seehund, s.: Bücher, bunte.

— Friede auf Erden, s.: Verein f. Verbreitung guter Schriften. Sektion Bern.

— Die Frühglocke, s.: Jugendbücherei, deutsche.

— dasselbe, s.: Volksbücher der deutschen Dichter-Gedächtnis-Stiftg.

Schmitthenner, *Adolf* (Stadtpfarrer): Gedicht. 4 (S. 18).
Festschrift zu d. 350j. Jubelfeier Grofsh. G. *Heidelberg* 1896.
Nicht im Tauschverkehr.
Progr.

— s.: Gesunden.

— Aus Geschichte u. Leben. Erzählungen. Im Auftrage der „Freien Lehrervereinigg. f. Kunstpflege" ausgewählt u. hrsg. v. Carl Meyer-Frommhold. (101 S.) 8. Leipzig 907. F. W. Grunow. Kart. 1.50

— Herr, bist du's? s.a. Predigtbibliothek, moderne. IV. 4.

Herr, bist du's? Predigten ... von Adolf Schmitthenner. Mit e. Bilde d. Verf. 2. unveränd. Aufl. Göttingen: Vandenhoeck & Ruprecht 1907. 90 S. 8°
(Moderne Predigtbibliothek. Ser. 4. H. 4.) (09. 11470 7

— Das deutsche Herz. Roman. 1.—10. Taus. (XII, 504 S. m. Bildnis.) 8. Stuttgart 908—10. Deutsche Verlags-Anstalt. 4.—; geb. 5. —

— Vergessene Kinder. Ein letzter Bd. Erzählgn. 1.—3. Aufl. (221 S.) 8. Ebd. 910. 3.—; geb. 4. —

— Leonie. Roman. 8. (370 S.) Leipzig 899. F. W. Grunow. Geb. in Leinw. n. 5. —

— ein Michel-Angelo. Novelle. [Sonderausg. aus den „Novellen".] (294 S.) 8. Leipzig 906. F. W. Grunow. n. 3. 50; geb. in Leinw. n. 4. —

Schmitthenner, Adf., Novellen. 8. (VII, 506 S.) Leipzig 896. F. W. Grunow. Geb. in Leinw. n. 6. —

— Neue Novellen. 8. (439 S.) Ebd. 901. Geb. in Leinw. n. 6. —

Neue Novellen von Adolf Schmitthenner. Leipzig: F. W. Grunow 1904. (437 S.) 8°

Schmitthenner, Adf., Psyche. Eine Erzählg. 1. u. 2. Aufl. 12. (V, 288 S.) Bielefeld 891. Velhagen & Klasing. geb. n. 5. —

— Die Seligpreisungen unseres Herrn, praktisch ausgelegt u. aus seinem Nachlasse hrsg. v. Heinr. Bassermann. (VII, 150 S.) 8. Tübingen 908. J. C. B. Mohr. 2. 80

– Schillers Stellung zur Religion. Vortrag, bei der 41. Jahresversammlung des wissenschaftl. Prediger-vereins im Grossherzogt. Baden geh. (32 S.) 8. Berlin 905. [A. Schwetschke & Sohn.] Leipzig, M. Heinsius Nachf. n. — 50
Sonderabdruck aus: „Protestant. Monatshefte".

Schmitthenner, A(dolf). Das Tagebuch meines Urgrossvaters (des Pfarrers Philipp Jakob Herbst in Steinen im Wiesental, 1790–1800). Illustriert [darunter 8 Tafeln] von Hermann Daur. 163 S. 8. Freiburg ⟨Baden⟩, J. Bielefeld, 1908. [M. 4. —]
(*Druckfertig vollendet nach des Verf. Tode von einem seiner Söhne.*)

— Das Tagebuch meines Urgroßvaters. Illustriert v. Herm. Daur. 1. u. 2. Aufl. (163 S. m. Bildnis u. 7 Taf.) 8. Freiburg i/B. 908. F. Bielefeld. 4.—; geb. 5.—

— was wir wollen, s.: Vereinigung, landeskirchl., in Baden.

— Die sieben Wochentage u. andere Erzählungen. 1.—4. Aufl. (284 S.) 8. Stuttgart 909. 10. Deutsche Verlags-Anstalt. 3.50; geb. 4.50

Schmitthenner, Carl, s. Schmitthenner, Karl

Schmitthenner, Ch. J., De Jove Hammono syntagma I. Pr. 1840. 58 S. 4°.

Schmitthenner, Dav. Jak. Elis., († d. 5. Nov. 1799.) Predigten üb. ausgesuchte Sprüche d. heil. Schrift auf alle Sonn-, Fest- u. Feiertage d. ganzen Jahres. 2 Thle. 4. Schwabach 777, 78. Mizler. 2 ℔ 8 gl

— Sittenlehre d. Christen, wie man diese Welt recht gebrauchen soll. 4. Schwabach 766. Mizler.

Schmitthenner, F., Album der kgl. Lehranstalt f. Wein-, Obst- u. Gartenbau Geisenheim a. Rh. Mit 48 eigenen photograph. Aufnahmen u. kurzem Text. (8 S. Text u. 48 Taf.) 17,5×24 cm. Stuttgart (910). E. Ulmer. 4.—

Schmitthenner, Friedr., Anweisung zur Rechtschreibung d. teutschen Sprache. 2., umgeänd. Aufl. 8. (5 B.) Herborn 828. [Cassel, Krieger, Brlsh.]

— Beiträge zur deutschen Philologie u. Geschichte. I. Bd. A. u. d. T.: Deutsche Etymologie. I. Abthl. Theorie der Wortbildung u. Wurzelverzeichniß von A—Uv. gr. 8. Darmstadt 833. Heyer's Hofbuchh. (Jonghaus.) n. $^{2}/_{3}$ ℔

—— zwölf Bücher vom Staate, od. systemat. Encyklopädie d. Staatswissenschaften. 1. Bd. — A. u. d. T.: Grundlinien d. Gesch. d. Staatswissenschaften, d. Ethnologie, d. Naturrechtes u. d. Nationalökonomie. 2. Aufl. gr. 8. (43¾ B.) Gießen 839, [Heyer's Verl.]

Schmitthenner, Friedr., zwölf Bücher vom Staate, oder systemat. Encyklopädie der Staatswissenschaften. 3. Bd. 1. Liefg. Enthaltend: 7. Buch. — A. u. d. Ttl.: Grundlinien des allgem. oder idealen Staatsrechtes. 1. u. 2. Hälfte. gr. 8. (38¾ B.) Gießen 843, 45, Heyer's Verlag.
1. Bd. Ebendas. 1839. 3 Thlr. 20 Ngr. — Der 2. Bd. wird noch erwartet.

Schmitthenner's, Fr., zwölf Bücher vom Staate, oder systemat. Encyklopädie der Staatswissenschaften. 3. Bd. 1. u. 2. Liefg. (Enthaltend: VII. Buch. — A. u. d. T.: Grundlinien des allgemeinen oder idealen Staatsrechtes. 1. u. 2. Hälfte. gr. 8. Gießen 843, 45, G. F. Heyer's Verlag. (I. 1½ ℔ II. 2⅙ ℔) 1. u. 3. 7⅓ ℔ (Der 2. Band ist noch nicht erschienen.)

— über den Charakter u. d. Aufgaben unserer Zeit in Beziehung auf Staat u. Staatswissenschaft. 1. Hft. Vom Staate überh. u. die Geschichte sein. Wissenschaft. 8. (13½ B.) Gießen 832, Heyer, Vater.

—— die Einweihung u. Eröffnung d. Realschule zu Michelstadt, s. Hessig.

Schmitthenner, (Fr.,) theoret. praktisches Elementarbuch d. deutschen Sprache nach naturgemäßer Methode. 8. Hadamar 823, Gelehrten-Buchh.

Schmitthenner, Fr., theoret.-prakt. Elementarbuch d. deutschen Sprache nach naturgemäßer Methode. 8. Hadamar 823. (Lanz in Weilb.) 1 ℔ 4 gl

— die Geschichte d. Deutschen. Ein Lehrbuch für höhere Unterrichtsanstalten. 8. Marb. 824. Krieger. 1 ℔

—— deutsche Grammatik f. Schulen. 4. Aufl. gr. 8. (20 B.) Cassel 837, Kriegersche Buchh. •
3. Aufl. u. d. T.: Deutsche Sprachlehre f. Gelehrtenschulen. gr. 8. (18 B.) Ebds. 1833. • 16 Gr.

Schmitthenner, Dr. Fr., Grundlinien der Geschichte der Staatswissenschaften, der Ethnologie, des Naturrechtes und der Nationalökonomie. 2. Aufl. Giessen 1839. 8°.

— — Grundlinien des allgemeinen oder idealen Staatsrechtes. Giessen 1845. 8°.

—— Grundriß der polit. u. histor. Wissenschaften. 1. Bd. Grundlinien d. Staatswissenschaft. 8. (21 B.) Gießen 830, Heyer, Sohn.

—— dass. 2. Abthl. Universalgeschichte. I. Buch. Alte Universalgeschichte. — A. u. d. T.: Grundriß d. alten Geschichte. 8. (15½ B.) Ebds. 830.

—— die Jahrszeiten. Ein lyrisch-didakt. Gedicht. 1. Abthl. Der Frühling. 12. (5½ B) Gießen 829, Heyer, Vater. 8 Gr., Vlnp.

—— üb. d. Cultur- u. Schulwesen. 1. Bdchn. — A. u. d. T.: Die Culturverfassung v. Nassau, Hessen-Darmstadt u. Rheinpreußen, gerechtfert. geg. d. Verläumdungen d. Hofr. Thiersch. 8. (15¾ B.) Gießen 839, [Heyer's Verl.]

Schmitthenner, Friedr., Lehrbuch d. deutschen Geschichte. 2., verm. Ausg. gr. 8. (38½ B.) Cassel 836, Kriegersche Buchh. Thlr.

— die Lehre von der Satzzeichnung, oder Interpunction in d. deutschen Sprache, nebst einer kurzen, vorbereit. Darstellung d. Satzlehre. 8 Frankf. 824, Hermann.

—— die Main-Weser-Eisenbahn. Staatswirthschaftl. Gutachten üb. d. Frage: ob dies. am zweckmäßigsten üb. Marburg od. üb. Fulda zu führen sei? Im Namen u. Auftrag d. Eisenbahn-Comité's in Marburg u. Gießen. gr. 8. (5½ B.) Gießen 838, [Heyer's Verl.]

— Methodik des Sprachunterrichts, nebst Vorschlägen z. Verbesserung der deutschen u. latein. Grammatik u. Stilistik. 8. Frankf. a. M. 828. Hermann. 18 gl

—— Methodik d. Sprachunterrichtes, nebst Vorschlägen zur Verbesserung d. teutschen u. latein. Grammatik u. Stilistik. 8. (15½ B.) Frankfurt a. M. 828, [Kettembeil.]

Schmitthenner, Frdr., üb. Pauperismus u. Proletariat. gr. 8. (IV u. 91 S.) Frankfurt a. M. 848, Heyer (jetzt: Wien, Gerold). n. ⅓ ℔

— (Vorr.), s. Pfeiffer, Simon Friedrich: Meine Reisen und meine 5jähr. Gefangenschaft in Algier.

— Rede, s. Einweihung, Die, und Eröffnung der Realschule zu Michelstadt.

— kurzgefaßte Schreibungslehre d. deutschen Sprache. 8. Marb. 821. Krieger. 3 gl, 2e umgearb. Aufl. unt. d. T.: Anweis. z. Rechtschreib. d. deutschen Sprache. 8. Herb. 828. Ebd. 6 gl

—— ausführl. teutsche Sprachlehre, nach neuer wissenschaftl. Begründung, als Handb. f. Gelehrte u. Geschäftsleute u. als Commentar üb. seine kleinern Lehrbücher, 1. (u. 2.) Buch. Niedere u. höhere Sprachlehre. — A. u. d. T.: Teutona. 1. (u. 2.) Buch. gr. 8. (47½ B.) Frankfurt a. M. 828, [Kettembeil.]

— Deutsche Sprachlehre, s. Schmitthenner: Deutsche Grammatik ...

— deutsche Sprachlehre f. Gelehrtenschulen. 8. Marb. 822. 2e A. 826. Krieger. 16 gl

— deutsche Sprachlehre für Gelehrtenschulen. 3e verb. Aufl. gr. 8. Cassel 833. Krieger. n. 2/3 ℛ

– (Übers.), s. Thomson, Jak.: Jahreszeiten. 1822.

— Ursprachlehre. Entwurf zu e. System der Grammatik, mit besond. Rücksicht auf die Sprachen d. indisch-deutschen Stammes: d. Sanskrit, d. Persischen, die Pelasgischen ꝛc. gr. 12. Frankf. 827. (Herrmann). 1 ℛ 8 ℊ

— Ursprachlehre. Entwurf zu e. System d. Grammatik, mit besond. Rücksicht auf die Sprachen d. indisch-deutschen Stammes: d. Sanskrit, d Persischen, die pelasgischen ꝛc. gr. 12. Frankf. 827, Reinherz.

Schmitthenner's, Friedr., kurzes deutsches Wörterbuch, s. a. Weigand, Friedr. Ludw. Carl.

Schmitthenner's, Friedr., kurzes deutsches Wörterbuch völlig umgearbeitet von F. L. K. Weigand. 3. Aufl. 1—5. Liefg. Gießen 853—57. Ricker. gr. 8. (1. Bd.: XVI, 656 S.; 2. Bd.: S. 1—128.) Jede Liefg. n. 20 ngr.

—— kurzes deutsches Wörterbuch f. Etymologie, Synonymik u. Orthographie. gr. 8. (24½ B.) Darmstadt 834, [Heyer'sche Hofbuchh., Jonghaus.]

Schmitthenner, Friedr., kurzes deutsches Wörterbuch für Etymologie, Synonymik u. Orthographie. gr. 8. Darmstadt 834. Metz. n. 1 2/3 ℛ — 2e bedeutend verm. Aufl. gr. 8. Darmstadt 837. Jonghaus. n. 2 ℛ

Wissenschaftliche Bemerkungen zu Amerikaner-Pflanzungen in Franken: Über histologische Vorgänge bei Okulationen und Kopulationen. Von Fritz **Schmitthenner**. Würzburg: A. Stuber 1907. (7 S.) 8° [Umschlagt.] = **Verhandlungen** d. physikal.-med. Gesellschaft zu Würzburg. N. F. Bd 39, H. 1, [1.] [07. 6009

Schmitthenner, Fritz, Pharmakognosie des Pflanzen- u. Tierreiches, s. a. Sammlung Göschen.

Pharmakognosie des Pflanzen- und Tierreiches von Fritz **Schmitthenner**. Leipzig: Göschen 1905. 106 S. 8°
(Sammlung Göschen 251.) A 12.120] 11

Schmitthenner, Fritz, über histologische Vorgänge bei Okulationen u. Kopulationen. (Wissenschaftliche Bemerkgn. zu Amerikaner-Pflanzgn. in Franken, hrsg. v. Gregor Kraus.) (7 S.) gr. 8. Würzburg, C. Kabitzsch. -- 60

Sonderabdr. aus: „Verhandlgn. d. phys.-med. Gesellsch. zu Würzburg".

Schmitthenner, Fritz, a. Bergzabern ⟨Pfalz⟩: Über die Histologischen Vorgänge beim Veredeln, insbesondere bei Kopulationen u. Geißfußpfropfungen. Geisenheim a. Rh. 1907: L. Jander. (65 S., 8 Taf.) 8°

Würzburg, Phil. Fak., Ref. Kraus, Diss. v. 19. Nov. 1907

[Geb. 25. Mai 76 Bergzabern; Wohnort: Geisenheim a. Rh.; Staatsangeh.: Bayern; Vorbildung: Gymn. Schlettstadt Reife Juli 93; Studium: Techn. Hochsch. Karlsruhe 11, Univ. Würzburg 4 S.; Rig. 1. Juli 07.]

— Weinbau u. Weinbereitung, s. a. Aus Natur u. Geisteswelt.

Weinbau und Weinbereitung. Von Dr. F[ritz] **Schmitthenner**. Mit 34 Abb. Leipzig: Teubner 1910. V, 138 S. 8°
(Aus Natur u. Geisteswelt. Bdch. 332.) [10. 17558

Schmitthenner, H., das Armenwesen in Baden, s.: Sammlung v. Vorträgen.

Schmitthenner, H., kurze Beschreibung des Amtsbezirks Heidelberg für Schule und Haus. 8. (48 S.) Heidelberg 878, C. Winter's Universitäts-Buchh. * — 60

Schmitthenner, Heinrich (Mitarb.), s. Actenstücke v. d. evangelischen Pfarrkonferenz in Karlsruhe am 26. Mai 1864.

Schmitthenner, H., Erlebnisse eines freiwilligen badischen Grenadiers im Feldzug 1870/71. gr. 8. (IV, 139 S.) Karlsruhe 890. Reiff. n. 1. 20; cart. n. 1. 50

— dasselbe. 2. Aufl. gr. 8. (141 S. m. 1 Karte.) Ebd. 890. n. 1. 20; geb. n. 1. 80

Schmitthenner, H., Erlebnisse e. freiwilligen badischen Grenadiers im Feldzuge 1870/71. 2.—4. Aufl. gr. 8. (130 S. m. 1 Karte.) Karlsruhe 891—894. J. J. Reiff. n. 1. 20

[F.] Erlebnisse eines freiwilligen badischen Grenadiers im Feldzuge 1870/71 v. H[einrich] **Schmitthenner**, Pfarrer in Schatthausen. 3. Aufl. *Karlsruhe: J. J. Reiff [1895].* (1 Bl., 129 S., 1 Kt.) 1 Bd 8. = **Badener** im Feldzug 1870/71. Bd 1. [96. 3

Schmitthenner, Joh. Heinr. Aug., Genealogie der Familie Schmitthenner. gr. 8. (VIII, 64 S.) Heidelberg 884. C. Winter. n. 2. —

Eremita, Wedanus [d. i. **Schmitthenner**, Karl]: Ueber die Amts-Suspension des **Erzbischofs von Cöln. Vom Standpunkte d. Christenthums u. d. deutschen Staatsrechts. Neuwied 1838.**

Schmitthenner, Carl, deutsches Güterrecht der Ehegatten, in besond. Anwendung auf den kgl. preußischen ostrheinischen Bezirk, nebst einer Kritik des bestehenden u. projekt. ostrhein. Provinzialrechtes. gr. 8. (23¼ B.) Neuwied 842, Lichtsfers.

Schmitthenner, Karl, üb. d. Recht d. Regenten in kirchl. Dingen. Eine christl. staatsrechtl. Abhandl. gr. 8. (13½ B.) Berlin 838, Jonas Verlbuchh.

Schmitthenner, K., über Verträge, insbesond. d. Neuerecht, nach röm. u. deutschen Grundsätzen, mit besond. Berücksichtig. d. Preuß. Allgem. Landrechtes. Mit e. Anh. gegen E. Gans. gr. 8. (22¾ B.) Gießen 831, Heyer, Vater.

Schmitthenner, L., unsere Gemeinschaft unter einander. Antrittspredigt üb. Ephes. 4. 15, geh. am 16. Octbr. 1892 in der Christuskirche zu Freiburg in B. gr. 8. (8 S.) Freiburg i/B. 892. C. Trömer. n. — 20

Schmitthenner, *Carolus Aemilius* Guilelmus [**Mattiacus**]: **De coronarum apud Athenienses honoribus. Quaestiones epigraphicae. . . .** Berolini, Heinrich & Kemke, 1891; 2 Bl., 55 S., 1 Bl. 8°
Berlin, Phil. Fak., Inaug.-Diss. v. 1. Aug. 1891

Schmittmann, A., s. Vierteljahrsschrift f. gerichtl. Medizin.

Schmittmann, Benedict [Dr. jur., Referendar]: Bildet bei der Gesellschaft mit beschränkter Haftung die Vereinigung aller Geschäftsanteile in einer Hand einen Auflösungsgrund? E. handelsrechtl. Studie. Düsseldorf, Druck v. L. Schwann, 1897; 32 S. 8.
Erlangen, Jur. Fak., Inaug.-Diss. v. 1897

Die Nutzbarmachung der Invalidenversicherung und der Landwirtschaftlichen Unfallversicherung. Unter besond. Berücks. der bei d. Landes-Versicherungsanst. Rheinprovinz gebotenen Wohlfahrtseinrichtungen. Ein Wegweiser f. d. ländl. Bevölkerung, insbes. f. Krankenschwestern ... Hrsg. v. Vorstand d. Landes-Versicherungsanst. Rheinprov. Bearb. von Dr. [Benedikt] **Schmittmann**, Landes-R. Düsseldorf: L. Schwann 1908. (IV, 65 S.) 8° [F.] [08. 17711

Schmittmann, Heinrich, Referendar in Düsseldorf: **Die rechtliche Natur der Erwerbs- und Wirtschaftsgenossenschaften.** *Borna-Leipzig 1903: R. Noske.* (VIII, 43 S.) 8°
Leipzig, Jur. Diss. v. 1903

Einst und Jetzt. Umschau in d. Gesch. d. kathol. Pfarrgemeinde Leipzig. '(1710—1897.)' Festschr. z. 50j. Jubiläum d. Pfarrkirche SSS. Trinitatis in Leipzig am 19. Sept. 1897. (Vf.: Hubert **Schmittmann**, Pfarrer.) *Leipzig: Verl. d. Jubiläumsfestausschusses; in Comm. b. X. Pflugmacher 1897.* (0 Bl., 70 S., 1 Bl., 2 Taf.) 1 Bd 8. [97. 5614

Schmittmann, J. H., s. Nathanael.

Schmittmann, Josef, aus Düsseldorf: Ueber symmetrisches Dipiperonylhydrazin und Piperonylhydrazin. *Heidelberg 1904: K. Rößler.* (45 S.) 8°
Heidelberg, Naturw.-math. Diss. v. 1904

(Schmittmann, Petr.,) Religionis Romano-catholicae fundamentum, securitas et veritas, explicata iuventuti studiosae Gymnasii S. J. Hildesiensis Mariano-Josephini. Hildesii 1705.

Schmittner's Adreß- u. Geschäfts-Handbuch v. Fürth. 1893. Unter amtl. Mitwirkg. hrsg. gr. 8. (XVI, 8, 202, 138, 27, 82 u. 52 S. m. farb. Plan.) Fürth 893. A. Schmittner. Kart. n.n. 4. 50

Schmittner's Adreß- u. Geschäfts-Handbuch von Fürth 1896. Unt. amtl. Mitwirkg. hrsg. M. neuestem Stadtplan v. Fürth u. Umgebungskärtchen v. Fürth-Nürnberg. gr. 8. (XVI, 228; 156, 34, 86 u. 56 S.) Fürth, A. Schmittner. Geb. n.n. 4. 50

Schmittner's Adreß- u. Geschäfts-Handbuch v. Fürth. 1901. Unter amtl. Mitwirkg. hrsg. gr. 8. (XVI, 254, 162, 35, 66 u. 32 S. m. farb. Stadtplan.) Fürth, A. Schmittner. Kart. n.n. 5.—

Schmittner's Adreß- u. Geschäfts-Handbuch v. Fürth. 1905. Unter amtl. Mitwirkg. hrsg. Mit neuestem Stadtplan v. Fürth. (XVI, 279, 187, 40, 80 u. 60 S.) 8. Fürth, A. Schmittner. Kart. n.n. 5. —

Schmittner's Adreß- u. Geschäfts-Handbuch v. Fürth i. B. 1909. Unter amtl. Mitwirkg. hrsg. Mit neuestem Stadtplan v. Fürth. (X. 293, 215, 47, 75 u. 11 S.) 8. Fürth, A. Schmittner. Geb. in Leinw. nn 5. 50

— neuester Führer durch Fürth u. Umgebung. Bei Gelegenheit des 9. fränk. Sängerbundesfestes hrsg. v. Fr. Neusinger. M. neuestem Stadtplan u. 12 Illustr. 8. (39 S.) Fürth 898. A. Schmittner. n. — 50

— neuester Führer durch Fürth u. Umgebung. Bei Gelegenheit des 9. bayer. Feuerwehrtages unter Mitwirkg. des Preßausschusses bearb. u. hrsg. v. Fr. Neusinger. Mit neuestem Stadtplan u. 13 Illustr. 8. (48 S.) Ebd. 900. n. — 50

[Ant. u. F.] (A.) Schmittner's neuester Plan von Fürth m. Strassen-Verz. u. Umgebgs-Ktch. ... *Fürth i. B.: A. Schmittner [1896?].* (1 Kt. ;; 1 Pl. ;) 1 Bd 8.
(96. 6333

Schmittutz, Leitfaden der Kabelfehlerbestimmung. Methode S. (2. Aufl.) (43 S. m. Abb.) 8. Hamburg (910). (Boysen & Maasch.) Geb. in Leinw. 2. —

Schmitz Adnotationes ad Aeschyli Persas. 22 S. .

Saarbrück. Progr. 1850

Schmitz, Beschreibung eines zum Gebr. f. Kranke, besond. aber für an d. epidem. Cholera Leidende, auch zur Bereit. e. Dampfbades eingerichteten zweckmäß. Bettes. 8. (1 B. u. 1 Stnt.) M. Gladbach 831. [Elberfeld, J. W. Schmachtenberg.]

Schmitz: De bibliopolis Romanorum 17 S.–Saarbrücken, Progr. 1857

Schmitz: Das Saarbrücker Land 1815 u. 1865. Rede. 14 S.–Saarbrücken, Progr. 1866

Schmitz, Leo XIII., in unserer Zeit v. Gottes Vorsehung der Kirche zum Heile u. der Welt zur Rettung gegeben. Predigt zum bischöfl. Jubeltage Leos XIII. [Aus: „Chrysologus".] gr. 8. (16 S.) Paderborn 893. F. Schöningh. n. — 40

SCHMITZ (Pfarrer), Die Moralität der Bekanntschaften. Charakter der Ehe. Die heutigen Tanzlustbarkeiten. 2 Vorträge. Crefeld 1854. 8⁰. (6 Sgr. Heberle, Cöln, 1870.)

Schmitz, Dr., der neue Wasserfreund, oder Archiv für Wasserheillehre. Jahrg. 1842. 2 Bde. gr. 8. Coblenz. (Hölscher.) n. 3 ₰

— s. auch: Wasserfreund, der.

Schmitz, ... Dr., s. Wasser-Zeitung.

Schmitz: Politische Zustände u. Personen in Saarbrücken in den Jahren 1813–1815 bis zur Vereinigung des Saarbrücker Landes mit Preussen. 42 S. – Saarbrücken, Progr. 1865.

Schmitz, A. (I.). Unsere Aufgaben gegenüber der Socialdemokratie. Rede, geh. auf dem Katholikentag in Coblenz. 12. (16 S.) Trier 890, Paulinus-Druckerei. * — 10

Schmitz, A., die Entmündigung Trunksüchtiger vom medizinischen Standpunkte. Referat, erstattet in der 9. Jahresversammlg. d. deutschen Vereins gegen den Misbrauch geist. Getränke zu Halle a. d. S. am 26. Oktbr. 1892. gr. 8. (16 S.) Bonn 892. P. Hanstein. n. — 60

Schmitz, A., und W. Lindenschmidt, die deutsche Geschichte in Bildern. Funfzig hervorragende Ereignisse der alten, mittleren und neuen Zeit. gr. 8. (50 Holzschnt.) Berlin (861)62. [Hamm, Grote'sche Buchh.] ◂

Schmitz, A., und W. Lindenschmidt, die deutsche Geschichte in Bildern. Funfzig hervorragende Ereignisse der alten, mittleren und neuen Zeit. Berlin 862. M. Hirsch. gr. 8. (50 Holzschntaf.) n. 10 ngr.

Schmitz, A., das wahre Glück, s.: Schaab, A.

Schmitz, A., Lehrbuch der englischen Sprache, s.: Eltfe, Arth.

— Mässigkeit od. Enthaltsamkeit? Neue Beiträge zur Alkoholfrage: 1. Gebrauch u. Missbrauch geist. Getränke; 2. Entmündigung Trunksüchtiger; 3. Trinkschulden. gr. 8. (58 S.) Ebd. 894. n. 1. 20

Schmitz, A., die Privat-Irrenanstalt vom medicinal- und sanitätspolizeilichen Standpunkte. gr. 8. (139 S.) Wien 887, Deuticke. *

Schmitz, A. (II.). Die Trunksucht, ihre Abwehr u. Heilung, nebst dem Entwurfe e. Gesetzes betr. die Bekämpfg. d. Missbrauchs geist. Getränke. gr. 8. (VI, 97 S.) Bonn 891, Hanstein. * 2 —

Schmitz, A.F.H. (Hrsg.):

s.: Wasserfreund, Der, oder allgemeine Zeitschrift zur Beförderung der Wasserheilkunde. Jg. 1839-41. Erlangen: 1839-41

JB 6.105

Schmitz, Adamus (geb. am 25 Nov. 1818 in Stommeln bei Köln): De renum succenturiatorum anatomia physiologia et pathologia ... Bonnae, typ. C. & F. Krüger (1842). 3 Bl., 27 S., 1 Bl. 8.
Bonn, Med. Fak., Diss. v. 2 Dez. 1842

Schmitz, Adolph Albert

Schmitz, Adph. Alb. Die Cis-moll Sonate quasi una Fantasia Op. 27, No. 2 v. Ludwig van Beethoven. Ein Tongemälde od. Tongedicht, erklärt. gr. 8. (31 S., Musikbeilage 6 S.) Remscheid 892, (Schmidt). * 1 75

Schmitz, Alb., Zweck u. Einrichtung der Hilfsschulen, s. Magazin, pädagogisches, 205. Heft.

Zweck und Einrichtung der Hilfsschulen. Von Albert **Schmitz**, Rektor in Höxter. *Langensalza: H. Beyer & Söhne 1903.* (18 S.) 8°
— **Magazin**, Pädagogisches. H. 205. [03. 8707 3

Schmitz, Alexander [aus Barmen]: Ueber einige neue Abkömmlinge des Phenanthrens und Fluorens. Elberfeld, gedruckt bei Sam. Lucas, 1877. 8. 31 S.

Schmitz, **Alex.**, **richtige Behandlung u. Erziehung des Hundes.** (42 S.) 8. Wien 907. Huber & Lahme Nachf. n. — 50

Schmitz, Alexander. Die Bemontirung und Ausrüstung der österreichischen Armee und die „Association". Im Interesse aller Industriellen, Gewerbetreibenden und Arbeiter. 8. Wien 1867.

Schmitz, Alexander, Ein preußisch-deutsches Kaiserreich, das Sklavenjoch der Völker. Eine Warnungsstimme aus Oesterreich. gr. 8. (31 S.) Wien, Dirnböck's B. (Georg Draudt.) in Comm. 1870. 50 kr.

— — Dasselbe. 2. Auflage. gr. 8. (31 S.) Ebds. in Comm. 10 kr.

— — Dasselbe. 3. Auflage. 8. (31 S.) Ebds. 10 kr.

Schmitz, Alex., zur Lösg. d. Dienstboten-Frage, s.: Zeit- u. Streitfragen, christlich-sociale.

— Soll Oesterreich waffnen? Ebd. 1870. 16 S. 8°

Schmitz, Alf., Lehrbuch der Arithmetik. 8. (VIII, 124 S.) Neuburg a. D. 885, Grießmayer. *
cart. **

Schmitz, Alfons Die rationalen quadratischen Faktoren und die komplexen Wurzeln höherer Gleichungen. Erörtert unter Zugrundelegung der Methoden von Horner und Lagrange. 32 S. 8.
Progr. *Aschaffenburg* 1878.

Schmitz, Alfons Aus dem Gebiete der nichteuklidischen Geometrie. 39 S. u. Taf. 8.
Progr. *Neuburg a. d. D.* 1884.

Schmitz, Alfons: Die rationalen ebenen Kurven. *Münnerstadt 1898: G. Blatz.* (51 S.) 8°
Münnerstadt, k. G, P 1898*

Schmitz, Alfons [k. Studienlehrer in Neuburg a. D.]: Ueber eine bemerkenswerte Raumkurve fünfter Ordnung .... Neuburg a. D., Griessmayersche Buchdr. (1887); 58 S. + 1 Bl. u. 1 Taf. 8°.
München, Phil. Fak., Inaug.-Diss. v. 1887.

Schmitz, Alfons, über eine bemerkenswerte Raumkurve fünfter Ordnung. Diss. München 1887, A. Buchholz. 8°. 58 S. mit einer Taf.

Schmitz, Aloys. Franc. Henr. ⟨geb. am 31 Jan. [nicht 2 Febr.] 1810 in Rickelrath Kr. Erkelenz⟩: De vesicularum seminalium morbis ... Bonnae, typ. C. Georgii (1836). VI, 36 S., 2 Bl. 8.
Bonn, Med. Fak., Diss. v. 26 März 1836

Schmitz, Aloys Joseph, aus Köln: Ueber das Hydrazid der Trimesinsäure und der Hemimellithsäure. *Heidelberg 1902: J. Hörning.* (46 S.) 8°
Heidelberg, Naturw.-math. Diss. v. 1902

Schmitz, Anton ⟨geb. am 25 Dez. 1852 in Niederdrees Kr. Rheinbach⟩: Beiträge zur diätetischen Beurtheilung des gallisirten Weines ... Köln, Druck v. M. DuMont-Schauberg 1878. 29 S. 8.
Bonn, Med. Fak., Diss. v. 10 Aug. 1878

Schmitz, Antonivs ⟨geb. am 18 Apr. 1841 in Langerwehe Kr. Düren⟩: De ocvli colobomate ... Bonnae, typ. F. Krvegeri (1864). 15 S., 1 Taf. 4.
Bonn, Med. Fak., Diss. v. 16 Aug. 1864

Schmitz, Anton, appr. Arzt a. Bernkastel a. d. Mosel: Die Scopolamin-Morphium-Narkose nach den Erfahrungen an der Freiburger Universitäts-Ohren-Klinik. ⟨Dir.: Prof. Dr. E. Bloch.⟩ Berlin 1905: G. Schade. (85 S.) 8°
Freiburg i. B., Med. Fak., Ref. Kraske, Diss. v. 1905
[Geb. 18. Sept. 79 Bernkastel; Wohnort: Bernkastel; Staatsangeh.: Preußen; Vorbildung: Gymn. Bonn Reife 99; Studium: Heidelberg 1, Würzburg 1, Freiburg 3, Berlin 2, Bonn 1, Freiburg 1 S.; Coll. 28. Jan. 05; Approb. 27. Juni 04.]

Schmitz, Anton (geb. Berncastel [18. 10. 1846]): Thesen. Berlin (1870). (2 Bl.) 8°
Berlin, Med. Thes. v. 23. Juli 1870

Schmitz, Arn. Jos., u. Joh. Jos. Dilschneider, Musterlese aus d. Gebiete d. deutsch. Dichtkunst, nebst e. Poetik im Umrisse. 2., verm. Aufl. gr. 8. (16 B.) Köln 839, DuMont-Schauberg.

Schmitz, Arn. Jos., und Joh. Jos. Dilschneider, systemat. geordnete Musterlese aus d. Gebiete d. deutschen Dichtkunst, nebst e. kurzgef. Poëtik u. einigen Erläutern. Zum Gebr. in den obern Klassen d. Elementarschulen, in Bürger- u. höh. Töchterschulen u. Gymnasien. gr. 8. (19 B.) Köln 828, DuMont-Schauberg.

— — systematisch geord. Musterlese aus d. Gebiete d. deutschen Prosa, nebst e. kurzgef. Theorie der Prosa u. einigen Erläutern. Zum Gebr. in den obern Klassen d. Elementar-Schulen, in Bürger- u. höh. Töchter-Schulen u. Gymnasien. gr. 8. (16 B.) Köln 832, P. Schmitz.

Schmitz, Arnold Le commentaire de Voltaire sur Corneille. 23 S.
Progr. Rg. *Erfurt* 1876.

Schmitz, Arnold, Zur Lehre vom putriden Gifte. Diss. Dorpat. 8°. 68 pp. 1867.

Schmitz, Arnold, Tierarzt, Prosektor am Anat. Inst. d. Tierärztl. Hochsch.: Aus d. Anat. Inst. d. Tierärztl. Hochsch. zu Dresden. Die Pfortader des Pferdes, Rindes und Hundes und ihr mikroskopisches Verhalten beim Pferd. Mit 17 Abb. Dresden 1910: Franke. 116 S. 8°
Leipzig, Veterinär-Med. Diss. v. 23. Mai 1910, Ref. Baum
[Geb. 3. Sept. 83 Samarang, Java; Wohnort: Dresden; Staatsangeh.: Preußen; Vorbildung: Annensch. Dresden Reife O. 02; Studium: Dresden Tierärztl. Hochsch. 11 S.; Coll. 15. Juni 10; Approb. 31. Juli 07.] [U 10. 3058

Schmitz, Arnold [Dr., Prof.]: Das Preziösentum im XVII. Jahrhundert. Erfurt, Druck v. F. Bartholomäus, 1894; 1 Bl., 1—12 S. 8.
Erfurt, k. RG, Festschr. 1894 (262)

Schmitz, Arthur, Kgl. preuß. Regierungsbaumeister aus Cöln a. Rh.: Untersuchungen über Zugfestigkeit, Dehnung und elastisches Verhalten von Eisen und Stahlstäben. *Berlin 1903: L. Simion Nf.* (49 S.) 4°
Würzburg, Phil. Diss. v. 1903

Schmitz, Aug., Ahasverus od. der Weg zur Versöhnung. Dramatische Dichtg. 8. (16 S.) Leipzig 893. J. G. Findel. n. — 40

— Ariovist. Dramat. Dichtg. 1. Thl. 8. (67 S.) Ebd. 894. n. 1. 20

Schmitz, Aug. (I.), kritischer Beitrag zur Frage der gesetzlichen Regelung des Feingehaltes der Edelmetall-Waaren. gr. 8. (IV, 64 S.) Köln 876, (Roemke und Comp.) 1 —

Schmitz, August [aus Hamm, app. Arzt]: Beiträge zur Aetiologie der Magenerweiterung. ... Bonn, Univ.-Buchdr. v. Carl Georgi, 1890; 26 S. 8°
Bonn, Med. Fak., Inaug.-Diss. v. [26.] Jul. 1890

Schmitz, Aug., Bonifacius, Apostel der Deutschen. (52 S.) 8. Berlin (907). P. Raatz. — 75

Schmitz, Aug. Zwei dramatische Dichtungen als Vorschau in die Entwicklung der Menschheit. 8. (98 S.) Lpz. 892, (Findel). * 1 50

— Hermann der Cherusker. Historisches Drama in 2 Thln. 1. Thl. A. u. d. T.: Hermann u. Varus. Historisches Drama in 5 Acten. Musik von Rud. Magnus. Für die Bühne bearb. von F. Kruse. Ebend. 855. gr. 8. (3 Bl., 85 S.) 15 ngr.

Schmitz, Aug., Judith. Tragödie. [Den Bühnen gegenüber Mscr.] gr. 8. (35 S.) Leipzig 876. Webel. — 75

Schmitz, August (geb. am 9 Aug. 1849 in Waldorf Kr. Bonn): Die Carbolsäure in ihrer klinischen Verwerthung ... Bonn, Druck v. J. F. Carthaus (1875). 41 S., 1 Bl. 8.
Bonn, Med. Fak., Diss. v. 24 März 1875

Des Dichters Liebe. Von August Schmitz. Berlin: P. Raatz [1907]. (42 S.) 8° (08. 12333

— Nero. Historische Tragödie. [Den Bühnen gegenüber Mscr.] gr. 8. (V, 158 S.) Ebend. 877. 2. 40

Schmitz, Aug., Phryne. Dramatische Dichtung. Hrsg. v. einem literar. Verein. 8. (X, 85 S.) Leipzig 878. Webel in Comm. n. 1. 50

Schmitz, Aug., Franz v. Sickingen. Historisches Drama in 5 Akten. Musik von Rud. Magnus. Für die Bühne bearb. von F. Kruse. Dessau 855. Neubürger in Comm. gr. 8. (3 Bl., 98 S.) 15 ngr.

— Philippine Welser. Dramatische Dichtg. [Den Bühnen gegenüber Mscr.] gr. 8. (54 S.) Ebend. 876. n. 1. —

Schmitz, Aurel

Schmitz, *Friedrich* Aurel [aus Mülheim a. d. Ruhr]: Aus d. medicin. Kinderpoliklinik zu Bonn. Über Oxyuris vermicularis bei Kindern und die Behandlung mit Naphthalin ... Leipzig, Druck v. B. G. Teubner, 1894; 24 S., 1 Bl. 8.
Bonn, Med. Fak., Inaug.-Diss. v. [29. Nov.] 1894

Schmitz (Wildungen), B., Beitrag zur Frage: „Wie erreichen wir d. vollst. Ausnützg. d. Wirkgn., d. h. die Idealwirkg. d. Mineralbäder?" [Aus: „Allgem. med. Centralzeitg."] gr. 8. (6 S.) Berlin 895. O. Coblentz. n. 1. —

Schmitz, B. Ueber die gewöhnlichsten Fehler der Deutschen gegen die Aussprache des Französischen. Berlin, Dorotheenstädt. R., 1845. Progr.

Schmitz, B., s.: Musenalmanach, Münsterscher.

Schmitz, B., der Pfarrconcurs und die Synodal-Examinatoren nach dem Concil von Trient bis auf unsere Zeit. Zugleich eine Fortsetzung der Erwiederung auf die 2. Abthl. der gegen den Dr. Binterim rc. erschien. Schrift des Anonymus „Synodalrichter, Synodal-Examinatoren und Diöcesansynoden rc." br. 8. (IV und 64 S.) Düsseldorf 849, [Engels und Lensch.] *

Schmitz, B., „Sapienti sat!" Eine Klarstellg. Wildunger Streitfragen. 8. (56 S.) Wildungen 898. C. Hundt. n. — 50

— Wegweiser f. Nierenkranke. Allgem. Vorschriften f. Nierenkranke bei d. Kur in Bad Wildungen. 12. (36 S.) Wildungen 896. C. Hundt. n. — 50

— Wegweiser f. Nieren- u. Steinkranke. Allgemeine Vorschriften bei der Kur in Bad Wildungen. 3. erweit. u. verb. Aufl. Mit e. Anh.: „Idealwirkung der Mineralbäder". „Beitrag zur Unterbekleidungsfrage". 12. (VII, 75 S.) Ebd. 899. n. — 60

Schmitz, Bernard

Schmitz, Bern., Beicht- u. Kommunion-Buch. Mit e. Vorwort v. Joh. Bapt. Lohmann, S. J. 16. (IV, 378 S. m. Titelbild.) Münster 898. Alphonsus-Buchh. Geb. in Leinw. n. 1. 20

Schmitz, Bernard, das Leben Jesu, unseres göttlichen Heilandes. gr. 8. (VIII, 669 S.) Paderborn 893. F. Schöningh. n. 2. —; geb. n.n. 2. 80

Schmitz, Bernard, das Leben der allerseligsten Jungfrau Maria. Für die Mai-Andacht in Betrachtungen dargestellt und mit passenden Gebeten versehen. 16. (IV, 368 S.) Münster 871, Russell's Verlag. *

— Nachfolge des göttlichen Erlösers, s.: Bernardus.

Schmitz, Bern., s.: Sankt-Elisabeth-Büchlein.

— der erste Versuch, s.: Vereins-Theater, kathol.

Schmitz, Bernh., Alterthümer u. Messias der Hebräer. Für israelit. u. christl. Schulen. Den Freunden des Wahren u. Seligen gewid. 2. Ausg. 8. (7 B.) Sondershausen 834, Eupel.

Schmitz, Bernh., Anleitung für Schulen zu den ersten Sprechübungen in der französischen und englischen Sprache. Ein Uebungsbuch hauptsächlich für Realschulen und höhere Töchterschulen, nebst einer methodolog. Einleitung. gr. 8. (III und 73 S.) Greifswald 856, Koch's Verlag.

Schmitz, Bernh., Anleitung für Schulen zu den ersten Sprechübungen in der französischen und englischen Sprache. Ein Übungsbuch hauptsächlich für Realschulen und höhere Töchterschulen, nebst einer methodolog. Einleitung. 2. Aufl. gr. 8. (80 S.) Leipzig 880, C. A. Koch's Verlagsh. *

Schmitz, Bernh., Anleitung für Schulen zu den ersten Sprechübungen in der französischen und englischen Sprache. Ein Übungsbuch hauptsächlich für Realschulen und höhere Töchterschulen, nebst einer methodolog. Einleitung. 3. Aufl. gr. 8. (80 S.) Leipzig 885, C. A. Koch's Verlag. *

Schmitz, Bernh., Anleitung f. Schulen zu den ersten Sprechübungen in der französischen u. englischen Sprache. Ein Übungsbuch hauptsächlich f. Realschulen u. höhere Töchterschulen, nebst e. methodolog. Einleitg. 4. Aufl. gr. 8. (80 S.) Leipzig 893. Dresden, C. A. Koch's Verl. n. 1. —

Schmitz, Bernh., die englische Aussprache in möglichst einfacher u. zuverlässiger Darstellung nach Sheridan, Walker, Knowles u. Smart. Eine Zugabe zu jeder engl. Grammatik; ein Leitfaden f. den Lehrer wie f. den Selbstunterricht. gr. 8. (XII u. 112 S.) Berlin 849, Dümmler. 1/2 ℛ︀

Schmitz, Bhrd., Auswahl u. Erklär. fremder, in d. deutschen Conversation u. Literatur gebräuchl. Wörter. 8. Münst. 806.

— Englisches Elementarbuch, mit durchgängiger Bezeichnung der Aussprache. Ein Lehrbuch, m. welchem auch der Ungelehrte die engl. Sprache leicht u. richtig erlernen kann. gr. 8. (VIII u. 132 S.) Ebd. 850. 1/2 ℛ︀

Schmitz, Bernh., englisches Elementarbuch mit durchgängiger Bezeichnung der Aussprache. Ein Lehrbuch, mit welchem man auch selbständig die engl. Sprache leicht und richtig erlernen kann. 2., sorgfältig überarb. und mit deutschen Aufgaben verm. Aufl. gr. 8. (X und 134 S.) Berlin 859, Dümmler's Verlagsh. Thlr. *

Schmitz, Bernh., englisches Elementarbuch, mit durchgäng. Bezeichnung der Aussprache. Ein Lehrbuch, mit welchem man auch selbständig die engl. Sprache leicht und richtig erlernen kann. 3. Aufl. 1864. und 4., unveränd. Aufl. gr. 8. (X und 134 S.) Berlin 867, Dümmler's Verlag. *

Schmitz, Bernh., englisches Elementarbuch mit durchgängiger Bezeichnung der Aussprache. Ein Lehrbuch mit welchem man auch selbstständig die engl. Sprache leicht und richtig erlernen kann. 5. Aufl. 1870. *M 1., und 6. sorgfältig durchgeseh. Aufl. 8. (VIII, 134 S.) Berlin 873, Dümmler's Verlag. *

Schmitz, Bernh., englisches Elementarbuch, mit durchgäng. Bezeichnung der Aussprache. Ein Lehrbuch, mit welchem man auch selbständig die engl. Sprache leicht und richtig erlernen kann. 7. sorgfältig durchgeseh. Aufl. gr. 8. (VIII, 134 S.) Berlin 877, Dümmler's Verlagsh. * 1 20

—— englisches Elementarbuch mit durchgängiger Bezeichnung der Aussprache. Ein Lehrbuch, mit welchem man auch selbständig die engl. Sprache leicht und richtig erlernen kann. 8. sorgfältig durchges. und nach der offiziellen Orthogr. umgearb. Aufl. gr. 8. (X, 134 S.) Berlin 882, Dümmler's Verlagsh. *

Schmitz, Bernh., französisches Elementarbuch für die unterste Classe. gr. 8. (2½ B.) Berlin 845, Dümmler's Vrlgsh.

— Französisches Elementarbuch. 2 Thle. 2. erweit. Aufl. gr. 8. (1: VI u. 70 S. 2: IV u. 167 S.) Ebd. 847. (1: ¼ ℛ 2: ½ ℛ) ¾ ℛ

—— französisches Elementarbuch. 1. Thl. 2., erweit. Aufl. gr. 8. (VI und 70 S.) Berlin 849, Dümmler's Vrlgsh.

—— dass. — 2. Thl. 2., erweit. Aufl. gr. 8. (IV und 167 S.) Ebds. 849.

Schmitz, Bernh., französisches Elementarbuch, nebst Vorbemerkungen über Methode und Aussprache. 1. Thl.: Vorschule der französ. Sprache. 3. Aufl. 1857. und 4., sorgfältig durchgeseh. Aufl. gr. 8. (XXXII und 103 S.) Berlin 861, Dümmler's Verlagsh. *

— — 2. Thl. Grammatik und Uebungsbuch für mittlere Classen. 3., neu bearb. Aufl. Ebend. 862. gr. 8. (XVI, 203 S.) n. 15 ngr.

—— französisches Elementarbuch, nebst Vorbemerkungen über Methode und Aussprache. 2 Thle. gr. 8. Berlin, Dümmler's Verlag. *

Inhalt:

Thl. 1. Vorschule der französischen Sprache. 5., sorgfältig durchgesehene Aufl. (XXXII und 104 S.) 868. * 10 Ngr.

" 2. Grammatik und Uebungsbuch für mittlere Classen. 3., neu bearb. Aufl. (XVI und 203 S.) 862. * 15 Ngr.

— französisches Elementarbuch nebst Vorbemerkgn. üb. Methode u. Aussprache. 1. u. 2. Thl. gr. 8. Ebend. 874. n. 3. —

1. Vorschule der französ. Sprache. 6., sorgfältig durchgeseh. Aufl. (IV, 101 S.) n. 1. 20

2. Grammatik u. Uebungsbuch f. mittlere Classen. 4., sorgfältig durchgeseh. Aufl. (XVI, 203 S.) n. 1. 80

—— französisches Elementarbuch nebst Vorbemerkungen über Methode und Aussprache. 2 Thle. gr. 8. Ebendas. * 3 —

Inhalt:

Thl. 1. Vorschule der französischen Sprache. 7. sorgfältig durchgeseh. Aufl. (XXXII, 101 S.) 878. * M. 1,20.

" 2. Grammatik und Uebungsbuch für mittlere Classen. 5. sorgfältig durchgeseh. Aufl. (XVI, 200 S.) 880. * M. 1,80.

—— französisches Elementarbuch nebst Vorbemerkungen über Methode und Aussprache. 2 Thle. gr. 8. Ebendas. *

Inhalt:

Thl. 1. Vorschule der französischen Sprache. 8. sorgfältig durchges. Aufl. (XXXII, 100 S.) 882. * M 1,20.

" 2. Grammatik und Uebungsbuch für mittlere Classen. 6. sorgfältig durchges. Aufl. (XVI, 200 S.) 884. * M 1,80.

— französisches Elementarbuch, nebst Vorbemerkgn. üb. Methode u. Aussprache. 1. u. 2. Tl. gr. 8. Berlin, Dümmler's Verl. n. 3. —

1. Vorschule der französischen Sprache. 9. Aufl. Besorgt v. Adf. Neumann. (XXXII, 100 S.) 887. n. 1. 20

2. Grammatik u. Übungsbuch f. mittlere Klassen. 6. Aufl. (XVI, 200 S.) 884. n. 1. 80

— dasselbe. Uebungsbeispiele zum II. Tl., s.: Klapp, A.

Schmitz, Bernh. Französisches Elementarbuch, nebst Vorbemerkgn. üb. Methode u. Aussprache. 2 Tle. gr. 8. Berl., F. Dümmler's Verlag. * 3 —

1. Vorschule der französischen Sprache. 11. durchges. Aufl. (XXXII, 100 S.) 891. * 1 20.

2. Grammatik u. Uebungsbuch f. mittl. Klassen. 7. durchges. Aufl. (XVI, 200 S.) 886. * 1 80.

—— Elementar-Buch d. engl. Sprache f. Schulen u. Selbstlehrer. Nach ganz neuen, kurzen u. faßl. Grundsätzen ausgearb., u. mit prakt. Aufgaben, Lese-Uebungen u. Gesprächen verseh. gr. 16. (4 B.) Basel 830, Schneider.

—— Encyclopädie des philologischen Studiums der neueren Sprachen. gr. 8. (XVI und 474 S.) Greifswald 859, Koch's Verlagsbuchh. *

—— dass. — 1. Suppl. gr. 8. (XIV und 135 S.) Ebendas. 860. *

—— dass. — 2. Suppl., nebst alphabet. Wort-, Sach- und Namen-Registern zur Encyclopädie und zum Suppl. 1. und 2. gr. 8. (VIII und 119 S.) Ebendas. 861. *

Schmitz, Bernh., Encyclopädie des philologischen Studiums der neueren Sprachen. 3. Suppl. gr. 8. (VIII und 136 S.) Greifswald 864, Koch's Verlag. *

Hauptwerk und 1. und 2. Suppl. Ebendas. 1859—61. * 4 Thlr. 15 Ngr

—— Encyclopädie des philologischen Studiums der neueren Sprachen, hauptsächlich der französischen und englischen. 1.—4. Thl. 2. verb. Aufl. gr. 8. Leipzig, Koch's Verlagsh. à Thl. * M. 2,50. * 10 —

Inhalt:

Thl. 1. Die Sprachwissenschaft überhaupt. (1. Bd. S. 1—82.) 875.

" 2. Die Litteratur der französisch-englischen Philologie. (S. 83—308.) 876.

" 3. Methodik des selbständigen Studiums der neueren Sprachen. (2. Bd. S. 1—92.) 875.

" 4. Methodik des Unterrichts in den neueren Sprachen. (XX, S. 93—252.) 876.

—— dass. — Anhang: Systematisches Verzeichniß der auf die neueren Sprachen, hauptsächlich die französische und englische, sowie die Sprachwissenschaft überhaupt bezüglichen Programmabhandlungen, Dissertationen und Habilitationsschriften. Nebst einer Einleitung. Von Herm. Varnhagen. gr. 8. (IV, XIX, 100 S.) Ebendas. 877. * 2 50

—— dass. — 1. Suppl. 2. Aufl. gr. 8. (XVI, 135 S.) Ebendas. 879. * 3 —

—— Encyclopädie des philologischen Studiums der neueren Sprachen, hauptsächlich der französischen und englischen. 2. Suppl. 2. Aufl. Nebst einer Abhandlung über Begriff und Umfang unsres Faches. gr. 8. (VIII, 124 S.) Leipzig 881, C. A. Koch's Verlagsh. *

—— dass. — 3. Suppl. 2. Aufl. Nebst einer Abhandlung über engl. Philologie insbesondere. Hrsg. von Aug. Kesseler. gr. 8. (X, 138 S.) Ebendas. 881. *

—— die neuesten Fortschritte der französisch-englischen Philologie. 1. Heft. gr. 8. (VIII und 96 S.) Greifswald 866, Akademische Buchh. *

— — 2. Heft. Ebend. 870. gr. 8. (VIII, 143 S.) n. 25 ngr.

—— die neuesten Fortschritte der französisch-englischen Philologie. 1. Heft. 2. Aufl., und 2. und 3. Heft. gr. 8. Greifswald, Bamberg. [1. Heft. (VIII, 104 S.) 873. * M. 2.; 2. Heft. (VIII, 143 S.) 869. * M. 2,50.; 3. Heft (XII, 123 S.) 872 * M. 2,80.] *

— Gedichte. 8. Münst. 807. (Theissing). 20 g.

Schmitz, B., Gedichte. 8. Münster, Waldeck. 807.

—— deutsche Grammatik. Neue Ausg., mit einem vollständ. Register und Berücksicht. der officiellen Orthographie. gr. 8. (XIV, 259 S.) Greifswald 880, Bamberg. *

Register allein (27 S.) *

— deutsche Grammatik f. gebildete Deutsche. gr. 8. (XVI, 231 S.) Ebend. 873. n. 2. 50

—— englische Grammatik. 1. Aufl. (7½ B.) 843. 12½ Ngr. u. 2., verb. Aufl. gr. 8. (10¼ B.) Berlin 845, Dümmler's Verl.

—— englische Grammatik, nebst einer litterar. Einleitung in das Studium der engl. Sprache überhaupt. 3. Aufl. Neue Bearbeitung. gr. 8. (XII und 339 S.) Berlin 853, Dümmler's Verlag. *

— englische Grammatik. 4. Aufl. Neue Bearbeitung. Berlin 868. Dümmler's Verlag. gr. 8. (X, 362 S.) n. 1 ₰

— englische Grammatik. 5. Aufl. gr. 8. (X, 326 S.) Berlin 874. Dümmler's Verl. n. 3. —

—— englische Grammatik. 6. sorgfältig überarb. Aufl. gr. 8. (X, 330 S.) Berlin 880, Dümmler's Verlagsh. *

— englische Grammatik für Anfänger. gr. 8. Ebend. 843. 5/12 ₰ — 2. verb. Aufl. gr. 8. Ebend. 845. 1/2 ₰

—— französische Grammatik. 2. Aufl. Neue Bearbeitung. gr. 8. (XVIII und 365 S.) Berlin 867, G. Reimer.

— französische Grammatik. 3., sorgfältig überarb. Aufl. gr. 8. (XVIII, 376 S.) Berlin 876. G. Reimer. n. 3. —

—— französische Grammatik. 4. sorgfältig überarb. Aufl. gr. 8. (XX, 376 S.) Berlin 880, G. Reimer. *

— die französ. Grammatik in möglichster Vollkommenheit u. Einfachheit nebst verschiedenen Wörterverzeichnissen u. deutschen Uebungsstücken; hauptsächlich zum Gebrauch für höhere Schulen. gr. 8. (VIII u. 475 S.) Berlin 847, G. Reimer. 5/6 ₰

Schmitz, B., Handbuch für Studierende, oder philosophische Encyclopädie der Disciplinen und Künste. 8. Göttingen, Deuerlich. 820.

— Handbuch f. Studirende, od. philosoph. Encyklopädie d. Disciplinen u. Künste. 8. Götting. 820. Dieterich. 12 gr.

Schmitz, B., Handbuch für Studirende oder philosophische Encyklopädie der Disciplinen und Künste zur Bildung wahrer Gelehrten. Götting. 821. 8. 21 gr.

— neue Handlungsbriefe z. Uebersetzen aus d. Deutschen ins Engl. u. aus d. Engl. ins Deutsche. gr. 8. Frankf. a. M. 818. 2e A. 821. Sauerländer. 8 gr.

—— englisches Lesebuch, enthalt. Stücke aus den bedeutendsten engl. Dichtern u. Prosaikern, mit einer kurzen Geschichte der engl. Sprache u. Litteratur, erläut. Anmerkungen, einigen Zeichen zur Erleichterung der Aussprache u. einem Wörterbuche. gr. 8. (23 B.) Berlin 845, Dümmler's Verl.

—— englisches Lesebuch aus den bedeutendsten englischen Dichtern und Prosaikern von Shakespeare bis Macaulay mit einer Übersicht der Geschichte der engl. Litteratur, erläut. Anmerkungen und einigen Zeichen zur Erleichterung der Aussprache; nebst einer besond. Auswahl von leichten Materialien zu Styl- und Sprechübungen. 2., neu bearb. Aufl. gr. 8. (XLIII und 355 S.) Berlin 862, Dümmler's Verlag. *

— englisches Lesebuch aus den bedeutendsten englischen Dichtern u. Prosaikern von Shakespeare bis Macaulay, m. e. Uebersicht der Geschichte der engl. Litteratur, erläut. Anmerkgn. u. einigen Zeichen zur Erleichterg. der Aussprache; nebst e. besond. Auswahl v. leichten Materialien zu Styl- u. Sprechübgn. 3., sorgfältig überarb. Aufl. gr. 8. (XLII, 358 S.) Berlin 876. Dümmler's Verl. n. 2. 60

—— ein Macaulay-Commentar: Anmerkungen zu Macaulay's History of England, Vol. I. Zur Einführung in ein gründl. Verständniß dieses Geschichtswerkes und der engl. Sprache überhaupt. 2 Hälften. gr. 8. Greifswald 870, Bamberg. [1. Hälfte. (VIII, S. 1—180.) * ℳ 3,60.; 2. Hälfte. (S. 181—455.) * ℳ 5,60.]

Schmitz, Bernh., deutsch-englische Phraseologie, s.: Loewe, Heinr.

—— deutsch-französische Phraseologie in systematischer Ordnung. Ein Uebungsbuch für Jedermann, der sich im freien Gebrauche der französ. Sprache vervollkommnen will. gr. 8. (VIII, 112 S.) Greifswald 872, Bamberg. [Berlin, Langenscheidt'sche Verlagsh.] *

Schmitz, Bernh., deutsch-französische Phraseologie in systematischer Ordnung, nebst einem Vocabulaire systématique. Ein Uebungsbuch für Jedermann, der sich im freien Gebrauch der französ. Sprache vervollkommnen will. 2. und 3. erweit. Aufl. gr. 8. (VII, 179 S.) Berlin 877,78, Langenscheidt'sche Verlagsh. * ℳ 2.; cart. *

—— deutsch-französische Phraseologie in systematischer Ordnung, nebst einem Vocabulaire systématique. Ein Übungsbuch für jedermann, der sich im freien Gebrauch der französ. Sprache vervollkommnen will. 4. nach der offiziellen Orthogr. umgearb. Aufl. gr. 8. (VII, 179 S.) Berlin 882, Langenscheidt'sche Verlagsh. * ℳ 2.; cart. *

—— deutsch-französische Phraseologie in systematischer Ordnung, nebst einem Vocabulaire systématique. Ein Übungsbuch für jedermann, der sich im freien Gebrauch der französ. Sprache vervollkommnen will. 7. und 8. Aufl. gr. 8. (VII, 179 S.) Berlin 887,88, Langenscheidt'sche Verlagsh. * geb.

Vgl.: Loewe, Heinr., deutsch-englische Phraseologie.

— deutsch-französische Phraseologie in systematischer Ordnung, nebst e. vocabulaire systématique. 9. Aufl. gr. 8. (VII, 179 S.) Berlin 891. Langenscheidt. n. 2. —; geb. n. 2. 50

—— Deutsch-französische Phraseologie in systematischer Ordnung, nebst e. vocabulaire systématique. 10. Aufl. gr. 8. (VII, 179 S.) Berl. 892, Langenscheidt. * 2 —; geb. * 2 50

— deutsch-französische Phraseologie in systemat. Ordng., nebst e. vocabulaire systématique. E. Uebungsbuch f. jedermann, der sich im freien Gebrauch d. französ. Sprache vervollkommnen will. 11. Aufl. gr. 8. (VII, 179 S.) Berlin 895. Langenscheidt. n. 2. 50; geb. n. 3. —

Schmitz, Bernh., Deutsch-französische Phraseologie in systematischer Ordnung nebst e. vocabulaire systematique. Ein Uebungsbuch f. jedermann, der sich im freien Gebrauch der französ. Sprache vervollkommenen will. 15., durch e. Register verm. Aufl. (VII, 197 S.) 8. Berlin-Schöneberg 905. Langenscheidt's Verl. n. 2. 50; geb. n. 3. —

— Scheme of a new Method to teach Languages in a short and easy Way. 8. Frankf. a. M. 817. Sauerländer. 6 gr.

—— Schiller- und Göthe-Grammatik für das Ausland. La plus facile des grammaires allemandes, fondée sur un choix de poésies de Goethe et de Schiller. gr. 8. (X und 89 S. mit 1 Stnt.) Berlin 863, Dümmler's Verlag. *

— Sinngedichte f. die freie Stadt Frankfurt a. M. 12. Frankf. a. M. 818. (Sauerländer). 4 gr.

— engl. Sprachlehre Nebst e. vergleich. Wurzel-Wörterbuche deutscher u. engl. Sprache. 8. Götting. 822. Rosenbusch. (Lauffer in Leipz.) 1 ₰

— neue latein. Sprachlehre nach einer leichten u. faßl. Methode mit Aufgaben z. Uebersetzen ꝛc, in 2 Thlen. 8. Götting. 820. Deuerlich 14 gr.

— französische Synonymik. Register. gr. 8. (16 S.) Ebend. 875. n. — 50 (Hauptwerk u. Reg.: n. 4. 50)

— französische Synonymik, nebst e. Einleitg. in das Studium der Synonyma überhaupt. 3. Aufl. Besorgt v. Aug. Kesseler. gr. 8. (XXXVI, 272 S.) Leipzig 883. C. A. Koch. n. 4. 50

—— vergleichende Synonymik der französischen und englischen Sprache mit Berücksicht. des Lateinischen. 1. Thl.: Französische Synonymik nebst einer Einleitung in das Studium der Synonyma überhaupt. gr. 8. (XLII, 320 S.) Greifswald 868, Bamberg. *

Register dazu. (16 S.) 875. *

—— vergleichende Synonymik der französischen und englischen Sprache mit Berücksicht. des Lateinischen. 1. Thl. A. u. d. T.: Französische Synonymik, nebst einer Einleitung in das Studium der Synonyma überhaupt. 2. verm. und verb. Aufl. gr. 8. (XXXVI, 268 S.) Leipzig 877, Koch's Verlagsh. *

— Triumph der Wahrheit. Eine getreue Schilderung aus Luthers Leben u. Lehre. Mit Luthers Bildn. 8. Götting. 821. Deuerlich. 8 gr.

— Wörterbuch d. deutschen u. engl. Sprache f. Anfänger, die sich im Uebersetzen u. in d. Etymologie d. Wörter üben wollen. In 2 Abtheill. gr. 8. Götting. 822. Rosenbusch. (Lauffer in Leipz.) 8 gr.

Schmitz, Bruno, drei Kaiserdenkmäler. Ausgeführte Architekturwerke. 3 Lfgn. qu. gr. Fol. (56 Taf.) Berlin (899. 900). E. Wasmuth. In Mappe à n. 35.—

Schmitz, Bruno, die deutschen Nationalfeste u. d. Kyffhäuser als Feststätte, s.: Böckmann, W.

Schmitz', Prof. **Bruno**, Haus „Rheingold" Berlin, s.: Koch's Monographien. XIII.

Schmitz, C., ist der Papst persönlich unfehlbar? s. Stimmen aus der kathol. Kirche.

Schmitz, C., der Kreis Kreuznach, s.: Geisenheyner, L.

Schmitz, (C. F.,) de successione universali per Pactum promissu. 8. Neubrandenb. 823, Dümmler.

Schmitz, C. F. A., das Kranken-Examen in deutscher und englischer Sprache zur internationalen Verständigung zwischen Arzt u. Patient mit Benutzung von Montgomery Johns clinical phrase-book (Philadelphia). Stettin 866. (Saunier's Buchh.) 16. (IV, 40 S.) n. 15 ngr.

Schmitz, Carl, s. Schmitz, Karl

Schmitz, Caspar, s. Schmitz, Kaspar

Schmitz, Ch.

Ueber Maasse und Gewichte in Bayern von Ch. Schmitz. München 1845. 4°.

Schmitz, Ch., Referat über Mineralien und Brennstoffe, s. Bericht der Beurtheilungs-Commission bei der Industrie-Ausstellung zu München.

Schmitz, Chr., Bemerkungen über die Glasfabrikation in Bayern in besonderer Beziehung auf die Münchener Industrie-Ausstellung im Jahre 1834. München 1835. 8°.

Schmitz, Chr., Grundlinien zur Statistik u. Technik der Thonwaaren u. Glasfabrikation im Königreiche Bayern, s. Industrie, die, des Königreichs Bayern.

—— Mittheilungen f. Thonwaaren- u. Glasfabrikation, s. Mittheilungen.

Schmitz, Christian [aus Sieglar]: Aus d. Klinik f. Hautkrankheiten u. Syphilis in Bonn. Über die Behandlung des Lupus mit Tuberkulin. . . . Bonn, Buchdr. J. Bach Wwe., 1891; 49 S. 8°
Bonn, Med. Fak., Inaug.-Diss. v. [8.] Aug. 1891

Schmitz, Christoph *Mathias Hubert* [aus Bonn]: Aus d. Pharmakolog. Institut zu Bonn. Untersuchungen über die etwaige Giftigkeit des Aluminiums ... Bonn, Druck v. E. Heydorn, *1893;* 38 S., 1 Bl. 8.
Bonn, Med. Fak., Inaug.-Diss. v. [27. Febr.] 1893

Schmitz, Clem., s. Schmitz, Klemens

Schmitz, Conrad, s. Schmitz, Konrad

Schmitz, Constanz, s. Schmitz, Konstanz

Schmitz, E. v.: Die Bajonetfechtkunst. T. 1. Dresden 1825. 167 S. m. Abb.

Schmitz, E., s.: Bibliophoros.

Schmitz, Eduard [app. Arzt aus Warendorf]: Aus d. patholog. Institute zu Kiel. Beitrag zur Lehre vom Glioma retinae. . . . Kiel, Druck v. L. Handorff, 1891; 22 S., 1 Bl. 8°
Kiel, Med. Fak., Inaug.-Diss. v. [26. Febr.] 1891

[F.] **Schmitz,** Eduard: Einige seltenere Pflanzen der Briloner Gemarkung. Brilon, M. Friedländers Buchdr., 1896; 3—7 S. 4.
Brilon, G Petrinum, P 1896 (356)

Schmitz, Eduard Otto (geb. Münster in Westf. 6. 1. 1846): Ueber Quecksilber-Vergiftung. Berlin (1869). (32 S.) 8°
Berlin, Med. Diss. v. 29. Juli 1869

Schmitz, Elisab., Elsässer Sprichle unn Liedle m. Bilder. (28 S.) 32×24,5 cm. Strassburg (910). Verlag der elsäss. Rundschau. 1. 50

Schmitz, Emil: Württemberger Heiligland-fahrt 1904. Ein Gedenkbuch d. ersten Württemberger Wallfahrt ins Heilige Land. 2. Aufl. Stgt '04. 408 S.

Schmitz, Émile Guillaume: Das Blumenopfer in der Christnacht. Weihnachtsspiel zunächst für Pensionate und Schulen. Luxemburg: St. Paul.-Ges. 1890. 16 S. 8°

Schmitz, Émile Guillaume: Das ewige Priesterthum von Dr. H. E. Manning, Erzbischof von Westminster. Autorisierte Uebersetzung. Mainz 1884. 8°

– Dass. Zweite Auflage. Ebd. 1891. 7, 256 S. 8°

– Dass. Mit kirchlicher Approbation. 3. Auflage. Ebd. VIII, 256 S. 8°

Schmitz, Ernst, a. Köln a. Rh.: Neue Abwandlungsprodukte aus β-Terpineol. ⟨Sm.-P. 32°.⟩ Hildesheim 1905: A. Lax. (62 S.) 8°
Göttingen, Phil. Fak., Ref. Wallach, Diss. v. 16. Aug. 1905
[Geb. 23. März 82 Dortmund; Wohnort: Cöln; Staatsangeh.: Preußen; Vorbildung: Gymn. a. d. Apostelkirche Cöln Reife O. 00; Studium: Bonn 6, Göttingen 5 S.; Rig. 28. Juni 05.]

Schmitz, Ernst, neue Abwandlungsprodukte aus β-Terpineol. (Sm.-P. 32.) Diss. (63 S.) 8. Hildesheim 905. A. Lax. n. 1, 80

Schmitz, Ernst, appr. Arzt aus Willich: Die konservativen Operationsmethoden bei der Behandlung des Kehlkopfkrebses, endolaryngeale Operation und Thyreotomie. *Heidelberg 1904: K. Rößler.* (39 S.) 8°
Heidelberg, Med. Diss. v. 1904

Schmitz, Ernst Jul., das katholische Kirchenjahr. Ein Liederstrauß auf alle Sonn- u. Festtage u. die kirchl. Zeiten. 12. (249 S.) Essen 894. Fredebeul & Koenen. n. 2. 50; geb. n. 3. 50

Schmitz, Eugen: Beiträge zur Geschichte der italienischen Kammerkantate im 17. Jahrhundert. Leipzig: Breitkopf & Härtel 1909. 42 S. 8° ¶(Ersch. vollst. teils in: Kleine Handbücher d. Musikgesch., teils in: Denkmäler d. Tonkunst in Bayern. Steffani-Bd 2.)
München, Phil. Hab.-Schr. v. 1909 [U 10. 3725
(Nicht für den Austausch)

Die Bohème. Oper in 4 Bildern von Illica u. Giacosa. Musik von Giacomo Puccini. Erl. von Dr. Eugen **Schmitz**. Berlin: Schlesinger [1908]. (29 S.) 8° [F.]
= **Opernführer**. No 107.
(Schlesingersche Musik-Bibliothek.) [08. 10246

Schmitz, Eug., illustr. Musikgeschichte, s.: Naumann, Emil.

Schmitz, Eug., Max Reger's Sinfonietta, s.: Broschüren, Münchner. 4. Hft.

Schmitz, Eugen: Der Nürnberger Organist Johann Staden. Beiträge zur Würdigung seiner musikgeschichtlichen Stellung. Leipzig 1906: Breitkopf & Härtel. (37 S.) 4° ¶(Erschien vollst. 1906 als Einleitung zu: Denkmäler deutscher Tonkunst Folge II Jg. 7 Bd 1 = Denkmäler der Tonkunst in Bayern, u. d. T.: Ausgewählte Werke des Nürnberger Organisten Johann Staden ⟨1581—1634⟩ T. 1.)
München, Phil. Fak., Ref. Kroyer, Diss. v. 11. Juli 1905
[Geb. 12. Juli 82 Neuburg a. D.; Wohnort: Regensburg; Staatsangeh.: Bayern; Vorbildung: Neues Gymn Regensburg Reife Juli 00; Studium: München 10 S.; Rig. 11. Juli 05.]

— Richard Strauss als Musikdramatiker. Eine ästhetisch-krit. Studie (56 S.) gr. 8. München 907. Dr. H. Lewy. n. 1. 50

Schmitz, Eugen, stadt. Tierarzt in Düsseldorf: Experimentelle Untersuchungen über die Virulenz latenter tuberkulöser Herde beim Menschen, Rind und Schwein. (Aus dem Institut für allgemeine Pathologie und pathologische Anatomie der Düsseldorfer Akademie für praktische Medizin. Direktor: Prof. Lubarsch.) Wiesbaden 1909. 86 S. 8⁰. [17.XII.08.]
Bern. Vet.-med. Diss. 1908/09.

Schmitz, Eugen. Experimentelle Untersuchungen über die Virulenz latenter tuberkulöser Herde beim Menschen, Rind und Schwein. Diss. Vet.-Med. Bern. *Kopftitel:* Aus dem Institut für allgemeine Pathologie und pathologische Anatomie der Düsseldorfer Akademie für praktische Medizin.... 86 S. 8. Wiesbaden, J. F. Bergmann, 1909.

— Versuch e. Ästhetik des dramat. Tonsatzes, s.: Mosel, J. F.

— Richard Wagner, s.a. Wissenschaft u. Bildung.

Richard Wagner. Von Eugen Schmitz. Leipzig: Quelle & Meyer 1909. 175 S. 8°
(Wissenschaft u. Bildung. 55.)

— Hugo Wolf, s.a. Universal-Bibliothek.

Hugo Wolf. Von Dr. Eugen **Schmitz**. Leipzig: Ph. Reclam jun. (1906). (111 S.) 8° [F.]
= **Musiker-Biographien**. Bd 20.
(Universal-Bibliothek. 4853.) [07. 318

Schmitz, Ewald [Referendar aus Düsseldorf]: Beiträge zur Lehre vom Genuskauf ... Düsseldorf, Druck v. G. Jockwer, 1894; 2 Bl., 59 S. 8.
Göttingen, Jur. Fak., Inaug.-Diss. v. [15. Nov.] 1894

Schmitz F A, die technischen und chemischen Mittel gegen die Zerstörungen von Bauwerken durch Faulnis und Schwamm. Berlin 1876

Schmitz, F. J., cours complet de langue française sur un plan très-méthodique pour les écoles moyennes et supérieures. 8. (174 S.) Aschaffenburg 873. Krebs. geb. n. 2. —

Schmitz, F. J., und A. Salm, Ergänzung des Strafgesetzbuchs für die preuß. Staaten, s. Ergänzung.

Schmitz, F. J., portugiesische Grammatik m. Berücksicht. d. gesellschaftl. u. geschäftl. Verkehrs. gr. 8. (VII, 251 S.) Leipzig 884. Glöckner. n. 4. 50; Schlüssel (52 S.) 885. n. 1. 50

Schmitz, F. J., portugiesische Grammatik. Schlüssel. gr. 8. (52 S.) Leipzig 885, Gloeckner. *
Grammatik mit Schlüssel *

Schmitz, F. J., portugiesische Grammatik m. Berücksicht. d. gesellschaftl. u. geschäftl. Verkehrs. 2. Aufl., hrsg. unt. Mitwirkg. v. Carlos Janson, Chr. Vogel u. Pedro Sodré. gr. 8. (IV, 244 S.) Leipzig 897. G. A. Gloeckner. n. 5. —; geb. n.n. 5. 60

Die Aufhebung der Abtei Heisterbach nach d. Akten d. Kgl. Staatsarchivs zu Düsseldorf. Von Dr. Ferdinand **Schmitz**. *B. Gladbach [1900]: J. Heider.* (15 S.) 8° [00. 8816 B

Schmitz, Ferdinand: Ueber Fistula auris congenita und andere Missbildungen des Ohres. Halle 1873: Lipke. 29 S. 8⁰
Halle-Wittenberg, Med. Diss. v. 11. Aug. 1873
Geb. Ochtrup (Westf.) 8. 3. 1849. V.

Die Cistercienser-Abtei Heisterbach und die klösterlichen Ansiedelungen auf dem Petersberge in Geschichte und Sage nebst e. Führer durch d. Gebiet d. ehemaligen Abtei von Dr. Ferdinand **Schmitz**. Mit Abb. d. Abtei-Kirche Heisterbach. Oberdollendorf: Selbstverl. [um 1906]. 26 S. 8⁰

Schmitz, Ferdinand [aus Oberdollendorf]: **Der Neusser Krieg.** '(1474—1475.)' ... Bonn, Hauptmann'sche Buchdr., 1893; 52 S., 1 Bl. 8.
Bonn, Phil. Fak., Inaug.-Diss. v. 10. Okt. 1893

Schmitz, Ferd., der Neusser Krieg 1474—1475, nach archival. Quellen bearb. (Aus der rhein. Geschichte XXV.) [Aus: „Rhein. Geschichtsblätter."] gr. 8. (138 S.) Bonn 896. P. Hanstein. n. 2. —

Schmitz, Ferd., s.: Urkundenbuch der Abtei Heisterbach.

Schmitz, Ferd., Volkstümliches aus dem Siebengebirge, s.a. Zur deutschen Volkskunde. Nr. 5.

Volkstümliches aus dem Siebengebirge. SA. in d. 'Rhein. Geschichtsblättern' veröff. Aufsätze von Dr. Ferdinand **Schmitz**. *Bonn: P. Hanstein 1901.* (III, 169 S.) 8°
= **Volkskunde**, Zur Deutschen. No 5. [01. 3172 B

Schmitz, Ferd., die Wort- u. Satzlehre der deutschen Sprache für untere u. mittlere Klassen der Realschulen. 12. (2½ B.) Barmen 846, Sartorius. Thlr. *

Schmitz, Ferd., die Wort- und Satzlehre der deutschen Sprache für untere und mittlere Klassen der Realschulen. 2. Aufl. 8. (64 S.) Barmen 850, Sartorius. **

Schmitz, Ferd., die Wort- und Satzlehre der deutschen Sprache für untere und mittlere Klassen höherer Lehranstalten. 3. Aufl. 8. (64 S.) Elberfeld 865, Bädeker'sche Buchh. 5 Ngr.; geb.

Schmitz, Ferd., die Wort- u. Satzlehre der deutschen Sprache f. untere u. mittlere Klassen höherer Lehranstalten. 4. Aufl. 8. (63 S.) Elberfeld 871. Bädeker. n. — 50

Schmitz, Ferd., die Wort- und Satzlehre der deutschen Sprache für untere und mittlere Klassen höherer Lehranstalten. 5. Aufl. 8. (63 S.) Elberfeld 878. Bädeker'sche Buchh. *

Schmitz, Ferd. J. „Observações sobre a allegoria nos Lusiadas de Camões". Zur dreihundertjährigen Gedächtnissfeier des Dichters der Lusiaden. pg. 3—15. 8°. Wailandt'sche Dr. A.-Ges.
Aschaffenburg, Progr. 1878/79

Schmitz, Fd. Jos., üb. die Schädlichkeit d. Gewohnheit am Taback. Ein Beitr. z. Erziehungskunde f. Eltern, Pfarrer u. Schullehrer. 8. Siegen 811.

Schmitz, Fortunat. Unterscheidungslehren der kathol. Kirche u. der Protestanten. Zum Gebrauche bei dem Erstkommunikanten-Unterricht zusammengestellt. 8. (32 S.) Mainz 889, Kirchheim. * 12 —

Schmitz, Fortunat, Unterscheidungslehren der kathol. Kirche u. der Protestanten. Zum Gebrauche bei dem Erstkommunikanten=Unterricht u. f. Erwachsene zusammengestellt. 8., verb. Aufl. 8. (32 S.) Mainz 893. F. Kirchheim. n. — 10

Schmitz, Fortunat, Unterscheidungslehren der kathol. Kirche u. d. Protestanten. Zum Gebrauche bei d. Erstkommunikanten=Unterricht u. f. Erwachsene zusammengest. 12. (Ster.=) Aufl. 8. (32 S.) Mainz 898. F. Kirchheim. n. — 10

Schmitz, Fortunat, Unterscheidungslehren der kathol. Kirche u. der Protestanten. Zum Gebrauche bei dem Erstkommunikanten=Unterricht u. für Erwachsene zusammengestellt. Mainz, Kirchheim, 1901, 8°, 32 S., 14. Aufl., 10 Pf. — 1. Aufl. 1889.
Sehr brauchbar, vgl. Deubler, Linzer Th.=pr. Quartalschr. 1890, S. 159. Litt. Handw. 1891, S. 120 (H. Rolfus).

Schmitz, Fortunat, Unterscheidungslehren der kathol. Kirche u. der Protestanten. Zum Gebrauche bei dem Erstkommunikanten=Unterricht u. für Erwachsene zusammengestellt. 17. Aufl. 8. (32 S.) Mainz 902. F. Kirchheim. n.n. — 10

Schmitz, Fortunat, Unterscheidungslehren der kathol. Kirche u. der Protestanten. Zum Gebrauche bei dem Erstkommunikanten-Unterricht u. f. Erwachsene zusammengestellt. 24. Aufl. (32 S.) 8. Mainz 909. Kirchheim & Co. nn — 10

Schmitz, Fortunat, Unterschiedslehren der kathol. Kirche u. der Protestanten. Zum Gebrauche bei dem Erstkommunikanten=Unterricht u. f. Erwachsene zusammengestellt. 17. bis 22. Aufl. (32 S.) 8. Mainz 902—905. Kirchheim & Co. — 10

Schmitz, Fr. Jos., über die Schädlichkeit des Tabaks oder Zusammenstellung der nachtheiligen Folgen des Tabaksverbrauchs, insbesondere des Rauchens und Schnupfens. Ein Beitrag zur Erziehungskunde. 8. (XI und 117 S.) Meschede 853. (Arnsberg, Ritter.) *

Schmitz, Frz., Anmerkungen üb. untersch. Begebenh. aus H. Schrift, auf jed. Sonn= u. Festtag d. Jahres vorgehalten. 4. Cöln. (Wolf in Augsb.) 722. 2 —

Schmitz, Frz., ein Beitrag zur chirurgischen Pathologie des Ellbogengelenks. gr. 8. (27 S. mit 3 Abbild. auf 1 Stnt.) München 880, Stahl. *

Schmitz, Franz. Handgreiflicher Beweis der Unmöglichkeit, daß der Geist Gottes jemalen durch Lutherum was Gutes habe wirken können. Tai. (auch Mainz, Düsseldorf) 1731, 8°.

Schmitz, [Joan. Franc.] (geb. Eslohe in Westf. 1819): De chlorosi. Berolini (1844) (35 S.) 8°
Berlin, Med. Diss. v. 12. Okt. 1844

Schmitz, Frz., der Dom zu Coeln, seine Construction und Ausstattung. Historischer Text v. L. Ennen. (In 25 Liefgn.) 1—8. Liefg. Cöln & Neuß 868,70 Schwann. Imp.-Fol. Jede Liefg. (5 Steintaff.) n. 2 ℳ

Schmitz, Frz., der Dom zu Cöln, seine Construction u. Ausstattung. Historischer Text v. L. Ennen. 9—22. Lfg. (65 Steintaf.) Imp.-Fol. Cöln & Neuß 871—75. Schwann. à n. 6. —

Schmitz, Frz., der Dom zu Cöln, seine Construction u. Ausstattung. Historischer Text von L. Ennen. 23—25. (Schluß=)Lfg. gr. Fol. (à 6 lith. u. chromolith. Taf.) Düsseldorf 879. Schwann. à n. 6. — (cplt.: n. 150. —)

Schmitz, Frz., der Dom zu Koeln, seine Construktion u. Ausstattg. Erläuternder Text v. Thdr. Schmitz. (Neue Ausg.) (141 z. Tl. farb. Taf. m. 8 S. u. 3 Bl. Text u. 3 Taf.) 65×46 cm. Frankfurt a/M. 910. J. Baer & Co. In Mappe 100. —

Schmitz, Frz., Erinnerungs=Skizzen aus d. deutsch-französischen Krieg 1870—71. 4. Aufl. 8. (61 S. m. 1 Bildnis.) Frankfurt a/M. 895. (Gebr. Knauer.) n. 1. —

Festrede zum 50jährigen Jubiläum der □ „Zur Deutschen Burg" im Or.·. Duisburg. Gehalten den 22. Oct. 1871 von Franz **Schmitz.** Der geschichtliche Theil ist zum Theil nach Mittheilungen von [Hugo Leop.] Cossmann bearb. Oberhausen [1871]: Spaarmann. 16 S. 1 Taf. 8°
Tt. 2185. Gesch. u. Tätigkeit der Loge. Die Taf. enth. statistische Zsstellungen.

Zur 100jährigen Gedächtnissfeier Lessings. Rede gehalten im Kränzchen zu Oberhausen am 15. Febr. 1881 von Franz **Schmitz.** [Duisburg 1881: Ewich] 5 S. 8° [Kopftit.]

Schmitz, Franz, approb. Arzt aus Stetternich b. Jülich: Aus d. Kgl. Psychiatr. u. Nervenklinik zu Kiel. Über Psychosen bei Herzfehlern. *Kiel 1902: H. Fiencke.* (28 S.) 8°
Kiel, Med. Diss. v. [18. Apr.] 1902

Schmitz, Frz., Rede an die Mannschaft d. Landwehr, gehalt. am ersten Pfingstfeiertage. 8. Siegen 814.

Schmitz, Franz: Experimentelle Untersuchungen über vicariierende Magensaftsekretion bei anurischen Hunden. Giessen 1908: v. Münchow. 31 S. 8°
Gießen, Med. Diss. v. 23. Nov. 1908, Ref. Voit
[Geb. 2. Aug. 80 Eitorf; Wohnort: Gießen; Staatsangeh.: Preußen; Vorbildung: Gymn. Saarburg i. L. Reife Juli 02; Studium: Bonn 4, Gießen 6 S.; Coll. 30. Dez. 07; Approb. 8. Nov. 08.] [U 09. 1120

Schmitz, Franz Jacob Hubert [aus Stütgerhof]: Über das Verhalten von Aldehyd und Aceton gegen Salpetersäure vom specifischen Gewicht 1,4 ... Leipzig, Druck v. Giesecke & Devrient, 1894; 36 S., 1 Bl. 8.
Leipzig, Phil. Fak., Inaug.-Diss. v. [17.] Juli 1894

Schmitz, Franz Joseph, Medizinalprakt.: Ueber die Operationserfolge bei Lippencarcinom bei den in der Königlichen Chirurgischen Klinik zu München in den Jahren 1896—1907 inkl. operierten Fällen. München 1908: Kastner & Callwey. 80 S. 8°
München, Med. Diss. v. 18. Juni 1909, Ref. v. Angerer
[Geb. 25. April 82 Stolberg Rhld.; Wohnort: Stolberg; Staatsangeh.: Preußen; Vorbildung: Kaiser-Wilhelms-Gymn. Aachen Reife O. 03; Studium: Bonn 1, München 9 S.; Coll. 18. Juni 09; Approb. 24. Mai 09.] [U 09. 3396
16

Schmitz, Franc. Joseph. (geb. Düsseldorf [...] 1802): De vermibus in circulatione viventibus. Berolini (1826) (35 S.) 8°
Berlin, Med. Diss. v. 8. Febr. 1826

Schmitz, Friedrich, Referendar in Münster i. W.: Von der Abnahmepflicht des Käufers und des Werkbestellers nach dem Bürgerlichen Gesetzbuche. Borna-Leipzig 1906: R. Noske. (IX, 55 S.) 8° [J.]
Jena, Jur. Fak., Ref. Danz, Diss. v. 12. Dez. 1905
[Geb. 30. Aug. 82 Ahlen, Kr. Beckum; Wohnort: Münster i. W.; Staatsangeh.: Preußen; Vorbildung: Gymn. Hamm Reife O. 01; Studium: Lausanne 1, Berlin 1, München 1, Münster 3 S.; Rig. 12. Dez. 05.]

Schmitz, Friedr., über grüne Algen aus dem Golf von Athen. gr. 4. (7 S.) Halle 879, Schmidt's Verlagsh. *

—— über die Auxosporenbildung der Bacillariaceen. gr. 4. (12 S.) Ebendas. 877. *
Vorstehende zwei Schriften sind aus: Sitzungsberichte der naturforschenden Gesellschaft in Halle, besonders abgedruckt.

Schmitz, Friedrich: Beobachtungen ueber die Entwicklung der Sprossspitze der Phanerogamen. 1. Halle 1874: Gebauer-Schwetschke. 38 S. 8°
Halle-Wittenberg, Phil. Hab.-Schr. v. 9. Mai [1874]
Das verheissene vollst. Ersch. der ganzen Arbeit ist nicht erfolgt.

—— Beobachtungen über die vielkernigen Zellen der Siphonocladiaceen. gr. 4. (47 S. mit 1 lithogr. Taf.) Halle 879, Niemeyer. *
Aus: Festschrift zur Feier des hundertjährigen Bestehens der naturforschenden Gesellschaft zu Halle, besonders abgedruckt.

Schmitz, Friedrich: Bericht über die dritte Wanderung. (Herbst 1908.) S. 14—16. 4. Realgymn. i. E. *Langenberg, Rhld.* 1909 (661).
Progr.

Schmitz, F., die Blüthen-Entwicklung der Piperaceen, s.a. Abhandlungen, botanische.

——— Die Bluethenentw. der Piperaceen. Bonn, 1873. 8°.

Schmitz, Fr., die Chromatophoren der Algen. Vergleichende Untersuchungen über Bau und Entwicklung der Chlorophyllkörper und der analogen Farbstoffkörper der Algen. gr. 8. (IV, 180 S. mit 1 lithogr. Taf.) Bonn 882, Cohen und Sohn. *

Schmitz (F.). Deutung d. Euphorbia-Bluethe. Regensb. 1871. 8°.

Schmitz (F.). Entwickelung der Sprosspitze der Phanerogamen. Halle, 1874. 8°.

—— die Familiendiagramme der Rhoeadinen. Ein Beitrag zur vergleichenden Morphologie der Phanerogamen. gr. 4. (140 S. mit 1 lithogr. Taf.) Halle 878, Schmidt's Verlagsh. *
Aus: Abhandlungen der naturforschenden Gesellschaft zu Halle, besonders abgedruckt.

Schmitz, Friedrich ⟨geb. am 8 März 1850 in Saarbrücken⟩: Das Fibrovasalsystem im Blüthenkolben der Piperaceen ... Essen, Druck v. G. D. Bädeker 1871. 30 S., 1 Bl. 8.
Bonn, Phil. Fak., Diss. v. 23 Dez. 1871

Schmitz, Frdr., la France, s.: Boerner, Otto.

Schmitz, Frdr., Lehrbuch der französischen Sprache, s.: Boerner, Otto.

Schmitz, Friedrich [aus Wesel]: Rodbertus' Lehre vom Wert und Mehrwert in Beziehung zu verwandten Theorien. . . . Heidelberg, Univ.-Buchdr. v. J. Hörning, 1889; 32 S. 8°
Heidelberg, Phil. Fak., Inaug.-Diss. v. [25. Nov.] 1888

Schmitz, Fr., üb. die sogenannten Masern der Radix Rhei. [Aus: „Sitzungsber. d. naturforsch. Ges. zu Halle a/S."] gr. 4. (5 S.) Halle 875. Schmidt. n. — 60

— Oberstufe zum Lehrbuch der franz. Sprache, s.: Boerner, Otto.

Schmitz, Friedrich, Direktor Dr.: Zur Reformschulfrage. ⟨Bruchstück eines Vortrags⟩. Langenberg 1905: J. Joost. (S. 3—12.) 4°
Langenberg, RPG P 1905 (578)

Schmitz, Fr., u. P. Falkenberg, Rhodomelaceae, — u. P. Hauptfleisch, Rhodophyceae, } s.: Engler, A., u. K. Prantl, d. natürlichen Pflanzenfamilien, I. 2.

Schmitz, Fr., die Vegetation d. Meeres. Ein Vortrag. gr. 8. (21 S.) Bonn 883. Strauß. n. — 80

Schmitz (F.). Vielkernigen Zellen der Siphonocladiaceen. Halle, 1879. 4°.

Schmitz, Friedrich Aurel, s. Schmitz, Aurel

Schmitz, Friedr. Jos. de [Präs.] u. Georg Ign. Mans. Rüding [Resp.]
Theses inaugurales ex omnigeno jure.
Gissae 2. April 1773: Braun. 8 S. 4°
pro licentia summos in utroque iure obtinendi honores.

Schmitz, Frid. Guil. (geb. Fliessem 7. 12. 1792): De chlorosi. Berolini (1818). (32 S.) 8°
Berlin, Med. Diss. v. 6. Okt. 1818

Schmitz, Frdr. Wilh., metrische Untersuchungen zu Paul Flemmings deutschen Gedichten, s.a. Quellen u. Forschungen zur Sprach- u. Culturgeschichte der german. Völker. III. Heft.

Metrische Untersuchungen zu Paul Flemings deutschen Gedichten. Von Friedrich Wilhelm Schmitz. Strassburg: Trübner 1910. 106 S. 8°
(Quellen u. Forschungen z. Sprach- u. Culturgeschichte d. german. Völker. H. 111.)

Schmitz, Friedrich Wilhelm, a. Süchteln ⟨Rheinland⟩: Über das Verhältnis der Monadenlehre zur Theologie und Theodicee bei Leibniz. Borna-Leipzig 1906: R. Noske. (68 S.) 8°
Tübingen, Phil. Fak., Ref. Maier, Diss. v. 23. April 1906
[Geb. 16. Febr. 78 Süchteln; Wohnort: Kiedrich, Rheingau; Staatsangeh.: Preußen; Vorbildung: Gymn. Kempen Reife O. 98; Studium: Bonn 5, München 2, Münster 3 S.; Coll. 8. Febr. 06]

Schmitz, Fritz, aus M.-Gladbach: Ueber Abkömmlinge der ⟨3,5⟩ Dijodsalicylsäure. *Bonn 1904: J. Bach Ww.* (45 S.) 8°
Bonn, Phil. Diss. v. 20. Jan. 1904

Die Schulaufsicht und Schulleitung. Vortrag geh. von Fritz **Schmitz**, Crefeld ... zu Essen ⟨Ruhr⟩ 1907. Cöln: Verlagsgenossensch. Deutscher Klassenlehrer 1907. (23 S.) 8° [Umschlagt. ♂.] los. 9631 4

Schmitz, Georg [aus Köln]: Ueber Epispadie und Ectopie der Blase .... Bonn, Univ.-Buchdr. v. C. Georgi, 1888; (nur Titelblatt, Vita u. Thesen). 8°.
Bonn, Med. Fak., Inaug.-Diss. v. 31. Jul. 1888.

Schmitz, Gerh. Heinr. ⟨geb. am 18 Juni 1843 in Aachen⟩: Ein Fall von Ulcus rodens ... Bonn, Druck v. J. Trapp 1871. 23 S., 1 Bl. 8.
Bonn, Med. Fak., Diss. v. 22 Dez. 1871

Schmitz, Gisbert, a. Bonn: Ueber Pathologie und Therapie bei Appendicitis. Bonn 1907: E. Eisele. (35 S.) 8°
Bonn, Med. Fak., Ref. Bier, Diss. v. 26. April 1907
[Geb. 22. Febr. 80 Bonn; Wohnort: Bonn; Staatsangeh.: Preußen; Vorbildung: Kgl. Gymn. Bonn Reife O. 01; Studium: Bonn 5, München 1, Bonn 3 S.; Coll. 26. Apr. 07; Approb. 1. Okt. 06.]

Schmitz, Gfr., das fromme Schulkind, s.: Keller, J. A.

Schmitz, Gustavus ⟨geb. 1829 in Altena Westf.⟩: De actuum in Plautinis fabulis descriptione ... Bonnae, form. C. Georgii 1852. 1 Bl., 27 S., 1 Bl. 8.
Bonn, Phil. Fak., Diss. v. 7 Febr. 1852

Schmitz, Gustav Lessings hamburgische Dramaturgie als Schullektüre. 24 S. **Progr.** *Wehlau* 1884.

Schmitz, Gustav, Referendar bei dem Königl. Landgerichte in Halle a. S.: Die Schadenshaftung für Gehilfen, nach gemeinem Rechte und dem Bürgerlichen Gesetzbuche ⟨§ 278 BGB.⟩. Greifswald 1906: J. Abel. (89 S.) 8°
Greifswald, Jur. Fak., Ref. Stampe, Diss. v. 8. Sept. 1906
[Geb. 8. Sept. 82 Bonn; Wohnort: Halle a. S.; Staatsangeh.: Preußen; Vorbildung: Gymn. Halle Reife O. 01; Studium: Halle 3, Bonn 3, Greifswald 4 S.; Rfg. 30. Mai 05.]

Schmitz, Gust. Ad., Aufklärung f. Epileptiker. (29 S.) 8. Hannover (905). Gebr. Hiller. n. — 50

Schmitz, H., B. J., das Leben der Ameisen u. ihrer Gäste, s.: Jugend- u. Volksbibliothek, naturwissenschaftliche.

Schmitz, H., Frankfurter Lesebuch f. Fortbildungsschulen, s.: Neuschäfer, Herm.

Schmitz, H., Rechenbuch für Volksschulen. 1. Heft. Der Zahlenkreis von 1—10. Dortmund 857. Grote. (Joedicke.) 8. (32 S.) n. 2 ngr.

Schmitz, H., Rechenbuch für Volksschulen. 1. Heft: Der Zahlenkreis von 1 bis 10. 8. (32 S.) Dortmund 857, Joedicke. (Leipzig, Volckmar.) *

—— dass. — 2. Heft: Der Zahlenkreis von 1 bis 100. 8. (112 S.) Ebendas. 858. *

—— dass. — Handbuch für Lehrer. 1. und 2. Heft. 8. Ebendas. 858. [1. Heft. (56 S.) 2. (60 S.) à Heft * 5 Ngr.] *

Schmitz, H., s.: Schulfreund, der.

Schmitz, H., s.: Volksbühne, niederdeutsche.

Schmitz, H. Jac., und Joh. R. Schmitz, katholisches Andachtsbuch. gr. 12. (XII und 768 S. mit 1 Stahlst.) Köln 851, Schwann.
Vlnp. mit 4 Kpfrn.

—— und Joh. R. Schmitz, katholisches Andachtsbuch. 2., unveränd. Aufl. 8. (XII und 702 S. mit 1 Stahlst.) Köln und Neuß 854, Schwann'sche Vrlgsh.
Vlnp.

Schmitz, H. J., und Joh. R. Schmitz, katholisches Andachtsbuch. 3. Aufl. 8. (IV und 668 S. mit 1 Stahlst.) Cöln und Neuß 863, Schwann's Verlag.

—— und J. R. Schmitz, katholisches Andachtsbuch. 4. Aufl. (IV, 738 S.) 1870; 5. Aufl. 8. (IV, 736 S.) [Köln und Neuß 876.] Düsseldorf, Schwann.

—— —— Andenken an den Empfang des h. Sakramentes der Ehe. Ein Büchlein für Braut- und Eheleute. 16. (80 S.) Cöln und Neuß 866, Schwann's Verlag.

Schmitz, H. J(ac.), katechetisches Hülfs- und Handbüchlein, enthaltend: Schrifttexte und Väterstellen nebst bibl. Beispielen zur kathol. Glaubenslehre. Ein Büchlein für Zöglinge von Lehrer- und Priester-Seminarien, Lehrer, Katecheten rc. 8. (VI und 156 S.) Köln und Neuß 854, Schwann'sche Vrlgsh.
Thlr.

—— katechetisches Hülfs- und Handbüchlein, enthaltend: Schrifttexte und Väterstellen nebst bibl. Beispielen zur kathol. Sittenlehre. Ein Büchlein für Zöglinge von Lehrer- und Priester-Seminarien, Lehrer, Katecheten, Prediger und den Katholiken überhaupt. 8. (158 S.) Köln und Neuß 855, Schwann'sche Vrlgsh.

Schmitz, H. J., u. Joh. R. Schmitz

—— —— katholischer Katechismus für die mittlere und obere Klasse. Eine gekrönte Preisschrift. 1. Aufl. 1849. und 2. Aufl. gr. 16. (VIII und 296 S.) Köln und Neuß 851, Schwann. **
Mit dem Anhange: Kleiner Katechismus. (24 S.)

Schmitz, J. Jac., und Joh. R. Schmitz, katholischer Katechismus für die mittlere und obere Klasse. Eine gekrönte Preisschrift. 3. Aufl. 16. (VIII und 288 S.) Cöln und Neuß 864, Schwann's Verlag.

—— —— Kern der Gebete. Ein Auszug aus dem größern Andachtsbuche. 32. (379 S. mit 1 Stnt.) Köln und Neuß 853, Schwann'sche Vrlgsh.
Vlnp.

Schmitz, H. J., und J. R. Schmitz, Kern der Gebete. Ein Auszug aus dem größeren Andachtsbuche. 2. Aufl. 1857. und 3. Aufl. 32. (VIII und 415 S. mit 1 Stahlst.) Köln und Neuß 858, Schwann'sche Verlagsh.

—— —— dass. — Mit einem Anhange. 2. Aufl. 1857. und 3. Aufl. 32. (VII, 415 und Anhang 87 S. mit 1 Stahlst.) Ebendas. 858.
Vlnp. -

—— dass. — 3. Aufl. Ausg. in 16. (408 S. mit 1 Stahlst., in Stahl gest. Titel und 1 Stnt.) Ebendas. 858.

— — Ein Auszug aus dem größeren Andachtsbuche. 3. Aufl. Ebend. 859. 32. (VIII, 415 S. u. 1 Stahlst.) 6 ngr.; mit Anhang (87 S.) 7½ ngr.; Velinp. 12½ ngr.

—— —— Kern der Gebete. Ein kathol. Gebetbuch. 4.—7. Aufl. 32. (XVI und 559 S. mit 1 Holzschutaf. in Buntdr.) Cöln und Neuß 862—67, Schwann's Verlag. 12½ Ngr.; feine Ausg.

—— —— Kern der Gebete. Ein Auszug aus dem größeren Andachtsbuche. 4. Aufl. 16. (448 S. mit 4 Stahlst. und eingedr. Holzschn.) Cöln und Neuß 864, Schwann's Verlag.

—— —— Kern der Gebete. Ein katholisches Gebetbuch. 32. (XVI, 566 S. mit 1 Stahlst. und Farbendr.-Titel.) Ebendas. 877.

—— —— das Material des Brauterameus. 2. Fasziculus der Schrift: der dreifache Segen der Ehe, auch zum Nachlesen für Brautleute. Eine Conferenzabhandlung des Dekanates Crefeld. 8. (71 S.) Cöln und Neuß 865, Schwann's Verlag.

Schmitz, H. J., Cola di Rienzi, s.: Sammlung historischer Bildnisse.

Schmitz, H. J. Cola di Rienzi, Roms Tribun. (IX. 60) 8. Freiburg i. Br. 1879. 0,60.

—— Schatzkästlein auserlesener und erbaulicher Geschichten, Erzählungen und Parabeln. Eine Beispielsammlung zur kathol. Glaubens- und Sittenlehre für Lehrer und Katecheten und ein Erbauungsbüchlein für kathol. Familien und Schulen. 8. (IV und 174 S.) Köln und Neuß 854, Schwann'sche Vrlgsh.

Schmitz, H. J., u. Joh. R. Schmitz

—— —— der dreifache Segen der Ehe. Grundlage zum Brautexamen. Eine Conferenzabhandlung des Dekanates Crefeld. 12. (90 S.) Cöln und Neuß 863, Schwann's Verlag.

Schmitz, Hans, aus Krefeld: Über die Diphenylchloressigsäure. Freiburg (Schweiz) 1906. 72 S. 8°.
Freiburg i. Schw. Math.-naturw. Diss. 1905/1906.

Schmitz, Hans. Über die Diphenylchloressigsäure. Diss. Math.-Naturw. Freiburg in der Schweiz. 72 S. 8. Freiburg ⟨Schweiz⟩, St.-Paulus-Druckerei, 1906.

Schmitz, Hans: Schlesisch-polnische Grenzfehden. Ein Beitr. z. Geschichte d. Ostmark. Rawitsch 1909: Frank. 38 S. 4°
Rawitsch, k. G OP 1909 (235) [S 09. 410

Schmitz, Heinr., leichtfaßliche Anleitung zur Erlernung der deutschen Phonographie [der einfachsten u. besten deutschen Kurzschrift] nach Carl Faulmann, mit der, von allen Phonographenvereinen genehmigten, einheitl. Vocalisation, für den Schul- u. Selbst-Unterricht. Mit zahlreichen in den Text eingedr. Beispielen u. 16 (autogr.) Seiten Leseübungen. gr. 8. (14 S.) Bonn 880. Henry in Comm. n. 1. —

Schmitz, Heinrich, Referendar in Krefeld: Die Beschränkung der Gattungsschuld auf eine bestimmte Sache. *Borna-Leipzig 1903: R. Noske.* (VII, 55 S.) 8°
Leipzig, Jur. Diss. v. 1903

Schmitz, Heinr., neuer kaufmännischer Bücherabschluß. Entworfen u. begründet, sowie im Vergleiche m. den bisher übl., minder zweckdienl. Methoden d. Abschlußverfahrens durchgeführt. Mit zahlreichen Formularen. gr. 8. (VI, 88 S.) Leipzig 875. Spamer. n. 2. —

—— dass. — 2. durchgeseh. Aufl., verm. durch den Bücherabschluß für Bankgeschäfte. Mit zahlreichen Formularen. gr. 8. (VI, 112 S.) Leipzig 876, [Spamer.] Gloeckner.

Schmitz, Heinr. (II.), neuer kaufmännischer Bücherabschluß. Entworfen und begründet, sowie im Vergleiche mit den bisher übl., minder zweckdienl. Methoden des Abschlußverfahrens durchgeführt. 3. durchgeseh. Aufl., verm. durch den Bücherabschluß für Bankgeschäfte. Mit zahlreichen Formularen. gr. 8. (VI, 112 S.) Leipzig 888, Gloeckner. *
geb. *

Schmitz, Heinr., neuer kaufmännischer Bücherabschluß. Entworfen u. begründ., sow. im Vergleiche m. d. bisher übl., minder zweckdienl. Methoden d. Abschlußverfahrens durchgeführt. 4. Aufl., vermehrt durch d. Bücherabschluß f. Bankgeschäfte. M. zahlr. Formularen. gr. 8. (VI, 112 S.) Leipzig 898. G. A. Gloeckner.
Geb. in Leinw. n. 1. 50

Schmitz, Heinr. (geb. am 28 Dez. 1851 in Bonn): Ueber Darm-Invagination ... Bonn, Druck v. J. F. Carthaus (1875). 34 S., 1 Bl. 8.
Bonn, Med. Fak., Diss. v. 31 Mai 1875

Der IV. deutsche **Fortbildungsschultag** und die VIII. Generalversammlung des deutschen Vereins für das Fortbildungsschulwesen zu Frankfurt a. M. am 30. Sept. u. 1. Okt. [1899]. Von Heinrich **Schmitz**, Frankfurt a. M. *(Gräfenhainichen [1899]: Herrosé & Ziemsen.)* (18 S.) 8° [Kopft.] [F.]
[01. 3173

Schmitz, Lieder f. die Volksschule. 8. (80 S.) Dülmen 886. (Horstmann.) geb. n.n. — 30

Schmitz, Heinr. (I.), Lieder für die Volksschule. 1.—5. Aufl. 8. (80 S.) Dülmen 887,88, (Horstmann.) geb. *

Schmitz, Heinrich (geb. am 27 Jan. 1848 in Rheinberg a. Niederrh.): Der Magenkrebs ... Bonn, Druck v. C. Georgi 1872. 27 S., 1 Bl. 8.
Bonn, Med. Fak., Diss. v. 23 Aug. [nach d. Akten v. 23 Juli] 1872

Schmitz, Heinrich: Über Pepsinglutinpepton. **Ein Beitr. z.** Kenntnis d. Abbauprodukte des Eiweiß. **Weida i. Th. 1909:** Thomas & Hubert. 78 S. 8°
Leipzig, Phil. Diss. v. 19. April 1910, Ref. Beckmann, Hantzsch
[Geb. 10. März 85 Elberfeld; Wohnort: Barmen; Staatsangeh.: Preußen; Vorbildung: Oberrealsch. Rheydt Reife O. 04; Studium: Marburg 4, Leipzig 7 S.; Rig. 7. Dez. 09.]
[U 10. 3232

Schmitz, Heinrich, a. Düsseldorf: Sind Fabrikmaschinen wesentliche Bestandteile oder Zubehör des Fabrikgrundstücks? Düsseldorf 1906: L. Schwann. (x, 56 S.) 8°
Heidelberg, Jur. Fak., Ref. Endemann, Diss. v. 22. Aug. 1906
[Geb. 18. Febr. 78 Düsseldorf; Wohnort: Düsseldorf; Staatsangeh.: Preußen; Vorbildung: Gymn. Düsseldorf Reife O. 99; Studium: München 2, Kiel 1, Berlin 1, Bonn 3 S.; Rig. 18. Juli 04.]

Schmitz, H., Söfflen v. Gievenbieck, s.: Marcus, E.

Schmitz, Heinrich: Englische Synonyma, für die Schule zusammengestellt. ([Umschlagt.:] „Zusammenstellung der für die Schule wichtigen englischen Synonyma nebst erläuternden Satzbeispielen".) *Aachen 1898: A. Jacobi & C.* (IV, 70 S.) 8°
Aachen, st. RG m. h. Handels-S. OP 1898 1900

Schmitz, Heinr., englische Synonyma, f. d. Schule zusammengest. gr. 8. (IV, 70 S.) Aachen 898. (A. Creutzer.) n. — 80

Schmitz, Heinr., englische Synonyma, f. die Schule zusammengestellt. 2., verb. u. verm. Aufl. 8. (VI, 92 S.) Gotha 902. F. A. Perthes. n. 1. —

Schmitz, Heinr., englische Synonyma, f. die Schule zusammengestellt. 3., verb. u. verm. Aufl. (VI, 99 S.) 8. Gotha 908. F. A. Perthes. Geb. 1. 20

— Mester Tüntelpott, s. Marcus, E.

Schmitz, Herm., kein Haus u. kein Betrieb ohne Elektrizität. (71 S.) kl. 8. Hannover 910. Dr. M. Jänecke. p — 45

Schmitz, Hermann [aus Crefeld]: Zur Casuistik der Operationen der Pylorusstenose. . . . Berlin, Buchdr. v. Gustav Schade (Otto Francke) (1880); 31 + 1 S. 8°
Berlin, Med. Fak., Inaug.-Diss. v. 27. Jul. 1880

Schmitz, Hermann: Die mittelalterliche Malerei in Soest. Beitrag zur Geschichte des Naturgefühls in der deutschen Kunst. Münster (Westf.): Coppenrath 1905. (61 S.) 8° ¶(Ersch. vollständig in: Beiträge zur westfälischen Kunstgeschichte.)
Münster, Phil. Fak., Ref. Ehrenberg, Diss. v. 9. Okt. 1905
[Geb. 2. Jan. 82 Elberfeld; Wohnort: Münster; Staatsangeh.: Preußen; Vorbildung: Realgymn. Elberfeld Reife O. 01; Studium: Marburg 1, München 2, Berlin 2, Basel 1, Münster 2 S.; Rig. 7. Juni 05.]

Schmitz, Herm., mittelalterliche Malerei in Soest, s.a. Beiträge zur westfälischen Kunstgeschichte. 3.

Die mittelalterliche Malerei in Soest. Zur Gesch. d. Naturgefühls in d. deutschen Kunst von Dr. Hermann **Schmitz**. Münster (Westf.): Coppenrath 1906. (XIII, 148 S.) 4°(8°)
— **Beiträge** z. westfäl. Kunstgeschichte. H. 3.
[06. 6879

Schmitz, Herm., Soest, s.a. Kunststätten, berühmte.

Soest. Von Hermann **Schmitz**. Mit 114 Abb. Leipzig: E. A. Seemann 1908. (143 S.) 8°
= **Kunststätten**, Berühmte. Bd 45.
[08. 1595

Schmitz, Hermann Joseph

Schmitz, Herm. Jos., der Bettler von Assisi und das Ritterthum, die Poesie und Kunst seiner Zeit, s. Broschüren, Frankfurter zeitgemäße.

Schmitz, Herm. Jos., Büchlein vom hl. Geist zur Vorbereitung auf den Empfang des hl. Sakramentes der Firmung. gr. 16. (68 S. m. Titelbild.) Düsseldorf 894. L. Schwann. n. — 20

[F.] Büchlein vom hl. Geist zur Vorbereitung auf den Empfang des hl. Sakramentes der Firmung. Von Dr. Herrmann Joseph **Schmitz**, ... Weihbisch. v. Köln. 2. neubearb. u. verm. Aufl. *Düsseldorf: L. Schwann 1898.* (83 S.) 1 Bd 8.
[98. 11666

Die Bussbücher und die Bussdisciplin der Kirche. Nach hs. Quellen dargest. von (Weihbischof) Herm. Jos. **Schmitz**, Dr. d. Theol. Bd. [1.] 2. Mainz: F. Kirchheim (2: Düsseldorf: L. Schwann) 1883–98. 2 Bde 8°
[1.] 1883. 2= Die Bussbücher u. das kanon. Bussverfahren. 1898.

—— die Bussbücher und die Bussdisciplin der Kirche. Nach handschriftl. Quellen dargestellt. gr. 8. (XVI, 864 S.) Mainz 883, Kirchheim. * 15 —

Schmitz, Herm. Jos., die Bussbücher u. das kanon. Bussverfahren. Nach handschriftl. Quellen dargest. D. Bussbücher u. d. Bussdisciplin d. Kirche. II. Bd. gr. 8. (XII, 741 S.) Düsseldorf 898. L. Schwann. n. 30. — (I. u. II.: n. 45. —)

Schmitz, Herm. Jos., David, der Mann der Hoffnung auf Gott, in e. Cyklus v. Predigten zur Belebung der christl. Hoffng. dargestellt. 8. (VII, 233 S. m. Bildnis.) Köln 899. H. Theissing. n. 1. 80

— der Prophet Elias, s. Sendg. zur Belebg. d. Glaubens. Predigten üb. d. Bedeutg. d. Glaubens f. d. gesellschaftl. Leben. 8. (XI, 164 S.) Köln 897. H. Theissing. n. 1. 50

— der Prophet Elias, seine Sendung zur Belebung des Glaubens. Predigten üb. die Bedeutg. des Glaubens f. das gesellschaftl. Leben. 2. Aufl. 8. (XII, 164 S. m. Bildnis.) Ebd. 898. n. 1. 50

— Festrede bei der 25jähr. Jubelfeier des Aachener Lesevereins, s.: Bedeutung u. Aufgaben religiöser Vereine f. die gebildete kathol. Männerwelt.

Schmitz, Hermann Joseph. Gattin und Mutter im Heidentum, Judentum und Christentum. Aus dem Nachlass des ... Verfassers neu hrg. von Georg Hütten.... [Mit 1 Tafel.] 107 S. 8. Einsiedeln *etc.*, Benziger & Co. A. G., 1905. [geb. fr. 3.—]

— die Nothwendigkeit u. Wichtigkeit der Organisation der Handwerker u. Arbeiter. Rede, geh. in der Festversammlg. der kath. Männervereine Essens am 21. Oktbr. 1894. 12. (12 S.) Essen 894. Fredebeul & Koenen. n. — 10

— die acht Seligkeiten d. Christenthums u. die Versprechungen der Socialdemokratie. Predigten. 8. (178 S.) M.-Gladbach 891. A. Riffarth. n. 2. –

— die acht Seligkeiten d. Christentums u. d. Versprechgn. d. Sozialdemokratie. Predigten. 2., neu bearb. u. verm. Aufl. 8. (VIII, 184 S.) M.-Gladbach 898. A. Riffarth. n. 1. 60

— die acht Seligkeiten des Christentums u. die Versprechungen der Sozialdemokratie. Predigten. 3. Aufl. 8. (VIII, 184 S. m. Bildnis.) Köln (900). H. Theissing. n. 1.50

— gegen den Strom. Erwägungen u. Ratschläge f. christl. Jungfrauen der gebildeten Stände. Aus dem Nachlasse. Mit e. Biographie des Hochw. Verf. hrsg. v. Geo. Hütten. 3. Aufl. 12. (XX, 202 S. m. Bildnis.) Einsiedeln 902. Verlagsanstalt Benziger & Co.
Geb. in Leinw. m. Goldschn. n. 3. 40

Schmitz, Hermann Joseph. Gegen den Strom. Erwägungen und Ratschläge für christliche Jungfrauen der gebildeten Stände. Aus dem Nachlasse von Dr. H' J' Sch'.... Mit einer Biographie des Hochw. Verfassers hrg. von Georg Hütten.... 11. Aufl. [Mit Porträt-Tafel.] XX + 202 S. 8. Einsiedeln *etc.*, Benziger & Co. A. G., 1902. [geb. fr. 4. 25]

— Tobias, e. Vorbild f. die Katholiken der Gegenwart. Predigten üb. unsere Pflichten gegenüber den socialen Gefahren. 1. u. 2. Aufl. 12. (VII, 252 S.) Mainz 892. F. Kirchheim. n. 1. 80

— Tobias, e. Vorbild f. die Katholiken der Gegenwart. Predigten üb. unsere Pflichten gegenüber den sozialen Gefahren. 3. Aufl. (VII, 252 S.) 8. Mainz 904. Kirchheim & Co. n. 1. 80

—— das Volksschulwesen im Mittelalter, s. a. Broschüren, Frankfurter zeitgemäße.

Schmitz, Herm. Jsf.: Das Volksschulwesen im Mittelalter. Frankfurt 1881. 8°
(Frankfurter zeitgem. Broschüren. Bd. 2. H. 10.)

Schmitz, Hubert [aus Baumholder, Rheinprov.]: Über Ileus nach Laparotomie ... Erlangen, kgl. bayer. Hofbuchdr. v. A. Vollrath, 1897; 32 S., 1 Bl. 8.
Erlangen, Med. Fak., Inaug.-Diss. v. 6. März 1896

Schmitz, Hub., Karthäuser in Deutschland. Eine Beschreibg. der Karthause Hain bei Düsseldorf u. des Lebens ihrer Bewohner. Mit Plan u. Abbildgn. 2. Aufl. v. H. Faber „Unter den Karthäusern". 8. (84 S.) Mülheim a/R. (899). M. Hegner. n. 1. —

Karthäuser in Deutschland. Eine Beschreibung d. Karthause Hain bei Düsseldorf u. d. Lebens ihrer Bewohner. Mit Plan u. Abb. geschildert von Hub. Schmitz, Kaplan in Bonn. 2. Aufl. v. H. Faber 'Unter d. Karthäusern.' *Mülheim a. d. Ruhr: M. Hegner [1900].* (83 S.) 8° [J.] [01. 5016 5

Schmitz, Hub. J.: Ueber die Constitution isomerer Nitro-U-Brommesitylensäuren. Strassburg, Buchdruckerei von R. Schultz & Comp. (Berger-Levrault's Nachf.), 1877. 8. 36 S.

Schmitz, J., kleine Apologetik od. Begründg. d. kathol. Glaubens. E. Leitfaden f. d. Unterr. an höh. Lehranst. u. z. Privatstud. f. Gebild. gr. 8. (88 S.) Regensburg 895. F. Pustet. n. — 40; geb. in Halbleinw. n. — 60; m. d. erweiterten kathol. Katechismus in 1 Bd. geb. n. 1. 40

— dasselbe. 2., verm. Aufl. gr. 8. (104 S.) Ebd. 897. n. — 50; geb. in Halbleinw. n. — 70

Schmitz, J., kleine Apologetik od. Begründung des kathol. Glaubens. Ein Leitfaden f. den Unterricht an höheren Lehranstalten u. zum Privatstudium f. Gebildete. 4., verb. Aufl. gr. 8. (111 S.) Regensburg 902. F. Pustet. — 50; geb. in Halbleinw. n. — 70

Schmitz, J., kleine Apologetik od. Begründung des kath. Glaubens. Ein Leitfaden f. den Unterricht an höh. Lehranstalten u. zum Privatstudium f. Gebildete. 5., verb. Aufl. (118 S.) 8. Regensburg 905. F. Pustet. n. — 50; geb. n. — 70

Schmitz, J., kleine Apologetik od. Begründung des kath. Glaubens. Ein Leitfaden f. den Unterricht an höh. Lehranstalten u. zum Privatstudium f. Gebildete. 8., verb. u. verm. Aufl. (127 S.) 8. Regensburg 911. F. Pustet. — 50; geb. in Leinw. — 70

Schmitz, J., die Arbeiter-Versicherung. Handbuch f. die Berufsgenossenschaften, Vorstände u. Rechnungsführer v. Krankenkassen aller Art. Nach den Reichsgesetzen vom 15. Juni 1883, 6. Juli 1884, 28. Mai 1885 u. 5. Mai 1886 dargestellt. (In 12 Hftn.) 1. u. 2. Hft. Lex.-8. (80 S.) Neuwied 887. Heuser's Verl. à — 60

Schmitz, J. (I.), die Arbeiter-Versicherung. Handbuch für die Berufsgenossenschaften, Vorstände und Rechnungsführer von Krankenkassen aller Art. Nach den Reichsgesetzen vom 15. Juni 1883, 6. Juli 1884, 28. Mai 1885 und 5. Mai 1886 dargestellt. Lex.-8. (III, 287 S.) Berlin 888, Siemenroth und Worms. *

Schmitz, J. [Hrsg.], s. Arbeiterversicherung, Die, im deutschen Reiche.

Schmitz, J., s.: Arbeiter-Versorgung, die.

—— die sämtlichen Ausführungs-Verordnungen zum Krankenversicherungsgesetz. Nebst einer vergleichenden Übersicht und einer Nachweisung über die in den Krankenversicherungs-Angelegenheiten zuständ. Behörden. gr. 8. (VIII, 239 S.) [Neuwied 886, Heuser's Verlag.] Berlin, Siemenroth und Worms. *

Schmitz (J.). Mycolog. Beobacht. (Gasterom. und Hymen.). Halle, 1841. 8°.

Schmitz, Dr. J. Bericht des Jean de Vandenesse über die Belagerung u. Erstürmung Dürens i. J. 1543. (Aus d. Verf. „Quellen z. Ortsgesch. v. Rheinbach u. z. Geldrischen Erbfolgestreit".) Rheinbach 1904. 5 S.

Schmitz, J. (II.), die Bürgermeisterei- und Amts-Verwaltung. Ein Handbuch für Stadt- und Gemeindeverwaltungs-, sowie Gemeinde-Aufsichts-Beamte. (In ca. 10 Lfgn.) 1.—7. Lfg. gr. 8. (S. 1—448.) Neuwied 883, 84, Heuser's Verlag. à Lfg. M 1. * 7 —

—— die Bürgermeisterei- und Amts-Verwaltung mit Berücksichtigung der neuesten sozialpolit. Gesetze. Ein Handbuch für Stadt- und Gemeindeverwaltungs-, sowie Gemeinde-Aufsichts-Beamte. 8.—11. Lfg. gr. 8. (1. Tl. XII, S. 641—697.) Ebendas. 886. à Lfg. * ℳ 1.—. *

Schmitz, J., De Dioscuris, Graecorum diis. Diss. 1869. 59 S.

Schmitz (J.). Ueber die Eigenwaerme des Pflanzen. Jena, 1871. 8°.

Schmitz, J., die Gemeinde-Ordnung für die Rheinprovinz vom 23. Juli 1845, nebst dem an gehör. Stelle eingeschalteten Gesetze vom 15. Mai 1856, sowie den dazu ergangenen Instruktionen, Deklarationen, Ober-Tribunals- und Appellationsgerichts-Erkenntnissen rc. und nach den Reichs- und Landesgesetzen erläutert. 2. gänzlich umgearb. Aufl. gr. 8. (IV, 116 S.) Köln 879, Warnitz und Comp. * ℳ 2.; cart. *
Die 1. Aufl. erschien im Selbstverlag.

—— die Gemeinde-Ordnung für die Rheinprovinz vom 23. Juli 1845, nebst dem an gehör. Stelle eingeschalteten Gesetze vom 15. Mai 1856, sowie den dazu ergangenen Instruktionen, Deklarationen, Ober-Tribunals- und Appellationsgerichts-Erkenntnissen rc. und nach den Reichs- und Landesgesetzen erläutert. 3. verm. Aufl. 8. (VI, 128 S.) Ebendas. 885. cart. *

—— Geschäfts-Anweisung zur Führung der Verwaltung, insbesondere des Kassen- und Rechnungswesens der Krankenkassen. gr. 8. (8 S.) Ebendas. 885.

Schmitz, J., brandenburgisch-preußische Geschichte, s.: Schröder, J.

— die Gesetze über die Entrichtung der Steuer vom stehenden Gewerbe u. vom Gewerbebetriebe im Umherziehen im preußischen Staate, nebst den dazu ergangenen Ausführungs-Instruktionen, den ergänz. Reskripten u. den sonst. in Betracht kommenden Vorschriften u. in einem Anh. das Gesetz, betr. die Besteuerung des Wanderlagerbetriebes. 12. (IV, 259 S.) Neuwied 881. Heuser's Verl. cart. 1. 80

Schmitz, J., Hilfsbüchlein zur Anfertigg. v. Geschäftsaufsätzen u. Geschäftsbriefen, d. im gewerbl. Leben am häufigsten vorkommen u. spec. Berufskenntnisse nicht erfordern. Inhaltl. zusammenhäng. Muster zur Anschaug. nebst Ergebnis d. Besprechg., bezw. Belehrg. u. Aufgaben zur Uebg. Für Volks-, Bürger-, Mittel- u. Fortbildungsschulen. gr. 8. (IV, 31 S.) Zabern 897. A. Fuchs. n.n. — 40

—— die Invaliden-, Wittwen- und Waisen-Versorgung der Arbeiter, nebst Normal-Statuten für Kassen dieser Art. Unter Berücksicht. des Krankenversicherungsgesetzes vom 15. Juni und des Gesetzes betr. die Unfallversicherung der Arbeiter vom 6. Juli 1884. gr. 8. (28 S.) Ebendas. 885. *

Schmitz, J: Kataloge über Dreschmaschinen, Futter- und Rübenschneidmaschinen. Ochtrup i. W. (1897?)

— erweiterter kathol. Katechismus f. d. Mittelklassen d. Gymnasien u. d. entsprech. Stufe and. höh. Lehranst. im Anschluß an d. Diözesan-Katechismus v. Köln, Trier, Münster, Paderborn, Breslau, Ermland, Fulda, Limburg u. Sachsen. 2. Aufl. gr. 8. (224 S.) Ebd. 898. n. — 70; geb. in Halbleinw. n. — 90

— erweiterter kathol. Katechismus f. die Mittelklassen der Gymnasien u. die entsprechende Stufe anderer höh. Lehranstalten im Anschluß an den Diözesan-Katechismus v. Köln, Trier, Münster, Paderborn, Osnabrück, Hildesheim, Breslau, Ermland, Fulda, Limburg u. Sachsen. 4. Aufl. gr. 8. (224 S.) Ebd. 902. — 70; geb. in Halbleinw. n. — 90

— erweiterter kathol. Katechismus f. die Mittelklassen der Gymnasien u. die entsprech. Stufe anderer höh. Lehranstalten im Anschluß an den Diözesan-Katechismus v. Cöln, Trier, Münster, Paderborn, Osnabrück, Hildesheim, Breslau, Ermland, Fulda, Limburg, Sachsen u. Glatz. 6. Aufl. (224 S.) 8. Ebd. 906. n. — 70; geb. in Leinw. n. — 90

— Erweiterter katholischer Katechismus f. die Mittelklassen der Gymnasien u. die entsprechende Stufe anderer höherer Lehranstalten im Anschluß an den Diözesan-Katechismus v. Cöln, Trier, Münster, Paderborn, Osnabrück, Hildesheim, Breslau, Ermland, Fulda, Limburg, Sachsen u. Glatz. 9., verb. Aufl. (224 S.) 8. Ebd. 911. — 70; geb. — 90

— katholischer Katechismus f. d. Volksschulen. Hrsg. v. Verf. d. „erweit. Katechismus". 8. (134 S.) Ebd. 896. Kart. n. — 40

—— zur Kommunalsteuer-Reform contra Gneist. gr. 8. (54 S.) Ebendas. 881. * — 80

Schmitz, J. (II.). Die Mithras-Denkmäler v. Schwarzerden u. Schweinschied. gr. 8. (14 S. m. 4 Taf.) Baumholder 892. (Meisenheim, Feickert.) * 1 —

Schmitz, J., d. verständ. Ortsvorsteher, s.: Theater, kleines.

—— das Reichsgesetz betr. die Ausdehnung der Unfall- und Krankenversicherung vom 28. Mai 1885. Textausg. mit ausführl. Erläuterungen, den einschläg. Bestimmungen des Gesetzes vom 6. Juli 1884 und den Ausführungsbestimmungen. 8. (86 S.) Ebendas. 885. cart. *

Schmitz, J. (I.). Das Reichsgesetz betr. die Invaliditäts- u. Alters-Versicherung. Vom 22. Juni 1889. Textausg. m. Anmerkgn., den ergang. Ausführungsbestimmgn. u. Sachregister. 1. Aufl. (IV, 150 S.) 889; 2. Aufl. gr. 16. (V, 212 S.) Berl. 890, Siemenroth u. Worms. cart. 1 20

Schmitz, J., das Reichsgesetz betr. die Invaliditäts- u. Alters-Versicherung. Vom 22. Juni 1889. Textausg. m. Anmerkgn., den wichtigsten Ausführungsbestimmgn. u. Sachregister. 2., verm. Aufl. gr. 16. (V, 212 S.) Berlin 891. Siemenroth & Worms. Kart. 1. 20

—— Reichs-Gesetz betr. die Krankenversicherung der Arbeiter vom 15. Juni 1883, nebst den die Krankenversicherung betr. Bestimmungen des Ausdehnungs-Gesetzes vom 28. Mai 1885 und den einschläg. Bekanntmachungen des Reichsversicherungsamtes. Text-Ausg. mit Berücksicht. der von den Centralbehörden der einzelnen Bundesstaaten erlassenen Verordnungen, sowie den ergangenen gerichtl. Entscheidungen. 3. umgearb. Aufl. 12. (III, 110 S.) Ebendas. 886.

—— Reichsgesetz betr. die Unfall- und Kranken-Versicherung der in land- und forstwirtschaftlichen Betrieben beschäftigten Personen vom 5. Mai 1886, nebst Ausführungsverordnungen, Textausg. mit Anmerkungen und ausführl. Sachregister versehen. 12. (134 S.) Ebendas. 887. cart.

—— s. a. Sammlung der Bescheide, Beschlüsse u. Rekursentscheidungen d. Reichs-Versicherungsamts.

—— Sammlung der Bescheide, Beschlüsse und Rekursentscheidungen des Reichs-Versicherungsamts nebst den wichtigsten Rundschreiben desselben. Systematisch zusammengestellt. gr. 8. (XVI, 334 S.) Berlin 888, Siemenroth und Worms. * geb. *

— Sammlung der Bescheide, Beschlüsse u. Rekursentscheidungen d. Reichs-Versicherungsamts, nebst den wichtigsten Rundschreiben desselben. Systematisch zusammengestellt. 1. u. 2. Bd. gr. 8. Ebd. 890. n. 10. —; geb. n. 12. —
1. (XVI, 334 S.) 888. n. 6. —; geb. n. 7. —. 2. (XIII, 190 S.) 890. n. 4. —; geb. n. 5. —.

— Sammlung der Bescheide, Beschlüsse u. Rekursentscheidungen d. Reichs-Versicherungsamts, 3. Bd., s.: Götze, Emil.

Schmitz, J., s. Schnelldampfer, Die transatlantischen.

Schmitz, J., Schul-Atlas d. Naturgeschichte d. Thierreichs. — Säugethiere. ½ Fol. (44 Bl. mit viel. lith. Abbildn.) Bonn 840, Henry u. Cohen. 21 Gr., ill.

—— dass. ½ Fol. (abgetheilt in 42 Taf. Abbildn. u. 23 Bl. Text.) Ebds. 840. 1¼ Thlr., ill.

—— Uebersicht der für die sämmtlichen deutschen Bundesstaaten in Gemäßheit des § 8 des Reichsgesetzes betr. die Krankenversicherung der Arbeiter vom 15. Juni 1883 festgestellten ortsüblichen Tagelöhne gewöhnlicher Tagearbeiter. 1. und 2. Aufl. gr. 4. (VI, 66; VI, 67 S.) [Neuwied 886,88, Heusers Verlag.] (Berlin, Siemenroth und Worms.) **

—— Wie sind die Krankenkassen zu errichten und ältere Kasseneinrichtungen nach dem Krankenversicherungsgesetze vom 15. Juni 1883 umzuändern? Eine prakt. Anleitung für die Staats- und Gemeinde-Verwaltungs-Behörden, Industriellen, nebst den vom Bundesrathe veröffentlichten Entwürfen zu Statuten für Orts- und Betriebs-[Fabrik-]Krankenkassen, einem Normalstatut für Baukrankenkassen und einem Musterstatut über die Erweiterung des Versicherungszwanges, sowie auch Formularen zur Einrichtung der Buchführung für sämmtl. Krankenkassen. 4 Lfgn. gr. 8. (IV, 236 S.) Ebendas. 884. à Lfg. ℳ 1. 4 —

—— die Wirthschafts-, Finanz- und Sozialreform im Deutschen Reiche und die Haltlosigkeit der aus Anlaß dieser Reformfragen gegen den Reichskanzler gerichteten Angriffe. Neben des Reichskanzlers Fürsten v. Bismarck, gehalten in den J. 1879—1882. Mit ein- und überleitenden Bemerkungen versehen. 8. (407 S.) Hagen 882, Risel und Comp. * 6 —

Schmitz, J., Wo ist die Ursache der hohen Belastung der Gemeinden mit Communal-Abgaben zu suchen, und worin besteht das wahre Mittel zur Abhülfe? 8. (111 S.) Hagen 879, Bartels. *

Schmitz, J. F. M., die Gottesmutter in der heil. Schrift und Überlieferung. Sagen, Lieder und Betrachtungen. gr. 16. (III, 127 S. mit 1 Stahlst.) Regensburg 888, Verlags-Anstalt.

Schmitz, J. H., s.a. Schmitz, H. Jac.

— u. Joh. R. Schmitz, katholisches Andachtsbuch. gr. 12. (XII u. 768 S. m. 1 Stahlst.) Köln 851, Schwann. 21 ngr; Velinpap. m. 4 Kpfrn. 1 ₰

Schmitz, J. H., das Erlösungswerk Jesu Christi, vom kathol. Standpunkte aus dargestellt. (Abdr. aus dem Eifler Schulfreund.) gr. 8. Prüm 846. (Aachen, Kneuertz.) n. 2 ngr

Schmitz, J. H., das Erlösungswerk Jesu Christi vom kathol. Standpunkte aus dargestellt. (Abdruck aus dem eifler Schulfreund.) gr. 8. (26 S.) Prüm 847. (Aachen, Kneuertz.) *

Schmitz, J. H., Geschichte der Kirche des Sohnes Gottes in Lebensbildern, zumeist Leben der Heiligen, für die kathol. Volksschule und Jugend überhaupt. gr. 12. (550 S.) Saarlouis 856, Stein.

Schmitz, J. H., Gott, Tugend, Sünde u. Jenseits in kurzen Erzählungen, Parabeln u. Gleichnissen, z. Gebrauche in Kirche, Schule u. Haus. 16. (4 B.) Trier 844, Lintz'sche Buchh.

— kathol. Katechismus f. die mittlere u. obere Klasse. Eine gekrönte Preisschrift. 16. (VIII u. 288 S., nebst Anh.: Kleiner Katechismus. XXIV S.) Köln u. Neuß 849, Schwann. — 2. Aufl. gr. 16. (VIII, 296 u. 24 S.) Ebd. 851. ⅓ ₰; ohne d. Anh. n. n. 6 ngr

— — kleiner Katechismus zum Gebrauch f. die Kinder der untersten Klasse. 16. (42 S.) Ebd. 849. n. 2 ngr

Schmitz, J. H., das Leben unseres Herrn u. Heilandes u. der allerseligsten Jungfrau Maria in Liedern der Kirche dargestellt. Trier 869. Lintz' Verl. 8. (III, 64 S.) 5 ngr

Schmitz, J. H., Lichtstrahlen über die kath. Kirche und ihren Mittelpunkt. Aachen 1845.

Schmitz jun., J. H., niederländische Renaissance. Hrsg. von der Gesellschaft zur Beförderung der Baukunst in Amsterdam. 1. Lfg. gr. Fol. (10 Stnt. mit 1 Bl. Text.) Berlin 879, Wasmuth. *

—— Sagen des Eifellandes nebst mehren darauf bezügl. Dichtungen. Gesammelt rc. 1. Bdchn. 8. (96 S.) Trier 847, Lintz'sche Buchh.

— Schatzkästlein auserlesener und erbaulicher Geschichten, Erzählungen und Parabeln. Eine Beispielsammlung zur kathol. Glaubens- und Sittenlehre für Lehrer u. Katecheten und ein Erbauungsbüchlein für kathol. Familien und Schulen. Köln 854. Schwann. 8. (2 Bl., 174 S.) 10 ngr

Schmitz, J. H., Sitten und Sagen, Lieder, Sprüchwörter und Räthsel des Eifler Volkes, nebst einem Idiotikon. Mit einer Nachrede von K. Simrock. 1. Bd.: Sitten. Trier 856. Lintz. 8. (XIV, 234 S.) 15 ngr

— — 2. Bd. A. u. d. T.: Sagen und Legenden des Eifler Volkes. Trier 858. Lintz. 8. (XV, 152 S.) 12 ngr

Schmitz, J. J., De Dionysii Halic. quibusdam locis emendandis. Diss. 1854. 26 S.

Schmitz, J. J., Vorschriften üb. Anlage u. Betrieb der Dampfkessel m. Ausschluss der Lokomotiven u. Schiffskessel im preuss. Staate. Mit e. lith. Taf. (in 4.). die Vorrichtgn. zum Anbringen der Controlmanometer darstellend. 8. (IX, 66 S.) Arnsberg 872. Grote. — 60

Schmitz, J. Jac., s. Schmitz, H. Jac.

Schmitz, J. Jos., u. Ed. Regel, Flora Bonnensis. Praemissa est L. C. Trevirani. Comparatio Florae Wratislaviensis et Bonnensis. Smaj. (35 B.) Bonnae 841, König. *

Schmitz, J. P., Hänsel u. Gretel. Ein Deutungsversuch. 8. (30 S.) Montabaur 899. W. Kalb. n. — 50

Schmitz, J. P., Perlenkranz spanischer Poesie, s.a. Perlenkranz.

Schmitz, J. P., Perlenkranz spanischer Poesie. Aus Dichtern älterer u. neuerer Zeit gesammelt u. im Versmaße der Orig. übersetzt. 2. (Titel-)Ausg. München (861) 870. Lindauer. 16. (VIII, 310 S.) 27 ngr; in Leder geb. mit Goldschn. n. 1 ₰ 12 ngr

Schmitz, J. R., die Moralität der Bekanntschaften beleuchtet an dem Charakter der Ehe. Auch: Inwiefern Bekanntschaften für eine nächste Gelegenheit [occasio proxima] zur Unzucht anzusehen sind. Als Zugabe: Dieselbe Frage in Betreff der heutigen Tanzlustbarkeiten. Zwei Vorträge in der Pastoral-Conferenz des Dekanates Crefeld gehalten. gr. 12. (119 S.) Crefeld 854, Klein. *

Schmitz, J. R., die Moralität der Bekanntschaften beleuchtet an dem Charakter der Ehe. Auch: In wiefern Bekanntschaften für eine nächste Gelegenheit (occasio proxima) zur Unzucht anzusehen sind. Als Zugabe: Dieselbe Frage in Betreff der heut. Tanzlustbarkeiten. Zwei Vorträge in der Pastoral-Conferenz des Dekanates Crefeld gehalten. 3., unveränd. Aufl. 8. (119 S.) Köln und Neuß 864, Schwann's Verlag.

Schmitz, J. S., Allerlei f. die Praxis. E. Sammlg. v. Zeichngn., Skizzen, Schablonen, Firmenschilder u. s. w. f. d. Malergewerbe. 1. Serie. (In 4—6 Lfgn.) 1. Lfg. Fol. (6 Taf. m. 1 Pause.) St. Gallen 895. Scheitlin's Buchh. n. 1. 60

Schmitz, J. W., Abhandlung üb. Eisenbahnen u. Dampftransporte, hinsichtl. d. Nutzens, d. Ausführbarkeit u. d. Schwierigkeiten dies. Unternehmungen, nebst e. Denkschrift an d. hohen Bundestag üb. e. deutsche Eisenbahn- u. Dampfwagen-Verbindung, in Uebereinstimm. mit d. deutschen Zollverbande. gr. 12. (7 B.) Leipzig 834, Fest.

– s.a. Abhandlung, kurze, über Eisenwegbau-Unternehmungen.

(Schmitz, J. W.): „Kurze Abhandlung über Eisenwegbau-Unternehmungen", Marburg 1834. — Vorh.: Com. Bibl. Hamburg.

Schmitz, J. W., gemeinnützige Andeutungen im Gebiete der Gewerbthätigkeit u. der Wissenschaften. gr. 8. Leipzig 836. (Meißner.) n. 5/6 Thlr.

(Schmitz, J. W.,) Ansicht der Natur. qu. gr. Fol. (Berlin 833, Th. Brandenburg.) Thlr.

– Ansicht der Natur. Eine philosoph. Abhandlung, ob das Weltall aus einem oder mehreren Urstoffen oder Elementen besteht. kl. Folio. Berlin 833, jetzt Grantz. 1/4 Thlr.

Schmitz, J. W., Ansicht der Natur, populäre Erklärung ihrer großen Erscheinungen und Wirkungen, nebst phys. und mathemat. Beweisen der Entstehung der Weltkörper und der Veränderungen, welche die Erde erleidet. 8. (88 S.) Köln 853, J. W. Schmitz.

Schmitz, J. W., Astronomie für Alle. Erklärung der merkwürdigsten Erscheinungen u. Bewegungen im Weltraume, nach d. Werken der großen Astronomen aller Zeitalter u. den neueren Fortschritten der Naturwissenschaften. Eine Auswahl der allgemein wissenswerthesten Abhandlungen aus „Das Weltall." 12. (60 S.) Köln 852, J. W. Schmitz. baar 1/6 Thlr.

Schmitz, J. W.: Auflösungsmethoden der Gleichungen vom 1. u. 2. Grade mit einer und mehreren Unbekannten. 1871. 8°
Diss. Rostock

—— Berlin, Fabrik- u. Handels-Stadt, Sitz d. Künste u. Wissenschaften; od. Andeutung gemeinnütziger, diese Hauptstadt betreffender, Gegenstände. 8. ... Berlin 832, Verf.

—— Bewegung der Erde u. der and. Planeten v. ihrem Ursprunge bis zu ihr. Ende, od. Auszug aus d. astronom. Tabellen eines noch nicht hrsg. Werkes, wo diese Bewegung aus den Beobachtn. der Astronomen v. d. ältesten Zeiten bis zu uns nachgewiesen wird. 8. (3 B.) Berlin 830, (Plahn.)

– s.a. Bund der Völker für Gewerbe und Handel.

(Schmitz, J. W.): „Bund der Völker für Gewerbe und Handel", 2 Teile, Cassel 1832. — Vorh.: Com. Bibl. Hamburg.

(——) Bund der Völker f. Gewerbe u. Handel. Mit Erläutern. 2. Aufl. 2 Hfte. gr. 8. (10 B.) Cassel 832, 33, Garthe.

—— Erkenntniss der Seele aus d. Gestalt u. Beschaffenheit d. Körpers, od.: Die Lebens- u. Seelenfähigkeiten aus einfach. Erscheinungen mathemat. hergeleitet. 1 lith. Bl. Roy.-Fol. (Berlin 833, Th. Brandenburg.)

– Erkenntniß der Seele aus der Gestalt u. Beschaffenheit des Körpers, oder: Die Lebens- u. Seelenfähigkeiten aus einfachen Erscheinungen mathematisch hergeleitet. 1 lithogr. Blatt in Roy.-Fol. Berlin 833. (Grantz.) 5/8 Thlr.

Schmitz, J. W.: „Erläuterungen über den Bund der Völker für Gewerbe und Handel", 2. Auflage, Cassel 1833. — Vorh.: Com. Bibl. Hamburg.

—— das Geheimniss der Farben, od. einfache Erklärung der Ursache d. Verschiedenheit d. Farben u. der darauf Bezug habenden Naturerscheinungen. 1 Bog. Roy.-Fol. m. 16 ill. Abbild. Leipzig (834), Fest. 12 Gr., Vlnp.

– dass. (Mit Abbild. der Farben.) 1 Bl. in gr. Fol. Berlin 833. (Grantz.) 1/4 Thlr.

—— das Geheimniß der Farben. Einfache Erklärung der Ursache ihrer Verschiedenheit und der mit den Farben verwandten Erscheinungen, nebst einer gedrängten Uebersicht der Naturkunde. 3., verm. Aufl. 8. (112 S.) Köln 853, J. W. Schmitz.

—— Grundlage e. allgem. Creditvereins f. Anlegung v. Eisenbahnen, u. Beförderung anderer zeitgemäß. Handels- u. Gewerbs-Unternehmungen. gr. 8. (4¼ B.) Leipzig 833, Fest.

– populäres Handbuch der Gas-Beleuchtung, zum Gebrauche der Gas-Consumenten u. der städtischen Verwaltungs-Behörden. gr. 12. Köln 839. (Boisserée.) 1/4 Thlr.

– der kleine Kosmos. Eine allgemein verständliche Weltbeschreibung u. eine Verwahrung geg. irrige Ansichten u. Rückschritte, welche im neuesten Werke eines großen kosmischen Gelehrten vorkommen, u. Ergänzung der astronomisch-naturwissenschaftlichen Beobachtungen u. Erfahrungen, welche darin mit Stillschweigen übergangen werden. 8. (104 S.) Ebd. 852. 1/3 Thlr.

– die Natur. Populäre Erklärung aller großen Natur-Erscheinungen, besonders das Entstehen u. Untergehen der Weltkörper, so wie das Abnehmen der Erde durch das Verschwinden d. Unterschiedes der Jahreszeiten physisch u. mathematisch bewiesen. gr. 8. (XVI u. 106 S.) Ebd. 852. baar 2/3 Thlr.

—— Natur-Astronomie für den schwachen Begriff und für Schüler. 16. (95 S.) Köln 858, J. W. Schmitz.

Schmitz, J. W., Natur-Astronomie für jeden gesunden Menschenverstand. 16. (97 S.) Köln 857, J. W. Schmitz.

Schmitz, J. W., allgemeine Naturkunde. Gedrängte wissenschaftliche Abhandlung der großen Naturerscheinungen auf der Erde und im Weltraume, zur Förderung der reinen Wahrheit in der Naturlehre. 32. (128 S.) Köln 856, J. W. Schmitz.

—— das Niedergehen des Mondes auf die Erde und die beobachteten Kunstwerke seiner Bewohner nebst den Hauptzügen der Astronomie und der Physik des Begleiters der Erde. 32. (95 S.) Köln 850, J. W. Schmitz.

—— die Religion und die Naturforschung. 8. (64 S.) Köln 853, J. W. Schmitz.

—— Theorie der Politik, od. Untersuchungen d. zukünft. Verhältnisse der Staaten d. alten Continents. gr. 8. (9 B.) Berlin 829, (Recht.)

—— die reine Wahrheit in der Weltnaturkunde. Abhandlung der Lehren und Grundsätze, welche die wahre Kenntniß der Natur fördern müssen oder sie hemmen können; nebst einer Darstellung der Hauptfragen, welche zu lösen sind. 12. (312 S.) Köln 858, J. W. Schmitz.

—— das Weltall. Conversations-Lexikon der physischen und mathemat. Astronomie. Allgemeine verständliche Erklärung aller Bewegungen der Natur und der Entstehung der Himmelskörper aus den 2000jährigen Beobachtungen der Astronomie und den neuern Fortschritten der Naturwissenschaften. gr. 8. (XXIV und 328 S.) Köln 852, J. W. Schmitz. **

Schmitz, Jacques: Thiofrids Leben des heiligen Willibrord aus dem Lateinischen übersetzt. Sonder-Abdruck aus „Ons Hémecht", Organ des Vereins für Luxemburger Geschichte, Litteratur und Kunst. Luxemburg: P. Worré-Mertens 1900. 94 S. 8°

Green's Chronological Annals, extracted and supplied by Prof. J[akob] Schmitz, Düsseldorf. Düsseldorf: L. Kinet 1906. (6 S.) 8° [illegible]

Schmitz, Jacob [app. Arzt aus Stieldorf (Rheinl.)]: Aus d. geburtshülfl.-gynäkolog. Klinik zu Giessen. Über Blutungen in der Nachgeburtsperiode ... Giessen, grossh. Hof- u. Univ.-Dr. C. v. Münchow, 1895; 70 S. 8.
Giessen, Med. Fak., Inaug.-Diss. v. 1895

Schmitz, Jacob (geb. am 6 Nov. 1853 in Lechenich Kr. Euskirchen): Ueber die amyloide Degeneration der Nieren ... Bonn, Univ.-Buchdr. v. C. Georgi 1877. 22 S. 8. ¶ Sonderabdr. aus d. Centralbl. f. allgem. Gesundheitspflege, Ergänzungshefte Bd I 1885 S. 154 ff.
Bonn, Med. Fak., Diss. v. 13 Okt. 1877

Schmitz, Jacob (geb. am 25 Febr. 1858 in Stütgerloch Kr. Düren): Ueber den Einfluss des Geschlechtes und des Lebensalters auf die Schwindsuchtssterblichkeit mit besonderer Berücksichtigung der Verhältnisse der Stadt Bonn ... Bonn, Univ.-Buchdr. v. C. Georgi 1884. 34 S., 1 Bl. 8.
Bonn, Med. Fak., Diss. v. 6 Aug. 1884

Schmitz, Jakob, aus Herkenrath: Die ältesten Fassungen des deutschen Romans von den sieben weisen Meistern. Greifswald 1904: F. W. Kunike. (124 S.) 8°
Greifswald, Phil. Diss. v. 14. Mai 1904

Schmitz, Jac., christl. Gedichte. 1. Bdchn. gr. 12. (6 B.) Meurs 840, (Dolle.) *

Schmitz, Jakob, poetische Versuche. 8. Cölln, Rommerskirchen. 817.

Schmitz, Jean Pierre

Schmitz, J. P., ein altdeutsches Frühlingsfest. Culturgeschichtl. Studie. 1. Tl. 4. (19 S.) Montabaur 874, (Kunst.) *

—— dass. — 2. Tl.: Das Sonnenrad. Eine culturhistor. Studie. 4. (26 S.) Montabaur 888. (Leipzig, Fock.) *

Schmitz, Ign., de effectibus sacramenti extremae unctionis. Dissertatio historico-dogmatica. gr. 8. (VII, 86 S.) Freiburg i/B. 893. Herder. n. 1. 60

Schmitz, Joh., s.a. Schmitz, Josef

— — ausführliche Abhandlung der unregelmäßigen französischen Zeitwörter, mit Beyfügung der nämlichen deutschen Zeitwörter. gr. 8. Aachen. (Ebend.) 817.

Schmitz, Joh., Anleitung zur Behandlung der bekanntesten Blumenzwiebeln in Töpfen wie im freien Gartenlande. München 860. Palm. (Grubert.) 12. (22 S.) n. 4 ngr.

Schmitz, Joh., Berta. Lesebuch für nachdenkende Christen an Sonn- und Feyertagen. 8. Münster, Theissing. 817.

— — praktisches Hülfsrechenbuch für Lehrer und Lehrerinnen, oder Sammlung aller Ausarbeitungen und Auflösungen der im ersten Theile befindlichen Uebungs-Beyspiele des Rechenbuchs. gr. 8. Kölln. (Leipzig, Hartmann.) 817.

Schmitz, Johann, Referendar: In welchem Verhältnisse steht der Wandelungsanspruch beim Kaufe zu der Anfechtung des Kaufes wegen Irrtums? Leipzig 1909: Hoffmann. 61 S. 8°
Leipzig, Jur. Diss. v. 26. Aug. 1909
[Geb. 26. Jan. 80 Zieverich; Wohnort: Weiß b. Cöln; Staatsangeh.: Preußen; Vorbildung: Gymn. Krefeld Reife Juli 00; Studium: München 2, Berlin 1, Kiel 1, Bonn 3 S.; Rig. 19. Nov. 04.] [U 10. 2873

Schmitz, Johann (geb. am 22 Aug. 1846 in Aachen): Ueber Luxatio humeri subcoracoidea ... Aachen, Druck v. J. Stercken (1870). 22 S., 1 Bl. 8.
Bonn, Med. Fak., Diss. v. 18 Juli 1870

Schmitz, Ioannes (geb. am 4 Sept. 1847 in Duisdorf bei Bonn): De φύσεως apvd Aristotelem notione civsqve ad animam ratione ... Bonnae, typ. C. Georgi 1884. 42 S., 1 Bl. 8. ¶ In Komm. d. Rhein. Buch- u. Kunst-Antiquariats.
Bonn, Phil. Fak., Diss. v. 12 Aug. 1884

Schmitz, Joa., de φυσεως apud Aristotelem notione ejusque ad animam ratione. Dissertatio philosopha. gr. 8. (42 S.) Bonn 884, (Rheinisches Buch- und Kunst-Antiquariat.) * 1 —

— — vollständiges, nach einer ganz neuen Lehrart bearbeitetes Rechenbuch, enthaltend die alte Rechenkunst mit der Decimalrechenkunde und ihren gegenseitigen Münzen, Maaßen und Gewichten vollkommen verglichen. 1r Thl. gr. 8. Ebend. (Ebend.) 817.

— — ditto 2r Thl. gr. 8. Ebend. Du Mont Schauberg. 818.

Schmitz, Jh. Arnold

Schmitz, J. A., Versuch in Predigten f. aufgeklärte Leser. 2 Thle. gr. 8. Jena, Cuno. (Stahl.) 791–94. (1r 12gr. 2r 1 Rthlr.) 1 12

Schmitz, Jh. Arnold, († d. 25. Juli 1795.) Versuch in Predigten f. aufgeklärte Leser. 2 Thle. gr. 8. Offenbach 793, 94. (Schmid in Jena). 1 ℳ 12 gℓ

Schmitz, Jh. Geo., üb. d. Verhältniß d. evangel. Religionslehrer zu ihren Gemeinen. 8. Leutschau 804.

(**Schmitz, Joh. H.**) Die Katholiken als Verehrer der Heiligen, ihrer Reliquien u. Bilder vor dem Richterstuhl der Vernunft u. des Christentums. Ein Beitrag zur Rechtfertigung der kath. Kirche in ihren Lehren u. Gebräuchen. Von einem Geistlichen der Diöcese Trier. Trier, Lintz. 1845. 8°. 30 Pf.

Schmitz, Ioannes Iacobvs (geb. 1829 in Budberg bei Krefeld): De Dionysii Halicarnassei qvibvsdam locis emendandis ... Bonnae, form. C. Georgi 1854. 2 Bl., 26 S., 1 Bl. 8.
Bonn, Phil. Fak., Diss. v. 4 März 1854

Schmitz, Ioannes Petrus (geb. am 13 Okt. 1823 in Pier Rgbz. Aachen): De calore in morbo ... Bonnae, form. F. P. Lechneri 1849. 2 Bl., 44 S., 1 Bl. 8.
Bonn, Med. Fak., Diss. v. 22 Dez. 1849

Schmitz, J[illegible] Petrus (geb. [illegible] bei Münstereifel [illegible]): De chlorosi. Berolini (1853). (28 S.) 8°
Berlin, Med. Diss. v. 5. Aug 1853

Schmitz, Joh. Pet., neues Seelenparadies. Vollständiges Gebet- u. Erbauungsbuch für kathol. Christen aus den Schriften des heil. Franz v. Sales, Augustinus rc. übers. u. zusammengetragen. 18. (X u. 540 S. m. 1 Stahlst.) Aachen 852, Hensen & Co. ¾ ℳ

— neues Seelenparadies. Vollständiges Gebet- u. Erbauungsbuch für katholische Christen aus den Schriften des heiligen Franz von Sales, Augustinus, Ludwig von Granada rc. übersetzt u. zusammengetragen. 2., verm. u. vielfach verb. Aufl. Aachen 863. Hensen. 12. (XI, 672 S. u. 1 Stahlst.) 20 ngr.

Schmitz, J. P., neues Seelenparadies. Vollständiges Gebet- und Erbauungsbuch für kathol. Christen aus den Schriften des heil. Franz v. Sales, Augustinus, Ludwig v. Granada rc. übers. und zusammengetragen. 2., verm. und vielfach verb. Aufl. 12. (XI und 672 S. mit 1 Stahlst.) Aachen 863, [Jacobi und Comp.]

Schmitz, Joh. Wilh. Schriftsteller und Buchhändler in Athen und im übrigen Griechenland. 32 S. **Progr.** G. *Saarbrücken* 1876. Vgl. denselben Titel (58 S.) 8. Heidelberg 1876. Winter. 1 M. 60 Pf.

Schmitz, Johannes, (aus Werden a. d. Ruhr): **Die Gogerichte im ehemaligen Herzogtum Westfalen.** *Münster 1901: Regensberg.* (78 S.) 8° [F.]
Münster, Phil. Diss. v. (24. Okt.) 1901

Lehrbuch der katholischen Religion. Zum Gebr. in Seminarvorschulen ... Von J[ohannes] Schmitz, Rel.- u. Oberl. Paderborn: F. Schöningh 1906. (IV, 339 S.) 8° [F.] [07. 7314 B

Schmitz, Johannes: Sühnewallfahrten im Mittelalter. Bonn 1910: Ludwig. 67 S. 8°
Bonn, Phil. Diss. v. 8. Juni 1910, Ref. Schulte
[Geb. 6. April 86 Eschweiler; Wohnort: Eschweiler; Staatsangeh.: Preußen; Vorbildung: Gymn. Eschweiler Reife O. 06; Studium: Bonn 9 S.; Rig. 28. Juli 09.] [U 10. 416

Schmitz, Johs., Sühnewallfahrten im Mittelalter. (67 S.) 8. Bonn 910. P. Hanstein. 1.--

Schmitz, Johannes [aus Köln]: Aus d. patholog. Institut zu Bonn. Experimentelle und histologische Untersuchungen über die Regeneration der Ovarien. . . . Bonn: Univ.-Buchdr. v. Carl Georgi 1889. 34 S. + 1 Bl. 8°
Bonn, Med. Fak., Inaug.-Diss. v. 23. März 1889

Schmitz, J[ohannes]: Zusammenstellung der in der Erlanger chirurg. Klinik in den letzten zehn Jahren (1887–1897) zur Beobachtung und Behandlung gekommenen Luxationen. Erlangen 1897: A. Vollrath. (40 S.) 8°
Erlangen, Med. Diss. v. 22. Juli 1897

Schmitz, Frau Joseph, s. a. Harten, Angelica.

Schmitz, Josef, s.a. Schmitz, Joh.

Schmitz, Jos. H., ausführl. Abhandl. der regelmäß. französ. Zeitwörter, mit Beifügung der nämlichen deutschen Zeitwörter. gr. 8. Aachen 817. Dü-Mont-Schauberg in Cöln. 12 gr. Dass. Französ. traité des conjugaisons des verbes irreguliers français. 8. Ebd. 818. 12 gr.

Schmitz, Jos., Anleitung zum Rechenunterrichte, — theoretisch-praktische Anleitung zum Schönschreiben, } s. Glasmacher, J.

Schmitz, Jos. I., († d. 20. Oct. 1811.) Auswahl aus d. bisher erschienenen Schriften z. Bildung d. Verstandes, s. Damasc. Himmelhaus.

Schmitz Jos. H., Berta. Lesebuch f. nachdenkende Christen an Sonn- u. Feiertagen. 8. Münst. 817. Theissing. 6 gr.

— Buchführung des Landwirtes, s. Glasmacher, J.

— prakt. Hülfsrechenbuch f. Lehrer u. Lehrerinnen, od. Samml. aller Ausarbeitungen u. Auflösungen der im ersten Theile befindl. Uebungs-Beispiele des Rechenbuchs. gr. 8. Aachen 817. (Dü-Mont-Schauberg in Cöln). 12 gr.

Schmitz, J. Lebensfrühling, } s.: Glasmacher, J.

Schmitz, Jos., Muster, Aufgaben und Stoff zu schriftlichen Arbeiten in der Elementarschule. 4 Jahrgge. 8. (152 S.) Köln und Neuß 860, Schwann'sche Verlagsh. [1. und 2. Jahrg. (60 S.) * 3½ Ngr., 3. (51 S.) * 2½ Ngr., 4. (40 S.) * 2½ Ngr.] *

Schmitz, Jos., Muster, Aufgaben und Stoff zu schriftlichen Arbeiten in der Elementarschule. 4 Jahrgänge. 12. (152 S.) Cöln und Neuß 861—66, Schwann's Verlag. [1. und 2. Jahrg. 2.—4. Aufl. geb. * 3 Ngr., 3. und 4. Jahrg. 2. Aufl. geb. à * 2½ Ngr.] *

Schmitz, J[oseph], Referendar aus Crefeld: **Natur und Wirkungen der Vereinbarung, dass geschuldetes Geld künftighin als Darlehn geschuldet werden soll.** *Rostock 1902: C. Hinstorff.* (49 S.) 8°
Rostock, Jur. Diss. v. [5. März] 1902

Schmitz, Joseph (geb. am 29 Dez. 1854 in Düren): Die französische Politik und die Unionsverhandlungen des Concils von Constanz ... Bonn, Univ.-Buchdr. v. C. Georgi 1879. 2 Bl. 8. ¶ Nur Titelbl., Vita u. Thesen.
Bonn, Phil. Fak., Thes. v. 16 Aug. 1879

Schmitz, Joseph (geb. am 29 Dez. 1854 in Düren): Die französische Politik und die Unionsverhandlungen des Concils von Constanz ... Düren, Buchdr. v. H. Knoll 1879. 2 Bl., 38 S., 1 Bl. 8.
Bonn, Phil. Fak., Diss. v. 16 Aug. 1879

Schmitz, Josef, Dr.: Quellen zur Ortsgeschichte von Rheinbach und zum Geldrischen Erbfolgestreit. Rheinbach 1904: Raabe. (S. 1—21.) 4°
Rheinbach, st. PG P 1904 (539)

— Raumlehre, s. Glasmacher, J.

Schmitz, J., Rechenbuch, s.: Glasmacher, J.

— vollständiges, nach einer ganz neuen Lehrart bearbeit. Rechenbuch, enthalt. die alte Rechenkunst mit d. Decimalrechenkunde u. ihren gegenseit. Münzen, Maaßen u. Gewichten vollkommen verglichen. 1r Thl. gr. 8. Cöln 817. Dü-Mont-Schauberg. 12 gr. 2r Thl. enthalt. alle zusammengesetzten Regeln, die Kettenregel in ihrer weitesten Ausdehnung rc. Mit 1 Kpf. gr. 8. Ebd. 818. 1 Rthlr 4 gr.

— Schönschreibunterricht, s. Glasmacher, J.

— Schreibschule, s.: Glasmacher, J.

Schmitz, Jos., Traité des conjugaisons des verbes irréguliers françois avec leur traduction en allemand. 8. Ebend. 818.

Schmitz, K. v., Christentum, ethische Kultur und sociale Frage. 8°. Haimhausen, Reformverlag, 1902.

Schmitz (K.). Ueber die Opalformation und die darin vorkommenden Fossilien in dem Landgericht Wegscheid im Unterdonau-Kreise des Königreichs Bayern. (Denkschr. Ak. München. 1821.) 4.

Schmitz, K. B., theoret.-prakt. Unterricht zur Abfassung schriftl. Aufgaben. Mit vorzügl. Rücksicht auf d. franz. Sprache; durch absichtlich geschrieb., od. aus d. bewährtesten Schriftstellern gewählte Muster erläutert. Zum Gebr. d. obern Klassen d. Gymnasien u. derjen., die nicht bei d. gewöhnl. Grammatik d. neuern Sprachen stehen bleiben wollen. Lex.-8. (11½ B.) Köln 831, Pappers. (?)

Schmitz, Karl, appr. Arzt a. Valbert i. W.: **Aus d. geburtshilfl.-gynäkol. Klinik zu Gießen. Die Assimilationsbecken der Gießener Frauenklinik.** Gießen 1906: O. Kindt. (51 S.) 8°
Gießen, Med. Fak., Ref. Pfannenstiel, Diss. v. 13. Aug. 1906
[Geb. 9. Nov. 79 Valbert; Wohnort: Valbert; Staatsangeh.: Preußen; Vorbildung: Gymn. Attendorn Reife O. 01; Studium: Würzburg 5, Berlin 1, Gießen 4 S.; Coll. 30. Mai 06; Approb. 29. Jan. 06.]

Schmitz, Karl, Arzt a. Bonn: Ein Beitrag zur Casuistik und Therapie der Ganglien. Bonn 1907: Habicht. (28 S.) 8°
Bonn, Med. Fak., Ref. Bier, Diss. v. 28. März 1907
[Geb. 19. Mai 81 Bonn; Wohnort: Bonn; Staatsangeh.: Preußen; Vorbildung: Kgl. Gymn. Bonn Reife O. 01; Studium: Bonn 5, Berlin 1, Bonn 3 S.; Coll. 28. März 07; Approb. 1. Okt. 06.]

Schmitz, Carl, Referendar aus Köln a. Rh.: Über den Bereicherungsanspruch des nach § 690 C. P. O. widerspruchsberechtigten Eigentümers gegen den Pfandgläubiger nach beendeter Mobiliarzwangsvollstreckung. *Köln 1899: F. A. Uckelmann.* (32 S.) 8°
Erlangen, Jur. Diss. v. 21. Okt. 1898

Schmitz, Carl (geb. am 27 Apr. 1845 in Strümp Rgbz. Düsseldorf): Ueber die traumatischen Blutergüsse innerhalb der Schädelhöhle ... Bonn, Druck v. J. F. Carthaus [1871]. 32 S., 1 Bl. 8.
Bonn, Med. Fak., nachträgl. erschienene Diss. v. 19 Juli 1870

Schmitz, Carl [aus Dorsten]: Über die Darstellung von Pinakonen durch Reduktion aromatischer Ketone ... Giessen, grossh. Hof- u. Univ.-Dr. C. v. Münchow, 1896; 27 S., 1 Bl. 8.
Giessen, Phil. Fak., Inaug.-Diss. v. 1896

Schmitz, Carl [app. Arzt aus Rheydt]: Über cystische Degeneration beider Nieren und der Leber ... Freiburg i. B., Buchdr. H. Epstein, 1892; 37 S. 8.
Freiburg i. B., Med. Fak., Inaug.-Diss. v. 1892

Schmitz, Carl [app. Arzt aus Köln a. Rh.]: Die Eiweissfäulniss im Darm unter dem Einfluss der Milch, des Kefyrs und des Käses ... [Aus: Zeitschr. f. physiol. Chem., Bd 19.] Strassburg, K. J. Trübner, 1894; 1 Bl., 23 S. 8.
Freiburg i. B., Med. Fak., Inaug.-Diss. v. 1894

Schmitz, Karl, Referendar in Coesfeld ⟨Westf.⟩: Das Erlöschen einer Vollmacht nach gemeinem Recht und dem Rechte des Bürgerlichen Gesetzbuches. Duisburg a. Rh. 1905: General-Anzeiger. (30 S.) 8° [F.]
Rostock, Jur. Fak., Ref. Bernhöft, Diss. v. 25. Apr. 1905
[Geb. 16. Jan. 76 Eschweiler; Wohnort: Coesfeld i. W.; Staatsangeh.: Preußen; Vorbildung: Gymn. Meppen; Studium: Würzburg, Kiel, Berlin, Freiburg i. B., Kiel; Rig. 6. Juli 04.]

Schmitz, Carl, aus Crefeld: Statistik der vom 1. Oktober 1895 bis 1. Oktober 1899 in der Bonner Kgl. Klinik und im St. Johannishospital operirten Hasenscharten. *Bonn 1900: J. Bach Wwe.* (67 S.) 8°
Bonn, Med. Diss. v. [27. Apr.] 1901

Schmitz, Carl, approb. Apotheker: Aus dem Institut zur Erforschung der Infectionskrankheiten in Bern. (Director: Prof. Dr. Tavel.) Untersuchungen über das nach der Lustig'schen Methode bereitete Choleravaccin. Leipzig 1905. 34 S. 8°
Bern. Phil. Diss. 1905/1906.

Schmitz, Carl. Untersuchungen über das nach der Lustig'schen Methode bereitete Choleravaccin. Diss. Phil. Bern ... von K' Sch'.... ([Sep.-Abdr. aus:] «Zeitschrift für Hygiene und Infectionskrankheiten» [Band 52, Heft 1,] 1905.) *Kopftitel:* Aus dem Institut zur Erforschung der Infectionskrankheiten in Bern. ⟨Director: Prof. Dr. [Ernest] Tavel.⟩ 34 S. 8. Leipzig, Veit & Comp., 1905.

Schmitz, Kaspar

Schmitz, Caspar *Emil Maria* [aus Obermenden a. d. Sieg]: Aus d. med. Klinik zu Bonn. Beitrag zur Differential-Diagnose bei blutig gefärbten Sputis. ... Bonn a. Rh., W. Krämer's Buchdr., 1890; 23 S., 3 Bl. 8°
Bonn, Med. Fak., Inaug.-Diss. v. [19. Dez.] 1890

Schmitz, Casp. Henr. (geb. Stockheim im Rheinl. 14. 1. 1830): De [illegible] Berolini (1856). (20 S.) 8°
Berlin, Med. Diss. v. 25. März 1856

Schmitz, Klemens

Schmitz, Clem., Natur und Subject der Präsentation in ihren allgemeinrechtlichen Grundzügen dargestellt. gr. 8. (IV, 144 S.) Regensburg 868, Pustet.

Schmitz, Clem., Oesterreichs Scheyern-Wittelsbacher oder die Dynastie der Babenberger. Geschichtliche Studie zur 700jähr. Wittelsbacher-Feier veröffentlicht. gr. 8. (VII, 91 S.) München 880, Fritsch.

Schmitz, Konrad

Schmitz, Conrad: Die pleuritischen Exsudate und ihre Behandlung. Halle 1873: Lipke. 30 S. 8°
Halle-Wittenberg, Med. Diss. v. 21. Mai 1873
Geb. Hasselsweiler (Rheinprovinz) 5. 8. 1847. V.

Schmitz, Konstanz

Schmitz, Constanz, offizieller Bericht üb. den I. internationalen Kongress der Kälte-Industrie in Paris vom 6. bis 13. X. 1908. Im Auftrage des deutschen Ausschusses bearb. (32 S.) 32×24,5 cm. Berlin 909. (Polytechn. Buchh. A. Seydel.) 2. —

Offizieller Bericht über den I. internationalen Kongress der Kälte-Industrie in Paris, 1908. Im Auftr. d. Deutschen Ausschusses bearb. von Ingen. Constanz **Schmitz** in Berlin. Berlin: Selbstverl. 1909. 32 S. 4°

Schmitz, Constanz, s.: Revisions-Buch für Kühlmaschinen-Anlagen.

Schmitz, Constanz, s.: Wärme u. Heizung.

Schmitz, L., s.: Arbeiten d. deutschen Landwirtschafts-Gesellschaft. (Betriebsverhältnisse der deutschen Landwirtschaft.)

Schmitz, L. (II.), und H. Zander, die Bleibergwerke bei Mechernich und Commern. Nach handschriftl. und gedruckten Quellen beschrieben. 12. (60 S.) Mechernich 883, (Schumacher.) ** — 75

Fragebogen zur Vorprüfung der Eheerfordernisse der Ausländer in Preussen. Prakt. Handb. f. Standesbeamte. Von L. **Schmitz**, Standesbeamter. Meiderich: A. Marquard (1899). (68 S.) 4°

Schmitz, L., s.: Standesamt, das.

Schmitz, L., Die landwirtschaftlichen Verhältnisse der Eifel, besonders in den Kreisen Schleiden, Daun, Prüm und Bittburg. Diss. 8°. Jena 1910.

Schmitz, Laurenz. Das Geschlechtsleben d. Menschen in gesundheitlicher Beziehung u. die Hygieine d. kleinen Kindes. gr. 8. (71 S.) [Neuwied 889, Heuser's Verlag.] Stuttg., Zimmer's Verlag. 1 50

—— Gesundheitslehre f. Eltern, Geistliche u. Erzieher. 2 Abtlgn. 8. Aachen 889, Barth. [1. Abtl. (S. 1—256.) * 2 40; 2. Abtl. (VI, S. 257—532.) * 2 60.] * 5 —

—— Gesundheitsspiegel f. Jedermann. Mit e. Anh.: Wie kann der Arbeiter sich vor den m. seiner Arbeit verbundenen Gesundheitsgefahren schützen? 16. (III, 83 S.) [Freising 891, Datterer.] Bad Homburg, Sauerbrei. * — 50; Anh. allein (16 S.) * — 10

Schmitz, L., Gesundheitsspiegel f. Jedermann. 2. Aufl. gr. 16. (IV, 83 S.) Bad Homburg 893. G. Sauerbrei. — 50

Schmitz, L., illustrirtes Hauslexikon f. Gesunde u. Kranke. (In etwa 28 Lfgn.) 1. Lfg. gr. 8. (S. 1—48.) München 903. G. Schuh & Co. n. — 50

Schmitz, Laurenz, illustriertes Hauslexikon f. Gesunde u. Kranke. Mit annähernd 500 in den Text gedr. Abbildgn., 12 farb. Taf. u. 6 zerlegbaren Modellen. 2.—24. Lfg. (IV u. S. 49—920.) gr. 8. München 903. 904. G. Schuh & Co. à n. — 50 (Vollst. geb. in Leinw. n. 16. —)

Schmitz, L. (I.), der Mensch und dessen Gesundheit. Hygieinisches Lehrbuch für jeden Gebildeten. Speziell bearb. als Unterrichtsbuch zum Gebrauche in mittleren und höheren Lehranstalten sowie in Lehrerseminarien. gr. 8. (XII, 367 S. mit 100 in den Text gedr. Abbild.) Freiburg i. Br. 884, Herder'sche Verlagsh. * 4 —

—— Der Mensch u. dessen Gesundheit. Speziell bearb. als Unterrichtsbuch zum Gebrauche in mittleren u. höheren Lehranstalten, sowie in Lehrerseminarien. 2. verb. Ausg. gr. 8. (XII, 367 S. m. 100 Abbildgn.) Freib. i. Br. 889, Herder. geb. * 3 —

Schmitz, Laurenz (geb. am 5 Aug. 1847 in Aachen): Ueber Typhus abdominalis ... Bonn, Druck v. J. F. Carthaus (1871). 38 S., 1 Bl. 8.
Bonn, Med. Fak., Diss. v. 28 Juli 1871

—— Gesundes Wohnen. gr. 8. (52 S. m. 8 Abbildgn.) Münster i. W. 890, Aschendorff. * — 75

Schmitz, Leonhard, Düsseldorf: Ueber einige neue Abkömmlinge der Citronensäure. *Bonn 1903: S. Foppen.* (36 S.) 8°
Bonn, Phil. Diss. v. 13. Juni 1903

Schmitz, Leonh., Geschichte Griechenlands von den ältesten Zeiten bis zur Zerstörung Korinths. Nebst einem Anhange über die Civilisation, Religion, Literatur und Kunst der Griechen. Mit 131 in den Text gedr. engl. Holzschn. Leipzig 859. Baumgärtner. gr. 8. (XV, 574 S., 1 lith. Plan u. 1 Holzschn.) 2 ℳ

Schmitz, Leonh., Geschichte Griechenlands von den ältesten Zeiten bis zur Zerstörung Korinths. Nebst einem Anhang über die Civilisation, Religion, Literatur u. Kunst der Griechen. 2. (Titel-)Ausg. Leipzig (859)865. (Halle, Buchh. des Waisenhauses.) gr. 8. (XV, 574 S. mit 131 in den Text gedr. engl. Holzschn., 1 Karte in Kpfrst. u. 1 Holzschntaf.) 22½ ngr.; geb. 1 ℳ

Schmitz, Leonh., römische Geschichte, s. Niebuhr, B. G.

Schmitz, Leonh., s. Thiolwell's Geschichte von Griechenland.

Schmitz, Ludolf [aus Burgwaldniel (Rheinprov.)]: Ueber Derivate der Benzilsäure. . . . Bonn, Univ.-Buchdr. v. C. Georgi, 1891; 42 S., 1 Bl. 8°
Bonn, Phil. Fak., Inaug.-Diss. v. 24. Jan. 1891

Schmitz, Ludwig

Schmitz, Ludov. (Jac. Hubert.) (geb. Calcum bei Düsseldorf 5. 4. 1830): De chorea St. Viti. Berolini (1853). (31 S.) 8°
Berlin. Med. Diss. v. 17. Aug. 1853

Schmitz, L., die Eheerfordernisse der Ausländer in Preußen. Praktisches Handbuch f. Standesbeamte, Fragebogen unter Anführg. des ausländ. Eherechts v. 21 verschiedenen Staaten. 2. vollständig neu bearb. u. verm. Aufl. Im Anh.: Die Eheschließg. v. Deutschen im Ausland. gr. 8. (XI, 197 S.) Meiderich 900. (A. Heiland.) n. 3. 50; geb. n. 4. —

Die Eheerfordernisse der Ausländer im Deutschen Reiche, insbes. in Preußen. 3. Aufl. Prakt. Handbuch f. Standesbeamte mit Musterbeispielen u. Nachweisen bearb. von L[udwig] **Schmitz** [&] A[lbert] Wichmann. Meiderich: Selbstverl. von L. Schmitz 1905. (XVIII, 155 S.) 8°
= **Schmitz**: Die Eheschließung im internat. Verkehr. Bd 1. [05. 10011

Die Eheerfordernisse der Ausländer im Deutschen Reiche, insbes. in Preußen. Verb. 3. Aufl. d. Werkes 'Die Eheerfordernisse der Ausländer in Preußen' von L. Schmitz. Prakt. Handbuch f. Standesbeamte m. Musterbeisp. u. Nachweisen bearb. von L[udwig] **Schmitz**, A[lbert] Wichmann. Ausg. 1910. Duisburg-Ruhrort: Daubenspeck & Fastenrath 1910. XVIII, 155 S. 8°
(Schmitz-Wichmann: Die Eheschließung im internat. Verkehr. Bd 1.) [10. 13934

Die Eheschließung im internationalen Verkehr. Hrsg. von L[udwig] **Schmitz**, Standesbeamter, [&] A[lbert] Wichmann, Kanzleirat. 2 Bde. Bd 1. 2. Meiderich: Selbstverl. von L. Schmitz 1905. 2 Bde 8°
1 = Die Eheerfordernisse d. Ausländer im Deutschen Reiche.
2 = Das internat. Eheschließungsrecht u. d. Rechte betr. d. Legitimation unehel. Kinder. [05. 10010

Schmitz, L., u. A. Wichmann, die Eheschliessung im internationalen Verkehr. 2 Bde. gr. 8. Meiderich 905. L. Schmitz. Geb. in Leinw. n n. 9. —

1. Die Eheerfordernisse der Ausländer im Deutschen Reiche, insbesondere in Preussen. III. Aufl. des Werkes „Die Eheerfordernisse der Ausländer in Preussen" von L. Schmitz. Prakt. Handbuch f. Standesbeamte m. Musterbeispielen u. Nachweisen. (XVIII, 155 S.) n.n. 3. —
2. Das internationale Eheschliessungsrecht u. die Rechte betr. die Legitimation unehelicher Kinder. Nachweis der Rechte der einzelnen Staaten. Unter Mitwirkg. v. C. H. P. Inhülsen u. M. P. Jovanović sowie m. güt. Unterstützg. v. Charles Gelbert, Diobouniotis, Ferd. Riegler u. a. bearb. (XVIII, 98 u. 386 S.) n.n. 6. —

— u. A. **Wichmann,** die Eheschliessung im internat. Verkehr. (In 2 Bdn.) 1. Bd. Die Eheerfordernisse der Ausländer im Deutschen Reiche, insbesondere in Preussen. Verb. 3. Aufl. des Werkes „Die Eheerfordernisse der Ausländer in Preussen" v. L. Schmitz. Prakt. Handbuch f. Standesbeamte m. Musterbeispielen u. Nachweisen bearb. Ausg. 1910. (XVIII, 155 S.) gr. 8. Duisburg-Ruhrort, Daubenspeck & Fastenrath. Geb. in Leinw. 4. —

Das internationale Eheschließungsrecht und die Rechte betreffend die Legitimation unehelicher Kinder. Nachweis d. Rechte d. einzelnen Staaten. Unter Mitw. von ... bearb. von L[udwig] **Schmitz** [&] A[lbert] Wichmann. Meiderich: Selbstverl. von L. Schmitz 1905. (XVIII, ⟨98⟩, 386 S.) 8°
= **Schmitz**: Die Eheschließung im internat. Verkehr. Bd 2. [05. 10012

Schmitz, Ludw., aus dem Feldzuge 1870/71. Tagebuchblätter e. 65ers. Hierzu 8 Textskizzen u. 2 Karten in Steindr. gr. 8. (VI, 287 S.) Berlin 902. E. S. Mittler & Sohn. n. 3. 80; geb. in Leinw. n.n. 4. 80

Aus dem Feldzuge 1870/71. Tagebuchblätter. Von Ludwig **Schmitz**, Landger.Präs. 2., durchges. u. erg. Aufl. Hierzu 1 Lichtdr.-Titelbild, 3 Textskizzen u. 1 Karte. Berlin: E. S. Mittler & Sohn 1907. (VI, 325 S.) 8° [F.] [07. 12469

— die Fürsorgeerziehung Minderjähriger. Gesetz vom 2. VII. 1900. Text-Ausg. m. Einleitg. u. ausführl. Erläutergn. gr. 8. (155 S.) Düsseldorf 901. L. Schwann. n. 2. —; geb. in Leinw. n. 2. 50

Die Fürsorgeerziehung Minderjähriger. Preussisches Gesetz v. 2. Juli 1900 u. d. dazu ergangenen Ausführungsbestimmungen sowie die Fürsorge- bezw. Zwangserziehungsgesetze d. übrigen deutschen Bundesstaaten. Text-Ausg. mit Einl. u. ausführl. Erl. von Ludwig **Schmitz**, Landger.-Dir. 2. erhebl. verm. u. erw. Aufl. *Düsseldorf: L. Schwann 1901.* (336 S.) 8° [F.] [01. 5285 10

— dasselbe. Preuß. Gesetz v. 2. VII. 1900 u. die dazu ergangenen Ausführungsbestimmgn., sowie die Fürsorge- bezw. Zwangserziehungsgesetze der übr. deutschen Bundesstaaten. Text-Ausg. m. Einleitg. u. ausführl. Erläutergn. 3., neu durchges. u. ergänzte Aufl. gr. 8. (368 S.) Ebd. 901. n. 4. —; geb. in Leinw. n. 4. 60
2. Aufl. (336 S.) 901. n. 4. —; geb. n. 4. 60.

Schmitz, Ludw., die Fürsorgeerziehung Minderjähriger. Preußisches Gesetz vom 2. VII. 1900 u. die dazu ergangenen Ausführungsbestimmgn., Erlasse, Verfüggn. u. Verordnungen, sowie die Fürsorge- bezw. Zwangserziehungsgesetze der übr. deutschen Bundesstaaten. Text-Ausg. m. Einleitg. u. ausführl. Erläutergn. 4., erheblich erweit. Aufl. (IX, 440 S.) gr. 8. Düsseldorf 908. L. Schwann. 5. —; geb. in Leinw. 6. —

Schmitz, Ludw., Geschichte d. Herrsch. Rheydt, s. a. Chronik, Rheydter, 1. Bd.

[F.] Geschichte der Herrschaft Rheydt. Von Dr. Ludwig Schmitz. *Rheydt: W. R. Langewiesche 1897.* (XVI, 299 S., 9 Taf., 1 Kt., 5 Portr., 1 Facs.) 1 Bd 8.
= **Chronik,** Rheydter. Bd 1. [97. 6309

Schmitz, Ludw. Die preußische Grund-, Gebäude- u. Gewerbe-Steuergesetzgebung u. das preußische Kommunal-Steuerrecht, unter besond. Bezugnahme auf die Lage der Landwirthschaft. Ein Beitrag zur Steuer-Reform. gr. 8. (60 S.) Berl. 890, Puttkammer u. Mühlbrecht. * 1 20

Schmitz, Ludwig: Historiographie und Quellen der deutschen Geschichte bis 1500, s. Jansen, Max.

Schmitz, Ludwig: Inventare ..., s. Schmitz-Kallenberg

Schmitz, Ludwig [aus Mannheim]: Die Carcinome des Gesichts . . . . Würzburg, Köhl & Hecker'sche Buchdr., 1886; 47 S. 8°.
Würzburg, Med. Fak., Inaug.-Diss. v. 1886.

Schmitz, Ludwig, die Carcinome des Gesichts. Diss. Würzburg 1886, Stahelsche Univ.-Buchh. 8⁰. 47 S.

Musterbeispiele zu Eintragungen in die Standesregister sowie zu sonstigen Beurkundungen, Verhandlungen u. Eingaben etc. Prakt. Handbuch f. Standesbeamte von L(udw.) **Schmitz**, Standesbeamter in Meiderich. Im Anh.: Tab. z. Berechnung d. Empfängniszeit. ⟨§§ 1592, 1717 BGB.⟩ *Meiderich & Leipzig: A. Heiland 1903.* (IV, 210 S.) 8° [F.] [04. 3124 5

Musterbeispiele zu Eintragungen in die Standesregister, sowie zu sonstigen Beurkundungen, Verhandlungen und Eingaben etc. Prakt. Handbuch f. Standesbeamte von L[udwig] **Schmitz** in Meiderich. 2., verb. Aufl. Im Anh.: Tab. z. Berechnung d. Empfängniszeit ⟨§§ 1592, 1717 BGB.⟩. Meiderich & Leipzig: Das Standesamt 1903. (V, 210 S.) 8° [F.] [06. 1613

Schmitz, Ludwig: Die Notwendigkeit und Vorteile der Zusammenlegung der Grundstücke für die Eifeler Landwirtschaft. Cöln: Quos (1910). S. 18—22. 8°
Adenau, LWS P 1910** [S 10. 384

Schmitz, Ludw., Personenstand u. Eheschließung in Preußen. Sammlung der darauf Bezug hab. Gesetze, Verordngn., Ministerial-Erlasse u. Entscheidgn. Praktisches Handbuch f. Standesbeamte, deren Aufsichtsbehörden u. f. die Gerichtsbehörden. gr. 8. (124 u. 731 S.) Eberswalde (902). (H. Langewiesche.) n. 7. —; geb. in Leinw. n. 7. 50; in Halbfrz. n. 8. 50

Personenstand und Eheschliessung in Preussen. Sammlung d. darauf Bezug habenden Gesetze, Verordnungen, Ministerial-Erlasse u. Entscheidungen. Prakt. Handbuch. Von Ludwig **Schmitz**. Eberswalde: E. & C. Müller [1902]. (124, 731 S.) 8⁰

Schmitz, Ludwig *Alfons Hubert* [aus Rheydt]: Conrad von Soltau ... Jena, Frommannsche Buchdr., 1891; VI, 91 S. 8.
Leipzig, Phil. Fak., Inaug.-Diss. v. [27. Nov.] 1891

Schmitz, Ludw., das preuß. Staats- u. Kommunal-Steuer-Recht, insbesondere die preuß. Grund- u. Gebäude-Steuer-Gesetzgebg. unter Mitberücksicht. der Steuer-Reform-Vorlage. 2., erweit. Aufl. gr. 8. (89 S.) Berlin 891. Puttkammer & Mühlbrecht. n. 1. 60

Schmitz, L., s. Urkunden des fürstl. Salm-Salm'schen Archives in Anholt.

Wegweiser zum Preussischen Fürsorgeerziehungsgesetz von Ludwig **Schmitz**. Landger.Dir. ⟨Kl. Ausg. d. Fürsorgeerziehung Minderjähriger, 2. Aufl., dess. Verf.⟩ *Düsseldorf: L. Schwann 1901.* (84 S.) 8° [F.] [01. 7181 5

Schmitz, Ludw. Frdr. v., Denkwürdigkeiten aus Soest's Vorzeit. Ein Beitrag zur Cultur- u. Sittengeschichte Westfalens. gr. 8. (VIII, 285 S.) Leipzig 873. Amelang. 4. 50

v. Schmitz, Ludw. Frdr., die Reaction u. die Rückkehr des Prinzen von Preußen. Ein patriot. Wort an seine Mitbürger. gr. 8. (8 S.) Soest 848, Nasse in Comm. 1 1/2 ngr

— Peter Schlinkert, der Seher im Möhnethale. Ein Beitrag zur Geschichte der sogen. westfälischen „Spoikenkieker." gr. 16. (13 S.) Lippstadt 850. (Rempel.) 2 ngr

— zur Verständigung in den Wirren der Zeit. Zunächst seinen lieben westfälischen Landsleuten gewidmet. gr. 8. (11 S.) Soest 848. Nasse in Comm. n. 2 ngr

Schmitz, Luise, die Hütte am Teich. Eine Erzählg. f. die reifere Jugend. 12. (142 S.) Basel 885. Spittler. n.n. — 70

Schmitz, Luise, die Hütte am Teich. Eine Erzählg. f. die reifere Jugend. 2. Aufl. 12. (142 S.) Basel 901. Kober. n. — 70; geb. in Leinw. n. 1. 40

Schmitz, M.

— s.a. Dichter d. Friderician. Zeit.

Schmitz, Dr. M., Dichter der Fridericianischen Zeit und G. E. Lessing's Philotas. 16. (109 S.) Geb. Wien: Tempsky 1898. —.30

Schmitz, M., die Grafen u. Fürsten v. Hohenzollern. Von den ältesten Zeiten bis auf die Gegenwart. gr. 8. (VI, 110 S.) Sigmaringen 895. (C. Liehner.) n. 1. 60

Schmitz, M., aus d. Leben d. englischen Königin Victoria. 4. (46 S. m. 12 Abb.) Coburg 897. Dietz'sche Hofbuchdr. 1. —

Schmitz, M., Polarisationstafel I u. II f. das Soleil-Scheibler'sche Polarisations-Instrument f. beobachtete Dichtigkeiten u. m. Berücksicht. des veränderl. spec. Drehungsvermögens d. Zuckers. (Zeitschrift d. Vereins f. Rübenzuckerindustrie 1880. S. 899.) qu. Fol. Magdeburg 895. A. Rathke. Auf Pappe n. 1. 50

Schmitz, M., De Valeri Flacci dicendi genere quaestiones. Diss. 1872. 44 S.

Schmitz, Frau Maria, s.a. Fabri de Fabris, R. — Harten, Ang.

Schlichte Geschichten. Novelletten u. Skizzen. Von R. Fabri de Fabris [d. i. Maria **Schmitz**]. Kevelar: Butzon & Bercker [1900]. (94 S.) 8° [F.]
— **Vergangenheit**, Aus, u. Gegenwart. Bdch. 62. [07. 1004 5

Lieb und Leid. Geschichten u. Bilder v. R. Fabri de Fabris [d. i. Maria Schmitz]. *Koln a. Rh.: J. P. Bachem [1898].* (3 Bl., 211 S.) 1 Bd 8. [99 4555

Schmitz, Marie, bewährte Kochrezepte f. jeden Haushalt. Ein Ratgeber f. Hausfrauen u. Töchter, auf Grund langjähr. Praxis bearb. (XXIV, 397 S. m. Bildnis.) 8. Frankfurt a/M. 909. F. B. Auffarth. Geb. 3. 80

Schmitz, Matthias. Die Gedichte d. Prudentius u. ihre Entstehungszeit. 1. Tl. gr. 4. (38 S.) Aachen 889. (Lpz., Fock.) * 1 —

Schmitz [Dr.]: Die Gedichte des Prudentius und ihre Entstehungszeit. Erster Teil. Aachen, Druck v. A. Jacobi & Co., 1889; S. 1—38; 4⁰
Aachen, RG, OP 1889 (439)

Schmitz, Mathias [aus Daleiden, Rheinl.]: Über Leistenhoden und deren Behandlung ... Greifswald, Druck v. J. Abel, 1894; 33 S. 8.
Greifswald, Med. Fak., Inaug.-Diss. v. 4. Aug. 1894

Schmitz, Matthias, aus Düren ⟨Rheinl.⟩: **Ueber Oberschenkelfracturen auf Grund von Röntgenaufnahmen.** *Bonn 1901: P. Bieberstein.* (36 S.) 8°
Bonn, Med. Diss. v. 10. Aug. 1901

Schmitz, Matthias [aus Zülpich (Rheinland)]: Zur Technik der Laparotomie. ... Würzburg, Buchdr. J. Seelmeyr, 1891; 31 S. 8⁰
Würzburg, Med. Fak., Inaug.-Diss. v. 1891

Schmitz, Max, s.a. Schmitz-Mancy, Maximilian

Schmitz, Maximilian

Schmitz, Max., Kaiserin Augusta. Ihr Leben u. ihre Bedeutg. f. das deutsche Volk. Mit Titelbild (in Holzschn.). 8. (48 S.) Wolfenbüttel 884. Zwißler. n. — 50; bill. Ausg. — 40

Schmitz, M., Carmen Sylva [Königin Elisabeth von Rumänien] u. ihre Werke. gr. 8. (VIII, 66 S. mit Lichtdr.-Bild.) Neuwied 889. Heuser's Verl. 1. 50
Bildet den 1. Bd. von: Schmitz, M., u. K. Schrattenthal, fürstl. Schriftsteller u. Schriftstellerinnen.

—— Ernst II., Herzog v. Sachsen-Coburg-Gotha, u. sein Werk „Aus meinem Leben u. aus meiner Zeit". 2. vielfach veränd. u. verm. Aufl. gr. 8. (59 S. m. Lichtdr.-Bildniß.) Ebd. 891. * 1 25

Schmitz, Max., Friedrich III. als Prinz, Kronprinz und Herrscher. Der 2. umgearb. Aufl. neue ergänzte Ausg. 8. (V, 112 S. mit Titelbild.) Wolfenbüttel 888, Zwißler. *
geb. *

— Friedrich Wilhelm, Kronprinz des deutschen Reiches u. v. Preußen. Mit Titelbild (in Holzschn.). 8. (54 S.) Ebend. 884. n. — 50; bill. Ausg. — 40

—— Friedrich Wilhelm, Kronprinz des deutschen Reiches und von Preußen. 2. teilweise umgearb. und ergänzte Aufl. 8. (IV, 77 S. mit Titelbild.) Ebendas. 888. *
geb. *

Schmitz, Max. Gerhard von York, mit besonderer Berücksichtigung seines Verhältnisses zu Anselm von Canterbury. 10 S. Rsch. *Crefeld* 1881
Progr.

Schmitz, Maximilian ⟨geb. am 18 Apr. 1856 in Recklinghausen⟩: Die Geschichte der lothringischen Pfalzgrafen bis auf Konrad von Staufen ... Oberhausen, Druck v. A. Spaarmann 1878. 2 Bl., 91 S., 1 Bl. 8.
Bonn, Phil. Fak., Diss. v. 30 Jan. 1878

Schmitz, Max Heinrich I. von England und Anselm von Canterbury in den Jahren 1100—1107. (Die Zeit des englischen Investiturstreits.) 28 S. Progr. Rsch. *Crefeld* 1882.

Schmitz, Maximilian [Dr.]: Die politischen Ideen des Thomas Becket. Crefeld, J. B. Klein'sche Buchdr., *1893*: 3—19 S. 4.
Crefeld, R '(in Umwandlg z. OR)', P 1893 (496)

—— der englische Investiturstreit. Als Anhang: Die Quellen und ihr Abhängigkeitsverhältnis. gr. 8. (VI, 116 S.) Innsbruck 884, Wagner'sche Universitäts-Buchh. * 2 80

—— Fürst Karl Anton von Hohenzollern. Ein Erinnerungsblatt und Mahnruf. gr. 8. (47 S.) Düsseldorf 885, Schwann.
2. Aufl. u. d. T.:

—— Fürst Karl Anton von Hohenzollern und die Bedeutung seiner Familie für die Zeitgeschichte. Zugleich ein Erinnerungsblatt und Mahnruf. 2. umgearb. Aufl. gr. 8. (54 S.) Ebendas. 888.

—— Fürst Karl Anton v. Hohenzollern u. die Bedeutung seiner Familie f. die Zeitgeschichte. Ein geschichtlich-polit. Gedenkblatt. 3. völlig umgearb. Aufl. Mit e. Portr. d. Fürsten in Lichtdr. gr. 8. (V, 94 S.) Ebd. 890. * 2 —

— dasselbe. 4., umgearb. Aufl. gr. 8. (VII, 118 S. m. 1 Bildnis.) Ebd. 893. n. 2. —

— Fürst Karl Anton v. Hohenzollern u. seine Familie. Zur goldenen Hochzeitsfeier entworfen. Mit Titelbild (in Holzschn.). 8. (34 S.) Wolfenbüttel 884. Zwißler.
n. — 50; bill. Ausg. — 40

Schmitz, Max., Prinz Karl von Preußen, der Herrenmeister der Johanniter. Ein Erinnerungsblatt. 8. (38 S. mit Titelbild in Holzschn.) Wolffenbüttel 884, Zwißler. * — 50
Billige Ausg. — 40

—— Luise, Großherzogin von Baden. 8. (31 S. mit Titelbild in Holzschn.) Ebendas. 884. * — 50
Billige Ausg. — 40

—— Quellenkunde der römischen Geschichte bis auf Paulus Diaconus. gr. 8. (128 S.) Gütersloh 881, Bertelsmann. * 2 —

Schmitz, Max. (II.). Reisehandbuch f. die organisierten Buchdrucker Deutschlands, s. Eichler, Conr.

—— u. K. Schrattenthal. Fürstliche Schriftsteller u. Schriftstellerinnen. 2. u. 3. Bd. gr. 8. Ebd. 890. * 2 50
2. Schmitz, M. Ernst II., Herzog v. Sachsen-Coburg-Gotha. Litterarische Skizzen. (30 S. m. Portr. in Lichtdr.) * 1 —.
3. —— Die Werke Oscar's II., Königs v. Schweden u. Norwegen. Eine litterar. Würdigg. (III, 41 S. m. Portr. in Lichtdr.) * 1 50.
Den 1. Bd. bildet: Schmitz, Max. Carmen Sylva (s. o.).

—— Kaiser Wilhelm. Ein Lebensbild. Mit einem Anhang: Wilhelm unser Heldenkaiser. Eine Liedertrias von Ghold. Kreyenberg. 8. (32 S. mit eingedr. Holzschn.) Elberfeld 883, Lucas. * — 40

—— Kaiser Wilhelm I. u. sein schriftstellerisches Eingreifen bei entscheidenden Fragen u. Abschnitten seiner Zeit. gr. 8. (VI, 85 S.) Ebd. 892. 1 50

Schmitz, Michael, aus Wesseling bei Köln: Über das altspanische Poema de José. *Erlangen 1899: F. Junge.* (28 S.) 8° ¶ (Die Fortsetzung erscheint in d. Romanischen Forschungen.) [Vgl. 1897/98 Bonn No 125.]
Bonn, Phil. Diss. v. 30. Juli 1898

Schmitz, Michael: El Poema de José. Spanische Transcription der Morfschen Ausgabe der arabischen Originalhandschrift nebst Untersuchung des Lautwertes der einzelnen Schriftzeichen. *Bonn 1898: C. Georgi.* (6 S.) 8° ¶ [Nur Titelblatt, Vita und Thesen.]
Bonn, Phil. Diss. v. 30. Juli 1898
(Nicht für den Austausch)

Schmitz, Michel: Christliche Sittenpredigen über die fürnehmsten Geheimnissen auf alle Sonn- und Festtage des ganzen Jahrs, nebst Ehren- Leich- und andere Predigen. Augspurg und Würtzburg 1748. 2 Bde. 2°

Schmitz, Michel: Christliche Sitten- und Lehr-reiche Predigen über die fürnehmste Geheimnussen unsers Erlösers Jesu Christi: auf die Fest- und Feyer-Täg der allerseeligsten Jungfrau Mariä, deren zwölff Apostlen, und anderer Heiligen Gottes, so das gantze Jahr hindurch nach Ordnung der Römisch-Catholischen Kirch feyerlich begangen werden. Samt einem Zusatz einiger Ehren-Titular- und Leich-Predigen. Vormahl von der Cantzel dem Christlichen Volck vorgetragen. Nun aber dem Hochwürdigsten Herrn Lothario Friderico de Nalbach, Beeder Rechten Doctorn, Bischoffen zu Emmaus, Weyh-Bischoffen zu Trier ... unterthänigst zugeschrieben. Und zum Nutzen und Gebrauch deren Ehrwürdigen Pfarr-Herren, Seel-Sorgeren und Predigeren zum Druck befürderet. Augspurg und Würtzburg 1748. 387 S. 2°

Schmitz, Mor., humoristische Deklamationen, Schwänke u. Vorträge f. katholische Gesellenvereine, s. a. Gott segne das ehrbare Handwerk.

Humoristische Deklamationen, Schwänke und Vorträge für katholische Gesellenvereine. Hrsg. von Moritz Schmitz. *Paderborn: F. Schöningh 1893.* (107 S.) 8° [F.]
— Gott segne das ehrbare Handwerk. 5. 17,6

Humoristische Deklamationen, Schwänke und Vorträge für katholische Gesellenvereine. Hrsg. von Moritz Schmitz. 2. Aufl. *Paderborn: F. Schöningh 1902.* (107 S.) 8° [F.]
— Gott segne das ehrbare Handwerk! 5. (03. 14,4 6

— Deklamatorium ernster, religiöser u. humoristischer Gedichte u. Vorträge f. katholische Gesellen-, Arbeiter- u. andere Vereine. 12. (208 S.) Regensburg 893. Nationale Verlags-Anstalt. Geb. in Leinw. n. 2. 40

Schmitz, Mor., Deklamatorium ernster, religiöser u. humorist. Gedichte u. Vorträge f. kathol. Gesellen-, Arbeiter- u. andere Vereine. 2., verm. Aufl. 12. (VIII, 312 S.) Regensburg 898. Verlagsanstalt vorm. G. J. Manz. Geb. in Leinw. n. 2. 40

Schmitz, Mor., Deklamatorium ernster, religiöser u. humoristischer Gedichte u. Vorträge f. katholische Gesellen-, Arbeiter- u. andere Vereine. 3. Aufl. (VIII, 312 S.) kl. 8. Regensburg 905. Verlagsanstalt vorm. G. J. Manz. n. 1. 80; geb. in Leinw. n. 2. 40

Vaterländische Gedichte, Deklamationen und Lieder z. Gebr. f. kath. Gesellenvereine. Hrsg. von Moritz Schmitz. *Paderborn: F. Schöningh 1892.* (152 S.) 8° [F.]
= Gott segne das ehrbare Handwerk! 4. [ₒ. 1793

Schmitz, Mor., s. Gott segne das ehrbare Handwerk.

— Toaste, Ansprachen, vaterländische Gedichte, Deklamationen u. Lieder zum Gebrauche f. kathol. Gesellenvereine, s.: Gott segne das ehrbare Handwerk.

Schmitz, Mor., u. C. Antzer, Toaste, Ansprachen u. Lieder f. kathol. Gesellenvereine, s.: Gott segne das ehrbare Handwerk. 1.

Schmitz, N., der katholische Seelsorger u. die Elementarschule. Ein Beitrag zur Lösung der Schulfrage. Köln 870. Bachem. 8. (38 S.) 5 ngr.

Schmitz, O. Die Finanzen Argentiniens. Nach den neuesten amtl. und sonstigen Quellen. gr. 8°. Leipzig, Duncker u. Humblot, 1895.

Schmitz, Oscar (geb. Jülich 26. 7. 1843): Die habituelle Scoliose. Berlin (1869). (32 S.) 8°
Berlin, Med. Diss. v. 5. Aug. 1869

Schmitz, Osc. A. H., Brevier f. Weltleute. Essays üb. Gesellschaft, Mode, Frauen, Reise, Lebenskunst, Kunst, Philosophie. (VIII, 398 S.) 8. München 911. G. Müller. 4.—; geb. 5.—; Luxusausg. 15. —

Oscar A. H. Schmitz. Französische Gesellschaftsprobleme. Berlin: Wedekind & Co. 1907. (200 S.) 8° [07. 3475

Schmitz, Oscar A. H.: Der gläserne Gott. Novellen. Stuttgart, Berlin, Leipzig: Juncker (1906). 243 S. 8°

— — Die Halbmaske. Novellen und Essays. Ebd., Axel Juncker's Verlag, 1903. Gr. 8°. (Mk. 3,50.) (3 Kr., eleg. br., Vict. Eytelhuber, Wien, 1905.)
Inhalt: Die Erziehung des Bacchus. — Wie Phaenychis, die Hetäre, in den Himmel kam. — Gedichte etc.

Halbmaske von Oscar A. H. Schmitz. Stuttgart: Juncker 1903. 242 S. 8° [10. 9001

Schmitz, Osc. A. H., Haschisch. Erzählgn. 8. (V, 101 S.) Frankfurt a/M. 902. Südwestdeutscher Verlag. n. 2. —

— Haschisch. Erzählungen. 2. Aufl. (III, 101 S.) 8. Ebd. (903). n. 2. —

— — Dasselbe. Stuttgart, o. J. (1903). 8°. (2 Mk. J. Taussig, 1903.)

— der Herr der Lebens. 2 Aufzüge. — Die Rächerin. 3 Szenen. Umschlagzeichnung von Agnes Schmitz-Dieterich. (97 S.) 8. Ebd. 905. n. 2. —

— Das andere Ich. 3 Erlebnisse. (VII, 167 S.) kl. 8. München 910. G. Müller. 2.—; geb. 3. —

Schmitz, Oscar A. H., Don Juan, Casanova und andre erotische Charaktere. Berlin, Stuttgart, Leipzig: Axel Juncker's Verlag (c. 1905). Umschlagzeichnung von Alfred Kubin. (Mk. 2.—, gebd. 3,50.)

Schmitz, Oscar A. H.: Don Juan, Casanova und andere erotische Charaktere. Ein Versuch. Stuttgart: Juncker 1906. 88 S. 8°

— Don Juanito. Komödie in 4 Aufzügen. (146 S.) gr. 8. Berlin 908. Verlag Dr. Wedekind & Co. 2.50; geb. n 3.50

— Lothar oder Untergang e. Kindheit. Umschlagzeichnung von Agnes Schmitz-Dieterich. (202 S.) 8. Ebd. 905. n. 3. —

— Orpheus. Lieder des Fahrenden. De profundis. Katafalko. Roma. 4. (127 S.) Berlin (898). [H. Lazarus.] Frankfurt a/M., Südwestdeutscher Verlag. n. 3. —

— der Untergang e. Kindheit. 2. Aufl. Umschlagzeichnung v. Alfr. Kubin. (223 S.) 8. Ebd. 906. n. 3. —

Schmitz, Otto [Ger.-Ass.]: Anstiftung zum Unternehmen der Verleitung zum Meineide. '(§§ 48, 159 St.-G.-B.)' **Ein prakt. Fall ... Köln, Druck v. A. Ahn, 1892; 2 Bl., 23 S. 8.**
Strassburg, Rechts- u. staatswiss. Fak., Inaug.-Diss. v. 1892

Schmitz, Otto, die Bewegung der Warenpreise in Deutschland von 1851 bis 1902, nebst zwei Ergänzgn.: Baukdiskont, Goldproduktion u. Warenpreisstand, der Weizenpreis von 400 v. Chr. bis 1900. Mit 2 Karten in mehrfarb. Steindr. u. 43 farb. Taf. (443 S.) Lex.-8. Berlin 903. F. Siemenroth. n. 12. —; geb. n. 14. —

Schmitz, Otto, a. Steele (Ruhr), Referendar am Kgl. Landgericht zu Essen: Der Gerichtsstand des Erfüllungsortes. Borna-Leipzig 1907: R. Noske. (x, 60 S.) 8° [F.]
Erlangen, Jur. Fak., Ref. Oertmann, Diss. v. 7. Jan. 1908
[Geb. 5. März 83 Steele; Wohnort: Essen; Staatsangeh.: Preußen; Vorbildung: Realgymn. Essen Reife O. 03; Studium: Bonn 1, Münster 5 S.; Rig. 3. Dez. 07.]

Die Opferanschauung des späteren Judentums und die Opferaussagen des Neuen Testamentes. Eine Untersuchung ihres geschichtl. Verhältnisses von Lic. Otto Schmitz, Privatd., Berlin. Tübingen: Mohr 1910. XII, 324 S. 8°
Von d. Berliner theol. Fak. genehmigte Inaug.-Diss. 1909. [10. 15931

Schmitz, Otto, aus Geistenbeck (M.-Gladbach): **Die maritime Politik der Habsburger in den Jahren 1625—1628.** *Bonn 1903: S. Foppen.* (64 S.) 8°
Bonn, Phil. Diss. v. 16. Dez. 1903

Schmitz, Otto, Predigt, zur kirchlichen Trauer-Feier weil. Kaisers Friedrich III. Majestät am 24. Juni 1888 gehalten in der St. Nicolai-Kirche zu Berlin. gr. 8. (14 S.) Berlin 888, (F. Rosenthal.)

Schmitz, Otto, Cand. theol.: Theologische Thesen ... zur Erwerbung des Grades eines Lizentiaten der Theologie ... Berlin (1909): G. Schade. 2 Bl. 4°
Berlin, Theol. Thesen v. 25. Febr. 1909, Ref. Deißmann
[Geb. 16. Juni 83 Hummeltenberg; Wohnort: Berlin; Staatsangeh.: Preußen; Vorbildung: Schulpforta; Studium: Halle 6 S.] [U 09. 7

Schmitz, Otto, exotische Werte. Übersichtliche Darstellg. der Finanzlage, sowie der Handels- u. Wirtschaftsverhältnisse derjenigen fremden Staaten, deren Anleihen an den deutschen Börsen gehandelt werden. 1. Bd. Die Finanzen Mexikos. Nach den neuesten amtl. u. sonst. Quellen. gr. 8. (XII, 224 S.) Leipzig 894. Duncker & Humblot. n. 4 80

Schmitz, Otto, exotische Werte. Uebersichtl. Darstellg. d. Finanzlage, sow. d. Handels- u. Wirtschaftsverhältnisse derjenigen fremden Staaten, deren Anleihen an den deutschen Börsen gehandelt werden. 2. Bd. D. Finanzen Argentiniens. Nach d. neuesten amtl. u. sonst. Quellen. gr. 8. (XII, 267 S.) Ebd. 895. n. 6. — (1. u. 2.: n. 10. 80)

Über Druckmessungen an hydraulischen Geschützbremsen. Ein Beitrag z. Theorie d. Indikatoren. Mit 20 Fig. Von Dr.-Ing. Otto H[einrich] Schmitz, Dipl.-Ing. Berlin: Buntrock 1910. 74 S. 8° [10. 131

Schmitz, Otto Joseph, Referendar: **Die Haftung für Mängel nach § 391 HGB.** Borna-Leipzig 1909: **Noske.** VI, 50 S. 8°
Leipzig, Jur. Diss. v. 7. Juni 1909
[Geb. 24. Nov. 83 Samarang, Java; Wohnort: Dresden; Staatsangeh.: Sachsen; Vorbildung: Kreuz-Gymn. Dresden Reife O. 03; Studium: Freiburg i. B. 1, Leipzig 7 S.; Rig. 2. Febr. 07.] [U 09. 2073

Schmitz, P., Das zweite Buch der Pseudo-Aristotelischen Oekonomika. Pr. 1907. 121 S. 2.—

Schmitz, P., Die Kgl. Gewerbegerichte in der Rheinprovinz. gr. 8°. Düsseldorf 1894.

Schmitz, P., die deutsche Rechtschreibung. Nach den neuesten amtl. Bestimmgn. zusammengestellt. (4 S.) 8. Neuwied (903). P. Kehrein. —10

Schmitz, P., deutsche Rechtschreibung. Übungsstoffe, zusammengestellt u. hrsg. Ausg. f. die Hand der Schüler. (67 S.) kl. 8. Cöln 909. H. Theissing. —30

Schmitz, P., was der Cölner Bürger v. den wichtigsten staatlichen u. kommunalen Einrichtungen wissen soll. Nach den gesetzl. Bestimmgn. bearb. (126 S.) 8. Cöln 910. M. Du Mont-Schauberg. Kart. 1.50

Schmitz, P. F., Schulgrammatik der französ. Sprache mit besond. Rücksicht auf die neuere Grammatik, insbesondere die Becker'schen Lehrbücher. 1. Thl. Formenlehre. gr. 8. (17¼ B.) Frankfurt a. M. 844, Kettembeil.

Schmitz, P. J., die Apotheker-Reform-Frage. Denkschrift zur Motivirg. der vom Verf. dem Reichstage des norddeutschen Bundes eingereichten Petition. 1. u. 2. Aufl. Elberfeld 869. Loewenstein & Co. gr. 8. (VII, 32 S.) n. 10 *ngr.*

Schmitz, P. J., Knospen u. Frühblüthen. (Gedichte). 8. Würzb. 832. (Stahel). 12 ℊ.

Schmitz, Paul = Müller, Dominik [Autorname].

Schmitz, Paul, die Entstehung der preuss. Kreisordng. v. 13. XII. 1872. (77 S.) gr. 8. Berlin (910). W. Weber. 1.60

Schmitz, Paul [aus Düsseldorf]: Aus d. medicin. Klinik in Bonn. Melanoplakie der Mundschleimhaut und Morbus Addisonii ... Bonn, Hauptmann'sche Buchdr., 1897; 29 S., 1 Bl. 8.
Bonn, Med. Fak., Inaug.-Diss. v. [15. März] 1897

Schmitz, Peter (geb. am 6 März 1849 in Euskirchen): Die sympathische Augenaffection ... Bonn, Druck v. C. Georgi 1874. 20 S., 1 Bl. 8.
Bonn, Med. Fak., Diss. v. 7 Aug. 1874

Schmitz, Peter: Die Lage des Lebensmitteldetailhandels in Cöln. Cöln 1906: Cölner Verlagsanstalt & Druckerei A.-G. (74 S.) 8°
Heidelberg, Phil. Fak., Ref. Rathgen, Diss. v. 2. Nov. 1906
[Geb. 31. Okt. 59 Cöln; Wohnort: Cöln; Staatsangeh.: Preußen; Vorbildung: Friedrich-Wilhelms-Gymn. Cöln Reife O. 03; Studium: Bonn 3, Berlin 1, München 1, Heidelberg 2 S.; Rig. 18. Dez. 05.]

Schmitz, Peter, approb. Arzt: Aus d. chirurg. Universitäts-Klinik zu Bonn. Ueber versenkte **Nähte.** *Bonn 1901: J. Trapp.* (31 S.) 8°
Bonn, Med. Diss. v. [27. Apr.] 1901

Schmitz, [illegible] Berolini 1852 [illegible]
Berlin, Med. Diss. v. 12 Nov. 1852

Schmitz, Peter [aus Eupen]: Ueber p-Jodphenylmercaptursäure ... Freiburg i. B., Univ.-Buchdr. v. Chr. Lehmann, 1886; 47 S. 8°
Freiburg i. B., Phil. Fak., Inaug.-Diss. v. 1886.

Schmitz, Peter, über p-Jodphenylmercaptursäure. Diss. Freiburg i. B. 1886, Fr. Wagnersche Univ.-Buchh. 8°. 47 S.

Schmitz, Peter, Referendar, aus Mülheim a. Rh.: **Rechtslage des Schenkers** bei Nichterfüllung des auf die Schenkung gelegten Modus im gem. Recht und BGB. *Bonn a. Rh. 1902: S. Foppen.* (70 S.) 8°
Erlangen, Jur. Diss. v. 8. Juli 1902

Schmitz, Peter, (aus Siegburg): Zur Vorgeschichte des Konkordates von Bourges (1438). Die kirchliche Kollations- u. Besteuerungsfrage in Frankreich in den Jahren 1417—1426. *Münster 1902: Thriening.* (64 S.) 8°
Münster, Phil. Diss. v. (28. Febr.) 1902

Schmitz, Peter Benjamin [approb. Arzt aus Traar bei Crefeld]: Über die Indicationen zur Exstirpation der Strumen ... Würzburg: Becker's Univ.-Buchdr., 1885. 22 S. + 1 Bl. 8°
Würzburg, Med. Fak., Inaug.-Diss. v. 1885.

Schmitz, Peter Benjamin, über die Indicationen der Exstirpation der Strumen. Diss. Würzburg 1885, Stahelsche Univ.-Buchh. 8°. 22 S.

Schmitz, Peter Felix, Referendar in Cöln: Die Höchstbetragshypothek des Bürgerlichen Gesetzbuches. Borna-Leipzig 1907: R. Noske. (VI, 49 S.) 8° [J.]
Leipzig, Jur. Fak., Diss. v. 16. Aug. 1907
[Geb. 21. April 81 Cöln; Wohnort: Cöln-Braunsfeld; Staatsangeh.: Preußen; Vorbildung: Friedrich-Wilhelms-Gymn. Cöln Reife O. 02; Studium: München 1, Bonn 5 S.; Rig. 5. Aug. 05.]

Schmitz, Pet. Jos. Andr., Animadversiones in Isocratis Panathenaïcum spec. I. 4. (6½ B.) Marburgi 835, libr. univ. Elwert.

— s. Canisius, P., kathol. Handbüchlein. — dess. Homilien. — dess. Inbegriff der christl. Lehre.

Schmitz, Peter Jos. Andr., Einleitung in das Studium der allgemeinen Geschichte. gr. 8. (XIV und 96 S.) Regensburg 855, Manz.

– (Hrsg.), s. Enen, Johannes: Kurzer Inbegriff der Geschichte von Trier ...

—— die Kirche in ihren gottesdienstlichen Handlungen. gr. 8. (XV und 401 S.) Freiburg im Br. 856, Herder'sche Vrlgsh.

Schmitz, P. J. A., De locis quibusdam Livii, Sallustii, Thukydidis, Xenophontis. 1832. 19 S. 4°.

—— Oratio I qua ratione deceat juvenes in gymnasiis ad academicas scholas rite adeundas praeparari etc. 8maj. (1½ B.) Fuldae 838. (Ratisbonae, Manz.)

Religion, Kirche, Staat, Liberalismus und Revolution in ihren Beziehungen zu einander. Aus der Geschichte unserer Tage kurz dargestellt von Dr. P. J. A. Schmitz, P. P. der Gesch. — 1849. Ebend. — S. 4 16.
Progr. Regensburg.

Schmitz, Philippus (geb. am 19 Juni 1814 in Ettringen bei Mayen): De meningitide spinali quam vocant circumscriptam ... Bonnae, typ. F. Baaden 1840. 2 Bl., 28 S., 2 Bl. 8.
Bonn, Med. Fak., Diss. v. 22 Dez. 1840

Schmitz, Philipp, die frühen Tage. Verse. (28 S.) 8. Jauer (909). Glogau, Hellmann. 1.—

Schmitz, R., üb. die Opalformation rc. u. die darin vorkomm. Fossilien. gr. 4. Münch. 824. (Franz). 6 ℊ

Schmitz, Reiner, die Therapie des Ulcus corneae serpens. Nach Beobachtgn. aus d. Universitäts-Augenklinik zu Bonn dargest. Mit 26 Fig. im Text. gr. 8. (37 S.) Bonn 897. (C. Georgi.) n. 1.50

Schmitz, Reiner *Anton August* [aus Dortmund]: Aus d. augenärztl. Klinik zu Bonn. Über Vaccine-Ophthalmie ... Bonn, Buchdr. J. Bach Wwe, 1894; 33 S. 8.
Bonn, Med. Fak., Inaug.-Diss. v. [24.] Febr. 1894

Schmitz, Reinhard [approb. Arzt aus Regensburg]: Ueber Bandkeratitis ... München: Druck der F. S. Hübschmann'schen Buchdr. (E. Lintner), 1886. 23 S. 8°
München, Med. Fak., Inaug.-Diss. v. 1886.

Schmitz, Reinhard, über Bandkeratitis. Diss. München 1886, A. Buchholz. 8°. 23 S.

Schmitz, Rich. Altes u. Neues üb. Bad Neuenahr u. seine Umgebung. gr. 16. (69 S.) Ahrweiler 892. (Bonn, F. Cohen.) * — 80

Schmitz, Richard, Apotheker aus Rheinbach: Aus dem Institut für medizinische Chemie und Pharmakologie der Universität Bern. Über Ausscheidung und Bestimmung des Chinins in Harn und Fäces. Bonn 1906. 38 + 2 S. 8°. [19. VII. 06.]
Bern. Phil. Diss. 1905/1906.

Schmitz, Richard. Über Ausscheidung und Bestimmung des Chinins in Harn und Fäces. Diss. Phil. Bern. *Kopftitel:* Aus dem Institut für medizinische Chemie und Pharmakologie der Universität Bern. 39 S. 8. Bonn, Carl Georgi, 1906.

Schmitz, Richard, a. Rheinberg: Aus d. gynäkol. Klinik d. Univ. Gießen. Die Behandlung grosser Abdominalhernien mit dem Pfannenstiel'schen Fascienquerschnitt. Greifswald 1907: H. Adler. (33 S.) 8°
Gießen, Med. Fak., Ref. Pfannenstiel, Diss. v. 26. Sept. 1907
[Geb. 11. April 82 Rheinberg; Wohnort: Rheydt; Staatsangeh.: Preußen; Vorbildung: Gymn. Coesfeld i. W. Reife O. 02; Studium: Kiel 1, Marburg 4, Freiburg i. B. 2, Berlin 1, Gießen 2 S.; Coll. 15. Mai 07; Approb. 15. Juni 08.]

Schmitz, Rich., Erfahrungen über Bad Neuenahr. 8. (32 S.) Ahrweiler 868. (Bonn, Henry.) *

Schmitz, Rich., Erfahrungen über Bad Neuenahr. 3. Aufl. 8. (32 S.) Ahrweiler 882. (Bonn, Hochgürtel.) * — 80
2. Aufl. war nicht im Handel.

Schmitz, Rich., Erfahrungen über Bad Neuenahr. 5. Aufl. 8. (39 S.) Ahrweiler 886. (Bonn, Hochgürtel.) *

—— Prognose u. Therapie der Zuckerkrankheit nach eigenen Erfahrungen. gr. 8. (56 S.) (Ebd.) 892. * 1 —

Schmitz, Rich. (geb. Burg-Waldniel im Rheinl. 7. 2. 1840): Symbola ad uteri inversi exstirpationem. Berolini (1865). (32 S.) 8°
Berlin, Med. Diss. v. 19. Juli 1865

Schmitz, Richard [!] (geb. am 26 Nov. 1834 in Stift Keppel bei Siegen): De trachomate ... Bonnae, typ. F. Krveger (1861). 31 S., 2 Bl. 8.
Bonn, Med. Fak., Diss. v. 9 Aug. 1861

Schmitz, Rich. Advt., die französ. Dichtkunst, durch klass. Beispiele erörtert. gr. 8. Cöln 827. Pet. Schmitz. 1 ₰ 6 ℛ

— üb. die Grundsätze d. Sprache, Schreibart u. Dichtkunst der Franzosen. 3 Abtheill. 8. Münst. 789. Theissing. 1 ₰ 6 ℛ

— s. L. Düren, Geschichte d. Preuß.-Brandenburg. Staats.

Schmitz, Robert, aus Viersen (Rheinprovinz): Über die Bedeutung der Eröffnung neuer Collateralbahnen auf operativem Wege bei Stauung und Pfortaderkreislauf. *Greifswald 1899: H. Adler.* (34 S.) 8°
Greifswald, Med. Diss. v. 7. März 1899

Schmitz, Robert, approb. Arzt aus Geistingen a. d. Sieg: Aus d. kgl. chirurg. Universitätsklinik zu Bonn. Ein Fall von Polyposis recti mit maligner Degeneration. *Bonn 1904: E. Eisele.* (33 S.) 8°
Bonn, Med. Diss. v. 27. April 1904

Schmitz, Robert [aus Köln]: Aus d. chirurg. Klinik zu Bonn. Ueber Genitaltuberculose .... Bonn, Jos. Bach Wwe., Buch- u. Steindr., 1888; 20 + 1 S. 8°
Bonn, Med. Fak., Inaug.-Diss. v. 21. März 1888

Schmitz, Rob. (geb. Viersen im Rheinl. 25. 2. 1844): Der Klumpfuss (pes varus) und seine Behandlung. Berlin (1867). (39 S.) 8°
Berlin, Med. Diss. v. 30. Juli 1867

Schmitz, Rob., über den gegenwärt. Stand der Perityphlitis-Frage, insbes. üb. den günstigsten Zeitpunkt des operat. Einschreitens, s. a. Klinik, Berliner.

Über den gegenwärtigen Stand der Perityphlitis-Frage, insbes. über d. günstigsten Zeitpunkt d. operativen Einschreitens. (Aus d. chirurg. Abt. d. Elisabeth-Krankenhauses zu Berlin...) Von Dr. Robert Schmitz, 1. Assistenzarzt. Berlin: Fischer 1905. (50 S.) 8°
= Klinik, Berliner. H. 203. (05. 3600

SCHMITZ, Severin v., Wiens Schandsäulen. Wien, A. Eurich im Sept. 1848. Gr. 8°. 20 S. (In Wien, Stadtbibl.)
Sehr selten! (3 fl. öst. Gilhofer & Ranschburg, Wien,

— — Dasselbe. 2. Aufl. Ibid. eod. a. 8°. (6 Mk. H. Barsdorf, Berlin, c. 1902.)

SCHMITZ, SIMEON O. F. M. Conv.: Die allerbesten Gebether welche von Ihro päbstlichen Heiligkeit Pius VI. erklärt und ausgelegt worden, zum nützlichen Gebrauch bey der heiligen Mess und bey Empfangung der heiligen Sakramenten, aus dem Italienischen übersetzt von P. Simeon Schmitz vom Orden des heiligen Franciscus der Minoriten und deutschem Beichtvater bey St. Peter im Vatican. Pest 1784.

- Dass. Neusohl 1785: Johann Joseph Tumler. 77 S. - 160 mm
- Dass. Pest u. Ofen 1788: J. M. Weigand. 70 S. - 16°
- Dass. Tyrnau 1797: Wenzel Jelinek. 71 S. - 8°
- Dass. Oedenburg o. J.: Joh. Jos. Sieß. 93 S. - 16°
- Dass. Ofen 1800: Landerer. 48 S. - 170 mm
- Dass. Pesth 1806. Gedr. bey Mathias Trattner. 72 S. - 120 mm

Schmitz, Suitbert Thdr., adnotationes ad Bionis et Moschi carmina. Dissertatio philolog. Monasterii 856. (Wundermann.) gr. 8. (VI, 78 S.) n. 10 ngr

Schmitz, Theodor: Die Sechstakter in der altenglischen Dichtung. Halle a. S. 1909: Karras. 76 S. 8° ¶(Ersch. vollst. in: Anglia. Bd 33.)
Bonn, Phil. Diss. v. 14. Aug. 1909, Ref. Trautmann
[Geb. 10. April 86 Cöln; Wohnort: Bonn; Staatsangeh.: Preußen; Vorbildung: Wöhler-Realgymn. Frankfurt a. M. Reife O. 05; Studium: Bonn 3, Nancy 1, Bonn 7 S.; Rig. 26. Mai 09.] [U 10. 417

Schmitz, Thomas

— jus canonicum universum, III Tmi. ibid. 740.

Schmitz, Thom.: Jus canonicum universum. T. I—III. *Frcf.* 754. 4.

Schmitz, Thom.: Medulla juris canonici secundum titulos in quinque libris decretalium Gregorii P. IX. contentos. T. 1—3. Coloniae Agripp. 1740. 3 Bde

Schmitz, W.: Die Feier der Eröffnung des Kaiser-Wilhelm-Gymnasiums. 14 S.— Köln K. W. G., Progr. 1872.

—— u. J. Schmitz. Grammatik der deutschen Sprache f. Lehrerbildungsanstalten u. f. die unteren u. mittleren Klassen höherer Lehranstalten. Bearb. u. m. Übungsaufgaben versehen. 8. (XIX, 285 S.) Ebd. 889. * 2 —; geb. ** 2 35

—— Kommentar zu dem Unterricht üb. das heilige Meßopfer. In Fragen u. Antworten f. Schule u. Christenlehre bearb. kl. 12. (VIII, 79 S.) Ebd. 890. * — 40; cart. ** — 45

Schmitz, W. Das heilige Meßopfer. In Fragen u. Antworten f. die reifere Jugend. Ein Büchlein, das auch Erwachsene m. Nutzen lesen können. kl. 12. (VII, 88 S.) Freib. i. Br. 890, Herder. * — 25 cart. ** — 30; geb. * — 40

—— Unterricht üb. das heilige Meßopfer. In Fragen u. Antworten f. Schule u. Christenlehre bearb. kl. 12. (VIII, 38 S.) Ebd. 890. * — 20; cart. ** — 25

Schmitz, W. H., **Eisenbahn-Frachtentarif f. den Übersee-Verkehr, bearb. f. Nord-, West, Mittel- u. Ost-Deutschland im Verkehr m. den Seehäfen: Amsterdam, Rotterdam, Antwerpen, Bremen, Danzig, Emden, Hamburg, Kiel, Königsberg, Lübeck, Rostock, Stettin u. Warnemünde, ausserdem f. das rheinisch-westfäl. Industrie-Gebiet im Verkehr m. den Rheinhäfen: Cöln-Deutz, Cöln-Hafen, Crefeld-Linn, Düsseldorf-Hafen (rechtsrheinisch), Duisburg-Hafen, Duisburg-Hochfeld Nord u. Süd, Neuss (Düsseldorf-Heerdt, linksrheinisch) u. Ruhrort-Hafen. Unter Mitwirkg. bewährter Tarifbeamten auf Grund amtl. Materials zusammengestellt u. hrsg.** (482 S.) Lex. 8. Düsseldorf (910). Rheinische Buchdr. W. H. Schmitz.
Geb. in Leinw. 16.—

Schmitz, Walter: Regelung der Arbeitszeit und Intensität der Arbeit. Rostock 1910: (Lippert, Naumburg a. S.). 160 S. 8° ¶(Aus: Archiv f. exakte Wirtschaftsforsch. Bd 3, H. 2.)
Rostock, Phil. Diss. v. 1. März 1910, Ref. Ehrenberg
[Geb. 27. Jan. 86 Rostock; Wohnort: Rostock; Staatsangeh.: Mecklenburg-Schwerin; Vorbildung: Gymn. Rostock Reife O. 06; Studium: Rostock 3, München 1, Heidelberg 1, Rostock 4 S.; Rig. 23. Febr. 10.] [U 10. 3977

Schmitz, Wilh., der Aquarienliebhaber. Kurzer Leitfaden zur Einrichtg. u. Erhaltg. e. schönen u. zweckmäß. Aquariums. (III, 43 S. m. 22 Abbildgn.) Lex.-8. Dresden 904. (H. Schultze.) Leipzig. Antiquariat C. Köhler. 1.—

Schmitz, Wilhelm: Alcuins Ars grammatica, die lateinische Schulgrammatik der karolingischen Renaissance. Ratingen 1908: Brehmen. 86 S. 8°
Ratingen, st. PG OP 1908 (603) [S 08. 418

Schmitz, Wilhelm, a. Kirchherten (Rhld.): **Alcuins ars grammatica, die lateinische Schulgrammatik der karolingischen Renaissance.** Ratingen 1908: P. J. Brehmen. (86 S.) 8°
Greifswald, Phil. Fak., Ref. Bernheim, Diss. v. 29. April 1908
[Geb. 29. April 81 Kirchherten (Rheinprovinz); Wohnort: Ratingen b. Düsseldorf; Staatsangeh.: Preußen; Vorbildung: Gymn. Neuß Reife O. [illegible]; Studium: Bonn 5, Greifswald 4 S.; Rig. 21. Dez. 07.]

Schmitz, Wilh., **Beiträge zur lateinischen Sprach- und Literaturkunde.** gr. 8. (X, 330 S. mit 2 lithogr. Taf.) Leipzig 877, Teubner. *

Schmitz, Wilh., s.: Commentarii notarum tironianarum.

Schmitz, Wilh.: Der Einfluß der Religion auf das Leben beim ausgehenden Mittelalter, besonders in Dänemark, s.a. Stimmen aus Maria=Laach.

Schmitz, Wilh., Der Einfluß der Religion auf das Leben beim ausgehenden Mittelalter, besonders in Dänemark. Freiburg, Herder, 1894. 8°. VIII, 160 S., 2,20 Mk. (61. Ergänzungsheft zu den Stimmen a. M.-Laach.)

Schmitz, Wilhelm: Über die Einwirkung von Diazomethan auf aromatische Nitrosoverbindungen. *Strassburg i. E. 1898: C. & J. Goeller.* (43 S.) 8°
Tübingen, Naturw. Diss. v. 1898

Schmitz, Wilhelmus (geb. am 6 März 1809 in Beuel bei Bonn): De ossium metacarpi exarticulatione ... Bonnae, typ. F. Baadeni (1836). 2 Bl., 32 S., 1 Bl. 8.
Bonn, Med. Fak., Diss. v. 21 Juli 1836

Schmitz, Wilhelm [Dr., Dir.]: Die Feier des fünfundzwanzigjährigen Bestehens der Anstalt. Köln, gedr. bei J. P. Bachem, Verlagsbuchh. u. Buchdr., 1894; 1—13 S. 4.
Köln, k. Kaiser Wilhelm-G, OP 1894 (434)

Schmitz, Wilh., Führer durch die Domkirche in Eichstätt. 12. (32 S.) Eichstätt 894. Ph. Brönner. n. — 30

Schmitz, Wilh. (I.), vollständiges Gebet- und Andachtsbuch. 8. (VIII und 360 S. mit 1 Chromolithogr.) Cöln 866, Frühbuß.
In Leder geb. mit Goldschn. *

Schmitz, Wilh., die bemalten romanischen Holzdecken im Museum zu Metz (les plafonds peints du musée de Metz.) Mit 6 Taf. u. Text-Abb. [Erweit. Sep.-Abdr. aus „Ztschr. f. christl. Kunst".] hoch 4. (16 Sp.) Düsseldorf 897. (L. Schwann.) n. 3.—

Schmitz, Wilh., die Kirchenordnung f. d. evangel. Gemeinden d. Provinz Westphalen u. d. Rheinprovinz v. 5. März 1835 mit einigen kirchenrechtl. Erläutern. u. e. Einleit.: Ueber d. Verhältniß d. Kirche z. Staate. gr. 8. ($21\frac{1}{4}$ B.) Berlin 837, Dümmler.

SCHMITZ, Wilh.: **Die Kirchentrennung für die evangel. Gemeinden der Prov. Westphalen u. d. Rheinprov. vom 5. März 1835 mit einigen kirchenrechtl. Erläuterr. u. ein. Einl. über das Verhältniss der Kirche zum Staate.** *Berlin*, Dümmler. 837. gr. 8. (1 Thl. 12 Gr.)

Schmitz, Wilh., Franciscus Fabricius Marcoduranus. [1527—1573.] Ein Beitrag zur Geschichte d. Humanismus. gr. 8. (71 S.) Köln 871. Du Mont-Schauberg. n. 1. 50

Die mittelalterlichen Metall- und Holz-Türen Deutschlands, ihr Bildwerk u. ihre Technik. Mit 73 Taf. u. 65 Text-Ill. Hrsg. von Wilhelm **Schmitz**, Dombaumeister. Trier: Schaar & Dathe 1905. (39 S., 73 Taf.) 4°

Schmitz, Wilh., s.: **Miscellanea Tironiana.**

Schmitz, Wilh., **die Misch-Mundart in den Kreisen Geldern (südl. Tl.), Kempen, Erkelenz, Heinsberg, Geilenkirchen, Aachen, Gladbach, Krefeld, Neuss u. Düsseldorf, sowie noch mancherlei Volkstümliches aus der Gegend. Für Freunde deutscher Volkskunde, insbesondere f. die Lehrer obiger Kreise beleuchtet u. zusammengestellt.** gr. 8. (212 S.) Dülken 894. F. W. Kugelmeier. n. 1. 80; geb. in Calico n.n. 2. 50

Schmitz, Wilh. Mitteilungen aus den Akten der Universität Cöln. I. 18 S. Erste Fortsetzung. S. 19—36. Zweite Forts. S. 37—52. Dritte Forts. S. 53—68.
Progr. K. Wi. G. *Coln* 1878. 1879. 1882. 1883.

Schmitz, W., s. **Monumenta** tachygraphica codicis Parisiensis latini 2718.

Schmitz, Wilh., **der mittelalterliche Profanbau in Lothringen. Zusammenstellung der noch vorhandenen Bauwerke aus der Zeit vom XII. bis zum XVI. Jahrh. In Abbildgn. u. kurzer Beschreibg. mitgeteilt.** Fol. 81 Steindr.-Taf. m. XIII, 23 S. Text.) Düsseldorf (899). F. Wolfrum. In Leinw.-Mappe n. 40. —

[illegible]) **Schmitz,** Wilh., mittelalterl. Profanbau. 899. (KBl. 32.) Jetzt: Leipzig, Baumgärtner. Erm. Pr. 24. —

Schmitz, W., De **aspiratarum graecarum latinarumque pronuntiatione.** Pr. 20 S. 4°.

Schmitz: De aspiratarum Graecarum Latinarumque pronuntiatione. 20 S.— Düren, Progr. 1865.

Schmitz, Gvilelmvs (geb. am 2 Aug. 1828 in Kalkum bei Düsseldorf): Qvaestiones orthoepicae latinae. Part. I [*un.*] ... Bonnae, form. I. F. Carthavsii 1853. 1 Bl., 5—30 S., 1 Bl. 8. ¶ Wieder abgedr. in des Verf. Beiträgen z. lat. Sprach- u. Literaturkunde 1877 No I.
Bonn, Phil. Fak., Diss. v. 18 März 1853

Das Rosenkranzgebet im 15. und im Anfange des 16. Jahrhunderts. Von Wilhelm **Schmitz**. Freiburg i. Br.: Herder 1903. VI, 113 S. 8°

— **Schriftsteller u. Buchhändler in Athen u. im übrigen Griechenland.** gr. 8. (58 S.) Heidelberg 876. C. Winter. n. 1. 60

Schmitz. Studia orthoepica et orthographica Latina. 16 S.
Düren, Progr. 1860

Schmitz. W.. Studien zu d. Tiron. Noten. S.-A. 1879. 18 S.

Schmitz. W. Studien zur latein. Stenographie: Notae Bernenses. S.-A. 107 S.

— Studien zur lat. Tachygraphie. I. Pr. 1880. 8 S. u. 2 Taf. 4°.
— — II. Pr. 1881. 9 S. u. 1 Taf. 4°.

Schmitz, Wilh. Studien zur lateinischen Tachygraphie. 8 S. u. 2 Taf. 9 S. u. 1 Taf. **Progr.** K. Wi. G. *Cöln* 1880. 1881

Schmitz, Wilhelm, a. Köln: Studien über das Verhalten der o-Diketone und den Diketoadipinsäurediaethylester. Hildesheim 1904: A. Lax. (46 S.) 8°
Göttingen, Phil. Fak., Ref. Wallach, Diss. v. 25. Febr. 1905
[Geb. 14. Mai 79 Köln; Wohnort: Köln; Staatsangeh.: Preußen; Vorbildung: Realgymn. Quakenbrück M. 98; Studium: München 6, Göttingen 6 S.; Rig. 13. Juli 04.]

Schmitz, Wilhelm, appr. Arzt a. Düsseldorf: Aus d. med. Klinik d. Universität Bonn. Zur Therapie der Ascaridiasis mit Ol. Chenopodii anthelminthici. Bonn 1908: F. Eisele. (40 S.) 8°
Bonn, Med. Fak., Ref. Schultze, Diss. v. 22. Juni 1908
[Geb. 17. Dez. 80 Düsseldorf; Wohnort: Düsseldorf; Staatsangeh.: Preußen; Vorbildung: Gymn. Krefeld Reife O. 01; Studium: Bonn 5, München 1, Würzburg 2, Bonn 2 S.; Coll. 30. Jan. 08; Approb. 1. Juni 08.]

Schmitz, Wilh., Vertrauen in Gott. Vollständiges Gebet- u. Andachtsbuch. Köln 860. Bollig. (Frühbuß.) 16. (IX, 558 S. u. 1 Stahlst.) n. 20 ngr.; Velinp. n. 27 ngr.; Pracht-Ausg. in 8. n. 1 ₰ 10 ngr.

Schmitz, Wilhelm [aus Hänscheid]: Über den Vorvertrag bei den Konsensualkontrakten ... Köln, Druck v. H. Theissing, 1895; VI, 35 S. 8.
Erlangen, Jur. Fak., Inaug.-Diss. v. Juli 1895

Schmitz, Wilh., politische Zustände u. Personen in Saarbrücken in den J. 1813, 1814 u. 1815 bis zur Vereinigung des Saarbrücker Landes mit Preußen den 30. Novbr. 1815. Saarbrücken 865. Möllinger. gr. 8. (42 S.) n. 12 ngr.

Schmitz, Wilhelm, Gerichtsassessor a. Wesel: Die Zwangsvollstreckung in das Recht des Mieters auf Gewährung des Gebrauchs der Mietsache. Voraussetzung, Form und Wirkung. Rostock 1904: Adlers Erben. (XIV, 83 S.) 8°
Rostock, Jur. Fak., Ref. Wachenfeld, Diss. v. 15. Dez. 1904
[Geb. 15. Nov. Wesel a. Niederrhein; Wohnort: Wesel; Staatsangeh.: Preußen; Vorbildung: Domsch. Güstrow i. M. Reife O. 96; Studium: Rostock 4, Berlin 2 S.; Rig. 27. Juli 04.]

Eisenbahn-Frachtentarif für den Übersee-Verkehr, bearb. für Nord-, West-, Mittel- und Ostdeutschland im Verkehr mit den Seehäfen ... außerdem f. d. rheinisch-westfäl. Industrie-Gebiet im Verkehr mit den Rheinhäfen ... Unter Mitw. bewährter Tarifbeamten, auf Grund amtl. Materials zsgest. u. hrsg. von W[ilhelm] H[ubert] Schmitz. Düsseldorf: Schmitz [1909]. 432 S. 4°(8°) [10. 3282

Schmitz, W(ilhelm) Hubert, Direktor d. Kgl. Lehrerseminars in Kempen: Die ethische Grundlegung der Pädagogik Herbarts. Kempen-Rhein 1908: Thomas-Druckerei, G. m. b. H. (73 S.) 8°
Bonn, Kath.-theol. Fak., Ref. Kellner, Diss. v. 6. März 1908
[Geb. 4. Febr. 63 Hörnen; Wohnort: Kempen a. Rh.; Staatsangeh.: Preußen; Vorbildung: Gymn. Rheine Reife O. 92; Studium: Bonn 7 S.; Rig. 16. Dez. 07.]

Schmitz-Auerbach, Isenader v. Georg Horn, ein deutscher Geschichtschreiber. Ein Beitrag zur Geschichte der deutschen Historiographie des XVII Jahrh. 32 S. **Progr.** G. *Karlsruhe* 1880.

Schmitz-Aurbach, C. A. v., Namen- und Sachregister zu: Dittmar, H., die Geschichte der Welt, s. Dittmar, H.

Schmitz-Aurbach, K. A. Fr. von

—— der Wortstände Genesis. gr. 8. (1½ B.) Heidelberg 840, C. F. Winter. *

v. Schmitz-Aurbach, K. A. Fr., siehe: Inschriften, zwei deutsche.

Schmitz-Aurbach, K. A. Fr. v., eines Laien Welt-Dialektik. In drei eleusin. Dialogen. gr. 12. (9 B.) Mannheim 841, Götz. *

Schmitz-Aurbach, Therese v., Leitfaden der französischen Sprache für höhere Mädchenschulen. Nach der analyt. Methode bearb. 1.—3. Schuljahr. gr. 8. Karlsruhe, Bielefeld's Verlag. [1. Schuljahr. (32 S.) 885. * 30 Pf.; 2. Schuljahr. (48 S.) 884. * 45 Pf.; 3. Schuljahr. (72 S.) 885. * 70 Pf.] cart. * 1 45

Schmitz-Aurbach, Therese v., Leitfaden der französischen Sprache für höhere Mädchenschulen. Nach der analyt. Methode bearb. 4. Schuljahr. gr. 8. (135 S.) Karlsruhe 886, Bielefeld's Verlag. geb. *
1.—3. Schuljahr. Ebendas. 1884,85. cart. * ℳ 1.45.

Schmitz-Aurbach, Th. v. Leitfaden der französischen Sprache. Nach der analyt. Methode bearb. 5 Tle. gr. 8. Karlsr., Bielefeld's Verlag. [1. Tl. 2. Aufl. (48 S.) 889. cart. * — 50; 2. Tl. 2. Aufl. (72 S.) 891. cart. * — 65; 3. Tl. 2. Aufl. (132 S.) 891. cart. * — 75; 4. Tl. 2. Aufl. (132 S.) 892. geb. * 1 50; 5. Tl. (IV, 108 S.) 891. geb. * 1 50.] cart. u. geb. * 4 90

Schmitz-Aurbach, Th. v., Leitfaden der französischen Sprache. Nach der analyt. Methode bearb. 1.—4. Tl. gr. 8. Karlsruhe, J. Bielefeld's Verl. Kart. n. 3. 40
1. 3. Aufl. (48 S.) 894. n. — 50. — 2. 2. Aufl. (132 S.) 891. n. — 65. — 3. 2. Aufl. (88 S.) 891. n. — 75. — 4. 2. Aufl. (132 S.) 892. n. 1. 50.

Schmitz-Aurbach, Th. v., Leitfaden der französischen Sprache. Nach der analyt. Methode bearb. 2. Tl. 3. Aufl. gr. 8. (III, 84 S.) Karlsruhe 896. J. Bielefeld's Verl. Kart. n. — 75

Schmitz-Aurbach, Th. v., Leitfaden der französischen Sprache. Nach der analyt. Methode bearb. 1. u. 3. Tl. gr. 8. Karlsruhe, J. Bielefeld. Kart. n. 1. 30
1. 4. Aufl. (60 S.) 899. n. — 50
3. 3. Aufl. (96 S.) 898. n. — 80

—— Vorübung zum Leitfaden der französischen Sprache. Für die Hand d. Lehrers. 8. (14 S.) Ebd. 892. Unentgeltlich

Schmitz-Dumont, O., die Bedeutung der Pangeometrie. Mit Bezug auf den Aufsatz: „Ueber den Ursprung u. die Bedeutung der geometrischen Axiome, von Helmholtz, Berlin, April 1876". Mit Holzschnitt im Text. gr. 8. (47 S.) Heidelberg 877. Weiss' Verl. n. 1. 20

Schmitz-Dumont, die Bedeutung der Pangeometrie. Mit Bezug auf den Aufsatz: „Ueber den Ursprung und die Bedeutung der geometrischen Axiome, von Helmholtz, Berlin, April 1876". gr. 8. (47 S. mit Holzschn. im Text.) Leipzig 877, Koschny. *

Schmitz-Dumont, O., die Einheit der Naturkräfte und die Deutung ihrer gemeinsamen Formel. gr. 8. (IV, 168 S. mit 5 lithogr. Fig.-Taf.) Berlin 881, C. Duncker. * 4 —

—— die mathematischen Elemente der Erkenntnisstheorie. Grundriss einer Philosophie der mathemat. Wissenschaften. gr. 8. (XV, 452 S.) Berlin 878, C. Duncker. *

Schmitz-Dumont. Lichtäther u. elektrische Welle. Eine Weiterführg. der Maxwell'schen Mediumtheorie. Mit 2 Fig.-Taf. gr. 8. (23 S.) Dresd. 890, Höckner Sep.-Cto. * 1 50

Schmitz-Dumont, O., Naturphilosophie als exakte Wissenschaft. Mit bes. Berücksicht. der mathemat. Physik. gr. 8. (XIII, 434 S. m. 4 Taf.) Leipzig 895. Duncker & Humblot. n. 12. —

Schmitz-Dumont, Zeit u. Raum in ihren denknothwendigen Bestimmungen abgeleitet aus dem Satze d. Widerspruchs. I. gr. 8. (84 S.) Leipzig 875. Koschny. n. 2. —

Schmitz-Dumont, Winny [aus Los Angeles, Californien]: Ueber die sogenannten Arsenvanadinsäuren und ihre Verbindungen. . . . Berlin, A. W. Schade's Buchdr., 1891; 57 S. 8°
Berlin, Phil. Fak., Inaug.-Diss. v. 23. [statt 24.] Febr. 1891

Schmitz du Moulin, Muhammed Adil, im wilden Europa. 2.—5. Aufl. (Neue [Titel-] Ausg. v. „Ritter des Lichtes, 1. Bd.") (XII, 173 S.) 8. Leipzig [903] (908). Konstantinopel, Eden-Verlag. (Nur direkt.) 1. 50

— Geheimnisse v. 1870 u. 1907. (63 S.) 8. Ebd. 907. 1. —

— Der Geist des Orients. 2.—9. Aufl. (Neue [Titel-] Ausg. v. „Ritter des Lichtes, 5. Bd.") (XXXVI, 304 S.) 8. Ebd. [905] (908). 4. —

— Modernes Heidentum. 2.—9. Aufl. (Neue [Titel-] Ausg. v. „Ritter des Lichtes, 3. Bd.") (XII, 316 S.) 8. Ebd. [904] (908). 3. —

Schmitz du Moulin, Muhammed Adil, Ritter des Lichtes. 1.—5. Bd. 8. Leipzig, R. Uhlig. n. 18. 50
1. **Keine Rasse! Keine Klasse! Brüder alle!** (XI, 173 S.) Neuwied (903). n. 2. 50
2. **Der Islam, d. h. die Ergebung in Gottes heiligen Willen.** (XI, 285 S.) (904.) n. 4. —
3. **Die Greuel der Verwüstung.** (IV, 316 S.) (904). n. 4. —
4. **Islambul, d. h. die Stadt des Glaubens.** (IV, 314 S.) (904.) n. 4. —
5. **Im Haram od. Beit-ul Mukadis d. h. im hl. Tempel zu Jerusalem.** (XXXVI, 304 S.) (905.) n. 4. —

Die Urheimat unserer Väter. Von M(uhammad) A(dil) **Schmitz du Moulin.** 1.–5. Taus. Leipzig: Teutonia-Verl. (1907). (XVI, 217 S.) 8° [F.] 1e8. 1555

— Die Urheimat unserer Väter. 1.—5. Taus. (XVI, 218 S. m. Abb.) 8. Ebd. (908). 3. 60

— Die Wahrheit üb. oriental. Frauenleben. 2.—9. Aufl. (Neue [Titel-] Ausg. v. „Ritter des Lichtes, 4. Bd.") (IV, 314 S.) 8. Ebd. [904] (908). 3. —

— Das Wesen des Islam. 2.—9. Aufl. (Neue [Titel-] Ausg. v. „Ritter des Lichtes, 2. Bd.") (XII, 285 S.) 8. Ebd. [904] (908). 3. —

Schmitz-Kallenberg, Ludw., s.: Festgabe, enth. vornehmlich vorreformator. Forschungen, Heinrich Finke gewidmet.

Schmitz, L., Inventare der nichtstaatlichen Archive des Kreises Ahaus bezw. Borken, s. a. Veröffentlichungen der histor. Kommission der Prov. Westfalen.

Inventare der nichtstaatlichen Archive des Kreises Ahaus. Bearb. von Dr. L[udwig] Schmitz, Privatd. zu Münster. Münster i. W.: Aschendorff 1899. (VII, 56 S.) 8°
= Inventare d. nichtstaatl. Archive Westfalens. Bd 1, H. 1.
= Veröffentlichungen d. Hist. Kommission d. Prov. Westfalen. Inventare. Bd 1, H. 1.

Inventare der nichtstaatlichen Archive der Kreise Ahaus, Borken, Coesfeld und Steinfurt. Hrsg. von d. Hist. Komm. d. Prov. Westfalen. Bearb. von Prof. Dr. L[udwig] **Schmitz-Kallenberg.** Münster i. W.: Aschendorff 1899–1908. VII, 963 S. 8°
(Inventare d. nichtstaatl. Archive d. Prov. Westfalen. Bd 1, 1.)
(Veröffentlichungen d. Hist. Kommission d. Prov. Westfalen. [2.]) 1O. 4250

Inventare der nichtstaatlichen Archive der Kreise Ahaus, Borken. Coesfeld und Steinfurt. Hrsg. von d. Hist. Komm. d. Prov. Westfalen, Bearb. von Prof. Dr. L[udwig] **Schmitz-Kallenberg,** Privatd. [Nebst] Nachtr. f. Coesfeld. Münster i. W.: Aschendorff 1899–1908. 8°
(Inventare d. nichtstaatl. Archive d. Prov. Westfalen. Bd 1.)
(Veröffentlichungen d. Hist. Kommission der Prov. Westfalen.) A 12.11970

Inventare der nichtstaatlichen Archive des Kreises Borken. Bearb. von Dr. L[udwig] Schmitz, Privatd., Münster. Münster i. W.: Aschendorff 1901. (160 S.) 8°
= Inventare d. nichtstaatl. Archive Westfalens. Bd 1, H. 2.
=Veröffentlichungen d. Hist. Kommission d. Prov. Westfalen. Inventare. Bd 1, H. 2.

— s. a. Inventare der nichtstaatlichen Archive des Kreises Coesfeld.

Schmitz-Kallenberg, L., Inventare der nichtstaatlichen Archive des Kreises Coesfeld, s. a. Veröffentlichungen der historischen Kommission der Prov. Westfalen.

Inventare der nichtstaatlichen Archive des Kreises Coesfeld. Bearb. von Dr. L[udwig] **Schmitz-Kallenberg,** Privatd., Münster. Münster i. W.: Aschendorff 1904. (271 S.) 8° [F.]
= Inventare d. nichtstaatl. Archive Westfalens. Bd 1, H. 3.
= **Veröffentlichungen** d. Hist. Kommission d. Provinz Westfalen. Inventare. Bd 1, H. 3. 1e3. 3,1 3

— dasselbe des Kreises Steinfurt, s. a. Veröffentlichungen der histor. Kommission der Prov. Westfalen.

Inventare der nichtstaatlichen Archive des Kreises Steinfurt. Hrsg. von d. Hist. Kommission d. Prov. Westfalen. Bearb. unter Mitw. von Prof. Dr. [Karl Georg] Döhmann in Burgsteinfurt von Prof. Dr. L[udwig] **Schmitz-Kallenberg,** Privatd., Münster. Münster i./W.: Aschendorff 1907. (370 S.) 8° [F.]
= Inventare d. nichtstaatl. Archive Westfalens. Bd 1, H. 4.
= **Veröffentlichungen** d. Hist. Kommission d. Prov. Westfalen. Inventare. Bd 1, H. 4. 1e7. 17604 4

— s.: Lippe, des Grafen Simon VI. zur, Tagebuch üb. seine Gesandtschaftsreise zu dem Herzog v. Parma usw.

— Monasticon Westfaliae. Verzeichnis der im Gebiet der Prov. Westfalen bis zum J. 1815 gegründeten Stifter, Klöster u. sonst. Ordensniederlassgn. (VIII, 108 S. m. 1 Karte.) Lex. 8. Münster 909. Universitäts-Buchh., F. Coppenrath. 4. 50

— **Practica cancellariae apostolicae saeculi XV. exeuntis.** Ein Handbuch f. den Verkehr m. der päpstl. Kanzlei. Mit 8 Taf. Abbildgn. (XXII, 86 S.) gr. 8. Münster 904. Univers.-Buchh. F. Coppenrath. n. 10. —

— s. a. Urkunden d. fürstl. Salm-Horstmar'schen Archives in Coesfeld

Urkunden des fürstlich Salm-Horstmar'schen Archives in Coesfeld u. der herzogl. Croy'schen Domänenadministration in Dülmen. Bearb. von Dr. L[udwig] **Schmitz-Kallenberg,** Privatd., Münster. Münster i. W.: Aschendorff 1904. (382 S.) 8° [F.]
= Inventare d. nichtstaatl. Archive Westfalens. Beibd 1, H. 2.
= **Veröffentlichungen** d. Hist. Kommission d. Prov. Westfalen. Inventare. Beibd 1, H. 2. 1e5. 1899 3

— Urkundenlehre, s.: Handbuch der mittelalterlichen u. neueren Geschichte. IV. (Erben, W.)

Schmitz-Kemner, Fanny, unter Eichen und Palmen. Lebensbild aus der Heimat und den Tropen. 8. (344 S.) Berlin 887, Janke. *

Schmitz-Kürten, W. H., am Ziele. Gedichte. 12. (180 S. m. farb. Titel u. 4 Farbdr.) Heiligenstadt 897. F. W. Cordier. Geb. in Leinw. m. Goldschn. n. 3. 50

[F.] Am Ziele. Gedichte v. W. H. Schmitz-Kürten. *Heiligenstadt (Eichsfeld): F. W. Cordier [1898].* (1 Bl., 180 S.) 1 Bd 8. 1e8. 2510

Schmitz-Mancy, Maximilian

Schmitz-Mancy, M., s. a. Dichter der Befreiungskriege.

Schmitz-Mancy, M., Dichter der Befreiungskriege, s. a. Schöningh's, Ferd., Ausgaben deutscher Klassiker. Ergänz.-Bde.

Dichter der Befreiungskriege. Gedichte von Arndt, Körner, Schenkendorf, Rückert, Stägemann, Collin, Uhland u. a. Mit Einl. u. Erl. hrsg. von Prof. Dr. M[ax] **Schmitz-Mancy.** 2., vielf. verb. Aufl. Mit 1 Ill. *Paderborn: F. Schöningh 1902.* (VIII, 184 S.) 8° [F.]
= **Ausgaben,** Schöninghs, deutscher Klassiker. Erg.Bd 2. 1e3. 4055

Dichter der Befreiungskriege. Gedichte von Arndt, Körner, Schenkendorf, Rückert, Seume, Eichendorff... u. a. Mit Einl. u. Erl. hrsg. von Prof. Dr. M[aximilian] **Schmitz-Mancy.** 3. vielf. verb. Aufl. Mit 1 Ill. Paderborn: F. Schöningh 1905. (X, 205 S.) 8° [F.]
= **Ausgaben,** Schöninghs, deutscher Klassiker. Erg.Bd 2. 1e6. 4464 8

Dichter der Befreiungskriege. Gedichte von Arndt, Körner [u. a.]. Mit Einl. u. Erl. hrsg. von Prof. Dr. M[ax] **Schmitz-Mancy**. 4., vielf. verb. Aufl. Mit 1 Ill. Paderborn: F. Schöningh 1907. (203 S.) 8° [F.]
— **Ausgaben**, Schöninghs, deutscher Klassiker. Erg.Bd 2. [08. 8036

Schmitz, M., Dichter d. Freiheitskriege, s. a. Schöning's Ausgaben deutscher Klassiker, Ergänzungsbde.

Dichter der Freiheitskriege. Gedichte v. Arndt, Körner, Schenkendorf, Rückert, Stägemann, Uhland u. a. M. Einl. u. Erl. hrsg. v. Dr. M[ax] Schmitz, Oberl. ... zu Krefeld. Paderborn: F. Schöningh 1898. (VIII, 178 S.) 1 Bd 8°
(Ausgaben, Schöninghs, deutscher Klassiker. Ergänzgsbd II.)

[F. u. Ant.] Die Handelswege u. Verkehrsmittel der Gegenwart, unter Berücks. früherer Verhältnisse. E. Leitfaden z. Ergänzg d. geogr. Lehrbücher sowie z. Selbstunterricht. Von Dr. M[ax] **Schmitz**, Oberrealschul-Oberl. M. e. Weltverkehrskte u. vielen erl. Abb. *Breslau: F. Hirt 1897.* (86 S., 1 Bl., 1 Kt., 1 Taf.) 1 Bd 8. [97. 4137

— Handelswege u. Verkehrsmittel der Gegenwart. Ein Leitfaden zur Ergänzg. geograph. Lehrbücher f. den Schul- u. Selbstunterricht. 2., neubearb. Aufl. Mit 58 Bildern u. e. farb. Karte des Weltverkehrs. (IV, 116 u. 32 S.) gr. 8. Leipzig 907. F. Hirt & Sohn. Geb. 2.50

— Leopold der Gütige, Fürst v. Hohenzollern. Ein Lebensbild. (94 S. m. 5 Taf.) gr. 8. Berlin 910. R. Eisenschmidt. 1.20; geb. 1.60

— deutsches Lesebuch f. höh. Lehranstalten, s.: Schulz, Bernh.

— s.: Schöningh's, Ferd., Textausgaben alter u. neuer Schriftsteller.

Der Vaterlandsgedanke in der deutschen Dichtung. Sammlung vaterland. Dichtungen von d. ältesten Zeit bis z. Gegenwart. Für d. Schulgebr. hrsg. von Dr. M[ax] **Schmitz-Mancy**. Münster i. W.: Aschendorff 1904. (231 S.) 8° [F.]
= **Ausgaben**, Aschendorffs, f. d. deutschen Unterricht. [31.] [illegible]

— s.: Zeitschrift f. lateinlose höhere Schulen.

Schmitz & Olbertz· Führer durch die Krupphalle der Düsseldorfer Ausstellung 1902. 2. Aufl. Düsseldorf 1902

Schmitz-Peiffer, Heinrich, appr. Arzt a. Köln am Rhein: Über einen Fall von ausgedehnter Kniegelenksresection wegen bösartiger Geschwulst der unteren Femurepiphyse. Freiburg (Baden) 1906: E. Kuttruff. (26 S.) 8°
Freiburg i. B., Med. Fak., Ref. Kraske, Diss. v. 1907
[Geb. 11. Mai 80 Cöln; Wohnort: Cöln; Staatsangeh.: Preußen; Vorbildung: Friedrich-Wilhelm-Gymn. Cöln Reife O. 00; Studium: München 4, Kiel 1, Freiburg i. B. 4 S.; Coll. 21. Juli 05; Approb. 15. Dez. 06.]

Schmitzberger Alois: De praepositionum usu Herodianeo.
H. 1892 PN 746 Diss. Wien, Univ. 1508

Schmitzberger, J., s.: **Tierstudien.**

Schmitzberger, J., aus Wald u. Flur. Ein Jagdalbum. 12 Photograv. nach Orig.-Gemälden. (1 Bl. Text.) gr. Fol. München (906). F. Hanfstaengl. In Mappe 40.—

Schmitzer: Welches war das leitende Prinzip der österreichischen Fürsten in Bezug auf das Anwachsen der österr. Monarchie 5 S.–Zengg, Progr. 1861

Schmitzer, J. D., Pflicht kurz zu predigen. 8. Brandenburg, Halle. 764. Nthlr.

— d. höchste Vernunft u. Beruhigung in d. Glauben an Jesum. 8. Ebend. 756.

Schmis, Carl, appr. Arzt a. Trier: (Aus d. Pharmakologischen Institut d. Universität Bonn.) Zur Geschichte der örtlichen Gefühlslähmung. Bonn 1905: C. Georgi. (118 S.) 8°
Bonn, Med. Fak., Ref. Binz, Diss. v. 8. Febr. 1905
[Geb. 15. Febr. 77 Trier; Heimatsort: Trier; Staatsangeh.: Preußen; Vorbildung: Friedr.-Wilh.-Gymn. Trier Reife O. 99; Studium: Bonn 1, München 3, Bonn 5 S.; Coll. 8. Febr. 05; Approb. 7. Mai 04.]

Schmis, Max: Über einige Derivate des Monoäthylbenzols. *Rostock 1898: C. Hinstorff.* (46 S.) 8°
Rostock, Phil. Diss. v. [20. Jan.] 1898

Schmis, Otto [aus Trier]: Über Diosmose der Eihäute und deren Beziehung zum Fruchtwasser. . . . Berlin, Buchdr. v. Gustav Schade (Otto Francke) (1890); 31 + 1 S. 8°
Berlin, Med. Fak., Inaug.-Diss. v. 11. Jul. 1890

Schmöckwitz [Schlagwort]

Schmöckwitz, s.: **Friedrichshagen. — Koepenick.**

Schmöckwitz, s.: **Mark. — Wanderkarten.**

Schmöckwitz, s.: **Spree.**

Schmöger, Carl Eberhard, aus der Congregation des allerheiligsten Erlösers. Ein Lebensbild. gr. 8. (52 S. mit Portr. in Holzschn.) Ebendas. 883. * — **40**

Schmoeger, s. Kuhmilch, Die.

Schmöger: Das bittere Leiden unseres Herrn Jesu Christi, s. Emmerich, Anna Katharina.

Schmöger, Alois, Form der Ehekonsens-Erklärung u. Verlöbnisse nach dem römischen Dekrete „Ne temere" v. 2. VIII. 1907. Theoretisch u. praktisch durch viele Beispiele erläutert. (XVII, 63 S.) Lex. 8. Wien 908. C. Fromme. —75
Erweit. Sonderabdr. aus: „Korrespondenzbl. f. den kath. Klerus Österr."

Schmöger, Alois, was soll der Klerus über Wertpapiere, Sparkassen, Banken u. Börse wissen? (VII, 165 S. m. 1 Tab.) 8. Wien 907. C. Fromme. Geb. in Leinw. 2.50

Schmöger, Carl ..., s. Schmöger, Karl ...

Schmöger, Ferdinand von

— s. Anfangsgründe der Physik für technische Schulen.

— Auszug aus dem meteorologischen Tagebuche des —. (Aus: Archiv f. Chemie u. Meteorol., B. 4, H. 1.)

Schmöger, von, Dr., Auszug aus dem meteorologischen Tagebuche des Prof. —. (Aus: Archiv f. Chemie u. Meteorol., B. 2, H. 3.) 1830.

(Schmöger, von), Auszüge aus dem meteorologischen Tagebuche des —. (Aus: Archiv f. Chemie u. Meteorol., B. 2, H. 3.)

—— meteorolog. Beobachtungen zu Regensburg in d. J. 1774—1834. gr. 8. (6¾ B.) Nürnberg 835, [Geiger.] *

v. Schmöger, Ferd., Elemente der Astronomie u. Chronologie, zum Gebrauche für öffentl. Vorlesungen; mit Kpfrtaf. gr. 8. Regensburg ... (Augsburg, Kollmann.) 1 fl

Schmöger, F. v., die ersten Elemente d. Astronomie u. Chronologie. gr. 8. (16 B., 2 Kpfrt. Fol. u. 1 Sternkarte.) Regensburg 830, Pustet.

— Elemente des Sonnensystems (Tabellen). Regensburg ... (Augsburg, Kollmann.) 1/6 ₰

— Elemente des Sonnensystems. (Tabellen). Regensb., Pustet. 4 ₰

—— Erklärung d. christl. Kalenders. gr. 12. (2⅚ B.) Regensburg 836. [Augsburg, Kollmann'sche Buchh.]

Schmöger, Ferdinand von, Dr. (Prof. und Konservator am Kgl. Lyzeum) „Ueber die Festigkeit der Körper". pg. 3–8. 4°. Stadtamhof, Druck von Lorenz Schaupp's Wittwe.
Regensburg, Progr. 1836/37

Ueber den jährlichen Gang der Temperatur der Luft zu Regensburg. Von Dr. Ferd. v. Schmöger, L. P. u. Konr. des G. – 1833. Stadtamhof, Schaupp. – S. 3–16.
Progr. Regensburg.

Schmöger, v., mathematische und physikalische Geographie, s. Geographie, mathematische und physikalische.

Schmöger, v., mathematische u. physikalische Geographie nebst Chronologie, s.: Wiegand, A.

Schmöger, Ferd. v., Grundlinien der allgemeinen Chemie zum Gebrauche bei Vorles. gr. 8. (15 B.) Regensburg 842, Manz.

—— Grundriss der christlichen Zeit- und Festrechnung, s. Wiegand, A., Cornelius und v. Schmöger.

Schmöger, Ferdinand von, Dr. „Ueber die Jahresperiode der Luftwärme zu Regensburg". pg. 3–7. 4°. Stadtamhof, Joseph Mayr.
Regensburg, Progr. 1849/50

— Lehrbuch d. Kosmographie. Mit 1 Kpf. 8. Regensb. 818. 2e A. 820. 3e A. mit 15 Fig. 827. Daisenberger. 1 ₰

Schmöger, v.: Ueber das Nordlicht vom 7. Januar 1831. Bemerkungen und Beobachtungen von –. (Aus: Arch. f. Chem. u. Meteor., Bd. 3, H. 1.)

— Meteorologische Notizen. (Aus: Arch. f. Chem. u. Meteor., B. 4, H. 1.) 1831.

F. v. Schmöger, Resultate der meteorologischen Beobachtungen zu Regensburg von 1774—1834. Verf. Prof. in Regensburg. 1835 Regensburg

Die Sternwarte zu Regensburg. Von Dr. Ferd. v. Schmöger, L. P. u. s. w. — 1837. Ebend. — S. 3–10.
Progr. Regensburg.

—— Tafeln f. die Beobachter d. Thermo-Hygrometers. gr. 4. (2 gedr. u. 3 lith. B.) Nürnberg 829, Schrag.

— Meteorologische Uebersicht des Jahres 1841 aus den Regensburger Beobachtungen. (Aus den Ann. f. Meteorol., Erdmagnetismus und verwandte Gegenstände, herausg. v. Dr. J. Lamont, 1842, 1. Heft.)

Schmöger, Fr. von, s. Schmöger, Ferdinand von

Schmöger, Friedrich, Assist. an d. k. Luitpoldkreisrealsch.: **Leibniz in seiner Stellung zur tellurischen Physik. Beitrag zur Würdigung von Leibniz in geophysikalischer Hinsicht.** *München: Th. Ackermann 1901.* (IV, 83 S.) 8° ¶ [— Münchener geogr. Studien, Stück 11.]
München, Phil. Diss. v. 1901

Schmöger, Frdr., Leibniz in seiner Stellung zur tellurischen Physik, s.a. Studien, Münchener geograph. 11.

Leibniz in seiner Stellung zur tellurischen Physik. Beitrag z. Würdigung von Leibniz in geophysikal. Hinsicht von Friedrich Schmöger. *München: Th. Ackermann 1901.* (VI, 83 S.) 8°
— Studien, Münchener geographische. Stück 11. [el. 7471]

Schmöger, Genad., (†...) resolutiones dogmat.-histor.-crit.-scholasticae de verbo incarnato et legibus. 4. Oetting. 769.

— Vade mecum ad aegrotos, s. Industriae infirmis ad mortem pie obeundam accommodatae. 8. Augsb. 772.

Schmöger, Karl Erhard

Schmöger, K. E., das Leben der gottseligen Anna Katharina Emmerich. 2 Bde. Freiburg im Br. Herder'sche Verlagsh. gr. 12. n. 3 ₰ 8 ngr.
1. Bd. Vom J. 1774 bis 1819. (XII, 470 S, mit 1 Stahlst. nach Ed. Steinle.) 867. n. 1 ₰ 8 ngr.
2. Bd. Letzte Lebensjahre u. Tod. 2 Abthlgn. (XIV, 904 S.) 870. n. 2 ₰

Schmöger, K. E., das Leben der gottseligen Anna Katharina Emmerich. 2 Bde. 8. Freiburg i. Br., Herder'sche Verlagsh. *
Inhalt:
Bd. 1. Vom J. 1774 bis 1819. 2. Aufl. (XVIII, 547 S. mit 1 Stahlst. nach Ed. Steinle.) 873. *ℳ 4.50.
" 2. Letzte Lebensjahre und Tod. 2 Abthlgn. (XIV, 904 S.) 870. *ℳ 6.

Schmöger, K. E., das Leben der gottseligen Anna Katharina Emmerich. Ein Auszug aus dem größeren Werke d. Verf. v. e. Priester der Erzdiöcese Köln. gr. 16. (IV, 189 S.) Dülmen 874. Laumann. — 75

Schmöger, K. E., Leben der gottseligen Anna Katharina Emmerich. Im Auszuge bearb. von einem Priester derselben Congregation. gr. 8. (VIII, 583 S. mit 1 Stahlst. nach Ed. Steinle.) Freiburg i. Br. 885, Herder'sche Verlagsh. *

Schmöger, K. E., C. SS. R., Leben d. gottseligen Anna Katharina Emmerich. Im Auszuge bearb. von e. Priester ders. Congregation. Mit 1 Stahlst. nach Ed. Steinle. 2. Aufl. 8. (XI, 601 S.) Freiburg i/B. 896. Herder. n. 4.—; geb. in Leinw. n. 5. 40

Schmöger, Karl Erhard, C. SS. R., Leben der gottseligen Anna Katharina Emmerich. Im Auszuge bearb. v. e. Priester derselben Kongregation. Mit e. Stahlstich nach Eduard Steinle. 3., verb. Aufl. (X, 582 S.) 8. Freiburg i/B. 907. Herder. 4.—; geb. in Leinw. 5. 20

Schmöger, C. E., himmlisches Manna für heilsbegierige Seelen. Aus den Offenbarungen der heil. Brigitta gesammelt und nach der röm. Ausg. vom J. 1628 aus dem Latein. übersetzt. 8. (XVI, 416 S. mit 1 Portr.) Regensburg 883, Pustet. * 2 —

— Vida de la venerable Ana Catarina Emmerich. Ofrecida á los países de lengua española por otro Padre Redentorista. Adornada con 1 grabado. (XI, 525 S.) 8. Ebd. 910. 5.20; geb. in Leinw. 6. —

Schmöger, Max, s. Versuche über die Verdaulichkeit der Weizenkleie etc.

Schmohl, Johann Christian

— s. J. J. Mochel, Reliquien 2c. u. dessen Urne 2c.

[SCHMOHL, Johann Christian] 1756 – 1783
Über Nordamerika und Demokratie. Ein Brief aus England
Kopenhagen [i. e. Königsberg]. 1782. 212 S. 8°.
Universitäts- und Stadtbibliothek Köln
Sabin 97667. Baginsky 720 u. Palmer: mit Verfasser – Vorname Christoph statt Christian –, Ort u. Verlag: Wagner.

— s.a. Samml. v. Aufsätzen verschied. Verfasser.

Schmohl, J. C. (Herausgeber): „Sammlung von Aufsätzen verschiedener Verfasser, besonders für Freunde der Kameralwissenschaften und der Staatswirthschaft", Leipzig 1781. (Darin Nr. IV: „Antiphysiokratische Briefe an Herrn Iselin").

Schmohl, P., Rhein-Album, s.: **Freytag.**

Schmohl, Paul

Schmohl, P., u. G. **Staehelin,** neue deutsche Architektur. (In 10 Lfgn.) 1.—8. Lfg. Fol. (à 8 Taf.) Stuttgart (902). K. Wittwer. à Lfg. n. 2. —

Schmohl, Paul, u. G. **Staehelin,** neue deutsche Architektur. 9. u. 10. (Schluss-)Lfg. (à 8 Taf.) Fol. Stuttgart (903). K. Wittwer. à n. 2. —

— — **Barockbauten** in Deutschland. Nach photograph. Naturaufnahmen in feinstem Lichtdr. ausgeführt. 5 Lfgn. (86 Taf. m. 14 S. illustr. Text.) gr. Fol. Stuttgart (904. 905.) C. Ebner. à n. 10. —

— — **Kieser** u. **Deeg,** moderne Bauschreiner-Arbeiten. Neue Vorlagen f. die Praxis des Bautischlers m. Grundrissen, Schnitten u. Detailquerschnitten. 12 Lfgn. schmal Fol. (96 Taf. u. 24 Detailtaf. u. 4 S. Text.) Ravensburg (900—903). O. Maier. à Lfg. n. 2.—; Mappe n. 1.—
Die Lfgn. 1—6 sind v. Schmohl u. Stähelin allein bearbeitet.

– und G. Staehelin

— — ausgeführte städtische Bauten. 10 Lfgn. gr. Fol. (100 [60 farb.] Taf. m. 2 Bl. Text.) Ebd. (899—901). à Lfg. n. 10. —

— — ausgeführte kleine **Geschäftshäuser.** Eine Sammlung eingebauter u. freisteh. Wohn- u. Geschäftshäuser f. Städte mittlerer Grösse m. Fassaden in farb. Darstellung, Grundrissen u. Details. 10 Lfgn. gr. Fol. (100 Taf.) Ebd. (900—902). In Mappe n. 60. —

— u. G. **Staehelin,** das deutsche Haus. I. Serie. Villen u. Landhäuser, Ein- u. Zweifamilienhäuser. 5 Lfgn. (50 [10 farb.] Taf.) 42,5×30,5 cm. Stuttgart (908. 09). K. Wittwer. In Mappe 30.

— — dasselbe. II. Serie. Wohn- u. Geschäftshäuser f. mittlere u. kleinere Plätze, nebst den dazu gehör. wichtigsten Grundrissen, Schnitten u. Details. 5 Lfgn. (50 [10 farb.] Taf.) 42,5×30,5 cm. Ebd. (908. 09). In Mappe 30. –

Schmohl, Paul, volkstümliche Kunst aus Schwaben. Im Auftrag der königl. württemb. Zentralstelle f. Gewerbe u. Handel hrsg. unter Mitwirkung v. Eug. Gradmann. (XVI, 106 S. m. 511 Abbild.) 31×23 cm. Esslingen 908. P. Neff. Geb. in Leinw. 25. —

— 12 Schlafzimmer-Einrichtungen, s.: **Möbel-Mappe,** neue.

Schmohl, Paul, Schlafzimmer-Möbel. Einfache bürgerl. Einrichtgn. in moderner Stilart. Wettbewerb der königl. württemberg. Zentralstelle f. Gewerbe u. Handel. Im Auftrag der Zentralstelle hrsg. (47 Taf. u. 15 Detailtaf.) Fol. Ravensburg (906). O. Maier. In Mappe n. 21. —; auch in 10 Lfgn. à n. 2. -

Schmok, Th., die deutschen Dichter und Dichtungen. Eine Einführung in die Geschichte der deutschen Poesie, mit einer umfangreichen Auswahl charakterisirender Dichtungen. Hrsg. und nach Stolze stenographisch autographirt. 2 Bde. in 9 Heften. Lithogr. 8. (298 S., 383 S.) Stettin 862, v. der Nahmer. à Heft * 10 Ngr. *

Schmökel, Herm., das Aufwartemädchen, s.: Geschichten u. Bilder der Frauenhülfe. 7. Heft.

— Landluft. Roman. (Illustrationen v. Joh. Holtz.) 1. u. 2. Aufl. (174 S.) 8. Potsdam (908. 09). Stiftungsverlag. Geb. 3. —

Schmol, Wilhelm Elias, gen. Eysenwerth (Darmstadt) **A. S. 186/11**

Dissertatio iuridica de communione incidente. Präs. Johann Friedrich Kayser. Giessen (Müller) 17. VIII. 1719. 28 S.

Gew.: Ernst von Schwarz, Christ. Eberhard Kameitsky. **30986**

Schmolck, Ad. Wilh.

— Betrachtt., Gebete u. Lieder auf alle Wochen-, Feier- u. Festtage d. Jahres, ein Erbauungsbuch f. gebildete Christen. 2 Thle. Mit 1 Kpf. gr. 8. Berl., Hayn. 1 ℛ 4 𝔤ℛ

Schmolck, Ad. Wlh., die Rechenkunst für beiderlei Geschlecht. 2 Thle. 8. Königsb. 810. Nicolovius. 1 ℛ 12 𝔤ℛ

— Thee- u. Kaffeezeitvertreib.

— **Thee- u. Kaffeezeitvertreib** f. Herren u. Damen f. die J. 1813 u. 14. 2 Jahrg. Berl. Maurer'sche Buchh. (à 3 Rtlr.)

Schmolck, Benjamin

Schmolke, Benj., v. d. **Auferstehung** und Himmelfahrt. 12.

— **Beicht-** und Communiongebetbuch, nebst Morgen- Abend- Kranken- Sterbe- u. Reisegebeten, mit grob. Schr. 8. Frkf. u. Leipz. 747.

— **Betaltar.** 12. 744.

— andächt. Herzen Bet-Altar. 12. Berl. 778. (Gosohorsky). 4 𝔤ℛ

Schmolck, Benj., andächtiger Herzen **Betaltar** zur allerheiligsten Dreifaltigkeit, oder Morgen- und Abend-, Sonn- und Festtags-, Beicht- und Kommunion-, Standes- und Nothgebete. Bei der 200jährigen Jubelfeier der evangel. Friedenskirche zur heil. Dreifaltigkeit vor Schweidnitz am 23. Septbr. 1852 aufs neue hrsg. und mit einer kurzen Nachricht von Schmolck's Leben und Schriften begleitet von F. L. A. Rolffs. gr. 12. (XXXV und 294 S.) Schweidnitz 853, Heege. *

— Gott geheil. **Betrachtungen** am Sabbath. 8. Chemnitz, Stößel. (Mauke.) 766.

Schmolcke, Benj., Gott geheiligte Betrachtt. am Sabbath. 4e Aufl. 8. Chemnitz 766. (Starke). 1 ℛ 4 𝔤ℛ

Schmolke, Benjam., gottgeheiligte **Betrachtungen** am Sabbath, zu Erweckung der Andacht in der Stille zu Zion, wahren Freunden Gottes von neuem mitgetheilt. 8. (60½ B. u. S's. Bildn.) Oels 843, Ludwig. (Dresden, Naumann. Berlin, J. A. Wohlgemuth, Berl.) *

— Gott-geheiligte **Betrachtungen** am Sabbath, Zu Erweckung der Andacht in der Stille zu Zion, Wahren Freunden Gottes von Neuem mitgetheilt. Neue unveränd. Aufl. Mit dem (lith.) Brustbilde des Benj. Schmolck. Oels 854. (Breslau, Dülfer.) gr. 4. (IV, 488 S.) n. 22½ ngr.

— **Bochim** u. Elim, od. neue Samml. v. Trost- u. Trauerliedern. 12. Breslau, Pietsch. 738. — 3

— **Buß-** u. Betglocke. 12. 734.

Benjamin Schmolckens Gott-geheiligtes Buß-Opfer Christlicher Communicanten. Nebst andern geistreichen Betrachtungen ans Licht gestellet durch FRIEDR. ROTH-SCHOLTZEN. 5. Aufl. Nürnberg und Altdorf, J. D. Taubers Erben, 1732. 12° (Schmalhochformat). *Gestoch. Frontispiz,* Titel, S. 5—216. —

— Gott geheil. **Bußopfer** christl. Communicanten. 12. Nürnb. Lochner. 736. — 7

— Gott-geheiligtes Buß-Opfer Christlicher Communicanten, Nebst andern geistreichen Betrachtungen. 8. vermehrte Auflage. Nürnberg, G. C. Lochner, 1745. — Mit Anhang: Singendes Buß-Opfer ... [Lieder]. Nürnberg 1747. Kl. 8°. (Schmalformat.) *Gestoch. Porträt Schmolcks, Frontispiz,* 10 Bl. 400 S. (mit Anfangsvignette) 4 Bl. 141 S. 1 Bl. OrLd. m. Goldschnitt.
Im Anhang mehrere von Schmolcks eigenen Liedern. Herausgeber war der Nürnberger Dekan JOH. MAYER. —

— der in Freud u. Leid seinen Seelenschatz Jesum durch andächt. Gebete gläubig suchende Christ, nebst Morgen- u. Abendliedern. N. Aufl. 12. Bresl., Graß, Barth u. C. 3 gr — Dass. in 8. Ebd. 3 gr

— heil. Flamme d. himmlisch gesinnten Seele in andächt. Gebet u. Liedern angezündet. 12. Leipz. 762. Junius. (Knobloch). 3 gr

Schmolcke, Benjamin. Heilige // Flammen // der // Himmlisch-gesinnten // Seele /// In andächtigen // Gebet- und Liedern // angezündet /// Nunmehro zum siebenden mahl // Als der Erst Theil /// des bald darauf // erfolgenden andern Theiles /// ausgefertiget von // Benjamin Schmolcken /// Archi-Diac. bey der Evangel. Fürstenth. // Kirche zur Schweidnitz. // Mit Kön. und Chur-Fürstl. Sächs. // PRIVILEGIO. // Leipzig /// Zufinden bey Friedr. Lanckischens Erben /// und in Lauban bey August Vogel. // ANNO 1717. - 4 Blatt (nicht paginiert) doppelseitiges Titelkupfer, Titelblatt und Vorwort. - 136 S.

B. S. T. 12°.144/2.

I.N.J. Freuden-Oel in Traurigkeit, Oder gesammlete Klag- und Trost-Lieder, verfertiget von Benjamin Schmolck, Pastore Primario und Inspectore ... Breszlau und Liegnitz, In Verlegung Michael Rohrlachs Wittib und Erben. Anno 1721.

— I. N. I. Freuden-Oel in Traurigkeit, Oder Gesammlete Klag- und Trost-Lieder. Ebenda 1736. *Doppelseitiges Frontispiz (C. Wienackler f.)* 9 Bl. 233 S. 3 Bl. (letztes leer).

— Freudenöl in Traurigkeit. 12. Breslau, Pietsch. 738.

Kleine Harffe von Zweymahl Zehn Saiten, zu Täglichem Gebrauch Andächtiger Hertzen Gestimmet und Zum Zweyten mahl ausgefertiget von Benjamin Schmolck. Schweidnitz und Leipzig, Joh. G. Böhm. 1732. *Doppelseitiges Frontispiz, Strechowsky sc.* 104 S.

— andächt. Herz. 12. Breslau. 737.

- - , Das // in gebundenen // Seuffzern // mit GOtt verbundene // Andächtige // Hertz /// vor // den Thron der Gnaden // geleget /// von // Benjamin Schmolcken /// Der Evangel. Kirchen und Schulen // PASTORE PRIMARIO und INSPECTORE // zur Schweidnitz. // Mit Königl. Pohln. und Churfl. S. // allergn. PRIVILEGIO. // Vierte Aufflage. // Breßlau und Liegnitz // bey Michael Rohrlachs seel. Wittib // und Erben. A. 1719. - Doppelseitiges Titelkupfer und 8 Blatt (nicht paginiert) Titelblatt, Widmung, Vorrede und Gedancken über das Kupffer-Blatt. - 316 S.

B. S. T. 12°.144/1.

— Herzen-Bet-Altar. 12. Breslau, Meyer. 778.

— andächt.

— — Herzensaltar z. allerh. Dreyfaltigk. 12. Rudolst. 734.

— betendes Kind Gottes. 12. Nürnb. 754. Monath u. K. 2 gr

— geistlicher Kirchengefährte. 12. Schweidnitz. 732.

— geistl. Kirchengesangbuch. 12. Breslau, Meyer. 743.

— Klage u. Reigen. 12. Breslau, Pietsch. 738.

— schöne Kleider f. einen betrübten Geist. 12. Ebendas. 738.

Schmolcke's, Benj., Gott geheiligtes und güldenes Kleinod für die Gott Vater, Sohn und heil. Geist lobenden alten und betagten Leute. Wie solche sich Morgens und Abends in der Kirche, bei der Beichte und Communion rc. in den Schutz Gottes und in die Wunden Jesu Christi befehlen können. Nebst einem geistl. Gesang-Büchlein, auf besondere Zeiten und Zufälle eines Christen rc. 8. (192 S. mit lithogr. Portr.) Neu-Ruppin 859, Bergemann. Thlr.

Schmolke's Benjam., Gott geheiligtes u. güldenes Kleinod für die Gott Vater, Sohn u. heil. Geist lob. alten und betagten Leute. Nebst einem geistl. Gesang-Büchlein, auf besond. Zeiten u. Zufälle eines Christen. Breslau 868. (Dülfer.) 8. (192 S.) n. 4½ ngr.

Schmolck's, Benjam., Gott geheiligtes und güldenes Kleinod für die Gott Vater, Sohn und heil. Geist lob. alten und betagten Leute. Wie solche sich Morgens und Abends in der Kirche, bei der Beichte und Communion, in ihrem Stande und Beruf, ingleichen in andern Noth-, Krankheits- und Todesfällen in den Schutz Gottes und in die Wunden Jesu Christi befehlen können. Nebst einem geistl. Gesang-Büchlein, auf besond. Zeiten und Zufälle eines Christen, worin sie den Rest ihres Lebens bekrönen, und zur himml. Ehren-Krone sich bereiten mögen. Neuer unveränd. Abdr. 8. (192 S.) Breslau 869, (Dülfer's Verlag.) * 50 Pf.; geb. * — 85

Schmolcks, Benj., Gott geheiligtes und güldenes Kleinod für die Gott Vater, Sohn und heiligen Geist lobenden alten und betagten Leute. Wie solche sich Morgens und Abends, in der Kirche, bei der Beichte und Communion, in ihrem Stande und Beruf, ingleichen in andern Noth-, Krankheits- und Todesfällen in den Schutz Gottes und in die Wunden Jesu Christi befehlen können. Nebst einem geistl. Gesang-Büchlein auf besondere Zeiten und Zufälle eines Christen, worin sie den Rest ihres Lebens bekrönen, und zur himml. Ehren-Krone sich bereiten mögen. Neuer unveränd. Abdr. 8. (92 S. mit 1 Holzschntaf.) Striegau 876, Hoffmann. *

Schmolck's, Benj., Gott geheiligtes u. güldenes Kleinod f. die Gott, Vater, Sohn u. heil. Geist lobenden alten u. betagten Leute. Wie solche sich Morgens u. Abends in der Kirche, bei der Beichte u. Communion, in ihrem Stande u. Beruf, ingleichen in anderen Noth-, Krankheits- u. Todesfällen in den Schutz Gottes u. in die Wunden Jesu Christi befehlen können. Nebst e. geistl. Gesang-Büchlein auf besondere Zeiten u. Zufälle eines Christen, worin sie den Rest ihres Lebens krönen u. zur himml. Ehrenkrone sich bereiten mögen. Neuer unveränd. Abdr. 8. (192 S. m. Titelbild.) Anklam 886. Schmidt's Verl. geb. n. — 60

Schmolck's, Benj., Gott geheiligtes u. güldenes Kleinod f. die Gott, Vater, Sohn u. Heil. Geist lobenden alten u. betagten Leute. Wie solche sich Morgens u. Abends, in der Kirche, bei der Beichte u. Communion in ihrem Stande u. Beruf, ingleichen in anderen Noth-, Krankheits- u. Todesfällen in den Schutz Gottes u. in die Wunden Jesu Christi befehlen können. Nebst e. geistl. Gesang-Büchlein auf besondere Zeiten u. Zufälle e. Christen, worin sie den Rest ihres Lebens bekrönen u. zur himml. Ehrenkrone sich bereiten mögen. 22. Aufl. 8. (192 S. m. Titelbild.) Berlin 891. Deutsche Evangel. Buch- u. Tractat-Gesellschaft. Geb. in Halbldr. n. — 75

Schmolck's, Benj., Gott geheiligtes u. güldenes Kleinod f. die Gott Vater, Sohn u. heil. Geist lobenden alten und betagten Leute rc. 23. Aufl. 8. (192 S. m. Titelbild.) Herborn 892, Buchh. d. Nass. Colportagevereins. geb. in Hlbleinw. * — 60; in Leinw. * — 80
—— dass. — Ster.-Aufl. 12. (168 S. m. 1 Bild.) Reutl. 892, Enßlin u. Laiblin. geb. — 80

Schmolck's, Benj., Gott geheiligtes u. güldenes Kleinod f. d. Gott Vater, Sohn u. Heil. Geist lob. alten u. betagten Leute. Wie solche sich Morgens u. Abends, in d. Kirche, bei d. Beichte u. Communion, in ihrem Stande u. Beruf, ingleichen in and. Noth-, Krankheits- u. Todesfällen in d. Schutz Gottes u. in d. Wunden Jesu Christi befehlen können. Nebst e. geistl. Gesang-Büchlein auf besond. Zeiten u. Zufälle e. Christen, worin sie d. Rest ihres Lebens bekrönen u. z. himml. Ehrenkrone sich bereiten mögen. 23. Aufl. 8. (192 S. m Bildn.) Diesdorf 898. (Breslau, C. Dülfer.) Geb. n. — 80

Schmolck's, Benj., Gott geheiligtes u. güldenes Kleinod f. die Gott Vater, Sohn u. Hl. Geist lobenden alten u. betagten Leute. Wie solche sich Morgens u. Abends, in der Kirche, bei der Beichte u. Communion, in ihrem Stande u. Beruf, ingleichen in andern Noth-, Krankheits- u. Todesfällen in den Schutz Gottes u. in die Wunden Jesu Christi befehlen können. Nebst e. geistl. Gesang-Büchlein auf besondere Zeiten u. Zufälle e. Christen, worin sie den Rest ihres Lebens bekrönen u. zur himml. Ehrenkrone sich bereiten mögen. 25. Aufl. (192 S. m. Bildnis.) kl. 8. Berlin (907). Hauptverein f. christl. Erbauungsschriften. Geb. in Leinw. — 80

— dasselbe. Gebetbuch f. jeden Tag in der Woche, auch Abendmahls-, Kranken-, Sterbens- u. viele andere Gebete. Nebst e. geistl. Gesangbüchlein auf besond. Zeiten u. Zufälle e. Christen, worin er den Rest seines Lebens bekrönen u. zur himml. Ehrenkrone sich bereiten möge. (192 S. m. Bildnis.) kl. 8. Neu-Ruppin, F. W. Bergemann. Geb. — 50

Schmolke, Benj., geistl. Kleinod, od. Gebete f. Christen, in allen Anliegen ꝛc. Nebst erbaul. Liedern f. besond. Zeiten u. Fälle. Neue Ausg. 12. (9 B.) Glogau 838, Günther'sche Buchh.

—— geistl. Kleinod oder Gebete f. Christen ꝛc. Nebst erbaul. Liedern für besond. Zeiten u. Fälle. Neue Ausg. 12. (9 B.) Glogau 846, Günther'sche Buchh.

—— Lieder und Gebete. Eine Auswahl zur häusl. Erbauung. Hrsg. von Ludw. Grote. Nebst einem Bildniß (in Holzschn.) und einer Biographie des Dichters. 2. (Titel-)Aufl. gr. 8. (LIX und 458 S.) Leipzig (855)60, Teubner. Ulnp.

— geistliche Lieder, s. Sänger, geistliche, der christl. Kirche ꝛc.

- - , Benjamin Schmolkens // Heilige // Lieder- //Flammen //der // Himmlisch-gesinnten // Seele. // Leipzig // Zufinden bey Friedrich Lanckischens Erben // und in Lauban bey August Vogel // Anno 1717. - 222 S. und noch 3 Blatt (nicht paginiert) Register.

B. S. T. 12°.144/3.

— Mara u. Manna. 12. Ebend. 738.

— Morgen- u. Abend-Andachten, s.a. Vergnügen, das himmlische, in Gott.

— Morgen- u. Abendandachten; herausgg. v. J. K. Koten. 8. Hildesh. 756.

Schmolke, B., Morgen- u. Abendandachten. 8. Sulzb. Seidel. 815.

— Morgen- u. Abendandachtn u. geistreiche Lieder. Mit einigen geistl. Seelengüssen vermehrt u. hersgg. von G. F. G. Goltz. Mit 1 Kpf. gr. 12. Berl. 815. (Logier). 6 gr.

Schmolken, (B.,) Morgen- u. Abendandachten u. geistreiche Lieder. Mit einigen geistl. Seelenergüssen vermehrt u. herausgeg. von G. F. G. Goltz. Mit 1 Kupf. gr. 12. Berlin 825. (Logier.)

— GOtt geheiligte Morgen- u. Abend-Andachten. Sammt dessen Lebens-Beschreibg. u. beigefügten Wetter-Gebeten. (320 S. m. Bildnis.) 8. Talofka. (Neu-Ruppin, F. W. Bergemann.) Geb. — 60

— — dieselben. 8. Hildesheim, Gerstenberg.

— Gott geheiligte Morgen- u. Abendandachten. Mit 5 Kpf. 8. Frankf. a. M. 802. (v. Seidel in Sulzb.) 8 gr. N. Aufl. 815, 828, 832. Ebd. 8 gr. — Dass. 8. Nürnb. 794. Coppenrath in Münst. 9 gr. — Dass. 8. Prenzlau 760. Ragoczy. 9 gr. — Dass. Fischer in Reutling. 4 gr.

Benjamin Schmolckens weiland Past. Prim. und Inspect. ... vor Schweidnitz, Gott-geheiligte Morgen- und Abend-Andachten In gebundener und ungebundener Rede. In Zwey Theilen ... Neue Auflage mit Kupfern ... Nürnberg, Verlegts Martin Jech ... 1780.

Schmolckens, Benj., Gott geheiligte Morgen- u. Abendandachten in gebund. u. ungebund. Rede. Mit noch andern trostr. Gebeten mehr, u. sehr vielen erbaul. Liedern vers. 2 Thle. Sammt d. Lebensbeschreib. d. sel. Authoris; verm. mit Fastenandachten u. Wettergebeten. Neueste Aufl. 8. (20 B. u. 5 Kpfr.) Sulzbach 828, v. Seidel.

Schmolke, B. Gottgeheiligte Morgen und Abendandachten ... Glogau 1837. H: *Günther, Samuel Gottfried.* (Nowack, Schles. Schriftst.-Lex. Bresl. 1836—43. V, 58.)

— Gottgeheiligte Morgen- u. Abend-Andachten in Versen, nebst Morgen- u. Abend-Liedern. 8. Ebd. 837. 1/12 rf.

— Gott geheiligte Morgen- u. Abendandachten, in gebundener u. ungebundener Rede mit noch andern trostreichen Gebeten u. Liedern versehen in 2 Theilen ꝛc. Neue unveränd. Aufl. Mit Kupf. 8. Sulzbach 841, v. Seidel. 1/3 rf.

Schmolkens, Benj., Gott geheiligte Morgen- und Abend-Andachten in gebundener und ungebundener Rede. Sammt Chrn. Scrivers Gott geheiligtem Bet-Altar, und einer Sammlung gottseliger Gebete für verschied. Zeiten, Stände und Angelegenheiten der Christenheit. Neue Aufl. 12. (VII und 232 S.) Hamburg 849, Agentur des Rauhen Hauses.

—— Gottgeheiligte Morgen- und Abend-Andachten in gebundener und ungebundener Rede. Mit noch andern trostreichen Gebeten mehr, und sehr vielen erbaul. Liedern versehen. In 2 Thln. Sammt der Lebensbeschreibung des sel. Verf.; verm. mit Fest-Andachten und Wetter-Gebeten. Neueste Aufl., mit neuen Abbild. (in Holzschn.) 8. (X und 260 S.) Sulzbach 857, v. Seidel'sche Buchh.

— Gott geheiligte Morgen- und Abend-Andachten. Sammt dessen Lebens-Beschreibung u. beigefügten Wetter-Gebeten. Neu-Ruppin 860. Bergemann. 12. (312 S.) 6 ngr.

Schmolck, Benj., Gott geheiligte Morgen- und Abend-Andachten. 8. (III und 156 S.) Wernigerode 860. (Nordhausen, Förstemann's Verlag.)

—— Gott geheiligte Morgen- und Abend-Andachten in gebundener und ungebundener Rede. Sammt Chrn. Scrivers Gott geheiligtem Bet-Altar und einer Sammlung gottsel. Gebete für verschied. Zeiten, Stände und Angelegenheiten der Christenheit. Neue Aufl. 8. (VII und 232 S.) Hamburg 864, Agentur des Rauhen Hauses. *

Schmolckens, Benj., Gott geheiligte Morgen- und Abend-Andachten. Sammt Chrn. Scrivers Gott geheil. Bet-Altar, und einer Sammlung gottsel. Gebete für verschiedene Zeiten, Stände und Angelegenheiten der Christenheit. Neue Aufl. 8. (VIII, 232 S.) Hamburg 872, Agentur des Rauhen Hauses. 1 —

—— dass. — sammt dessen Lebens-Beschreibung. Nebst einem Anh. von andächt. Wetter-Gebeten, ausgefertiget durch Friedr. Roth-Scholtzen. 8. (352 S.) Reutlingen 875, Fleischhauer und Spohn. 60 Pf.; geb. 1 20

Schmolke, Benj., Gott geheiligte Morgen- und Abend-Andachten, sammt dessen Lebens-Beschreibung. Nebst einem Anhang von andächt. Wetter-Gebeten, angefertigt durch Friedr. Roth-Scholzen. 8. (349 S.) Reutlingen 880, Baur.

—— dass. — 8. (349 S.) Ducherow 884. (Leipzig, Buchh. des Vereinshauses.) geb. **

—— GOtt geheiligte Morgen- u. Abend-Andachten. Sammt dessen Lebens-Beschreibg. u. beigefügten Wetter-Gebeten. (Mit großem Druck.) 8. (XVI, 360 S. m. 1 Abbild.) Berl. 887, Trowitzsch u. Sohn. — 75; geb. 1 —

— GOtt geheiligte Morgen- u. Abend-Andachten. Sammt dessen Lebens-Beschreibg. u. beigef. Wetter-Gebeten. (Neudr.) 8. (XVI, 360 S. m. Bildn.) Berlin 894. Trowitzsch & Sohn. n. — 60; geb. 1. —

Schmolke's, Benj., Gott geheiligte Morgen- und Abendandachten für Gesunde und Kranke, nebst Gebeten und Liedern für besondere Veranlassungen. Ferner enth.: Scrivers Betaltar frommer Christen, Lieder von Hirsch, Seiz, Munz, Bezzel u. a., und einen Anhang von Wettergebeten. Angefertigt durch Friedr. Roth-Scholz. 8. (364 S. mit 1 Holzschn.) Reutlingen 886, Fleischhauer und Spohn. geb.

— Gott geheiligte Morgen- u. Abendandachten f. Gesunde u. Kranke, nebst Gebeten u. Liedern f. besond. Veranlassgn. Ferner enth.: Scrivers Betaltar frommer Christen, Lieder v. Hirsch, Seiz, Munz, Bezzel u. a., u. e. Anh. v. Wettergebeten. Ausgefertigt durch Frdr. Roth-Scholz. Neue Aufl. 8. (364 S. m. 1 Bild.) Reutlingen 892. Fleischhauer & Spohn. Geb. in Halbfrz. 1. 20

Schmolke, Benj., Morgen- u. Abendsegen, s.: Seelenschatz, neuvermehrter.

SCHMOLCK, BENJ. Das Namen-Buch Christi und der Christen ... in einem Jahr-Gange eröffnet, Nun Mit einem Zusatze vermehret. Breslau und Liegnitz, M. Rohrlach, 1731. Kl. 8°. (Schmalbuchformat). Gefaltetes Frontispiz (Strahowsky sc.), 9 Bl. 211 S.

— Namenbuch Christi z. Erbauung. 12. Breslau, Pietsch. 738.

— heil. Oel in den Flammen öffentlich. Kirchenandacht. gr. 8. Ebend. 741.

— Gott geheil. Passionsandachten. 12. Hamburg. 733.

Schmolck, Benj., Passionsseufzer, s.: Passionsandachten, kurze.

— andächt. Seelen geistl. Passionsseufzer, in gebund. Rede. 12. Leipz. 738. — 5

—— geistlicher Pathenpfennig, oder tägl. Erinnerung des Taufbundes. Neue Aufl. 8. (5¼ B.) Berlin 843, Grobe. *

— geistlicher Pathenpfennig oder tägliche Erinnerung u. Erneuerung des Taufbundes allen Denen, die durch die heilige Taufe Christo einverleibt sind, sonderlich aber seinen lieben Pathen geschenkt. Unsern Kindern zu Lieb u. Dienst wiederum herausg. durch Traug. Siegmund. Neu-Ruppin 862. Oehmigke. 16. (VIII, 151 S.) n. 10 ngr.

—— geistlicher Pathenpfennig oder tägliche Erinnerung und Erneuerung des Taufbundes allen Denen, die durch die heil. Taufe Christo einverleibt sind, sonderlich aber seinen lieben Pathen geschenkt. Unsern Kindern zu Lieb und Dienst wiederum hrsg. durch Traug. Siegmund. gr. 16. (VIII und 151 S.) Neu-Ruppin 862. [Leipzig, Einhuber.] cart. *

— ton sprawej Wutrobu kswojemu Jesußej so pschiblizazy. Rjeschnik, we wuberanych Pokutnych, Spowednych a Bozeho Blidowych Modlitwach &c. 8. (IV u. 237 S.) Wojerezach 849. (Hoyerswerda, Erbe.) ½ ₰

- - , Der // Lustige // Sabbath /// In der Stille // Zu // Zion // Mit // Heiligen Liedern // gefevert /// Nebst einem Anhange // Täglicher Morgen= // und Abend= Kirch= Beicht= // Buß= und Abendmahls= // Andachten /// Ausgefertiget von // Benjamin Schmolcken /// Archi-Diacono an der Evan= // gel. Kirchen zur Schweidnitz. // JAUER /// In Verlegung Joh. George Liebig, // und zur Schweidnitz in seinem Buchladen // bey Herr Christian Reimann / Buchb. - 192 S.
B. S. T. 12°.144/4.

— lustiger Sabbath in d. Stille zu Zion, m. heil. Liedern gefeyert. 2 Thle. 12. Leipz. Hilscher. (Compt. f. Literatur.) 779. — 3

— Saitenspiel des Herzens. 12. Breslau, Pietsch. 738.

- - , Das // Saiten= // Spiel // Des // Hertzens /// Am // Tage des HErrn /// Oder // Sonn= und Fest=tägliche // CANTATEN, // nebst einigen andern // Liedern /// verfertiget // von // Benjamin Schmolck. // Breßlau und Liegnitz /// in Verlegung Michael Rohrlachs Wittib // und Erben / 1720. - Doppelseitiges Titelkupfer und 8 Blatt (nicht paginiert) Titelblatt, Widmung, Vorrede und ein Ehrengedicht von Joh. Friedr. Riederer. - 336 S.
B. S. T. 12°.145/1.

— Schauplatz d. Liebe b. d. Kreuze Jesu. 12. Hamburg. 738.

Schmolcke, Benjamin, Des // Andächtigen Hertzens // Schmuck // und // Asche /// Oder /// Neue Sammlung // zwey hundert // Freud= // und // Trauer=Lieder /// Zum andern mahl ausgefertiget // von // Benjamin Schmolck // PASTORE PRIMARIO und INSPECTORE // der Evangelischen Kirchen und Schulen // vor Schweidnitz. // Mit K. P. und C. S. allergn. PRIVILEG. // Breßlau und Liegnitz /// In Verlegung Michael Rohrlachs Wittib. - Doppelseitiges Titelkupfer und 4 Blatt (nicht paginiert) Titelblatt, Widmung und Vorrede. - 366 S. und noch 3 Blatt (nicht paginiert) Register.
B. S. T. 12°.145/3.

Eines Andächtigen Hertzens Schmuck und Asche, Oder, Neue Sammlung zweyhundert Freud- und Trauer-Lieder, Zum dritten mahl ausgefertiget von Benjamin Schmolck, Pastore Primario u. Inspectore ... Breszlau und Liegnitz, In Verlegung Michael Rohrlachs Wittib und Erben. A. 1720.

— des Herzens Schmuck und Asche. 12. Bresl. 738.

— sämmtl. Schriften zusammen gedruckt. 3 Thle. 8. Tübing. 780. Metzler in Stuttg. 2 ₰

— Seelenerquickungen andächt. Herzen. 12. Nürnb. 768. Monath u. K. 4 gl.

— d. gläubigen Seelen andächt. Sela unter d. Kreuze Christi, od. kurze Passionsseufzer. 2 Thle. 12. Bresl. Pietsch. 736-42. — 8

—— gläubiger Seelen andächtiges Sela unter dem Kreuze Christi. Oder kurze Passions-Seufzer. Neue unveränderte Aufl. 8. (14¾ B.) Berlin 844, (Grobe.) *

Schmolke, Benjamin. Der mit gläubigem Herzen zu seinem Herrn und Heilande sich nahende Sünder oder Buss-, Beicht- und Communions-Gebete ... Neue ... Ausg. Glogau 1837. H: *Günther, Samuel Gottfried.* (Nowack, Schles. Schriftst.-Lex. Bresl. 1836—43. V, 58.)

—— der mit gläubigem Herzen zu seinem Herrn u. Heilande sich nahende Sünder, od. Buß-, Beicht- u. Communion-Gebete f. Christen, die sich auf das Abendmahl d. Herrn würdig vorbereiten u. dass. mit wahrer Andacht feiern wollen. Neue, umgearb. u. mit e. Anh. v. Bibelstellen u. Liedern verm. Ausg. 8. (18½ B. u. Titlkpfr.) Glogau 837, Günther'sche Bh. Thlr.
Der Anhang unt. folg. Titl. auch apart: Gottgeheiligte Morgen- u. Abend-Andachten in Versen, nebst Morgen- u. Abend-Liedern. 8. (4 B.) Ebds. 837. 2 Gr.

—— der mit gläubigem Herzen zu seinem Herrn u. Heilande sich nahende Sünder oder Buß-, Beicht- u. Communion-Gebete für Christen, die sich auf das Abendmahl des Herrn vorbereiten u. dasselbe mit wahrer Andacht feiern wollen. Neue umgearb. mit Bibelstellen u. Liedern verm. Ausg., nebst e. besond. Anhange von Morgen- u. Abend-Andachten in Versen. gr. 8. (15 B.) Glogau 846, Günthersche Buchh. *

Schmolck, Benjamin. Der mit Rechtschaffenem Hertzen Zu seinem Jesu sich nahende Sünder, In auserlesenen Buß- Beicht- und Communion-Andachten, Deren sich Dessen bußfertige und nach Jesu Liebesmahl sich sehnende Seele ... bedienen kan, Benebst denen In gebundener Schreib-Art abgefaßten Gott-geheiligten alltäglichen Morgen- und Abend-Andachten. Chemnitz, Joh. Chr. & Joh. Dav. Stössel, 1742. Kl.8°. *Gestoch. Frontispiz,* 7 Bl. 256 S. Ldbd. d. Z. (berieben- Rücken etwas beschädigt).
1. Ausgabe? Vgl. F.d.F. II, 1500a (Ausg. 1776).

— d. mit rechtschaff. Herzen zu s. Jesu sich nahende Sünder in auserles. Buß- Beicht- u. Communion-Andachten. 8. Chemnitz, Stößel. (Mauke.) 794.

— der mit rechtschaffenem Herzen zu seinem Jesu sich nahende Sünder, in auserles. Buß-, Beicht- u. Communionandachten. 8. Chemnitz 794. (Starke). 4 gl. — Dass. 8. Bresl. 800. J. F. Korn. 4 gl. — Dass. 8. Berl. 800. Oehmigke. 4 gl. — Dass. 8. Frankf. 771. Coppenrath in Münst. 6 gl. — Dass. 8. Prenzlau 755. Ragoczy. 7 gl. — Dass. 8. Leipz. 807. (Aue in Altona). 4 gl. — Dass. gr. 8. Leipz., Centr.-Compt. ; a. Magaz. f. Ind. 4 gl.

— — dasselbe neue Auflage. 8. Leipzig, Jacobäer. 807.

— Trost- u. Trauerschriften. 3 Thle. 8. Leipzig, Friese. 737.

Schmolke, Benj., gläub. Christen angenehmer Tugendschmuck, m. K. 12. Culmbach. 736. Rthlr. —

—— das himmlische Vergnügen, s. Vergnügen.

— himmlisch. Vergnügen in Gott. gr. 8. Basel, Imhof. 766.

— himml. Vergnügen in Gott, od. vollständ. Gebetbuch. gr. 8. Basel 766. N. A. 797. (Thurneisen). 16 gl.

Schmolke, Benj., das himml. Vergnügen in Gott, od. vollständ. Gebet-Buch, auf alle Zeiten, in allen Ständen u. bei allen Angelegenheiten nützl. zu gebrauchen rc. Bei dieser neuen Aufl. aber sowohl mit kürzern Morgen- u. Abend-Gebeten, als auch erweckenden Betrachtn., andächt. Gebeten u. Liedern auf alle Materien u. Zufälle vermehrt. (Durchges. u. hrsg. v. Scheitlin.) gr. 8. (41¼ B. u. 1 Stahlst.) St. Gallen 838, Scheitlin.

— das himmlische Vergnügen in Gott, oder vollständiges Gebetbuch auf alle Zeiten, für alle Stände u. bei allen Gelegenheiten rc. Mit ganz großem Druck. gr. 8. Zürich 842, Hanke. 5/6 ß

—— das himmlische Vergnügen in Gott, oder vollständ. Gebet-Buch auf alle Zeiten, in allen Ständen u. bei allen Gelegenheiten rc. Lex.-8. (37½ B. u. 1 Stahlst.) St. Gallen 845, Scheitlin u. Zollikofer. *

—— das himmlische Vergnügen in Gott, oder: vollständ. Gebet-Buch, auf alle Zeiten, für alle Stände und bei allen Angelegenheiten. Mit Beifügung vieler Abendmahls-, Kranken-, Sterbens- und Wetter-Gebete rc.; wie auch Morgen- und Abend-Andachten in Versen rc. 1. Ster.-Ausg. 1. Abdr. 1851. und 2. Abdr. Mit einer Vorrede über den Mißbrauch, sowie über den rechten Gebrauch der Gebetbücher. gr. 8. (XVI und 815 S. mit 1 Holzschn.) Zürich 852, Hanke. *

Schmolck, Benj., das himmlische Vergnügen in Gott, oder vollständ. Gebet-Buch auf alle Zeiten, in allen Ständen und bei allen Gelegenheiten. Mit Beifügung vieler Abendmahls-, Kranken-, Sterbens- und Wetter-Gebete rc.; nebst der Leidensgeschichte unsers Herrn und Heilandes Jesu Christi. Wie auch Morgen- und Abend-Andachten in Versen rc. 3. Aufl. gr. 8. (XX und 577 S. mit 1 Stahlst.) St. Gallen 853, Scheitlin und Zollikofer. Thlr. *

—— das himmlische Vergnügen in Gott, oder: vollständiges Gebet-Buch auf alle Zeiten, für alle Stände und bei allen Angelegenheiten. Mit Beifügung vieler Abendmahls-, Kranken-, Sterbens- und Wetter-Gebete; 150 Sterbens-Gedanken, nebst der Leidens-Geschichte unsers Herrn und Heilandes Jesu Christi rc. (4. Aufl.) gr. 8. (XII und 712 S. mit 1 Stnt.) Aarau 854, Christen. *

—— das himmlische Vergnügen in Gott, oder: vollständiges Gebet-Buch, auf alle Zeiten, für alle Stände und bei allen Angelegenheiten. Mit Beifügung vieler Abendmahls-, Kranken-, Sterbens- und Wetter-Gebete; einhundert und fünfzig Sterbens-Gedanken, nebst der Leidens-Geschichte unsers Herrn und Heilandes Jesu Christi; wie auch Morgen- und Abend-Andachten in Versen, sammt Morgen- und Abendliedern. 1. Ster.-Ausg. 3. Abdr. Mit einer Vorrede über den Mißbrauch, sowie über den rechten Gebrauch der Gebetbücher. gr. 8. (XVIII und 815 S. mit 1 Holzschnt.) Zürich 855(56,) Hanke. *

— das himmlische Vergnügen in Gott. Vollständiges Gebet-Buch auf alle Zeiten, für alle Stände u. bei allen Angelegenheiten. Mit Beifügung vieler Abendmahls-, Kranken-, Sterbens- u. Wetter-Gebete rc. Stereot.-Ausg. 4. Abdr. Mit einer Vorrede über den Mißbrauch, sowie über den rechten Gebrauch der Gebetbücher. Stereot.-Ausg. 859. — 5. Abdr. Zürich 861. Hanke. gr. 8. (XVI, 815 S. u. 1 Holzschntaf.) n. 27 ngr.

— — Aarau 861. Christen. [5. Aufl.] gr. 8. (XII, 648 S. u. 1 Holzschntaf.) n. 22 ngr.

Schmolke, Benjamin, das himmlische Vergnügen in Gott. Vollständiges Gebet-Buch auf alle Zeiten, für alle Stände und bei allen Angelegenheiten. Mit Beifügung vieler Abendmahls-, Kranken-, Sterbens- rc. Gebete; nebst der Leidensgeschichte unseres Herrn und Heilandes Jesu Christi; wie auch Morgen- und Abend-Andachten in Versen, sammt Morgen- und Abendliedern. Ster.-Ausg. 7. Abdr. Mit einer Vorrede über den Mißbrauch, sowie über den rechten Gebrauch der Gebetbücher. gr. 8. (XVIII und 815 S. mit 1 Holzschntaf.) Zürich 867, Hanke. *

—— das himmlische Vergnügen in Gott, oder: vollständ. Gebet-Buch auf alle Zeiten, für alle Stände und bei allen Angelegenheiten. Mit Beifügung vieler Abendmahls-, Kranken-, Sterbens- und Wetter-Gebete; 150 Sterbens-Gedanken nebst der Leidens-Geschichte unsers Herrn und Heilandes Jesu Christi; wie auch Morgen- und Abend-Andachten in Versen, sammt Morgen- und Abendliedern. 6. Aufl. gr. 8. (XII und 648 S. mit 1 Holzschntaf.) Aarau 868, Christen. *

— das himmlische Vergnügen in Gott, od. vollständ. Gebet-Buch auf alle Zeiten, f. alle Stände u. bei allen Angelegenheiten. Mit Beifügg. vieler Abendmahls-, Kranken-, Sterbens- u. Wetter-Gebete; 150 Sterbens-Gedanken, nebst der Leidensgeschichte unseres Herrn u. Heilandes Jesu Christi; wie auch Morgen- u. Abend-Andachten in Versen, sammt Morgen- u. Abendliedern. 7. Aufl. gr. 8. (XII, 648 S.) Aarau 873. Christen. n. 2. 20

—— das himmlische Vergnügen in Gott, oder vollständ. Gebet-Buch auf alle Zeiten, für alle Stände und bei allen Angelegenheiten. Mit Beifügung vieler Abendmahls-, Kranken-, Sterbens- und Wetter-Gebete; 150 Sterbens-Gedanken, nebst der Leidensgeschichte unseres Herrn und Heilandes Jesu Christi; wie auch Morgen- und Abend-Andachten in Versen, sammt Morgen- und Abendliedern. 7. Aufl. gr. 8. (XII, 648 S.) Aarau 874, Christen. *ℳ 2,20.; geb. * 3 50

—— dass. — Vollständiges Gebetbuch auf alle Zeiten, für alle Stände und bei allen Angelegenheiten. Mit Beifügung vieler Abendmahls-, Kranken-, Sterbens- und Wetter-Gebete; 150 Sterbens-Gedanken nebst der Leidensgeschichte unseres Herrn und Heilandes Jesu Christi, wie auch Morgen- und Abend-Andachten in Versen, sammt Morgen- und Abendliedern. Ster.-Ausg. 9. Abdr. Mit Vorrede über den Mißbrauch, sowie über den rechten Gebrauch der Gebetbücher. gr. 8. (815 S.) Zürich 874, Hanke. * 2 80

Schmolke, Benj., das himmlische Vergnügen in Gott. Vollständiges Gebet-Buch auf alle Zeiten, für alle Stände und bei allen Angelegenheiten. Mit Beifügung vieler Abendmahls-, Kranken-, Sterbens- und Wetter-Gebete; 150 Sterbens-Gedanken, nebst der Leidens-Geschichte unsers Herrn und Heilandes Jesu Christi; wie auch Morgen- und Abend-Andachten in Versen, sammt Morgen- und Abendliedern. Ster.-Ausg. 10. Abdr. Mit einer Vorrede über den Mißbrauch, sowie über den rechten Gebrauch der Gebetbücher. gr. 8. (XVI, 815 S. mit 1 Holzschn.-Taf.) Basel 879, Spittler. *ℳ 2,40.; geb. * geb. mit Goldschn. *

—— das himmlische Vergnügen in Gott oder vollständiges Gebet-Buch auf alle Zeiten, für alle Stände und bei allen Angelegenheiten. Mit Beifügung vieler Abendmahls-, Kranken-, Sterbens- und Wetter-Gebete; 150 Sterbens-Gedanken, nebst der Leidens-Geschichte unsers Herrn und Heilandes Jesu Christi; wie auch Morgen- und Abend-Andachten in Versen, sammt Morgen- und Abendliedern. 8. Aufl. gr. 8. (XII, 648 S. mit 1 Holzschntaf.) Aarau 880, Christen. *

—— das himmlische Vergnügen in Gott. Vollständ. Gebet-Buch auf alle Zeiten, für alle Stände und bei allen Gelegenheiten. Mit Beifügung vieler Abendmahls-, Kranken-, Sterbens- und Wetter-Gebete; 150 Sterbens-Gedanken, nebst der Leidens-Geschichte unsers HErrn und Heilandes Jesu Christi; wie auch Morgen- und Abend-Andachten in Versen, sammt Morgen- und Abendliedern. Ster.-Ausg. 11. Abdr. Mit einer Vorrede über den Mißbrauch, sowie über den rechten Gebrauch der Gebetbücher. gr. 8. (XVI, 815 S. mit 1 Holzschn.) Basel 886, Spittler. *ℳ 2.40.; geb. *

Schmolke, Benj., das himmlische Vergnügen in Gott. Vollständiges Gebet-Buch auf alle Zeiten, f. alle Stände u. bei allen Angelegenheiten. Mit Beifügg. vieler Abendmahls-, Kranken-, Sterbens- u. Wetter-Gebete; 150 Sterbens-Gedanken, nebst der Leidensgeschichte unsers HErrn u. Heilandes Jesu Christi; wie auch Morgen- u. Abend-Andachten in Versen, samt Morgen- u. Abendliedern. Ster.-Ausg. 12. Abdr. Mit e. Vorrede üb. den Mißbrauch, sowie üb. den rechten Gebrauch der Gebetbücher. gr. 8. (XVI, 815 S. m. 1 Holzschn.) Basel 891. Jaeger & Kober. n. 2. 40; geb. n. 3. 60

— das himmlische Vergnügen in Gott. Vollst. Gebetbuch auf alle Zeiten, f. alle Stände u. bei allen Angelegenheiten. M. Beifügg. vieler Abendmahls-, Kranken-, Sterbens- u. Wetter-Gebete; 150 Sterbens-Gedanken, nebst d. Leidens-Geschichte uns. HErrn u. Heilandes Jesu Christi; wie auch Morgen- u. Abend-Andachten in Versen, sammt Morgen- u. Abendliedern. Ster.-Ausg. 13. Abdr. M. e. Vorrede über d. Mißbrauch, sow. über d. rechten Gebrauch der Gebetbücher. gr. 8. (XVIII, 815 S. m. Titelbild.) Basel 897. Kober. n. 2. 40; geb. in Halbleinw. n. 3. 60; in Halbfrz. m. Goldschn. n. 4. 80

— das himmlische Vergnügen in Gott. Vollständiges Gebetbuch auf alle Zeiten, f. alle Stände u. bei allen Angelegenheiten. Mit Beifügung vieler Abendmahls-, Kranken-, Sterbens- u. Wetter-Gebete; 150 Sterbens-Gedanken, nebst der Leidens-Geschichte unsers HErrn u. Heilandes Jesu Christi; wie auch Morgen- u. Abend-Andachten in Versen, sammt Morgen- u. Abendliedern. Ster.-Ausg. 13. Abdr. Mit e. Vorrede üb. den Mißbrauch, sowie üb. den rechten Gebrauch der Gebetbücher. gr. 8. (XVIII, 815 S. m. Titelbild.) Basel (900). Kober. n. 2.40; geb. in Halbfrz. n. 3. 60; m. Goldschn. n. 4. 80

Schmolck, Benj. Das himmlische Vergnügen in Gott. Vollständiges Gebetbuch auf alle Zeiten, für alle Stände und bei allen Angelegenheiten. Mit ganz grossem Druck. Stereotypausgabe. 14. Abdruck. 816 S. Basel. Kober C. F. Spittler's Nachfolger. 1900. Geb. 4 50 mit Goldschn. 6 —

Schmolck, Benj., das himmlische Vergnügen in Gott. Vollständiges Gebet-Buch auf alle Zeiten, f. alle Stände u. bei allen Angelegenheiten. Mit Beifügg. vieler Abendmahls-, Kranken-, Sterbens- u. Wetter-Gebete: 150 Sterbens-Gedanken, nebst der Leidens-Geschichte unseres HErrn u. Heilandes Jesu Christi; wie auch Morgen- u. Abend-Andachten in Versen, sammt Morgen- u. Abendliedern. Ster.-Ausg. 15. Abdr. (XVIII, 815 S. m. Titelbild.) 8. Basel 906. Kober. n. 2. 40; geb. in Halbfrz. n. 3. 60; m. Goldschn. n. 4. 80

Schmolcke, Benjamin, Geistlicher // Wander=Stab // Des // Sionitischen Pilgrims /// Oder: // Kurtz=gefaßte // Gebeth= // und // Lieder=Andacht // Derer / so in die Kirche reisen/ // In die Hand // Und an die Hand // gegeben // Von // Benjamin Schmolcken. // Schweidnitz und Jauer /// bey Johann George Liebig /// und in Leipzig /// bey Joh. Friedrich Braun / 1719. – 96 S.

B. S. T. 12°.144/5.

SCHMOLCK[E], BENJAMIN. Geistlicher Wanderstab Des Sionitischen Pilgrims, Oder Kurtz-gefaßte Gebeth- und Lieder-Andacht Derer so in die Kirche reisen. Leipzig. J. F. Brauns Erben, 1722. 96 S.

Schmolcke, Benj., Wettergebete. 8. Basel 752. Thurneisen. 1/3

— s.: Zeugnisse v. Christo dem Gekreuzigten.

Schmolck, Emanuel Benjamin (Schweidnitz)
A. S. 1205/21

Dissertatio inauguralis medica, de quatuor novissimis medicis, Von Vier letzten Hülffs=Mitteln.
Präs. Michael Alberti.
Halle (Hendel) IX. 1736. 34 S.

Gew.: Konrad Ernst Maximilian von Hochberg.

30987

Schmolck, Georg [aus Tilsit, Ost-Preussen]: Zwei Fälle von Lipoma arborescens genu complicirt mit frischer Synovialis-Tuberculose. Ein Beitrag zur Lehre vom Tuberculös-Werden ursprünglich nicht tuberculöser Processe .... Leipzig, Druck v. J. B. Hirschfeld, 1886; 18 S. u. 2 Taf. 8°.
Halle, Med. Fak., Inaug.-Diss. v. 20. Jan. 1886.

Schmolck, Georg, zwei Fälle von Lipoma arborescens genu complicirt mit frischer Synovialis-Tuberculose. Ein Beitrag zur Lehre vom Tuberculös-Werden ursprünglich nicht tuberculöser Prozesse. Diss. Halle 1886, Lippertsche Buchh. 8°. 18 S. mit 2 Taf.

Schmolck, H., Handbuch für die Verwaltungs-Behörden, insbesond. für Landraths-, Domainen-Rent-, Domainen-Aemter, Magistrate, Polizei-Verwaltungen und Dominien 2c. gr. 8. (XII und 427 S.) Königsberg 863, (Koch.) *

Schmolck, H., Handbuch für die Verwaltungs-Behörden, insbesondere für Landraths-Aemter, Kreis-Ausschüsse, Magistrate rc. nebst Anh., enth. Andeutungen für die Geschäftsführung der Amtsvorsteher und Formulare für dieselben. 2. verm. und verb. Aufl. gr. 8. (XI, 384 S.) Königsberg 874, (Beyer.) * 6 —

Schmolck, W., zwölf Bilder aus der Missionswelt m. kurzen Erläuterungen. Für die deutsche Jugend bearb. 1.—6. Hft. 8. (à 26 S. m. Abbildgn.) Basel 894. Missionsbuchh. à n. — 10
1—4. 2. Aufl.

Schmolck, W., 12 Bilder aus d. Missionswelt m. kurzen Erläutergn. Für die deutsche Jugend bearb. VII. u. VIII. Hft. gr. 8. (à 24 S. m. Abb.) Basel 895. Missionsbuchh. à n. — 10

— von Heiligtum zu Heiligtum. Aus d. Pilgerleben d. wahrheitsuch. Hindu Karunagaran. 8. (72 S. m. Abb.) Ebd. 898. n. — 25

Schmolck, W., von Heiligtum zu Heiligtum. Aus dem Pilgerleben des wahrheitsuch. Hindu Karunagaran. Nach Mitteilgn. v. G. Peter u. J. Jans bearb. 2. Aufl. 8. (72 S. m. Abbildgn.) Basel 900. Missionsbuchh. n. 25

Schmolcke, Benjamin, s. Schmolck

Schmolcke, Herm., Regeln über die deutsche Aussprache. Berlin 1890. 4.
Progr. Friedrichs-Real-Gymn. Berlin. . . . . (D.; KPA.)

Schmölcke, J., Bau und Einrichtung von Turnhallen für Bauhandwerker, Auftraggeber und Unternehmer, Leipzig 1882, 26 S., 8°.

Schmölcke, J., Handbuch f. Hochbautechniker zur Benutzung beim Entwerfen u. Veranschlagen v. Hochbauten aller Art. Mit 91 in den Text gedr. Holzschn. gr. 8. (VIII, 207 S.) Holzminden 876. Müller. n. 5. —

—— Handbuch für Hochbautechniker zur Benutzung beim Entwerfen und Veranschlagen von Hochbauten aller Art. 2. sehr verm. und verb. Aufl. gr. 8. (XII, 348 S. mit vielen in den Text gedr. Holzschn. und 3 lithogr. Taf.) Ebendas. 883. *M 7,50.; geb. * 8 50

Schmölcke, J., die Constructionen des Hochbaues mit besond. Rücksicht auf ihre graphische Darstellung. Zum Gebrauch für techn. Lehranstalten sowie zum Selbststudium für Bautechniker. 1. Thl.: Das Gewölbe. gr. 8. (IV, 73 S. mit 1 Atlas enth. 24 Fol.-Taf. in Lithogr.) Holzminden 879, Müller'sche Buchh. *

Schmölcke, J., die Constructionen des Hochbaues mit besond. Rücksicht auf ihre graphische Darstellung. Zum Gebrauch für techn. Lehranstalten, sowie zum Selbststudium für Bautechniker. 2. und 3. (Schluß-)Thl. gr. 8. Holzminden, Müller'sche Buchh. * 14 50
Inhalt:
Thl. 2. Zimmerconstructionen. Die Dächer, Balkenlagen und Wände. Mit Atlas, enthaltend 36 Stnt. in Fol. (VI, 111 S.) 880. *M 6,50.
„ 3. Die Treppen von Holz, Stein, Beton, Guß- und Schmiedeeisen. Mit Atlas, enthaltend 40 Stnt. in Fol. (VI, 91 S.) 882. *M 8.
1. Thl. Ebendas. 1879. *M 4,50.

Schmölcke, J., d. Konstruktionen d. Hochbaues m. besond. Rücksicht auf ihre Darstellg. Zum Gebrauche f. techn. Lehranst., sow. z. Selbststud. f. Bautechniker. 2., verm. Aufl. Nach dem Tode d. Verf. bearb. v. P. Berthold. 1. u. 2. Tl. gr. 8. Mit Atlas in Fol. Holzminden 895. C. C. Müller. n. 11. —
1. Die Gewölbe. M. e. Atlas v. 25 Foliotaf. (V, 76 S.) n. 4. 50
2. Zimmerkonstruktionen. Die Dächer, Balkenlagen u. Wände. M. e. Atlas v. 37 Foliotaf. (VIII, 120 S. m. Fig.) n. 6. 50

—— die Verbesserung unserer Wohnungen nach den Grundsätzen der Gesundheitslehre. Für Ingenieure, Bautechniker, Bauherren, Hausbesitzer und Verwaltungsbeamte. Gemeinfaßlich bearb. Mit einem Vorwort von Paul Niemeyer. 8. (VII, 95 S. mit 20 eingedr. Holzschn.) Wiesbaden 881, Bergmann. * 2 —

—— das Wohnhaus des Arbeiters. Eine Anleitung zur Herstellung billiger, solider und gesunder Arbeiterwohnungen in den Städten und auf dem Lande. Preisgekrönt durch den Verein „Concordia". 12 lithogr. Taf., enthaltend 9 Orig.-Entwürfe, Situationspläne und Details (in gr. 4.), nebst beschreibendem Text. gr. 8. (IV, 76 S.) Bonn 883, Strauß. In Mappe * 8 50

Schmölcke, J., das Wohnhaus des Arbeiters. Eine Anleitung zur Herstellung bill., solider und gesunder Arbeiterwohnungen in den Städten und auf dem Lande. Preisgekrönt durch den Verein „Concordia". 12 lithogr. Taf., enth. 9 Orig.-Entwürfe, Situationspläne und Details. 2. Aufl. gr. 4. Nebst beschreibendem Text. gr. 8. (IV, 76 S.) Bonn 885, Strauß. In Mappe *

Schmölder

—— Die Freiheitsstrafen u. die Besserungstheorie. Unsere Berufsverbrecher. Die Geldstrafe. 3 Aufsätze zur Reformbewegg. im Strafrecht. 8. (44 S.) Berl. 889, G. Reimer. * — 80

Schmölder: Die verwahrlosten Kinder und die jugendlichen Verbrecher. Eine Entgegnung auf die Thesen u. Beschlüsse der Internationalen crimin. Vereinigung. [Stuttgart 1894.]

—— Die körperliche Züchtigung als richterliches Strafmittel u. Disciplinarmittel in Strafanstalten. Vortrag, Verhandlgn. u. Beschlüsse auf der 63. Generalversammlg. der rheinisch-westfäl. Gefängniß-Gesellschaft am 8. Oktbr. 1891. gr. 8. (40 S.) Düsseld. 892, (Voß u. Comp.). * — 40
Aus: Jahresbericht d. rheinisch-westfäl. Gefängniß Gesellschaft, besond. abgedruckt.

Schmölder, A., die Strafen d. deutschen Strafgesetzbuchs u. deren Vollzug. Eine krit. Studie. gr. 8. (63 S.) Berlin 885. Vahlen. n. 1. 20

— zur Wiedereinführung der Schuldhaft. gr. 8. (40 S.) Köln 883. Rommerskirchen. — 90

– Dass., s.a. Schmölder, R.

Schmölder, B., General-Karte der Union von Nord-Amerika aus den neuesten Quellen veröffentlicht. gr. Fol. Lith. u. color. Mit Angabe der Cantone der Staaten Nordamerika's (1 Bl. in gr. 4.) Darmstadt 847, Frommann. n. 1/3 ₰

Schmölder, B., General-Karte der Union von Nord-Amerika aus den neuesten Quellen veröffentlicht. gr. Fol. Lith. u. color. Frankfurt a. M. 851, Lizius. n. 7 ₰

— neueste Special-Karte der westlichen u. südlichen Theile von Nord-Amerika. Die neuesten Gebiete der Union u. die Vereinigten Staaten von Mexico. Aus den neuesten Quellen veröffentlicht. gr. Fol. Lith. u. color. Darmstadt 847, Frommann. n. 1/3 ₰

Schmölder, B., neuer praktischer Wegweiser für Auswanderer nach Nord-Amerika in 3 Abthlgn. mit Karten, Plänen und Ansichten. br. gr. 8. Mainz 849, (Le Roux'sche Hofbuchh.) *
Inhalt:
Abthl. 1. Oregon und Californien und Allgemeines über das Mississippi- und Missouri-Thal. (VIII und 120 S. mit 4 Stahlst., 1 Stnt. und 1 Holzschn.) (1 Thlr. 5 Ngr.)
„ 2. Die mittleren Staaten der Union. Topograph. Beschreibung der Staaten von Missouri, Jowa, Wiskonsin, Illinois, Michigan, Indiana, Ohio und Arkansas, im Anhange Texas. (IV und 154 S. mit 1 Stahlst. und 1 lithogr. und ill. Karte in Fol.)
„ 3. Die Beschreibung des Staats- und Congreß-Landes in Jowa. (III und 106 S.)

Schmölder, B., neuer praktischer Wegweiser für Auswanderer nach Nordamerika in 3 Abthlgn. mit (3 lithogr. und ill.) Karten in Fol., (6 in Kpfr. gest. und lithogr.) Plänen und Ansichten. 2. (Titel-)Ausg. gr. 8. (IV und 382 S.) Mainz 855, Wirth's Sortimentsb.

Schmölder, B., neuer praktischer Wegweiser für Auswanderer nach Nord-Amerika in 3 Abthlgn. mit Karten, Plänen und Ansichten. 3. (Titel-)Ausg. Mainz 855. Wirth. Lex.-8. (2 Bl., 120, 154, 106 S., 3 lith. u. color. Karten in Fol., 1 Plan u. 4 Ansichten in Kpfrst.) 1 ℛ. 10 ngr.; die Karten einzeln à 7½ ngr.

Schmölder, Friedrich Theodor (Hrsg.), s. Archiv, Westphälisches, des Wahren, Nützlichen und Schönen.

Schmölder, Fr. Thdr., Gedächtnißrede auf d. Tod Josephs II. 8. Amsterd. 790.

– (Hrsg.), s. Uebersicht der merkwürdigsten Begebenheiten der Geschichte unserer Zeit.

Schmölder, J., Märchen. 8. (III, 96 S.) Dresden 896. (Verlagsanstalt Frauenerwerb.) Geb. n. 1. 50

— **Mergentille.** Romant. Erzählg. f. Mädchen v. 12 bis 16 Jahren. 12. (76 S.) Ebd. 896. Geb. n. 1. 50

SCHMÖLDER, Joseph (Gastwirth, Frankfurt a/M.). Humoristischer Flaschenkeller: Launige Lebens- und Reisebilder, Schwänke etc. Mit Portrait Schmölder's. Frankfurt a. M. 1853. 8°. 212 S. (1 Mk. 80 Pfg. J. Taussig, 1904.)
Kam nicht in den Handel.

— — Dasselbe. 2 Bde. Mit Portr. Karlsruhe 1866. Gr. 8°. (3 Mk. 50 Pfg. Baer & Co., 1894.)

Schmölder, Karl, die Billigkeit als Grundlage d. bürgerlichen Rechts. Ein Beitrag zur Berichtigg. der amtl. Rechtsauffassg. (VII, 198 S.) gr. 8. Hamm 907. Emil Griebsch. 4. 50

Schmölder, Leop., geb. [illegible] in West[illegible] (26. 6. 1842): Ueber die Aetiologie und den Verlauf des Darmtyphus. Berlin (1867). 32 S. 8.
Berlin, Med. Diss. v. 10. Aug 1867

Schmölder, Peter: Der letzte Ausbruch des Ararat und der Untergang von Arguri, nach neueren Ermittelungen. (Verhandlungen der Gesellschaft deutscher Naturforscher und Aerzte. 66. Versammlung zu Frankfurt a. M. 21.–26. September 1896. Abtheilung für Ethnologie, Anthropologie und Geographie.) Frankfurt a. M. 1896. 13 S. 8°.

Schmölder, R., das Inseratenwesen als Staatsinstitut. gr. 8. (IV, 59 S.) Leipzig 879, [Reißner und Ganz.] Reißner. *

Schmölder, R., zur Wiedereinführung der Schuldhaft. gr. 8. (40 S.) Köln 883, Rommerskirchen's Buchh.

– Dass., s.a. Schmölder, A.

SCHMÖLDER, Robert (Oberlandesgerichtsrat, Hamm), Die Bestrafung und polizeiliche Behandlung der gewerbsmässigen Unzucht. Dusseldorf 1892. (In Dresden, Bibl. d. Gehestftg.)

Schmölder, die Bestrafung u. polizeiliche Behandlung der gewerbsmäßigen Unzucht. gr. 8. (84 S.) Düsseldorf 892. L. Voß & Co. n. 1. 60

Schmölder, R., zum Frieden unter den Konfessionen. 1. u. 2. Taus. (51 S.) 8. Bonn 910. C. Georgi. — 60

Schmölder, Rob., die Geldstrafe. Vortrag, geh. auf der 74. Jahresversammlg. der rheinisch-westfäl. Gefängnißgesellschaft in Düsseldorf am 15. X. 1902. gr. 8. (29 S.) Hamm (902). (E. Griebsch.) n. — 50

Schmölder, [Rob.]: Zur lex Heinze. Berlin [1893].

— — Die Prostitution, ihre alsbaldige Regelung ein dringendes Bedürfnis. Leipzig 1913, Verlag von Johann Ambrosius Barth. 8°. 24 S. (Mk. 0,30.)

— — Unsere heutige Prostitution. München 1911. E. Reinhardt. 8°. 30 S. (Mk. 0,50.)

— Staat u. Prostitution. gr. 8. (45 S.) Berlin 900. H. Walther. n. — 80

Die gewerbsmässige Unzucht und die zwangsweise Eintragung in die Dirnenliste. Vortrag, gehalten am 7. September 1893 in Frankfurt a. O. von Herrn Oberlandesgerichtsrat SCHMÖLDER-Köln a. Rh. nebst anschliessenden Verhandlungen, an welchen sich beteiligt haben: 1. Konsistorialrat BALAN-Posen. 2. Probst BECKER-Kiel. 3. Erster Staatsanwalt CHUCHUL-Frankfurt a. O. 4. P. ISERMEYER-Hildesheim.

— **die gewerbsmäßige Unzucht u. die zwangsweise Eintragung in die Dirnenliste.** Vortrag, geh. am 7. Septbr. 1893 in Frankfurt a/O., nebst anschließ. Verhandlgn. 1. u. 2. Aufl. gr. 8. (40 S.) Berlin 893. 894. (Leipzig, R. Werther.) n. — 60

— Die gewerbsmäßige Unzucht und die zwangsweise Eintragung in d. Dirnenliste. Vortrag. 2. Aufl. — Berlin: Allg. Konferenz d. dt. Sittlichkeitsvereine 1894. 40 S. 8°

Schmölder, S. J.: „Erörterungen von Manufacturen und Fabriken", Marburg 1753.

Schmoelders, [Franciscus] Augustus ⟨geb. am 28 Nov. 1809 in Rhede Kr. Bocholt Westf.⟩: Documenta philosophiae Arabum ... ex codd. mss. primus ed., latine vertit, commentario illustravit ... Bonnae, typ. reg. arab. in off. F. Baadeni 1836. [*A. T.*:] [*Arab.*] Rasâ'il falsafîje li'l-šaiḫ Abî-Naṣr Alfârâbî wa li'l-šaiḫ al-ra'îs [!] Abî-'Alî Ibn-Sînâ ... [Philosophische Abhandlungen vom Dr. Abu Naṣr Alfârâbî und dem Dr. Abu 'Alî Ibn Sînâ ...] 2 Bl., IV, 134, 34 S. 8.
¶ Erschien zugleich selbständig bei Weber in Bonn.
Bonn, Phil. Fak., Diss. v. [22 Juni] 1836

Schmoelders, Aug., Documenta philosoph. Arabum, ex Codd. Mss. primus ed., lat. vertit, comment. illust. 8maj. (11⅛ B.) Bonnae 836, Weber. *

Schmoelders, Augustus: De studiis Arabum grammaticis libellus. Vratislaviae (1862). (64 S.) 8°
Breslau, Phil. Fak., Antr.-Progr. als ord. Prof. v. 21. Juli 1862

Schmoelders, Franciscus Augustus ⟨geb. am 28 Nov. 1809 in Rhede Kr. Bocholt Westf.⟩: Theses controversae quas una cum dissertatione Documenta philosophiae Arabum ... defendet. [o. O.], (1836). 2 Bl. 8.
Bonn, Phil. Fak., Thes. v. 22 Juni 1836

Schmölders, Paul, das Eigentum an den in ein Gebäude verwandten Baumaterialien. Inaugural-Dissertation. gr. 8. (50 S.) Breslau 885, (Köhler.) *

Schmoldt, Philipp, a. Neuensteden ⟨Preußen⟩: Über Thiobenzoesäuren und Disulfide mit benachbarten Doppelbindungen. Freiburg i. Br.: Speyer & Kaerner 1907. (48 S.) 8°
Freiburg i. B., Phil. Fak., Ref. Gattermann, Diss. v. 1908
[Geb. 12. Dez. 76 Freiburg a. d. Elbe; Wohnort: Freiburg i. B.; Staatsangeh.: Preußen; Vorbildung: Realgymn. Leer Reife M. 98; Studium: Jena 4, München 4, Freiburg i. B. 6 S.; Rig. 14. Juni 07.]

Schmöle, Christoph: Noterbenrecht des Adoptierten gegen seinen leiblichen Vater .... Frankfurt a. M., Druck v. Gebr. Knauer, 1888; 3 Bl. + 80 S. 8°
Leipzig, Jur. Fak., Inaug.-Diss. v. 1888

Schmöle, Christoph, Noterbenrecht des Adoptierten gegen seinen leiblichen Vater. Diss. Leipzig 1888, Gustav Fock. 8°. 80 S.

Schmölе, Chrph., Unvergänglichkeit u. Freiheit der Individualität. Ein zwing. Beweis f. die seel. u. körperl. Fortdauer d. Persönlichkeit nach d. Tode u. die Existenz e. unser ges. Dasein beherrsch. Naturgesetzes d. Freiheit auf Grund d. Erkenntnis d. Zeitbegriffs. gr. 8. (33 S.) Frankfurt a/M. 897. Gebr. Knauer. n. 2. —

Schmöle, J., Die neueste wirtschaftliche Entwicklung der Grafschaft Mark in statistischer Beleuchtung. Dortmund, 1909. 99 S.

Schmöle, Jos. (Hrsg.), s. Abhandlungen des staatswissenschaftlichen Seminars zu Münster.

Schmoele, Josef [aus Frankfurt a/M.]: Beiträge zur wissenschaftlichen Begründung des Butterungs-Vorganges ...
Halle a. S.: Plötz'sche Buchdr. (R. Nietschmann) 1889. 79, 1 S. 8°
Halle, Phil. Fak., Inaug.-Diss. v. 8. Aug. 1889

Schmöle, Jos., die sozialdemokratischen Gewerkschaften in Deutschland seit dem Erlasse d. Sozialisten-Gesetzes. 1. u. 2. Tl. 1. Abt. gr. 8. Jena, G. Fischer. n. 10. 50
1. Vorbereit. Tl. (XXII, 211 S.) 896. n. 4. 50
2. Einzelne Organisationen. 1. Abtlg. Der Zimmererverband. (IX, 300 S.) 898. n. 6. —

Schmöle, Wilh., Makrobiotik und Eubanik, zwei wissenschaftl. Künste zur Verlängerung und Verschönerung des menschl. Lebens, mit neuen Elementen einer rationellen Heilwissenschaft. 8. (181 S.) Bonn 879, Schulten. *

Schmöle, Wilhelm (Hrsg.), s. Staats-Zeitung, Die Allgemeine.

Schmolk, Ad. Wlh., s. Schmolck

Schmolk, Benj., s. Schmolck

Schmolka, Alois: Über eine neue Methode zur Bestimmung des Phosphors in Roheisen und Stahl, s. Kalmann, Wilhelm

Schmolka, H. Informationen f. Erfinder u. Patent-Inhaber. Eine übersichtl. Zusammenstellg. der wichtigsten Bestimmgn. d. österreich. u. d. neuen deutschen Patent- u. Gebrauchsmuster-Gesetzes, nebst wissenswerthen Angaben üb. den Patentschutz in den hervorragendsten anderen Cultur-Staaten. 12. (85 S.) Prag 891, Calve. cart. * 1 —

—— 10 Tage durch Paris u. die Weltausstellung 1889. Mit 2 Plänen. gr. 16. (44 S.) Prag 889. (Smichow, Kapr u. Kotek.) 1 —

Schmolke, Benj., s.: Schmolck, Benj.

Schmolke, E., Erörterungen über die verschiedenen Zündersysteme der Artillerie und ihre Anwendung auf die beiden preußischen Geschützsysteme. gr. 8. (VIII und 78 S.) Berlin 864, Mittler und Sohn. *

Schmolke, H., Philipp's II. Abschied von den Niederlanden. Ein Beitrag zur Geschichte der Erzherzöge Albert und Isabella. gr. 8. (80 S.) Berlin 878, C. Heymann's Verlag. * 1 80

H. Schmolke, Leben und Dichten Neidharts v. R. (Progr.) Potsdam 1875. 4°. 31 S. (1 Mk. 50 Pfg. Mayer & Müller, Berlin, 1910.)

Schmolke, Hermann: Regeln über die deutsche Aussprache. Berlin, R. Gaertners Verlagsbuchh., 1890; 44 S. 4°
Berlin, Friedrichs-RG, OP 1890

Schmoll, Peter, und seine Nachbarn . . . Rudolstadt 1798—99. V: *Cramer, Carl Gottlob.* (MGT)

Schmoll, Peter, u. seine Nachbarn, vom Verf. d. Erasmus Schleicher, K. G. Cramer, m. 2 K. 2 Bde. 8. Rudolstadt, Klüger. 799. Rthlr.

Schmoll, A., nouveau cours de piano, s. Hennes, A.

Schmoll, Cyriakus, a. Benfeld i. Els., appr. Arzt: Aus d. Marburger geburtshilflichen Universitäts-Klinik. Die Bedeutung der Lungenprobe. Marburg 1908: J. Hamel. (58 S.) 8°
Marburg, Med. Fak., Ref. Ahlfeld, Diss. v. 10. Juni 1908
[Geb. 29. Sept. 81 Benfeld, Kr. Erstein (Unter-Elsaß); Wohnort: Marburg; Staatsangeh.: Preußen; Vorbildung: Gymn. Mühlhausen i. Els. Reife Juni 01; Studium: Jura Straßburg 1, Med. Straßburg 2, Marburg 8 S.; Coll. 4. Okt. 07; Approb. 20. Mai 08.]

Schmoll, Désiré [pr. Arzt in Strassburg i. E.]: Zur chirurgischen Behandlung der Tuberculösen Peritonitis ... Strassburg, Buchdr. C. Göller, 1892; 73 S. 8.
Strassburg, Med. Fak., Inaug.-Diss. v. 1892

Schmoll, E. Experimentelle Beiträge zur Therapie der Diabetes. Mit 1 Tab. In-8°. 21 S. Basel. These. 1936

Schmoll, F. Das Königreich Böhmen, nach den neuesten astronomischen Orts-Bestimmungen, mehreren Spezial-Aufnahmen und anderen zuverlässigen Hilfs-Mitteln gezeichnet. Wien 1825. 4 Bl. K. v.
Desgl. 1826. 4 Bl. K. v.

Schmoll, Ferdinand, aus Greifenstein, Kreis Wetzlar (Preussen): Zur Vorgeschichte und Geschichte der Auflösung der schwedisch-norwegischen Union. Berlin 1908. 70 S. 8°. [23. II. 07.]
Bern. Phil. Diss. 1907/08.

Schmoll, Ferdinand. Zur Vorgeschichte und Geschichte der Auflösung der schwedisch-norwegischen Union. Diss. Phil. Bern. 70 S. 8. Berlin, Wilhelm Pilz, 1908.

Schmoll, Georg [Referendar aus Mülhausen]: Welche Wirkungen hat bei der locatio conductio operis der vor der Billigung erfolgte zufällige Untergang des Werks auf die Verpflichtungen der Contrahenden? . . . Strassburg, Univ.-Buchdr. v. J. H. Ed. Heitz (Heitz & Mündel), 1889; VI + 108 S. 8°
Strassburg, Rechts- u. Staatsw. Fak., Inaug.-Diss. v. 1889

Schmoll, Gerhard geb. am 4 Sept. 1853 in Kerpen Rgbz. Köln. Ueber Arterienwunden und arterielle Haematome ... Bonn, Druck v. J. F. Carthaus (1880). 32 S., 2 Bl. 8.
Bonn, Med. Fak., Diss. v. 23 Juni 1880

SCHMOLL, Gisela
(F) Der Hexenschüler. Modernes Märchenspiel in drei Bildern von Gisela Schmoll. Den Bühnen gegenüber als Manuscript gedruckt. Wien und Leipzig. 1901. Breitenstein. Gr.-8°. 20 S. K —.40

Schmoll, J. G., Arithmetik f. Handlungsstudirende. 8. Leipz. 802. H. Richter. 1 ₰ 4 gl.

— neue Rechnenschule f. Anfänger. ... 2 Bde. 8. ... 2e Aufl. 809. ...

Schmoll, Johannes [app. Arzt aus Kerpen, Rheinl.]: Aus d. chirurg. Klinik zu Kiel. Ueber die Totalexstirpation der Harnröhre beim Weibe mit Anlegung einer Witzel'schen Schrägfistel ... Kiel, Druck v. P. Peters, 1897; 15 S., 2 Bl. 8.
Kiel, Med. Fak., Inaug.-Diss. v. [6. Aug.] 1897

Schmoll, Joséphine: Jubelmarsch. Ihrer Königl. Hoheit der Grossherzogin von Luxemburg gewidmet. [Leipzig 1891.] 5 S. 4°

Schmoll, Joséphine: Lied zur Trösterin. Text und Musik. Trier [1891]. 3 S. 4°

Schmoll, Polykarp, P., O. F. M.: Die Busslehre der Frühscholastik. Eine dogmengeschichtl. Untersuchung. München: Lentner 1909. 48 S. 8° ¶(Gekr. Preisschr. Ersch. vollst. als: Veröffentlichungen aus d. Kirchenhist. Seminar München. Reihe 3, Nr 5.)
München, Theol. Diss. v. 24. Juli 1909, Ref. Gietl
(Nur in beschränkter Anzahl für den Austausch)
[Geb. 14. Aug. 77 Lauterhofen; Wohnort: Lauterhofen; Staatsangeh.: Bayern; Vorbildung: Gymn. Landshut Reife Juli 97; Studium: Tölz Coll. Anton. 4, Rom 4, München 4 S.; Rig. 24. Juli 09.] [U 10. 3426

Schmoll, Polykarp, O. F. M., die Busslehre der Frühscholastik, s. a. Veröffentlichungen aus dem kirchenhistorischen Seminar München. III, 5.

Die Busslehre der Frühscholastik. Eine dogmengeschichtl. Untersuchung von P. Polykarp Schmoll, O. F. M. München: Lentner 1909. XVI, 163 S. 8°
(Veröffentlichungen a. d. Kirchenhist. Seminar, München. Reihe 3, Nr 5.)

Ludwigs-Eisenbahn — Karte der Saarbrücker und pfälzischen — etc. Gez. von Th. Schmoll. Lithogr. St. Johann-Saarbrücken, bei A. Bruch. 1853. 150.000. 1 Bl.

Schmoll, Wolfgang Matthaeus (Regensburg) Thl. I. 209/40

Disputatio XXI, de sorte et sortitione.
Präs. Johann Konrad Dannhauer.
In: Dannhauer: Disputationes theologicae. Leipzig (Reinhold) 1707. S. 1150-1163.

Diss. Strassburg 22. I. 1663. 30990

Schmoll von Eisenwerth, A: Die Wasserhebmaschinen. System Gebrüder Klein, A. Schmoll und E. Gärtner. Prag 1883

Schmoll von Eisenwerth, Adolf: Beitrag zur Theorie und Berechnung der hydraulischen Regulatoren für Wasserkraftmaschinen. Berlin: Dietze 1904. 85 S. 8° ¶. Aus: Dinglers Polytechn. Journal. Jg. 85. Bd 319.
Darmstadt, Dr.-Ing.-Diss. v. 28. 6. 1904

Schmoll v. Eisenwerth, Karl: Frühlingsahnen. Farbige Originalalgraphie. 17 1/2 x 15 1/2 cm.
Wien: Gesellschaft f. vervielfält. Kunst 1910.

Kayser, Jo. Friedr. (Präs.) u. Wilh. Elias Schmoll genannt Eysenwerth (Darmstadt) (Auct. et Resp.)
Dissertatio juridica de communione incidente.
Glssae 17. Aug. 1719: Joh. Müller. (4), 28 S. 4°
publico opponentium examini

Schmoller, Johann, Kriegssecretär Herzog Bernhards von Weimar im 30jährigen Kriege . . . Urach 1867. V: *Schmoller, Gust. Hnr.* (Heyd)

Schmoller, s. Andreä, Jac. Zwanzig Predigten.

Schmoller, s.: Raub u. Erpressung usw.

Schmoller, Testamentserrichtung u. Testierfähigkeit, s.: Kreuser.

Schmoller, Christian Gottfried (Stuttgart) Thl. I, 238

In Förtsch, Michael: Dissertationum theologicarum selectarum decas cum appendice duarum orationum. Tübingen (Cotta) 1704.

Der Anteil des Einzelnen ist nicht erkennbar.

30991

Schmoller, Eugen, Landrichter, in Tübingen: Der Kausalzusammenhang beim Tierschaden. Ein Beitrag zum Kausalproblem. Tübingen 1905: H. Laupp jr. (65 S.) 8° [J.] ¶(Aus: Archiv für die civilistische Praxis Bd 98.)
Tübingen, Jur. Fak., Ref. v. Rümelin, Diss. v. 28. Aug. 1905
[Geb. 13. Febr. 66 Stuttgart; Wohnort: Tübingen; Staatsangeh.: Württemberg; Vorbildung: Eberhard-Ludwigs-Gymn. Stuttgart Reife M. 84; Studium: Tübingen 5, Leipzig 3 S.; Coll.: Justizdienstprüfung.]
(Nicht für den Austausch)

Schmoller, G. H. S. Johannes Schmoller, Kriegssecretair Herzog Bernhards von Weimar im 30jährigen Kriege. Mitteilungen aus den Papieren der Schmollerschen Familie. 8. Urach 1867

Schmoller, George: Der Feldzug von 1706 in Italien. (Berlin 1909: Ebering.) 50 S. 8°
Berlin, Phil. Diss. v. 24. Juli 1909, Ref. Delbrück
[Geb. 15. Jan. 87 Colmar i. E; Wohnort: Charlottenburg; Staatsangeh.: Preußen; Vorbildung: Gymn. Freienwalde Reife O. 06; Studium: Berlin 6 S.; Rig. 17. Juni 09.] [U 09. 274

Schmoller, Gustav von

Schmoller, G. (Bearb.), s. Acta Austriae inferioris.

Schmoller, Gust., s.: Acta borussica.

Schmoller, Gust., üb. Behördenorganisation, Amtswesen u. Beamtenthum, s.: Acta borussica.

— O. Krauske u. W. Loewe, die Behördenorganisation u. d. allgem. Staatsverwaltg. Preußens im 18. Jahrh., 2. Bd. Akten v. Juli 1714 bis Ende 1717, s.: Acta Borussica.

— Strassburgs Blüte u. die volkswirthschaftliche Revolution im XIII. Jahrh., } s. a. Quellen u. Forschungen zur Sprach- u. Culturgeschichte der germanischen Völker.

Schmoller, Gustav: Straßburgs Blüte und die volkswirtschaftliche Revolution im 13. Jahrhundert. Rede. Straßburg 1875. 8°
(Quellen u. Forsch. z. Sprach- u. Culturgesch. d. german. Völker. 6)

[Gustav] **Schmoller**, [Bernhard] Dernburg, Delbrück, Schäfer, Sering, Schillings, Brunner, Jastrow, Penck, Kahl über Reichstagsauflösung und Kolonialpolitik. Offizieller stenogr. Bericht über d. Versammlung in d. Berliner Hochschule f. Musik 1907. Hrsg. v. Kolonialpolit. Aktionskomité. Berlin: Wedekind & Co. 1907. (47 S.) 8° [07. 8847

— **Dernburg, Delbrück, Schäfer, Sering, Schillings, Brunner, Jastrow, Penck, Kahl** üb. Reichstagsauflösg. u. Kolonialpolitik. Offiz. stenograph. Bericht üb. die Versammlung in der Berliner Hochschule f. Musik am 8. I. 1907. Hrsg. v. kolonialpolit. Aktionskomité. (47 S.) 8. Berlin 907. Verlag Dr. Wedekind & Co. —50

— Entstehung, Wesen u. Bedeutung der neueren Armenpflege. gr. 8. (10 S.) Berlin 902. (G. Reimer.) n. — 50
Sonderabdr. aus „Sitzungsber. d. preuß. Akad. d. Wiss."

Schmoller, Gust., die Entwickelung und die Krisis der deutschen Weberei im 19. Jahrh., s. a. Zeit- und Streit-Fragen, deutsche.

Schmoller, Gust., Die Entwicklung und die Krisis der deutschen Weberei im 19. Jahrhundert. Berlin 1873. 8.
Iս: Deut. Z.- u. Str.-Fr. Jhg. 2. H. 25. (D.; LHK.)

Schmoller, Gust.: Die Ergebnisse der im Jahre 1861 zu Zollvereinszwecken veranstalteten Aufnahme der Gewerbe in Württemberg. Stuttgart 1863.

— einige principielle Erörterungen üb. Werth u. Preis. gr. 8. (43 S.) Ebd. 901. n. 2. —
Sonderabdruck aus: „Sitzungsber. d. preuss. Akad. d. Wiss."

Schmoller, Gust., s.: Forschungen zur brandenburgischen u. preußischen Geschichte.

—— s. Forschungen, staats- und socialwissenschaftliche.

— Max Lenz, Erich Marcks, zu Bismarcks Gedächtnis. 1.—3. unveränd. Aufl. gr. 8. (à V, 174 S.) Leipzig 899. Duncker & Humblot. n. 3. 60; geb. n. 4. 80

— Gedächtnissrede auf Heinrich v. Sybel u. Heinrich v. Treitschke. [Aus: „Abhandlgn. d. kgl. preuss. Akad. d. Wiss. zu Berlin".] gr. 4. (43 S.) Berlin 896. (G. Reimer.) n. 2. —

Schmoller, Gust.: Zur Geschichte d. national-ökonomischen Ansichten in Deutschland während der Reformations-Periode. (Tübingen 1860).

Schmoller, Gust., zur Geschichte der deutschen Kleingewerbe im 19. Jahrh. Statistische u. nationalökonom. Untersuchgn. Halle 870. Buchh. des Waisenh. 8 (XVI, 704 S.) n. 2 а/ф

— die Getreidehandelspolitik u. Kriegsmagazinverwaltung Brandenburg-Preußens, s.: Naudé, W.

— Getreidehandelspolitik u. Kriegsmagazinverwaltung, die, Preußens 1740—1756, s.: Acta borussica.

Schmoller, Gust., über einige Grundfragen des Rechts und der Volkswirthschaft. Ein offenes Sendschreiben an Herrn Prof. Dr. Heinr. v. Treitschke. 1. und 2. Aufl. gr. 8. (VIII, 167 S.) Jena 875, Mauke's Verlag. * 2 40
Aus: Jahrbücher für Nationaloekonomie und Statistik, besonders abgedruckt.

— üb. einige Grundfragen d. Socialpolitik u. d. Volkswirtschaftslehre. 1. Ueber ein. Grundfragen d. Rechts u. d. Volkswirtschaft. 1874—75. 2. D. Volkswirtschaft, d. Volkswirtschaftslehre u. ihre Methode. 1893. 3. Wechselnde Theorien u. feststeh. Wahrheiten im Gebiete der Staats- u. Socialwissenschaften u. die heut. deutsche Volkswirtschaftslehre. 1897. gr. 8. (IX, 343 S.) Leipzig 898. Duncker & Humblot. n. 6. 40

— über einige Grundfragen der Sozialpolitik u. der Volkswirtschaftslehre. 1. Ueber einige Grundfragen des Rechts u. der Volkswirtschaft. 1874—75. 2. Die Gerechtigkeit in der Volkswirtschaft 1881. 3. Die Volkswirtschaft, die Volkswirtschaftslehre u. ihre Methode. 1893. 4. Wechselnde Theorien u. feststeh. Wahrheiten im Gebiete der Staats- u. Sozialwissenschaften u. die heut. deutsche Volkswirtschaftslehre. 1897. 2., verm. Aufl. (IX, 393 S.) gr. 8. Leipzig 904. Duncker & Humblot. n. 7. 20

— Grundriß der allgemeinen Volkswirtschaftslehre. 1., größerer Tl. Begriff. Psychologische u. sittl. Grundlage. Litteratur u. Methode. Land, Leute u. Technik. Die gesellschaftl. Verfassg. u. Volkswirtschaft. 1.—6. Aufl. gr. 8. (XIV, 482 S.) Leipzig 900. 901. Duncker & Humblot. n. 12. —; geb. in Leinw. n. 13. 40

— Grundriß der allgemeinen Volkswirtschaftslehre. 2. Tl. Verkehr, Handel u. Geldwesen. Wert u. Preis. Kapital u. Arbeit. Einkommen. Krisen, Klassenkämpfe, Handelspolitik. Historische Gesamtentwickelg. 1.—6. Aufl. (XII, 719 S.) Lex.-8. Ebd. 904. 16. —; geb. 17. 60
1. Tl. Ebd. 900. 901. n. 12. —; geb. n. 13. 40.

— Grundriß der allgem. Volkswirtschaftslehre. 1. Tl. Begriff. Psycholog. u. sittl. Grundlage. Litteratur u. Methode. Land, Leute u. Technik. Die gesellschaftl. Verfassg. u. Volkswirtschaft. 7.—10. Taus. Ergänzt u. vermehrt. (XII, 580 S.) Lex. 8. Leipzig 908. Duncker & Humblot. 13.—; geb. 14. 20

—— Gutachten über Bestrafung des Arbeitsvertragsbruches, s. Schriften des Vereins für Socialpolitik.

Schmoller, Gustav: Das preussische Handels- und Zollgesetz vom 26. Mai 1818 im Zusammenhang mit der Geschichte der Zeit, ihrer Kämpfe und Ideen. *Berlin 1898: W. Büxenstein.* (53 S.) 4°
Berlin, Rede z. Gedächtnissfeier Friedrich Wilhelms III. am 3. Aug. 1898

— s. a. Handels- u. Machtpolitik.

Schmoller, G., Sering, M., Wagner, A., Handels- und Machtpolitik. 1. u. 2. Bd. Stuttgart 1900. 8°.

— über d. Stumm'sche Herrenhaus-Rede gegen d. Kathedersozialisten, s.: Delbrück, Hans.

— s.: Jahrbuch f. Gesetzgebung, Verwaltung u. Volkswirtschaft.

— Classenkämpfe u. Classenherrschaft. (14 S.) gr. 8. Berlin 904. (G. Reimer.) n. — 50
Sonderabdruck aus: „Sitzungsber. d. preuss. Akad. d. Wiss".

G. Schmoller, Die Lehre vom Einkommen in ihrem Zusammenhange mit den Grundprincipien der Steuerlehre, in Tübinger Vierteljahrsschrift 1862.

Schmoller, G. v., Friedrich List als praktischer Volkswirt, s. a. Schriften des deutschen volkswirtschaftl. Verbandes III, 1.

Friedrich List als praktischer Volkswirt. Vortrag von Dr. G[ustav] v. Schmoller, Prof. Nebst Diskussion. Berlin: Heymann 1909. 27 S. 8°
(Volkswirtschaftliche Streitfragen Reihe 1, H. 1.)
(Schriften d. Deutschen Volkswirtschaftlichen Verbandes. Bd 3, H 1.) [10. 7079

Schmoller, Gust., zur Litteraturgeschichte der Staats- und Sozialwissenschaften. gr. 8. (XI, 304 S.) Leipzig 888, Duncker und Humblot. *

— die historische Lohnbewegung von 1300—1900 u. ihre Ursachen. gr. 8. (16 S.) Berlin 902. (G. Reimer.) n. — 50
Sonderabdruck aus: „Sitzungsber. d. preuss. Akad. d. Wiss."

Internat. Statist. Institut ... Die historische Lohnbewegung von 1300-1900 und ihre Ursachen. Von Gustav Schmoller. Berlin 1903: J. Sittenfeld. (20 S.) 8° [03. 41., 2

— über das Maschinenzeitalter in seinem Zusammenhang m. dem Volkswohlstand u. der sozialen Verfassung der Volkswirtschaft. Vortrag, geh. in der Hauptversammlung des Vereines deutscher Ingenieure zu München am 30. VI. 1903. 1. u. 2. unveränd. Abdr. (à 31 S.) gr. 8. Berlin 903. J. Springer. n. – 60

— die Münzverwaltung der Könige Friedrich I. u. Friedrich Wilhelm I., s.: Schrötter, Frdr. Frhr. v.

— Das preussische Münzwesen im 18. Jahrh., s.: Acta borussica. (Schrötter, Frdr. Frhr. v.)

Nachrichten über die Acta borussica, Denkmäler der preußischen Staatsverwaltung im 18. Jahrhundert. Hrsg. von d. Kgl. Akad. d. Wiss. (Verf.: G[ustav] **Schmoller**.) Berlin: P. Parey 1908. (15 S.) 8° [F. u. Ant.] [08. 5155

— üb. Organe f. Einigg. u. Schiedssprüche in Arbeitsstreitigkeiten. (12 S.) gr. 8. Berlin 903. (G. Reimer.) n. — 60
Sonderabdruck aus: „Sitzungsber. d. preuss. Akad. d. Wiss."

— s.: Politiker u. Nationalökonomen.

Der **Rectoratswechsel** an der Universität Strassburg am 31. October 1874. Jahresbericht erstattet von dem Prorector Dr. Hoppe-Seyler, o. Prof. der physiol. Chemie. Rede über Strassburgs Blüte und die volkswirthschaftliche Revolution im XIII. Jahrhundert, gehalten von dem Rector Dr. Gustav Schmoller, o. Prof. der Staatswissenschaften. Strassburg, Karl J. Trübner. London, Trübner u. Comp., 1874. 8. 53 S.

—— und J. F. H. Dannenberg, zur Reform der Gewerbe-Ordnung. Auf der 1877er Generalversammlung des Vereins für Socialpolitik erstattete Referate. gr. 8. (V, 54 S.) Leipzig 877, Duncker und Humblot. * 1 20

Schmoller, G., u. Dannenberg, J. F. H., Zur Reform der Gewerbeordnung. Referate und Anträge in der fünften Generalversammlung des Vereins für Socialpolitik. gr. 8°. Leipzig, Duncker u. Humblot, 1877. und in (Annalen des Deutschen Reiches für Gesetzgeb. etc., 1878).

—— über die Resultate der Bevölkerungs- und Moral-Statistik, s. a. Sammlung gemeinverständl. wissenschaftl. Vorträge.

Schmoller, G. über die Resultate der Bevolkerungs- und Moralstatistik. (Sammlung gemeinverstandlicher wissenschaftlicher Vortrage 123) Berlin 1871

—— u. O. Hintze. Die preussische Seidenindustrie im 18. Jahrh., s. a. Acta borussica.

Schmoller u. **Hintze**, d. preuss. Seidenindustrie im 18. Jahrh. 3 Bde. Berlin 892. (Acta borussica.)

— Skizze e. Finanzgeschichte v. Frankreich, Österreich, England u. Preußen. (1500—1900.) Histor. Betrachtungen üb. Staatenbildg. u. Finanzentwicklg. (64 S.) gr. 8. Leipzig 909. Duncker & Humblot. 1.50
Sonderabdr. aus: „Jahrb. f. Gesetzgebg. usw. im Deutschen Reich".

Schmoller, Gust. Zur Social- u. Gewerbepolitik der Gegenwart. Reden u. Aufsätze. gr. 8. (XII, 472 S.) Lpz. 890, Duncker u. Humblot. * 9 —

— s.: Staatsschriften, preussische, aus der Regierungszeit König Friedrichs II.

—- Strassburg zur Zeit der Zunftkämpfe und die Reform seiner Verfassung u. Verwaltung im 15. Jahrh., } s. Quellen und Forschungen zur Sprach- und Culturgeschichte der germanischen Völker.

Das politische Testament Friedrich Wilhelms I von 1722. **Rede am Geburtst. S. M. d.** Kaisers u. Königs **in d. Aula d. Friedrich-Wilhelms-Universität** zu Berlin am 27. Jan. 1896 **geh. v. Gustav Schmoller.** Berlin, Druck v. J. Becker, 1896; 26 S. 4.

Schmoller, Gustav: Wechselnde Theorien und feststehende Wahrheiten im Gebiete der Staats- und Socialwissenschaften und die heutige deutsche Volkswirthschaftslehre. *Berlin 1897: W. Büxenstein.* (32 S.) 4°
Berlin, Rede bei Antritt d. Rektorats am 15. Okt. 1897

—— die Strassburger Tucher- und Weberzunft. Urkunden und Darstellung nebst Regesten und Glossar. Ein Beitrag zur Geschichte der deutschen Weberei und des deutschen Gewerberechts vom XIII. — XVII. Jahrh. gr. 4. (XXI, 588 S.) Strassburg 879, Trübner. * 25 —

Schmoller, Gust., die Strassburger Tucher- und Weberzunft und das deutsche Zunftwesen vom XIII.—XVII. Jahrh. [Sep.-Abdr. der Darstellung aus: „Die Strassburger Tucher- und Weberzunft, Urkunden und Darstellung etc."] gr. 4. (XV, 238 S.) Strassburg 881, Trübner. *

— Umrisse u. Untersuchgn. zur Verfassungs-, Verwaltungs- u. Wirtschaftsgeschichte besonders des Preußischen Staates im 17. u. 18. Jahrh. gr. 8. (XIII, 686 S.) Leipzig 898. Duncker & Humblot. n. 13. —; geb. in Leinw. n. 14. 60

Schmoller, Gust. (Hrsg.), s. Untersuchungen über die Entlöhnungsmethoden in der deutschen Eisen- und Maschinenindustrie.

— Urkunden u. Darstellg. d. Strassburger Tucher- u. Weberzunft vom 13.—17. Jahrh. Strassburg 879.

— u. E. Kirdorf, das Verhältnis der Kartelle zum Staate, s.: Schriften des Vereins f. Socialpolitik. 116. Bd.

— was verstehen wir unter dem Mittelstande? Hat er im 19. Jahrh. zu- od. abgenommen? Vortrag, auf d. 8. evang.-sozialen Kongreß in Leipzig am 11. VI. 1897 geh. [Aus: „Verhandlgn. des 8. evang.-sozialen Kongresses".] gr. 8. (33 S.) Göttingen 897. Vandenhoeck & Ruprecht. n. — 80

— Wesen und Bedeutung der neueren Armenpflege. (Aus: „Sitzungsberichte der preuss. Akad. d. Wiss.") gr. 8⁰. Berlin, Reimer in Komm., 1902.

Schmoller, Gust. Henr., sacra natalitia Guilelmi, Wurttembergiae regis, V. cal. Octobr. 1849 celebranda indicit. I. Explicantur loci Tacitini. [Annall. Lib. I.] II. Nachrichten uber das k. Seminar in Blaubeuren. 4. (37 S.) Blabirae 849. (Mangold.) n. 12 ngr.

Schmoller, Hans, Assistent am städt. Kinderasyl in Berlin: Aus dem städt. Kinderasyl in Berlin. (Oberarzt: Prof. Dr. Finkelstein.) Hindern acute Infektionskrankheiten das Stillen? Leipzig 1907: B. Georgi. (42 S.) 8°
Leipzig, Med. Fak., Ref. Hoffmann, Diss. v. 14. Jan. 1907
[Geb. 10. Apr. 79 Berlin; Wohnort: Berlin; Staatsangeh.: Preußen; Vorbildung: Luisen-Gymn. Berlin Reife O. 98; Studium: Munchen 1, Berlin 8 S.; Coll. 26 Jan. 07; Approb. 6. Juni 03.]

Schmoller, Nikolaus Daniel (Bad Salzungen) F, zc:17

Dissertatio inauguralis medica de purpura rubra et alba cum diarrhoea ac fluxu haemorhoidali curata. Präs. Heinrich Friedrich Delius. Erlangen (Camerarius) (27.) I. 1756. 24 S.

30995

Schmoller, Otto

Schmoller O. die Anfänge des theologischen Stipendiums („Stifts") in Tübingen unter Herzog Ulrich. Stuttgart 1893

Schmoller, Otto, der Brief Pauli an die Galater, 4. Aufl. v. Otto Zöckler, s. a. Bibelwerk, theolog.-homilet. 8.

Der Brief Pauli an die Galater. Theol.-homiletisch bearb. von Otto Schmoller, weil. Dekan in Weinsberg. 4. Aufl. Rev. u. erg. von Otto Zöckler, Prof. in Greifswald. *Bielefeld & Leipzig: Velhagen & Klasing 1901.* (VIII, 155 S.) 8° [F.]
— Bibelwerk, Theologisch-homiletisches. N. Test. T. 8.

Schmoller, Otto, Geschichte des Theologischen Stipendiums od. Stifts in Tübingen. I. Die Anfänge unter Herzog Ulrich 1536 bis 1550. gr. 8. (V, 88 S.) Stuttgart 893. W. Kohlhammer. n. 1. 60

Schmoller, O., die Propheten Hosea, Joel und Amos, s. Bibelwerk, theologisch-homilet.

—— Die Lehre vom Reiche Gottes in den Schriften d. Neuen Testaments. Bearbeitg. e. v. der Haager Gesellschaft zur Verteidigg. der christl. Religion gestellten Aufgabe. gr. 8. (VII, 219 S.) Leiden 891, Brill. ** 3 50

—— Ταμεῖον τῆς καινῆς διαθήκης ἐγχειρίδιον oder Handconcordanz zum griechischen neuen Testament. 2 Hälften. 16. (VIII, S. 1—256; 257—548.) Stuttgart 868,69, S. G. Liesching. [Gütersloh, Bertelsmann's Verlag. à Hälfte *M 2. * 4 —

Schmoller, Otto. Ταμιεῖον τῆς καινῆς διαθήκης ἐγχειρίδιον od. Handconcordanz zum griech. Neuen Testament. 3. Aufl. 12. (VIII, 548 S.) Gütersloh 890, Bertelsmann. * 4 —; geb. ** 5 —

Schmöller, L., die scholastische Lehre v. Materie u. Form. Neuerdings dargestellt m. Rücksicht auf die Tatsachen u. Lehren der Naturwissenschaft. (63 u. III S.) gr. 8. Passau 903. (G. Kleiter.) n.n. — 60

Schmöller, Leonh., zur Geschichte des Passauer Kriegsvolkes (1610/11). 8. Passau (908). (M. Waldbauer.) 1. —
Sonderabdr. aus: „Der bayer. Wald".

— Naturphilosophie. (VII, 235 S.) gr. 8. Regensburg 910. Verlagsanstalt vorm. G. J. Manz. 3. —

Schmolling, Ernst Über den Gebrauch einiger Pronomina auf attischen Inschriften. 21 S. Teil 2. 20 S.
Progr. Marst. G. *Stettin* 1882. 1885.

Schmolling, Ernst, über den Gebrauch einiger Pronomina auf attischen Inschriften. 2 Tle. gr. 4. (21; 20 S.) Stettin 882,85. (Berlin, Weidmann'sche Buchh.) à Tl. *M 1. *

Schmolling, Ernst: Hat Horaz den pergamenischen Altar gekannt? Stettin 1909: Herrcke & Lebeling. 24 S. 4°
Stettin, k. Marienstifts-G OP 1909 (206) [Sch. 411

Schmolling, Ernestus: * De Herodoti itineribus. 23 Bl. 4° (2°)
Halle-Wittenberg, Phil. Diss. v. 5. Nov. 1872
Geb. [Küstrin 19. 12. 1843]

Schmolling, Herm., Zusammenstellung sämmtl. über Anfertigung der von den Gerichtsbehörden einzureichenden Uebersichten und Tabellen über den Zustand der Justizverwaltung, sowie über die Anlegung der bei denselben zu führenden Repertorien und Listen und über die Cassation der gerichtl. Akten ergangenen Bestimmungen, nebst Formularen zu den Geschäftsübersichten, Listen und Repertorien. Ein Handbuch für Richter und Subalternen. 4. (XIII und 144 S.) Cüstrin 847. (Berlin, C. Heymann.) *

Schmolling, Max (geb. Sonnenburg in d. Mark 16. 7. 1849): Ueber Colpohyperplasia cystica und Luftcysten der Scheide. Berlin (1875). (32 S.) 8°
Berlin. Med. Diss. v. 6. März 1875

Schmollis. Illustrirte Bierzeitung von Studenten und Philistern für Philister und Studenten sämmtl. Facultäten. Hrsg. von Mansfelder. Sommer-Semester 1878. 3 Hefte. gr. 16. (à Heft 48 S. mit eingedr. Holzschn.) Altenburg, Schmollis-Verlag. 1 80
Einzelne Hefte à — 75

—— dass. — Winter-Semester 1878/79. 3 Hefte. gr. 16. (172 S. mit eingedr. Holzschn.) Ebendas. 1 80
Einzelne Hefte à — 75

—— dass. — Sommer-Semester 1879. 6 Hefte. gr. 16. (à Heft 30 S. mit eingedr. Holzschn.) Ebendas. 3 60
Einzelne Hefte à — 75
Nicht weiter erschienen.

Schmölzer, Jakob Eduard, der edle deutsche Liedermeister, der verdienstvolle Wiedererwecker u. getreue Hüter heimatlichen Gesanges. Sein Leben, Wirken u. Schaffen, geschildert v. Heini v. Steier. gr. 8. (VII, 115 S. m. Bildnis.) Graz 891, Leykam. * 1 60

Schmölzer, Hans, die Fresken des Castello del Buon Consiglio in Trient u. ihre Meister. Eine kunstgeschichtl. Studie. gr. 8. (66 S. m. Abbildgn. u. 3 Taf.) Innsbruck 901. Wagner. n. 2. —

— Andreas Hofer u. seine Kampfgenossen. Ein Jugend- u. Volksbuch. Mit e. Karte der Umgebg. v. Innsbruck. gr. 8. (XIII, 255 S. m. Abbildgn.) Ebd. 900. n. 5. —

Schmölzer, Hans, Andreas Hofer u. seine Kampfgenossen. Mit zahlr. Abbildgn. u. 1 Karte der Umgebg. v. Innsbruck. (XVII, 335 S.) 8. Innsbruck 905. Wagner. n. 4. —; geb. in Leinw. n. 5. —

Schmölzer, Hans, die Wandmalereien in St. Johann im Dorfe, St. Martin in Campill und Terlan. Eine kunstgeschichtl. Studie. 8. (84 S. mit 6 Lichtdr.-Bildern.) Innsbruck 888, Wagner'sche Universitäts-Buchh. *

Schmölzer, Jac. Ed., Volkslieder aus Steyermark. gr. 8. (28 S.) Leipzig 863, Kahnt.

Schmoelzl, Jos., die bayerische Artillerie. Deren selbstständ. Entwicklung seit dem 30jähr. Kriege bis zur Wiedergeburt des gegenwärt. deutschen Kaiserreiches. Eine gedrängte Abhandlung über die allmähl. Vervollkommnung dieser Waffe während der fünf Jahrhunderte ihres Daseins. Zur Erinnerung an das zu München am 30. Jan. 1878 festlich begangene Jubiläum des 25jähr. Bestehens der k. bayer. Artillerie-Berathungs-Commission. gr. 8. (VI, 49 S.) München 879, Franz'sche Buchh. * 1 60

Schmoelzl, Jos., die reine u. angewandte Elementar-Mathematik. Ein vollständ. Lehrbuch zum Selbstunterr. u. z. Gebr. bey Vorlesn. in Civil- u. Militärschulen. 1. Thl. — A. u. d. T.: Die reine u. angewandte Elementar-Arithmetik. M. 9 Tab. gr. 8. (36¾ B. incl. Tab.) München 831, (Franz.)

—— dass. 2. Thl. — A. u. d. T.: Die reine u. angewandte Elementar-Geometrie. Ein vollständ. Lehrbuch etc. gr. 8. (15 B. u. 4 Stnt. qu. Fol.) Ebds. 831.

—— dass. 3. Thl. — A. u. d. T.: Die ebene u. sphärische Trigonometrie. gr. 8. (9 B. u. 3 Stnt. gr. 4.) Ebds. 833.

Schmoelzl, Jos., Ergänzungs-Waffenlehre oder die Feuerwaffen der Neuzeit. Ein Lehrbuch über die Beschaffenheit, Anwendung und den Gebrauch der in den verschied. Heeren neueingeführten oder weiter verbreiteten Feuerwaffen. Zum Unterrichte für Militärschulen. Mit höchster Genehmigung des kgl. Kriegsministeriums zunächst für das kgl. bayer. Kadetten-Korps und die höheren Regimentsschulen bearb. Mit 69 erläut. Fig. gr. 8. (XI und 120 S. mit 4 Stnt. in qu. Fol.) München 851, Literarisch-artistische Anstalt. *

Schmoelzl, Jos., Ergänzungs-Waffenlehre. Ein Lehrbuch zur Kenntniß und zum Studium der Feuerwaffen der Neuzeit. 2., verm. und gänzl. umgearb. Aufl. gr. 8. (XVIII und 443 S. mit 177 in den Text gedr. Holzschn.) München 857, Literarisch-artistische Anstalt. *

Schmoelzl, Jos., der Feldzug der Bayern von 1806—7 in Schlesien und Polen. Ein Beitrag zur Geschichte des königl. bayer. Heeres. Nach vaterländ. Quellen bearb. gr. 8. (VIII und 558 S. mit 11 lithogr. Gefechts- und Belagerungs-Plänen in qu. gr. 4. und Fol.) München 856, (Lindauer'sche Buchh.) *

—— die gezogene Kanone. Deren geschichtl. Entwicklung und gegenwärtige Vervollkommnung. Eine militär. Zeitstudie. gr. 8. (VII und 100 S. mit 4 Stnt. in qu. Fol.) München 860, Literarisch-artistische Anstalt. *

—— dass. — Nachträge dazu. gr. 8. (28 S. mit 1 Stnt.) Ebendas. 860. *

—— der kleine Krieg in Oberschlesien im J. 1807. Ein Beitrag zur Geschichte des bayer. Heeres. Nach vaterländ. Quellen bearb. gr. 8. (VIII und 140 S. mit 4 lithogr. Gefechtsplänen in 4. und Fol.) Leipzig 854, Fr. Fleischer.

—— das System La Hitte für die gezogene Vier-Pfünder Kanone der französischen Feldartillerie. Deren Konstruktion, Ausrüstung, Bedienung und Versuchsergebnisse. Nach verläss. Quellen bearb. gr. 8. (VIII und 64 S. mit 1 Stnt. in gr. 4.) München 860, Literarisch-artistische Anstalt. *

— u. Jos. Hütz, Vers. eines Handbuchs f. die bayer. Artillerie, siehe: Hütz, Jos.

Schmoelzl, Jos., die artilleristische Vertheidigung der Festungen. Handbuch für den Festungskrieg mit besond. Rücksicht auf die Fortschritte der Artillerie und die neuere Befestigung. gr. 8. (V, 187 S. mit 7 Stnt. in qu. Fol.) Berlin [Leipzig] 873, Allgemeine deutsche Verlags-Anstalt. * 5 40

Schmon, Leo, med. pract., von Flums (Kt. St. Gallen): Ueber Lungengangrän. Nach Beobachtungen auf der Züricher medizinischen Klinik. ⟨Aus der medizinischen Klinik der Universität Zürich. Direktor Prof. Eichhorst.⟩ Buchs 1907. 36 S. 8°. [6. IX. 07.]

Zürich. Med. Diss. 1907/08.

Schmon, Leo. Ueber Lungengangrän. Nach Beobachtungen auf der Zürcher medizinischen Klinik. Diss. Med. Univ. Zürich. *Kopftitel:* Aus der med' Klinik der Universität Zürich. Direktor: ... Prof. Dr. H[ermann] Eichhorst. 36 S. 8. Buchs, J. Kuhn, 1907.

Schmonzes Berjonzes, s. Gedichte und Scherze in jüdischer Mundart.

Schmook, Hugo, aus Breslau: Ueber ein Kondensationsprodukt des o-Amidobenzaldehyds und eine neue Synthese des Py_{α}-Py_{α}-Dichinolyls. *Rostock 1898: C. Boldt.* (34 S.) 8°

Rostock, Phil. Diss. v. [20. Okt.] 1898

Schmoranz, Gustav

— s. a.: Glas-Gefässe, altorientalische.

Schmoranz, Gust., altorientalische Glas-Gefässe. Nach d. Orig.-Aufnahmen des S. Im Auftrage u. m. Unterstützg. d. k. k. Ministeriums f. Cultus u. Unterricht hrsg. v. k. k. österreich. Handelsmuseum. 44 Taf. in Farben- u. Lichtdr. u. 69 Abb. im Text. Imp.-Fol. (46 S. Text.) Wien 898. Artaria & Co.
In Mappe n.n. 200. —

Schmoranz, G., altorientalische Glas-Gefässe. 44 Taf. in Farben- u. Lichtdr. u. 69 Abb. im Text. Imp.-Fol. (46 S. Text.) Wien 898. [Artaria & Co.] Leipzig, K. W. Hiersemann. In Mappe 200. —; erh. Pr. n. 250. —

Schmorell, Hugo: Ueber die Wärmewirkung auf Invertin bei Anwesenheit und Abwesenheit verschiedener chemischer Körper. München 1907: Kastner & Callwey. (26 S.) 8°

München, Med. Fak., Ref. v. Tappeiner, Diss. v. 31. Juli 1907

[Geb. 6. Febr. 78 Orenburg (Rußland); Wohnort: Orenburg; Staatsangeh.: Rußland; Vorbildung: Gymn. Orenburg Reife Juli 97; Studium: München 14 S.; Rig. 31. Juli 07.]

Schmorl, Ernst Gottlob (Berlin) A. S. 577/24

Quaestio iuris controversi an mercedis deminutio involvat novationem locationis conductionis.
Präs. Christian Heinrich Breuning.
Leipzig (Rumpf) 21. XI. 1772. 8 S. 30996

Schmorl, Geo., Atlas der pathologischen Gewebelehre in mikrophotographischer Darstellung, s.: Karg, Carl.

Schmorl, G., stereoskopisch-photographischer Atlas der pathologischen Anatomie des Herzens u. der grösseren Blutgefässe. In 50 Lichtdr.-Taf. nach Orig.-Aufnahmen. schmal qu. 8. (42 S. Text.) München 899. J. F. Lehmann's Verl. In Karton n. 15. —

Schmorl, G., s.: Neisser, Alb., stereoscop. medicin. Atlas, Lfg. 26.

Schmorl, Georg [Dr. med., Privatdoc. u. 1. Assist. am path. Inst. zu Leipzig]: Pathologisch-anatomische Untersuchungen über Puerperal-Eklampsie. M. 4 farb. Taf. u. 1 Lichtdrucktaf. Leipzig, F. C. W. Vogel, 1893; 2 Bl., 107 S., 5 Taf. 8.

Leipzig, Med. Fak., Hab.-Schr. v. 1893
(Nicht für den Austausch)

— pathologisch-anatomische Untersuchungen üb. Puerperal-Eklampsie. gr. 8. (107 S. m. 4 farb. u. 1 Lichtdr.-Taf.) Leipzig 893. F. C. W. Vogel. n. 8. —

Schmorl, Geo. Die patholog.-histolog. Untersuchungsmethoden, s. a. Birch-Hirschfeld, F. V. Lehrbuch der patholog. Anatomie.

— d. pathologisch-histologischen Untersuchungsmethoden. [Aus: „Birch-Hirschfeld, Lehrb. d. allg. path. Anat.“ 1. Bd. 5. Aufl.] gr. 8. (155 S.) Leipzig 897. F. C. W. Vogel. n. 3. —; geb. n. 4. —

— die pathologisch-histologischen Untersuchungsmethoden, 2. neu bearb. Aufl. gr. 8. (IV, 263 S.) Leipzig 901. F. C. W. Vogel. n. 6. —; geb. n. 7.25

Schmorl, G., die pathologisch-histolog. Untersuchungsmethoden. 3. neu bearb. Aufl. (XI, 329 S.) gr. 8. Leipzig 905. F. C. W. Vogel. n. 8.75; geb. n.n. 10. —

Schmorl, G., die pathologisch-histologischen Untersuchungsmethoden. 5. neu bearb. Aufl. (XVI, 379 S.) gr. 8. Leipzig 909. F. C. W. Vogel. 8.75; geb. n 10.—
4. Aufl. (XII, 374 S.) 907. 8.75; geb. 10.—.

— s.: **Verhandlungen** der deutschen patholog. Gesellschaft.

Schmorl, Karl Gottlob (Berlin) A. S. 575/122

Quaestio iuris controversi an donatio possit revocari a filiis heredibus ob supervenientiam liberorum. Präs. Christian Heinrich Breuning. Leipzig (Rumpf) 8. IX. 1770. 8 S. 30997

SCHMOSSMAN, Doctor (ps.). — Ein kurtzweilige / Predig, die vnns beschreybet / Doctor *Schmoßman*, am vier / vnd zweintzigsten Kappen- / zipfel, etc. O. O. u. J. (15**). 8°. 4 Bl.
Mit Holzschnitt: Mann in Narrenkleidung.

* — — Dasselbe. Neudruck (in nur wenigen Expll.) durch Moritz Haupt, O. Jahn, J. Th. Mommsen, S. Hirzel, K. Reimer und G. Wigand. Leipzig 1849. 8°.
Goedeke ² II, 473; v. Maltzahn p. 208 no. 1279—80; Weller, Lex. Ps. p. 506.

Schmother, Gottfried, s. Schmotther

Schmotin, Helene, von Irkutsk (Russland): **Untersuchungen über den Einfluss der Anämie und Hyperämie auf die Empfindungen der Hautsinne. München 1910.** 34 S. 8°. [5. III. 10.]
Bern. Med. Diss. 1909/10.

Schmotin, Helene. Untersuchungen über den Einfluss der Anämie und Hyperämie auf die Empfindungen der Hautsinne. Diss. Med. Bern. 29 S. 8. München, R. Oldenbourg, 1910.

Schmotkin, Solomon, a. Kamen ⟨Rußland⟩: **Zur Kenntnis** der posttraumatischen Syringomyelie. Borna-Leipzig 1909: Noske. 34 S. 8°
Leipzig, Med. Diss. v. 15. Juli 1909, Ref. Curschmann
[Geb. 1. Dez. 82 Lepel; Wohnort: Leipzig; Staatsangeh.: Rußland; Vorbildung: Gymn. Jeletz Reife Juni 03; Studium: Königsberg 4, Leipzig 7 S.; Rig. 4. Aug. 09.] [U 09. 2871

Schmotther, Gottfried

—Anleit. zur Schreibeübung in 31 Bl. Fol. Dresd. 764. Gerlach 1 ₰ Mit Holzschn. in 4. Ebd. 2 ₰

Schmotther, Gfr., christl. Auszug z. Erkenntniß d. Heils. 8. Dresd. Gerlach. 730.

— Handbüchlein 2c. 8. Dresden, Gerlach. 739.

— Handbüchlein, z. Hause u. auf d. Reise dienlich. 8. Lpz. Crusius. (F. C. W. Vogel.) 730.

Gottfried Schmother's Dresdnisch Canzleymäſsiger wie auch zu Rechnungsſachen ſich anſchickender Schreiber und Rechner. Dreſsden, 8. 5 und ein halbes Alph. 1726.
— gr. 8. 4 Alphabete. 1729.
— Dresden. Gerlach. 8. (2 Rthlr. 8 gr.) 1755.

— d. Schreiber u. Rechner. 8. Ebend. 755.

Schmotther, Gf., der Schreiber u. Rechner. 8. Dresd. 764. Gerlach. 2 ₰ 8 gr

Schmötzer, A., Anzeige einig. noch unbekannt. alter Druckwerke, ein Beitrag z. ältern Buchdruckergeschichte. 4. Münch. (Bamb. Göbhard.) 815.

Schmötzer, Alex., († d. 1. Mai 1815.) Corollaria ex jure eccles. cum fragmentis quibusdam commentationum de rebus Bambergensibus. 4. Bamb. 801.

— u. H. J. Jäck, Geschichte Bambergs vor d. Stiftung d. Bisthums. 8. Erlang. 806.

Schmoz, Georg, († ...) Compendium, woraus ein Principiſt die bevorſtehenden Beſchwerniſſe in Componirung der Argumente zu überwinden lernen kann. 8. Augsb. 757. Wolf. 1½ gr

Schmuck, der. Luſtſp. v. Sprickmann. 8. Münſter, Perrenon. (Coppenrath.) 780.

Schmuck, der. Hrsg. von W. Fleiner und C. Rieſter. Jahrg. 1888. 12 Hefte. gr. 4. (à Heft 8 Lichtdr.-Taf.) Pforzheim, (Riecker.) à Heft *ℳ 8.—. *

Schmuck, der. Hrsg. v. W. Fleiner unter gefl. Mitwirkung mehrerer Fachgenoſſen. Jahrg. 1889—1892. à Jahrg. 12 Hefte. (à Heft 3 Lichtdr.-Taf.) gr. 4. Pforzheim, (Riecker). à Jahrg. * 36 —

— daſſelbe. Hrsg. v. W. Fleiner. Jahrg. 1892—1894. à 12 Hfte. (à 3 Lichtdr.-Taf.) gr. 4. Ebd. à Jahrg. n. 36. —

Schmuck, der. Hrsg. v. Wilh. Fleiner unter gefl. Mitwirkung mehr. Fachgenoſſen. Jahrg. 1895. 12 Lfgn. (à 3 Lichtdr.-Taf.) gr. 4. Pforzheim (O. Riecker). 36. —

— dasselbe. 9.—11. Jahrg. 1896—1898. à 12 Lfgn. (à 3 Lichtdr.-Taf.) gr. 4. Ebd. à Jahrg. 36. —

Schmuck, der. Hrsg. v. Wilh. Fleiner unter gefl. Mitarbeitg. mehrerer Fachgenossen 12.—14. Jahrg. 1899—1901. à 12 Lfgn. gr. 4. (à 3 Lichtdr.-Taf.) Pforzheim (O. Riecker). à Jahrg. n. 36. —

Schmuck, der. Hrsg. v. Wilh. Fleiner. 15.—19. Jahrg. 1902—1906. à 12 Lfgn. (à 3 Lichtdr.-Taf.) gr. 4. Pforzheim (O. Riecker). à Jhrg. n. 36. —

Schmuck, der. Hrsg. v. Wilh. Fleiner. 20. u. 21. Jahrg. 1907 u. 1908. à 12 Lfgn. (Je 3 Lichtdr.-Taf.) 42×32 cm. Pforzheim, (O. Riecker). à Jahrg. 36. —
Erscheint nicht mehr.

Schmuck der Ehren für die weibliche Jugend. Eine Feſtgabe für Mütter u. Töchter. (Mit Titelkpfr.) gr. 12. Carlsruhe 837. Creuzbauer u. Nöldecke. n. 1⅓ ₰

Schmuck der Ehren f. d. weibl. Jugend. Eine Feſtgabe f. Mütter u. Töchter. gr. 12. (14⅔ B. u. Ttlkpfr.) Carlsruhe 837. [Nöldeke.]

Schmuck, Figuraler

— — im Kuppelraume und den Sälen des kaiserl. königl. Naturhistorischen Hof-Museums in Wien. (28 T) 4° Wien 1890

Schmuck, Figuraler, im Kuppelraume und dem Stiegenhause des Kaiserl. Königl. Kunsthistorischen Hof-Museums in Wien. (28 T) 4° Wien 1892

Der moderne **Schmuck**. Künstlerische Moden-Zeitschrift. Hrsg. von Eugen Schröder, Hofjuwelier, Berlin. Jg. [1.] 1904, H. 1. (Berlin 1904: W. Simon.) 2° [05. 1363

Schmuck, der religiöſe chriſtliche. Ein Juwelen-Kranz aus den Schriften des heil. Kirchenvaters Auguſtinus. Wien 855. Grund. 8. (202 S.) n. 8 ngr

— Statuarischer, der Fassaden des Kaiserl. Königl. Kunsthistorischen Hof-Museums in Wien. (30 T) 4° Wien 1881

— — Statuar. d. K. K. Naturhistorischen Hof-Museums in Wien. (12 T) 4° Wien 1883

— statuarischer, d. Façaden d. k. k. kunsthistor. u. d. k. k. naturhistor. Hof-Museums in Wien. 50 Blatt Lichtdr. gr. 4. (2 S. Text.) Wien 897. J. Löwy. In Mappo n. 25. —

Schmuck, Der, der Weisen, oder Gründliche Darstellung der physischen Unterwelt. Enth. eine beurtheilte Zergliederung des Buches von den Irrthümern und der Wahrheit (von Louis Claude de Saint-Martin); eine umständliche Abhandlung über die Universalmedizin, mit einem Sinnbild über diese Materie, aus der engl. Urschrift übers. der Ungrund des [Friedr.] Meyerschen Lehrgebäudes über das acidum pingue — wie auch eine beleuchtete Erl. über die Vegetation. Von Philantropos, einem Weltbürger, übers. von F. v. Z. Wien 1782. V: *Loos, Onésime Henri de.* (κl 3897) (wolfstieg II, 991/2)

Schmuck, d., d. Weisen, od. gründl. Darstellung d. physischen Unterwelt. 8. Wien, Gräffer. 782. — 9

Schmuck, Die Würdigung der körperlichen Erziehung für den Wehrdienst, Leipzig, 8 S., 8°.

Schmuck, August Gotthelf [Praes.], s. Eisler, Johann Gotthelf: De contractu legati contra mandatum arcanum valido. Von der Gültigkeit des Vertrags eines Gesandten wider seine Instruction.

Schmuck, August Gotthelf [Praes.], s. Hauschild, Johann Adolph: De jure successionum ex jure naturae et Romanorum institutis.

Schmuck, August Gotthelf (Bautzen) A. S. 566/40a

Specificatio ex principiis iuris naturae stricte sic dicti seu cogentis. Präs. Leonhard Ludwig Mencken. Wittenberg (Gerdes) V. 1758. 24 S. 30999

Schmuck, August Gotthelf (Bautzen) A. S. 62/31

Dissertatio historico-iuridica de usucapionis statu secundum ordinem chronologicum a XII tabulis ad tempora Iustiniani. Präs. Andreas Florens Rivinus. Wittenberg (Gerdes) IV. 1756. 44 S. 30998

Schmuck, August Gotthelf [Praes.], s. Sulzer, Gottfried von: De alienatione rei hereditariae prohibita quatenus tacitum fideicommissum inducat.

Schmuck, August Gotthelf (Bautzen) A. S. 67/20

De vasallo ad praestanda servitia domino bellum injustum gerenti non obligato. Erlangen (Camerarius) X. 1761. 16 S. 31000

Schmuck, Edm. Jos.

Schmuck, E., Beyträge z. näh. Kenntn. d. thier. Elektricität. 8. Mannh. Schwan u. Götz. 793.

Schmuck, Edm. Jos., († d. 21. Dec. 1792.) Beitrr. z. wahren Kenntniß d. thier. Electricität. 8. Manh. 793. Schwan u. G. 5 gl.

— Diss. inaug. de electricitate corporum organicorum. 4. Heidelb. 791,

— observationes medicae de vasorum sanguiferorum inflammatione. 4. Heidelb. 793.

— Riflessioni sopra alcuni della Theoria di Brown. 8. Milano 793.

Schmuck, Eman., die Gewinnung der schulentlassenen Jugend f. die Leibesübungen, s.a. Vorträge f. Turnvereine.

Schmuck, Emanuel, Die Gewinnung der schulentlassenen Jugend für die Leibesübungen, Eine Arbeit im Dienste d. Zukunft d. dtsch. Volkes u. d. Vaterlandes, Denkschrift f. A. d. D. T., Leipzig, 16 S., 8°.

Schmuck, E.: Die Gewinnung der schulentlassenen Jugend für die Leibesübungen. — R. Zander: Die körperliche Ausbildung der männl. u. weibl. Jugend nach Abschluß der Schule. Leipzig 1908. 32 S. (Vorträge f. Turnvereine. 7.)

[F.] **Schmuck,** Emanuel: Das Spiel im Stundenplan. *Bingen, Druck v. A. J. Pennrich, 1891;* S. 16–18; 4°
Bingen a. Rh., grossh. R, P 1891 (629)

Schmuck, Eman., Turnübungen für Schule u. Verein. Hrsg. f. den hess. Lehrer-Turnverein. (34 S.) kl. 8. Gießen 906. E. Roth. n. — 30

— Turnübungen f. Schule u. Verein. Hrsg. f. den hess. Lehrer-Turnverein. (Neue Ausg.) (53 S.) kl. 8. Gießen 908. E. Roth. — 40

Schmuck, Emanuel: Welche Stellung gebührt dem Turnunterricht an höheren Schulen? (Bingen a. Rh., Druck v. O. Boryszewski, 1890); S. 20–22; 4°
Bingen a. Rhein, großh. R, P 1890

Schmuck, F., Turnverein Bingen, Festrede z. 50jähr. Best. des Ver. am 29. 8. 1896, Bingen a. Rh. 1896, 28 S., 16°.

Schmuck, H., Leitfaden f. Lokomotivführer u. Lokomotivheizer der kgl. bayer. Staatseisenbahnen zur Vorbereitung auf die Dienstprüfungen. Unter Zugrundelegg. der Prüfungsbestimmgn. hrsg. (154 u. IV S.) 8. Nürnberg 904. C. Koch. Geb. in Leinw. n. 1. 60

Schmuck, H., Leitfaden f. Lokomotivführer u. Lokomotivheizer d. kgl. bayer. Staatseisenbahnen z. Vorbereitg. auf die Dienstprüfgn. Unter Zugrundelegg. der Prüfungsbestimmgn. hrsg. 2. Aufl. (VI, 144 S.) 8. Nürnberg 910. C. Koch. Geb. in Leinw. 1. 70

Schmuck, Joh. v., kurze Anleitung zum Seidenbau auf deutschem Boden. Mit besonderer Rücksicht auf Nord-Tirol. Mit 53 Abbildgn. auf 4 lith. Taf. (in 4.) Innsbruck 855. F. Rauch. 8. (XX, 79 S.) 15 ngr.

Schmuck, Vinc., praelectiones academicae in Iesaiam. 4. Dresd. Gerlach. 708.

Schmück, August Ernst (Dresden) A. S. 104/26

Exercitatio iuridica de eo quod iustum est circa donationem a debitore ante concursum motum factam. Präs. Friedrich Gottlieb Zoller. Leipzig (Langenheim) 11. IV. 1775. 14 S.

Gew.: Georg Friedrich Grosmann. 31001

Schmuckausstellung. Strassburger historische Sch'-A' im alten Rohan-Schloss = Exposition de bijoux anciens et modernes au château des Rohan. September und Oktober 1904. (Katalog.) [Mit Tafeln.] 153 + *Tafeln* XXIV S. 8. Strassburg, Druckerei vorm. Dusch, A.-G., 1904.
Unter den Ausstellern: Dr. Robert Forrer, Strassburg *(S. 20—45); etc.*

Schmuckenschlueger, Adph., Theologia moralis, s.: Müller, Ernst.

Schmucker F. A.: Das Verdauungsgeschäft, eine anatom.-physiolog. Abhandl. Nebst e. Anh. v. der Gesundheit d. Körpers ... Augsb. 1789. 184 S.

Schmucker, F. A., d. Verdauungsgeschäfte, eine anatom. physiol. Abhandl. 8. Augsburg, Rieger. 789.

Schmucker, F. A., die Verdauungsgeschäfte; e. anatom.-physiolog. Abhandl. 8. Augsb. 798. Rieger. 6 gl.

Schmucker, J. Geo., die prophetische Geschichte von den Siegen Christi und seiner Kirche, in einer gemeinnütz. Erklärung der Offenbarung Johannis; nach einer neuen prophet. Zeitrechnung, welche die Bengelsche berichtiget, das ganze System dieser Weissagung selbst ordnet, und die Zeit der Erfüllung in die Hand giebt. Hrsg. von C. G. Weyl. 8. (347 S. mit lithogr. Portr. und 1 Tab. in Fol.) Baltimore 843. (Philadelphia, Schäfer und Koradi.) *

Schmucker, Jh. Hnr., († d. 7. Oct. 1756.) goldne Aepfel in silbernen Schaalen, od. Worte, geredet zu seiner Zeit, in 98 Predigten. gr. 4. Zürich 734, 35. N. A. 760—64. Orell. 4 ⁄

SCHMUCKER, JOH. HEINRICH. Erster Aufsatz Guldener Aepfel In Silbernen Schaalen. Das ist: Erste Sammlung derer Worte, Geredet zu seiner Zeit, Bestehende aus XLVIII Auserlesenen Predigten ... Zurich, Heidegger und Comp., 1751. 4°. Titel in Rot und Schwarz, *schönes Kupferportrait, W. J. A. fec., Joh. Lochmann sc.*, 14 Bl. 1171 S. 15 Bl. Pet. d. Z.

— Betkunst od. Predigten üb. d. Vaterunser. 4. Frankf. Andreä. 736.

— wahrer u. rechtschaff. Christ. 3 Thle. 4. Ebend. 742–48. (1r 2r à 2 Rthlr. 4 gr. 3r 2 Rthlr.)

Schmucker, Joh. Heinr., schriftm. u. gründl. Erklärung aller u. jeder Sonn- u. Festtagsevangel. durchs ganze Jahr. 2 Thle. 4. Frankf. Andreä. 742–45.

— leidender Jesus in 38 Predigten üb. d. Passionsgesch. 4. Frankf. Brönner. 748.

— d. herrl. Sieg rc. od. Erklär. d. 73ten Psalms. 4. Frkf. Andreä. 740.

— d. verwundernswürdigen Tritte u. Gänge, welche Gott thun wird rc. vorgestellt aus St. Johannis Offenbarung rc. 4. Wesel. (Andreä in Frankf.) 739.

— Worte, welche geredet sind zu seiner Zeit, in Predigten. 2 Thle. 4. Frankfurt. (Orell, Füßli u. Comp. in Zürich.) 751.

Schmucker, Johann Leberecht (Hrsg.), s.a. Schriften, Vermischte chirurgische.

Schmucker, Jo. Lebr., Vermischte chir. Schriften. 3 Vol. in 2. Brl. u. Stet. 1776—82. 8°. 2. Aufl. 1. u. 2. Bd. 1785 u. 86. Wahrnehmungen a. d. Wundarzneikunst. Frankenthal 1784. 12°.

Schmucker, Johann Leberecht: Vermischte chirurgische Schriften. Bd 1 - 3, gbd.

Berlin u.Stettin: Nicolai 1776 - 1782

JB 3.244

Schmucker, Johann Leberecht: Vermischte chirurgische Schriften. 2.Aufl. Bd 2 - 3, gbd.

Berlin u.Stettin: Nicolai 1786 - 1797

JB 3.245

Johann Lebrecht Schmucker

Chirurgische Wahrnehmungen. Von Johann Leberecht Schmucker. Th.1.2. Berlin & Stettin: Nicolai 1774. 8°

Th.1: Von Verletzungen und Krankheiten des Haupts.
Th.2: Von Verwundungen und Krankheiten der Brust, des Unterleibes und übrigen Gliedmaßen.

Schmucker, Jo. Lebr., († d. 5. März 1786.) chirurg. Wahrnehmungen. 2 Thle. gr. 8. Berl. 775. (2r Thl. 2e Aufl. 789.) Nicolai. 2 ⁄ 12 gl. Fortsetz., od. Samml. vermischter chirurg. Schriften. Mit Kpf. 3 Bde. gr. 8. Ebd. 776,79. 2e A. 785, 86, u. 3r Bd. 782. 2 ⁄ 12 gl.

— — Fortsetz. oder Samml. vermischt. chirurg. Schriften. 3 Bde. gr. 8. Ebendas. 785–97. (1r 1 Rthlr. 2r 3r à 18 gr.)

Schmucker, Johann Leberecht: Chirurgische Wahrnehmungen. 2.verbess.Aufl. Th.2, 572 S., gbd.

Berlin u.Stettin: Nicolai 1789

JB 3.243

Johann Lebrecht Schmucker

[Chirurgische Wahrnehmungen.] Wahrnehmungen aus der Wundarzneykunst von Johann Leberecht Schmucker. Th.1.2. Heidelberg 1784: Wiesen. 1 Bd 8°

Th.1: Von den Verletzungen und Krankheiten des Hauptes.
Th.2: Von Verwundungen und Krankheiten der Brust, des Unterleibes und der übrigen Gliedmaßen.

Schmucker, Matthäus, wie wird das Wetter? Neueste Wettertheorie auf Grund 20jähr. Forschg. (VIII, 147 S.) 8. Dillingen 911. J. Keller. 1.60

Schmucker, Samuel M. Gesch des Bürgerkrieges in d VS. Ed: L. P. Brockett. Nach d Eng bearb v Carl T. Eben. Phila, 1866.

Schmucker, Samuel Simon. Kurzgefaßte Gesch d Christl Kirche, auf der Grundlage d vortrefflichen Buschien Werks. Gettysburg, 1834.

Schmücker, Albert [aus Oesterelden]: **Über die Auslösung von Schmerzempfindungen durch Summation sich zeitlich folgender sensibler Reize bei Compressionsmyelitis. '(Ein Beitr. z. Physiologie d. Schmerzes.)' ... Würzburg, Becker's Univ.-Buchdr.,** 1889; 25 S. 8.
Würzburg, Med. Fak., Inaug.-Diss. v. 1889

Schmücker, Richard

Schmücker, Rich., die Essener Heiligtumsfahrt. Ein Pilgerbüchlein, dem gläub. Volke gewidmet. 12. (72 S. m. Abbildgn.) Essen 902. Fredebeul & Koenen. n. — 30

Schmücker, Rich., die Essener Heiligtumsfahrt. Ein Pilger-Büchlein, dem gläubigen Volke gewidmet. (Umschlag: 2. Aufl.) (72 S. m. Titelbild.) kl.8. Essen (909). Fredebeul & Koenen. — 30

Schmuckert, Kurt, approb. Arzt aus Berlin: **Aus d. Pathol. Institut zu München. Adeno-Fibrom der Mamma übergehend in Adeno-Sarkom.** *München 1904: C. Wolf & Sohn.* (23 S.) 8°
München, Med. Diss. v. 1904

Schmuckformen, kunstgewerbliche, f. die Fläche. Monatshefte f. die verzier. Kunst. I.—III. Bd. à 12 Hefte. (à 6 z. Tl. farb. Taf.) 32,5×25,5 cm. Planen (909. 10). Ch. Stoll. à Bd. 30.—; einz. Hefte 2.50

Schmuckh, Fritz Sigm. v., Wendlstoaner G'spaß'l. Gedichte in oberbayer. Mundart. Mit Illustr. v. Frz. Blöd. (75 S. gr. 8. München 903. (H. Hugendubel.)
Geb. in Leinw. n.n. 1. 50

Schmucki, Ant., kreuz u. quer durch Spanien. Reise-Erinnergn. e. schweizer. Santiago-Pilgers. gr. 8. (VII, 328 S.) Stans 900. H. v. Matt & Co. n. 2. —

Schmucki, Ant., warum wir keine Leichenverbrennung wollen. Vortrag, geh. im „Katholiken-Verein d. Stadt St. Gallen", den 30. März 1890. gr. 8. (39 S.) St. Gallen 890. A. & J. Köppel. n. — 50

Schmucki, Jos[ef] Ant[on]. Vom Bodensee zum Jordan. Reise-Erlebnisse eines St. Gallischen Jerusalempilgers. 8. St. Gallen 1891 (*Umschlag*: 1892).

Schmucki, Jos. Ant., vom Bodensee zum Jordan. Reise-Erlebnisse e. St. Gallischen Jerusalempilgers. gr. 8. (312 S.) St. Gallen 891. (A. & J. Köppel.) 1. 20

Schmucki, Jos. Ant. Vom Bodensee zum Jordan. Reiseerlebnisse e. St. Gallischen Jerusalempilgers. 8. (312 S.) St. Gallen 892, (A. u. J. Köppel). ** 1 50

Schmucki, Jos. Ant. Warum wir keine Leichenverbrennung wollen. Vortrag, geh. im „Katholiken-Verein der Stadt St. Gallen", den 30. März 1890. gr. 8. (39 S.) St. Gallen 890, A. u. J. Köppel. * — 50

Schmuecking, Aug., üb. Pseudohypertrophia musculorum. gr. 8. (35 S.) Helmstedt 883. (Göttingen, Vandenhoeck & Ruprecht.) n. — 80

Schmücking, Otto: Considérations sur l'emploi de l'Indicatif et du Subjonctif. Meiningen, Druck d. Keyssnerschen Hofbuchdr., *1891*; S. 8—12: 4°
Schleusingen, k. Hennebergisches G, OP 1891 (245)

Schmuck-Kästchen, Geistliches —. Katholisches Gebetbuch für gefühlvolle Christen. 8. (192 S.) Neuhaus 1854. Druck und Verlag von A. J. Landfraß.

Schmuckkästchen f. d. Jugend, od. Moral f. das Herz, in alphabetischer Ordnung. 8. Wien. (Barth in Leipzig.) 780.

Schmuck-Kasten. Entwürfe für Juwelen-, Gold- und Silberschmuck. Herausgegeben von F W Zimmermann. 10-13. fol Pforzheim 1897-1900

Schmuck-Kasten. Moderne Entwürfe für Juwelen-, Gold- und Silberschmuck. Herausgegeben von F W Zimmermann. 14-19. fol Pforzheim 1901-06

Schmuck-Kasten. Moderne Entwürfe für Juwelen, Gold- und Silberschmuck. Herausgegeben von F W Zimmermann. 20-26. fol Mainz 1907-13

Schmuckkästlein, Geistliches — im großen Drucke. Enthält: Morgen-, Abend-, Meß-, Beicht- und Kommuniongebete; dann Gebete und Litaneien zur heiligsten Dreieinigkeit und dem süßen Namen Jesu, zur Mutter Gottes und für die Verstorbenen. Vermehrt mit allen Kirchenliedern und der Kreuzwegandacht in Bildern. Neuhaus. 1855. Druck und Verlag von Alois Josef Landfraß. (286 S. 16.)

Schmuckkästlein, geistliches, im großen Drucke. Enthält: Morgen-, Abend-, Meß-, Beicht- u. Communiongebete, dann Gebete u. Litaneien zur heiligsten Dreieinigkeit u. dem süßen Namen Jesu, zur Mutter Gottes u. für die Verstorbenen. Vermehrt mit allen Kirchenliedern u. der Kreuzwegandacht in Bildern. Neuhaus 863. Landfraß u. Sohn. 8. (XXIV, 310 S.) n. 8 ngr.

Schmückle, Georg, Referendar am Kgl. Württ. Amtsgericht Esslingen a. N.: Die Haftung der öffentlich-rechtlichen Körperschaften gemäss B.G.B. § 89/31 in Verbindung mit Art. 77. E.G. z. B.G.B. nach dem Standpunkt des Reichsgerichts. Esslingen 1907: O. Bechtle. (VIII, 94 S.) 8°
Heidelberg, Jur. Fak., Ref. Endemann, Diss. v. 20. März 1907
[Geb. 19. Aug. 80 Eßlingen a. N.; Wohnort: Eßlingen; Staatsangeh.: Württemberg; Vorbildung: Gymn. Eßlingen Reife Juli 00; Studium: Tübingen 4, Berlin 2, Tübingen 1 S.; Rig. 9. Febr. 07.]

Schmued: G e b h a r d von S a l z b u r g . (1060–1088) 33 S.–Wien OR.Sch., Progr. 1857

Schmued: S a l z b u r g unter Thiemo u. Konrad I. (1090–1147) Zs. 58 S. – Wien, OR. Sch., Progr. 1859, 1860.

Schmued, L.: Die Begründung und feierliche Eröffnung des Real-Gymnasiums. – Freudenthal RG., Progr. 1872.

Schmued, L.: Einige Nachrichten über das Piaristen-Collegium zu Freudenthal (1731 - 1777). 41 S. 8°.– Freudenthal RG., Progr. 1872.

Schmued, Ludwig

Schmued, L., e. deutsche Antwort auf Dr. Eduard Reich's: „Studien u. Betrachtungen üb. Oesterreich". 2. Aufl. 8. (14 S.) Salzburg 884. (Dieter.) n. — 20

Schmued, Ludw., leichtfaßliche Darstellung der Verfassung der im Reichsrathe vertretenen österreichischen Länder. Ein Büchlein für Schule und Haus. gr. 8. (VII, 101 S.) Wien 869, Braumüller. * 1 60

Schmued, Ludw., Leitfaden für den geschichtlichen Unterricht zunächst für die siebente Classe der Volks- und Bürgerschulen. gr. 8. (V, 116 S.) Wien 877, Pichler's Wwe. und Sohn. 1 —

Schmued, Ludw., Leitfaden zum geschichtlichen Unterrichte an den unteren Klassen der Realschule. 2 Thle. gr. 8. Wien, Braumüller. à Thl. * 18 Ngr. *
Inhalt:
Thl. 1. Für die zweite Klasse. 1. Aufl. 1864. und 2. Aufl. (VIII und 159 S.) 867.
„ 2. Für die dritte Klasse. (VII und 177 S.) 866.

—— Leitfaden zum geschichtlichen Unterrichte an den unteren Klassen der Realschule. 1. Thl. Für die 2. Klasse. 3. Aufl. gr. 8. (VII, 159 S.) Ebendas. 870. * 1 80

—— Maria Theresia 1740—1780. Zur feierl. Enthüllung ihres neuen Denkmals zu Klagenfurt im Juli 1872. Mit Festgedicht von Jos. Weiten. gr. 8. (47 S.) Klagenfurt 873, Bertschinger und Heyn. * — 80

Schmued, Ludw. Die österreichisch-ungarische Monarchie in ihrer geschichtlichen Entwickelung. gr. 8. (16 S.) Teschen 890. (Salzburg, Dieter.) ** — 40
Aus: Teuffenbach zu Tiefenbach u. Maßwegg, neues illustr. vaterländ. Ehrenbuch, besonders abgedruckt.

Schmued, L u d w i g. Nekrolog. Dr. Johann Ritter v. Burger. Klgft., St. Hermagoras-Druck., 1880. 22 S.

Schmude, Thdr., die Andacht zum heiligsten Herzen Jesu Christi. Nebst einem Anhange, enthltd. einige Andachtsübungen der ehrwürdigen Marguerite-Marie Alacoque, das Dekret des apostol. Stuhles über ihre Tugenden und einem Gebetbuch zu Ehren d. göttlichen Herzens. Wien 857. Mayer u. Co. gr. 8. (VIII, 488 S.) 1 ℛ.

Schmude, Thdr., die Andacht zum heiligsten Herzen Jesu Christi erläutert. Nebst einem Anhang enthaltend einige Andachtsübungen der ehrwürd. Marguerite-Maria Alacoque und das Dekret des apostol. Stuhles über ihre Tugenden und einem Gebetbuche zu Ehren des göttl. Herzens. 1. Aufl. 1857. 1 Thlr. und 2., vielfach verb. Aufl. 12. (X und 352 S.) Wien 860, Mayer und Comp.

Schmude, Thdr., die Andacht zum heiligsten Herzen Jesu Christi. Nebst einem Anh., enth. einige Andachtsübungen der sel. Marguerite = Marie Alacoque, wie auch drei Dekrete des apostol. Stuhles über dieselbe und ein Gebetbuch zu Ehren des göttl. Herzens. 3., vielfach verb. und verm. Aufl. 8. (XII, 420 S.) Wien 875, Mayer und Comp. * 2 40

—— Erinnerungsblätter an die geistlichen Exercitien des heil. Ignatius. 12. (IX und 122 S.) Wien 860, Mayer und Comp.

—— das reinste Herz der heiligen Jungfrau und Gottesmutter Maria. Als Anh.: Eine Lebensskizze des ehrwürd. Dieners Gottes P. Johannes Eudes. 8. (X, 358 S. mit 1 Stahlst.) Ebendas. 875. * 2 40

Schmude, Thdr., der religiöse Indifferentismus und seine Schlagwörter in sieben Conferenzen beleuchtet. 2. Aufl. gr. 8. (82 S.) Warnsdorf 881. (Wien, Mayer und Comp.) *
1. Aufl. war nicht im Handel.

Schmude, Thdr., S. J., der religiöse Indifferentismus u. seine Schlagwörter, in 7 Conferenzen beleuchtet v. Sch. 3. Aufl. gr. 8. (80 S.) Warnsdorf 898. A. Opitz. n. — 50

—— heil. Johannes von Nepomuk! Bitte für uns! Geschichte des Lebens und der öffentl. Verehrung des ersten Martyrers des Beichtsiegels, nebst Gebetbuch. 16. (VIII, 336 S. mit 1 Stahlst.) Innsbruck 883, F. Rauch's Buchh. *

Schmude, Thdr., sechs Conferenzen über christliche Wohlthätigkeit, gehalten an den Maria-Elisabethen-Verein in der Ursulinerkirche zu Wien. 12. (IV und 120 S.) Wien 860, (Mayer und Comp.) Thlr. *

SCHMUDERER-MARETSCH, M.: Lehre vom Schuß. Unter besonderer Berücksichtigung des Schrotschusses, für den deutschen Weidmann bearbeitet. - Berlin 1906. - 2. neubearb. Aufl. ebd. 1926. 243 S.

Schmüderrich, Bernhard, prakt. Arzt zu Herten in Westf.: Kritische Erörterung der Frage, ob es gerechtfertigt ist, eine Conjunctivitis follicullaris von einer Conjunctivitis granulosa zu trennen, nebst Vorschlägen zur Bekämpfung dieser Krankheiten, unter Zugrundlegung der Lösung einer von der Universität Greifswald gestellten Preisaufgabe. Leipzig 1907: B. Georgi. (68 S.) 8°
Leipzig, Med. Fak., Ref. Sattler, Diss. v. 28. Juli 1907
[Geb. 27. Jan. 64 Herten i. W.; Wohnort: Herten; Staatsangeh.: Preußen; Vorbildung: Gymn. Recklinghausen Reife O. 86; Studium: Greifswald 9 S.; Coll. 7. Aug. 07; Approb. 4. Juli 91.]

Schmüderrich, B., Kinderpflege u. Kinderernährung besonders in den ersten Lebensjahren. 60 wicht. Fragen u. Antworten f. Mütter aus dem Bürger- u. Arbeiterstande. 2. verm. u. verb. Aufl. 8. (24 S.) Essen 902. Fredebeul & Koenen. n. — 30

Schmuggler, der, s. Volks-Erzählungen, kleine.

Schmuggler u. Wilderer. Ein Roman. Aus d. Engl. übers. von Ernst Susemihl. 3 Bde. 8. (225. 224 u. 220 S.) Leipzig 852, Kollmann. 2 ℛ

Schmuhl, Karl Beiträge zur Würdigung des Stiles Hartmanns von Aue. 32 S. Progr. Lat. *Halle* 1881.

Schmuhl, [Carolus]: • De Sex. Propertii comparationibus. 35 Bl. 4° (2°)
Halle-Wittenberg, Phil. Diss. v. 26. Okt. 1875
Geb. [Weissenfels 21. 9. 1853]
Verf. erlebte die nachträgliche Diplomerneuerung 1929 als Gymnasial-Professor a. D. in Halle a. d. S.

Schmujlow–Claassen, Ria, s. Claassen, Ria

Schmukermair, Barthol. (Rektor) „Einige Geometrische Aufgaben für das bürgerliche Leben, wie sie ähnlich an der Anstalt vorgetragen wurden". pg. 21—32. 4°. Mit einer Tafel. Joh. Nep. Attenkofer.
Landshut, Progr. 1837/38

Schmukermair, Bartholomäus „Theoretisch-praktische Behandlung der Lehre der Gewölbe für Bauhandwerker". I. Abtheilung: Widerlager. pg. 21 - 28. 4°. Mit einer Tafel. Jos. Thomann'sche Off. (Joh. Bapt. v. Zabuesnig).
Landshut, Progr. 1848/49

Schmukermair, Barth. „Theoretisch-praktische Behandlung der Lehre der Gewölbe" etc. II. Abtheilung: Wölbung. pg. 19—26. 4°. Mit einer Tafel. Jos. Thomann'sche Off.
Landshut, Progr. 1849/50

Schmukermair, Barthol. „Theoretisch-praktische Behandlung der Gewölbe für Bauhandwerker". II. Abtheilung: Wölbung (Schluss). pg. 21—28. 4°. Mit einer Tafel. Jos. Thomann'sche Off. (Joh. Bapt. v. Zabuesnig).
Landshut, Progr. 1850/51

Schmukermair, Barthol. „Ueber die Landwirthschafts- und Gewerbschulen". pg. 3 - 7. 4°. Joh. Nep. Attenkofer.
Landshut, Progr. 1835/36

Schmukermair, Barthol. „Ueber den Ofenbau, zunächst über den schwedischen Ofen". pg. 12—15. 4°. Mit einer Tafel. Joh. Nep. Attenkofer.
Landshut, Progr. 1838/39

Schmukermair, Bartholomäus „Programm zum Beitrage eines Versuches: alle Natur-Erscheinungen als Wirkungen einer einzigen Doppelkraft — der Kraft der Zusammenziehung und Ausdehnung der Körperatome — zu erklären". pg. 3—29. 4°. Joh. Bapt. v. Zabuesnig.
Landshut, Progr. 1857/58

Schmukher, Anton

— Mittheilungen aus dem Welt- u. Menschenleben des gegenwärtigen Zeitalters. 8. Wien 836. Wallishauser. 3/8 ℛ

Schmukher, Anton, belehrend erheiterndes Taschenbuch. Eine Sammlung interessanter Erzählungen aus d. Gebiete der Wirklichkeit der neuern Zeit. gr. 12. Wien 837. Mausberger. (Leipzig, Hunger.) 5/12 ℛ

Schmul, Eissig, s. Lissig.

Schmul, A., üb. das Schicksal d. Eisens im thierischen Organismus. Diss. gr. 8. (38 S.) Jurjew (Dorpat) 891. (E. J. Karow.) n. 1. —

Schmul, Erwin. Tierarzt aus Krotoschin (Posen): Die histologischen Veränderungen bei der Enteritis pseudomembranacea der Katzen. Berlin 1907. 20 S. 8°. S.-A. a. d. Archiv für wissensch. u. prakt. Tierheilkunde, Bd. 33. 1907. [27. VII. 06.]
Bern. Vet.-med. Diss. 1906/1907.

Schmul, Erwin. Die histologischen Veränderungen bei der Enteritis pseudomembranacea der Katzen. Diss. Vet.-Med. Bern. (Sonderabdruck aus dem Archiv für wissensch. u. prakt. Tierheilkunde. Bd. 33. 1907.) 20 S. 8. Berlin, L. Schumacher, 1907.

Schmul, Hermann, Referendar: Gibt es einen Sicherungskauf? Greifswald 1909: Adler. 61 S. 8°
Greifswald, Jur. Diss. v. 3. Aug. 1909, Ref. Walsmann
[Geb. 9. Nov. 87 Janowitz, Kr. Znin; Wohnort: Schroda; Staatsangeh.: Preußen; Vorbildung: Auguste-Viktoria-Gymn. Posen Reife O. 05; Studium: Berlin 2, München 1, Berlin 1, Greifswald 2 S.; Rig. 23. Okt. 08.] [U 09. 1471

Schmula, Car. Joan. Rud. (geb. Pschow in Schles. 12. 5. 1828): De piscium squamis nonnulla. Berolini (1854). (30 S.) 8°
Berlin, Med. Diss. v. 2. März 1854

Schmulewitsch J.: Ueber den Einfluss d. Blutgehaltes d. Muskeln auf deren Reizbarkeit. (Leipz. 1879). (34) S. (Særtr.). P.

Schmul-Leeb-Kohn. [Roman.] Wien 1891. V: *Blechner, Heinrich.* (Eisenberg, Das geist. Wien. Wien 1893. I, 41.)

Schmülling, Joh. Heinr., s. Hipler, F.

Schmülling, Frdr., Lebens- u. Auferstehungsgesänge. Gedichte. (80 S.) 8. Strassburg 905. J. Singer. n. 1.50

Schmülling, Joh. Hnr. (Hrsg.), s. Kistemaker, Johann Hyacinth: Deutsche Sprachlehre ... und dess. kleine lateinische Sprachlehre.

Schmülling, J. H., Sermo synodalis die 13. Oct. 1829 in ecclesia cathed. Monasteriensi habitus. 8. (1 B.) Monasterii, Theissing. 1829.

Schmülling, Jh. Heinr., Sermo synodalis die 11. Oct. 1831 et 15. Oct. 1833 habitus. 8. Münster 834. Theyssing. 1 12/4

Schmülling, Theod., Der phönizische Handel in den griechischen Gewässern. Münster, 1884 u. 1885. 30 und 42 S., Realgymnas.-Programm.

Schmülling, Th., Sonn- und Festtags-Predigten. Aus dem Nachlasse des Verf. hrsg. von Heinr. Kömstedt. 4 Bde. gr. 8. Münster, Theissing'sche Buchh.

Inhalt:

Bd. 1. Predigten für die Advents- und Weihnachtszeit. 1. und 2. Aufl. (VI, 712 S.) 882,84. M 6.
" 2. Predigten für die Fastenzeit. 1. und 2. Aufl. (624 S.) 882,84. M 6.
" 3. Predigten für die Oster- und Fronleichnamszeit. (662 S.) 882; 2. Aufl. (VIII, 657 S.) 884. M 6.
" 4. Predigten für Sonn- und Festtage nach Dreifaltigkeit bis zum Schlusse des Kirchenjahres. (1132 S.); 2. Aufl. (1155 S.) 884. M 9.

Schmülling, Th., Sonn- u. Festtags-Predigten. Aus dem Nachlasse d. Verf. hrsg. v. Heinr. Kömstedt. 3. Aufl. 18 Lfgn. gr. 8. Münster i/W., Theissing. à 1.50

1. Bd. Predigten f. die Advents- u. Weihnachtszeit. 4 Lfgn. (VI, 712 S.) 891.
2. Bd. Predigten f. die Fastenzeit. 4 Lfgn. (624 S.) 892.
3. Bd. Predigten f. die Oster- u. Fronleichnamszeit. 4 Lfgn. (662 S.) 892.
4. Bd. Predigten f. die Sonn- u. Festtage nach Dreifaltigkeit bis zum Schlusse d. Kirchenjahres. 6 Lfgn. (1140 u. 23 S.) 892.

Schmund, C. G., s. Schmundt, K. G.

Schmund, E. G., s. Schmundt, K. G.

Des Maurers Glauben und Hoffen. Zwei Reden, gehalten in der Loge zum treuen Verein im Or. von Wittenberg vom Br. [Jul.] **Schmundt.** Als Ms. gedr. f. Brr. [Wittenberg 1858: Eyle.] 31 S. 8° [Umschlagtit.]

Die Loge ist unser Haus. Rede zur Feier des Geburtstages S. Kgl. Hoheit des Prinzen von Preussen des hohen Protektors der preussischen Logen am 22. März 1857 in der Loge „Hermann zur deutschen Treue" im Orient Mühlhausen. Von [Julius] Schmundt. Mühlhausen 1857: Rode. 19 S. 8°.

Schmundt, K. G., Abhandl. üb. die Fütterung u. Pflege der milchenden Kühe. Eine Preisschrift. 8. Berl. 787. (Boike). (Recht). 6 gl.

Schmund, E. G., Abhandl. über d. Fütterung u. Pflege d. milchenden Kühe. 8. Berlin, Himburg. 787.

Schmund, E. G., Abhandl. üb. die Fütterung und Pflege der milchenden Kühe. 8. Berlin. 787. Jetzt Liebeskind in Leipzig.

Schmundt C. G.: Preisschrift, eine Beantwortung einer ... Frage, betreffend die Fütterung u. Pflege d. milchenden Kühe. M. Anmerk. verm. Berl. 1787. 112 S.

Schmundt, Car. Julius (geb. Berlin 6. 10. 1815): De dignoscendis ventriculi morbis. Berolini (1838). (43 S.) 8°
Berlin, Med. Diss. v. 3. Sept. 1838

Schmunk, Ludwig [aus Soden am Taunus]: Ueber die Einwirkung von Chlor auf β-Naphtochinon-α-Oxim. . . . Marburg, Buchdr. Fr. Sömmering, 1890; 49 + 1 S. 8°
Marburg, Phil. Fak., Inaug.-Diss. v. [9. Aug.] 1890

Christian Friedrich Schmurr

Christ(ianus) Frider(icus) Schmurr: De Dysenteria. Berolini (1820): Starck. 45 S. 8
Berlin, Med. Diss. v. 28. Jan. 1820

Schmüser, Egon, gothische Ornamente. Aufnahmen u. Entwürfe. 36 Taf. m. 134 Motiven. Fol. Berlin 892. Leipzig, Baumgärtner. Geb. n. 20.—

Schmüser, Egon, gothische Ornamente. Aufnahmen u. Entwürfe. 36 Taf. m. 134 Motiven. Fol. Berlin 892. Kanter & Mohr. Kart. n. 20.—

Schmut, Joh.: Die Berghoheit der Herren v. Liechtenstein im Landgericht Murau (Steiermark) 1256 bis 1536, s.a. Bergbaue Steiermarks. VII.

Schmut, J., Die Berghoheit der Herren von Liechtenstein im Landgericht Murau (Steiermark) 1256–1536. Ein Beitrag zur steirischen Bergwerksgeschichte. Leoben. 1905. 16 S.

Schmut, J., Die Berghoheit der Herren von Liechtenstein im Landgericht Murau (Steiermark) 1256—1536. [Bergbaue Steiermarks. VII.] 8°. (16 S.) K 1.20
Leoben: Ludwig Nüssler 1907.

– Erstes Eingreifen des Staates zur Hebung des niederen Schulwesens in Steiermark unter Maria Theresia. s. Beiträge zur österreich. Erziehungs- u. Schulgeschichte. 11. Heft.

Schmut, Joh., Oberzeiring, s.a. Bergbaue Steiermarks. IV.

Schmut, J., Oberzeiring. Ein Beitrag zur Berg- und Münzgeschichte Steiermarks. Leoben, 1904. 81 S. mit 1 Taf.

– Über das Volksschulwesen um 1800, s. Beiträge zur österreich. Erziehungs- u. Schulgeschichte. 12. Heft.

Schmutter, Gottl. Heinr. (geb. Kottbus 1796): De signis et causis phthiseos pulmonum purulentae. (Berolini 1820.) ([illegible] S.) 8
Berlin, Med. Diss. v. 7. Okt. 1820

Schmutter, Johann
Über die ungleich tiefere Begründung, welche der Theismus vor dem Atheismus voraus hat.
Hamburg: Niemeyer 1854. 24 S.
[An Stelle einer Dissertation eingereicht.]
Dr. phil. Giessen 13.12.1854. vorh. 12.

Schmutter, Johs., über die ungleich tiefere Begründung, welche der Theismus vor dem Atheismus voraus hat. Ein Wort für jeden gebildeten Leser. gr. 8. (24 S.) Hamburg 854, G. W. Niemeyer. *

Schmutterer, W., Taschenbuch f. Fleischbeschauer. (X, 29 S. u. Tagebuch.) 12. München 903. Buchdruck. u. Verlagsanstalt C. Gerber. Geb. in Leinw. n.n. 1. 60

Schmuttermaier, J., erläuterte Grundsätze d. prakt. Forstwissenschaft. Mit 3 ill. Tabell. gr. 8. Prag 820. Hartmann. 1 ℛ 12 ℊℊ (Eggenberger das.) 1 ℛ

SCHMUTTERMEYER, J.: Erläuternde Grundsätze der praktischen Forstwissenschaft, als Beitrag zur Erweiterung der Forstwissenschaft. - Prag 1820. 342 S., 3 Tab.

Schmutz, Andreas (Strassburg) Thl. I, 209/43

Disputatio XXIV. de theiois thearchiae, sive divinae providentiae extra ordinem miris, definitis et exemplis illustratis. Präs. Johann Konrad Dannhauer.
In: Dannhauer: Disputationes theologicae.
Leipzig (Reinhold) 1707. S. 1241-1276.

Diss. Strassburg IX. 1664. 31004

Schmutz, C., s. Schmutz, Karl

Schmutz, Christine, Samenkörner der Wahrheit, ausgestreut auf wahrheitsliebende Herzen. 8. (VII, 328 S.) Eberbach 880. (Mosbach, Kindler's Buchh.) *

Ferdinand SCHMUTZ Über die chemische Zusammensetzung der Zellwandschichten im Endosperm und in den Keimblättern der Lupine
Diss., Prag 1907/1908.

Schmutz, Frz., sittliche Anmerk. über unterschiedl. Begebenh. H. Schrift, a. d. Sonn- u. Festtage. 4. Cöln. 722.

Schmutz, Friedrich, Referendar aus Strassburg i. Elsass: Die Entwicklung des Elsass-Lothringischen Gefängnisswesens seit der Annektion. Strassburg i. E. 1899: C. & J. Goeller. (90 S.) 8[0]
Erlangen, Jur. Diss. v. 23. Dez. 1898

Schmutz, Greg., wie weit reicht das Gedächtnis Erwachsener zurück?, s.a. Beiträge zur Kinderforschung u. Heilerziehung.

Wie weit reicht das Gedächtnis Erwachsener zurück? Von Gregor Schmutz. Langensalza: Beyer 1910. 27 S. 8°
(Beiträge z. Kinderforschung u. Heilerziehung. H. 74.) (11. 3657

Schmutz, Joh. And., Erkenntniß d. Wahrheit zur Gottseligkeit üb. d. Episteln. 4. Strasb. Beck. 722.

Schmutz Karl: Zur Kenntnis der Thysanopterenfauna von Ceylon (mit 6 Taf.). S. 122. I. 1914 . . . . 3 —
Separatabdruck

Schmutz, Karl, histor.-topograph. Lexicon v. Steyermark. 4 Thle. Mit Abbildd. in Steindr. gr. 8. Grätz 822, 23. Miller; (a Mörschner u. J. in Wien). 10 ℛ

Schmutz, Karl (Red.), s. Zeitschrift, Landwirthschaftliche.

SCHMUTZ, Karl B.: Experimentelle Beiträge zur Petrogenie. — 1897. S. 124—155, III Taf. Diss. Graz, Univ.

Schmutzannoncen v. Ekkehard, s.: Flugschriften des Volksbundes zur Bekämpfung des Schmutzes in Wort u. Bild.

SCHMUTZER, Adolph (Aidenbach): Ueber Amenorrhoe und ihre Ursachen.- München: Weiss 1867. 13 S.
26.7.1855 - Urk (Titel: De amenorrhoea ejusque causis.); F 68
Diss. Ingolst.-Landsh.-Mchn.

Schmutzer, Jo. Gottfried, diss. gratul. de Michaele Scoto veneficii injuste damnato. Lips. 739. 4.

Schmutzer, Richard, approb. Tierarzt aus Straubing: Aus d. patholog. Institut zu Giessen. Über das sogenannte 'Luftblasengekröse' der Schweine. *Giessen 1898: v. Münchow.* (40 S.) 8°
Giessen, Veterinär-med. Diss. v. 1898

(S[chmutziger, Johann Heinrich].) Das Bad Lostorf. [Mit 1 Vignette und 1 Tafel.] 8. Aarau 1819.

Schmuziger, F[riedrich]. Die städtischen Schulen von Aarau und die Schularztfrage. Referat zu Handen der tit. Schulpflege Aarau, erstattet von Dr. med. F. Schmuziger. 8 S. 8.

Schmuziger, Fritz, pract. Arzt, Assistent an der medizinischen Klinik in Zürich (von Aarau, Kt. Aargau); Beiträge zur Kenntniss der Leucaemie. (Separatabdruck aus dem Archiv der Heilkunde. 1876. XVII. Jahrgang. 4. Heft (S. 273—314).) Leipz. W. Wigand Dr. 1876. 1 Bl., 42 S., 1 Bl. Thesen. 8°.
Zürich, Med. Diss. [v. 26. Febr. 1876].

(Schmuziger, Louis.) Die Erziehungsanstalt Kasteln im Aargau. 1855—1905. Gedenkschrift. ([Für] die Direktion geschrieben durch Pfr. L' Sch' in Aarau.) [Illustriert.] 39 S. 8. Aarau, H. R. Sauerländer & Co., 1905.

Schnaar, Fr. Hnr. Wm., s. 1) Psalmi XXII. 2) Virgil, Episode v. Nisus. 2) Versuche üb. die schwersten Stellen d. Buches Hiob.

Schnaar, Fritz, a. Massenhausen in Waldeck: Die englische Orthographie seit Shakespeare mit Berücksichtigung der Großschreibung und Interpunktion. Marburg 1907: R. Friedrich. (105 S.) 8°
Marburg, Phil. Fak., Ref. Viëtor, Diss. v. 7. März 1907
[Geb. 27. Okt. 83 Massenhausen (Waldeck); Wohnort: Massenhausen; Staatsangeh.: Waldeck; Vorbildung: Realgymn. Kassel Reife O. 02; Studium: Leipzig 2, Kiel 1, Berlin 2, Marburg 4 S.; Rig. 13. Juni 06.]

Schnaar, Hermann, appr. Arzt a. Bleckede a. d. Elbe: Aus d. Prosektur d. städt. Krankenhauses r. d. Isar. Prosektor: Privatd. Dr. Oberndorfer. Ueber Amyloidosis bei Granularatrophie der Nieren. München 1907: C. Wolf & Sohn. (22 S.) 8°
München, Med. Fak., Ref. v. Bollinger, Diss. v. 26. Juli 1907
[Geb. 7. März 79 Bleckede a. d. Elbe; Wohnort: Bleckede; Staatsangeh.: Preußen; Vorbildung: Realgymn. Lüneburg Reife O. 00; Studium: Phil. Göttingen 2, München 1, Med. Göttingen 3, Leipzig 3, München 2 S.; Coll. 26. Juli 07; Approb. 9. Juli 06.]

Schnaas, Richard [pr. Arzt in Eller bei Düsseld.]: '(Aus d. Univ.-Augenklinik zu Marburg.)' Beitrag zu den congenitalen Anomalien des Bulbus und seiner Adnexe, m. bes. Berücks. derjenigen d. Chorioidea u. d. Iris ... Marburg, Univ.-Buchdr. v. J. A. Koch, 1895; 80 S., 1 Bl. 8.
Marburg, Med. Fak., Inaug.-Diss. v. 27. Dez. 1895

Schnaase, zur Beleihung d. Privatforsten durch d. preußischen Landschaften. gr. 8. (64 S.) Neudamm 903. J. Neumann. n. 1. 60

Schnaase, Eduard

Schnaase, Ed., Gebetsklänge für die Tage des Herrn. Berlin 855. L. Oehmigke. 16. (VIII, 107 S.) 15 ngr.

(Schnaase, Ed.,) christl. Geburtstags-Gedichte, f. Kinder v. 5 — 10 Jahren. 8. (7 B.) Danzig 838, [Gerhard'sche Buchh.] *

—— Gedenket an eure Lehrer. Ein Erinnerungs-Büchlein für die St. Catharinen-Gemeine in Danzig. 8. (66 S. mit 1 Tab. in qu. 4.) Danzig 854, (Kabus.) *

Schnaase, Ed., Geschichte der evangelischen Kirche Danzigs. Actenmäßig dargestellt. (In 10—12 Lfgn.) 1—7. Lfg. Lex.-8. (S. 1—560.) Danzig 861,62. Bertling. à Lfg. * 10 Ngr. *

Schnaase, Ed., Geschichte der evangelischen Kirche Danzigs, actenmäßig dargestellt. 8.—10. (Schluß-)Lfg. Lex.-8. (XXII und S. 561—786.) Danzig 863, Bertling. à Lfg. * 10 Ngr. *
1.—7. Lfg. Ebendas. 1861,62. * 2 Thlr. 10 Ngr.

—— christl. Morgen- u. Abendfeier in tägl. Gebeten. Eine Mitgabe f. d. Leben. 8. (23⅛ B. u. 1 Titlkpfr.) Berlin 840, L. Oehmigke.

Schnaase, Ed., christliche Morgen- u. Abendfeier in täglichen Gebeten. Eine Mitgabe für das Leben. Mit 1 Kupf. 2. Aufl. 8. Berlin 843, L. Oehmigke. 1 ₰

Schnaase, Ed., christliche Morgen- u. Abendfeier in täglichen Gebeten. Eine Mitgabe f. das Leben Mit 1 Kpfr. 3. durchgesehene Aufl. 8. (VI u. 370 S.) Berlin 852, L. Oehmigke. 1 ₰; in Engl. Einb. m. Goldschn. 1½ ₰

Schnaase, Ed., christliche Morgen- u. Abendfeier in täglichen Gebeten. Eine Mitgabe für das Leben. 4. durchgeseh. Aufl. Berlin 865. Oehmigke's Verlag. 8. (VI, 370 S. mit 1 Kpfr.) 1 ₰; geb. 1 ₰ 7½ ngr.; mit Goldschn. 1 ₰ 15 ngr.

– die Schule in Danzig u. ihr Verhältniß zur Kirche. Ein Beitrag zur Geschichte der Schule. Danzig 859. (Saunier.) 4. (73 S.) n. 20 ngr.

—— Schulgesangbuch z. Gebr. beim Beginne u. Schlusse d. Unterr. in Volks- u. Bürgerschulen. 8. (3 B.) Cöslin 837, Hendeß.

—— christl. Stimmen an d. Ostsee. 8. (5¼ B.) Danzig 838, [Gerhard'sche Buchh.]

Schnaase, Karl

—— biographische Skizze, s. Lübke, W.

Schnaase, Carl, Bildung u. Christenthum. Ein Vortrag. (Abdr. aus den protestantischen Monatsblättern für innere Zeitgeschichte.) Berlin 861. Hertz. Lex.-8. (40 S.) n. 10 ngr.

Schnaase, Karl, niederländische Briefe. gr. 8. (34½ B.) Stuttgart 834, Cotta.

Schnaase, Karl, Geschichte der bildenden Künste bei den Alten. 1. Bd. Die Völker des Orients. gr. 8. Düsseldorf 843, Buddeus. n. 3 ₰

— dass. 2. Bd. Griechen u. Römer. gr. 8. Ebend. 843. n. 3 ₰

Schnaase, Karl, Geschichte der bildenden Künste bei den Alten. 3. Bd. A. u. d. T.: Geschichte der bildenden Künste im Mittelalter. 1. Bd. Altchristl. u. muhamedanische Kunst. gr. 8. Düsseldorf 844, Buddeus. n. 3 ₰

Schnaase, Carl, Geschichte d. bildenden Künste. 4. Bd. 1. Abth. A. u. d. T.: Geschichte der bildenden Künste im Mittelalter. 2. Bd.: Das eigentliche Mittelalter. 1. Abth. gr. 8. (VI u. 417 S.) Dusseldorf 850, Buddeus. n. 2½ ₰ (I—IV, 1: n. 11½ ₰)

Schnaase, Carl, Geschichte der bildenden Künste. 4. Bd. 2. Abthl. A. u. d. T.: Geschichte der bildenden Künste im Mittelalter. 2. Bd.: Das eigentliche Mittelalter. 2. Abthl. gr. 8. (XVIII und 593 S.) Düsseldorf 854, Buddeus' Verlag. *

—— dass. — 5. Bd. 1. Abthl. 1. Hälfte. Mit 57 in den Text gedr. Holzschn. gr. 8. (S. 1—312.) Ebds. 855. *

—— dass. — 5. Bd. 1. Abthl. 2. Hälfte. und 2. Abthl. A. u. d. T.: Geschichte der bildenden Künste im Mittelalter. 3. Bd.: Entstehung und Ausbildung des goth. Styls. 1. Abthl. 2. Hälfte und 2. Abthl. gr. 8. (XVI und S. 313 — 808 mit eingedr. Holzschn.) Ebds. 856. *
1—3. Bd. und 4. Bd. 1. Abthl. Ebendas. 1843—50. * 11 Thlr. 15 Ngr.

Schnaase, Carl Geschichte der bildenden Künste. 6. Bd. A. u. d. T.: Geschichte der bildenden Künste im Mittelalter. 4. Bd.: Die Spätzeit des Mittelalters bis zur Blüthe der Eyck'schen Schule. gr. 8. (XIV und 642 S. mit eingedr. Holzschn.) Düsseldorf 861, Buddeus' Verlag. *
1—5. Bd. Ebendas. 1843-56. * 22 Thlr.

Schnaase, Carl, Geschichte der bildenden Künste. 7. Bd. A. u. d. T.: Geschichte der bildenden Künste im Mittelalter. 5. Bd.: Das Mittelalter Italien's und die Grenzgebiete der abendländ. Kunst. 2 Abthlgn. gr. 8. [1. Abthl. (S. 1—360.) 2. Abthl. (XV und S. 361 — 711 mit in den Text gedr. Holzschn.) Düsseldorf 864, Buddeus. à Abthl. * 3 Thlr. *
1.—6. Bd. Ebendas. 1843—61. * 29 Thlr.

—— dass. — 2., verb. und verm. Aufl. 1. Bd. 2 Abthlgn. und 2. Bd. gr. 8. Ebendas. 866,67. [1. Bd. Unter Mitwirkung des Verf. bearb. von Carl v. Lützow. 1. Abthl. (S. 1—192.) * 1 Thlr., 2. Abthl. (XIV und S. 193—492 mit eingedr. Holzschn.) * 1 Thlr., 2. Bd. Unter Mitwirkung des Verf. bearb. von Carl Friederichs. (XII und 428 S. mit eingedr. Holzschn.) * 2 Thlr.] *

Schnaase, Carl, Geschichte der bildenden Künste. 2. verb. und verm. Aufl. 3. und 4. Bd. à 2 Abthlgn., 5. und 6. Bd., 7. Bd. 1. Abthl. gr. 8. Düsseldorf, Buddeus. 62 —

Inhalt:

Bd. 3. 1. Abthl. (S. 1—304.) 869. * M. 4,50.; 2. Abthl. Bearb. vom Verf. unter Mithülfe von J. Rud. Rahn. (XXI, S. 305—688 mit eingedr. Holzschn.) 869. * M. 7,50.
» 4. 1. Abthl. (S. 1—300.) 870. * M. 5.; 2. Abthl.: Die romanische Kunst. Bearb. vom Verf. unter Mithülfe von Alwin Schulz und Wilh. Lübke. (XIX, S. 301—752 mit eingedr. Holzschn.) 871. * M. 8.
» 5. Geschichte der bildenden Künste im Mittelalter. 3. Bd.: Entstehung und Ausbildung des goth. Styls. Bearb. von dem Verf. unter Mithülfe von Alfr. Woltmann. (XIX, 644 S. mit 145 in den Text gedr. Holzschn.) 872. * M. 13.
» 6. —— dass. — 4. Bd.: Die Spätzeit des Mittelalters bis zur Blüthe der Eyk'schen Schule. (XVI, 586 S. mit eingedr. Holzschn. und Holzschntaf.) 874. * M. 14.
» 7. 1. Abthl. Bearb. vom Verf. unter Mithülfe von E. Dobbert. (336 S. mit eingedr. Holzschn.) 875. * M. 10.
1. und 2. Bd. Ebendas. 1866,67. * M. 12.

— dasselbe 7. Bd. Bearb. vom Verf. unter Mithülfe v. E. Dobbert. Mit zahlreichen in den Text gedr. Holzschn. gr. 8. (XVI, 688 S.) Ebend. 875. n. 10. —

Schnaase, Carl, Geschichte der bildenden Künste. 2. verm. und verb. Aufl. 7. Bd. 2. Hälfte. Bearb. vom Verf. unter Mitwirkung von Ed. Dobbert. gr. 8. (XVI, S. 337—688 mit eingedr. Holzschn.) [Düsseldorf 876, Buddeus.] Stuttgart, Ebner und Seubert. * 10 —

—— dass. — 8. (Schluss-)Bd. 2 Abthlgn. Hrsg. von W. Lübke, unter Mitwirkung von O. Eisenmann. Mit zahlreichen in den Text eingedr. Holzschn.) gr. 8. Ebendas. [1. Abthl. (S. 1—288.) 876. * ℳ 9.; 2. Abthl. (LXXXIV, S. 289—596 mit Schnaase's Portr. in Stahlst.) 879. * ℳ 12.] * 21 —
1.—7. Bd. 1. Hälfte. 1866—73. * ℳ 72.; compl. 8 Bde. * ℳ 105.

—— politischer Katechismus für das Volk. 12. (68 S.) Düsseldorf 848, Buddeus' Vrlgsh.

— der Kreuzzug Kaiser Friedrichs I. Histor. Erläuterungen des Frieses von Ludwig Schwanthaler im Festbau des Königlichen Schlosses zu München. gr. 4. Düsseldorf 840. Buddeus. 1/2 ℳ (Vergl. Schwanthaler's Werke II. Lfrg.)

— über das Verhältniß der Kunst zum Christenthume u. besonders zur evangelischen Kirche. Ein Vortrag auf Veranstaltung des Evangel. Vereins f. kirchl. Zwecke am 1. März 1852 gehalten. gr. 8. (26 S.) Berlin 852, W. Schultze. 6 ngr

Schnaase, Leopold: Die Optik Alhazens. Pr. Stargard, Druck d. A. Müller vormals Wedelschen Hofbuchdr., Danzig, 1889; XX S., 1 Taf. 4°
Pr. Stargard, k. Friedrichs-G, OP 1889 (40)

Schnaase, Leopold: Gilberts Physiologia nova de magnete. (Umschlagt.: ... '(Tl 1).') Pr. Stargard, Druck v. W. Dupont, Konitz Westpr., 1892; 3—16 S. 4.
Pr. Stargard, k. Friedrichs-G, OP 1892 (40)

Schnaase, Leopold: Gilberts Physiologia nova de magnete '(Forts. u. Schluss [d. P-Beil. 1892.])'. Pr. Stargard, Druck v. W. Dupont, Konitz Westpr., 1894; 3—12 S. 4.
Pr. Stargard, k. Friedrichs-G, OP 1894 (40)

Schnaase, P. H. W., Beiträge zur Geschichte der an den Tagen v. 9—12. April 1829, in d. Umgegend v. Danzig eingetret. Ueberschwemmungen, mit besond. Berücksicht. der Verheerungen v. Weichselmünde. 8. (1½ B.) Berlin 829, (Enslin'sche Buchh.) — 8
Nachtrag, vgl. unt. dess. „Noth u. Hilfe."

— s. J. Bernatowicz, Kalencz u. dessen Pejata.

—— ausgewählte Erzählungen aus neuen engl. Taschenbüchern, s. Erzählungen.

—— die Familie de Lissa, s. Familie.

—— der Gesprächige, s. Gesprächige, der.

—— die Liebenden rc., s. Liebenden, die.

— das Danziger Neujahrsgeschenk, enthalt. Lieder in die Haushaltung. — Fabeln, frei nach d. Span. des Yriarte. Prosaische Aufsätze. 8. Danzig 828. (Leipz., Rein; a. Kollmann). 16 gr

Schnaase, P. H. W., Noth u. Hulfe, od. üb. die z. Besten des uberschwemmten Danziger Werders eingegang. Geschenke u. deren Verwendung. Als Nachtr. zu den „Beitr. z. Gesch. der in d. Umgegend von Danzig eingetret. Ueberschwemmungen." 8. Danzig 829. Gerhard. 5 gr

—— die Rettung d. Königs (Stanisl. Lesczinski v. Polen), od.: der Danziger Juni im J. 1734. Ein histor. Versuch. gr. 8. (2 B.) Danzig 834, (Gerhard.)

Schnaase, Siegfried *Johannes* [aus Westpreussen]: Ueber Albuminurie nach der Schutzpockenimpfung ... Greifswald, Druck v. J. Abel, 1896; 26 S. 8.
Greifswald, Med. Fak., Inaug.-Diss. v. 11. Febr. 1896

Schnabel, ..., s. Andachtsübungen, allgemeine.

Schnabel: Die Fundamentalgesetze der Planimetrie.
24 S. 8° Siegen, Progr. 1861

Schnabel: Die Fundamentalsätze der allgemeinen Arithmetik.
39 S. 8° Siegen, Progr. 1866

Schnabel, s. Gesänge, Heilige.

Schnabel, Superint., s. Sammlung der 1841 zu Hildesheim gehaltenen Acht Wahl-Predigten.

Schnabel und Henning: Sicherheits-vorrichtung für die Bedienung der Weichen und Signale auf Bahnhöfen. Bruchsal 1877.

Schnabel, Ant., s.: Salinen, die, Oesterreichs.

— chemische Untersuchungen der wichtigsten Roh-, Halb- u. Endprodukte des österreich. Salinenbetriebes. Durchgeführt in den J. 1899—1902 vom k. k. General-probieramte u. der k. k. allgem. Untersuchungsanstalt f. Lebensmittel in Wien. Nach den bezügl. Probescheinen u. Berichten zusammengestellt. (III, 255 S.) 4. Wien 904. Hof- u. Staatsdruckerei. n. 7. —
Sonderabdruck aus: „Mittlgn. d. k. k. Finanz-Ministeriums."

Schnabel, (Josephus Oscar Guilelmus) Arminius *(geb. Breslau 27.8.1838)*: De rupturis aortae. Vratislaviae (1860). (32 S.) 8°
Breslau, Med. Diss. v. 26. [richtig: 27.] Sept. 1860

Schnabel, August

Schnabel, Aug., erstes deutsches Lesebuch für Schule und Haus. Nach dem Lesebuch von Schuler neu bearb. 8. (90 S.) Philadelphia 861, Schäfer und Koradi.

Schnabel, Aug., erstes deutsches Lesebuch für Schule und Haus. Nach dem Lesebuch von Schuler neu bearb. 4—25. Aufl. Philadelphia 862—67. Schäfer u. Koradi. 8. (95 S.) geb. 10 ngr

Schnabel, Aug., erstes deutsches Lesebuch für Schule und Haus. Nach dem Lesebuch von Schuler neu bearb. 26.—31. Aufl. 8. (95 S.) Philadelphia 868—75. Schäfer und Koradi. cart. — 60

—— erstes deutsches Sprachbuch. Ein Hilfsbuch zur Uebung im Rechtschreiben und zur Selbstbeschäftigung für Elementarschüler. 1.—10. Aufl. 8. (48 S.) Philadelphia 862—67, Schäfer und Koradi. geb.

—— erstes deutsches Sprachbuch. Ein Hülfsbuch zur Uebung im Rechtschreiben und zur Selbstbeschäftigung für Elementarschüler. 11.—25. Aufl. 8. (48 S.) Ebendas. 868—75. cart. — 60

[Umschlagt.:] Schnabel, Bruno: Ossian in der schönen Litteratur Englands bis 1832. E. Beitr. z. engl. Litteraturgeschichte ... Th. 1. Ossian in d. schönen Litteratur Englands bis 1832 m. Ausschl. d. «Engl. Romantiker». 1. [Erschien vollst. in: Engl. Stud., Bd XXIII Heft 1 u. 3.] München, *Pierer'sche Hofbuchdr. in Altenburg*, 1896; 32 S. 8.
München, Phil. Fak., Inaug.-Diss. v. 1896

Schnabel, C. F., 80 lohnende Ausflüge in d. näh. u. weit. Umgebg. Stuttgarts. E. zuverläss. Führer durch deren Naturschönheiten mit Angabe der verschied. Wege, Entferngn., Sehenswürdigkeiten rc. 8. (50 S. m. 1 Karte.) Cannstatt 896. G. Hopf. n. 1. —

Schnabel, C. F., 100 lohnende Ausflüge in die nähere u. weitere Umgebung Stuttgarts. Ein zuverläss. Führer durch deren Naturschönheiten m. Angabe d. verschiedenen Wege, Entferngn., Sehenswürdigkeiten ꝛc. 3. umgearb. u. verm. Aufl. 8. (94 S. m. Abbildgn. u. 1 farb. Karte.) Cannstatt (902). G. Hopf. Kart. n. 1.—

Schnabel, C. F., 100 lohnende Ausflüge in die nähere u. weitere Umgebung Stuttgarts. Ein zuverläss. Führer durch deren Naturschönheiten m. Angabe der verschied. Wege, Entferngn., Sehenswürdigkeiten usw. 4. durchgeseh. u. ergänzte Aufl. Mit e. Spezialkarte. (113 S.) 11. 8. Stuttgart-Cannstatt (907). G. Hopf. Kart. 1.—

Schnabel, Carl, s. S c h n a b e l , Karl.

Schnabel, Christian August (Dresden) **A. S. 166/21**

De origine et natura fidelitatis vasalliticae. - Präs. Georg Stephan Wiesand. Leipzig (Langenheim) 30. XI. 1764. 16 S.

Gew. : Rudolph von Bünau. **31007**

Schnabel, Edmund, Festschrift zur 25 jähr. Jubelfeier des E r f u r t e r Männerturnvereins, Erfurt 1885, 56 S., 8°.

Schnabel, Franz: Beiträge zur Geschichte der klerikalen Parteiorganisation im Jahre 1848. Heidelberg: Winter 1910. 38 S. 8° ¶(Ersch. vollst. u. d. T.: Der Zusammenschluß d. polit. Katholizismus in Deutschland im J. 1848, als: Heidelberger Abhandlungen z. mittl. u. neueren Gesch. H. 29.)

Heidelberg, Phil. Diss. v. 29. Juni 1910, Ref. Oncken

[Geb. 18. Dez. 87 Mannheim; Wohnort: Mannheim; Staatsangeh.: Baden; Vorbildung: Gymn. Mannheim Reife M. 06; Studium: Berlin 1, Heidelberg 6 S.; Rig. 9. Febr. 10.] [U 10. 2170

Der Zusammenschluß des politischen Katholizismus in Deutschland im Jahre 1848. Von Franz **Schnabel**. Heidelberg: Winter 1910. XI, 132 S. 8°

(Heidelberger Abhandlungen z. mittleren u. neueren Geschichte. H. 29.) [10. 12637

Schnabel, Friedrich, appr. Arzt a. Erfurt: **Aus d. Frauenklinik d. Universität Freiburg i. B. Zur Mechanik der Wirbelsäule des Neugeborenen. Freiburg i. B. 1904: K. Henn.** (53 S.) 8°

Freiburg i. B., Med. Fak., Ref. Hegar, Diss. v. 1904

[Geb. 3. Dez. 75 Erfurt; Wohnort: Freiburg; Staatsangeh.: Preußen; Vorbildung: Gymn. Erfurt, Reife O. 95; Studium: Straßburg 5, Berlin 3, Freiburg 2 S.; Coll. 5. Aug. 04; Approb. 25. Mai 01.]

Schnabel, Fr., Der kleine Tribonianus. Eine Summa des röm. Sachen- u. Obligationen-Rechts. (61 S.) kl. 8. Kattowitz '07, Phönix-Verlag. Geb. in Leinw. 1. 50.

Der kleine Tribonianus. Eine Summa d. römischen Sachen- u. Obligationen-Rechts von Fr[iedrich] **Schnabel**. Kattowitz: G. Siwinna 1907. (61 S.) 8° [F.] [08. 3252

Schnabel, Fritz, approb. Arzt aus Wunschelburg in Schl.: Schwarze **Haarzunge**. *Leipzig 1904: B. Georgi.* (39 S.) 8°
Leipzig, Med. Diss. v. (6. Juni) 1904

Schnabel, G., schmiedeeiserne Dachkonstruktionen, s.: Greve, H.

Schnabel, G. H., Predigt über Psalm 119, V. 162—168. gehalten am Jahresfest der evangelisch-luther. Mission zu Dresden den 16. August 1842. gr. 8. Dresden 842, Naumann. n. 1/12 ß

Schnabel, Georg [aus Kattowitz O.-S.]: Über einen Fall von spitzen Condylomen der Vulva ... Greifswald, Druck v. J. Abel, 1893; 28 S., 1 Taf. 8.
Greifswald, Med. Fak., Inaug.-Diss. v. 5. Aug. 1893

Schnabel, Georg Norbert

Schnabel, Geo. Norb., statist. Darstell. v. Böhmen. 8. Prag 826. Borrosch. 16 gr

Schnabel, Georg Norbert: E n t w u r f e. Dienstinstruction für d. Wirthschaftsämter in d. k. k. Staaten; enthalt. eine Anleit. z. Geschäftsführ. sowohl hinsichtl. der judiciell. u. polit. Amtshandlungen, als im Fache d. Oekonomie für alle Classen der Beamten. 2 Abtheill. 2. Aufl. Prag: Calve. (819.) 827. 827. 4°

Schnabel, Geo. Norbert, Europa um das Jahr 1840. Eine Uebersicht d. neuesten Veränderungen im Gebiete d. General-Statistik der Europäischen Staaten. gr. 8. (Mit 1 Tab.) Wien 841, Braumüller u. Seidel. 3/4 ß

S c h n a b e l, Geo. Norb., General-Statistik d. Europ. Staaten, nebst e. theoret. Einleitung. 2 Bde. 1. Aufl. (34¼ B. u. 2 gr. lith. Uebersichts-Karten.) Prag 829, Calve. 3 Thlr. 18 Gr., 2., neu bearb. u. verm. A. (37½ B. u. 2 lith. u. ill. Uebersichts-Karten, gr. Fol.) gr. 8. Wien 833, [v. Mösle sel. Wtwe u. Braumüller.]

Schnabel, Georg Norb., General-Statistik der Europ. Staaten, nebst einer theoret. Einleitung. 2 Bde. 2e, neu bearb. u. verm. Aufl. Mit 2 Uebersichtskarten. (Lithogr. u. ill.) gr. 8. Wien 833. Braumüller u. Seidel. 2⅔ ß

—— Geschichte d. jurist. Fakultät an d. vereinigten Carl-Ferdinandeischen Hochschule zu Prag; nebst e. vorausgeschickt. Einleit. üb. den Zustand d. jurid. Studiums an d. alten Carolin. Universität. 3 Thle. gr. 8. (34 B.) Prag 827, (Borrosch u. André.)

— üb. Raum u. Bevolkerungs-Verhältnisse d. österr. Länder. Mit 3 lith. Karten. gr. 4. Prag 826. Calve. 1 ß

— die europ. Staatenwelt, ein Versuch, die Statistik in der vergleichend raisonnirenden Methode zu behandeln, 2 Bde. gr. 8. Prag 819 u. 21. Widtmann. 1r Bd. ... 2r Bd. 2 ß

Schnabel, G. N.: Statistik der landwirtschaftl. Industrie Böhmens. — Prag: Calve 1846. 335 S.

—— und Mor. Jul. Fränzl, das Strafgesetz üb. Gefällsübertretungen, in seinen Beziehn. auf d. allgem. österreich. Strafgesetze. 2 Thle. gr. 8. (14 B.) Wien 837, 38, [Braumüller u. Seidel.]

— geograph.-statist. Tableau d. europ. Staaten. 12. Prag 826. Calve. 8 gr

— geograph.-statist. Tableau d. Staaten d. Länder aller Welttheile, bestehend in 78 Tabellen u. 5 Karten. 8. Prag 827. Calve. 2 ß

Schnabel, G. N., Tafeln zur Statistik von Böhmen. Eine Sammlung tabellar. Uebersichten der Areal- u. Bevölkerungs-, der Industrie- u. Culturverhältnisse Böhmens, nach ihrem neuesten Zustande. Mit 3 (lith.) Karten. gr. 4. (69 S.) Prag 847, Calve in Comm. n. 1⅙ ß

Schnabel, G. N.: Tafeln zur Statistik von Böhmen. Eine Sammlung tabellarischer Uebersichten der Areal- und Bevölkerungs-, der Industrie- und Culturverhältnisse Böhmens, nach ihrem neuesten Stande. Mit 3 Kt. — Prag: Calve in Komm. 1848. o. Seitenz. 4°

—— allgem. Weltkunde, s. Galletti, J. G. A.

Schnabel, Georg Norbert, die Wissenschaft des Rechts. (Naturrecht.) — A. u. d. Ttl.: Das natürliche Privatrecht. gr. 8. (14¼ B.) Wien 842, Gerold, Berl. Thlr.

Schnabel, H., u. E. Lehmann, die Augsburg. Confession ꝛc., siehe: Lehmann, E.

Schnabel, Heinz: Kordax. Archäol. Studien z. Geschichte e. antiken Tanzes und z. Ursprung d. griech. Komödie. T. 1. Nördlingen [1909]: Beck. 34 S. 8° ¶(Ersch. vollst. als Buch b. Beck, München 1910.)
München, Phil. Diss. v. 24. Juli 1908, Ref. Wolters, Crusius
[Geb. 12. Dez. 85 Mannheim; Wohnort: Karlsruhe i. B.; Staatsangeh.: Baden; Vorbildung: Gymn. Karlsruhe Reife Juli 03; Studium: Heidelberg 3, München 3, Berlin 1, München 3 S.; Rig. 24. Juli 08.] [U 10. 3094

Schnabel, Heinz, Kordax. Archäologische Studien zur Geschichte e. antiken Tanzes u. zum Ursprung der griech. Komödie. (IV, 66 S. m. 2 Taf.) gr. 8. München 910. C. H. Beck. 3. —

— Primitien. (85 S.) kl. 8. Leipzig 907. F. Eckardt. 1.80; geb. 3. —

Schnabel, Hermann Philipp

Schnabel, Herm. Phpp., die Gebetsheilung. 8. (23 S.) Barmen 902. WupperthalerTraktat-Gesellschaft. n. — 30

Schnabel, H. Ph., Geschichte des Reiches Gottes. Ein kurzer Abriß derselben mit bibl. Belegen. 8. (66 S.) Gütersloh 881, Bertelsmann. *

—— die Kirche und der Paraklet. Eine bibl. und kirchengeschichtl. Untersuchung. 8. (V, 238 S.) Gotha 880, Schloeßmann. *

Schnabel, Herm. Phpp. Die Kirche u. der Paraklet. Eine bibl. u. kirchengeschichtl. Untersuchg. 2. verm. u. verb. Aufl. 8. (VII, 245 S.) Gotha 890, Schloeßmann. * 2 40

Schnabel, Herm. Phpp., die evangelische Confirmation. Ein erweiterter Conferenzvortrag. 8. (101 S.) Berlin 888, Reuther's Verlagsb. *

Schnabel, H. Ph., können bekenntnißtreue Christen Glieder der ev. Landeskirche Hessens bleiben? Eine Beurtheilg. der neuen Verfassg. dieser Kirche u. e. Wort zum Frieden. gr. 8. (47 S.) Darmstadt 874. Würz. n. — 90

Schnabel, Herm. Phpp., Krankentrost. Sammlung v. Schriftlectionen, geistl. Liedern u. Gebeten. Eine Handreichung f. die Krankenseelsorge. 8. (VII, 240 S.) Heilbronn 886. Henninger. n. 2. —; geb. n. 2. 50

— Krankentrost. Sammlung v. Schriftlectionen, geistl. Liedern u. Gebeten. Eine Handreichg. f. die Krankenseelsorge. 2., verb. Aufl. 8. (VI, 252 S.) Berlin 890. Reuther. n. 1. 50; geb. n. 2. —

Schnabel, Herm. Phpp., Predigten üb. d. sociale Frage. gr. 8. (VII, 181 S.) Stuttgart 896. Greiner & Pfeiffer. n. 2. —; geb. in Leinw. n. 3. —

— Predigten üb. die Geschichte des Reiches Gottes zum Gebrauch f. Nachmittags- u. Abendgottesdienste u. für häusliche Erbauung. gr. 8. (IV, 492 S.) Gießen 901. J. Ricker. n. 4. —; geb. in Leinw. n. 5. —

Predigten über die Geschichte des Reiches Gottes z. Gebrauch f. Nachmittags- u. Abendgottesdienste u. f. häusl. Erbauung. Von Hermann Philipp **Schnabel**, Pfarrer em. 2. wohlf. Ausg. Gießen: Töpelmann 1905. IV, 492 S. 8° [11. 2383

— d. Theopneustie d. hl. Schrift. E. Beitrag zur Lösg. d. „Inspirationsfrage". gr. 8. (46 S.) Ebd. 895. n. 1. —

Schnabel, Hugo, aus Frankfurt a. M.: Über die **Embryonalentwicklung der Radula bei den Mollusken. 2. Die Entwicklung der Radula bei den Gastropoden.** *Marburg 1903: (Breitkopf & Härtel in Leipzig).* (42 S.) 8° ¶(Aus: Zeitschr. f. wiss. Zool. Bd 74, H. 4; Forts. d. Abh. v. G. Rottmann: 'Die Embryonalentw. d. Radula bei d. Cephalopoden' in Ztschr. f. wiss. Zool., Bd 70.)
Marburg, Phil. Diss. v. [27. Aug.] 1903

Schnabel, Hugo *(geb. Hugohütte in Oberschles. 15. 3. 1848)*: Ueber das Wesen und die Behandlung des Starrkrampfes. Breslau 1874. (31 S.) 8°
Breslau, Med. Diss. v. 28. Juli 1874

Schnabel, J.: Dissertatio philosophica, examinans placita quaedam scripti recentissimi sub tit.: Geologia sive: Natürliche Wissenschaft von Erschaffung und Bereitung der Erdkugel. Rostock 1709. 4°

Schnabel, J., u. J. Herrnheiser, über Staphyloma posticum, Conus u. Myopie. gr. 8. (48 S. m. 6 Fig. u. 3 lith. Taf.) Berlin 895. Fischer's medicin. Buchh. n. 2. 80

Schnabel, Jak., Geschichte d. protestantischen Pfarrei Würzburg. Festschrift z. Einweihg. d. St. Johanniskirche in Würzburg. gr. 8. (VI, 75 S. m. Abb.) Würzburg 896. (Ballhorn & Cramer.) n. 1. 35

Schnabel, Joh., Hexenprozesse. — Folgen des 30jähr. Krieges. Nach den besten Quellen bearb. 8. (27 S.) Brilon 864. (Salzkotten, Grasso.)

Schnabel, Johann Gottfried

Wunderliche Fata einiger See-Fahrer, absonderlich Alberti Julii, eines gebohrnen Sachsens, Welcher in seinem 18den Jahre zu Schiffe gegangen, durch Schiff-Bruch selb 4te an eine grausame Klippe geworffen worden ... eine Familie von mehr als 300. Seelen erzeuget ... am Ende des 1728sten Jahres, als in seinem Hunderten Jahre, annoch frisch und gesund gelebt ... entworffen Von dessen Bruders-Sohnes-Sohnes-Sohne, Mons. Eberhard Julio, Curieusen Lesern ... par Commission dem Drucke übergeben Von Gisandern. Nordhausen, Bey Joh. Heinrich Grosz, privil. Buchhändlern. Anno 1736.

——— *Zweyter Theil, oder: fortgesetzte Geschichts-Beschreibung Alberti Julii ... und seiner auf der Insul Felsenburg errichteten Colonien ... Nordhausen ... 1752.*

——— *Dritter Theil, oder: fortgesetzte Geschichts-Beschreibung Alberti Julii ... seines, im Jahr 1730. erfolgten Todes, und seiner auf der Insul Felsenburg (allwo er in seinem 103ten Lebens-Jahre beerdiget worden) in vollkommenen Stand gebrachten Colonien ... Nordhausen ... 1736.*

——— *Vierdter Theil, oder fortgesetzte Geschichts-Beschreibung der Felsenburger; Worinnen nicht allein derselben jetziger Zustand seit Alberti Julii I. Ableben ... gemeldet, sondern auch eine gantz besondere und verwunderungswürdige Lebens-Geschichte einer Persisch-Candaharischen Printzeszin Mirzamanda ... beygefüget worden ... Nordhausen ... 1751.*

(SCHNABEL, J. G.) Die Infel Felfenburg oder wunderliche Fata einiger Seefahrer. Eine Gefchichte aus dem Anfange des 18. Jahrhunderts. Eingeleitet durch L. Tieck. 6 Bde. Breslau 1828.
Goedeke VI, 41, 90. 1. Ausgabe.

— — Erfter Theil. Herausgegeben von H. Ullrich. Berlin 1902.
Goedeke III, 264, 56.

Die Insel Felsenburg von Johann Gottfried Schnabel. Hrsg. von Hermann Ullrich. Th. 1. *Berlin: B. Behr 1902.* 8°
= Litteraturdenkmale, Deutsche, d. 18. u. 19. Jahrh. 108 120. [illegible]

Der im / Irr-Garten der Liebe / herum taumelnde / CAVALIER. / Oder / Reise- / Und / Liebes-Geschichte / Eines vornehmen Deutschen von Adel, / Herrn von St.* / Welcher nach vielen, sowohl auf Reisen, als auch / bey andern Gelegenheiten verübten Liebes-Excessen, / endlich erfahren müssen, wie der Himmel die Sünden der / Jugend im Alter zu bestraffen pflegt. / Ehedem zusammen getragen / durch den Herrn / E. v. H. / Nunmehro aber allen Wollüstigen zum Beyspiel und / wohlmeinender Warnung in behörige Ordnung gebracht, / und zum Drucke befördert / Von einem Ungenandten. / (langer schwarzer Strich.) / (Verf.: *Joh. Gottfr. Schnabel*, geb. um 1690, machte in s. Jugend Reisen u. Feldzüge mit, 1731 gräfl. Hofagent zu Stolberg am Harze, wo er bis 1738 eine Zeitschrift herausgab, † nach 1750.) Warnungstadt, / Verlegts Siegmund Friedrich Leberecht, (Nordhausen, Groß). Anno 1738. 8°.**
Goedeke III, 264 bringt obige biogr. Notiz (bei Gisander), weiß aber nichts über Schnabel's Autorschaft des „Cavalier"

— — Dasselbe. Ibid. 1740. 8°. (Karajan's Bibl. I. Lpz. 1875 No. 3967.)
§ — — Dasselbe. Ibid. 1746. 8°.
— — Dasselbe. O. O. 1747. 8°.
— — Dasselbe. O. O. 1752. 8°. (In Frankf. a. M.) (Weller, fing. Dr. I. p. 80 hat: „Frankfurt u. Leipzig, 1752.")
§ * — — Dasselbe. Warnungsstadt 1763. 8°. (In Darmstadt.) (6 Rthl. Scheible.)
TKpf., 5 Bll. Vorst. u. 612 SS.

— — Dasselbe. O. O. 1793. 8°. (Weller, fing. Dr. I. p. 80.)
— — Dasselbe, auszugsweise in Reichard's Bibl. d. Roman. Bd. 2.
— — Dasselbe mit d. Titel: Galante Reisen eines irrenden Ritters mit Moral. Mit Titelkpf. Biel (fing.) 1784. 8°. (14 Mk. M. Edelmann, Nürnb., 1904; 35 Mk. Alfred Lorentz, Lpz., 1905.)
4 Bll. u. 612 S. Ebenfalls höchst selten! — Fehlt in Weller's fing. Druckorten.

— — Dasselbe m. d. Titel: Der im Irrgarten der Liebe herumtaumelnde Cavalier, oder Reise- und Liebes-Geschichte eines vornehmen Deutschen von Adel, Herrn von St***. Ehedem zusammengetragen durch den Herrn E. v. H. Jetzt aber zum Nutzen und zur Warnung für Jung und Alt von Neuem commentirt und glossirt durch den Stachlichten, weiland bei der hochlöbl. fruchtbr. Gesellschaft Ehrenmitglied. 2 Thle. Gedruckt im Kyffhäuser u. zu finden in allen deutschen Buchh. (Leipzig, Hartmann) 1830. Kl. 8°. (5 Rthl. Scheible; 12 Mk. O. Richter, Lpz., c. 1880; jetzt theurer!)
Modernisirt u. in den frivolen Stellen gemildert, nicht verstärkt. — XII, 286 u. 326 SS.

— — Der im Irr-Garten der Liebe herumtaumelnde Cavalier. Oder Reiſe- und Liebesgeſchichte eines vornehmen Deutſchen von Adel, Herrn von St., welcher nach vielen, ſo wohl auf Reiſen als auch bei andern Gelegenheiten verübten Liebes-Exceſſen, endlich erfahren müſſen, wie der Himmel die Sünden der Jugend im Alter zu beſtraffen pflegt etc. Warnungsſtadt, S. Fr. Leberecht, Anno 1746. [Neu herausgegeben und eingeleitetvon P. Ernſt.] München, Georg Müller, 1907. LXXX S. Vorrede, 569 S.
Nur in 750 numer. Expl. hergeſtellter Neudruck.

Schnabel, Carl, Abrégé de l'histoire de la littérature française depuis le XIII. siècle jusqu'à la fin du XVIII. siècle, avec des modèles de chaque auteur, ou tableau des productions des écrivains français les plus célèbres. gr. 8. (X und 365 S.) Leipzig 847, [Brandstetter.]

Schnabel, C. Chemische Analysen von ausgezeichneten Mineralien und technischen Producten. 16 S. . . .
Siegen, Progr. 1847

— prakt. Anleitung zur leichten u. schnellen Erlernung der französischen Sprache. Für Schulen u. zum Selbstunterricht. 8. (IV u. 137 S.) Leipzig 848, Klinkhardt. 6 ngl

Schnabel, C. Geschichtliche Darlegung und wissenschaftliche Begründung der metallurgischen Processe der Silbergewinnung aus silberhaltigem Blei mit Hülfe von Zink, besonders auf den Hüttenwerken des Oberharzes. Dissertation. Jena, 1879.

Schnabel, Carl, geschichtliche Darlegung u. wissenschaftliche Begründung der metallurgischen Processe der Silber-Gewinnung aus silberhaltigem Blei m. Hülfe v. Zink unter besonderer Berücksichtigung dieser Processe auf den Hüttenwerken des Oberharzes. Inaugural-Dissertation. 8. (50 S.) Jena 880. (Doistung). n. 1. —

— die Entsilberung d. Werkbleies durch Zink u. die neuesten Fortschritte dieser Entsilberungsmethode auf den fiskalischen Hüttenwerken d. Oberharzes. [Aus: „Ztschr. für d. Berg-, Hütten- u. Salinenwesen im preuss. Staate".] gr. 8. (45 S.) Berlin 880. Ernst & Korn. n. 4. —

Schnabel, Karl, die Feier der Einweihung e. Kirche dargestellt u. erklärt. (IV, 154 S.) 16. Würzburg (903). Göbel & Scherer. n. — 40

Schnabel, Karl, die Feier des hl. Frohnleichnams-Festes in Hochamt, Prozession u. Vesper. gr. 16. (III, 100 S.) Würzburg 902. Göbel & Scherer. n. — 30; geb. n. — 35

— die Feier der Glockenweihe. (45 S.) gr. 16. Ebd. 902. — 15

— die Feier der Grundsteinlegung e. Kirche. (39 S.) gr. 16. Ebd. 903. n. — 10

— die Feier des hochheil. Weihnachtsfestes (1. u. 2. Vesper, Mette u. drei hl. Messen). (V, 151 S. m. Abbildgn.) gr. 16. Ebd. 904. n. — 40

Schnabel, Karl, s. Florian, Guillaume Tell

Schnabel, Karl: De globis igneis et meteorolithis commentarii. Dissert. inaugur. Marburgi Hessorum. 1833. 8°

Schnabel, Carl, Handbuch der Metallhüttenkunde. 1. Bd. Kupfer — Blei — Silber - Gold. gr. 8. (XIV, 914 S. m. 571 Abbildgn.) Berlin 894. J. Springer. n. 24. —; geb. in Leinw. n. 25. 60

Schnabel, Carl, Handbuch der Metallhüttenkunde. 2. Bd. Zink — Cadmium — Quecksilber — Wismuth — Zinn — Antimon — Arsen — Nickel — Kobalt — Platin — Aluminium. gr. 8. (XII, 706 S. m. 362 Abb.) Berlin 896. J. Springer. n. 18. —; geb. n. 19. 60 (kplt.: n. 42. —; geb. n. 45. 20)

Schnabel, Carl, Handbuch d. Metallhüttenkunde. 1. Bd. Kupfer — Blei — Silber — Gold. 2. Aufl. gr. 8. (XIV, 1186 S. m. 715 Abbildgn.) Berlin 901. J. Springer. n. 28. —; geb. in Leinw. n. 30. —

Schnabel, Carl, **Handbuch der Metallhüttenkunde.** 2. Bd. Zink — Cadmium — Quecksilber — Wismuth — Zinn — Antimon — Arsen — Nickel — Kobalt — Platin — Aluminium. 2. Aufl. (XV, 911 S. m. 534 Abbildgn.) gr. 8. Berlin 904. J. Springer. 22. —; geb. in Leinw. 24. —
1. Bd. Ebd. 901. n. 28. —; geb. n. 30. —.

Schnabel, C., neues prakt. Hülfs- u. Lesebuch der italienischen Sprache. Zum Schul- u. Privatgebrauch. 8. (Mit 1 Tab.) Leipzig 845, L. Schumann. (T. O. Weigel.) 18 ngl

– s. Lafontaine, Fables.

Schnabel, Carl, Lehrbuch d. allgemeinen Hüttenkunde. gr. 8. (XVI, 678 S. m. 533 Abbildgn.) Berlin 890. Springer. n. 16. —; geb. n. 17. 20

Lehrbuch der Allgemeinen Hüttenkunde. Von Dr. Carl **Schnabel.** Oberbergrat. 2. Aufl. Mit 718 Textfig. *Berlin: J. Springer 1903.* (XVI, 757 S.) 8° [03. 6916

Schnabel, Karl, der Morgengottesdienst d. hl. Kirche in der Charwoche in s. Gebeten u. Ceremonien, erläut. gr. 16. (212 S.) Würzburg 898. A. Göbel. n. — 60

— der Morgengottesdienst der hl. Kirche in d. Charwoche, in seinen Gebeten u. Ceremonien erläutert. 2. Aufl. gr. 16. (248 S. m. 1 Abbildg.) Ebd. 901. n. — 60; geb. in Leinw. n. — 80

— der Morgengottesdienst der hl. Kirche in der Karwoche, in seinen Gebeten u. Ceremonien erläutert. 3. verm. Aufl. (288 S. m. Abbildgn.) gr. 16. Ebd. 903. Geb. in Leinw. n. 1. —

—— die Müßiggänger u. aller Welt Freund. Lustspiele v. Lebrun u. Iffland. Zum Uebers. aus dem Deutsch. ins Französ. Mit sprachwissenschaftl. Erläuterungen u. e. Wörterb. 8. (13½ B.) Leipzig 846, [Brandstetter.]

— die Müßiggänger und aller Welt Freund. Lustspiele von Lebrün u. Iffland. Zum Uebersetzen aus dem Deutschen ins Französ. Mit sprachwissenschaftl. Erläuterungen u. einem Wörterb. 8. Leipzig 846, Einhorn's Verl.-Exped. ½ ℔

— der Neffe als Onkel, siehe: v. Schiller, Frdr.

— die Ostermette u. Auferstehungsfeier des Charsamstags-Abends. (32 S.) 16. Ebd. 904. n. — 1C

Schnabel, Carl, die wichtigsten technisch-chemischen Prozesse. In anschaulicher Erklärungsweise graphisch dargestellt. Ein Hülfsbuch beim Studium u. Unterricht. In 2 Theilen: Metalloide u. Leichtmetalle. — Schwermetalle u. organische Verbindungen. Lithogr. Lex.-8. (11 B.) Siegen 842. (Frankfurt a. M., Hermann'sche Buchh., Leipzig, Wilh. Engelmann.) *

Schnabel, Carl.
Die wichtigsten chemischen Prozesse. In anschaulicher Erklärungsweise graphisch dargestellt. Ein Hülfsbuch beim Studium und Unterricht. Erster Theil: Die unorganische Chemie (Metalloide und Metalle). Zweite umgearbeitete Auflage. Siegen, 1859. 8vo.
Erste Auflage. Siegen, 1840.

Schnabel, Carl, die wichtigsten chemischen Prozesse. In anschaulicher Erklärungsweise graphisch dargestellt. Ein Hülfsbuch beim Studium und Unterricht. 1. Thl.: Die unorganische Chemie (Metalloide und Metalle). 2., umgearb. Aufl. Lex.-8. (VII und 159 S.) Siegen 859, (Kogler'sche Buchh.)

Schnabel, Carl, Rechenknecht für die Berechnung der Stangen, Rüstbäume, Baustämme, Bloche, Klötze und beschlagenen Hölzer nach dem Kubikfuße, sowie der Breter, Bohlen und Fourniere nach dem Quadratfuße. Zum Gebrauche für Forstmänner, Holzhändler, Zimmerleute rc. 16. (72 S.) Erfurt 861, Gebhardt's Verlag.

– s. Schiller, Fr. v.: Don Karlos. – Dess. Der Parasit als Neffe.

Schnabel, Karl: Unter grünen Tannen des Oberharzes. Berlin: G. Nauck 1907. 311 S. 8°

— die Trauermetten der Charwoche. (41 S.) kl. 8. Fladungen 905. (Würzburg, Göbel & Scherer.) n. — 20

— s.: Zeitung, berg- u. hüttenmännische.

Schnabel, L. B., Predigt nach öffentl. Hinrichtung eines Missethäters am 6n Sonntage nach d. Feste der Dreieinigkeit. gr. 8. Hildesheim 833. (Gerstenberg.) ⅛ ℔

Schnabel, L. C., s. Chateaubriand, Atala-René.

Schnabel, Ludw., Gedichte. Herausg. von Feod. Wehl. Hamburg 861. (Exped. der deutschen Schaubühne.) 16. (VIII, 120 S.) n. 15 ngr

Schnabel, Max

Schnabel, M., die Berechnung der Entschädigungen f. Grundeigentum. Techn. u. wirtschaftl. Leitsätze f. die Wertschätzg. v. städt. u. ländl. Grundbesitz in Nord- u. Ostdeutschland nach den Grundsätzen des Enteignungsgesetzes vom 11. VI. 1874. (90 S.) 8. Berlin 909. P. Parey. Geb. in Leinw. 2.50

Schnabel, O[tto]: Ueber die nöthigende Gewalt. Mit besonderer Berücksichtigung des deutschen Strafgesetzbuches. Zürich: F. Lohbauer Dr. 1889. 62 S., 1 Bl. 8°
Zürich, Jur. Diss. [v. 3. Aug. 1889].

Die babylonische Chronologie in Berossos' Babyloniaka. Von P(aul) **Schnabel.** Berlin: Peiser 1908. 45 S. 8°
(Mitteilungen d. Vorderasiat. Gesellschaft. 1908, 5) [09. 10831

Studien zur babylonisch-assyrischen Chronologie von P(aul) **Schnabel.** Berlin: W. Peiser (1908). (100 S.) 8°
= **Mitteilungen** d. Vorderasiat. Gesellschaft. 1908, 1. [08. 18617

Schnabel, Raymund, entschleierte Geheimnisse der Liebe u. Ehe. Ein belehr. Lesebuch f. junge u. nicht junge Leute, welche sich üb. Alles, was die Schamhaftigkeit zu erfragen oft abhält, hier Rath erholen können. 16. (63 S.) Chemnitz 871. Hager. — 60

Schnabel, Richard, a. Wien: Ueber die Einwirkung von Titantetrachlorid und Zinntetrachlorid auf organische sauerstoffhaltige Verbindungen. (Berlin 1906: A. W. Schade.) (49 S.) 8°
Berlin, Phil. Fak., Ref. Gabriel, Diss. v. 16. Juni 1906
[Geb. 23. Aug. 83 Wien; Wohnort: Wien; Staatsangeh.: Österreich; Vorbildung: Franz Josef-Gymn. Wien Reife Juli 03; Studium: Leipzig 4, Berlin 3 S.; Rig. 31. Mai 06.]

Schnabel, Sal. Gf., († d. 9. Febr. 1796.) moral. Regeln zu feinerer Bildung d. Landvolks. 8. Lpz. 772 a. 780. (Anonym).

Schnabel, T., erstes Buch f. Kinder, od. Uebungen im Lesen, Sprechen u. Denken. Nebst einigen Uebungsblättern im Schreiben zur Beschäftig. d. Kinder außer d. Schulstunden. 4. u. 5. Aufl. (à 6½ B.) 8. Breslau 831, 33, Graß, Barth u. Comp. à

Schnabel, T., erstes Buch f. Kinder, od. Uebungen im Lesen, Sprechen u. Denken. Nebst einigen Uebungsblättern im Schreiben, z. Beschäftig. d. Kinder außer d. Schulstunden. 6. Aufl. 8. (6¾ B. u. 2 lith. Bl.) Breslau 837, Graß, Barth u. Comp.

— zweites Buch f. Kinder, od. Lesübungen z. Bildung d. sittl. Gefühls. 8. Bresl. 826. Graß, B. u. C. 9 ℊ

—— zweites Buch f. Kinder, od. Lese-Uebungen zur Bildung d. sittl. Gefühls, z. Uebung d. Denk- u. Urtheilskraft. 2., verm. Aufl. 8. (22¾ B.) Ebds. 835.

Schnabel, T., zweites Buch für Kinder, oder Leseübungen zur Bildung des sittlichen Gefühls, zur Uebung der Denk- u. Urtheilskraft. 3. durchges. Aufl. 8. Breslau 845, Graß, Barth u. Co. 3/8 ₰

Schnabel, T., kurzgefaßte schlesische und brandenburgisch-preußische Geschichte als Leitfaden für Schüler in den katholischen Elementar-Schulen Schlesiens. Mit einem Vorwort von Carl Barthel. 1. Aufl. 1857. und 2., mit kleinen Zusätzen verm. Aufl. 8. (XII und 116 S.) Breslau 858, Leuckart. *

Schnabel, T., kurzgefaßte schlesische u. brandenburgisch-preußische Geschichte als Leitfaden für Schüler in den kathol. Elementar-Schulen Schlesiens. 3., verm. Aufl., durchgesehen u. bis auf die neueste Zeit fortgeführt von Thom. Kuznik. Breslau 867. Leipzig, Leuckart. 8. (XII, 144 S.) n. 6 ngr

Schnabel, T., kurzgefaßte schlesische u. brandenburg-preußische Geschichte. Ein Leitfaden f. Schüler in den kathol. Elementar-Schulen Schlesiens. 4. Aufl., durchgeseh. u. bis auf die neueste Zeit fortgeführt v. Thomas Kuznik. 8. (VIII, 131 S.) Leipzig 872. Leuckart. n. — 60

Schnabel, T., kurzgefaßte schlesische und brandenburg-preußische Geschichte. Ein Leitfaden für Schüler in den kathol. Elementarschulen Schlesiens. 5. und 6. Aufl., durchgesehen und bis auf die neueste Zeit fortgeführt von Thom. Kuznik. 8. (VIII, 135 S.) Leipzig 877, Leuckart. * — 60

Schnabel, T., kurzgefaßte schlesische u. brandenburg-preußische Geschichte. Ein Leitfaden f. Schüler in den kathol. Elementar-Schulen Schlesiens. 8. Aufl., durchgesehen u. bis auf die neueste Zeit fortgeführt v. Frz. Schmidt. 8. (VI, 122 S.) Leipzig 884. Leuckart. n. — 60

Schnabel, T., Geschichte Schlesiens von den ältesten Zeiten bis auf die Gegenwart, nebst einer kurzen Uebersicht d. Brandenb.-Preuß. Geschichte. Für katholische Volksschulen bearb. gr. 8. Breslau 847. G. P. Aderholz. n. 1/3 ₰

—— der Rechenschüler, od. theoret.-prakt. Rechenbuch f. d. Schuljugend, zur Wiederhol. u. Uebung im schriftl. Rechnen. 1. u. 2. Abthl., nebst Auflösn. 8. Breslau, Graß, Barth u. Comp.
Abthl. 1. Die 4 Grundrechnungsarten in unbenannt. u. gebund. Zahlen; dabei e. Anh. üb. Regel de tri u. Gesellschaftsrechnung. M. 800 Aufgaben üb. d. vorkomm. Regeln. (10 B.) 832. 8 Gr.
Auflösungen hierzu. ... 832. 2 Gr.
" 2. Die Lehre v. den Brüchen nebst d. 4 Grundrechnungsarten mit dens., die einfache Regel de tri, d. Gesellschaftsrechnung, d. zusammenges. Regel de tri (Regula multiplex) u. d. Kettenrechnung. Dabei e. Anh. v. d. Decimalbrüchen. Mit beinahe 700 Aufgaben üb. d. vorkomm. Regeln. (11 1/4 B.) 833. 8 Gr.
Auflösungen hierzu. (1 1/2 B.) 834. 2 Gr.

Schnabel, Waldemar: Textkritische Beiträge zu Aeschylus. 26 S. 4.
In: Festschrift zur Feier des 50-jahr. Bestehens Kgl. Gymn.
Progr. *Schrimm* 1908.
Zu Prometheus. Z. den Sieben gegen Theben. Zu den Persern. Zu den Schutzflehenden

Schnabel, Waldemar: Textkritische Beiträge zu den Hiketiden des Aeschylus. (Berlin 1910: Pormetter.) 12 S. 4°
Schrimm, k. G. OP 1910 (244) [S 10. 385

Schnabel, Wilhelm, Arzt: Aus d. Kgl. Universitätsfrauenklinik zu Königsberg i. Pr. Beitrag zur Statistik der Eklampsie. *Königsberg i. Pr. 1899: M. Liedtke.* (76 S.) 8°
Königsberg, Med. Diss. v. 18. März 1899

Schnabel-Kühn, Albert Erich: Die Steinkohlengasindustrie in Deutschland in ihrer Bedeutung für die Volkswirtschaft und das moderne Städteleben. München 1910: Oldenbourg. XII, 146 S. 8° (Im Buchh. ebd.)
Tübingen, Staatswiss. Diss. v. 12. Nov. 1910, Ref. Fuchs
(Nur in beschränkter Anzahl für den Austausch)
[Geb. 13. Juli 84 Schönberg b. Meerane; Staatsangeh.: Sachsen; Vorbildung: Oberrealsch. Weißenfels Reife O. 06; Studium: Leipzig 3, Tübingen 5 S.; Rig. 27. Juli 10.] [U 11. 4430

Schnäbeli, H., s. a. Tier-Album, Landwirtschaftliches, in Photographien.

Schnaebeli, H., landwirthschaftliches Thier-Album in Photographien. Die landwirthschaftl. Ausstellg. gelegentlich der 27. Versammlg. deutscher Land- u. Forstwirthe in Breslau, 1869. Hersg. unter Mitwirkg. von H. v. Nathusius u. H. Settegast. (In 6 Liefgn.) 1—3. Liefg. Berlin 869, 70. Wiegandt & Hempel. qu. Fol. (à ca. 6 Blatt.) Jede Liefg. n. 3 ₰; einzelne Blatt n. 20 ngr

SCHNABELKOPF, Magister, mit seiner schönen Rebecka; oder: die Abenteuer eines französischen Götzendieners in dem buntscheckigten Lande der Freyheit. Mit figurenreichem Titelkpf. v. Blaschke. Straßburg, im siebenten Jahre der unheilbaren (!) Republik, o. J. (Leipzig, Joachim, 1799.) 8°. (12 Kr. A. H. Huber, Salzburg, 1908.)
Anstößiger Revolutionsroman. Tit. u. 173 S. — Selten!

Schnabelkopf, Magister, u. seine schöne Rebecca. 8. Leipz. 801. Joachim. 12 gr

SCHNABELMAIER, Max: Beobachtungen über die Wirkung des Chinolins bei Diphtheritis.- München: Wild 1886. 33 S.
30.7.1886 - Chr 1886/87,11; Jv 1886/87,192
Diss. Ingolst.-Landsh.-Mchn.

Schnabelmaier, Max, Beobachtungen über die Wirkung des Chinolins bei Diphtheritis. Diss. München 1886, A. Buchholz. 8°. 33 S.

Schnabel's, Felix, Universitätsjahre, s. Student, der deutsche.

Universitaetsjahre, Felix Schnabels oder Der deutsche Student. E. Beitr. z. Sittengesch. d. 19. Jh. Von A. v. S. Neudr. eingel. u. m. Bemerkgn. a. d. „Burschicosen Wörterbuch" (Ragaz 1846, versehen von Otto Jul. *Bierbaum*. Berlin 1907. 8°. *II. Abdr.* 18351

Schnabel's, Felix, Universitätsjahre od. Der deutsche Student. Ein Beitrag zur Sittengeschichte des 19. Jahrh. Von A. v. S. Neudr., eingeleitet u. m. Bemerkgn. aus dem „Burschicosen Wörterbuch" (Ragaz 1846) versehen v. Otto Jul. Bierbaum. (XXXVI, 600 S.) kl. 8. Berlin 907. K. Curtius. Kart. 3.—; Luxusausg. auf deutschem Bütten 5.—; auf holl. Bütten n 7.50; auf Japan-Bütten 10. —

Schnabl, Jenny, versäumter Frühling. Gedichte. 8. (109 S.) Berlin 902. H. Steinitz. n. 2.—

Schnabl, Jos., s.: Alizon, Maria unsere Mittlerin.

Schnabl, Jos., Maria, unsere Trösterin, s.: Alizon.

Schnabl, J., Vereinsbuch der Marienkinder m. den Statuten, Gebeten u. Betrachtgn. f. die Mitglieder d. Vereins. 3. Aufl. gr. 16. (IV, 571 S. m. 1 Farbendr.) Regensburg 887. Pustet. n. 1. 60; geb. in Halbldr. n. 2. 10; in Ldr. m. Goldschn. n. 3. —; in Chagrin m. Goldschn. n. 3. 40

Schnabl, Jos., Vereinsbuch der Marienkinder m. den Statuten, Gebeten u. Betrachtgn. für die Mitglieder des Vereins. 4., verb. Aufl. 12. (IV, 595 S. m. Abb. u. 1 Stahlst.) Regensburg 896. F. Pustet. n. 1. 60; geb. in Leinw. n. 2. 20; in Ldr. m. Goldschn. n. 3. —; in Chagrin m. Goldschn. n. 3. 40

Schnabl, Jos., Vereinsbuch der Marienkinder m. den Statuten, Gebeten u. Betrachtungen f. die Mitglieder des Vereins. 5., verb. Aufl. (XVI, 584 S. m. farb. Titelbild.) kl. 8. Regensburg 909. F. Pustet. 1.60; geb. in Leinw. 2.30

Schnabl, Carl, Johann Joseph Fux, der österreichische Palestrina. E. biograph. Skizze. [Aus: „Jahrb. der Leo-Gesellsch. 1895".] gr. 8. (9 S. m. Bildn.) Wien 895. (St. Norbertus.) n. — 36

SCHNABL, Carolus: De antiquissimis incolis terrae Chanaan — (1887) 134 S. 4° (Handschr.) Diss. 412
Diss. Wien, Univ.

Schnabl, Leopold: Buenos Aires. Land und Leute am silbernen Strome. Mit bes. Rücks. auf europäische Einwanderung, Handel und Verkehr. 2. Aufl. — Stg.: Levy & Müller; (Buenos Aires: Jacobsen) 1890. 261 S. [1. Aufl. um 1884.]

Schnabl, L., Buenos-Ayres. Land und Leute am silbernen Strome. Stuttgart 1886. 8°. (Mk. 6—.) (2 Mk. 50 Pfg., L. M. Glogau Sohn, Hamburg, 1888.)

Schnablegger, J., Leitfaden der allgemeinen Hüttenkunde, nebst dem Wichtigsten aus der Hüttenmaschinenlehre. Verf. f. Hüttenschulen, Hüttenaufseher u. Arbeiter. Mit 38 Orig.-Illustr. gr. 8. (IV, 75 S.) Wien 885. Hölder. n. 2. —

Schnack, Hans, a. Altona: Alfred de Vignys „Stello" und „Chatterton". Ein Beitrag zur Geschichte des Romanticismus in Frankreich. Rostock 1905: Adlers Erben. (VIII, 104 S.) 8°
Rostock, Phil. Fak., Ref. Zenker, Diss. v. 19. Mai 1905
[Geb. 14. Jan. 80 Altona; Wohnort: Altona; Staatsangeh.: Preußen; Vorbildung: Gymn. Altona Reife M. 99; Studium: Berlin 1, München 1, Berlin 1, Bonn 1, Kiel 1 S.; Rig. 4. März 05.]

Schnack, Heinrich Christian

Schnack, Heinr., Leitfaden der alllgemeinen Botanik f. höhere Bürgerschulen. 8. (62 S.) Hamburg 874. O. Meissner. geb. n. — 80

Schnack, Heinr. C., Rektion der Adjektiva, Präpositionen und Verba. Ein Hülfsbuch beim Unterrichte in der Deutschen Sprache für Volks- und Bürgerschulen. 8. (III, 92 S.) Hamburg 877, O. Meißner. * — 60

Schnack, Heinr. C., Rektion der Adjektiva, Präpositionen u. Verba. Ein Hülfsbuch beim Unterricht in der deutschen Sprache f. Volks- u. Bürgerschulen. 2. Aufl. gr. 8. (96 S.) Hamburg 893. O. Meißner's Verl. n. — 60; geb. n.n. — 80

Schnack, H. Ch., vollständige, alphabetisch geordnete Sammlung deutscher Vor- u. Taufnamen, nebst Angabe d. Ursprunges, der Abstammg. u. der Bedeutg. derselben. Mit 7 Anhängen. Lex.-8. (VII, 112 S.) Hamburg 888. (Kloß.) n. 1. 50

[F.] Vollständige, alphabetisch geordnete Sammlung Deutscher Vor- und Taufnamen, nebst Ang. d. Ursprungs, d. Abstammg u. d. Bedeutg ders. u. einigen Anh. versehen. Von Heinrich Christian Schnack. 3. verb. u. verm. Aufl., hrsg. v. Dr. Reinhold Benecke. *Hamburg: G. A. Rudolph 1898.* (VII, 110 S.) 1 Bd 8. [98. 3231

Schnack, Heinrich Christian. Vollständige Sammlung von Vor- und Taufnamen, nebst Angabe des Ursprunges und der Bedeutung, sowie mit gemeinnützigen Anhängen versehen (u. a. Kalender, Blumensprache, Familiennamen) von Heinrich Christian Schnack. 4. verbesserte und vermehrte Aufl., hrg. von Albert Rolf. VIII + 120 S. 8. Hamburg, G. A. Rudolph, 1901. [M. 2. —]

Schnacke, G. E. Alex., Wörterbuch der Prüfungen verfälschter, verunreinigter und imitirter Waaren; mit Angabe des Wesens und der Erkennung der Aechtheit der Waaren. Für Aerzte, Apotheker, Chemiker etc. Lex.-8. (119 S. mit vielen in den Text gedr. Holzschn.) Gera 877, Schnacke's Verlag. * 8 —

Schnacken, s. Schnaken.

Schnackenberg, Jakob

Schnackenberg, J., tägliche Andachten, s.: Jensen, Chrn.

Schnackenberg, J., kleine Dinge, die ein Christ wissen u. üben muß. Ein kurzes Gebet- u. Lehrbüchlein f. Jung u. Alt. 16. (80 S.) Bremerhaven 890. (Mocker.) geb. n. — 60

Schnackenberg, J., kleine Dinge, die e. Christ wissen u. üben muß. Ein kurzes Gebet- u. Lehrbüchlein f. Jung u. Alt. 2. Aufl. 16. (80 S.) Berlin (892). Vaterländ. Verlags- u. Kunstanstalt. Geb. in Leinw. n. — 40

— über die Errichtung u. Erhaltung christlicher Privatgymnasien. Vortrag. 16. (23 S.) Breklum 889. (Christl. Buchhandg.) n. — 25

Schnackenberg, Jak., Flugblatt an das evangelisch-lutherische Volk Schleswig-Holsteins. 12. (16 S.) Breklum 880, Christl. Buchhandlung. *

— u. Jensen, der Unglaube in den gebildeten Ständen u. seine Bekämpfung. Vorträge. gr. 8. (40 S.) Ebd. 889. n. — 50

Schnackenberg, Jul. G., s. 1) Carron du Villard, Handbuch. 2) Civiale, über die Steinkrankheit. 3) A. Trousseau, über Phthisis.

Schnackenberg, Nik., die heil. Weihnachtsgeschichte. Ein erzählendes Gedicht. 8. (16 S.) Breklum 881, Christl. Buchhandlung. *

Schnackenberg, Wilhelm

Schnackenberg, Wlh., die practische Heilkunde u. die Wasser-Heillehre. kl. 8. Cassel 841, Luckhardt'sche Hofbuchh. 1/2 ₰

Schnackenberg, W., Bad Hofgeismar. Physikalisch-chemisch und medicinisch dargestellt. Cassel 855. Bertram. gr. 8. (IV, 127 S.) n. 20 ngr.

Schnackenberg, W., Bad Hofgeismar. Physikalisch-chemisch und medicinisch dargestellt. 2. (Titel-)Aufl. gr. 8. (IV und 127 S.) Göttingen (855)59, Wigand.

Schnackenberg, Wilh., über die Nothwendigkeit der Leichenhallen zur Verhütung des Erwachens im Grabe. gr. 8. Kassel 836. (Bohné.) 1/4 ₰

Schnackenburg [Schlagwort]

Schnackenburg, s.: Geologische Karten. Preussen. 103.

Schnackenburg [Verfasser]

Schnackenburg, die Gesundheitskommission, s.: Risel.

Schnackenburg u. Bartels, Leitfaden f. den Unterricht in der Dienstkenntniß auf den königl. Kriegsschulen. Auf Befehl der General-Inspektion d. Militair-Erziehungs- u. Bildungs-Wesens ausgearb. 4. (83 S.) Berlin 876. Bath. n. 1. 60; cart. n. 2. 60

Schnackenburg und **Bartels**, Leitfaden für den Unterricht in der Dienstkenntniß auf den königl. Kriegsschulen. Auf Befehl der General-Inspektion des Militär-Erziehungs- und -Bildungs-Wesens ausgearb. 1. Aufl. (93 S.) 1876. * M 1,60., cart. * M 2,60.; 2. umgearb. Aufl. 4. (IV, 109 S.) Berlin 879, Bath. * 2 40
cart. und durchschossen * 3 60

—— und Hauptm. **Bartels**, Leitfaden für den Unterricht in der Dienstkenntniß auf den königl. Kriegsschulen. Auf Befehl der General-Inspektion des Militär-Erziehungs- und Bildungs-Wesens ausgearb. 3. umgearb. Aufl. 4. (IV, 110 S.) Berlin 882, Bath. *
cart. und durchsch. *

Schnackenburg, E.

Schnackenburg, Beitrag zur Geschichte d. Ordens pour le mérito, s.: Beiheft zum Militär-Wochenblatt.

(**Schnackenburg, E.**) Über Belohnungen und Auszeichnungen im Heere Friedrich d. Gr. (Berlin 1889.) 8°. (Aus: Jahrbücher für die Deutsche Armee und Marine.) (Verm. Jähns.)

Schnackenburg. Die Freikorps Friedrichs des Grossen. Berlin: E. S. Mittler 1883. S. 312—341. 8°.
(Beiheft zum Militär-Wochenblatt. Hrsg. von Lobell. H. 5. 1883.)

Schnackenburg, Maj., die Freikorps Friedrich des Großen, s. Beiheft zum Militär-Wochenblatt.

(**Schnackenburg, E.**) Das brandenb. Heerwesen unter dem Großen Kurfürsten. (Berlin 1890.) 8°. (Aus: Jahrbücher f. d. Deutsche Armee u. Marine.) (Verm. Jähns.)

Schnackenburg, E., s.: Jahrbücher f. die deutsche Armee u. Marine.

Schnackenburg, E. Das Invaliden- u. Versorgungswesen d. brandenburgisch-preußischen Heeres bis zum J. 1806. Mit Benutzg. archival. Urkunden dargestellt. gr. 8. (VIII, 142 S.) Berl. 889, Wilhelmi. * 2 40

— s.: Welt, die, in Waffen.

Schnackenburg, Clara, ein Christkind, auf d. Schmittenhöhe u. and. Erzählungen. 8. (223 S.) Dresden 898, E. Pierson. n. 2. 50

Schnackenburg, Max, Gedichte. (VII, 144 S.) 8. Dresden 905. E. Pierson. n. 2. 50; geb. n. 3. 50

Zeitgedichte und Epigramme von Max **Schnackenburg**. Berlin-Leipzig: C. Wigand 1906. (78 S.) 8° [ob. 608]

Schnacker, Friedrich. Wirth-Kobel, Dorn Annis Sohn. Praktische Darstellung wie man durch Ranke zu Reichthum und Würden gelangen kann. Ein Zeitbild für Grossräthe, Justizbeamte und Solche, die es werden wollen. 8. Grünheiningen 1862.

Schnackers, Wilhelm, städt. Tierarzt in Düsseldorf: Beiträge zur Pathologie der Myokard- und Endokarderkrankungen der Haustiere. (Aus dem pathologischen Institut der Akademie für praktische Medizin in Düsseldorf. Professor Lubarsch.) Wiesbaden 1909. 71 S. und eine Tafel. 8°. 10. III. 09.
Bern. Vet-med. Diss. 1909 10.

Schnackers, Wilhelm. Beiträge zur Pathologie der Myokard- und Endokard-Erkrankungen der Haustiere. Aus dem pathologischen Institut der Akademie für praktische Medizin in Düsseldorf.... Diss. Vet.-Med. Bern. Mit einer Tafel. 71 S. 8. Wiesbaden, J. F. Bergmann, 1909.

Schnadahüpfl, Zweites, auf den geistreichen, charakter-vollen und ehrlichen Dichter der Schnadahüpfel im Nürnberger Anzeiger [Pachmaier]. O. O. u. J. V: *Mahr, Franz Joseph.* (BMarsch 1183)

Schnadahüpf'ln

— —, Die allerneuesten, Lieder und Kouplets. Gesammelt von A. R. München 1873. (Ebd.)

Schnadahüpf'ln, 500, Oberlandler Liadln, Oesterreicher G'sangln u. Walzer, nebst G'sängen aus den Alpenscenen 's letzte Fensterln u. drei Jahrl'n nach dem letzt'n Fensterln. Rosenheim 867. Huber'sche Buchh. 32. (128 S.) 2 ngr.

Schnadahüpf'n, 500, Oberlandler- u. neueste Volks-Liadln, Oesterreicher G'sangln u. Walzer, nebst G'sängen aus den Alpenscenen „'s letzte Fensterln" u. „drei Jahrl'n nach dem letzt'n Fensterln." 3. Aufl. 32. (128 S.) München 875. Hoepfner & Grammer. — 20

Schnadahüpf'n, 500, Oberlandler- u. neueste Volks-Liadln, Oesterreicher G'sangln u. Walzer, nebst G'sängen aus den Alpenscenen 's letzte Fensterln u. drei Jahrl'n nach dem letzt'n Fensterln. 3. Aufl. 32. (128 S.) München 877. Höpfner. — 20

Schnadahüpf'ln, 500, Oberlandler Liadln, österreicher G'sangln u. Walzer, nebst Gesängen aus den Alpenscenen: 's letzte Fensterln. 1. Gesammelt v. Touristen. 16. (128 S.) Regensburg (899). E. Stahl.
Geb. in Leinw. n. — 50

Schnadahüpfeln, G'stanzeln u. **Vierzeilige,** 600. 16. (128 S.) Wien 892. Leipzig, Literar. Anstalt A. Schulze.) n. — 40

— u. **G'sangln, Münch'ner,** lustig nach Noten. (Ausgestanzt in Form e. Masskrugs.) gr. 8. (6 S.) München 893. F. A. Ackermann. 1. —

Schnadahüpf'ln, neueste u. schönste, Oberlandler Liadln u. G'sangln. Nebst Gesängen aus den Alpenscenen: „'S letzte Fensterln" u. „Drei Jahrln nach dem letzten Fensterln". 16. (64 S.) Reutlingen 891. Enßlin & Laiblin. — 15

Schnadahüpf'l aus Oberbayern. Nebst ein lust. Liedern. 32. (47 S.) Miesbach 891. K. Werkmeister. n. — 10

— die schönsten, Oberlandler Liab'ln, nebst Gesängen aus den Alpenscenen: „'s letzte Fensterln" u. „drei Jahrln nach dem letzten Fensterln." 32. (96 S.) Reutlingen 876. Enßlin & Laiblin. — 20

SCHNADAHÜPF'LN, Die schönsten, aus alter und neuester Zeit. Eine Sammlung der beliebtesten Tyroler-Almaliedl'n, Wiener-g'sang'ln und Oberlandlerliedl'n. Reutlingen, o. J. (In Hannover, Stadtbibl.)

Schnadahüpfeln, 600, G'stanzeln u. Vierzeilige. 16. (128 S.) Wien 878. Neidl. n. — 40

— u. **Sprüchln** für Bürga u. Bauan v. e. Oberpfälzer. [Aus: „Kynast".] 12. (38 S.) Oppeln 899. [G. Maske.] Dessau, Anhalt. Verlagsanstalt. n. — 50; erm. Pr. — 30

Schnädelbach, Konrad Benjamin

Schnädelbach, Conr. Benj., ausführl. Belehrung üb. d. Anbau d. Buchweizens od. Heidekornes. gr. 8. (2¼ B.) Schleiz 834, [Ilmenau,] Nichel.

—— ausführl. u. auf mehrjähr. Erfahrung gegründ. Belehrung üb. den Anbau d. Ackerspergels, eines d. allernützlichsten Futterkräuter. Als Zugabe eine, besond. dem Ackerbau treibenden Stande nahe angeh. Beantwort. der Frage: Wer ist glücklich? gr. 8. (4½ B.) Ilmenau 831, [Weimar,] Voigt.

Schnädelbach C. B.: Ausführliche u. auf mehrjährige Erfahrung gegründete Belehrung üb. den Anbau d. Ackerspergels, eines d. allernützlichsten Futterkräuter ... Ilmenau 1831. 66 S. P.

Schnaderbach, Frid.: An optioni minoris heredis, quam vulgo vocant: Das Kühr-Recht, tantum locus sit in allodialibus? an et in feudalibus bonis? ex fontibus iuris patrii disquirit. Progr. Lipsiae [1724].

Schnaderbach, Friedrich

Schnaderbach, Friedrich (Wismar) **A. S. 187/24**

De respectu parentelae.
Halle (Gruner) IX. 1723. 46 S. **31011**

Schnaderbach, Friedrich (Wismar) **A. S. 599/10**

Legislatorum Romanorum sancita de respectu parentelae explicata notisque criticis atque historicis illustrata.
Leipzig (Schniebes) 1724. 64 S. **31010**

Schnaderbach, Frid.: De petendis ex concursu usuris ex iure Romano atque Germanico diss. Progr. Halae Magdeb. (1726).

Schnaderhüpfeln, fünfhundert. G'sang'ln, österreichische und aus dem bayerischen Hochlande, dann Gesänge aus den Alpenscenen: S' letzte Fensterl'n, und Drei Jahrl'n nach'm letztern Fensterl'n. Lieder, die sich zu besondern Vorträgen eignen. 32. (IV und 158 S) Augsburg 859, Jaquet's Verlagsbuchh.

Schnaderhüpfeln, 150, aus dem bayerischen Hochlande. In 3 Abthlgn. 12. (24 S.) Augsburg 847, Jaquet. 3 ngl

Schnaderhüpfeln, 150, aus dem bayerischen Hochlande. In 3 Abthlgn. 12. (24 S.) Augsburg 852, Jaquet's Vrlgsh.

Schnaderhüpflen, Neue Innsbrucker. Zur frommen Erinnerung an den ehrsamen Junggesellen Franz Innerhofer. Innsbruck 1903. V: *Fischnaler, Conrad.* (margr)

——, Stanzeln, G'sangel'n und Vierzeilige. Gesammelt und hrsg. von Gust. Schönstein. 32. (72 S. mit 1 Holzschnt.) Wien 857, Wenedikt.

Schnaderhüpfeln, 450, Oesterreicher G'sang'ln nebst Gesängen aus den Alpenscenen: „S' letzte Fensterln" und „Drei Jahrln nach'm letzten Fensterln" ꝛc. München 853. (Leipzig, Thomas.) 32. (VIII, 152 S.) n. 4 ngr.

Schnaderhüpfeln, 450, Oesterreicher G'sang'ln, nebst Gesängen aus den Alpenscenen: „'s letzte Fensterln" u. „drei Jahrln nach'm letzten Fensterln" ꝛc. Weiden 864. Straub. 32. (VIII, 152 S.) 3 ngr.

v. Schnadow, (General-Major) ..., s. 1) Auszüge aus Briefen üb. Staatssachen. 2) Gedankan auf Vorposten.

SCHNADRADAZKY. Organ der Narrheit. Ein satyrisches Originalblatt. Als Beilage zum Revolutionsteufel. No 1. (einz.?) 13. Dec. 1848. (München). 4 SS. 4⁰. (2 Mk Jacques Rosenthal, München, c. 1903.)

SCHNAIDT, Eugen (Ludwigsburg): Ueber ein Cysto-Gliosarcom des Pons und Kleinhirns.- München: Kastner & Lossen 1896. 31 S.
11.3.1896 - Chr 1895/96.10; Jv 1895/96,229
Diss.Ingolst.-Landsh.-Mchn.

Schnake, Friedrich

--Jesus; hist Schauspiel in 5 Akten. StL. 1873.

--Montezuma; hist Schauspiel in 5 Akten. StL. 1870.

Schnake, Friedr., Unabhängigkeits-Erklärung der Vereinigten Staaten von Amerika. Ein dramat. Gedicht. St. Louis 864. (Philadelphia, Schäfer u. Koradi.) 16. (354 S.) n. 2 ₰

Schnaken u. Schnurren. Ein lustiges Büchlein für Murrköpfe. Mit vielen (eingedr.) Bildern. 8. (66 S.) Oberhausen 881. Spaarmann. n. — 40

Schnacken, Schnurren und Charakterzüge. Berlin 1783—86. V: *Hagen, Johann Jost Anton Freih. von.* (Ky) (MGT)

Schnaken, Schnurren u. Charakterzüge, (v. J. J. A. v. Hagen). 2 Bde. 8. Berl. 783, 86. 2e A. 788. Maurers B. 1 ₰

SCHNACKEN und Schnurren im poetischen Gewande, oder Taschenbuch für Freunde des Scherzes .... (hrsg. von Carl Joseph Krebs). Breslau 1799—1801.
Anon.-Lex. IV. p. 40 nach Kayser u. Meusel). — Selten cplt.!

Schnacken u. Schnurren im poetischen Gewande oder Taschenb. f. Freunde d. Scherzes u. d. Laune. Hg.: F. Spassvogel (K. J. Krebs.) 1799—1802. [Erste — vierte Slg.]
Breslau. Goed. VIII, 51, 14.

— u. Schnurren im poet. Gewande, od. Taschenbuch für Freunde d. Scherzes u. d. Laune. 4 Samml. 32. Bresl. Gehr. (Barth.) 799-802. (à 12 gr.)

— u. Schnurren im poet. Gewande, od. Taschenbuch f. Freunde d. Scherzes u. d. Laune. (Von K. Jo. Krebs). 4 Sammll. 32. Bresl. 799—802. Gehr. (Heymann in Glogau). 2 ₰ (A. u. d. T.: Raritäten aus Fabians Guckkasten).

SCHNACKEN, Schnurren, lustige Schwänke und Einfälle des weltbekannten Kilian Brustflecks, welche er im Wirthshause zu Gablitz öfters zu erzählen pflegte. Mit Titelkpfr. Nürnberg (Wien, Alois Doll) 1801. 8⁰ 124 S. (1 fl. 50 xr. Gilhofer & Ranschburg, Wien, c. 1888.)
Haydinger's Bibl. Wien 1876. I, 2. no. 278: Beibd. — Zuerst gedr. 17**.

— Schnurren, lustige Schwänke u. Einfälle Kilian Brustflecks. 8. Wien, Aloys Doll. (Liebeskind in Lpz. in Commiss.) 801.

SCHNAKEN u. Schnurren, Theatralische. Ein Schauspieler-Vademecum. Weimar, gedr. u. verlegt bey den Gebr. Gädicke, 1800. 8⁰. (1 Mk. 50 Pfg. Kirchhoff & Wigand, 1893; 6 Mk. Oscar Rauthe, 1909.)
IV—84 S. -- Enth. 127 Nrn.

— u. Schnurren, theatral., e Schauspieler-Vacemecum. 8. Weimar 800. (Henning in Greiz). 6 ₰

Schnakenberg, F. C., Predigt bei der ersten gottesdienstl. Zusammenkunft in d. Burgkapelle zu Wilhelmshöhe, am 14. Juni 1801. Kassel 801. Luckhardt. 2 gr.
Vgl. Schneckenberg, F. C.

Schnakenberg, Heinrich

Schnakenberg, H.: Beitrag zur Ethnographie Madagaskars mit besonderer Berücksichtigung der Vazimba .... Strassburg, Univ.-Buchdr. v. J. H. Ed. Heitz (Heitz & Mündel), 1888; 52 S. 8°
Strassburg, Phil. Fak., Inaug.-Diss. v. 1888

Schnakenberg, *Heinrich* Beitrag zur Ethnographie Madagaskars mit besonderer Berücksichtigung der Vazimba. 8 (S. 89—140 = [52 S.]).
In: Teil II der Festschrift z. Feier d. 350jähr. Bestehens des prot. G. *Strassburg i. E.* 1888.
Nicht im Tauschverkehr.
Progr.

Schnakenburg, Andreas (Ruppin) A, S. 1338/42

Ioachimus Nestor comitatus Rupinensis restaurator.
Präs. Burkhard Gotthelf Struve.
Jena (Krebs) 20. VI. 1711. 32 S.

Gew.: Samuel Christian Teuber. 31012

[Schnakenburg, Bruno]: *De vi praegnanti praepositionis, qua usus est Tacitus in verbis compositis. 79 S. 4° (2°)
Halle-Wittenberg, Phil. Diss. v. 8. März 1869
Geb. [Gardelegen 3. 6. 1844]
Das Diplom ist fälschlich vom 7. März datiert.

Schnakenburg, J., lose Blätter. M. farb. Titelblatt v. M. Höpffner geb. v. Manteuffel-Zigen. 8. (114 S.) Leipzig 896. Hamburg, A. Janssen.
Geb. in Leinw. n. 3. --

Schnakenburg, J., Heidenkinder. Vier Geschichten. 8. (80 S.) Leipzig 893. A. Janssen. n. 2. —; geb. n. 3. —

Schnakenburg, Johann Ferdinand

Festlied zur Vorfeier der Vermählung S. K. H. des Durchlauchtigsten Br. Prinzen Friedrich Wilhelm von Preussen mit I. K. H. der Prinzessin Victoria von England am 24. Jan. 1858. [Unterz.:] J[oh.] F[erd.] Schnakenburg. Joh. Jul. Schneider. Berlin [1858]: Moeser. 2 Bl. 4° [Umschlagtit.]
Ohne Noten: „Seht, wie im Westen weisse Segel schwellen, . . .“

Schnakenburg, Joh. Ferd.: Zwei Gedächtnisreden, s. Klöden, Karl Friedrich von

Rede zur Feier des Geburtstages Sr. Majestät des Königs, gehalten in der Grossen Loge von Preussen, gen. Royal York zur Freundschaft zu Berlin, von [Joh. Ferd.] **Schnakenburg,** am 15. Oct. 1849. Berlin [1849]: Sittenfeld. 10 S. 8° [Umschlagtit.]
Gelegenheitsworte. 23. 25.

Rede, gehalten bei der allgemeinen Trauer-Loge der Grossen Loge von Preussen, gen. Royal-York zur Freundschaft, zu Berlin am 18. März 1847. Vom Br. [Joh. Ferd.] Schnakenburg. Berlin 1847: Sittenfeld. 11 S. 8° [Umschlagtit.]
Üb. die göttliche Natur des Menschen. 23. 25.

Schnakenburg, J. F., Tableau synoptique et comparatif des idiomes populaires ou patois de la France. Choix de morceaux en vers et en prose dans les principales nuances de tous les dialectes ou patois de la France. Lex.-8. (19 B.) Berlin 840, Foerstner. 2 12

—— orthograph. Wörterbuch d. gesammten älteren u. neueren Geographie u. d. Eigennamen d. Personen, enth. d. Namen d. Völker, Länder, Städte, Flüsse, Berge rc., nebst d. gebräuchl. Eigenbeiwörtern; d. Namen d. histor. u. mytholog. Personen, u. d. Taufnamen, welche in d. Uebersetz. abweichen. Zum Gebr. f. Deutsche u. Franzosen u. als Anh. zu jed. Wörterbuche d. Sprachen beider Nationen bearb. — A. u. d. T.: Dictionnaire orthograph. de Géographie univers. ancienne et moderne et de noms propres de personnes. 2 Abthln. gr. 8. (26 B.) Leipzig 835, Barth.

Schnackenburg, Val. Fr., († d. 22. Aug. 1812.) s. Wegweiser, d. Berlin.

Schnal, Eug. Das neue Kaiser Franz Josef-Krankenhaus in Rudolfsheim-Wien, s. Schopf, Frz.

SCHNALLEN. (9 zahme satir.-kom. Erzählungen.) Mit großer Titelvignette (Faun mit Ziegenbock). O. O. (Altenburg, Richter) 1775. 8°. (2 fr. 50 cts. Schneider, Basel, vor 1885; 2 Mk. 20 Pfg. G. Priewe, Heringsdorf, 1909: schönes, unbeschn. Expl.; 5 Mk. Max Hueber, München, 1913.)
103 S. incl. Tit. u. 3 S. Vorr. d. Herausgebers, unterz. *S****.
Inhalt: Das Bärtchen. — Die theure Mahlzeit. — Der verstorbene Küster. — Die Gespenster. — Der gezwungene Fresser etc.

Schnalzer, Boazner, losgelassen beim Junggesellen-Abschiedsabend des Prof. Dr. Josef Schorn. Innsbruck 1895. V: *Fischnaler, Conrad.* (margr)

Schnalzle, Aloys, Rede am Grabe des entschlafenen Archonten der hyperbolischen Eisenbahngesellschaft von Begesak bis an den Nordpol. gr. 8. Nürnberg 841. (Winter.) 1/12 ℛ︁

Schnapauff, E., zur Kenntniss des Durols. Diss. Rostock 1888, G. B. Leopolds Univ.-Buchh. 8°. 27 S.

Schnapauff, Hermann, Beiträge zur Physiologie des Pepsins. Diss. Rostock 1888, G. B. Leopolds Univ.-Buchh. 8°. 43 S.

Schnapka, Eduardus: De motus cum cetera Aristotelis philosophia connexu.
Halle-Wittenberg, Phil. Diss. v. 18. Sept. 1847
Geb. [Großstrehlitz (Schles.) ...]
Ms. fehlt.

Schnapp, Frdr., die Testamente der zwölf Patriarchen, untersucht. gr. 8. (88 S.) Halle 884. Niemeyer. n. 2. —

Schnapp, Fridericvs (geb. am 20 März 1859 in Calcar (Flecken)): Theses theologicae ... ad ... obtinendos licentiati in theologia honores ... Bonnae, typ. C. Georgi (1882). 2 Bl. 8.
Bonn, Ev.-theol. Fak., Thes. v. 15 Dez. 1882

Schnapper, Eduard [aus Frankfurt a. M.]: Zur Entwicklung des englischen Depositenbankwesens. Zürich 1900. VII, 71 S. 8°.
Zürich. Jur. Diss. 1899/1900.

Zur Entwicklung des englischen Depositenbankwesens. Von Dr. Eduard Schnapper. *Zürich: A. Müller 1900.* (IX, 71 S.) 8° — Studien, Züricher volkswirtschaftliche. H. 1. [03. 0360

Schnapper, Johann Daniel (Giengen a. d. B.) A. S. 1206/3

Dissertatio inauguralis medica, de hysterergia medica, Von der Nach=Cur.
Halle (Hendel) IV. 1736. 34 S.

W. v.: Präs., Johann Juncker, Jean Philippe Baratier, C. L. Behrens, J. Usenbenz, Johann Christ. Untzer, Friedrich Esmar, A. R. J. Bünemann. 31014

Schnapper-Arndt, G[ottlieb]: Ein Agrarkommunismus an der Waterkant (In Rantum auf Sylt). Separat-Abdruck aus der „Frankfurter Zeitung" vom 21. und 24. August, I. Morgenblatt. (Frankfurt. 1900.) 8°

Schnapper-Arndt, Glieb., Beiträge z. Frankfurter Finanzgeschichte. 1. Geschichte d. Frankfurter Stadtsteuer. 2. Die Beiträge Frankfurts zum Reichskammergericht. Aus dem Nachlass hrsg. v. Karl Bräuer. (57 S.) Lex. 8. Frankfurt a/M. 910. H. Minjon. 2.25
Sonderabdr. aus: „Archiv f. Frankfurts Gesch. u. Kunst".

Schnapper-Arndt G. fünf Dorfgemeinden auf dem hohen Taunus. Eine sozialstatist. Untersuchung. (Forschungen, Staats- u sozialwiss. IV, 2) Leipzig 1883

Schnapper-Arndt, G., fünf Dorfgemeinden auf dem Hohen Taunus, s.a. Forschungen, staats- u. socialwissenschaftliche.

Schnapper-Arndt, G., zur Methodologie sozialer Enquêten. Mit besond. Hinblick auf die neuerlichen Erhebgn. über den Wucher auf dem Lande. Erweiterte Bearbeitg. e. in d. Berichten d. Freien Deutschen Hochstiftes abgedruckten Vortrags. gr. 8. (III, 47 S.) Frankfurt a/M. 888. Auffarth. n. 1. 20

Dr. Gottlieb **Schnapper-Arndt**: Sozialstatistik. (Vorlesungen über Bevölkerungslehre, Wirtschafts- u. Moralstatistik.) Ein Lesebuch f. Gebildete, insbes. f. Studierende, hrsg. von Dr. Leon Zeitlin. Mit 10 Abb. u. 22 Taf. Leipzig: W. Klinkhardt 1908. (XXII, 642 S.) 8° [07. 13648

Schnapper-Arndt, Glieb., zur Theorie u. Geschichte der Privatwirtschafts-Statistik. (46 S.) gr. 8. Leipzig 903. Duncker & Humblot. n. 1. 60
Sonderabdruck aus: „Bulletin de l'Institut international de statistique".

Dr. Gottlieb **Schnapper-Arndt**, Vorträge und Aufsätze. Hrsg. von Dr. Leon Zeitlin. Mit 1 Bilde Dr. Schnapper-Arndt's. Tübingen: H. Laupp 1906. (VII, 320 S.) 8° [J.] [06. 1764

Schnapperelle, Hans: Die bürgerlichen Stände und das Volk in England während des XVI. und XVII. Jahrhunderts vornehmlich nach den Dramen Ben Jonsons. Halle a. S. 1908: Karras. 83 S. 8°
Halle, Phil. Diss. v. 17. Dez. 1908, Ref. Wagner
[Geb. 3. Aug. 84 Berlin; Wohnort: Halle a. S.; Staatsangeh.: Preußen; Vorbildung: Andreas-Realgymn. Berlin Reife O. 03; Studium: Berlin 5, Halle 7 S.; Rig. 31. Juli 08.] [U 09. 1701

Schnappinger, Bonifatius Martin. (Bonifatius a s. Wunibaldo), Commentatio biblica in Act. ap. 2, 4 et 1. Cor. 14, 1—40 de donis Spiritus sancti. Mannheim und Heidelberg, 1795.

— commentat. biblica in sermonem Christi in monte, Matth. cap. V. VI. VII. 4. Heidelb. 794.

Schnappinger, B. M., Doctrina dogmatum eccles. christianae catholicae. 8maj. Augustae Vindelicorum, Kranzfelder. 818.

— Entwurf einer katholisch-christlichen Religions- u. Dogmen-Geschichte. gr. 8. Carlsruhe, Macklot. 807.

— Entwurf e. kathol.-christl. Religions- u. Dogmen-Geschichte. gr. 8. Karlsr. 808. (Braun). 20 gr

Schnappinger, Bonif. Martin, Über Erziehung, Aufklärung u. Zeitgeist, zugleich auch über Philosophie, Christentum u. Kirche für alle Klassen gebildeter u. nachdenkender Leser. Augsburg, Kranzfelder, 1818, 8°, VI, 323 S.
2. unveränd. Ausg. 1826. Recenss. Felders Littztg 1819, Bd. 3 S. 411—4; 1826, Bd. 2 S. 221—8. Katholik 1826, Bd. 21 S. 249.

Schnappinger, Bon. Mart., Grundlage aller Religion u. Religionsphilosophie. Mannheim, 1806, gr. 8°. Schwan u. G.

Schnappinger, Mart. (Bonif. a s. Wunibaldo), Der Brief Pauli an die Epheser erklärt und mit einer Einleitung nebst vollständigen Anmerkungen begleitet. Heidelberg, Wiesen, 1793, 4°, 7 Bg.
Vgl. Paulus: Brief an die Eph.

Schnappinger, Bonif. Mart., die heil. Schrift des neuen Bundes, s. a. Testament, neues.

— d. heilige Schrift d. neuen Bundes. 4 Bde. gr. 8. Mannheim, Löffler. (Haßlinger in Linz.) 808.

Schnappinger, B. M., die heil. Schrift des neuen Bundes mit erklär. Anmerkungen. 4 Bde. 8. Linz, Haslinger. 813.

— die heilige Schrift d. neuen Bundes. M. Anmerk. 3te Aufl. 4 Bde. Manheim, Löffler. (Linz, Haslinger.) 817.

Schnapp's, Aloysius, politische Irrgänge von P. K. G. 2 Thle. Berlin 858. Janke. 8. (192; 191 S.) 1 Thlr. 15 ngr.

Schnapps Bonenbart oder der Siegfried von Lindenberg unserer Tage (Napoleon I). Ein komischer (etwas freier) Roman von einem Freund und Nachbar des alten Herrn Siegfried von Lindenberg. 2 Bde. Lindenberg, in der Zeitungsbuchdruckerei (Hamburg, Herold). O. J. (1805.) 8°. (2 Rthl.) 296 u. 228 S. (In Darmstadt: E 3974.)
Weller, fing. Dr. I. p. 186. — Sehr selten!

Schnapps, Sebast., Bürgers u. Barbiers, Abenteuer und Fahrten; e. kom. Roman a. d. neuesten Zeiten. 8. Leipzig, Kummer. 798.

Schnaps, der. Eine Schrift für's Volk. Hrsg. v. e. Commission d. Verbandes „Arbeiterwohl". 8. (48 S.) Köln 83. Bachem. n. — 20

Schnaps, der. Eine Schrift für's Volk. Hrsg. v. e. Commission des Verbandes „Arbeiterwohl." (81.—86. Taus.) (48 S.) kl. 8. Köln (903). J. P. Bachem. n. — 20

Schnaps. Der berauschende Schnapps aus dem Becher des Zeitgeistes. Von einem Emmenthaler. [Gedicht.] 8. Bern 1831.

Schnaps, Preussischer, im deutschen Reichstag. Leipzig 1876. V: *Engels, Frdr.* (stams)

Schnaps, Preussischer, im Deutschen Reichstag. (Sep.-Abdr. aus dem „Volksstaat" 1876, no. 23—25.) O. O. u. J. (187*). Kl. 8°. Cart.
18 S. u. 1 Bl. (Verz. sozialist. Schriften, welche durch d. Exped. d. „Volksstaat" zu beziehen sind).
Verboten v. d. kgl. preuss. Reg. zu Oppeln, d. 28. Novbr. 1878.

Schnapsack (Schnappsack)

— der neue poet., od. Magazin f. diejenigen, die sich in Stammbücher einschreiben wollen. 8. Schwabach 777. Enderes. 69.

SCHNAPSACK, Der neue poetische, oder Magazin für diejenigen, so sich in Stammbücher einschreiben wollen. Schwobach (!) Mizler, 1777. 8°. Selten! (1 Mk. 80 Pfg. Mindestgebot, R. Zinke's Dresdener März-Auct. 1906, no. 1385.)
Der gestoch. Titel von hübschem Ranken-Ornament umrahmt. Enth. 400 z. Theil pikante Poesien. — Rar!

SCHNAP-SACK, Poetischer, In welchem viele lustige und wohl ausgearbeitete Gedichte, von allen Sorten und vor alle Leute befindlich, Denen Liebhabern zum Vergnügen gesammlet und bekannt gemacht von einem poetischen Schnapsack-Verwalter. 2 Bde. Franckfurth und Leipzig (Dresden, b. Joh. Nic. Gerlach), 1756. 8°. (In Berlin nur Bd. I: Yf 2203.) (12 Mk. 50 Pfg., cplt. Expl. aus d. Bibl. Hoffmann's v. Fallersleb., Alfr. Lorentz, Lpz., 1897:)
I: 7 Bll. Vorr., 562 S., 7 Bll. Reg. II: 2 Bll., 376 S., 3 Bll. Reg.
Seltene Sammlung von: Scherz- Hochzeit- u. Lobgedichten, Epigrammen, Gratulationen, Trauergedichten u. Grabschriften, wobei Erotisches; u. A.: Das in Ehestand verwandelte Kloster-Leben; von einer mannbahren Jungfer; der abgesetzte Liebhaber; der Honig leckende Cupido; die verliebte Amanda; Schelmuffkens Ehrengedichte auf seine Hochzeit; von einer unkeuschen Jungfer.
O M. V. 1756. S. 692 nennt den wirklichen Verlagsort. — Enth. außer 12 Bll. Vorst. 10 Theile Gedichte mit den Titeln: „Neuer Vorrath (s. d.) allerhand recht curiösen auch in beliebten Schertze die sonst bitter eingehende Wahrheit vorstellender Gedichte, zum Nutz und Lust der curiösen Welt mit besondern Fleiß in unterschiedne Partien gebracht."
Zuerst gedr. tit.: „Etwas (s. d.) vor alle Menschen, das ist, Neuer Vorrath .... Gedichte". Partie 1—6. Aus der Poetischen Cammer-Druckerey. 1709. — Partie 7—10. O. O. u. J. 8°.
Nur der Titel obiger Ausgabe und die Vorrede, dat. „Leipziger Oster-Messe, 1756". sind neu gedruckt. Wegen des alten Druckes vgl. die Vorrede zur 1. Partie und Seite 414, ebenso die den einzelnen „Partien" beigefügten Jahrzahlen.

— — Dasselbe. 2 Bde. Ebd. 1766. 8°. (2 Rthl. Maske, Breslau, Cat. 81. [vor 1885] no. 1576; 4 fl. 48 xr. Scheible, vor 1875; jetzt theurer!)

Schnarf, J. George Chapman's Leben und Werke, mit besonderer Berücksichtigung seiner Lustspiele. Wien, R. VI. Bez., 1887. 25 S. Progr.

Schnarf, Karl

Schnarf, Karl, Beiträge zur Kenntnis des Sporangienwandbaues der Polypodiaceae u. d. Cyatheaceae u. seiner systematischen Bedeutung. (25 S. m. 1 Taf.) gr. 8. Wien 904. (A. Hölder.) n. — 70
Sonderabdruck aus: „Sitzungsber. d. k. Akad. d. Wiss."

Schnarrbeutel, Aloisius. Löffel und Gabel. Ein neu Lied ([betreffend] Kari Schnell). Gedruckt in diesem Jahr. [Mit 1 Vignette.] 8. [Bern] *o. J.* [1840/44].
[Schweizerkäs und Schwabenspätzle. Portion 3, № 18.]

Schnarrenberger, Karl Lud., aus Mönchingen, Baden: Über die Kreideformation der Monte d'Ocre-Kette in den Aquilaner Abruzzen. Mit 4 Taf. u. 3 Fig. im Text. *Freiburg i. B. 1901: C. A. Wagner.* (39 S.) 8° ¶ (Aus: Berichte d. Naturf. Ges. zu Freiburg i. B., 11, 3.)
Freiburg i. B., Phil. Diss. v. 1901

Schnarrenberger, W(ilhelm): Die vor- und frühgeschichtliche Besiedelung des Kraichgaues. *Bruchsal 1898: D. Weber.* (39 S. mit Taf. u. Kt.) 4°
Bruchsal, G, MP 1898 (633)

Schnarrenberger, W., die vor- u. frühgeschichtl. Besiedelung des Kraichgaues. Progr. 4. (41 S. m. 1 Taf. u. 1 farb. Karte.) Bruchsal 898. (W. Ott.) n. 1. —

Schnarrenberger, W[ilhelm]: Der Kraichgau in alamannisch-fränkischer Zeit. Fortsetzung und Nachträge zur Beilage des Jahres 1898: „Die vor- und frühgeschichtliche Besiedelung des Kraichgaues". 23 S., 2 Taf. 4.
Progr. Großh. Bad. Gymn. *Bruchsal* 1902 (676).

Schnarrenberger, W., der Kraichgau in alamannisch-fränk. Zeit. Fortsetzung u. Nachträge zu: „Die vor- u. frühgeschichtl. Besiedelg. des Kraichgaues". Progr. (23 S. m. 1 Karte u. 1 Taf.) 4. Bruchsal 902. (W. Ott.) n. — 80 (I. u. II.: n. 1. 80)

Schnarrenberger, Wilhelm [Prof.]: Die Pfahlbauten des Bodensees. Konstanz, Druck v. F. Stadler, 1891; 46 S., 4 Taf. 4°
Konstanz, grossh. G, P 1891 (600)

Schnarrwyler, Carl. Ueber Gastritis phlegmonosa. Mit drei Abbildungen [auf 1 Tafel]. Diss. Med. Basel ... von K' Sch'.... (Sonder-Abdruck aus dem Archiv für Verdauungskrankheiten. Bd. 12.) *Kopftitel:* Aus der pathologisch-anatomischen Anstalt der Universität Basel. ⟨Vorsteher: Professor E(d[uard]) Kaufmann.⟩ 26 S. 8. Berlin, S. Karger, 1906.

Schnars, Carl Wilh., Baden-Baden und Umgebung. Neuester zuverlässiger Führer. Mit 1 (chromolithogr.) Plan der Stadt (in gr. Fol.), 1 (chromolithogr.) Karte der Umgebung (1 : 80,000 in Fol.), sowie 1 (lithogr.) Karte des Schwarzwaldes und Anleitung zu 12 grösseren Tagesausflügen. [Badener Höhe, Murgthal, Herrenalb, Kaltenbronn, Bühlerthal, Mummelsee und Hornisgrinde, Allerheiligen und Renchthal, Schwarzwaldbahn, Strassburg, Freiburg, Basel, Carlsruhe.] 16. (VI, 137 S.) Baden-Baden 878, Wild. geb. * 2 —

Schnars, Carl Wilh., Baden-Baden und Umgebung. Neuester zuverlässiger Führer. Mit 1 (chromolithogr.) Plan der Stadt, 1 (chromolithogr.) Karte der Umgebung sowie 1 (lithogr.) Karte des Schwarzwaldes und Anleitung zu 12 grösseren Tagesausflügen. 2. verb. Aufl. gr. 16. (VIII, 200 S.) Baden-Baden 880, Wild. geb. *

Schnars, Carl Wilh., Baden-Baden u. Umgegend. Neuester zuverlässiger Führer. Mit einem neuen (lith. u. color.) Plan der Stadt, einer (chromolith.) Karte der Umgegend, sowie einer (lith.) Karte des Schwarzwaldes u. Anleitung zu 10 grösseren Tagesausflügen [Badener Höhe, Murgthal, Herrenalb etc.]. 3., bedeut. verm. Aufl. 12. (VIII, 149 S.) Baden-Baden 882. Wild. geb. n. 2. —

Schnars, Carl Wilh., Baden-Baden und Umgebung. Neuester zuverläss. Führer. 5. bedeutend verm. Aufl. 12. (VII, 160 S. mit 1 neuen Plan der Stadt, 1 Karte der Umgegend, sowie 1 Karte des Schwarzwaldes und Anleitung zu elf grösseren Tages-Ausflügen: Badener Höhe, Murgthal, Herrenalb und Wildbad, Bühlerthal, Mummelsee und Hornisgründe, Allerheiligen und Renchthal, Renchthal-Bäder und Rippoldsau, Schwarzwaldbahn, Strassburg, Freiburg und Höllenthal, Karlsruhe und Rastatt.) Baden-Baden 886, Wild. geb. *

Schnars, Carl Wilh., Baden-Baden und Umgebung. Neuester zuverläss. Führer. 6. bedeutend verm. Aufl. 12. (VII, 162 S. mit 1 neuen Plane der Stadt, 1 Karte der Umgegend, sowie 1 Karte des Schwarzwaldes und Anleitung zu zwölf grösseren Tages-Ausflügen: Badener Höhe, Murgthal, Herrenalb und Wildbad, Bühlerthal, Mummelsee und Hornisgründe, Allerheiligen und Renchthal, Renchthal-Bäder und Rippoldsau, Schwarzwaldbahn, Strassburg, Freiburg, Höllenthalbahn, Karlsruhe und Rastatt.) Baden-Baden 888, Wild. geb. *

— dass. — Kleine Ausg. 6. bedeutend verm. Aufl. 12. (104 S. mit 1 Plan der Stadt und 1 Karte der Umgegend.) Ebendas. 888. *

Schnars, Carl Wilh., Baden-Baden u. Umgegend. [Neu bearb. v. C. Wild.] Neuester zuverläss. Führer. Kleine Ausg. Mit e. neuen Plane der Stadt u. einer Karte der Umgegend. 7., bedeutend verm. Aufl. 12. (VII, 112 S.) Baden-Baden 890. Wild. n. 1. 50

Schnars, Carl Wilh., Baden-Baden u. Umgegend. (Neu bearb. v. C. Wild.) Neuester zuverläss. Führer. Kleine Ausg. Mit neuem Plane der Stadt u. 1 Karte der Umgegend. 8., bedeutend verm. Aufl. 12. (VIII, 128 S.) Baden-Baden 894. C. Wild. Kart. n. 1. 50

Schnars, Carl, Wilh., Baden-Baden u. Umgegend. (Neu bearb. v. C. Wild.) Neuester zuverlässigster Führer. Kleine Ausg. M. neuem Plane d. Stadt u. e. Karte d. Umgegend. 10., bedeutend verm. Aufl. 12. (IV, 156 S.) Baden-Baden 898. C. Wild. n. 1. 50

Schnars, Carl Wilh., Baden-Baden u. Umgegend. (Neu bearb. von C. Wild.) Neuester zuverlässigster Führer. Kleine Ausg. Mit neuem Plane der Stadt u. e. Karte der Umgegend. 11. bedeutend verm. Aufl. 12. (17.—19. Taus.) (XXIV, 152 S.) Baden-Baden (900). C. Wild. n. 1. 20

Schnars, Karl Wilh., Baden-Baden u. Umgegend. Neuester zuverlässigster Führer. Kleine Ausg. Mit neuem Plan der Stadt u. e. Karte der Umgegend. 15. bedeutend verm. Aufl. (Umschlag: C. Wild's Führer durch Baden-Baden u. Umgegend.) (IV, 150 S. m. 2 Abbildgn. u. 3 Taf.) kl. 8. Baden-Baden 906. C. Wild. n. 1. 20

Schnars, Karl Wilh., Baden-Baden u. Umgegend. Neuester zuverlässigster Führer. (Umschlag: C. Wild's Führer durch Baden-Baden u. Umgegend.) Kleine Ausg. Mit neuem (farb.) Plan der Stadt u. e. Karte der Umgegend. 17. bedeutend verm. Aufl. (IV, 135 S. m. 2 Abb. u. 8 Taf.) kl. 8. Baden-Baden 910. C. Wild. 1.20

[Schnars, Carl Wilhelm.] Der Bodensee und seine Umgebungen. In drei Abtheilungen. 8. Stuttgart und Augsburg 1856–1857. Abtheilung 3 Mit einer Karte.

Schnars, C. W., der Bodensee und seine Umgebungen. In 3 Abthlgn. Nach eigener Anschauung und den besten Hülfsquellen bearb. 2., mit einem Anhange verm. Ausg. 8. (XXV und 593 S. mit 1 lithogr. Karte in gr. Fol.) Stuttgart 859, Cotta'sche Buchh. geb. *

SCHNARS, Karl Wilhelm (Hamburg): De dictato. (Titel nach der Urkunde). 8.2.1830 – Urk; F 60
Diss.Ingolst.-Landsh.-Mchn.

—— s.a.Führer, kleiner, für Baden-Baden.

—— kleiner Führer für Baden-Baden und Umgegend. Erweiterte Bearb. nach S.'s Schwarzwaldführer, 8. Aufl. 12. (IV, 76 S. mit Plan der Stadt und Karte der Umgegend, nebst einem Anhang für Karlsruhe.) Heidelberg 888, C. Winter's Universitäts-Buchh. geb. *

— kleiner Führer f. Baden-Baden und Umgegend. Erweiterte Bearbeitung nach S.'s Schwarzwaldführer, 9. Aufl. Mit Plan der Stadt u. Karte der Umgegend. Nebst e. Anh. f. Karlsruhe. 12. (IV, 80 S.) Heidelberg 890. C. Winter. geb. n. 1. 20

— kleiner Führer f. Baden-Baden u. Umgegend. Erweiterte Bearbeitung nach S.'s Schwarzwaldführer. 10. Aufl. Mit Plan der Stadt u. Karte der Umgegend. 12. (IV, 87 S.) Heidelberg 894. C. Winter. In Leinw. kart. n. 1. 20

— kleiner Führer f. Baden-Baden u. Umgegend. Erweit. Bearbeitg. nach S's Schwarzwaldführer. 11. Aufl. Mit Plan d. Stadt u. Karte der Umgegend, nebst e. Anh. f. Karlsruhe. (IV, 88 S.) Heidelberg 897. C. Winter. In Leinw. kart. n. 1. 20

—— s.a.Führer, kleiner, für Heidelberg.

— kleiner Führer f. Heidelberg u. Umgegend. Erweiterte Bearbeitung nach S.'s Schwarzwaldführer, 8. Aufl. Mit 1 Karte der Stadt und Umgegend und 1 Plane d. Schlosses. 12. (VI, 40 S.) Ebd. 888. geb. n. 1. —

—— neuester kleiner Führer durch den Schwarzwald. Mit besond. Berücksicht. von Baden-Baden, Constanz, Freiburg und der Schwarzwaldbahn. Mit 1 (lithogr.) Karte des Schwarzwaldes (in Fol.). 16. (VIII, 258 S.) Heidelberg 877, C. Winter's Universitäts-Buchh. geb. * 2 80

—— neuester kleiner Führer durch den Schwarzwald. Mit besond. Berücksicht. von Baden-Baden, Konstanz, Freiburg und der Schwarzwaldbahn. 2. bis 1880 bericht. Ausg. Mit 1 (lithogr.) Karte des Schwarzwaldes. 12. (XX, 258 S.) Heidelberg 880, C. Winter's Universitäts-Buchh. geb. *

—— dass. — 3. bis 1882 bericht. Ausg. Mit 1 (lithogr.) Karte des Schwarzwaldes. 12. (XXIV, 258 S.) Ebendas. 882. geb. *

—— neuester kleiner Führer durch den Schwarzwald. Mit besond. Berücksicht. von Baden-Baden, Freiburg, Konstanz und der Schwarzwaldbahn. 4. neu bearb., und 5. bis 1887 bericht. Aufl. 8. (VI, 210; XXI, 210 S. mit 1 Karte des Schwarzwaldes.) Ebendas. 885,87. geb. *

— **neuester kleiner Führer durch den Schwarzwald. Mit besond. Berücksicht. von Baden, Freiburg, Konstanz, der Schwarzwald- und Höllenthalbahn u. der strateg. Bahnen. 6., neu bearb. Aufl. v. Fr. Sachs. Mit e. neuen Karte des Schwarzwaldes. 12. (VIII, 221 S.) Ebd. 891. cart. n. 2. —**

— neuester kleiner Führer durch den Schwarzwald. Mit besond. Berücksicht. v. Baden, Freiburg, Konstanz, der Schwarzwald- u. Höllenthalbahn u. der strateg. Bahnen. 7., bis 1893 bericht. Aufl. v. Fr. Sachs. Mit e. neuen Karte d. Schwarzwaldes. 12. (XXVII, 221 S.) Heidelberg 893. C. Winter. In Leinw. kart. n. 2. —
8.Aufl.ff.s.:Schnars:Neuester kleiner Schwarzwaldführer.

— neuester zuverlässiger Führer v. Baden-Baden u. Umgegend, nebst e. Anleitg. zu grösseren Ausflügen in den Schwarzwald von Baden-Baden bis Waldshut, Badener Höhe, Murgthal, Herrenalb und Wildbad, Bühlerthal, Gertelbach, Mummelsee u. Hornisgrinde, Allerheiligen u. Renchthal, Renchthal-Bäder, Rippoldsau, Schwarzwaldbahn, Strassburg, Freiburg, Höllenthalbahn, Karlsruhe u. Rastatt. [Neu bearb. von C. Wild.] Mit e. Plan der Stadt, e. Karte d. Umgegend, sowie e. Karte d. Schwarzwaldes. 7., bedeutend verm. Aufl. 12. (VIII, 169 S.) Ebd. 891. geb. n. 2. —

Schnars, Carl Wilh., neuester zuverlässiger Führer v. Baden-Baden u. dem Schwarzwald. Eine 8tägl. Höhenwanderg. von Baden-Baden bis Thiengen u. Waldshut, nebst e. 8täg. Wagentour von Baden-Baden bis St. Blasien-Albthal u. Albbruck, bearb. v. Ph. Bussemer, sowie e. Anleitg. zu 12 der schönsten u. interessantesten Tages-Ausflügen v. Baden-Baden in den Schwarzwald v. C. Wild. Mit 1 Plan u. mehreren Karten. 8., verb. u. verm. Aufl. 12. Taus. 12. (XVI, 207 S.) Baden-Baden 894. C. Wild. In Leinw. kart. n. 2. —

— neuester zuverläss. Führer v. Baden-Baden u. d. Schwarzwald. Eine 8täg. Höhenwanderg. v. Baden-Baden bis Thiengen u. Waldshut, bearb. v. Ph. Busemer, sow. e. Anleitg. zu 17 d. schönsten u. interessantesten Tages-Ausflügen v. Baden-Baden in d. Schwarzwald v. C. Wild. Mit 1 Plan u. mehr. Karten.) 10., verb. u. verm. Aufl. 15. u. 16. Taus. 12. (XVI, 240 S.) Ebd. 898. n. 2.—

— neuester zuverlässiger Führer von Baden-Baden u. dem Schwarzwald. Eine 8täg. Höhenwanderg. von Baden-Baden bis Thiengen u. Waldshut, bearb. von Ph. Busemer, sowie e. Anleitg. zu 17 der schönsten u. interessantesten Tages-Ausflügen von Baden-Baden in d. Schwarzwald v. C. Wild. Mit 1 Plan, mehreren Karten u. Illustr. 11. verb. u. verm. Aufl. 17.—19. Taus. 12. (XXXII, 259 S.) Ebd. (900). n. 2.—

— neuester zuverlässiger Führer v. Baden-Baden u. dem Schwarzwald. Eine 8täg. Wanderg. von Baden-Baden bis Thiengen u. Waldshut, bearb. v. Ph. Busemer, sowie e. Anleitung zu 17 der schönsten u. interessantesten Tages-Touren von Baden-Baden in den Schwarzwald u. e. kurzen Beschreibg. der Höhenwege Pforzheim-Basel u. Pforzheim-Waldshut v. C. Wild. Mit 1 Plan u. mehreren Karten. 14. verb. u. verm. Aufl. (XXIV, 254 S. m. 2 Abbildgn.) kl. 8. Ebd. 905. In Wachstuch n. 2.—

Schnars, Carl Wilh., Führer durch den Schwarzwald. Nach eigener Anschauung und den besten Hülfsquellen bearb. 8. (XXIX und 254 S. mit 4 lithogr. Karten und 1 lithogr. Panorama vom Feldberg in Fol. und qu. gr. Fol.) Freiburg im Br. 865, [Trömer's Universitäts-Buchh.] geb. *

Schnars, Carl Wilh., Führer durch den badischen u. württembergischen Schwarzwald. Mit 5 (chromolith.) Karten (in 8. u. 4.), 2 (lith.) Panoramen vom Feldberg u. Belchen (wovon das eine in Buntdr.). 2 (photogr.) Ansichten etc. (in 8., 4. u. qu. Fol.) 2. verm. Aufl. Freiburg i. Br. 868. Wagner. 8. (XVIII, 372 S.) In engl. Einb. n. 1 ℛ 8 ngr.

Schnars, C[arl] W[ilhelm]. Neue Karte des Schwarzwalds von Dr. C. W. Schnars, durchgesehen von Karl Stark. Massstab 1:400000. 446/360 mm. 1 Bl. fol., *in Umschlag* 8. Heidelberg, Carl Winter, [1901]. [M. —.60]

Titel auf dem Blatt: Karte vom Schwarzwald. Massstab 1:400,000. Heidelberg, Carl Winter's Universitätsbuchh.; Lithogr. u. Druck v. L. Geissendörfer G. m. b. H. in Karlsruhe.

Auch in: Schnars, C[arl] W[ilhelm]. Neuester Schwarzwaldführer. 13.... Aufl.... 1901.

—— eine Reise durch die neapolitanische Provinz Basilicata und die angrenzenden Gegenden. Mit Berücksicht. des jüngsten Erdbebens vom 16/17. December 1857. 16. (IV und 124 S.) St. Gallen 859, Scheitlin und Zollikofer.

— u. Fickler, der Schwarzwald nebst Rheinebene, Bodensee u. Odenwald. Handbuch f. Reisende. Mit (8 lith. u. chromolith.) Karten, Plänen u. Panoramas (in qu. 4., Fol., qu. u. gr. Fol.) 4., bedeutend veränd. u. verm. Aufl. gr. 16. (IV. 500 S.) Heidelberg 872 Emmerling. geb. n. 5. —

Schnars, Carl Wilh., die badische Schwarzwaldbahn von Offenburg üb. Triberg nach Singen [Constanz, Schaffhausen u. Sigmaringen.] Handbuch für Reisende m. Angabe der bautechn. Verhältnisse der Bahn nach officiellen Mittheilgn. Mit 1 Uebersichtskarte (Kpfrst.), 1 (lith.) Längenprofil der Bahn (in qu. Fol.) u. 20 (eingedr.) Ansichten (Holzschn.) gr. 16. (VI, 214 S.) Heidelberg 874. Emmerling. geb. n. 2. —

—— die badische Schwarzwaldbahn von Offenburg über Triberg nach Singen [Constanz, Schaffhausen und Sigmaringen]. Mit Angabe der bautechn. Verhältnisse der Bahn nach officiellen Mittheilungen. Nebst (lithogr.) Uebersichtskarte, 1 (lithogr.) Bahn-Längenprofil, 20 Ansichten (in eingedr. Holzschn.) und dem (lithogr. und color.) Plan von Constanz. 2. sehr verm. und verb. Aufl. gr. 16. (VIII, 216 S.) Ebendas. 877. geb. * 3 —

— die badische Schwarzwaldbahn von Offenburg üb. Triberg nach Singen [Konstanz, Schaffhausen u. Sigmaringen]. Mit Angabe der bautechn. Verhältnisse der Bahn nach offiziellen Mitteilgn. Nebst 1 Übersichtskarte, 1 Bahn-Längenprofil, 20 Ansichten u. dem Plan v. Konstanz. 3. bis 1883 bericht. Ausg. 12. (XII, 216 S.) n. 2. —
Heidelberg: C.Winter 1883.

—— neuester Schwarzwaldführer. 1. Thl.: Der nördl. Schwarzwald. 8. (VIII, 314 S. mit 3 Karten, lithogr. und Kpfrst., in qu. und gr. Fol. und dem lithogr. Plan von Constanz in qu. 4.) Heidelberg 875, C. Winter's Universitäts-Buchh. geb. *

— neuester Schwarzwaldführer. In 2 Thln. Mit 6 (chromolith.) Karten (in gr. 4. u. qu. Fol.) 2 (lith. u. color.) Plänen (in qu. 4.) u. e. (chromolith.) Alpen-Panorama v. Höchenschwand aus (in qu. Fol.) 8. Heidelberg 876. C. Winter. In 1 Bd. geb. n. 9. —

1. Der nördliche Schwarzwald. Baden-Baden nach Aufhebg. d. Spiels. Die Umgebg. Die Thäler der Murg, Nagold, Ens, Rench, Kinzig etc. Die Bäder d. Schwarzwaldes. Die Schwarzwaldbahn v. Offenburg üb. Hausach, Triberg, Donaueschingen nach Constanz. Mit 3 (chromolith.) Karten (in gr. 4. u. qu. Fol.) u. dem (lith. u. color.) Plan v. Constanz (in qu. 4.) (VIII, 314 S.) n. 4. 40
2. Der südliche Schwarzwald. Der Schwarzwald v. Offenburg üb. Waldkirch, Furtwangen, Lenzkirch etc. bis zum Randengebirge. Freiburg u. Umgebg. Der Kandel, Feldberg, Belchen, Blauen. Die Thäler der Dreisam, Wiese, Wehra etc Basel, Säckingen, Waldshut, Schaffhausen. Der Rheinfall. Heiligenberg, Sigmaringen u. das Donauthal. Mit 3 (chromolith.) Karten (in qu. Fol.), dem (lith. u. color.) Plan v. Freiburg (in qu. 4.) u. e. (chromolith.) Alpenpanorama v. Höchenschwand aus (in qu. Fol.) (VIII, 330 S.) n. 5. —

— neuester Schwarzwaldführer. 2 Thle. 6. bis 1883 bericht. Aufl. 12. Ebend. 883. geb. à n. 4. —
1. Der nördliche Schwarzwald. Mit 3 Karten u. dem Plan v. Konstanz. (XVI, 314 S.)
2. Der südliche Schwarzwald. Mit 3 Karten, dem Plan v. Freiburg u. e. Alpenpanorama v. Höchenschwand aus. (XVI, 330 S.)

—— neuester Schwarzwaldführer. 7. neu bearb., und 8. bis 1887 bericht. Aufl. 8. (VI, 407; XXI, 407 S.) Ebendas. 885,87. geb. *

—— Neuester Schwarzwaldführer. 9. neu bearb. Aufl. v. Fr. Sachs. Mit 12 Karten u. Plänen. 12. (VI, 390 S.) Heidelb. 891, C. Winter. geb. * 5 —

— neuester Schwarzwaldführer. 10., bis 1893 bericht. Aufl. v. Fr. Sachs. Mit 12 Karten u. Plänen. 12. (XXVII, 390 S.) Ebd. 893. Geb. in Leinw. n. 5. —

— neuester Schwarzwaldführer. 11. Aufl., unter Mitwirkg. d. Schwarzwaldvereins neu bearb v. Fr. Sachs. 12. (VI, 400 S. m. 14 Karten u. Plänen.) Ebd. 897. Geb. n. 5. —

Schnars, C[arl] W[ilhelm]. Neuester Schwarzwaldführer von Dr. C. W. Schnars. 13. neubearb. und verbesserte Aufl. Unter Mitwirkung der Schwarzwaldvereine hrg. von Karl Stark. Mit [13] Karten und [4] Plänen. VIII + 376 S. 8. Heidelberg, Carl Winter, 1901. [geb. M. 5. —]

— neuester Schwarzwaldführer. 15. Aufl. (254 S. m. eingedr. Plänen u. 14 Karten.) kl. 8. Baden-Baden, E. Sommermeyer. Geb. 2. —

— Neuester Schwarzwaldführer. 17. Aufl. (261 S. m. Kart. u. Plänen.) kl. 8. Heilbronn (910). O. Weber. Geb. in Leinw. 2. –

— neuester kleiner Schwarzwaldführer. M. bes. Berücksicht. v. Baden, Freiburg, Konstanz, d. Schwarzwald- u. Höllenthalbahn u. d. strateg. Bahnen. 8. Aufl., unt. Mitwirkg. d. Schwarzwaldvereins neu bearb. v. Fr. Sachs. 12. (VI, 227 S. m. 1 Karte.) Ebd. 897. In Leinw. kart. n. 2. —
Früh. Aufl. s.: Schnars: Neuester kl. Führer durch d. Schwarzwald.

Schnars, C[arl] W[ilhelm]. Neuester kleiner Schwarzwaldführer von Dr. C. W. Schnars. 10. neubearb. und verbesserte Aufl. Unter Mitwirkung der Schwarzwaldvereine hrg. von Karl Stark. Mit [2] Karte[n] und [3] Plänen. VIII + 204 S. 8. Heidelberg, Carl Winter, 1901. [cart. M. 2. —]

Schnath, Ph., Auszug aus den Vorschriften über die Benutzung der Posten und Telegraphen nebst Taxen für Brief- und Fahrpostsendungen aller Art, sowie für die telegraph. Correspondenz von Bremen ab nach ganz Deutschland und den außerdeutschen Ländern. 8. (V und 88 S.) Bremen 864, v. Halem.

Schnatmeyer, Wilhelm: Otfrids und seines Evangelienbuches persönliche Eigenart. Greifswald: Kunike 1908. 71 S. 8° Greifswald, Phil. Diss. v. 9. Dez. 1908, Ref. Reifferscheid
[Geb. 9. März 84 Minden i. W.; Wohnort: Minden; Staatsangeh.: Preußen; Vorbildung: Gymn. Minden Reife O. 03; Studium: Leipzig 5, Greifswald 5 S.; Rig. 13. Juli 08.] [U 09. 1561

Schnatter, Julius

Schnatter, J., Cours de versification française pour faire suite aux grammaires françaises en usage dans les écoles supérieures. 2e édit. 8. (VI, 68 S.) Berlin 877, Schröder. *
Die 1. Aufl. erschien im Selbstverlag.

Schnatter, J., Cours de versification française. 2e édit. 8. Berlin 877, Herbig. * 1 —

Schnatter, A[lbertus] I[ulius]: • De Cyro Persarum rege. 46 S. 2°
Halle-Wittenberg, Phil. Diss. v. 26. Juli 1835
Geb. [Berlin 5. 2. 1826]
Ersch. unter gleichem Tit. Berlin 1836: Starcke. 16 S. 8° (4°) Collège Français. Progr.

Schnatter, J., methodisches Elementarbuch der griechischen Sprache. 8. (VIII und 102 S.) Berlin 855, Herbig. *

— éléments de la langue grecque. A l'usage du collège royal français à Berlin. Berlin 854. Herbig. 8. (95 S.) n. 10 ngr.

— — 2. cours. Le verbe et les particules du dialecte attique. Berlin 854. Herbig. 8. (97 S.) n. 12 ngr.

Schnatter, J., Éléments de la langue grecque. 2. édit. 2 Cours. 8. Berlin 864,67, Herbig. *
Inhalt:
Cours 1. Les mots déclinables et le verbe régulier en ω pur. (120 S.)
" 2. Le verbe et les particules du dialecte attique. (116 S.)

Schnatter, J., éléments de la langue grecque. Cours I. Les mots déclinables et le verbe régulier en ω pur. 3. éd. 8. (126 S.) Berlin 875. Herbig. n. 1. 50

Schnatter, J., éléments de la langue grecque. 4 cours. 8. Berlin, F. A. Herbig. n. 4. 5
1. Les mots déclinables et le verbe régulier en ω pur. 4. éd. (144 S.) 882. (Vergriffen.) n. 1. 50
2. Le verbe et les particules du dialecte attique. 4. éd. (123 S.) 890. n. 1. 30
3. Les formes du dialecte épique. 2. éd. (36 S.) 886. n. — 50
4. Éléments de syntaxe grecque. 2. éd. (52 S.) 887. n. — 75

Schnatter, J.: Entwurf einer synchronistischen Geschichte der bildenden Künste im Altertum. Th. 1. 40 S. – Berlin, Col. Frç., Progr. 1869.

Schnatter, Julius. Synchronistische Geschichte der bildenden Künste. In tabellarischer Uebersicht zum Gebrauch für höhere Lehranstalten. Berlin 1870. 4°.

— synchronistische Geschichte der bildenden Künste. In tabellar. Uebersicht zum Gebrauch f. höhere Lehranstalten. 1. u. 2. Thl. gr. 4. Berlin 870. 71. Schröder. [Herbig] n. 6. —
1. Bis zum gänzlichen Untergange der alten Kunst. (IV, 59 S.) n. 2. —
2. Vom Untergange der antiken Kunst bis zur Renaissance. (IV, 122 S.) n. 4. —

Schnatterbrein, zwei Gedichte an das schöne Geschlecht. 8. Leipz. Benj. Fleischer. 815. Ktblr. ·

Schnatterbrein, ..., zwei Gedichte an das schöne Geschlecht. 8. Leipz. 815. (Schnuphase in Altenb.) 3 gl.

Schnatz, Herman F.: Souv-Program. Vierjhr Jub der Brunswick Ave Deutschen Presbyterischen Kirche ... 14.-15. Juni 1908. Bkln, NY, 1908.

Schnaubelt, Heinr., kurze Abhandlung über die Grundzüge der Cadenzen u. musikalischen Ausweichungen (Uebergänge). Zum Selbstunterrichte für junge Clavier- und Orgelspieler; vorzüglich für Schullehrer-Seminarien u. Musik-Institute. Regensburg 867. Manz. Lex.-8. (41 S.) n. 12 ngr.

—— zweistimmige Gesänge für Sopran und Alt. Lex.-8. (44 S.) Regensburg 866, Manz. *

—— Gesangs-Uebungen. Musikalische Original-Sätze in fortschreit. Ordnung für den Gesang mit Pianoforte-Begleitung. gr. 8. (104 S.) Regensburg 865, Manz. *—

Schnaubelt, Heinr., Lieder-Album f. Männer-Gesang. Partitur. op. 42. qu. 4. (76 S.) Regensburg 871. Manz. n. 4. —

Schnaubelt, Heinr., Lieder-Album f. Männer-Gesang. op. 42. 4 Stimmen. qu. 8. (à 108 S.) Regensburg 871. Manz. à n. — 75

Schnaubert, Andreas Josef: Anfangsgründe des Staatsrechts .... s. Schnaubert: Summar. Einleitung in das Staatsrecht ...

Schnaubert, Andr. Jos.: „Auch der Regent ist an die von ihm gegebenen Gesetze gebunden; aus dem Lateinischen (1793), mit Anmerkungen und Zusätzen von J. F. Hagemeister", Rostock 1795 (Stiller).

— auch d. Regent ist an die von ihm u. seinen Vorfahren gegebenen Gesetze gebunden; aus d. Latein. v. E. F. Hagemeister. 8. Rostock 795. Stiller. 9 gl.

Schnaubert, Andr. Jos., Beitr. z. deutschen Staats- u. Kirchenrecht. 2 Thle. 8. Marb. 781, 83. Krieger. 14 gl.

SCHNAUBERT, Andr. Jos.: Beiträge zum deutschen Staats- u. Kirchenrechte. 2 Thle. *Marburg*, (Krieger in *Cassel.*) 782. 83. 8. (14 Gr.)

— neue juristische Bibliothek, s. Bibliothek.

SCHNAUBERT, And. Jos.: Neueste jurist. Bibliothek, bes. d. deutschen Staats- und Kirchenrechts. *Giessen*, Krieger. 783—87. 28 St. 8. (3 Thl. 12 Gr.) Fortgesetzte u. neueste fortges. Bibl. *Jena*, Cuno's E. 788—91. 6 St. 8. (1 Thl. 6 Gr.)

— neueste fortgesetzte juristische Bibliothek d. deutschen Staats- u. Lehnrechts. 1r Bd. 5 Stck. 8. Jena, Cuno. (Stahl.) 789–90.

SCHNAUBERT, Andr. Jos.: Summar. Einleit. in d. Staatsrecht d. gesammten Reichslande, nebst e. kurzen Entwurf desselben. *Jena*, (Hennings in *Neisse.*) 786. 8. (8 Gr.)

SCHNAUBERT, Jos. Andr.: Summar. Einleit. in d. Staatsr. (Anfangsgründe des Staatsrechts) der gesammten Reichslande. *Jena*, akadem. B. 787. (790.) (Ettinger in *Gotha.*) gr. 8. (16 Gr.)

SCHNAUBERT, Andr. Jos.: Kurzer Entwurf des protest. Kirchenr. in Deutschl. *Jena*, (Schmid.) 788. 8. (1 T.)

— Erläuter. des in Deutschland übl. Lehnrechts, in einem Commentar üb. die Principia juris feudalis. 2 Thle. 4. Braunschweig 784, 86. 2e A. 794. 1r Thl. 3e A. 798. 3 Thle. 4. Ebd. 799. Schulbuchh. 2 ₰ 14 ℊ

Schnaubert: Erläuterung des in Deutschland üblichen Lehnrechts in einem Kommentar über die Böhmerschen Principia iuris feudalis. 2. Aufl. [Nebst] Forts. 1. 2. Braunschweig 1791—95.
— 3. Aufl. 1799. 1. Forts. 2. Ausg. 1794. 2. Forts. 2. Ausg. 1795.

SCHNAUBERT, And. Jos.: Erläut. d. in Deutschl. übl. Lehnr. in e. Commentar üb. *Böhmer's* jus feud. *Braunschweig*, Schulbuchh. (784. 786.) 3e Aufl. 799. 3 Thle. 4. (2 Thl. 14 Gr.)

— Erörterung d. Lehre v. heilbaren u. unheilbaren Nullitäten. 8. Marb. 780. Krieger. 2 ℊ

Schnaubert, [Andr. Jos.]: Grundsätze des Kirchenrechts der Protestanten und Katholicken in Deutschland. Jena 1794.

— [Dasselbe.]
Abth. 1. Grundsätze des Kirchenrechts der Protestanten. 3. Aufl. 1805.
„ 2. Bes. Grundsätze des Kirchenrechts der Katholiken. 2. Aufl. 1806.

— Grundsätze des Kirchenrechts der Protestanten u. Katholiken in Deutschland. 2 Thle. gr. 8. Jena, Seidler. 805–806.

— Grundsätze des Kirchenrechts d. Protestanten in Deutschland. gr. 8. Jena 794. 2e A. 795. 3e A. 805. (Hennings in Neisse). 1 ₰ 4 ℊ

SCHNAUBERT, Andr. Jos.: Grundsätze des Kirchenrechts d. Protestanten in Deutschland. 3e Ausg. *Jena*. (794.) 806. (*Neisse*, Hennings.) 8. (1 Thl. 8 Gr.)

— besondere Grundsätze des Kirchenrechts der Katholiken in Deutschland. gr. 8. Jena, Akademische Buchhandlung. 794.

SCHNAUBERT, Andr. Jos.: Besondere Grundsätze des Kirchenrechts der Katholiken in Deutschland. 2. Ausg. *Jena*. (794.) 806. (*Neisse*, Henning.) 8. (1 Thl. 8 Gr.)

SCHNAUBERT, A. J.: Ueber Kirche u. Kirchengewalt, in Ansehung des öffentl. Religionsbegriffes und nach Grundsätzen d. natürl. u. protestant. Kirchenrechts. *Jena*, (Schmid.) 788. 8. (9 Gr.)

— Lehrbuch des deutschen Staatsrechts. 1r Thl. 8. Jena 806. (Hennings in Neisse). 1 ₰ 8 ℊ

Schnaubert, And. Jos.: „Lehrbuch des deutschen Staatsrechts", Jena 1806 (Seidler).

— üb. d. rechten Mittel d. Protestanten wider d. Katholicismus zu sichern. 8. Jena, Cuno. (Stahl.) 788.

— üb. die rechten Mittel, die Protestanten vor d. Katholicismus zu sichern. 8. Jena 788. (Schmid). 12 ℊ

Schnaubert, Andreas Joseph (Bingen) A. S. 132/25

Dissertatio inauguralis iuris publici de qualitate comitiali placiti regii in imperio Romano-Germanico ad votum consilii imp. aulici d. d. 6. Nov. 1773. Giessen (Braun) IV. 1580 (richt.: 1780). 36 S.

31020

— Vertheidigung gegen Roth in Mainz, die Aufhebung d. Klöster betreff. 8. Marb. 784. Krieger. 8 ℊ

— üb. Mosers Vorschläge zu Verbesser. der geistl. Staaten in Deutschland. 8. Jena 788. (Schmid). 12 ℊ

— Widerlegung d. Offenbacher rechtlichen Staatsbetrachtungen. 8. Gießen, Krieger. 785.
Vgl. W i d e r l e g u n g...

Schnaubert, Friedr., Hülfsbuch für die juristische Praxis. 1. Thl.: Die Rechtsgeschäfte. gr. 8. (XVI und 162 S.) Jena 853, Mauke. *

—— dass. — 2. Thl.: Die Proceßschriften. gr. 8. (XIV und 204 S.) Ebds. 853. *

Schnaubert, G., Gesundheitskatechismus f. d. deutschen Krieger. 12. Leipz. Centr.-Compt.; (a. Schmid in Jena). 3 ℊ

Schnaubert, die Lehre von d. geburtshülflichen Untersuchung. 8. Eisenb. Schöne. 813.

Schnaubert, Guido, Weimar, s.: Woerl's, Leo., Reisehandbücher.

s.: Weimar, Goethe- u. Schiller-Stätten.

Schnaubert, Hermann

Schnaubert, (H.,) Beitrag z. Erkenntniß d. Wesens d. Hypochondrie u. Hysterie, u. deren richtige Behandlung. 8. Eisenberg 827, Schöne.

Schnaubert, Herm., Hydrotherapie, oder die Anwendung des kalten Wassers zur Heilung der vorzügl. Krankheiten des Menschen. kl. 8. Eisenberg 842, Schöne. 1/2 ℔

Schnaubert, Herm., Hydrotherapie, oder die Anwendung des kalten Wassers zur Heilung der vorzügl. Krankheiten d. Menschen. 2. Aufl. 8. (166 S.) Eisenberg 847, Schöne. 1/2 ℔

Schnaubert, Herrm., Versuch e. Darstellung d. Wirkung d. kalten Wassers auf d. menschl. Körper. Mit besond. Rücksicht auf d. Prießnitz'sche Kurmethode. gr. 8. (4 1/2 B.) Weimar 840, Voigt.

Schnaubert, Herrm., alphabet.-tabell. Zusammenstellung d. gebräuchl. Arzneimittel, ihrer Mischung, Wirkung u. Anwend. mit besond. Rücksicht auf d. neue preuss. Pharmacopöe, f. pract. Aerzte u. Wundärzte bearb. qu. 4. (23 1/2 B.) Weimar 836, Voigt. Thlr.

[S.] Statistische Beschreibung des Kreises Pillkallen v. Dr. Julius Schnaubert, Kgl. Landrath. *Pillkallen: E. Morgenroth 1894.* (3 Bl., 288, XL, 5 S.) 1 Bd 4. 10

Schnaubert, Jul. F. Thdr.: Das Familienverhältniss n. seine Bedeutung, sein Daseyn, Bild u. gesellschaftl. Zustand d. Menschen. *Jena,* Cröker. 807. 2 Thle. 8. (1 Thl. 14 Gr.)

Schnaubert, Jul. Fr. Th., das Familienverhältniß nach seiner Bedeutung für Daseyn, Bildung und gesellschaftlichen Zustand der Menschen. 2 Thle. 8. Jena, Cröker. 816. (1r Theil 18 Gr. 2r Thl. 20 Gr.)

Schnaubert, Jul. Thdr. Fr., das Familienverhältniß nach seiner Bedeutung f. Daseyn, Bildung u. gesellschaftl. Zustand der Menschen. 2 Thle. 8. Jena 816, 17. Cröker. 1 ℔ 14 gl.

— Lehrbuch d. Wissenschaftslehre d. Rechts. 8. Jena 819. Bran. 1 ℔ 6 gl.

— Diss. inaug. sistens ad Legem I. Digest. de publiciana in rem actione selectas observationes. 8. Jena 810.

Schnaubert, Ludwig.
Untersuchung der Verwandschaft der Metalloxyde zu den Säuren. Nach einer Prüfung der neuen Berthollet'schen Theorie. Erfurt, 1803 8vo.

Schnaubert, Ldw., chem. Untersuchung üb. die Verwandtschaften d. Metalloxyde zu den Säuren, nebst Bemerkk. üb. Berthollets neue Affinitäts-Lehre. gr. 8. Erfurt 803. Hennings in Neisse. 12 gl.

Schnaubert, Sidonie, Musterblätter f. den weibl. Arbeitstisch. Enthaltend Anleitung u. Muster zum Häkeln. 1 u. 2. Hft. gr. 8. (20 S. m. 8 lith. Taf.) Gotha 849, Stollberg'sche Buchdruckerei. (à n. 1/6 ℔) n. 1/3 ℔

Schnaubert, Sidonie, die Puppenstube. Ein Festgeschenk für fleißige und gute Mädchen und ein Leitfaden für den Unterricht im Häkeln, Sticken, Stricken ꝛc. br. 8. (VI und 30 S. mit eingedr. Musterzeichnungen in Holzschn. und Bildern auf 1 ill. Stnt.) Arnstadt 853, Verlags-Comtoir.

Polhöhenbestimmungen in den Jahren 1902, 1903, 1908 und 1909. Von M[ax] Schnauder. Mit 2 Taf. Berlin 1910: Reichsdr. 100 S. 4°
(Veröffentlichung d. K. Preuß. Geodät. Institutes. N. F. Nr 48.)

SCHNAUDIGEL, Otto (Speyer): Meta-jod-orthooxychinolin-ana-sulfonsäure (Loretin). Ein neues Antiseptikum.- München: Knorr & Hirth 1894. 26 S.
13.7.1894 - Chr 1894/95,19; Jv 1893/94,203
Diss. Ingolst.-Landsh.-Mchn.

Schnauferl, das. Fliegende Blätter f. Sport-Humor. Red.: Rich. Braunbeck. 6. Jahrg. 1906. 26 Nrn. (à ca. 12 S. m. Abbildgn.) Lex.-8. Berlin, Verein. Verlagsanstalten G. Braunbeck & Gutenberg-Druckerei. 6.—; geb. 8.—

Schnauferl, das. Blätter f. Sport-Humor. Künstlerische Leitg.: Edm. Edel. Red.: Frdr. Bock. 6. u. 7. Jahrg. 1907 u. 1908. à 26 Nrn. (à ca. 16 S. m. Abb.) 32×25 cm. Berlin, Vereinigte Verlagsanstalten G. Braunbeck u. Gutenberg-Druckerei. à Jahrg. 6.—; geb. 8.—
Fortsetzg., s.: Sporthumor.

Schnauffer, J. F., Skizze üb. d. Kindermord. 8. Bayreuth 804. Lübeck. 3 gl.

Schnauffer, Karl Heinrich

— siehe: Friedrich Wilhelm IV.

Schnauffer, Karl Hnr., Gedichte. kl. 8. Mannheim 846, Hoff. 1 ℔

Schnauffer, Carl Heinrich. König Carl I, oder Cromwell und die englische Revolution: Trauerspiel in 5. Acten. Baltimore: Baltimore Wecker, 1854. CtY, MdHi, WU

Schnauffer, Carl Heinr., Lieder und Gedichte aus dem Nachlaß. 12. (IV, 160 S.) Baltimore 879. (Philadelphia, Schäfer und Koradi.) * 3 —

— neue Lieder für das teutsche Volk. Mit einem Vorwort von Hecker. gr. 16. (152 S.) Rheinfelden 847. (Basel, Fischer.) n. 2/3 ℔

—— neue Lieder für das teutsche Volk. Mit einem Vorwort von Hecker. gr. 16. (152 S.) Rheinfelden 848. (Basel, Fischer.) *

Schnauffer, Carl Heinrich. Todten-Kränze. 4 Aufl. Baltimore: Baltimore Herold, 1851. MdHi, MdBP, PPG

Schnauffer, Carl Heinr., Deutschlands Wiedergeburt. Schwarz, Roth, Gold. (Gedicht.) Fol. (1/2 B.) Berlin 848, Hofmann & Co. 1 1/2 ngl.

Schnauffer, Carl Heinrich. Deutschlands Wiedergeburt. Schwarz, Roth, Gold. Berlin, A. Hofmann u. Co. 1 Bl. Fol.
Flugblatt. Berlin, 1848/49.

Schnaus, Carl, aus Hersfeld: Über das **Verhältnis von David Garrick's 'Catharine and Petruchio' zu Shakespeare's 'The Taming of the Shrew.'** *Halle a. S. 1902: H. John.* (46 S.) 8°
Halle, Phil. Diss. v. 1902.

Schnauss, Herm., s.: Apollo.

Schnauss, Herm., die Blitzlicht-Photographie. Anleitung zum Photographiren bei Magnesiumlicht. gr. 8. (VI, 136 S. m. Abbildgn. u. 8 Taf.) Düsseldorf 893. E. Liesegang. n. 2. —

Schnauss, Herm., die Blitzlicht-Photographie. Anleitung zum Photographiren bei Magnesiumlicht. 2. Aufl. gr. 8. (IV, 150 S. m. 57 Fig. u. 8 Taf.) Düsseldorf 896. E. Liesegang. n. 2. —

Schnauss, Herm., die **Blitzlicht-Photographie.** Anleitg. zum Photographieren bei Magnesiumlicht. 3. umgearb., verm. Aufl. gr. 8. (VI, 175 S. m. 61 Abbildgn. u. 8 Taf.) Leipzig (902). E. Liesegang. n. 2. 50

—— s. Burton, W. K. ABC der modernen Photographie.

Schnauss, Herm., u. Max **Erhardt,** Diapositive, s. a. Liesegang's photograph. Bücherschatz. 6.

— **Diapositive.** Anleitg. zur Anfertigg. v. Projections-Photogrammen, Stereoscop-Glasbild. u. Fenster-Bild., sow. zur Herstellg. v. Diapositiven zum Zwecke d. Decoration verschied. Gegenstände d. Vergrösserns u. d. Reproduction m. Hilfe v. Chlorbromsilber-Gelatine-Platten („Apollo"-Diapositivplatten). 8. (V, 74 S. m. 15 Abb.) Dresden 896. (Düsseldorf, Schmitz & Olbertz.) n. — 80

— dasselbe. Anleitg. zur Anfertigg. v. Projections- u. Stereoscop-Glasbild., v. Fensterbildern, sow. Diapositiven zum Zwecke des Vergrösserns u. d. Reproduction. 2., verm. Aufl. 8. (III, 104 S. m. 26 Abb.) Dresden 897. Verl. d. „Apollo". n. 1. 50

— **Diapositive.** Anleitg. zur Anfertigg. v. Glas-Photographien f. die Laterne, das Stereoscop, zum Fensterschmuck, sowie von Diapositiven zum Zwecke des Vergrösserns u. der Reproduction. 3., umgearb. u. verm. Aufl. 8. (III, 124 S. m. 35 Abbildgn.) Dresden 899. Verlag des „Apollo". n. 1. 50

— **Diapositive.** Anleitung zur Anfertigg. von Glas-Photographien f. den Projektionsapparat, das Stereoskop, zum Fensterschmuck sowie zum Zwecke des Vergrösserns u. der Reproduction. 4., umgearb. u. verm. Aufl. (III, 134 S. m. 44 Abbildgn.) 8. Dresden 903. Verlag des „Apollo". n. 2. —

Schnauß, H: Diapositive. 5. Aufl. von M. Erhardt. Leipzig 1908

— s.: **Gut Licht!**

— Handbuch d. photograph. Geschäftspraxis, s.: Kremor, Frz.

— der **Projections-Apparat.** Anleitung zu Ausübg. der opt. Projection zum Zwecke der Unterhaltg. u. Belehrg. Unter Zugrundelegg. des Buches „Modern magic lanterns" v. R. Child Bayley hrsg. m. 75 Abbildgn. 8. (VI, 128 S.) Dresden 899. Verlag d. Apollo. n. 2. —; geb. in Leinw. n. 2. 50

SCHNAUSS, HERMANN.
See Naturwissenschaftlich-technische Umschau.

Schnauss, H., photographischer **Zeitvertreib.** Eine Zusammenstellg. einfacher und leicht ausführbarer Beschäftigungen u. Unterhaltgn. mit Hilfe der Camera. gr. 8. (124 S. m. 70 Abbildgn.) Düsseldorf 890. Liesegang. n. 2. —

— dasselbe. 2., verm. Aufl. gr. 8. (VI, 138 S. m. 80 Abbildgn.) Ebd. 890. n. 2. —

— photographischer **Zeitvertreib.** Eine Zusammenstellg. einfacher u. leicht ausführbarer Beschäftiggn. u. Versuche m. Hilfe der Camera. 3., verm. Aufl. 8. (VIII, 170 S. m. 110 Abbildgn.) Düsseldorf 892. E. Liesegang. n. 2. —

— photographischer **Zeitvertreib.** E. Zusammenstellg. einfacher, leicht ausführbarer Beschäftiggn. u. Versuche m. Hilfe d. Camera. 5. Aufl. gr. 8. (XII, 260 S. m. 133 Fig.) Düsseldorf 896. E. Liesegang. n. 2. —; geb. 3. —

— photographischer **Zeitvertreib.** Eine Zusammenstellg. einfacher leicht ausführbarer Beschäftiggn. u. Versuche m. Hilfe der Camera. 6. verm. Aufl. gr. 8. (VIII, 256 S. m. 133 Fig.) Düsseldorf 899. Leipzig, E. Liesegang. n. 2. 50; geb. n. 3. 50

— photographischer **Zeitvertreib.** Eine Zusammenstellg. einfacher, leicht ausführbarer Beschäftiggn. u. Versuche m. Hilfe der Camera. Mit 200 Abbildgn. u. 4 Kunstbeilagen. 9. u. 10. umgearb. u. verm. Aufl. (244 S.) gr. 8. Leipzig 906. E. Liesegang. n. 3. —; geb. n. 4. —

Schnauß, J., ein Wort üb. die Zeichensprachen im Allgemeinen u. üb. ein prakt. Finger-Alphabet insbesondere. Mit 2 lith. (Taf.) Abbildungen (in 4.) gr. 8. (23 S.) Jena 850, Döbereiner. 1/3 ₰

Schnauss, Jul., photographisches **Blitzlicht.** gr. 4. (2 S.) Leipzig 888, (Engelmann.) *

—— die photomechanischen **Druckverfahren** und ihre Fortschritte. gr. 4. (3 S. mit 1 Taf.) Halle 888. (Leipzig, Engelmann.) *
Vorstehende zwei Schriften sind aus: Leopoldina, besonders abgedruckt.

Schnauss, Jul. Zur Feier der 50jähr. Erfindung der Photographie. gr. 4. (2 S.) Halle a. S. 889. (Lpz., W. Engelmann.) * — 50
Aus: Leopoldina, besonders abgedruckt.

—— **Katechismus der Photographie,** s. Webers, J. J., illustrirte Katechismen. 40.

Schnauss. Katechismus der Photographie oder Anleitung zur Erzeugung photographischer Bilder. Nebst einem alphabetischen Verzeichnisse der deutschen, lateinischen, französischen und englischen Benennungen photographischer Chemikalien und Naturprodukte. (Aus: „J. J. Weber's Illustrierte Katechismen" Nr. 40.) Leipzig 1864.

Schnauß, Jul., **Katechismus** der Photographie od. Anleitg. zur Erzeugg. photograph. Bilder. Nebst e. alphabet. Verzeichniß der deutschen, latein., französ. u. engl. Benenngn. photograph. Chemikalien u. Naturproducte. 3. Aufl. Mit e. Nachtrag: Das Gelatine-Emulsions-Verfahren. Mit 28 Abbildgn. 8. (VIII, 212 S.) Leipzig 885. Weber. geb. n. 2.

— **Katechismus** der Photographie od. Anleitg. zur Erzeugg. photograph. Bilder. Nebst e. alphabet. Verzeichniß der deutschen, latein., französ. u. engl. Benenngn. photograph. Chemikalien u. Naturprodukte. 4., verm. Aufl. Mit 34 in den Text gedr. Abbildgn. 8. (VIII, 214 S.) Leipzig 888. J. J. Weber. geb. n. 2. —

Schnauß, Jul., Leitfaden d. **Photographie.** Anleitung zur Erzeugg. photograph. Bilder. 5., verb. Aufl. (d. Katechismus). 12. (VIII, 196 S. m. 40 Abb. u. 1 Titelbild.) Leipzig 895. J. J. Weber. Geb. in Leinw. n. 2. 50

—— photographisches **Lexicon.** Ein alphabet. Nachschlage-Buch für den prakt. Photographen sowie für Maler, Chemiker, Techniker, Optiker etc. auf Grund der neuesten Fortschritte. Mit theilweiser Benutzung von Sutton's dictionary of photography und unter Berücksicht. der neuesten deutschen, engl. und französ. Literatur sowie eigner Erfahrungen. 2 Abthlgn. gr. 8. (XVIII und 400 S. mit in den Text gedr. Abbildungen in Holzschn.) Leipzig 860, Spamer. * 1 Thlr. 20 Ngr.; geb. Thlr. *

— photographisches Lexikon. Alphabetisches Nachschlagebuch für den praktischen Photographen sowie für Maler, Chemiker, Techniker, Optiker etc. auf Grund der neuesten Fortschritte. Unter Berücksichtigung der neuesten deutschen. engl. u. französ. Literatur sowie eigner Erfahrungen. 2. verb. Aufl. Mit zahlreichen, in den Text gedr. Abbildgn. (in Holzschn.) Leipzig 864. Spamer. gr. 8. (IV, 454 S.) n. 2 ℛ︎

Schnauss, Jul., photographisches Lexikon. Alphabetisches Nachschlagebuch für den prak. Photographen sowie für Maler, Chemiker, Techniker. Optiker etc. Unter Berücksichtigung der neuesten deutschen, engl. u. französ. Literatur sowie eigner Erfahrungen. Weitergeführt durch ein Repertorium der neuesten Fortschritte u. wesentl. Erfahrungen während der J. 1863 bis 1867 von Karl de Roth. 2. Aufl. Leipzig 868. Spamer. gr. 8. (VI, 543 S. mit zahlreichen in den Text gedr. Abbild. in Holzschn.) n. 2 ℛ︎ 10 ngr; geb. n. 2 ℛ︎ 25 ngr.

Schnauss, Jul., photographisches Lexicon. Alphabetisches Nachschlagebuch für den prakt. Photographen, sowie für Maler, Chemiker, Techniker, Optiker etc. auf Grund der neuesten Fortschritte. Unter Berücksicht. der neuesten deutschen, engl. und französ. Literatur, sowie eigner Erfahrungen. 3. umgearb. und verm. Aufl. 9 Hefte. gr. 8. (IV, 536 S. mit zahlreichen in den Text gedr. Abbild.) Halle 881,82, Knapp. à Heft *ℳ 1. * 9 —

Schnauss, Jul., u. Aug. Albert, der Lichtdruck u. die Photolithographie, s.a. Liesegaug's photograph. Bücherschatz. II.

—— der Licht-Druck und die Photolithographie. Nach eigenen Erfahrungen und denen der ersten Autoritäten praktisch bearb. 8. (109 S.) Düsseldorf 879. (Leipzig, Grieben's Verlag.)

— der Licht-Druck u. die Photolithographie. Nach eigenen Erfahrungen u. denen der ersten Autoritäten praktisch bearb. 8. (109 S.) Düsseldorf 880. Liesegang. n. 4. —

—— der Licht-Druck und die Photolithographie. Nach eigenen Erfahrungen und denen der ersten Autoritäten praktisch bearb. 2. durchges. und verm. Aufl. 8. (139 S. mit eingedr. Holzschn. und 2 Lichtdr.) Düsseldorf 880. [Berlin.] Leipzig, Grieben's Verlag. * 4 50

— der Licht-Druck u. die Photolithographie. Nach eigenen Erfahrgn. u. denen der ersten Autoritäten practisch bearb. 3. Aufl. gr. 8. (VIII, 157 S. m. Illustr. u. 3 Taf.) Düsseldorf 886. Liesegang. n. 4. –

— der Licht-Druck u. die Photolithographie. Nach eigenen Erfahrungen u. denen der ersten Autoritäten practisch bearb. 4., verm. Aufl. 8. (VII, 170 S. m. 23 Abbildgn. u. 4 Taf.) Düsseldorf 889. Liesegang. n. 4. —

Schnauss, Jul., der Licht-Druck u. die Photolithographie. Nach eigenen Erfahrgn. u. denen der ersten Autoritäten practisch bearb. 5., verm. Aufl. gr. 8. (VII, 175 S. m. 28 Abbildgn. u. 3 Taf.) Düsseldorf 892. E. Liesegang. n. 4. –

Der Lichtdruck und die Photolithographie v. Dr. Julius **Schnauss**. 6. Aufl. *Düsseldorf: E. Liesegang 1895.* (1 Bl., 170 S., 2 Taf.) 1 Bd.

Schnauß, J: Der Lichtdruck und die Photolithographie. 7. Aufl. von A. Albert. Leipzig 1906 (Liesegang's Photogr. Bücherschatz, Bd 2)

–– Photographie bei Nacht. [Aus: „Leopoldina".] gr. 4. (4 S.) Halle 885. (Leipzig, Engelmann.) n. — 50

—— Recept-Taschenbuch für Photographen. 300 Vorschriften und Mittheilungen aus der photograph. Praxis. 8. (VIII, 175 S.) Halle 882, Knapp. * 3 —

—— dass. — 270 Vorschriften und Mittheilungen aus der photograph. Praxis. 2. (Schluß-)Thl. 8. (VII, 72 S.) Ebendas. 883. * 1 20

— photographisches Taschen-Lexikon. Ein Nachschlagebuch f. Berufs- u. Liebhaber-Photographen. Nebst Vocabularium. Deutsch. Englisch. Französisch. Lateinisch. 8. (III, 157 S.) Halle 893. W. Knapp. n. 4. —

—— das einfachste und sicherste Trocken-Verfahren der Gegenwart. Beschreibung einer neuen, sehr leicht ausführbaren, sicheren und schnellen Methode auf trockenen Collodiumplatten sowol negative wie positive Aufnahmen von Landschaften und Portraits als auch transparente Glasbilder namentlich für Stereoskopen zu erzeugen und dieselben zu vergrössern. gr. 8. (42 S.) Leipzig 863, Spamer. geh. und verklebt. *

Schnauss, Mart., die Leonardische Flora. Eine Fälschg. aus dem 19. Jahrh. Studien e. Künstlers. Mit e. chem. Untersuchg. v. Geo. Pinkus. (71 S. m. Abbild.) gr. 8. Leipzig 910. O. Wigand. 1.80

Schnauze, die große. Urgrobes, parteiloses, illustr. Volksblatt. 1. Jahrg. 1896. 24 Nrn. (Bog.) gr. 8. Berlin, P. Heidemann. n. 1. 80

(**Schnayder**, Ladislaus, k. k. Oberlieut. im 15. Inft.-Reg.) Oesterreichisch-preussischer Krieg gegen Dänemark, nach authentischen Quellen dargestellt von einem k. k. Officier. (Mit 6 Plänen.) 8. Wien 1865.

Schnebel, Karl

Schnebel, C., die Staffage, s.: Edel, E.

Wir brauchen Illustratoren. Ein ernstes Wort an unsere Akademien von Carl **Schnebel**. (Berlin:) Ullstein [um 1909]. 42 S. 2•

Schnebelin

Erklärung der Wunderseltzamen Land-Charten Utopiae, so da ist, das neuentdeckte Schlaraffenland, worinnen all und jede Laster der Welt, als besondere Königreiche, Herrschaften und Gebiete . . . wie nicht weniger dieser Nationen Sitten, Regiment, Gewerbe . . . beschrieben. Allen thorrechten Laster Freunden zum Spott, denen Tugend liebenden zur Warnung . . . vorgestellet (von *Schnebelin*). Zu finden bey D. Funcken in Nürnberg. O. J. (1730). 12°. 396 S. (Max. Perl's Berliner Oct.-Auct. 1909, no. 1115.)

Vorher: Arbeitshausen in der Graffschaft Fleissig (Nürnb. 1694.). 12°. (15 Mk. L. Rosenthal, 1906.) — Neue Auflage. Frankfurt u. Leipzig, o. J. (Weller, fing. Dr.)

Schneck, Schulmeisters. Lustspiel in einem Aufzug. Aufgeführt im Leopoldstädter Theater am 6. u. 7. Aug. 1808. V: *Richter, Joseph.* (Hans Viktor Pisk: Josef Richter. Diss. Wien 1927. S. 163)

Schneck, Handb. d. Forstrechts u. d. Forstpolizei. Gotha, 1825.

Schneck, A. Die Schule betrachtet vom Gesichtspunkt der volkswirtschaftlichen Entw d modernen Lebens; oder, eine Studie über "Fortschritt u Armut," von Henry George. Milwaukee, 1882.

Schneck, [illegible] 185[illegible]

Berlin, Med. Diss. v. [illegible] Aug. 18[illegible]

Schneck, B. S., die Mercersburger Theologie unvereinbar m. evangelischer u. reformirter Lehre. Im Auftr. d. Verf. frei aus dem Engl. übers. gr. 8. (76 S.) Philadelphia 874. (Schäfer & Koradi.) n. 1. —

Schneck, Benj. S. Abenteuerliche Ereignisse aus dem Leben der ersten Ansiedler an den Grenzen der Mittleren u. Westlichen Staaten. Nebst histor. Skizzen von den Feldzügen der Generäle Harmar, St. Clair u. Wayne gegen die Indianer im Nordwesten. (537.) 8. Chambersburg 1839.

Schneck, *Franciscus Otto* Bernhardus [Silesius]: Quaestiones paroemiographicae de codice Coisliniano 177 et Eudemi quae feruntur lexicis ... Vratislaviae, typ. G. Hoyeri & soc., *1892*; 50 S., 1 Bl. 8.
Breslau, Phil. Fak., Inaug.-Diss. v. 11. Juli 1892

Schneck, Bernh., quaestiones paroemiographicae de codice Coisliniano 177 et Eudemi quae feruntur lexicis. gr. 8. (50 S.) Breslau 892. (L. Köhler.) n. 1. —

Verzeichnis der Mitglieder des Philologischen Vereins zu Breslau zsgest. von Dr. Bernhard **Schneck**. Juli 1892. Breslau (1892): G. Hoyer & Co. (15 S.) 8° · [04. 931 2

Schneck, D. Leben und Meynungen, 8. Breslau, 778. Meyer. 15 sgl.

Schneck, Ernst, die Lehre v. den Projektionen. Eine Anleitg. f. den Unterricht im Linearzeichnen an Volks-, Mittel- u. höh. Schulen, Präparandenanstalten, Lehrerseminaren u. gewerbl. Fortbildungsschulen. Nach den neuesten minister. Bestimmungen vom 2. IV. 1902 bearb. (50 S. m. Abbildgn. u. 6 farb. Taf.) gr. 8. Berlin 904. L. Oehmigke's Verl. n. 2. —

— das Malen nach Natur- u. Kunstgegenständen. Eine Anleitg. f. den Unterricht im freien Zeichnen auf der Oberstufe allgemein bild. Lehranstalten. (24 S. m. Abbildgn. u. 6 farb. Taf.) qu. gr. 4. Ebd. 903. n. 3. —

— dasselbe. Neue Folge. (19 S. m. 12 farb. Taf.) qu. gr. 4. Ebd. 905. n. 5. —

Schnecken, Krebse und Frösche, über, oder Anleitung, wie sie gefangen, gezogen, gemästet u. als Speise auf die schmackhafteste Art zubereitet werden sollen. Nebst e. Anweis., wie Schneckengärten u. Fischteiche angelegt und behandelt werden müssen. 8. Ulm 837. Ebner. 3/8 ℳ

Schnecken-Almanach, ein scherzhaftes Taschenbuch auf das Jahr 1810, v. J. L. Stoll. Mit Kpf. 18. Wien, Geistinger. (Landshut, Krüll.)

Schneckenberg, Edm., die Lungenschwindsucht und ihre arzneilose Behandlung. Ein Mahn- und Trostwort. gr. 8. (52 S.) Berlin 887, Breitkreuz. *

Schneckenberg, Edm., d. Lungenschwindsucht u. ihre arzneilose Behandlg. E. Mahn- u. Trostwort, Gesunden u. Kranken gewidmet. 3. Aufl. gr. 8. (IV, 96 S.) Reitzenhain 895. E. Schneckenberg. 1. 50

Schneckenberg, Edm. Die Nervenschwäche u. ihre arzneilose Behandlung. 2. Aufl. 8. (II, 96 S.) Berl. 889, Breitkreuz. * 1 20

Schneckenberg, F. C., Predigt zu Wilhelmshöhe gehalten. 8. Cassel, Griesbach. 802.
Vgl. Schnakenberg, F. C.

Schneckenburger, A., Blüthen, eine Samml. v. Liedern mit Begleit. d. Guitarre. 6 Hefte. Freiburg, Herder. 4 ℊℊ

SCHNECKENBURGER, Emil (Tuttlingen): De amputationibus gravioribus in nosocomio Monacensi tr./I. ab anno 1878 usque ad annum 1881 factis. (Titel nach der Urkunde)
18.3.1882 - Urk; Chr 1881/82,8
Diss. Ingolst.-Landsh.-Mchn.

Schneckenburger, Matthias

Schneckenburger, Matth., über d. Alter d. jüd. Proselyten-Taufe u. deren Zusammenhang mit d. johanneischen u. christl. Ritus. Nebst e. Beil. üb. d. Irrlehrer zu Colossä. gr. 8. (15 B.) Berlin 828, Dümmler.

—— Annotatio ad epistolam Jacobi perpetua cum brevi tractatione Isagogica. 8 maj. (10 B.) Stuttgardiae 832, [Beck et Fränkel.]

— Annotatio ad epistolam Jacobi perpetua, cum brevi tractatione Isagogica. 8maj. Stuttg. 832. Löflund u. S. 22 ℊℊ

—— Beiträge zur Einleit. ins Neue Testament u. z. Erklärung seiner schwier. Stellen. gr. 8. (15 B.) Stuttgart 832, [Beck u. Fränkel.]

— Beitrr. z. Einleit. ins N. Testament u. z. Erklärung seiner schwierigen Stellen. gr. 8. Stuttg. 832. Löflund u. S. 1 ℛ

[Schneckenburger, Matthias, und Hundeshagen, Carl Bernhard.] Das anglo-preussische Bisthum zu St. Jacob in Jerusalem und was daran hängt. 8. Freiburg [*d. i.* Bern] 1842.

Schneckenburger, M., zur kirchl. Christologie. Die orthodoxe Lehre vom doppelten Stande Christi nach luther. u. reformirter Fassung. Neue, erweiterte Bearbeitung. gr. 8. (XII u. 223 S.) Pforzheim 848, Flammer & Hoffmann (jetzt: Stuttgart, Scheitlin). $1\frac{2}{3}$ ℛ

Schneckenburger, Matthias, zur kirchlichen Christologie. Die orthodoxe Lehre vom doppelten Stande Christi nach lutherischer u. reformirter Fassung. 2. Ausg. Pforzheim 861. Flammer. (Lahr, Schauenburg & Co.) gr. 8. (XII, 224 S.) $22\frac{1}{2}$ ngr.

Schneckenburger, M(atth.), vergleichende Darstellung des lutherischen und reformirten Lehrbegriffs. Aus dessen handschriftl. Nachlasse zusammengestellt und hrsg. durch Ed. Güder. 2 Thle. gr. 8. Stuttgart, Metzler'sche Buchh. [1. (LI und 287 S.) 854. * 1 Thlr. 14 Ngr., 2. (VIII und 291 S.) 855. * 1 Thlr. 10 Ngr.] *

—— über d. Evangelium der Aegypter. Ein histor.-krit. Versuch. gr. 8. (8 B.) Bern 834, Jenni, Sohn.

Schneckenburger, M., de falsi Neronis fama e rumore christiano orta. Bernae 1846. 4.

[Schneckenburger, Matthias.] Die orientalische Frage der deutsch-evangelischen Kirche. 8. Bern 1843.

Schneckenburger, Dr. Matth., üb. Glauben, Tradition u. Kirche. Sendschreiben an F. Huber ꝛc. 8. Stuttg. 827. Steinkopf. 12 ℊℊ

Schneckenburger, M., die Berliner evangelische Kirchenzeitung im Kampfe für das Bisthum in Jerusalem. Ein Vorschlag zum Frieden (Eph. 4, 25). gr. 8. Bern 844, Fischer. n. $\frac{1}{2}$ ℛ

Schneckenburger, Matth., der Ruf d. Herrn an d. Mühseligen u. Beladenen. Eine Pred. gr. 8. (1 B.) Bern 836, Jenni, Sohn.

—— über den Ursprung d. ersten kanon. Evangeliums. Ein krit. Versuch. gr. 8. (11 B.) Stuttgart 834, [Beck u. Fränkel.]
Aus den „Studien d. evangel. Geistlichkeit Wirtembergs, hrsg. v. v. Chr. B. Klaiber" besond. abgedruckt.

Schneckenburger, Matth., Vorlesungen über die Lehrbegriffe der kleineren protestantischen Kirchenparteien. Aus dessen handschriftl. Nachlass hrsg. von Karl Bernh. Hundeshagen. gr. 8. (VII und 251 S.) Frankfurt a. M. 863, [Winter.] *

— Vorlesungen über neutestamentliche Zeitgeschichte. Aus dessen handschriftl. Nachlass hrsg. von Thdr. Löhlein. Mit einem Vorworte von K. B. Hundeshagen. gr. 8. (XVI und 256 S. mit 1 lithogr. Karte in Fol.) Frankfurt a. M. 862, [Winter.] *

— üb. d. Zweck d. Apostelgeschichte. Zugleich e. Ergänz. d. neueren Commentare. gr. 8. (10½ B.) Bern 841, Fischer.

Schneckenburger, Max, deutsche Lieder Auswahl aus seinem Nachlaß. Stuttgart 870. Metzler's Verl. gr. 16. (79 S.) 12 ngr.

Schneckenburger, Max, deutsche Lieder. 8. Stuttgart 870, Bonz und Comp. — 50

Schneckenburger, Max. Deutsche Lieder. Stuttg. 1870. H: *Gerok, Carl.* (ADB 32, 89)

Schneckenburger, Max, die Wacht am Rhein. Mit französ. Uebersetzg. v. F. Brandstätter. gr. 4. (1 Bl.) Danzig 871. Saunier. pro 10 Ex. 1. —

SCHNECKENHAUS, Das grosse, ein Fresco- und Pastelgemälde (sic!) der lebenden Welt. (69 ziemI. zahme moral.-satyr. Abhandl.) 2 Bdchn. Leipzig 1802, bey Joh. Ambrosius Barth. 8°. (3 Mk., Leihbiblexpl., Lehmann & Lutz, Frf. a. M., c. 1884.)

Vorr. unterz.: Franz Wilhelm Biderfreund. — 1: XIV (incl. Nebentit.: „Gallerie menschlicher Charaktere") u. 272 SS. Enth. u. a.: Die Petitmaitresse. — Der Wollüstling. — Ein Paar Alltagsweiber. — Die Betschwester &c. 2: 2 Bll. u. 266 SS. Darin u. a.: Die empfindsame Närrin. — Die adeliche Erziehung. Eine Familienscene &c.

Schnecken-Comödie-(Almanach), ein scherzhaftes Taschenbuch auf d. Jahr 1810, v. J. L. Stoll. Mit Kpf. 18. Wien, (Gerold). 12 gr. Hbg. Pr. 8 gr.

Schnedar, Johann — Anleitung zur Baukunst. Zum Gebrauche für Real-, Sonntags- und Gewerbsschulen von — —. Mit einem Atlas von 10 Kupfertafeln. Wien, 1856. Druck und Verlag von Karl Gerolds Sohn. (X. 201 S. 8.)

Schnedar, Joh., Anleitung zur Baukunst. Zum Gebrauche für Real-, Sonntags- und Gewerbeschulen. 2., verm. Aufl. gr. 8. (XII und 232 S. mit 10 Kpfrt. in qu. Fol.) Wien 863, Gerold's Sohn. *

— a gyakorlati épitészet elemei. 10 rajzlappal ellátva. Középtanodák, különösen ipartanodák számára. Ebend. 862. gr. 8. (XII, 232 S.) n. 1 ₰ 24 ngr.

Schnédár, János, a gyakorlati épitészet elemei. [10 rajzlappal.] Középtanodák, különösen ipartanodák számára. Második javitott kiadás. Wien 870. Gerold's Sohn. gr. 8. (XII, 232 S. mit 10 Kpfrtaff. in qu. Fol.) n. 1 ₰ 24 ngr.

Schnedar, Rud., Grundzüge der darstellenden Geometrie, nebst ihrer Anwendung auf Schattenbestimmung, Parallel- und Linear-Perspective für Ober-Realschulen. 8. (XI und 286 S. mit 252 Fig. in eingedr. Holzschn.) Brünn 856, Winiker's Buchh. *

Schnedar, Rud., Grundzüge der darstellenden Geometrie nebst ihrer Anwendung auf Schattenbestimmung, Linear- und Parallel-Perspective für Ober-Realschulen und zum Selbstunterricht. 2. Aufl. gr. 8. (XI und 320 S. mit 279 Fig. in eingedr. Holzschn. und 3 Holzschnt.) Brünn 859, Winiker's Buchh. *

Schnedar, Rud., Grundzüge der darstellenden Geometrie nebst ihrer Anwendung auf Schattenbestimmung, Linear- und Parallel-Perspective für Ober-Realschulen und zum Selbstunterricht. 3. Aufl. gr. 8. (XI und 323 S. mit 279 Fig. in eingedr. Holzschn.) Brünn 864, Winiker. *

Schnedar, Rudolf: Grundzüge der darstellenden Geometrie. 5. A. Brünn 1873.

Schnedar, Rudolph — Grundzüge der darstellenden Geometrie nebst ihrer Anwendung auf Schattenbestimmung, Parallel- und Linear-Perspektive für Realschulen. Von — —. 8. (68 S.) Brünn. Druck und Verlag von C. Winiker. 1854.

Schnedar: Über geometrische Orte. 13 S. und Tab. – Brünn OR., Progr. 1858.

Programm der k. k. Ober-Realschule in Brünn. Veröffentlicht am Schlusse des Schuljahres 1855. Brünn. 1855. Gedruckt bei R. Rohrer's Erben. (24 S. u. 2 Taf. 4.)

Inhalt: Rudolf Schnedar: Die Parallelperspektive. — Josef A. Auspitz: Die Handwerkerschule, ihre Bedeutung und Einrichtung. — Schulnachrichten.

Schnedderedengg: Jahrgang 1—5, no. 1—226, Jan. 16, 1873—Sept. 22, 1877.

Fortnightly, Jan. 16—Oct. 3, 1873; weekly, Oct. 20, 1873—Sept. 22, 1877. Sub-title: Illustrirtes Journal für Humor, Satire, Belletristik, Theater und Musik, 1873—77. Small folio, each issue 16 pages; illustrated, including cartoons. Circulation: 1873, 20,000 (est.); 1875, 6000. Edited & published by Collin & Small, Jan. 16—May 1873; edited by Otto Brethauer, June 19, 1873—Feb. 1874; by Julius Duncan, Aug. 14—Sept. 12, 1874; by Otto Brethauer, Sept. 19, 1874—Sept. 22, 1877; published by J. B. Collin & Co., 1873?—1877.

New York, NY

Schnedermann & Starcke. Zur Geschichte der Emder Rüstkammer. Von ... Schnedermann ... Mit ... Abbildungen ... und beschreibendem Texte von ... Starcke ... Emden, Verlag von W. Haynel 1883.

Tit., 1 Bl., 19 S., 4 Taf. 8°.

Aus: Jahrbuch der Gesellschaft für bildende Kunst und vaterländische Altertümer in Emden. Bd. 5. H. 1

Schnedermann, F., die bleibende Bedeutung Immanuel Kants, in einigen Hauptpunkten gezeichnet. Vortrag, geh. in der Jahreskonferenz der Geistlichen in der Ephorie Leipzig II am 13. VI. 1903. (19 S.) gr. 8. Leipzig 904. J. C. Hinrichs' Verl. n. — 50

Schnedermann, Frz., über die beiden Hauptperioden in Schiller's Ethik mit Rücksicht auf das Verhältniß des Dichters zu Kant. gr. 8. (99 S.) Leipzig 878, Hinrichs'sche Buchh. *

Schnedermann, Frz., die deutsche Nationalliteratur. Ihr innerer Gang, im Zusammenhange m. der Sittengeschichte dargestellt. gr. 8. (IV, 139 S.) Leipzig 899. Dörffling & Franke. Geb. in Leinw. n. 2. —

Schnedermann, Frz., die christliche Sittenlehre. Skizzen u. Lehrgänge f. den Unterricht in den oberen Klassen höherer Schulen, sowie zum Selbstgebrauch. Nebst e. geschichtl. Anh.: Obrigkeit u. Unterthanen im luther. Kirchengebiet. gr. 8. (IV, 108 S.) Leipzig 892. J. C. Hinrichs' Verl. n. 1. 50

Schnedermann, G., Zoologie, s. Flügel, C. G., Lehrb. der Naturgesch. 3. Abthl.

Schnedermann, G. E., siehe: Landrecht, Ostfriesisches.

Die christliche Anschauung von der Welt und dem Menschen im Sinne der gegenwärtigen evangelisch-lutherischen Kirche. Von Dr. Georg Schnedermann, Prof. in Leipzig. *Leipzig: A. Deichert 1902.* (S. 503–623.) 8°

— Schnedermann: Der christl. Glaube. Hälfte 1, Abt. 3.

Schnedermann, Geo., s.: Beiträge zur Vertiefung d. kirchlichen Unterweisung.

Schnedermann, Geo., von dem Bestande unserer Gemeinschaft mit Gott durch Jesum Christum. Kurzgefaßter Versuch einer neuen Darstellung der evangel. Glaubenslehre. gr. 8. (XI, 229 S.) Leipzig 888, Hinrichs'sche Buchh., Verlag. *

Schnedermann, Geo., die Briefe an die Korinther, s.: Kommentar, kurzgefaßter, zu den hl. Schriften Alten u. Neuen Testamentes.

— die Briefe Pauli an die Thessalonicher, Galater, Korinther, Römer, ausgelegt, s.: Kommentar, kurzgefaßter, zu den heil. Schriften Alten u. Neuen Testamentes.

Schnedermann, Geo. Das moderne Christenthum, sein Recht u. sein Unrecht. Ein Vortrag, auf der Dresdner Pastoralconferenz geh. 1. u. 2. Abdr. gr. 8. (46 S.) Lpz. 889, Hinrichs' Verlag. * — 80

— der geschichtliche Christus u. die christliche Glaubenslehre. gr. 8. (IV, 32 S.) Leipzig 902. B. Richter. n. 1.—
Sonderabdruck aus: „Beiträge z. Vertiefg. d. kirchl. Unterweisg."

(8) Schnedermann, Geo., d. geschichtl. Christus. 902. (MBD 32.) Jetzt: Leipzig, Dörffling & Franke.

Schnedermann, Georg: Einleitung in die christliche Glaubenslehre im Sinne der gegenwärtigen evangelisch-lutherischen Kirche. Leipzig: A. Deichert 1899. (XV, 222 S.) 8°
= Schnedermann, G.: D. christl. Glaube. Abt. 1.

— Frank u. Ritschl. Ein erweit. Vortrag. gr. 8. (IV, 43 S.) Leipzig 891. A. Deichert Nachf. n. — 75

— die Gefangenschaftsbriefe d. Apostels Paulus, s.: Kommentar, kurzgefaßter, zu den heil. Schriften Alten u. Neuen Testamentes.

Schnedermann, Geo., unsere Gemeinschaft m. Gott durch Jesum Christum. E. Abriß d. evang. Glaubenslehre. 2., m. e. neuen Einführg. verseh. [Titel-] Ausg. (von: Von d. Bestande uns. Gemeinschaft m. Gott durch Jesum Christum.) gr. 8. (XV, 229 S.) Leipzig (885) 898. J. C. Hinrichs' Verl. n. 3. —

— der christliche Glaube und die heil. Schrift. Habilitations-Vorlesung, gehalten am 26. Octbr. 1883 in der Aula des Museums zu Basel. gr. 8. (42 S.) Basel 884, Detloff's Verlag. · 1 20

— der christliche Glaube im Sinne der gegenwärtigen evangelisch-luther. Kirche. Methodisches Lehrbuch der Glaubenslehre als der Darstellg. unsres eigenen Glaubens. I. Hälfte. 1.—3. Abtlg. gr. 8. Leipzig, A. Deichert Nachf. n. 9. 20
1. Einleitung in die christliche Glaubenslehre im Sinne der gegenwärt. evangel.-luther. Kirche. (XV, 222 S.) 899. n. 3. 60
2. Der christliche Gottesbegriff im Sinne der gegenwärt. evangel.-luther. Kirche. (XIII u. S. 225—439.) 901. n. 3. 60
3. Die christliche Anschauung v. der Welt u. dem Menschen. Mit e. erklär. Vorbericht. (XXX u. S. 501—623.) 902. n. 2.—

— der israelitische Hintergrund in der Lehre des Apostels Paulus v. d. Gottesgerechtigkeit aus Glauben. Nebst e. neutestamentl. Bedenken üb. alttestamentl. Schrift u. Geschichte. gr. 8. (IV, 16 S.) Leipzig 895. A. Deichert Nachf.

— üb. den jüdischen Hintergrund im Neuen Testament. Antrittsvorlesung, geh. am 25. Oktbr. 1890 in der Aula der Universität zu Leipzig. Für den Druck an einigen Stellen geändert u. erweitert. gr. 8. (21 S.) Leipzig 890. Hinrichs' Verl. n. — 40

— e. jeder bleibe in seinem guten Stande! Predigt üb. 1. Korinther 7, 24, am 13. Trinitatissonntag 1892 in der Universitätskirche zu Leipzig geh. gr. 8. (13 S.) Leipzig 892. J. C. Hinrichs' Verl. n. — 20

Schnedermann, Geo., das Judonthum in den Evangelien. Eine Einführg. in das geschichtl. Verständniss der Lehre Jesu. 2. m. e. neuen Einleitg. verseh. [Titel-] Ausg. gr. 8. (VIII, 282 S.) Leipzig [884.] 900. J. C. Hinrichs' Verlag. n. 3. —

— das Judonthum u. die christliche Verkündigung in den Evangelien. Ein Beitrag zur Grundlegg. der bibl. Theologie u. Geschichte. gr. 8. (V, 282 S.) Leipzig 884. Hinrichs' Verl. n. 5. 60

Schnedermann, Geo., die Controverse des Ludovicus Cappellus mit den Buxtorfen über das Alter der hebräischen Punctation. Ein Beitrag zu der Geschichte des Studiums der hebräischen Sprache. gr. 8. (68 S.) Leipzig 879, Hinrichs'sche Buchh. *

— die Korintherbriefe, ausgelegt. [Aus: „Strack-Zöckler's Kommentar zu d. hl. Schriften A. u. N. Testaments".] 2., völlig neubearb. Aufl. gr. 8. (251 S.) München 896. C. H. Beck. n. 4. —

Schnedermann, Geo., de fidei notione ethica Paulina. gr. 8. (59 S.) Leipzig 880, Hinrichs'sche Buchh. * 1 20

Schnedermann, Geo., Religionswissenschaft u. Glaubenslehre. Ein Leitfaden f. Lehrer u. Laien in Kirche u. Schule. (32 S.) 8. Leipzig 906. Dörffling & Franke.
Sonderabdruck aus: „Sächs. Kirchen- u. Schulbl." n. — 50

— ringet darnach, daß ihr stille seid! Drei Predigten, im Münster zu Basel geh. 8. (48 S.) Basel 889. [Detloff.] Reich. n. — 60

— das σκάνδαλον τοῦ σταυροῦ und die μωρία τοῦ εὐαγγελίου, s. Dissertationes, VI, varii argumenti variorum auctorum.

— 9 Thesen üb. Jesu Gedanken v. Reiche Gottes. Aus d. sächs. Kirchen- u. Schulblatt besond. gedruckt m. e. Einleitg. gr. 8. (8 S.) Leipzig 895. (Dörffling & Franke.) n. — 20

[F.] Die Unzulänglichkeit der gegenwärtigen kirchlichen Unterweisung. E. Denkschr. f. Geistliche, Lehrer u. Laien. Von Dr. Georg Schnedermann, Prof. in Leipzig. *Leipzig: A. Deichert 1898.* (2 Bl., 70 S.) 1 Bd 8. [97. 6,66]

— v. rechter Verdeutschung d. Evangeliums. E. Ausblick am Ende d. Jahrhunderts. 8. (52 S.) Ebd. 896. n. — 75

— Jesu Verkündigung u. Lehre vom Reiche Gottes, in ihrer geschichtlichen Bedeutung dargestellt. 1. u. 2. Hälfte. gr. 8. Ebd. n. 7. —
1. Hälfte: Die Verkündigg. Jesu vom Kommen d. Königreiches Gottes. (VII, 198 S.) 893. n. 3. —
2. Hälfte: Die Lehre Jesu v. den Geheimnissen d. Königreiches Gottes. Mit e. Verwahrg. gegen die Theolog. Litteraturzeitg. (VIII, 279 S.) 895. n. 4.

— die Vorstellg. v. Reiche Gottes, in ihrem Gange durch d. Geschichte d. christl. Kirche dargest. 1. Stück. gr. 8. Ebd. 896. n. 1. — (1. u. 2.: n. 8. —)
Die israelitische Vorstellg. v. Königreiche Gottes als Voraussetzg. d. Verkündigg. u. Lehre Jesu, in geschichtl. Überblicke dargest. (VII, 64 S.)

'Ohne des Gesetzes Werk.' Eine Anleitung zu selbständ. geschichtl. Verständnis d. Neuen Test. in Vorträgen u. Aufsätzen von Lic. Dr. Georg **Schnedermann**. Leipzig: Dörffling & Franke 1907. (V, 209 S.) 8° [07. 17805]

Das Wort vom Kreuze, religionsgeschichtl. u. dogmat. beleuchtet. Ein Beitrag z. Verständigung über d. Grundlagen d. christl. Glaubens von Dr. Georg **Schnedermann**, Prof. Gütersloh: C. Bertelsmann 1906. (74 S.) 8° [F.] [06. 8485]

Schnedermann, Georg Heinrich Eberhard (Hatzum)
Ueber die Natur des Cetrarins.
[In: Annalen d. Chemie u. Pharmacie Bd 54 (1845) 143.]
Dr. phil. Giessen 15.2.1845.

Schneditz, Aug., s.: Sanitätswesen, d. steiermärk.

Schneditz, J. Bemerkungen über die Menschenblattern. Klgft., 1801.

Schnee, der. Eine Weihnachts-Erzählung. Mit 1 (lith.) Abbildung. gr. 16. (30 S.) Zürich 849, Kiesling. 1/8 ℛ

Schnee, der, ist gangen, der Lenz ist da, die Blumen prangen, Halleluja! 4 Wald- u. Wiesenblumen. Chromolith. 12. Leipzig 883. (Baldamus Sep.-Cto.) n. 1. 20

Schnee zu Ostern (im Jahre 1845). Eine Stimme Gottes an unsere Zeit. Von einem Mitgliede des lebendigen Gebetskranzes. Besond. Abdr. aus der 2. Rose. 8. (München 846, Franz.) 1½ n𝒢

Schnee. Der prachtvolle Sch'.' [Gedicht. Mit Vorbemerkung und Vignetten. Neue Ausg.] II + 8 S. 8. Bern, Verlag des Diakonissenhauses, [1901].
Wahrscheinlich von Johann Friedrich Daendliker *zusammengestellt.*

Schnee, verschleppte Schlangen in d. Prov. Sachsen. [Aus: „Ztschr. f. Naturwissenschaft."] gr. 8. (6 S.) Leipzig 895. C. E. M. Pfeffer. n. — 30

SCHNÉE, Adolf

Karlsbad als Terraincurort für Kranke mit Kreislaufstörungen, Herzfehlern, Fettherz und Fettsucht, Veränderungen im Lungenkreislauf u. s. w. von M. U. C. Adolf Schnée. Mit einer Terrainkarte u. einem Plane von Karlsbad und Umgebung. (Braumüllers Bade-Bibliothek.) Wien und Leipzig. 1900. Braumüller. 8°. 32 S. Geb. K 1.40

Schnée, Emil, die Zuckerharnruhr. Ihre Ursache und dauernde Heilung. Auf Grundlage langjähr. Erfahrungen und wissenschaftl. Beobachtungen. gr. 8. (V, 183 S.) Stuttgart 888, Süddeutsches Verlags-Institut. *

Schnée, E., die Zuckerharnruhr. Ihre Ursache und dauernde Heilung. Auf Grundlage langjähr. Erfahrgn. u. wissenschaftl. Beobachtungen. 1. u. 2. (Titel-)Aufl. gr. 8. (XII, 183 S.) Stuttgart 890. Süddeutsches Verlags-Institut. n. 5. —

Schnée, Emil. Die Zuckerharnruhr. Ihre Ursache u. dauernde Heilg. Auf Grundlage langjähr. Erfahrgn. u. wissenschaftlicher Beobachtgn 2 (Titel-)Aufl. gr. 8. (XII, 183 S.) Stuttg. 891, Süddeutsches Verlags-Institut. * 5 —

Schnée, Emil, die Zuckerharnruhr. Ihre Ursache u. dauernde Heilg. Auf Grundlage langjähr. Erfahrgn. u. wissenschaftl. Beobachtgn. 3., durchgesch. (Titel-)Aufl. gr. 8. (X, 183 S.) Stuttgart 894. Süddeutsches Verlags-Institut. n. 5. —

Schnee, Friedrich, a. Hettstedt: Über den Lebenszustand allseitig verkorkter Zellen. Göttingen 1907: L. Hofer. (64 S.) 8°
Leipzig, Phil. Fak., Ref. Pfeffer-Chun, Diss. v. 4. April 1907
[Geb. 27. Mai 83 Hettstedt (Reg.-Bez. Merseburg); Wohnort: Halberstadt; Staatsangeh.: Preußen; Vorbildung: Gymn. Halberstadt Reife O. 01; Studium: Straßburg 1, Heidelberg 1, Freiburg i. B. 2, Leipzig 6 S.; Rig. 6. Dez. 06.]

Schnee, Gotthelf (Gotthilf) Heinrich

Schnee, G. H., Betrachtungen üb. ausgew. Stellen d. H. Schrift. 8. Frankf. Kesler. 788. Bibl.
Vgl. Betrachtungen...

— Gedichte; hersgg. u. mit 1 Vorr. begleitet (v. A. W. Schreiber). 8. Frankf. a. M. 786 a. 790. Keßler. 16 𝒢

Schnee, Gotthelf Heinrich.
Gedichte . . . Frankfurt a. M. 1790. H: *Schreiber, Alois Wilhelm.* (MGT) »1786« (Ky)

Schnee, G. H., allgemeines Handbuch für Land- und Hauswirthschaft in alphabetischer Ordnung, oder naturhistorisch-ökonomisch-technologisches Handwörterbuch für Land- und Hauswirthe. m. Kupf. und Holzschn. gr. 4. Halle, Hemmerde und Schw. 819.

— allgem. Handbuch für Land- u. Hauswirthschaft in alphabet. Ordnung, od. naturhistor.-ökonom.-technolog. Handwörterbuch f. Land- u. Hauswirthe. Mit Kpf. u. Holzschn. gr. 4. Halle 819. Schwetschke u. S. 6 ℛ

Schnee's, G. H., Handbuch der Landwirthschaft in alphabetischer Ordnung. Neu bearb. von Ahlburg, Dzierzon, Fischbach, Langethal, Lucas, P. Müller, Rueff, Stohmann und Vincent. Mit zahlreichen Illustr. (Holzschn. im Text.) 1—7. Liefg. Braunschweig 858. Schwetschke. 4. (1. Bd.: Sp. 1—672.) Jede Liefg. n. 18 ngr

Schnee's, G. H., Handbuch der Landwirthschaft in alphabetischer Ordnung. Neu bearb. von Ahlburg, Dzierzon, Fischbach, Langethal, Lucas, P. Müller, Rueff, Stohmann u. Vincent. Mit zahlreichen Illustrationen (in Holzschn.). 1. Bd. 8—14. Liefg. u. 2. Bd. 1—16. Liefg. Braunschweig 859—62. Schwetschke & Sohn. gr. 4. (1. Bd.: XIV S., Sp. 673—1344; 2. Bd.: 1516 Sp.) Jede Liefg. n. 18 ngr

Schnee, G. H.: „Handbuch für Hausmütter in der Stadt und auf dem Lande; oder Unterricht für junge Hausfrauen in allen weiblichen Kenntnissen, häuslichen Geschäften, Kunstbereitungen und Wirthschaftsvortheilen; nebst erprobten Regeln zur Erhaltung der Gesundheit und Schönheit und gutem Rath in Fällen der Noth etc.", Halle 1825 (Hemmerde & Schwetschke).

Schnee, (G. H.,) Handbuch f. angehende Hausmütter auf d. Lande u. in der Stadt. Mit Holzschnitten. gr. 8. Halle 825, Hemmerde u. S.

— Kasualreden. 8. Halle 800. Schwetschke u. S. 8 𝒢

— d. praktisch Land- u. Hauswirth, s. Land- u. Hauswirth.

Schnee, G. H., Lehrbuch des Ackerbaues u. d. Viehzucht f. Landschulen. 8. Halle, Hemmerde u. Schw. 815.

— Lehrbuch d. Ackerbaues u. der Viehzucht, für Landschulen und zum Selbstunterricht f. angehende Landwirthe. 2te Aufl. 8. Ebend. 821.

Schnee, Gthi. Heinr., Lehrbuch d. Ackerbaues u. d. Viehzucht f. Landschulen u. z. Selbstunterr. f. angeh. Landwirthe. 3., verm. u. verb Aufl. Hrsg. v. Fr. Kirchhof. 8. (9½ B. u. 1 Holzschn.) Halle 838, Schwetschke u. Sohn.

— Lehrbuch d. Ackerbaus u. d. Viehzucht f. die österreich. Landschulen, Bauersleute u. angehende Landwirthe bearb. u. verb. v. C. F. Thomann, in 2 Abthll. Mit 10 Holzstich. u. Tabell. gr. 8. Grätz 817. Ferstl. 4 𝒢

— Dr. Martin Luther, oder Rechenschaft der Mannsf. literar. Gesellschaft, über das von ihr begonnene Unternehmen, ihrem großen Landsmann ein Denkmal u. Verwendung der dazu von ihr gesammelten Beiträge. 8. Halle 823, Hemmerde u. S.)

— der angehende Pachter, ein Handbuch f. Kameralisten, Gutsbesitzer, Pachter ꝛc. 8. Halle 817. 2e Aufl. 819. Schwetschke u. S. 20 𝒢

Schnee, Gotthilf Heinrich: „Der angehende Pachter, ein Handbuch für Kameralisten, Gutsbesitzer, Pachter etc.", Halle 1817. 2. Auflage ebenda 1819, 3. sehr berichtigte und vermehrte Auflage ebenda 1829, 4. Auflage ebenda 1837. — Vorh.: (1. Auflage) UB Marburg.

—— der angeh. Pachter. Ein Handb. f. Kameralisten, Gutsbesitzer, Pächter ꝛc. 4., bericht. u. sehr verm. Aufl. 8. (14½ B.) Halle 837, Schwetschke u. Sohn.

Schnee, G. H., der angehende Pachter. Ein Handbuch für Kameralisten, Gutsbesitzer, Pächter, Bonitirer und Theilungskommissarien. 5. Aufl. 8. Halle 844, Schwetschke u. Sohn. 7/8 ℛ

—— der angehende Pachter. Ein Handbuch für Kameralisten, Gutsbesitzer, Pächter ꝛc., worin das Werthverhältniß des Bodens; die verschiedenen Feld-Eintheilungen und Wirthschaftsarten; übliche Besamung und Ernte-Ertrag ꝛc. nach richtigen Erfahrungen in gedrängter Kürze dargestellt werden. 6. Aufl., völlig umgearb. von Ernst Stöckhardt und Adph. Stöckhardt. A. u. d. T.: Der angehende Pachter. Die wichtigsten Lehren aus Praxis und Wissenschaft für den angehenden Landwirth zusammengestellt von Ernst Stöckhardt und Adph. Stöckhardt. gr. 8. (XIX und 474 S.) Braunschweig 859, Schwetschke und Sohn. *

Schnee, der angehende Pachter, s. Stöckhardt, Ernst und Adph.

— — dass. f. alle Stände, s. Taschenbuch.

— — tägliches Taschenbuch f. Landwirthe ꝛc. s. Taschenbuch.

— landwirthschaftl. Zeitung, s. Zeitung.

Bilder aus der Südsee. Unter d. kannibalischen Stämmen d. Bismarck-Archipels. Von Dr. Heinrich Schnee, früher Richter in Deutsch-Neu-Guinea. Mit 30 Taf. u. 1 Karte. *Berlin: D. Reimer 1904.* (XIII, 394 S.) 8°

Unsere Kolonien von Dr. Heinrich Schnee, Wirkl. Legat.R. Leipzig: Quelle & Meyer 1908. (VIII, 188 S.) 8° [F.]
— Wissenschaft u. Bildung. 57. [08. 1040]

Schnee, Jac. (geb. Polangen in Russl. 13. 11. 1848): Ueber Aneurysma arteriae innominatae. Berlin (1876). (31 S.) 8°
Berlin, Med. Diss. v. 13. Juli 1876

Schnee, Karl: Die Kunstschätze von „Kukus" in Böhmen. 15 S. 8. Progr. Erstes deutsches Staatsgymn. *Brünn* 1909.

Schnee, Carl Emil, von Moskau: Zwei Fälle als Beitrag zur Kenntniss der Reflexepilepsie mit mikroskopischer Untersuchung der erregenden Nervenparthie. Zür. Schabelitz Verl. 1860. 2 Bl., 62 S., 2 Bl., 5 Taf. 8°.
Zürich, Med. Diss. v. 9. Mai 1860.

Schnee, Carl Emil, zwei Fälle als Beitrag zur Kenntniss der Reflex-Epilepsie mit mikroskopischer Untersuchung der erregenden Nervenparthie. gr. 8. (IV und 62 S. mit 11 Fig. auf 5 Stnt.) Zürich 861, Schabelitz'sche Buchh. *

Schnee, *Karl Gustav* Paul [aus Nordhausen]: Die Resultate der Gritti'schen Operation ... Berlin, Buchdr. v. G. Schade, *1892;* 30 S., 1 Bl. 8.
Berlin, Med. Fak., Inaug.-Diss. v. 30. Juli 1892

Darwinistische Studien auf einer Korallen-Insel. Von Dr. med. Paul Schnee, Berlin. *Odenkirchen: W. Breitenbach 1903.* (46 S.) 8° [F.]
— Vorträge, Gemeinverständliche darwinistische, u. Abhandl. H. 9. [03. 15170 B

Schnee, Rob. (geb. Wittenberge 11. 10. 1856): Ueber Benzoësäure und benzoësaures Natron. Berlin (1880). (31 S.) 8°
Berlin, Med. Diss. v. 17. Apr. 1880

Schnee, Rudolf

—— ein Beitrag zur Kritik der Aristophanesscholien. gr. 8. (46 S.) Berlin 879, Mayer und Müller.

Schnee, R., Ein Beitr. zur Kritik der Aristophanesscholien. S.-A. 1880. 13 S. 1.50

Schnee, Rudolphus: De Aristophanis codicibus capita duo. Halis Saxonum 1876: Ploetz. 46 S. 8°
Halle-Wittenberg, Phil. Diss. v. 18. Nov. 1876
Geb. Wittenberge 3. 1. 1853. V.
Im Buchhandel Halis Sax. (Berlin: Mayer & Müller) 1876.
Eine Forts. bildet: De Aristophanis manuscriptis quibus Ranae et Aves traduntur. Hamburg 1886: Meissner. 13 S. 4° Wilhelmsgymn., Progr.

Schnee, R., lateinische Extemporalien f. obere Klassen d. Gymnasiums, f. philologische Seminare u. zur privaten Vorbereitung. 2 Hefte. 8. Gotha 910. F. A. Perthes. à 1. 60
I. 1: Text. — 2: Übersetzung. 2. Aufl. (IV, 43 u. 28 S.)
II. 1: Text. — 2: Übersetzung. (47 u. 35 S.)

Schnee, R., Hilfsbüchlein f. den lateinischen Unterricht. 2 Tle. gr. 8. Gotha, F. A. Perthes. Kart. n. 1. 80
1. Phrasensammlung. (VI, 112 S.) 903. n. 1. —
2. Stilistische Regeln. (VI, 81 S.) 903. n. — 80

— griechischer Lernstoff f. Quarta. gr. 8. (54 S.) Hamburg 881. Nolte. cart. n. — 80

Schnee, Rudolf De Aristophanis manuscriptis quibus Ranae et Aves traduntur. 4 (13 S.). Wilhelm-G. *Hamburg* 1886 (665).
Progr.

Schnee, Rud., de Aristophanis manuscriptis quibus Ranae et Aves traduntur. gr. 4. (13 S.) Hamburg 886, (Herold'sche Buchh.) **

Schnee, Rud. Zur Stellung des Verbums im althochdeutschen Relativsatze. S. 151—154. Progr. Wi. G. **Hamburg* 1885.

— griechisches Uebungsbuch für Quarta. gr. 8. (IV, 89 S.) Ebend. 882. cart. n. 1. 20

Schnee, Walter, Dr. phil.: Über Mittelwertsformeln in der Theorie der Dirichlet'schen Reihen. (Wien: Hölder in Komm. 1909.) 84 S. 8° ¶ (Aus: Sitzungsberichte d. kais. Akad. d. Wiss. in Wien. Math.-nat. Kl., Bd 118, Abt. 2 a.)
Breslau, Phil. Hab.-Schr. v. 25. Febr. 1910 [U 10. 655

Schnee, Walter, a. Rawitsch (Prov. Posen): Über irreguläre Potenzreihen und Dirichletsche Reihen. T. 1. (Göttingen 1908: Dieterich.) (80 S.) 8° ¶ (Erscheint später vollst.)
Berlin, Phil. Fak., Ref. Schottky, Diss. v. 5. Juni 1908
[Geb. 8. Aug. 85 Rawitsch; Wohnort: Nakel; Staatsangeh.: Preußen; Vorbildung: Gymn. Gnesen Reife O. 04; Studium: Berlin 7 S.; Rig. 27. Febr. 08.]

Schnée, Woldemar

Schnee, W., Heilgymnastik, Massage u. Elektro-Massage bei gleichzeit. Bädergebrauch. 8. (XI, 18 S.) Riga 887. [Mitau, Behre.] C. J. Sichmann. n. — 70

Schnée, Wold., die Kultur — e. Training — der Hand. I. Zur Vervollkommng. der Technik f. Pianisten, Violinisten sowie f. jeden, der e. feinere Handtechnik erstrebt. II. Gesundheitspflege u. Behandlg. der erkrank. wie auch der kranken Hand, einschl. Musiker- u. Schreibkrampf. 3. verm. Aufl. (44 S.) gr. 8. Berlin 908. W. Schnée. 1. —

Über Pflege u. Förderung der Lebenskraft des Menschen u. ihren Einfluß auf die äußere Erscheinung; gegen vorzeitiges Altern sowie zur Verhütung in der Anlage ererbter Krankheiten u. Formfehler. Eine Regenerations- od. Erfrischungskur im eigenen Heim für „Gesunde" u. Kranke. Anh.: Physiolog. Winke zur Pflege seines Äußeren. 2., verb. Aufl. (71 S.) gr. 8. Berlin 908. Verlag Neues Leben W. Borngraeber. 2. —

Schnée, Wold., mechan. Selbst-Behandlg. d. Schnupfens. (Natur-Heilverfahren.) gr. 8. (31 S. m. Abb.) Moskau 894. (Berlin, E. Rentzel.) n. 1. —

Schneealpe [Schlagwort]

Schneealpe, s.: Alpen. Artaria.

Schneealpe, s.: Oesterreich-Ungarn. Freytag, G.

Schneeballen. Ein Winter-Geschenk für satyr. Näscher, Freunde der Humoristik u. des fröhlichen Lebens. Gesammelt zur Verkürzung langweiliger Abende von Gabriele Spaßvogel, Gesellschafts-Fräulein der Prinzessin Brambilla. 12. Wien 828. Mausberger. (Leipzig, Hunger.) 1/3 ℛ︀

Schneebeli, physikalische Industrie, s. Bericht über Gruppe 32 der schweizerischen Landesausstellung Zürich 1883.

Schneebeli, Heinrich

Schneebeli, Hrch., die Alpwirtschaft im Kanton Schwyz, s.: Strüby, A.

—— Beiträge zur Kenntniss des Stabmagnetismus. 4°. XVIII, 23 S. Zürich, Orell, Füssli & Co. 1870.

Programm der eidgen. polytechnischen Schule f. d. Schuljahr 1871/72. Zürich, Druck von Orell, Füssli & Co. XVIII u. 23 Stn. 4. 1871.
Inhalt: Beiträge zur Kenntniss des Stabmagnetismus. Von Dr. H. Schneebeli.

Schneebeli, H[einrich]. Festschrift zur Feier des fünfzigjährigen Bestehens der Kantonalen landwirtschaftlichen Schule Strickhof in Zürich [Mit 3 Tafeln und 1 Plan.] Nebst Jahresbericht der Schule pro 1902/1903. (Erstattet an die Direktion der Volkswirtschaft.) 38+36 S. 8. Zürich, J. Rüegg, 1903.

Schneebeli, Heinr. Über einen neuen Condensator. Zürich 1882.

Schneebeli, Heinrich [aus Rutschweil]: Die Konkursstatistik als Mittel zur Erkennung der Ursachen des Notstandes in der Landwirtschaft. Mit besonderer Rücksichtnahme auf schweizerische und speciell zürcherische Verhältnisse. Bern 1897. IV,72 S. 2 Taf. 8°.
Basel. Phil. Diss. 1897/98.

(Schneebeli, H[einrich].) Ueber Schweinezucht und Schweinehaltung. Auszug aus dem Bericht des Preisgerichtes über das Prämierungsobjekt im Jahre 1897. II + 17 S. 8. Zürich, J. Rüegg, 1904.

Schneebeli, [H.], die electrische Signalscheibe für Eisenbahnen. gr. 8. (6 S. mit 1 autogr. Taf. in Imp.-Fol.) Zürich 875, Orell, Füssli und Comp. *
Aus: Die Eisenbahn, besonders abgedruckt.

Schneebeli, Heinr.: Die Kundtsche electrische Staubfigur auf Leitern. 1872.

Schneebeli, H., die electrischen Uhren, s.a. Mittheilungen, technische.

— Die elektrischen Uhren. Mit besonderer Rücksicht auf die von Hipp construirten Regulatoren und Zeigerwerke. gr. 8. IV, 48 S. mit 25 Fig. im Text u. 2 lith. Beilagen. Ebd. 1878. M. 2.— (Techn. Mittheilungen.)

Schneebeli. Heinrich, von Ottenbach, Ct. Zürich: Ueber das Verhältniss der Quercontraction zur Längendilatation. [S.A. aus: Vierteljahrsschrift der Naturforsch. Ges. in Zür., Bd 14. S. 375–407.] Zür. Zürcher u. Furrer Dr. 1870. 2 Bl., 33 S., 1 Taf. 8°.
Zürich. Phil. Diss. [v. 31. Jan. 1870].

[Schneebeli, Johann Jacob, und Egg, Johann Jacob.] Zum Andenken an Heinrich Näf (1830–1888). Gewidmet der Konferenz der Pädagogischen Experten für Rekrutenprüfung 1. 2. Juli 1893. [Mit Porträt-Tafel.] 8. Zürich [1893].

Schneebeli, J. J. Bericht über die Verhandlungen der zürcherischen Schulsynode von 1880 nebst dem Jahresbericht der Direktion des Erziehungswesens über den Zustand des zürcherischen Unterrichtswesens im Schuljahre 1879–80. In-8°, 182 S. Druck von J. Schabelitz in Zürich. 1881.

Schneebeli, J[ohann] J[acob]. Der Bockenkrieg, 1804. Schweizerische Volksschrift. (Vorwort [von] Dr. Joh[annes] Strickler.) [Illustriert.] VIII + 140 S. 8. Stäfa, Buchdr. Stäfa A.-G., 1904. [geb. fr. 1. 50]

(Schneebeli, J[ohann] J[acob], und] Egg, J[ohann] J[acob].) Heinrich Näf, Erziehungsrat. Ein Lebensbild. Mit dem Porträt Näf's. Als Volksschrift empfohlen von der Schulsynode 1889. 8. Pfäffikon [1899].

Schneebeli, J[ohann Jacob]. Hans Georg Nägeli (1773–1836). Lebensbild auf den hundertjährigen Gedenktag, 26. Mai 1873. Hrg. von der zürcherischen Schulsynode. Mit einem Porträt Nägeli's und Illustrationen. 8. Zürich 1873. Müller.

Schneebeli, Johann Jacob s. Rüegg, Heinrich. Bilder aus der Schweizergeschichte.... Zürich 1888, 1894 u. 1899.

Schneebeli, J. J., Verfassungskunde in elementarer Form für schweizerische Fortbildungsschulen. gr. 8. (VI, 32 S.) Zürich 881, Orell, Füßli und Comp. * — 50

Schneebeli, J. J., Verfassungskunde in elementarer Form. 2. Aufl. gr. 8. (VIII, 32 S.) Zürich 886, Orell, Füßli und Comp., Verlag. *

[Schneebeli, Johann Jacob.] Volksschrift auf die Sempacher Jubelfeier am 5. Juli 1886. Mit ca. 50 Illustrationen von Maler K(arl) Jauslin ... (*Umschlag*: Semp' J' 1886. Illustrirte Volksschrift. Empfohlen vom Central-Comite der Eidgen. Winkelried-Stiftung). 8. Luzern, Zürich 1886.

Schneebeli, J., Washington. Sein Lebensbild nach Washington Irving. Hrsg. v. der zürcher Schulsynode. Mit e. Portrait Washingtons (in Holzschn.) u. e. lith. Karte (in 4.) gr. 8. (VI, 128 S.) Zürich 872. Verlags-Magazin. 1. 20

Hydrographisches Central-Bureau, Schnee-Beobachtungen in Oesterreich in den Jahren 1896/97, 1898/99, 1899/1900. Wochenberichte. Wien, Prag, Lemberg. Fol.

Schneeberg [Sachl. Ordnungswort]

Schneeberg und Raxalpe. 1:100.000. [G. Freytags Ausflugskarten. VII. Blatt.] K —.40
Wien: Freytag & Berndt 1908.

Schneeberg und Raxalpe. [G. Freitag's Ausflugskarten. VII. Blatt] Ebda. 1909. K —.40

Schneeberg [Schlagwort]

Schneeberg, s.: Alpen. Artaria. — Wiener Ausflugskarten.

Schneeberg, s.: Alpen, Detailkarten, Pauliny, J. J.

— s.: Altvatergebirge. — Oesterreich-Ungarn. Freytag, G.

Schneeberg, s.: Ausflugskarten.—Touristenkarten. Freytag.

Schneeberg i. S., s.: Erzgebirge, Hjorth. — Geologische Karten. Spezialkarte. (Sachs.)

Schneeberg, s.: Sachsen. Messtischblätter.

Schneeberg, s.: Thüringen.

Schneeberg, s.: Woerl's Reisehandbücher.

Schneeberg. Freytag, G., Karte des Schneeberges. Aus Artaria's Special-Touristenkarte bearb. Einzeichnung der vom Ö.T.-C. hergestellten Markirgn. u. Weg-Revision v. Fritz Benesch. 1 : 50,000. (Neue Ausg.) 83×42 cm. Farbdr. Wien (901). Artaria & Co. n. — 70

Schneeberg u. Raxalpe, Hypsometr. Karte vom Gebiete des. Im Masse 1 : 75.000. Fol. Tonfarbdk. Wien, k. k. milit.-geogr. Inst. Gen.-Depô: R. Lechner's H.- u. U. B. 1 fl 50 kr 1883

Schneeberg u. d. Raxalpe, Karte v., im Masse 1 : 400.000. Gr.-Q.-Folio. Farbendruck. Wien, General-Depot des k. k. milit.-geogr. Institutes R. Lechner's k. k. Hof- u. Univ.-Buchh. Gefalzt in 8. 1 fl. 60 kr., auf Leinw. 2 fl. 1883.

Schneeberg. Specialkarte vom Schneeberg u. Raxalpe. 1 : 40,000. Mit Bezeichnung der markirten Wege hrsg. v. k. k militär-geograph. Institut in Wien. Chromolith. gr. Fol. Wien 888. (Lechner's Sort.) n. 3. 40

— — vom Schneeberg, Raxalpe, Hochschwab u. Oetscher-gruppe. 1 : 75,000. 2 Blatt. Mit Bezeichnung der markirten Wege hrsg. v. k. k. militär-geograph. Institut in Wien. gr. Fol. Ebd. 868. n. 3. 40

Schneeberg [Verfasser]

Schneeberg, K., Erzählgn. aus d. deutschen u. mecklenburgischen Geschichte. Für Volks- u. Bürgerschulen bearb. gr. 8. (VI, 104 S.) Wismar 897. Hinstorff's Verl. Kart. n. — 80

Die Schneebergbahn und ihr Gebiet. 1:100.000. [G. Freytags Ausflugskarten. XX. Bl.] * K —.80
Wien: Freytag & Berndt 1909.

Schneebergbahn - Gebiet, s.: **Wiener Ausflugskarten.**

Schneeberger, E., die Beseitigung der Rauch- u. Rußplage nach dem jetzigen Stande der Heiztechnik. (17 S.) gr. 8. München (Wittelsbacherplatz 3) 908. (Ferd. Grubert.) 1. —

— Wie heize ich richtig? (4 S.) kl. 8. Ebd. (908). — 10

Schneeberger, E. F.: Die Branntweinpest im Kanton Bern, ihre Verbreitung, Ursachen und Wirkungen, und die Mittel zu ihrer Bekämpfung und Beseitigung. 12°. 87 S. Bern. 1871. (Auf dem Umschlage 1872.)

Schneeberger, F. J., der transmundane Telegraph. Leipzig 860. Weber. gr. 8. (40 S. u. 1 Holzschntaf.) n. 10 ngr.

Die Geheimnissvollen, oder Freimaurer und Jesuit. Roman von Arthur Storch [d. i. Franz Jul. Schneeberger]. Pest, Wien, Leipzig: Hartleben 1868 bis 1869. 8°
1. IV, 255 S., 6 Abb.; 2. 255 S., 5 Abb.; 3. 319 S., 7 Abb.; 4. 309 S., 6 Abb.

°[Dasselbe.] 2. Aufl. Bd 1—4. Ebendas. 1870. 8°

°[Dasselbe.] 3. Aufl.

°[Dasselbe.] 4. Aufl. Ebendas. 1874. 8°
Recens: FZ. 22 (1868) S. 375—376; Bh. 11 (1868) S. 397—398 (J. G. Findel).
cf. FZ. 23 (1869) S. 22—23, abgedr. in: FZ. (Wien) 1 (1874) S. 37—38.
Tt. 2674, TB. 360.

Genesis des nicht-politischen Vereines ∴ Humanitas ∴ in Wien. [Unterz.:] F[ranz] J[ul.] Schneeberger. [Wien: Selbstverl. 1871.] 2 Bl. 2° [Kopftit.] (Beil. zu Z., Jg 1, Nr 9.) 430.

Von der K. K. Österr. Theater-Censur die Aufführung verboten. Himmel und Hölle! Volksdrama in fünf Acten von Arthur Storch [d. i. Franz Jul. **Schneeberger**]. Wien, Budapest, München: Wilkoszewski & Kremling 1875 67 S. 8°
cf. Hn. 3 (1876) S. 32, 44 (H. Sternberg). 3.

Schneeberger, Franz Julius (Hrsg.), s. Humanitas.

Cabinet, Das schwarze, oder Mysterien der Polizei. Roman (von *Franz Julius Schneeberger*). Wien 1873.
Anon.-Lex. V. p. 62 (Mitth. Moritz Grolig's).

Die „Alten Pflichten". Instructions-Vortrag gehalten von F. J. Schneeberger in der Johannis-Loge Eintracht [in Neudörfl] am 28. December 1884. 2 Bl. 8°. [Kopftit.]
aus: FJ. Nr. 1. 1. Jänner 1885. 21.

Skizzen über Freimaurerei und Odd-Fellowthum. Von Arthur Storch [d. i. Franz Jul. Schneeberger]. Wien: Selbstverl. 1880. 48 S. 8°
Aus: Inl. (Wien) 1880 Lfg 1.
cf. Hn. [7] (1880) S. 64; Inl. 14 (1887) Nr 19 (S. 7) (A. Duschenes). 110.

Schneeberger, Friedrich. Lernolibro de Esperanta Stenografio ⟨Unuiga Sistemo Stolze-Schrey⟩ verkis Frederiko Sch', pastro (Laŭfon'o., Svisujo, Januaro 1905). IV + 24 p. 8. Berlin, Möller & Borel; *etc.* (Autografio de Karl Hasse..., Bern...). (M. —. 60)
Kolekto Esperanta. Aprobita de D^r (L) Zamenhof.

Schneeberger, Fr[iedrich]. Lingvo internacia Esperanto. Detala Raporto pri la Oficialaj paroladoj, diskutadoj & decidoj de la Unua Universala Kongreso de Esperanto en Bulonjo-sur-Maro, Aŭgusto 1905. Kun aldono de l'oficiala protokolaro. Laŭ la stenografiaj notoj verkita de Fr. Sch', pastro.... IV + 92 S. + *Aldono* S. 3—14. 8. Laŭfon ⟨Svisujo⟩, Oficejo de Esperanto & Stenografio (Druck Fr. Reinhardt, Basel), [1906]. (fr. 1. 30)

Schneeberger, Fr[iedrich]. Unua Protestanta Dioservo okaze de l'Dua Universala Kongreso de Esperanto en Genevo ⟨Svisujo⟩. Dimanĉon, la 2-an de Septembro 1906 je la 8½-a mateno en la templo de l'Auditorio apud la Katedralo. Laŭ la originalaj manuskriptoj kaj stenografiaj notoj eldonita de Fr. Sch', pastro. *Kopftitel:* Lingvo internacia Esperanto. II + 12 p. 8. Biel ⟨Svisujo⟩. Ofico de Esperanto, 1906. fr. —. 50

Schneeberger, F[ritz]. Schweizer-Alpenlieder für gemischten Chor componirt. Op. 120, 137, 138, 142, 143, 149, 150. Part. [*je* Mit Titelvignette.] *je* 3 S. gr.-8. Biel, F. Schneeberger; Leipzig, Fr. Kistner. *je* Part. fr. —. 20
Op. 120. Sunnestrahl. [1902.] — Op. 137. Uf em Berg. [1902.] — Op. 138. Am Bergbrünnli. [1902.] — Op. 142. D'Chüejerlüt. [1902.] — Op. 143. Grüess di Gott! [1902.] — Op. 149. Us de Berge will i grüesse. [1903.] — Op. 150. s'Heimweh. [1903.]

Schneeberger, F[ritz]. Schweizer-Alpenlieder für gemischten Chor componirt. Op. 161. Mein Herz gehört dem Oberland. Part. [Mit Titelvignette.] 3 S. gr.-8. Biel, F. Schneeberger; Leipzig, Fr. Kistner, [1905]. [M.] —. 20

Schneeberger, F[ritz]. Schweizer-Alpenlieder für Frauen-Chor componirt. Op. 121, 122, 127, 128, 135, 136, 147, 148. Part. [*je* Mit Titelvignette.] *je* 3 S. gr.-8. Biel, F. Schneeberger; Leipzig, Fr. Kistner. *je* Part fr. —. 20
Op. 121. D'r Alpestruss. [1902.] — Op. 122. Tanz uf d'r Weid'. [1902.] — Op. 127. D'Alpeluft. [1902.] — Op. 128. Bim Gletscher. [1902.] — Op. 135. Juchze! [1902.] — Op. 136. Bergstyge. [1902.] — Op. 147. D'Bergbäch'. [1903.] — Op. 148. Alphorntön'. [1903.]

Schneeberger, F[ritz]. Schweizer-Alpenlieder für Männer-Chor componirt. Op. 119, 133, 134, 144, 145, 151, 152. Part. [je Mit Titelvignette.] je 3 S. gr.-8. Biel, F. Schneeberger; Leipzig, Fr. Kistner. je Part. fr. —. 20

Op. 119. Melche. [1902.] — Op. 133. s'Alpegrüen. [1902.] — Op. 134. Alphornruf. [1902.] — Op. 144. Dr Guggor. [1902.] — Op. 145. Liebe Alp, leb' wohl! [1902.] — Op. 151. D'r Alpjäger. [1903.] — Op. 152. s'Sennelebe. [1903.]

Schneeberger, F., Alphorn. Liederbuch f. Männerchöre. 12. (IV, 184 S.) Bern 887. Nydegger & Baumgart. geb. n. 1. 50

Schneeberger, F[ritz]. Extrapost ([Gedicht von] Albert Sergel,) für Männerchor componirt von F. Sch'. Op. 163. Partitur u. Stimmen. 3 + *4 mal* 1 S. gr.-8. Biel, F. Schneeberger; Leipzig, Fr. Kistner, [1905]. Partitur M. —. 40, Stimmen à —. 15

Schneeberger, F., Gesänge für den gemischten Chor. Eine Sammlung der schönsten und beliebtesten Lieder, aus den Bezirksheften des „Bern. Kantonalgesangvereins" nebst mehreren Orig.-Beiträgen zusammengestellt und hrsg. 8. (IV, 160 S.) Bern 880, Wyß. * 1 —

Schneeberger, Fr. Gesänge für gemischten Chor. Eine Sammlung der schönsten und beliebtesten Lieder aus den Bezirksheften des „Bernischen Kantonalgesangvereins" nebst mehreren Originalbeiträgen. Zweite vermehrte Auflage In-8⁰. 236 S. Bern, K. J. Wyss Verlag. 1895. 1 40
cart. 1 80

—— rationelle Gesangschule, mit besond. Berücksicht. des Transponirens bearb. nach den Methoden von Silcher und Weber. 3 Thle. 12. Basel 882, Schwabe. [1. Thl. (V, 23 S.) * 32 Pf.; 2. Thl. (V, 40 S.) * 36 Pf.; 3 Thl. (82 S.) * 60 Pf.] cart. * 1 28

Schneeberger, F[ritz]. Lasta Gotardkondukisto. Kanto kun fortepiana akompano. muzike verkita de F. Sch'. 46ª verko. *Mit illustriertem Titel. Kopftitel:* Esperanta eldono. 3 p. gr.-8. Biel (Svislando), F. Schneeberger, [1904]. fr. 1. —

Schneeberger, F. (Musikdirektor in Biel). Die Harfe. Volksgesangbuch, enthaltend 100 zwei- u. dreistimmige Lieder für Schule, Haus und Verein. In-12⁰, 216 S. Bern, J. Kuhn. 1881.

Schneeberger, F[ritz]. Hinauf! Schweizer-Duett für 2 Singstimmen mit Pianobegleitung componirt von F. Schneeberger. Op. 154. 3 S. 4. Biel, F. Schneeberger; Leipzig, Fr. Kistner, [1903]. M. 1. —

Schneeberger, F[ritz]. Am Kamin. Gedicht von Rosa Weibel, für Männerchor componirt von F. Sch', Op. 166. Part[itur. Mit illustriertem Titel]. 7 S. gr.-8. Biel, P. Schneeberger; Leipzig, Fr. Kistner, [1907]. Part. M. —. 60, Stimen à —. 20

Schneeberger, F[ritz]. Küngold! Der Brudermord auf Wartburg-Süli. Schauspiel in drei Akten. 48 S. 8. Zürich, Justus Hebsacker, [1904]. [fr. —. 80]

Schneeberger, F. Lieder u. Gesänge f. gemischten Chor. 1. Heft. In-8⁰, 28 S. Bern, K. J. Wyss. 1880. — 45

Schneeberger, F[ritz]. Lieder für Männerchor componirt von F. Schneeberger: Op. 141. Waldesrausch mit Begltg. v. Blechinstr. Part[itur] & Stimmen. 3 + *4 mal* 1 S. gr.-8. Biel, F. Schneeberger: Leipzig, Fr. Kistner, [October 1901]. Part. M. 1. —, Stimmen à M. —. 15

Schneeberger, F., Schweizer-Lieder. Volks-, Natur- u. Vaterlandslieder der Schweiz, nebst mehreren Orig.-Beiträgen f. Männerchor bearb. u. hrsg. 8. (VII, 224 S.) Bern 883. Wyss. n. 1. 60

— d. neue Liederfreund. Sammlung v. zwei u. dreistimm. Gesängen f. Schule, Haus u. Vereine. 9. Aufl. 12. (168 S.) Bern 889. Biel, F. Schneeberger. n. — 70

— Liederhalle. Sammlg. v. drei- u. vierstimm. Volksgesängen f. Schulen u. Vereine. 3.—12. Hft. 8. Ebd. (880—95). à n. — 20

3. (16 S.) — 4. 2. Aufl. (20 S.) — 5. 2. Aufl. (16 S.)
6. (16 S.) — 7. 9. Aufl. (16 S.) — 8. 12. Aufl. (16 S.)
9. 6. Aufl. (16 S.) — 10. 3. Aufl. (16 S.)
11. 3. Aufl. (16 S.) — 12. (16 S.)

Schneeberger, F[ritz]. Margarethe, die Henkerstochter von Biel. Historisches Schauspiel mit Gesang und Tanz in 5 Akten. [Textbuch.] IV + 64 S. 8. Biel, F. Schneeberger, (1903). [fr. 1. —]

Schneeberger, F[ritz]. Margarethe, Die Henkerstochter von Biel. Historisches Schauspiel mit Gesang und Tanz in 5 Akten. [Textbuch. 2., erweiterte Ausg.] IV + 67 S. 8. Biel, F. Schneeberger, (1903). [fr. 1. —]

Schneeberger, F[ritz]. Die Rose am Rain. Gedicht von Robert Schweiter, für Männerchor componirt von F. Sch'. Op. 159. Part u. Stimen. 3 + *4 mal* 1 S. gr.-8. Biel, F. Schneeberger; Leipzig, Fr. Kistner; Heidelberg, C. Hochstein, [1905]. Part M. — Stimen à —. 15

Schneeberger, F[ritz]. Du schöne Schweiz! Lied aus der Oper «Ulfa» für vierstimmigen Männerchor mit Tenor-Solo. Nachgelassenes Werk von F. Sch'. Op. 167. Part[itur. Mit illustriertem Titel]. 5 S. gr.-8. Biel, P. Schneeberger; Leipzig, Fr. Kistner, [1907]. Part. u. Stimen à M. —. 25 = fr. —. 30

-- der Schweizer in Neapel, s.: Lang, A.

Schneeberger, Fr., kurze Stimmbildungslehre. Nach wissenschaftl. Forschgn. u. prakt. Erfahrgn. componirt u. f. Lehrer, Vereinsdirigenten, sowie zum Selbstunterrichte hrsg. 8. (16 S.) Biel 893. F. Schneeberger. n. — 80

— schweizer. Tabellenwerke f. ration. Gesangunterricht. (2 Tle. in 4 Hftn.) 8. Bern 895. Biel, F. Schneeberger. 1. 76

I. Theoret. Tl. Populäre Musiktheorie. (43 S.)
II. 1. Prakt. Tl. Vorwort u. Anleitg. (10 S.)
2. Uebgn. I. Kurs. Elementarstufe. (9 S.)
3. Dasselbe. II. Kurs. Oberstufe. (11 S.)

Schneeberger, F[ritz]. Schweizer Treuschwur. Gedicht von Robert Schweiter. [Componirt von] F. Sch', Op. 157. 1 S. gr.-8. Leipzig, Stich & Druck von Engelmann & Mühlberg, [1904]. [M. —. 15] Nº 3172¹²

F. Sch'. Schweizer-Alpenlieder für Männer-, Frauen- und Gemischten Chor (Quartett).

Schneeberger, F., siehe: *Volksgesang.*

Schneeberger, F[ritz]. Alte Zeiten. Gedicht von Robert Schweiter. für Männerchor componiert von F. Sch', Op. 165. Part[itur. Mit illustriertem Titel]. 7 S. gr.-8. Biel, P. Schneeberger; Leipzig, Fr. Kistner, [1907]. Part. M. —. 60, Stimen à —. 20

Schneeberger, Hieronymus

Antike Charakterbilder in Schiller's Tell. — Von P. Hieron. Schneeberger, G. P. — 1875. Würzburg, Thein. — S. 3—19⁴.

Progr. Münnerstadt, K. Gymn.

Schneeberger, Hieronymus Gedächtnisreden nebst einer Beigabe rhetorischer Schulübungen. 8 (32 S.). Kgl. bayer. G. *Münnerstadt* 1891

1 König Maximilian II. † 10 März 1864. 2 Königin Marie. † 17. Mai 1889. 3. Peter Will, Schüler der IV. Gymnasialklasse. † 23. Februar 1869. 4 Karl Morschhäuser, Schüler der IV. Gymnasialklasse. † 15. Juli 1889. Beilage. Rhetorische Schulübungen. 1. Anrede Hannibals an seine Leute vor dem Kastell Casilinum, das den Vormarsch auf Capua verlegte und wiederholten Sturmangriffen hartnäckig widerstand. 2. Widerlegung der Behauptung des Sulpicius, ihm hätte bei der Consulatswahl für das Jahr 62 nach Geburt und Verdienst der Vorzug vor Murena gebührt. 3 Reinigung des Sextus Roscius vom Verdachte des Vatermordes [1. mit unwesentl. Änderungen aus Prgr. 1888 abgedr.].

Progr.

Schneeberger, Hieronymus Sechs Gedächtnisreden. 8 (27 S.). Progr. Studienanst. *Münnerstadt* 1888.
Inhalt: Philipp Köhler, k. Studienlehrer. † 25. Oktober 1884. II. Johann Ev. Kraus, k. Gymnasialprofessor. † 4. Dezember 1884. III. P. Alois Braun. † 16. März 1887. IV. König Ludwig II. † 13. Juni 1886. V. Kaiser Wilhelm. † 9. März 1888. VI. Kaiser Friedrich. † 15. Juni 1888. Nachtrag. König Maximilian II. † 10. März 1864.

Schneeberger: Literarische Miscellen. (Bemerkungen zu Verg., Sall., Tac., Hom., Arrian., Thucyd.) 17 S. – Münnerstadt, Progr. 1867.

Schneeberger, H., Literarische Miscellen. (Virgil. Aen. II. 848. 839. 690—98. V, 289—90. Sallust, Cat. c. 29. Tacitus, Agr. c. 2. in. c. 3. c. 37. Homer, Il. 35—36. Arrian, Anab. Alex. II, 9, 5. Thucydides II, 45. Xenophon, Hell. II, 4, 31.) Pr. 1867. 18 S. 4°. 1.20

Schneeberger, H., Quaestiones duae. (Cic. pro Sext. Rosc. Am. 5, 11). Pr. 1860. 13 S. 4°. Etda. 1.—

Schneeberger, H., Quaestiones Xenophonteae. Pr. 1859. 19 S. 4°. Etda.

Schneeberger: Zur Stilistik und Exegese lat. u. griech. Klassiker. 15 S.– Münnerstadt, Progr. 1868.

Schneeberger, P. Hieron., das Urbild zu Schillers Jungfrau von Orleans. gr. 8. (5 S.) Würzburg 881, Stahel'sche Universitäts-Buchh. * — 40
Aus: Festschrift für Ludwig Urlichs, besonders abgedruckt.

Ein Scherflein zur Jubelfeier des dreihundertjährigen Bestandes der Julius-Maximilians-Universität Würzburg: Die Wechselbeziehung zwischen Schillers Tell und Shakespeares Julius Cäsar. Von P. Hieronymus Schneeberger, O. P. — 1882, Schweinfurt, Fr. J. Reichardt. — S. 5–31.
Progr. Münnerstadt, K. Gymn.

Schneeberger, J.: Guide à l'usage des membres des conseils de prud'hommes..., s. Auberson, M.

[Schneeberger, J.] Leben, Thaten und Ende Hans Waldmanns.... Eine sehr merkwürdige und höchstlehrreiche Geschichte für's Volk; von einem vormaligen, schweizerischen Heimathlosen. 8. Zürich 1844.

Schneeberger, J., nur bei Gott ist Hülfe u. die Wahrheit in seinem Geist. Predigt zu Jena Sonnt. den 11. Aug. 1850 gehalten. gr. 8. (16 S.) Jena 850. (Döbereiner.) 1½ ngr

Schneeberger, J. Fr., die Branntweinbrennerei und Spiritus-Fabrikation in ihrer Bedeutung für Nationalökonomie, Landwirthschaft u. Volk. Gekrönte Preisschrift. Bern 864. (Blom.) gr. 8. (VIII, 480 S.) n. 1 ₰ 10 ngr

Schneeberger, J. Fr., die Branntweinbrennerei und Spiritus-Fabrikation in ihrer Bedeutung für Nationalökonomie, Landwirthschaft und Volk. Gekrönte Preisschrift. 2 Lfgn. gr. 8. (VIII und 792 S.) Bern 864, [Fiala.] 1. Lfg. * 1 Thlr. 10 Ngr., 2. Lfg * 24 Ngr. *

— Die Ernährung des Volkes, mit besonderer Berücksichtigung der arbeitenden und niederen Klassen. Gekrönte Preisschrift. XII. 8°. 232 S. Bern. 1867. II. Theil, betreffend die Nahrungsmittellehre. (Über Bier, Branntwein, Wein u. dergl. 83—90.) II. 8°. 97 S. Bern. 1869.

Schneeberger, J. Fr., Handbuch für den Branntweinbrenner und Spiritusfabrikanten. Mit Abbild. 8. Bern, Rieder & Simmen. 1871. 4. —

Schneeberger, Wilh., die Parteienöffentlichkeit in der Voruntersuchung, s.: Benedikt, Edm.

Schneebergs-Album. qu. 12. (14 Bl.) Wien (902). R. Lechner's Sort. In Leporelloform n. — 80

Schneeblume, die, oder die drei Taufen. Eine Erzählung für die Jugend. Aus dem Französ. frei übers. von einem kathol. Priester. Aachen 866. (Jacobi & Co.) 8. (IV, 84 S.) 10 ngr

Schneeburg, Baronin Johanna, mein Glück u. Weh. Gedichte. (95 S.) 8. Innsbruck 908. (Vereinsbuchh. u. Buchdr.) Geb. in Leinw. nn 1. 50

Schneedorfer, Leo Ad., S. O. Cist., das hl. Evangelium Jesu Christi nach Matthäus, durch Umschreibung erklärt u. m. den nötigen geschichtlichen u. geographischen Anmerkungen versehen. Als 1. Tl. (302 S.) gr. 8. Prag (910). C. Bellmann. nn 4. —

Schneedorfer, Leo Ad., S. O. Cist., das Buch Jeremias, des Propheten Klagelieder u. das Buch Baruch, s. a. Commentar, kurzgefasster wissenschaftlicher, zu den hl. Schriften des Alten Testamentes. III, 2.

Schneedorfer, L. A., Das Buch Jeremias des Propheten Klagelieder und das Buch Baruch. [Kurzgefasster wissenschaftl. Commentar z. d. heilg. Schriften d. alten Testamentes. Abt. III. Bd. 2.] G.-8°. (XXIV, 482 S.) K 12.—
Wien: Mayer & Co. 1903.

Schneedorfer, Leo Ad., das Weissagungsbuch des Profeten Jeremia erklärt. gr. 8. (XX, 765 S.) Prag 881, Bellmann's Verlag. * 9 60

Schneeflöckchen, eine Samml. interessant. Erzählungen, Gedichte, Anekdoten. 8. Ludwigsb. 825. Nast. 20 ℋ

Schneeflocken. Eine Sammlung interessanter Erzählungen, Gedichte u. Anekdoten, zur Belustigung u. Unterhaltung. 8. Ludwigsb. 825, Nast.

Schneeflocken. Eine Samml. interessanter Erzählungen, Gedichte und Anekdoten. Zur Unterhaltung und Belustigung. ... Ludwigsburg 825, jetzt Berendsohn in Hamburg. 5/6 ₰

Schneeflocken, Novellen, erzählt in der Gesellschaft Concordia; herausgg. von L. v. Alvensleben. 8. Leipz. 832. Brüggemann.

Schneeflocken. Novellen, s. Alvensleben, L. v.
[Seit 1835 Verlag v. Fürst in Nordhausen.]

Schneeflocken. Poetisches Jahrbuch aus Rußland. Erster Winter. gr. 16. (XI und 192 S.) Leipzig 857, Dörffling und Franke. *

—— dass. — Zweiter Winter. gr. 16. (VIII und 256 S.) Berlin 858, A. Duncker. * 24 Ngr.; geb. *

Schneeflocken. (Erzählgn. f. Groß u. Klein.) 1.—15. Hft. gr. 8. Berlin, M. Warneck. à n.n. — 10; 1.—10. in 1 Lwbd. n. 1. 50

1. Die Schneeflocke. Die weiße Rose. Von den Christbäumen. Von Renata Pfannschmidt-Beutner. (16 S.) 897.
2. Das harte Herz. Von B. Mercator. (16 S.) 897.
3. Vergeben u. Vergelten. Von Renata Pfannschmidt Beutner. (16 S.) 897.
4. Roberts Freund. Von Renata Pfannschmidt-Beutner. (15 S.) 897.
5. das Sonntagskind. E. Erzählg. aus dem Jahre 1870. Von B. Mercator. (15 S.) 897.
6. Vom silbernen Glöckchen, Erzählg. Von H. Groschke. (15 S.) 897.
7. Das Reserl. Von Renata Pfannschmidt-Beutner. (16 S.) 897.
8. Tod od. lebend? Von B. Mercator. (15 S.) 897.
9. Der Fünfzigguldenscheln. Von Renata Pfannschmidt-Beutner. (16 S.) 898.
10. Glück aus der Asche. Von B. Mercator. (16 S.) 898.
11. Muttersöhnchen Von H. Groschke. (14 S.) 898.
12. Späte Sühne. Von Renata Pfannschmidt-Beutner. (15 S.) 898.
13. Sieht er's wirklich? Von B. Mercator. (15 S.) 898.
14. Ueberwunden. Von H. Groschke. (16 S.) 898.
15. Durchs Feuer. Von Renata Pfannschmidt-Beutner. (16 S.) 898.

Schneeflocken. (Erzählungen.) 16.—35. Hft. gr. 8. Berlin [M. Warneck]. Gütersloh, C. Bertelsmann. à n. —10; 11—20 u. 21—30 in je 1 Leinw.-Bd. à n. 1. 50
16. Weihnacht. Von H. Groschke. (16 S.) 899.
17. Vom guten u. bösen Geist. Von Renata Pfannschmidt-Beutner. (16 S.) 899.
18. Vollkommen glücklich. Von H. Groschke. (16 S.) 899.
19. Wie es kam. Von B. Mercator. (15 S.) 899.
20. Engels Wanderung. Eine Weihnachtsgeschichte. Von H. Groschke. (14 S.) 899.
21. Bei Nacht u. Nebel. Von H. Groschke. (16 S.) (900.)
22. Erst du — dann ich! Von Charlotte Niese. (32 S.) (900.)
23. Wie Trudchen das ganze Haus beschenkte. Von B. Mercator. (16 S.) (900.)
24. Zwei Genesene. Von Renata Pfannschmidt-Beutner. (16 S.) (900.)
25. Zum Kampf gerüstet. Von H. Groschke. (16 S.) (900.)
26. Als ich das erste Mal auf dem Dampfwagen saß. — Auf d. Wacht. Von Pet. Rosegger. (16 S.) (901.)
27. Zwei Geschwister. Von P. D. v. Blomberg. (16 S.) (901.)
28. Der Schäferknabe aus der Lüneburger Heide. Von Heinr. Sohnrey. (16 S.) (901.)
29. Der alte Gott lebt noch. Von H. Groschke. (16 S.) (901.)
30. Was e. Tannenbaum erlebte. Von Renata Pfannschmidt-Beutner. (16 S.) (901.)
31. Im Rachen des Todes. Eine Erzählg. Von M. Ulbrich. (16 S.) (902.)
32. Großmutter Franks Enkelin. Von R. Pfannschmidt-Beutner. (16 S.) (902.)
33. Des Klausners Weihnachten. Eine Weihnachtsgeschichte aus alter Zeit. Von Magdalene Kühn. (16 S.) (902.)
34. Seufzer-Jörge. Märchen. Von H. Groschke. (15 S.) (902.)
35. Unser Gretchen. Von Pet. Rosegger. (15 S.) (902.)
Hft. 1—15 jetzt Ebd. 897. 898. à n. —10.

Schneeflocken. 36.—55. Heft. (à ca. 16 S.) gr. 8. Gütersloh, C. Bertelsmann. à n. —10; 31.—40. u. 41.—50. in je 1 Leinw.-Bd. [Bd. IV, V] à n. 1. 50
Clément, Bertha, von Engeln behütet. Erzählung. (901.) (Hft. 45.)
— Kindersuche. Erzählung. (905.) (Hft. 50.)
Dose, Joh., der Schatzgräber. Erzählung. (903.) (Hft. 40.)
Keiser, Marie, wie Trude e. Geschichte erlebte. Erzählung f. jung u. alt. (906.) (Hft. 55.)
Jaski, M. v., auf d. Lebensreise. Erzählung. (906.) (Hft. 54.)
Kühn, Magdalene, die Gnade Gottes. Eine Erzählg. aus dem 30jähr. Kriege. (903.) (Hft. 37.)
— die verschwundenen Kinder. Eine Erzählg. aus der Franzosenzeit. (904.) (Hft. 41.)
— Großmutter Martin. Erzählung (aus der Oberlausitz). (905.) (Hft. 47.)
Niese, Charlotte, Monarch Steffen. Erzählung. (905.) (Hft. 46.)
Pfannschmidt-Beutner, R., stiller Dienst. Erzählung. (905.) (Hft. 48.)
— Elfriedes Tagebuch. (903.) (Hft. 36.)
— das beste Gut. Erzählung nach e. wahren Begebenheit. (904.) (Hft. 44.)
— am Ziel. Erzählung. (906.) (Hft. 51.)
Rhein, Cleb. vom., Hans Taugenichts u. sein Schwesterlein Ilse. (Ein Märchen.) (905.) (Hft. 49.)
Rinneberg, Anna, o du fröhliche! Erzählung f. jung u. alt. (904.) (Hft. 42.)
— Tante Lotte! Erzählung f. jung u. alt. (906.) (Hft. 52.)
— warum? Erzählung. (903.) (Hft. 38.)
Ulbrich, Mart., unter Gottes Hute. Erzählung. (904.) (Hft. 43.)
— durch Sturm u. Klippen. Erzählung. (906.) (Hft. 53.)
Winter, C. (Marie Kühmeyer), was e. Gruß vermag. Erzählung. (903.) (Hft. 39.)

Schneeflocken. (Erzählungen f. Groß u. Klein.) 56.—75. Heft. (à ca. 16 S.) 8. Gütersloh (907—10). C. Bertelsmann. à p —10; je 10 Hefte in 1 Leinw.-Bd. 1. 50

Schneeflocken und Anderes ... Brixen 1901. V: *Jankovics von Daru-Var, Anna Gräfin.* (margr)

(F) Schneeflocken und Anderes. Zugunsten der Kinder-Patronage. Brixen. 1901. Im Comm. Pressverein. 8°. 77 S. K 2.—

— vom nordischen Weihnachtshimmel. Novellen-Sammlung. Deutsch v. Therese Lorck. gr. 8. (V, 242 S.) Leipzig 899. F. A. Berger. n. 2. 50; geb. n. 3. 50

Schneefuss, August [aus Winsen a. d. Luhe (Prov. Hannover)]: Einwirkung von Blausäure auf Benzalazin und Oenanthaldoxim ... München, akad. Buchdr. v. F. Straub, 1894; 34 S. 8.
Erlangen, Phil. Fak., Inaug.-Diss. v. 1894

Schneefuß, C. G., pract. Anweisung zu seinen, durch pract. Erfahrn. bewährten u. vielseitig geprüften, höchst gewinnreichen, eigenthüml. Verfahrungsarten beim Betriebe d. Branntweinbrennerei 2c., nebst e. Anh., welcher die Vorschrift z. rechten Bereit. d. gepreßten, sogen. Pfundhefe aus d. Branntweinmaische, u. das Verhältniß d. Maaße u. Gewichte in Deutschland u. a. Ländern enthält. 1. Aufl. 835. • 11⅓ Thlr., 2. Aufl. gr. 8. (à 11½ B. u. 1 Abbild.) Königsberg i. d. Neumark 836. (Breslau, Korn.) •

— praktische Anweisung zu seinen durch prakt. Erfahrungen bewährten u. vielseitig geprüft., höchst gewinnreichen, eigenthümlichen Verfahrungsarten beim Betriebe der Branntweinbrennerei 2c. Nebst einem Anhange über Pfundhefe, Maaß- u. Gewichtsverhältnisse u. einer Tafel Abbildd. gr. 8. Königsberg in der Neum. 835. (Berlin, Curths.) verklebt n. 1⅓ ℛ︀ — 2e Aufl. gr. 8. Ebd. 836. (Ebd.) Breslau, Hebenstreit. n. 3 ℛ︀

Schneefuß, C. G., die Geschwind-Essig-Fabrikation 2c. 2e verb. u. mit der Anweisung zur Bereitung aromatischer Speise- oder Tafel-, Parfümerie- u. Toiletten-Essige, auch vorzügl., wirksamer Essige zum Gebrauche als Räucherungs- u. Schutzmittel gegen ansteck. Krankheiten 2c. verm. Ausg. In 2 Thln. gr. 8. Königsberg in der Neumark 833. (Leipzig, Hunger.) geh. u. versiegelt 6 ℛ︀

Schneefuß, C. G., die Geschwind-Essig-Fabrikation 2c. 2., verbess. u. mit d. Anweis. zur Bereit. aromat. Speise- od. Tafel-, Parfümerie- u. Toiletten-Essige, auch vorzügl., wirksamen Essige zum Gebr. als Räucherungs- u. Schutzmittel gegen ansteck. Krankheiten 2c. verm. Ausg. 2 Thle. gr. 8. (ca. 6 B.) Königsberg in d. Neumark 833. (Leipzig, Magazin f. Indust.) •
Versiegelt. Thlr. 6 —

Schneegans, Kauffmann und *Leiber.* Die gesetzliche Stellung der französischen Aktiengesellschaften, insbesondere der Versicherungsgesellschaften in Elsaß-Lothringen. Straßburg 1881.

Schneegans, August

Schneegans, A., Kallia Kypris. Aus Alt-Syrakus. Roman. 8. (VIII, 245 S.) Berlin 893. Verein der Bücherfreunde. n. 3. —; geb. in Leinw. n. 3. 75

Schneegans, A., aus fernen Landen. Novellen. [San Pancrazio v. Evolo. Euriklcia. Sirenengold. Auge um Auge.] 8. (288 S.) Breslau 886. Schottländer. n. 4. —; geb. n. 5. —

Alsaticus [d. i. August Schneegans]: Die Elsässer Liga diesseits und jenseits der Vogesen. — Bln: Stilke 1878. 92 S. Aus: Germania. 1871. Nr 264.

Schneegans, August. A' Sch' 1835—1898. Memoiren. Ein Beitrag zur Geschichte des Elsasses in der Übergangszeit. Aus dem Nachlasse hrg. von Heinrich Schneegans, Professor... [in] Würzburg. Mit einem Bildnis in Lichtdruck [Tafel]. XVI + 480 S. 8. Berlin, Gebrüder Paetel, 1904. [M. 10. —]

Schneegans A. das höhere Schulwesen in Elsass-Lothringen. Strassburg 1878

— Sicilien. Bilder aus Natur, Geschichte u. Leben. 8. (X, 452 S.) Leipzig 887. Brockhaus. n. 6. —; geb. n. 7. —

Sicilien. Bilder aus Natur, Geschichte u. Leben. Von August **Schneegans.** 2., mit e. Anh. u. Anm. verm. Aufl. Mit 1 Uebersichtskarte. Leipzig. F. A. Brockhaus 1905. (XII, 483 S.) 8° [5.]

Schneegans, A., Straßburg nach der Uebergabe an Frankreich 1681 bis 1698, s. Bücherei, deutsche.

Schneegans, A., Romeo's Tochter. — Lenz im Herbst. — Speranza. Italienische Geschichten. 8. (372 S.) Leipzig 889. Keil's Nachf. 4. 50; geb. n. 5. 50

Schneegans, C. F. August [aus Strassburg]: Die Reaktion von Perkin in der Fettreihe. Strassburg, Universitäts-Buchdruckerei von J. H. Ed. Heitz, 1884. 8. 38 S.

Schneegans, E., der Gewerbs- u. Kaufmann als Rechner, oder leichtfaßliche Methode, alle Rechnungsaufgaben des gewerblichen u. kaufmännischen Lebens rasch u. sicher zu lösen, nach einem durchaus neuen Plane bearb. Mainz 861. Faber in Comm. gr. 8. (108 S.) n. 10 ngr.

Schneegans, Ed., histor.-topograph. Beschreibung Kreuznachs u. seiner Umgebungen, mit Bezieh. auf seine Heilquellen, zugleich als Beitr. z. vaterländ. Gesch. nach Urkunden, Msptn. u. Quellen bearb. gr. 8. (25 1/8 B., 6 Ansichten u. 2 Tab.) Koblenz 839. (Kreuznach, Kehr.) *

Schneegans, Ed., der Führer im Nahethal, nebst einer vollständ. (lithogr. und ill.) Karte des Nahegebiets (in gr. 4.), einer Flora des Nahethales, Postrouten, Stationen und Entfernungen, Münztabelle etc. für Einheimische, Kurfremden des Bades Kreuznach und Reisende. 8. (IV und 80 S.) Kreuznach 852, Gebr. Schnabel. **

Schneegans, E., Geschichte d. Nahethales m. besond. Berücksicht. Kreuznachs u. der Umgebung. Nebst e. medizin. Theil v. L. Jung u. e. Flora der Gegend v. E. Gutheil. Mit e. Ansicht v. Kreuznach. (Neue Titel-Ausg.) 8. (VI, 258 S.) Kreuznach 890. Harrach. geb. n. 2.—

Schneegans, Ed., die sämmtlichen christlichen Kirchenparteien unserer Zeit, oder ihre Geschichte u. Glaubenslehren, nach ihren Bekenntnißschriften bearb. Dortmund 857. Krüger. gr. 8. (134 S.) 22 1/2 ngr.

Schneegans, Ed., Kreuznach. Erinnerungen eines Kurgastes an die Mineralquellen u. Bäder Kreuznach's, dessen Denk- u. Merkwürdigkeiten, Lustorte, schönste Parthieen u. Flora, nebst Lokalnotizen für Kurfreunde. Mit 1 Ansicht. gr. 8. Siegen u. Wiesbaden 844, Friedrich. 1/3 ₰

—— Kreuznach. Erinnerungen eines Kurgastes an die Mineralquellen und Bäder Kreuznach's, dessen Denk- und Merkwürdigkeiten, Lustorte ꝛc. 2. (Titel-)Ausg. Mit einer (lithogr.) Ansicht Kreuznachs. 8. (IV und 116 S.) Wiesbaden 854, Friedrich's Vrlgsh. *

— Kreuznach, seine Heilquellen u. Umgebungen. Medicinischer Theil mit den neuesten Erfahrungen von Lothar Jung. Flora der Umgegend von E. Gutheil. Mit 1 Ansicht des Kurbrunnens (in Stahlst.). Mainz 862. Kupferberg. 8. (VI, 258 S.) 22 1/2 ngr.

Schneegans, F. Eduard

Schneegans, F. E., s.: Beiträge z. roman. Philologie.

Einladung zur öffentlichen Probe-Vorlesung, welche Dr. phil. Eduard Schneegans zur Erlangung der Venia legendi bei der philosophischen Facultät der Ruprecht-Carls-Universität zu Heidelberg Samstag, d. 1. Mai 1897 ... abhalten wird. Thema: Der Cidstreit. *Heidelberg*, Druck v. J. Hörning, *1897*; 1 Bl. 8.

Schneegans, F. Eduard [Dr., Lektor an d. Univ. Heidelberg]: Über die Gesta Karoli Magni ad Carcassonam et Narbonam. E. Beitr. z. Geschichte d. altfranzös. Epos ... (Erscheint vollst. in d. Roman. Bibliothek hrsg. v. W. Förster.) Halle a. S., Druck v. E. Karras, 1897; 2 Bl., 40 S. 8.
Heidelberg, Phil. Fak., Hab.-Schr. v. [1. Mai] 1897

Schneegans, F. Ed., s.: Gesta Karoli Magni ad Carcasonam et Narbonam.

Schneegans, Ed., die Quellen d. sogenannten Pseudo-Philomena u. d. Officiums v. Gerona zu Ehren Karls d. Grossen als Beitrag zur Geschichte d. altfranzösischen Epos. Diss. gr. 8. (85 S.) Strassburg i/E. 891. J. H. Ed. Heitz. n. 2. 50

SCHNEEGANS, Gustav (Strassburg): Ueber einen Fall von myelogenem Sarkom des Oberschenkels mit Metastasen im Schädeldach.- Strassburg: Elsäss. Druckerei 1893. 17 S.,1 Taf.
9.3.1891 - Chr 1890/91,20; Jv 1892/93,211 (Prom.-Datum: 1893)
Diss. Ingolst.-Landsh.-Mchn.

Schneegans, Heinr., s.: Beiträge z. roman. Philologie.

— die italienischen Geißlerlieder, s.: Runge, Paul, Die Lieder u. Melodien der Geißler des J. 1349.

Schneegans, Heinr., Geschichte der grotesken Satire. gr. 8. (XV, 524 S. m. 28 Abbildgn.) Strassburg 894. K. J. Trübner, Verl. n. 18.—

Schneegans, Heinrich: Laute und Lautentwickelung des sicilianischen Dialectes nebst einer Mundartenkarte und aus dem Volksmunde gesammelten Sprachproben .... Strassburg, Karl J. Trübner, 1888; 2 Bl. + 199 + 1 S. + 2 Bl. u. 1 Karte 8°
Strassburg, Phil. Fak., Inaug.-Diss. v. 1887

Molière. Von Heinrich Schneegans. Mit Bildnis. *Berlin: E. Hofmann & Co. 1902.* (IX, 261 S.) 8° [F.]
= Geistesheldén. Bd 42. [01. 11733 S

Schneegans, Heinr., der Pfingschtmondâa vun hitt ze Dâa. Dramat. Culturbild aus d. Elsaß am Ende des 19. Jahrh. 8. (VII, 143 S.) Straßburg 899. K. J. Trübner. n. 2.—; geb. in Leinw. n. 2. 80

— groteske Satire bei Molière? Ein Beitrag z. Komik Molière's. gr. 8. (44 S.) Halle 899. M. Niemeyer. n. 1.20
Sonderabdruck aus: „Beiträge z. roman. Philologie".

Schneegans, Heinrich (Hrsg.), s. Schneegans, August: Memoiren.

— was d' Steckelburjer vun d'r „Universite" saaue. Humorist. Intermezzo. Aufgef. z. Universitäts-Jubiläum am 2. V. 1897. 12. (36 S.) Straßburg 897. Schlesier & Schweikhardt. n. — 60

Schneegans, Jul., die Stellung der Kirche ꝛc., s. Schneegans, Wilh.

Schneegans, L., l'Eglise de Saint-Thomas à Strasbourg, et ses Monuments. Essai historique et descriptif, composé d'après les sources originales. Orné de 5 gravures, exécutées par MM. Ch. Perrin, architecte, et Ch. Schuler, graveur. gr. in-8. Strasbourg 842. (Heidelberg, C. F. Winter.) n. 1 2/3 ₰

Schneegans, L., die Geissler, namentl. d. grosse Geisselfahrt nach Strassburg im J. 1349. Frei n. d. Franz. bearb. v. Const. Tischendorf. gr. 8. (4 1/2 B.) Leipzig 840, C. L. Fritzsche.

SCHNEEGANS, L., Die Geissler, namentlich die grosse Geisselfahrt nach Strassburg im Jahre 1349. Frei nach d. Französ. bearb. v. C. Tischendorf. Leipzig 1840, 8°, 64 S. Selten! (4 Mk. 50 Pfg., Expl. im Orig.-Umschl., Frdr. Klüber, c. 1902.)

[F.] Ueber die orthographische Anarchie im Schriftthum des Strassburger Dialekts u. der nächstverwandten elsäss. Mundarten. E. Vorschlag z. Abhülfe v. L[udwig] Schneegans. *Strassburg: Dr. v. J. H. E. Heitz 1896.* (54 S.) 1 Bd 8. [96. 4770

Schneegans, Ludw., Maria, Königin v. Schottland. Drama in 5 Aufzügen. Heidelberg 868. Weiß. 8. (176 S.) n. 28 ngr.

Schneegans, Ludw., straßburger Münster-Sagen, aus Urkunden, Chroniken und sonstigen Quellen gesammelt und dargestellt. (Abdr. aus den „Sagen des Elsaß" von Aug. Stöber.) gr. 8. (III und 72 S.) St. Gallen 852, Scheitlin und Zollikofer.

— Tristan. Trauerspiel in 5 Aufzügen, mit einem Vorspiel. Leipzig 865. O. Wigand. 8. (206 S.) n. 25 ngr.

Schneegans, M., Kloster u. Abt, s.: Jugendbibliothek, deutsche.

Schneegans, M., Kloster u. Abt, s.: Schmidt's, F., deutsche Jugendbibliothek.

—— u. W. Schneegans. Bad Kreuznach. — Münster am Stein, s. Städtebilder u. Landschaften.

Schneegans, A. M., vom Tiberstrand zur grünen Isar. (III, 194 S. m. Abb.) 8. Straßburg 908. J. Singer. 3. —

Schneegans, W., die Altenbaumburg u. die Rauhgrafen. 16. (16 S.) Kreuznach 878. Schmithals. n. — 60

Schneegans, W., geschichtliche Bilder u. Sagen aus dem Nahethal. 16. (VI, 341 S.) Kreuznach 878. Schmithals. n. 3. —; geb. n. 4. —

—— Kloster Disibodenberg. 16. (8 S.) Ebendas. 878. *

—— die Ebernburg. Geschichte des edlen Geschlechts derer v. Sickingen im Anschluss an die Geschichte der Ebernburg. 16. (111 S.) Ebendas. 878. *

Schneegans, W., die Ebernburg. Geschichte d. edlen Geschlechts derer v. Sickingen im Anschluss an die Geschichte der Ebernburg. 2. Aufl. gr. 8. (85 S.) Kreuznach 889. Schmithals' Verl. n. 1. —

Schneegans, W. Die Ebernburg. Geschichte d. edlen Geschlechts derer v. Sickingen im Anschluss an die Geschichte der Ebernburg. 2. Aufl. gr. 8. (85 S.) Kreuznach 892, Schmithals' Verlag. * 1 —

Schneegans, W., Geschichte des Nahethals nach Urkunden u. Sagen. 3. Aufl. [Erweiterung der geschichtl. Bilder u. Sagen aus dem Nahethal.] gr. 8. (VIII, 271 S.) Kreuznach 889. Schmithals. n. 3. —; geb. n. 4. —

— die hl. Hildegard, s.: Für die Feste u. Freunde d. Gustav-Adolf-Vereins.

— Ulrich v. Hutten und Franz v. Sickingen, die beiden Vorkämpfer deutscher Einheit u. Größe. Dem deutschen Volke zur 400jähr. Jubelfeier dargereicht. Mit 5 Orig.-Illustr. gr. 8. (47 S.) Ebd. 887. n. — 50

Schneegans, W., Kreuznach, Münster a. Stein und das Nahethal, nebst Ausflügen an den Rhein und in die Pfalz. Führer für Badegäste und Touristen. Die medicin. Anleitung ist von Weisch, Brunnen- und Badearzt von Münster a. Stein. Mit 2 (lithogr.) Karten (in 4.) 3. wesentlich verb. Aufl. 8. (131 S.) Kreuznach 880, Schmithals. geb. * 2 —

Schneegans, W., Kreuznach, Münster a. Stein u. das Nahethal, nebst Ausflügen an den Rhein u. in die Pfalz. Führer f. Badegäste u. Touristen. Die medizin. Anleitg. ist v. Welsch. Mit 4 Karten u. 18 Illustr. 4. Aufl. 8. (VIII, 155 S.) Kreuznach 887. Schmithals. geb. n. 2. —

— Kreuznach, Münster a. Stein u. das Nahethal, nebst Ausflügen an den Rhein u. in die Pfalz. Führer f. Badegäste u. Touristen. Die medizin. Anleitung v. Welsch. Mit 4 Karten u. 17 Illustr. 5., umgearb. Aufl. 12. (VIII, 165 S.) Kreuznach 892. R. Schmithals. In Leinw. kart. n. 2. —

Schneegans, W., Kreuznach, Münster a. Stein u. das Nahethal, nebst Ausflügen an den Rhein u. in die Pfalz. Führer f. Badegäste u. Touristen. Die medizin. Anleitg. ist v. Welsch. Mit 1 Karte, Plan v. Kreuznach u. Titelbild. 6. Aufl. Hrsg. v. Herm. Stumpf. 12. (VIII, 144 S.) Kreuznach 900. R. Schmithals Nachf. n. 2. —

Kreuznach, Münster a. Stein und das Nahetal, nebst Ausflügen an d. Rhein u. in d. Pfalz. Führer f. Badegäste u. Touristen von W. Schneegans. Die mediz. Anleitung ist von Dr. P[aul] Oertel, Arzt in Bad Kreuznach. Mit 2 Karten, Pl. von Kreuznach u. Titelbild. 7. Aufl. Hrsg. von Hermann Stumpf. *Kreuznach: K. Scheffel 1904.* (VIII, 144 S.) 8°

Schneegans, W., Kreuznach, Münster a. Stein u. das Nahetal m. Ausflügen an den Rhein u. die Pfalz. Führer f. Badegäste u. Touristen. Die medizin. Anleitg. ist v. P. Oertel. Mit 2 (farb.) Karten, (farb.) Plan v. Kreuznach u. 60 Bildern. 8. Aufl. Hrsg. v. Herm. Stumpf. (VIII, 176 S.) kl. 8. Kreuznach 910. K. Scheffel. 1. 80

Schneegans, W., u. M. Schneegans, Bad Kreuznach u. Umgebung, — — Bad Münster am Stein u. Umgebung, s.: Städtebilder und Landschaften.

Schneegans, W., das Nahethal u. seine Bäder. Geschichtliche Bilder u. Sagen aus dem Nahethal. Führer für Badegäste u. Reisende im Nahethal. Mit 3 (lith.) Karten (in 4. u. Fol.). Kreuznach 870. Maurer. 8. (VIII. 391 S.) In engl. Einb. 1 ℛ 15 ngr.

—— das Nahethal und seine Bäder. Geschichtliche Bilder und Sagen aus dem Nahethal. 1. Thl. A. u. d. T.: Kreuznach, Münster a. St. und das Nahethal. Führer für Badegäste und Touristen. Medicinische Anleitung von Welsch. 2. Aufl. 8. (VIII, 127 S. mit 2 lithogr. Karten.) Ebendas. 878. geb.

—— Schloss Rheingrafenstein und die Rheingrafen. 16. (15 S.) Ebendas. 878. *

Schneegans, W., Ritter Franz v. Sickingen, seine Nachkommen und der Untergang seines Geschlechts. 8. (48 S.) Kreuznach 867, Voigtländer. *

Schneegans, W., Ritter Franz v. Sickingen, seine Nachkommen und der Untergang seines Geschlechts. Kreuznach 1867. 8. — 2. A. 1888.

—— Abt Johannes Trithemius und Kloster Sponheim. gr. 8. (VII, 295 S.) Ebendas. 882. * 4 —

Schneegans, Wlh., u. Jul. Schneegans, die Stellung der protestant. u. kathol. Kirche zum Staate, der Cultus, die Kirchenzucht u. die Sonntagsfeier. gr. 8. Leipzig 845, Otto Wigand. 1/2 ℛ

Schneegaß, Christoph Polykarp

Schneegaß, Cph. Polic., üb. die Erzeugung, od. Aufzählung u. Kritik aller bisher. Zeugungstheorien, nebst e. neuen u. vollständ. Erklär. dieses bewundernswürd. Geschäfts d. Natur. 8. Jena 802. (Knobloch in Leipz.) 16 gr.

Schneegaß, Cl., Kinderpostille. 8. Erfurt 762. Weber. 5 gr.

Schneegaß, Cyriacus, geistliche Lieder und Psalmen. Neue Ausg., verbereitet von Fürchtegott Ehrn. Fulda und in Druck gegeben von dessen Söhnen. Eckartsberga 854. Verlag des Eckartshauses. 8. (156 S.) 15 ngr.

Schneegaß, Elias, s.a. Schnegas, Elias.

Schneegass, El., de concursu creditorum in foro civili formando. 4. Braunschw. 718.

Schneegass, Friedrich August (Bautzen) A. S. 608/16

Quaestio iuris controversi de spurio eruditorum privilegio expellendi operarios cum strepitu laborantes. Präs. Christian Heinrich Breuning. Leipzig (Langenheim) 17. X. 1776. 8 S. 31025

Schneege, Gerhardus (*geb. Breslau 24. 9. 1857*): De relatione historica, quae intercedat inter Thucydidem et Herodotum. Vratislaviae (1884). (60 S.) 8° [*Im Buchhandel 1884 bei Köhler in Breslau.*]

Breslau, Phil. Diss. v. 11. Nov. 1884

Schneege, Gerhard: Zu Goethes Spinozismus. Breslau (1910): Gutsmann. 26 S. 4°
Breslau, k. König-Wilhelms-G; P 1910 (262) [S 10. 380

Schneege, Gerh., zu Goethes Spinozismus. Programm. (26 S.) Lex. 8. Breslau 910. (Leipzig, Buchh. G. Fock.) 1. 50

Schneege, Gerhard [Dr., Hilfsl.]: Goethes Verhältnis zu Spinoza und seine philosophische Weltanschauung. Pless, Druck v. A. Krummer, 1890; 1 Bl., S. 1—21; 4°
Pless, ev. Fürsten-S, P 1890

Schneeglöckchen. Taschenbuch, s. Schaden, A. v.

Schneeglöckchen, (v. Chr. Jer. Langbein). 8. Rudolst. 799. (Hildebrandt in Arnst.)

Schneeglöckchen. 8. Rudolstadt, Klüger. 799.

— von Carl Musäus. 16 Sträuschen. gr. 8. Petersburg. (Kummer in Leipzig.) 818.

Schneeglöckchen von Maria. Hamb. 1819. V: *Plessen*, *Maria Sophie v. geb. v. Fick.* (MGT) (Schl) (GGr)

Schneeglöckchen, von Maria. 8. Hamburg, Herold. 819.

Schneeglöckchen. Deutsche Lieder aus d. Ostsee-Provinzen, gesamm. u. hrsg. v. Arnold Tideböhl u. Wilh. Schwartz. gr. 12. (9⅔ B.) Riga 838, Goetschel.

— ein Taschenbuch für das Jahr 1839. Mit Beiträgen von Jul. Krebs, Rob. Bürkner, Ladislaus Tarnowski u. N. B. Küner. Mit 12 Genrebildern. 16. Breslau 838. Heinr. Richter. n. 2 ₰
— für die Jahre 1840 u. 1841. Mit 7 u. 8 Genrebildern. 16. Ebd. 839, 40. (à n. 2 ₰) 4 ₰

Schneeglöckchen. Ein Taschenbuch für das Jahr ...
Breslau: Heinr. Richter [1839—1840]. 16°
[Lith. Vort.]
[2/] 1840: Mit Beitr. v. Robert Bürkner, Ladislaus Tarnowski u. Friedrich Thalheim. [1839.] 9 Bl., 270 S., 1 Titelbild, 6 Taf.
(3/) 1841: Mit Beitr. v. Robert Bürkner u. François Robert. [1840.] 10 Bl., 292 S., 1 Titelbild, 7 Taf.

Schneeglöckchen. ... Salzburg 1853. V: *Marek, Joseph.* (Hr)

Schneeglöckchen. Kleine Erzählungen und Mährchen, von J. M. Inhalt: Gimpelhuber. Das Wunderblümchen. Der Versucher. Die stumme Braut. Klein Lieschen. Der Einsiedler. 8. (78 S.) Salzburg. Druck von Franz Xav. Duyle. Oberer'sche Buchhandlung. 1853.

Schnee-Glöckchen. Historisch-romantische Erzählungen aus der Vorzeit u. Gegenwart. Stuttgart 863. Fischhaber. 8. (2 Bl., 372 S.) 1 ₰

Schneeglöckchen. Corveyer Weihnachtsgabe 1865. [Hannover.] V: *Hoffmann gen. v. Fallersleben, Aug. Hnr.* (GGr)

Schneeglöckchen. Lieder einer Verborgenen. Mit einem Vorwort von Gust. Knak. Berlin 868. E. Beck. 16. (VIII, 178 S.) n. 10 ngr.; in engl. Einb. mit Goldschn. n. 22½ ngr.

Schneeglöckchen od. Heidenthum u. Franzosenthum in der deutschen Christenheit. Aus den Erinnergn. e. Lehrers. Von F. L. 8. (129 S.) Königsberg 872. Gräfe & Unzer. In Comm. n. 1. —

Schneeglöckchen, die Ungetaufte, s.: Jugend-Bibliothek in einer Auswahl vorzügl. Engl. Jugendschriften. 1. Bdchn.

Schneeglocken; Sänge aus einem Schweizerherzen. St. Gallen 1834. V: *Kübler, Joh. Jac.* (ZuWZür)

Schneeglocken, Sänge aus einem Schweizerherzen. 16. Winterthur 845, Literar. Comptoir von Hegner, älter. 18 ngl

Schneegränze im Himalaya, s.: Jahrbuch, geograph., II.

Schneehage, H. Just., s.a. Schnehage, H. Just.

Schneehage, H. Just., tabellar. Erklär. d. Hannöv. Landeskatechismus, als katechet. Hülfsmittel zunächst f. Schullehrer, nebst e. kurzen Anleit. z. Katechisiren. 8. Hannov. 818. Hahn. 1 ₰ 6 gl

— Gott lebet noch; zwei Predigten an d. beiden ersten Feiertagen d. Jahres 1825 zu Suhlingen gehalt. gr. 8. Hannov. 825. Helwing. 4 gl

Schneehage, H. Just., s. Markholt, W. B.: Noch ein Büchlein von der Liebe.

— Timotheus, od. Versuch einer faßl. Darstell. d. Grundsätze z. Würdigung u. z. Gebrauch d. Bibel. gr. 8. Hannov. 824. Helwing. 16 gl

Schneekloth, Gustav, approb. Arzt aus Warderhof (Post Lütjenburg, Prov. Schlesw.-Holst.): Aus d. Kgl. Universitäts-Poliklinik f. innerlich Kranke zu Kiel (Prof. Dr. v. Starck). Über Icterus infectiosus epidemicus. *Kiel 1900: H. Fiencke.* (43 S.) 8°
Kiel, Med. Diss. v. [8. Sept.] 1900

Schneekoppe [Sachl. Ordnungswort]

Schneekoppe, die, im Riesengebirge. Zur Erinnerg. f. seine Besucher. (16 S. m. 2 Abbildgn.) 12. Warmbrunn (903). E. Gruhn. -- 10

Schneekoppe, Die wundervolle, oder Beschreibung des schlesischen Riesengebirges ... zusammengetragen von einem bekannten Schlesier. Leipzig 1736. V: *Schmolch, Benjamin.* (Wanderer im Riesengebirge 21, 129 f.) (Zeitschr. f. Büch. N. F. 15, 1923, S. 121)

Schneekoppe [Schlagwort]

Schneekoppe. Fiek, E., Rundschau von der Schneekoppe. 32 × 32 cm. Warmbrunn (894). E. Gruhn. n. — 20

— Panorama von der Schneekoppe 1603 m. 11 × 55,5 cm. Lith. Wien 895. A. Hartleben. n. — 60

Schneele, Kasp., die römischen Päpste in chronologischer Aufeinanderfolge, nach den Zierden der histor. Literatur dargestellt. 8. (64 S.) Lippach 882. (Ravensburg, Dorn.) n. — 80

Schneele, Kasp., die Päpste in chronologischer Aufeinanderfolge. 2. Aufl. (IV, 86 S.) 8. Rottenburg 905. W. Bader. n.n. — 90; geb. n.n. 1. 30

— das Recht der Kirche auf die Schule, s. a. Zeitfragen, politische in Württemberg. Nr. 6.

Schneele, Kaspar: Das Recht der Kirche auf die Schule. (Polit. Zeitfragen in Württ. 6.) Stuttgart: D. Volksblatt 1903.

Schneeli, Gustav, Dr. phil. a. Zürich: Radiotelegraphie und Völkerrecht. Merseburg 1908: F. Stollberg. (96 S.) 8°
Heidelberg, Jur. Fak., Ref. Anschütz, Diss. v. 1908
[Geb. 12. Nov. 72 Zürich; Wohnort: Rom; Staatsangeh.: Schweiz; Vorbildung: Gymn. Zürich Reife M. 91; Studium: Gesch. Basel, Zürich Dr. phil. 96, Jura Rom 2, Berlin 1 S.; Rig. 20. Nov. 07.]

Schneeli, Gustav. Radiotelegraphie und Völkerrecht. 96 S. 8. Berlin, Franz Vahlen, 1908. [M. 2.—]

Schneeli, Gustav, aus Zürich: Renaissance in der Schweiz, Studien über das Eindringen der Renaissance in die Kunst diesseits der Alpen. München F. Bruckmann Verl. 1896. 167 S. 8°. [Mit 54 Abbildungen; die 30 Tafeln der Buchausgabe sind der Dissertation nicht beigegeben].
Zürich. Phil. Diss. I. S. [v. 10. Dec. 1896].

Schneeli, G. Renaissance in der Schweiz. Studien über das Eindringen der Renaissance in die Kunst diesseits der Alpen. Mit 30 Taf. u. 54 Textillustr. Gr. in-8°. VII, 167 S. München, Verlagsanstalt F. Bruckmann A.-G. 1896.

Schneeli, Max: Die rechtliche Natur des Eisenbahnfahrscheins. Zürich: Zürcher u. Furrer Dr. [Ebell Verl.] 1890. 2 Bl., 118 S., 1 Bl. 8°
Zürich, Jur. Diss. [v. 31. Mai 1890].

Schneeloch, W., eine Zeitfrage. Die Behandlg. der Zeit in der Lohn- u. Selbstkostenberechng. Vortrag, geh. im niederrhein. Bez.-Verein des Vereins deutscher Ingenieure, Düsseldorf am 6. IX. 1909. (24 S. m. Abbildgn.) 8. Düsseldorf 909. (E. Lintz.) —50
Sonderabdruck aus: „Mittlgn. des niederrhein. Bez.-Ver. d. Ver. deut. Ingenieure, Düsseldorf".

Schneemann, der. Eine Winter- u. Weihnachts-Geschichte von der Verfasserin d. „Osterhasen". (Ausgestanzt.) 4. (16 S. m. 18 Illustr. von W. Süs.) Stuttgart 889. Kraiß. cart. n. 1. —

Schneemann. Verschiedene Gutachten von Sachverständigen über eine Steuerung, um Böte vollbesetzt vom Deck eines Seeschiffes zu Wasser bringen oder an Bord nehmen zu können. Bremen [o. J.] (20367)

Schneemann: Der Stadtbremische Schlachthof in seiner Entwickelung 1882—1907. Im Auftr. der Deputation für den Schlachthof bearb. [Mit Abb. u. 1 Pl.] Bremen 1907: Hauschild. 36 S. 4°

Schneemann, A., s. Florian's Wilhelm Tell.

Schneemann, Felix, aus Danzig: Ueber arsenhaltige Derivate des Aethylbenzols. *Rostock 1902: C. Hinstorff.* (41 S.) 8°
Rostock, Phil. Diss. v. [21. Aug.] 1902.

Schneemann, G. Specim. annot. in Odysseae rhapsod. A. 29 S.
Trier, Progr. 1832

Schneemann, Geneseos caput primum annotationibus illustratum. Trier, 1838. 4°. 18 S. Programm.

Schneemann, G. Rerum Trevericarum comment. I. 30 S.
Trier, Progr. 1844

Schneemann, G., das Römische Trier u. die Umgegend nach den Ergebnissen der bisherigen Funde. 8. (VIII u. 88 S.) Trier 852, Lintz. 1/3 ₰

Schneemann, Gerhard

Schneemann, Gerardus, Controversiarum de divinae gratiae liberique arbitrii concordia initia et progressus. Accedunt opuscula inedita Leonardi Lessii et Jos. Kleutgen, ejusdem societatis theologorum, atque exemplum phototypicum autographae Pauli V. relationis. gr. 8. (VIII, 491 S.) Freiburg i. Br. 881, Herder'sche Verlagsh. * 8 —

Schneemann, Gerh., die Entstehung der thomistisch-molinistischen Controverse. Dogmengeschichtliche Studie. [Ergänzungshefte zu den „Stimmen aus Maria-Laach" 9.] gr. 8. (160 S.) Freiburg i. Br. 879, Herder'sche Verlagsh. *

—— weitere Entwickelung der thomistisch-molinistischen Controverse. Dogmengeschichtliche Studie. Mit den autographen Aufzeichnungen Paul V. über die Schlußsitzung der Congregatio de auxiliis, in Lichtdr. [Ergänzungshefte zu den „Stimmen aus Maria-Laach". 13. und 14.] gr. 8. (III, 230 S.) Ebendas. 880. * 8 20

Schneemann, G., die Freiheit u. Unabhängigkeit der Kirche, — die kirchliche Gewalt u. ihre Träger, } s. Encyclica, die, Papst Pius' IX.

Schneemann, G., S. J., lateinisch-deutsche Handausgabe d. Decrete u. d. hauptsächlichsten Acten d. hochhl. ökumen. Vatican. Concils. M. e. geschichtlich-dogmat. Einleitg. u. e. Uebersicht d. kathol. Hierarchie zur Zeit d. Concils. 2. Aufl. (o.: Die Kanones u. Beschlüsse d. hochhl. ökumen. u. allgem. vatican. Concils). 12. (VII, 307 S.) Freiburg i/B. 895. Herder. n. 2. —

—— die Irrthümer über die Ehe, s. Encyclica, die, Papst Pius' IX.

Schneemann, G., die Kanones u. Beschlüsse d. hochheiligen ökumenischen u. allgemeinen Vaticanischen Concils. Sacrosancti oecumenici et generalis concilii Vaticani canones et decreta. Deutsch-lateinische Ausg. Mit den hauptsächlichsten conciliar. Aktenstücken, e. statist. Uebersicht der kathol. Hierarchie u. e. historisch-dogmat. Einleitg. gr. 8. (LXXX, 118 S.) Freiburg i. B. 871. Herder. 2. 25

— die kirchliche Lehrgewalt, — der Papst, das Oberhaupt der Gesammtkirche, } s. Encyclica, die, Papst Pius' IX.

Schneemann, Gerh., Studien über die Honoriusfrage. Freiburg, Herder, 1864, gr. 8°, VIII, 64 S., 90 Pf.
Giebt eine ruhige, lichtvolle Darstellung u. Beurteilung des geschichtl. Sachverhaltes. Recens. v. **Speil,** Allgem. Litztg 1865, S. 11—2, der den Verf. gegen die ungerechte Kritik Vincenz Knauers a. a. O. 1864, S. 390, in Schutz nimmt. Hist.-pol. Bl. Bd. 54, S. 364—78. (Würzburger: Chilianeum Bd. 6, S. 167—71. Katholik 1864, Bd. 2 S. 473—9. Linzer Theol. Quartalschr. 1866, S. 394. Schneemanns Schrift wurde auch ins Franz. übers.: Étude sur la question d'Honorius. Paris, E. de Soye, 1870, 8°. 151 p.

Schneemann, Gerhard., Sancti Irenaei de Ecclesiae Romanae principatu testimonium commentatum et defensum. (Appendix ad IV. tomum collectionis Lacensis, qui recentiora Galliae concilia continet.) Freiburg. Herder. 1870. 4°. XVIII S., 60 Pf.

Schneemann, Gerard., Sancti Irenaei de ecclesiae Romanae principatu testimonium commentatum et defensum. gr. 4. (34 S.) Freiburg i. Br. 870, Herder'sche Verlagsh. *

(**Schneemann, Gerh.,**) Wo soll das hinaus? Ein freies Wort zur Warnung für besonnene Katholiken von einem deutschen Theologen. Paderb., Junfermann, 1870, gr. 8°, 16 S., 15 Pf.

Schneemann, Heinr. Aug., Apologie des Christenthums für gebildete Leser. gr. 8. Mühlhausen 835. (Heinrichshofen.) n. 1/3 ₰

Schneemann, Hnr. Aug., Predigt am Geburtsfeste Seiner Hochfürstl. Durchl. des regierenden Fürsten zu Schwarzburg-Sondershausen Günther Friedrich Karl, den 24. Sept. 1841, als am Tage der Publication der landständischen Verfassung, nebst einem Gebete bei der gleichzeitig stattgehabten Fahnenweihe. gr. 8. Sondershausen 841, Eupel. 1/8 ₰

Schneemann, Heinr. Aug., Predigt am Tage der erstmaligen Eröffnung der Landstände den 7. Sept. 1843 in der Stadtkirche zu Sondershausen geh. gr. 8, (1 B.) Sondershausen 843, Eupel.

—— die Versöhnungslehre der evangel.-protestant. Kirche histor. u. kritisch beleuchtet. gr. 8. (13¼ B.) Sondershausen 844, Eupel. -

Schneemann, J. C., † (Jocosus,) deutsche Jugendzeitung ꝛc., s. Jugendzeitung.

—— der Menschenfreund, s. Menschenfreund.

—— polizeil. Mittheilungen, s. Staatsbürger=Zeitung.

Schneemann, J. C., und H. Becher, neuester Orbis pictus, s. Becher, H.

—— neuester Orbispictus, s. Orbis.

Schneemann, J. C., s. Tändel=Blätter. – s. TℨAuEmNoDrEuLnBdLSAaEtTyTrEeR. – s. Seifenblasen.

Schneemann, Karl

Schneemann, C., Beiträge zur Kenntniß u. Behandlung d. asiat. Cholera. Gesammelt während einer, auf-Veranlass. d. Kgl. Hannover. Immediat=Commission unternomm. Reise, in die v. jener Krankheit heimgesuchten Gegenden Ost=Preußens. gr. 8. (3¼ B.) Hannover 831, Hahn.

Schneemann, Carl, die Fetteinreibungsmethode in ihren Heilwirkungen gegen Scharlach= und Masernkrankheit; nachgewiesen durch fremde Erfahrungen und belegt mit 100 selbstbeobachteten Krankheitsfällen. Hannover 853. Hahn. 8. (X, 308 S.) n. 1 ℛ. 20 ngr.

Schneemann, Carl, die Fetteinreibungsmethode in ihren Heilwirkungen gegen Scharlach= u. Masernkrankheit; nachgewiesen durch fremde Erfahrungen u. belegt mit 100 selbstbeobachteten Krankheitsfällen. 2. mit einer neuen Vorrede verm., billige Ausg. Hamburg 859. Verlags=Comptoir. gr. 8. (XIV, 308 S.) 1 ℛ

Schneemann, C., die sichere Heilung der Scharlachkrankheit, durch eine neue, völlig gefahrlose Heilmethode. Nach zahlreichen Erfahrungen mitgetheilt. gr. 8. (VII und 79 S.) Hannover 848, Hahn'sche Hofbuch. *

Schneemann, Carl, sichere Heilung der Scharlach- u. Masernkrankheit durch die Fetteinreibungsmethode, nachgewiesen durch fremde Erfahrungen u. belegt mit 100 selbstbeobachteten Krankheitsfällen. 2. mit einer neuen Vorrede verm. billige (Titel=)Ausg. Hamburg (858)869. Verlags=Comptoir. gr. 8. (XIV, 308 S.) 1 ℛ

Schneemann, Karl (Übers.u.Comm.):

s.: Lee, Robert: Untersuchungen über das Wesen und die Behandlung einiger der wichtigsten Krankheiten der Wöchnerinnen. (Researches on the pathology and treatment of some of the most important diseases of women. Dt.) Hannover: 1834

JB 4.017

SCHNEEMANN, Carl (Bamberg): De menorrhoea.- Bambergae: Humann 1836. 24 S.
22.8.1836 - Urk; F 63
Diss. Ingolst.-Landsh.-Mchn.

Schneemann, Karl, s. B. Panizza, Vers. über die Verrichtung der Nerven.

Schneemann, Carolus: De verborum cum praepositionibus compositorum apud Catullum Tibullum Propertium structura. Halis Saxonum [illegible] (Röbling in Mühlhausen). 54 S. 8°
Halle-Wittenberg, Phil. Diss. v. [26. Okt.] 1881
Geb. Neunheilingen (Kr. Langensalza) 12.4.1855. V.

Schneemann, Michael Wolfgang

Schneemann, Mich. Wlfg., Beitr. z. Erkenntniß u. Kur des ansteckenden Typhus ꝛc. 8. Bamb. 814. Compt. d. Zeitung; Draußnick. 8 gr.

SCHNEEMANN, Michael Wolfgang (Lichtenfels): De incitationis et secretionis nexu mutuo.- Landishuti: Thomann (1812). 54,14 S.,1 Bl.
8.2.1812 - Kal 1813
Diss. Ingolst.-Landsh.-Mchn.

Schneemann, M(ichael) W(olfgang): Ueber die Verhütungs- und Heilkur der Hydrophobie (Wasserscheu). 95 S., gbd.

Augsburg: typ.Wirth
Leipzig: Rein } 1825

JB 5.195

— üb. die Verhütungs- u. Heilkur der Hydrophobie (Wasserscheu). gr. 8. Augsb. 825. v. Jenisch u. St. (Lpz., Rein). 12 gr.

Schneemann, Mich. Wolfg., was ist die Natur? u. welches die auf sie gegründ. Heilart d. asiat. Cholera? Od.: Aerztl. Parere zu d. übereinstimm. Kranken=Geschichten u. erschöpfenden Sektions=Berichten üb. die an d. asiat. Cholera Erkrankten u. Gestorbenen. gr. 8. (4¼ B.) Augsburg 832, (v. Jenisch u. Stage'sche Buchh.)

Schneemann, M. W., welches ist die beste Diätetik z. Vermeidung d. asiat. Cholera? 8. (1½ B.) Ulm 837, Fr. Ebner.

[Ant. u. J.] Schneemann, Theodor [Gerichts-Ref.]: (Zur Lehre von der Entwickelung und der Natur des contractus aestimatorius.) ... Wesel, Buchdr. v. W. Romen, 1897; 39 S. 8.
Erlangen, Jur. Fak., Inaug.-Diss. v. 1897

Schneemelcher, Johann Lorenz [Praes.], s. Weide, Esaias: De autocheiria.

Schneemelcher, Wilhelm

Schneemelcher, W., s.: Evangelisch=Sozial.

— s.: Religion u. Sozialismus.

Schneemelcher, Wilhelm [cand. theol. aus Berlin]: Theologische Thesen ... zur Erwerbung des Grades eines Licentiaten der Theologie ... Berlin, Buchdr. v. G. Schade, *1897*; 2 Bl. 4.
Berlin, Theol. Fak., Thes. v. 14. Juni 1897

Schneemilch, Frdr., Zeichnungen für Korbmacher. Halberstadt 862. (Schimmelburg.) qu. 4. (16 lith. Bl.) n. 1 ℛ

Schneer, Alexander (Hrsg.). s. Actenstücke betr. die Differential-Zollfrage.

Schneer, Alex., Central=Archiv für das Gewerbe=, Handels=, und Finanzwesen, s. Central=Archiv.

Schneer, A. Die Dismembrationsfrage mit Benutzung der amtlichen Quellen des königl. preuss. Ministerii des Innern. Heidelberg 1845.

Schneer, Alex. (Hrsg.), s. Landbote, Der.

Schneer, Alexander. Ueber die Noth der Leinen=Arbeiter in Schlesien und die Mittel ihr abzuhelfen. Ein Bericht an das Comité des Vereins zur Abhülfe der Noth unter den Webern und Spinnern in Schlesien, unter Benutzung der amtlichen Quellen ꝛc. Berlin, Veit & Comp. 1844. 165 S. 8.

Schneer, Alexander. Das Reglement vom 9. April 1847 über den Geschäftsgang bei dem vereinigten Landtage. Systematisirt und mit Anmerkungen versehen. Breslau, Ed. Trewendt 1847. 92 S. 8.

Schneer, Alex., was verlangt der deutsche Landmann im gegenwärtigen Zeitpunkt? Ein Wort an die neuen Volksvertreter. gr. 8. (15 S.) Breslau 848, Trewendt & Granier. 1 ngr.

— über die Zustände der arbeitenden Klassen in Breslau mit Benutzung der amtl. Quellen des K. Polizei=Präsidii u. des Magistrats. gr. 8. (Mit 1 Tab.) Berlin 845, Trautwein'sche Buchh. n. ⅓ ℛ

Schneer, Jos., Alassio u. seine Umgebung. Eine Skizze üb. Land u. Leute m. meteorolog. Beobachtgn. u. 3 Tabellen. 8. (XII, 85 S.) Wiesbaden 886. Bergmann. n. 1. 60

Schneer, J., Führer durch Neapel, s.: Detken.

Schneer, J., u. v. Stein-Nordheim, d. Vesuv u. s. Geschichte v. 79 n. Chr. bis 1894. M. zahlr. Illustr., entnommen zeitgenöss. Werken. 2. Aufl. gr. 8. (69 S.) Karlsruhe 896. (G. Braun'sche Hofbuchdruckerei u. Verlag.) n. 1. 60

Schneermann, K[arl]: Zur Syntax des Garnier von Pont-Sainte-Maxence. *Lübeck 1900: Gebr. Borchers.* (S. 1—87.) 4°
Lübeck, Katharineum, OP 1900 (775)

Schneeschuh, der. Illustr. Zeitschrift f. den Schneeschuhsport. Unter Mitwirkg. tücht. Fachmänner u. Künstler red. in der Red. des „Alpenfreund". 1. Jahrg. Novbr. 1893—Apr. 1894. 12 Nrn. (à ca. 4 S.) Lex.-8. München, H. Killinger. n. 2. —

— der. Illustr. Zeitschrift f. den Wintersport. Red.: A. Finsterlin. 2. Jahrg. Novbr. 1894—Oktbr. 1895. 12 Nrn. (à ca. 4 S.) hoch 4. Augsburg. Fischhausen-Schliersee, A. Finsterlin. n. 2. —

Die Schneeschuhe und deren Anwendung in Finnland. Helsingfors um 1893. 26 S.

Schneeschuhlaufen, das. Eine Darstellg. der Geschichte u. der Bedeutg. d. Schneeschuhlaufens f. Militär-, Jagd-, Sport- u. Verkehrswesen, sowie e. Zusammenstellg. der f. die Ausübg. desselben zu beacht. prakt. Grundregeln. Mit 14 Illustr. u. e. Anh.: Entwurf e. Statuts f. Schneelauf-Clubs. Bearb. u. hrsg. v. der Red. d. „Tourist". gr. 8. (36 S.) Berlin 892. W. H. Kühl. n. 1. —

— dasselbe. Mit 22 Illustr. u. e. Anh.: Entwurf e. Statuts f. Schneelauf-Clubs. 2., neubearb. Aufl. gr. 8. (36 S.) Ebd. 893. n. 1. —

Schneeschuhsport, der, s.: Miniatur-Bibliothek.

Schneesieber, M., zwei Jahre Dienstzeit. (Ein offenes Wort an das deutsche Volk.) (63 S.) 8. Straßburg 909. J. Singer. 1. —

Schneesing, J., Peter Simpel. Nach Marryat f. die Jugend neu bearb. Mit 4 Farbendr.-Bildern v. Alb. Stachle. 1. u. 2. Aufl. 12. (à 96 S.) Leipzig (899—902). O. Spamer. Geb. n. 1. —

(Schneestürme. Die Sch' im Kanton Uri 1808.) Njbl. s. [Ulrich, Johann Conrad]

Schneevoogt, C. G. Voorhelm, catalogue des estampes gravées d'après P. P. Rubens, avec l'indication des collections où se trouvent les tableaux et les gravures. 1873. gr. 8. (VIII, 256 S.) Harlem 873. Erben Loosjes. n. 4. 50

Schneeweis, Edmund: Die deutschen Lehnwörter im Tschechischen.
Phil. Diss., Prag 1909/1910.

Schneeweiß, Heinrich

Schneeweiß, H., Auszug aus d. heil. Schrift zu d. Charte v. d. gelobten Lande, zum Gebr. f. d. Jugend extrahirt. 8. (3 B. u. 1 Charte, gr. 4.) Berlin 830, (Plahn.)

Schneeweiß, Heinr., Karte von d. Gelobten Lande u. der 10jähr. Reise der Kinder Israel, zum alten u. neuen Testamente verfertigt. Lithogr. gr. Fol. Rostock 835. (Oeberg u. Comp.) 1,4/

Schneeweiß, Frau Martha, die tägliche Buchführung im Haushalt. Anleitung zur genauen Buchg. der tägl. Ausgaben. (130 S. m. Bildnis.) qu. 8. Berlin (903). M. Schneeweiß. Geb. in Leinw. n. 1. —

Mein Ratgeber im Haushalt. Erprobte Ratschläge u. Hausmittel. Hrsg. von Frau Martha Schneeweiß. *Berlin: M. Schneeweiß [1903].* (217 S.) 8° [F.]
[04 1339]

Mein Wäschebuch. III. Handbuch d. Weißnäherei, Wäscherei u. Bügelei. Mit Modellübersichten u. Schnittmusterbogen. Hrsg. von Frau Martha Schneeweiß. *Berlin: R. Schneeweiß [1903].* (168 S.) 8° [F.]

Schneeweiß, Frau Martha, mein Wirtschaftsgeld. Die Einteilung des Wirtschaftsgeldes nebst dazu gehör. erprobten Küchen-Rezepten. 2 Bde. 8. Berlin 902. M. Schneeweiß. Geb. 3. 50
1. (199 S.) n. 1. 50. — 2. (248 S.) n. 2. —.

Mein Wirtschaftsgeld. Die Einteilung d. Wirtschaftsgeldes nebst dazugehörigen erprobten Küchen-Rezepten. Hrsg. von Frau Martha Schneeweiß. Bd 1. 2. *Berlin: R. Schneeweiß 1902–03.* 2 Bde 8° [F.]
1. 3. Aufl. 1903. 2. 2. Aufl. 1902. [04. 1130]

— mein Wirtschaftsgeld. Die Einteilg. des Wirtschaftsgeldes nebst dazugehör. erprobten Küchen-Rezepten. 2 Bde. 8. Ebd. 903. Geb. 3. 50
I. 3. Aufl. 17.—36. Taus. (184 S. m. Bildnis.) 1. 50
II. 2. Aufl. 7.—16. Taus. (232 S. m. Bildnis.) 2. —

Schneeweiß, Frau Martha, mein Wirtschaftsgeld. Die Einteilg. des Wirtschaftsgeldes nebst dazugehör. erprobten Küchen-Rezepten. I. Bd. 4. Aufl. 36.—43. Taus. (222 S. m. Bildnis.) 8. Berlin 908. M. Schneeweiß. Geb. 1. 50

Schneeweiß, Rudolf: Gymnasium und Öffentlichkeit. Einige Worte anläßlich der Schulreform, zunächst für Eltern und Erzieher. S. 3–30. 8. Progr. K. k. Gymn. *Znaim* 1908

Schneeweiß, S. L. — Der Traum und das Leben. Konfirmations-Rede von — —, gesprochen von dessen Zögling Julius Kopstein am 24. März 1855 Pesth 1855. Druck von Joh. Herz. (8 S. 8.)

Schneeweißchen, s. Volksbücher, 11.

Schneeweißchen. Ein Märchen f. art. Kinder. Mit 6 bunten Bildern. 4. (6 S.) Leipzig 872. Loewe. geb. — 75

Schneeweißchen u. Rosenrot. Märchen, m. 6 Farbendr.-Bildern in Holzschn. nach Orig.-Zeichngn. v. Emil Sachße. (Meinhold's Märchen-Bücher.) gr. 4. (8 S.) Dresden (902). C. C. Meinhold & Söhne. n. 1. —

Schneewittchen. Volks- u. Kinder-Märchen, wiedererzählt von Onkel Wilhelm. Frankfurt a. M. 861. Küchler. 32. (24 S.)

Schneewittchen. Volkssage der grauen Ritterzeit. Erzählt von G. und B. Dom. 8. (62 S.) Urfahr-Linz 878, Kraußlich.

Schneewittchen. 4. (12 S. m. z. Tl. farb. Bild.) Eßlingen 896. J. F. Schreiber. Kart. n. — 60

Schneewittchen. 8. (12 S. m. 8 [6 farb.] Abb.) Stuttgart (902). G. Weise. n. — 10

Schnegas, Elias. s.a. Schneegaß, Elias.

Schnegas, Elias: Tractatus de concursu creditorum in foro civili formando, in quo creditorum jura praelectionis, prioritatis et privilegii per octo classes, demonstrantur. Brunsvigae 1718.

Schnege, Hermann, Arzt: Aus d. Kgl. Universitäts-Augenklinik zu Königsberg i. Pr. Dir.: Geh. Med.-Rat Prof. Dr. H. Kuhnt. Beitrag zur Behandlung des Ulcus serpens corneae. *Königsberg i. Pr. 1904: R. Leupold.* (30 S.) 8°
Königsberg, Med. Diss. v. 19. März 1904

Schnegelberger, Carl, & Co., s.: Adress-Buch, Rheingauer.

– s.: Adressbuch v. Wiesbaden u. Umgegend.

Schnegelsberg, Adamus: De Liberi apud Romanos cultu capita duo ... Marpurgi Chatt., typ. F. Soemmering, 1895; 2 Bl., 47 S. 8.
Marburg, Phil. Fak., Inaug.-Diss. v. [24. Apr.] 1895

Schnegg, E., über die Erstarrungstemperaturen der Schwefelsäurehydrate, s. Pfaundler, L.

Schnegg, Hans: Beiträge zur Kenntniss der Gattung Gunnera. München 1901: V. Höfling. (52 S.) 8°
Aus: Flora od. Allgem. Botan. Zeitung, 1902. Bd 90, H. 1.
München, Phil. Diss. v. 1902

Schnegg, Hans, Botanik des tägl. wirtschaftl. Lebens. Gedrängte Darstellg. der wichtigsten im Verkehr u. Handel erschein. Pflanzen u. Pflanzenprodukte. Nachschlagebuch in allen Fragen, die sich im Verkehr m. den Erzeugnissen des Pflanzenreichs ergeben. Hülfsbuch f. den Unterricht in der prakt. Botanik. (Dr. Ludwig Huberti's moderne kaufmänn. Bibliothek.) (XII, 176 S.) gr. 8. Leipzig (903). [Dr. L. Huberti.] Verlag der mod. kaufmänn. Bibliothek. Geb. in Leinw. n. 2. 75

Schnegg, Jos., praktische Winke u. Hilfsmittel zur Herstellung von Gebäudeschätzungen mit dem möglichst kleinsten Zeitaufwand. Mit einem Anhang: Grafische Tabelle der Gewichte verschiedener Metallwaaren etc. Nach eigener Methode bearb. 8. (III, 97 S. m. 3 Steintaf. u. 1 Mess-Instrument.) Ansbach 878. (Würzburg, Stuber's Verl.) n. 3. —

Schnehage, H. Just., s.a. Schnehage, H. Just.

Schnehage, (H. Just.) Gott lebet noch; 2 Predigten an d. beiden ersten Feiertagen d. J. 1825 zu Suhlingen gehalten. gr. 8. Hannov. 825, Helwing.

— Timotheus, od. Versuch einer faßl. Darstellung d. Grundsätze zur Würdigung u. z. Gebrauch d. Bibel. gr. 8. Hannov. 824, Helwing.

Schnehage, K., die da Opfer bringen. Kolonial-Roman. (188 S.) 8. Berlin (909). Deutscher Kolonial-Verlag. 3.—; geb. 4.—

v. Schnehen. Die Land- und Seemacht Russlands. 8. Berlin 1872. (63. 8.

Schnehen, v., die Land- und Seemacht Rußlands. Erweiterte und vervollständigte Bearbeitung des in der Bibliographie der Kriegswissenschaften erschienenen Aufsatzes „Die Landmacht Rußlands". gr. 8. (63 S.) Berlin 877, Luckhardt'sche Verlagsh. *

Schnehen, G. v., die erste Dampf-Bodencultur für Landwirthschaften in der Prov. Hannover. gr. 8. (49 S. mit 12 eingedr. Holzschn.-Abbild.) Springe 882. (Hannover, Schmorl und v. Seefeld.) * 1 —

Schnehen, Rudolf Frh. von

(F) Schnehen, R. Freih. v., Aus Paris Lodrons Tagen. Roman aus Alt-Salzburg. (Gr.-8°. (646 S.) K 7.20
Wien: Konegen 1908.

Schnehen, Rud. Frhr. v., aus Paris Lodrons Tagen. Roman aus Alt-Salzburg. 2. [Titel-]Aufl. (646 S.) 8. Wien [908]. 910. C. Konegen. 6.—; geb. 7.50

Schnehen, Wilhelm von

Schnehen, W. v., der moderne Jesuskultus. (41 S.) gr. 8. Frankfurt a/M. 906. Neuer Frankfurter Verlag. n. 1.—

Schnehen, Wilh. v., der moderne Jesuskultus. 2. Aufl. 2. u. 3. Tauf. (41 S.) gr. 8. Frankfurt a/M. 907. Neuer Frankfurter Verlag. 1.—

— Friedrich Naumann vor dem Bankrott des Christentums. (36 S.) Lex. 8. Leipzig 907. Hildburghausen, Thüringische Verlags-Anstalt. –75

Energetische Weltanschauung? Eine krit. Studie mit besond. Rucks. auf W. Ostwalds Naturphilosophie von Wilhelm v. Schneben, Freiburg i. Br. Leipzig: Th. Thomas (1907). (VI, 141 S.) 8° [J.] (05. 1150

— Energetische Weltanschauung? Eine krit. Studie, m. besond. Rücksicht auf W. Ostwalds Naturphilosophie. (VII, 141 S.) gr. 8. Leipzig (908). Th. Thomas. 3.—

Schneickert, Hans, s.: Archiv f. gerichtliche Schriftuntersuchungen u. verwandte Gebiete.

Die Bedeutung der Handschrift im Civil- und Strafrecht. Beiträge z. Reform d. gerichtl. Schriftexpertise. Von Dr. iur. Hans Schneickert, Kriminalkomm. Leipzig: F. C. W. Vogel 1906. (XVI, 144 S.) 8° [06. 1163

— **die Geheimschriften im Dienste des Geschäfts- u. Verkehrslebens. Praktische Anleitg. zu chiffrierten Korrespondenzen m. zahlreichen Alphabeten u. leicht verständl. Beispielen.** (Dr. Ludwig Huberti's moderne kaufmänn. Bibliothek.) (VIII, 75 S.) gr. 8. Leipzig (905). Verlag der modernen kaufmänn. Bibliothek. Geb. in Leinw. n. 2. 75

Schneickert, Hans: Moderne Geheimschriften. Gemeinverständliche Darstellung der gebräuchlichsten und nützlichsten Geheimschriftmethoden mit besonderer Berücksichtigung der Graphologie als Hilfsmittel zur Dechiffrirung, Verbesserung und Neubildung von Geheimschriften. Mannheim 1900.

Identitätsfeststellungen ohne Signalement, s.: Signalementslehre.

Schneickert, Hans, Rechtspraktikant in München: Der Schutz der Photographien und das Recht am eigenen Bilde. *Halle a. S.: W. Knapp 1903.* (XI, 181 S.) 8° ¶(= Encyklopädie d. Photographie, H. 45.)
Tübingen, Jur. Diss. v. 1903

Der Schutz der Photographien und das Recht am eigenen Bilde. Systematisierte Beiträge z. Revision d. deutschen Photographie-Schutzgesetzes v. 10. Jan. 1876. Von Hans Schneickert, Rechtsprakt. in München. *Halle a. S.: W. Knapp 1903.* (XI, 181 S.) 8°
= Encyklopädie d. Photographie. H. 45. [03. 6711 3

Schneid, Demoiselle, von R. B. [190*.] V: *Bröhmeck, R.* (BGE II*, 309)

Schneid, Anton (Red.), s. Theater-Chronik, Österreichische.

Schneid, Aug., vereinfachtes Volapük. Prakt. Leitfaden für den Selbstunterricht. 12. (56 S.) Brünn 887, Winkler. *

Schneid, Johann Nepomuk

Schneid, (Dekan) Joh. Nep., goldenes Alphabet religiös-sittl. Aussprüche fromm. u. heil. Männer z. Erbauung f. Jedermann, nebst e. Reihe lehrreicher Erzählt. u. kurzer Gespräche für die liebe Jugend u. wohl auch f. Erwachsene, theils gesammelt, theils verfaßt. Mit Titelkpf. 8. Landsh. 832. Krüll. 6 gr.

Schneid, Joh. Nep., goldenes Alphabet religiös-sittl. Aussprüche frommer u. heil. Männer zur Erbauung f. Jedermann, nebst e. Reihe lehrr. Erzählungen u. kurzer Gespräche f. d. liebe Jugend u. wohl auch f. Erwachsene theils gesammelt, theils verfaßt. 8. (8 B. u. Titlkpfr.) Landshut 832. [Regensburg, Manz.]

Schneid, Joh. Nep., Bittet, so werdet ihr empfangen. Ein Gebet- u. Erbauungsbuch f. kathol. Christen aus allen Ständen. 1. Aufl. (12⅛ B. u. 1 Stahlst.) 843. u. 2., verb. u. verm. Aufl. 18. (7½ B. u. 1 Stahlst.) Passau 846, [Elsässer u. Waldbauer.] n

Schneid, Joh. Nep., bittet, so werdet ihr empfangen. Matth. 7,7. Ein Gebet- u. Erbauungsbuch für katholische Christen aus allen Ständen. 3. verb. u. verm. Aufl. Mit 1 Stahlst. gr. 18. (VIII u. 298 S.) Passau 848, Ambrosi. ¼ ₰

Schneid, Joh. Nep., das Brautexamen, d. Eheeinsegnung, d. Jubelehe u. d. Verfahren d. kathol. Kirche bei Aufnahme e. fremden Religionsgenossen in ihre Gesellschaft. Ein Hilfsb., zunächst f. angeh. Geistliche u. Seelsorger. Mit e. Zugabe v. Tauf- u. Leichenreden. 8. (6½ B.) Regensburg 835, Manz.

—— der Christ in d. Andacht mit d. heil. Kirche. Od.: Die heil. Zeiten u. Feste d. Jahres. Ein Gebet- u. Erbauungsb. f. kathol. Christen. gr. 12. (13 B.) Regensburg 838, Manz. 10 Gr., m. 3 Stahlst. Vlnp.

—— der Christ in der Andacht mit der heil. Kirche. Oder: Die heil. Zeiten und Feste des Jahres. Ein Gebet- und Erbauungsbuch für kathol. Christen. 2., vielf. verm. Aufl. 18. (339 S.) Regensburg 849, Manz. Ausg. mit 1 Stahlst. -
Ausg. mit 3 Stahlst.
Ausg. mit 1 Stahlst. und 3 Lithochrom. -
Ausg. mit 3 Stahlst. und 3 Lithochrom. -

—— kurze u. leichtfaßl. Ermahnungsreden auf d. Sonntage im Jahre, seiner Pfarrgemeinde vorgetragen. 8. (22 B.) Regensburg 836, Manz.

—— kurze u. leichtfaßl. Ermahnungsreden auf d. Festtage des Herrn u. seiner heil. Mutter. 8. (7 B.) Landshut 834. [Regensburg, Manz.]

Schneid, Joh. Nep., kurze u. leichtfaßl. Ermahnungsreden auf d. Festtage d. Heiligen Gottes, welche im Jahre noch gefeiert werden. 8. (9½ B.) Regensburg 837, Manz. Thlr.

—— kurze u. leichtfaßl. Ermahnungsreden auf alle Sonn- u. Festtage d. kathol. Kirchenjahres, seiner Pfarrgemeinde vorgetragen. 1. u. 2. Jahrg. 8. Regensburg, Manz.
Jahrg. 1. in 2 Thln. od. 3 Abthln. 2., verb. Aufl. (39 B.) 839. 1 Thlr. 14 Gr.
A. u. d. Ttln.:
Thl. 1. Sonntagsreden. 20 Gr.
" 2. Abthl. 1. Reden auf d. Festtage d. Herrn u. Mariä. 8 Gr.
" 2. Reden auf d. Festtage d. Heiligen. 10 Gr.
" 2. in 2 Thln. (29⅞ B.) 840. 1 Thlr. 6 Gr.
A. u. d. T.:
Thl. 1. Ermahnungsreden auf d. Sonntage im Jahre.
" 2. Ermahnungsreden auf d. Festtage d. Herrn, seiner heil. Mutter u. d. Heiligen Gottes, welche im Jahre noch gefeiert werden.

Schneid's, Joh. Nepom., kurze und leichtfaßliche Ermahnungsreden auf alle Sonn- und Festtage des katholischen Kirchenjahres. Neu herausg. u. verb. von einem katholischen Geistlichen (von Aegid. Dietl). 1. Jahrg. 1. u. 2. Thl. 3. Aufl. Regensburg 853. Manz. 8. 1 ₰. 17½ ngr.
1. Thl.: Kurze und leichtfaßliche Ermahnungsreden auf die Sonntage im Jahre. 1. Jahrg. (VIII, 343 S.)
2. Thl.: Kurze und leichtfaßliche Ermahnungsreden auf die Festtage des Herrn, seiner heil. Mutter, u. der Heiligen Gottes. 1. Jahrg. (VI, 245 S.)

—— Erzählungen, den Eltern, Kindern 2c. geweiht, s. Erzählungen.

—— Gott ist die Liebe! Ein Gebet- u. Betrachtungsbuch f. kathol. Christen. 12. (11½ B.) Passau 840, Pustet'sche Buchh. 8 Gr., mit Ttlbild., Vlnp.

—— das christliche Haus, in bibl. Beispielen geschildert, mit angefügten Hausregeln, Andachtsübungen, frommen Gedanken bei den tägl. Verrichtungen, gottsel. Sprüchen aus der heil. Schrift und kurzen Betrachtungen über die Festtage der Kirche. Ein Belehrungs- und Erbauungsbuch für jeden kathol. Christen. 2., verb. Aufl. 8. (181 S. und 1 Stahlst.) Regensburg 847, Manz.

— die arme Hirtenfamilie. Eine lehrreiche Geschichte, allen Eltern, Kindern u. Dienstboten erzählt. 12. Landsh. 832. Krüll. 3 gr.

—— die arme Hirtenfamilie. Eine lehrr. Geschichte, allen Eltern, Kindern u. Dienstbothen erzählt. 12. (4½ B.) Landshut, 832. [Regensburg, Manz.]

—— die arme Hirtenfamilie. Eine lehrreiche Geschichte, für Eltern, Kinder und Dienstboten erzählt. 2., verb. Aufl. gr. 16. (108 S.) Regensburg 856, Manz.

— kurze u. leichtfaßl. Homilien auf alle Sonn- u. Festtage des kathol. Kirchenjahres. 2 Thle. A. u. d. T.: Homilien auf die Sonntage im Jahre, — Homilien auf die Festtage des Herrn seiner heil. Mutter und der Heiligen, welche im Jahre noch gefeiert werden. 8. Regensburg 838. Manz. 1 ₰

—— kurze u. leichtfaßl. Homilien auf alle Sonn- u. Festtage d. kathol. Kirchenjahres, seiner Pfarrgemeinde vorgetragen. 1. u. 2. Jahrg. à 2 Thle. 8. Regensburg, Manz. [1. J. (25⅛ B.) 838. 1 Thlr., 2. (31½ B.) 842. 1¼ Thlr.]

—— Jesus, mein Verlangen! Ein Gebet- und Erbauungsbuch für kathol. Christen aus allen Ständen. 4. Aufl. des Gebetbuches: Bittet, so werdet ihr empfangen! mit 5 Meß-, 4 Vesper-Andachten und 7 Litaneien. 18. (VIII und 315 S. mit 1 Stnt.) Passau 852, Elsässer und Waldbauer.

—— dass. — 6. Aufl. mit 6 Meß-, 4 Vesper-Andachten und 7 Litaneien. 18. (VIII und 316 S. mit 1 Stnt.) Ebds. 856.*

Schneid, Joh. Nep., Jesus mein Verlangen! Ein Gebet- und Erbauungsbuch für katholische Christen aus allen Ständen. 7—9. Aufl. mit sechs Meß-, vier Vesper-Andachten und sieben Litaneien. 16. (320 S. mit 1 Stnt.) Passau 859—61, Elsässer und Waldbauer.

Schneid, Joh. Nep., Jesus mein Verlangen! Ein Gebet- und Erbauungsbuch für kath. Christen aus allen Ständen. 10.—14. Aufl. mit 6 Meß-, 4 Vesper-Andachten und 7 Litaneien. gr. 16. (320 S. mit 1 Stahlst. und chromolithogr. Titel.) Passau 863—66, Waldbauer's Buchh.

— die Oster-Communion d. Erwachsenen, u. die erste Communion d. Kinder; in Gebeten u. Vorträgen, nebst Anweis. diese heil. Handlung recht begehen zu können. Ein Denkblatt für christ-kathol. Pfarrgemeinden u. fromme Kinder, die zum erstenmal zu Gottes Tisch gehen. Mit Titelkpf. 8. Landsh. 832. Krüll. 3 gr.

—— die Osterkommunion der Erwachsenen, u. d. erste Kommunion der Kinder; in Gebeten u. Vorträgen, nebst Anweis. diese heil. Handlung recht begehen zu können. Ein Denkblatt f. christkathol. Pfarrgemeinden u. fromme Kinder, die zum ersten Male zu Gottes Tisch gehen. 8. (3½ B. u. Ttlkpfr.) Landshut 832. [Regensburg, Manz.]

PHILIPP und Anton; oder: Böse Beispiele verderben gute Sitten .... (von *Joh. Nep. Schneid*). Landshut 1835.
Anon.-Lex. III. p. 271 (nach Kayser). — Selten!

— gemeinschaftl. Seelenandacht zwischen Priester u. Volk, vorzüglich f. d. Vorabend u. den Tag Allerseelen. Zur Erbauung christl. Gemeinden hrsg. nach K. Racks Andacht f. Verstorbene. Mit Musikbeil. 8. Landsh. 832. Krüll. 3 gr. geb. 4½ gr.

—— gemeinschaftl. Seelen-Andacht zwischen Priester u. Volk, vorzügl. f. den Vorabend u. den Tag Allerseelen. Zur Erbauung christl. Gemeinden hrsg. nach K. Racks „Andacht f. Verstorbene." 8. (3¼ B. u. Musikbeil.) Landshut 832. [Regensburg, Manz.]

—— gemeinschaftl. Volksandacht z. Gebr. f. d. Betstunden in d. Kirche, so wie auch z. häusl. Andacht. 8. (5 B. u. Ttlkpfr.) Regensburg 835, Manz.

Schneid, Josef

Schneid, Jos., die Ehrenbeleidigung mit Rücksicht auf das österreichische und gemeine deutsche Strafrecht. Monografie. 8. (IV und 38 S.) Graz 864, (Leuschner und Lubensky.) *

Der Monatstag des Abendmahles und Todes unseres Herrn Jesus Christus. Ein Beitrag z. Chronologie d. Evangelien von Joseph Schneid, Gymn.-Prof. Regensburg: G. J. Manz 1905. (VII, 114 S.) 8° [illegible]

Schneid, Josef (Joh. Ign. Xaver) Mar.

— histor. u. rechtl. Abhandl. v. d. sogenannten Leyherrenpfründen od. Panisbriefen. 4. Ulm 768. Wohler. 2 ℊ

Schneid, Jos.(Jo. Ign. Xav.)Mar., († d. 13. April 1808.) Abhandl. v. deutschen u. französ. Kalenderwesen von 1792—1847. 8. Würzb. 796. Rienner 9 ℊ

— Abhandl. von d. Renovaturen besond. in d. Herzogth. Franken u. dem Hochstifte Würzburg. gr. 8. Würzb. 793. Rienner. 16 ℊ

— Abhandl. von d. Schatzungs- u. Lehnrenovationswesen, nebst Darlegung eines dauernden Schatzungs- u. Lehnbuches. gr. 8. Würzb. 793.

— delineatio corporis juris in systema redacta. 8maj. Würzb. 774. Stahel. 12 ℊ

— delineatio elementorum juris Franconici s. Würceburgens. privati hodierni. T. I. 4. Würzb. 771.

— elementa juris Franconici seu Würceburgensis privati hodierni. 8maj. Würzb. 790. Rienner. 1 ʄ 14 ℊ

— elementa praxeos judiciariae tam in genere, quam Würceburgens. in specie etc. III Ptes 8. Würzb. 776. Rienner. 12 ℊ

Schneid, J. (J. J. X.) M.: „Systematischer Entwurf der Münzwissenschaft bei denen Teutschen", Bamberg und Würzburg 1766. — Vorh.: Com. Bibl. Hamburg.

— systemat. Entwurf d. Münzwissenschaft b. Deutschen. gr. 4. Bamb. 766. (Wesché in Frankf.) 16 ℊ

— de eo, quod circa solutiones et praestationes valore monetae mutato in Imper. Rom.-Germ. justum est. 4. Würzb. 771.

— Diss. de fontibus juris Franconici praecipuè Würceburg. 4. Würzb. 774. Stahel. 4 ℊ

— Gedanken üb. die Bestimmung d. Voraus bei Einkindschaften. gr. 8. Würzb. 789. Rienner. 3 ℊ

— Gedanken üb. die dermalen bevorstehende Münzrevolution. Fol. Würzb. 786. Rienner. 6 ℊ

— vollständ. Geschichte d. röm. Königswahl Rudolphs II. aus Urkunden. gr. 8. Würzb. 792. Stahel. 1 ʄ 14 ℊ

Ders.: Grundriss zu einem Handbuche über die mathesin forensem, d. i. gerichtl. Mathematik. *Würzburg*, Stahel. 802. gr. 8. (6 Gr.)

— jurisprudentia forensis Hellfeldiana in ordinem systemat. redacta et suppleta. P. I. 8maj. Würzb. 786. Ed. II. Prs. I., II. 790. et IIIa repertorio controversiarum et literat. augmentata. 8maj. ibid. 802. Stahel. 3 ʄ 8 ℊ

— Concurs-Ordnung. 8. Würzb. 800. Rienner. 6 ℊ

— Literatur od. Bibliothek der das fränk. Recht u. die Geschichte erläuternden Schriftsteller. gr. 8. Würzb. 789. Rienner.

Schneid, Jos. (J. Ign. Xav.) Mar.: Jurist.-mathemat. Magazin. 1s St. *Würzb.*, Köl. 798. 8. (8 Gr.)

— meditationes de judicio parium, vulgo Mann-Gericht, in genere; et usu hujus judicii in curia feudali Hohenloica in specie. 4. Würzb. 792.

— programma juridico-mathemat.-chronolog., quo suam sententiam, diem Bis-Sextilem etc. contra Koch. 8maj. Würzb. 796. Rienner. 4 ℊ

— Register üb. die v. Cramerschen sämmtl. Werke, s. J. U. v. Cramer.

— schediasma astronom.-geograph. de invenienda longitudine lineae maris. 4. Werthh. 765.

— schediasma juridico-historicum de emancipatione canonicorum in genere et Dioeceseos Würceburg. in specie. 8maj. Würzb. 789. Rienner. 6 ℊ

— sicilimenta quaedam ad Historiam Universitatis Würceburg., et in specie Literar. facult. jurid. 4. Würzb. 796. Rienner. 1 ʄ 4 ℊ

— specimen matheseos de successione descendentium ex diversis matrimoniis natorum. 4. Würzb. 790. Rienner. 6 ℊ

— specimen prodromum juris civilis systematici de Probationibus. 8. Würzb. 767. Stahel. 3 ℊ

— Diss. de successione conjugum juxta jus Germanicum. 4. Würzb. 774.

— Thesaurus juris franconici, od. Samml. theils gedruckter, theils ungedruckter Abhandll., Dissertationen etc. 1r u. 2r Abschnitt. 39 Hefte od. 13 Bde. gr. 8. Würzb. 794. (Wesché in Frankf.) 12 ʄ

— vindiciae dissertatt. de nonento consuetudinis Curiae feudalis Würceburgensis circa successionem callateralium gentilitiam feudalem, auf gleichen Namen, Schild, Stamm u. Helm. 4. Würzb. 794.

— letztes Wort, od. Schlußsatz auf Kochs Worte, d. Schalttag betreff. gr. 8. Würzb. 798. 3 ℊ

Schneid, M. M., die heiligste Anstalt, die Veredlung der Jugend. Den wohlgesinnten Seelsorgern u. Polizeibeamten gewidmet. 8. Passau 824. Ambrosi. 4 ℊ

Schneid, Matthias

Schneid, Matth., Aristoteles in der Scholastik. Ein Beitrag zur Geschichte der Philosophie im Mittelalter. Eichstätt, Krüll, 1875, gr. 8°, VI, 170 S., 2,50 Mk.

Vgl. Hist.-pol. Blätt. Bd. 77, S. 933—52 (v. Hertling), u. Bd. 78 S. 440—69 (Aristoteles, die Scholastik u. die moderne Philosophie).

Schneid, Math., Aristoteles in der Scholastik. Ein Beitrag zur Geschichte der Philosophie im Mittelalter. gr. 8. (VI, 170 S.) Eichstätt 876, [Krüll'sche Buchh.] Sillkrauth. *

Schneid, M., Grundzüge d. Metaphysik, s.: Sachs, Jos.

Schneid, Math., die Körperlehre des Johannes Duns Skotus u. ihr Verhältniß zum Thomismus u. Atomismus. gr. 8. (IV, 114 S.) Mainz 879. Kirchheim. 1. 50

Schneid, Matthias, Die philosophische Lehre von Zeit u. Raum. Mainz. Kirchheim, 1886, gr. 8°, 124 S., 1,50 Mk.

Schneid, M., die scholastische Lehre von Materie und Form und ihre Harmonie mit den Thatsachen der Naturwissenschaft. gr. 8. (116 S.) Eichstätt 873, Krüll'sche Buchh. *

—— die scholastische Lehre von Materie und Form und ihre Harmonie mit den Thatsachen der Naturwissenschaft. 2. umgearb. Aufl. gr. 8. (IV, 220 S.) Eichstätt 877, [Krüll'sche Buchh.] Sillkrauth. *

Schneid, Matth., Specielle Metaphysik im Geiste des hl. Thomas von Aquin. Bd. 2: Psychologie. 1. Teil. Leben der Seele. Paderborn, F. Schöningh, 1892, gr. 8°, X, 360 S., 5 Mk.

Gehört zu Schöninghs Wiss. Handbibliothek. 2. Reihe: Phil. Lehr- u. Handbücher. — Recens. v. Timp S. J., Linzer Theol.-pr. Quartalschr. 1894, S. 115–6; B. Deppe, Litt. Handw. 1898, S. 39—41. Litt. Anzeiger für d. kath. Österreich, Jahrg. 8, S. 130–1.

Schneid, M., Naturphilosophie im Geiste d. hl. Thomas v. Aquin, s.a. Handbibliothek, wissenschaftliche, II. Reihe.

Schneid, Matthias, Naturphilosophie im Geiste des hl. Thomas von Aquin. Paderborn, Schöningh, 1890, 8°, 444 S., 3. umgearb. Aufl., 6 Mk.

Schneid, Matthias, Die Philosophie des hl. Thomas von Aquin u. ihre Bedeutung für die Gegenwart. Zugleich eine Rechtfertigung der Encyklika „Aeterni Patris". Würzburg, Woerl, 1881, gr. 8°, 112 S., 1,40 Mk. (Kathol. Studien Bd. VI, Heft 3 u. 4.)

Recens. Katholik 1881, Bd. 2 S. 97—9. Linzer Th.-pr. Quartalschr. 1882, S. 624—6 (Springl). Litt. Rundsch. 1882, S. 119—20 (Kirschkamp). —

Der neuere Spiritismus philosophisch geprüft. — Von Dr. Math. Schneid, L. P. — 1880, Eichstätt — S. III—X, 3—164[s].

Progr. Eichstätt, bischöfl. Lyzeum

—— der neuere Spiritismus philosophisch geprüft. gr. 8. (VIII, 164 S.) Eichstätt 880, Hornik. * 2 40

Schneidawind, Frz. Ad., († d. 13. Nov. 1808.) Versuch e. statist. Beschreib. des Hochstifts Bamberg. 2 Abtheill. Mit 1 Bildn. gr. 8. Bamb. 797. Lachmüller. 2 ℛ (Leipz., W. Nauck). 2 ℛ 8 gℛ

Schneidawind, F. A., Versuch e. statist. Beschreib. des Hochstifts Bamberg. 2 Abtheil. gr. 8. Bamb. Lachmüller. (Sommer in Leipz.) 797.

Schneidawind, Franz Josef Adolf

Schneidawind, Frz. Jos. Ado., befördert die Aufklärung Revolutionen? Eine Abhandl. gr. 8. (2¼ B.) Leipzig 831, Nauck.

Schneidawind, Frz. Jos. Ad., die Belagerung von Wien durch die Türken, s. Volksbibliothek, wohlfeilste, 33. Bdchn.

Schneidawind, Frz. Jos. Ad., Boudoir, s. Boudoir.

Schneidawind, Frz. Jos. Ad., das Buch vom Erzherzog Carl. Illustrirt von Adalb. Müller. 8. (132 S. m. Holzschn.) Leipzig 847, Spamer. n. ½ ℛ Prachtausg. cart. n. 1 ℛ, in Engl. Einb. n. 1½ ℛ — 3. verm. u. verb. Aufl. 4 Lfgn. br. 8. (XIV u. 194 S. m. eingedr. Holzschn. u. Portr.) Ebd. 848. (à n. ⅙ ℛ) n. ⅔ ℛ In Engl. Einb. n. 1⅓ ℛ (siehe auch: Deutschlands Ruhmes-Halle. 1. Bd.)

Schneidawind, Franz Joseph Adolph. Das Buch vom Erzherzog Carl (von Oesterreich). Geschrieben von F. J. A. Schneidawind. Illustrirt von Adalbert Müller. 8. Leipzig.

4. durchgesehene und vermehrte Aufl. 1859.

5. durchgesehene Aufl. (Wohlfeile abgekürzte Ausg.) 1860.

Ehrentempel des neunzehnten Jahrhunderts. In Biographien berühmter Zeitgenossen. Band 1

Schneidawind, F. J. A., das Buch vom Erzherzog Carl, s.a. Ehrentempel des 19. Jahrhunderts.

Schneidawind, Frz. Jos. Ad., Christoph Columbus, s. Volksbibliothek, wohlf., 25. Bdchn.

—— Prinz Eugen, Herzog von Leuchtenberg, Fürst von Eichstädt und vormal. Vicekönig von Italien rc., in den Feldzügen seiner Zeit. Ein Heldenbild des XIX. Jahrhunderts, zugleich eine Entgegnung auf die „Mémoires du duc de Raguse." gr. 8. (XII und 452 S.) Stockholm 857, Maaß. *

— der Feldzug der kaiserl. königl. österreichischen Armee unter Anführung des Feldmarschalls Grafen Radetzky in Italien in den Jahren 1848 u. 1849. 3 Thle. Innsbruck 853. Witting. gr. 8. (VIII, 896 S.) 2 ℛ. 20 ngr

—— der Feldzug d. Franzosen geg. d. Verbündeten in Italien in d. J. 1799 u. 97., s. Geschichte, allgem., d. Kriege d. Franzosen rc., 30—32. Bdchn.

Schneidawind, Frz. Jos. Ad., der Feldzug der Franzosen gegen die Verbündeten in Italien in den Jahren 1798 u. 1799. 3 Bdchn. Mit dem Plane der Schlacht an der Trebbia. 16. Darmstadt 836. Leske. 1⅛ ℛ

— der Feldzug des Herzogs Friedrich Wilhelm v. Braunschweig u. seines schwarzen Corps im J. 1809. gr. 8. (VIII u. 175 S.) Darmstadt 851, Leske. n. ¾ ℛ

Schneidawind. Der Feldzug in Italien. von FZM. Alvinzi's erstem Vorrücken gegen Mantua bis zum Frieden von Campo formio. (3 Bde.) 12. Darmstadt 1835.

—— der letzte Feldzug und der Heldentod des Herzogs Friedrich Wilhelm zu Braunschweig-Lüneburg im J. 1815. gr. 8. (VIII und 168 S.) Darmstadt 852, Leske. * —

Schneidawind, (F. A.) die Feldzüge in d. J. 1812—15, unter Napoleons Anführung. I. 1s u. 2s H.ft. II. Bd. 1s Heft. gr. 8. Bamb. 826 u. 27, Dresch. 1s, 2s H. 1 Rthl. 8 gr. 2r Bd. 1s H.

—— die Feldzüge in d. J. 1812—15 unter Napoleons persönl. Anführung, nebst biograph. Skizzen denkwürd. Personen dieser Epoche. 2. Bd. 2. Hft., 3. u. 4. Bd. à 2 Hfte. gr. 8. Bamberg, Dresch.

Bd. 2. Hft. 2. Der deutsche Feldzug (Feldzug in Sachsen). (13¼ B.) 828. 16 Gr.

" 3. " 1., 2. Der franz. Feldzug (1814), nebst Schluß d. deutsch. Feldzuges. [1. (12 B.) 16 Gr., 2. (23½ B.) 828. 1 Thlr. 4 Gr.] 1 Thlr. 20 Gr.

" 4. " 1, 2. Der niederl. Feldzug v. 1815 (Feldzug v. Belgien.) [1. (14 B.) 828. 16 Gr., 2. (20 B.) 829. 1 Thlr.] 1 Thlr 16 Gr

1. Bd. u. 2. Bd. 1. Hft. Ebendas. 1826, 27. 1 Thlr. 16 Gr.

Schneidawind, Franz Josef Adolf: Die Feldzüge in Italien 1792–97, s. Saintine, X. B.

Schneidawind, F. J. A. Die Feldzüge v. 1799 in der Schweiz u. in Deutschland. 4 Bd. (XII. 860.) 16. M. 2 Pl. Darmstadt 1841. 42. 4,50.

— die Feldzüge von 1799 in der Schweiz u. in Deutschland. 4 Bdchn. Mit den Plänen der Schlachten bei Stockach und Zürich. 16. Darmstadt 842, Leske. 1½ ℛ (Vergl. Geschichte der Kriege der Franzosen u. ihrer Alliirten.)

—— die Feldzüge v. 1799 in d. Schweiz rc., s. Geschichte, allgem., d. Kriege d. Franzosen rc., 53—56. Bdchn.

—— das Gefecht am 21. Octbr. 1813 bei Baumeroda. Eine Rechtfertigungsschrift für das ehemal. königl. sächs. Uhlanen-Regiment. 8. (30 S.) Dresden 855, Höckner.

—— allgem. Geschichte der Kriege der Franzosen, s. Geschichte.

Schneidawind, Frz. Jos. Ad. Geschichte der Belagerung Wiens durch die Türken (10¾ B.) 16. Hamburg 1846 1.00.

— Geschichte der Belagerungen Wiens durch die Türken. 16. (10¾ B.) Hamburg 846, Berendsohn.
Vgl.: Volks-Bibliothek, wohlf., 33. Bdchn.

— Geschichte der Expedition d. Franzosen nach Aegypten u. Syrien in d. J. 1798 bis 1801. 5 Bde. 16. (66½ B.) Zweibrücken 830, 31, Ritter.

— Geschichte d. Feldzuges d. Franzosen in Deutschland 1796 u. 97, s. Geschichte, allgem., d. Kriege d. Franzosen ꝛc., 37—39. Bdchn.

Schneidawind, Franz Joseph Adolph. Geschichte des Feldzuges der Franzosen in Deutschland 1796 und 1797. Von Jourdan's zweitem Vordringen über den Rhein bis zum Frieden von Campo formio. (3 Bde.) 12. Darmstadt 1837—1838.

— Geschichte d. Feldzüge d. Franzosen in Italien 1800 u. 1801, s. Geschichte, allgem., d. Kriege d. Franzosen ꝛc., 33—36. Bdchn.

Schneidawind, Franz Joseph Adolph. Geschichte der Feldzüge der Franzosen in Italien, während des Consulates Napoleon Bonaparte's in den Jahren 1800 und 1801. (4 Bde.) 12. Darmstadt 1836—1837.

— Geschichte des Krieges auf der pyrenäischen Halbinsel unter Kaiser Napoleon; begleitet von Schilderungen der politisch oder militairisch wichtigsten Personen, von Landschaften, Städten, von Sitten, Gebräuchen und Charakteren der Bewohner des Kriegsschauplatzes ꝛc. 1—9s Bdchn. Mit 1 Karte u. 2 Plänen. 16. Darmstadt 838—40, Leske. 3⅛ ℛ

— Geschichte der Kriege auf der pyrenäischen Halbinsel unter Kaiser Napoleon ꝛc. 13. Bdchn. 16. (Mit 2 Plän.) Ebend. 841. 1½ ℛ (1—13: 4⅝ ℛ)

Schneidawind, Franz Joseph Adolph, der Philosophie Doctor, Kgl. Bayr. Prof. d. Gesch. Geschichte des Krieges auf der pyrenäischen Halbinsel unter Kaiser Napoleon. (18 Bde.) 12. Darmstadt 1838—1843.

— Geschichte d. Krieges auf d. pyrend. Halbinsel unt. Kaiser Napoleon, s. Geschichte, allgem., der Kriege d. Franzosen ꝛc., 40—52. Bdchn.

Schneidawind, Frz. Jos. Adph., Aus dem Hauptquartiere und Feldleben des Vater Radetzky. Scenen und Erzählungen aus den Feldzügen der k. k. österreich. Armee in Italien in den J. 1848 und 1849. gr. 8. (V und 214 S.) Stuttgart 851, Ed. Hallberger. *

— dass. — 3., verm. Aufl. gr. 8. (VIII und 224 S.) Ebds. 856. *

— Joseph II., Kaiser von Deutschland, s. Volksbibliothek, wohlfeilste, 32. Bdchn.

—, Carl, Erzherzog v. Oesterreich u. d. österreich. Armee unt. Ihm. 2 Bde. (od. 3 Lfgn.) gr. 8. Bamberg 840, Literarisch-artist. Institut. [(1. 26½ B. u. Erzhrzgs Carls Portr., Stahlst.) 1½ Thlr., 2. (19⅝ B.) 1¼ Thlr.]

—, Carl, Erzherzog v. Oesterreich, rettet Franken, befreit Nürnberg, Bamberg, Würzburg, Aschaffenburg, Frankfurt, u. entsetzt Mainz von d. Franzosen, in d. letzt. Tagen d. Augusts u. in den ersten Tagen d. Sept. d. J. 1796. Fragment aus d. Gesch. d. Revolutionsfeldzüge d. Franzosen. gr. 4. (5½ B.) Aschaffenburg 835, Pergay.

Schneidawind, F. J. A. Karl, Erzherzog v. Oesterreich, rettet Franken, befreit Nürnberg, Bamberg, Würzburg, Aschaffenburg u. entsetzt Mainz 1796. (40.) 4. Aschaffenburg 1836. 1,00.

— der Krieg im J. 1805 auf dem Festlande Europen's. gr. 8. (IV u. 424 S.) Augsburg 848, Schmid. 1¾ ℛ

— der Krieg Oesterreichs gegen Frankreich, dessen Alliirte u. den Rheinbund im Jahre 1809. Oder ausführl. Geschichte der Feldzüge in Deutschland, Italien, Polen u. Holland; der Insurrectionen Tirols u. Vorarlbergs; der Aufstände in der Altmark u. in Hessen u. der Züge des Herzogs Wilhelm von Braunschweig u. des Majors F. v. Schill im Jahre 1809. 3 Bde. gr. 8. Schaffhausen, Hurter'sche Buchh. [1. (29⅓ B.) 2. (30¾ B.) 842, à 1 Thlr. 22½ Ngr. 3. (18¾ B.) 43. 1 Thlr.]

— dass. 2. Ausg. 3 Bde. gr. 8. (77⅞ B.) Ebds. 845.

— der Krieg Oesterreichs gegen Frankreich, dessen Alliirte und den Rheinbund im J. 1809. 4. Bd. A. u. d. T.: Urkunden, Briefe und Actenstücke zur Geschichte des Krieges Oesterreichs gegen Frankreich, dessen Alliirte und den Rheinbund im J. 1809. gr. 8. (VI und 623 S.) Augsburg 850, Schmid'sche Buchh. Thlr.
1—3. Bd. erschienen in 2. Ausg. 1843 in Schaffhausen in der Hurter'schen Buchh. und kosten 4 Thlr.

— der siebenjährige Krieg in Deutschland. Ein Volksbuch zur Unterhaltung u. Belehrung. Mit lith. Abbild. 1. Bd. 1.—8. Hft. gr. 8. (Mit 5 Abbild.) Neuhaldensleben 845, 46, Eyraud. à 3 ngl

Schneidawind, Frz. Jos. Adph., der siebenjährige Krieg. 13. Heft. gr. 8. (1. Bd. S. 577—608, Schluß; mit 2 lithogr. Portr. in Tondr.) Neuhaldensleben 848, Eyraud.
1—12. Heft. Ebendas. 1846—47. 1 Thlr. 6 Ngr.

— der siebenjährige Krieg in Deutschland. Ein Volksbuch zur Unterhaltung u. Belehrung. 1. Bd. 9—13. Hft. gr. 8. (S. 385—608, m. 5 Lith.) Neuhaldensleben 847. 48, Eyraud. à 3 ngl (1. Bd. 1 ℛ 9 ngl)

Schneidawind, Dr. Franz Joseph Adolph —. Die Wiltauer Landes-Schützen-Kompagnie im wälschen Grenzkriege im Jahre 1848. Von — —. 8. (VIII, 68 S.) Innsbruck. Druck von A. Witting. 1854.

— das Leben des Erzherzogs Johann v. Oesterreich. Mit besonderer Berücksichtigung der Feldzüge dieses Prinzen in den J. 1800, 1805, 1809 u. 1815. 8. (IV u. 316 S.) Schaffhausen 849, Hurter. ⅛ ℛ

— Leben Kaiser Josephs II. schmal 8. (Mit des Kaisers Bildn.) Hamburg 846, Berendsohn. ¼ ℛ

— Prinz Louis von Preußen und der Tag von Saalfeld am 10. Oktbr. 1806. 8. (50 S.) Neuhaldensleben 856, Eyraud.

—, Hon. Gabr. Vict. Riq. Mirabeau u. seine Zeit der franz. Revolution. gr. 8. (10¼ B.) Leipzig 831, Nauck.

— Kaiser Napoleon im Felde u. Feldlager, nebst Organisation u. Charakter seiner großen Armee. gr. 12. (8¼ B.) Hanau 832, König.

Schneidawind, Frz. Jos. Adp., der Raubmörder Johann Georg Pröschel aus Beerbach, hingerichtet zu Bamberg am 9. April 1832. Nach amtl. Berichten u. Privatmittheilungen dargest. 8. (1¾ B.) Aschaffenburg 832, Pergay. Thlr.

— Feldmarschall Graf Radetzky, sein kriegerisches Leben u. seine Feldzüge vom J. 1784—1850. gr. 8. (XVI u. 607 S.) Augsburg 851, Schmid. 2 ℛ

— das Regiment der Herzoge v. Sachsen in den blutigen Tagen des 4. u. 5. Aug. 1809 bei Ober- u. Unter-Au in dem Kriege in Tyrol. gr. 8. (VI u. 41 S.) Aschaffenburg 847. (Pergay.) 6 ngl

— das Regiment der Herzoge von Sachsen in den blutigen Tagen des 4. und 5. Aug. 1809 bei Ober- und Unter-Au in dem Kriege in Tyrol. gr. 8. (VI und 41 S.) Aschaffenburg 852, (Krebs.)

— der Reiterkampf u. Sieg bei Haynau, am 26. Mai 1813. 8. (Mit 1 Kupf.) Neuhaldensleben 845, Eyraud. 2 ngl

Schneidawind, Dr. F. J. A. Der Reiterkampf und Sieg bei Haynau, am 26. Mai 1813. Mit 1 Abb. Neuhaldensleben 1845. 15 S.

——, Lavalette's, Reichsgrafen, Adjutanten, dann Staatsraths u. General-Postdirectors d. Kaisers Napoleon, wundervolle Rettung vom Henkertode durch d. Liebe u. Aufopferung sein. Gattin Emilie, einer geb. Beauharnais. Nach d. eigenen Denkwürdigkeiten Lavalette's u. aus and. guten Quellen dargest. gr. 12. (7½ B.) München 833, Fleischmann.

—— der Umwälzungsmann Maximilian Robespierre u. seine Umgebung. Histor. Versuch. gr. 8. (21½ B.) Leipzig 831, Nauck.

—— der Scheintod, nebst Unterscheid. des scheinbar. vom wahren Tode u. Mitteln, die Scheintodten wieder zu beleben. Ein Hülfsbüchlein f. Jedermann, nach Orfila u. A. bearb. 8. (4½ B.) Bamberg 829, Dresch.

Schneidawind, J. F. A. Die Schlacht bei Dettingen am 27. Juni 1743. 8. M. Pl. Aschaffenburg 1839.

Schneidawind, Fr. J. A. Die Schlacht bei Rossbach, Seydlitz u. die preuss. Reiterei am 5. Nov. 1757. (20.) 8. Neuhaldensleben 1843. Eyraud. 0,40.

—— die Seydlitz-Schlacht bei Zorndorf am 25. Aug. 1758. 2. Aufl. 8. (2 B.) Neuhaldensleben 843, Eyraud.

—— historisches Tagebuch für das Haus Wittelsbach, s. Gradl, M. v.

— der Ueberfall von Rathenow und die Schlacht bei Fehrbellin durch den großen Kurfürsten, Friedrich Wilhelm von Brandenburg. 8. Neuhaldensleben u. Gardelegen 841, Eyraud. ⅓ ß

—— Ueberlieferungen u. Materialien zur Geschichte, namentlich zu jener d. 18. u. 19. Jahrh. Originalarbeiten u. Uebertragungen d. interessantest. ausländ. Memoiren u. Geschichtswerke. 1. Hft. — A. u. d. T.: Die Staatsmänner Grey, Talleyrand, Fox, Pitt u. Canning. Britische Schilderungen u. Urtheile. Mit d. Portr. v. Geo. Canning. gr. 8. (6½ B.) Neuhaldensleben 833, Eyraud.

—— dass. 2. Hft. — A. u. d. T.: Der Krieg Oesterreichs u. dess. Verbündung gegen Frankreich, dess. Alliirte u. den Rheinbund im J. 1809. 1. Buch. gr. 8. (5½ B.) Ebds. 834.

—— Prinz Wilhelm von Preußen in den Kriegen seiner Zeit. Auch ein Lebensbild aus den Befreiungskriegen. gr. 8. (VIII und 304 S. mit dem lithogr. Bildnisse und Facs. des Prinzen.) Berlin 856, Deckersche geheime Ober-Hofbuchdr.

—— die Wuth bei Menschen u. Thieren. Nach d. neuesten u. besten medizin. u. philosoph. Quellen gemeinnützig bearb. 8. (3 B.) Bamberg 830, Dresch.

Über den Akkusativ des Inhalts bei den hervorragendsten griechischen Prosaikern. - Von Wilhelm Schneidawind. Stdl. 1886, Würzburg, Thein (Stürtz). S. 1 - 10. (Festgabe an die Kgl. Lateinschule Pirmasens zu ihrer 50jährigen Jubelfeier.)

Progr. Pirmasens (Pfalz), Kgl. isolierte Lateinschule

[F.] Schneidawind, Wilhelm: Die Antigone des Sophokles. Uebersetzg m. e. Anh. sachlicher Bemerkgn. Münnerstadt, Druck v. G. Blatz, 1895; 62 S. 8.
Münnerstadt, k. G, P 1895*

Schneidawind, Wilh., s. Sophokles, Antigone.

Schneideck, Gustav Heinrich [Pseud.], s.a. Schneider, Gustav Heinrich [wirklicher Name].

Schneideck, Gust. Heinr., Berliner Allerlei, s. Humor, deutscher.

Schneideck, Gust. Heinr., der Auszug nach Kahla. Eine Studentengeschichte aus vergangenen Tagen. 8. (IV, 364 S.) Jena 886. Dabis. n. 4. —; geb. n. 5. 50

Schneideck, G. H., der Auszug nach Kahla. Eine Studentengeschichte. Neue Ausg. 8. (165 S.) Jena 903. O. Raßmann. n. 2. —; geb. in Halbleinw. n. 3. —

Schneideck, Gust. Heinr., Tante Balzereit u. vier andere lustige Geschichten. (III, 114 S.) 8. Berlin 904. F. Grunert. Sept.-Cto. n. 1. —

— episches Bilderbuch. 8. (118 S.) Jena 887. Rudolstadt, Dabis. n. 1. 50; geb. m. Goldschn. n. 2. 50

Schneideck, Gust. Heinr., Gerhard Brüning. Eine Künstlernovelle. 8. (260 S.) Berlin 898. Nicolai's Verl. n. 2. —

Schneideck, Freiwillige vor! (1813), s.: Jugend- u. Volksbühne.

— Heinrich v. Ofterdingen. Ein deutsches Spiel. (168 S.) 8. Leipzig 904. Berlin, H. Seemann Nachf. n. 2. —

Schneideck, Gust. Heinr., Jenenser Leben. Gedichte. 8. (XI, 167 S.) Jena 883, Costenoble. *M 1.60.; geb. * 2 —

— Jenenser Leben. Ein Studentenliederbuch. 3. Aufl. (128 S. m. 5 Taf.) 12. Jena 903. O. Raßmann. n. 1. 50

— neue Berliner Märchen. 1. u. 2. Aufl. gr. 8. (192 S. m. Vignetten.) Leipzig 892. W. Friedrich. n. 3. —

— neue Berliner Märchen. Mit Bilderschmuck v. Wilh. Weimar. 5. Aufl. (III, 160 S.) gr. 4. Berlin 904. F. Grunert, Sep.-Cto. Kart. n. 3. —

Schneideck, Gustav Heinrich: Im Osten Berlins. Ein sozialist. Roman. Leipzig: Friedrich 1892. 184 S. 8°
(Sammlung interessanter Unterhaltungsschriften.)

Schneideck, G[ustav] H[einrich]: [Prolog zur Feier des Geburtstages des Kaisers am 26. Jan. 1899.] *Heidelberg 1899: E. Geisendörfer.* (S. 4—6.) 4°
Heidelberg, OR, P 1899 (666)

—— der Strike. Eine Geschichte aus dem socialen Leben der Gegenwart. 12. (74 S.) Berlin 886, Eckstein Nachf. *

— Berliner Träumereien. gr. 8. (V, 189 S.) Berlin 893. Nicolai's Verl. n. 3. —

[F.] Der Letzte Weihnachtsmarkt. E. Träumerei v. Gustav Heinrich Schneideck. *Berlin: Selbstv. d. Vfs 1892.* (23 S.) 1 Bd 8. [92: 54

— der letzte Weihnachtsmarkt. Eine Träumerei. gr. 8. (32 S.) Berlin 892. (P. Scheller.) n. — 80

Schneidemühl [Schlagwort]

Schneidemühl, s.: Europa. Generalkarte.

Schneidemühl, s.: Radfahrerkarten, Strassenprofilkarte.

Schneidemühl [Verfasser]

Schneidemühl, Handbuch der zahnärztlichen Arzneimittellehre, s.: Hollaender.

Schneidemühl, Georg

Schneidemühl G.: Ueber Abortus bei Thieren m. besond. Berücks. d. seuchenartig auftretenden Verwerfens bei Kühen. Halle 1890. 30 S. (Thiermed. Vorträge. Bd. 1 H. 7).

Vgl. V o r t r ä g e , ...

Über Abortus bei Tieren. (Das seuchenartig auftret. Verwerfen bei Kühen.) S.-A. (30 S.) Leipzig 90. Felix. M. 1.50

Schneidemühl, Geo., Abwehr, Tilgung u. Verhütg. der Maul- u. Klauenseuche. gr. 8. (64 S.) Berlin 893. P. Parey. n. 1. 20

— **die Blutserumimpfungen u. die bisherigen Erfolge ihrer Anwendung zum Schutze u. zur Heilung v. Thierseuchen,** s.a. Vorträge, thiermedicinische. III, 6.

Die Blutserumimpfungen und die bisherigen Erfolge ihrer Anwendung zum Schutze u. zur Heilung von Tierseuchen. Leipzig 94. Felix. M. 1.50

Schneidemühl, Geo., Entstehung, Erkennung und Tilgung der Lungenseuche nebst Vorbauungsmaßregeln gegen dieselbe unter gleichzeitiger Berücksichtigung der gesetzlichen Bestimmungen. Ein Vortrag, geh. am 1. März 1885 in Halberstadt im landwirthschaftl. Verein für Halberstadt und Umgegend. gr. 8. (38 S.) Osterwieck 885, Zickfeldt. *

Das Fleischbeschauwesen im Deutschen Reiche, nebst Vorschlägen f. dessen gesetzl. Regelung von Dr. Georg **Schneidemühl**, Privatd. in Kiel. Leipzig: A. Felix 1892. (78 S.) 8°
= **Vorträge**, Thiermedizinische. Bd 2, H. 9/10. [92. 1955]

— **Lage der Eingeweide bei den Haussäugethieren, nebst Anleitg. zur Exenteration f. anatom. u. pathologisch-anatom. Zwecke, f. Studirende u. Thierärzte bearb.** 8. (VIII, 173 S.) Hannover 884. Schmorl & v. Seefeld. geb. n. 3. —

— **Lage der Eingeweide bei den Haussäugethieren, nebst Anleitg. zur Exenteration f. anatom. u. pathologisch-anatom. Zwecke u. Angaben zur Ausführg. der Präparirübgn., f. Studirende u. Thierärzte bearb. 2., verm. u. verb. Aufl. 12. (VIII, 196 S.) Hannover 894. Schmorl & v. Seefeld Nachf. Geb. in Leinw. n. 3. —**

Schneidemühl, Geo., Lage der Eingeweide bei den Haussäugetieren nebst Anleitung zur Exenteration f. anatomische u. pathologisch-anatomische Zwecke u. Angaben zur Ausführg. der Präparierübungen. Für Studierende u. Tierärzte bearb. 3., umgearb. u. erweit. Aufl. (XI, 172 S.) 8. Berlin 910. P. Parey. Geb. in Leinw. 4. 50

Schneidemühl, Geo., die thierärztliche Laufbahn im Deutschen Reiche. Für Studirende der Thierheilkunde u. Alle, welche sich diesem Studium zu widmen gedenken. Nach dem gegenwärt. Stande d. Thierarzneiwesens bearb. gr. 8. (96 S.) Kiel 892. Lipsius & Tischer. n. 1. 60

Schneidemühl Geo., Lehrbuch der vergleich. Pathologie u. Therapie d. Menschen u. d. Hausthiere für Thierärzte, Aerzte u. Studirende. 4 Lfgn. gr. 8. Leipzig, W. Engelmann. n. 23. —; geb. n. 26. —

1. Die Infektionskrankheiten des Menschen u. d. Hausthiere. (VIII, 208 S.) 895. n. 5. —
2. D. Vergiftgn. D. durch thier. Parasiten hervorgeruf. Krankheiten d. Menschen u. d. Thiere. D. Konstitutionskrankheiten. D. Hautkrankheiten. (S. 209—448.) 896. n. 6. —
3. D. Krankheiten d. Verdauungsorgane. D. Krankheiten d. Athmungsorgane. D. Krankheiten d. Cirkulationsorgane. Die Krankheiten des Nervensystems. (S. 449—688.) 897. n. 6. —
4. Krankheiten d. Nervensystems. Krankheiten d. Schilddrüse. Krankheiten d. Bewegungsorgane. Krankheiten d. Harnorgane. Krankheiten der Geschlechtsorgane. Nachträge. (XX u. S. 689—885.) 898. n. 6. —

— **die Lupinen-Krankheit der Schafe,** s.a. Vorträge f. Thierärzte. VI, 4.

— Die Lupinenkrankheit der Schafe. (30 S.) Jena 83. Dege & Hänel. (Dürselen, Wiesbaden.) M. 1.50

Schneidemühl, Georg: Die animalischen N a h r u n g s m i t t e l. Ein Handbuch zu ihrer Untersuchung u. Beurtheilung f. Thierärzte, Ärzte ... Mit 224 Abb. u. 1 Taf. (In 5 Abt.) Berlin. Wien: Urban & Schwarzenberg 19(00–)03. (XVI, 1011 S.) 8°

Schneidemühl, Geo., die animalischen Nahrungsmittel. Ein Handbuch zu ihrer Untersuchg. u. Beurtheilg. f. Thierärzte, Ärzte, Sanitätsbeamte, Richter u. Nahrungsmittel-Untersuchungsämter. Mit 224 Abb. u. 1 farb. Taf. gr. 8. (XVI, 1011 S.) Wien 901—902. Urban & Schwarzenberg. n. 25. 20; geb. n.n. 27. 70

Ueber Nervenkrankheiten bei Hausthieren mit gleichzeitiger Berücksichtigung der beim Menschen vorkommenden. Von Prof. Dr. Georg **Schneidemühl** in Kiel. ... *Leipzig: A. Felix 1898.* (35 S.) 8.
= **Vorträge**, Thiermedizinische. Bd III. H. 12. [98. 4890]

Schneidemühl, Geo., spezielle Pathologie u. Therapie der Haustiere. Für Tierärzte, Aerzte u. Studierende. (In 3 Abtlgn.) 1. Abtlg. (S. 1—320 m. Abbildgn.) Lex.-8. Berlin 906. R. Trenkel. n. 8. —

— Spezielle Pathologie u. Therapie der Haustiere. Für Tierärzte, Ärzte u. Studierende. Mit 53 Abbildgn. im Text. 2. u. 3. (Schluss-)Abtlg. (XIX u. S. 321–799.) Lex. 8. Berlin 907. 08. R. Trenkel. à 8. —
(Vollst. ermäss. Pr.: 22.50; geb. 25.50)

Die Protozoen als Krankheitserreger des Menschen und der Hausthiere. F. Ärzte, Thierärzte u. Zoologen v. Prof. Dr. Georg **Schneidemühl**, Privatdoc. ... an d. Univ. Kiel. M. 37 Abb. im Text. *Leipzig: W. Engelmann 1898.* (VI, 195 S.) 1 Bd 8. [98. 3890]

—— **Repetitorium der Muskellehre bei den Haussäugethieren, gleichzeitig ein Leitfaden für die Präparirübungen, für Studirende und Thierärzte bearb.** 8. (IV, 67 S.) Hannover 884, Schmorl und v. Seefeld. *

Repetitorium der Muskellehre bei den Haussäugethieren, gleichzeitig e. Leitfaden f. d. Präparirübungen ... bearb. von Dr. Georg **Schneidemühl**, Privatd. 2., verm. u. verb. Aufl. Hannover: Schmorl & v. Seefeld Nachf. 1894. (VIII, 79 S.) 8° [93. 1119 8]

Ueber Sarkosporidien. Von Prof. Dr. Georg **Schneidemühl** in Kiel. *Leipzig: A. Felix 1897.* (39 S.) 8.
= **Vorträge**, Thiermedizinische. Bd III. H. 11. [97. 4667]

—— die Schafräude, Entstehung, Heilung, Feststellung und Tilgung derselben unter Berücksichtigung der gesetzlichen Bestimmungen. 8. (18 S.) Osterwieck 885, Zickfeldt. *
Aus: Ilse-Zeitung, besonders abgedruckt.

—— dass. — Eine gemeinfaßliche Darstellung der Entstehung, Heilung, Feststellung und Tilgung derselben. Mit einem Anhang der gesetzl. Bestimmungen. 2. vollständ. umgearb. Aufl. gr. 8. (27 S.) Ebendas. 886. *

— **der gegenwärtige Standpunkt der laryngealen u. trachealen Arzneianwendungsmethode,** s.a. Vorträge, thiermedizinische. I, 7.

Schneidemühl G.: Der gegenwärtige Standpunkt d. laryngealen u. trachealen Arzneianwendungsmethode. Leipz. 1891. 47 S. (Thiermed. Vorträge. Bd. 1 H. 7). 327.

Schneidemühl, Georg: Der gegenwärtige Stand der laryngealen und trachealen Arzneianwendungsmethode. Leipzig 1892. 47 S. (Thiermedizinische Vorträge. 2, H. 7.)

Schneidemühl G.: Eine Studienreise nach Stockholm, Upsala u. Kopenhagen. (Berl.) 1895. 5 S. (Særtr.). Fol.

— das Thierarzneiwesen Deutschlands u. seiner Einzelstaaten. Ein Handbuch f. Thierärzte, Staats- u. Gemeindebehörden, Schlachthofverwaltgn., Medizinalbeamte, Richter u. Rechtsanwälte. Nach amtl. Quellen bearb. 8 Lfgn. gr. 8. (XIX, 506 S.) Leipzig 893. A. Felix. n. 12. —; geb. n.n. 13. 50

Die Tuberkulose der Menschen und Thiere vom sanitäts- u. veterinärpoliz. Standpunkte erörtert. Von Dr. Georg Schneidemühl in Kiel ... *Leipzig: A. Felix 1895.* (117 S.) 8.
= Vorträge, Thiermedizinische. Bd III. H. 8/10. [99. 2?43]

Schneidemühl, Geo., die Tuberculose des Rindviehs, deren Erkennung und Verhütung mit besonderer Rücksicht auf die Stierhaltung. Ein Vortrag, geh. am 19. Decbr. 1881 in Rendsburg in der Hauptversammlung des schleswig-holstein. Generalvereins. gr. 8. (26 S.) Osterwieck 885, Zickfeldt. *

— das thierärztliche Unterrichtswesen Deutschlands in seiner geschichtlichen Entwickelung u. Bedeutung f. den thierärztlichen Stand. Ein Gedenkblatt, aus Anlass der Feier d. 100jähr. Bestehens der thierärztl. Hochschule zu Berlin bearb. Mit e. Portr. d. Geh. Med.-R. Gerlach, Radirg. v. Joh. Lindner. gr. 8. (VIII, 224 S.) Leipzig 890. (Felix.) n. 6. —; geb. n. 7. —

Schneidemühl, Georg: Vergleichend-anatomische Untersuchungen über den feineren Bau der Cowper'schen Drüse. Hannover 1883. 28 S., 1 Taf.
Erlangen, Phil. Diss. v. 1883.

—— das Verwerfen der Kühe unter besonderer Berücksichtigung des seuchenartigen Auftretens. Ein Vortrag, gehalten am 2. Mai 1884 zu Halberstadt in der Generalversammlung des landwirthschaftl. Vereins für das Fürstenthum Halberstadt und die Grafschaft Wernigerode. 8. (32 S.) Ebendas. 885. *

—— s. Vorträge, thiermedizinische.

Schneidemühle, Die christlich apostolisch-katholische, und die mit ihr sind oder die Neukatholischen vor dem Richterstuhl der heiligen Schrift ... Erfurt 1845. V: *Theodul, Carl Friedrich.* (ZU)

Schneidemüller-Lied. Mit sechs Begleitstücken. 2. Abdr. Halle 1845. V: *Schwetschke, Gustav.* (cb)

Schneidenbach, Bonifaz, s. Luydl: Theolog. mor.

Schneidenbach, Bonif., (✝ 1786.) de ratione solvendi ac ligandi in Sacramento poenit. 8maj. (Salzb.) 774. Mayr. 8?

Schneider [Sachl. Ordnungswort]

Schneider, der. Zeitschrift f. die Interessen d. gesammten Schneider-Gewerbes, sowie d. Krankencassen-Unterstützungsbundes der Schneider [E. H.-C., Braunschweig], d. Reise-Unterstützungsbundes der Schneider [Halle a/S.] u. der deutschen freien Vereine der Schneider. Red.: W. Magnus. 1. Jahrg. 1887. 24 Nrn. (½ B. m. Schnittmustern.) gr. 4. Hamburg, Jensen & Co. n. 3. 20
Erschien nicht weiter.

Schneider, der arme, eine unterhaltende und nützliche Erzählung für d. Jugend. Mit 2 Abbildd. 12. Straßburg 835. Levrault. ⅙ ₰ — Auf Velinp. u. mit illum. Abbildd. ¼ ₰

Schneider, Franz u. Rosalie, die Dienstbotenmörder v. Wien, s.: Kriminal-Bibliothek, internationale illustrirte.

Schneider, der, in der Fremde, oder wer das Glück hat, führt die Braut heim, Lustspiel in 1 Akt von K. F. A. Müller. 8. Augsburg, Braun. 818.

Schneider, der praktische. Organ z. Verbreitg. leichtfaßl. Anleitgn. f. einf. Zuschnitt u. prakt. Geschäftskunst. 1.—4. Jahrg. Febr. 1895—Jan. 1899. à 12 Nrn. (à ca. 16 S. m. Abb., Taf. u. Schnittmusterbog.) gr. 4. Dresden, Exped. d. europ Modenzeitg. à Jahrg. n. 4. —
Kann auch vierteljährlich bezogen werden.

Schneider, der praktische. Organ zur Verbreitg. leichtfaßl. Anleitgn. f. einfachen Zuschnitt u. prakt. Zuschneidekunst. Red.: Rud. Tiesler. 5.—8. Jahrg. Febr. 1899—Jan. 1903. à 12 Nrn. gr. 4. (à ca. 16 S. m. Abb., Taf. u. Schnittbog.) Dresden, Expedition der europ. Modenzeitg. à Jahrg. n. 4. —

Schneider, der praktische. Organ zur Verbreitg. leichtfaßl. Anleitgn. f. einfachen Zuschnitt u. prakt. Zuschneidekunst. Red.: Rud. Tiesler. 9.—12. Jahrg. 1903—1906. à 12 Nrn. (à 16 S. m. Abb. u. Schnittbog.) gr. 4. Dresden, Expedition der europ. Modenzeitg. à Jhrg. n. 4. —

Schneider, der praktische. Organ zur Verbreitg. leichtfaßl. Anleitgn. f. einfachen Zuschnitt u. prakt. Zuschneidekunst. Red.: Rud. Tiesler. 13.—16. Jahrg. 1907—1910. à 12 Nrn. (à ca. 16 S. m. Abb. u. Schnittbog.) 31×23 cm. Dresden, Expedition der europ. Modenzeitg. à Jahrg. 4. —

Schneider, der reiche. Skizze aus dem Altenburger Landleben. Altenburg 857. Jacob. 8. (32 S.) n. 5 ngr.

Schneider, Der, auf Reisen. 1753/56. V: *Schubart, Christian Friedrich Daniel.* (schstr S. 237)

Schneider, Der, und sein Sohn, ein Lustspiel in zwei Akten. Wien 1775. Leipz. 1780. V: *Fuss, Franz.* (GGr) (MGT) »Leipz. 1779« (Ky)

Schneider, der, und sein Sohn. Lstspl. in 2 A., (v. Frz. Fuß II.) 8. Leipz. 779. (Augsb., v. Jenisch u. St.) 3 K

Schneider, der, u. sein Sohn, Lustsp. 8. Leipz. Schneider. (Linke.) (a. Stage in Augsb.) 779.

Prälat Dr. Wilhelm Schneider, erwählter u. bestätigter Bischof von Paderborn. Ein Lebensbild. Mit Titelbild u. 8 Abb. *Paderborn: F. Schöningh 1900.* (71 S.) 8° [F.] [01. 19336 8]

Schneider mit der Zaubergerte, od. Geschichte des Geisterbeschwörers u. falschen Propheten Geo. Schneider's in Höhnheim, ehemal. Schulmeisters in Straßburg, (v. Jh. Fr. Kiechel). 8. Frankf. a. M. 805. Simon. 1 ₰

Schneider mit der Zaubergerte oder Geschichte ... Georg Schneider's in Höhnheim ... Frankf. a. M. 1805. V: *Kiechel, Johann Frdr.* (Ky)

Schneider [Verfasser]

Schneider, gründl. Anleitung zum Clavierstimmen, f. kleinen, welche ein gutes Gehör haben. 8. Dilingen 826, Rösnagel. (Leipz., Centr.-Compt.) Rthlr.

Schneider. Reitende Artillerie der sächs. Armee. o. O. 1827. 1 Bl. 2°

Schneider, auf die Menschheit losgelassen — Arzt od. Kurpfuscher? Den Aufzeichngn. des leider verstorbenen Joh. Meier nacherzählt. (124 S.) gr. 8. Neubukow (910). (Leipzig, F. Schneider.) 1.50

Schneider, s.: Baden-Baden u. seine Kurmittel.

Schneider, s.: Bausteine f. die Schule.

Schneider jun., die Berechtigung der Kunst im Kultus der Kirche u. das Maß ihrer Anwendung. Ein Vortrag. 12. (50 S.) Barmen 887. Klein. n. — 50

Schneider, Bericht über die 1. Session der 7. Legislatur-Periode des Hauses der Abgeordneten. Erstattet den Wählern seines Wahlkreises Wanzleben. Magdeburg 862. Schäfer in Comm. gr. 8. (24 S.) n. 3½ ngr.

Schneider: Über einige Differenzpunkte auf dem Gebiete der Logik. 22 S. 8°.– Hermannstadt ev., Progr. 1853.

Schneider, Einführ. v. Musteruhren in d. Schwarzwäld. Uhrmacherei. Furtwangen 1880

Schneider, Entwurf zu e. liturgischen Beicht- u. Communion, m. 13 Beicht- u. 18 Communion-Reden. gr. 8. (5½ B.) Rotweil 831, Herder.

Feier des Johannisfestes. Musikbegleitung vom Br. **Schneider.** Or. Dresden 5832. [Unterz.:] A[dolf v. N[ostitz] u. J[änckendorf]. [Dresden 1832.] 1 Bl. 8° [Kopftit.]
Lied ohne Noten: „Sei uns willkommen und theuer, . . .“ 3.

Schneider, neuestes Fremdwörterbuch. Verdeutschung u. Erklärg. der Fremdwörter, fremdsprachl. Denk- u. Wahlsprüche u. Redensarten, ferner Erklärg. der gebräuchl. Abkürzgn. Unter besond. Berücksicht. der in der Umgangssprache, der Literatur u. Tagespresse &c. übl. fremdsprachl. u. Fachausdrücke. Mit genauer Angabe der Aussprache u. Betong. (313 S.) 8. Stuttgart (904). W. Nitzschke. — A. Brettinger. Geb. in Leinw. n. 2. —

Schneider, (Red.), s. Friedens-Halle, Die.

Schneider, (Obrist), Gedanken üb. eine Fortification, die aus lauter krummen Linien od. Zirkelstücken besteht, wie auch einigen Stücken, die noch nicht gebräuchlich. Mit 4 Kpf. 4. Hannov. 815. Hahn. 2 ℳ 12 ℛ.

Schneider. Gedanken über eine Fortifikation, die aus lauter krummen Linien od. Zirkel-Stücken besteht. Mit Taf. Hannover 1815. 62 S.

Schneider: Geschichte der Provinzial- oder Fürstenschule in Tilsit von ihrer Gründung bis zu ihrer Verwandlung in ein Königliches Gymnasium. Erster Theil 16 S. Zweiter Theil 16 S. Tilsit, Progr. 1853/54.

Schneider u. Höfer, das württembergische Gesetz betr. die Besteuerungsrechte der Gemeinden u. Amtskörperschaften vom 8. VIII. 1903, bearb. u. hrsg. an der Hand der Regierungsbegründgn., Kommissionsberichte, Kammerverhandlgn. u. Vollzugsbestimmgn. (VI, XXVIII, 925 S.) 8. Altenstadt 906. (Stuttgart, O. Gerschel.) Geb. in Leinw. n. 6. —

Schneider, d. Gleichnis v. d. 10 Jungfrauen, s.: Andre, Gust.

Schneider, Heinrich der Löwe. Singspl. gr. 8. Frankf. 792. Varrentrapp. 16 Kr.

Schneider, Jesus, der Christ — Dichtung od. Wirklichkeit? Apologetische Studie. (16 S.) 8. Dresden 910. C. L. Ungelenk. — 20

— s.: Mädchenmörder, die, zu Wien.

Schneider: De versuum in duobus Tibulli carminibus ordine immutando. 6 S.– Gleiwitz, Progr. 1872.

Schneider: De coniunctionis „donec“ origine et naturali ac principali significatione. 2 S. – Gleiwitz, Progr. 1866.

Schneider, Predigten, s.: Schöner, Chr. Heinr., Welt u. Reich Gottes.

Schneider, Rede über den Anschluß Oesterreichs, siehe: Reden, 9.

Schneider, eine Reise nach Algier zu den weißen Vätern, s.: Unterhaltungs-Bibliothek, Steyler. Nr. 24.

Schneider, Religionsbuch f. die oberen Klassen höherer Lehranstalten, auf Grund der allerhöchsten Kabinets-Ordre vom 13. Febr. 1890 u. der dazu gehör. Erläutergn. bearb. 4 Hfte. gr. 8. Berlin, E. S. Mittler & Sohn. n. 3. 15; geb. n.n. 4. 25
1. Übersicht üb. die Kirchengeschichte. (V, 58 u. 10 S.) 894. n. — 80; geb. n.n. 1.5
2. Lebensbilder aus der Geschichte der evangel. Kirche von Luther bis zur neueren Zeit. (V, 34 S.) 892. n. — 50; geb. n.n. — 80
3. Bibelkunde. Mit 10 Abbildgn. im Text u. 2 Karten in (farb.) Steindr. (V, 67 S.) 894. n. 1. 25; geb. n.n. 1.55
4. Glaubens- u. Sittenlehre. (V, 47 S.) 894. n. — 60; geb. n.n. — 85

Schneider u. Keyl, neue Schreibeschule f. deutsche u. engl. Handschrift, in 17 verschied. Alphabeten. Allen Freunden d. Calligraphie gewid. gr. 4. (7 Bl.) Dresden 832, [Leipzig,] Friese.

Schneider, Stadtpfarr-Dek., Die Sklavenfrage in Afrika. Vortrag im kathol. Kasino in Stuttgart am 12. Dec. 1888. 1—5. Aufl. gr. 8°. Stuttgart, „Deutsches Volksblatt“, 1889.

Schneider, die Sklavenfrage in Ostafrika. Vortrag. 1.—5. Aufl. Mit entsprech. Ergänzgn. gr. 8. (16 S.) Stuttgart 889. (Verlag d. „Deutschen Volksblatts“.) — 15

SCHNEIDER, Der Teufel in Cavaliergestalt auf dem Wedding. 1855. 8°. (Bibl. d. Vereins f. d. Geschichte Berlins.)

— Oceanische Tiefenmessung vermittelst der Elektricitat. 28 Febr., [12. Marz] 1867. (Aus: Mélanges Physiques et Chimiques tirés du Bull. de l'Acad. Imp. des Sc. de St. Petersbourg. Tome VII.) (Aus dem Bull., T. XI.) (S. 5458)

Schneider, Das Ungenugende der jetzigen Methode der Tiefenmessung und Vervollkommnung derselben mit Hulfe der Elektricitat. 17., [29.] Januar 1862. (Aus: Mélanges Physiques et Chimiques tirés du Bull. de l'Acad. Imp. des Sc. de St. Pétersbourg. Tome V.) (Aus dem Bulletin, T. V.) (S. 5457)

Welche Anforderungen stellt man an ein gutes Lesebuch? Von **Schneider**-Lippspringe. *Bielefeld: A. Helmich [1901].* (15 S.) 8° [F.]
= Abhandlungen, Pädagogische. H. 51. [03. 13199]

Schneider, wie schützt man sich vor syphilitischer Ansteckung? Mit e. Anh.: Dürfen Syphilitische heirathen? Für Jedermann zum Schutz u. zur Belehrg. 8. (80 S.) Berlin 893. Cassirer & Danziger. n. 2. —

Schneider, Oberstlieutenant und Falcke, Hauptmann. Das Königlich Sächsische 2. Grenadier-Regiment Nr. 101 „Kaiser Wilhelm, König von Preussen". Ein Erinnerungsblatt für Unteroffiziere und Grenadiere. 2. Auflage. (Mit 3 Porträts, 2 Abbildungen und 2 Plänen.) 8. Dresden 1898.

Schneider, Wissen u. Glaube, s.: Lehr u. Wehr für's deutsche Volk. 13. Hft.

Schneider, A.: Anfangsgründe der analytischen Geometrie der Ebene. Wittstock 1865. 43 S. u. Tafel. 4°
Schul-/Univ.-Schrift

Schneider, A., Μουσῶν ἄνθη, sive Selecta poëtriarum graecarum carmina et fragm. gr. 8. Giessen, Tasché. 802.

Schneider, A., Μουσῶν αὐλή etc. Selecta poëtriarum graecarum carmina et fragm.
Auch unter dem Titel:
Die weibl. Helenen. gr. 8. Gießen, Müller. 802.

Schneider, A., Μουσῶν ἄνθη, sive Selecta poëtriarum Graecarum carmina et fragmenta Graece c. animadvers. 8maj. Giessen 802. (Leske in Darmst.) 2 ₰ — (1806 unter d. T.: die Werke d. griech. Dichter rc.)

Schneider, (A. C.,) die Werke der griechischen Dichter rc. gr 8. Gießen 806, jetzt Leske in Darmst.

Schneider, A., über Antipyrin und Antifebrin als Nervina. Diss. Würzburg 1888, Stahelsche Univ.-Buchh 8°. 30 S.

Schneider, A.: Über die Behandlung des lateinischen Sprachunterrichtes in den unteren Klassen der Gymnasien. 16 S.– Lemberg 2.G., Progr. 1855.

Schneider, A. (II.), Beiträge zu dem Bau einer Eisenbahn in den Harz. Vortrag, gehalten in der Versammlung des Architecten- und Ingenieur-Vereins für das Herzogth. Braunschweig am 31. Octbr. 1882. 4. (38 S. mit 5 autogr. Beilagen.) Blankenburg a. H. 882, (Brüggemann.) *

Beiträge zur Geschichte von Hilden und Haan u. deren Umgebung. Als Festschrift f. d. Einweihung d. Hildener Rathauses hrsg. von A. Schneider, Lehrer in Hilden. *Hilden: Selbstverl. 1900.* (320 S.) 8° [F.] [01. 1869 5

Schneider, A. Die Bildung einer ersten Kammer. Berlin 1853. 15 S. 8.

Schneider, A., Zur Charakteristik der Preußisch-Deutschen Politik seit dem März 1848. Ein Wort zum Verständniß der Gegenwart. Berlin, S. Loewenherz, 1851. 44 S. 8°.

Schneider, A., s. Dumas, A., Memoiren eines Arztes.

Schneider, A. Eberhard im Bart, erster Herzog v. Würtemberg. [Sammlung historischer Bildnisse. II, 4.] (VII, 203) 8. Freiburg i. Br. 1874. 1,50.

Schneider, A., Eberhard im Bart, der erste Herzog in Wirtemberg, s. a. Sammlung historischer Bildnisse.

Schneider (A.). Einführung in die Benutzung der Messtischblätter. Berlin (ohne Jahr). 8. Mit Abb. im Text.

SCHNEIDER, A., Gedancken über Cultur und Luxus. Berlin, 1852. Verlag von Hermann Hollstein. 8°. 43 S. (Bibl. Lipperheide no. 3490.)

Festgabe der Allgem. Musikgesellschaft in Zürich zum Jubiläum des 25jähr. Kapellmeisteramtes des Herrn Dr. Friedrich Hegar von Zürich: Zur Geschichte der Flöte im Alterthum, von *A. Schneider*. Gr.-in 8°. 66 S. Zürich, F. Schulthess. 1890. 1 50

Schneider, A. Handbuch der gesamten bayer. Mil.-Ökonomie. Bd 1—3. München 1870.

Cantate zum 50jährigen Stiftungs-Feste der Loge zum flammenden Stern. Berlin, den 5ten März 1820. [Am Ende:] Gedichtet vom Br. J[oh.] D[aniel] Symanski, in Musik gesetzt vom Br. A. Schneider. [Berlin 1820: Büxenstein.] 4 Bl. 8° [Umschlagtit.]
Ohne Noten: „Tief verhüllt vom dichten Schleier . . ."

Schneider, A., Karte der Lagerstätten nutzbarer Mineralien in der Umgegend von Bensberg und Ründeroth, umfassend Theile der Bergreviere Deutz, Ründeroth und Brühl-Unkel. Im Auftrage des Herrn Ministers der öffentl. Arbeiten hrsg. von dem Königl. Oberbergamte zu Bonn 1882. 1:20,000. 7 Bl. grössten Formats (6 Sekt. und 1 Profilbl.). Bonn 882, Marcus. * 25 —

Schneider, A., das Löschwesen in Basel. Zur Feier d. 50jähr. Bestehens d. Basler Feuerwehr verf. gr. 8. (98 S.) Basel 895. (R. Reich.) n. 1. —

Schneider, A. Das Löschwesen in Basel. Zur Feier des fünfzigjährigen Bestehens der Basler Feuerwehr. In-8°. 97 S. Basel, F. Wittmer. 1 — 1895.

Schneider, A., nach Autoren benannte Reactionen etc., neue Bearbeitg., s.: Altschul.

Rede über das bevorstehende allgemeine Concilium gehalten am Feste des heil. Apostels Matthias. Köln 869. Kommerskirchen. gr. 8. (17 S.) n. 2 ngr.

Schneider, A., De L. Cornelii Sisennae historiarum reliquiis. Diss. 1882. 61 S. 1.20

Schneider, A., die drei Scaevola Cicero's. gr. 8. (84 S.) München 879. Th. Ackermann. n. 1. 60

Schneider, A., Uebersichtskarte der Mineralvorkommen des Reg.-Bez. Wiesbaden. Angefertigt bei dem königl. Oberbergamte zu Bonn. 1:500,000. Chromolithogr. Fol. Wiesbaden 879, Limbarth. In Carton * 1 50

Schneider (A.). Das Vorkommen von Inesit und braunem Mangankiesel im Dillenburgischen. (Jahrbücher geol. L.-A.). Berlin 1888. 8.

— Marianische Wochen-Andacht zur Erlangung eines seligen Todes. Nebst Morgen-, Abend-, Meß-, Beicht- u. Communiongebeten u. einem Anh.: 4 Reden des gottseligen Thomas v. Kempen von dem Lobe u. von der Verehrung Mariens. M.-Gladbach 868 Riffarth. 16. (III, 196 S. mit 1 Stahlst.) 7½ ngr.

Schneider, A. F. H., Elementarbuch der Englischen Sprache. Mit einem Vorwort von Fd. Ranke. 1. Cursus. gr. 8. Berlin 845, Nicolai'sche Buchh. n. 1/12 ₰

Schneider, A. F. H., Elementarbuch der englischen Sprache. 1. Cursus. 2. verb. Aufl. Berlin 863. Nicolai'sche Verlhdlg. gr. 8. (IV, 198 S.) 22½ ngr.

Schneider, A. F. H., zur Literatur der Schwenckfeldischen Liederdichter bis Daniel Sudermann. Aus dem Programm der Kgl. Realschule und verm. durch ein Verzeichniß von Sudermann's gedruckten Liedern. Berlin 857. Fr. Schulze. gr. 4. (40 S.) n. 15 ngr.

Schneider: Ueber den geschichtlichen Verlauf der Reformation in Liegnitz und ihren spätern Kampf gg. die kais. Jesuiten-Mission in Harpersdorf. Je 39 S. –Berlin Elis., Progr. 1860, 1862

Schneider, A. J. F., der neue Dünger. 8. (43 S.) Schneidemühl 847. Berlin, Mittler & Sohn in Comm. baar 1/4 ß
Vgl. Schneider, J.A.F.

Schneider, A. Lucian. Wegweiser f. den photographischen Positiv-Process, s. Rotter, Geo.

— A. R., Quaestionum in Ciceronis pro M. Fonteio orationem capita IV. Diss. 1876. 50 S. 1. —

Schneider, Ad. Wlh., s. D. Ehrendeutsch.

Schneider, Adalbert

Schneider, Adb., Gedenkschrift an die Enthüllung des Denkmales f. die gefallenen ehemaligen Angehörigen der k. u. k. Infanterie-Cadettenschule zu Liebenau bei Graz. Im Auftrage des k. u. k. Schulcommandos verf. gr. 8. (107 S. m. 2 Abbildgn. u. 1 Plan). Graz 894. F. Pechel. n. 2. —

Schneider, Adb., Leitfaden f. den systemat. Schreib-Unterricht in der Compagnie-Unterofficiers-Schule. 8. (32 S.) Graz 898. F. Pechel. n. — 60

Schneider, Adalb. Lesefrüchte aus Venantius Fortunatus. 23 S. 8. Progr. *Hall* 1882.

Schneider, Adb., der Officier im gesellschaftlichen Verkehr. 17 Essays nebst e. Anh. zur Orientierg. f. Cadetten u. junge Officiere d. activen u. Reserve-Standes. gr. 8. (V, 89 S.) Graz 890. Pechel. n. 2. —

Schneider, Adalbert, Der Officier im gesellschäftlichen Verkehr. 17 Essays nebst einem Anhange zur Orientirung für Cadetten und angehende Officiere des activen Reservestandes. 3. Aufl. 4. Tausend. Gr.-8. (V, 76 S.) 1.—
Graz: F. Pechel 1895.

Schneider, Adam, Spaniens Anteil an der deutschen Litteratur d. 16. u. 17. Jahrh. gr. 8. (XIX, 347 S.) Straßburg 898. Schlesier & Schweikhardt. n. 9. —

Schneider, Adam, Bibliographie, s.: Zeitschrift f. romanische Philologie.

Schneider, Adam, Gesamtregister, s.: Mitteilungen aus den Grenzgebieten der Medizin u. Chirurgie.

Schneider, Adam: Die spanischen Vorlagen der deutschen theologischen Litteratur des 17. Jahrhunderts. *Strassburg i. E.: Schlesier & Schweikhardt 1897.* (67 S.) 8° [Erschien vollständig 1898 im gleichen Verlage u. d. T.: Spaniens Anteil an der deutschen Litteratur des 16. u. 17. Jahrhunderts.] [F.]
Freiburg i. B., Phil. Diss. v. 1897

Schneider, Adam, Vorstufe des Ornamentzeichnens im Anschluß an natürliche Pflanzenformen. Praktischer Lehrgang f. Zeichenlehrer an mehrklass. Volks-, Bürger- u. Mittelschulen, sowie zum Selbstunterrichte f. Anfänger im Ornamentzeichnen. gr. 8. (IV, 87 S. m. 93 Fig.) Dresden 894. G. Hertz. n. 2.40

Schneider, Adelbert [aus Bremen]: Ein Fall von congenitaler halbseitiger Gesichtshypertrophie .... Strassburg, Univ.-Buchdr. v. J. H. Ed. Heitz (Heitz & Mündel), 1885; 52 S. u. 1 Taf. 8°.
Strassburg, Med. Fak., Inaug.-Diss. v. 1885.

Schneider, Adelbert, ein Fall von congenitaler halbseitiger Gesichtshypertrophie. Diss. Strassburg i. Els. 1885, Trübners Buchh. u. Antiqu. (E. d'Oleire). 8°. 52 S. mit einer Taf.

Schneider Adolf: Ältere Essexdramen. Laubes Essex. 22. Wien IV. R. Ol. Progr.

Schneider, Adolf [app. Arzt]: 25 Fälle von Meningitis cerebrospinalis epidemica. ... München, Buchdr. v. M. Ernst, 1889; 31 S. 8°
München, Med. Fak., Inaug.-Diss. v. 1889

Schneider, Adolf *August Gottlieb* [pr. Arzt, aus Prov. Sachsen]: Sechs Fälle von verengtem Becken ... Greifswald, Druck v. J. Abel, 1892; 32 S. 8.
Greifswald, Med. Fak., Inaug.-Diss. v. 6. Aug. 1892

Schneider, Adf., das Glück. Vier Märchen. 16. (166 S.) Karlsruhe 892. J. Bielefeld's Hofbuchh. n. 2. —; geb. n. 3. —

Schneider, Adolf, aus Köln-Ehrenfeld: Die mittelenglische Stabzeile im 15. und 16. Jahrhundert. *Halle a. S. 1902: E. Karras.* (37 S.) 8° ¶ (Gekr. Preisschr. — Erscheint vollst. in: Bonner Beiträge zur Anglistik, H. 12.)
Bonn, Phil. Diss. v. 16. Juli 1902

Die Mittelenglische Stabzeile im 15. u. 16. Jahrhundert von Dr. Adolf Schneider. *Bonn: P. Hanstein 1902.* (S. 103–172.) 8°
[Ein Teil erschien als Inaug.-Diss. Bonn 1902.]
= Beiträge, Bonner, z. Anglistik. H. 12, (3.) [54. 1337

Schneider, Adf., Uebersichts-Karte des Siebengebirges. Angefertigt unter Benutzung des amtl. Materiales. 1 : 12,500. Chromolithogr. Imp.-Fol. Berlin 882, Schropp'sche Hof-Landkartenh. * 2 —

Schneider Adolf: Die Verfassungsverhältnisse der Monarchie. 1. u. eine Tabelle. Stockerau 92.
Progr.

Schneider Ad.: Der Wettstreit zwischen den Luxemburgern und Habsburgern vom J. 1330–58. 32. Stockerau 87.
Progr.

Schneider, Alb., Anleitung, beschädigte Feuerlösch- etc. Schläuche schnell u. dauerhaft zu repariren. Ein unentbehrlicher Rathgeber für Feuerwehren, Theater, gewerbliche Etablissements etc. Mit 1 lith. (u. color.) Taf. gr. 8. (10 S.) Stuttgart 882. Kohlhammer. n. 2. —

Schneider, Alb., ein fideler Umzug od. Künstlerleben, s.: Turner-Pantomimen.

Schneider, Albert [aus Dessau]: Über Amide dreibasischer organischer Säuren der Fettreihe .... Berlin, Druck v. Julius Feiertag (1887); 68 + 1 S. + 1 Bl. 8°.
Berlin, Phil. Fak., Inaug. Diss. v. 23. Jul. 1887.

Schneider, Albert, über Amide dreibasischer organischer Säuren der Fettreihe. Diss. Berlin 1887, Mayer & Müller. 8°. 63 S.

Schneider, Alb., der praktische Aufsichtsbeamte. Ein Leitfaden für Grenz- und Steuer-Aufsichtsbeamte [sowie solche die es werden wollen] zur erfolgreichen Handhabung des Grenz- und Steuer-Aufsichtsdienstes unter Angabe der gegen Steuerverkürzungen jeder Art zu Gebot stehenden Entdeckungsmittel nebst bildl. Darstellung und Beschreibung des Fabrikationsverlaufs in Brennereien, Brauereien, Mühlen und Zuckerfabriken etc. und einem Fremdwörter-Verzeichniß. gr. 8. (164 S. mit 5 Stnt. in qu. gr. Fol.) Berlin 870, (Grieben.) **

Schneider, Alb., der praktische Aufsichtsbeamte. Ein Leitfaden f. deutsche Grenz- u. Steuer-Aufsichtsbeamte u. Grenzdienstanwärter m. bildl., leicht faßl. Darstellg. d. Fabrikations-Verlaufs in Brennereien, Brauereien, Zuckerfabriken u. m. anderen erläut. Zeichngn. 4., umgearb. Aufl. gr. 8. (VIII, 280 S. m. 4 Taf.) Minden 887. Berlin, Eug. Schneider. n. 4.

Schneider, A., der praktische Aufsichtsbeamte. Ein Leitfaden f. deutsche Grenz- u. Steuer-Aufsichtsbeamte u. Grenzdienstanwärter, m. bildl., leicht faßl. Darstellg. d. Fabrikations-Verlaufs in Brennereien, Brauereien, Zuckerfabriken u. m. anderen erläut. Zeichngn. 6. Aufl., nach Andeutgn. v. hoher amtl. Stelle u. nach der neuesten Gesetzgebung vielfach verbessert. 1. Thl. 8. (VI, 169 S. m. 1 Taf.) Berlin 899. E. Schneider. n. 2. —

[F.] Die Neuesten römischen Ausgrabungen in der Schweiz. M. 6 Taf. (Von Dr. A[lbert] **Schneider**, Prof. in Zürich.) *Zürich: F. Schulthess 1898.* (32 S., 6 Taf.) 1 Bd 8. [98. 7413

Schneider, Alb., die Aussichten der Civilversorgungsberechtigten in der Zoll- u. Steuer-Verwaltung. Ein Wegweiser f. civilversorgungsberechtigte Militairs, [auch Offiziere] f. Grenz- u. Steuer-Aufseher. gr. 8. (27 S.) Berlin 891. Eug. Schneider. n. — 75

Schneider, Albert: Der Begriff der Materie bei Kant und Schopenhauer. Karlsruhe 1907: F. Gutsch. (55 S.) 8°

Heidelberg, Phil. Fak., Ref. Windelband, Diss. v. 24. Juli 1907

[Geb. 11. Nov. 78 Neckargemünd; Wohnort: Müllheim; Staatsangeh.: Baden; Vorbildung: Oberrealsch. Heidelberg mit Ergänzungsprüfung in Latein am Realgymn. Karlsruhe Reife M. 97; Studium: Heidelberg 7 S.; Rig. 15. Mai 07.]

SCHNEIDER, Albert (Chemnitz): Beitrag zur Kenntnis der "Idiopathischen Nabelblutung".- München: Kastner & Lossen 1896. 48 S.
16.11.1896 - Chr 1896/97.191 Jv 1896/97,239
Diss.Ingolst.-Landsh.-Mchn.

Schneider, A., Beiträge zur Kenntniss der röm. Personennamen. gr. 8. (85 S.) Zürich 874. Orell, Füssli & Co. n. 2 40

Schneider, A., zur Berechnung der Fristen im römischen Recht. gr. 8. (VIII, 31 S.) Zürich 900. Schulthess & Co. n. — 70

— der Bezirks-Ober-Controleur in der Verwaltung der Zölle u. indirekten Steuern. Seine Aufgaben, seine Stellg., seine Rechte u. Pflichten, sein erfolgreiches Wirken den Untergebenen, den Amtsverwaltern u. den Gewerbtreibenden gegenüber. gr. 8. (VIII, 165 S. m. 1 Tab.) Berlin 889. Eug. Schneider. n. 3, —

Schneider, A[lbert]. Das zürcherische Erbrecht. Auf Grundlage des Bluntschli'schen Kommentars allgemeinfasslich erläutert durch Dr. A. Schneider.... [Mit Figuren.] 2. veränderte und ergänzte Aufl. II + 138 S. 8. Zürich. Schulthess & Co., 1901. (fr. 2. —)

(Privatrechtliches Gesetzbuch für den Kanton Zürich. [Teil]3 Erbrecht.)

Schneider, Alb., der praktische Erheber der Zölle u. indirekten Steuern. Ein Rathgeber f. Beamte, welche zur Verwaltg. e. Zoll- od. Steuer-Amtes berufen werden. gr. 8. (XI, 103 S.) Minden 886. Schneider. n. 2. —

Schneider, Alb., der praktische Erheber der Zölle u. indirekten Steuern. Ein Rathgeber f. Beamte, welche zur Verwaltg. e. Zoll- od. Steuer-Amtes berufen werden. 2., nach den neuen Branntwein- u. Zuckersteuergesetzen umgearb. Aufl. 8. (XII, 119 S.) Breslau 890. Kern's Verl. geb. n. 2. 50

— der praktische Erheber der Zölle u. indirekten Steuern. Ein Rathgeber f. Beamte, welche zur Verwaltg e Zoll- od. Steuer-Amtes berufen werden. 3., nach sämmtl. neuen, gesetzl., wie reglementären Bestimmgn. umgearb. Aufl. gr. 8. (XII, 126 S.) Breslau 892. J. U. Kern's Verl. Geb. in Leinw. n. 2. 50

— die rationelle Fabrikation der Kartoffel-Stärke u. des Syrups u. Zuckers aus derselben. Beschreibung u. bildliche Darstellung des Fabrikationsverlaufs in Kartoffel-Stärke-, Syrups- u. Zucker-Fabriken nebst aus amtl. Quellen entnommenen Nachrichten über die Verbreitung u. das Verwendungsfeld, den Ertrag dieser Fabrikation, deren Nutzen für die Landwirthschaft u. deren projektirte Besteuerung. Berlin 870. Kortkampf. gr. 8. (16 S. mit 1 lith. Taf. in qu. Fol.) Verklebt n. 10 ngr.

Schneider, Albert [aus Edenkoben '(Rheinpfalz)']: '(Aus d. geburtshülfl. Univ.-Klinik d. Kgl. Charité zu Berlin.)' Ein Fall von Phokomelie. '(M. e. Abb.)' ... Berlin, Buchdr. v. G. Schade, *1892;* 27 S., 2 Bl., 1 Taf. 8.

Berlin, Med. Fak., Inaug.-Diss. v. 20. Aug. 1892

Schneider, Albert [aus Berlin]: Drei Fälle von Peniscarcinom aus der hiesigen chirurgischen Klinik. . . . Greifswald, Druck v. Julius Abel, 1890; 36 S. 8°

Greifswald, Med. Fak., Inaug.-Diss. v. 20. März 1890

Schneider, Alb. (II.). Über Gebirgs-Eisenbahnen. gr. 8. (29 S.) Quedlinb. 891, Vieweg. * 1 —

Schneider, A., der General-Registrator der Zoll- u. Steuer-Verwaltg. Nach Materien geordn. chronolog., kurze Zusammenstellg. d. Inhalts aller seit 1852 ergang. noch gült. od. histor. Bedeutg. hab. Gesetze u. Verordngn. gr. 8. (IV, 263 S.) Berlin 896. E. Schneider. Kart. n.n. 4. —

— dasselbe. Nachträge (Tecturen). Enth. die Gesetze u. Verordngn. v. Ende Juli 1896 bis 1. VII. 1897. gr. Fol. (2 Bl.) Ebd. 897. n.n. — 45

Schneider, A. Zur Geschichte der militärischen Rechtspflege mit besonderer Rücksicht auf die schweizer. Truppen. Vortrag. Zürich 1874. 8°. (Verm. Jähns.)

Schneider, Dr. A[lbert], ord. Professor des römischen Rechts an der Universität Zürich: Zur Geschichte der Sclaverei im alten Rom. Festschrift. (S. V: Herrn Geheimrath Professor Dr. Rudolf v. Ihering überreicht diese Schrift zur Feier seines fünfzigjährigen Doctorjubiläums am 6. August 1892 die Staatswissenschaftliche Facultät der Universität Zürich. Zür. F. Schulthess 1892. S. I—IX, 10—52. 8.

Schneider, Alb., privatrechtliches Gesetzbuch f. den Kanton Zürich. Auf Grundlage d. Bluntschli'schen Kommentars allgemeinfaßlich erläutert. Mit zahlr. Fig. in Holzschn. zum Erbrecht. gr. 8. (256 u. 218 S.) Zürich 888. Schultheß. n. 7. —

— privatrechtliches Gesetzbuch f. den Kanton Zürich. Auf Grundlage d. Bluntschli'schen Kommentars allgemeinfaßlich erläutert. Erbrecht. 2. veränd. u. ergänzte Aufl. gr. 8. (138 S.) Ebd. 901. n. 1. 80

— der [indirekt] steuerpflichtige Gewerbebetrieb im norddeutschen Bund. Beschreibung u. bildliche Darstellung des Fabrikations-Verlaufs in Brennereien, Brauereien, Zucker-Fabriken u. Mühlen nebst Angabe des für diese Gewerbsanstalten u. den Tabacksbau durch die Gesetzgebung für die indirekten Steuern im norddeutschen Bund festgesetzten Steuer-Modus u. der dabei zu beobachtenden Vorschriften. Mit 4 lith. Taff. (in qu. Fol.) Berlin 870. Grieben. gr. 8. (VI, 52 S.) n. 1 ₰

[F.] Der praktische Haupt-Zoll- u. Haupt-Steuer-Amts-Assistent. Prakt. Fingerzeige f. Steuer-Supernumerare u. insbes. f. aus d. Militairstande hervorgegangene Steuerbeamten. Vf. v. Albert **Schneider**, Steuerrath ... *Berlin: E. Schneider 1896.* (4 Bl., 86 S., 1 Bl.) 1 Bd 8. [97. 8650

Schneider, Albert, Prof. Dr. Der Zürcher Kanonicus und Kantor, Magister Felix Hemmerli an der Universität Bologna, 1408—1412 u. 1423—1424. Jubelschrift zum 800jährigen Bestehen der Universität Bologna gewidmet von Rector u. Senat der Hochschule Zürich. Gr. in-4°, 42 S. m. 1 Tafel in Lichtdruck. Zürich, Commissionsverlag von F. Schulthess. 1888. 5 —

Schneider, Alb., Lehrgang f. d. Zeichenunterricht in Volksschulen, s.: Schneider, Otto.

Schneider, A. (I.), das schweizerische Obligationenrecht, sammt den Bestimmungen des Bundesgesetzes betr. die persönliche Handlungsfähigkeit mit allgemeinfaßlichen Erläuterungen. Unter Mitwirkung von H. Fick. 7 Lfgn. gr. 8. (668 S.) Zürich 882, Schultheß. à Lfg. * ℳ 1.; geb. * 8 20

—— dass. — 2. verb. Aufl. 3 Bdchn. gr. 8. (714 S.) Ebendas. 883. * 7 —

—— Das schweizerische Obligationenrecht, sammt den Bestimmungen d. Bundesgesetzes betr. die persönliche Handlungsfähigkeit, m. allgemeinfaßlichen Erläuterungen hrsg. unter Mitwirkg. v. H. Fick. Größere unter Benutzg. der Praxis bearb. Ausg. 1. u. 2. Bd. gr. 8. (S. 1—576; 577—1050.) Zür. 892,93 Schultheß. à Bd. * 7 —; * 14 — geb. à Bd. * 8 —; * 16 —
Die Ausgabe erfolgte in Lieferungen à * 1 —.

Das Schweizerische Obligationenrecht samt den Bestimmungen des Bundesgesetzes betr. die persönliche Handlungsfähigkeit mit allgemeinfassl. Erl. hrsg. von Dr. A[lbert] **Schneider**, Prof., Zürich, unter Mitw. von Dr. H[einrich] Fick, Prof., Zürich. 2. rev. u. verm. Aufl. d. grösseren Ausg. durch Dr. A. Schneider. (Ausg. in 2 Bdn. Bd 1. 2.) *Zürich: F. Schulthess 1896(–97).* (IV, 1142 S.) 8° [F.] [01. 1177 10

— Kommentar d. schweizerischen Obligationenrechts, Anh., s.: Mackenroth, A., Nebengesetze.

— die Organisation des Zollvereins. Eine Darstellung des Gebietes, der Verfassung u. der Gesetzgebung des Zollvereins, nebst der Ausführungs-Anweisung zum Vereins-Zoll-Gesetz vom 1. Juli 1869. Nach den Beschlüssen des Zoll-Parlaments umgearb. Mit Sachregister. 2. umgearbeitete Aufl. Berlin 870. Kortkampf. gr. 16. (V, 138 S.) n. 10 *ngr.*

Schneider, Dr. A[lbert]. ord. Professor des römischen Rechts an der Universität Zürich: Der Prozess des C. Rabirius betreffend verfassungswidrige Gewaltthat. Festschrift. (S. V: Herrn Geheimen Rath Professor Dr. Bernhard Windscheid überreicht diese Schrift zur Feier des Jubiläums der ihm vor 50 Jahren verliehenen Doktorwürde am 22. Dezember 1888 die staatswissenschaftliche Fakultät der Universität Zürich.) Zür. F. Schulthess 1889. IX. 50 S. 8°.

Schneider, A., das römische Recht in der Gegenwart. Rektoratsrede, geh. in Zürich am 29. April 1890. gr. 8. (18 S.) Zürich 890. (Schultheß.) n. — 80

[Schneider, Albert.] Dr. J(ohann) J(acob) Rüttimann (1813–1876). [Necrolog.] SA. 8. Zürich 1876.

—— Sammlung deutscher Zoll- und Steuer-Gesetze. Nr. 1. Die gesammte Branntweinsteuergesetzgebung im deutschen Reich. 1. Thl.: Die Gesetze vom 8. Juli 1868, vom 19. Juli 1879 und vom 24. Juni 1887, erläutert aus den Motiven und dem Reichstags-Commissionsbericht. 8. (VI, 108 S.) Ebendas. 887. cart *

—— der Schutz des musikalischen Kunstwerks in der Schweiz. gr. 8. (19 S.) Zürich 885, Gebr. Hug. *

Schneider, Albert: Ueber das concludente Stillschweigen nach römischem Rechte. [Auszug aus dem 3. Theile einer preisgekrönten Arbeit]. Zürich: Orell Füssli Cie Dr. 1858. 42 S., 1 Bl. 8°
Zürich, Jur. Diss. v. 23. Dec. 1858.

Schneider, Albert (Hrsg.), s. Umschau, Die, auf d. Geb. d. Zoll- u. Steuerwesens.

Alb. Schneider, Das Vereins-Zollgesetz. Vom 1. Juli 1869. Aus den Motiven erläutert. Berlin, Kortkampf. 1869. gr. 16. (125 S.) (Hft. 2 d. Volks-Ausgabe der Zollvereins-Gesetze.)

—— der Vereins-Zolltarif von 1870. Nach den Bestimmungen des Gesetzes vom 25. Mai 1868, des Zuckersteuer-Gesetzes vom 26. Juni 1869 und des beigegebenen Abänderungs-Gesetzes vom Mai 1870 redig. und erläutert. gr. 16. (VI, 58 S.) Ebendas. 870. *

— Vorlagen f. d. malende Zeichnen, s.: Schneider, Otto.

— Alphabetisches Warenverzeichnis zum Vereinszolltarif vom 1. Oktober 1870 an. 12° (Volksausgabe deutscher Zollvereinsgesetze) Berlin 1870

Schneider, Alb., alphabetisches Waaren-Verzeichniß zum Vereins-Zolltarif vom 1. Octbr. 1870 an gültig. Mit Angabe der Zollverträge und der zollfreien Maximalmenge bei jeder einzelnen Waare. Nach dem amtl. Waaren-Verzeichniß aufgestellt. 1.—4. Aufl. gr. 16. (268 S.) Berlin 870,71, Kortkampf. * 1 50

— Gustav Wobor, s.: Biographion schweizorischer Tondichter.

Schneider, A(lbert). Der Wegknecht von Adliswyl s. Weber, Robert. Schulmeisters Kindtaufe....
S.a. Verein für Verbreitung guter Schriften. Zürich, Nr. 75.

Schneider, Alb., Wirklichkeiten. Eine Kritik der philosoph. Spekulation. (256 S.) 8. Strassburg 910. J. Singer. 4. —

Schneider, Alb., die Zahnrad-Eisenbahn u. ihre Anwendung auf den Harz. Vortrag. [Aus: „Glaser's Annalen f. Gewerbe u. Bauwesen".] hoch 4. (28 S. m. e. Taf. u. eingedr. Abbildgn.) Berlin 889. (Dierig & Siemens.) n. 3. —

Schneider, A., Der Zeichenunterricht in seiner Neugestaltung, s.: Schneider, O.

— s.: Zeitschrift f. schweizor. Recht.

Schneider, A., der deutsche Zolltarif von 1879 u. seine Anwendung. Eine Anleitung zur richtigen Unterscheidung u. Tarifirung der mit einer Eingangsabgabe belegten Waaren u. Stoffe. Mit zahlreichen erläut. Zeichnungen (auf 4 Steintaf.). 3. Aufl. v. „Der prakt. Zoll-Revisionsbeamte". gr. 8. (XIV, 303 S.) Berlin 879. C. Heymann's Verl. n. 6. —

Schneider, Alb., der praktische Zoll-Revisionsbeamte [auch der Deutsche Zolltarif u. seine Anwendung genannt]. Eine Anleitg. zur richt. Unterscheidg. u. Tarifirg. der m. e. Eingangsabgabe belegten Waaren u. Stoffe. Mit zahlreichen erläut. Zeichngn. u. dem nach den im J. 1892 abgeschlossenen Handelsverträgen bericht. Zolltarif. 4., verb. Aufl. gr. 8. (LXXXII, 278 S. m. 4 Taf.) Berlin 892. Eug. Schneider. n. 5. —
A. u. d. T.: Der deutsche Zolltarif u. seine Anwendung.

— der deutsche Zoll-Tarif, nach den im J. 1892 abgeschlossenen Handelsverträgen berichtigt. gr. 8. (72 S.) Ebd. 892. n. — 50

—— das Zuckersteuer-Gesetz. Vom 26. Juni 1869. Nebst den dazu vom Bundesrath des Zollvereins erlassenen Ausführungsbestimmungen und den sonst. ministeriellen Anweisungen. Nach amtl. Quellen bearb. gr. 16. (26 S.) Ebendas. 870. * — 50

— das Zuckersteuer-Gesetz. Vom 26. Juni 1869. Nebst den dazu vom Bundesrath des Zollvereins erlassenen Ausführungsbestimmungen u. den sonstigen ministeriellen Anweisungen. Nach amtl. Quellen bearb. Ebend. 871. gr. 16. (26 S.) n. 5 *ngr.*

— die gesammte Zucker-Zoll- u. Steuer-Gesetzgebung im deutschen Reich, nebst älteren u. neueren Ausführungsbestimmngn., Bundesrathsbeschlüssen, Dienstanweisgn. etc. Bearb. u. eingeleitet durch e. histor Rückblick auf den Entwickelungsgang der Gesetzgebg. 8. (V, 100 S.) Ebend. 886. n. — 80; cart. n. 1. —

Schneider, A[lbert]. Die Zuständigkeit der militärischen Gerichte in der Schweiz. Von Prof. Dr. A. Schneider.... II + 24 S. 8. Basel, Benno Schwabe, 1901. [fr. 1. —]
Beilage zur Allgemeinen Schweizerischen Militärzeitung 1901. Redaktion: Oberst U[lrich] Wille. Heft 2.

Festgesang für Männerchor comp. von Albrecht **Schneider**. *Münster i. W.: P. Advena [1895].* (5 S.) 4° [oo. 3937 6

Das Freundschaftsbäumchen. Lied f. e. mittlere Singstimme mit Begl. d. Pianoforte comp. von Albrecht **Schneider**. Op. 5. *Münster i. W.: P. Advena [1896].* (5 S.) 4° [F. u. Ant.] [oo. 3938 6

Frisch, fromm, fröhlich, frei! Gut Heil! Fantasie über beliebte Turnerlieder f. Pianoforte comp. von Albr. **Schneider**. *Münster i. W.: P. Advena [1895].* (9 S.) 4° [oo. 3939 6

Ich schau so still und so freudig. Comp. von **Albr. Schneider**. Op. 2. *Münster i. W.: P. Advena [1895].* (5 S.) 4° [oo. 3940 6

Irene. Lied f. e. Singstimme mit Pianofortebegl. comp. von **Albr. Schneider**. Op. 1. *Münster i. W.: P. Advena [1895].* (3 S.) 4° [oo. 3941 6

Der Liebesschwur. (Gerhardt.) Lied f. e. Singst. mit Klavierbegl. von **Albr. Schneider**. Op. 3. *Munster i. W.: P. Advena [1895].* (7 S.) 4° [oo. 3942 6

Liebeszauber. E. Geibel. Lied f. e. Singst. mit Pianof.-Begl. comp. von **Albr. Schneider**. Op. 4. *Munster i. W.: P. Advena [1895].* (5 S.) 4° [oo. 3943 6

Des Kaisers Lied. Für Männerchor bearb. von **Albr. Schneider**. *Münster i. W.: P. Advena [1895].* (5 S.) 4° [Ѯ. u. Ant.] [oo. 3944 6

Schneider, Alex., die Energiequellen der modernen Gesellschaft. (45 S.) Straßburg: J. Singer 1909.

Schneider, Alexander, Ref. in Trier: **Schatz oder Fund? Ein Beitrag zur Lehre von der rechtlichen Behandlung historischer Funde.** Borna-Leipzig 1905: R. Noske. (XII, 72 S.) 8°
Leipzig, Jur. Fak., Diss. v. 10. Nov. 1905
[Geb. 28. Mai 81 Merzig; Wohnort: Trier; Staatsangeh.: Preußen; Vorbildung: Friedr.-Wilh.-Gymn. Trier Reife O. 01; Studium: Bonn 1, Straßburg 1, München 1, Berlin 1, Bonn 2 S.; Rig. 14. Juli 04.]

Schneider, Alfons, approb. Arzt aus Strassburg i. E.: **Ein Beitrag zur Anatomie der Scheitelbeine des Menschen und der Affen.** *Strassburg i. E. 1902: C. & J. Goeller.* (143 S.) 8°
Strassburg, Med. Diss. v. 1902

Schneider, Alfred, Tierarzt in Acheubach (Westfalen): Das Achsenskelet der Gorgoniden. Hierzu zwei Tafeln. Berlin 1905. 34 S. 8°. S.-A. a. d. Archiv f. Naturgeschichte 1905. [28. X. 04.]
Bern. Phil. Diss. 1904 1905.

Schneider, Alfred. Das Achsenskelet der Gorgoniden. Diss. Phil. Bern. Hierzu 2 Tafeln. Separat-Abdruck aus dem Archiv für Naturgeschichte [Jahrg. 71,] Berlin 1905. 34 S. 8. Berlin, Nicolai, 1905.

Schneider, Alfred: Ueber das Damascenin einen Bestandtheil der Samen von Nigella Damascena L. ... Dresden: Druck v. C. C. Meinhold & Söhne, K. Hofbuchdr. (1890). 42 S. 8°
Erlangen, Phil. Fak., Inaug.-Diss. v. 1890

Schneider, Alfred: **Eisenbahn und Landwirtschaft im Großherzogtum Baden.** Karlsruhe i. B. 1908: G. Braun. (98 S.) 8° [— Volkswirtschaftliche Abhandlungen d. Bad. Hochschulen Bd 10 H. 3.]
(Nicht für den Austausch, lag nicht vor.)
Freiburg i. B., Rechts- u. staatsw. Fak., Ref. v. Schulze-Gävernitz, Diss. v. 1908
[Geb. 19. Okt. 76 Karlsruhe (Baden); Wohnort: Karlsruhe; Staatsangeh.: Baden; Vorbildung: Oberrealsch. Karlsruhe bis Oberprima 95; Studium: Techn. Hochsch. Karlsruhe 6, Univ. Freiburg i. B. 1 S.; Coll. 25. Mai 08.]

Schneider, Alfred. Eisenbahn und Landwirtschaft im Grossherzogtum Baden. [Mit 4 Kartenskizzen.] 98 S. 8. Karlsruhe, G. Braun, 1908. (im Abt. M. 2. —, im Einzelverkauf 2. 40)
Volkswirtschaftliche Abhandlungen der Badischen Hochschulen, hrg. von Carl Johannes Fuchs, Eberhard Gothein, Gerhard von Schulze-Gävernitz. Band 10. Heft 3.

Schneider, Alfr., die Eisenbahnen Deutschlands. Geschichte, Betrieb u. Organisation, in gemeinfasslicher Weise dargestellt. (46 S.) gr. 8. Karlsruhe 905. G. Braun'sche Hofbuchdr. n. 1. —

Schneider, Alfred [aus Magdeburg]: Ueber die Endresultate der Behandlung von Spina bifida. . . . Würzburg, Druck d. Ferdinand Röbrl'schen Buchdr., 1890; 28 S. 8°
Würzburg, Med. Fak., Inaug.-Diss. v. 1890

Schneider, Alfred: Zur lautlichen Entwicklung der Mundart von Bayonne. *Breslau 1900: R. Galle.* (53 S.) 8°
Breslau, Phil. Diss. v. 7. [hs.: 9.] Mai 1900

Schneider, Alfred. Frachtsatz und Transportmenge, unter Zugrundelegung der Verhältnisse des Mannheimer Weizenhandels nach der Schweiz. 52 S. 8. Karlsruhe, G. Braun, 1907. (im Abt. M. —. 90, *einzeln* 1. 20)
Volkswirtschaftliche Abhandlungen der Badischen Hochschulen, hrg. von Carl Johannes Fuchs, Eberhard Gothein, Karl Rathgen, Gerhard von Schulze-Gävernitz. Band 9. Heft 3.

Schneider, Alfr., u. Paul Süss, Handkommentar zum Arzneibuch f. das Deutsche Reich 4. Ausg. — Pharmacopoea germanica, ed. IV. 3. Aufl. des Hirsch-Schneider'schen Kommentars z. deutschen Arzneibuch. Mit vergleich. Berücksicht. der früheren deutschen u. a. Pharmakopöen bearb. unter Mitwirkg. von F. Göller, C. Helbig, W. Wobbe. gr. 8. (VII, 1140 S. m. Abbildgn.) Göttingen 900—902. Vandenhoeck & Ruprecht. n. 22. 50; geb. in Halbfrz. n. 25. 50; ermäss. Pr. n. 17. —; geb. n. 20. —

Schneider, Alfr., Commentar zum Arzneibuch f. das Deutsche Reich, s: Hirsch, Bruno.

Schneider, Alfr., Musterbriefe u. Aufgaben f. den Unterricht in der deutschen Handelskorrespondenz, s.: Voigt, Ludw.

Schneider, Alfred, a. Schotten: Ueber die elektro-chemische Reduktion einiger Abkömmlinge des o-Toluol-Azo-m-Toluols. Amorbach 1906: G. Volkhardt. (41 S.) 8°
Gießen, Phil. Fak., Ref. Elbs, Diss. v. 17. Jan. 1907
[Geb. 22. Jan. 82 Schotten i. Hessen; Wohnort: Gießen; Staatsangeh.: Hessen; Vorbildung: Neues Gymn. Darmstadt Reife O. 01; Studium: T.H. Darmstadt 3, Univ. Berlin 1, Gießen 7 S.; Rig. 1. Aug. 06.]

Schneider, Alfred Der Speziesbegriff in der Biologie. 4 (S. 3—32).
Progr. Ev. G. u. Elementarsch. *Mühlbach* 1888.

— die Zusammensetzung d. Blutes der Frauen verglichen m. derjenigen der Männer, nebst e. Analyse d. Blutes dreier an Myxoedem erkrankter Frauen. Diss. gr. 8. (35 S.) Jurjew (Dorpat) 891. (E. J. Karow.) n. 1. —

Schneider, Alma, Gedichte. (III, 32 S.) kl. 8. Leipzig (910). Verlag f. Literatur, Kunst u. Musik. 1. 50

Schneider, Alois *(geb. Neustadt in Oberschles. [10. 1. 1843]):* Ueber Geschichte und Werth der Transplantation. Breslau 1872. (28 S.) 8°
Breslau, Med. Diss. v. 20. Nov. 1872

Schneider, Alwin *(geb. Liegnitz 8. 2. 1857):* Die elliptische Verwendung des partitiven Ausdrucks im Altfranzösischen. Breslau (1883). (34 S.) 8° *[Im Buchhandel 1883 bei Köhler in Breslau.]*
Breslau, Phil. Diss. v. 29. März 1883

Schneider, Amalie, s. Schneider-Schlöth, Amalie.

Schneider, Amédée. Kondensationen der Diphenylen- und der p_2-Ditolyl-Glykolsäure mit aromatischen Kohlenwasserstoffen und mit Salicylsäuremethylester. [Mit] Anhang: Kondensation der p_2-Ditolylglykolsäure mit α-Naphthol. Diss. Math.-Naturw. Freiburg, Schweiz. [Mit 1 Figur.] 85 S. 8. Freiburg ⟨Schweiz⟩, St.-Paulus-Druckerei, 1910.

Schneider, Andreas

Schneider, Andr., der Klostersturm in Oesterreich, s. **Broschüren, zeitgemäße.**

Schneider, And., processus juris judicii provincialis Sueviae. 4. Ulm, Bartholomäi. 725.

Schneider, Anselm. *(geb. Rosen in Oberschles. 4. 12. 1816):* De metrorrhagiis ex concretione placentae cum utero originem ducentibus. Vratislaviae (1841). (42 S.) 8°
Breslau, Med. Diss. v. 13. Okt. 1841

Schneider, Anton

Akustik und Harmonie übertragen auf das praktische Gebiet. Abhandlung d. math. Problems f. Geigenbau u. Streich-Instrumente im allgemeinen. Nach 8 verschiedenen Systemen. Hrsg. von A[nton] Schneider. 3. Aufl. T. 1–3. (Dresden: Selbstverl. 1906 [–10].) 8° [Umschlagt.]
1. Schneider: Die Lehre d. Akustik u. Harmonie ..
2. Schneider: Akustik d. Raumes. (Länge, Breite, Höhe.) [11. 10730

Schneider, A., Akustik u. **Harmonie**, übertragen auf das praktische Gebiet. **Enth.: Die Methode der Abstimmg.** v. den zusammengehör. Gegenplatten (d. h. Decke zu Boden) nebst den dazu erforderl. wissenschaftl. Vorkenntnissen. Ein Leitfaden für Geigenmacher, Geigenspieler u. Kunstfreunde. (31 S. m. 1 Fig.) 8. Dresden-A. (910). (Leipzig, F. Hofmeister.) 1. 25

Schneider Ant. Aphorismen über die Idee: der Kulturentwicklung der Völker solche neue Bahnen zu eröffnen, auf welchen ein Umschwung der industriellen, terestrischen und socialen Verhältnisse erfolgen würde. **Prag, Kath. Jerabek** 1852. fl. 8.

Schneider, Ant., Beiträge zur vergleichenden Anatomie u. Entwickelungsgeschichte der Wirbelthiere. Mit 16 (lith.) Taf. u. 3 (eingedr.) Holzschn. gr. 4. (VIII, 164 S.) Berlin 879. G. Reimer. cart. n. 20. —

Schneider, Ant., s.: Beiträge, zoologische.

Schneider, Ant., das Ei u. seine Befruchtung. Mit 3 Holzschn. u. 10 (lith.) Taf. gr. 4. (IV, 88 S.) Breslau 883. Kern's Verl. cart. n. 14. —

Schneider, Anton. Die Entstehung der Eingeweidewürmer der Menschen und der Hausthiere. Berlin 1864.

Schneider, Ant., Erläuterungen über das allgemeine österreichische Berg-Gesetz vom 23. Mai 1854, mit Beigabe des vollständ. Textes dieses Gesetzes. gr. 8. (292 S.) Prag 855, (Tempsky.) *

Schneider, A., die Lehre der Akustik u. Harmonie, übertragen auf das praktische Gebiet. Ein Hand- u. Studienbuch f. Kunstfreunde, Musiker, Saiten- u. Instrumenten-Fabrikanten. 2. verm. u. verb. Aufl. (166 S. m. 27 Abbildgn. u. Bildnis.) gr. 8. Dresden (903). (R. Petzold.) n.n. 10. —
1. Aufl. (116 S.) 903. n. 5. —.

— dasselbe. 3. verm. u. verb. Aufl. (I. Tl.) — Akustik des Raumes (Länge, Breite, Höhe). Geometrisch-akust. Abhandlung f. den Geigenbau, f. Streich-Instrumente im allgemeinen u. f. den Bau v. Guitarren nach verschiedenen Systemen. 3. Aufl. (2. Tl.) (233 S. m. Fig., 6 Taf. u. Bildnis.) 8. Dresden (906). Leipzig, E. Hofmeister.) n. 6. —

Schneider, Ant., Monographie der Nematoden. Berlin 866. G. Reimer. gr. Lex.-8. (VIII, 357 S. mit 28 Taff. in Kpfrst. u. 130 eingedr. Holzschn.) cart. n. 9 ₰ 10 ngr.

Schneider, Anton. Schema über die k. k. Steuerämter in Niederösterr. und der bei selben angestellten Beamten, Praktikanten und Diener, dann der in diesem Kronlande aufgestellten Steuer-Inspektoren und Unter-Inspektoren für das J. 1857. Zusammengestellt und herausgegeben von — —. Auf Kosten des Verfassers. St. Pölten, gedruckt bei Franz Lorenz. (48 S. 8.)

Schneider, Anton (geb. Zeitz 13. 7. 1831): Symbolae ad infusoriorum historiam naturalem. Berolini (1854). (25 S.) 8°
Berlin, Phil. Diss. v. 18. Mai 1854

Schneider, Ant., Wörishofen, nebst e. Schilderung seiner näheren u. weiteren Umgebg. (164 S. m. Abbildgn.) kl. 8. Wörishofen 904. Buchdruckerei u. Verlags-Anstalt. n. 1. 50

Die ehemalige Zisterzienser-Abtei Tennenbach, Porta cœli, im Breisgau. Quellenmäßig behandelt von Architekt Anton Schneider, München. *Wörishofen: Buchdr. u. Verl.-Anst. 1904.* (98 S.) 8° [04. 1143]

Schneider, Ant., Untersuchungen üb. Plathelminthen. gr. 8. (76 S. m. 5 Steintaf. in qu. gr. 4.) Giessen 873. Ricker. n. 4. 50

Anton Friedrich Schneider. 'Hoheit kommt' oder 'Die Väter d. Stadt'. Satir. Lustspiel (in 4 Aufz. u. 1 allegor. Zwischenspiele (mit Benutzung s. gleichnam. Satire)). Leipzig 1900: L. Seidel. (88 S.) 8° [J.] [96. 11725

Schneider, Ant. Frdr., die Meistersinger v. Nürnberg. Zur Einführg. in Richard Wagners Dramen. 12. (20 S.) Leipzig (899). C. Wild. n. — 40
Sonderabdruck aus: „Bayreuth".

Schneider, Ant. Frdr, poet. Momente. 12. (VI, 87 S.) Ansbach 897. Leipzig, C. Wild. n. 2. —; geb. n.n. 2. 50

— poetische Momente u. Satiren. Neue verm. u. verb. Aufl. 8. (136 S.) Ebd. (898). n. 2. —; geb. n. 3. —

Schneider, Anton Rudolf

— u. A. **Nalepa**, Landwirtschaftslehre f. österreichische Lehrer-Bildungsanstalten. 1. u. 2. Teil. gr. 8. Wien 888. Hölder. n. 2. 40
1. (XII, 159 S.) n. 1. 40. — 2. (VIII, 108 S.) n. 1. —.

— u. **Alfr. Nalepa**, Landwirtschaftslehre f. österr. Lehrerbildungsanst. 1. u. 2. Tl. 2., verb. Aufl. gr. 8. Wien, A. Hölder. Geb. n. 3. 58
1. (X, 162 S. m. Abb.) 894. n. 1. 98
2. M. e. Schulgartenplane. (VIII, 120 S. m. Abb.) 895. n. 1. 60

Schneider, Ant. Rud., u. **Alfr. Nalepa**, Landwirtschaftslehre f. österreichische Lehrerbildungsanstalten. II. Tl. 3. Aufl. Mit 1 Schulgartenplane. Inhaltlich unveränd., in der neuen Rechtschreibg. hergestellter Abdruck der 2. Aufl. gr. 8. (VIII, 120 S.) Wien 902. A. Hölder. Geb. in Leinw. n. 1. 70

Schneider, Ant. Rud., u. **Alfr. Nalepa**, Landwirtschaftslehre f. österr. Lehrerbildungsanstalten. I. Tl. 3. Aufl. Inhaltlich unveränd., nach der neuen Rechtschreibg. hergestellter Abdr. der 2. Aufl. (X, 162 S. m. Abb.) gr. 8. Wien 907. A. Hölder. Geb. 1. 64

Schneider, Ant. Rud., Lehrbuch der Landwirthschaft für Ackerbauschulen. Im Auftrage des hohen k. k. Ackerbau-Ministeriums verf. gr. 8. (X, 258 S. mit 12 in den Text gedr. Holzschn.) Kaaden 880, (Ubl.) **

Schneider, Ant. Rud., Lehrbuch der Landwirtschaft f. Ackerbauschulen u. Anstalten verwandten Charakters, sowie f. den Gebrauch d. prakt. Landwirtes. Im Auftrage d. hohen k. k. Ackerbau-Ministeriums verf. 2. verm. u. verb. Aufl. Mit 13 Fig. gr. 8. (XIII, 271 S.) Wien 886. Faesy. n. 4. 50

Schneider, Ant. R., Lehrbuch der Landwirtschaft f. Ackerbauschulen u. Anstalten verwandten Charakters, sowie f. den Gebrauch d. prakt. Landwirtes. Im Auftrage d. hohen k. k. Ackerbau-Ministeriums verf. 3. Aufl. 8. (XII, 275 S. m. 14 Textfig.) Wien 890. Fromme. n. 5. —

Schneider, Ant. Rud., Lehrbuch der Landwirtschaft f. Ackerbauschulen u. Anstalten verwandten Charakters, sowie f. den Gebrauch d. praktischen Landwirtes. Im Auftrage d. hohen k. k. Ackerbau-Ministeriums verf. 3., verm. Aufl. gr. 8. (XII, 275 S.) Wien 891. Fromme. n. 5. —

Schneider, Dr. Anton Rudolf, Lehrbuch der Landwirthschaft für Ackerbauschulen und Anstalten verwandter Charaktere, sowie für den Gebrauch des praktischen Landwirthes. 4. vermehrte und verbesserte Auflage. Neu bearbeitet von Emil Baier. Mit 74 in den Text gedruckten Figuren. Gr.-8. (XV, 335 S.) 3.—
Wien: C.Fromme 1896.

(F) Schneider's Lehrbuch der Landwirtschaft. Verfasst im Auftrag des hohen k. k. Ackerbauministeriums für Ackerbauschulen und verwandte Anstalten sowie für den Gebrauch des praktischen Landwirtes. Neu bearbeitet von Emil Baier. 5., vermehrte und verbesserte Auflage. Mit 120 in den Text gedruckten Figuren. Wien. 1901. Fromme. Gr.-8°. XI, 319 S. K 6.—

Schneider's Lehrbuch der Landwirtschaft. Verf. im Auftrage des hohen k. k. Ackerbau-Ministeriums f. Ackerbauschulen u. verwandte Anstalten sowie f. den Gebrauch des prakt. Landwirtes. 7. neubearb. Aufl., hrsg. v. Emil Baier. (XII, 422 S. m. 248 Abbildgn.) gr. 8. Wien 908. C. Fromme. 5.50; geb. in Leinw. 6. —

Schneider, Ant. Rud., wie ist dem Verfalle der Viehzucht Böhmens vorzubeugen? Ein offenes Wort an Böhmens Landwirthe. [Aus dem Centralblatte für die gesammte Landeskunde.] Prag 870. (Andrée.) gr. 8. (28 S.) n. 6 ngr.

Schneider, (Julius) Armin. (geb. Perschutz in Schles. 25. 6. 1838): De cinerea degeneratione restium medullae spinalis, inprimis posteriorum. Berolini (1864). (32 S.) 8°
Berlin, Med. Diss. v. 28. Juli 1864

Schneider, Arno: Die Entwickelung des Seeromans in England im 17. und 18. Jahrhundert. *Leipzig 1901: A. Pries.* (58 S.) 8°
Leipzig, Phil. Diss. v. [29. Nov.] 1901

Schneider, Arno, Lehrbuch der deutschen Stenographie Gabelsbergers, s.: Dix, Frz.

Schneider, Arnold, die deutsche Branntweinsteuer nach den Gesetzen vom 8. Juli 1868, 19. Juli 1879 u. 24. Juni 1887, den Gesetzesmotiven, Ausführungsbestimmungn., Bundesrathsbeschlüssen, Finanzministerial-Reskripten u. Entscheidgn. der obersten Gerichte systematisch bearb. f. das Königr. Preußen. 8. (IX, 332 S.) Berlin 890. Parey. geb. n. 5. —

— landwirthschaftliche Rechtsbibliothek. 1. Bd. Landwirthschaftliches Gesetzbuch. a. u. b. 12. Dresden 889. Friese & v. Puttkamer. à n. 5. —; geb. à n. 6. —
a. Sammlung land- u. forstwirthschaftl. Gesetze f. das Königr. Preußen. Zusammengestellt u. erläutert. (VIII, 295 S.)
b. Sammlung land- u. forstwirthschaftl. Gesetze f. das Königr. Sachsen. Zusammengestellt u. erläutert. (VII, 283 S.)

— dasselbe. 2. Bd. Landwirthschaftliches Rechtsbuch. a. u. b. 12. Ebd. 889. à n. 6. —; geb. à n. 7. —
a. Für das Königr. Preußen. (XV, 518 S. m. 2 Formularen.)
b. Für das Königr. Sachsen. (XV, 434 S.)

Schneider, Arthur

Schneider, Arth., die Augen in die Höhe. Jesaia 40, 26—31. (Predigt.) (16 S.) 8. Querfurt 908. R. Jaeckel. — 10

Schneider, Artur, Referendar a. Essen-Ruhr: Ein Beitrag zur Auslegung der „Abnahme"-Pflicht im Bürgerlichen Gesetzbuch beim Kauf und Werkvertrag. Essen-Ruhr (1906): H. L. Geck. (VI, 44 S.) 8°
Erlangen, Jur. Fak., Ref. Oertmann, Diss. v. 3. Okt. 1906
[Geb. 30. Sept. 82 Bielefeld; Wohnort: Essen-Ruhr; Staatsangeh.: Preußen; Vorbildung: Gymn. Essen Reife M. 02; Studium: München 3, Münster 3 S.; Rig. 27. Febr. 06.]

— Beiträge z. Entwicklungsgeschichte der frühesten attischen Keramik. Ak. 1893. 26 S. 1 Taf.

Schneider, Artur, aus Neustadt Ob.-Schles.: Beiträge zur Psychologie Alberts des Grossen. *Münster 1900: Aschendorff.* (39 S.) 8° ¶ (Erscheint vollst. in: Beiträge zur Geschichte d. Philos. d. Mittelalters.)
Breslau, Phil. Diss. v. 27. Sept. 1900

Schneider Arthur: Ueber das Evangelium Radimiri. II. 1902 PN 1524 Diss. Wien, Univ. 2696

Die Feinde der Deutschen. Festrede, geh. in Bad Harzburg 1899 von A[rthur] Schneider, Geh. Baurat. *Bad Harzburg [1899]: B. Angerstein.* (12 S.) 4° [F.] [03. 6917]

Schneider, A., d. Harz-Klub. 16. (12 S.) Harzburg 893. (H. Woldag.) Gratis.

Schneider, A., Harzverkehr. 8. (23 S.) Bad Harzburg 899. R. Stollo. — 25
Sonderabdruck aus: „Amtl. Fremdenliste v. Bad Harzburg".

Zur Hochschulbildung der Volksschullehrer. Ein Vortrag von Dr. Arthur Schneider, Prof. Kempten & München: Kösel 1910. 28 S. 8° [11. 232]

'Ich singe dir mit Herz und Mund ...' Predigten u. Betrachtungen f. ein christl. Haus von Arthur Schneider. Halle a. S. 1910: Hendrichs. 208 S. 8° [11. 1485]

— „Ich singe dir m. Herz u. Mund ..." Predigten u. Betrachtgn. f. e. christl. Haus. (XI, 208 S.) gr. 8. Halle 910. (Leipzig, O. Maier.) 3.25; geb. in Leinw. 4. —

Schneider, A., Die archaischen Marmor-Kulpturen auf d. Akropolis zu Athen. S.-A. 1889. 20 S. 4°. 1.20

Schneider, Arthur [Dr.]: Prologomena zu einer neuen Gallerie heroischer Bildwerke. ... Leipzig, Druck v. Bockwitz & Webel, 1890; 3 Bl., 71 S. 8°
Leipzig, Phil. Fak., Hab.-Schr. v. 29. Okt. 1890

Schneider, Arth., Prologomena zu e. neuen Gallerie heroischer Bildwerke. gr. 8. (72 S. m. 17 Abbildgn.) Leipzig 890. Engelmann. n. 1. 60

Die Psychologie Alberts des Großen. Nach d. Quellen dargest. von Dr. Arthur Schneider, Privatd., München. T. 1. 2. Münster: Aschendorff 1903–06. 2 Bde 8°
= Beiträge z. Geschichte d. Philosophie d. Mittelalt. Bd 4, H. 5. 6. [07. 3478]

Schneider, Arth., d. alte Rom. Entwickelg. s. Grundrisses u. Geschichte s. Bauten, auf 12 Karten u. 14 Taf. dargest. u. m. 1 Plane d. heut. Stadt, sow. e. stadtgeschichtl. Einleitg. hrsg. qu. gr. Fol. (XII S.) Leipzig 896. B. G. Teubner. Geb. in Leinw. n. 16. —

Schneider, Arth. (Aug.), der troische Sagenkreis in der ältesten griechischen Kunst. I. Theil. Diss. Leipzig 1885, Gustav Fock. 8°. 80 S.

Schneider, Arth., der troische Sagenkreis in der ältesten griechischen Kunst. gr. 8. (V, 191 S.) Leipzig 886. Engelmann. n. 5. —

Zur Topographie südtiroler Burgen. Vorbereitende Studie z. Vergleiche solcher mit antiken Siedelformen d. Südens. Von Arthur Schneider, Prof., Leipzig. *Leipzig: Dieterich 1902.* (VII, 47 S.) 4° (8°) [03. 1814]

Schneider, August, aus Duisburg: **Beiträge zur Statistik der Bronchitiden und Bronchopneumonieen in der Göttinger medizinischen Poliklinik in den Jahren 1887–1896, mit besonderer Berücksichtigung des Einflusses der Witterung.** *Göttingen 1898: E. A. Huth.* (34 S.) 8°
Göttingen, Med. Diss. v. [23. März] 1899

Schneider, Aug., Beiträge zur Statistik der Bronchitiden u. Bronchopneumonieen in der Göttinger medizinischen Poliklinik in den J. 1887—1896, m. besond. Berücksicht. des Einflusses der Witterg. Diss. gr. 8. (34 S. m. 3 Taf.) Göttingen 898. (Vandenhoeck & Ruprecht.) n. 1. 50

SCHNEIDER, AUGUST. I. Ueber den Einfluss der Wärme auf die α- und β-Chlor und α-Bromcrotonsäuren und deren geometrische Isomeren. II. Ueber die Einwirkung von alkoholischem Kali auf β-Chlorisocrotonsäureäthylester. Leipzig, 1890. (25 S.)
Diss.v.19.Febr.1890.

Schneider, Aug. Über die Freiheit des Glaubens. 25 S.
Progr. *Bedburg* 1882.

Schneider, August. Über das reine Speisopfer bei Malachias 1, 11. Bedburg, 1869, 17 S., Progr. der Ritterakademie.

Schneider, Aug. [Rechtspraktikant aus Pirmasens]: **Die rechtliche Stellung der Revisoren in der Actiengesellschaft ...** *München*, Buchdr. J. Gotteswinter, *1891*; 30 S. 8.
Erlangen, Jur. Fak., Inaug.-Diss. v. 1891

Schneider, Aug., Usancen der Berliner Fonds-Börse. Ein Handbuch zum prakt. Gebrauch f. Börsen-Interessenten. 16. (120 S.) Berlin 874. Stilke. n. 2. —

Schneider, Aug., Usancen der Berliner Fonds-Börse. Ein Handbuch zum prakt. Gebrauch für Börsen-Interessenten. 4. Aufl. 16. (VIII, 207 S.) Berlin 880, Dümmler's Verlagsh. cart. *

—— dass. — 5. verm. und verb. Aufl. 16. (VIII, 285 S.) Berlin 882, (Puttkammer und Mühlbrecht.) cart. *
2. und 3. Aufl. erschienen im Selbstverlage des Verfassers.

Schneider, Aug., Usancen der Berliner Fonds-Börse. Ein Handbuch zum prakt. Gebrauch f. Börsen-Interessenten. 6. Aufl. 16. (VIII, 371 S.) Berlin 881. Dümmler's Verl. cart. n. 4. —

Schneider, Aug., und Louis Dahlheim, Usancen der Berliner Fonds-Börse. Ein Handbuch zum prakt. Gebrauch für Börsen-Interessenten. 7. verm. und verb. Aufl. gr. 16. (VI, 395 S.) Berlin 888, Dümmler's Sortiments-Buchh. (Ed. Stein.) geb. *

Schneider, Aug., u. Louis **Dahlheim**, Usancen der Berliner Fonds-Börse. Ein Handbuch zum prakt. Gebrauch f. Börsen-Interessenten. 8., verm. u. verb. Aufl. gr. 16. (VI, 176 u. 265 S.) Berlin 890. Dümmler's Sort. geb. n. 4. —

Schneider, Aug., u. Louis **Dahlheim**, Usancen der Berliner Fonds-Börse. Ein Handbuch zum prakt. Gebrauch f. Börsen-Interessenten. 9., verm. u. verb. Aufl. gr. 16. (173 u. 305 S.) Berlin 893. F. Dümmler's Sort. Geb. in Leinw. n. 4. —

Schneider, Aug, u. Louis **Dahlheim**, Usancen der Berliner Fonds-Börse Ein Handbuch z. prakt. Gebrauch f. Börsen-Interessenten. 10., verm. u. verb. Aufl. gr. 16. (VIII, 190 u. 332 S) Berlin 898. F. Dümmler's Sort. Geb. in Leinw. n. 4. 50

Schneider, Aug., u. Louis **Dahlheim**, Usancen d. Berliner Fonds-Börse. Ein Handbuch zum prakt. Gebrauch f. Börsen-Interessenten. 11. verm. u. verb. Aufl. gr. 16. (XII, 181 u. 378 S.) Berlin (900). F. Dümmler's Buchh. Geb. in Leinw. n. 6. —

Usancen der Berliner Fonds-Börse. Ein Handbuch z. prakt. Gebr. f. Börsen-Interessenten von Aug. **Schneider** u. Louis Dahlheim. 12. verm. u. verb. Aufl. *Berlin: F. Dümmler 1904.* (Getr. Pag.) 8° [04. 7641

Usancen der Berliner Fonds-Börse. Ein Handbuch ... von A(ug). **Schneider** u. L(ouis) Dahlheim, hrsg. u. bearb. von Kurt Hartung u. Paul Thomsberger. 13. verm. u. verb. Aufl. Berlin: F. Dümmler 1906. (XVI, 648 S.) 8° [08. 15:38 11

([August] **Schneider** – [Louis] Dahlheim.) Usancen der Berliner Fonds-Börse. Ein Handbuch z. prakt. Gebr. f. Börsen-Interessenten. Hrsg. u. bearb. von Kurt Hartung. 14. verm. u. verb. Aufl. Berlin: Dümmler 1908. XXIV, 688 S. 8° [10. 1116]

Schneider u. **Dahlheim**, Usancen der Berliner Fonds-Börse. Ein Handbuch zum prakt. Gebrauch f. Börsen-Interessenten. Hrsg. u. bearb. v. Kurt Hartung. 15. verm. u. verb. Aufl. (XXV, 708 S.) 16. Berlin 910. F. Dümmler's Buchh. Geb. in Leinw. 6. 50

Schneider, Auguste, praktisches Kochbuch f. den bürgerlichen Haushalt. Speziell bearb. f. die Schülerinnen der Kreishaushaltungsschule Alzey. 3. verm. u. verb. Aufl. (226 S. m. Abb. u. Vollbildern.) 8. Alzey 906. Ph. C. Medicus. Geb. in Leinw. u. durchschossen 2. 80

Schneider, Augustin, Erklärung der Regel des heil. Benedikt, Patriarchen der Mönche des Abendlandes. Nach den Anmerkungen des Abtes Joachim v. Fischingen, und mit Berücksicht. der neuesten Dekrete des apostol. Stuhles bearb. gr. 8. (VI, 309 S.) Regensburg 879, Pustet.

Schneider, Augustin, Walburga, ein Zierde frommer Jungfrauen. Ein Lebensbild aus der Missionsgeschichte des 8. Jahrh. 8. (X, 163 S. mit 1 Stahlst.) Regensburg 880, Manz.

Schneider, B. J., Leitfaden beim Vortrage d. deutschen Geschichte, f. Schüler d. mittl. Gymnasial-Klassen. gr. 12. Cöln 827. Bachem. 6 Sgr

Schneider, Benno: Der Mantuanische Erbfolgestreit. Marburg 1905: J. A. Koch. (92 S.) 8° [F.]
Bonn, Phil. Fak., Ref. Ritter, Diss. v. 26. Juli 1905
[Geb. 26. Nov. 81 Michelbach in Nassau; Heimatsort: Michelbach; Staatsangeh.: Preußen; Vorbildung: Landesschule Pforta Reife O. 00; Studium: Marburg 2, Berlin 3, Bonn 4 S.; Rig. 15. Febr. 05.]

Schneider, Benno, der Mantuanische Erbfolgestreit. Diss. (VII, 93 S.) 8. Bonn 905. H. Behrendt. n. 1. 20

Schneider, Bernhard. Bemerkungen zur litterarischen Bewegung auf neuprovenzalischem Sprachgebiete. 4 (S. 3—32).
Progr. Friedrich-Wilhelms-G. *Berlin* 1887 (55).

Schneider, Bernhard: Zur litterarischen Bewegung auf neuprovenzalischem Sprachgebiete. 4 (S. 29—47.
Festschrift zur 100jähr. Jubelfeier des Kgl. Friedrich-Wilhelms-G.
Berlin 1897.
Nicht im Tauschverkehr **Progr.**

Schneider, Bernh., eilet u. singet! Eine Sammlg. v. Volks- u. volkstüml. Liedern. Auf Verlangen der Konferenz wend. Lehrer hrsg. (In wend. Sprache.) (60 S.) 8. Dresden 910. A. Huhle. nn — 30

Schneider, B. Die Flexion des Substantivs in den ältesten metrischen Denkmälern des Französischen und im Charlemagne. Diss. Marburg 1883. 61 S.

Schneider, Bernhard, Ob.-Postprakt.: **Die Haftung der Postverwaltung und ihrer Beamten aus dem Postprotest.** Potsdam 1910: Vereinsdr. 55 S. 8°
Erlangen, Jur. Diss. v. 26. April 1910, Ref. Sehling
[Geb. 12. Okt. 73 Hilchenbach; Wohnort: Potsdam; Staatsangeh.: Preußen; Vorbildung: Realgymn. Essen Reife O. 94; Studium: Berlin 7 S.; Rig. 5. März 10.] [U 10. 757

Heimatstimmen. Eine Sammlung alter u. neuer, geistlicher u. weltlicher Volksweisen u. Kunstgesänge in dreistimmiger Bearbeitung hrsg. von Bernhard **Schneider**, (Lehrer, Dresden). Ausg. B: 376 Lieder f. höh. Töchterschulen ... *Dresden: A. Huhle 1903.* (XXIV, 423 S.) 8° [F.]
[03. 11069

Schneider, Bernh., Heimatstimmen. Eine Sammlg. alter u. neuer, geistl. u. weltl. Volksweisen u. Kunstgesänge, in dreistimm. Bearbeitg. hrsg. Ausg. A. 260 Gesänge f. die Chor- u. Oberklassen der Volksschule. 2. Aufl. (6.—10. Taus.) (XVI, 288 S.) 8. Dresden 904. A. Huhle. Kart. n. 1. —

— Heimatstimmen. Eine Sammlg. alter u. neuer, geistl. u. weltl. Volksweisen u. Kunstgesänge, in dreistimm. Bearbeitg. hrsg. Ausg. A: 260 Gesänge f. die Chor- u. Oberklassen der Volksschule. 3. Aufl. (11.—15. Taus.) (XVII, 288 S.) 8. Ebd. 908. Kart. 1. 10

Schneider, Bernh., erstes Hülfsbuch der latein. Sprache, insbesond. zur allmähligen Einübung ihrer Beugeformen, in Beispielen zum Uebersetzen abgefaßt. gr. 8. Dresden u. Leipzig 838. Arnold. 3/8 ₰

Liederbuch f. Schulen, s.: Damm, Gust.

Schneider, Bernh., (Pfarrer,) offenes Sendschreiben an Hrn. Dr. Ed. Bauer zu Dresden, sein „Urchristenthum" betreff. gr. 8. Dippoldiswalde 846. (Dresden, Grimm.) n. 1/6 ₰

von Schneider, *Bernhard* [aus Dresden]: **Über Verbindungen des Brechweinsteins mit organischen Basen … Berlin, Druck v. M. Driesner,** *1891;* 41 S., 1 Bl. 8.
Berlin, Phil. Fak., Inaug.-Diss. v. 15. Aug. 1891

101 heitere Volkslieder aus dem 15.—19. Jahrh., ausgewählt u. f. 3stimm. Frauenchor bearb. op. 20. (Partitur.) (207 S.) 8. Leipzig 907. Steingräber. 1. 50

Schneider, Bertha: Familien-Kochbuch, s. Apel, Louise

Schneider, Bertha, kleines bürgerliches Kochbuch. 8. (VIII, 248 S.) Zittau 892. Pahl. Kart. 1. 50

Schneider, Bertha: Vollständiges Kochbuch für Hausfrauen und angehende Köchinnen …, s. Apel, Louise

Schneider, Bertha, die bürgerliche Köchin. Deutsches National-Kochbuch. Ein unentbehrl. Handbuch f. Hausfrauen u. Köchinnen aller Stände. Mit e. Anh., enth. e. Anzahl prakt. Winke. Hrsg. nach 40jähr. Erfahrg. gr. 8. (X, 487 S.) Zittau 890. Pahl. geb. n. 3. —

Schneider, Bertha, die bürgerliche Köchin Deutsches Nationalkochbuch. E. unentbehrl. Handbuch f. Hausfrauen u. Köchinnen aller Stände. M. e. Anh., enth e. Anzahl prakt. Winke. Hrsg. nach 40jähr. Erfahrg. 2., mehrf. verb. u. veränd. Aufl. 8. (VIII, 509 S.) Zittau 896 Leipzig. Pahl. Geb. in Leinw. 3.

Schneider, Bonif., Ablaß-Brevier oder vollständiges Ablaßgebet- u. Andachtsbuch, ein Vademecum für eifrige Katholiken. Zusammengestellt, mit einem Ablaß-Kalender u. andern Verzeichnissen u. Anleitungen versehen. 16. (XXXI, 800 S. m. 1 Chromoxylogr.) München 881. Stahl. n. 3. —

Schneider, Bonifacius, Ablaß-Brevier od. vollständ. Ablaßgebet- u. Andachtsbuch, e. Vademecum f. eifrige Katholiken. Zusammengestellt, m. e. Ablaß-Kalender u. andern Verzeichnissen u. Anmerkgn. versehen. 2. Aufl. 16. (XXXI, 832 S. m. 1 Chromoxylogr.) München 887. Stahl son. n. 3. —

Schneider, Bonif., Ablaß-Brevier od. vollständ. Ablaßgebet- u. Andachtsbuch, e. Vademecum f. eifr. Katholiken. Zusammengestellt, m. e. Ablaß-Kalender u. anderen Verzeichnissen u. Bemerkgn. versehen. 2., verb. Aufl. Neue (Titel-)Ausg. 16. (XXXI, 832 S.) Stuttgart 892. J. Roth. 3. —

Schneider, Bonifacius, O. S. B., Ablaß-Brevier od. prakt. u. möglichst vollst Ablaß-, Hand- u. Andachtsbuch. E. Vademecum f. fromme u. eifrige Katholiken. 3., verb. u. m. d. neuesten Ablässen sehr verm. Aufl. 16. (XL, 890 S. m. farb. Titelbild.) Stuttgart 897. J. Roth. n. 3. 60; geb. n. 4. 20

Schneider, Bonifaz., O. S. B., Ablaß-Brevier oder prakt. Ablaß-, Hand- u. Andachtsbuch. Neu hrsg. durch Cölestin Schwaighofer, O. Cap. 4. verm., teilweise umgearb. Aufl. (LXIV, 989 S. m. farb. Titelbild.) 16. München 907. J. J. Lentner. Geb. in Leinw. n. 4. 50; in Ldr. n. 5. 50

Schneider, Bruno, prakt. Arzt u. Altreichenau i. Schl. (April 1900): Aus der Provinzial-Hebammen-Lehranstalt zu Oppeln (Direktor Dr. Grosser). Beitrag zur Casuistik der Myome als Komplikation von Schwangerschaft, Geburt und Wochenbett. Breslau 1900: Breslauer Genoss.-Buchdr. (35 S.) 8°
Breslau, Med. Fak., Ref. Küstner, Diss. v. 22. Mai 1906
[Geb. 14. Sept. 75 Wilhelmsthal-Oppeln; Wohnort: Altreichenau in Schl.; Staatsangeh.: Preußen; Vorbildung: Gymn. Beuthen O.-S. Reife O. 96; Studium: Greifswald 4, Breslau 5 S.; Coll. 21. April 06; Approb. 15. April 01.]

Schneider, Bruno, die Ertragserhöhung der Wiesen mittelst Rillen-Kultur. Ein Haus-Kulturmittel von hoher Bedeutung für jeden Landwirth. gr. 8. (51 S. mit 1 Taf. Abbild.) Leipzig 887, H. Voigt. *

Zur Geschichte von Beneschau im Kreise Ratibor. Von BRUNO SCHNEIDER. Sonderabdruck aus der „Oberschlesischen Heimat". Band II. Oppeln 1906, Verlag des Oberschlesischen Geschichtsvereins. Kommissionsverlag von A. Wilpert in Gross-Strehlitz. 8°.

Schneider, Bruno: Ueber Kondensationsprodukte mit gesättigten Ketonen. (Berlin 1909: Ebering.) 48 S. 8°
Berlin, Phil. Diss. v. 20. März 1909, Ref. Gabriel
[Geb. 20. Okt. 74 Kamenz; Wohnort: Berlin; Staatsangeh.: Sachsen; Vorbildung: Annen-Realgymn. Dresden Reife O. 95; Studium: Dresden Techn. Hochsch. 3, Leipzig 12, Berlin 11 S.; Rig. 4. März 09.] [U 09. 375

Schneider, C., s.: Bericht üb. die Prüfung v. Locomobilen.

Schneider, C., die standesamtliche Beurkundung der Geburten u. Sterbefälle, welche sich in öffentlichen Krankenanstalten ereignen. [Aus: „Ztschr. f. Krankenanstalten", m. e. Anh., enth. den vollständ. Text des Reichsgesetzes üb. die Beurkundg. des Personenstandes u. die Eheschliessg. vom 6. II. 1875 in der vom 1. I. 1900 ab gült. Fassg.] (55 S.) 8. Leipzig 910. F. Leineweber. Geb. 1. 50

Schneider, C., Biarritz u. seine Umgebg. (47 S. m. Abbildgn. u. 5 Taf.) kl. 8. Stuttgart (906). (Leipzig, Zangenberg & Himly.) n. 1. 25

Schneider, C., Geschichte des Wild- und Rheingräflichen Hauses, Volkes und Landes auf dem Hundsrücken. Ein Versuch, in zehn Büchern zusammengestellt. Mit 1 (lith.) Portr. und 2 (lith.) Wappentaf. Kreuznach 854. Voigtländer. gr. 8. (XX, 303 S.) n. 1 ₰ 20 ngr

Schneider, C. v., Kinderbeicht, s.: Boll, Jos. Alphons.

Schneider, C. Lebensleid und Lebensfreud. Wie sich ein armer Knabe durch die Welt schlagen musste. Bilder aus dem schweizerischen Volksleben. Ein Buch für Alt u. Jung. In-8°, 220 S. Zürich, Schröter & Meyer. 1886. 2 —

Schneider, C., s. Officier, der.

Schneider, C., Die Schuhmacherei in Reichelsheim (Odenwald). Schriften d. Vereins f. Socialpolitik, Bd. 69. gr. 8°. Leipzig 1897.

Schneider, C., Special-Katalog für Gruppe XIII der Berliner Gewerbe-Ausstellung im J. 1879. Maschinenwesen und Transportmittel. Classe I., II und IV. 8. (XII, 156 S.) Berlin 879, Polytechnische Buchh. **

Schneider, C. (III.), und J. **Urban**, Werkzeichnungen zu Turngeräthen, hrsg. von der preuss. Prov.-Turncasse. Imp.-Fol. (5 Stnt. und 11 lithogr. S. Text in Fol.) Elbing 864. (Leipzig, Keil.) *

Schneider, C. A. v., G'spaßln und G'sangln. Gedichte in oberbayer. Mundart. 8. (115 S.) München 882, Braun und Schneider. cart. *

Schneider, C. F., Abhandl. üb. die ersten Grundbestandtheile des menschl. Körpers. 8. Wien 784. Hörling. 5 gr.

Schneider, C.F.: Abhandlung über die ersten Grundbestandtheile der Körper. 80[100 S.] 8°

Wien: Sonnleithner 1784

— s. Allemannia.

Schneider, C. F., die Feier des Dinter-Festes in Görnitz bei Borna am 1. Sept. 1844. Mit 1 lith. Abbild. von Görnitz u. dem Dinter-Denkmale. gr. 8. Neustadt a. d. O. 844, Wagner. 1/4 ₰

Schneider, C. F., und E. H. Müller, Jahresbericht des statistischen Amtes im königl. Polizei-Präsidio zu Berlin, s. Müller, E. H.

Schneider, C. G., Busyris, od. die Rache des Himmels. Drama. Steht in dessen Frühlingsblumen

Schneider, C. G., Frühlingsblumen, od. abwechselnde Unterhaltung. 8. Rathenow 827. Flick. 1 ₰

Schneider, C. G., Frühlingsblumen, od. abwechselnde Unterhaltung. 8. (20½ B.) Rathenow 827. [Berlin, Plahn.]

Schneider, C. G., Frühlingsblumen oder abwechselnde Unterhaltung. 8. Rathenow 827. (H. Schultze in Berlin.) 1 ₰

Schneider, C. G., der vollständige Meublestischler u. Dekorateur. Original-Zeichnungen des Neuesten u. Besten in diesem Genre. Ein Musterbuch zum prakt. Gebrauch. 1.—4. Liefg. qu. Fol. (à 4 lithogr. Kupfertaf.) Berlin 843—45, Meyer u. Hofmann. à 1 ₰

Schneider, C. G., Sonntagsklänge. Sammlung leichter u. ansprech. Gesänge: Hymnen, Motetten, Choräle etc. f. kirchl. Sing-Chöre. Zum Druck arrangirt v. J. C. Haas. 1.—5. Hft. qu. 4. (162 S.) Philadelphia 885/87. Schäfer & Koradi. à 1. —

Schneider, C. Th., siehe: Verordnung üb. die Einführung des mündl. u. öffentl. Verfahrens mit Geschworenen.

Schneider, C. W., hydrographischer Atlas, zunächst z. Gebrauche bei d. applicatorischen Uebungen in d. Königl. Preuß. Militair-Schulen, 2e Aufl. qu. gr. 4. Glogau 835. Prausnitz. n. 1/2 ₰

Schneider, C. W. T. [aus Siegen]: Synthese von Pyrrolderivaten .... Siegen, Druck v. W. Vorländer, 1886; 27 S. 8°.
Erlangen, Phil. Fak., Inaug.-Diss. v. 1886.

Schneider, C. W. T., Synthese von Pyrrolderivaten. Diss. Erlangen 1886, Th. Blaesing. 8°. 27 S.

Schneider, Camillo, s. Schneider, Kamillo.

Schneider, Carl, s. Schneider, Karl.

Schneider, Caspar, s. Schneider, Kaspar.

Schneider, Ceslaus Maria

Schneider, Ceslaus M., e. Antwort auf zwei Kritiken meiner „areopagitica", nämlich die in der „Liter. Rundschau" u. in den „Laacher Stimmen". — Charakteristisches aus Moliniſten. gr. 8. (64 S.) Regensburg 886. Verlags-Anstalt. n. — 80

Schneider, Ceslaus Maria, Areopagitica. Die Schriften des heil. Dionysius vom Areopag. Eine Verteidigung ihrer Echtheit. gr. 8. (283 S.) Regensburg 884, Manz. *

Schneider, Ceslaus M., das Büchlein v. der Gottinnigkeit od. Die Kunst, sich Gott zu überlassen. 12. (367 S.) Regensburg 901. A. Coppenrath's Verl. n. 2. —

Schneider, Ceslaus M., das Büchlein von der geistigen Leitung. Zum Gebrauche aller, die nach der christl. Vollkommenheit streben, besonders der Ordenspersonen. Frei nach dem Französ. (XI, 281 S.) kl. 8. Regensburg 906. A. Coppenrath's Verl. n. 2. —; geb. n.n. 2. 50

Schneider, Ceslaus M., d. Büchlein f. d. Novizen. Anleitg. zu e. frommen u. fruchtreichen Noviziat. Nach d. Franz. bearb. 12. (XV, 367 S.) Regensburg 898. A. Coppenrath's Verl. n. 2. —

— das Büchlein f. d. Oberinnen. Anleitg. zur Heiligg. d. eig. Person wie auch d. anderen in d. Verwaltg. d. Vorsteheramtes. Nach d. Franz. 12. (211 S.) Ebd. 899. n. — 90; geb. in Leinw. n n. 1. 30

— das Büchlein f. die Oberinnen. Anleitg. zur Heiligg. der eigenen Person wie auch der anderen in der Verwaltg. des Vorsteheramtes. Nach dem Französ. 2. Aufl. (211 S.) kl. 8. Ebd. 903. n. — 90; geb. in Leinw. n.n. 1. 30

Schneider, Ceslaus Maria, die unbefleckte Empfängnis u. die Erbsünde. Erwiderung auf Többes: „Die Stellg. d. hl. Thomas v. Aquin zu der unbefleckten Empfängnis der Gottesmutter". gr. 8. (92 S.) Regensburg 892. Nationale Verlags-Anstalt. n. 1. 20

— die fundamentale Glaubenslehre der kathol. Kirche, s.: Leo XIII.

— Gregor VII. der Heilige. Ein Lebensbild, zur Erinnerg. an das 800jähr. Jubiläum d. Heimganges dieses großen Papstes gezeichnet. gr. 8. (XII, 372 S.) Ebend. 886. n. 5. 80

—— Das apostolische Jahrhundert, als Grundlage der Dogmengeschichte dargestellt. 4 Abthlgn. [Zusatzheft 1.—4. zu „St. Thomasblätter" I. Jahrg.] gr. 8. Ebd. 889. [1. u. 2. Abthl. (S. 1—366.); 3. u. 4. Abthl. (XVI, S. 367—828.)] à Abthl. * 2 40; * 9 60
—— dass. — 2. Bd. 4 Abthlgn. [1.—4. Ergänzungsheft zu „St. Thomasblätter", 2. Jahrg.] gr. 8. Ebd. 890. [1. u. 2. Abthl. (S. 1—416.); 3. u. 4. Abthl. (XII, S. 417—809.)] à Abthl. * 2 40; * 9 60

Zur Jahrhundertswende. Christus u. d. menschl. Gesellsch. Zeitgemässe Predigten von Dr. Ceslaus M. Schneider. *Paderborn: F. Schöningh 1899.* (VII, 288 S.) 8° [ ]

Der Jubelgreis auf dem Stuhle Petri. 4 Predigten z. Erinnerung an d. vierfache Jubiläum Leos XIII. von Dr. Ceslaus M[aria] Schneider. *Paderborn: F. Schöningh 1902.* (70 S.) 8° [ ]

— **Katechismus** f. das praktische christliche Leben. (XV, 280 S.) kl. 8. Regensburg 906. A. Coppenrath's Verl. n. 2. —; geb. n.n. 2. 50

[F.] Leiden und Trost der armen Seelen. Von Ceslaus M[aria] Schneider. 2. Aufl. d. Werkes: Miseremini mei! Helfet den armen Seelen! ... *Paderborn: F. Schöningh 1897.* (VII, 211 S.) 1 Bd 8. [98. 676

— systematischer **Leitfaden** f. den Unterricht in der katholischen Lehre. Nach dem Franz. bearb. 1. u. 2. Bd. gr. 8. Regensburg, A. Coppenrath's Verl. n. 8. 10
1. (XIV, 229 S.) 900. n. 2. 70
2. Das apostol. Glaubensbekenntnis. (XII, 452 S.) 901. n. 5. 40

— systematischer **Leitfaden** f. den Unterricht in der katholischen Lehre. 3. Bd. Die Gnade u. die Gnadenmittel. (X, 477 S.) gr. 8. Ebd. 904. n. 5. 40 (vollst. n. 13. 50)

— Miseremini mei! Helfet den armen Seelen! Erläuterung d. Ps. 129 De profundis m. Bezug auf die Leiden d. Fegfeuers. 8. (VII, 211 S.) Paderborn 889. F. Schöningh. n. 1. 20

Schneider, Ceslaus Maria, Natur, Vernunft, Gott. Abhandlung über die natürliche Erkenntnis Gottes nach der Lehre des hl. Thomas von Aquin dargestellt. Regensburg, Manz (jetzt Verlagsanst.), 1883, gr. 8°, XII, 353 S., 5 Mk.

— der **Ordensbruder**. Anleitung zu e. frommen, verdienstvollen Leben im Ordensstande. (XIX, 1033 S.) 12. Ebd. 903. n. 5. —; geb. n. 5. 80

— die **Ordens-Schwester**. Anleitg. zu e. frommen, verdienstvollen Leben im Ordensstande. Nach d. Franz. frei bearb. 2. Aufl. 12. (XXIII, 1033 S.) Regensburg 899. A. Coppenrath's Verlag 899. n. 5. —; geb. in Leinw. n. 5. 80; in Ldr. n.n. 6. —

— die **Ordensschwester**. Anleitung zu e. frommen, verdienstvollen Leben im Ordensstande. Nach dem Franz. frei bearb. 3. Aufl. 12. (XXIII, 1033 S.) Ebd. 900. n. 5. —

— die **Ordensschwester**. Anleitung zu e. frommen, verdienstvollen Leben im Ordensstande. Nach dem Französ. frei bearb. 6. Aufl. (XXIV, 1033 S. m. Titelbild.) kl. 8. Ebd. 905. n. 5. —; geb. in Leinw. n.n. 5. 80; in Ldr. n.n. 6. 50

Schneider, C. M., die Ordensschwester. Anleitung zu e. frommen, verdienstvollen Leben im Ordensstande. Nach dem Franz. frei bearb. 6. Aufl. (XXIV, 1033 S. m. Titelbild.) kl. 8. Regensburg 907. A. Coppenrath's Verl. 5. —; geb. in Leinw. n 5. 80

— **Schule d. Gebetes**. Gebet- u. Betrachtungsbuch f. junge Mädchen in d. Pensionaten. Nach d. Franz. gr. 16. (VIII, 487 S. m. 1 Stahlst.) Ebd. 898. 1. 20; geb. in Leinw. n.n. 1. 60; in Ldr. n.n. 1. 80

— der **Sitz der Weisheit**. Psalm 44, in 31 Lesgn. angewendet auf Unsere Liebe Frau. Eine Maiblüthe, der allerseligsten Jungfrau Maria in aller Ehrfurcht u. Liebe dargereicht. 8. (VIII, 90 S. m. 1 Holzschn.) Augsburg 883. Literar. Institut v. Dr. M. Huttler. n.n. 1. 50

— die sozialistische **Staatsidee**, beleuchtet durch Thomas v. Aquin. 8. (98 S.) Paderborn 894. Bonifacius-Druckerei. — 75

— die theologische **Summa** d. heil. Thomas v. Aquin. Ihre dogmat. u. allgemeine wissenschaftl. Bedeutg. Einleitung zu dem Werke: Die kathol. Wahrheit; od.: Die „theolog. Summa", deutsch wiedergegeben. gr. 8. (LXXVI S.) Regensburg 886. Verlags-Anstalt. n.n. — 90

— s.: Thomas v. Aquin, die katholische Wahrheit.

— der **Tugendweg** f. das junge Mädchen u. die christl. Jungfrau. Zusammengestellt aus den Schriften u. Beispielen der Heiligen Gottes. 8. (V, 498 S.) Ebd. 902. n. 2. 25

—— das **Wissen Gottes** nach der Lehre des heil. Thomas von Aquin. 1. Abtl.: Das Selbstbewußtsein Gottes. gr. 8. (XVI, 483 S.) Regensburg 884, Manz. *

—— das **Wissen Gottes** nach der Lehre des heil. Thomas von Aquin. 2.—4. (Schluß-) Abtl. gr. 8. Ebendas. 885. *
Inhalt:
Abtl. 2. Das Wissen Gottes und die Geschöpfe im allgemeinen. (VIII, 587 S.) 885. *ℳ 8.—.
" 3. Das Wissen Gottes und die besonderen Seinskreise im Geschöpflichen. (VIII, 621 S.) 885. *ℳ 8.—.
" 4. Zusammenfassung des Ganzen. — Das Traditionsprinzip. (VII, 588 S.) 886. *ℳ 8.—.
1. Abtl. Ebendas. 1884. *ℳ 7.—.

— die **Wissenschaft** d. Heils, d. christl. Herzen als Nahrg. vorgelegt. I. Gott u. s. Vollkommenheiten. II. Die hl. Dreieinigkeit. 12. (XXVI, 808 S.) Ebd. 899. n. 4. 20; geb. in Leinw. n.n. 5. —; in Ldr. n.n. 5. 20

Schneider Chr. Architekturskizzen. (25 T) fol (Berlin 1907)

Schneider, Chr. Fr. I., († d. 28. Jan. 1809.) die Bibel Alt. u. N. Testaments im Auszuge nach ihrem moral. Inhalt. 8. Leipz. 788, 90. Hamann. 1 ꝑ 4 gl

Schneider, Chr. Fr. II., († d. 3. Sept. 1808.) Elementarübungsb. z. Sprechen-, Lesen- u. Verstehenlernen der deutschen Sprache nach Stephani's Methode. 8. Würzb. 806. Stahel. 8 gl

— ausführl. Unterricht in d. Stephanischen Elementarmethode d. Lesenlehrens. gr 8. Würzb. 805. Stahel. 16 gl

— **Wörterbuch** über die gemeinnützigsten Belehrungen der Bibel. 1r 2r u. 3r Thl. v. Chr. Fr. Hempel fortges. gr. 8. Leipzig, Barth. 795—803. (1r 2r à 1 Rthlr. 12 gr. 3r 1 Rthlr. 8 gr.)

— Wörterbuch üb. die gemeinnützigsten Belehrungen der Bibel. Fortgesetzt von Jh. Chr. Fr. Hempel II. u. Chr. F. Böhme. 4 Thle. gr. 8. Leipz. 795—817. Barth. 7 ꝑ

— Wörterbuch üb. die bibl. Sittenlehre. gr. 8. Lpz. 791. Barth. 18 gl Aufs neue systemat. bearb., vervollständ. u. mit Angabe d. einzelnen Wort-Definitionen versehen u. verm. von Tr. W. Hildebrand. gr. 8. Ebd. 826. 1 ꝑ 15 gl

Schneider, Chr. Gf. Albr., († d. 11. Oct. 1815.) beruhigende Unterhaltungen f. Tugendfreunde. 8. Leipz. 781. Barth. 12 gl

Schneider, Chr. R., Rede am Priesterjubiläum d. Pfarrers Ignatz Warke. 8. Bresl. 821. Max u. C. 2 gl

SCHNEIDER, Christian (München): Zur Kenntniss der Lungentuberkulose des Rindes.- München: Wolf 1883. 47 S.,Taf.
30.1.1883 – Urk (Titel: De bovis tuberculosi.); Chr 1882/83,17
Diss.Ingolst.-Landsh.-Mchn.

— u. Frz. **Dietrich**, die deutsche Normalschrift. Vereinsbroschüre d. deutschen Normalschrift-Vereins. 2.—4. Hft. 8. (40, 36 u. 88 S.) Xanten 890. 891. Th. Geßhuysen. (Leipzig, R. Streller.)
Hft. 1 erscheint im Neudruck.

—— u. Frz. Dietrich. Die deutsche Normalschrift. Vereinsbroschüre d. deutschen Normalschrift-Vereins. 5 Hefte. 8. (40; 40; 36; 38; 40 S.) Xanten 890—92. (Lpz., Streller.) à Heft * — 30
f. Nichtmitglieder à Heft * — 50

Schneider, Chrn., die Schrift u. der Schreibunterricht, s.: Sammlung pädagogischer Vorträge.

Welche besondere Aufgaben erwachsen der Volksschule aus der sozialen Bewegung unserer Zeit? Von Chr. Schneider-Kreuznach. *Neuwied & Leipzig: Heuser 1892.* (19 S.) 8° [F.]
— [Schule, Für die, aus der Schule. H. 49.]

Schneider, Chr. Welche besondere Aufgaben erwachsen der Volksschule aus der sozialen Bewegung unserer Zeit? gr. 8. (19 S.) Neuwied 892, Heuser's Verlag. — 30
Aus: Rhein. Schulmann, besonders abgedruckt.

Pädagogische und methodische Winke, insbes. Vorschläge z. Reform d. Schreibunterrichts, von Christian **Schneider**, Kreisschulinsp. Arnsberg: J. Stahl 1904. (130 S.) 8° [F.] [05. 1850 B

Schneider, Christian Ehregott

De exceptionibus necessariis sive iuris publici.
Präs. Friedrich Platner.
Leipzig (Loeper) 23. II. 1764. 23 S.

Gew.: Friedrich von Raben.
W. v.: Präs. 31030

Schneider, Christian Jakob von [wirkl. Name], s. a. Stendro, Julius [Pseud.]

[—] Ueber weibliche Bildung und die zweckmäszige Einrichtung einer weiblichen Bildungsanstalt oder Töchterschule. Glückstadt. 1804. P.

[—] Komische Erzählungen aus den Kreisen guter Menschen. Vom Verf. des Lieutenants. Mit 1 Kupfer. Glükstadt. 1806.

LIEUTENANT, Der. Ein Gemälde aus den Verwickelungen des menschlichen Lebens (von *Christian Jacob v. Schneider*). Hildesheim, Gerstenberg, 1805. 8°. Zahm.
Anon.-Lex. III. p. 77 (nach Goedeke VI, 385). Daselbst (wohl durch Druckfehler): „Herr" Lieutenant.

STENDRO, Julius (d. i. *Christian Jac. v. Schneider*, 1772—1829), Das Menschenleben in seinen interessantesten Verhältnissen, dargestellt in Erzählungen. Hamburg und Mainz 1804. 8°.

NOTHRECHT, Konrad Medardus, wie er gelebt, gehandelt, gestorben .... (von *Christian Jacob v. Schneider*). Glückstadt 1809.
Anon.-Lex. III .p. 217 (nach Goedeke); Lübker-Schröder haben „1808".

REINHARD, Betty, wie sie gelebt u. geliebt. Treu dargestellt vom Vf. des Lieutenants *(Chrn. Jacob v. Schneider).* 2 Thle. Mit 1 Titelkpfr. Glückstadt 1808. 8°. 273 S. Zahm. (3 Mk., Leihbibl.-Expl., Taussig, 1806.)
Anon.-Lex. III. p. 356 (nach Lübker-Schröder u. Goedeke).

— — Romantischer Rückblick in die Vergangenheit, oder meine Wanderung nach Norden. Eine wahre Geschichte. (Stellenw. etw. freier Roman.) 2 Thle. Kiel u. Altona, bei C. F. Mohr. 1801—3. 8°.
XXVIII u. 643 fortl. gez. S. Neue allg. dtsch. Bibl. 90, 57. — Kayser p. 120 hat: „Altona, Hammerich, 1802—3."

v. Schneider, Chr. Jak., († d. .. März 1829.), s. Zeitschrift, Schleswig-Holstein.

Schneider, Christian Wilh. (Hrsg.), s. Akten, Urkunden u. Nachrichten... Kirchengeschichte.

Schneider, Chr. Wlh., († d. 7. Juli 1797.) Bibliothek der Kirchengeschichte. 2 Bde in 6 Stücken. gr. 8. Weimar 781. Hoffmann. 1 rh 12 gr.

— Buchstaben- u. Syllabirbuch f. die niedern Schulen im Fürstenth. Eisenach. 8. Eisenach 790.

— commentatio histor.-litter. de antiquo libello: Mirabilia Romae inscripta. 4. Jena 756.

— Conspectus status eccles. Islandiae. 8. Weimar 779. Hoffmann. 2 gr.

— Erklärung d. Eides u. Warnung wider d. Meineid. 4. Eisen. 787 (Bäreke). 2 gr.

— Erklärung d. Eides zur Warnung wid. d. Meineid. 4. Eisenach, Wittekind. 802.

Schneider, C. W., Erklär. d. Eides zu Warnung wider der Meineid, bei Ablegung d. Eide an Gerichtsstätten zu gebrauchen. 8. Eisenach 804. Bäreke. 2 gr.

— der leidende Erlöser; e. geistl. Sinngedicht. 8. Weimar 762.

— Gedanken von d. Vortrefflichkeit e. Offenbarung die von den Menschen mehr Glauben als Erkenntn. fordert. 8. Weimar 760.

— merkwürd. Geschichte zwo kleiner Blatterkranken. 8. Frankf. u. Leipz. 778.

(Schneider, Ch. W.) Zur Geschichte von Thüringen, bes. der Stadt Weimar. 2 St. 8. Weimar 1771. 1,00.

— Leben u. Charakter d. Hrn. Jh. Chr. Bartholomäi. 8. Weimar 778.

Schneider, Christian Wilhelm, s. Nachricht von der sogenannten neuen Kirche.

— Predigt bei d. Einweihung d. wiedererbaut. Hauptkirche zu St. Nicolai in Creuzburg. 8. Eisenach ... Wittekind. 4 gr.

— erste Predigt zu Weimar am 22. Sonntage nach Trinitatis. 8. Weimar 773. Hoffmann. 1 gr.

— Predigten. 8. Weimar 773. Hoffmann. 8 gr.

— zwei Predigten beim Abschied v. Weimar u. Anfang d. Lehramts zu Eisenach. gr. Fol. 8. Eisenach 782. Wittekind. 4 gr.

— zwo Predigten bei dem am 3. Sept. erfolgten Regierungsantritt d. Herzogs Karl August v. Weimar. 8. Weimar 775.

— Rede von d. nothwend. Verbindung d. häusl. Erziehung mit d. öffentl. Erziehung d. Jugend. 8. Eisen. 786. (Bäreke). 2 gr.

— Rede von der Erziehung. 8. Eisenach, Wittekind. 786.

— Rede von d. nothwend. Verbindung d. häusl. Erziehung mit der öffentl. Erziehung in Schulen. 8. Eisenach 788. Wittekind. 2 gr.

— Sammlung zur Geschichte Thüringens, siehe Sammlung.

— die letzte Stimme d. sterbenden Liebe am Kreuze; ein geistl. Sinngedicht. 8. Weimar 772.

— die letzten Stunden d. leidenden Erlösers. 8. Weimar 766.

Ueber den gegen den Herrn Oberhofprediger Dr. [Joh. Aug. Frh. v.] Starck zu Darmstadt erregten ungegründeten Verdacht des heimlichen Katholicismus und dessen Apologismos. [Von Chr. W. Schneider.] Stück 1. 2. Nebst Beil. Weimar: Hoffmann 1790. 8°
1. VIII, 72 S.; 2. S. 73—124.
Kl. 3431. 281; 1 auch in 215.
Vgl. V e r d a c h t , Über den,...

— Verschmack des Himmels. Eine Predigt. 8. Weimar 773. Hoffmann. 1 gr.

– s. W i n k l e r , A. F.: Abhandlung.

Schneider, Christoph Konrad, s. G r ü n d e , Erste, der Erziehung.

Schneider, Clara, s. S c h n e i d e r , Klara.

Schneider, Conrad, s. S c h n e i d e r , Konrad.

Schneider, Curt, s. S c h n e i d e r , Kurt.

Schneider, Daniel

Schneider, Dan., biblisches Lexikon, in welchem nebst d. Namen d. Wesen d. Sachen beschr. m. A. u. Pritii Vorrede. 5 Thlr. Fol. Frankf. Eßlinger. 730–31.

— — dasselbe. 5 Thlr. Fol. Frankfurt, Hermann. 729—731.

— unpartheyische Prüfung d. C. Schwengfeld u. Vertheid. d. Augsb. Confess. 4. Gießen. 708.

[Schneider, Dan.]: Adeliches R i t t e r - F e l d oder: Unpartheyische Gedancken, von dermahligen Adels in Teutschland Anfang, Wachsthum, gegenwärtigem Zustand. Franckfurt a. M. 1721.

Schneider, D., Vollständige hochgräflich-Erbachische Stammtafel oder hochgräflich-Erbachische Historie nebst deren Erklär- und Bewährungen etc. Mit Tabellen u. Kpfrn. Frankfurt 1736. fol.

Schneider, David, von Boskowitz (Mähren): Beitrag zum Hæmatom der Dura mater. Zür. Genossenschafts-Buchdr. Dr. 1874. 43 S., 1 Bl. Thesen. 8°.
Zürich, Med. Diss. [v. 24. Juni 1874].

Schneider, David Heinrich, s. B e s c h r e i b u n g europ. Schmetterlinge.

Schneider, Dav. Hnr., neuestes Magazin f. Liebhaber d. Entomologie. 5 Hefte. 8. Stralf. 791—94.

—— neuestes Magazin f. d. Liebhaber d. Entomologie. 6 Hefte. 8. Stralsund. 791—94. (à 8 gr.)

– s. N o m e n c l a t o r entomologicus.

Schneider, E., das hl. Abendmahl. Predigt üb. 1. Cor. 11, 20—34. Geh. am Palmsonntag 1907 in der Immanuelskirche. (12 S.) 8. Barmen (907). Buchh. des Johanneums. — 15

Schneider, E., Geschichte der Freiheitskriege, s. Geschichte.

Schneider, E. (II.), über Kammergüter u. Civillisten deutscher Fürsten. Mit besond Bezieh. auf die sächs. Regenten Ernestin. u. Albertin. Linie. — A. u. d. T.: Wem gehören d. Kammergüter? dem Fürsten od. dem Volke? Eine staatsrechtl. Abhandl. 8. (2¾ B.) Leipzig 831, [Böhme.]

Schneider, E., Ueber Kammergüter und Civillisten deutscher Fürsten. Mit besonderer Beziehung auf die sächs. Regenten Ernestin. und Albertin. Linie. A. u. d. T.: Wem gehören die Kammergüter? Dem Fürsten oder dem Volke? Eine staatsrechtl. Abhandlung. 8°. Leipzig, Hartmann, 1831.

Schneider, E. G. Paul, die Geschichte der Schule zu Nossen. Zugleich e. Beitrag zur geschichtl. Entstehg. der Schulen in den kleinen u. mittleren Städten Sachsens. (Eine Festschrift zur Feier der Einweihg. d. Nossener neuen Bürgerschulgebäudes.) gr. 8. (70 S.) Nossen 892. (P. Westphal.) n. — 70

Schneider, Ed., neue Beispiele des Edlen u. Guten aus d. Gebiete d. Weltgeschichte, od. Bilder der Liebe u. Treue, der Tugend u. Herzensgüte, der Weisheit u. Kraft, der Menschengröße bei Fürst u. Bürger rc., in 250 histor., chronolog. geordn. Erzählungen. Ein Leseb. f. d. reifere Jugend u. f. höh. Bürgerschulen. 12. (24 B.) Pirna 831, [Leipzig,] Friese. 1 Thlr., m. (7) ill. Kpfr., Blnp.

Schneider, Ed., die allgemeinen Vorkenntnisse d. Schneiders. gr. 8. (123 S. m. 4 Steintaf.) Dresden 887. H. Klemm. n. 2. 40

Schneider, Edmond: Johannes B e r t e l s , O. S. B. Abt von Münster und Echternach. Ein Beitrag zur Geschichte des Benedictinerordens auf luxemburger Boden. Raigern 1896. 8°

Schneider, Edmund

Schneider, E., Predigt zum Gedächtniß Sr. kaiserl. königl. Hoheit, des durchlauchtigsten Herrn Erzherzogs Stephan Franz Victor von Oesterreich, Standesherrn zu Schaumburg, geb. den 14. September 1817 zu Ofen, gest. den 19. Februar 1867 zu Mentone bei Nizza. Gehalten am 3. März 1867. Wiesbaden 867. Feller & Gecks. gr. 8. (15 S.) n.n. 3½ ngr.

Schneider, Edm., Predigt bei der Versammlung d. Zweigvereins der Gustav-Adolf-Stiftung im Decanat Diez. Gehalten zu Diez am 30. Juli 1871. gr. 8. (15 S.) Wiesbaden 871. Feller & Gecks. n. — 30

Schneider, Edm., die gerichtliche Verwahrungsgebühr (Zählgeld, Depositentaxe). Eine systemat. Zusammenstellg. m. erläut. Beispielen u. e. Tab. zur Berechng. der Verwahrungsgebühren. Zum Gebrauche der k. k. Zivilgerichtsdepositenämter u. der k. k. Steuer- als gerichtl. Depositenämter bearb. (III, 69 S.) kl. 8. Wien 909. M. Perles. 1.20; geb. n 2.

SCHNEIDER, EDUARD. Ueber Nitroanthrachinon-α-Disulfonsäure und ihre Derivate, nebst Beiträgen zur Kenntniss der Anthrachinon-α-Disulfonsäure. (Freiburg i. B.) Leipzig, 1884.

Schneider, Edvardvs (geb. am 9 Sept. 1860 in Müsen Westf.): Qvaestionvm Hippocratearvm specimen ... Bonnae, typ. C. Georgi 1885. 34 S. 8. ¶ S. 5: Haec dissertationis Pars (de praepositionum omnium usu) alio loco edetur. — Ist nicht geschehen.
Bonn, Phil. Fak., Diss. v. 14 März 1885

Schneider, E[duard] R(einhold), Prof. Dr.: **Abriss der römischen Altertumskunde für Gymnasien.** [T. 1.] *Bautzen (1901): E. M. Monse.* (40 S.) 4°
Bautzen, G, OP 1901 (578)

Schneider, E[duard] R(einhold), Prof. Dr.: **Abriß der römischen Altertumskunde für Gymnasien.** T. 2. *Bautzen (1902): E. M. Monse.* (S. 41—80.) 4° [Umschlagt.] ¶[Forts. d. P-Beil. 1901.]
Bautzen, G, OP 1902 (592)

Schneider, E. R., De vita Synesii, philosophi atque episcopi. Diss. 1876. 46 S. 1.20

Schneider, Elias Konrad (Ulm) A. S. 124/28

Dissertatio inauguralis de quadrante gratiae, et speciatim quatenus obtineat in augustissimo collegio camerae imperialis.
Giessen (Braun) 14. IV. 1772. 44 S.

Gew.: Stadt Ulm. 31032

Schneider, Emil, s.a. Schneider, Heinrich Emil u.: Sartorius, E. [Pseud.]

Schneider, Emil, Aufsätze f. die Mittelstufe der Volksschule. Im Anschluss an das deutsche Lesebuch bearb. gr. 8. (XII, 176 S.) Marburg 901. N. G. Elwert's Verl. n. 1. 80; geb. n. 2. 40

Schneider, Emil: **Begriff und Arten des Apriori in der theoretischen Philosophie Kants.** *Halle a. S. 1898: (E. Buenisch jun. in Magdeburg).* (38 S.) 8° ¶(Erscheint vollständig als H. 10 von: Abhandlungen zur Philosophie und ihrer Geschichte.)
Halle, Phil. Diss. v. 30. März 1898

Schneider, Emil [med. pract. von Uster (Ct. Zürich)]: Beitrag zur fibrinösen Exsudation und fibrinoiden Degeneration des Bindegewebes. Zürich 1900. 31 S. 8°.
Zürich. Med. Diss. 1899/1900.

Schneider, Emil, Deutschland in Lied, Volksmund u. Sage. Gedichte, Volkssprüche u. Sagen zur Unterstützg. u. Belebg. d. erdkundl. Unterrichts in niederen u. höheren Schulen. Zugleich e. Gabe f. die deutsche Jugend u. das deutsche Volk. gr. 8. (VI, 176 S.) Hilchenbach 892. L. Wiegand. n. 1. 20; geb. n. 1. 60

Schneider, Emil, Deutschland in Lied, Volksmund u. Sage. Gedichte, Volkssprüche u. Sagen zur Unterstützg. u. Belebung des erdkundl. Unterrichts in niederen u. höheren Schulen. Zugleich e. Gabe f. die deutsche Jugend u. das deutsche Volk. gr. 8. (VI, 176 S.) Hilchenbach (902). L. Wiegand. Geb. 1. 20

Schneider, Emil, Deutschland in Lied, Volksmund u. Sage. Gedichte, Volkssprüche u. Sagen zur Unterstützg. u. Belebg. des erdkundl. Unterrichts in niederen u. höh. Schulen. Zugleich e. Gabe f. die deutsche Jugend u. das deutsche Volk. 2., verm. Aufl. 1. Tl. Das Königr. Preußen. (252 S.) 8. Hilchenbach 903. [L. Wiegand.] Stuttgart, Th. Benzinger. Geb. 1. 50

Ⓑ **Schneider,** Emil, Deutschland in Lied, Volksmund u. Sagen. 903. (KVL 34.) Jetzt: Charlottenburg, Schiller-Buchh.

Schneider, Aemilius: •De biblica restitutionis omnium ⟨ἀποκαταστάσεως πάντων⟩ doctrina quid philosophia statuat expositio theologico-philosophica. 5 Bl. 4°
Halle-Wittenberg, Phil. Diss. v. 28. Aug. 1843
Geb. Aschersleben [29. 12. 1819]. V.

Schneider, Emil [Rechtspraktikant]: **Zur Entstehung der Cyklonen und Anticyklonen ... Regensburg, Nationale Verlagsanst. Buch- u. Kunstdr., 1895; VI, 112 S., 25 Bl. Taf. 8.**
München, Phil. Fak., Inaug.-Diss. v. 1895

Schneider, Emil, Entstehg. u. Prognose d. Wirbelstürme. gr. 8. (XVI, 112 S. m. 24 Karten.) Regensburg 895. Verlagsanstalt vorm. G. J. Manz. n. 2. 40

Führer durch das Lahnthal von Marburg bis Niederlahnstein, die Nebenthäler der Lahn und Coblenz. Mit bes. Berücks. d. Wanderstrecken. Von E[mil] **Schneider**. Mit 1 Karte, Stadtpl. u. Abb. *Marburg: N. G. Elwert 1901.* (209 S., 21 Taf.) 8° [01. 8013 4

— Führer durch Marburg u. seine Umgebungen. 1. Tl.: Marburg u. nächste Umgebg. 12. (48 S. m. 1 Stadtplan.) Ebd. 890. Kraatz. cart. n. — 80

— **Führer durch Marburg u. seine nächste Umgebung.** 2. verb. u. verm. Aufl. 12. (58 S. m. Plan.) Marburg 898. M. Spiess. n. — 80; Plan allein n. — 50

Führer durch Marburg und seine nächste Umgebung. Bearb. u. hrsg. von E[mil] **Schneider**. 3. verb. u. verm. Aufl. *Marburg: N. G. Elwert 1904.* (71 S.) 8° [04. 81; 4

- Dass. 4. verb. u. verm. Aufl. Mit 8 Abb., Stadtpl. u. Karte. Ebda. 1907. (100 S.)

Führer durch Marburg und seine nächste Umgebung. Bearb. u. hrsg. von E[mil] **Schneider**. 5. verb. u. verm. Aufl. Mit 24 Abb. u. Pharuspl. von Marburg. Marburg: Elwert 1910. 103 S. 8° [11. 34] 4

— Führer durch Oberhessen u. die angrenzenden Gebiete, reichend von Marburg aus bis: Lahnhof, Berleburg, Kahler Astenberg, Corbach, Wildungen, Knüll, Alsfeld, Nauheim, Braunfels, Dillenburg. 2 Tle. 12. Marburg 894. C. Kraatz. 2. 70; in 1 Bd. 2. 50
1. Führer durch das Obere Lahn-, Edder-, Nuhne-, Ohm- u. Schwalmthal. (XVIII, 91 S. m. 2 Karten u. 1 Stadtplan.) 1. 50
2. Führer durch das Untere Lahn-, Salzböde- u. Dillthal. (XVI, 69 S. m. 2 Karten u. 1 Stadtplan.) 1. 20

— **Führer durch Oberhessen u. die angrenzenden Gebiete, reichend von Marburg bis Lahnhof, Berleburg, Kahler Astenberg, Corbach, Wildungen, Knüll, Alsfeld, Vogelsberg, Nidda, Nauheim, Braunfels, Dillenburg.** 2 Tle. 2. z. Tl. umgearb. u. verm. Aufl. 12. Marburg 900. N. G. Elwert's Verl. Geb. à n. 1. 50; in 1 Leinw.-Bd. n. 2. 80
1. Führer durch das obere Lahn-, Eder-, Nuhne-, Ohm- u. Schwalmthal. (XXIV, 162 u. 26 S. m. 1 farb. Karte.)
2. Führer durch das mittl. Lahn-, das Salzböde- u. Dillthal, die Wetterau u. den Vogelsberg. (XXIV, 152 u. 26 S. m. 1 farb. Karte.)

--Neue dte Heldenbücher, 1740-1880. Von E. Sartorius (pseud.). Leipzig. 1883.

— neue deutsche Heldenbücher. 1740—1890. 2. Aufl. Lex.-8. (VI, 170 S. m. 26 Bildnissen auf 6 Taf.) Ebd. 891. n. 2. —

Schneider, Emil (Sartorius), deutsch-amerikanisches Jahrbuch 1908—1909. Neue deutsche Heldenbücher. 5. Buch: Amerika. 10 Bog. 8. Hoboken (N. J., 60 Hudson Street) 908. H. E. Schneider & Co. 3. 60

—— Pädagogisches Jahrbuch. Die Ergebnisse der in den deutschen Volksschullehrer-Versammlungen gehaltenen Vorträge in Leitsätzen, Beschlüssen und Hauptgedanken. 1.—4. Jahrg. 1888—1891. gr. 8. Marburg, Kraatz. [1. Jahrg. 1888. (IV, 100 S.) 889. * 1 50; 2. Jahrg. 1889. (IV, 191 S.) 890. * 2 50; 3. Jahrg. 1890. (IV, 240 S.) 891. * 3 —; 4. Jahrg. 1891. (IV, 252 S.) 892. * 3 —.] * 10 —

— pädagogisches Jahrbuch. Die Ergebnisse der in den deutschen Volksschullehrer-Versammlgn. gehaltenen Vorträge in Leitsätzen, Beschlüssen u. Hauptgedanken, nebst vielen Ausführgn. Gesammelt, bearb. u. m. zahlreichen Litteratur-Angaben zwecks Bearbeitg. derselben od. ähnl. Stoffe, sowie m. Verzeichnissen der gesamten neuen pädagog. Litteratur, nebst Beurteilg. derselben versehen. 3.–5. Jahrg. Bericht üb. d. J. 1890–1892. gr. 8. (IV, 240, IV, 252, IV, 261 S.) Ebd. 891—893. à Jahrg. n. 3. —

— dasselbe. 6. Jahrg. Bericht üb. d. J. 1893. gr. 8. (III, 287 S.) Ebd. 894. n. 3. 50

Schneider, Emil, pädagogisches Jahrbuch. D. Ergebnisse d. in d. deutschen Volksschullehrer-Versammlgn. gehalt. Vorträge in Leitsätzen, Beschlüssen u. Hauptgedanken, nebst vielen Ausführgn. Gesammelt, bearb. u. m. zahlr. Litteratur-Angaben zwecks Bearbeitg. derselben od. ähnl. Stoffe, sow. m. Verzeichnissen d. neuen Volksschul-Litteratur, nebst Beurteilg. derselben vers. 7. Jahrg. Bericht üb. d. J. 1894. gr. 8. (III, 212 S.) Marburg 896. C. Kraatz. n. 3. —

Schneider, Emil (Hrsg.), s. Journal, Belletristisches.

Schneider [Sartorius], Emil, Isabella auf dem Nürnberger Reichstag [von 1524]. Dramatische Dichtung. 16. (52 S.) Nürnberg 880, Raw'sche Buchh. *

Durch das obere Lahn- und Edertal. Marburg-Erndtebrück. Führer von Emil **Schneider**. 3. umgearb. u. verm. Aufl. Marburg: Elwert 1908. VIII, 159 S. 8°
(Schneiders Wanderbücher. 1.) [10. 325 4

— Lehrproben üb. deutsche Lesestücke. Im Anschluss an d. v. hess. Lehrerverein hrsg. „Deutsche Lesebuch f. d. Volksschule.“ 1. Bd. F. d. Unterstufe gr. 8. (IV, 304 S.) Ebd. 895. n. 3. —
Erschien auch in 6 Lfgn. à n. — 50.

— dasselbe. 2. Bd. Für die Mittelstufe. gr. 8. (IV, 472 u. VII S.) Ebd. 897. n. 4. 80

Schneider, Emil, Lehrproben üb. deutsche Lesestücke. 1., 3. u. 5. Bd. gr. 8. Ebd. n. 11. 80; geb. n. 13. 60
1. Für die Unterstufe. 2. Aufl. (IV, 313 S.) 900. n. 3. 60; geb. n. 4. 20
3. Für die Oberstufe. Prosastücke. (VII, 333 S.) 900. n. 3. 60; geb. n. 4. 20
5. Ergänzungsbd. zu Bd. I u. II. Für die Unter- u. Mittelstufe. (VII, 430 S.) 901. n. 4. 60; geb. n. 5. 20
Bd. 2 jetzt Ebd. 897 erh. Pr. n. 5. —; geb. n. 5. 60. — Bd. 4 ist noch nicht erschienen.

— Lehrproben üb. deutsche Lesestücke. I.—IV. Bd. gr. 8. Marburg, N. G. Elwert's Verl. n. 19. 10; geb. n. 21. 50
I. Für die Unterstufe. 3. Aufl. (VIII, 327 S.) 906. n. 3. 80; geb. n. 4. 40
II. Für die Mittelstufe der Volksschule u. die Unterklassen höh. Lehranstalten. 2., verm. u. verb. Aufl. (IX, 518 S.) 905. n. 5. 40; geb. n. 6. —
III. Für die Oberstufe der Volksschule u. die Unter- u. Mittelklassen höherer Lehranstalten. Prosastücke. 2., verm. Aufl. (VII, 396 S.) 905. n. 4. 50; geb. n. 5. 10
IV. Für die Oberstufe der Volksschule u. die Unter- u. Mittelklassen höherer Lehranstalten. Gedichte. (VIII, 450 S.) 901. n. 5. 40; geb. n. 6. —

— Lehrproben üb. deutsche Lesestücke. VII. Bd. Unterstufe. Aus der neueren u. neuesten Literatur. (VII, 317 S.) gr. 8. Ebd. 908. 4.20; geb. 4. 80
I.—IV. Bd. Ebd. 904—06. 19.10; geb. 21.50. — Bd. VI ist noch nicht erschienen.

Liederstrauss. Eine Sammlung d. verbreitetsten Volks- u. volkstüml. Lieder f. Schule u. Haus. Zsgest. von E[mil] **Schneider**. 2. verm. Aufl. *Marburg: N. G. Elwert 1903.* (35 S.) 8° [Umschlagt. F.] [03. 15… 4

Vereinigung Alter Deutschen Studenten in Amerika. Lipsia. Germania 1409. 1909 Columbia. Der guetigen Mutter z. fuenfhundertsten Jahreswende dargebracht von ihren Soehnen im Lande d. unbegraenzten Moeglichkeiten. Emil **Schneider** (Sartorius von Muehlberg, (Philalethes Molibergensis). (Hoboken 1909: Inquirer Print.). 22 S. 8° [10. 1183

Schneider, E., zur Reallesebuchfrage. Vortrag, geh. auf der 18. Jahresversammlung des hessischen Volksschullehrervereins zu Melsungen am 4. Oktbr. 1887. gr. 8. (55 S.) Marburg 888, Sipmann'sche Buchh. *

— 66 hessische Sagen. Zur Unterstützg. u. Belebg. d. heimatkundl. Unterrichts ausgewählt u. bearb. 12. (IV, 72 S.) Marb. i. H. 892, Elwert's Verlag. * — 50; steif brosch. * — 75

Hessisches Sagenbüchlein. Für Schule u. Haus bearb. u. hrsg. von Emil **Schneider**. 2. verm. Aufl. Mit 21 Abb. Marburg: N. G. Elwert 1905. (VIII, 136 S.) 8° [F.] [05. 1001 4

— Die Söhne Teuts, s.: Ihne, F. W.

Schneider, Emil, deutsche Taten. Ein Fest-Spiel zum deutschen Tage. (16 S.) gr. 8. Hoboken (N. J., 60 Hudson Str.) (905). H. E. Schneider & Co. n. — 40

Schneider, Emil, Aus dem Tornister eines preußischen Freiwilligen. Mühlberg 864. Schneider jun. 8. (VII, 72 S.) 15 ngr.

Touristen-Liederbuch. Eine Sammlung d. besten Wander- u. Volkslieder. Für den O. H. T. V. zsgest. von E[mil] **Schneider**. *Marburg: N. G. Elwert [1902].* (80 S.) 8° [Umschlagt. F.] [03. 15… 4

— Touristen-Liederbuch. Eine Sammlg. der besten Wander- u. Volkslieder. (80 S.) gr. 16. Ebd. (903). n. — 25

--Ulfilas; dram Dichtung. Von E. Sartorius (pseud.). Stuttg, 1882.

Schneider, Emil [E. Sartorius], Ulfila. Dramatische Dichtg. 2. Aufl. 8. (VI, 70 S.) Stuttgart 886. Metzler's Verl. n. 1. 20

Schneider, Emil, Waldpot v. Bassenheim. Vaterländische Dichtg. 2. (Titel-)Aufl. 8. (VI, 78 S.) Berlin 891. Morgenstern-Mission. Geb. m. Goldschn. n. 2. —

— Waldpot v. Bassenheim. Vaterländische Dichtg. 2. (Titel-)Aufl. 8. (VI, 78 S.) Ebd. 892. geb. m. Goldschn. * 2 —

Schneider, (Emil): Wanderbücher. 3. umgearb. u. verm. Aufl. 1. 2. Marburg: Elwert 1908. 8°
1. Schneider: Durch d. obere Lahn- u. Edertal. Marburg-Erndtebrück.
2. Schneider: Durch d. Wetschaft-, Eder-, Odeborn-, Nuhne- u. Orketal.

— Wanderbücher. III. Durch das Wohra-, Ohm- u. Schwalmtal u. den Knüll. Führer. 3. umgearb. u. verm. Aufl. (VIII, 308 S. m. 16 Taf. u. 1 farb. Karte.) kl. 8. Ebd. 910. 2. —

Die Wegzeichen in Oberhessen und den angrenzenden Gebieten. Im Auftr. d. O-H. T. V.s zsgest. von E[mil] **Schneider**. *Marburg: N. G. Elwert 1900.* (34 S.) 8° [01. 420 4

Durch das Wetschaft-, Eder-, Odeborn-, Nuhne- und Orketal. Führer von Emil **Schneider**. 3. umgearb. u. verm. Aufl. Marburg: Elwert 1908. VIII, 207 S. 8°
(Schneiders Wanderbücher. 2.) [10. 329 4

Durch das Wohra-, Ohm- und Schwalmtal und den Knüll. Führer von Emil **Schneider**. 3. umgearb. u. verm. Aufl. Marburg: Elwert 1910. VIII, 318 S. 8°
(Schneiders Wanderbücher. 3.) [10. 7164

Schneider, Engelbert [Dr.]: Über den Ausdruck der Gefühle. (Umschlagt.: Semasiologische Beiträge I.) Mainz, Buchdr. v. H. Prickarts, 1892; 3—29 S. 4.
Mainz, grossh. G, P 1892 (028)

Schneider, Engelbertus (Mogontiacensis)
De dialecto megarica.
Gissae: Ricker 1882. 88 S.
Diss. phil. 8.8.1882. vorh. 26. 7.

Schneider, Engelbert, dialectorum italicarum aevi vetustioris exempla selecta. In usum scholarum ed. E. S. Vol. I.: Dialecti latinae priscae et faliscae exempla selecta. Pars I. gr. 8. (XI, 168 S.) Leipzig 886, Teubner. *

Schneider, Erich, a. Berlin, z. Zt. Medizinalpraktikant am patholog. Institut d. städt. Krankenhauses „Am Urban" zu Berlin: Ein Fall von außergewöhnlicher Grösse eines kindlichen Wasserkopfes. Berlin 1907: Liebheit & Thiesen. (34 S.) 8°

Freiburg i. B., Med. Fak., Ref. Hirsch, Diss. v. 1908

[Geb. 6. Juni 81 Berlin; Wohnort: Berlin; Staatsangeh.: Preußen; Vorbildung: Leibniz-Gymn. Berlin Reife O. 02; Studium: Berlin 8, Freiburg i. B. 2 S.; Coll. 7. Juni 07; Approb. 3. Juni 07.]

Schneider, Erich, appr. Arzt a. Straßburg i. E.: Eigenartiger Geburtsverlauf bei Zwillingsgeburt mit Foetus papyraceus. Berlin (1906): G. Schade. (29 S.) 8°

Berlin, Med. Fak., Ref. Olshausen, Diss. v. 30. Jan. 1906

[Geb. 3. Febr. 82 Straßburg i. E.; Wohnort: Berlin; Staatsangeh.: Preußen; Vorbildung: Sophien-Gymn. Berlin Reife O. 00; Studium: Berlin 9 S.; Coll. 28. Juli 05; Approb. 31. Jan. 06.]

Schneider, Erich, Kammergerichtsrefer.: Die rechtliche Stellung des Gerichtsvollziehers, insbesondere unter Berücksichtigung des preußischen Rechts. Berlin 1910: G. Schade. 76 S. 8°

Erlangen, Jur. Diss. v. 19. März 1910, Ref. Oertmann

[Geb. 19. März 85 Koschmin, Pr. Posen; Wohnort: Berlin; Staatsangeh.: Preußen; Vorbildung: Gymn. Ostrowo Reife M. 05; Studium: Berlin 6 S.; Rig. 4. Mai 09.] [U 10. 758

Schneider Ernest: Über die Wirkungen eines elektrischen Körpers im elektrischen Felde. — Elektrische Wellen. 28. Pilsen 904.
Progr.

Schneider, Ernst, s.: Archiv f. schweizerische Schulgeschichte.

Ferdinand Christian Baur in seiner Bedeutung für die Theologie. Von Ernst **Schneider**, Pfarrer, Hasel. München: J. F. Lehmann 1909. (VIII, 336 S.) 8° [F.] [08, 18427

Schneider. Ernst [aus Celle, Assistenzarzt in Wehnen]: Beiträge zur Statistik der Aetiologie der Nephritis .... Oldenburg, Buchdr. v. Büttner & Winter, 1887; 30 S. 4°.

Göttingen, Med. Fak., Inaug.-Diss. v. 14. März 1887.

Schneider, Ernst, Beiträge zur Statistik der Aetiologie der Nephritis. Inaug.-Diss. gr. 4. (30 S.) Oldenburg 887. (Göttingen, Vandenhoeck & Ruprecht's Verl.) n. 1. 40

Schneider, Ernst, bildliche Darstellung der hauptsächlichsten in Deutschland gezüchteten Nutz- u. Ziergeflügel-Rassen u. deren Farbenschläge nach Orig.-Zeichngn. v. Mustertieren. Zusammengestellt u. textlich bearb. Mit e. Einleitg. v. Gust. Torges. 4. (84 Taf. m. 24 S. Text.) Dresden (900.) H. Schultze. Kart. n. 6.—

(B) **Schneider,** Ernst, bildl. Darstellung d. Nutz- u. Ziergeflügelrassen. 900. (KBL 32.) Jetzt: Reichenbach, J. G. Koch.

Schneider, Ernst: Die Entstehung der Selbstverwaltung und die Ordnung des Finanzwesens in der Rheinprovinz. ⟨Beiträge z. Geschichte d. provinziellen Selbstverwaltung d. Rheinprovinz.⟩ Cassel 1909: Landsiedel. 81 S. 8°

Heidelberg, Phil. Diss. v. 29. Nov. 1909, Ref. Gothein

[Geb. 28. Aug. 76 Kassel; Wohnort: Heidelberg; Staatsangeh.: Preußen; Vorbildung: Gymn. Homburg Reife M. 07; Studium: Bonn 1, Leipzig 1, Halle 2, Heidelberg 3 S.; Rig. 18. Jan. 09.] [U 10. 2171

— s.: Erziehung.

Schneider, Ernst [aus Beeskow]: Aus d. patholog. Institut d. Kgl. Univ. Greifswald. Ein Fall von Fibrosarkom der Thymus ... Greifswald, Druck v. J. Abel, 1892; 32 S. 8.

Greifswald, Med. Fak., Inaug.-Diss. v. 29. März 1892

Schneider, E[rnst]. Ueber Frauenberuf und Frauenbildung. Vortrag (gehalten auf Einladung der) Ortsgruppe Bern des Schweiz. Bundes abstinenter Frauen. 20 S. 8. Bern, Gustav Grunau, 1906. [fr. —. 30]

— die Geflügelzucht, s.: Löbe, W.

[F.] **Schneider,** Ernst [Kammerger.-Ref.]: Die Gesellschaft mit beschränkter Haftung in ihrer Beziehung zur Aktiengesellschaft und neueren Gewerkschaft. Ein Beitr. z. Entwickelgsgesch. d. neuesten Gesellschaftsrechts ... *Berlin, Deutsche Verl.- u. Buchdr.-A.-G., 1892;* 75 S. 8.

Göttingen, Jur. Fak., Inaug.-Diss. v. [13. Mai] 1892

Schneider, Ernst, die Gesellschaft m. beschränkter Haftung in ihrer Beziehung zur Aktiengesellschaft u. neueren Gewerkschaft. Ein Beitrag zur Entwicklungsgeschichte d. neuesten Gesellschaftsrechts. Diss. gr. 8. (75 S.) Göttingen 892. (Vandenhoeck & Ruprecht.) n. 1. 80

—, Juden u. Arbeiter! (Revolutionirung der europäischen Staaten durch die Juden.) (Wien, Verl. d. Vf.) Gr. Fol. 2 Bll. à 3 Col. Cart.

Schneider, Ernst, der Künstlerakt, s.: Schmidt, Otto.

Schneider, Ernst: Die bernische Landschule am Ende des 18. Jahrhunderts. [Mit Figuren, 2 Tafeln und 18 Tabellen.] Bern 1905. 240 S. 8°. Archiv f. schweiz. Schulgeschichte Bd. 1. H. 1. [12. VII. 04.]

Bern. Phil. Diss. 1904/1905.

Schneider, Ernst. Die Bernische Landschule am Ende des 18. Jahrhunderts. [Mit Figuren, 2 Tafeln und 18 Tabellen.] 8. Bern, Gustav Grunau, 1905.

Ausg. A: Die b' L'... Diss. Phil. Bern. IV + 240 S.
Ausg. B: Die B' L'... [VIII +] 240 S. [fr. 4 —.] — Archiv für Schweizerische Schulgeschichte.... Band 1. Heft 1.

Der Landwirt im schriftlichen Verkehr mit den Behörden. Ein Wegweiser f. Gemeindeglieder ... Bearb. v. E[rnst] **Schneider**, Lehrer, Dybowen. (Dybowen: Selbstverl.) 1908. (64 S.) 8° [F.] [08. 8067

Schneider, Ernst. Zur Lehrerbildung. Ein Versuch. [Mit 1 Tabelle.] 53 S. 8. Biel, Ernst Kuhn, 1903. [fr. 1. 20]

Schneider, Ern. (geb. Bertikow bei Prenzlau [25. 7. 1855]): Quaestiones Ammianeae. Berolini (1879). (60 S.) 8°

Berlin, Phil. Diss. v. 24. März 1879

Schneider, Ernst, Quaestiones Ammianae. Dissertatio inauguralis. gr. 8. (60 S.) Berlin 879, (Mayer und Müller.)

Schneider, Ernst (Mechaniker, Vize-Präs. d. österr. Reform-Vereins), Rede über *Rothschild*, geh. in d. 23. Plenar-Versamml. d. österr. Reform-Vereins, am 11. Dezbr. 1884. (Wien, Red. d. „Oesterr. Volksfreund".) Breit-Fol. 2 Bll. à 3 Col. Beibd. Cart.

—, Rede, gehalten in der Voksialle (sic) d. neuen Wiener Rathhauses, am 10. Febr. 1885. (Wien, Verl. d. Vf.) Fol. 2 Bll. à 3 Col. Beibd. Cart.

Schneider Ernst: De verbis novatis et significationibus mutatis in M. Tullii Ciceronis epistulis. 1908 PN 2456 **Diss.** Wien, Univ. 1638

Schneider, Ernst, aus Magdeburg: Die hygienischen Verhältnisse Göttingens einst und jetzt. *Göttingen 1903: L. Hofer.* (49 S.) 8°

Göttingen, Med. Diss. v. [8. Apr.] 1903

Schneider, Ernst, die hygien. Verhältnisse Göttingens einst u. jetzt. Diss. (49 S. m. 1 Plan u. 1 graph. Taf.) gr. 8. Göttingen 903. (Vandenhoeck & Ruprecht.) n. 1.40

Schneider, Ernst Christoph Gottlieb

SCHNEIDER, E. Cph. Gli.: Vollständ. Lehre vom rechtl. Beweise in bürgerl. Rechtssachen; a. vernunftmäss. Grundbegriffen unt. Rücks. auf d. Positiv-Gesetze abgel. u. system. dargestellt. *Giessen* u. *Darmst.*, Heyer. 803. gr. 8. (1 Thl. 16 Gr.)

Schneider, Ernst Christ. Glieb., vollständige Lehre vom rechtlichen Beweise in bürgerl. Rechtssachen aus vernunftmässigen Grundbegriffen, mit Rücksicht auf die Positivgesetze, abgeleitet u. systematisch dargestellt. Neu hrsg. von C. Hofmann. gr. 8. (25 B.) Giessen 842, Heyer's Verl. Thlr.

SCHNEIDER, E. Cph. Gli.: Noch ein. Worte üb. d. Princip d. Strafrechts, nebst ein. daraus abgeleit. Theorie d. Strafgesetzgeb. in ihren Grundzügen, mit Rücksicht auf d. merkwürdigeren der bisher erschien. Theorien üb. diesen Gegenstand. *Dresd.* u. *Leipz.*, Hilscher. 806. 8. (12 Gr.)

Schneider, Er. Chr. Gli., s. Otto v. Schütz.

E. Cp. Gli. Schneider's Versuch e. Entwickelung u. Berichtig. d. Grundbegriffe d. philosoph. Rechtslehre, als Grundl. e. allgem. Philos. d. Rechts. *Giess.*, Heyer. 801. 8° 12 gl

Schneider, Ernestvs Richardvs (geb. am 29 Juli 1849 in Koblenz): De praemeditationis et impetvs in ivre criminali notionibvs ... Bonnae, form. C. Georgi (1872). 2 Bl., 69 S., 1 Bl. 8.
Bonn, Jur. Fak., Diss. v. 13 Juli 1872

Schneider, Erwin (Hrsg.), s. Schneider, Ludwig: Gregorian. Choralgesänge ...

Schneider, Eugen: Beglückwünschung...Ignatz Döllinger...zur Feyer seiner vierzigjährigen Dienstesleistung als...Professor der Anatomie und Physiologie...1834...nebst einem Bericht von dem Zustande und den Leistungen der k.anatomischen Anstalt zu München. 34 S., gbd.

(München): typ.Giesser (1834)

Schneider, Eugen: Beiträge zur pathologischen Anatomie des Menschen. 19 S.(S.789 - 807), gbd., Abb.

(München): (1830)
(aus: Denkschriften der k.Akademie der Wissenschaften, Bd 1)

JB 1.275

— das Tübinger Collogium illustre. [Aus: „Württ. Vierteljahrshfte."] gr. 8. (31 S.) Stuttgart 898. W. Kohlhammer. n. — 60

Schneider, Eug., Eberhard im Bart und die Stiftung der Universität Tübingen. Schauspiel in 2 Aufzügen. gr. 8. (IV, 38 S.) Tübingen 877, Fues'sche Sortimentsh. *

Schneider, Eugen: Das Ende der Nervenhaut im menschlichen Auge. Eine anatomische Abhandlung. 26 S., gbd., 1 Taf.

München: Lindauer (Sauer) 1827

JB 4.260

Schneider, Eugen Dr. „Zur Erdgeschichte". Geologische Studien. III—X. pg. 1—107. 4". J. M. Reindl.
Bamberg, Progr. 1855/56

Schneider, Eug., Zur Erdgeschichte. Geologische Studien. gr. 4. (X und 107 S.) Bamberg 850, Buchner'sche Buchh. *

Schneider, Eugen: Aus d. Pathol. Inst. zu Kiel. Ein Fall von Geschwulstthrombose bis in das rechte Herz, ausgehend von einer accessorischen Nebenniere. Kiel 1910: Schmidt & Klaunig. 23 S. 8°
Kiel, Med. Diss. v. 10. Aug. 1910, Ref. Heller
[Geb. 12. Dez. 83 Barmen; Wohnort: Barmen; Staatsangeh.: Preußen; Vorbildung: Gymn. Barmen Reife O. 04; Studium: Gießen 1, Berlin 1, München 1, Leipzig 2, Berlin 1, München 1, Kiel 3 S.; Coll. 20. Aug. 09; Approb. 16. Juni 10.] [U 10. 2473

Schneider, Eugen Dr. (kgl. Rektor) „Geschichte der Königlichen Landwirthschaft- Gewerb- und Handels-Schule zu Bamberg." Ein Programm zur Feier des fünfundzwanzigjährigen Bestehens derselben. pg. 3—31. 4". J. M. Reindl.
Bamberg, Progr. 1858/59

[F.] Württembergische Geschichte v. Eugen Schneider. *Stuttgart: J. B. Metzler 1896.* (VI, 590 S., 1 Bl.) 1 Bd 8. [96. 1310

Schneider, Eug., Götterspuren im deutschen Volksleben, s. Volksbibliothek, neue. IV,4

Schneider. [Eugen]. Herzog Ulrichs [von Württemberg] Hofhaltung in Mömpelgart, der Schweiz und Hohentwiel. [A.] gr.-8. ([Stuttgart] 1886.)

Schneider, Eug., de jure hereditario Atheniensium. 8maj. (VI und 58 S.) Monachii 851, Kaiser. *

Schneider, Eug., der Kampf Graf Eberhard des Erlauchten gegen König Rudolf von Habsburg. gr. 8. (16 S. mit 1 Lichtdr.-Abbild. des Stuttgarter Vertrags vom 10. Novbr. 1286.) Stuttgart 886, Greiner und Pfeiffer. *

Schneider, Eug. die Landeskulturgesetzgebung des Preußischen Staates für Auseinandersetzungen mit Ausschluß der Prov. Hannover. 1. und 2. Abschnitt. gr. 8. (V, 352 S.) Berlin 879, [Wiegandt, Hempel und Parey.] Parey. *

Schneider, Eug. (I.), die Landeskulturgesetzgebung des Preußischen Staates für Auseinandersetzungen mit Ausschluß der Prov. Hannover, bearb. Nachtrag zum 2. Abschn.: Verfahren, enthaltend das Gesetz vom 18. Febr. 1880 mit Motiven. gr. 8. (1. Bd. S. 353—457.) Berlin 880, [Wiegandt, Hempel und Parey.] Parey. *
1. und 2. Abschn. Ebendas. 1879. * ℳ 10.

Schneider, Eug. (I.), die Landeskulturgesetzgebung des Preußischen Staates für Auseinandersetzungen mit Ausschluß der Prov. Hannover, bearb. 3. Abschn. A. u. d. T.: Die preuß. Gesetze betr. Gemeinheitstheilung, Servitutablösung und Grundstücks-Zusammenlegung, systematisch geordnet und praktisch erläutert. gr. 8. (X, 269 S.) Berlin 882, Parey.

Schneider, Eug., Prinz Purzel. Illustr. Märchenbuch f. kleine Kinder. gr. 4. (13 Chromolith. m. eingedr. Text.) Stettin 885. Gentzensohn. cart. 2. 50

Schneider, Eug., württembergische Reformations-Geschichte. 8. (VIII, 143 S.) Stuttgart 887. Roth. n. 2. 50; geb. n. 3. 40

Schneider, Eug., württembergischer Stammbaum. Imp.-Fol. (1 Bl.) Stuttgart 900. W. Kohlhammer. n. 2. 50

Schneider, Eulogius

— Leben u. Schicksale im Vaterlande (v. A. S. Stumpf). 8. Frankf. a. M. 792.

— ernste Betrachtt. üb. sein trauriges Schicksal, nebst flüchtigen Rückblick auf seinen geführten Lebenswandel, kurz vor seiner Hinrichtung von ihm selbst geschrieben. 8. Leipz. 794. (W. Nauck). 4 gl

— Lebensgeschichte, u. letzten Stunden kurz vor seiner Hinrichtung v. ihm selbst geschr. 8. Frankf. (Sommer in Leipz.) 794.

— d. Bild, d. guten Volkslehrers, 2 Predigten. gr. 8. Heilbronn, Class. 790.

— das Bild des guten Volkslehrers; eine Predigt. gr. 8. Straßb. 796. (Class in Heilbr.) 3 gl

Schneider, Eulogius, s. Chrysostomus, J.: Reden.

Schneider, Eulogius (der bekannte Schreckensmann im Elsass), Gedächtnissrede auf Mirabeau vor der Gesellschaft der Constitutionsfreunde zu Strassburg gehalten am 2ten April 1792. Im vierten Jahre der Freiheit von —. (Vign.) Strassburg. 1792. 8°. 72 S. (6 Mk. Max Perl, Berlin, 1886.) Selten!

Schneider, Eulog., Gedanken üb. d. Chrysostomischen Erklärungsreden üb. d. N. Testament. gr. 8. Stuttgart, Klett. 787.

SCHNEIDER, Eulogius. Gedichte. Mit Bildniſſen. Frankfurt a. M., Andräi, 1790. 8°. XXXII, 528 S.
Erste Ausgabe des später durch seine Massenguillotinierungen im Elsaß berüchtigt gewordenen Stuttgarter Hofpredigers; er wurde später in Paris selber enthauptet. Enthält ziemlich freie Gedichte.

Schneider, Eulog., Gedichte. 8. Bonn u. Cöln 790. 2e Aufl. 8. Frankf. a. M. 790. 3e A. 798. 4e A. 802. 5e A. 813. 8. Ebd. Andreä. 10 gl

Schneider, Eulogius, Gedichte. 5te Aufl. 8. Frankf. Andreä. 812.

— erste Grundsätze der schönen Künste überhaupt u. der schönen Schreibart insbesondere. 8. Bonn 790. (Fr. Fleischer in Leipz.)

— der Guckkasten, ein kom. Gedicht. Aus seinen hinterlass. Papieren. 8. Lingen 795. Jülicher. 3 gl

— s. Kirchenjournal, Röm.

Schneider, Eulogius, De necessario litterarum elegantiorum cum iurisprudentia et theologia nexu. Bonnae 1789, in 4°.
Akadem. Schrift. Angezeigt a. a. O. Bd. 2 (1789), S. 106—8.

— Predigten f. gebild. Menschen u. denkende Christen. 8. Bresl. 790. W. G. Korn. 10 gl

UEBER die Priesterehe; vorgelesen in der Gesellschaft der Constitutionsfreunde in Strasburg (!); aus d. Französ. (des *Eulogius Schneider*). O. O. 1791. 8°. Selten!
Ersch II. 1. 1823. No. 1168.

Schneider, ..., üb. die Priesterehe. 8. Stuttg. 792. Sattler. (Hofmann). 1 gl

— Rede üb. den gegenwärt. Zustand u. die Hindernisse der schönen Literatur im kathol. Deutschland. 8. Bonn 789.

Schneider, Eulogius, über die Rückständigkeit d. Katholizismus auf d. Gebiete d. schönen Litteratur, nebst ausgew. Gedichten, s.: Katholik, e. liberaler, d. 18. Jahrh.

— Schicksale in Frankreich. 8. Straßb. 797. (Bauer u. Raspe in Nürnb). 12 gl

Schneider, Eulog. Trauerrede auf Joseph II. 8. Wetzlar 1790.

— katechet. Unterricht in d. allgemeinsten Grundsätzen d. prakt. Christenthums. 8. Bonn u. Cöln 790. 2e A. 801. Rommerskirchen. 5 gl

— de philosophiae in sacro tribunali usu commentatio. 8. Stuttg. 787. Klett. 3 gl

Schneider, Ew. Der Mädchenſpiegel oder Die Kinder-Proſtitution Londons. Hamburg, Digel (um 1900). Kl. 8°. 80 S.
Verb. d. Ldg. I Berlin 2 A. J. 274/04.

Schneider, Ewald, d. Kernfragen d. Christentums, behandelt in Form e. Zwiegesprächs. E. Wegweiser z. Glauben. gr. 8. (VI, 232 S.) Göttingen 896. Vandenhoeck & Ruprecht. n. 3. 20; geb. in Leinw. n. 3. 80

Schneider, Ewald, die innere Mission in Deutschland. Zwei Bücher, Behörden, Geistlichen, Armenvorständen, Aerzten und Menschenfreunden dargeboten. gr. 8. Braunschweig 888, Schwetschke und Sohn. *M 5.60.; geb. *
Inhalt:
Buch 1. Handbuch der im Dienste der Wohlthätigkeit stehenden Anstalten in Deutschland. Zum Nachschlagen zusammengestellt. (VIII, 252 S.) *M 3.60.; geb. *M 4.25.
2. Anmerkungen und Bemerkungen. (XVII, 128 S.) *M 2.—; geb. *M 2.60.

— die Vollendung unserer evangelischen Kirche. gr. 8. (87 S.) Ebd. 888. n. 1.—

Schneider, F., die Ausbildung d. Trupps im geschlossenen Exerciren nach den Grundsätzen des Exercir-Reglements der k. preuß. Infanterie. Stuttgart 869. Aue. 8. (VIII, 56 S.) n. 6 ngr.

Schneider, F., Belehrung über die Ursache des Ausschwitzens neu polirter Instrumente u. Meubles nebst Anweisung zur Selbstbereitung geeigneter Polituren u. Lacke, u. deren Anwendung, das Ausschwitzen zu verhindern. Vorzüglich für Fortepiano-, Meubles-Fabrikanten u. Drechsler ꝛc. 2. Aufl. Leipzig 868. Seiler. 8. (24 S.) Verklebt n. 1 ℛ 10 ngr.

Schneider, F. (III.), Belehrung über die Ursache des Ausschwitzens neu polirter Instrumente und Meubles nebst Anweisung zur Selbstbereitung geeigneter Polituren und Lacke und deren Anwendung, das Ausschwitzen zu verhindern. Vorzüglich für Fortepiano-, Meubles-Fabrikanten und Drechsler ꝛc. 2. Aufl. 8. (24 S.) Leipzig 869, Seiler. Verklebt. (*M 4.) —

Schneider, F., Buchführung für kaufmännische Detail-Geschäfte. Für den Selbstunterricht und mit besonderer Rücksicht auf die praktische Anwendung, nach einer neuen, leicht faßlichen Methode bearb. Berlin 854. Preuß. Literatur-Comtoir. gr. 8. (2 Bl., 80 S.) n. 15 ngr.

Schneider, F., Buchführung für kaufmännische Detail-Geschäfte. Für den Selbstunterricht u. mit besonderer Rücksicht auf die praktische Anwendung, nach einer einfachen, leicht faßlichen Methode bearb. 3. Aufl. Berlin 860. Adolf & Co. gr. 8. (IV, 80 S.) 15 ngr.

Schneider, F., Buchführung f. kaufmännische Detail-Geschäfte. Für den Selbstunterricht u. m. besond. Rücksicht auf die prakt. Anwendg. nach e. einfachen leicht faßl. Methode bearb. 4. Aufl. gr. 8. (80 S.) Berlin 874. Adf. Cohn. 1. 50

—— praktische Buchführung für Handwerker, sowie für kleinere Gewerbtreibende jeder Art. Für den Selbstunterricht und mit besond. Rücksicht auf die prakt. Anwendung, nach einer einfachen, leicht faßl. Methode bearb. gr. 8. (VI und 68 S.) Berlin 854, Preuß. Literatur-Comtoir.

— praktische Buchführung für Handwerker, sowie für kleinere Gewerbtreibende jeder Art. Für den Selbstunterricht und mit besonderer Rücksicht auf die prakt. Anwendung, nach einer einfachen, leicht faßlichen Methode bearb. 3. Aufl. gr. 8. (VI und 68 S.) Berlin 860, Adolf und Comp.

— english and danish dialogues. Originally written in english and german, by J. E. Marston. 8. Kopenhag. 812. Brummer. 20 ß

Schneider, F., Erinnerungen aus den Feldzügen der Württemberger. 1806 und 1807 in Schlesien. Episoden. Gefechtsberichte. Denkwürdige Thaten Einzelner. Nach archival. Quellen gesammelt und hrsg. 1. Heft. 8. (XX und 80 S.) Stuttgart 866, Aue. *

Schneider, F., alphabetisch geordneter Fracht-Tarif zwischen Dresden und Stationen deutscher und österreichisch-ungarischer Bahnen, s. Brause, B.

Schneider, F., Goethe u. Schiller nach ihrer Stellg. in der Geschichte d. Protestantismus, s.: Vorträge, protestantische.

Schneider, F., danish Grammar adapted to the use of Englishmen to which are added a hist. description of Copenhagen and various extract from danish Authors. 8. Kopenhag. 803. Brummer. 1 ℛ

— a short introduction to the danish language for Englishmen. 12. Kopenh. 815. Brummer. 4 ß

— Maximilian's I. Kaiserreich u. Tod. Von Miramare bis Queretaro. Berlin 867. Burmester & Stempell. br. 8. (32 S. mit Portr. von Maximilian I. u. Juarez in Holzschn.) n. 5 ngr.

Schneider, F., der Kellerwechsel [Aushilfswechsel, Finanzwechsel] u. seine Fabrikanten. Mit e. Vorwort v. Schulze-Delitzsch. gr. 8. (37 S.) Berlin 876. Guttentag. n. 1. --

— english miscellanees extracted from different Authors. 8. Copenh. 815. Bonnier.

Schneider, F., siehe: *Monatsschrift für Obst- und Weinbau.*

Schneider, F., Hauptm. im k. württ. 2. Inft.-Reg. Das Plänkeln der französischen Jäger und Zouaven. „Instruction pour le tirailleurs." (Ordonnance sur l'exercice et le manoeuvres des bataillons de chasseurs à pied de l'année 1858.) In's Deutsche übertragen. Mit Holzschnitten und angehängten Hornsignalen. 8. Stuttgart **1860.**

Schneider, F., Ueb. den Ursprung der Homerischen Gedichte. Pr. 1873. 34 S. 4°. 4.—

Schneider, F., s.: Verzeichnis der Hamburger Schiffe.

Schneider, F., üb. das Wesen der Narkosen im Allgemeinen, mit besond. Berücksicht. der Bromäther-Narkose. [Aus: „Deutsche Monatsschr. für Zahnheilkunde".] gr. 8. (53 S.) Leipzig 890. (Felix.) n. 1. 60

Schneider, F., siehe: *Zeitschrift für Obst- u. Weinbau.*

Schneider, F. A. H., die ehel. Gütergemeinschaft nach franz. Recht. gr. 8. Mannheim 846, Schwan u. Götz. n. 1 1/3 ℛ

Schneider, F. A. H., die eheliche Gütergemeinschaft nach französischem Recht. 2. verm. Aufl. gr. 8. (XII u. 352 S.) Mannheim 849, Götz. n. 1 1/3 ℛ

Schneider, F. G., s. Martialis epigrammatou libri.

Flottenlieder. Eine Sammlung d. besten Seemanns-, Flotten- u. Meereslieder mit leichter Klav.-Begl. ausgew. u. bearb. von **F. H. Schneider** (in Schöneberg-Berlin). Im Auftr. d. Freien Vereinig. f. Flottenvorträge hrsg. *Leipzig: Breitkopf & Härtel (1901).* (154 S.) 4° [ol. 6.ab

Schneider, F. J. Special-Karte der Königlich Preussischen Provinz Schlesien und der Grafschaft Glatz. 1 : 300 000. Breslau 1845. 4 Bl. c. L. Ft.

Schneider, F. J., Special-Karte von Schlesien und der Grafschaft Glatz. Revidirt von Sadebeck. Neue Ausg., vervollständigt von Heinr. Adamy. 4 Bl. Fol. Breslau 869,71, Korn's Verlag. *ℳ 7.; aufgez. in Carton * 11 —

Schneider, F. J., Special-Karte von Schlesien und der Grafschaft Glatz. 1 : 300,000. Neue Ausg., revid. und vervollständigt von Sadebeck. Mit color. Landes-, Regierungsbezirks- und Kreisgrenzen. 4 Bl. Lithogr. gr. Fol. Breslau 878, Korn. Auf Leinw. in Futteral. * 11 —

Schneider, F. J., Specialkarte von Schlesien und der Grafsch. Glatz. 1 : 300,000. Neue Ausg., revid. und vervollständigt von Sadebeck. Mit color. Landes-, Regierungsbezirks- und Kreisgrenzen. 4 Bl. Lithogr. und color. Imp.-Fol. Breslau 883, Korn. Auf Leinw. in Mappe * 11 —

Schneider, F. J., Special-Karte von Schlesien und der Grafsch. Glatz. 1 : 300,000. 4 Bl. Neue Ausg., revid. und vervollständigt von Sadebeck. Mit color. Landes-, Regierungsbezirks- und Kreisgrenzen. Revision von 1884. Lithogr. und color. gr. Fol. Breslau 885, Korn. Auf Leinw. in Futteral. * 11 —

Schneider F. J.: Vergleich der in den politischen Bezirken Imst, Landeck u. Reutte bisher üblichen Maße mit dem Metermaße. 5. Imst K. 75. Prog.

Schneider, F. Julius, s. Schneider, Julius.

Schneider, F. S.: De cultu lucorum et nemorum apud. vett. Zittav. 1761. 4°

Schneider, F. S., Insignia Hausdorffiorum. Zittavino 1761. fol.

Schneider, F. W., System der christlichen Lehre. (VIII, 552 S.) gr. 8. Cincinnati (908). Jennings & Graham. Geb. in Leinw. nn 12. 75

Schneider, Fedor

Schneider, Fed., Bistum u. Geldwirtschaft. Zur Geschichte Volterras im Mittelalter (Tl. 1). (40 S.) Lex.-8. Rom 905. Loescher & Co. n.n. 1. 60
Sonderabdr. aus: „Quellen u. Forschgn. a. ital. Archiven".

Schneider, Fed., Bistum u. Geldwirtschaft. Zur Geschichte Volterras im Mittelalter. II. Tl. (47 S.) Lex. 8. Rom 906. Loescher & Co. nn 1. 60
Sonderabdruck aus: „Quellen u. Forschgn. a. italien. Archiven u. Bibliotheken". — I. Tl. Ebd. 905. nn 1.60; mit d. II. Tl. zusammen bezogen nn 2.80.

— Einleitung zum Regestum Volaterranum. Regesten der Urkunden v. Volterra (778—1303). (I. Die Regesten. II. Das Volterraner Urkundenwesen.) (LVI S.) Lex. 8. Ebd. 907. 2. —
Sonderabdruck aus: „Regesta chartarum Italiae".

— s.: Festgabe, enth. vornehmlich vorreformator. Forschungen, Heinrich Finke gewidmet.

— s.: Iohannes abbas Victoriensis liber certarum historiarum.

Regestum Volaterranum. Regesten d. Urkunden von Volterra (778–1303). Im Auftr. d. Preuss. Hist. Inst. bearb. von Fedor **Schneider**. (Vorr.: [Paul] Kehr.) Roma: E. Loescher & Co. 1907. (LVI, 448 S.) 8°
= **Regesta** Chartarum Italiae. [1.] [07. 9339

Schneider, Fedor, aus Hausdorf i. Schl.: **Studien zu Johannes von Victring.** (Th. 1.) *Hannover 1902: F. Culemann.* (59 S.) 8°
¶ (Erscheint vollst. in: Neues Archiv d. Ges. f. ältere deutsche Geschichtskunde.)
Berlin, Phil. Diss. v. 4. Okt. 1902

-- Toscanische Studien. I.—IV. Tl. gr. 8. Rom, Loescher & Co. nn 8. 40
I. (43 S.) 908. nn 1.60. — II. (76 S.) 908. nn 2.80. III. (69 S.) 909. nn 2.40. — IV. (52 S.) 909. nn 1.60.
Sonderabdrucke aus: „Quellen u. Forschgn. a. italien. Archiven u. Bibliotheken".

Schneider, Fed., Toscanische Studien. Urkunden zur Reichsgeschichte von 1000—1268. Hrsg. u. erläutert. (XI, 316 S.) gr. 8. Rom 910. Loescher & Co. 10. --
Ergänzter Sep.-Abdr. aus: „Quellen u. Forschgn. a. italien. Archiven u. Bibliotheken".

— Mittelgriechische Urkunden f. San Filippo di Gerace. (30 S.) gr. 8. Ebd. 907. nn 1. 20
Sonderabdr. aus: „Quellen u. Forschgn. a. ital. Archiven u. Biblioth."

SCHNEIDER, Felix: Die Bestockungsverhältnisse der bayerischen Staatswaldungen. - Berlin 1902. VII, 97 S., 21 Abb., 5 graph. Darst., 1 Kt. - Habil. -Schr. Univ. München, Staatswirtsch. Fak. 1902 u. d. T.: Die Bestockungsverhältnisse der Staatswaldungen des Fränkischen Jura

Die Bestockungs-Verhältnisse der Staatswaldungen des fränkischen Jura. Von Dr. Felix **Schneider**, Privatd., München. Mit 1 Karte. *Berlin: P. Parey 1902.* (97 S.) 8° [ℌ.] [03. 14707

Schneider, Fel., die Bestockungsverhältnisse der bayer. Staatswaldungen. Mit e. Vorworte v. Karl Gayer. Mit e. forstl. Uebersichtskarte Bayerns. (XV, 185 S. m. 6 Taf. graph. Darstellgn.) gr. 8. Berlin 906. P. Parey. n. 6.—

Bleicherei, Wäscherei und Karbonisation. 2., gänzl. neu bearb. Aufl. von Dr. Felix **Schneider**, Lehrer zu Aachen. Mit 161 Ill. u. 10 Mikrophotogr. Berlin: M. Krayn 1905. (XVI, 404 S.) 8°
Die 1. Aufl. ist von Herzfeld bearb.
= **Herzfeld**, Jakob: Das Färben u. Bleichen. T. 2. [06. 590

Schneider, Fel., d. Färben u. Bleichen v. Baumwolle etc., s.: **Herzfeld**, J.

Schneider, Fel., vom Stifter des Christenthums. Vortrag gehalten im Protestanten-Verein zu Breslau den 7. Decbr. 1874. gr. 8. (23 S.) [Breslau 875, Gosohorsky's Buchh.] Freiburg i. Br., Kiepert. — 75

SCHNEIDER, FELIX. Zum Studium der β-Halogenketone. Untersuchungen über Derivate des β-Chlor und Benzylacetophenons. (Basel) Strassburg, 1895.

Schneider, F. Zum Studium der β Halogenketone. Untersuchungen über Derivate des β Chlor *u* Benzylacetophenons. In-8°. 56 S. Basel. These. 1896.

Schneider, Felix. Traversierung des Gross-Schreckhorns. Vortrag gehalten in ... der Sektion Basel am 14. Juni 1907. [Mit 1 Tafel.] 8.
Jahresbericht der Sektion Basel [des] S(chweizer) A(lpen-)C(lub) pro 1907. 45ter Vereinsjahr. Beilage: Trav' des Grossen Sch'... Basel, Birk[h]äuser & Dubi, (1908). S. 3–21.

SCHNEIDER, Felix: Untersuchungen über den Zuwachsgang und den anatomischen Bau der Esche (Fraxinus excelsior).- München: Rieger 1896. 1 Bl., 45 S., 1 Taf.- S.-Abdr. aus: Forstlich-naturwissenschaftliche Zeitschrift. Jg. 5.
23.7.1896 - Chr 1896/97,17; Jv 1896/97,227
Diss. Ingolst.-Landsh.-Mchn.

Schneider, Felix. Die Widerstandsänderung loser Kontakte. Diss. Phil. [II.] Univ. Zürich. [Mit 2 Figuren und 6 graphischen Tabellen.] 58 S. 8. Basel, Gasser & Cie, 1905.

Die wichtigsten Gesetze und Verordnungen, die Volksschulen in Preussen betreffend, z. Gebr. f. Lehrer u. Lehrerinnen ... zsgest. von Feodor **Schneider**. *Danzig: A. W. Kafemann 1901.* (127 S.) 8° [ℌ.] [01. 2573 10

Schneider, Feod., Materialien zur Erteilung d. Anschauungsunterrichts. Unter Berücksicht. der bei A. W. Kafemann erschienenen Anschauungsbilder zusammengestellt. gr. 8. (VIII, 224 S.) Danzig 888. Kafemann. n. 3. —; geb. n.n. 3. 50

Stoffsammlung zur Erteilung des Anschauungsunterrichts. Zur Benutzung der bei A. W. Kafemann erschienenen Anschauungsbilder zsgest. von Feodor **Schneider**, Lehrer. 2. Aufl. *Danzig: A. W. Kafemann 1896.* (VIII, 224 S.) 8° [ℌ.] [95. 6611 10

Stoffsammlung zur Erteilung des Anschauungsunterrichts. Zur Benutzung der bei A. W. Kafemann erschien. Anschauungsbilder zsgest. von Feodor **Schneider**, Lehrer. 3. Aufl. *Danzig: A. W. Kafemann 1902.* (IV, 216 S.) 8° [ℌ.] [03. 4170

Stoffsammlung zur Erteilung des Anschauungsunterrichts. Zur Benutzung der bei A. W. Kafemann erschienenen Anschauungsbilder zsgest. von Feodor **Schneider**, Lehrer, (Marienberg). 4. Aufl. Danzig: A. W. Kafemann 1905. (VIII, 214 S.) 8° [ℌ.] [06. 4136

[Ant. u. ℌ.] **Schneider,** Ferdinand [Dir.]: *Bericht über die Feier des 25jährigen Bestehens der Anstalt.* Friedeberg Nm., Druck v. E. Eisermann, *1897;* 17—22 S. 4.
Friedeberg Nm., k. G, OP 1897 (75)

Schneider, Ferd. Die Einheit der Bergpredigt. 17 S. *Friedeberg i. N.* 1885.
Progr.

Schneider, Ferdinand: Schillers Entwicklungsgang und die Bedeutung der Kenntnis desselben für das Verständnis seiner Werke. I. Teil: Jugendzeit und Jugenddramen. 18 S. 4. II. Teil: Mannesjahre und „Die Braut von Messina". S. 19–50. 4.
Progr. Kgl. Gymn. *Friedeberg Nm.* 1901 (74). 1902 (77).

Schneider, Ferd., Schillers Entwicklungsgang u. die Bedeutung der Kenntnis desselben f. das Verständnis seiner Werke. Progr. gr. 4. (50 S.) Friedeberg (901. 902). (M. Kohlschmidt.) n.n. 1. 30

Schneider, *Ferdinand* Gedächtnisrede auf Kaiser Friedrich III. Gehalten vor den Schülern in der Aula des Gymnasiums am 30. Juni 1888. (Umschlagtitel: Gedächtnisrede ... III) 4
(S. 7–13). **Progr.** *G. Friedeberg Nm.* 1889 (74)

Schneider, Ferd., acht Tage bei unseren Truppen vor Metz. Berlin 870. (Mitscher & Röstell.) 8. (31 S.) n.n. 6 ngr.

Schneider, Ferd., Taschenbuch der Flora von Basel und der angrenzenden Gebiete des Jura, des Schwarzwaldes und der Vogesen. Zum Gebrauche auf botan. Excursionen bearb. 8. (344 S.) Basel 880, Georg.
Dass.s.a.:Schneider,Friedr.

[ℌ.] **Schneider,** Ferdinand [Dir.]: Übersicht der Entwicklung der Schule während der ersten 25 Jahre ihres Bestehens als anerkannter höherer Lehranstalt. Friedeberg Nm., E. Eisermann, *1896;* 1 Bl., 50 S. 8.
Friedeberg Nm., k. G, Festschr. 1896 (75)

Schneider, Ferdinand Josef: Jean Pauls Altersdichtung
Phil. Diss., Prag 1902/1903.

Jean Pauls Altersdichtung, Fibel und Komet. Ein Beitrag z. litterarhist. Würdigung d. Dichters von Ferdinand Josef **Schneider**. *Berlin: B. Behr 1901.* (XII, 258 S.) 8° [01. 10910

Die Freimaurerei und ihr Einfluss auf die geistige Kultur in Deutschland am Ende des 18. Jahrhunderts. Prolegomena zu einer Geschichte der deutschen Romantik von Ferd. Jos. Schneider. Prag: Taussig & Taussig 1906. X, 234 S. 8⁰

cf. L. 81 (1908) S. 414—415 (P. Fischer); abgedr. in: DrL. 39 (1908—1909) S. 189; vgl. auch: V. 3 (1908—1909) S. 239—240 (W. H. Denier v. der Gon); Z. 39 (1908—1909) S. 132 (H. Glücksmann); Bh. 52 (1909) S. 401—404, 409—411; 53 (1910) S. 396—399 (O. Neumann); FZ. 63 (1909) S. 126—127 (O. Neumann).

Die Freimaurerei und ihr Einfluss auf die geistige Kultur in Deutschland am Ende des 18. Jahrhundert. Prolegomena zu einer Geschichte der deutschen Romantik von Ferd. Jos. Schneider. Prag: Taussig & Taussig 1909. X, 234 S. 8⁰.

W. 24061 gibt 1906 als Ausgabejahr an. 21.

Schneider, Ferdinand Josef. Jean Pauls Jugend und erstes Auftreten in der Literatur. Ein Blatt aus der Bildungsgeschichte des deutschen Geistes im 18. Jahrhundert. XII + 370 S. 8. Berlin, B. Behr, 1905. [M. 8.—]

Ferdinand Josef **Schneider**. Die letzten Ritter. Trauerspiel in 5 Aufz. Prag: Haerpfer 1900. (81 S.) 8° [Ȝ.] 106. 11706

Schneider, Fr., Anleitung zum Unterricht im Säbelfechten. Mit 6 lith. Taf. 12. (32 S.) Bern 887. Nydegger & Baumgart. cart. n. — 80

Schneider, Fr., Cholera in Soerabaya auf Java. gr. 8. (76 S. m. e. Chromolith.) Berlin 871. Hirschwald. n. 2. —

— Dysenterie, rothe Ruhr, ihr Wesen u. ihre Behandlg. gr. 8. (IV, 89 S.) Leipzig 873. Schneider. n. 1. 50

Schneider, Fr., Gut Heil! Liederbuch für Turner in größtentheils vierstimmiger Bearbeitung. Im Auftrage und unter Mitwirkung der bedeutendsten Turnvereine hrsg. 2. Aufl. 16. (IV und 240 S.) Halle 861, Schmidt's Verlagsh. * —

Schneider, Fr., Gut Heil! Liederbuch für Turner in größtentheils 4stimmiger Bearbeitung. Im Auftrage u. unter Mitwirkung der bedeutendsten Turnvereine herausg. 4. Aufl. Halle 863. Schmidt's Verlag. 16. (VI, 242 S.) n. 10 ngr.

Schneider, Fr. (II.), Gut Heil! Liederbuch für Turner in größtentheils vierstimmiger Bearbeitung. Im Auftrage und unter Mitwirkung der bedeutendsten Turnvereine hrsg. 5. und 6. verb. Aufl. 16. (VI, 240 S. mit Holzschntaf.) Halle 878, Schmidt's Verlagsh. * 80 Pf.; geb. * 1 10

Schneider, Fr., Handbüchlein f. den landwirtschaftl. Unterricht in Fortbildungsschulen. 1. Hft.: Pflanzenbau. Im Auftrage der ökonom. u. gemeinnütz. Gesellschaft des Kantons Bern bearb. unter Mitwirkg. von Jos. Käppeli. 2. Aufl. 8. (67 S.) Bern 898. K. J. Wyß. kart. n. — 50

Schneider, Fr., Handbüchlein zur Wiederholung der Literaturgeschichte u. Mythologie, s.: Mair, Frz.

Schneider, Fr., (Capitän,) topograph. Karte. Hundert Quadratmeilen um Berlin. Roy.-Fol. Berl., Achenwall. 1 ⅓ 12 g.

Schneider, F. Topographische Carte von Quadrat-Meilen um Berlin. Berlin 1811. 1 Bl. K.

— **Liederbuch** für Volksschulen und die Unter- und Mittelklassen der Bürgerschulen. 1. und 2. Heft. 8. (à Heft 32 S.) Halle 861, Schmidt's Verlagsh. à Heft * 1⅓ Ngr. * -

— **Liederbuch** für Volksschulen und die Unter- und Mittelklassen der Bürgerschulen. 3. Heft. 8. (32 S.) Halle 862, Schmidt's Verlag. *
1. und 2. Heft. Ebendas. 1861. * 3¼ Ngr.

— Liederbuch für Volksschulen und die Unter- und Mittelklassen der Bürgerschulen. 1. Heft. 52 einstimmige Lieder enth. 3. Aufl. 8. (32 S.) Ebendas. 877. * — 20
2. und 3. Heft. Ebendas. 1861,62. à * 20 Pf.

— der deutsche **Sänger**, s. Sänger, der deutsche.

Schneider, F., der deutsche Sänger. Eine Auswahl der schönsten Lieder u. Gesänge in größtentheils mehrstimmiger Bearbeitung. Für Liedertafeln, Gesangvereine u. gesellige Kreise herausg. 4—6. Aufl. Halle 855—57. Schmidt. 16. (555 S.) n. 20 ngr.

— **der deutsche Sänger**. Eine Auswahl der schönsten Lieder und Gesänge in größtentheils mehrstimm. Bearbeitung. Für Liedertafeln, Gesangvereine und gesell. Kreise. 8. (Titel-)Aufl. 16. (555 S.) Halle (854)63, Schmidt's Verlag. *

— der deutsche Sänger. Eine Auswahl der schönsten Lieder u. Gesänge in größtentheils mehrstimmiger Bearbeitung. Für Liedertafeln, Gesangvereine u. gesellige Kreise. 7. Aufl. 859. n. 20 ngr. — 8. Aufl. Ebend. 863. 16. (555 S.) n. 15 ngr.

Schneider, Fr., Thurmbuch, s.: Suttor, Conr.

Schneider, Fr., Verbreitung und Wanderung der Cholera. Graphisch dargestellt nach Beobachtung der grossen Seuchenzüge durch Indien und weiter durch Asien und Europa. gr. 8. (VIII, 41 S. mit 5 chromolithogr. Karten.) Tübingen 877, Laupp'sche Buchh. * 3 —

Schneider, Fr. Die Würde der Schloßhauptleute und ihr Verhältniß zu den Magistraten der kleineren Städte im Herzogthum Preußen. 27 S.
Tilsit, Progr. 1844

Schneider, Fr. Konrad Leopold, s. Schneider, Konrad Leopold.

Schneider, Fr. Traugott

— das alte Erbbegräbniß d. Schenken v. Tautenburg zu Frauenprießnitz, dessen Denkmäler, Grüfte u. aufgefund. Kostbarkeiten, beschrieben u. als dreifache Denkschrift d. Druck übergeben. gr. 8. Naumb. 820. (Wild). 6 g.

Schneider, F. T., Rede, wie viel dem Vaterlande daran liegen müsse, das Haus seiner Fürsten in e. beständigen blühenden Wachsthume zu sehen rc. 8. Jena, Gabler. 797

Schneider, Fr. Trgtt., Rede, wie viel dem Vaterlande daran liegen müsse, das Haus seiner Fürsten in e. beständ. blühenden Wachsthum zu sehen rc. 8. Jena 797. (Cnobloch in Lpz.) 4 g.

Schneider, Franz, Herzog Albrecht. Trauerspiel in fünf Aufzügen. 8. (128 S.)
Prag: Dominicus 1889.

Schneider, Frz., aus der Hölle in den Himmel. Ein Scherzgedicht. (Illustriert v. J. G. Mohr.) (37 S.) 8. Dresden (903). E. Pierson. n. 1. —; geb. n. 2. —

Schneider, Frz., der erste Beste. Lustspiel in 1 Aufzuge. gr. 8. (43 S.) Prag 891. H. Dominicus. n. 1. —

Schneider, Franz, Eine Brautschau. Schwank in einem Aufzuge. 8. (39 S.) —.40
Prag: Dominicus 1891.

Schneider, Franz: Die Frauenfrage im Handelsgewerbe. 2 Vorträge. — Berlin: Kaufmänn. Verband f. weibl. Angestellte E. V. 1904. 59 S. 8° (Schriften d. kaufm. Verbandes f. weibl. Angestellte E. V. 4.)

Schneider, Frz., die Frauenfrage im Handelsgewerbe. s. a. Schriften des kaufmänn. Verbandes f. weibliche Angestellte. Nr. 4.

Schneider, Frz., d. Alpenkönigs Gericht u. and. Märchen u. Histörchen aus d. Bergen. 8. (79 S.) Prag 896. H. Dominicus. n. 1. —; geb. in Leinw. n. 2. —

Schneider, Frz., Geschichte uns. Herrn u. Heilandes Jesu Christi nach d. vierfachen Berichte d. heil. Evangelisten bearb. 1. Hft. 8. (7½ B.) Prag 835, Enders'sche Buchh. (Haase Söhne.)

Schneider, Frz., Geschichte unseres Herrn u. Heilandes Jesu Christi, nach dem vierfachen Berichte der heil. Evangelisten bearb. 2. verb. Aufl. 2 Thle. gr. 8. (1: VIII u. 244 S. m. 1 lith. Charte v. Palästina in 4. 2: 269 S.) Prag 848. 49, Heß. (à 1 ₰) 2 ₰

Schneider, Franz, Geschichte Jesu Christi, unsers Herrn und Heilandes. Wien, Braumüller, 1859, 8°, 2. Aufl., 6 Mk.
1. Aufl. (1. Heft) Prag, 1835.

Schneider, Frz., Grammatik der wendischen Sprache katholischen Dialect's. Budissin 853. (Schmaler. — Hoyerswerda, Erbe.) gr. 8. (301 S.) nn. 1 ℳ

Schneider, Frz., Herbstblüthen. Gedichte. 16. (VI, 146 S.) Prag 880. Dominicus. n. 2. 40

Schneider Franz: Das physikalische Cabinet unseres U. G. (Beitrag zu einem Entwurf eines Normalverzeichnisses der physik. Sammlung eines U. G.) 10. Gaya895.
Progr.

Schneider, Frz., leibeigen. Dramatisches Gedicht in 4 Acten. gr. 8. (128 S.) Prag 885. Dominicus. n. 2. 40

Schneider, Fr., Lies und Denke. Gedrängte zeitgemäße Darstellung der wichtigsten kathol. Glaubenslehren. 1—6. Hftchn. gr. 8. Wien 850—52, Braumüller. (à Hftchn. 5 Ngr.) *

Inhalt:
Hftchn. 1. Von der allerheiligsten Dreieinigkeit. (15 S.)
" 2. Von dem Elende der Menschen. (19 S.)
" 3. Von der Erlösung der Menschen. (64 S.)
" 4. Von der göttlichen Gnade. (31 S.)
" 5. Von dem allerheiligsten Sacramente des Altars. (60 S.)
" 6. Von dem heil. Sacramente der Buße. (74 S.)

Schneider, Franz, Maria mein Trost. Neuhaus 864. Landfraß & Sohn. 16. (250 S. mit Titelbild.) n. 9 ngr.
Auf Postpapier n. 12 ngr.

SCHNEIDER, Franz (Freising): De pelvi rachitico et osteo-malacico. (Titel nach der Urkunde)
11.8.1855 - Urk; F 68
Diss. Ingolst.-Landsh.-Mchn.

Schneider Franz: Schulen oder praktische Berufsarten, welche Schüler des UG. wählen können. 9. Gmunden897. (u. 98).
Progr.

Schneider, Franz (geb. Recklinghausen 2. 11. 1811): De somno. Berolini (1835). (46 S.) 8°
Berlin, Med. Diss. v. 20. Okt. 1835

Schneider, Franz, Rechtsprakt.: Der Wahlzensus in rechtsgeschichtlicher und rechtsvergleichender Betrachtung. Tübingen 1910: Laupp. IV, 97 S. 8° ¶ (Aus: Archiv f. öff. Recht. Bd 25, H. 2.)
Würzburg, Jur. Diss. v. 7. Mai 1910, Ref. Piloty
[Geb. 28. Okt. 84 Heidingsfeld; Wohnort: Heidingsfeld; Staatsangeh.: Bayern; Vorbildung: Gymn. Würzburg Reife Juli 04; Studium: Würzburg 8 S.; Rig. 10. Nov. 09.] [U 10. 4339

—— Wahrheit in Bildern. Aesopische und parabolische Dichtungen. gr. 16. (131 S.) Prag 848, Heß.

Schneider, Fr., Wahrheit in Bildern. Aesopische und andere belehrende Dichtungen. 2., verb. und verm. Aufl. gr. 8. (XVI und 134 S.) Wien 856(57,) Seidel. *

Schneider, Franz Cölestin

— Chemische Analyse einiger Mineralquellen Österreichs. 1. Thermen von Topusco. 2. Der Natronsäuerling zu Lassinia. S. 45. II. 93 . . . . vgr.
Separatabdruck

Schneider, Fr. C. chemische Analyse der euganäischen Thermen v. St. Helena bei Battaglia. [Aus: „Sitzungsber. d. k. Akad. d. Wiss."] Lex.-8. (17 S.) Wien 874. (Gerold's Sohn.) n. — 30

Schneider, C. F., Analyse der Mineralquellen d. Hercules-Bades nächst Mehadia. Unter Mitwirkg. v. J. Köttsdorfer. [Aus: „Sitzungsber. d. k. Akad. d. Wiss."] Lex.-8. (46 S.) Wien 872. (Gerold's Sohn.) n. — 60

Schneider, F. C., Analyse der Schwefelthermen zu Baden nächst Wien. Unter Mitwirkung des Hrn. M. Kretschy ausgeführt. Lex.-8. (23 S.) Wien 877, (Gerold's Sohn.) *
Aus: Sitzungsberichte der k. Akademie der Wissenschaften, besonders abgedruckt.

Schneider, F. C., Anfangsgründe der Chemie. Ein Leitfaden für Vorlesungen und zum Selbststudium. 8. (XVI und 372 S.) Wien 853, Manz.

Schneider, F. C., die gerichtliche Chemie, für Gerichtsärzte und Juristen bearb. gr. 8. (VIII und 385 S. mit 21 eingedr. Holzschn.) Wien 851(52,) Braumüller. *

—— über den Einfluss der Naturwissenschaften insbesondere der Physik und Chemie auf das Studium der Heilkunde. Inauguralrede. gr. 8. (34 S.) Wien 852, Manz.

Schneider F. C., Dr. Über eine neue Entstehungsweise der flüchtigen Kohlenwasserstoffsäuren. S. 2. 367 . . . .
Separatabdruck

—— Grundzüge der allgem. Chemie, s. a. Röll, M. F., und F. C. Schneider.

—— Grundzüge der allgemeinen Chemie mit besond. Rücksicht auf die Bedürfnisse des ärztl. Studiums bearb. Lex.-8. (XII und 444 S.) Wien 851, Braumüller. *

Schneider, F. C. (Bearb.), s. a. Commentar zur österreichischen Pharmacopöe.

—— Commentar zur neuen österreichischen Pharmacopöe. Mit steter Hinweisung auf die bisher gültigen Vorschriften der Pharmacopöe vom J. 1834 nach dem gegenwärt. Standpunkte der darauf Bezug habenden Wissenschaften bearb. 2 Bde. gr. 8. Wien, Manz. [1. (XL und 642 S.) 2. (LV und 696 S.) 854—55.]

Schneider, F. C., u. Aug. Vogl, Commentar zur österreichischen Pharmacopoe. Ein Handbuch für Apotheker, Sanitätsbeamte u. Aerzte mit Rücksicht auf die wichtigsten Pharmacopoeen des Auslandes bearb. 2. Aufl. 3 Bde. Wien 869. Manz' Verlag. gr. 8. n. 8 ℛ 10 ngr.

1. Pharmacognostischer Theil bearb. von Dr. Aug. Vogl. Mit 84 in dem Text gedr. Holzschn. (XXIV, 478 S.)
2. Chemisch-pharmaceutischer Theil bearbeitet von Dr. F. C. Schneider. Mit 16 in den Text gedr. Holzschn. (XVI, 584 S.)
3. Text der neuen Pharmacopoe in deutscher Uebersetzung mit Bemerkungen versehen von Dr. F. C. Schneider u. Dr. Aug. Vogl. (XII, 230 S.)

— u. **Aug. Vogl,** Commentar zur österreichischen Pharmacopoe. Ein Handbuch f. Apotheker, Sanitätsbeamte u. Aerzte m. Rücksicht auf die wichtigsten Pharmacopoen d. Auslandes. 2. Aufl. 3 Bde. gr. 8. Wien 874. Manz. n. 12. —

1. Pharmacognostischer Theil bearb. v. Aug. Vogl. Mit 94 in den Text gedr. Holzschn. (479 S.)
2. Chemische u. pharmaceutische Praeparate bearb. v. F. C. Schneider. (576 S.)
3. Pharmacopoea austriaca Ed. VI. (XL, 232 S.)

— u. Aug. **Vogl,** Commentar z. österreichischen Pharmacopoe. Ein Handbuch für Apotheker, Sanitätsbeamte u. Aerzte, mit Rücksicht auf die wichtigsten Pharmacopoeen des Auslandes bearb. 3., umgearb. u. verb. Aufl. Mit 150 in den Text gedr. Holzschn. 3 Bde. gr. 8. (XX, 516; XVI, 576 u. XL, 162 S.) Wien 879. 80. Manz. n. 24. —; geb. n. 28. —

— — Text der neuen (österreichischen) Pharmacopoe in deutscher Uebersetzung, mit Bemerkungen versehen. [Sep.-Ausg. d. 3. Bds. vom Commentar zur österreich. Pharmacopoe.] gr. 8. (XL, 162 S.) Ebend. 880. n. 6. —

—— —— Text der neuen (österreichischen) Pharmacopoe in deutscher Uebersetzung, mit Bemerkungen versehen. [Sep.-Ausg. des 3. Bds. vom Commentar zur österreich. Pharmacopoe.] gr. 8. (XL, 162 S.) Ebendas. 881.

—— und Aug. Vogl, Commentar zur österreichischen Pharmacopoe. Ein Handbuch für Apotheker, Sanitätsbeamte und Aerzte, mit Rücksicht auf die wichtigsten Pharmacopoeen des Auslandes bearb. 3. umgearb. und verb. Aufl. Mit 150 in den Text gedr. Holzschn. (I.) Pharmacognostischer Theil, bearb. von Aug. Vogl. 1.—3. Lfg. gr. 8. (S. 1—480.) Wien 878,79, Manz'sche Hofbuchh. 1. und 2. Lfg. à * 3 60
3. Lfg. * 2 80

Schneider, F. C., und Aug. Vogl, Commentar zur österreichischen Pharmacopoe. Ein Handbuch für Apotheker, Sanitätsbeamte und Aerzte, mit Rücksicht auf die wichtigsten Pharmacopoeen des Auslandes bearb. 3. umgearb. und verb. Aufl. Mit 164 in den Text gedr. Holzschn. 4.—8. (Schluss-)Lfg. gr. 8. Wien, Manz'sche Hofverlagsh. [4. Lfg. (1. Bd. XX, S. 481—516 und 2. Bd. S. 1—96.) 880. *ℳ 3,60.; 5. Lfg. (S. 97—256.) 880. *ℳ 2,40.; 6. Lfg. (S. 257—416.) 881. *ℳ 2.; 7. und 8. Lfg. (XVI, S. 417—576 und 3. Bd. XL, 162 S.) 884. *ℳ 6,80.] compl. geb. *

1.—3. Lfg. Ebendas. 1880,81. *ℳ 10.

Schneider, Fr. C., u. Aug. Vogl. Commentar zur 7. Ausg. der österreichischen Pharmacopoe. 1. Bd.; 2. Bd. Allgemeiner u. specieller Theil u. 3. Bd. Lex.-8. Wien, Gerold's Sohn. * 44 — geb. * 50 —

1. Bd. Chemische u. pharmaceutische Präparate. (XIII, 672 S. m. 26 Textillustr.) 891. * 16 —; geb. * 18 —.

Schneider, Fr. C., u. Aug. Vogl. Commentar zur 7. Ausg. der österreichischen Pharmacopoe etc.

2. Bd. Arzneikörper aus den drei Naturreichen in pharmakognostischer Beziehung, bearb. v. Aug. Vogl. Allgemeiner Thl. Mit 92 Abbildgn. im Text. (VIII, S. 525—693.) 892. * 5 —. — Dass. — Specieller Thl. Mit 123 Abbildgn. im Text. (526 S.) 891. * 15 —; 2. Bd. compl. geb. * 22 —.
3. Bd. Text der 7. Ausg. in deutscher Uebersetzg., m. Erläutergn. versehen. 1. u. 2. Aufl. gr. 8. (XVI, 281 S.) 889,90. * 8 —; geb. ** 10 —.

Schneider, Dr. Fr. C., und Dr. Aug. Vogl, Commentar zur siebenten Ausgabe der österreichischen Pharmakopoe. Ein Handbuch für Apotheker, Sanitätsbeamte und Aerzte. III. Band. Text zur 7. Ausgabe in deutscher Uebersetzung. 3. durchgesehene und vermehrte Auflage. XVI. Theil. Lex.-8 (295 S.) Wien: Gerold's S.1893. 5.—

— Über die flüchtigen Oxydationsprodukte des Terpentinöls mittelst Salpetersäure. S. 3. 237 . . . . vgr.
Separatabdruck

-- Untersuchung der Thermen v. Trentschin-Teplitz u. d. Säuerlings v. Rubra. [Aus: „Sitzungsber. d. k. Akad. d. Wiss."] Lex.-8. (19 S.) Ebend. 874. n. — 40

— über ein neues Verfahren bei der Abscheidung d. Arsens aus organ. Substanzen. [Aus den Sitzungsberichten der mathem.-naturw. Cl. d. K. Akad. d. Wiss. 1851 abgedr.] gr. 8. (5 S.) (Wien 851, Braumüller.) n. 2 ngr.

Schneider, F. C., über das chemische und elektrolytische Verhalten des Quecksilbers bezüglich dessen Nachweisbarkeit im Allgemeinen und in thierischen Substanzen insbesondere. Lex.-8. (33 S.) Wien 860, (Gerold's Sohn.) **

Aus: Sitzungsberichte der k. Akademie der Wissenschaften, Jahrg. 1860, besonders abgedruckt.

Das Bischöfliche Gymnasial-Alumnat (Knabenseminar) zu Paderborn. Festschrift z. Einweihung d. Erneuerungs- u. Erweiterungsbaues im J. 1905 von Franz Egon **Schneider.** Mit 1 Heliogr., 6 Lichtdruckbild., 6 Grundrissen u. 1 Lagepl. Paderborn: Bonifacius-Dr. 1905. (100 S.) 8° [F.] [06. 7194 6

Schneider, Franz Egon, Priester d. Diöz. Paderborn: Die rechtliche Natur der Vereinbarungen zwischen Staat und Kirche. Münster i. W. 1908: Westf. Vereinsdr. 95 S. 8°
Münster, Rechts- u. staatsw. Diss. v. 5. Okt. 1908, Ref. v. Savigny, Rosenfeld

[Geb. 10. Sept. 80 Gerlingen, Kr. Olpe; Wohnort: Paderborn; Staatsangeh.: Preußen; Vorbildung: Gymn. Attendorn Reife O. 00; Studium: Theol. Paderborn Bischöfl. phil.-theol. Fak. 3, Bonn 1, München 1, Jura Münster 4 S.; Rig. 28. Juli 08.] [U 09. 3563

Schneider, Franciscvs Evgenivs Leo (geb. am 15 Jan. 1851 in Koblenz): De vi ignorantiae et erroris qvoad delictvm consvmmatvm … Bonnae, form. C. Georgi (1873). 2 Bl., 77 S., 1 Bl. 8.

Bonn, Jur. Fak., Diss. v. 2 Aug. 1873

Schneider, Franz Heinrich: „Betrachtung von dem Nutzen der Beredsamkeit für den Kameralisten". Ein Exemplar dieser Betrachtung (Rede), auf Kosten der kurpfälzischen ökonomischen Gesellschaft 1778 gedruckt, befindet sich im Stadtarchiv Bonn. — Signatur: K III B 3.

— von dem Nutzen der Beredtsamkeit f. die Kameralisten. 8. Manh. 778.

Schneider, Franz Heinrich, s. Gebet- u. Gesang buch, Kleines.

Schneider, Frz. Hnr., Glaubensbekenntniß f. Confirmanden. 8. Heidelb. 791. 2e Aufl. 8. Wertheim 799.

— s. Kirchen-Gesangbuch, Erbachisches.

Schneider, Franz Josef, a. Oestrich a. Rh.: Über einige Kondensationsprodukte des ortho-Phtalaldehyds. Straßburg i. E. 1905: C. Müh. (58 S.) 8°
Straßburg, Math.-naturwiss. Fak., Ref. Thiele, Diss. v. 1905

[Geb. 8. April 81 Oestrich; Wohnort: Oestrich; Staatsangeh.: Preußen; Vorbildung: Realgymn. Wiesbaden Reife O. 01; Studium: München 2, Straßburg 5 S.]

Schneider, Franz Moritz

Schneider, Frz. Mor., Predigt, gehalten am Sonnt. Exaudi: am Tage der kirchlichen Geburtsfeier Sr. Maj. des Königs. gr. 8. Mittweida 841, Billig. n. $^{1}/_{12}$ ß

Schneider, F. M., Predigt, gehalt. am Reformationsfeste 1838. Herausg. v. M. Huttel. gr. 8. Mittweida 838. Billig. n. $^{1}/_{12}$ ß

— Predigt, gehalten am Sonntage d. allgemeinen Todtenfeier. 2. Advent 1839. Nebst e. Trauergedicht. Ebd. n. $^{1}/_{12}$ ß

SCHNEIDER, Franz von Paula (Dachlkam): Ueber Lithiasis, Steinkrankheit.- München: Hübschmann 1846. 16 S.
18.8.1846 - Urk (Titel: De lithiasi.); F 66
Diss.Ingolst.-Landsh.-Mchn.

Schneider, Franz Xaver

Schneider, Frz. X., die Berg-Gerichtsbarkeit auf Grund der Gesetze und Einrichtungen der im Reichsrathe vertretenen Königreiche und Länder der österreichisch-ungar. Monarchie. gr. 8. (VIII, 81 S.) Prag 872, Calve'sche Universitäts-Buchh. *

Schneider, Frz. X., Lehrbuch des Bergrechtes für die gesammten Länder der österreich. Monarchie. gr. 8. (XXVI und 495 S.) Prag 848. (Leipzig, Hinrichssche Buchh. Für Oesterreich: Prag, Ehrlich's Buchh.) *

Schneider, Frz. X., Lehrbuch des Bergrechtes. 2., auf Grund des allgem. Berggesetzes für das Kaiserth. Oesterreich vom 23. Mai 1854 und mit Rücksicht auf das k. sächs. und das allg. Berggesetz für die preuß. Staaten umgearb. Aufl. gr. 8. (XXI und 415 S.) Prag 867, Mercy's Verlag. *

—— Lehrbuch des Bergrechtes. 3. auf Grund des allgem. Berggesetzes für das Kaiserthum Oesterreich vom 23. Mai 1854 mit Einbeziehung der neuesten österreich. Einzelngesetze und Verordnungen in Bergsachen und mit Rücksicht auf den noch in civilrechtl. Vorfragen mittlerweile geänderten Standpunkt der Gesetzgebung umgearb. rc. Aufl. gr. 8. (XV, 413 S.) Prag 870, Mercy.

—— dass. — Der 3. Aufl. 2., mit einem Anh. über die Einrichtung und den Wirkungskreis der Bergbehörden nach den neuesten in den im Reichsrathe vertretenen Königreichen und Ländern erlassenen Gesetzen und Verordnungen verseh. Ausg. gr. 8. (XXIII, 440 S.) Prag 872, Calve'sche Universitäts-Buchh. *

Schneider, Frz. Xaver, kritische Umschau auf dem Gebiete der Bergrechtsreform. gr. 8. (X, 126 S.) Prag 878, Mercy. * 1 20

Schneider, Fridolin

Schneider, F., Entscheidungen d. aargauischen Obergerichts auf dem Gebiete d. Civilrechts aus den J. 1854–1871 gesammelt. gr. 8. (XV, 500 S.) Aarau 872. Sauerländer. n. 7. 20

Schneider, F(ridolin), Entscheidgn. des aargauischen Obergerichts auf dem Gebiete des Civilrechts aus den J. 1872—1897. 2. Bd. Gesammelt u. dargestellt. gr. 8. (VI, 756 S.) Aarau 901. H. R. Sauerländer & Co n. 10.—; geb. n. 11. 60

Schneider, Fridolin Zur Geschichte der Physik im 17. Jahrhundert 31 S. **Progr.** *Ellwangen* 1885

Zur Methodik der Elementar-Mathematik. Winke f. Lehramtskand. u. jüngere Lehrer von F[ridolin] **Schneider**, Gymn.Prof. Mit 30 Fig. Stuttgart & Berlin: F. Grub 1908. (V, 68 S.) 8° [08 16691

Schneider, Friedemann [Praes.], s. Bode, August Friedr.: De testimonio principis.

Schneider, Friedrich: Arnold II., Erzbischof von Cöln 1151–1156. **Halle** a. S. 1884: Buchdr.-Ges. in Querfurt. 43 S. 8°
Halle-Wittenberg, Phil. Diss. v. [21. Okt.] 1884
Geb. Lodersleben (Kr. Querfurt) 27. 6. 1858. V.

Schneider, Frdr., der heilige Bardo, Erzbischof v. Mainz von 1031—1051. Nebst Anhang: der dichterische Inschriftenkreis Ekkehard's IV. d. Jüngeren [† 1036] zu Wandmalereien im Mainzer Dom. gr. 8. (106 S.) Mainz 871. Kirchheim. n. 1. 50

-- Albrecht Dürers Tafelgemälde „Barmherzigkeit“ 1523 ehemals im Dom zu Mainz. (S. 75—87 m. 1 Taf.) Lex. 8. Mainz 907. (L. Wilckens.) 1. —
Sonderabdruck aus: „Mainzer Zeitschr.“

— die Karolinische **Basilika** zu Steinbach-Michelstadt im Odenwald m. (9 Stein-) Taf. Aufnahmen. [Aus: „Annalen d. Vereins f. Nass. Alterthumskunde.“] gr. 8. (36 S.) Mainz 874. v. Zabern. n. 3. —

Schneider, Friedrich, pract. Arzt in Neubuckow i. M.: **Behandlung des Rectumcarcinoms und die dabei erzielten Erfolge an der Rostocker chirurgischen Klinik.** *Tübingen: H. Laupp 1900.* (57 S.) 8° ¶ (Aus: Beiträge zur klinischen Chirurgie, Bd 26, H. 2.)
Rostock, Med. Diss. v. [17. März] 1900

Schneider, Friedrich [aus Neustadt a/Haardt. '(Rheinpfalz.)']: **Beitrag zur Lehre von der Prokura ... Erlangen, k. b. Hofbuchdr. v. A. Vollrath, 1895; 86 S. 8.**
Erlangen, Jur. Fak., Inaug.-Diss. v. 9. März 1895

Schneider, Frdr., Beitrag zur Lehre v. der Prokura. gr. 8. (86 S.) München 896. J. Schweitzer Verl. n. 2. —

Schneider, Friedr. Beiträge zur dritten Auflage des Antibarbarus der lateinischen Sprache von Philipp Krebs. Zweite Fortsetzung, 22 S.
Trzemeszno, Progr. 1848

Schneider, Friedrich, aus Dortmund: **Beiträge zur Kenntnis der krystallinischen Flüssigkeiten.** *Marburg 1899: O. Ehrhardt.* (37 S.) 8°
Marburg, Phil. Diss. v. [21. Sept.] 1899

D. Johan Dietenberger's Bibeldruck. Mainz 1534. Von Dr. Friedrich **Schneider**. *Mainz 1900: Schirmer & Mahlau in Frankfurt a. M.* (22 S.) 8° [F.] [03. 8487

Schneider, Frdr., D. Johan Dietenberger's Bibeldruck. Mainz 1534. kl. 4. (22 S. m. Abbildgn.) Mainz 900. (L. Wilckens.) n. 2. —

Schneider, Friedrich. Ein Bischofsgrab des zwolften Jahrhunderts im Wormser Dom
Bonn Universitats-Buchdruckerei von Carl Georgi 1888
Tit. 10 S. 3 Taf. in Lithogr. 4
Aus Jahrbücher des Vereins von Altertumsfreunden im Rheinlande H. 85

Die Braut von Messina von Friedrich v. Schiller. Musik von **Friedrich Schneider**. Op. 42. Partitur. *Berlin: B. Scheithauer (1901).* (67 S.) 4° == **Musiken** zu klassischen **Dramen.** [2.] [04. 10031

Schneider, Fridericus *(geb. Breslau [26. 7.] 1808?)*: De consolatione Ciceronis. Vratislaviae (1835). (32 S.) 8° *(Im Buchhandel 1835 bei Graß, Barth & Ko. in Breslau.)*
Breslau, Phil Diss. v. 19. Aug. 1835

Schneider, Friedrich: Denkschrift zur Herstellung des ehemaligen Kurfürstlichen Schlosses zu Mainz verf. im Auftrag der städtischen Verwaltung. (Mainz 1897: Ph. v. Zabern.) (29 S.) 4° (2°)

Schneider, Friedr., der Dom zu Mainz. Geschichte und Beschreibung des Baues und seiner Wiederherstellung. gr. 8. (X, 180 S. mit zahlreichen Holzschn.; Anhang 104 S.) Berlin 886, Ernst und Korn. *

——. dass. — Geschichte und Beschreibung des Baues und seiner Wiederherstellung. Fol. (V, 160 Sp. mit 10 Kpfrtaf.) Ebendas. 886. In Mappe *

Schneider, Frdr., ein Mainzer Domherr der erzstiftlichen Zeit. Wennemar v. Bodelschwingh 1558—1605. Leben, Haus u. Habe. Nach urkundl. Quellen. (IV, 206 S. m. 3 Taf.) gr. 8. Freiburg i/B. 907. Herder. 6. —

—— Durch welche Mittel ist der Obstbau für die Landwirthschaft ertragreich zu machen? Vortrag, gehalten in der 33. General-Versammlung des landwirthschaftl. Provinzial-Vereins für die Mark Brandenburg und die Niederlausitz zu Potsdam am 14. Juni 1880. gr. 8. (32 S.) Prenzlau 881, Mieck's Verlag.

Schneider, Friedrich: Ueber den Einfluss vorgeschrittener Herzfehler auf den Gang der Geburt. ... Marburg: Univ.-Buchdr. (R. Friedrich), 1890. 38 S. + 1 Bl. 8°
Marburg, Med. Fak., Inaug.-Diss. v. [14. Jul.] 1890

Schneider, Fr., Elementarbuch der Harmonie und Tonsetzkunst. quer 4. Leipzig, Peters. 820.

Schneider, (Fr.,) Elementarbuch der Harmonie u. Tonsetzkunst. 2 Aufl. gr. 8. Leipz. 827. Peters.

— Elementarübungen im Gesange, nach d. Logierschen System bearb. von Albr. Agathe. 16 Heft. qu. Fol. Posen, Simon. 1 ⁄ 8 gℓ

— Elementarübungen im Gesange zum Gebrauch beim ersten Gesangsunterr. in Bürgerschulen u. Choranstalten. 18 bis 53 Heft in 6 Abtheilungen. Mit Stereotypen gedruckt. gr. 4. Leipz. 824, Tauchnitz.

— erstes Suppl. zu d. Elementarübungen: vierzig einstimmige Gesänge f. Kinder, zum Gebr. beim ersten Gesang-Unterricht in Bürgerschulen. qu. 4. Leipz. 827. Tauchnitz. 8 gℓ

— zweites Suppl.: funfzig Canons für 2, 3 u. 4 Stimmen, zum Gebr. beim ersten Gesangunterr. 2c. qu. 4. Leipz. 827. Tauchnitz. 8 gℓ

— drittes Suppl.: 20 zweistimm. Gesänge f. Kinder 2c. qu. 4. Leipz. 827. Tauchnitz. 12 gℓ

— Elementar-Uebungen im Pianofortespiel. Ein Hülfsmittel beim ersten Unterricht f. Kinder. Mit Stereot. gedr. qu. gr. 4. Leipz. 826, Tauchnitz.

Schneider, Frdr., deutsche Elfenbein-Sculpturen des frühen Mittelalters. [Aus: „Kunstgewerbebl."] 4. (12 S. m. 1 Holzschn. u. 1 Lichtdr.-Taf.) Leipzig 887. E. A. Seemann. Nicht im Handel.

Schneider, F., Flora, e. Liedersammlung f. die Jugend. 1s, 2s u. 3s Heft. Fol. Leipz. Kühnel. 812. (à 12 gr.)

— Flora, eine Liedersamml. f. die Jugend. 1s, 2s u. 3s Heft. Fol. Leipz. 812. Peters. 1 ⁄ 12 gℓ

Schneider, Frdr. De Ciceronis fragmentis. 15 S.

Trzemeszno, Progr. 1844

Schneider, F. Hortensii, libri Ciceroniani, fragmenta dispos. atq. explic. 18 S. . . . .

Trzemeszno, Progr. 1841

Schneider, Friedrich, Referendar in Samter: Die einseitigen Fristfestsetzungen im BGB. Rostock 1903: C. Hinstorff. (75 S.) 8°
Rostock, Jur. Diss. v. [10. Dez.] 1903

Schneider, Friedr., praktisches Gartenbuch. Gründliche Anweisung, sämmtl. Blumen, Gemüse, Obst- und Wein-Sorten, Frucht-Sträucher 2c. mit Erfolg zu ziehen. Unter Berücksicht. der für die Zimmer-Kultur geeigneten Pflanzen. 8. (IV, 81 S.) [Eßlingen 883, Langguth.] Dresden, Barth und Schirrmeister. cart. *

Schneider, Friedr., praktisches Gartenbuch. 8. Eßlingen 883. Oranienburg, Freyhoff's Verlag. cart. * 1 —

Schneider, Fr., praktisches Gartenbuch. Gründl. Anweisung, sämmtl. Blumen, Gemüse, Obst- und Weinsorten, Fruchtsträucher 2c. mit Erfolg zu ziehen. Unter Berücksicht. der für die Zimmerkultur geeigneten Pflanzen. [Neue Titel-Ausg.] 8. (176 S.) Oranienburg 888, Freyhoff's Verlag. geb. *

Schneider's, Frdr., prakt. Gartenbuch. Gründl. Anweisg., sämtl. Blumen, Gemüse, Obst- u. Weinsorten, Fruchtsträucher 2c. m. Erfolg zu ziehen. Unt. Berücksicht. d. f. d. Zimmerkultur geeign. Pflanzen. 2. Aufl., neu bearb. v. Fr. Huck. 8. (151 S.) Oranienburg 898. E. Freyhoff. 1. 50

Schneider, Friedr., die Gestaltung des Ringes vom Mittelalter bis in die Neuzeit. Lex.-8. (7 S.) [Nürnberg 878.] Mainz, v. Zabern. * 1 —
Aus: Kunst und Gewerbe, besonders abgedruckt.

— die Gräberfunde im Ostchore d. Domes zu Mainz. gr. 8. (69 S. m. 19 Steintaf. in gr. 4.) Ebend. 874. n. 2. 70

Schneider, Friedr., Handbuch d. Organisten. 4 Thle. qu. gr. 4. Halberstadt. [Leipzig, Hofmeister.] Zusamm. genomm.
A. u. d. Titn.:
Thl. 1. Die Elemente d. Tonsetzkunst. (9½ B.) 820. 1 Thlr. 8 Gr.
〃 2. Orgelschule. (14½ B.) 830. 1 Thlr. 20 Gr.
〃 3. Choralbuch. (19½ B.) 829. 2 Thlr. 8 Gr.
〃 4. Höhere Orgelschule. (48 Orgel-Trios.) (7 B.) 833. 1 Thlr.

Schneider, Friedr., Harzlieder für 4 Männerstimmen. 14. Sammlg. d. Gesänge f. Männerstimmen. Lex.-8. Partitur u. Stimmen. Dessau 843, Aue.

Schneider, Fr., Harzlieder f. 4 Männerstimmen. 14. Sammlung der Gesänge für Männerstimmen. Lex.-8. Dessau 843, Aue. 1 ⁄

Schneider, D. Frdr., Elias Holl v. Augsburg am Bau des kurfürstl. Schlosses in Mainz, 1630—1632. (23 S. m. 3 Abb.) Lex.-8. Mainz (904). (L. Wilckens). n. 1. —
Sonderabdruck aus: „Ztschr. f. Bauwesen".

Schneider, Friedrich Der Kampf mit Grendels Mutter. Ein Beitrag zur Kenntnis der Komposition des Beowulf. 4 (24 S.).
Progr. Friedrichs-Rg. Berlin 1887 (92)

Schneider, Frdr., der Kampf mit Grendel's Mutter. Ein Beitrag zur Kenntnis der Komposition d. Beowulf. gr. 4. (24 S.) Berlin 887. Gaertner. n. 1. —

— die Krypta d. Mainzer Domes u. die Frage ihrer Wiederherstellung. gr. 4. (28 Sp.) Ebend. 872. n. — 80

Schneider, Frdr., Leiden u. Freuden e. Handwerksburschen auf s. Wanderschaft in d. Schweiz. Nach d. Erzählgn. e. vielgereisten Handwerkers beschrieben. 8. (88 S.) Lenzburg (895). (Luzern, E. Nedwig.) n. — 80

Die drei grossen Lichter. Allgemeines: Die drei grossen Lichter. [Von Georg Gust. Friedr. Lange.] Comp. vom Br Friedr. **Schneider.** [Zerbst] o. J. 1 Bl. 8° [Kopftit.]
Abgedr. in: A. 27 (1866) S. 276—279.
Kantate ohne Noten: „Der grosse Tag erscheint uns wieder!"
[Andere Ausg. u. d. Tit.:]

Die drei grossen Lichter. Cantate zur Feier des Johannisfestes vom Br [Georg Gust. Friedr.] Lange, gesetzt vom Br J[oh.] J[ul.] Schneider. Berlin [1835]: Sittenfeld. 2 Bl. 8° [Umschlagtit.]

[Dasselbe.] Berlin 1835: Brandes & Klewert. 2 Bl. 4°

[Lied.] Zur Einweihung des neuen Logenhauses Alexius zur Beständigkeit im Or.˙. Bernburg am 18. Oct. 1852. [Von Fr. **Schneider** u. F. **Hoffmann.**] Dessau [1852]: Sporon. 2 Bl. 4° [Lithogr.] [Umschlagtit.]
Mit Noten für Gesang u. Piano: „Was ist wohl höhern Rühmens werth, . . ." 3.

Schneider, Friedrich [Praes.], s. Luedecke, Levin Christ.: De murmuratione praescriptionem impediente.

—— die Musikschule zu Deßau. 2. Aufl. 8. (1 B.) Deßau 843, Aue.*

— die Musikschule zu Dessau. 2. Aufl. 8. Ebend. 845. n. 1/6 ₰

Schneider, Friedrich. Das Purzenbild zu Rudenau im Odenwald Mainz. [Carl Wallau] 1887 14 S 8°.

Schneider, Friedr., Rangliste der edelsten Rosen. 2. Aufl. (Deutsch, französisch und englisch.) 4. (X, 93 S.) Berlin 881, Parey. *
1. Aufl. erschien im Selbstverlage des Verfassers.

Schneider, Frdr., Rangliste der edelsten Rosen. 3., durchgesch. u. verb. Aufl. (Deutsch, französisch u. englisch.) 8. (XII, 165 S.) Berlin 883. Parey. geb. n. 4. —

Schneider, Friedrich: Provinz Rheinhessen, s. Wagner, Georg Wilhelm Justin: Die vorm. geistl. Stifte im Großherzogtum Hessen. Bd. 2.

Schneider, Friedr., die St. Paulus-Kirche zu Worms, ihr Bau und ihre Geschichte. Fest-Gabe zur Eröffnung des Paulus-Museums zu Worms 9. Octbr. 1881. 4. (44 S. mit eingedr. Holzschn. und 14 Taf.) Mainz 881, Diemer.

Schneider, Friedrich [aus Trier]: Über Schädelimpressionen beim engen Becken ... Würzburg, Buchdr. d. „Neuen Bayer. Landeszeitg", 1896; 28 S. 8.
Würzburg, Med. Fak., Inaug.-Diss. v. 1896

Die Schatzverzeichnisse der drei Mainzer Klöster Karthause, Reichen Klaren u. Altenmünster bei ihrer Aufhebung im J. 1781 von Dr. Friedrich Schneidor. *Mainz: L. Wilckens 1901.* (96 S.) quer- 8° [J.] [illegible]

Schneider, Frid. (Joh. Heur.) (geb. Krefeld Jan. 1808): De sectione venae jugularis. Berolini (1832). (20 S.) 8°
Berlin. Med. Diss. v. 10. Okt. 1832

Schneider, Frdr., über die Steinmetzzeichen u. insbesondere die d. **Mainzer Domes.** gr. 4. (16 Sp. m. 3 Steintaf.) Mainz 872. v. Zabern. n. 1. —

Schneider, Friedrich. Taschenbuch der Flora von Basel und der angrenzenden Gebiete des Jura, des Schwarzwaldes und der Vogesen. Zum Gebrauche auf botanischen Excursionen. In-8°, 344 S. Basel, H. Georg. 1880. 5 —
Dass.s.a.:Schneider,Ferd.

Schneider, Friedrich, aus Langenfeld: Über das Verhalten der Kathodenstrahlen in elektrischen Feldern. *Erlangen 1903: Junge & Sohn.* (37 S.) 8°
Erlangen, Phil. Diss. v. 11. Nov. 1902

Schneider, Fr., (Jh. Chr. Fr.,) Vorschule der Musik. Mi Stereotypen gedr. gr. 4. Leipz. 827. Tauchnitz. 20 gr.

Schneider, Friedr., das Weltgericht, s. Breitkopf und Härtel's Text-Bibliothek Nr. 43.

— dasselbe, s.: Mode's, G., Textbibliothek.

— Domdekan Franz Werner, der hl. Schrift u. Weltweisheit Doktor u. Kommandeur des großh. hess. Ludwigsordens Geboren 21. X. 1770 zu Mainz, gestorben daselbst 16. II. 1845. Ein Gedenkblatt. 8. (40 S. m. 3 Bildnissen.) Mainz 899. (L. Wilckens.) n. 1. —

Schneider, Frdr., der Wetterhahn auf dem Dom zu Mainz. 8. (28 S. m. 3 Abbildgn.) Ebd. 901. n. — 30
Sonderabdruck aus: „Mainzer Journal".

Schneider, Friedrich Adolf

Schneider, Frdr. Adph., Astro-Meteorologie, od.: Festes Fundament z. sichern u. genauen Vorausberechnung der Temperatur, des Luftdrucks, der Windrichtungen rc. gr. 8. (37 S. m. 1 Tab. in qu. gr. 4.) Berlin 850, Brandis in Comm. n. 1/6 ₰

— weitere Begründung der Astro-Meteorologie. 3. Versuch, Personen aller Klassen von dem Miteinfluß der Planeten-Constellationen auf alle meteorolog. Erscheinungen durch solche Thatsachen zu überzeugen, welche gleichzeitig beweisen, daß diese neue Erfahrungs-Wissenschaft schon vortreffl. Material besitzt, um die Vorausberechnung der Temperatur rc. unternehmen zu können. Imp. 4. (35 S.) Berlin 851. (Gaertner. — Leipzig, T. O. Weigel.) n. 1 ₰

Schneider, F. A., Beiträge z. Astro-Meteorologie, od. üb. d. muthmaßl. Einfluß d. Standes d. Planeten, Cometen rc. auf d. meteorolog. Erscheinungen an d. Erdoberfläche. — Des Merkurs erste Periode. 1. Hft. gr. 4. (3 B.) Leipzig 840, (J. J. Weber.)*

Schneider, F. A., Beiträge zur Astro-Meteorologie, betrifft die Vorausberechnung des Barometer- und Thermometer-Standes, wie er in Berlin vom 28. März bis 27. April 1841 bei Sonnen-Auf- u. Untergang sein wird. gr. 4. (Mit 1 lith. Tab.) Berlin 841. (Gropius.) n. 1/6 ₰

Schneider, Frdr. Adlph, Berechnung der Temperatur für Deutschland, wie sie bei Sonnenaufgang und Untergang sein wird. 1849—54. Berlin. 4.

Schneider, Friedr. Adph., Berechnung der Temperatur für Deutschland wie sie sein wird bei Sonnen-Auf- und Untergang in der Jahres-Haupt-Abtheilung mit voller Sonnenwirkung vom 7. Mai bis 6. Septbr. 1850. Imp. 4. (7 S.) Berlin 850, (Brandis.) Thlr.

—— dass. — vom 7. Mai bis 6. Septbr. 1851. Imp.-4. (8 S.) (Ebds. 850.)

—— Berechnung der Temperatur für Deutschland wie sie im Waagetheil, vom 7. Septbr. bis 6. Octbr. 1851 bei Sonnen-Auf- und Untergang sein wird. Imp.-4. (4 S.) Berlin 851, (Brandis. — Gaertner.) *

—— Berechnung der Temperatur für Deutschland wie sie bei Sonnen-Auf- und Untergang im Zwillingtheil vom 7. Mai bis 6. Juni 1852 sein wird. Imp.-4. (4 S.) Berlin 851, (Brandis. — Gaertner.) *

Schneider, (Friedr. Adph.), Berechnung der Temperatur für Deutschland wie sie im Zwillingtheil 1853 bei Sonnen-Auf- und Untergang sein wird. 4. Jahr der veröffentlichten Berechnung seit 1850. 12 Hefte. Imp.-4. Berlin 853, (Gaertner.)* einzelne Hefte *

—— Berechnung der Temperatur für Deutschland, wie sie im Zwillingtheil vom 7. Mai bis 6. Juni 1853 bei Sonnen-Auf- und Untergang sein wird. 2. Aufl. Imp.-4. (12 S.) Berlin 853, (Gärtner.) * *

Schneider, F. A., Berechnung der Temperatur für Deutschland wie sie bei Sonnen-Auf- und Untergang sein wird IV. Jahr der veröffentlichten Berechnung seit 1850. 12 Hefte. (Vom 7. Juni 1853 bis 6. Mai 1854.) Berlin (853.) (Gaertner.) Imp.-4. Vierteljährlich n. 20 ngr.; einzelne Hefte à n. 7½ ngr.

Schneider, F. A., und R. Walz, Beschreib. u. Anweisung zum Gebr. d. neuerfund. ökonom. Badevorrichtung. 8. ... München ..., Jaquet.

Beschreibung des patentirten Staubbad-Apparats. Von F[riedrich] A[dolf] Schneider. Berlin: Verf.; Dümmler in Komm. 1828. 32 S. 8°

Schneider, F. A., Nachricht v. d. Einrichtung d. patentirten Staubbad-Apparats in Form eines Schrankes; mittelst dess. man mit 8 Quart Wasser 15 Minuten baden kann, nebst Gebrauchsanweis. u. Gutachten mehr. Aerzte. 8. ... Berlin 829, Dümmler. Thlr.

Nachricht von der Einrichtung des patentirten Staubbad-Apparats in Form eines Schrankes, vermittelst dessen man mit 8 Quart Wasser 15 Minuten baden kann; nebst Gebrauchsanweisung... Von F[riedrich] A[dolf] Schneider. Berlin: Verf.; Dümmler in Komm. 1830. 56 S. 8°

Schneider, Friedr. Adph., Nachrichten über die Fortschritte der Astrometeorologie. (Als Mscr. gedr.) gr. 4. (III und 97 S.) Berlin 864. (Leipzig, List und Francke.) *

Schneider, Friedr. Adph., fernere Nachrichten über die Fortschritte der Astrometeorologie, betr. die für 13. Febr. bis 1. Mai 1865 vorausberechnete Temperatur bei Sonnen-Untergang u. Aufgang in ganz Deutschland. (Als Mscr. gedr.) Berlin 865. (Leipzig, List & Francke.) gr. 4. (25 S. mit 5 Tabb. in qu. Fol. u. Imp.-Fol.) n. 20 ngr.

— — (1. Fortsetzung) betr. die für 10. Febr. bis 22. April 1866 vorausberechnete Temperatur bei Sonnen-Untergang u. Aufgang in ganz Deutschland. (Als Mscr. gedr.) Ebend. 866. gr. 4. (61 S. mit 3 Tabb. in gr. Fol.) n. 1 ₰ 15 ngr.

— — (2. Fortsetzung) betr. die für 11. Febr. bis 1. Mai 1867 vorausberechnete Temperatur bei Sonnen-Untergang u. Aufgang in ganz Deutschland. (Als Mscr. gedr.) Ebend. 867. gr. 4. (50 S. mit 4 Tabb. in qu. gr. Fol.) gratis.

— — (3. Fortsetzung) betr. die für 9. Febr. bis 29. April 1868 vorausberechnete Temperatur bei Sonnen-Untergang u. Aufgang in ganz Deutschland. (Als Mscr. gedr.) Ebend. 868. gr. 4. (110 S. mit 18 Tabb. in qu. u. gr. 4. u. qu. Fol.) n. 1 ₰ 22½ ngr.

Schneider, Fr. Adolph, Versuch den Miteinfluss des Mondes auf den Stand des Barometers nachzuweisen. Mit 13 Kupfertafeln und 7 gedruckten Tafeln. Berlin 1835. qu. Fol.

Schneider, Friedrich August (Eisleben) A. S. 181/30

Jura subordinationis. Präs. Karl Otto Rechenberg. Leipzig (Titius) 26. XI. 1726. 32 S. 31034

Schneider, Frdr. Aug., die Spitzenfabrication im sächsischen Erzgebirge. Vom practischen Gesichtspunkte zur Erinnerung an das 300jährige Bestehen derselben dargestellt. Schneeberg 860. Goedsche in Comm. 16. (VIII, 102 S.) n. 16 ngr.

Friedrich Heinrich Karl Schneider

Frid(ericus) Henr(icus) Carolus Schneider: De Fungo haematode.([Berlin] 1821:) Feister. 16 S. 8°

Berlin, Med. Diss. v. 20. Juli 1821

Schneider, Friedrich Wilhelm

SCHNEIDER, F. W.: Anweisung zum Gebrauch eines Flächenmaaßstabes für Feldmesser und Forstgeometer. - Neustadt-Eberswalde 1844. 10 S.

SCHNEIDER, F. W.: Anweisung zum Gebrauch eines Rechenstabes für Forstmänner, Technologen ... Behufs einer augenblicklichen und hinlänglich sicheren Auflösung vieler arithmetischen Aufgaben, insbesondere Berechnungen von Linien, Flächen und Körpern, sowie zur Erläuterung sämmtlicher logarithmischen Lehrsätze. Nach dem Schwedischen. - Berlin 1825. 75 S.

Schneider, Friedrich Wilhelm (Halberstadt) A. S. 1163/6

Dissertatio solennis de auro potabili. Präs. Johann Gottfried Berger. Wittenberg (Gerdes) 30. VII. 1705. 48 S. 31035

Schneider, F. W., Bibliothek der Forst- und Jagd-Literatur. Ein Verzeichniß der über alle Theile des Forst- und Jagdwesens und über Fischerei in Deutschland erschienenen Schriften, umfassend den Zeitraum vom J. 1842 bis zum J. 1856. Zum buchhändler. und wissenschaftl. Gebrauch hrsg. und mit einem speciellen Sachregister versehen. gr. 8. (IV und 63 S.) Berlin 856, Springer's Verlag. Thlr. *

SCHNEIDER, Friedrich Wilhelm: Bibliothek der Forst- und Jagd-Literatur. Ein Verzeichnis der über alle Theile des Forst- und Jagdwesens und über Fischerei in Deutschland erschienenen Schriften, umfassend den Zeitraum vom Jahre 1842 bis zum Jahre 1856. - Berlin 1856. IV, 63 S. - (Weitergeführt v. Eduard Baldamus)

Schneider, Friedr. Wilh., Erfahrungs-Tafeln über Massengehalt der in Deutschland in reinen Beständen vorkommenden Holzarten in verschied. Alter f. Hoch- u. Niederwald mit Angabe des Nutzungsprozents, des Durchschnittszuwachses u. Werthnutzungsprozents. Nach den Angaben v. W. Pfeil zusammengestellt. gr. 8. (5½ B.) Berlin 813, Veit u. Comp.

Schneider, s.: Forst- u. Jagd-Kalender.

Schneider, F. W., Katalog der forstakademischen Bibliothek zu Neustadt-Eberswalde. gr. 8. (IV, 317 S.) Neustadt-Eberswalde 872. (Berlin, Springer's Verl.) n. 4. —

Die Lehre von den Kegelschnitten für denkende Anfänger. Von Friedr[ich] Wilh[elm] Schneider. Berlin: Burchhardt 1824. VIII,251 S. 8°

Schneider, Fr. Wilh., die Lehre von d. Kegelschnitten, f. denkende Anfänger. Mit 5 Steindrckt. gr. 8. Berl. 824. (Krause) 1 ₰ 16 gr

Schneider, F. W., die Lehre von den Kegelschnitten, für denkende Anfänger. Mit 5 lithogr. Tafeln. gr. 8. 824. Halle, Colditz'sche Buchh. 1⅔ ₰

Schneider, F. W., Repertorium über die ersten zehn Jahrgänge des Forst- u. Jagdkalenders für Preußen von 1851—1860, enth. ein Sachregister, Personal- u. literar. Register. Berlin 860. J. Springer. 16. (VII, 126 S.) n. 22½ ngr.

Schneider, Friedr. Wilh., Taschenbuch d. Maass- u. Gewichtskunde, enth. die Faktoren z. gegenseit. Verwandlung d. wichtigsten deutschen u. ausländ. Längen-, Flächen-, Körpermaasse u. Gewichte, Vergleichungen v. Preisen, Feld-, Forst-, Wiesen- u. Weinbergserträgen etc. Zum prakt. u. wissenschaftl. Gebrauch. gr. 12. (26½ B.) Berlin 839, Herbig.

Schneider, Friedrich Wilhelm: Taschenbuch der Maass- und Gewichtskunde, enthaltend die Faktoren zur gegenseitigen Verwandlung der wichtigsten deutschen und ausländischen Längen-, Flächen-, Körpermaasse und Gewichte. Vergleichungen von Preisen, Feld-, Forst-, Wiesen- und Weinbergserträgen, und andere den Kaufmann, Techniker und Statistiker interessirende Reduktionen. Zum praktischen und wissenschaftlichen Gebrauch nach den neuesten gesetzlichen Bestimmungen oder den zuverlässigsten Ermittelungen und nach einer, auch dem minder geübten Rechner zu Hülfe kommenden Methode bearbeitet. Berlin 1839. XXXVI, 594 S. 8°. [B 1587

Schneider, Fritz

Schneider, F., Anweisung für Consumvereine zur Unterstellung unter das Genossenschaftsgesetz des Norddeutschen Bundes nebst Muster-Statuten und Motiven, als Ergänzung zu dem Buch von Eugen Richter: „Die Consumvereine". 8. Berlin 869, F. Duncker. [Stuttgart, Krabbe.] * 1 20

Schneider, F., das Begräbniß d. Anwalts der deutschen Genossenschaften, Reichstagsabgeordneten Dr. Schulze-Delitzsch. 8. (40 S.) Leipzig 883. Keil's Nachf. — 30

Schneider, Dr. Fritz. Vide: Blätter f. Genossenschaftswesen.

Schneider, Fritz [aus Stettin in Pomm.]: J. G. Fichte als Sozialpolitiker ... Halle a. S., Hofbuchdr. v. C. A. Kaemmerer & C., 1894; 2 Bl., 82 S., 1 Bl. 8.
Halle, Phil. Fak., Inaug.-Diss. v. [25. Apr.] 1894

Schneider, Fritz. Das deutsche Genossenschaftsgesetz vom 1. Mai 1889, s. Freund's politische Handbücher. 5

Schneider, Fritz, Handbuch f. Konsumvereine, s.: Oppermann, G.

— Jahresbericht f. 1882 üb. die auf Selbsthilfe gegründeten deutschen Erwerbs- u. Wirthschaftsgenossenschaften. Fol. (XIV, 102 S.) Leipzig 883. Klinkhardt. n. 8. —
cfr.: Schulze-Delitzsch, H.

— Mittheilungen üb. deutsche Baugenossenschaften, nebst e. Statut u. Motiven. Mit e. Vorwort v. H. Schulze-Delitzsch. gr. 8. (III, 59 S.) Leipzig 875. Klinkhardt. n. 1. —

Schneider, Fritz, Gerichtsass.: Das Nachvermächtnis im Recht des Bürgerlichen Gesetzbuchs. Mainz 1909: (Mänicke & Jahn, Rudolstadt). V, 106 S. 8°
Gießen, Jur. Diss. v. 28. Dez. 1909, Ref. Schmidt
[Geb. 10. Dez. 76 Mainz; Wohnort: Oppenheim a. Rh.; Staatsangeh.: Hessen; Vorbildung: Gymn. Mainz Reife M. 94; Studium: München 3, Berlin 1, München 1, Gießen 2 S.; Rig. 19. Nov. 09.] [U 10. 1122

Schneider, Fritz [cand. med. aus Magdeburg]: '[Aus d. Chirurg. Klinik zu Jena.]' Über Schussverletzungen der Wirbelsäule ... Jena, Druck v. B. Engau, 1897; 50 S. 8.
Jena, Med. Fak., Inaug.-Diss. v. [10. Mai] 1897

Schneider, Fritz, Taschenbuch f. Baugenossenschaften rc., s.: Wohlgemuth.

— Taschenbuch f. Consumvereine. Eine Anweisg. zu deren Gründg. u. Einrichtg., nebst e. Anleitg. zur einfachen u. doppelten Buchführg. v. Gust. Oppermann. gr. 8. (X, 489 S.) Leipzig 883. Keil's Nachf. n. 8. —

Schneider, Fritz, Wegweiser f. Consumvereine zur Anwendung des Genossenschafts-Gesetzes vom 1. Mai 1889. Musterstatuten m. Begründg. u. Erläutergn. 8. (148 S.) Berlin 894. J. Guttentag. n. 1. 50

Schneider, Fritz, Wegweiser f. Vorschuß- u. Creditvereine zur Anwendung d. neuen Genossenschaftsgesetzes. Musterstatuten m. Motiven u. Erläutergn. f. die 3 Arten der eingetragenen Genossenschaft. gr. 8. (48 S.) Berlin 889. J. J. Heine. n. — 60

Schneider G. d. Ausbau d. Arbeitsvermittl. i. Württ. (43 S) Ludwigsburg (1901)

Schneider, G., Pariser Briefe. Bilder u. Schilderungn. aus der letzten Periode d. Kaiserreichs, der Wahl-, Plebiscit-, Kriegs-, Belagerungs- u. Commune-Epoche sowie aus der ersten Periode der Republik. In 4 Thln. gr. 8. Leipzig 872. O. Wigand. n. 39. —

1. Das liberale Kaiserreich u. der franz. Parlamentarismus od. Wahlperiode u. friedl. Winter 1869—70. (XXXII, 454 S.)
2. Die Krönung d. Gebäudes od. die Plebiscit- u. Kriegscomödie. (X, 679 S.)
3. Die Belagerung, der Waffenstillstand und Friedensschluß. (LXXXVII, 540 S.)
4. Die Commune-Insurrection, das Ende der Commune od. die Eroberg. v. Paris u. loyaler Versuch der Republik. (X, 903 S.)

Schneider, G. Die Feuerbestattung vom religiös-sittlichen Standpunkt aus betrachtet. Ober-Ingelheim 1887.

Schneider, G., das Morgengebet. Das Tischgebet. Das Abendgebet. 3 Predigten. gr. 8. (39 S.) Leipzig 847, Dörffling & Franke. 6 ngr

Schneider, G., die Poetik in der Schule. Stoffe m. Beispielen. (18 S.) gr. 8. Barmen (905). (A. Röder.) n. — 30

Schneider, G., Rechenbuch nach Sachgebieten, s.: Barnicol, H.

Schneider, G., s.: Taschenausgabe der gebräuchlichsten Gesetze f. den Kanton Aargau.

Schneider, G., Zahlentafel f. Geschichte, Religion (jüdische Geschichte u. Kirchengeschichte); Erdkunde, Naturkunde, Technik; Literaturkunde (deutsche, französische, englische) u. Pädagogik. Zum Gebrauche an höh. Mädchenschulen u. Lehrerinnen-Bildungsanstalten zusammengest. 2. Aufl. gr. 8. (16 S.) Leipzig 902. F. Hirt & Sohn. n. — 20

Schneider, G., Civilprozess-Ordnung für den Kanton Aargau. Vom 12. III. 1900. Textausg. m. ausführl. Sachregister. [Aus: „Taschenausg. der gebräuchl. Gesetze f. den Kanton Aargau".] schmal 8. (122 S.) Aarau 902. E. Wirz. n. 1. 20

Schneider, G. A., die moderne Schuhfabrikation, s. Schauplatz, neuer, der Künste und Handwerke. 134
Vgl. Schneider, H.A.

Schneider, G. A., die moderne Schuhfabrikation. Ein Handbuch für Schuhindustrielle jeder Art, als da sind: Schuhfabrikanten, Kundenschuhmacher, Werkführer etc., sowie Lederfabrikanten, Nähmaschinenfabrikanten u. Schuhhändler. Nebst einem Atlas, enth. 19 (lith.) Planotaf. m. 216 Fig., darunter Modelle in natürl. Größe. 2., wohlfeilere (Titel-)Aufl. gr. 8. (VIII, 245 u. 155 S.) Weimar 882. B. F. Voigt. 7. 50

SCHNEIDER, G. H. Ueber das optische Drehungsvermögen der Aepfelsäure und ihrer Salze. (Tübingen) Giessen, 1881.

Schneider, G. J., Recueil de lettres marchandes et morales allem.-français. 8. Nürnb. 800. Schneider u. W. 8 gl.

Schneider, Gabr. Gottl., evangel. Betpostille. 8 Chemnitz, Stößel. 737.

— evangel. Frag- u. Bilderpostille. 4. Ebend. 737.

Schneider, Gebh., die katholische Mission in Zanguebar. Thätigkeit und Reisen des P. Horner. Mit 1 geograph. (lithogr.) Karte (in Imp.-4.) und 4 Illustr. auf Holzschntaf.). 8. (XII, 324 S.) Regensburg 877, Manz. * 4 —

Schneider, Georg

Schneider G, Altäre und Kanzeln. (12T) griol München (1870)

Schneider, Geo., Altäre und Kanzeln. Entworfen von G. S. 6. Aufl. Fol. (12 Bl.) München [880], A. L. Schaefer's Buchh. *

Schneider, Geo., über die Ausbildung des Schönheitsinnes bei der Jugend. Ein zeitgemäßes Wort für Pädagogen, Lehrer, Seelsorger etc. 3 Thle. (3. Thl. unt. d. Ttl.: Kleine Veilchenlese (Poesie u. Prosa) nebst e. Abhandlung über die Redefiguren u. über die Gestaltung des Styls.) 8. (16½ B.) Münster 843, Coppenrath. 15 Ngr. — 3. Thl. einzeln

Schneider, *Georg* [Dr.]: Beiträge zur homerischen Wortforschung und Textkritik. 1. Görlitz, Görl. Nachr. u. Anzeiger, 1893; 3—31 S. 4.
Görlitz, st. G u. RG, P 1893 (187 [vielm. 188])

Schneider, Geo., Beiträge zur homerischen Wortforschung u. Textkritik. Progr. gr. 4. (31 S.) Görlitz 893. (R. Rother.) n. 1. —

Schneider, Georg: Die finanziellen Beziehungen der florentinischen Bankiers zu Kirche von 1285–1304. T. 1. Leipzig: Duncker & Humblot 1899. (34 S.) 8°
[Erschien vollst. in: Staats- u. socialwiss. Forschungen. Bd 17, H. 1.]
Breslau, Phil. Diss. v. 1. Mai 1899

Schneider, Geo. Die finanziellen Beziehungen der florentinischen Bankiers zur Kirche von 1285 bis 1304. gr. 8°. Leipzig, Duncker u. Humblot, 1899. (Staats- u. sozialwiss. Forschungen, Bd. 17, Heft 1.) (X,78 S.)

Schneider, Georgius (Guilelmus) *(geb. Breslau 9. 10. 1824)*: De carcinomate ossium. Vratislaviae (1847). (36 S.) 8°
Breslau, Med. Diss. v. 18. Dez. 1847

Schneider, Georg: Über die Einwirkung von Monochloracetal auf Diisobutylamin und Piperidin. *Rostock 1898: C. Hinstorff.* (45 S.) 8°
Rostock, Phil. Diss. v. [28. Mai] 1898

Schneider, Georg: Ueber Entmündigung von Alkoholisten. *Berlin (1897): E. Ebering.* (30 S.) 8°
Berlin, Med. Diss. v. 12. Okt. 1897

Schneider, Geo., Farbe bekennen! Ein Beitrag zur Frage des Kirchenaustritts. gr. 8. (18 S.) Bamberg 894. Handels-Druckerei. — 35

Schneider, Geo., die Farschtenpfeife. Gedichte in Bauermundart. 8. (8 S.) Altenburg 873, Blücher. * — 10

Schneider, Geo., die Farschtenpfeife. Gedichte in Bauernmundart. 2. Aufl. 8. (8 S.) Altenburg 882. Blücher. n. — 10

—— die Fürstenpfeife. Gedicht in altenburger Bauernmundart. 2. Aufl. 8. (8 S.) Ebendas. 882. * — 10

Schneider, Geo., die Farschtenpfeife. Gedicht in Bauernmundart. (2. Aufl.) 8. (8 S.) Altenburg 886, (Schnuphase'sche Hofbuchh.) *

Schneider, Geo.(Jul.), de Diodori fontibus [libr. I—IV]. gr. 8. (77 S.) Berlin 880, Weber. * 1 60
Bln., Phil. Diss. v. 7. Aug. 1880.

Schneider, Geo., die zehn Gebote des Moses in moderner Beleuchtung. 2. Aufl. gr. 8. (VIII, 115 S.) Frankfurt a/M. 903. Neuer Frankfurter Verlag. n. 1. 60
1. Aufl. (X, 106 S.) Ebd. 901. n. 1. 60.

Schneider, Georg: Das Ideal einer religiösen Gemeinschaft. Mannheim 1897: Aktiendr. (12 S.) 8°

Schneider, *Georg (Julius)* [Dir.]: Leges Scholae Cotbusianae. ([Umschlagt.:] Zur Geschichte der Cottbuser Stadtschule.) Cottbus, A. Heine, *1895*; 3—8 S. 4.
Cottbus, k. Friedrich-Wilhelms-G, OP 1895 (71)

Schneider, Geo., Lehrbuch f. den religiös-sittlichen Unterricht in freireligiösen Gemeinden. Im Auftrage u. nach dem Entwurf des Verbandes der deutschkathol. u. freireligiösen Gemeinden Süd-Deutschlands verf. 3 Tle. gr. 8. Frankfurt 904. Neuer Frankfurter Verlag.
Geb. in Leinw. 4. —; Luxusausg. 5. 50
1. (111 S.) 1. —. — 2. (200 S.) 1. 50. — 3. (168 S.) 1. 50.

Schneider, Georg De aliquot Diodori siculi libris manu scriptis. 24 S. Progr. Joach. *Berlin* 1884.

Schneider, Georg [Dr., Oberl.]: De aliquot libris Diodori Siculi manu scriptis. Berlin, Druck v. W. Pormetter, 1890; 26 S. 4°
Berlin, k. Luisen-G, OP 1890

Schneider, Geo., Musterblätter zu Steinbildhauer- u. Steinmetz-Arbeiten. Eine Sammlg. v. Vorlagen f. Grab- u. andere Denkmäler, Brunnen, Portale, Balkone, Altäre, Taufsteine u. s. w. 1. Vierteljahrs-Lfg. gr. Fol. (28 Blatt.) München 894. Am Glockenbach 12, Selbstverlag. 15. —

Schneider, Georgius *(geb. Liegnitz 30. 12. 1847)*: De nominibus Graecis in ευς terminatis. Vratislaviae (1870). (50 S.) 8°
[Im Buchhandel 1870 bei Maruschke & Berendt in Breslau.]
Breslau, Phil. Diss. v. 21. Juli 1870

Schneider, Georg: De M. Valerii Martialis sermone observationes. Vratislaviae 1909: Nischkowsky. 62 S. 8°
Breslau, Phil. Diss. v. 12. März 1909, Ref. Skutsch
[Geb. 15. Apr. 84 Neiße; Wohnort: Czempin; Staatsangeh.: Preußen; Vorbildung: Gymn. Lissa i. P. Reife O. 04; Studium: Breslau 10 S.; Rig. 21. Nov. 08.]
[U 09. 637

Schneider, Geo., das religiöse Problem in Ibsen's „Brand". Zwei literar. Predigten. (42 S.) 8. Mannheim 908. Dr. H. Haas. 1. —

—— **quibus ex fontibus petiverit Diodorus libr. III. capp. 1—48. gr. 8. (36 S.) Berlin 880, (Calvary und Comp.)** * 2 —
Aus: Symbolae Joachimicae, besonders abgedruckt.

Schneider, Geo., Rede zur Feier der Confirmation am Pfingstsonntag 1884. gr. 8. (14 S.) Wiesbaden 884, Limbarth. n. — 30

Schneider, Georg, aus Glauchau: Die großen Reiche der Vergangenheit und der Gegenwart. Eine vergleichende polit.-geogr. Studie. *Leipzig 1904: C. G. Naumann.* (80 S.) 8°
Leipzig, Phil. Diss. v. 1904

Schneider, Geo., der Religionsunterricht in der Schule, in Anlehng. an die 29. allgemeine deutsche Lehrerversammlg. behandelt. gr. 8. (73 S.) Mannheim 892. J. Bensheimer's Verl. n. 1. —

Schneider, Geo., -reichhaltige Sammlung von Skizzen zu Grab- und andern Monumenten. 8 Lfgn. Fol. (64 Lichtdr.-Taf.) Dresden 882, Gilbers'sche Hofverlagsb. à Lfg. * 4 —
In Mappe * 30 —

Schneider, Georg Zur Schwächung anlautender Konsonantengruppen im Griechischen. Erster Teil. 25 S. Progr. Rg. *Görlitz* 1877.

Schneider, Georg [aus Rauschermühle (Rheinpreussen)]: Ueber den Talg der Myrica cerifera. . . . Stuttgart, K. Hofbuchdr. Carl Liebich (1888); 38 S. 8°
Erlangen, Phil. Fak., Inaug.-Diss. v. 1888

SCHNEIDER, GEORG. Ueber den Talg der Myrica cerifera. (Erlangen) Stuttgart, 1889.

Schneider, Georg, Assist. am Inst. f. Bodenlehre u. Pflanzenbau d. landw. Akad. Bonn-Poppelsdorf: Vegetationsversuche mit 88 Hafersorten. Mit 1 Taf. u. 10 Textabb. Merseburg 1912: Stollberg. 67 S., 1 Taf. 8° ¶ (Aus: Landwirtsch. Jahrbücher. Bd 42.)
Rostock, Phil. Diss. v. 21. Febr. 1910, Ref. Heinrich
[Geb. 15. April 77 Guben; Wohnort: Bonn; Staatsangeh.: Preußen; Vorbildung: Realgymn. Guben bis M. 96; Studium: Halle 2, Bonn-Poppelsdorf Landw. Akad. 4, Leipzig 2, Berlin 3, Rostock 4 S.; Rig. 11. Febr. 10.] [U 12.6703]

Verzeichnis der Lesesaal- und Handbibliothek der Königlichen Universitäts-Bibliothek zu Berlin. 5. Ausg. (Ausgegeben am 6. Juni 1906.) (Bearb.: Dr. Georg Schneider u. Dr. [Heinrich] Loewe; Vorr.: Dr. [Johannes] Franke, Dir.) Berlin 1906: (A. Hopfer in Burg b. M.). (VIII, 251 S.) 8° [06. 8139

Darwin z. Humanitären Kultur: „Darwin zur Humanitären Kultur" Or. Mannheim. Was wir wollen! Fest-Zeichnung zur Installation als eklektisches Kränzchen am 31. Okt. 1909. Von G[eorg] Schneider. Frankfurt a. M. 1909: Mahlau & Waldschmidt. 15 S. 8°
Abgedr. in: Bh. 52 (1909) S. 369—373. Programmrede. 65.

Schneider, Geo., ein Wort üb. d. Schreibleselehrmethode. Nebst e. commentirten Fibel f. Schreibleser aber auch f. Lautirschüler v. G. Schneider u. Th. Schenkwald, u. d. Ttl.: Das erste Buch f. Schreibleseschüler, auch f. Lautirschüler brauchbar. 8. (5½ B., incl. 1 B. lith.) Münster 841, Deiters.
Das erste Buch f. Schreibleseschüler rc., apart. 3 Gr.

Die Zahl im grundlegenden Rechenunterricht. Entstehung, Entwicklung u. Veranschaulichung derselben unter Bezugnahme auf d. physiol. Psychologie von Georg Schneider, Lehrer in Schwarzbach bei Eisfeld. *Berlin: Reuther & Reichard 1900.* (86 S.) 8°
= Sammlung v. Abhandlungen aus d. Geb. d. pädag. Psychologie u. Physiologie. Bd 3, H. 7. [00. 10916 2

Schneider, Georg Julius: *Professor Dr. Carl Zeidler, gestorben am 4. September 1898.* 4 (S. 21).
Progr. Kgl. Friedrich-Wilhelms-G. *Kottbus* 1899.

—— Zweck und Ziel des Deutschkatholicismus. Vortrag, am Stiftungsfeste der freireligiösen Gemeinde zu Wiesbaden am 9. März 1884 gehalten. gr. 8. (15 S.) Ebendas. 884. — 30

Schneider, Georg Adam

Schneider, Geo. Adam, Responsorien für sämmtliche Gottesdienste der protestant. Kirche. Zum allgem. Gebrauche für die ganze Gemeinde und insbesond. für den vierstimm. Männerchor componirt. Op. 1. Lex.-8. (30 lithogr. S.) Nördlingen 850, Beck'sche Buchh.

Schneider, Georg Aloys, Religionslehrer an der kgl. Lateinschule in Hassfurt a. M.: Der Hl. Theodor von Studion. Sein Leben u. Wirken. Ein Beitrag zur byzantinischen Mönchsgeschichte. *Münster i. W. 1900: Westf. Vereinsdruckerei.* (63 S.) 8° ¶ (Erschien vollst. in: Kirchengeschichtl. Studien, Bd 5, H. 3.)
Würzburg, Theol. Diss. v. 1900

Der Hl. Theodor von Studion. Sein Leben und Wirken. Ein Beitrag zur byzant. Mönchsgeschichte. Von Dr. theol. G. A. Schneider, Religionsl. in Hassfurt a. M. *Münster i. W.: H. Schöningh 1900.* (111 S.) 8°
= Studion, Kirchengeschichtliche. Bd 5, H. 3. [00. 7756 5

Schneider, Georg Friedrich (Darmstadt)

Exercitatio academica de iusto commodo cum alterius damno coniuncto. Präs. Kaspar Achaz Beck. Jena (Fickelscherr) X. 1718. 52 S.

W. v.: Präs. 31036

Schneider, Georg Heinrich

Schneider, G. H., über die Empfindung der Ruhe. Psychologische Untersuchung. gr. 8. (27 S.) Zürich 876, Schmidt. * 1 20

Schneider, Geo. Heinr., Hrn. Prof. Dr. Jäger's vermeintliche Entdeckung der Seele. Eine Widerlegung. gr. 8. (62 S.) Leipzig 879. Abel. n. 1. —

Schneider, Geo. Heinr., Freud und Leid des Menschengeschlechts. Eine social-psycholog. Untersuchung der ethischen Grundprobleme. gr. 8. (XVIII, 380 S.) Stuttgart 883, Schweizerbart'sche Verlagsh. * 8 —

— die Unterscheidung. Analyse, Entstehung und Entwickelung derselben bei den Thieren und beim Menschen. Vergleichend psycholog. Untersuchungen über die Einheit unseres Erkenntnissvermögens im Sinne einer monistischen Naturphilosophie, gestützt auf die allgemeine Bedeutung des psycholog. Gesetzes und auf die Thatsache der genetischen Entwickelung der animal. Wesen. gr. 8. (XV, 71 S.) Zürich 877, Schmidt. * 2 —

—— die psychologische Ursache der hypnotischen Erscheinungen. gr. 8. (39 S.) Leipzig 880, Abel. * 1 20

—— der menschliche Wille vom Standpunkte der neueren Entwickelungstheorien [des „Darwinismus"]. gr. 8. (X, 498 S.) Berlin 882, Dümmler's Verlagsh. * 8 —

—— der thierische Wille. Systematische Darstellung und Erklärung der thier. Triebe und deren Entstehung, Entwicklung und Verbreitung im Thierreiche als Grundlage zu einer vergleichenden Willenslehre. gr. 8. (XX, 447 S.) Leipzig 880, Abel. geb. * 8 —

Schneider, Georg Julius, s. Schneider, Georg.

Schneider, Georg Michael (Fünfeichen/Laus.)
A. S. 1183/20

Dissertatio physica de fontium lapidescentium natura. Präs. Johann Gottlob Vollsack. Wittenberg (Schroeder) VI. 1721. 30 S. 31037

Schneider, Georg Robert

Schneider, Geo. Rob., das Land d. Erwachens u. and. Erzählgn. (121 S.) 8. Straßburg 907. J. Singer. 2.—

Schneider, Gerhardt, die metaphysischen Grundlagen der Herbart'schen Psychologie dargestellt und kritisch untersucht. Inaugural-Dissertation. gr. 8. (58 S.) Erlangen 876, (Deichert.) * 1 —

Schneider, Gottfried

Schneider, Gfr., Entwurf einer rationalen Seelenlehre. 8. (XVI, 120 S.) Magdeburg 881, Creutz'sche Buchh. * 8 —

Schneider, Gf., s. Feierstunden, e. Unterhaltungsblatt.

Ein Kommando in der Südsee auf S. M. S. Planet. In Tagebuchform geschrieben von Gottfried Schneider, Bonn. Zülpich: Ille [1910]. 94 S. 8° [10. 15268 B

Schneider, Gottfried Günther (Sondershausen)
A. S. 841/15

Dissertatio inauguralis medica de minore malo medico. Präs. Georg Ernst Stahl.
Halle (Henckel) V. 1710. 44 S. 31039

Schneider, Gottlieb

Schneider, G. Ueber den Einfluss des Fiebers auf das Gehörvermögen. Dissertation. Gr. in-8⁰. 18 S. Bern, [Huber & Co. (Hans Koerber)]. — 50
1891.

Schneider, Glieb., üb. den Einfluss d. Fiebers auf das Gehörvermögen. Diss. gr. 8. (17 S.) Interlaken 891. (Bern, H. Koerber.) n. — 40

Schneider, Gottlieb [aus Gross-Kreuz (Kreis Zauch-Belzig)]: Über die morphologischen Verhältnisse des Blutes bei Herzkrankheiten und bei Carcinom .... Berlin, Buchdr. v. Gustav Schade (Otto Francke) (1888); 30 S. + 1 Bl. 8°
Berlin, Med. Fak., Inaug.-Diss. v. 8. Aug. 1888

Schneider, *Gottlieb* [Referendar]: Die Wirkung der Klagenverjährung ... Düsseldorf, Druck v. W. Kleppel, 1896; 1 Bl., 50 S. 8.
Erlangen, Jur. Fak., Inaug.-Diss. v. 1896

Gottlieb August Schneider

De Rheumatismo. Berolini (1817:) Starck. 28 S. 8°
Berlin, Med. Diss. v. 12. Mai 1817

Schneider, Gottlieb Karl Wilhelm

Schneider, Gli.Karl Wlh. (Bearb.), s. Aeschylus: Tragödien.

— de dialecto Sophoclis ceterorumque tragicor. graec. quaestiones nonnullae crit. 8maj. Jena 822. Cröker. 6 gr.

Schneider, Gli. Karl Wlh., griech. Formenlehre f. den erstn Unterricht. 8. Jena 824. Cröker. 6 gr.

Schneider, Gtl. Carl Wilh., das attische Theaterwesen. Zum besseren Verstehen d. griech. Dramatiker nach d. Quellen dargestellt. 8. (17 B. u. 1 Abbild.) Weimar 835. [Leipzig, Geuther.]

Schneider, Gottl. Karl Wlh., das Attische Theaterwesen. Zum besseren Verstehen der griech. Dramatiker nach den Quellen dargestellt. Mit 1 Abbild. 8. Weimar 835. Hoffmann. 1¼ Thlr.

Schneider, Gtl. Carl Wilh., vollständ. sophocleisches Wörterverzeichniss, s. Sophocles Tragoedien, 9. Bdch.

Schneider, Gottlob

Schneider, Glob., zum 100jährigen Geburtstage des Fabeldichters Wilhelm Hey. [Mit dem Bildnisse Hey's u. Abbildgn. der Stätten seines Wirkens.] Lex.-8. (39 S.) Gotha 889. F. A. Perthes. n. 1.20

Gothaer Gedenkbuch. Bd [1.] (2.) Von Dr. Gottlob Schneider, (Gotha). Mit zahlr. Abb. Gotha: Stollberg (2: Leipzig-Gohlis: Volger) 1906–1909. 8°
[1.] Des Gothaer Wegweisers 3. umgearb. u. verm. Aufl. 1906.
(2.) Gothaer Gedenkbuch u. Heimat-Erinnerungen an Dorf u. Stadt. 1909.
[09. 17232

Schneider, Glob., Konkurrenz und Reklame in der deutschen Lebensversicherung. Eine Schrift pro domo. gr. 8. (VIII, 214 S.) Gotha 888, F. A. Perthes. *

Schneider, Glob., klingende Lieder. Vom Verf. der „Deutschen Weisen" u. „Neuen Reime". (108 S. m. Abbildgn.) gr. 8. Gotha 908. Stollberg. Kart. 2.40

Neue Reime. Vom Verf. der Deutschen Weisen [Gottlob Schneider]. Gotha: Stollberg 1895. 108 S. 8° A 12. 10618

Von deutschem Spiel u. Sport. Mit zahlr. Bildern u. Orig.-Sprüchen f. e. Diplom-Auslese. (85 S.) 8. Leipzig-Gohlis 910. Raschwitz, B. Volger. 1.50

Schneider, Gottlob s. Spyri. Johanna Spyri und ihre Schriften. Gotha 1885.

Schneider, Gottlob: Georgenthal-Tambacher Wegweiser, s. Reisebücher, Thüringer.

Gothaer Wegweiser von Dr. Gottlob Schneider. Mit 1 Karte, zahlr. Bildn., Ansichten und Fahrplänen. 2. verm. Aufl. *Gotha: Stollberg 1900.* (117, 28 S.) 8°
(Thüringer Reisebücher). [09. P533

Schneider. Gottlob: Gothaer Wegweiser. 3. Aufl. 1906, s. Schneider: Gothaer Gedenkbuch. Bd 1.

– Luisenthaler Wegweiser, s. Reisebücher, Thüringer.

— deutsche Weisen. 8. (VIII, 95 S.) Ebd. 889. n. 1.50

Schneider, Gottlob Siegmund

— das Amt u. die Eigenschaften eines Medici Physici. 8. Dres den 772.

Schneider, G. S., De meridiationis limitibus. Lps. 4°. 1763

Schneider, Glo. Siegm. († 1779.) Diss. exhibens adversaria de pulsu. 4. Leipz. 763.

Ichthyologische Beiträge. Unter Mitw. von Dr. K[aarle] M[ainio] Levander zsgest. von Guido Schneider. [1]–3. Mit Taf. *Helsingfors 1900 –02: (K. Malmström in Kuopio).* 3 Bde 8°
1. Notizen über die an d. Südküste Finlands in den Skären d. Kirchspieles Esbo vorkommenden Fische. 1900.
2. Forts. d. Notizen ... 1901.
3. Ueber die in d. Fischen d. Finn. Meerbusens vorkomm. Endoparasiten. 1902.
= Acta Societatis pro fauna et flora Fennica. 20, No 1. 22, No 4 u. 2. [03.73

Beiträge zur Kenntnis der Helminthenfauna des finnischen Meerbusens von Guido **Schneider**. (Aus d. Laborat. d. Zool. Station Tvärminne.) Mit 1 Taf. Helsingfors 1903: (Kuopio, K. Malmström). (34 S.) 8°
— Acta Societatis pro fauna et flora Fennica. 26, No 3. [05. 7978

Beitrag zur Kenntnis der im Uferschlamm des Finnischen Meerbusens frei lebenden Nematoden von Guido **Schneider**. Mit 1 Taf. Helsingfors 1906: (K. Malmström in Kuopio). (40 S.) 8°
— Acta Societatis pro fauna et flora Fennica. 27, No 7. [07. 604 9

Schneider, Guido, Dogma u. Problem. Vortrag, geh. im Naturforscher-Verein zu Riga am 2. II. 1909 zur Feier des 100jähr. Geburtstages v. Charles Darwin. (8 S.) 8. Riga 909. Jonck & Poliewsky. — 40

Schneider, Guido, üb. d. Entwickolg. d. Genitalcanäle bei Cobitis taenia L. u. Phoxinus laevis Ag. [Aus: „Mémoires de l'acad. imp. des sciences de St.-Pétersbourg."] gr. 4. (20 S. m. 2 Taf.) St.-Pétersbourg 895. (Leipzig, Voss' Sort.) n. 3. —

— Der Obersee bei Reval. Unter Mitwirkg. v. K. M. Levander, Ebba v. Husen, H. v. Winkler u. anderen Mitarbeitern. (192 S. m. 6 Fig. u. 10 Taf.) Lex. 8. Berlin 908. (R. Friedländer & Sohn.) nn 12. —
Sonderabdruck aus: „Archiv f. Biontol."

Schneider, Guido, ein Vorschlag zur Reorganisation der Bewirthschaftung des Oberseos bei Reval. (16 S.) 8. Reval 904. (Kluge & Ströhm.) n. 1. —
Sonderabdruck aus: „Revalsche Zeitg."

Schneider, Guido: Ueber das Wachstum der Aale (Anguilla vulgaris Flem.) in den Gewässern Schwedens. Copenhague: Host en comm. 1909. 18 S. 8°
(Conseil permanent internat. p. Pexploration de la mer. Publications de circonstance. Nr 46.)

Über das Wachstum der Aale (Anguilla vulgaris Flem.) in den Gewässern Schwedens, s.: Publications de circonstance du conseil permanent international pour l'exploration de la mer. No. 46.

Schneider, Gustav

Schneider, G. Ueber die Aussprache der englischen Vokale im 13. Jahrhundert und vordem; die Fortentwickelung derselben im 14., 16., 17. und 18. Jahrhundert bis zur endgültigen Feststellung ihrer Aussprache. Frankfurt a. M., Wöhler-Sch., 1878. 45 S. 4. **Progr.**

Schneider, G., Steuerrechtliche Behandlung der Substanzverluste beim Bergbaue. Wien, 1898. 32 S. [Kl 54

Schneider, Gust. Beiträge zur Erklärung des Philebus. 23 S. G. *Gera* 1882.
Progr.

Schneider, Gust., der Bergbau in seinen Rechtsbeziehungen zu dem Grundeigenthum und zu gemeinnützigen Anlagen. Rechtsgutachten über das V. Hauptstück des Referenten-Entwurfes eines neuen Berggesetzes. Erstattet über Aufforderung des hohen k. k. Ackerbauministeriums. 8. (VI, 71 S.) Wien 877, Manz'sche Hofbuchh. * 1 20
Aus: Oesterreichische Zeitschrift für Berg- und Hüttenwesen, besonders abgedruckt.

Schneider, G., Über Bergbaubeschränkungen. Vortrag. Wien, 1888. 19 S. [Kl 51

Schneider, G., Die Bergbaubeschränkungen der Regierungsvorlage einer Berggesetznovelle. Wien, 1890. 18 S. [Kl 52

Schneider, Gust., zum Bergschadenrecht. gr. 8. (71 S.) Teplitz 898. E. Pörzler. n. 2. 60

Der Bergschmied. Ein Weihnachtsstück in 2 Aufz. von Gustav **Schneider**. *Mühlhausen i. Th.: G. Danner [1903].* (28 S.) 8° [F.]
— Aufführungen f. Weihnachten u. Neujahr. No 11. [04. 8086

— Bericht üb. die Litteratur zu Plato a. d. J. 1880—1885. I. S.-A. 1887. 58 S.
— — A. d. J. 1886 u. 1887. 2 Teile. S.-A. 1895. 49 u. 82 S.

Schneider, Gust., die Besteuerung d. Einkömmens aus dem Bergbau. [Aus: „Der Bergmann".] gr. 8. (16 S.) Wien 875. Perles. n. — 60

Schneider, Gust.: Württ. Bezirksordnung vom 28. Juli 1906 und Vollzugsvorschriften hiezu. Stuttgart: Hess 1907.

Schneider, Gust., der Braunkohlen-Bergbau in den Revierbergamts-Bezirken Teplitz, Brüx u. Komotau. Festschrift, dem allgemeinen Bergmannstage in Teplitz gewidmet von dem Vereine f. die bergbaul. Interessen im nordwestl. Böhmen. Mit e. geolog. u. Gruben-Revierkarte nebst Besitzerverzeichnis. gr. 8. (IV, 159 S.) Toplitz-Schönau 899. (A. Becker.) n. 4. —

Schneider, Gustavus: De carmine Chabaccuci. Halis Saxonum 1881: Ploetz. 44 S. 8°
Halle-Wittenberg, Phil. Diss. v. [16. Dez.] 1881
Geb. Beeskow a. d. Spree (Brandenb.) 10. 7. 1858. V.
Das beabsichtigte Ersch. der vollst. Diss. unterblieb.

Schneider, Gust., de causa finali Aristotelea. Berlin 865. G. Reimer. gr. 8. (VIII, 120 S.) 18 ngr.

Schneider, Gustav. Dysopes Cestonii in Basel, eine für die Schweiz neue Fledermaus. Beitrag zur Kenntniss dieser Art. [Mit 1 Tafel.] (N. Denkschr. Schweizer. Ges. für Naturwiss. Band 24.) 4. (Zürich 1871.)

Schneider, Gust., die Eisenbahn-Tarife für böhmische Braunkohle. Gutachten des Vereines für die bergbaul. Interessen im nordwestl. Böhmen zu Teplitz, erstattet an das hohe k. k. Handels-Ministerium. gr. 8. (77 S.) Prag 881, Dominicus. * 1 20

Schneider, Gust., Flora der Central-Karpathen, s.: Sagorski, Ernst.

Schneider, Gust., bergbau-politische Fragen. gr. 8. (VI, 91 S.) Wien 895. Manz. n. 1. 80

Schneider, Gust., Führer durch Fulda, s.: Schneider, Just.

Schneider, Gust., Führer durch Hirschberg i. Schles., s.: Woerl's Reisehandbücher.

Schneider, Gustav [aus Fulda]: Über traumatische Gangrän der untern Extremität insbesondere nach Frakturen mit Gefässverletzungen der Poplitealgegend ... Freiburg i. B., Buchdr. H. Epstein, 1892; 34 S. 8.
Freiburg i. B., Med. Fak., Inaug.-Diss. v. 1892

Schneider, Gust., Geschichte der englischen Sprache dargestellt in ihrem Verhältnisse zur deutschen und französischen. gr. 8. (VII und 366 S.) Freiburg im Br. 863, Herder'sche Verlagsh. *

Schneider, Gust., Gesundheitslehre u. Haushaltungskunde. Ein Hilfsbuch f. Mädchenschulen. (IV, 80 S.) 8. Leipzig 904. B. G. Teubner. n. — 80

Schneider, Gust., Gesundheitslehre u. Haushaltungskunde. Ein Hilfsbuch für Mädchenschulen. 2. Aufl. (IV, 87 S. m. 24 Fig.) gr. 8. Leipzig 908. B. G. Teubner. 1. —

Schneider, Gust., Grammaire allemande sur un plan méthodique et pratique. gr. 8. (X, 356 S.) Frankfurt a. M. 877, Sauerländer's Verlag. cart. * 3 —

— die Hieracien der Westsudeten. Monographischer Beitrag zur Pflanzenkunde d. Riesen- u. Isergebirges. 1. Hft. [Aus: „Das Riesengebirge in Wort u. Bild".] gr. 8. (114 S.) Cunersdorf 889. (Hirschberg, Heilig.) 2. 50

— dasselbe. 2. Hft. Die Piloselloiden [Zwischenformen]. gr. 8. (S. 115—162.) Ebd. 890. 1. 50

[F.] Die Hochwasserschäden im Riesengebirge v. Ende d. fünfzehnten Jhs bis Juli 1897. Zsgest. v. Gustav **Schneider**, Bergverwalter a. D. in Cunnersdorf. SA. a. d. 'Gen.-Anzeiger f. d. Rsgeb.' *Hirschberg: J. Schmidt 1897.* (14 S.) 1 Bd 8. [97. 4819

Schneider, Gustav, Dr.: Der Idealismus der Hellenen und seine Bedeutung für den gymnasialen Unterricht. Gera 1906: Th. Hofmann. (44 S.) 8°
Gera, fürstl. G OP 1906 (887)

Schneider, Gust., der Idealismus der Hellenen u. seine Bedeutung f. den gymnasialen Unterricht. Progr. (44 S.) 8. Gera 906. (H. Kanitz's Verl.) n.n. 1. —

— **Die Ideenlehre in Platos Philebus.** S.-A. 1874. 26 S.

Schneider, Gustav *Louis* Über das Klima von Bremen. 4 (S. 3—31, 1 Tab.). **Progr.** Rsch. i. d. Altstadt *Bremen* 1887 (669).

Schneider, Gustav, aus Ludwigshafen a. Rh.: **Ueber Kondensationen von Formaldehyd mit Acetylaceton.** *Heidelberg 1900: J. Hörning.* (55 S.) 8°
Heidelberg, Naturw.-math. Diss. v. 1900

Schneider, Gustav, appr. Tierarzt: Aus d. veter.-pathol.-anat. Inst. d. Univ. Gießen. Die Lebensdauer entgifteter Tetanussporen im Kaninchenkörper, und ihr Verhalten nach Inoculationen des Nekrosebacillus. Kelsterbach 1910: Wagner. 40 S. 8°
Gießen, Veterinär-Med. Diss. v. 10. Aug. 1910, Ref. Olt
[Geb. 20. Juni 85 [illegible]; Wohnort: Gießen; Staatsangeh.: Hessen; Vorbildung: Oberrealsch. Darmstadt Reife O. 03; Studium: Gießen 5, Berlin Tierärztl. Hochsch. 1, Gießen 4 S.; Rig. 30. Juli 08.] [U 10. 1252

— englisches Lesebuch aus den besten Schriftstellern nebst einem kurzen Abriß der englischen Literaturgeschichte. Zum Schul- u. Privatgebrauch. Frankfurt a. M. 864. Hermann'sche Buchhdlg. gr. 8. (VIII, 256 S.) n. 20 ngr.

— englisches Lesebuch für untere und mittlere Klassen. Nebst einem vollständ. Wörterbuche mit Bezeichnung der Aussprache. 2. umgearb. und verm. Aufl. gr. 8. (VIII, 336 S.) Frankfurt a. M. 876, Diesterweg. * 2 65

Schneider, Gust., Lesebuch aus Platon. Für den Schulgebrauch hrsg. (136 S.) Leipzig 908. G. Freytag. — Wien, F. Tempsky. Geb. 1. 50

Schneider Gustav, Lesebuch aus Platon. Mit einem Anhang aus Aristoteles. Für den Schulgebrauch herausgegeben. 2. Auflage. Leipzig und Wien 1910. F. Tempsky. Geb. K 2.40.

Lisette, der 'Engel'. Lustspiel in 1 Akt von Gustav **Schneider**. Mühlhausen i. Th.: G. Danner [1906]. (32 S.) 8° [F.]
= **Vereinstheater.** 159. [06. 13808 3

Schneider, Gust., die platonische Metaphysik, auf Grund der im Philebus gegebenen Principien in ihren wesentlichsten Zügen dargestellt. gr. 8. (XI, 172 S.) Leipzig 884. Teubner. n. 4. —

Schneider, Gust., Paris u. die Pariser in humorist. Beleuchtg. I. u. II. Hft. 12. Leipzig 898. P. Friesenhahn. à n. — 50
I. Jadis. Bilder u. Silhouetten aus vergang. Tagen. (60 S.)
II. Eldorado. Ein Tag in Paris. (80 S.)

Schneider, Gust. (geb. Krefeld 31. 3. 1840): De phaenomenis pyaemicis in mera endocarditide. Berolini (1864). (32 S.) 8°
Berlin, Med. Diss. v. 13. Aug. 1864

— j.: **Platon's Philosophie.**

Schneider, G., Das Prinzip des Maasses in d. platon. Philosophie. Gel. 1878. 63 S. 1.50

— **G., Das materielle Prinzip der Platonischen Metaphysik.** Pr. 1872. 21 S. 4°.

Schneider, Gust., a pronouncing Manual of German Conversation or a practical method of learning to speak the German Language correctly without the help of a teacher. Compiled for the use of travellers and private students. 3d edit. 8. (143 S.) Frankfurt a. M. 868, Rommel. *

Schneider, *(Karl Julius) Gustav* Die Psychologie des Spinoza unter besonderer Bezugnahme auf Cartesius. 4 (16 S.).
Progr. Ev. G. *Waldenburg in Schl.* 1887 (197).

Schneider, Gust. (geb. Gera [illegible]): Quae sit causa finalis apud Aristotelem vis atque natura. Berolini [illegible] (32 S.) 8° * Vollst ersch. u. d. T.: De causa finali apud Aristotelem. Berolini: G. Reimer [illegible]
Berlin, Phil Diss. v. [illegible] Jan [illegible]

Schneider, Gust., zur Rechtsprechung d. k. k. Verwaltungsgerichtshofes betr. die Sicherung d. Grundeigenthumes gegen Bergschäden. [Aus: „Oesterr. Zeitschr. f. Berg- u. Hüttenwesen".] gr. 8. (31 S.) Wien 887. Manz. n. — 60

Schneider, Gustav Adolf: **Emil Adolf Rossmässler als Pädagog.** *Königsee (Thür.) 1901: S. v. Ende.* (VIII, 52 S.) 8°
Leipzig, Phil Diss. v. [24. Apr.] 1902

Emil Adolf Roßmässler als Pädagog. Aus Anlass d. 100. Wiederkehr d. Geburtstages von Roßmässler. Von Dr. Gustav **Schneider**, Dresden. Langensalza: H. Beyer & Söhne 1906. (68 S.) 8°
= **Magazin,** Pädagogisches. H. 279. [06. 6167 3

Schneider, Gust., Schüler-Kommentar zu Platons Apologie des Sokrates u. Kriton, nebst den Schlußkapiteln des Phaedon. 8. (VII, 76 S.) Leipzig 901. G. Freytag. n. — 80

SCHNEIDER, Gustav
(F) Schüler-Commentar zu Platons Apologie des Sokrates und Kriton nebst Schlusscapiteln des Phaedon. Von Dr. Gustav Schneider. Wien und Prag. 1901. Tempsky. 8°. VII, 76 S. K 1.—

— Schülerkommentar zu Platons Apologie des Sokrates und Kriton, nebst den Schlusskapiteln des Phaidon u. der Lobrede des Alkibiades auf Sokrates aus dem Symposion. 2. Aufl. (93 S.) 8. Leipzig 906. G. Freytag. — Wien, F. Tempsky. Kart. — 80

— dasselbe zu Platons Euthyphron. 8. (IV, 40 S.) Wien 902. F. Tempsky. — Leipzig, G. Freytag. n. — 50

Schneider, Gust., Schüler-Kommentar zu Platons Phaidon. (IV, 108 S.) kl. 8. Leipzig 905. G. Freytag. — Wien, F. Tempsky. n. 1. —

Der Seegeist. Weihnachtsmärchen in 1 Akt von Gustav **Schneider**. Mühlhausen i. Th.: G. Danner [1906]. (24 S.) 8° [F.]
= **Aufführungen** f. Weihnachten u. Neujahr. No 23. [07. 6409 3

Schneider, Gust., bergbauliche Steuerrechtsfragen. (46 S.) gr. 8. Wien 906. Manz. n. 1. 30

Schneider, Gust., Studien aus dem oesterreichischen Bergrechte. Ein Beitrag zur Kritik und Reform des Berggesetzes vom 23. Mai 1854. gr. 8. (XII, 163 S.) Prag 874, Dominicus. *

— Travelling-Manual in Germany or a practical method to learn the most necessary part of the German language and its pronunciation without the help of a teacher. Frankfurt a. M. 864. Boselli. 8. (143 S.) n. 25 ngr.

—— die Unfallversicherung der Arbeiter und die Bruderladen. 8. (49 S.) Wien 884, Manz'sche Hofverlagsh. * — 80
Aus: Oesterreichische Zeitschrift für Berg- und Hüttenwesen, besonders abgedruckt.

Schneider, Gustav: Die Weisheit des delphischen Gottes. S. 13 bis 23. 4.
In: Festschrift zum 70. Geburtstage des reg. Fürsten Fürstl. Gymn. Rutheneum Gera 1902.
Schuld des Soph. Ödipus, des Schillerschen Wallenstein, des Pfarrers Sang in Björnsons Über unsere Kraft.
Progr.

Die Weltanschauung Platos dargest. im Anschluss an d. Dialog Phädon. Von Dr. Gustav Schneider, Prof. ... zu Gera. *Berlin: Weidmann 1898.* (XIV S., 1 Bl., 138 S.) 1 Bd 8.

Schneider, Gust., hellenische Welt- u. Lebensanschauungen in ihrer Bedeutung f. den gymnasialen Unterricht. gr. 8. (43 S.) Gera 893, Th. Hofmann. n. — 60

— hellenische Welt- u. Lebensanschauungen in ihrer Bedeutg. f. d. gymnasialen Unterricht. II. Tl. gr. 8. Gera 896. Th. Hofmann. n. — 60
Irrtum u. Schuld in Sophokles' Antigone. (70 S.)

Schneider, Gustav [Dr.]: Über das Wesen und den Entwicklungsgang der Idylle. Hamburg, gedr. bei Lütcke & Wulff, 1893; 1 Bl., 36 S. 4.
Hamburg, Wilhelm-G, OP 1893 (730)

Schneider, Gust., üb. das Wesen u. den Entwicklungsgang der Idylle. Progr. gr. 4. (36 S.) Hamburg 893. (Herold's Verl.) n n. 2. 50

Das Zauberschiff. Weihnachtsmärchen in 1 Akt von Gustav **Schneider**. Mühlhausen i. Th., G. Danner [1906]. (24 S.) 8° [F.]
= **Aufführungen** f. Weihnachten u. Neujahr. No 22.

Schneider, Gust., die Zwangsvollstreckg. in das bewegliche Vermögen. Zusammengestellt u. hrsg. an der Hand der Civilprozeßordng. u. der Dienstanweisg. f. Gerichtsvollzieher. Anh.: 15 Formulare, Justiz-Ministerial-Verfügg. vom 8. IX. u. 10. X. 1899 u. Sachregister. 12. (302 S.) Ludwigsburg 901. R. Wieland. Geb. in Leinw. n. 3. —

Schneider, Gustav Heinrich [wirklicher Name], s.a. Schneideck, Gustav Heinrich [Pseud.]

Tante Balzereit und vier andere lustige Geschichten von Gustav Heinrich Schneideck [d. i. Schneider]. *Berlin: F. Grunert 1904.* (114 S.) 8° [F.]

[F.] Die Burschenschaft Germania zu Jena. (Vf.: Gust. Heinr. Schneider.) *Jena: H. Costenoble 1897.* (4 Bl., 579 S., 1 Kt.) 1 Bd 4.

Schneider, Gust. Heinr., s. a. Germania, die Burschenschaft, zu Jena.

Schneideck [d.i. Schneider], Gustav Heinrich: Neue Berliner Märchen. Mit Bilderschmuck von Wilhelm Weimar. 5. Aufl. Berlin: F. Grunert 1904. (160 S.) 4°

[F.] **Schneider**, *Gustav Heinrich* [aus Stettin]: Der Press- oder Vaterlandsverein 1832/33. E. Beitr. z. Geschichte d. Frankfurter Attentats ... Berlin, Druck v. W. Baensch, 1897; 1 Bl., 183 S. 8.
Heidelberg, Phil. Fak., Inaug.-Diss. v. [11. März] 1897

Schneider, H., s.: Assanierung, die, v. Wien.

Schneider, H., Georg v. Eschenberg u. seine Zeit, s.: Bibliothek f. die reifere christl. Jugend.

— Genus-Regeln f. Bankiers. Die Usancen der Berliner Fonds-Börse, in gar liebl. schnackische Reimlein gebracht. 16. (39 S.) n. — 60
Berlin: F. Dümmler's Sort. 1891.

Schneider, H., die deutschen Kolonieen in Afrika, Asien u. Australien, s.: Lettau's kleine Heimatskunden v. Deutschland, Nr. 18.

Schneider, H. Die badische Militär-Packet-Beförderungs-Anstalt im Krieg 1870—1871. 8. Karlsruhe 1872.

Schneider, H., gegen Falb's kritische Tage. Eine Kritik. gr. 8. (36 S.) Berlin 892. F. Dümmler's Sort. n. — 50

Schneider, H. A. u. J. G.: Handbuch der Schuhmacherei, s. Schauplatz, Neuer, d. Künste u. Handwerke. Bd. 11.

Schneider, H. A., die moderne Schuhfabrikation, s. a. Schauplatz, neuer, der Künste und Handwerke.
Vgl. Schneider, G. A.

Schneider H A. d. mod. Schuhfabrikat. m Atl. 1. u 2. A. (Schaupl. d. K. 134) Weimar 1877. 82

Schneider, H. A., die Schuhmacherei auf der Weltausstellung in Philadelphia, s.: Schauplatz, neuer, der Künste u. Handwerke. 135.

Schneider, H. E., Jedem das Seine oder das eiserne Lohngesetz im Reiche Gottes. Predigt über Römer VI, 23, gehalten in der Thomaskirche zu Leipzig. gr. 8. (13 S.) Leipzig 879, (Böhme.) * — 30

Schneider, H. G., Lacedaemoniorum respublica. Diss. 1789. 12 S. 4°.

Schneider, H. K., Jahresbericht des landwirthschaftlichen Bildungs- und Versuchs-Vereins zu Osthofen. Statutengemäß veröffentlicht durch den Vorstand ꝛc. Worms 857. Schmidt. gr. 8. (88 S.) 7½ ngr.

—— zweiter Jahresbericht. gr. 8. (VIII und 95 S. mit 1 Tab. in qu. Imp.-Fol.) Frankfurt a. M. 858, Sauerländer's Verlag.

Schneider, H. K., 3. Jahresbericht des landwirthschaftlichen Bildungs- u. Versuchs-Vereins zu Osthofen, nebst Bericht über eine in landwirthschaftlichen, namentlich in Brennereiangelegenheiten nach Norddeutschland ausgeführten Reise. Statutengemäß veröffentlicht. Frankfurt a. M. 859. Sauerländer's Verlag. gr. 8. (VIII, 81 S.) n. 12 ngr.

Schneider, H. K., die Landwirthschaft der Provinz Rheinhessen. Mannheim 867. Schneider. gr. 8. (63 S.) n. 8 ngr.

— die Landwirthschaft in ihrem ganzen Umfange. In populären Briefen nach dem heutigen Standpunkte der Wissenschaft dargestellt für Landwirthe, Lehrer u. Gemeindevorstände. Frankfurt a. M. 857, 58. Sauerländer's Verlag. gr. 8.
1. Bd.: Der Ackerbau in seinem ganzen Umfange. (XV, 458 S.) n. 1 ₰. 10 ngr.
2. Bd.: Die Viehzucht in ihrem ganzen Umfange. (XI, 304 S.) n. 1 ₰.

— die Landwirthschaft in ihrem ganzen Umfange. In populären Briefen nach dem heutigen Standpunkte der Wissenschaft dargestellt für Landwirthe, Lehrer u. Gemeindevorstände. Ebend. gr. 8.
3. Bd.: Garten-, Obst- u. Wiesenbau, landwirthschaftliche Gewerbe, Buchführung u. Betriebslehre. (XI, 404 S.) 1859. n. 1 ₰ 5 ngr.

—— Lehr- und Lesebuch für die oberste Klasse der Volksschule in Landwirthschaft treibenden Gemeinden. gr. 8. (XVI und 359 S. mit in den Text eingedr. Holzschn.) Frankfurt a. M. 859, Sauerländer's Verlag. *

Schneider, H. K., des Volkes seitherige Naturgeheimnisse. Eine Reihe in Schlitz gehaltener, gemeinfaßl., naturwissenschaftl. Reden. 2 Bdchn. gr. 12. (XVIII u. 171 S.) Friedberg 852, Scriba. (à n. 1/3 ₰) n. 2/3 ₰

— Vorschläge zur Verallgemeinerung landwirthschaftlicher Berufsbildung. Denkschrift, den hohen Staatsregierungen, landwirthschaftlichen Vereinen 2c. ergebenst vorgelegt. Worms 856. Schmidt. 8. (32 S.) n. 5 ngr.

Schneider, Hans, aus Zürich: Der Antheil Berns an den Friedensverhandlungen während des alten Zürichkrieges und am Zustandekommen des endgültigen Friedens. Bern K. Stämpfli Cie Dr. 1892. 3 Bl., 135 S., 1 Bl. 8°.
Zürich, Phil. Diss. I. S. [v. 6. Aug. 1892]

Schneider, H. Der Anteil Berns an den Friedensverhandlungen während des alten Zürichkrieges und am Zustandekommen des endgültigen Friedens In-8°. 135 S. Zürich (Diss.). Basel, Georg & Co. 1892.

S[chneider], H[ans]: Nekrolog. Prof. Dr. Walter Gröbl. S. 60 bis 62. 4. Progr. Kantonsschule *Zürich* 1904.

Schneider, Hans [Dr.]. Über die Handschriften des Vaticinium Lehninense. (Erster Teil.) (Schluss folgt an anderer Stelle.) Berlin, R. Gaertners Verlagsbuchh., 1890; 37 S. 4°
Berlin, Berlinisches G zum grauen Kloster, OP 1890

Schneider, Hans: Prof. Fritz Hunziker. Ein Lebensbild. 31 S., 1 Portr. 4.
Progr.

S[chneider], H[ans]: † Professor John Merminod. S. 99—101. 4.
Progr.

Schneider, Hans, Gr. Staatsanwalt a. Mainz: Die rechtliche Natur des Offiziersdienstes in Deutschland. Gießen 1906: v. Münchow. (63 S.) 8°
Gießen, Jur. Fak., Ref. v. Calker, Diss. v. 3. Juli 1906
[Geb. 11. Mai 74 Mainz; Wohnort: Mainz; Staatsangeh.: Hessen; Vorbildung: Gymn. Mainz Reife O. 93; Studium: Gießen 3, Berlin 1, Gießen 4 S.; Rig. erlassen.]

Schneider, Hedw., s.: Schaffer, H.

Schneider, Heinrich, aus Darmstadt: Über Alkylisocyanate und deren Verhalten zu Aldoximen. *Roßwein i. S. 1903: A. Haubold.* (45 S.) 8°
Leipzig, Phil. Diss. v. 1903

SCHNEIDER, Heinrich (Mainz): Ueber die Anwendung des Jodkalium in geringer Dosis bei tertiärer Lues.- München: Kastner & Lossen 1897. 32 S.,1 Bl.
16.7.1897 - Chr 1897/98,16; Jv 1896/97,239
Diss. Ingolst.-Landsh.-Mchn.

Schneider, Heinr., die bayerischen Ausführungs-Gesetze zum bürgerl. Gesetzbuche, s.: Henle, Wilh.

Schneider, Heinr., Badereise-Erinnerungen aus dem Sommer 1856. gr. 8. (III und 178 S.) Bremen 857, (Kaiser.) *

Schneider, Heinr., s. Bildnisse der deutschen Könige und Kaiser.

Schneider, Heinrich [aus Erlangen]: Die Casus, Tempora und Modi bei Commodian. . . . Nürnberg, Schärtel'sche Buchdr. (Fritz Walz) (1889); 35 S. 8°
Erlangen, Phil. Fak., Inaug.-Diss. v. Jan. 1889

Schneider, Heinrich [Dr.]: Die Casus, Tempora und Modi bei Commodian. Nürnberg, Schärtel's Buchdr. (Fr. Walz), 1889; 35 S. 8°
Nürnberg, k. StA, P 1889•

Schneider, Heinr.: Allgemeine Depositalordnung vom 15. Sept. 1783 nebst den dieselbe erg. Gesetzen u. Verordnungen u. sämmtl. darauf Bezug habenden Instruktionen, Rescripten u. Präjudikaten. Lissa 1859.

Schneider, Heinrich: Über den Einfluß des Lösungsmittels auf Gleichgewicht und Reaktionsgeschwindigkeit. München 1910: (Beck, Nördlingen). 67 S. 8°
München, Phil. Diss. v. 25. Febr. 1910, Ref. v. Baeyer
[Geb. 5. Mai 86 Gunzenhausen; Wohnort: München; Staatsangeh.: Bayern; Vorbildung: Maximilians-Gymn. München Reife Juli 04; Studium: München 5, Freiburg i. B. 1, München 5 S.; Rig. 25. Febr. 10.] [U 10. 3695

Schneider, Heinrich [aus Bodenrode '(Prov. Sachsen)']: Ueber die Erblichkeit der Retinitis pigmentosa nebst Mitteilg e. Falles v. Retinitis pigmentosa hereditaria in fünf Generationen e. Familie ... Berlin, C. Vogts Buchdr., *1896*; 39 S., 1 Bl. 8.
Berlin, Med. Fak., Inaug.-Diss. v. 14. Aug. 1896

Schneider, Heinrich Zur Geschichte des Gymnasiums Pforzheim in seinem ersten Jahrzehnt 1880—1890. 4 (39 S.).
Progr. G. *Pforzheim* 1891 (605).
Nicht im Tauschverkehr.

Schneider, Heinr., Gesetz üb. d. Angelegenheiten d. freiwill. Gerichtsbarkeit vom 17. V. 1898. Textausg. m. Einleitg., Anmerkgn. u. Sachregister. gr. 16. (XVIII, 253 S.) München 898. C. H. Beck.
Geb. in Leinw. n. 2. —

— Gesetz üb. die Angelegenheiten der freiwilligen Gerichtsbarkeit vom 17. V. 1898. Textausg. m. Einleitg., Anmerkungen u. Sachregister. 2. umgearb. Aufl. 12. (XXVI, 339 S.) München 901. C. H. Beck.
Geb. in Leinw. n. 2. 50

— Gesetz üb. d. Angelegenheiten der freiwilligen Gerichtsbarkeit v. 17. V. 1898. Textausg. m. Einleitung, Anmerkgn. u. Sachregister. 3. Aufl., bearb. unter Mitwirkg. v. Jat. Keßler. (XXVIII, 424 S.) kl. 8. München 908. C. H. Beck. Geb. in Leinw. 2. 80

— das Gesetz üb. das Liegenschaftsrecht in der Pfalz v. 1. VII. 1898 u. die Verordng., die Anlegg. des Grundbuchs in der Pfalz betr., vom 28. VIII. 1898, m. Erläutergn. u. Sachregister. 12. (VIII, 405 S.) Ebd. 899.
Geb. in Leinw. n. 4. 80

Schneider, Heinr., das Gesetz üb. das Liegenschaftsrecht in der Pfalz vom 1. VII. 1898 u. die Verordnung, die Anlegung des Grundbuchs in der Pfalz betr., vom 28. VIII. 1898, m. Erläutergn., e. Abdr. d. Grundbuchanlegungsordng. vom 15. IX. 1902 u. Sachregister. 2. Aufl. (VIII, 557 S.) 8. München 903. C. H. Beck.
Geb. in Leinw. n. 6. 50

Schneider, Heinr., bürgerliches Gesetzbuch, s.: Fischer, Otto u. W. Henle.

Schneider, H. Ist Xenophons Cyropädie zur Lektüre an unsern Gymnasien geeignet? 22 S. Progr. G. *Pforzheim* 1881.

Schneider, Heinr., das Leben Eginhards, Vertrauter Karls des Großen. Für die reifere Jugend aus dem Volke erzählt. gr. 8. (VIII und 188 S.) Cronach 861. Bamberg, Buchner'sche Buchh. *

Loge zur Einigkeit [in Frankfurt a. M.]. [Lied.] Zur Feier der Wiederwahl des Br. Karl Trauner als Meister vom Stuhl 7. März 1906. Text gewidmet von [Heinr.] **Schneider.** [Frankfurt a. M. 1906]: Mahlau. 2 Bl. 8⁰ [Umschlagtit.]
Ohne Noten: „Kommt Jahr für Jahr die Meisterwahl, ..." 138.

Gotthold, Christian: Loge zur Einigkeit. Frankfurt am Main. [Lieder.] Zur Feier des 25jährigen Maurer-Jubiläums des Br.·. Gotthold am 27. Okt. 1900. [Unterz.:] H[einr.]**Sch[neider]**. [Frankfurt a. M. 1900: Mahlau & Waldschmidt.] 2 Bl. 8⁰ [Umschlagtit.]
2 Lieder ohne Noten. 138.

Schneider, (Theodorus) Henricus *(geb. Breslau 16. 4. 1832)*: Loci Caesaris de bello civili commentariorum nonnulli explicati et emendati. Vratislaviae (1859). (75 S., 1 Taf.) 8°
Breslau, Phil. Diss. v. 13. Mai 1859

Die Pflicht des Paten. Vortrag von Heinr. **Schneider.** [Frankfurt a. M. ca 1907: Mahlau & Waldschmidt.] 12 S. 8⁰ [Kopftit.]
Abgedr. in: Bh. 50 (1907) S. 25–28. 138.

Schneider, H., das in den preußischen Staaten geltende Provinzialrecht, eine Zusammenstellung aus Gesetzsammlung, Justiz-Ministerialblatt u. den Entscheidungen des Königl. Obertribunals. Lissa 860. Günther's Verlag. gr. 8. (V, 96 S.) 15 *ngr*

SCHNEIDER, Henricus: Quomodo ethica christiana tueatur vitam hominis corporalem. — (1906) IV, 116 S. 4° (Handschr.) Diss. 853
Diss. Wien, Univ.

Loge zur Einigkeit [in Frankfurt a. M.]. Sonst und Jetzt. Tischlied 27. Okt. 1900. [Unterz.:] H[einr.] **Sch[neider]**. [Frankfurt a. M. 1900: Mahlau & Waldschmidt.] 1 Bl. 4⁰ [Kopftit.]
Zum 25jährigen Mrjubiläum C. Gottholds. Ohne Noten: „Als Gotthold bei uns Aufnahm' fand ..." 138.

—— die Supplemente der preußischen Civilgesetzgebung, eine Zusammenstellung aus Gesetzsammlung, Justiz-Ministerial-Blatt und den Entscheidungen des königl. Ober-Tribunals. gr. 8. (V und 173 S.) Lissa 859, Günther's Verlag.

Schneider, Heinrich, Secundärarzt an Dr. Weicker's 'Krankenheim': Aus Dr. Weicker's Lungenheilanstalten ⟨Görbersdorf⟩. Die normale Temperatur bei initialer Lungentuberculose in Ruhe und Bewegung. *Breslau 1901: Grass, Barth & Co.* (60 S.) 8°
Breslau, Med. Diss. v. 12. Juni 1901

Tischlied, gesungen am 3. Oct. 1891 dem Br.·. Aug. Gölzenleuchter zur Feier seines 70 jährigen Geburtstags gewidmet. [Unterz.:] H[einr.] S[chneider?]. [Frankfurt a. M. 1891.] 2 Bl. 8⁰ [Kopftit.]
Ohne Noten: „Wo die Freude ohne Zügel, ..." 138.

Schneider, Heinrich, med. pract. von Dynhard, Canton Zürich: Aus der medicinischen Klinik des Herrn Prof. Dr. Eichhorst, Zürich. Untersuchungen über die Salzsäuresecretion und Resorptionstüchtigkeit der Magenschleimhaut bei den verschiedenen Magenkrankheiten und anderweitigen Krankheitszuständen. (S. A. aus: Virchow's Archiv f. pathol. Anatomie u. Physiologie. Bd 148 [S. 1–35, 243–284]). Berl. (G. Reimer) 1897. 2 Bl., 76 S. 8⁰.
Zürich, Med. Diss. [v. 21. Mai 1897].

Schneider, Heinrich: Über die technologische Veränderung der Leinengarne durch den Bleichprozess. Leipzig: Leipz. Monatsschr. f. Textilind. 1908. 38 S. 4⁰ ¶ Auch in: Leipziger Monatsschrift f. Textil-Industrie. Jg. 24. 1909.
Dresden, Dr.-Ing.-Diss. v. 3. 6. 1908

[J. u. Ant.] **Schneider,** Heinrich [Dr. jur., K. Offizial bei d. Generaldir. d. k. bayr. Staatseisenb. in München]: Ueber die Vis major und das Haftungsprinzip des römischen Obligationenrechts ... (Aus: Zeitschr. f. Handelsr., Bd XLIV.) Stuttgart, Druck d. Union Deutsche Verlagsges., 1896; 107 S. 8.
Tübingen, Jur. Fak., Inaug.-Diss. v. 1896

Schneider, Heinrich Emil, s.a. Schneider, Emil u.: Sartorius, E. [Pseud.]

Schneider, H. E. [E. Sartorius], Atlantis germanica. Beiträge zur Geschichte der Deutschen in Amerika von ihrer frühesten Einwanderung bis zu ihrer gegenwärtigen Ausbreitung. gr. 8. (72 S.) Leipzig 883 Buchh. d. Vereinshauses. n. 1. —

Schneider, H. E. [†E. Sartorius], Flickschneidereien. Ernstes und Heiteres in Prosa und Versen. 8. (215 S.) Leipzig 885, Hucke. **M* 2.—.; geb. *

— Gedichte. Mit dem (Lichtdr.-)Bilde d. Verf. 8. (VIII, 170 S.) Weimar 886. A. Krüger. n. 2. 50; geb. n. 3. 50

Schneider, Heinr. Emil, das Gespenst des Czaren, oder: die Schlittenfahrt von Moskau nach Warschau. Erträumtes u. Erlebtes aus der Mappe eines literarischen Handwerksburschen. Berlin 869. H. E. Schneider. 8. (168 S.) n. 1 *ℛ*

—— das Lied vom Prinzen Friedrich Karl. 8. (48 S. mit dem Holzschn.-Portr. des Prinzen Friedrich Karl.) Leipzig 885, Hucke. *

—— Ulfila. Dramat. Dichtung. 2. sehr verm. Aufl. 8. (VI, 70 S.) Stuttgart 886, Metzler'sche Buchh., Verlag. *

Schneider, H. E., von St. Louis nach Bremen. Poetische Reise-Tagebuchblätter. gr. 8. (42 S.) Leipzig 885. Hucke. n. 1. 20

Schneider, Heinrich Gottfried

Schneider, H. G., über das Dasein der Seele. Eine Streitschrift gegen den Materialismus. Magdeburg 862. Creutz in Comm. 8. (38 S.) n. 7½ *ngr*

Schneider. Henr. Godofr. (geb. Gommern 13. 9. 1800): De magna quadam encephali destructione eiusque sequelis. Berolini 1824. (32 S.) 8°

Berlin, Med. Diss. v. 20. Okt. 1824

Schneider, H. G., Grundzüge der ätiologischen Diagnostik. Berlin 870. A. Hirschwald. gr. 8. (XV, 112 S.) n. 16 *ngr.*

Schneider, Heinr. Gfried., Handbuch der reinen Pharmakodynamik. 1—4. Lfg. gr. 8. (1. Bd. LXIV und S. 1—460.) Magdeburg 853, Creutz'sche Buchh. à Lfg. * 20 Ngr. *

Schneider, H. G., für die Heiltheorie gegen die Krankheitsvernichtungstheorie. 1. Zweikampf. gr. 8. (16 S.) Magdeburg 877, Creutz'sche Buchh. * — 50

—— die Homöopathie und ihre Gegner. 8. (31 S.) Gotha [Sondershausen] 868, Eupel.

Schneider, H. G., die Homöopathie der alten Medicin, der Vernunft, der Wissenschaft u. der Natur gegenüber. Ein Sendschreiben an Dr. C. Hallmann zu Berlin. gr. 8. Helmstedt 845. (Fleckeisen.) n. 1/12 ℔

Schneider, die Homöopathie in ihren Rechten ꝛc., s. Patzack.

—— die Krankheitsvernichtungstheorie und die Heiltheorie. Eine Streitschrift zur Vermittlung der Extreme. gr. 8. (48 S.) Ebendas. 877. * 1 20

Schneider, H. G., der Mensch. Ein Beitrag zur Selbsterkenntniß-Lehre. gr. 8. (47 S.) Magdeburg 850, Creutz'sche Buchh. -

Schneider, Heinr. Gfr., Selbst- u. Welterkenntnisslehre auf physio-psychologischer Grundlage. 8. (XII, 160 S.) Magdeburg 876. Creutz. n. 4. —

Schneider, H. G., die Syphilis und die Heilmethoden. Nebst syphilidoklin. Mittheilungen aus einer 30jährigen homöiatr. Praxis. gr. 8. (80 S.) Leipzig 861, O. Wigand.
Aus: Homöopathische Vierteljahrsschrift, besonders abgedruckt.

—— die Syphilis und deren Heilung durch Beseitigung der Krankheitsursache mittels homöopathischer Arzneien. 8. (XV, 80 S.) Ebendas. 878. * 1 50

Schneider, Heinrich Gottl. [Praes.], s. Leschnert, Joh. Gottfr.: Legis naturae indispensabilitatem.

Schneider, Heinrich Justus

Schneider, Heinr. Justus, Bilder aus dem Leben Herzog's Ernst des Frommen von Sachsen-Gotha, geb. im J. 1601, gest. 1675, in Holz geschnitten von Joh. Gfried. Flegel. 1. und 2. Heft. gr. 4. (12 Bl. und 4 S. Text.) Leipzig 854—55, R. Weigel. à Heft * 1 Thlr. 15 Ngr. *

—— und C. Klaunig, Ernst der Fromme, s. Klaunig, C.

Schneider, H. J., die herzogl. Gemäldegallerie zu Gotha. 2. Aufl. gr. 16. (84 S.) Gotha 874. Thienemann. n. 1. —

Schneider, H. J., Katalog der herzogl. Gemäldegallerie zu Gotha. 8. (72 S.) Gotha 880, (Thienemann.) * — 80

Schneider, H. Justus, das Kind, von der Wiege bis zur Schule, gezeichnet und radirt. Mit begleitendem Text von Wilh. Hey. qu. 4. (20 Radirungen mit VI S. und 19 Bl. Text.) Hamburg und Gotha 850, Friedr. und Andr. Perthes.

—— das Kind, von der Wiege bis zur Schule. Gezeichnet und radirt. Mit begleitendem Text von Wilh. Hey. 3. Aufl. qu. gr. 8. (VI und 19 S. mit 19 Radirungen.) Gotha 855, F. A. Perthes. *

Schneider, H. J., ein Thüringer Vogelschießen. Federzeichnungen. Mit Reimen von Frdr. Henneberg. Gotha 860. Müller. qu. 4. (21 Bl. Text u. 19 lith. Bl.) 25 *ngr.*

[**Schneider,** H. J. Thuringer Volkstrachten. Gotha, C. Hellfarth 1855.]
6 farb. Taf. 4°.

Schneider, Henriette, auf der Pilgerreise. Gedichte u. Gedanken. 16. (VII, 126 S.) Stuttgart 897. Greiner & Pfeiffer. Geb. in Leinw. m. Goldschn. n. 2. 60

Schneider, Herbert, appr. Arzt a. Manchester: Ueber einen Fall von Rhinophyma. München 1907: C. Wolf & Sohn. (19 S., 3 Taf.) 8°
München, Med. Fak., Ref. v. Angerer, Diss. v. 13. Dez. 1907
[Geb. 2. Mai 80 Manchester; Wohnort: Manchester; Staatsangeh.: England; Vorbildung: Neues Gymn. Braunschweig Reife M. 01; Studium: München 10 S.; Coll. 13. Dez. 07; Approb. 30. Nov. 07.]

Schneider, Hermann: Zwei Aufsätze zur Religionsgeschichte Vorderasiens. Die Entwicklung d. Jahureligion u. d. Mosesagen in Israel u. Juda. Die Entwicklung d. Gilgameschepos. Mit 2 Abb. Leipzig: Hinrichs 1909. 84 S. 8°
(Leipziger semitistische Studien. 5, 1.)

Schneider, Herm., zwei Aufsätze zur Religionsgeschichte Vorderasiens. Die Entwicklg. der Jahureligion u. d. Mosesagen in Israel u. Juda. Die Entwicklg. des Gilgameschepos, s.a. Studien, Leipziger semitistische. V, 1. 2.

[J.] Zum Bauhandwerkergesetz. Vorschläge z. Abänderg d. Regiergs-Entwurfs v. 15. Dez. 1897. Von Hermann Schneider, Amtsgerichtsr. in Finsterwalde. *Berlin: J. Guttentag 1898.* (32 S.) 1 Bd 8. [98. 10408

Schneider, Hermann [aus Haiger '(Hessen-Nassau)']: Ein Beitrag zur Kenntnis über den Sitz der Chorea minor ... Würzburg, Etlinger's Buchdr., 1893: 34 S. 8.
Würzburg, Med. Fak., Inaug.-Diss. v. 1893

Schneider, Herm., Brut, Aufzucht u. Mast v. feinstem Tafelgeflügel. Ein Wegweiser zur Hebg. der deutschen landwirtschaftl. Nutzgeflügelzucht. (X, 168 S. m. 105 Abbildgn.) 8. Leipzig 905. Berlin, R. C. Schmidt & Co. Geb. in Leinw. n. 3. —

Schneider, Herm., Brut, Aufzucht u. Mast. 905.
(KVL 34.) Jetzt: Hannover, M. & H. Schaper.

Schneider, Hermann, Dr.: Das kausale Denken in deutschen Quellen zur Geschichte und Literatur des zehnten, elften und zwölften Jahrhunderts. Gotha 1905: F. A. Perthes. (115 S.) 8° ¶[= Geschichtl. Untersuchungen H. 4.]
Leipzig, Phil. Fak., Hab.-Schr. v. 4. Febr. 1905

Schneider, Herm., das kausale Denken in deutschen Quellen zur Geschichte der Literatur des 10., 11., 12. Jahrh., s. t. Untersuchungen, geschichtliche. II. 4.

Schneider, Herm., Entwicklungsgeschichte d. Menschheit. 2. Bd. gr. 8. Leipzig 910. J. C. Hinrichs' Verl. 13.50; geb. in Leinw. 15. —
2. Kultur u. Denken der Babylonier u. Juden. (XVI, 655 S.) Bd. 1 u. d. T.: Entwicklungsgeschichte d. Menschheit. Ebd. 909. 12.50; geb. 14. —

Schneider, Hermann, appr. Arzt a. Gera: ⟨Aus der Augenklinik zu Jena.⟩ Ein Fall von traumatischer seröser Iriscyste mit späterer eitriger Glaskörperinfiltration von der adhaerenten Narbe aus. Jena 1907: A. Kämpfe. (27 S.) 8°
Jena, Med. Fak., Ref. Wagenmann, Diss. v. 16. März 1907
[Geb. 18. Apr. 77 Gera; Wohnort: Gera; Staatsangeh.: Reuß j. L.; Vorbildung: Gymn. Schleiz Reife M. 97; Studium: München 1, Jena 1, Erlangen 3, München 2, Erlangen 1, Kiel 1, München 4, Jena 1 S.; Coll. 25. Febr. 07; Approb. 5. Nov. 06.]

— künstliche Geflügelzucht. (X, 176 S. m. Abbildgn.) 8. Geb. in Leinw. n. 8. —
Lpz. 1904. Bln., R. C. Schmidt & Co. Jetzt: Hannover: M. & H. Schaper

Schneider, *Hermann:* Geschichte des Königl. Friedrich-Gymnasiums in den Jahren 1869 bis 1894. Frankfurt a. O., kgl. Hofbuchdr. Trowitzsch & Sohn, 1894; 1—14 S. 8.
Frankfurt a. O., k. Friedrichs-G, Festschr. 1894

Schneider, Herm., Gesetz üb. die Sicherung der Bauforderungen vom 1. VI. 1909. Erläutert. (XI, 223 S.) 8. Nürnberg 910. U. E. Sebald. Geb. in Leinw. 4. 80

Schneider, Herm., die Gesetzentwürfe zur Sicherung der Bauforderungen vom J. 1901. Vorschläge zur Abänderg. u. Gegenentwurf. gr. 8. (80 S.) Berlin 901. J. Guttentag. n. 1. —

Schneider, Hermann: Friedrich Halm und das spanische Drama. Kap. 1—3. (Berlin: Mayer & Müller 1909.) 78 S. 8° ¶(Ersch. vollst. als: Palaestra. Bd 28.)
Berlin, Phil. Diss. v. 29. Jan. 1909, Ref. E. Schmidt
[Geb. 12. Aug. 86 Zweibrücken; Wohnort: Nürnberg; Staatsangeh.: Bayern; Vorbildung: Maximilians-Gymn. München Reife Juli 04; Studium: München 2, Berlin 5 S.; Rig. 20. Juli 08.] [U 09. 270

Friedrich Halm und das spanische Drama. Von Hermann **Schneider.** Berlin: Mayer & Müller 1909. 258 S. 8°
[Ein T. erschien als Inaug.-Diss. Berlin 1909.]
(Palaestra. 28.) [09. 1399]10

Schneider, Hermann, Prof.: Die Schweizer Kolonie in der Mark, e. ländl. Kulturbild aus d. Ende d. 17. Jahrh. Berlin 1906: Trowitzsch u. S. (18 S.) 4°
Berlin, k. Wilhelms-G P 1906 (74)

Kultur und Denken der alten Ägypter. Von Hermann **Schneider,** Doz., Leipzig. Leipzig: R. Voigtländer 1907. (XXXVI, 564 S.) 8°
— **Entwicklungsgeschichte** d. Menschheit. Bd 1. [07. 4841

Kultur und Denken der alten Ägypter von Hermann **Schneider,** Doz., Leipzig. Mit 8 Abb. u. 1 Kartenskizze. 2. Ausg. Leipzig: Hinrichs 1909. XXXIV, 564 S. 8°
(Entwicklungsgeschichte d. Menschheit. Bd 1.) [09. 1993]10

Kultur und Denken der Babylonier und Juden von Hermann **Schneider,** Dozent a. d. Univ. Leipzig. Leipzig: Hinrichs 1910. XVI, 665 S. 8°
(Entwicklungsgeschichte d. Menschheit. Bd 2.) [10. 11147

Goethe's naturphilosophische Leitgedanken. Eine Einführung in d. naturwiss. Werke. Von Dr. Hermann **Schneider,** Doz., Leipzig. Berlin: Gose & Tetzlaff [1905]. (25 S.) 8° [06. 4464

Schneider, Hermann, approb. Arzt aus Darmstadt: Aus d. pathol. Institut zu Giessen. Ueber den bilateralen Nierendefekt. *Giessen 1899: v. Münchow.* (32 S.) 8°
Giessen, Med. Diss. v. 1899

Schneider, Hermann, Dr. med. aus Pforzheim: Die Stellung Gassendis zu Deskartes. *Halle a. S. 1901: Waisenhaus.* (67 S.) 8°
Leipzig, Phil. Diss. v. 1904

— die Stellung Gassendis zu Deskartes. (68 S.) gr. 8. Leipzig 904. (Dürr'sche Buchh.) n. 1. 50

Schneider, Hermann: Über Stillung von Leber- und Nierenblutungen mit Dampf und heisser Luft. *Tübingen: H. Laupp 1898.* (21 S.) 8° ¶(Aus: Beiträge zur klinischen Chirurgie, Bd 21 H. 3.)
Heidelberg, Med. Diss. v. [28. Jan.] 1898

Schneider, Herm., feuchtfröhliche Stunden. Gesänge e. Weinbegeisterten. 12. (VIII, 186 S. m. Bildnis.) Berlin 901. W. Simon. Geb. in Leinw. 3. —

Schneider, Hermann, aus Edenkoben, Rechtspraktikant am kgl. Amtsgericht zu Edenkoben: Die Verfassungsgesetze und verfassungsändernden Gesetze in Bayern seit 1818. *Edenkoben 1903: H. Mietens.* (60 S.) 8°
Erlangen, Jur. Diss. v. 9. Dez. 1902

Schneider, Herm., die Viehmast oder die Mästung aller in der Landwirthschaft zu haltenden Thiere, als: des Rindviehs ꝛc., sowie die Behandlung des Fleisches und Fettes derselben zur Dauerspeise und Aufbewahrung nach den bewährtesten physikal. Grundsätzen ꝛc., mit beigefügten Regeln der Viehzucht und der Behandlung der am häufigsten vorkommenden Krankheiten der genannten Thiere, sowie auch andern dahin einschlagenden ökonom. Lehren für Landwirthe und städtische Wirthschaften. Gesammelt vom Amtsrath Müller. Nebst einem Anhange über das Einpökeln u. Räuchern des Fleisches, sowie über die Aufbewahrung desselben im frischen Zustande im Eiskeller von Christ. H. Schmidt. Weimar 855. Voigt. gr. 8. (VIII, 215 S.) 17½ ngr.

Schneider, Hermann, Referendar a. Lippspringe, Westf.: Vorsatz und Irrtum bei der Kindestötung. Ein Beitrag zur Lehre vom Vorsatz. Münster i. Westf. [1907]: Aktienges. „Der Westfale". (48 S.) 8° [J.]
Heidelberg, Jur. Fak., Ref. v. Lilienthal, Diss. v. 10. Juli 1907
[Geb. 13. Febr. 82 Lippspringe, Kr. Paderborn; Wohnort: Münster i. W.; Staatsangeh.: Preußen; Vorbildung: Gymn. Gütersloh Reife O. 01; Studium: Tübingen 2, Kiel 1, Berlin 1, Münster 2 S.; Rig. 30. Juni 07.]

Schneider, Hermann G.

Schneider, H. G., Alaska, s.: Mission, die, d. Brüdergemeine in Missionsstunden. Hft. 1.

Schneider, H. G., das Aussätzigenasyl in Jerusalem. Geschichtliche Darstellg. seines nunmehr 20jähr. Bestehens. gr. 8. (46 S.) Berthelsdorf 888. (Leipzig. Buchh. d. Vereinshauses.) n. — 30

Schneider, H. G. Ein Besuch in Paramaribo. s. Botschaft, die gute.

— die Buschneger Surinames. [Aus: „Allgemeine Missions-Zeitschr."] gr. 8. (70 S. m. 1 Karte.) Herrnhut 893. Missionsbuchh. n. — 25

— Gnadenthal, die erste evangelische Missionsstation in Afrika, s.: Botschaft, die gute.

Schneider, H. G., in fernen Heidenlanden. Missionserzählgn. f. die Jugend. Nr. I—VII. qu. 12. (M. Abb.) Herrnhut 897. Missionsbuchh. n. — 95
I. Jonas Walden. (Suriname.) (24 S.) n. — 10
II. Gaba Makolwa's Traum. (23 S.) n. — 10
III. Heidenmission auch Christenmission. (23 S.) n. — 10
IV. Prinz Pamiok u. s. Vater. (42 S.) n. — 10
V. Hans Peter Hallbeck. (32 S.) n. — 10
VI. Zweimal gehenkt. (48 S.) n. — 15
VII. Auf der Flucht. (129 S.) n. — 30

Schneider, H. G., in fernen Heidenlanden. Missionserzählungen f. die Jugend. Nr. 4. Prinz Pamiok u. sein Vater. 3., verm. Aufl. qu. 12. (48 S. m. 1 Abbildg.) Herrnhut (900). Missionsbuchh. n. — 15

Schneider, H. G., in fernen Heidenlanden. Missionserzählgn. f. die Jugend. Nr. 8 u. 9. qu. kl. 8. Herrnhut 904. Missionsbuchh. n. — 50
8. An Bord des Missionsschiffes. (50 S. m. Abbildgn.) — 20
9. Eine Küstenfahrt zu den Eskimo. (96 S. m. Abb.) — 30

— ein Junger, ein Alter. Zwei Sittenbilder von der Mission in Suriname, s.: Botschaft, die gute.

— Kaisa, s.: Botschaft, die gute.

— Leh in Kaschmir, s.: Botschaft, die gute. Nr. 12.

— eine Magd des Herrn. Eingerahmtes Lebensbild Hansine Hinz-Fogdal's. 2. Aufl. 8. (152 S. m. 1 Abbildg. u. 1 Bildnis.) Ebd. 899. n. — 60; kart. n. — 75; geb. n. 1.50
Vgl. Botschaft, Die gute.

Schneider, Herm. G., Marianne Mazwi u. ihre Landsleute. (162 S. m. 1 Bildnistaf. u. 1 Kartenskizze.) 8. Herrnhut 910. Missionsbuchh. 1. —

Schneider, Hermann G.: Ein Missionar als Feldprediger, s. Botschaft, Die gute.

Schneider, H. G., Missionsarbeit der Brüdergemeine in Australien. 8. (VIII, 207 S.) Gnadau 882, Unitäts-Buchh. * 1 —
geb. * 1 75

Schneider, H. G.: Moskito. Zur Erinnerung an die Feier des 50-jähr. Bestehens der Mission der Brüdergemeine in Mittel-Amerika. — Herrnhut: Missionsbuchh. (1899). VIII, 143, 230 S., 1 Kt

— Om Jani, s.: Botschaft, die gute. Nr. 8.

— Quamwatla, s.: Weckstimmen. II.

— Rama Key. Erlebnisse daselbst d. Missionars der Brüdergemeine J. B. Jürgensen. Ueberarb. v. Sch. 3. Aufl. (6.—8. Taus.) 8. (IV, 62 S.) Niesky 896. (Herrnhut, Missionsbuchh.) n. — 25

Schneider, H. G., der schlimme Salomo. Eine Geschichte aus Labrador, der Jugend erzählt. 8. (24 S. m. Abb.) Herrnhut (900). Missionsbuchh. n. — 10

— Die Sippe d. Hallbecks u. Einer aus ihr, s.: Hefte zur Missionsstunde. Nr. 1.

Schneider, Hermann G.: Sopal, ..., s. Botschaft, Die gute.

— die ersten Streiter der Brüdermission. Vortrag, geh. auf der II. student. Missionskonferenz in Halle. 8. (33 S.) Ebd. (901). n. — 25
Sonderabdruck aus: „Allgem. Missionszeitschr."

— ihrer Vier. Leben u. Ende einiger junger Missionskaufleute, s.: Botschaft, die gute. Nr. 11.

— Ihrer Vier. Leben und Ende einiger junger Missionskaufleute. 2., wenig veränd. Aufl. (VIII, 203 S. m. 1 Vollbild. u. 1 Bildnistaf.) 8. Ebd. 910. 1.50; geb. 2.30

— eine Weihnachtsfeier in Labrador, s.: Botschaft, die gute.

— eine Weihnachtsfeier in Labrador. Nach mündl. u. schriftl. Mitteilgn. Missionar Wirths verf. 2. Aufl. 8. (IV, 72 S.) Stuttgart (897). Holland & Josenhans. n. — 30

— am Xentu. Aus dem Missionsleben Kaffrarias, s.: Botschaft, die gute. 10.

Schneider, Hermann Kaspar

Schneider, des alten Stephanstürmers Herm. Kasp., Erzählungen. Hrsg. v. L. Lindenschmit. (IV, 87 S. m. Bildnis u. Fksm.) kl. 8. Mainz 906. Ph. v. Zabern. n. 1.50

Schneider, Frau Hermine, die Ehe und die Frauen. Ein Kapitel zur Frauenfrage. 2. Aufl. (31 S.) 8. Gießen 909. Verlag der hess. Frauenbücherei. — 75

Schneider, Hugo, Dankesfesseln. Roman. 8. (VIII, 264 S.) Berlin 899. Freund & Jeckel. n. 3. —; geb. n. 4. —

Schneider, Hugo, durch Wissen — zum Glauben. Eine Laien-Philosophie. gr. 8. (XII, 236 S.) Leipzig 897. H. Haacke. n. 4. 50

Hamburg und Umgebung. Kunstblätter in Kupferdruck. Originalaufnahmen 1895 v. Hugo Schneider, Kunstverl. ... *Charlottenburg: (H. Schneider 1895).* (1 Bl., 25 Taf.) 1 Bd quer-8. (98. 0?)

Schneider, Hugo, Tierarzt: Aus d. Inst. f. Hufkunde d. Tierärztl. Hochsch. zu Dresden. Über die Huf- und Klauenkrone beim Pferd und Rind. Mit 8 Abb. auf 5 Taf. Dresden 1910: Ulrich. 71 S. 8°
Leipzig, Veterinär-Med. Diss. v. 19. Juli 1910, Ref. Lungwitz
[Geb. 24. Sept. 83 Dresden; Wohnort: Dresden; Staatsangeh.: Sachsen; Vorbildung: Wettiner-Gymn. Dresden Reife O. 05; Studium: Dresden Tierärztl. Hochsch. 7 S.; Coll. 30. Juli 10; Approb. 1. Juli 09.] [U 10. 3052

Schneider, Hugo, Ignoramus. Ein Blick auf die Statistik der Zukunft. 8. (37 S.) Berlin 881, Freund und Jeckel. * — 60

—— die Klavierstimmer. Lustspiel in 2 Acten. gr. 8. (42 S.) Glauchau 881, Hobeda's Sortiment. * 1 —

[F.] Irrende Liebe. Roman v. H. Schneider ... *Berlin: Freund & Jeckel 1896.* (2 Bl., 2?2 S.) 1 Bd 8. (96. ??)

Schneider, Hugo, eigene Pfade. Gedichte. 8. (101 S.) Berlin 896. Freund & Jeckel.
Geb. in Leinw. m. Goldschn. n. 2. —

Schneider, J., Adreßbuch von Würzburg, s. Adreßbuch.

Schneider, J., s.: Amtskalender f. evang. Geistliche.

Schneider, J., die Angelfischerei. Eine auf langjähr. Erfahrung beruh. populäre Anleitg. zur Ausübg. u. Erlerng. der gesamten Angelfischerei. 12. (56 S. m. Abb.) Mülheim a/R. 899. J. Bagel. — 60

Schneider, J., die Bakterienfurcht. Beiträge zur Frage üb. die Entstehg. der Infektionskrankheiten f. Aerzte u. Laien. gr. 8. (IV, 99 S.) Leipzig 901. R. Roßberg. n. 1.50

(G) Schneider, J., Bakterienfurcht. 901. (KVB 12.) Jetzt: Leipzig, A. J. Krug.

Schneider, J., finanzieller Berater in allen Grundstücks- u. Hypotheken-Angelegenheiten des städt. Grundbesitzes. Allgem. Mißstände u. Vorsichtsmaßregeln gegen materielle Nachteile. — Die Grundstücks-Wertermittelg. des städt. Wohnhauses. — Der Besitzwechsel (An- u. Verkauf) — Der Hypotheken-Kredit (Anlage u. Gesuche v. Hypotheken) usw. (66 S.) gr. 8. Berlin (903). H. Schild. n. 2.50

Schneider, J., die **Beschaffung v. Hypotheken** u. Rathschläge beim Bau, Kauf u. Tausch e. Hauses. Eine zeit- u. sachgemäße Instruktion für Hypotheken-Gläubiger, Grundstücksbesitzer u. Hypotheken-Vermittler sowie f. Bauunternehmer, Grundstückskäufer u. Verkäufer unter spezieller Berücksicht. der Verhältnisse in Berlin u. dessen Umgebg. 2. Aufl. gr. 8. (32 S.) Berlin (900). A. W. Hayn's Erben. — 75
1. Aufl. (VII, 35 S.) Ebd. 899. n. — 50.

Schneider, J., das Bild und seine Verwertung im Anschauungsunterricht. Mit Beurteilg. der erschienenen Bilderwerke u. der dazu verfaßten Anleitgn. Zur unterrichtl. Behandlg. 8. (82 S.) Osnabrück 889. Wehberg. n. — 80

Schneider, J., **Entwickelung**, Bau u. Leben des menschlichen Körpers. (VII, 206 S. m. 31 Taf.) Lex.-8. Leipzig 905. Th. Thomas. n. 6. —; geb. n. 7. 25

— Die **Entwicklung** des Kindes im Mutterleib. (18 S. m. 28 Abb.) gr. 8. Berlin (Bundesvorstand der Vereine f. naturgemässe Lebens- u. Heilweise) 908.
Sonderabdruck aus: „Der Naturarzt". nn — 30

— **Evangelisation** u. Gemeinschaftspflege. [Aus: „Theolog. Jahrb. pro 1898".] 8. (31 S.) Gütersloh 898. C. Bertelsmann. n. — 60

Schneider, J., die Fahrbahn ohne Ende. Ein neues Betriebsmittel zur Hebung des Wohlstandes auf dem Lande, wie in Städten, mit 1 (lithogr.) Abbild. des ersten Versuchswagens. gr. 8. (54 S.) Mainz 875, v. Zabern. * 2 50

Schneider, J: Alkoholfreie Getränke und Erfrischungen für Gesunde und Kranke. Dresden 1904

Schneider, J., der **Grundbesitz**. Finanzieller Berater, prakt. Winke u. Vorsichtsmaßregeln f. den Grundbesitz- u. Hypotheken-Geschäftsverkehr zum Schutze gegen den offenen und versteckten Grundstücksschwindel. 6. (kombinierte) Aufl. 6.—9. Taus. (256 S.) gr. 8. Hechingen (Hohenzollern) (907). A. Sulger, Buchdr. 3. 50

— Das **Grundeigentum-ABC**. Handbuch u. Berater f. alle finanz-techn. Fragen des Hypotheken- u. Grundstückwesens zum Schutze gegen materielle Nachteile, im besonderen üb.: Anlagen u. Gesuche v. Hypotheken, An- u. Verkauf, Tausch u. Bau v. Grundstücken, Ermittelg. von Grundstück- u. Hypothekenwerten, prakt. Winke und Vorsichtsmaßregeln gegen Übervorteilg. usw. usw. (79 S.) 8. Berlin 910. A. Metzner. 1. 80

Schneider, J., Handelsmatrikel für das Königreich Bayern oder Verzeichniß sämmtlicher Firmen, Handels-Gesellschaften u. Procuristen der 22 Handelsgerichte, welche bis zum Schlusse des Jahres 1862 in die durch Gesetz vom 10. Novbr. 1861 eingeführten Handelsregister amtlich eingetragen wurden. Nebst einem Auszuge aus dem allgemeinen deutschen Handelsgesetzbuche. Würzburg 863. (Etlinger.) 8. (VIII, 621 S.) n. 1 ℛ︎ 18 ngr.

— u. O. **Metze**, Hauptmerkmale der Baustile. Kleine Ausg. 10 Taf. m. gegenüberstehe. Text. qu. gr. 4. Leipzig (902). F. Hirt & Sohn. Kart. n. 1. 60

Schneider, J., u. O. **Metze**, Hauptmerkmale der Baustile. Grosse Ausg. (10 Taf.) 62×79,5 cm. Mit Begleittext. (24 S.) gr. 8. Leipzig (903). F. Hirt & Sohn. n. 20. — ; auf Pappe n. 30. —

— — dasselbe. Kleine Ausg. 10 Taf. m. gegenüberstch. Text. 4.—9. Taus. (22 S.) qu. gr. 4. Ebd. (904). Kart. n. 1. 60

Schneider, J., u. O. **Metze**, Hauptmerkmale der Baustile. Grosse Ausg. 2. Aufl. (10 Taf.) 62×79,5 cm. Mit Begleittext. (24 S.) gr. 8. Leipzig (907). F. Hirt & Sohn. 20.—; auf Pappe 30. —; auf Leinw. m. Stäben 40. —

— Biochemischer **Hausarzt**. Die Behandlg. der Krankheiten nach den Grundsätzen der Biochemie und der Hygiene. (XV, 367 S.) 8. Leipzig 911. Dr. W. Schwabe. 3.25; geb. in Leinw. 4. —

— s.: **Jahrbuch, kirchliches.**

Schneider, J., über die Compressibilität von Salzlösungen. Diss. Giessen 1886, J. Rickersche Buchh. 8°. 32 S. mit einer Taf.

— des Volkes **Kraft** u. Schönheit. Für Erzieher, Lehrer, Eltern, Künstler u. städt. Verwaltgn. hrsg. (VIII, 310 S. m. 111 Abbildgn. u. 2 Tab.) Lex.-8. Ebd. 903. n. 10. —; geb. n. 11. 50

Schneider, J., **Kurzschrift**. (11 autogr. S.) 8. Cassel (Königstor 54 I) 904. Hauptmann a. D. Schneider. n.n. 1. —

— **occulte Lehren** üb. die physikalische Beschaffenheit der Erde. 12. (14 S.) Leipzig (Inselstr. 25) (901). Theosoph. Central-Buchh. n. — 20

Schneider, J., die neuen Lehr- u. Prüfungsordnungen vom 1. VII. 1901 f. die Aus- u. Fortbildung der Lehrer in Preußen. Nebst krit. Würdigg. (VIII, 56 S.) 16. Leipzig (905). E. Wolkening. n. — 60

Schneider, J., Der nun seit 324 Jahren zu Machern blühende Lindenbaum der Herren von Lindenau. Leipzig 1754.

Schneider, J., die äußere und innere Mission in der Schule. Zweite gekrönte Preisschrift des Schulblatts der evangel. Seminare Schlesiens. Besonderer Abdr. Steinau a/O. 854. (Breslau, Hirt.) gr. 8. (16 S.) n. 5 ngr.

Schneider, J., Der Personalkredit des ländlichen Kleingrundbesitzes in der Provinz Brandenburg. Schriften d. Vereins f. Sozialpol., Bd. 74. gr. 8°. Leipzig 1896.

— Die **Pflege** der Gesundheit u. Schönheit. Ein Familienbuch. (VI, 310 S. m. 111 Abb.) Lex. 8. Leipzig (908). Th. Thomas. Geb. 6. —

Schneider, J., Predigt von Johs. Oekolampadius [gehalten am Sonntag Rogate 1522] und Kaspar Aquila [geschrieben am Samstag nach Trinitatis 1523]. Die erste und die letzte evang. Predigt auf der Ebernburg. Mit einer geschichtl. Einleitung. 2. Aufl. 8. (32 S.) Kreuznach 881, Schmithals. * — 60

Praktische Rathschläge zur Beschaffung von Hypotheken beim Bau, Kauf und Tausch eines Hauses im Grundbesitz aller bedeutenden Städte Deutschlands von J. **Schneider**. Mit Stadtplänen d. grösseren Städte. 3. erw. u. verb. Aufl. *Berlin: A. W. Hayn's Erben (1901).* (VII, 90 S.) 8° [S.] [illegible]

Schneider, J., Reichsstempelabgabe. Gesetz vom 1. Juli 1881, in Kraft getreten den 1. Oktbr., nachher. Kommentar oder Auslegung der gesetzlichen Bestimmungen, in 123 besonderen Artikeln, nebst französischer Uebersetzung. gr. 8. (149 S.) Zabern 883. Neuwied, Heuser's Verl. n. 3. —

— Die beiden französischen Schweizergarderegimenter von Salis-Zizers (N⁰ 7) und von Besenval (N⁰ 8) während der Julirevolution des Jahres 1830. M. 3 Karten. In-8⁰. 104 S. Basel. These. 1894.

Schneider, J., Stammtafel d. Königl. Preuß. Regentenhauses. Ein verziertes kalligraph. Blatt in Steindruck. Imp.-Fol. (Leipzig 835. Industrie-Comptoir.) n. 1/2 ₰

Schneider, J., Taschenbuch f. Bauführer, Wallmeister u. Bauaufseher als e. Anleitung f. den praktischen Dienst bei Bauunternehmungen. gr. 16. (VIII, 128 S.) Halle 876. Knapp. n. 2. —

— Samuel Thalhafer od. wie können die Landwirthe v. den Wucherern befreit werden? 8. (31 S.) Straßburg 886. Bomhoff. n. — 30

Schneider, J., das neueste Transportverfahren mittelst eiserner endloser Fahrbahn. 4. (29 S. mit eingedr. Fig.) Wehlheiden 880. (Kassel, Klaunig.) ** 10 —

Schneider, J., das Waltarilied, s. Jugend, der, Lust und Lehre.

Schneider, J., der christl. Wanderer auf dem Gottesacker zu München, eine Samml. d. vorzügl. Grabschriften auf demselben. gr. 12. Münch. 823. Lentner. 4 gr

Schneider, J., Wege u. Wagen. 8. (81 S. 1 autogr. Taf. u. 2 Lichtdr.) Cassel 888. Selbstverlag des Verfassers. geb. n. 3. —

Schneider, I. A., Comment. jurid. Negotiorum Gestor Ordinar. ad Culpam levem obligatur. 4. Jenae, Melchior (Cröcker.) 780.

Schneider, J. A. F., der neue Dünger. (Landw. Zeitung f. die Provinzen Preußen, Posen u. Pommern für 1847. Nr. 5, 6, 9 u. 13. 2. Aufl.) gr. 4. (32 S.) Danzig 847, Gerhard'sche Buchhandlung. 1/4 ₰
Vgl. Schneider, A. J. F.

Schneider, J. B., Mittheilungen über die Untersuchungen der Leistungen des Kropfrades in der Schneidemühle des Mühlenbesitzers Hrn. Hohlfeld zu Schandau, sowie über den Widerstand beim Schneiden des Holzes. (Dresdener polyt. Schulprogramm.) 1860. 4⁰.

— — Ueber die von Aussen beaufschlagten horiz. Turbinen. (Dresd. polyt. Schulprogr.) 1857. 4⁰.

Schneider, J. B., Worte zur Verträglichkeit. Predigt, gehalten am Fronleichnams-Feste 1844. gr. 8. Rottweil 844, Setzer. 1 3/4 ngr

Schneider, J. E., s. J. Mich. Loen, gesammelte Schriften.

Schneider, J. F.: Coup d'oeil militaire oder kurze Anweisung zur Erlernung eines sichern militairischen Augenmaasses, das Terrain vermöge desselben gehörig beurtheilen, und alle vorkommende Charten richtig verstehen zu können. Nebst einem Versuche, ohne Lehrer einen Situations-Plan zeichnen zu lernen. Berlin 1802. 78 S. 15 Tf. 8⁰. [B 2382

Schneider, J. F. Ideen über die fortschreitende Bildung der Menschheit. 6 S.
Tilsit, Progr. 1829

Schneider und Weigel. Karte von der Mark Brandenburg nach den besten Specialkarten neu entworfen und herausgegeben im Jahre 1798. Berlin. 1 Bl. c. K.

Schneider, J. F., Topographische Carte Hundert Quadrat-Meilen um Berlin. ... 1811.
(Bc. Mk. 1

Schneider, J. F. Plan von Berlin nebst denen umliegenden Gegenden im Jahre 1798. 1 Bl. K

Schneider, J. F. Th., Diss. de morborum fictione. Frcf. ad V. 8⁰. 1794

Schneider, J. Fr., An lacrymae sint signum tristitiae. Regiom. 4⁰. 1717

Schneider, (J. Fr.,) das Marmorbild. — Tancreds Tod. — Der Adept. 3 Erzähll. 8. Berl. 824, Flittner.

Schneider, J. Fr., das Marmorbild. — Tancreds Tod. Der Adept. 3 Erzähll. 8. Berl. 824. (Sander). 16 gr

Schneider, J. G.

—— Entwürfe von theils ausgeführten Privat- und Gemeinde-Bauten, bestimmt für Gewerbschulen und überhaupt für die Baugewerbe. 1. Abthl. gr. Fol. (6 S. mit 26 Stnt.) Freiburg im Br. 859, Wagner'sche Buchh. *

Schneider, J. G. s. Führer, neuer, durch Bauten.

Schneider, J. G., Grundriß der allgemeinen Weltgeschichte. Nach eigenthümlicher Methode für die mittleren Classen von Gymnasien und Realschulen bearb. und mit einem erläuternden Vorwort versehen. Jena 853. Mauke. 8. (XX, 184 S.) n. 10 ngr

Schneider, J. G. u. H. A., Handbuch der Schuhmacherei, s. a. Schauplatz, neuer, der Künste u. Handwerke.

— J G u H A, prakt. Handb. d. Schuhm. m Atlas. 3. A. (Schaupl. d. K. 11) Weimar 1873

Schneider, J. G., geometrische Constructionslehre für Körperoberflächenzerlegung bearb. für Gewerbschulen als Vorlegeblätter für Blecharbeiter, Buchbinder u. zum Schattiren. Freiburg im Br. 867. Wagner'sche Buchh. (30 Steintaff. in gr. Fol.) n. 2 ₰ 10 ngr

Schneider, J. G. Nematoden-Embryonen in der Haut des Hundes. Mit 2 Tfln. In-8⁰. 37 S. Basel. These. 1895.

—— Sammlung verschiedener Holzverbindungen und Dachconstruktionen, bestimmt für Gewerbschulen und Baugewerbe überhaupt. 2. Abthl. 1. Heft. gr. Fol. (20 Chromolithogr. mit 5 S. Text.) Freiburg im Br. 862, Wagner'sche Buchh. *

—— unsere Todten sind Christo geboren. Predigt über 2. Cor. 5, 17, am 26. Sonntage nach Trin., dem Gedächtnißfeste der Verstorbenen, in der Hauptkirche zu St. Moriz zu Koburg gehalten. gr. 8. (18 S.) Koburg 861, E. Riemann jun.

Schneider, J. Georg

— J. G., Praktische Bemerkungen über den griechischen Elementarunterricht. Pr. 1860. 28 S. 4⁰.

Schneider, J. G., Ueber Hannibals Entkommen aus d. Einschliessung bei Casilinum. Gel. 1845. 24 S. 4⁰. —.90

— J. G., Zur Erklär. schwieriger Stellen in Tacitus Agricola. II. Pr. 1848. 20 S. 4⁰. 1.—
— — III. Pr. 1852. 26 S. 4⁰. 1.—

Schneider, J. G., zur Erklärung schwieriger Stellen in Tacitus Agricola. 3. Abhandlg.: Das Proömium. [Einladungsschrift des herzogl. Gymnasiums zu Coburg.] 4. (28 S.) Coburg 852. (Riemann.) n. 4 ngr

Schneider, J. G., praktische Formenlehre der griechischen Sprache, mit besonderer Berücksichtigung des Elementarunterrichts bearb. Coburg 861. E. Riemann jun. gr. 8. (IV, 176 S.) n. 12 ngr

Schneider, J. G., Ueber den Gedankengang und über einige Stellen der Einleitung des Thucydides. Pr. 1867. 18 S. 4⁰. Coburg 1.—

Schneider, J. G., das Gymnasium vor 50 Jahren und heute. Rede am Stiftungsfeste des herzogl. Gymnasiums den 3. Juli 1878 gehalten. gr. 8. (19 S.) Coburg 878, (Riemann'sche Buchh.) * — 40

Schneider, J. G., die Klage über Abnahme der Pietät in den Schulen. Rede, am Stiftungsfeste des herzogl. Gymnasiums zu Coburg, den 3. Juli 1840, gehalten. gr. 8. (24 S.) Coburg 849, (Riemann'sche Buchh.) *

Schneider, J. G., ohne Sittlichkeit kann man nicht wissenschaftlich sein. Feier-Rede. gr. 8. Coburg 842, Riemann. n. 1/6 ₰

Schneider, J. *Georg* Rede bei dem 50jährigen Dienstjubiläum des Directors. — Erwiederung des Directors (Karl Weismann). 4 (S. 11—16). Progr. G. Casimirianum *Coburg* 1886 (637).

Schneider, J. G. Über die Reden der Kerkyraer und der Korinthier bei Thukydides I, 32—43 16 S G. *Coburg* 1880 Progr.

Schneider J.H.: Der Kartoffel-Blattsauger. *Psylla Solani tuberosi* Schneider (*Cycada [Typhlocyba] Solani tuberosi* Kollar), ein die Kartoffelfaule erzeugendes Insekt. Vorwort von V. Keller (mit 1 Taf.). S. 9. 8 80
Separatabdruck

Schneider's, J. H., neueste Vorschriften seiner Schön- und Schnellschreib-Methode. Eine prakt., gründl. und leichtfaßl. Anleitung für den Selbstunterricht, um in kürzester Zeit die schlechteste Schrift in eine schöne, geregelte und fließende zu umstalten. qu. gr. 8. (8 S. mit 33 Stnt. und lithogr. Titel.) Berlin 835, [Nelte, Böltje und Comp.] *

Schneider's, J. H., neueste Vorschriften seiner Schön- u. Schnellschreib-Methode. Eine praktische, gründliche u. leichtfaßliche Methode für den Selbstunterricht um in kürzester Zeit die schlechteste Schrift in eine schöne, geregelte u. fließende umzugestalten. 2. Aufl. Cöln (Berlin) 860. Nelte, Böltje & Co. qu. 4. (8 S. u. 33 lith. Bl.) n. 15 ngr.

Schneider, J. J., de cereorum diurnorum in ecclesiis christ. origine et usu. Marb. 1715. 4.

Schneider, J. J.: Was kann beim Kinde im vorschulpflichtigen Alter gegen den Alkoholismus getan werden? 4°. 14 S. Bern, Bachtelen. 1903.

Schneider, J. P.

— Anweis. z. Schönschreiben. 8. Leipz. 801. (Taubert). 6 ℊ

Schneider, J. P. I., 42 Melodien in Ziffern, aus d. Gesangbuche d. reformirten Kirchen der Länder Cleve, Jülich, Berg u. Mark. 1e Lieferg. gr. 8. Duisburg 819. (Düsseld., Schreiner).

Schneider, J. P. II., Unterricht im Rechtschreiben d. deutschen Buchstaben, Sylben, Wörter u. unterschiedl. Schreibzeichen, z. Gebrauch f. Bürger- u. Landschulen. 8. Leipz. 797. (Taubert). 8 ℊ

Schneider, J. Tr., Beschreibung d. heidn. Begräbniss-Plätze zu Silmsdorf in d. Oberlausitz. 1. Hft. gr. 8. (1½ B., 4 Stnt. u. Ttlvign.) Görlitz 829. (Dresden, Arnold.)

Schneider, J. W., üb. d. Gebrauch d. Bibel in Volksschulen u. üb. wahren Pietismus, zwo Diözesan-Synodal-Beantwortungen. gr. 8. (¾ B.) Basel 837, Schneider.

— s. Geschichte des Wachtmeisters Dale.

Schneider, Jakob

Schneider, Jak., Beiträge zur Geschichte der alten Befestigungen in den Vogesen. Mit Rücksicht auf das röm. Fortificationswesen im südwestl. Deutschland u. im nordwestl. Frankreich. Mit 1 topograph. Plane der Hohenburg u. der Heidenmauer bei Straßburg. gr. 8. Trier 844, Lintz'sche Buchh. n. 1 ₰

Schneider, Dr. J. Beiträge zur Geschichte der alten Befestigungen in den Vogesen. Mit 1 Pl. Trier 1844. 225 S.

Schneider, Jac., neue Beiträge zur alten Geschichte und Geographie der Rheinlande. 1. Folge: Die Rheinlandschaft von Nymwegen bis Xanten unter der Herrschaft der Römer. Nach den Quellenschriftstellern und eigenen Localforschungen dargestellt. Mit 1 (lithogr.) Karte in Farbendr. (in qu. gr. Fol.), enthaltend die alten Wasserläufe und Dämme, die Römerstrassen, Lager etc. gr. 8. (VII und 120 S.) Düsseldorf 860, Schaub'sche Buchh. * —

Schneider, Jac., neue Beiträge zur alten Geschichte u. Geographie der Rheinlande. 2. Folge: Der Kreis Rees unter den Römern. Nach eigenen Localforschungen dargestellt. Düsseldorf 869. Schaub'sche Buchh. 8. (103 S. mit eingedr. Holzschn. u. 1 chromolithogr. Karte in qu. 4.) n. 20 ngr

Schneider, Jac., neue Beiträge zur alten Geschichte u. Geographie der Rheinlande. 3—8. Folge. Düsseldorf 871—76. Schaub. n. 10. 50 (1—6.: n. 15. 25)

3. Local-Forschungen üb. die römischen Grenzwehren, Heerstrassen, Schanzen u. sonst. Alterthümer zwischen der Lippe u. der Ruhr. Mit 2 lith. Karten (in qu. 4. u. qu. gr. 4.) 4. (23 S.) 1871. n. 3. —
4. Local-Untersuchungen üb. die Denkmäler d. Alterthums im Kreise Essen. Nebst Bericht üb. die alten Gränzwehren auf der rechten Rheinseite der Prov. Rheinpreussen. Mit 1 lith. Taf. (in qu. 4.) (32 S.) 1873. n. 1. 50
5. Local-Untersuchungen üb. die alten Heerstrassen u. Schanzen auf der rechten Rheinseite. Mit 1 lith. Taf (in qu. 4.) 8. (38 S.) 1874. n. 1. 50
6. Localforschungen üb. die alten Denkmäler d. Kreises Düsseldorf. Mit 1 lith. Taf. (in qu.-Fol.) gr. 4. (12 S.) 1874. n. 1. 50
7. Local-Forschungen üb. die alten Grenzwehren u. Schanzen auf der rechten Rheinseite der Prov. Rheinpreussen. (30 S.) 1876. n. 1. 50
8. Localforschungen üb. die alten Heerstrassen u. Schanzen auf der rechten Rheinseite der Prov. Rheinpreussen. u. in Westfalen. (21 S.) 1876 n. 1 50

Schneider, J., neue Beiträge zur alten Geschichte u. Geographie der Rheinlande. 9—13. Folge. gr. 8. Düsseldorf 877—81. (Schaub.) n. 6. 50 (1—13.: n.n. 20. 75)

9. Localuntersuchungen über die alten Denkmäler im Kreise Mettmann. Nebst Bericht über die Denkmäler des Alterthums auf der rechten Rheinseite der Provinz Rheinpreußen. [Aus: „Monatsschr. f. rhein.-westf. Gesch. u. Alterthumskunde".] Mit 2 lith. Taf. (in gr. 4.). (21 S.) 1877.
10. Local-Forschungen über das alte Grenzwehrsystem auf der rechten Rheinseite der Provinz Rheinpreussen u. in der Provinz Hessen-Nassau. (24 S.) 1877.
11. Die römischen Militärstrassen an der Lippe u. das Castell Aliso. Nach eigenen Localforschungen dargestellt. Mit einer (lith.) Karte. (24 S.) 1878. n. 1. 50
12. Der römische Pfahlgraben von der Wetter bis zum Main. Nach eigenen Lokaluntersuchungen dargestellt. Mit einer (lith.) Karte. (15 S.) 1879. n. 1. —
13. Ueber die alten Grenzwehren u. Heerstraßen in Deutschland. [Zum Thl. aus: „Monatsschr. f. die Geschichte Westdeutschlands".] (30 S.) 1880 n. 1.

Schneider, Jacob. Neue Beiträge zur alten Geschichte u. Geographie der Rheinlande. 14. Folge. gr. 8. [Düsseld. 890, F. Bagel.] Frankf. a. M., Jaeger. * 1 50
Die alten Gränzwehren [Landwehren] im Kreise Düsseldorf. Mit 1 Karte u. 1 lithogr. Taf. (16 S.)
Aus: Jahrb. d. Düsseldorfer Geschichtsver., besonders abgedruckt.
1. Tl. Düsseldorf 1860, Schaub. * 2 75; 2.—13. Folge. Düsseldorf 1868—1880, Schaub.] Frankf. a. M., Jaeger. * 18 —.

Schneider, J., der Eid, s.: Schriften d. protestantischen liberalen Vereins in Elsaß-Lothringen.

Über den Einfluss des Mondes auf die Windkomponenten zu Hamburg. Von Prof. Dr. J[akob] Schneider in Darmstadt. Hamburg 1907: (Pierer in Altenburg). (10 S.) 4°
— Archiv, Aus d., d. Deutschen Seewarte. Jg. 30, No 2. (08.2230

—— der Eltenberg u. Montferland bei Emmerich. Ein Beitrag zur Geschichte des römischen Befestigungswesens auf der rechten Rheinseite. gr. 8. (4½ B., 2 Ans. u. 2 topograph. Pläne.) Emmerich 845, Romen. —

— Der Eltenberg u. Montferland bei Emmerich. Ein Beitr. z. Gesch. d. römisch. Befest.-Wesens auf d. recht. Rheinseite. Mit Pl. Emmerich 1845. 67 S.

Schneider, J., Experimental-Untersuchungen über Tonschwingungen durch Wärme. Düsseldorf 866. (Berlin, Calvary & Co.) 4. (10 S. mit eingedr. Holzschn.) n. 6 ngr.

— Jacob, Dr., Ueber elektrische Figuren mit Rücksicht auf verwandte Erscheinungen des elektrischen und magnetischen Gewitters. (Physikal. Programm-Abhandlung.) Nebst einer Nachschrift, den Foucault'schen Pendelversuch betreffend. Emmerich 1856. Progr. (14 S)

Schneider, Iacobus (geb. am 10 Sept. 1818 in Trier): De figuris electricis ... Cum tabula lith. ... Bonnae, typ. C. Georgii 1840. VI, 10 S., 1 Taf. 4. ¶ Erschien weiter ausgeführt 1856 als Progr. d. Kgl. Gymn. zu Emmerich: Ueber electrische Figuren.
Bonn, Phil. Fak., Diss. v. 8 Sept. 1840

— die Fundstellen römischer Alterthümer im Reg.-Bez. Aachen. [Aus: „Zeitschr. d. Aachener Geschichtsvereins".] gr. 8. (22 S. m. 1 Karte.) Aachen 892. Cremer. n. 1. 50

Schneider, I.: Geschichte der evangel. Kirche des Elsaß in der Zeit der französischen Revolution (1789—1802). — Straßburg: Schmidt 1890. VII, 212 S.

Schneider, J., die Gustav-Adolfs-Gemeinden der Rheinpfalz, s.: Bruderliebe, evangelische.

— s. v. Haupt, Th., Panorama von Trier.

—— die alten Heer- und Handelswege der Germanen, Römer und Franken im deutschen Reiche. Nach örtl. Untersuchungen dargestellt. 1. und 2. Heft. gr. 8. (13 S. mit 1 lithogr. Karte; 16 S.) (Ebendas.) 882,83. à Heft *ℳ 1. * 2 —
Aus: Monatsschrift für die Geschichte Westdeutschlands, besonders abgedruckt.

—— dass. — Nach örtl. Untersuchungen dargestellt. 3. Heft. gr. 8. (20 S.) Leipzig 884, T. O. Weigel. *. 1 —

Schneider, J., die alten Heer- und Handelswege der Germanen, Römer und Franken im deutschen Reiche. Nach örtl. Untersuchungen dargestellt. 4. Heft. gr. 8. (26 S. mit 1 Karte.) Leipzig 885, T. O. Weigel Nachf. *

Schneider, J., die alten Heer- u. Handelswege der Germanen, Römer u. Franken im deutschen Reiche. Nach örtl. Untersuchgn. dargestellt. 5. Hft. Mit 1 Karte. gr. 8. (23 S.) Leipzig 887. T. O. Weigel Nachf. (1886?)

—— dass. — 6. Heft. gr. 8. (31 S.) Düsseldorf 888, (F. Bagel.)
1. und 2. Heft. Düsseldorf 1882,83, (Schaub'sche Buchh.) à *ℳ 1.—; 3. Heft. Leipzig 1884, T. O. Weigel Nachf. *ℳ 1.—.

— dasselbe. [Aus: „Jahrb. d. Düsseldorfer Geschichtsvereins".] 7. Hft. gr. 8. (12 S. m. e. chromolith. Karte.) Ebd. 889. n. 2. —

— dasselbe. 8. Hft. gr. 8. (30 S. m. 3 Karten auf 1 Blatt.) Ebd. 890. n. 2. —

— dasselbe. 9. Hft. gr. 8. (36 S. m. e. Karte.) Ebd. 890. n. 3. — (1—9.: n. 17. —)

Schneider, J., die alten Heer- u. Handelswege d. Germanen, Römer u. Franken im deutschen Reiche. Nach örtl. Untersuchgn. dargest. 10. Hft. gr. 8. Frankfurt a/M. 894. (Jaeger, Verl.) n. 2. — (3.—10.: n. 17. —)
Das römische Straßennetz in d. mittl. Theile der Rheinprovinz u. d. römischen Itinerarien. (22 S. m. 1 Kartentaf.)
Hft. 1 u. 2 sind vergriffen.

Schneider, J., die elsässische Kirche zur Zeit der französ. Revolution, s.: Für die Feste u. Freunde d. Gustav-Adolf-Vereins.

Schneider, J., die elsässische Kirche in der Zeit der französischen Revolution, s.: Schriften des protestantischen liberalen Vereins in Elsaß-Lothringen.

Schneider, J. Ueber die bei gegenseitiger Berührung von Körpern verschiedener Temperatur entstehenden Klangfiguren. 15 S.
Düsseldorf, Progr. 1860

Schneider: Über die bei gegenseitiger Berührung von Körpern verschiedener Temperatur entstehenden Klangfiguren. Zs. 25 S.— Düsseldorf, Progr. 1860,66.

— das Kyllthal mit seinen nächsten Umgebungen, nach geschichtlich-antiquar. und naturhistor. Bezuge und mit Rücksicht auf die Sagen dargestellt. Mit 1 Karte. 8. Trier 843, Gall. n. ½ ℛ

Schneider, Jak., das Kyllthal mit seinen nächsten Umgebungen, nach geschichtlich-antiquar. und naturhistor. Bezuge und mit Rücksicht auf die Sagen dargestellt. 2. (Titel-)Ausg. 8. (VIII und 118 S. mit 1 lithogr. Karte in Fol.) Trier 853, Gall's Verlag. *

Schneider, Jac., physicalischer Leitfaden für Obergymnasien, 1. Heft. 8. (V und 50 S. mit 1 Stnt.) Emmerich 849, Romen. Thlr. *

Schneider, Jacob: Local-Forschungen über die römischen Gränzwehren, Heerstrassen, Schanzen und sonstigen Alterthümer zwischen der Lippe und der Ruhr. Mit zwei lithographirten Tafeln. (Neue Beiträge zur alten Geschichte und Geographie der Rheinlande. Dritte Folge. Der Kreis Duisburg unter den Römern.) Düsseldorf 1871. 23 S. 4°. IC 7852

Die tägliche Luftbewegung über Hamburg in den einzelnen Monaten des Jahres, ermittelt durch Anwendung d. doppelten harmon. Analyse. Von Prof. Dr. J[akob] Schneider, Darmstadt. Mit 1 Taf. u. 21 Fig. Hamburg 1904: Hammerich & Lesser in Altona. (44 S.) 4°
= Archiv, Aus dem, d. Deutschen Seewarte. Jg. 27, No 4. [05. 7087]

— die alten Mauerwerke auf den Gebirgen der linken Moselseite. Ein Beitrag zur Alterthumskunde im Rheinlande. 8. Trier 844, Lintz. ⅓ ℛ

Schneider, J., zur Methodik d. deutschen Unterrichtes d. Volksschule. gr. 8. (VIII, 177 S.) Düsseldorf 896. L. Schwann. n. 2. —

Schneider, J. Die römischen Militärstraßen an der Lippe und das Castell Aliso. Düsseldorf 1878. 8°. (Schneider: Neue Beiträge zur alten Geschichte und Geographie der Rheinlande. 11.)

Schneider, J., e. Mischehe, s.: Schriften d. protestantischen liberalen Vereins in Elsaß-Lothringen.

—— der Monterberg und seine alterthümliche Umgebung. Ein Beitrag zur alten Geographie des Niederrheins. gr. 8. (VIII und 48 S. mit 4 Stnt.) Emmerich 851, Romen. *

Der Postonkel. Volkstüml. Handbuch über d. Post- u. Telegramm-Verkehr. (Verf.: Jacob Schneider.) *Altenkirchen: Selbstverl. [1902].* (32 S.) 8° [F.] [04. 4468]

Schneider, Jac., der Postonkel. Volkstüml. Handbuch üb. d. Post- u. Telegramm-Verkehr. 8. (32 S.) Altenkirchen (902). (Berlin, Deutsches Druck- u. Verlagshaus.) n. n. — 50

Schneider, Jak., die Trümmer d. sogenannten Langmauer. Ein Beitrag zur Alterthumskunde im Rheinlande. Mit 1 Karte. 8. Trier 843, Gall. n. 1/3 ₰

Schneider, Jacob. Uebersicht der Lokalforschungen in Westdeutschland bis zur Elbe, vom J. 1841 bis zum J. 1891. gr. 8. (40 S.) [Düsseld., 891, F. Bagel.] Frankf. a. M., Jaeger. * 1 50

—— mathematisches Uebungsbuch für den Gymnasial-Unterricht. 1. Heft: Für die Quarta und Tertia eines Gymnasiums. 8. (III und 76 S. mit 2 Stnt.) Emmerich 850, Romen. *

—— dass. — 2. Heft: Für die Secunda eines Gymnasiums. 12. (III und 68 S. mit 2 Stnt.) Ebds. 851. *

—— mathematisches Uebungsbuch für den Gymnasial-Unterricht, enth. 1200 Aufgaben aus der Buchstabenrechnung, Algebra, Geometrie, Trigonometrie und Stereometrie, methodisch geordnet und erläutert. 3. (letztes) Heft: Für die Prima eines Gymnasiums. 12. (130 S. mit 5 Stndrt.) Emmerich 852, Romen. *
1. und 2. Heft. Ebendas. 1850—51. * 15 Ngr.

Schneider, Jacob, von Altstädten: Untersuchungen über die Tiefsee-Fauna des Bielersees mit besonderer Berücksichtigung der Biologie der Dipterenlarven der Grund-Fauna. [Mit 1 Tafel.] Bern 1905. 33 S. 8°. [18. VII. 04.]
Bern. Phil. Diss. 1904/1905.

Schneider, Jacob. Untersuchungen über die Tiefsee-Fauna des Bielersees, mit besonderer Berücksichtigung der Biologie der Dipterenlarven der Grund-Fauna. Diss. Phil. Bern... von Jakob Sch' von Altstädten. [Mit 1 Tafel. Sep.-Abdr. aus: Mitteilungen der Naturforschenden Gesellschaft in Bern aus dem Jahre 1904.] 35 S. 8. Bern, K. J. Wyss, 1905.

Schneider, J. Die Weinbergschnecke. Ihre Behandlung und Verwerthung. Kl. in-8°. 27 S. Bern, K. J. Wyss. 1895. — 50

Schneider, Jak., d. Weinbergschnecke. Ihre Behandlg. u. Verwertg. 2., erweit. Aufl. 8. (29 S.) Bern 896, K. J. Wyß. n. — 40

Schneider, Jacob. Die Weinbergschnecke, ihre Behandlung und Verwertung von Jakob Sch'. 3., umgearbeitete Aufl. [Mit illustriertem Titel.] 55 S. 8. Bern, K. J. Wyss, 1903. [fr. —. 80]

Wortfamilien der deutschen Sprache. Zsgest. z. Einführung in d. Lehre von d. Bildung u. Bedeutung d. Worte von J[ak.] Schneider, Lehrer zu Köln. *Paderborn: F. Schöningh 1900.* (IV, 40 S.) 8° [J.] [01. 1877]

Schneider, Jacob M. Der Oeffnungsmechanismus der Tulipa-Anthere. Diss. Math.-Naturw. Freiburg i. d. Schweiz ... von J' M. Sch', Dr. theol. ... [Mit Figuren.] 89 S. 8. Altstätten, Buchdr. «Rheintalische Volkszeitung», 1908.

Schneider, Ida, Aufzeichnungen. 3. u. 4. Bd. 11. 8. Wiesbaden 907. R. Bechthold & Co. 7. 50
3. Im Frauenpark. Typen u. Bilder. (VII, 557 S.) 5. —
4. Amor u. Psyche. Frauenschicksale. (VII, 221 S.) 2. 50

Schneider, Ida, aus vergilbten Blättern. Lebensbilder. 12. (XV, 141 S.) Wiesbaden 892. R. Bechtold & Co. n. 2. 50; geb. n. 3. 50

Schneider, Frl. Ida, die Herstellung v. Konserven, s.: Grütter, Julie.

— am Lebenswege. Neue Aufzeichngn. 8. (309 S. m. Bildnis.) Wiesbaden (901). R. Bechtold & Co. n. 3. 50; geb. in Leinw. m. Goldschn. n. 4. 50

Schneider, Jean, Beispiele f. die hauptsächlichsten Contorarbeiten, zugleich Vorlagen f. das kaufmänn. Schönschreiben. 4. (15 lith. S.) Schweinfurt 875. Stör. n. — 70

—— Belehrungen über die Landwirthschaft. 1. Heft. 8. (24 S.) Ebendas. 875.
Die Fortsetzung hierzu bildet:
Landwirtsch.Unterrichtshefte.H.2.Bodenkunde.

Schneider, Jean. Ueber einige Derivate des Pseudocumols. Wiesbaden, 1894. Diss.Basel. (35 S.)

— landwirthschaftliche Unterrichtshefte. 1. u. 2. Hft. 8. Ebend. 875. 76. à n. — 20
1. Belehrungen üb. Landwirthschaft. (24 S.)
2. Bodenkunde. (24 S.)

Bemerkungen zur Arbeiterbewegung. Von Jeremias Schneider. Berlin: Deutsche Stimmen 1905. (54 S.) 8°
— Bibliothek f. Politik u. Volkswirtschaft. H. 21. [06. 1199 6]

Schneider, Jeremias, Bemerkungen zur Arbeiterbewegung. 8°. Berlin, A. Duncker, 1906. (Bibliothek für Politik und Volkswirtschaft, Heft 21.)

Schneider, Jerem., Bemerkungen zu sozialdemokrat. Schlagworten. (32 S.) gr. 8. Charlottenburg (909). Reformverlag „Der Bund". (Leipzig, H. Haessel Comm.-Gesch.) — 30

Schneider, Ignaz: De Allitterationis apud T. Lucretium Carum usu ac vi. Bamberg, Druckerei d. „Bamb. Neueste Nachr.", 1897; 1 Bl., II, 89 S. 8.
Bamberg, k. neues G, P 1897*

Schneider, Johann

Schneider, Joh., Anfangsgründe der Geografie mit biografischen u. geschichtlichen Skizzen. Zunächst für Unterreal- u. Gewerbeschulen. Mit 17 in den Text gedr. Holzschn. Wien, 861. Seidel & Sohn in Komm. 8. (IV, 100 S.) n. 16 ngr.

Schneider, Joh., die Anfangsgründe der Planimetrie. Für Schulen und zum Selbstunterrichte mit Rücksicht auf den Zeichnungsunterricht. Mit 218 in den Text gedr. Holzschn. Wien 858. Sallmayer u. Co. gr. 8. (VI, 194 S.) n. 16 ngr.

— die Anfangsgründe der Stereometrie. Für Schulen u. zum Selbstunterrichte mit Rücksicht auf den Zeichnungsunterricht. Mit 75 in den Text gedr. Holzschn. Wien 860. Beck. 8. (IX, 108 S.) n. 16 ngr.

Schneider, Joh., üb. Armen-Versorgung. Ein wohlgem. Wort an alle Landgemeinden, Behufs Abstellung d. Bettelei u. Verbesserung d. Armen-Wesens durch freiwillige Wohlthätigkeits-Vereine. Hauptsächlich nach Gründen u. Motiven, wie selbe d. Christenthum bietet, bearb. 8. (8½ B.) Coblenz 837, Hergt.

Schneider, Johann — Praktische Aufgaben für die deutsche Sprachlehre und Rechtschreibung. Nach dem neuen Systeme für die Volksschulen bearbeitet von — —. Erstes Bändchen. Für die 2te Klasse. Wien, 1857. Druck von Anton Schweiger. Verlag von Mayer & Komp. (32 S. 8.)

Schneider Johann — Praktische Aufgaben für die deutsche Sprachlehre und Rechtschreibung. Nach dem neuen Systeme für die Volksschulen bearbeitet von — —. 2tes Bändchen, Für die dritte Klasse. 3tes Bändchen. Für die vierte Klasse I. Kurs. 4tes Bändchen. Für die vierte Klasse II. Kurs. Wien, 1857. Druck von A. Schweiger. Verlag von Mayer und Komp. (42, 46, 44 S. 8.)

Schneider, Johs., die Balkongärtnerei, s.: Juraß, Paul.

Schneider, Joh., Bibelarbeit. 8. Bautzen, Drachstedt 719.

— Einmachen der Früchte, s.: Lehrmeister-Bibliothek.

Einmachen des Obstes nach gesundheitlichen Grundsätzen ohne Alkohol und Gärung. Von Joh. Schneider. *Berlin: W. Möller [1904].* (48 S.) 8° [F.]
— Bibliothek, Möller's, f. Gesundheitspflege, Erziehung u. Volksaufklärung. H. 31. [04. 9307]

Schneider, Johannes, Referendar: Einstehen für Handlungen Dritter nach BGB §§ 31, 278 und 831. Danzig 1908: Kafemann. 45 S. 8°
Heidelberg, Jur. Diss. v. 1908, Ref. Bekker
[Geb. 12. Juli 83 Danzig; Wohnort: Neustadt Wpr.; Staatsangeh.: Preußen; Vorbildung: Städt. Gymn. Danzig Reife M. 04; Studium: Berlin 7 S.; Rig. 10. Juli 08.] [U 09. 1895

Schneider, J., poet. Feierstunden, od. Samml. d. schönsten Balladen u. Romanzen der besten Dichter Deutschlands. 8. Nördl. 817. Beck. 16 gr 827. Hbg. Pr. 8 gr

Schneider, Joh., poetische Feyerstunden, oder Sammlung der schönsten Balladen und Romanzen. 8. Nördlingen, Beck. 818.

Schneider, (J.,) poetische Feierstunden od. Samml. d. schönsten Balladen u. Romanzen d. besten Dichter Deutschlands. 8 Nördl. 827, Beck.

Schneider, Johs., alkoholfreie Getränke u. Erfrischungen f. Gesunde u. Kranke. Herstellung, Wert u. Gebrauch derselben. Mit zahlreichen Orig.-Vorschriften. (VIII, 142 S.) gr. 8. Dresden 904. O. V. Böhmert. n. 2. —

Schneider, Johann — Handbuch der deutschen Sprachlehre für Volksschulen. Nach dem neuesten System bearbeitet von — —. 2te Klasse. — 3te Klasse. — 4te Klasse. 1. und 2. Semester. (Vier Einzelbändchen.) Wien, 1856. Verlag, Druck und Papier von Leopold Sommer. (IV. 25 S. 68 S. 64 S. 40 S. 8. hlbst.)

Schneider, Joh., Handbuch der deutschen Sprachlehre für Volksschulen. Nach dem neuen System bearb. 2. Klasse. 2., verm. Aufl. 8. (VI und 26 S.) Wien 858, Sommer. (Klemm.) *

—— dass. — 4. Klasse. 2. Semester. 2., verm. Aufl. 8. (41 S.) Ebendas. 858. *

—— dass. — 3. Klasse. 3., verm. Aufl. 8. (III und 70 S.) Ebendas. 859. *

Schneider, Joh., Handbuch der deutschen Sprachlehre für Volksschulen. Nach dem neuen System bearb. 3. Klasse. 4. Aufl. 1862. und 5. Aufl. 8. (IV und 70 S.) Wien 865, Sommer. (Klemm.) cart. *

—— dass. — 4. Klasse. 4., unveränd. Aufl. 8. (65 S.) Ebendas. 865. cart. *

Der Hausgarten. Prakt. Winke f. d. Anlage u. Pflege d. Hausgartens. Von Johs Schneider. Mit 14 Abb. *Berlin: W. Möller [1904].* (72 S.) 8° [F.]
— Bibliothek, Möller's, f. Gesundheitspflege, Erziehung u. Volksaufklärung. H. 25/26. [04. 9300]

— der Hausgarten, s. u. Möller's Bibliothek f. Gesundheitspflege.

Schneider, *Johannes*: Die Jubelfeier des 25jährigen Bestehens der Mittweidaer Realschule am 24. Mai 1895. (Umschlagtitel: Bericht über die Jubelfeier am 24. Mai 1895.) 4 (S. 3—16). — Verzeichnis der Lehrer der Realschule, nach der Zeit ihrer Anstellung an dieser Schule geordnet. 4 (S. 17—18). **Progr.** Rsch. *Mittweida* 1896

Schneider, Joh., Katechismus für freie Gemeinden. gr. 8. (46 S.) Leipzig 849, Weller in Comm. 1/4 ß

Schneider, Joh., die evangelische Kirche in der ehemaligen Herrschaft Guttenberg. Ein Beitrag zur Kirchen- und Kulturgeschichte d. Pfalz. 1. Thl.: Von der Reformation bis zur Reunion. (97 S.) 8. Kaiserslautern 895. H. Kayser. 1. —

Schneider, Joh., evangelisches Kirchenpräludienbuch. Zugleich ein nothwend. Lehr- und Lernbuch für den Orgelunterricht in Schullehrer-Seminarien. Für die Zwecke eines prakt. Unterrichts mit Musikeinlagen verschied. Orgelcomponisten und einem Commentar versehen von Friedr. Wilh. Schütze. qu. gr. 4. (IV und 123 S. mit Commentar VI und 114 S. in gr. 8.) Leipzig 849, Arnoldische Buchh. *

Schneider, Joh., evangelisches Kirchenpräludienbuch. Zugleich ein nothwendiges Lehr- und Lernbuch für den Orgelunterricht in Schullehrer-Seminarien. Für die Zwecke eines prakt. Unterrichts mit Musikeinlagen verschied. Orgelcomponisten und einem Commentar (VI und 114 S. in gr. 8.) versehen von Friedr. Wilh. Schütze. 2. (Titel-)Ausg. qu. gr. 4. (IV und 123 S.) Leipzig (849)62, Arnoldische Buchh. geb. *

— Der Kleintierhof. Ein Handbuch f. Kleintierzüchter u. Liebhaber. Unter Mitwirkg. hervorragender Fachleute hrsg. (IV, 540 S. m. Abbildgn. u. 4 farb. Taf.) Lex. 8. Leipzig (910). J. J. Arnd. 8.—; geb. 10. —

Schneider sen., Johs., Lebenserfahrungen. Nebst 174 kurzen Betrachtungen über Sprüche der heil. Schrift. Hrsg. von Pet. Frz. Schneider. 8. (328 S. mit des Verf. Portr. in Stahlst.) Cincinnati 860. (Philadelphia 861, Schäfer und Koradi.) geb. *

Schneider, Johs., Marmeladen- u. Musbereitung, s.: Lehrmeister-Bibliothek.

— die Nutzgeflügelzucht. Ausführliche Anleitg. f. jedermann. Neue Aufl. v. L. Hoffmann, der prakt. Geflügelzüchter. (128 S. m. Abbildgn.) 8. Reutlingen (906). Enßlin & Laiblin. — 75

Schneider, Joh., die Obst- u. Beerenwein-Bereitung. Eine Sammlg. von Abhandlgn. u. Rezepten aus dem „Prakt. Wegweiser", Würzburg. 2., vollständ. neu bearb. Aufl. gr. 8. (48 S. m. Abbildgn.) Würzburg (901). (J. M. Richter.) — 30

— die Obst- u. Beerenwein-Bereitung. 3., vollständig neu bearb. Aufl. (IV, 92 S. m. 43 Abbildgn.) gr. 8. Leipzig 904. Hachmeister & Thal. n. 1. —

— Die Obst- u. Beerenwein-Bereitung. 4., verb. u. neu bearb. Aufl. (IV, 120 S. m. 57 Abbildgn.) gr. 8. Leipzig 909. Hachmeister & Thal. 1. 50

Pflege der Zimmerpflanzen. Prakt. Ratschläge f. Blumenfreunde von Johs. Schneider. *Berlin: W. Möller [1904].* (24 S.) 8° [F.]
— Bibliothek, Möller's, f. Gesundheitspflege, Erziehung u. Volksaufklärung. H. 24. 104. 3567

— die Pflege der Zimmerpflanzen, s. a. Möller's Bibliothek f. Gesundheitspflege.

Schneider, Joh., Predigt, gehalten bei dem Begräbnisse des am 28. Mai d. J. ermordeten Bauers Junggesell Gottlieb Hauptmann in Lawalde. Löbau 855. Centralschulbuchhandlung. 8. (10 S.) 1½ ngr
Auch in wendischer Sprache zu gleichem Preise.

Schneider, Jan, cžielne prjedowanje pschi porebi teho sabiteho bura, cžesneho mlodženza Gottl. Hauptmanna we Ljewatdži na swedženju św. Trojcžy džeržane. 8. (10 S.) Löbau 855, Centralschulbuchh.

Schneider, Joa., de proverbiis Plautinis Terentianisque. Dissertatio inauguralis. gr. 8. (53 S.) Berlin 878, (Kamlah'sche Buchh.) * 1 20

Schneider, Joh., Sammlung v. Hundert d. gebräuchlichsten Choräle f. drei Stimmen (Sopran u. Alt, od. Tenor u. Baß), z. Gebr. in Schulen u. bei Singechören. gr. 8. (4 B.) Meißen 841, Klinkicht u. Sohn. *

— Das Tomatenbuch, s.: Landauer, Rob.

[Umschlagt.:] **Schneider**, Johannes [Dr.]: Der Türkenzugskongreis zu Rom. '(3. Juni bis 30. Juli 1490)'. Nach archival. Quellen dargest. Gumbinnen, gedr. bei W. Krauseneck, 1893; 1—13 S. 4.
Gumbinnen, st. RPG, OP 1893 (18)

Schneider, Joan. (geb. Braunsberg in Ostpr. 16. 12. 1820): De ulcere ventriculi rotundo seu perforante. Berolini (1853). (31 S.) 8°
Berlin, Med. Diss. v. 23. Dez. 1853

Schneider, Johannes, Prof. Dr.: Aus Gumbinnens Vergangenheit ⟨1812—15⟩. Aufzeichnungen des Generalleutnants Robert von Eberstein. Gumbinnen 1904: Jul. Hippel (S. 1—12.) 4°
Gumbinnen, st. R P 1904 (21)

Schneider, Joh., das ewige Versöhnungsopfer. Gebet- u. Erbauungsbuch für fromme Christen. Neuhaus 865. Landfraß & Sohn. 8. (178 S. mit Holzschn. u. 1 Titelbild in Farbendruck.) n. 6 ngr

— praktische Winke zur Zucht der Frühgemüse in Mistbeeten, Treibkästen, Glashäusern u. zum Bau dieser Treibräume f. Landwirthe, Gärtner u. Gartenbesitzer. gr. 8. (134 S. m. Abbildgn.) 1. 80
Würzburg: (J. M. Richter) 1900.

Schneider, Johs., die kirchliche und politische Wirksamkeit des Legaten Raimund Peraudi [1496—1505]. Unter Benutzung ungedr. Quellen bearb. gr. 8. (XII, 126 S.) Halle 882, Niemeyer. * 3 —

Schneider, Johann Abdias (Ulm) A. S. 155/27

Dissertatio juridica, de jurisdictione prorogata. Präs. Johann Ulrich Cramer. Marburg (Müller) 25. V. 1737. 28 S.

Gew.: Stadt Ulm. 31042

Schneider, Johann Alois

Schneider, Jh. Aloys., († d. 22. Dec. 1818.) zwei theolog. Abhandll. 8. o. O. 801. 2e A. 802.

— kurze Betrachtt. üb. die Leidensgeschichte Jesu auf alle Tage in d. Fasten. Mit 1 Titelkpf. 8. Leipz. 808. 2e A. 810. N. A. gr. 8. Augsb. 830. Doll. (Landsh., Krüll). 10 gl

Schneider, Jh. Alois, kurze Betrachtungen über die Leidensgeschichte Jesu, auf alle Tage in der Fasten. 2e Aufl. Mit Titelkpfr. gr. 8. Augsburg 830. (Regensburg, Manz.) n. 5/12 rf

Schneider, Joh. Aloys., kurze Betrachtungen üb. d. Leidensgeschichte Jesu, auf alle Tage in d. Faste. Hrsg. v. J. St. Bauper. Bericht. u. verm. Aufl. gr. 12. (6½ B.) Prag 837, Haase Söhne.

Schneider, J. A., d. Christ in d. versch. Verhältnissen d. Lebens in 14 Fastenpredigten vorgetr. 8. Prag, Buchler (Joachim in Leipz.) 805.

— Augustae suprema dies. 4. Prag 781.

SCHNEIDER, JOHANN ALOIS. Erhebung des Geistes zu Gott. Gebetbuch für katholische Christen, von Dr. Johann Aloisius Schneider, Apostol. Vicar u. Tit. Bischof von Argos. Preßburg o. J. (185?): Verlag Alois Bucsánszky. 220, 6 S. - 145 mm OSZK
- Dass. Pesth 1858: A. Bucsánszky. 235, 5 S. 5 t. - 12° OSZK
- Dass. Preßburg o. J.: Bucsánszky. 205 S. Győr
- Dass. Budapest o. J. (vor 1915): Koloman Rózsa u. Frau Buchdruckerei A.G. 235 S. 6 t.

Etwas über den Hirten-Brief an die wahren und ächten Freymäurer alten Systems J[oh.] S[alomon] Semler gewidmet. [Von Joh. Alois **Schneider.**] Germanien [Leipzig: Böhme] 1786. 96 S. 8°
Recens: WJ. 3, 8 (1786) S. 198.
Kl. 2665. Betr. Haugwitz' Hirtenbrief von 1785.

— Gebetbuch. 8. Augsb. 810. N. Aufl. 823. Kranzfelder. 10 gl Schrbp. 12 gl (Ist Nachdruck).

— Gebet- u. Erbauungsbuch f. kathol. Christen. 12. Dresd. 805. 2e Aufl. 8. Leipz. 808. 3e A. 810. 4e A. 821. 5e A. 824. 6e Aufl. mit 3 Kpf. u. Vign. 832. Mag. f. Ind. 18 gl Schrbp. 1 rf Velinp. 1 rf 8 gl

Schneider, J. A., Gebet- u. Erbauungsbuch f. kathol. Christen. 3te unveränd. Aufl. 8. Leipz. Ind. Comt. 814.- Schreibp.

Schneider, (J. Al.,) Gebet- u. Erbauungsbuch f. katholische Christen. 5e Aufl. Mit 1 Kpfr. u 1 Vign. 8. Leipzig 824, Mag. f. Ind. 18 gr. Schreibp. 1 Rthl. Velinp.

—— Gebet- u. Erbauungsbuch f. kathol. Christen. 6. Aufl. (22 B., 3 Kpfr. u. Ttlvign.), 7. Orig.-Ausg. (21½ B., 5 Kpfr. u. Ttlvign.) 8. Leipzig 832, 34, Magazin f. Indust. à 18 Gr., Vlnp.

—— Gebet- u. Erbauungsbuch f. kathol. Christen. 8. Orig.-Ausg. 8. (21½ B. u. 5 Kpfrt.) Leipzig 838, [Hunger.] 18 Gr., Vlnp.

Schneider, Joh. Aloys., Gebet- und Erbauungs-Buch für katholische Christen. 10. Orig.-Aufl., neu bearb. und bedeutend verm. von einem Pfarrgeistlichen. 16. (XVI und 447 S. mit 4 Stahlst. und chromolithogr. Titel.) Münster 858, Coppenrath'sche Buchh. –

Schneider, Dr. Joh. Alois, *apostol. Vicar und weiland Beichtrater Sr. Maj. des Königs von Sachsen, Bischof von Argos etc. etc.* Gebet- und Erbauungsbuch für katholische Christen. *Wien* 1858. Bei *Ignaz Lienhart.* VIII S., 366 S., 2 Bl. 8°. 1 fl.

Schneider, Joh. Alois, Perle der Andacht. Gebet- u. Erbauungsbuch für katholische Christen. Prag 862. Styblo. 8. (283 S.) n. 12 ngr

— Predigt von d. Leiden u. Tode unsers Erlösers. 8. Prag 786.

— Predigt von d. Wichtigkeit d. Religion. gr. 8. Dresd. 800.

— Predigten, herSgg. v. J. Kunitz. 1r—3r Bd. gr. 8. Prag 820—22. 2e Aufl. 3 Bde. 830. Krauß. 2 Rthlr. 4r Bd. Fastenpredigten, gehalten im J. 1800, herSgg. von J. Kunitz. gr. 8. Ebd. 823. 1 Rthlr.

— dasselbe 2r und 3r Bd. Fastenpredigten, herausgeg. v. J. Kunitz. gr. 8. Ebend. 820 und 821. à 1 Rthlr. 8 Gr.

—— Predigten. 1 - 3. Bd. Fastenpredigten üb. falsche Grundsätze; üb. d. Leidenschaften der Menschen, üb. den Werth d. christl. Religion. 2. Aufl. gr. 8. (47½ B.) Prag 830, [Haase Söhne.]
4. Bd. Ebendas. 1823. 16 Gr.

— Predigten, herausgeg. v. J. Kunitz. 3 Bde. Feiertagspredigten. gr. 8. Prag 823, Krauß.

— Predigten, herSgg. v. J. Kunitz. 3 Bde. Feiertagspredigten. gr. 8. Prag 823, 24. Krauß. (a. Haase Söhne). 3 Rthlr. 8 Gr.

Schneider, Jh. Aloys., 3 Reden bei d. feierl. Ertheilung des Sakraments d. Firmung, 1817 u. 18 gehalten. gr. 8. Dresd. 817 u. 18.

Schneider, Johann Andreas

Schneider, (J. A.,) Aufgaben zu schriftl. Sprachübungen, zur Selbstbeschäftigung d. Kinder in Volksschulen. 8. Darmst. 825, Heyer.

Schneider, Joh. Andr., Aufgaben zu schriftl. Sprachübungen, zur Selbstbeschäftig. d. Kinder in Volksschulen. 2., verb. Aufl. (16 B.) 829., 3., verb. A. (16¼ B.) 8. Darmstadt 833, [Heyer'sche Vrlsbuchh.] à

Schneider, J. A., Aufgaben zu schriftl. Sprachübungen z. Selbstbeschäftigung d. Schüler in Volksschulen. 4., verb. Aufl. gr. 12. (11 B.) Darmstadt 838, Heyers Vrlsh.

— u. J. G. Fischer, Briefmuster f. Kinder in Landschulen. 8. Darmst. 823. 2e A. 826. Heyer. 8 Gr.

—— und J. G. Fischer, Briefmuster f. Kinder in Landschulen. 3. Aufl. 8. (9 B.) Darmstadt 831, [Heyer'sche Vrlsbuchh.]

—— u. J. G. Fischer, Briefmuster f. Kinder in Landschulen. 4., stark verm. u. verb. Aufl. 8. (10⅛ B.) Darmstadt 839, Heyers Vrlsh.

— Fibel, oder ABC- u. Lesebuch, sowohl für die Buchstabir- als Lautmethode brauchbar. 3e Aufl. 8. Darmstadt 825, Heyer.

—— Fibel, od. ABC- u. Lesebuch, sowohl f. d. Buchstabir- als Lautmethode brauchbar. 5. Aufl. 8. (3½ B.) Darmstadt 829, [Heyer'sche Vrlsbuchh.]

— Fibel, od. ABC- u. Lesebuch, sowohl f. die Buchstabir- als Lautmethode brauchbar. 5e A. ... 6e Aufl. 8. Darmst. 830. Heyer. 1½ Gr. mit 24 ill. Kpf. 4 Gr.

—— Fibel, od. ABC- u. Lesebuch, sowohl f. d. Buchstabier- als Lautmethode brauchbar. 15. Aufl. 8. (3 B.) Darmstadt 838, Heyers Vrlsh.

— Handbuch beim Auswendigbuchstabiren, f. Lehrer in Volksschulen. 8. Darmst. 825. Heyer. 10 Gr.

(——) Lesebuch f. mittl. Klassen, s. Lesebuch 2c.

Schneider, J. A., Lesebuch für Land- und Bürgerschulen, s. Lesebuch.

—— Lieder für Volksschulen. 3. Aufl. 8. (4 B.) Darmstadt 838, Diehl.
Dass. mit (2¼ lith. B.) Melodien in Noten od. in Ziffern. à 4 Gr.

Schneider, J. A., Lieder f. Volksschulen, mit Melodien in Noten u. Ziffern. (Textheft.) 13. Aufl. 8. (VIII u. 54 S.) Darmstadt 850, Diehl. n. 1/12 Rthlr.

Schneider, Johann August

Schneider, Jh. Aug., biograph. Fragmente von d. Kurfürstin Margarethe, d. Stammmutter d. Hauses Sachsen. Mit ihr. Insiegel, e. Verzeichn. ihrer Münzen u. 10 Beilagen. 8. Altenb. 801. Kaufdr. f. Litt. 8 Gr.

SCHNEIDER, Johannes Bapt.: De perfecti atque imperfecti erga Deum amoris indole et de utriusque ad invicem relatione. — (1869) 83 S. 8° (Handschr.) Diss. 262
Diss. Wien, Univ.

Schneider, Joh. Bapt., Lebensgeschichte und Lehren des sel. Johann Ulrich Lays, Pfarrer zu Dunstelkingen auf dem Herdtfeld, 1730 im Rufe der Heiligkeit gestorben. Nach den Quellen bearb. 8. (VIII, 115 S. mit Portr.) Nördlingen 887, Reischle.

Schneider, Johann Christoph

Schneider, Jh. Cph., Chronik d. Stadt u. Standesherrschaft Forst vor u. nach der Vereinigung mit der Standesherrschaft Pförten. gr. 8. Guben 846, Berger. n. 1⅙ Rthlr.

Schneider, Johann Esaias (Frankfurt/M.) A. S. 90/17

De acquisitione coniugali vulgo Von dem in währender Ehe erzeugtem und errungenem Guth. Präs. Nikolaus Christoph Lyncker. Rec.
Jena 1746.

Diss. 6. VIII. 1695. 31043

Schneider, Joan. Frid. Otto (geb. Potsdam 4. 4. 1838): De arthrophlogosi eiusque exitu, imprimis de ankylosi. Berolini (1864). (32 S.) 8°
Berlin, Med. Diss. v. 15. März 1864

Schneider, Johann Friedemann [Praes.], s. Avenarius, Johann Kaspar: De crimine fidei. Diss. philos. quod occasione ex VI. annal. IIX. et lib. I. histor. cap. 71 Cornelii Traciti sibi data secundum vera juris naturalis et gentium principia.

Schneider, Johann Friedemann [Praes.], s. Below, Joh. Heinr.: De praejudiciis in jurisprudentia fugiendis. Diss. jur. in qua primae lineae.

Schneider, Johann Friedemann [Praes.], s. Bode, August Friedrich: De testimonio principis.

Schneider, Johann Friedemann [Praes.], s. Buhler, Jo. Friedrich: De turbatione jurisdictionis.

— fundamenta Philosophiae rationalis. 8. Halae, Fritsch 737.

Schneider, Johann Friedemann [Praes.], s. Gmelin, Jo. Friedrich: De permutatione captivorum. Aus Auswechselung derer Kriegs=Gefangenen.

Schneider, Johann Friedemann [Praes.], s. G o t t e r, Heinrich Ernst: De fide perfidis servanda, quam divino auspicio secundum principia juris naturae et gentium, occasione ex Hugonis Grotii libr. III. cap. XIX. § XIII.

Schneider, Johann Friedemann [Praes.], s. G o t t e r, Heinrich Ernst: De reconventione clericorum in foro laicorum.

Schneider, Johann Friedemann [Praes.], s. H a l l e, Georg Benjamin: De incompetentia actionis pignoratitiae contra tertium.

Schneider, Johann Friedemann [Praes.], s. H i e p e, Christian August: De jure praeventionis circa venationem. Von Recht der Vor=Jagd.

Schneider, Johann Friedemann [Praes.], s. H i p p, Johann Theodor: De virtutibus intellectualibus philosophiae rationali vindicandis.

Schneider, Johann Friedemann [Praes.], s. H o c k a r t, Gottfried: De obligatione ex testamento imperfecto.

Schneider, Johann Friedemann [Praes.], s. H u b n e r, August Nathanael: De propagatione philosophiae sub contemptu.

SCHNEIDER, Jo. Fridem.: Diss. de iure praeventionis circa venationem. - Halle 1715

Schneider, Johann Friedemann [Praes.], s. L u e d e c k e, Joh. Gebh.: De crimine gratiae.

Schneider, Jh. Fr., (†...) methodus disputandi. 8. Halle 750. Kümmel. 7 gr.

Schneider, Johann Friedemann (Kranichfeld)
Diss. Halle 1703/3

Solemnis disputatio juridica de morte loco jurisjurandi. Präs. Samuel Stryk.
Halle (Zeitler) VI. 1703. 32 S. 31044

Schneider, Johann Friedemann (Kranichfeld)
4° Jur. XII, 26c/4

De morte loco juris-jurandi. Präs. Samuel Stryk.
In: Stryk: Dissertationum juridicarum Hallensium vol. II. Disputatio IV. Leipzig, Frankfurt (Foerster) 1720. S. 132-168.

Diss. Halle VI. 1703. 31045

Schneider, Johann Friedemann [Praes.], s. M ü l l e r, Joh. Christoph: Princeps monopola, h. e. de praecipuis regum Europaeorum et electorum secularium monopoliis.

Schneider, Johann Friedemann [Praes.], s. P a u l i, Gottfried Wilhelm: De emendatione animae non ab intellectu, sed a voluntate, inchoanda.

— **P h i l o s o p h i a** moralis secund. principia Thomasiana. 8. Halae. 723.

Schneider, Johann Friedemann [Praes.], s. P o p i c h, Jo. Georg: De probanda exceptione spolii per delationem juramenti.

Schneider, Johann Friedemann [Praes.], s. R e d e l, Karl Wilhelm: De philosophia eglectica civilem vitae conversationem non impediente, sed adjuvante.

Schneider, Joh. Friedemann: De brutorum religione. [Resp.:] Martin Christophorus W e y h e r. Halae (1702). 24 S.

Halle, Phil. Diss. v. 1702.

Schneider, Johann Friedemann [Praes.], s. R u b e l, Christian Gottlieb: De iure subditorum eminente.

Schneider, Johann Friedemann [Praes.], s. S a c h s, Andreas Ernst: De jure imaginum.

Schneider, Johann Friedemann [Praes.], s. S t a r c k e, Johann: De promotionibus per saltum.

Schneider, Johann Friedemann [Praes.], s. T r a w i t s c h, Ernst Christoph: De restitutione brevi manu adversus lapsum fatalium in processu civili.

Schneider, Johann Friedemann [Praes.], s. W a l d m a n n, Friedrich Daniel: De dominio rei legatae ipso iure transeunte.

Schneider, Johann Friedemann [Praes.], s. W a l t h e r, Johann Gottfried: Dissertatio solemnis exhibens problema: an lacrymae sint signum tristitiae.

Schneider, Johann Friedemann [Praes.], s. W o l f f g a n g, Johann Christian: De successione legitimatorum in feudis occasione cap. naturales 2. f. 26.

Schneider, Johann Friedrich (Merseburg) A. S. 146/10

Dissertatio inauguralis de cautione legatorum servandorum causa praestanda.
Leipzig (Langenheim) 17. VII. 1732. 30 S. 31046

Schneider, Johann Friedrich [Praes.], s. H e ü c k e n r o t t, Christian Samuel: Jus gentium naturale.

S c h n e i d e r, Joh. Friedr., erklär. Wörterbuch zu Sallust's Catilina u. Jugurtha. Für den Schulgebr. hrsg. gr. 8. (12½ B.) Leipzig 834, Lauffer.

S c h n e i d e r, Joh. G. Chr., prakt. Lehrbuch d. Landwirthschaft in allen ihren Theilen. Für den Bürger u. Landmann, so wie insbesond. f. angeh. Oekonomen leichtfaßl. dargest. 1. Thl. 8. (11 B.) Quedlinburg 834, Basse.

Schneider, Johann Georg

Schneider (J. G.), Geschichte der vorzüglichsten Mineralien des Fürstenthums Bayreuth. Theil 1. Hof 1798. 8.

— Geschichte der vorzügl. Mineralien d. Fürstenth. Bayreuth. 1r Thl. Mit Kpf. 8. Hof 799. Grau. 12 gr.

Schneider, Johann Georg (Hof/V.) Diss. Erlg. Med.
1796/6

Neurologiae veterum historiae speciminis secundi sectio posterior. Präs. Johann Christian Friedrich Harles.
Erlangen (Iunge) IX. 1796. S. 30-102. **31048**

Schneider, G.: H i s t o r i a neurologicae veterum, s.u.H a r l e s s, Christian Friedr. (Praes.)

— Diss. minerarum plumbi oryctognosia. 8. Erlang. 796.

Schneider, Jh. Geo., Diss. de notarum empiricarum ac physicarum in historia naturali valore, exemplis probata. 8. Erlang. 795.

Schneider, Johann Gottfried

Schneider, J. G., italien. doppelte Buchhaltung, od. 6 Monate fingirte Handlung. 4. Leipz. 755. (Enobloch). 1 ℛ 16 ℊ

Schneider, J. G., italien. doppelte Buchhaltung, oder 6 Monate fingirte Handlung. 4. Leipz. Hilscher. (Compt. fur Litt.) 755.

Schneider, Johann Gottfried: „Italienische doppelte Buchhaltung, oder durch sechs Monat geführte fingirte Handlung, aus freyer Hand ausgearbeitet", Leipzig 1775. — Vorh.: Bücherei der Industrie- und Handelskammer Leipzig.

Schneider, Johann Gotthelf (Zwickau) A. S. 151/28

Dissertatio juridica praecipua laudemii capita sistens. Präs. Gottlieb Sturm. Wittenberg (Schlomach) IX. 1732. 40 S.

Gew.: Johann Friedrich Roemer, Johann Christ. Vogel. 31049

Schneider, Johann Gottlieb (Bautzen) A. S. 183/14

Problema juris de iure pignoris moto concursu. Präs. Johann Florens Rivinus. Rec. Leipzig (Stopffel) 1745. 23 S.

Diss. 21. X. 1728. W. v.: Präs. 31050

Schneider, Johann Gottlob

Jo. Glo. Schneider progr. de achlide Plinii et χολῳ Strabonis. Trajecti ad Viadr. (Breslau) 1781. 4. (Pertinet ad Plin. VIII. c. 15. s. 16 S. 39.)

[**Schneider,** Joh. Gottlob: De decoro admonitio.] (Vratislaviae 1812.) (S. 2) 4°

Breslau, Ind. lect. WS 1812/13

Schneider, Johann Gottlob, s. Aelianus: De natura animal.

— Analecta critica. Fasc. 1. 8maj. Frankf. a. d. O. 777. Strauss. 6 ℊ

— analecta ad historiam rei metallicae veterum. Ad Chr. G. Heynium. 4maj. Frankf. a. d. O. 788. Strauss. 6 ℊ

Schneideri, J. G., Analecta numismatica veterum. Berol. 788. 8. (100 Seiten).

Schneider, J.G. Anmerkungen üb. d. Anakreon. gr. 8. Leipz. Crusius. (J. C. W. Vogel.) 770.

— s. Anonymus: Oeconomica.

<u>Schneider</u>, Jo(hann) Gottlob (Ed.et Comm.):

s.: <u>Aristoteles</u>: De animalibus <u>historiae libri X. (Griech.u.lat.)</u> ...<u>Iul(ii)</u> Caes(aris) <u>Scaligeri</u> versio... Tom.1 - 4. Lipsiae: 1811

JB 81

— s. Aristoteles: Politicorum.

Schneider, Johann Gottlob, s. Artedi, P.: Synonymica.

Schneider, Johann Gottlob, s. Aesopus: Fabulae.

Schneideri, J. G., Auctarium animadversionum. Jen. 799. 8. Auctarium alterum animadverss. et correctionum. Ib. 804. 8.

[**Schneider,** Joh. Gottlob: Augurium Viadrinae alium in locum translatae e consensu et concordia studiosorum captum. (Vratislaviae 1811.) (Bl. 1—2) 4°

Breslau, Ind. lect. WS 1811/12

— Beitr. z. Klassification ꝛc. d. Riesenschlangen (Boa). Mit 3 Kpf. gr. 8. Münch. 820. (Franz). 1 ℛ

J[ohann] G[ottlob] Schneiders [<u>Schneider</u>] ... Beytrag [<u>Beitrag</u>] zur Naturgeschichte der Schildkröten. Beytr.1. Leipzig: J.G.Müller 1787. 8°

Beytr.1: 1787

Jo. Glo. Schneider literarische Beiträge zur Naturgeschichte aus den alten, vorzüglich aus den Schriftstellern des 13. Jahrhunderts. Frankfurt u. Leipz. 1786. 8. (Inde serius enatae sunt *Ejusd. eclogae physicae Jen. et Lips.* 1801. 8. cfr. Bücherkunde für die ältere Medicin, 2. Aufl. pag. 414.)

— Beitr. z. Naturgeschichte d. Amphibien ꝛc. besond. d. Eidechsen. Mit 1 Kpf. gr. 4. Münch. 824. (Franz). 2 ℊ

— s. Beiträge zur Naturgeschichte der Wallfische.

— s. Bloch, M. E.: Systema ichthyologiae.

— ad reliqua librorum Friderici et Alberti Magni capita commentarii etc. Cum auctario emend. atque annotat. ad Aeliani de natura animal. libros; cum fig. II Tom. 8maj. Leipz. 788, 89. Müller. (Joachim). 6 ℛ

— s. Demetrius: De elocutione.

[**Schneider,** Joh. Gottlob: De publica gymnasiorum disciplina apud Lacedaemonios a ceterorum Graecorum institutis discrepante.] (Vratislaviae 1815.) (S. 2) 4°

Breslau, Ind. lect. SS 1815

[**Schneider,** Joh. Gottlob: De mutato Musarum nostrarum domicilio mutatisque vitae civilis rationibus.] (Vratislaviae 1812.) (S. 2) 4°

Breslau, Ind. lect. SS 1812

<u>Eclogae</u> physicae historiam et interpretationem corporum et rerum naturalium continentes ex scriptoribus praecipue Graecis excerptae in usum studiosae litterarum iuventutis a Joh[anne] Gottlob <u>Schneider</u>. Vol.1. Jenae & Lipsiae: Frommann 1801. 8°

Vol.1: [nebst] Anmerkungen und Erläuterungen. 1801.

— Anmerkk. u. Erläuterr. üb. die Eclogas physicas; enthalt. Verbesserr. u. Erklärr. d. Griech. Textes ꝛc. gr. 8. Jena 801. Frommann. 16 ℊ Schrbp. 1 ℛ (Ist Vol. II. von: Eclogae physicae etc. apart).

— s. Epicurus: Physica.

— kleines griech.-deutsches Handwörterbuch, ein Auszug aus d. größern Werke v. Fr. W. Riemer. 2 Abtheill. gr. 8. Jena 802—4. Frommann. 4 ℛ Fein Pap. 5 ℛ 8 ℊ 2e verb. Aufl. 815, 16. 3e Aufl. gr. Lex.-8. Ebd. 820. 4e A. 823. 5 ℛ 16 ℊ Schrbp. 8 ℛ

Schneider, Joh. G., kleines griechisch-deutsches Handwörterbuch; ein Auszug von F. W. Riemer. 2 Thle. gr. 8. Jena, Frommann. 815.

Schneider, J. Gottl., Handwörterbuch der griechischen Sprache. Nach der zu verm. Ausgabe seines großen krit. Wörterbuches der griech. Sprache, mit besonderer Berücksichtigung des Homerischen und Hesiodischen Sprachgebrauchs u. s. w., nebst genauer Angabe der Sylbenlängen. Für Schulen ausgearbeitet von F. Passow. 4 Theile. Lexiconformat. Leipzig, W. Vogel. 820.
Weiß Druckpap. größer Format
Schreibpap.

Schneider, (J. G.,) Handwörterbuch der griech. Sprache. Nach der zu Ausgabe des größern Wörterbuchs mit besond. Berücksichtigung des homer. u. hesiod. Sprachgebrauchs u. mit genauer Angabe der Sylbenlängen, ausgearb. von Fr. Passow. 2 Bde, 2e Aufl. 8. Leipz. 826, W. Vogel. 6 Rthl. 16 gr. Schreibp.

Schneider, Joh. Gtlo., Handwörterbuch d. griech. Sprache. Nach d. 3. Ausg. d. grössern griechisch-deutsch. Wörterbuchs mit besond. Berücksicht. d. Homer. u. Hesiod. Sprachgebrauchs u: mit genauer Angabe d. Sylbenlängen ausgearb. v. Frz. Passow. 2 Bde. 3., vielfach verm. u. verb., mit prosod. Tafeln, einer Darstell. d. Kalenderwesens u. der Zeitrechnung bey d. Griechen u. e. Uebersicht d. Consonantenanhäufungen bereich. Ausg. 4. (273 B. u. 3 B. Tab.) Leipzig 828, Vogel.
Die Tabellen a. u. d. T.: Frz. Passow, die Lehre vom Zeitmaasse d. Griech. Sprache. Auf 6 Taf. dargest. 2. Aufl. 1827. — 4. Aufl. d. Obigen (vgl. Passow, Frz., Handwörterbuch etc.) Ebda. 1831.

Schneider, Jh. Glo., († d. 12. Jan. 1822). historiae Amphibiorum naturalis et literariae Fasc. I., II. c. 4 tab. aen. 8maj. Jena 798, 801. Frommann. 3 ℔ 12 gr. Hbg. Pr. 2 ℔

Schneider J. G.: Historia amphibiorum naturalis et literaria. 2 fasc. Ienae 1799-1801. (638) S. 2 Tvl.

[Schneider, Joh. Gottlob: De historia lauri et origine honoris arbori semper virenti a Graecis et Romanis tributi.] (Vratislaviae 1816.) (S. 2) 4°
Breslau, Ind. lect. WS 1816/17

[Schneider, Joh. Gottlob: De hydra ab Hercule expugnata.] (Vratislaviae 1813.) (S. 2) 4°
Breslau, Ind. lect. WS 1813/14

[Schneider, Joh. Gottlob: De loco Quinctiliani Institut. orator. 12, 10, 6.] (Vratislaviae 1815.) (S. 2) 4°
Breslau, Ind. lect. WS 1815/16

[Schneider, Joh. Gottlob: Christiani Gottlieb Berger memoria.] (Vratislaviae 1814.) (S. 2) 4°
Breslau, Ind. lect. WS 1814/15

– s. Monro: Physiologie der Fische.

Allgemeine Naturgeschichte der Schildkröten, nebst e. systemat. Verz. der einzelnen Arten. Von Johann Gottlob Schneider. Leipzig: J.G. Müller 1783. XLVIII, 364 S. 8°

— allgem. Naturgeschichte der Schildkröten, nebst e. systemat. Verzeichnisse d. einzelnen Arten. Mit 2 Kpf. u. 2 Beitrr. gr. 8. Leipz. 783—89. Müller. (Joachim). 3 ℔

Schneider, Jo(hann) Gottlob (Ed.u.Comm.):

s.: Nicander: Alexipharmaca, seu de venenis in potu cibove homini datis eorumque remediis carmen (Griech.u.Lat.) cum scholiis Graecis et Eutecnii sophistae paraphrasi Graeca. Halae: 1792

JB 393

Schneider, Jo(hann) Gottlob (Ed.u.Comm.):

s.a. Nicander: Theriaca, id est de bestiarum venenis eorumque remediis carmen (Griech. u.Lat.) cum scholiis Graecis auctioribus, Eutecnii metaphrasi Graeca... Lipsiae: 1816

JB 394

Schneider, Joh. Gottlob, Nicandri Colophonii Theriaca, id est, de Bestiarum venenis. 8maj. Lips. Gerh. Fleischer. 816.

[Schneider, Joh. Gottlob: De immortalitatis nomine quomodo antiquitas interpretata sit.] (Vratislaviae 1814.) (S. 2) 4°
Breslau, Ind. lect. SS 1814

– s. Oppianus: De venatione et ejusd. Cynegetica.

— de originibus tragoediae graecae. Praefat. est F. Passow. 2 Vol. 8maj. Vratislaviae, Holäufer. 818.

— de originibus tragoediae graecae. Praefat. est F. Passow. II Voll. 8maj. Bresl. 818. (J. F. Korn). 16 gr.

— Orphei Argonautica, vide Orpheus.

— periculum criticum in Anthologiam Constantini Cephalae tum editam tum ineditam. 8. Lipsiae, Schwickert. 771.

— Periculum criticum in Anthologiam Constantini Cephalae. Acc. Emendationes in Aristotelem et Antigonum Carystium. Lips. 772. 8. 10 gr.

— periculum criticum in Anthologiam Constantini Cephalae. 8maj. Leipz. 776. Schwickert. 8 gr.

– s. Pindarus: Carmina et fragm.

– s. Plato: Dialog. IV.

[Schneider, Joh. Gottlob: De ingeniorum excellentium proventu et incrementis cum arborum altissimarum natura comparatis.] (Vratislaviae 1816.) (S. 2) 4°
Breslau, Ind. lect. SS 1816

[Schneider, Joh. Gottlob: De vere sacro.] (Vratislaviae 1813.) (S. 2) 4°
Breslau, Ind. lect. SS 1813

— Sammlung vermischter Abhandl. z. Aufklär. d. Zoologie und Handlungsgeschichte, mit K. gr. 8. Berlin, Unger. 784.

— Sammlung verm. Abhandl. z. Aufklär. d. Zoologie und Handlungsgeschichte. M. Kupf. gr. 8. Berlin. 784. Jetzt Reimer.

– s. Sammlung anatom. Aufsätze.

– s. Savary: Zustand.

Schneider, Johann Gottlob, s. Scriptores rei rusticae veterum Latinorum.

[Schneider, Joh. Gottlob: De significatione pudoris apud scriptores Graecos et Romanos.] (Vratislaviae 1817.) (S. 2) 4°
Breslau, Ind. lect. SS 1817

— Amphibiorum physiologiae, Spec. I. Spec. II.: historiam et species Stellionum et Geckonum sistens. Ad virum doctiss. J. H. Link. Spec. III. 4. Frkf. a. d. O. 790, 92, 97. Nov. Ed. Spec. I., II. 4. Jena 797. Frommann. 18 gr.

Schneider, J. G., Specimina aliquot zoologiae veterum ex historia naturali piscium sumta (oder Ichthyologiae veterum specimina). Francof. 781. 4.

Jo. Glo. Schneider specimina aliquot zoologiae veterum ex historia naturali piscium sumta, s. ichthyologiae veterum specimina. Francof. ad Viadr. 1782. 4.

Ichthyologiae veterum Specimina. ... Autore Ioh[annes] Gottl[ob] Schneider. Francofurti ad V. [1782?]:Winter. 22 S. 8°

– s. Theophrastus: Characteres.

— krit. Uebersicht d. einzelnen Arten aus d. Gattung d. Eidechsen ꝛc. Mit 1 Kpf. gr. 4. Münch. 813. (Franz). 10 gr.

Schneider, Jh. Glo., Versuch üb. Pindars Leben u. Schriften. 8. Straßb. 774. Stein. 10 gr.

– s. Vitruvius: De architectura.

— krit. griech.-deutsches Wörterbuch, beim Lesen d. griech. Prosanscribenten zu gebrauchen. (Größtentheils ausgearb. v. J. C. F. Wetzel). 2 Bde. gr. 8. Züllichau 797, 98. 2e Aufl. gr. 4. Jena 806. 3e Aufl. 2 Bde. gr. 4. Leipz. 819—21. Hahn. 7 rℓ 16 gr. Hbg. Pr. 5 rℓ 12 gr. Supplem. zu allen 3 Aufl. 4. Ebd. 821. 20 gr. Hbg. Pr. 8 gr.

— kritisches griechisch-deutsches Wörterbuch, beym Lesen d. griech. Profanscribenten zu gebrauchen. 2 Bde. gr. 4. Jena, Frommann. 806.

Schneider, Jh. Glo., s. Xenophon: Cyri discipl.- Historia gr.- Memorabilia.- Oeconom.- Convivium.- Opuscula.

Schneider, Johann Heinrich Ad.

Schneider, Jh. Hnr. Ad., s. S. F. N. Morus, Dogmatik.

Schneider, Johann Jakob

Schneider, (Pfarrer) Jh. Jak., Abschiedsworte, gesprochen am Himmelfahrtsfeste 1840 in Tüllingen. gr. 8. Basel 840. Schneider. 1/8 rℓ

—— Eine Christblume. Gabe z. heil. Christfest f. Kindlichgesinnte. gr. 16. (1½ B.) Basel 840, Schneider.

Schneider, J. Ja., die bedeckte Festung. 8. Hannover, Schmidt. (Hahn.) 770.

Schneider, Joh. Jak. Methodischer Leitfaden der Arithmetik. Chur 1815.

Schneider, Joh. Jak., method. Leitfaden d. niedern Arithmetik. 2., verb. u. verm. Aufl. (14 B.) 830. 12 Gr., 3., umgearb. A. (16⅔ B. u. 6 Stnt.) 8. St. Gallen 835, Huber u. Comp.

Schneider, Jh. Jak., das badische Oberland. Lithogr. Ansichten mit Text. gr. 8. (Mit 25 Lithogr. u. 1 Karte.) Lörrach 841, Gutsch. n. 1⅔ rℓ

—— Passiflora. Blätter f. Leidende u. Freunde d. Leidenden. 1—3. Hft. 12. (5⅙, 5 u. 5⅙ B.) Basel 838—40, Schneider. à

— Passiflora. Blätter für Leidende u. Freunde der Leidenden. 4. Bdchn. kl. 8. Basel 841. (Schneider.) Herabges. Preis ⅓ rℓ — dass. compl. (4 Bdchn.) herabges. Pr. 1⅓ rℓ

—— die christlichen Sänger ꝛc., s. Sänger.

— Stimmen aus dem Volke. Ein ländliches Gedicht in allemannischer Mundart über Volkssouveränität, Preßfreiheit ꝛc. 8. Basel 832. Schneider. n. 1½ gr.

Schneider, J. J., Zeitgedichte 1847. gr. 8. (47 S.) Basel, Schneider. ¼ rℓ

Schneider, J. J., die Zukunft des Herrn! Lieder u. Gesänge. Neue (Titel-)Ausg. Basel (851) 868. Schweighauser. gr. 8. (XI, 120 S.) n. 10 ngr

Schneider, Johann Immanuel

Programm, siebentes, des evangel. Gymnasiums zu Bistritz in Siebenbürgen. *Kronstadt* **1858. Gedruckt u. im Verl. bei** *Joh. Gött.* **57 S. 8°.**

INHALT. Die Alliterationsperiode der deutschen Dichtung von Dr. *J. Im. Schneider* (S. 1—22).

Schneider, Joh. Imman., systematische u. geschichtliche Darstellung der deutschen Verskunst von ihrem Ursprung an bis auf die neuere Zeit. Eine gekrönte Preisschrift in erweiterter Gestalt. Tübingen 861. Heckenhauer. gr. 8. (XVI, 320 S.) n. 1 rℓ 10 ngr

Schneider: Uebersetzung der Chorlieder des sophokleischen Trauerspieles Antigone. 30 S. 8°–Bistritz, Progr. 1863

Schneider, Johann Josef, s. Schneider, Josef.

Schneider, Johann Julius, s. Schneider, Julius.

SCHNEIDER, Johann Michael (Niederrieden): Von den Scrofeln.- München: Hübschmann (1841). 24 S.
3.4.1841 - Urk: F 65
Diss. Ingolst.-Landsh.-München.

Schneider, Johann Nepomuk

Schneider, Joh. Nep., die chiliastische Doctrin u. ihr Verhältniß zur christlichen Glaubenslehre. Schaffhausen 859. Hurter. gr. 8. (VIII, 308 S.) 1 rℓ 6 ngr

Schneider, J. N., Joachim v. Floris u. die Apokalyptiker d. Mittelalters. gr. 4. (66 S.) Dillingen 873. (Manz.) n. 2. —

— Uebersichtstabelle d. Stempelklassen, sammt d. Geldbeträgen nach d. Finanzpatent v. 20. Horn. 1811 bearb. Fol. Grätz 812. Ferstl.

Schneider, Jh. Nep., alphabet. Universal-Repertorium üb. d. neue k. k. Stempelpatent vom 5. Oct. 1802. 8. Grätz (803.) 2e Aufl. 812. 3e Aufl. 818. 4e Aufl. 820. Ferstl. 12 gr. Hbg. Pr. 4 gr.

Schneider, J. N., Universal-Repertorium üb. d. k. k. österreichischen Stempel-Patent v. 5. u. 15. Oct. nebst allen Nachträgen bis Ende 1817. 3te umgearb. Aufl. 8. Grätz, Ferstl. 818.

Schneider, Joh. Nepom., die Versöhnung des Weltalls durch das Blut Jesu Christi nach Koloss. 1, 20. Schaffhausen 856. Hurter. gr. 8. (VIII, 295 S.) n. 1 rℓ. 10 ngr

Schneider, Joh. Nep., Die Versöhnung des Weltalls durch das Blut Jesu Christi nach Koloss. 1, 20. Schaffhausen, Hurter, jetzt Regensburg, Verl.-Anst., 1867, gr. 8°, VIII u. 295 S., 4 Mk.

Schneider, Johann Paul (Nürnberg) A. S. 1312/37

Dissertatio physico-astronomica de galaxia.
Präs. Johann Heinrich Müller.
Altdorf (Meyer) 30. IX. 1713. 32 S.

W. v.: Präs., Christ. Stephan Kazauer (Opp.),
Georg Christoph Munz (Opp.). 31053

Schneider, Johann Paul (Plauen) A. S. 135/22

Dissertatio inauguralis juridica, de judice ex erroneo consilio prudentum aut deciso procedente.
Erfurt (Grosch) 8. VI. 1718. 54 S. 31054

Schneider, Johann Philipp

Schneider, Joh. Phpp., die ungedeckte Banknote u. die Alternativ-Währung, s. Zeit- u. Streit-Fragen, deutsche. 72-73.

Calendarium festorum dierumque; mobilium atque immobilium perpetuum, in usum chronologiae historicae. [Verf.:] Jo[hannes] Philippus Schneiderus [Schneider]; Praemissa praefatione usum ejus edocente a Joh[annis] Jacobo Rabe [1710-1798]. Onoldi: Lüders 1735. 184 S. 8°

Schneider, Joh. Phpp., seerechtliche Fragen. Eine Betrachtung von Urtheilen des Ober-Appellationsgerichts zu Lübeck, des Reichs-Oberhandelsgerichts zu Leipzig, des Obergerichts zu Hamburg u. des Handelsgerichts zu Bremen; nebst einer Abhandlung: betreffend die überlebte Institution der gemeinen Haverei [Havario grosse]. gr. 8. (96 S.) Berlin 879. Habel. n. 2. —

Schneider, Joh. Phil., die Goldwährungs-Autoritäten. Eine Kritik von Schriften über die Währungsfrage und Anregung zu einer internationalen Währungs-Convention. gr. 8. (100 S.) Bremen 881, Silomon. * 2 —

Die Grösse des Königes Davids, nachgewiesen in der bewährten Grösse Seiner in Gott ruhenden Majestät Friedrichs des Zweyten, Königes von Preussen etc. des Grossen, des Einzigen. Als zu Dessen glorreichen Andenken, den 17. September 1786, in der Stadt Wesel ein feyerliches Leichenbegängniss gehalten, und über den höchsten Orts aufgegebenen Text aus 1. Chron. 17/18 Cap. dem letzten Theil des 8. Verses, vor einer sehr zahlreichen Versammlung geprediget wurde, von Johann Philipp Schneider, Senior des Evangelisch reformirten Ministeriums. Wesel 1786. 8.

Schneider, Johann Philipp [Praes.], s. Hasenbach, Georg Ludwig: De sufficientia theologiae naturalis in foro dei.

— von Havereien u. See-Versicherungen. Ein Gesetzentwurf m. Motiven u. Nachweisg. besteh. Gesetze u. Bestimmgn. gr. 8. (XII, 127 S.) Bremen 875. Schünemann in Comm. n. 1. 20

Schneider, Johann Philipp (Halberstadt) A. S. 353/14

Meditationes juris naturalis et publici de jure S. R. I. principum proprios titulos augendi. Duae exercitationes.
Altdorf (Kohles) I. und II. 1702. 34 S. 31055

— **die deutsche Münzfrage.** Ein Beitrag zur Lösg. derselben. gr. 8. (32 S.) Gießen 871. Roth. n. — 50

— die Pariser Münz-Conferenzen von 1878. gr. 8. (92 S.) Bremen 879, [Rauchfuss.] Silomon.

Schneider, Joh. Phpp. Staats- und Bankzettel. Eine Untersuchung der Frage, ob sie die Münzen zweckdienlich ersetzen können. gr. 8°. Giessen, Roth, 1871. (VII, 34 S.)

— zur Währungsfrage, s.: Zeit- u. Streitfragen, deutsche. 87

— die Pariser Währungsconferenz von 1881. Eine Darstellung und Kritik der Verhandlungen derselben. gr. 8. (72 S.) * 1 50
Bremen: Silomon 1882.

Schneider, Johann Rudolf

Schneider, Joh. Rud. Bericht an die Direktion der Vorbereitungsgesellschaft der Juragewässer-Correction. Bern 1862.

Schneider, Joh. Rud. Concessionsbegehren zur Kanalisation und Tieferlegung der Hauptgewässer des Seelandes. Bern 1854.

Schneider, J. R. (Dr., Reg.- und Nat.-Rath). Das Seeland der Westschweiz und die Korrektionen seiner Gewässer, Denkschrift. In-4°, 208 S. Bern, E. W. Krebs. 1881. Complet 10 —
*** Erschien auch in 5 Lieferungen à Fr. 2.
Als Commentar:
La Nicca, R. (Oberst). Hydrotechnisch-finanzielle Baubeschreibung der Juragewässerkorrektion. Mit einem vom topogr. Bureau ausgeführten Uebersichtsplan der Juragewässerkorrektion 1: 100,000, mit den Lichtdruckporträts beider Verfasser und mehreren Brückenplänen.
*** Gleichzeitig die 5. Lieferung des Werkes.

[F.] **Schneider,** Johannes Siegfried [Dr. jur.]: **Das Ausdehnungsrecht bei der Zwangsenteignung.** Würzburg, Becker's Univ.-Buchdr., 1893; 67 S. 8.
Erlangen, Jur. Fak., Inaug.-Diss. v. 1893

Schneider, Johs. Siegfr., das Ausdehnungsrecht bei der Zwangsenteignung. gr. 8. (67 S.) München 894. J. Schweitzer, Verl. n. 1. 20

Schneider, Johann Wilhelm

Schneider, Joh. W., **kurze Anleitung zur Decomposition u. Calculation v. ganz- u. halbseidenen Stoffen.** Nebst Rohseide- u. Baumwollgarngewichts-Tabellen f. Zettel u. Eintrag. gr. 8. (III, IV, 127 u. IV, 28 S. m. Mustern.) Zürich 889. (Meyer & Zeller.) geb. n. 10. —

Schneider, Joh. Wilh., kurze Anleitung zur Decomposition u. Calculation v. ganz- u. halbseidenen Stoffen. Nebst Rohseide- u. Baumwollengarngewichts-Tabellen. Neue (Titel-)Ausg. gr. 8. (IV, 127 u. Suppl. IV, 28 S. m. 4 Stoffmustern.) Zürich 894. A. Raustein. Geb. in Leinw. n. 6. —

Schneider, Jh. Wlh., der wohlerfahrene Brauer u. Mälzer, od. die Kunst, gutes gesundes Bier aller Sorten zu brauen. Mit 2 Kpft. 8. Gera 802. 2e A. 810. Heinsius. 12 gr.

— der ökonomische Salpetersieder. 8. Leipzig, Rein. 803.

Schneider, Johanna, **Einmachen des Obstes,** s.: **Möller's Bibliothek f. Gesundheitspflege.**

Schneider, Johanna, mein Hausfreund, s.: Stolle, Rose.

Nutzbringende **Hühnerzucht.** Von Johanna **Schneider.** Mit 22 Abb. *Berlin: W. Möller [1904].* (70 S.) 8° [F.]
= **Bibliothek, Möllers,** f. Gesundheitspflege, Erziehung u. Volksaufklärung. II. 27/28.

— **nutzbringende Hühnerzucht,** s. a. **Möller's Bibliothek f. Gesundheitspflege.**

Schneider, Johanna, die drei Miezchen. fl. 4. (14 S. m. z. Tl. farb. Bild.) Nürnberg 896. Th. Stroefer. — 40

— ein lustiger Ritt. 4. (12 S. m. z. Tl. farb. Bild.) Ebd. 897. — 40

— scherzhaft u. ernsthaft. Ein Wandel-Bilderbuch. 4. (16 S. m. z. Tl. farb. Bild.) Ebd. 896. Kart. 2. —

Schneider, Johanna, Schule u. Haus, Hand in Hand. (Gedichte.) Mit e. Anh.: Das gratulier. Kind. 12. (IV, 114 S.) München (900). (Mey & Widmayer, Verl.) Kart. n.n. 1. —

Schneider, Johannes, s. S c h n e i d e r , Johann.

Schneider, John J[oseph]: Die Kugelfallprobe. 1910. 50 S. 4° ¶ Auch in: Mitteilungen über Forschungsarbeiten auf d. Gebiete d. Ingenieurwesens. H. 104. 1911; Ausz. in: Zeitschrift d. Vereines deutscher Ingenieure. Bd 54, Halbj. 2. Berlin, Dr.-Ing.-Diss. v. 17. 12. 1909

Schneider, Josef

Schneider, Jos., S. J., s. a.: Schönbold, F.

Schneider, Jos., die Ablässe, ihr Wesen und Gebrauch. Ein Handbuch für Geistliche und Laien, welche über die mit Ablässen bereicherten Gebete, Andachtsübungen, Andachtsgegenstände, Bruderschaften und frommen Vereine Belehrung wünschen. Nach dem Französ. des Antonin Maurel bearb. 6. nach der neuen Ausg. der Raccolta sorgfältig verb. und vielfach verm. Aufl. 8. (XXXII, 643 S.) Paderborn 878, F. Schöningh. *
5. Aufl. vgl. Maurel, Ant.

(**Schneider, Jos.,**) neues Alphabet deutscher Giftpflanzen, z. Gebr. in Schulen. Nebst Angabe d. Behandl., bis z. Ankunft d. Arztes. Lith. u. ill. gr. 16. (Fulda 837, Müllersche Buchh. •

Schneider, (Obermedizinalrath Dr.) s. Alphabet, neues, deutscher Giftpflanzen.

Schneider, Jos., Anleitung zur Betrachtung, Gewissens-Erforschung u. monatlichen Recollection nebst kurzen Betrachtungen üb. die wichtigsten Wahrheiten der Glaubens- u. Sittenlehre, u. e. ausführl. Erwägg. d. bitteren Leidens Jesu Christi. 16. (192 S.) Amberg 874. Habbel. geb. — 75

Schneider, Jos., Anleitung zur Betrachtung, Gewissens-Erforschung u. monatlichen Recollection, nebst kurzen Betrachtgn. üb. die wichtigsten Wahrheiten der Glaubens- u. Sittenlehre u. e. ausführl. Erwägg. d. bitteren Leidens Jesu Christi. Autoris. Sep.-Abdr. aus den Gebet- u. Erbauungsbüchern d. hochwürd. Verf. 2. Aufl. 16. (164 S.) Amberg 888. Regensburg, Habbel. n. — 50

Schneider, Jos., S. J., Anleitung zur Betrachtung, Gewissens-Erforschung u. monatl. Rekollektion, nebst kurzen Betrachtgn. üb. die wicht. Wahrheiten der Glaubens- u. Sittenlehre, u. e. ausführl. Erwägg. des bitteren Leidens Jesu Christi. Autoris. Sep.-Abdr. aus den Gebet- u. Erbauungsbüchern des Sch. 3. Aufl. (206 S. m. Titelbild.) 16. Regensburg (905). J. Habbel.
Geb. in Leinw. n. — 50

—— Anleitung für die Meßdiener, wie sie dem Priester beim Gottesdienste dienen und antworten sollen. 3. verm. und verb. Aufl. 32. (80 S. mit 7 Bildern in eingedr. Holzschn.) Amberg 875, Habbel. *
Die 1. und 2. Aufl. erschienen 1869 und 1870 anonym.

Schneider, Jos., Anleitung f. die Meßdiener, wie sie dem Priester beim Gottesdienste dienen u. antworten sollen. [Aus: „Der Gottesdienst".] 4. Aufl. Mit 7 Bildern. 16. (30 S.) Amberg 885. Habbel. n. — 10

Schneider, Jos., S. J., Anleitung f. die Messe-Diener, wie sie dem Priester beim Gottesdienste dienen u. antworten sollen. [Aus: „Sch., d. Gottesdienst".] 5., verm. u. verb. Aufl. 16. (30 S. m. 7 Bild.) Regensburg 897. J. Habbel. n. — 10

Programm des Gymnasiums A. C. zu Hermannstadt für das Schuljahr $18^{52}/_{53}$. Veröffentl. vom Director des Gymnasiums Joh. Göbbel. 4. (52 S.) Hermannstadt. Druck von Georg von Closius. 1853.
Inhalt: Bemerkungen über einige Differenzpunkte auf dem Gebiete der Logik. Von Jos. Schneider. — Schulnachrichten.

Schneider, Josef, Naturhistorische Beschreibung des diesseitigen hohen Rhöngebirges ... Frankfurt a. M. 1816. 8. . . . . (D.)

— naturhist. Beschreib. des diesseitigen hohen Rhöngebirges und seiner nordwestl. Vorberge. Mit 2 Steintaf. 8. Frankfurt a. M., Verfasser. 817.

—— naturhistor.-topograph.-statist. Beschreibung d. hoh. Rhöngebirges, seiner Vorberge u. Umgebungen. 2., verm., ganz umgeänd. Ausg. 8. (23 B. u. 6 Ansichten.) Fulda 840, (Müllersche Buchh.)

Schneider, Jos., das kostbare Blut unseres Herrn Jesu Christi oder ein Monat zur Verehrung des Preises unserer Erlösung in 30 betrachtenden Lesungen. Nebst einem Gebetbuche zu Ehren des kostbaren Blutes. 8. (IV, 473 S. mit 1 Holzschntaf.) Luxemburg 881, Hary. * 2 —

—— dass. — In 31 betrachtenden Lesungen. Nebst einem Gebetbuche zu Ehren des kostbaren Blutes. 2. verb. und verm. Aufl. 12. (VIII, 560 S. mit 1 Stahlst.) Regensburg 884, Pustet. * 1 80
geb. in Leinw. *ℳ 2,30.; in Ldr. * 3 —

Schneider, Joseph: Das kostbare B l u t unsers Herrn Jesu Christi oder Ein Monat zur Verehrung des Preises unserer Erlösung in dreißig betrachtenden Lesungen. Nebst einem Gebetbuch zu Ehren des kostbaren Blutes. Mit Erlaubnis der Obern und bischöflicher Approbation. Dritte verbesserte und vermehrte Auflage. Ebd. 1888. VIII, 560 S. 12°

— das kostbare Blut unseres Herrn Jesu Christi od. e. Monat zur Verehrg. d. Preises unserer Erlösung in 31 betracht. Lesgn. Nebst e. Gebetbuche zu Ehren d. kostbaren Blutes. 3., verb. Aufl. 12. (X, 596 S. m. 1 Stahlst.) Regensburg 889. Pustet. n. 1. 80; geb. in Leinw. n. 2. 30; in Ldr. m. Goldschn. n. 3. 20

— das kostbare Blut uns. Herrn Jesu Christi od. ein Monat z. Verehrg. d. Preises uns. Erlösg. in 31 betracht. Lesgn. Nebst e. Gebetbuche zu Ehren d. kostbaren Blutes. 4., verb. Aufl. 12. (X, 560 S. m. 1 Stahlst.) Regensburg 898. F. Pustet. n. 1. 50; geb. in Leinw. n. 2. —; in Ldr. m. Goldschn. n. 2. 80

Schneider, Jos., Blüthen der Andacht. Ein Vademecum oder Gebet- und Betrachtungsbuch für kathol. Christen. 32. (XI und 407 S. mit 1 Stahlst.) Paderborn (861)62, Schöningh. *

Schneider, Jos., Blüthen der wahren Andacht. Kathol. Gebet- u. Andachtsbuch. 4., sorgfältig verb. u. verm. Aufl. Paderborn 865. Schöningh. 32. (XX, 555 S. mit 1 Stahlst. u. chromolithogr. Titel.) 12 ngr.

— — 6. sorgfältig, verb. u. verm. Aufl. Paderborn 868. Kleine. 32. (XX, 556 S. mit 1 Stahlst.) n. 10 ngr.

Schneider und Wolf, das Bad Brückenau u. seine Umgebungen, geschichtl. topographisch dargest. u. betrachtet. 8. (9 B. u. 1 Ansicht.) Fulda 831, Müller.

Die Brüdergemeine in der Mark. Von P[astor Josef] **Schneider**-Berlin. (Berlin: Ostdeutscher Jünglingsbund in Komm. [1902].) (16 S.) 8° [5.]
= **Hefte** z. Märkischen Kirchen-Geschichte. 4. [03. 3380]

— Buchonia, s. Buchonia.

— der katholische Christ in seiner häuslichen u. öffentlichen Andacht. Ein vollständiges Gebet-, Unterrichts- u. Betrachtungsbuch. 3., gänzlich umgearb. u. bedeutend verm. Aufl. Paderborn 866. Schöningh. 12. (XII, 744 S. mit 1 Stahlst.) 18 ngr. Feine Ausg. $22\frac{1}{2}$ ngr.

— der katholische Christ in seiner häuslichen u. öffentlichen Andacht. Ein vollständ. Gebet-, Unterrichts- u. Betrachtungsbuch. 4. verb. u. verm. Aufl. gr. 16 (XVI, 760 S. m. e. Stahlst. u. chromolith. Titel.) Regensburg 875. Pustet. 2. —

— der katholische Christ in seiner häuslichen u. öffentlichen Andacht. Ein vollständ. Gebet-, Unterrichts- und Betrachtungsbuch. 6., verb. Aufl. 12. (XVI, 728 S. m. 1 Farbdr.) Regensburg 899. F. Pustet. 2. —; geb. in Halbldr. n. 2. 60; in Ldr. m. Goldschn. n. 3. 60; in Chagrin m. Goldschn. n. 4. —

Schneider Josef: Francesco Conti.
H. 1902 PN 1501 Diss. Wien, Univ. 2122

—— neueste Erfahrungen üb. d. Maul- u. Klauenseuche d. Rindviehes, d. Schafe, Schweine u. Ziegen. gr. 8. ($2\frac{1}{4}$ B.) Freiburg 840, Wagner'sche Buchh.

SCHNEIDER, Josef: De erroribus Tatiano falso et jure adscriptis. — (1838) 44 S. 4° (Handschr.) Diss. 49
Diss. Wien, Univ.

Schneider, Josef, Referendar am L. G. in Oppeln, Einj.-Freiw. Unteroff. im Inf.-Reg. Nr. 23: Der sog. Ersatzaussonderungsanspruch im Konkurse. Neisse 1910: Bär. VIII, 39 S. 8°
Breslau, Jur. Diss. v. 28. Juli 1910, Ref. Fischer, Schott
[Geb. 11. März 80 Mühldorf O.-S.; Wohnort: Neiße; Staatsangeh.: Preußen; Vorbildung: Gymn. Neustadt O.-S. Reife O. 02; Studium: Breslau 7 S.; Rig. 21. Juli 08.] [U 10. 533

Schneider, Dr. Josef — Eusebia oder die Weihe des Gebetes von — —. Triest, 1856. Buchdruckerei des österr. Lloyd. (507 S. 8.)

—— Eusebia oder die Weihe des Gebetes. 2. Ausg. gr. 8. (508 S.) Salzburg 859, Mayr'sche Buchh.

Schneider, Gius., Eusebia ovvero trattenimento incessante dell' anima con Dio mediante giaculatorie e ispirazioni tolte dalla sacra scrittura. 16. (XVI und 320 S. mit 1 Stahlst.) Trieste 856, Coën.

— Examon ad usum cleri etc., s.: Deharbo, Jos.

Schneider, Josephus (geb. Neustadt in Oberschles. [19. 7.] 1818): Curae sanitatis publicae apud veteres exempla. Vratislaviae (1842). (26 S.) 8°
Breslau, Med. Diss. v. 19. Okt. 1842

Schneider, Josef [pr. Arzt aus Röhlinghausen, Westf.]: **Zwei Fälle von vaginaler Uterus-Exstirpation bei Cervix-Carcinom** ... Greifswald, Druck v. J. Abel, 1895; 25 S. 8.
Greifswald, Med. Fak., Inaug.-Diss. v. 18. März 1895

Schneider, Jos., humoristische Finanzwache-Novelletten. Ausgewählte Sammlg. der launigsten Erzählgn., Anekdoten u. Humoresken aus dem Kriegerleben gegen die Hyänen der Staatsfinanzen, der Schmuggler u. sonst. Steuerdiebe. 8. (VII, 231 S.) Meran 894. (F. W. Ellmenreich.) n. 2. —; geb. in Leinw. n.n. 2. 90

—— die sieben Gaben des heil. Geistes in ihren Wirkungen auf's praktische Leben. Nebst einem vollständ. Gebetbuche zu Ehren des heil. Geistes. 16. (XIV, 336 S. mit 1 Stahlst.) Dülmen 879, Laumann'sche Verlagsh. * ℳ 1.; geb. *

— die sieben Gaben des heiligen Geistes in ihren Wirkungen auf's praktische Leben. Nebst einem vollständigen Gebetbuche zu Ehren des heiligen Geistes. 2., verb. u. verm. Aufl. 16. (XVI, 384 S. m. 1 Stahlst.) Dülmen 881. Laumann. n. 1. —; geb. von n. 1. 50 bis n. 6. —

—— die sieben Gaben des heil. Geistes in ihren Wirkungen auf's praktische Leben. Nebst einem vollständ. Gebetbuche zu Ehren des heil. Geistes. 3. verb. und verm. Aufl. 16. (XVI, 384 S. mit 1 Stahlst.) Dülmen 884, Laumann'sche Verlagsh. * 1 —
geb. * ℳ 1,50. bis * 6 —

— die sieben Gaben d. heiligen Geistes in ihren Wirkungen auf das praktische Leben. Nebst e. vollständ. Gebetbuche zu Ehren d. heil. Geistes. 4. Aufl. 16. (XVI, 332 S.) Dülmen 890. Laumann. n. 1. —; geb. n. 1. 50

Schneider, Jos., die sieben Gaben d. hl. Geistes in ihren Wirkungen auf das praktische Leben. Nebst e. vollständ. Gebetbuche zu Ehren d. hl. Geistes. 5. Aufl. 16. (XVIII, 376 S. m. 1 Stahlst. u. farb. Titelbl.) Dülmen 893. A. Laumann. n. 1. —

– Dass. Fünfte Auflage. Ebd. [1897]. XVIII, 376, 1 S. 16°

— die sieben Gaben des hl. Geistes. Belehrungen u. Gebete besonders geeignet für die hl. Pfingstzeit und den Empfang der hl. Firmg. 6. Aufl. 16. (XIV, 272 S. m. 1 Stahlst.) Dülmen 899. A. Laumann. Geb. in Leinw. n. — 75

Schneider, Jos., freimüth. Gedanken üb. Afterärzte, Sympathie u. sympathet. Kuren. 8. (4 B.) Fulda 833, Müller.

— der kirchliche Geist u. der Kirche oberster Lehrer, Priester u. Hirt. In Predigten. gr. 8. (171 S.) Ebd. 889. n. 1. 20

gelobt sei Jesus Christus. Gebet- u. Betrachtungsbuch f. kathol. Christen. 32. (XX, 714 S. m. e. Steintaf. u. e. Chromolith.) Ebend. 873. 1. 40

Schneider, Josef „Die Glacialerscheinungen in der Umgebung von Traunstein". pg. 3—40. 8°. A. Miller & Sohn.
Traunstein, Progr. 1890/91

— s.: Goffine, d. gottseligen Leonh., Gebete.

— Handbuch d. Kinderkrankheiten, s. K. B. Fleisch, 4r Bd. 2e Abtheil.

Schneider, Joseph: Handbuch über die Krankheiten des mannbaren Alters. Zunächst für angehende Aerzte. Leipzig: 1808

s.: Fleisch, Karl Bernhard

JB 4.079/4

— Höhenbestimmungen der Rhön-, Vogelsgebirge u. ihrer Umgebungen zwischen, vor u. hinter denselben. 8. (28 S.) Fulda 847, Müller. n. 4 ngr.

Schneider, Jos., das höchst merkwürdige, aber auch ebenso unglückliche Jahr 1850. Programm zur 50jähr. Dienst-Jubiläums-Feier. gr. 4. (IV und 56 S.) Fulda 852, (Müller'sche Buchh.)

Schneider, Joseph, Prof. Dr.: Katalog der Schülerbibliothek. Neustadt O. S. 1906: R. Reichelt. (22 S.) 8°
Neustadt O. S., k. G P 1906 (248)

— ‚Keine Makel ist an dir'. (Hohelied 4, 7.) Ein Büchlein üb. die unbefleckte Empfängnis der Gottesmutter Maria. Mit e. Anh. verschiedener Gebete u. vielen Bildern nach Gemälden berühmter Meister. 1. u. 2. Aufl. (à IV, 118 S.) 8. Klagenfurt 904. Buch- u. Kunsth. des St. Josef-Vereines. n. — 36; geb. in Leinw. n. — 72

— Kern aller Gebete. Gebet- u. Betrachtungsbuch f. kathol. Christen. 32. (624 S. m. 1 Steintaf. u. 1 Chromolith.) Ebend. 873. 1. 40

Die Kauler Kirmes. Das Kirchweihfest in d. Pfarre Dietkirchen ⟨Stiftspfarre⟩ zu Bonn. Ein Beitrag z. vaterstädt. Geschichte von Jos. **Schneider**. Bonn: W. Weissenfels in Komm. [1907]. (28 S.) 8° [F.]
'07. 5331 5

— lectiones quotidianae de vita, honestate et officiis sacerdotum et clericorum, ex s. scriptura, conciliorum decretis, summorum pontificum constitutionibus, episcoporum epistolis pastoralibus, ss. patrum et piorum auctorum operibus collegit, disposuit et edidit. Regensburg 870. Pustet. 8. (XVI, 752 S.) 1 ℛ 12 ngr.

Schneider, Jos., neun Liebesdienste gegen das heiligste Herz Jesu nach der sel. Magaretha Maria Alacoque. Nebst vielen Gebeten und Andachtsübungen zum heiligsten Herzen Jesu. 13. verb. und verm. Aufl. 16. (96 S.) Paderborn 881, F. Schöningh. *
12. Aufl., s. Liebesdienste, neun.

— die neun Liebesdienste gegen das heiligste Herz Jesu nach der sel. Margaretha Maria Alacoque. Nebst vielen Gebeten u. Andachtsübgn. zum heiligsten Herzen Jesu. 15. Aufl. 16. (96 S.) Paderborn 887. F. Schöningh. n. — 20

— die neun Liebesdienste gegen das heiligste Herz Jesu nach der sel. Margaretha Maria Alacoque. Nebst vielen Gebeten u. Andachtsübgn. zum heiligsten Herzen Jesu. 16. Aufl. 16. (96 S.) Paderborn 892. F. Schöningh. n. — 20

— die neun Liebesdienste gegen das heiligste Herz Jesu nach der sel. Margaretha Maria Alacoque. Nebst vielen Gebeten u. Andachtsübgn. zum heiligsten Herzen Jesu. 17. Aufl. 16. (96 S.) Paderborn 896. F. Schöningh. n. — 20

— die neun Liebesdienste gegen das heiligste Herz Jesu nach der sel. Margareta Maria Alacoque. Nebst vielen Gebeten u. Andachtsübgn. zum heiligsten Herzen Jesu. 18. Aufl. (96 S.) 16. Paderborn (903). F. Schöningh. n. — 20

— manuale clericorum in quo habentur instructiones asceticae liturgicaeque ac variarum precum formulae ad usum eorum, qui in seminariis clericorum ad presbyteratus ordinem instituuntur. Ebend. 868. gr. 16. (XIII, 773 S.) 1 ℛ 18 ngr.

— manuale clericorum, in quo habentur instructiones asceticae liturgicaeque ac variarum precum formulae ad usum eorum, qui in seminariis clericorum versantur. Ed. II. emendata. gr. 16. (IV, 728 S.) Regensburg 877. Pustet. n. 4. 20

— manuale clericorum, in quo habentur instructiones asceticae liturgicaeque ac variarum precum formulae ad usum eorum praecipue qui in seminariis clericorum versantur. Collegit, disposuit, ed. J. Sch. Ed. III., recognita et emendata. 12. (VI, 728 S. m. 1 Stahlst.) Regensburg 889. Pustet. n. 4. 20; geb. n. 4. 90

— manuale clericorum, in quo habentur instructiones asceticae liturgicaeque ac variarum precum formulae ad usum eorum praecipue qui seminariis clericorum versantur. Collegit, disposuit, ed. J. Sch. Ed. IV., recognita et emendata. 12. (VI, 724 S. m. 1 Stahlst.) Regensburg 892. F. Pustet. n. 4. 20; geb. in Halbchagr. n. 4. 90; in Ldr. m. Goldschn. n. 5. 60

— Manuale clericorum, in quo habentur instructiones asceticae liturgicaeque ac variarum precum formulae ad usum eorum praecipue, qui in seminariis clericorum versantur. Collegit, disposuit, edidit S. Ed. V., recognita et aucta. 12. (VI, 734 S. m. 1 Stahlst.) Regensburg 898. F. Pustet. n. 4. 20; geb. in Halbchagrin n. 4. 90; in Ldr. m. Goldschn. n. 5. 60

— Manuale clericorum, in quo habentur instructiones asceticae liturgicaeque ac variarum precum formula ad usum eorum praecipue, qui in seminariis clericorum versantur. Collegit, disposuit, edidit S. Ed. VI, recognita et aucta. (VI, 712 S. m. 1 Stahlst.) kl. 8. Regensburg 907. F. Pustet. n. 4. 20; geb. in Halbfrz. n. 5. 40

—— Manuale congregationis b. M. v. complectens regulas, indulgentias et exercitia pietatis tum sodalibus b. M. v. propria tum omnibus christianis communia. 32. (XXXI und 571 S. mit 2 Stahlst.) Köln 861, Bachem.

—— Manuale congregationis B. M. V., complectens Regulas, Indulgentias et Exercitia pietatis tum sodalibus B. M. V. propria, tum omnibus christianis communia. Edit. 3. 24. (220 S.) Cöln 871, Bachem.

— manuale congregationis B. M. V. Complectens regulas, indulgentias et exercitia pietatis sodalibus B. M. V. propria. Ed. V. emendata. 16. (XV, 226 S. m. 1 Stahlst.) Köln 893. J. P. Bachem. n. — 80; geb. in Ldr. n.n. 1. 60; m. Goldschn. n.n. 2. —; in Saffian m. Goldschn. n.n. 2. 75

— manuale sacerdotum in quo ii, quibus cura animarum commissa est ad manum habent tum quae in privata devotione, tum quae in missae celebratione, sacramentorum administratione et quorundam aliorum sui muneris officiorum executione usui esse possunt. 862. (XV, 782 S.) — Editio II., emendata et aucta. Cöln 863. Bachem. 18. (XXIII, 731 S.) 1 ℛ 10 ngr.

— manuale sacerdotum in quo ii quibus cura animarum commissa est ad manum habent tum quae in privata devotione, tum quae in missae celebratione, sacramentorum administratione et quorundam aliorum sui muneris officiorum exsecutione usui esse possunt. Edit. III. 1865. 1 ℛ 15 ngr. et edit. IV. majoris formae prima. Cöln 867. Bachem. 16. (XX, 787 S.) 1 ℛ 24 ngr.

— — Edit. V. Ebend. 868. 16. (XXIV, 827 S.) 1 ℛ 15 ngr.

— manuale sacerdotum, in quo ii, quibus cura animarum comissa est, ad manum habent tum quae in privata devotione tum quae in missae celebratione sacramentorum administratione et quorundam aliorum sui muneris officiorum exsecutione usui esse possunt. Ed. 6. Minoris formae 5. 2 prts. 12. (XXIV, 854 S.) Köln 871. Bachem. 4. 50

— dasselbe. 7. ed. 16. (XXII, 876 S.) Ebend. 874. 5. 50

—— Manuale sacerdotum, in quo ii, quibus cura animarum commissa est, ad manum habent, tum quae in privata devotione, tum quae in missae celebratione, sacramentorum administratione et quorundam aliorum sui muneris officiorum exsecutione usui esse possunt. Edit. VIII., minoris formae VII. 2 partes in 1 vol. 16. (XVI, 884 S.) Köln 877, Bachem.

—— **Manuale sacerdotum, in quo ii quibus curo animarum commissa est ad manum habent tum quae in privata devotione, tum quae in missae celebratione, sacramentorum administratione et quorundam aliorum sui muneris officiorum executione usui esse possunt. Edit. IX., minoris formae VIII. 2 partes in 1 vol. 12. (XVIII, 907 S.) Köln 881, Bachem.**

—— **manuale sacerdotum, diversis eorum usibus tum in privata devotione, tum in functionibus liturgicis et sacramentorum administratione accommodavit J. S. Editio X. Cura et studio Augustini Lehmkuhl. 2 Thle. in 1 Bde. 16. (XVIII, 248; 662 S.) Köln 885, Bachem.**

— manualo sacerdotum, divorsis oorum usibus tum in privata dovotiono tum in functionibus liturgicis ct sacramentorum administratione accommodavit J. Sch. Ed. XI. Cura et studio A. Lehmkuhl. 16. (XVIII, 665 S., nebst 16 S. Gebeten in deutscher Sprache.) Köln 887. Bachem. 6. —

— **manuale sacerdotum diversis eorum usibus tum in privata devotione tum in functionibus liturgicis et sacramentorum administratione accommodavit J. S. Ed. XIII. Cura et studio Aug. Lehmkuhl. 16. (XVI, 669 S.) Ebd. 893. n. 6. —**

Manuale sacerdotum diversis eorum usibus tum in privata devotione tum in functionibus liturgicis et sacramentorum administratione accommodavit P. Josephus **Schneidor**, S. J. ... Ed. 14. cura et studio Augustini Lehmkuhl, S. J. ... *Coloniae: J. P. Bachem 1897.* (XVI, 279, VIII, 649 S.) 1 Bd 8. [illegible]

Manuale Sacerdotum, diversis eorum usibus tum in privata devotione tum in functionibus liturgicis et sacramentorum administratione accommod. P. Josephus **Schneider**, S. J. Ed. 16., cura et studio Augustini Lehmkuhl, S. J. (2 partes complectens). Coloniae: J. P. Bachem 1905. (Getr. Pag.) 8°
P. 1. ascetica. P. 2. liturgica et pastoralis. [illegible]

— **Manualo sacerdotum diversis eorum usibus tum in privata dovotiono tum in functionibus liturgicis et sacramentorum administrationo accomodavit S. Ed. XVI. Cura ot studio Augustini Lehmkuhl, S. J. (XVI, 640 S.) 16. Köln 905. J. P. Bachem. n. 6. —**

- Manuale sacerdotum. Diversis eorum usibus tum in privata devotione, tum in functionibus liturgicis et sacramentorum administratione accommodavit S. Ed. XVII. Cura et studio Augustini Lehmkuhl, S. J. (XVI, 278 u. VIII, 640 S.) Nebst Appendix II. Gebete f. Kranke u. Sterbende. (16 S.) 16. Köln 910. J. P. Bachem. 6.

—— **Maria als schmerzhafte Mutter die beste Trösterin der Betrübten. Acht Predigten gehalten in der Fest-Octav zu Ehren der Trösterin der Betrübten in der Kathedrale zu Luxemburg 1878. Mit entsprechenden kirchlichen Hymnen und anderen Gedichten. gr. 8. (100 S.) Luxemburg 878, Brück.** *
Ausg. mit Kpfrst. *

—— **Medulla pietatis christianae. 32. (XIV und 376 S. mit 1 Stahlst.) Köln 861, Bachem.**

—— **Medulla pietatis christianae sive libellus precum pro adolescentibus litterarum studiosis. Editio altera emendata. 32. (XIII, 368 S. mit 1 Stahlst.) Regensburg 868, Pustet.**

Schneider, Jos., medulla pietatis christianae sive libellus precum pro adolescentibus litterarum studiosis. Ed. III. emendata. 16. (XIII, 368 S. m. 1 Stahlst.) Köln 876. Bachem. 1. —

— medulla pietatis christianao sive libellus precum pro adolescentibus litterarum studiosis. Ed. IV. 16. (XV, 367 S. m. 1 Stahlst.) Ebend. 883. 1. —

—— **Medulla pietatis christianae sive libellus precum pro adolescentibus litterarum studiosis. Edit. V. emendata cura Augustini Lehmkuhl. 16. (XV, 367 S. m. 1 Stahlst.) Köln 888, Bachem. 1 —**

— **modulla pietatis christianae sive libellus precum pro adolescentibus litterarum studiosis. Ed. VI. emendata. Cura Aug. Lehmkuhl. 16. (XIV, 379 S. m. 1 Stahlst.) Ebd. 891. n. 1. —; geb. in Ldr. n.n. 1. 85; m. Goldschn. n.n. 2. 25; in Saffian m. Goldschn. n.n. 3. — u. n.n. 4. —; m. manuale congregationes in 1 Bd. n. 1. 80; geb. in Ldr. n.n. 2. 80; m. Goldschn. n.n. 3. 25; in Saffian m. Goldschn. n. 4. 25**

— **modulla piotatis christianae sive libellus precum pro adolescontibus litterarum studiosus. Ed. VII. omendata cura Augustini Lehmkuhl, S. J. 16. (XVI, 380 S. m. 1 Stahlst.) Ebd. 894. n. 1. —**

— **Medulla pietatis christianae sive libellus precum pro adolescentibus litterarum studiosis. Ed. IX. Cura Augustini Lehmkuhl, S. J. (XVI, 391 S. m. Titelbild.) 16. Cöln 903. J. P. Bachom. 1. —; geb. von 1.85 bis 4. —**

— Medulla pietatis christianae sive libellus precum pro adolescentibus litterarum studiosis. Ed. X cura Augustini Lehmkuhl, S. J. (XVI, 391 S. m. Titelbild.) 13,5×8 cm. Ebd. 908. 1. 40

Melusine. Drama in 3 Akten von Josef **Schneider.** Dresden & Leipzig: E. Pierson 1900. (94 S.) 8° [F.] [illegible]

Schneider, Jos., die Neuralgieen u. die Krankheiten in der Pubertät oder des mannbaren Alters. 2 Bde. 2., verm. u. nach d. Geiste u. Bedürfnisse der Zeit umgeänderte Aufl. gr. 8. (18½ B.) Leipzig 812, 43, Otto Wigand. à 2 Thlr.

SCHNEIDER, Dr. (Josef) (Geh. Medicinalrath in Fulda), Ueber Nothzucht, deren verschiedene Arten und Modificationen, oder Revision üb. diesen wichtigen medicin.-polizeil.-gerichtl. Gegenstand. Freiburg i. Br., Fr. Wagner, 1850. 8°. Vergriffen u. gesucht! (5 Mk. E. Frensdorff, 1907.)
63 SS. Unter den pikanten Beispielen S. 12—13 ein merkw. Fall von Nothzucht, die 2 Mädchen an einem 18jähr., etwas blödsinnigen Buchbindergesellen, Sohn eines vermögenden Oberförsters, verübten u. deshalb ins Zuchthaus kamen.
— — Dasselbe. (Anastatischer Neudruck.) 8°. (4 Mk. 50 Pfg. Adolf Weigel, 1910.)

—— **geistliches Palmgärtlein. Ein vollständ. Gebetbuch für römisch-kathol. Christen. 12. (356 S. mit 1 Chromoxylogr.) Regensburg 880, Pustet. ℳ 1.; geb. in Halbldr. *
geb. in Ldr. mit Goldschn. *
geb. in Chagrin mit Goldschn. ***

Paula und Fery. Ein Doppelbildnis von Josef **Schneider.** Wien: C. Konegen 1906. (157 S.) 8° [F.] [illegible]

Schneider, (J.) die heilige Pflicht der Mütter, ihre Kinder selbst zu stillen; ein Gegenstück zu Dr. Zwierleins Schriften über die Ziege, als beste u. wohlfeilste Säugamme. 8. Frankf. 823, (Fulda, Reos.)

Schneider, Josephus (Silesius): De temporum apud priscos scriptores latinos usu quaestiones selectae .... Glaciae, typ. L. Schirmeri (1888); 1 Bl. + 34 S. + 1 Bl. 4°
Breslau, Phil. Fak., Inaug.-Diss. v. 28. März 1888

Schneider, Jos., de temporum apud priscos scriptores latinos usu quaestiones selectae. Diss. inaug. philol. gr. 4. (34 S.) Glaciae 888. (Breslau, Köhler.) n. 1. —

Schneider, Joseph De temporum apud priscos scriptores latinos usu quaestiones selectae. 4 (21 S.) Kath. G. *Glatz* 1888 (171).
„Reliquas huius disputatiunculae partes ... dissertatio inauguralis continet eodem hoc tempore in publicum edita." (4 (34 S.) diss. in. Vratisl.)
Progr.

Schneider, Iosephus (geb. am 16 Okt. 1837 in Kürrighoven bei Bonn): Quid valeat saccharum ad praecipitationem oxydorum metallicorum affuso natro impediendam ... Bonnae, form. F. Krueger (1861). 30 S., 1 Bl. 8.
Bonn, Phil. Fak., Diss. v. 7 Aug. 1861

— Regel- und Gebetbuch für die Mitglieder der Marianischen Congregationen. 12. (XXIII und 503 S.) Paderborn 860, Schöningh. *

Schneider, Jos., Regel und Gebetbuch für die Mitglieder der Marianischen Congregation. 4., verb. Aufl. 12. (XXXIV und 730 S.) Paderborn 862, Schöningh. * -

Schneider, Jos., Regel- und Gebetbuch für die Mitglieder der Marianischen Congregation. 9. Aufl. 32. (XXXI, 480 S.) Paderborn 870, Schöningh. — 50

Ohne Gebetbuch (160 S.) * — 20

— Regel- und Gebetbuch für die Mitglieder der Marianischen Congregationen. 10.—15. Aufl. Ausg. in Taschenformat [Nr. II]. 16. (XXX, 480 S.) Paderborn 873—79, F. Schöningh. *

— Regel- u. Gebetbuch f. die Mitglieder der Marianischen Congregationen. Ausg. Nr. 2. 18. Aufl. 32. (XXXII, 477 S.) Paderborn 889. F. Schöningh. n. — 60

— Regel- u. Gebetbuch f. die Mitglieder der marianischen Congregationen. 19. Aufl., besorgt von Aug. Lehmkuhl. Ausg. I. 16. (VII, 162 S.) Paderborn 892. F. Schöningh. n. — 20;
Ausg. II. (XXXII, 475 S.) n. — 60

— dasselbe. 20. Aufl., besorgt v. Aug. Lehmkuhl. Ausg. Nr. I in großer Schrift. 16. (X, 305 S.) Ebd. 894. n. — 60; geb. n.n. 1. 10

— dasselbe. 22. Aufl. Ausg. in Taschenformat. (Nr. II.) 16. (XXXII, 470 S.) Ebd. 896. n. — 60

— Regel- u. Gebetbuch f. die Mitglieder der marian. Congregationen. 23. Aufl., besorgt v. Aug. Lehmkuhl, S. J. Ausg. in Taschenformat. (Nr. I.) 16. (IV, 160 S.) Paderborn 898. F. Schöningh. n. — 20

— Regel- u. Gebetbuch f. die Mitglieder der marianischen Kongregationen. 24. Aufl., besorgt v. Aug. Lehmkuhl, S. J. Ausg. in Taschenformat. (Nr. I.) 16. (IV, 160 S.) Ebd. 901. n. — 20; geb. n.n. — 50

Regel- und Gebetbuch für die Mitglieder der Marianischen Kongregationen von P. Joseph Schneider, Priester d. Ges. Jesu. 25. Aufl. besorgt von Aug. Lehmkuhl, S. J. Ausg. in Taschenformat (No 2). *Paderborn: F. Schöningh 1903.* (XXXII, 468 S.) 8° [F.]

— Regel- u. Gebetbuch f. die Mitglieder der marianischen Kongregationen. 26. Aufl., besorgt v. Aug Lehmkuhl, S. J. Ausg. in Taschenformat. (Nr. I.) (IV, 160 S.) 16. Paderborn 904. F. Schöningh. — 20; geb. in Leinw. n.n. — 50

— Regel- u. Gebetbuch f. die Mitglieder der marian. Kongregationen. 28. Aufl., besorgt v. Aug. Lehmkuhl, S. J. Ausg. in Taschenformat. (Nr. I.) 16. Paderborn 908. F. Schöningh. — 60; geb. n 1. 10

— rescripta authentica sacrae congregationis indulgentiis sacrisque reliquiis praepositae necnon summaria indulgentiarum, quae collegit et cum originalibus in archivio sacrae congregationis indulgentiarum asservatis contulit J. S. Lex.-8. (VIII, 723 S.) Regensburg 885. Pustet. n. 7. 20

— „Rette deine Seele!" Ein Missions- und Gebetbuch für Katholiken aller Stände, enth.: Unterrichte, Betrachtungen, Andachtsübungen und Lieder zum Gebrauche vor, bei und nach einer heil. Mission. 2. gänzl. umgearb. 16. (XXX, 492 S. mit 1 Stahlst.) Regensburg 873, Pustet. 1 20

— der heilige Rock unseres Herrn u. Heilandes Jesu Christi, in der Domkirche zu Trier ausgestellt im Aug. u. Septbr. 1891. Erwägungen, welche an den heil. Rock naturgemäß sich anschließen. Nebst Hymnen, Liedern u. Gebeten. 24. (120 S.) Aachen 891. A. Jacobi & Co. — 30

— die Rosenkranz-Geheimnisse. Aus dem Gebetbuche: Der kathol. Christ. 32. (72 S. mit 15 eingedr. Holzschn. in Buntdr.) Ebendas. 871. geb. mit Goldschn. * — 90

Schneider, Jos., Sammlung auserlesener innerer und äusserer Receptformeln. Ein Taschenbuch für angehende Aerzte. 12. (XVI und 150 S.) Fulda 847, Müller'sche Buchh. *

Schneider, Josef: S c h u l f l o r a von Traunstein zur Bestimmung der verbreitetsten, in der Umgebung von Traunstein wild wachsenden und cultivirten Samenpflanzen. pg. 2–32. 8⁰. A. Miller'sche Off. Traunstein, Progr. 1878/79

Schneider, Joseph „Schulflora von Traunstein" etc. (Forts.) pg. 33–64. 8⁰. A. Miller.
Traunstein, Progr. 1879/80

Schneider, Joseph „Schulflora von Traunstein" etc. (Schluss.) pg. 65–87. 8⁰. A. Miller.
Traunstein, Progr. 1881/82

Schneider, Jos., Schulflora v. Traunstein u. Umgebung zur Bestimmung der verbreitetsten, wildwachsenden u. kultivierten Samenpflanzen. Neu bearb. u. m. e. Anh.: „Die wichtigsten essbaren u. gift. Schwämme" versehen v. Ludw. Blumschein. (XV, 82 S. m. 1 farb. Taf.) 8. Traunstein 905. G. H. Stifel. n. 1. 60

— die gewöhnl. Seuchen d. Hausthiere. Ein Handb. f. d. Landmann. 2 Bdchn. 8. (15 B.) Fulda, Müllersche Buchh. [1. 1. Aufl. 835. u. 2. Ausg. (à 7½ B.) 836., 2. (7½ B.) 836. à ⅓ Thlr.]

Schneider, Joseph: Die gewöhnlichen Seuchen der Hausthiere. Fulda 1835. **108 S.**
— 2. Aufl. 1836. 117 S.

Schneider, so sollet ihr beten. Vollständiges Gebet- u. Andachtsbuch f. kathol. Christen. 14. Aufl. 24. (XII, 520 S. m. farb. Titel u. 1 Stahlst.) Dülmen 893. A. Laumann. — 75

Schneider, so sollet ihr beten. Vollst. Gebet- u. Andachtsbuch f. kathol. Christen. 16. u. 17. Aufl. 16. (à XXIV, 456 S. m. farb. Titel u. 1 Titelbild.) Dülmen 898. A. Laumann. Geb. n. — 75

So sollet ihr beten. Vollst. Gebet- u. Andachtsbuch f. kath. Christen. Von P. Schneider. 18. Aufl. *Dülmen: A. Laumann (1902).* (XXIV, 456 S.) 8° [F.]

So sollt ihr beten. Vollständ. Gebet- u. Andachtsbuch f. kath. Christen. Von P[ater] Schneider. 19. Aufl. Dülmen: A. Laumann (1902). (XXIV, 456 S.) 8° [F.]

So sollt ihr beten. Vollständ. Gebet- u. Andachtsbuch f. kath. Christen. Von P[ater] Schneider. 20. Aufl. Dülmen: A. Laumann (1903). (XXIV, 456 S.) 8° [F.]

So sollt ihr beten. Vollständ. Gebet- u. Andachtsbuch f. kath. Christen. Von P[ater] Schneider. 21. Aufl. Dülmen: A. Laumann (1905). (XXIV, 456 S.) 8° [F.]

Schneider, so sollet ihr beten. Vollständ. Gebet- u. Andachtsbuch f. kathol. Christen. 20. Aufl. (XXIV, 456 S. m. farb. Titel u. 1 Stahlstich.) 16. Dülmen (906). A. Laumann. Geb. in Leinw. n. — 75

—üb. Systemsucht, Mode u. Sectengeist unter d. Aerzten, nebst e. Anhange üb. l. Arrow-Root. ein neues feines Nahrungs- u. ein noch neuerdings wieder empfohlnes sehr wirksames Heilmittel. 8. Fulda 823. Roos. 8 gr.

—populäre Toxikologie, oder Lehre von den Giften und Gegengiften. Ein Handbuch für höhere, niedere Schulen, Lehrer u. Jedermann. 8. Frankfurt 838. Kettembeil. 7/12 ℛ

— Populäre Toxikologie, oder Lehre von den Giften und Gegengiften. Ein Handbuch für höhere niedere Schulen, Lehrer und Jedermann. Frankfurt am Main, 1838. pp. xiv–200, 12mo.

—— die Verletzungen an allen Theilen des menschl. Körpers, mit besond. Rücksicht auf die Lethalität derselben. Eine medicin.-gerichtl. Abhandlung für angeh. Physiker und Gerichtswundärzte. gr. 8. (IV und 103 S.) Freiburg im Br. 840, Wagner'sche Buchh. *

Schneider, Jos., (Dr.), Versuch e. Abhandl. üb. d. Kinnbackenkrampf neugeborner Kinder; nach eigenen Beobachtt. u. Wahrnehmungen am Krankenbette. 8. Marb. 805. Krieger. 10 gr.

(Schneider, Jos.,) Versuch e. Erläuterung d. Fragen, welche nach bernerischen Gesetzen dem Arzte bei gerichtl. Obductionen vorgelegt werden. gr. 8. (2½ B.) Bern 835, [Fischer.] Thlr.

Schneider. Dr., s. Versuch einer Erläuterung d. Fragen, welche nach bernerischen Gesetzen dem Arzte bei gerichtlichen Obductionen vorgelegt werden.

— Versuch e. Topographie d. Stadt Fulda. 8. Ebendas. 806.

—Versuch einer Topographie d. Stadt Fulda. 8. Marb. 807. Krieger; (a. Aue in Altona). 1 ℛ

—— der angeborne Vorfall d. umgekehrten Urinblase. Eine Monographie. gr. 8. (5½ B. u. 2 Abbild.) Frankfurt a. M. 832, Varrentrapp.
Aus dem „Journal f. Geburtshülfe, hrsg. v. Siebold" besond. abgedr.

—— Wachet und betet! Vollständiges kathol. Gebetbuch. 4. Aufl. 24. (528 S. mit chromolithogr. Titel und 1 Stahlst.) Dülmen 880, Laumann'sche Verlagsh. *
geb. *ℳ 2. bis *

Schneider, Jos., Wander-Buch. Reisen in Mittel- und Norddeutschland und am Rhein. Ein Führer und Rathgeber auf der Wanderschaft für Handwerker, Techniker und alle gewerbl. Berufsklassen. 12. (VIII, 279 S. mit 1 lithogr. und color. Karte.) Würzburg 881, Woerl's Sep.-Cto. cart.

- Wanderbuch für Handwerker. Techniker und alle gewerblichen Berufsklassen. Ein Führer und Rathgeber auf der Wanderschaft, nebst Beschreibung der bedeutendsten Städte Deutschlands, Oesterreichs und der Schweiz, mit Angabe der in denselben bestehenden Gesellenvereine. Herbergen »zur Heimath« etc. 2. verm. u. verb. Aufl. Mit 353 Reiseplänen u. 5 Karten. Würzburg 1887. 12.

Schneider, Josef. Wander-Buch für Handwerker, Gesellen und Arbeiter aller gewerblichen Berufsklassen. Ein Führer und Ratgeber auf der Wanderschaft, nebst Beschreibung von über 500 der bedeutendsten Städte Deutschlands, Oesterreichs und der Schweiz, mit Verzeichnis der in denselben bestehenden Gesellenvereine, Herbergen »Zur Heimat« etc., 353 Reisepläneu und Eisenbahnkarte. 3. vermehrte und verbesserte Aufl. X + 312 S. 8. Leipzig, Woerl's Reisebücherverlag, (1901). (M. 1. 50)
Woerl's Reisehandbücher.

Schneider, Jos., Wander-Buch f. Handwerker, Gesellen u. Arbeiter, s. Woerl's Reisehandbücher.

Schneider, Joseph *Johannes* [aus Mogwitz i. Schl.]: Ueber die Wandlungen in der Therapie der Gonorrhoe der männlichen Harnröhre seit der Entdeckung des Gonococcus ... Berlin, Druck v. E. Ebering, 1897; 60 S., 2 Bl. 8.
Berlin, Med. Fak, Inaug.-Diss. v. 5. März 1897

Schneider, Joseph: Das Wissenswürdigste über den Abdominaltyphus oder eine ausführliche Monographie über diese wichtige Krankheit. 208 S., gbd.

Erlangen: Palm & Enke 1844

JB 4.910

Schneider, Jos., Zoll-Lexikon u. Formularien-Schema. gr. 8. (346, 230 S.) Ungar.-Hradisch 888. Kráčelik. n. 10. —

SCHNEIDER, Joseph Anton (Oberthalhofen): Generalis circa pathognomiam infantis.- Campodumi: Kösel 1835. VI,10 S.
3.5.1834 - Urk; F 61
Diss. Ingolst.-Landsh.-Mchn.

Schneider, Jos. Honor., Real-Lexicon der Naturgeschichte in getreuen Abbildungen u. mit ausführlicher Beschreibung derselben. Herausgeg. von Fr. Ed. Sandtner. (1.—20. Heft oder) 1. Bd. 11 Liefg. u. 2 Bd. 1.—9. Liefg. Mit 80 Steindrucktaf. gr. 8. Prag 844—46, Sandtner. à 6 ngr color. à 8 ngr

Schneider, Jos. Honor., Real-Lexicon der Naturgeschichte, s.a. Real-Lexicon.

Schneider, Joseph. Joan. (geb. Mogwitz in Schles. 8. 6. 1839): De echinococcis renum. Berolini (1866). (32 S.) 8°
Berlin, Med. Diss. v. 26. Febr. 1866

Schneider, Julius

Fest-Gesänge zum Johannis-Feste in der Gr. Loge von Preussen gen. Royal York zur Freundschaft im Or. Berlin. [Unterz.:] Jul. Schneider. [Berlin o. J.]: Fickert. 2 Bl. 8⁰ [Umschlagtit.]
Ohne Noten. 25.

Festlied zur Vorfeier der Vermählung S. K. H. des Durchlauchtigsten Br. Prinzen Friedrich Wilhelm von Preussen mit I. K. H. der Prinzessin Victoria von England am 24. Jan. 1858. [Unterz.:] J[oh.] F[erd.] Schnakenburg. Joh. Jul. Schneider. Berlin [1858]: Moeser. 2 Bl. 4⁰ [Umschlagtit.]
Ohne Noten: „Seht, wie im Westen weisse Segel schwellen, . . ."

Schneider, J., s.: Festschrift zur 25jähr. Jubelfeier d. herzogl. Ernst-Gymnasiums zu Altenburg.

Schneider, J. Ueber einige neuere Forschungen auf dem phonetischen Gebiete. Altenburg, Rpg., 1884. 20 S.
Progr.

Schneider, Julius *Ludwig Karl Bernhard* Die neueren Forschungen auf dem Gebiete der Phonetik nach ihrer Bedeutung für die Schule. 8 (20 S.).
Festschrift z. Erinnerung an d. 50j. Jubil. Rg. *Nordhausen* 1885.
Nicht im Tauschverkehr.
Progr.

Schneider, Julius [Ludwig Karl Bernhard]: Einige Hilfsmittel für die Praxis des französischen Unterrichts in der Prima. IV, 60 S. 8.
Herz. Ernst-Realgymn. mit Realschule (Reform-Realgymn. Altonaer System) *Altenburg* 1902 (766).
Progr.

Schneider, Jul., einige Hilfsmittel f. die Praxis des französischen Unterrichts in der Prima. Progr. gr. 8. (IV, 60 S.) Altenburg 902. (Leipzig, Buchh. G. Fock.) n. 1. —

Schneider, Julius: Die zwölf Kämpfe des Herakles in der älteren griechischen Kunst .... Meissen, Druck v. C. E. Klinkicht & Sohn (1888); 73 + 1 S. + 1 Bl. 8°
Leipzig, Phil. Fak., Inaug.-Diss. v. 14. Jun. 1888

Schneider, F. Jul., die zwölf Kämpfe des Herakles in der älteren griechischen Kunst. gr. 8. (73 S.) Leipzig 888, Fock. *

Cantate zur Feier des Geburtstages Seiner Majestät des Königs Friedrich Wilhelm IV. gedichtet von E. Lange. In Musik gesetzt von Jul. **Schneider.** Ausgeführt in der Grossen Loge von Preussen, gen. Royal York zur Freundschaft [in Berlin]. [Berlin] o. J.: [Sittenfeld]. 2 Bl. 8⁰ [Kopftit.]
Ohne Noten: Herr der Welt! auf dessen Ruf: es werde!" — Üb. Friedrich Wilhelm IV. s. Allgem. Deutsche Biographie Bd 7 1878 S. 729—776 (v. Ranke); Petersdorff: Friedrich Wilhelm IV. 1900; Treitschke: Deutsche Geschichte T. 5 1894.

Cantate zur Feier der Lebensrettung des Königlichen Paares, am 26. Juli 1844. Aufgeführt in der Gr. Loge von Preussen, gen. Royal York zur Freundschaft, am 12. Aug. 1844. In Musik gesetzt von Jul. **Schneider.** [Berlin 1844: Sittenfeld.] 2. Bl. 8⁰ [Kopftit.]
Ohne Noten: „Herr der Welt! auf dessen Ruf: „es werde!"" 25.

Cantate zur Trauerfeier dem Andenken des entschlafenen Br. Schnakenburg gewidmet von der Grossen Loge von Preussen, gen. Royal York zur Freundschaft, zu Berlin am 27. Febr. 1873. Musik vom Br. [Joh. Jul.] **Schneider,** Text vom Br. [Karl Friedr.] v. Klöden. Berlin [1873]: Sittenfeld. 4 Bl. 8⁰ [Umschlagtit.]
Ohne Noten: „Es bangt die Seele, Kummer presst das Herz . . ." 23.

Saust, F. W.: Cantate zur Trauerfeier am 25. Aug. 1862, dem Andenken des entschlafenen Brs F. W. Saust gewidmet. Musik vom Br. [Joh. Jul.] **Schneider.** Text vom Br. [Karl Friedr.] v. Klöden. Berlin [1862]: Sittenfeld. 4 Bl. 8⁰ [Umschlagtit.]
Ohne Noten: „Es bangt die Seele, Kummer presst das Herz . . ."

Cantate zur Trauerfeier am 29. Dec. 1858 dem Andenken des entschlafenen Br. Amelang gewidmet. Musik vom Br. [Joh. Jul.] **Schneider.** Text vom Br. [Karl Friedr.] v. Klöden. Berlin [1858]: Sittenfeld. 3 Bl. 8⁰ [Umschlagtit.]
Ohne Noten: „Es bangt die Seele, Kummer presst das Herz . . ." 25.

Cantate zur Trauerfeier am 25. Jan. 1856 dem Andenken des entschlafenen Br. Karl Friedr. v. Kloeden, gewidmet von der Grossen Loge von Preussen, gen. Royal York zur Freundschaft, zu Berlin. Musik vom Br [Joh. Jul.] **Schneider,** Text vom Br [Karl Friedr.] v. Kloeden. Berlin [1856]: Sittenfeld. 4 Bl. 8⁰ [Umschlagtit.]
Ohne Noten: „Es bangt die Seele, Kummer presst das Herz . . ." 23.

Cantate zur Trauerfeier am 12. Juli 1843, dem Andenken des Hochw. Grossmeisters der alten freien und angenommenen Maurer von England August Friedrich Herzog von Sussex, Königliche Hoheit, gewidmet von der Grossen Loge von Preussen, gen. Royal York zur Freundschaft, zu Berlin, welche in dem Verewigten zugleich den Verlust eines höchstverdienten Ehrenmitgliedes betrauert. Musik vom Br. [Joh. Jul.] **Schneider.** Text vom Br. [Karl Friedr. v.] Klöden. Berlin [1843]: Sittenfeld. 4 Bl. 8⁰ [Umschlagtit.]
Kl. 1495. Ohne Noten: „Es bangt die Seele, Kummer presst das Herz . . ." 25.

Brunnemann, Karl Heinr.: Cantate zur Trauerfeier am 17. Mai 1858 dem Andenken des entschlafenen Brs. C. H. Brunnemann gewidmet. Musik vom Br. [Joh. Jul.] **Schneider.** Text vom Br. [Karl Friedr.] v. Klöden. Berlin [1858]: Sittenfeld. 4 Bl. 8⁰ [Umschlagtit.]
Ohne Noten: „Es bangt die Seele, Kummer presst das Herz . . ." 25.

Cantate zur Trauerfeier am 18. März, dem Andenken der entschlafenen Brüder gewidmet von der Gr. Loge von Preussen, gen. Royal York zur Freundschaft, zu Berlin. Musik vom Br. [Jul.] **Schneider,** Text vom Br. [Karl Friedr. v.] Klöden. Berlin o. J.: Sittenfeld. 4 Bl. 8⁰ [Umschlagtit.]
Ohne Noten: „Es bangt die Seele, Kummer presst das Herz . . ." 23. 26.

Thümmel, Karl Edu.: Cantate zur Trauerfeier am 21. Sept. 1857, dem Andenken des entschlafenen Brs. C. E. Thümmel gewidmet. Musik vom Br. [Joh. Jul.] Schneider. Text vom Br. [Karl Friedr.] v. Klöden. Berlin [1857]: Sittenfeld. 4 Bl. 8⁰ [Umschlagtit.]
Ohne Noten: „Es bangt die Seele. Kummer presst das Herz..."

Schneider, J., englisches Lese- u. Übungsbuch f. Tertia, wie auch f. die entsprech. Stufe der Töchter- u. Mittelschule. gr. 8. (XI, 244 S.) Altenburg 884. Pierer. n. 1. 80

Schneider, Jul., der Nutzen des Saccharometers für die Branntweinbrennerei, wie seine Gebrauchs-Anweisung mit genauer Vorausberechnung der Spiritus-Ausbeuten nach Wedro-Procenten. Bearb. für die deutschen Ostseeprovinzen Rußlands. gr. 8. (16 S. mit 2 Tab.) Riga 860, (Jacobs.)

Schneider, Jul. On some important parts of the syntax in English with regard to the french language. 20 S. **Progr.** *Segeberg* 1876.

Schneider, Julius *(geb. Liegnitz 14 2 1861)*: Quaestiones de ablativi usu Taciteo. Part. 1. Ligniciae 1882. (58 S.) 8⁰
[Im Buchhandel 1882 bei Köhler in Breslau; Forts. nach Mitteil. d. Verf. bis 1904 nicht erschienen.]
Breslau, Phil. Diss. v. 18. Apr. 1882

Des Frevels Sühnung. [Gedichtet von [Karl Friedr. ? v.] Klöden. In Musik gesetzt von J[ul.] Schneider. [Berlin] o. J.: [Sittenfeld]. 2 Bl. 8⁰ [Umschlagtit.]
Gedicht: „Noch weilen heil'ge Engel im theuern Vaterland, . . ." oder von G. A. v. Kloeden gedichtet? 25.

Schneider, Julius, appr. Arzt a. Lohr a. M.: Ueber Syringomyelie nebst Beschreibung eines neuen Falles. München 1906: C. Wolf. (35 S.) 8⁰
München, Med. Fak., Ref. v. Bauer, Diss. v. 11. Mai 1906
[Geb. 24. Aug. 78 Lohr; Wohnort: München; Staatsangeh.: Bayern; Vorbildung: Gymn. Aschaffenburg Reife Juli 98; Studium: München 5, Heidelberg 1, München 4 S.; Coll. 11. Mai 06; Approb. 30. Okt. 05.]

Tafel-Lieder [komp. von Jul. Schneider] zur Feier des Geburtstages Seiner Majestät des Königs Friedrich Wilhelm IV. [Berlin] o. J.: [Sittenfeld]. 2 Bl. 8⁰ [Umschlagtit.]
3 Lieder ohne Noten von Mätzke, Thiersch, G. Zimmermann. 157.

Schneider, Jul., s.: Weg, der, zur Gesundheit.

Schneider, Julius Friedrich Otto, s. Schneider, Otto.

Schneider, Justus

Schneider, Just., Führer durch die Stadt Fulda u. ihre nächste Umgebung. Mit einem (lith.) Plan der Stadt u. einer (lith.) Karte der Umgegend von Fulda. 8. (X, 73 S.) Fulda 881. Maier. cart. n. 1. —

Schneider, Just. Führer durch Fulda u. Umgebung. 2. verm. u. verb. Aufl. 8. (VIII, 98 S. m. Karte u. Plan.) Fulda 890, Maier. cart. * 1 —

Schneider, Just., illustrierter Führer durch Fulda u. Umgebung sowie Bad Salzschlirf. Mit e. Plan der Stadt u. e. Karte des Kreises Fulda. 3. verm. u. verb. Aufl. 8. (VIII, 118 S. m. Abbildgn.) Fulda 899. A. Maier. n. 1. —

Schneider, Just., Führer durch Fulda u. Umgebung. 4. Aufl. Neubearb. v. Gust. Schneider. Mit 1 Plane der Stadt, 1 Karte des Kreises Fulda u. 24 Abb. (VII, 57 S.) kl. 8. Fulda 908. A. Maier. — 60

— kleiner illustrirter Führer durch Fulda. Mit e. Plan der Stadt. 12. (III, 62 S.) Ebd. 900. n. — 50

Schneider, Justus: Praktischer Führer durch Bad Kissingen. Mit 12 Ansichts-Postkarten u. 1. Karte d. Umgebung. Fulda: A. Maier [1903]. (38 S.) 8⁰ [Umschlagt.]

Schneider, Just., Führer durch die Rhön. Nebst einem Anhang für die Kurgäste in den Rhönbädern Bocklet, Brückenau, Kissingen, Neuhaus und einer (chromolithogr.) Reise- und Routen-Karte (in gr. Fol.). gr. 16. (VIII, 174 S.) Würzburg 877, Stahel'sche Buchh. cart. *

— Führer durch die Rhön. Nebst einem Anhange für die Kurgäste in den Rhönbädern Bocklet, Brückenau, Kissingen, Neuhaus, einer (chromolith.) Reise- u. Routen-Karte u. 2 (lith.) Specialwegekarten. 2., verb. Aufl. 12. (IX, 186 S.) Würzburg 880. Stahel. cart. n. 2. 30

Schneider, Justus, Führer durch die Rhön. Nebst e. Anh. f. die Kurgäste in den Rhönbädern Bocklet, Brückenau, Bad Kissingen, Neuhaus, 1 Reise- u. Routenkarte u. 2 Spezialwegekarten. 3. Aufl. 12. (X, 198 S.) Würzburg 886. Stahel. cart. n. 2. 60

Schneider, Just., Führer durch die Rhön. Nebst e. Anh. f. die Kurgäste in den Rhönbädern Bad Kissingen, Bocklet, Brückenau, Neuhaus, e. grossen Gebirgskarte u. 4 Specialwegekarten. 4., umgearb. Aufl. 12. (XII, 260 S.) Würzburg 890. Stahel. geb. n. 3. —; Karte allein n. 1. —; auf Leinw. n. 1. 50

Schneider, Just., Führer durch d. Rhön. Hrsg. v. d. Vorsitzenden d. Rhönclubs S. Nebst 1 grossen Gebirgskarte u. 3 Spezialwegekarten, sowie e. Touren-Verzeichniss f. d. Rhön. 5., verm. u. verb. Aufl. 12. (XII, 249 S.) Würzburg 896. Stahel'sche Verlagsanstalt. Kart. n. 2. —

— Führer durch die Rhön. Nebst e. neuen Gebirgskarte v. Ravenstein u. 3 Spezialwegekarten sowie e. Touren-Verzeichniss f. die Rhön. 6. Aufl., dem Rhönclub zum 25jähr. Jubiläum gewidmet. 12. (VIII, 246 S.) Würzburg 901. Stahel's Verl. Kart. n. 2. —

Schneider's, Justus, Führer durch die Rhön. 7. Aufl., bearb. v. Gust. Schneider. Mit der Hossfeldschen Rhönkarte (1:100,000), sowie einem Verzeichnis v. Reiseplänen f. die Rhön. (VIII, 240 S.) kl. 8. Würzburg 906. Stahel's Verl. Geb. n. 2. 50

— Gersfeld als Sommerfrische u. Luftkurort. Im Auftrage des Rhönclub-Zweigvereines Gersfeld hrsg. Erweiterter Sonderabdr. aus dessen Führer durch die Rhön. 6. Aufl. 12. (48 S. m. Abb.) Ebd. 901. n. — 50

— Bad Kissingen. Praktischer Führer f. Kurgäste. Mit 12 Ansichtskarten in Lichtdr. u. 1 Tourenkarte v. Kissingen u. Umgebg. gr. 16. (38 S.) Fulda 901. A. Maier. Kart. n. 1. 20

Schneider, Just., die Milseburg, die Perle der Rhön. Ein Wegweiser u. Gedenkblatt für Touristen u. Naturfreunde. Mit 1 Ansicht der Milseburg (in Lichtdr.) u. e. Wegekarte der Umgebg. 12. (54 S.) Fulda 892. A. Maier. n. — 75

Schneider, Justus, Die Rhöngegend in historischer Beziehung. 4 Vorträge. Fulda 1878. 8. . . . . (D.)

Bad Salzschlirf. Prakt. Führer f. Kurgäste von Dr. Justus Schneider, Sanitätsr. in Fulda. Mit 10 Ans.-Postkarten. Hrsg. von F. König's Hofbuchh., Hanau a. M. *Fulda: A. Maier 1900.* (34 S.) 8° [00. 8]00 4

Bad Salzschlirf. Prakt. Führer f. Kurgäste von Dr. Justus Schneider, San.R. in Fulda. Mit 12 Ansichtspostkarten in Lichtdr. 2. verb. Aufl. *Fulda: A. Maier 1903.* (36 S.) 8°

Bad Salzschlirf. Prakt. Führer f. Kurgäste mit e. Kt. d. Umgegend u. 24 Ill. Von Geh. San.R. Dr. [Justus] Schneider-Fulda. 3. vollst. neubearb. Aufl. von Dr. Adolf Becker-Bad Salzschlirf. Fulda: Maier 1910. 48 S. 8° [10. 13367 4

— der Weikardshöfer Stahlbrunnen. gr. 16. (11 S.) Witten 895. (W. Kötzold & Co.) — 30

[F.] Der Weikardshöfer Stahlbrunnen v. Sanitätsr. Dr. Justus Schneider, Dir. d. Landkrankenhauses in Fulda. *Witten: Dr. v. B. Koetzold & C. 1896.* (11 S.) 1 Bd 8. [98. 6140

Schneider, K., u. B. Felber. Anerbenrecht u. Lebensversicherung [nebst e. Abdrucke der 7 preuß. Anerbengesetze u. d. Reichsgesetzentwurfes]. Im Auftrage d. königl. Landwirtschaftsgesellschaft zu Hannover bearb. gr. 8. (VIII, 63 S.) Hannov. 889, (Meyer). * 1 —

Schneider, K. und *B. Felber.* Anerbenrecht und Lebensversicherung nebst einem Abdruck der 7 preußischen Anerbengesetze und des Reichsgesetzentwurfes. Hannover 1890.

Schneider, K., die Anlage v. Dauerweiden u. ihr Betrieb unter neuzeitlichen Gesichtspunkten. (32 S. m. Abb.) gr. 8. Breslau 908. W. G. Korn. — 50

Schneider K, die Bewegung für Einrichtung von Heimstätten. (Zeit- und Streitfragen NF 83) Hamburg 1894

Schneider, K., die Beweg. f. Errichtg. v. Heimstätten, s. a. Zeit- u. Streitfragen, deutsche.

Schneider, K., s.: Buchführung, die, des Landmanns.

Schneider, K., zur Einführung der Subhastations-Ordnung vom 13. Juli 1883 in die Hannoversche Praxis. gr. 8. (III, 143 S.) Hannover 884. Helwing's Verl. n. 2. 40

Schneider, K., Erläuterungen zur preuß. Vormundschaftsordng., s.: König, Geo.

Schneider, K., üb. richterliche Ermittlung u. Feststellung d. Sachverhalts im Civilprozesse. Eine Studie zur Reichscivilprozeßordng. gr. 8. (VIII, 191 S.) Leipzig 888. Duncker & Humblot. n. 4. 20

Schneider K.: Fettweiden im Westerwald. Berl. [1910?]. 64 S. Fig. P.

— die Grundzüge d. Reichsgesetzes betr. die Invaliditäts- u. Altersversicherung. Unter besond. Berücksicht. der landwirtschaftl. Verhältnisse dargelegt. gr. 8. (36 S.) Hannover 890. C. Meyer. n. — 60

Schneider, K., s. Reisegesellschafter, durch Rügen.

Schneider, K.: Ueber den Religionsunterricht auf Gymnasien. 8 S. – Krotoschin, Progr. 1857.

Schneider, K., Schätzung nach Höferecht, nebst e. Abdruck der Gesetze f. Hannover u. Lauenburg. Zum Gebrauche f. Schätzer, Vormünder u. bei Gericht dargestellt gr. 8. (32 S.) Quakenbrück 891. Nackhorst. n. — 90

Schneider, K., die Schiedsgerichts-Ordnung zum Invaliditäts- u. Altersversicherungsgesetze. Mit Erläuterungen. gr. 8. (IV, 73 S.) Hannover 891. C. Meyer. n. 1. 50

—— die Subhastations-Ordnung vom 13. Juli 1883. 1. und 2. Aufl. gr. 8. (III, 143 S.) Hannover 885,86, Helwing's Verlag. *

— wie bestellt man nach Grundbuchrecht am billigsten Hypotheken? Zur Anweisg. f. Spar- u. Leihkassen, Darlehnskassen-Vereine etc. gr. 8. (32 S.) Celle 886. Capaun-Karlowa. n. — 80

Schneider, K.,
— Das Wohnungsmietrecht und seine soziale Reform. (Staats- u. sozialwiss. Forschungen, Bd. 12, Heft 3.) gr. 8°. Leipzig 1893.

— das Wohnungsmietrecht u. seine sociale Reform, s. a. Forschungen, staats- u. socialwissenschaftliche.

Schneider, C. A., der Antheil der badischen Felddivision an dem Kriege d. J. 1866 in Deutschland, s. a. Antheil, der.

(Schneider, K. A.) Der Antheil der bad. Felddivision am Kriege 1866. 2. Ausg. Lahr 1867. 8°. (1. Ausg. 1866.)

(Schneider, K. A.) Der Antheil der badischen Felddivision an dem Kriege 1866 in Deutschland. 1. bis 3. Aufl. (124.) 8. M. 1 Krte. Lahr 1867. 1.50.

Schneider, K. A., Oberlieut. a. D.) Der Antheil der badischen Felddivision an dem Kriege des Jahres 1866 in Deutschland. Von einem Angehörigen der badischen Felddivision. 2. Aufl. 8. Lahr 1867.

Schneider, K. E., die Aesthetik der Gartenkunst. Ein Beitrag zur Einführg. derselben in das Kunstsystem. gr. 8. (XX, 340 S.) Leipzig 890. Danz. n. 6. —; geb. n. 7. 50

Schneider, K. E., die schöne Gartenkunst in ihren Grundzügen gemeinfaßlich dargestellt. Ein Versuch zur ästhetischen Begründung derselben. 8. (XX. 234 S.) Stuttgart 882. Ulmer. n. 2. 50; geb. n. 3. 20

Schneider, C. E., das musikalische Lied in geschichtlicher Entwicklung. Uebersichtlich und gemeinfaßlich dargestellt. 1.—3. Periode. gr. 8. Leipzig, Breitkopf und Härtel.

Inhalt:

1. 1. — kantillirende — Periode. (XXIII und 323 S.) 863. 2 Thlr.
2. 2., kontrapunktische oder mehrstimm. Periode. (XV und 515 S.) 864. 3 Thlr. 15 Ngr.
3. Das strophische Stimmungslied. (VIII und 370 S.) 865. 2 Thlr. 15 Ngr.

SCHNEIDER, K. E., Das musikalische Lied in geschichtlicher Entwicklung. Uebersichtlich und gemeinfasslich dargestellt. 3 Thle. Leipzig 1863—65. 8°. (5½ Rthl.)

1: XIII, 323 S. 2: XV, 414 S. 3: VI, 370 S.

Schneider, K. E., Musik, Klavier u. Klavierspiel. Kleine musik-ästhet. Vorträge. 8. (XV, 147 S.) Leipzig 874. Leuckart. n. 3. —

—— zur Periodisirung der Musikgeschichte. Ein Vorschlag. gr. 8. (63 S.) Leipzig 863, Breitkopf und Härtel.

Schneider, K. E. W., Natur und Offenbarung, auf Grund des allgemeinen Naturgesetzes der Gegensätze ins Licht gestellt. 8. (16 S.) Hildburghausen 888, Gadow und Sohn. *

Schneider, Dr. K. Eduard. Begraben, nicht verbrennen! Rede an alle Beteiligten. Dresden 1875. L. Wolf's Buchhandlung, G. Salomon. (32 S.)

Schneider, K. F. Robert

Schneider, K. F. Rob., kurzer Abriß d. schles. Heimathskunde. gr. 12. (2 B.) Bunzlau 840, Appun's Buchh.

—— Beiträge z. schles. Pflanzenkunde. — A. u. d. T.: Die Vertheilung u. Verbreitung d. schles. Pflanzen, nachgewiesen in 14 Gebieten d. schles. Flora. Nebst e. Anh. üb. d. Vergleichung d. schles. mit d. britischen Flora. gr. 12. (12½ B. u. 1 Karte.) Breslau 838, Graß, Barth u. Comp.

—— die Erdkunde in method. Abstufung. Lern- u. Lehrbuch f. Schüler u. Lehrer an höh. u. nied. Lehranstalten. 1—4. Stufe. gr. 8. Bunzlau, Appun's Buchh.

A. u. d. Titln.:

Stufe 1. Leitfaden f. d. Elementar-Erdkunde od. d. Erdkunde in ihren Grundbegriffen u. in ihren Beziehungen z. Natur- u. Menschenkunde. (8½ B.) 836. 10 Gr.

" 2. Leitfaden f. d. geograph. Unterricht in d. schles. Heimathskunde. (8½ B.) 840. 10 Gr.

" 3. Leitfaden f. d. allgem. Erdkunde, mit Bezieh. auf Natur- u. Menschenkunde. (13⅛ B.) 838. 14 Gr.

" 4. Vaterlandskunde (preuß.). — A. u. d. T.: Leitfaden f. d. geograph. Unterricht in d. preuß. Vaterlandskunde. (12½ B.) 835. 10 Gr.

Schneider, K. F. Robert, die Experimental-Physik, ein geistiges Bildungsmittel, in ihren Beziehungen zum prakt. Leben. Ein Handbuch für Lehrer an gehob. Volks- u. Bürgerschulen u. technischen Anstalten. 1. Abtheil.: Die allgemeinen Eigenschaften der Körper. gr. 8. Dresden 841, Naumann. n. ⅓ ₰

— dass. 2. Abtheil.: Mechanik, Atmometrie, Akustik. gr. 8. Ebend. 841. ¾ ₰

— dass. 3. Abtheil.: Licht, Wärme, Magnetismus, Elektrizität. Mit (6) Figurentaf. gr. 8. Ebend. 842. n. ¾ ₰

—— Flora von Bunzlau, od. d. Pflanzen d. Umgegend v. Bunzlau nach Vorkommen, Häufigkeit, Standort u. Blüthezeit, mit Angabe aller schles. Pflanzen nach Vorkommen u. Blüthezeit. Ein Hülfsmittel bei botan. Exkursionen. 12. (8⅙ B.) Breslau 837, Graß, Barth u. Comp.

— s. Gerhard's, Jh., erbaul. Betrachtungen.

Schneider, C. F. R., Germania auf der Wacht, s. a. Germania.

Schneider, K. F. R., Germania auf der Wacht. Deutsche Lieder zu Schutz, Trutz u. Sangeslust in schwerer Zeit dem deutschen Volk. Gesammelt. 862. (IX, 269 S.) 15 ngr. — 2. durch einen Anhang Schleswig-Holstein-Lieder verm. Aufl. Wittenberg (Leipzig) 864. Reichenbach 16. (2 Bl., 280 S.) 9 ngr.; geb. 12 ngr.

Schneider, K. F. Rob., deutsches Giftbuch oder die giftigen und gefährlichen Pflanzen, Thiere und Mineralien Deutschlands zur Lehre u. Warnung. Stolp 854. Fritsch. 8. (VIII, 142 S.) n. 10 ngr.

— deutsches Giftbuch oder die giftigen u. gefährlichen Pflanzen, Thiere u. Mineralien Deutschlands zur Lehre u. Warnung. 2. Aufl. Wittenberg 861. Kölling. (Leipzig, Reichenbach.) 8. (VIII, 142 S.) 6 ngr.

Schneider, C. F. Rob., deutsches Giftbuch oder die giftigen u. gefährl. Pflanzen, Thiere u. Mineralien Deutschlands zur Lehre u. Warnung für Schule u. Haus. 3. (Titel-) Aufl. Leipzig (854)866. Reichenbach'sche Buchh. 8. (VIII, 142 S.) 6 ngr.

Schneider, C. F. Rob., Handbuch der Erdbeschreibung u. Staatenkunde. Zugleich als Leitfaden beim Gebrauche des Sohr'schen Hand-Atlasses, so wie auch der Atlanten v. Stieler, Weiland, Streit u. A. m. 1—6. Lfg. gr. 8. (à 5 B.) Glogau 846, 47, Flemming. à L. 5 Ngr.

Schneider, C. F. Rob., Handbuch der Erdbeschreibung und Staatenkunde. Zugleich als Leitfaden beim Gebrauche des Sohr'schen Hand-Atlasses, so wie auch der Atalanten von Stieler, Weiland, Streit u. A. m. 7—28. Lfg. gr. 8. (1. Bd. S. 469—948. und 2. Bd. XVI und S. 1—1263.) Glogau 847—852, Flemming's Verlag. à Lfg. 5 Ngr.

1—6. Lfg. Ebendas. 1846—47. 1 Thlr.

Schneider, K. F. Robert, Handbuch der Erdbeschreibung u. Staatenkunde. Zugleich als Leitfaden beim Gebrauche des Sohrschen Hand-Atlasses sowie auch der Atlanten von Stieler, Weiland, Streit u. A. m. 3—27. Lfg. gr. 8. (1. Bd. S. 161—868. 2. Bd. XVI u. 1263 S.) Glogau 847—52, Flemming. à ⅙ ₰ (1—27: 4½ ₰)

—— Handbuch der Erdbeschreibung und Staatenkunde. Zugleich als Leitfaden beim Gebrauche des Sohr'schen Hand-Atlasses, so wie auch der Atlanten von Stieler, Streit, Weiland u. A. m. 29—47. Lfg. gr. 8. Glogau 853—56, Flemming's Verlag. [1. Bd. (949—2300. und Register XVI und S. 1—144.) à Lfg. 5 Ngr.]

1—28. Lfg. Ebendas. 1846—52. 4 Thlr. 20 Ngr.

—— Handbuch der Erdbeschreibung und Staatenkunde in ihrer Verbindung mit Natur- und Menschenkunde. 48. Lfg. (Schluß.) gr. 8. (1. Thl. S. 2301—2305 und Register S. 145—190.) Glogau 857, Flemming's Verlag.

1—47. Lfg. Ebendas. 1853—56. 7 Thlr. 25 Ngr.

— Handbuch der Erdbeschreibung u. Staatenkunde. 2. vollständig umgearb. Aufl. (In ca. 25 Liefgn.) 1—3. Liefg. Glogau 868,69. Flemming. gr. 8. (1—288 S.) Jede Liefg. 7½ ngr.

Schneider, K. F. Rob., und Fr. Ed. Keller, Handbuch der Erdbeschreibung und Staatenkunde. 2. vollständ. umgearb. Aufl. 18.—20. Lfg. Lex.-8. (S. 1—288.) Glogau 879, Flemming. à Lfg. 75 Pf.

1.—17. Lfg. Ebendas. 1868. à 75 Pf.

Schneider, K. F. Rob., und Fr. Ed. Keller, Handbuch der Erdbeschreibung und Staatenkunde. 2. vollständ. umgearb. Aufl. 21.—40. Lfg. Lex.-8. Glogau 880—86, Flemming. [2. Bd. (S. 289—1117.); 3. Bd. (660 S.); 4. Bd. (519 S.)] à Lfg. 75 Pf. *

1.—20. Lfg. Ebendas. 1868—79. à 75 Pf.

Schneider, K. F. Rob., und Fr. Ed. Keller, Handbuch der Erdbeschreibung und Staatenkunde. 2. vollständ. umgearb. Aufl. 41.—48. [Schluß-]Lfg. gr. 8. Glogau 887,88, Flemming. à Lfg. 75 Pf.

1.—40. Lfg. Ebendas. 1868—86. ℳ 30.—. — Die gesammten Vorräthe übernahm Griesbach's Verlag in Gera. Preis geb. [ℳ 42.—] herabges. auf ℳ 16.—.

Inhalt des compl. Werkes:

Bd. 1. Elementar-Erdkunde, allgemeine Erdkunde, specielle, politische und Kulturerdkunde der alten Welt. (878 S.)

" 2. 1. Thl.: Das Deutsche Reich. Preußen. Die Hohenzollern'schen Lande. (1119 S.) — 2. Thl.: Das deutsche Reich (die mittleren und kleinen Staaten) mit Anschluß: Österreich-Ungarn und die Schweiz. Das Reichsland Elsaß-Lothringen, die deutschen Schutzgebiete in Afrika, Südseen, Kamerun-Gebiet, Südwest-Afrika, Ost-Afrika. (1154 S.)

" 3. Länder und Staaten von Asien und Afrika. (660 S.)

" 4. Amerika, Australien, die große Inselwelt und die südlichen Polarländer. (525 S.)

— Husarengeschichten aus der Geschichte des Blücher-Husaren-Regiments. Stolp 859. Stein. (Eschenhagen.) 8. (VI, 136 S.) 25 ngr.

—— Italien in geographischen Lebensbildern. Aus dem Munde der Reisenden gesammelt und zusammengestellt. Lex.-8. (XI und 755 S. mit 14 Illustr. in Holzschn.) Glogau 863, Flemming.

—— Lebensspiegel, s. Sartorius, R.

—— Leitfaden f. die Experimental-Physik. Ein Lern- u. Wiederholungsbuch f. Schüler an gehob. Volks- u. Bürgerschulen u. technischen Anstalten. gr. 8. (10 B.) Dresden 842, Naumann. *

— Leitfaden für die Experimental-Physik. Ein Lern- u. Wiederholungsbuch für Schüler an gehobenen Volks- u. Bürgerschulen u. techn. Anstalten. 2. Aufl. gr. 8. (160 S.) Dresden 851, Naumann. n. 1/3 ₰

Schneider. K. F. Robert: Der preussische Staat in geographischer, statistischer, topographischer und militärischer Hinsicht. Ein Handbuch für Lehrer, ein Hülfsbuch für jeden Stand. Zweite Ausgabe. Nach der von Karl Renner besorgten ersten Ausgabe und den neusten amtlichen Angaben gänzlich umgearbeitet und stark vermehrt. Bunzlau und Sorau 1834. VIII, 496 S. 8º. [E 3011

— der preußische Staat in geographischer, statist., topographischer u. militärischer Hinsicht. Ein Handbuch für Lehrer, ein Hülfsbuch für jeden Stand. 3e, nach den neuesten amtl. Angaben u. den besten Quellen stark verm. u. umgearb. Aufl. 3 Lfrgg. gr. 8. Breslau 839, 40. Aderholz. 1 2/3 ₰ (Vergl. Staat, der preußische.)

—— der naturkundl. Unterricht, ein allseit. Bildungsmittel f. Schulen überh. u. f. höh. Bürgerschulen insbesond. gr. 8. (5 1/2 B.) Breslau 837, Graß, Barth u. Comp.

—— deutsche Vaterlandskunde, od. d. Land d. Deutschen mit seinen Gebirgen, Gewässern, Gesteinen, Pflanzen, Thieren u. Menschen. Ein Lehr- u. Leseb. f. Schule u. Haus. 8. (13 B.) Erlangen 840, Heyder.

—— kleine preuß. Vaterlandskunde. Ein Lese-, Lehr- u. Lernbuch f. d. Volk u. f. Volksschulen. gr. 8. (5 B.) Breslau 839, G. P. Aderholz.

—— kleine Weltkunde, od. d. Erdkunde in ihrer Verbind. mit d. Natur- u. Menschenkunde vom christl. Standpunkte betrachtet. Ein Lehr-, Lese- u. Lernb. f. Schule u. Haus. 8. (23 B.) Erlangen 840, Heyder.

Schneider, K. F. Robert, s. Woltersdorff, E. G.: Die evang. Psalmen.

Schneider, Camillo, alphabetisch geordneter Kohlen-Frachten-Tarif der Stationen Lugau, Oelsnitz i/E., Zwickau, Dresden-Altstadt, Tharandt, Meuselwitz u. Rositz f. d. Beförderung v. Stein- u. Braunkohlen u. deren Fabrikate in Ladungen v. 10000 Kgr. nach Stationen Preussens, Thüringens, Bayerns u. Württembergs. gr. 8. (69 S.) Chemnitz 891. (M. Bülz.) n. 2. —

vgl. Schneider, Karl Kamillo.

Schneider, Kamillo Karl

Schneider, Camillo Karl, deutsche Gartengestaltung u. Kunst. Zeit- u. Streitfragen. (VII, 184 S. m. 4 Abbildgn.) gr. 8. Leipzig 904. C. Scholtze. n. 4. 50

— landschaftliche Gartengestaltung. Insbesondere üb. die künstler. Verwertung natürl. Vegetationsvorbilder in den Werken der Gartenkunst u. m. e. Beitrag üb. Heimatschutz u. Landesverschönerg. (VIII, 250 S. m. Abbildgn.) gr. 8. Ebd. 907. n. 7. 50; geb. n. 8. 50

— illustriertes Handbuch der Laubholzkunde. Charakteristik der in Mitteleuropa heim. u. im Freien angepflanzten angiospermen Gehölz-Arten u. Formen m. Ausschluss der Bambuseen u. Kakteen. 1.—5. Lfg. (1. Bd. VI, IV, III u. 810 S. m. 460 Abbildgn.) Lex.-8. Jena 904. 905. G. Fischer. à n. 4. —

SCHNEIDER, Camillo Karl: Illustriertes Handbuch der Laubholzkunde. Charakteristik der in Mitteleuropa heimischen und im Freien angepflanzten angiospermen Gehölz-Arten und Formen mit Ausschluß der Bambusen und Kakteen. - Jena 1906 u. 1912. 2 Bd. u. 1 Reg. Bd. - 1. Bd.: 810 S. - 2. Bd.: 1070 S. - Reg. Bd.: VII, 136 S.

Schneider, Camillo Karl, illustriertes Handbuch der Laubholzkunde. Charakteristik der in Mitteleuropa heim. u. im Freien angepflanzten angiospermen Gehölz-Arten u. Formen m. Ausschluss der Bambuseen u. Kakteen. 6.—9. (II. Bd. 1.—4.) Lfg. (II. Bd. V u. S. 1—496 m. 328 Abbildgn.) Lex. 8. Jena 907—09. G. Fischer. à Lfg. 4. —

— illustriertes Handwörterbuch der Botanik. Mit Unterstützung von v. Hoehnel, K. Ritter v. Keissler, V. Schiffner, R. Wagner, A. Zahlbruckner u. unter Mitwirkg. v. O. Porsch hrsg. (VIII, 690 S. m. 341 Abbildgn.) gr. 8. Leipzig 905. W. Engelmann. n. 16. —; geb. in Halbfrz. n. 19. —; auch in 5 Lfgn. à n. 3. 20

Schneider, Camillo Karl: Die Prostituierte und die Gesellschaft. Eine soziologisch-ethische Studie. M. e. Geleitwort von A[lfred] Blaschko. — Leipzig: Barth 1908. VIII, 248 S. 8°

Schneider, Camillo Karl, gärtnerische Vermessungskunde, umfassend geometr. Zeichnen, Berechngn., Feldmessen, Nivellieren u. Planzeichnen. Eine Anleitg. zum Gebrauch f. den Selbstunterricht u. f. gärtner. Lehranstalten. Mit 266 Orig.-Abbildgn. im Text u. 3 Taf. gr. 8. (IV, 168 S.) Leipzig 903. R. C. Schmidt & Co. Geb. in Leinw. n. 3. —

Ⓑ — Gärtnerische Vermessungskunde, 903. (KVL 32.) Jetzt: Berlin, P. Parey.

Dendrologische Winterstudien. Grundlegende Vorarbeiten f. e. eingehende Beschreibung d. Unterscheidungsmerkmale der in Mitteleuropa heimischen u. angepflanzten sommergrünen Gehölze im blattlosen Zustande. Von Camillo Karl Schneider. Mit 224 Textabb. *Jena: G. Fischer 1903.* (VI, 290 S.) 8°

Schneider, Karl

Schneider, C., der allgemeine u. der Krieger-Aberglaube im 16., 17. u. 18. Jahrh. Eine culturhistor. Skizze aus dem deutschen Kriegerleben. [Aus: „Oesterreichische militärische Zeitschrift."] Wien 865. Gerold's Sohn. gr. 8. (33 S. mit 18 eingedr. Holzschn.) n. 10 ngr.

Schneider, Carl: Gründlich-zweckmässige Anleitung zur Erziehung eines jungen Hühnerhundes ... Nebst e. Anh. vom Lerchen- u. Becassinenfange; e. kurzen Beschreibung d. dazu gehörigen Netze u. Strickerei ... Neue, mit Arzneimitteln gegen Hundekrankheiten ... u. mit Kupfern verm. 3. Aufl. Braunschweig 1811. VIII, 86 S.

Schneider, C., gründl. Anleitung z. Erziehung eines jungen Hühnerhundes, nebst e. Anhang vom Lerchen- und Beccassinenfange. Neue Aufl. mit K. Braunschw. Schulbuchh. 812.

Schneider, C., (Revierjäger), f. a. Anleit. z. Erziehung eines jungen Hühnerhundes.

Schneider, C., Aufgabe u. Ziel der einklassigen Volksschule. 2. verm. Aufl. Bromberg 867. Carow. gr. 8. (50 S.) n. 6 ngr.

Schneider, Carl, Aufgabe und Ziel der einklassigen Volksschule. 2. verm. Aufl. gr. 8. (56 S.) Bromberg 867, Carow. * — 60

Schneider, Karl, 200 Aufgaben aus dem Gebiete der Kranken-, Unfall- u. Altersversicherung. Eine Ergänzg. zu den Schülerheften d. Rechenbücher in Volks- u. Mittelschulen. 1.—5. Taus. gr. 8. (22 S.) Lpz. 891, 92. Hirt u. Sohn. ** — 15

Schneider, Karl: Beiträge zur Geschichte Caracallas ...
Marburg: Fr. Lintz'sche Buchdr. in Trier 1890. 41 S. 8°
Marburg, Phil. Fak., Inaug.-Diss. v. [10. Apr.] 1890

Schneider, K[arl]: Bildungsziel und Bildungswege für unsere Töchter. — Berlin: Wiegandt & Grieben 1888. 38 S. 8°

Schneider, Carl, Biostatik dreier im lettischen Theile Livlands belegenen Kirchspiele Lemsal, Ubbenorm u. Pernigel in den J. 1834—1883. Inaug.-Diss. gr. 8. (116 S.) Dorpat 886. (Karow.) n. 1. —

Schneider Karl: Die Charakteristik der Personen im Aliscans. 23. Bl. Waidhofen a./Y. R901.902.

— u. A. Petersilie. Denkschrift üb. d. Volksschulwesen im preuß. Staate, s. Statistik, preußische, 101. Heft.

Schneider, Carl *Anton* [aus Worms]: Über den Einfluss verschiedener, in der Landwirtschaft üblicher Fütterung auf die Zusammensetzung der Milch bei mehreren Kühen ... Leipzig-Reudnitz, Druck v. O. Schmidt, 1892; 86 S., 1 Bl., 1 Taf. 8.
Leipzig, Phil. Fak., Inaug.-Diss. v. [6. Febr.] 1893

Schneider, Carl: Aus d. Univ.-Polikl. f. Ohren- u. Nasenkrankh. zu Göttingen. Der Einfluss von Schallleitungsstörungen auf die Perceptionsdauer. Würzburg 1909: Richter. 20 S., 11 Bl. Tab. 8°
Göttingen, Med. Diss. v. 5. Juni 1909, Ref. Bürkner-Braun
[Geb. 23. Juli 83 Osnabrück; Wohnort: Osnabrück; Staatsangeh.: Preußen; Vorbildung: Gymn. Göttingen Reife O. 02; Studium: Göttingen 7, Freiburg i. B. 1, Berlin 1, München 1 S.; Coll. 13. Jan. 09; Approb. 5. Juni 09.] [U 09. 1323

Schneider, Karl, a. Magdeburg: Aus d. Frauenklinik d. Univ. Heidelberg. Direktor: Geh. Hofrat Prof. Dr. von Rosthorn. Ein Fall von Pyometra senilis. Ein Beitrag zur Lehre von den Epithelmetaplasieen. Königsberg i. Pr. 1907: O. Kümmel. (28 S., 2 Taf.) 8°
Heidelberg, Med. Fak., Ref. v. Rosthorn, Diss. v. 1907
[Geb. 8. Aug. 82 Magdeburg; Wohnort: Königsberg i. Pr.; Staatsangeh.: Preußen; Vorbildung: König-Wilhelms-Gymn. Magdeburg Reife O. 01; Studium: Genf 2, Heidelberg 3, Leipzig 2, Heidelberg 6 S.; Coll. 4. Juni 07; Approb. 27. Nov. 07.]

Schneider, Carl, approb. Arzt aus Sprottau i. Schl.: Über zwei Fälle von Herderkrankungen des Gehirns. *Tübingen: F. Pietzcker 1902.* (29 S.) 8°
Tübingen, Med. Diss. v. 1902

Schneider, K., Kaiser Friedrich, s.: Sammlung pädagogischer Vorträge.

Schneider, Carl, fromm u. fröhlich. Poetische Erzählgn. f. **kleine Leute. (47 S. m. Abbildgn.) 8. Kassel 905. J. G. Oncken Nachf. —25; geb. —50**

Schneider, Karl, das sechste Gebot in der Schule. Ein Vortrag. 8. (27 S.) Berlin 893. Wiegandt & Grieben. n. — 40

Gesänge für die Loge Karl zum Rautenkranz in Hildburghausen, dem alten Liederbuche entnommen und durchgehends mit Melodien versehen von C[arl] **Schneider.** Ihrer geliebten Loge in alter Treue gewidmet von dem Hrsg. und P. Maultzsch. Hildburghausen o. J.: Gadow & S. 36 S. 8° [Umschlagtit.]
33 Lieder mit Noten. 3.

Schneider, C. Zur Geschichte der Schnellfeuerwaffen. (Aus: „Der Kamerad" Oesterreichische Militär-Zeitung vom 12. Juli 1867.) 8. Wien 1867.

Schneider, Karl, zur Geschichte u. Theorie des Vulkanismus. (116 S.) Lex. 8. Prag 908. J. G. Calve. 3. —

Schneider, Karl, das bürgerliche Gesetzbuch u. seine Nebengesetze nach ihrer Wirkung im Geschäftsbereiche der öffentlichen Sparkassen. Im Auftrage des deutschen Sparkassenverbandes bearb. 2. Aufl. gr. 8. (179 S.) Hannover 899. (W. Pokrantz.) n. 1. 50

Die Griechischen Gymnasien und Palästren nach ihrer geschichtlichen Entwicklung. Diss. Phil. Freiburg in der Schweiz von K' Sch'. 133 S. 8. Solothurn, Union, [1908]. [im Buchh. fr. 3.—]

Schneider, Karl, die griechischen Gymnasien u. Palästren nach ihrer geschichtlichen Entwicklung. Diss. (133 S.) 8. Solothurn (909). Buch- u. Kunstdruckerei Union. 2. 50

SCHNEIDER, Carl (München): De haemoptoe.- München 1865.
31.10.1865 - Urk; F 70
Diss. Ingolst.-Landsh.-Mchn.

— die Handgranate. Ein Beitrag zur Geschichte der Artillerie. gr. 8. (12 S. mit 3 Stnt. Zeichnungen in gr. 8. und 4.) Wien 864. Gerold's Sohn. *
aus: Oesterreichische militärische Zeitschrift, besonders abgedruckt.

— Handreichung der Kirche an die Schule, in theoret. u. prakt. Anleitung zum evangel. Religionsunterricht dargeboten. Bielefeld 867. Velhagen & Klasing. gr. 8. (VIII, 304 S.) n. 1 ⅓

Schneider, C. Claus Harms, s. Sonntags-Bibliothek.

Claus **Harms,** der evangelische Prediger, Priester und Pasor. Ein Lebensbild gezeichnet von K. Schneider. — Bielefeld: Velhagen & Klasing 1861. 120 S. 8°

Der Held von Uganda. Leben u. Wirken d. Pioniermissionars Alexander Mackay. Von Carl **Schneider.** Kassel: J. G. Oncken Nachf. 1908. (127 S.) 8°
= **Jugendheim.** 39. [08. 12304

— die Hülle der göttlichen Offenbarung. Ein Vortrag zu Breslau am 2. Jan. 1868 gehalten. 8. (20 S.) Breslau 868, (Mälzer.) ** — 25
Aus: Evangelisches Gemeinde-Blatt für Schlesien, besonders abgedruckt.

Schneider, Karl, s.: Jahrbuch üb. die deutschen Kolonien.

Schneider, Carl, zwei Jahre in Amerika, s.: Verein z. Verbreitung guter Schriften, Bern Nr. 14.

Ein halbes Jahrhundert im Dienste von Kirche und Schule. Lebenserinnerungen von D. Dr. Karl **Schneider,** Wirkl. Geh. Ober-Reg.R. *Berlin: W. Hertz 1900.* (VI, 488 S.) 8° [J.] [00. 1116

Schneider, Karl, ein halbes Jahrhundert im Dienste v. Kirche u. Schule. Lebenserinnerungen. 2. Aufl. gr. 8. (VI, 496 S.) Stuttgart 901. J. G. Cotta Nachf., Zweigniederlassg. Berlin. n. 6. —; geb. n. 7. —
1. Aufl. (VI, 488 S.) 900. n. 6. —; geb. n. 7. —.

Zur Installation. Ansprache, in der Loge Karl zum Rautenkranz zu Hildburghausen am 6. Dec. 1877 gehalten von C[arl] **Schneider.** Hildburghausen [1877]: Schwessinger. 8 S. 8⁰ [Umschlagtit.]
Mahnung, die frmrischen Pflichten zu erfüllen. 157.

Schneider, Karl: Zur Casuistik der Pericarditis suppurativa. Halle 1880: Karras. 39 S., 2 Taf. 8°
Halle-Wittenberg, Med. Diss. v. 22. Dez. 1880
Geb. Magdeburg 5. 5. 1854. V.

Schneider, Karl, freie Klänge. 8. Breslau 845. (Trewendt.) n. 2/3 ₰

Schneider, C., Kubiktabelle zur Berechnung runder Hölzer nach Metermaß. 2. Aufl. 8. (18 S.) Leipzig 889. F. Schneider. cart. — 40

Schneider, K., Lehrbuch der christlichen Religion für die Oberklassen evangelischer Gymnasien. Bielefeld 860. Velhagen & Klasing. gr. 8. (X, 297 S.) n. 1 ₰ 3 ngr.

—— der Lehrermangel, eine Gefahr für das deutsche Volksleben. Vortrag gehalten auf dem Congresse für innere Mission zu Halle am 4. Octbr. 1872. gr. 8. (16 S.) Halle 873, Fricke. — 30

Schneider, Karl, 100 geistliche Lieder. Schulauszug aus dem evang. Gesangbuche f. d. Prov. Brandenburg. M. Genehmigung d. Hrn. Ministers der geistl. rc. Angelegenheiten u. d. evang. Oberkirchenrates z. Unterrichtsgebrauch in allen Volks- u. Mittelschulen sow. höheren Mädchenschulen, in deren Kirchengemeinden das Provinzial-Gesangbuch eingeführt ist (Erlaß v. 29. IV. 1888) hrsg. 63. Aufl. Ausg. ohne Noten. 12. (80 S.) Berlin 894. Trowitzsch & Sohn. n.n. — 15; kart. n.n. — 25

Schneider, K., 100 geistliche Lieder. Schulauszug aus dem evangel. Gesangbuche f. die Prov. Brandenburg. Zum Unterrichtsgebrauch in allen Volks- u. Mittelschulen. sowie höheren Mädchenschulen, in deren Kirchengemeinden das Prov.-Gesangbuch eingeführt ist. Ausg. ohne Noten. Neu durchgesch. Aufl. (88 S.) 8. Berlin 901. Trowitzsch & Sohn. n.n. — 20; kart. n.n. — 30
Ausg. m. Noten s.: Lieder, 100 geistliche.

— Die Milchwirtschaft im kleinbäuerlichen Betriebe. Anleitung zur besseren Milchgewinng. u. rentableren Milchverwertg. nach den Fortschritten d. Neuzeit. Hrsg. v. der Landwirtschafts-Kammer f. den Reg.-Bez. Wiesbaden. (36 S. m. Abb.) 8. Westerburg 908. P. Kaesberger. — 30

Schneider, Karl: Morphologie und Genesis von Istrien. Phil. Diss., Prag 1903/1904.

— Zur Orographie u. Morphologie Böhmens. Hrsg. m. Unterstützg. der „Gesellschaft zur Förderg. deutsch. Wissenschaft, Kunst u. Literatur in Böhmen". (IV, 261 S.) Lex. 8. 6. —
Prag: Calve 1908.

Schneider, Karl, Prüfungs-Ordnungen für Volksschullehrer. Bestimmungen über die Aufnahme in Schullehrer-Seminare, sowie über die Prüfungen für Volksschullehrer, Lehrer an Mittelschulen und Rektoren vom 15. Oktbr. 1872. Prüfungs-Ordnungen für Turnlehrer und für Lehrer und Vorsteher an Taubstummenanstalten. Mit Erläuterungen und Ergänzungen hrsg. gr. 8. (IV, 81 S.) Berlin 882, Hertz. *

Schneider, Karl, die Pürsche auf den Rehbock. Aus der Praxis dargestellt. gr. 8. (67 S.) Gohlis 874. Wolff. 1. 50

Schneider, Carl, die Pürsche auf den Rehbock. Aus der Praxis dargestellt. 2. Aufl. gr. 8. (68 S.) Blasewitz-Dresden 894. P. Wolff. n. 1. 60

Die Pürsche auf den Rehbock. Aus d. Praxis dargest. von Carl **Schneider.** Kgl. Hegemeister a. D. 2. Aufl. *Neudamm: J. Neumann [1900].* (67 S.) 8° [F.]
(J. Neumanns Forst- u. Jagdwissenschaftl. Büchersammlung.) [1 . . 66

Schneider, Carl, die Birsch auf den Rehbock od. sein Abschuß m. der Büchse auf Birsch u. Anstand beim Blatten u. Drücken. Aus der Praxis dargestellt. 3. Aufl., nach dem Tode des Verf. hrsg. v. der Red. der deutschen Jäger-Zeitg. Mit zahlr. Abbildgn. v. W. Arnold, B. v. Bassewitz, C. Deicker u. a. (115 S.) 8. Neudamm 907. J. Neumann. 2.—; geb. in Leinw. 3. —

Schneider, Karl, Kammergerichtsreferendar a. Koschmin: Das Recht der Untermiete nach Gemeinem Rechte und dem Rechte des Bürgerlichen Gesetzbuchs. Berlin 1907: Korwitz & Co. (99 S.) 8°
Greifswald, Jur. Fak., Ref. Pescatore, Diss. v. 22. Nov. 1907
[Geb. 17. Aug. 82 Koschmin (Posen); Wohnort: Berlin; Staatsangeh.: Preußen; Vorbildung: Gymn. Ostrowo Reife O. 01; Studium: Berlin 4, Greifswald 2 S.; Rig. 6. Mai 07.]

Schneider Karl, a. Marburg i. H.: Die innere Reibung wässeriger Lösungen von Kalisalzen und Chloriden und ihr Zusammenhang mit der elektrolytischen Leitfähigkeit. Rostock 1910: Winterberg. 38 S., 4 Taf. 8°
Rostock, Phil. Diss. v. 5. Aug. 1910, Ref. Heydweiller
[Geb. 2. Okt. 86 Winterscheid, Kr. Ziegenhain; Wohnort: Rostock; Staatsangeh.: Hessen; Vorbildung: Oberrealsch. Marburg Reife O. 06; Studium: Marburg 5, Rostock 3 S.; Rig. 27. Juli 10.] [U 11. 4173

— das erste Religionsbuch für evangelische Kinder von 5 bis 8 Jahren. 1. Aufl. 866. n. 6 ngr. u. 2. Aufl. Posen 868. Heine. 8. (IV, 57 S.) cart. n. 5 ngr.

Schneider, K., das erste Religionsbuch für evangelische Kinder von 5 bis 8 Jahren. 3. und 4. unveränd. Aufl. 8. (54 S.) Berlin 887, J. J. Heine. *

Schneider, K., das erste Religionsbuch f. evangelische Kinder von 5—8 Jahren. 5., unveränd. Aufl. 8. (54 S.) Berlin 890. J. J. Heine. n. — 40; cart. n. — 50

— das erste Religionsbuch f. evangel. Kinder von 5 bis 8 Jahren. 6. unveränd. Aufl. 8. (54 S.) Berlin 894. J. J. Heine. Kart. n. — 50

Schneider's, K., erstes Religionsbuch für evangelische Kinder. Neu hrsg. u. für den Gebrauch in Unter- u. Mittelklassen der Volksschulen erweitert von C. Kehr. 3. Aufl. gr. 8. (VII, 147 S.) Posen 880. Heine. n. — 80

Schneider. Karl: Über die Rolle einiger Thiergattungen in dem Kriegswesen der Vergangenheit. Eine culturhistorische Skizze. (Mit 3 Figurentafeln Nr 11, 12 und 13.) (Aus: „Streffleur's österr. milit. Zeitschrift". Jhg. 1866. 3. Bd.) Wien 1866. 8⁰

Schneider, Karl, Rom u. die Vernunft. Ist Jesus Gott u. Mensch zugleich oder nur Mensch? Ein Tractätlein. gr. 8. Hamburg 846, Hoffmann u. Campe. 1/12 ₰

— Rousseau u. Pestalozzi, der Idealismus auf deutschem u. auf französischem Boden. Zwei Vorträge. Bromberg 867. (Carow.) 8. (III, 86 S.) 7½ ngr.

—— Rousseau und Pestalozzi, der Idealismus auf deutschem und französ. Boden. Zwei Vorträge. 2. Aufl. gr. 8. (III, 59 S.) Bromberg 873, Mittler'sche Buchh. * 1 —

Schneider, Karl (Dr.). Rousseau und Pestalozzi, der Idealismus auf deutschem u. auf französischem Boden. Zwei Vorträge. 3. Auflage. Herausgegeben zum Besten des Pestalozzivereins für die Provinz Posen. In-8⁰, 63 S. Berlin, R. Gärtner's Verlag. 1881.

— Rousseau u. Pestalozzi, der Idealismus auf deutschem u. auf französischem Boden. Zwei Vorträge. 4. Aufl. 8. (63 S.) Berlin 889. Gaertner. n. 1. —

— Rousseau u. Pestalozzi, der Idealismus auf deutschem u. auf französ. Boden. 2 Vorträge. 5. Aufl. gr. 8. (63 S.) Berlin 895. R. Gaertner. n. 1. —

Schneider, Karl, Kammergerichtsrefer.: Die Sachlegitimation zur Erbunwürdigkeitsklage nach geltendem deutschen Reichsrechte. Berlin 1910: Blanke. 72 S. 8°
Erlangen, Jur. Diss. v. 2. Nov. 1910, Ref. Binder
[Geb. 26. Febr. 87 Schöneberg b. Berlin; Wohnort: Schöneberg; Staatsangeh.: Preußen; Vorbildung: Prinz-Heinrich-Gymn. Schöneberg Reife M. 05; Studium: Berlin 6 S.; Rig. 16. Dez. 10.] [U 11. 866

— Schleiermacher u. Harms. Ein Vortrag im Saale des königl. Friedrich-Wilhelms-Gymnasiums zu Posen gehalten. Berlin 865. G. Reimer. gr. 8. (40 S.) 7½ ngr.

— Gotthilf Heinrich v. Schubert, s. Sonntags-Bibliothek.

— u. A. Petersilie, d. ges. niedere Schulwesen im preuß. Staate, s.: Statistik, preußische, 151. Bd.

Schneider, Carl. Biographische Skizze des Freiherrn Hans Philipp v(on) Hohensax, Besitzer der Manessischen Sammlung. Geboren 1550... – ermordet den 4. Mai 1596. 8. Altstätten *o. J.* [ca. 1860].

Schneider, Karl ⟨geb. am 19 Nov. 1859 in Schroda Rgbz. Posen⟩: Studien über Thalbildung aus der Vordereifel ... Berlin, Druck v. W. Pormetter 1883. 43 S., 1 Bl. 8. ¶ Sonderabdr. aus d. Zeitschr. d. Ges. f. Erdkunde zu Berlin XVIII 1883 S. 27 ff.
Bonn, Phil. Fak., Diss. v. 19 Febr. 1883

— Tabellen zur Berechnung des Kubikinhaltes runder Hölzer nach Metermaß. Nebst Angabe der Verhältnisse zu den bisher in den verschiedenen Ländern Deutschlands gebräuchl. Maaßen. Fol. (1 Bl.) Leipzig 872, Schneider. — 30

Schneider, Carl, der moderne Tapezierer, s. Tapezierer.

Schneider, Carl, der moderne Tapezierer. Sammlung der neuesten Muster von Möbeln, Gardinen, Vorhängen, Ofen- und Bett-Schirmen, Draperien, Zimmer-Einrichtungen u. s. w. 1—8. Liefg. Berlin (857, 58.) Th. Grieben. Fol. Jede Liefg. von 6 lith. Bl. n. 20 ngr.; color. u. 1 rℓ.

Schneider, Carl, der moderne Tapezierer. Sammlung der neuesten Muster von Möbeln, Gardinen, Vorhängen, Ofen- u. Bettschirmen, Draperien, Zimmer-Einrichtungen etc. Fortgesetzt von Ferd. List. 8—12. Liefg. u. 13—22. Liefg. [Neue Folge 1—10. Liefg.] Berlin 859—64. Th. Grieben. Fol. Jede Liefg. von 6 lith. Bl. n. 20 ngr.

Schneider, Carl. Die Pfäferser-Ragatzer Thermaldomänenverhältnisse. Beleuchtet von C' Sch', Advokat. 8. Altstätten 1859.

Schneider, Karl, Alboins Tod. Trauerspiel in 3 Aufzügen. gr. 8. (114 S.) Basel 901. C. F. Lendorff. n. 2. 50

Schneider, Carl. Die Hamburger Turnerschaft von 1816, von ihrer Begründung bis zur Gegenwart. Anläßlich des 75jährigen Bestehens der Turnerschaft ... verfasst. Hamburg, Selbstverlag 1891.
VII + 176 S.; 7 Taf. 8°.

Schneider, Carl, die Hamburger Turnerschaft v. 1816, von ihrer Begründung bis zur Gegenwart. Anläßlich d. 75jähr. Bestehens der Turnerschaft im Auftrage d. Turnrathes verf. gr. 8. (IX, 176 S. m. 1 Tab. u. 7 Abbildgn.) Hamburg 891. (O. Meißner's Verl.) n. 2. 40

Schneider, Karl: Untersuchungen zur burgundischen Hystorie des Hans Erhard Düsch. Strassburg 1910: Heitz. VIII, 149 S. 8°
Straßburg, Phil. Diss. v. 26. Febr. 1910, Ref. Martin
[Geb. 13. Juli 86 Ulm a. D.; Wohnort: Stuttgart; Staatsangeh.: Württemberg; Vorbildung: Realgymn. Stuttgart Reife Juli 04; Studium: Tübingen 4, Berlin 1, Paris 1, Straßburg 3 S.] [U 10. 4096

Schneider, Carl [aus Lich]: Untersuchungen über die niedersiedenden Producte, welche bei der trockenen Destillation von schweren sächsischen Braunkohlentheerölen unter einem Druck von drei bis sechs Atmosphären erhalten werden .... Grünberg, Buchdr. v. Heinrich Robert, 1888; 2 Bl. + 81 S. 8°
Giessen, Phil. Fak., Inaug.-Diss. v. 1888

Schneider, Carl, Justizref.: Das Urteil als Ersatz von Willenserklärungen. *Tübingen 1903: (O. Riecker).* (101 S.) 8°
Tübingen, Jur. Diss. v. 1903

— Volksschule u. die Schullehrerbildung in Frankreich. Dargestellt u. mit den entsprechenden Verhältnissen des preuß. Schulwesens verglichen. Bielefeld 867. Velhagen & Klasing. gr. 8. (IV, 92 S.) n. 10 ngr.

Königreich Preußen. Die Volks- und die Mittelschulen sowie die sonstigen niederen Schulen im preußischen Staate i. J. 1891. Nebst geschichtl. u. statist. Rückblicken in d. Vergangenheit. Denkschrift, im Austr. d. H. Minist. d. geistl., Unterrichts- u. Med.-Angelegenheiten bearb. von Dr. K[arl] **Schneider**, Wirkl. Geh. Ober-Reg.R., u. Dr. A[lwin] Petersilie, Prof. Berlin 1893: Koebke. x, 338 S. 4°

— **Volksschulwesen u. Lehrerbildung in Preußen.** Enth.: **Die allgemeinen Bestimmgn., betr. das Volksschul-, Präparanden- u. Seminar-Wesen vom 15. Octbr. 1872; die Prüfungs-Ordng. f. Lehrerinnen u. Schulvorsteherinnen vom 24. April 1874 u. die Grundzüge f. die Einrichtg. gewerbl. Fortbildungsschulen vom 17. Juni 1874** nebst Ergänzgn. u. Erläutergn. gr. 8. (V, 311 S.) Berlin 875. Wiegandt & Grieben. n. 3. 75

Schneider, K., u. E. v. Bremen, das Volksschulwesen im Preußischen Staate, in systemat. Zusammenstellg. der auf seine innere Einrichtg. u. Rechtsverhältnisse, sowie auf seine Leitg. u. Beaufsichtgg. bezügl. Gesetze u. Verordngn. Zugleich e. vollständ. Auszug der durch das Centralblatt f. die gesammte Unterrichtsverwaltg. von 1859—1885 mitgetheilten auf das Volksschulwesen bezügl. u. noch in Kraft steh. Gesetze u. Verordngn. bearb. (In ca. 36 Lfgn.) 1—22. Lfg. Lex.-8. (1. Bd. XI, 965 u. 2. Bd. V, 815 S.) Berlin 886. Hertz. à n. 1. —

— u. E. v. **Bremen**, das Volksschulwesen im preußischen Staate, in systemat. Zusammenstellg. der auf seine innere Einrichtg. u. seine Rechtsverhältnisse, sowie auf seine Leitg. u. Beaufsichtigg. bezügl. Gesetze u. Verordngn. Zugleich e. vollständ. Auszug der durch das Centralblatt f. die gesammte Unterrichtsverwaltg. von 1859—1885 mitgetheilten, auf das Volksschulwesen bezügl. u. noch in Kraft steh. Gesetze u. Verordngn. 23.—35. (Schluß-) Lfg. Lex.-8. (3. Bd. VII, 1018 S.) Berlin 887. Hertz. à n. 1. — (cplt.: n. 35. —; geb. n. 41. —)

Meine Wanderung auf dem Rennstieg des Thüringer Waldes im Sommer 1899. Nach e. Vortrag, geh. im 'Ver. f. Erdkunde' zu Altenburg. Carl **Schneider**, Fabrikdir. in Altenburg. Altenburg, S. A.: A. Tittel (1905). (100 S.) 8° [F.]
= Schriften d. Rennsteigvereins. No 3. [05. 14036

Schneider, Karl, was muß man vom ehelichen Güterrecht wissen? Die Bestimmgn. des bürgerl. Gesetzbuches üb. den gesetzl. Güterstand der Ehegatten. Für den prakt. Gebrauch erläutert. gr. 8. (72 S.) Berlin (900). H. Steinitz. n. 1. —

— Kaiser Wilhelm, s.: Sammlung pädagogischer Vorträge.

Schneider Karl: August Stephan Winkelmann.
II. 1910 PN 2930 **Diss.** Wien, Univ.

Schneider, Karl, appr. Tierarzt a. Alsfeld, z. Zt. Schlachthoftierarzt in Darmstadt: Über die Zersetzung des Chloroforms durch tierische Gewebe. Cassel 1905: Weber und Weidemeyer. (20 S.) 8°
Gießen, Med. Fak., Ref. Geppert, Diss. v. 23. Dez. 1905
[Geb. 4. Nov. 76 Alsfeld; Wohnort: Darmstadt; Staatsangeh.: Hessen; Vorbildung: Realgymn. Gießen Reife O. 95; Studium: Gießen 2, Berlin Tierärztl. Hochsch. 6, Gießen 1 S.; Rig. 13. Juli 05.]

Schneider, Carl, Artillerie-Hauptm. Zusammenstellung und Inhalts-Angabe der artilleristischen Schriften und Werke in der Bibliothek Seiner Excellenz des Herrn FZM. Ritter von Hauslab. Zusammengestellt und beschrieben von ..... (Mit 4 Taf.) Separat-Abdruck aus den „Mittheilungen des k. k. Artillerie-Comité". Jahrgang 1868. 8. Wien 1868.

Schneider, Karl, Cypern unter den Engländern. Reise-Skizzen. gr. 8. (VIII, 155 S.) Köln 879, DuMont-Schauberg'sche Buchh. *

Schneider, Karl Albert

Schneider, Karl Alb.: Das altcivile u. Justinianeische Anwachsungsrecht bei Legaten u. die caducarischen Bestimmungen der Lex Julia et Papia. Eine Revision dieser Lehren. gr. 8. *Berlin*, (Natorf et Comp.) 837. (1 Thl. 16 Gr.)

Schneider, Karl Alb., das altcivile u. justinianeische Anwachsungsrecht bei Legaten, u. d. caducarischen Bestimmungen d. Lex Julia et Papia. Eine Revision dieser Lehren. gr. 8. (20 B.) Berlin 837, [Schröder's Verl.]

Schneider, Karl Alb., die allgemein subsidiären Klagen d. Röm. Rechts. Eine civilist. Abhandl. gr. 8. (33½ B.) Rostock 833, [Oeberg.]

— die allgemein subsidären Klagen des Römischen Rechts. Eine civilistische Abhandlung. gr. 8. Rostock 834. Oeberg. 3 rf

—— de centumviralis judicii apud Romanos origine liber singularis. 8maj. (7½ B.) Rostochii 835, Oeberg.

Schneider, Karl Albert, über Verschiedenheit der Symbole innerhalb der Union der evangel. Kirche. Lex. 8. (51 S.) Berlin 852, W. Schultze. n. 8 ngl

— zur Verständigung über die Emancipation der Kirche, in Sonderheit der Evangelisch-Protestantischen. Lex. 8. (53 S.) Berlin 852, Landsberger. n. ⅓ rf

Schneider, Karl August [aus Landau in d. Pfalz]: Ein Fall von Gliom der Sehhügel und Vierhügel ... Erlangen, Druck d. Univ.-Buchdr. v. E. Th. Jacob, 1897; 38 S. 8.
Erlangen, Med. Fak., Inaug.-Diss. v. 1. Dez 1896

Schneider, Carl Aug., über d. Frage: an welche Gerichts-, Polizei- u. Administrationsbehörde in Braunschweig hat man sich in Proceß-, Polizei-, Vormundschafts-, Hypotheken- u. Verwaltungssachen rc. zunächst zu wenden, nebst e. alphab. Verzeichnisse der Straßen u. Gegenden in u. unweit d. Stadt Braunschweig, mit Bezeichnung d. Gerichtsbezirke u. Polizeidistrikte, zu welchen sie gehören. Ein Beitr. zur Unterscheid. d. Districtsgerichts rc. gr. 8. (1 B.) Braunschweig 832, J. H. Meyer.

Schneider, Karl Aug., Fragmente über Privatrecht und Civilproceß, Staats-Strafrecht und Strafproceß des Herzogthums Braunschweig. Systematisch geordnet. gr. 8. Braunschweig 836. G. C. E. Meyer sen. ⅚ rf

Schneider, Karl Aug., Gedichte. 1s Bdchen. 8. Prag 800. Widtmann. 1 rf

Schneider, (Carl Aug.,) Marienbad. (Gedichte.) 8. Prag 819, (Hase.) (19 Bogen.)

Schneider, C. Aug., alphabet. Register üb. die im Herzogthume Braunschweig belegenen Ortschaften, als Städte, Flecken, Dörfer, Domainen, Rittergüther, Mühlen rc., mit Nachweisung, unter welcher Justiz- u. Administrations-Behörde dieselben jetzt liegen rc. .. Braunschweig ... Leibrock. ¼ rf

Schneider, C. Aug., Repertorium der erläut. u. ergänz. Rescripte, Instruktionen, Bekanntmachungen rc. der Verordnungs-samml. f. d. Herzogl. Braunschweig. Lande, vom Jahr 1814 bis auf die neueste Zeit. 1n Bdes 1e—3e Abthl. gr. 8. Braunschweig 832, 33. Meyer. 3 rf

—— Repertorium d. erläuternden u. ergänzend. Rescripte etc., s. a. Repertorium.

Schneider, Karl Benedikt (Hersbruck) A. S. 372/4

Dissertatio inauguralis qua aprosopolypsian iustitiae divinae ultricissive vindicias poenarum quae gentilibus pariter ac Iudaeis sunt subeundae ex Rom. II, 12 ... submittit ... Präs. Johann Albert Spies. Altdorf (Hessel) 27. VI. 1754. 28 S.

Gew.: Karl Siegmund Ferdinand Grundherr, Johann Karl Loeffelholz, Johann Adam Rudolph Karl Geuder, Georg Friedrich Poemer. 31057

Schneider, Karl Benedikt (Hersbruck) A. S. 270/25

Meditatio exegetica qua historiam primae de baptismo controversiae ex Joh. c. III. v. 22-26. expendet. Präs. Johann Augustin Dietelmair. Altdorf (Hessel) 15. XII. 1751. 32 S.

W. v.: Präs., Georg Andreas Will, M. Adelhard (Opp.) Nikolaus Adam Nopitsch (Opp.), Daniel Bachelbel (Opp.). 31056

Schneider, Karl Ernst Christoph

Schneider, C. E. Chr., Additamenta ad Civitatis Platonicae libros X. Lipsiae 1830—33. editos. 8maj. (87 S.) Lipsiae 854, Teubner.

Schneider, C. E. Chr., additamenta ad Civitatis Platonicae libros X, s. Plato.

Schneider, C(arolus) E(rnestus) Chr(istophorus): Admonitio de codicis Medicei epistolarum Ciceronis ad familiares auctoritate. (Vratislaviae 1832.) (S. 2—4) 4°
Breslau, Ind. lect. WS 1832/33

Schneider, Carolus Ernestus Christophorus: De Romana historia, quam scripsit Theodorus Mommsen, admonitio. (Vratislaviae 1854.) (S. 3—8) 4°
Breslau, Ind. lect. WS 1854/55

[**Schneider,** Carolus Ernestus Christophorus: De Anterote.] (Vratislaviae 1819.) (S. 3—4) 4°
Breslau, Ind. lect. WS 1819/20

Schneider, C[arolus] E[rnestus] Ch[ristophorus]: Apparatus critici ad Caesaris commentarios pertinentis specimen. Vratislaviae 1839. (V, 25 S.) 4°
Breslau, Progr. z. Geburtstage d. Königs am 3. Aug. 1839

Schneider, C. E. C., Apparatus Pindarici etc., s. Apparatus.

Schneider, Karl Ernst Christoph, s. Aesopus: Fabulae.

— s. Caesar, C. J.: Commentarii ...

[**Schneider,** Carolus Ernestus Christophorus: De codice bibliothecae academicae Vratislaviensis libros Marci et Lucii Senecarum continente.] (Vratislaviae 1835.) (S. 3—8) 4°
Breslau, Ind. lect. SS 1835

[**Schneider,** Carolus Ernestus Christophorus: De codice Dictyos Cretensis Vratislaviensi.] (Vratislaviae 1833.) (S. 3—4) 4°
Breslau, Ind. lect. WS 1833/34

[**Schneider,** Carolus Ernestus Christophorus: De mythographi a Bodio editi tertii codice Vratislaviensi.] (Vratislaviae 1834.) (S. 3—10) 4°
Breslau, Ind. lect. SS 1834

Schneider, C(arolus) E(rnestus) Chr(istophorus): Critica adnotatione instructi Platonis Critiae p. 1. (Vratislaviae 1855.) (S. 3—8) 4° *[P. 2 ist Progr. z. Geburtstage d. Königs 1855]*
Breslau, Ind. lect. WS 1855/56

Schneider, Carolus Ernestus Christophorus: Adnotatione critica instructi Platonis Critiae p. 2. Vratislaviae 1855. (27 S.) 4° *(P. 1 ist Ind. lect. WS 1855/56)*
Breslau, Progr. z. Geburtstage d. Königs am 15. Okt. 1855

[**Schneider,** Carolus Ernestus Christophorus: Descriptio codicis Luciani Goerlizensis nonnullaeque ex eo prolatae novae lectiones.] (Vratislaviae 1834.) (S. 3—8) 4°
Breslau, Ind. lect. WS 1834/35

Schneider, C(arolus) E(rnestus) Chr(istophorus): Descriptio codicis vetustissimi in bibliotheca academica asservati cum precationibus quibusdam ex eo editis. (Vratislaviae 1839.) (S. 3—6) 4°
Breslau, Ind. lect. WS 1839/40

C. E. Chr. Schneider progr. descriptio codicis vetustissimi in bibliotheca academica asservati cum precationibus quibusdam ex eo editis. Vratisl. 1839. 4. (Cod. membr. saec. IX. Apuleji Barbari, Sexti Placiti et Pseudo-Musae quaedam continens.)

Schneider, C(arolus) E(rnestus) Chr(istophorus): Descriptio duorum codicum mss. Galeni libros Latinam in linguam translatos continentium. (Vratislaviae 1840.) (S. 3—14) 4°
Breslau, Ind. lect. WS 1840/41

[**Schneider,** Carolus Ernestus Christophorus: De Caesaris dictaturis.] (Vratislaviae 1827.) (S. 3—6) 4°
Breslau, Ind. lect. WS 1827/28

[**Schneider,** Carolus Ernestus Christophorus: De disciplinis et magistris academicis deligendis.] (Vratislaviae 1825.) (S. 2) 4°
Breslau, Ind. lect. WS 1825/26

Elisabethae Ludovicae principis juventutis conjugi serenissimae Vratislaviam primum ingredienti d. II. Sept. 1824 Academia Vratislaviensis. (Vratislaviae 1824.) (3 Bl.) 2° *[Lat. Gedicht v. Karl Ernst Christoph Schneider.]*

[**Schneider,** Carolus Ernestus Christophorus: De erratis nonnullis in editione Demosthenicae orationis in Midiam a Spaldingio curata.] (Vratislaviae 1820.) (S. 3—4) 4°
Breslau, Ind. lect. WS 1820/21

[**Schneider,** Carolus Ernestus Christophorus: De exemplari epistolarum Ciceronis ad familiares bibliothecae academicae Vratislaviensis anno 1467 typis expresso.] (Vratislaviae 1818.) (S. 2) 4°
Breslau, Ind. lect. WS 1818/19

[**Schneider,** Carolus Ernestus Christophorus: De universitatum fine ac ratione.] (Vratislaviae 1835.) (S. 3—8) 4° *[Rede, gehalten am Geburtstage des Königs im selben Jahre.]*
Breslau, Ind. lect. WS 1835/36

[**Schneider,** Carolus Ernestus Christophorus: De flumine Haliacmone ab Herodoto VII, 127 descripto.] (Vratislaviae 1824.) (S. 3—7) 4°
Breslau, Ind. lect. WS 1824/25

[**Schneider,** Carolus Ernestus Christophorus: De fraude quadam litteraria Henrici Stephani.] (Vratislaviae 1830.) (S. 3—10) 4°
Breslau, Ind. lect. WS 1830/31

Schneider, C(arolus) E(rnestus) Chr(istophorus): Mendorum index in Platonis legibus, Epinomide, epistolis dialogisque subditivis ex recensione C. E. Chr. Schneideri Parisiis a Didoto editis corrigendorum. (Vratislaviae 1854.) (S. 3—9) 4°
Breslau, Ind. lect. SS 1854

Schneider, C(arolus) E(rnestus) Chr(istophorus): Judicium de Ciceronis ep. ad fam. I. V, 12. (Vratislaviae 1837.) (S. 3—8) 4°
Breslau, Ind. lect. SS 1837

Schneider, C[arolus] E[rnestus] Ch[ristophorus]: Codicis Glogaviensis in Ciceronis de finibus bonorum et malorum libris discrepans ab Ernestiana per Nobbium recognita recensione lectio. Vratislaviae 1841. (IV, 33 S.) 4°
Breslau, Progr. z. Geburtstage d. Königs am 15. Okt. 1841

Schneider, C[arolus] E[rnestus] Ch[ristophorus]: Codicis Goerlizensis Luciani in somnio, judicio vocalium, Timone, deorum dialogis, dialogis marinis, mortuorum dialogis, Charone, de sacrificiis, vitarum auctione et piscatore variae lectiones. Vratislaviae 1835. (37 S.) 4°
Breslau, Progr. z. Geburtstage d. Königs am 3. Aug. 1835

Schneider, C[arolus] E[rnestus] Ch[ristophorus]: Principis fabularum Plautinarum editionis discrepantes ab recensione Gronovii lectiones. Vratislaviae 1825. (66 S.) 4°
Breslau, Progr. z. Geburtstage d. Königs am 3. Aug. 1825

[**Schneider,** Carolus Ernestus Christophorus: Variae lectiones ad Suetonii Julium ex duobus codicibus Rhedigeranis bibliothecae academicae Vratislaviensis]. (Vratislaviae 1817.) (Bl. 2) 4°
Breslau, Ind. lect. WS 1817/18

Schneider, C[arolus] E[rnestus] Ch[ristophorus]: Variae trium ex octo Vratisl. Lucani codd. lectiones cum unius ex iisdem scholiorum delectu. Vratislaviae 1823. (XI, 58 S.) 4°
Breslau, Progr. z. Geburtstage d. Königs am 3. Aug. 1823

Schneider, Karl Er. Cph., griech. Lesebuch f. Anfänger. Zum Gebrauch f. Schulen u. z. Selbstunterricht. Etymolog. Thl. 8. Leipz. 813. 2e Aufl. 823. 3e Aufl. 828. Tauchnitz. 12 gr Schrbp. 16 gr

Schneider, Car. Ern. Chr(istophorus): Albini libellus secundum codicem Lobcovicianum emendatus. (Vratislaviae 1852.) (S. 3—8) 4°
Breslau, Ind. schol. WS 1852/53

[**Schneider,** Carolus Ernestus Christophorus: De appetenda majore libertate academica.] (Vratislaviae 1848.) (Bl. 2) 4°
Breslau, Ind. schol. WS 1848/49

Schneider, C[arolus] E[rnestus] Ch[ristophorus]: Francisci Petrarchae de viris illustribus libri nondum editi p. [1]. Vratislaviae 1829. (32 S.) 4° *[P. 2. 3. 4 sind Progr. z. Geburtstage d. Königs v. 1831. 33. 34]*
Breslau, Progr. z. Geburtstage d. Königs am 3. Aug. 1829

Schneider, C[arolus] E[rnestus] Ch[ristophorus]: Francisci Petrarchae de viris illustribus libri nondum editi p. 2. Vratislaviae 1831. (35 S.) 4° *[P. 1. 3. 4 sind Progr. z. Geburtstage d. Königs v. 1829. 33. 34]*
Breslau, Progr. z. Geburtstage d. Königs am 3. Aug. 1831

Schneider, C[arolus] E[rnestus] Ch[ristophorus]: Francisci Petrarchae de viris illustribus libri nondum editi p. 3. Vratislaviae 1833. (36 S.) 4° *[P. 1. 2. 4 sind Progr. z. Geburtstage d. Königs v. 1829. 31. 34]*
Breslau, Progr. z. Geburtstage d. Königs am 3. Aug. 1833

Schneider, C[arolus] E[rnestus] Ch[ristophorus]: Francisci Petrarchae de viris illustribus libri nondum editi p. 4. Vratislaviae 1834. (36 S.) 4° *[P. 1. 2. 3 sind Progr. z. Geburtstage d. Königs v. 1829. 31. 33]*
Breslau, Progr. z. Geburtstage d. Königs am 3. Aug. 1834

Schneider, C(arolus) E(rnestus) Chr(istophorus): De Velleji lib. II, cap. 42. (Vratislaviae 1836.) (S. 3—8) 4°
Breslau, Ind. lect. WS 1836/37

[**Schneider,** Carolus Ernestus Christophorus:] De locis nonnullis Phaedri Platonici. Vratislaviae 1819. (25 S.) 4°
Breslau, Progr. z. Geburtstage d. Königs am 3. Aug. 1819

[Schneider, Carolus Ernestus Christophorus: De locis Plat. de Legg. III, p. 697 Steph.] (Vratislaviae 1822.) (S. 2–4) 4°
Breslau, Ind. lect. WS 1822/23

Schneider, Car. Ern. Chr[istoph.]: C. Julii Caesaris de bello Gallico libri VI. cap. 1–8 locus. Vratislaviae 1848. (11 S.) 4° *[Forts. sind die Progr. z. Geburtstage d. Königs v. 1849 u. 1850]*
Breslau, Progr. z. Geburtstage d. Königs am 15. Okt. 1848

Schneider, Car. Ern. Chr[istoph.]: C. Julii Caesaris de bello Gallico libri VI. cap. 9–28 locus. Vratislaviae 1849. (21 S.) 4°
Breslau, Progr. z. Geburtstage d. Königs am 15. Okt. 1849

Schneider, Car. Ern. Chr[istoph.]: C. Julii Caesaris de bello Gallico libri VI. cap. 29–44 locus. Vratislaviae 1850. (19 S.) 4°
Breslau, Progr. z. Geburtstage d. Königs am 15. Okt. 1850

[Schneider, Carolus Ernestus Christophorus:] Locus de gymnastica in Civitate Platonis. Vratislaviae 1817. (42 S.) 4°
Breslau, Progr. z. Geburtstage d. Königs am 3. Aug. 1817

[Schneider, Carolus Ernestus Christophorus:] Locus Procli a Nic. Leonico Thomaeo Latine versus. (Vratislaviae 1841.) (S. 3–12) 4° *[Forts. ist Ind. lect. WS. 1842/43, in Engelmanns Bibliotheca scriptorum classicorum fälschlich Ambrosch zugeschrieben.]*
Breslau, Ind. lect. WS 1841/42

[Schneider, Carolus Ernestus Christophorus:] Procli locus alter a Nic. Leonico Thomaeo Latine versus. (Vratislaviae 1842.) (S. 3–12) 4° *[Forts. zu Ind. lect. WS 1841/42]*
Breslau, Ind. lect. WS 1842/43

– s. Museum crit. Vratislaviense.

[Schneider, Carolus Ernestus Christophorus: De mythologia a Creuzero et Vossio edita.] (Vratislaviae 1821.) (S. 3–4) 4°
Breslau, Ind. lect. WS 1821/22

Schneider, C[arolus] E[rnestus] C[hristophorus]: De artis criticae natura et notione. (Vratislaviae 1846.) (S. 3–8) 4°
Breslau, Ind. schol. WS 1846/47

[Schneider, Carolus Ernestus Christophorus:] De interpretationis natura et notione. (Vratislaviae 1843.) (S. 3–8) 4°
Breslau, Ind. lect. WS 1843/44

[Schneider, Carolus Ernestus Christophorus: De Nilo grammatico adhuc ignoto ejusque grammatica aliisque scriptis. Accedunt excerpta quaedam Graece ex cod. ms. Vratislaviensi.] (Vratislaviae 1831.) (S. 3–6) 4°
Breslau, Ind. lect. WS 1831/32

Schneider, Carolus Ernestus Christophorus: De numero Platonis. Vratislaviae (1821). (34 S.) 4° *[Mit d. Verf. Progr. zu Königsgeburtstag v. 1821. zus. erschienen 1822 bei Schöne in Breslau unt. d. T.: „De numero Platonis commentationes duae"; auch wiederabgedr. 1833 in d. Vorrede zu Vol. 3 der Plato-Ausg. d. Verf.]*
Breslau, Phil. Fak., Antr.-Progr. als ord. Prof. v. 18. Juli 1821

— de numero Platonis, commentationes duae, quarum prior novam ejus explicationem continet, posterior aliorum de eo opiniones recenset. 4maj. Bresl. 822. Schöne. 18 gr.

Schneider, C[arolus] E[rnestus] C[hristophorus]: Variae variorum de Platonis numero opiniones. Vratislaviae 1821. (53 S.) 4° *[Mit d. Verf. Antr.-Progr. v. 1821 zus. erschienen 1822 bei Schöne in Breslau unt. d. T.: „De numero Platonis commentationes duae"; auch wiederabgedr. 1833 in d. Vorrede zu Vol. 3 der Plato-Ausg. d. Verf.]*
Breslau, Progr. z. Geburtstage d. Königs am 3. Aug. 1821

[Schneider, Carolus Ernestus Christophorus: De opere novo cui titulus est: Die Geschichtschreiber der deutschen Vorzeit.] (Vratislaviae 1849.) (S. 3–8) 4°
Breslau, Ind. schol. WS 1849/50

Schneider, Karl Ernst Christoph (Hrsg.), s. Petrarca, Francesco: De viris illustribus.

– s. Plato: Civitas. – Opera.

Schneider, Karl Ernst Christoph (Hrsg.), s. Plautus: Truculentus.

— s. Procli Commentarius in Platonis Timaeum.

[Schneider, Carolus Ernestus Christophorus:] Procli in Timaeum prooemium. (Vratislaviae 1844.) (S. 3–16) 4°
Breslau, Ind. lect. WS 1844/45

[Schneider, Carolus Ernestus Christophorus:] Quaestiones de Henrici Stephani recensione legum Platonicarum. P. 1. (Vratislaviae 1847.) (S. 3–8) 4° *[P. 2 ist Progr. z. Geburtstage d. Königs 1847]*
Breslau, Ind. lect. WS 1847/48

Schneider, C[arolus] E[rnestus] Chr[istophorus]: Quaestionis de Henrici Stephani recensione legum Platonicarum p. 2. Vratislaviae 1847. (24 S.) 4° *[P. 1 ist Ind. lect. WS 1847/48]*
Breslau, Progr. z. Geburtstage d. Königs am 15. Okt. 1847

[Schneider, Carolus Ernestus Christophorus: De ratione studiorum academicorum, imprimis de tempore singularum scholarum.] (Vratislaviae 1826.) (S. 3–4) 4°
Breslau, Ind. lect. WS 1826/27

Schneider, C[arolus] E[rnestus] Ch[ristophorus]: Specimen novae de bellis Julii Caesaris commentariorum recensionis. Vratislaviae 1827. (30 S.) 4°
Breslau, Progr. z. Geburtstage d. Königs am 3. Aug. 1827

Schneider, C[arolus] E[rnestus] Ch[ristophorus]: Nova commentarii de bello Hispaniensi recensio. Vratislaviae (1837). (VI, 22 S.) 4°
Breslau, Progr. z. Geburtstage d. Königs am 3. Aug. 1837

Schneider, C(ar.) Ern. Chr(istophorus): De interpretandis Caesaris commentariis schola [1]. (Vratislaviae 1850.) (S. 3–8) 4° *[Schola 2 ist Ind. lect. WS 1851/52]*
Breslau, Ind. schol. WS 1850/51

Schneider, Car. Ern. Chr(istophorus): De interpretandis Caesaris commentariis schola 2. (Vratislaviae 1851.) (S. 3–7) 4° *[Schola 1 ist Ind. schol. WS 1850/51]*
Breslau, Ind. lect. WS 1851/52

Scholae Portensi secularia tertia a. d. XII. Kal. Jun. 1843 celebranda gratulatur Universitas Litterarum Vratislaviensis. Vratislaviae (1843). (2 Bl.) 2° *[Verf.: Karl Ernst Christoph Schneider.]*

Schneider, C[arolus] E[rnestus] Chr[istophorus]: Vetera in Pindarum scholia denuo ex codice Rehdigerano edita. Vratislaviae 1843. (28 S.) 4°
Breslau, Progr. z. Geburtstage d. Königs am 15. Okt. 1843

Schneider, C(arolus) E(rnestus) Chr(istophorus): De indagando belli Hispaniensis scriptore. (Vratislaviae 1837.) (S. 3–12) 4°
Breslau, Ind. lect. WS 1837/38

[Schneider, Carolus Ernestus Christophorus: De Graecae linguae studio.] (Vratislaviae 1845.) (S. 3–8) 4°
Breslau, Ind. lect. WS 1845/46

Schneider, Car. Ern. Chr[istoph.]: Variae codicis Parisiensis A in Civitatis Platonicae libris quinque prioribus scripturae supplementum. Vratislaviae 1852. (VI, 26 S.) 4°
Breslau, Progr. z. Geburtstage d. Königs am 15. Okt. 1852

[Schneider, Carolus Ernestus Christophorus: De tempore quo Prometheum vinctum Aeschylus scripserit.] (Vratislaviae 1823.) (S. 2–4) 4°
Breslau, Ind. lect. WS 1823 24

Schneider, Carol. Ernest. Christoph.: Plauti Truculentus e codice Heidelbergensi expressa. Vratislaviae 1834. (41 S.) 4°
Breslau, Progr. z. Rektoratswechsel am 20. Okt. 1834

Schneider, C. E. Chr., Uebersetzungen aus Thucydides, Plato, Cicero und Seneca, s. Uebersetzungen.

— Uebersetzungen aus Thucydides, Plato, Cicero und Seneca. Halle 855. Buchhandlung des Waisenhauses. 8. (XVI, 152 S.) 20 ngr.

Schneider, C[arolus] E[rnestus] Chr[istophorus]: De remittendo sermonis Latini usu academico. Vratislaviae 1845. (15 S.) 4°
Breslau, Progr. z. Geburtstage d. Königs am 15. Okt. 1845

[Schneider, Carolus Ernestus Christophorus: De utilitate et praestantia litterarum Graecarum et Latinarum.] (Vratislaviae 1828.) (S. 3–10) 4°
Breslau, Ind. lect. WS 1828 29

[Schneider, Carolus Ernestus Christophorus: De vita Godofr. Hermanni.] (Vratislaviae 1849.) (S. III–VI) 4°
Breslau Ind. schol. SS 1849

Schneider, Karl Ernst Chrstph., akadem. Vorlesungen üb. griech. Grammatik. 1. Reihe. Ursprung u. Bedeut. d. Redetheile u. ihrer Beugungen. gr. 8. (15¾ B.) Breslau 837, [Gosohorsky's Buchh.]

Schneider, C(arolus) E(rnestus) Chr(istophorus): Oratio sermone patrio scripta. (Über den Zusammenhang der klassischen Philologie mit den akademischen Studien.) (Vratislaviae 1853.) (S. 1–10) 4°
Breslau, Ind. lect. WS 1853 54

Schneider, Carl Ferdinand (geb. am 3 Mai 1846 in Endenich bei Bonn): Ueber den Reim in Dante's Divina Commedia ... Bonn, gedr. bei J. F. Carthaus (1869). 2 Bl., 38 S., 1 Bl. 8.
Bonn, Phil. Fak., Diss. v. 10 [nach d. Akten v. 11] Aug. 1869

Schneider, Carl Friedrich, prakt. Arzt aus Basel, gew. Assistenzarzt der Baseler Heilstätte für Brustkranke in Davos-Dorf, Assistenzarzt am Kinderspital in Basel: Aus der Baseler Heilstätte für Brustkranke in Davos-Dorf. (Chefarzt Dr. Eugen Nienhaus.) Zur Behandlung der Tuberkulose mit Geosot (Guajacolum Valerianicum). Basel 1906. IV + 46 S. 8°. S.-A. a „Beiträge z. Klinik der Tuberkulose." Bd. 5. Heft 1. S. 17–62. Würzburg. [XII. 05.]
Basel. Med. Diss. 1905 1906.

Schneider, Carl Friedrich. Zur Behandlung der Tuberkulose mit Geosot (Guajacolum valerianicum). (Aus der Baseler Heilstätte für Brustkranke in Davos-Dorf.) Diss. Med. Basel, vorgelegt von K' F' Sch' .... Dezember 1905. [Mit 1 Kurve.] (Sonderabdruck aus den «Beiträgen zur Klinik der Tuberkulose», Bd. 5. A. Stuber's Verlag ..., Würzburg.) IV S. + S. 17–61 (45 S.). 8. Basel 1906.

Schneider, Karl Frdr., Sagen aus der Heimat. Ein Beitrag zur Heimatkunde des Kreises Baden. Gesammelt u. bearb. (VI, 92 S. m. Abb.) 8. Rastatt 910. (H. Greiser.) 1.20

Schneider, Karl Friedrich Theodor

Schneider, K.F. Th. (Hrsg.), s. Anzeiger. Kirchlicher von Berlin.

Schneider, K. F. Th., die Aechtheit des Johanneischen Evangeliums nach den Quellen neu untersucht. 1. Beitrag: die äusseren Zeugnisse. Berlin 854. Wiegandt u. Grieben. gr. 8. (VII, 61 S.) n. 10 ngr.

Schneider, Carl F. Thdr., Enchiridion. Dr. Martin Luthers kleiner Katechismus. Nach den Orig.-Ausg. hrsg. 7. Aufl. 16. (30 S.) Neuwied 871, Heuser's Verlag. cart. * — 30

Schneider, Karl F. Thdr., Enchiridion. D. Martin Luthers kleiner Katechismus. Nach den Orig.-Ausg. hrsg. 8.—12. Aufl. 16. (32 S.) Neuwied 872—82, Heuser's Verlag. geb. **
Ohne Spruchsammlung **

Schneider, Karl Thdr. Enchiridion. D. Luthers kl. Katechismus. 14. Aufl. 16. (32 S.) Neuwied 890, Heuser's Verlag. geb. ** — 30

— d. Evangelium d. Johannes übers. u. ausgelegt. E. Beitrag zur Geschichte d. Lebens Jesu. gr. 8. (XII, 372 S.) Schleswig 889. J. Schneider. n. 4. —

— weltlich Evangelium, s. Evangelium.

— deutsche Fibel und erstes Lesebuch. Mit Orig.-Zeichnungen (in eingedr. Holzschn.) von Adalb. Müller. 3., wesentl. unveränd., aber mit einer Gebrauchsanweisung verm. Aufl. der rhein. Fibel. 8. (X, 118 S.) Ebendas. 869. geb. * — 60
— dass. — 4.—13. Aufl. 8. (VIII, 120 S.) Ebendas. 869—74. geb. * — 60

— deutsche Fibel u. erstes Lesebuch. Mit Orig.-Zeichngn. (in eingedr. Holzschn.) v. Adb. Müller. 15. Aufl. 8. (VIII, 128 S.) Ebend. 876. n. — 50; geb. n. — 70

Schneider, Karl F. Thdr., deutsche Fibel und erstes Lesebuch. Mit Orig.-Zeichnungen (in eingedr. Holzschn.) von Adb. Müller. 14.—18. Aufl. 8. (VIII, 128 S.) Neuwied 875—78. Heuser'sche Verlagsh. * 50 Pf.; geb. *

— deutsche Fibel und erstes Lesebuch. Mit Orig.-Zeichnungen (eingedr. Holzschn.) von Adb. Müller. 19.—22. Aufl. 8. (VIII, 128 S.) Ebendas. 879—81. *
geb. *

— dass. — 23.—25. Aufl. gr. 8. (X, 132 S.) Ebendas. 881—83. * 50 Pf.; geb. *
15 (lithogr.) Wandbilder dazu, gezeichnet und vergrößert von Adb. Müller. Imp.-Fol. *

— dass. — 26. und 27. Aufl. 8. (VIII, 134 S.) Ebendas. 883,84. * 50 Pf.; geb. *

— deutsche Fibel u. erstes Lesebuch. Mit Orig.-Zeichngn. v. Adb. Müller. 28. Aufl. 8. (VIII, 136 S.) Neuwied 885. Heuser's Verl. n. — 50; geb. n. — 70

— deutsche Fibel u. erstes Lesebuch. Mit Orig.-Zeichngn. v. Adb. Müller. 31. Aufl. 8. (VIII, 134 S.) Neuwied 887. Heuser's Verl. n. — 50; geb. n. — 70

— deutsche Fibel u. erstes Lesebuch. Mit Orig.-Zeichngn. v. Adb. Müller. 37. Aufl. (K. Th. Schneider's Lesebücher I.] 8. (VIII, 136 S.) Ebd. 891. Geb. n. — 70

— deutsche Fibel. Neubearb. v. P. Wendling. Mit Orig.-Zeichngn. v. Adb. Müller. 46. Aufl. gr. 8. (VII, 72 S.) Neuwied 897. Heuser's Verl. n. — 35; geb. n. — 50

Schneider, Karl Thdr., deutsche Fibel. Mit Orig.-Zeichnungen v. Adalb. Müller. 48. Aufl. (72 S.) gr. 8. Neuwied 903. Heuser's Verl. n. — 35; geb. n. — 50

Schneider, C. F. Th., rheinische Fibel. 1. Aufl. * 6 Ngr. und 2. Aufl. 8. (120 S. mit Orig.-Zeichnungen in eingedr. Holzschn. von Adalb. Müller.) Neuwied 864, Heuser's Verlag. cart.

—— Germania. Lesebuch für die oberen Klassen evangelischer Schulen. gr. 8. (VIII, 408 S.) Schleswig 877, Meves und Comp. — Neuwied, Heuser'sche Verlagsb. * ℳ 1,80.; geb. *

— Germania. Lesebuch für die oberen Klassen evangel. Schulen. 2. Aufl. gr. 8. (VIII, 432 S.) Schleswig 878. Schneider's Verl. n. 1. 80; geb. n. 2. 25

[F.] Germania. Lesebuch f. Schullehrer-Seminare sowie f. d. oberen Kl. evang. Schulen v. D. Karl Theodor Schneider, weil. Regiergs- u. Schulr. in Schleswig. 7. Aufl. bes. v. Johs. Schmarje. *Neuwied u. Leipzig: Heuser 1897.* (VIII, 445 S.) 1 Bd 8.

—— Germania. Lesebuch f. Schullehrer=Seminare sowie f. die oberen Klassen evangel. Schulen. 8. Aufl., besorgt v. Johs. Schmarje. gr. 8. (XII, 458 S.) Neuwied 899. Heuser's Verl. n. 2. —; geb. in Halbldr. n. 2. 50

— Germania. Lesebuch f. Schullehrer=Seminare sowie f. die oberen Klassen evang. Schulen. 9. Aufl., besorgt v. Johs. Schmarje. (XX, 511 S.) gr. 8. Ebd. 905. Geb. n.n. 2. 50

—— der ungerechte Haushalter. Eine Homilie. Gehalten am 9. Sonnt. nach Trin. 1849. 8. (15 S.) Berlin 849, [Wiegandt und Grieben.] *

— Jesus, meine Zuversicht. Ein Vortrag üb. d. Achtheit d. 4 Lieder d. Kurfürstin Luise. 8 (32 S.) Schleswig 891. J. Schneider. n. — 30; m. Bildn. d. Kurfürstin n. — 50

deutscher Jugendfreund. Lesebuch für die Oberstufe geförderter evangel. Volksschulen, so wie für Fortbildungsschulen. gr. 8. (VII, 356 S.) Neuwied 881. Heuser's Verl.

— deutscher Jugendfreund. Lesebuch f. die Oberstufe gehobener Volksschulen sowie für Fortbildungsschulen. 4. Aufl. gr 8. (VIII, 370 S.) Ebd. 892. n. 1. 25; geb. n.n. 1. 60

— deutscher Jugendfreund. Lesebuch f. die Oberstufe gehobener Volksschulen. 6. Aufl. Besorgt v. Geo. Wagner. gr. 8. (III, 384 S.) Ebd. 899. n. 1. 25; geb. m. Ldr.-Rücken n.n. 1. 60

—— Luthers kleiner Katechismus. Nach den Originalausg. kritisch bearb., s. Luther.

—— deutscher Kinderfreund. Ein Lesebuch zunächst für die Mittelstufe mehrklass. Volksschulen. Unter Mitwirkung von Andresen, Beck, Matzen u. R. bearb. 8. (XIV, 294 S.) Ebendas. 873. ** 90 Pf.; geb. ** 1 20

—— deutscher Kinderfreund. Ein Lesebuch für einfache Schulverhältnisse, so wie für die Mittelstufe mehrklassiger Volksschulen. Unter Mitwirkung von Andresen, Beck, Matzen und Richter bearb. 2.—5. Aufl. gr. 8. (XIV, 296 S.) Neuwied 874—77, Heuser'sche Verlagsb. ** 90 Pf.; geb. **

— deutscher Kinderfreund. Ein Lesebuch zunächst f. die Mittelstufe mehrklass. Volksschulen. Unter Mitwirkg. v. Andresen, Beck, Matzen u. Richter bearb. 4. Aufl. 8. (XIV, 296 S.) Ebend. 876. n.n. — 90; geb. n.n. 1. 20

—— deutscher Kinderfreund. Lesebuch für einfache Schulverhältnisse, so wie für die Mittelstufe gehobener Volksschulen. Unter Mitwirkung von Andresen, Beck, Matzen und Richter bearb. 6.—11. Aufl. 8. (XIV, 296 S.) Ebendas. 878—83. ** geb. **

Schneider, Karl Thdr., deutscher Kinderfreund. Lesebuch f. einfache Schulverhältnisse, so wie f. die Mittelstufe gehobener Volksschulen. Unter Mitwirkg. v. Andresen, Beck, Matzen u. Richter bearb. 12. Aufl. 8. (XIV, 296 S.) Neuwied 885. Heuser's Verl. n.n. — 90; geb. n.n. 1. 20

Vgl.: Leitfaden der Litteraturkunde.

Deutscher Kinderfreund. Lesebuch für d. Mittelstufe gehobener Volksschulen von Karl [Friedrich] Theodor Schneider, weil. Schulrat, Schleswig. 24. Aufl., besorgt von Georg Wagner, Stadtschulrat, Altona. Neuwied & Leipzig: Heuser 1903. (287 S.) 8° [F.]

— deutscher Kinderfreund. Lesebuch f. die Mittelstufe gehobener Volksschulen. 27. Aufl. Besorgt v. Geo. Wagner. (287 S.) gr. 8. Ebd. 906. Geb. n.n. 1. 20

Schneider, C. F. Th., Compendium der älteren Kirchengeschichte. Zunächst für den academ. Gebrauch entworfen. 1. Abthl.: Die drei ersten Jahrhunderte. gr. 8. (IV und 123 S. mit Quellenstücke 15 S.) Berlin 859, W. Schultze. *

— 1. Lesebuch (2. Tl. der „Deutschen Fibel"). 50. Aufl. Besorgt v. Johs. Schmarje. (VI, 134 S.) 8. Ebd. 906. Geb. n. — 70

—— Lesebücher, Neubearbeitg., s.: Mohlenbrink, Geo., u. Heinr. Röhr, schleswig-holstein. Jugendfreund.

Eine Lücke in der Geschichte des neueren preußischen Volksschulwesens. Von † D. theol. Karl Friedr. Th. Schneider, Geh. Reg.- u. Schulrat. Als Gedenkbl. z. 50. Wiederkehr d. Todestages d. Schulrats Otto Schulz hrsg. u. m. e. Begleitw. vers. von H[ans] F. Bubbe. Flensburg: Huwald 1899. 24 S. 8°

— Marcus u. d. aramäische Matthäus. Nebst e. Anh. üb. d. Zeugnis d. Josephus v. Jesu. Ein Beitrag zur Geschichte d. Lebens Jesu. gr. 8. (VII, 216 S.) Ebd. 893. n. 3. —

—— August Neander. Beiträge zu s. Leben u. Wirken. gr. 8. (XI, 302 S. m. Bildn.) Schleswig 894. J. Schneider. n. 3. 60

—— Luthers Promotion zum Doctor und Melanthons zum Baccalaureus der Theologie. Nebst zwei bisher ungedruckten Briefen Melanthons. gr. 8. (IV und 38 S.) Neuwied 860, (Heuser.) *

—— die heilige Schrift, s. Schrift.

— rheinische Wandfibel. 18 Taff. als Hülfsmittel zum Lesenlernen. Ebend. 869. Imp.-Fol. n. 1 ₰ 10 ngr.

—— deutsche Wandfibel. 18 Taf. als Hülfsmittel zum Lesenlernen. 2. Aufl. 1876; 3. orthogr. abgeänd. Aufl. Imp.-Fol. Ebendas. 881. *

Früher u. d. T.: Rheinische Wandfibel.

—— Zeittafel der deutschen Geschichte mit Berücksichtigung der wichtigsten Ereignisse aus der allgemeinen Welt- und der Kirchengeschichte. 1. Aufl. 1870, und 2. Aufl. 8. (15 S.) Schleswig 871, Heiberg's Buchh. [Bergas.] * — 20

—— Zeittafel der deutschen Geschichte, mit Berücksichtigung der wichtigsten Ereignisse aus der allgemeinen Welt-, der Cultur- und der Kirchen-Geschichte. 3. und 4. Aufl. 8. (16 S.) Schleswig 876,77, Bergas. *

—— Zeittafel der deutschen Geschichte, mit Berücksicht. der wichtigsten Ereignisse aus der allgemeinen Welt-, der Kultur- und der Kirchen-Geschichte. 5. und 6. Aufl. 8. (16 S.) Schleswig 879,82, Bergas. *

— Zeittafel der deutschen Geschichte in Volksschulen. 9. Aufl. 8. (16 S.) Schleswig 892. J. Bergas. n. — 20

— Zeittafel der deutschen Geschichte in Volksschulen. 11. Aufl. 8. (16 S.) Schleswig 899. J. Bergas Verl. n. — 20

Schneider, Karl Friedrich Theodor: Zeittafel der deutschen Geschichte in Volksschulen. 11. Aufl. Schleswig. 1900. 8°

Schneider, Karl Gottlieb

Schneider, Carol(us) Theophilus: De phlegmasia alba dolente. Halis (1844): Hendel. 28 S. 8°
Halle-Wittenberg, Med. Diss. v. 6. Nov. 1844
Geb. Magdeburg 1. 12. 1819. V.

Schneider, Karl Heinrich Gottlieb

Schneider, Karl Hnr. Gli., († d. 30. Jan. 1804.) neues Gebetbuch für Schulen. 8. Bresl. 801. W. G. Korn. 8 gl.

(K. H. Gli. Schneider's) Vers. e. Prüf. d. v. — *Jakob* aufgestellten Beweises f. d. Unsterblichk. der Seele. *Lpz.*, Crusius. 793. 8° 8 gl Vgl. Versuch...

Schneider, Karl Julius Gustav, s. Schneider, Gustav.

Schneider, Karl Camillo, Einführung in die Deszendenztheorie. 6 Vorträge. Mit 2 Taf., 1 Karte u. 108 teils farb. Textfig. (VIII, 146 S. m. 1 Bl. Erklärgn.) gr. 8. Jena 906. G. Fischer. n. 4. —

—— alphabetisch geordneter Eisenbahn-Güterfrachten-Tarif der Station Chemnitz im Verkehr mit sämmtlichen Stationen und Haltestellen der Königl. Sächs. Staats-Eisenbahnen. gr. 8. (60 S.) Ebendas. 888. *

vgl. Schneider, Kamillo.

Schneider, Carl Camillo, der internationale Eisenbahn-Güterverkehr u. Verschiffung nach überseeischen Plätzen. [Ueberseeische Tarife.] Ein Handbuch f. Spediteure, Fabrikanten u. sonst. Geschäftsleute, sowie f. Eisenbahnbeamte, enth.: Verhaltungs-Maassregeln f. den Güterversandt nach dem Auslande, sowie eisenbahn- u. zollreglementar. Bestimmgn. im Verkehr m. den verschiedenen Ländern. Telegramm-Tarife. Speditionsfirmen. gr. 8. (III, 144 S.) Chemnitz 885. Troitzsch. n. 2. 50

— Furcht. Novelle. (138 S.) 8. Wien 904. C. W. Stern. n. 2. —

Schneider, Karl Camillo, die Grundgesetze der Deszendenztheorie in ihrer Beziehung zum religiösen Standpunkt. (XXII, 266 S. m. 73 Abb. im Text u. auf 2 farb. Taf.) gr. 8. Freiburg i/B. 910. Herder. 7. — ; geb. in Leinw. 7. 80

Schneider, Karl Camillo: Histologie von Hydra fusca mit besonderer Berücksichtigung des Nervensystems der Hydropolypen. . . . München, *Univ.-Buchdr. v. Carl Georgi in Bonn*, 1890; 59 S. 8°
München, Phil. Fak., Inaug.-Diss. v. 1890

Schneider, Karl Camillo, ein Klub. Drama in 4 Akten (8 Verwandlgn.). 8. (120 S.) Wien 902. C. W. Stern. n. 2. —

— das alltägliche Leben. Fortsetzung der Novelle: Furcht. (169 S.) 8. Ebd. 904. n. 2. —

— Lehrbuch der vergleichenden Histologie der Tiere. gr. 8. (XIV, 988 S. m. 691 Abbildgn.) Jena 902. G. Fischer. n. 24. —

Schneider, Karl Camillo, Menschenspiel. Drama in 4 Akten. (9 Verwandlgn.) (112 S.) schmal gr. 8. Wien 903. C. W. Stern. n. 2. —

— Histologisches Praktikum der Tiere f. Studenten u. Forscher. (IX, 615 S. m. 434 Abb.) Lex. 8. Jena 908. G. Fischer. 15. — ; geb. 16. —

— Brocharoff. Drama in 3 Akten (10 Verwandlgn). (III, 118 S. m. 1 Abbildg.) gr. 8. Ebd. 903. n. 2. —

Schneider, Carl Camillo. Untersuchungen üb. die Zelle. gr. 8. (46 S. m. 2 Taf.) Wien 891, Hölder. * 6 40
Aus: Arbeiten d. Wiener zoolog. Instituts, besonders abgedruckt.

Ursprung und Wesen des Menschen. Von Dr. Karl Camillo Schneider, Prof. Mit 10 Fig. Leipzig & Wien: F. Deuticke 1908. (VI, 125 S.) 8° [illegible]

Versuch einer Begründung der Deszendenztheorie. Von Karl Camillo Schneider, Prof., Wien. Jena: G. Fischer 1908. (VIII, 132 S.) 8° [illegible]

Vitalismus. Elementare Lebensfunktionen. Von Dr. Karl Camillo Schneider, Privatd., Wien. Mit 40 Abb. *Leipzig & Wien: F. Deuticke 1903.* (XII, 314 S.) 8° [illegible]

Vorlesungen üb. Tierpsychologie. (XII, 310 S. m. 60 Fig.) Lex. 8. Leipzig 909. W. Engelmann. 8. —

Schneider, Karl Samuel —. Jubel-Predigt, gehalten am dritten Jubelfeste des Augsburger Religionsfriedens den 23. September 1855. Der Ertrag ist zum Besten unserer Schule bestimmt. Bielitz. 1855. Gedr. bei Karl Prochaska. (31 S. 8.)

Schneider, Carl Sam., Predigt gehalten bei der zum Andenken an das 150jährige Bestehen der evangel. Gnadenkirche zu Teschen begangenen Jubelfeier den 24. Mai 1859. Nebst Bericht über diese Feier. Teschen 859. Prochaska. gr. 8. (16 S.) 3 ngr.

Schneider, Karl Theodor, s. Schneider, Karl Friedrich Theodor

Schneider, Karl Wilhelm (Gottlieb)

[Schneider, Carolus Guilielmus Theophilus: *Commentationes de singulis Sophoclis Ajacis locis.] 4 Bl. 4° (2°)
Halle-Wittenberg, Phil. Diss. v. 27. Febr. 1819
Geb. [Weimar 17. 1. 1798]
Verf. hatte außerdem eingereicht seine Druckschrift: Observationes in Taciti dialogum de oratoribus eiusdemque Agricolam et Sallustium. Vimariae 1815. 20 S. 8° [Engelmann-Preuss]. Ein Exemplar nicht nachweisbar: in Dresden LB nicht mehr vorh.

— C. W., De epiphtegmaticis versibus Aeschyli. Pr. 1829. 28 S.

Schneider, Karl Wlh., s. Sophocles Tragödien.

Schneider, Kaspar

—— Geographisch-historische Beschreibung des Oderstrohms ehemals ans Licht gestellet. Frankfurt u. Leipzig 1742. 8. . . . . [illegible]

Schneider, Casp., geograph. histor. Beschreib. d. Oderstroms. 8. Frankf. u. Leipz. (Schmidt in Berlin.) 742.

Schneider, C., Saxonia vetus et magna in parvo, oder Beschreibung des alten Sachsen-Landes, darinnen gelegener Fürstenthümer, Grafschaften, Schlösser, Städte etc. etc. Nach Anleitung des grossen Weser-Stroms . . . durchforschet u. beschrieben. Mit zahlr. Kupfern. Dresden 1724. 4°. (8 Mk. Rich. Sattler, Braunschw., 1888.)
Ent. u. A. das bekannte naive Kupfer u. Gedicht über den Hexensabbath auf dem Brocken.

Schneider, Caspar. Saxonia vetus et magna in Parvo. Oder: Beschreibung des alten Sachsen-Landes, Darinnen gelegener Fürstenthümer, Graf- und Herrschafften, Vestungen, Schlösser ... wie auch verschiedener Jahr-Geschichte biß auf diese Zeit ... beschrieben, von ... Caspar Schneidern ... und ediret von Johann Conrad Knauth ... Dresden, bey Johann Christoph Zimmermann und Johann Nicolao Gerlachen 1727.
Titelkupfer, Tit., 6 Bl., 410 S. (329—332 in der Zählung ausgelassen); 8 Taf. in Kupferst. 8°.

Schneider, Klara, das Hängehaus, s. Trewendt's Jugend-Bibliothek.*

Schneider, Clara, Mutter Swensen. Eine Erzählg. f. die weibl. Jugend. Mit (4) Farbdr.-Illustr. Ster.-Ausg. 8. (220 S.) Reutlingen 887. Enßlin & Laiblin. cart. 3. —

Schneider, Konrad

Verband öffentl. Feuerversicherungs-Anstalten in Deutschland. Merseburg 1902. Begründet der Beitritt zu den unter öffentlicher Autorität stehenden Feuersozietäten Preußens ein öffentlichrechtliches Verhältniß und nicht nur einen privatrechtlichen Versicherungs-Vertrag? Von K[onrad] **Schneider**, Oberl.Ger.R. zu Stettin. Als Ms. gedr. (Merseburg 1902: Th. Rößner.) (12 S.) 8° [Kopft. F.] [03. 9734

Schneider, K. Der Einfluß des Bürgerlichen Gesetzbuches und seiner Nebengesetze auf die Satzungen der öffentl. Feuervers.-Anstalten. Merseburg 1899.

Schneider, Conrad (geb. Luckenwalde 19. 7. 1853): Neun Fälle von Typhus exanthematicus. Berlin (1876). (34 S.) 8°
Berlin, Med. Diss. v. 5. Aug. 1876

Schneider, Konrad: Der Fischer in der antiken Litteratur. I. Aachen, Druck v. C. H. Georgi, 1892; III—X S. 4.
Aachen, k. Kaiser-Wilhelms-G, P 1892 (421)

Schneider, Conr., illustr. Führer durch Bad Brückenau, s.: Woerl's, Leo, Reisehandbücher.

Schneider, Conrad, und G. Behrend, Handbuch der Bierbrauerei, s. Ehrich, E.

Schneider, Conr., erster Jahresbericht der Wormser Brau-Akademie u. der damit verbundenen Mälzerei u. Brauerei-Versuchsstation. Lex.-8. (52 S. m. 1 Stahlst. u. 1 Steintaf.) Leipzig 873. Spamer. n. 1. 25

-- die Mälzerei. Chemie u. Physiologie der Malzbereitung. Nebst e. Anh.: Die physikal. Systeme d. Gerstenkornes, deren Anordng. u. Thätigkeit beim Wachsthumsprozeß. Auszug aus Anatomie u. Physiologie d. Gerstenkornes v. Lorenz Enzinger. An Stelle v. G. E. Habich's Malzbereitg. 2. Aufl. Mit 22 Text-Abbildgn. u. e. Atlas v. 8 lith. Taf. gr. 8. (X, 150 S.) Ebend. 875. n. 5. —

— der Mißstand der überreichlichen Terminsvereitlungen bei den deutschen Kollegialgerichten u. seine Beseitigung. gr. 8. (IV, 68 S.) München 901. C. H. Beck. n. 1. —

Schneider, Conrad, appr. Arzt aus Dieterode, Prov. Sachs.: Aus d. chirurg. Klinik zu Kiel. Zur **Pathologie** und Therapie eines durch Steinbildung in einem Ureter und Pyonephrose complicirten Falles von Inversio vesicae. (Fall von Inversio vesicae mit ausgedehnter Steinbildung im Ureter u. Pyonephrose rechterseits; Exstirpation d. Niere u. d. Ureters, Implantation d. linken Ureters in d. Rectum. Heilung.) *Kiel 1901: H. Fiencke.* (22 S.) 8°
Kiel, Med. Diss. v. [30. Aug.] 1901

[F.] Rechtsfälle zur Einführung in das Bürgerl. Gesetzbuch. F. Studier. u. jüngere Juristen hrsg. v. K. **Schneider**, Landgerichtsr., [&] Dr. (H.) Habicht, Landrichter in Cassel. *Jena: G. Fischer 1897.* (XII, 246 S.) 1 Bd 8. [97. 6133

— Rechtsfälle zum Studium der Civilprozeßordnung in ihrer neuen Fassung. Gesammelt u. bearb. gr. 8. (VIII, 119 S.) Geb. in Leinw. n. 2. —
München: C.H.Beck 1899.

— Rechtsregeln des Viehhandels nach deutschem Gesetze. Zum Gebrauche bei Gericht u. im Handelsverkehre, unter besond. Berücksicht. desjenigen m. u. zwischen Landwirten u. m. ländl. Genossenschaften, im Auftrage des deutschen Landwirtschaftsrats bearb. 8. (XII, 200 S.)
Mü.: C.H.Beck 1899. Geb. in Leinw. n. 2. 50

—— Rechtsregeln des Viehhandels in Hannover [gemeinrechtlichen Teils]. Gemeinfaßlich im Auftrage Königl. Landwirtschafts-Gesellschaft, Central-Vereins für die Prov. Hannover, zusammengestellt. 8. (96 S.) Hannover 887, Schmorl und v. Seefeld. cart. *

Schneider, Konr., Reichsgesetz üb. den Versicherungsvertrag. Erläutert v. Sch. (VIII, 555 S.) kl. 8. München 908. C. H. Beck. Geb. in Leinw. 5. —

Schneider, Konrad, approb. Arzt aus Lichtenstein: Ueber das Schicksal von Gewebe in der Peritonealhöhle lebender Tiere. Ein Beitrag zur Lehre von d. fettigen Degeneration. *Erlangen 1903: E. Th. Jacob.* (27 S.) 8°
Erlangen, Med. Diss. v. 10. Aug. 1901

Treu und Glauben im Rechte der Schuldverhältnisse des Bürgerlichen Gesetzbuches. Von Konrad **Schneider**, Oberl.Ger.R. in Stettin. *München: C. H. Beck 1902.* (VIII, 241 S.) 8° [F.] [02. 3617

Treu und Glauben im Civilprozesse und der Streit über die Prozeßleitung. Ein Beitrag z. Beantwortung d. Prozeßleitungsfrage von Konrad **Schneider**, Oberlandesger.R. in Stettin. *München: C. H. Beck 1903.* (48 S.) 8° [F.] [03. 8789

Schneider, Konrad Leopold

Schneider, Fr. Konr. Leop., († d. 16. Juni 1821.) ausführl. mit möglichst sorgfältiger Benutzung der vorhand. Hülfsmittel u. nach neuen Untersuchungen verbess. Grammatik d. latein. Sprache. 1r Bd. 1e u. 2e, u. 2r Bd. 1e Abtheil. 8. Berl 819—21. Reimer. 4 ℛ 12 gℊ

Schneider, Konr. Leop., ausführliche, mit möglichst sorgfältiger Benutzung der vorhandenen Hülfsmittel und nach neuen Untersuchungen verbesserte Grammatik der lateinischen Sprache. 1e u. 2e Abth. 8. Berlin, Reimer. 820.

Schneider, (K.,) ausführl., mit Benutzung d. vorhandenen Hülfsmittel rc., verbess. Grammatik d. lateln. Sprache. 2r Bd. 2e Abtheilung. 8. Berlin 821, Reimer. 1 Rthl. 12 gr. Beide Bände cpl.

Schneider, Conr. V., Diss. de spasmis, eorum natura, subjecto etc. Vitemb. 1776. 4°. 1. Ausg. 1678. 4°.

Schneider, Kurt: Das Erbrecht des überlebenden Ehegatten nach dem bürgerlichen Gesetzbuche für das Deutsche Reich. Reichenbach i. V. 1906: J. G. Koch. (VIII, 62 S.) 8°
Leipzig, Jur. Fak., Diss. v. 5. März 1906

Schneider, Kurt: Fällt die Geltendmachung der Wegebaulast unter den Begriff der Wegepolizei nach preußischem Recht? Breslau 1910: Favorke. 92 S. 8°
Tübingen, Staatswiss. Diss. v. 30. April 1910, Ref. Sartorius
[Geb. 14. Juli 85 Gurtsch; Wohnort: Gurtsch; Staatsangeh.: Preußen; Vorbildung: Gymn. Strehlen bis Prima; Studium: Berlin Landw. Hochsch. 3, Breslau 1, Tübingen 6 S.; Rig. 1. Juli 09.] [U 10. 4223

Schneider, Kurt, die guten Geister, s.: Vereinsbühne.

Schneider, Kurt, das preußische Gesetz betr. d. Bekämpfung übertragbarer Krankheiten vom 28. VIII. 1905 u. die Ausführungsbestimmungen dazu in der Fassung vom 15. IX. 1906. Nebst dem Text des Reichsgesetzes, betr. die Bekämpfg. gemeingefährl. Krankheiten vom 30. VI. 1900. Erläutert v. Sch. (VII, 230 S.) 8. Breslau 907. J. U. Kern. Geb. in Leinw. 5. —

Schneider, Kurt [aus Arnsberg in Westf.]: Zur Kenntniss der Ketonphosphorverbindungen ... Rostock, Univ.-Buchdr. v. Adler's Erben, 1894; 44 S., 1 Bl. 8.
Rostock, Phil. Fak., Inaug.-Diss. v. [19. Sept.] 1894

Schneider, Kurt [aus Breslau]: Die Lehre von den Knochencysten.... Berlin, Buchdr. v. Gustav Schade (Otto Francke) (1886); 49 + 2 S. 8°.
Berlin, Med. Fak., Inaug.-Diss. v. 5. Aug. 1886.

Schneider, Kurt, die Lehre von den Knochencysten. Diss. Berlin 1886, Mayer & Müller. 8º. 49 S.

Schneider, Curt, s.: Passomontorio, moderne.

Quellen und Beiträge zur Geschichte der deutsch-evangelischen Militärseelsorge von 1564 bis 1814 hrsg. von Kurd Schneider, Divisionspfarrer. Mit 2 Text-Abb. Halle a. S.: Waisenhaus 1906. (VII, 194 S.) 8° [J.]

Schneider, Kurd, s. a. Quellen u. Beiträge zur Geschichte der deutsch-evangelischen Militärseelsorge.

Schneider, Curt, Sammlung patriotischer Festgesänge für Volks- u. höhere Schulen (m. Anh.: 6 Gesänge zur Entlassung — Konfirmation, sowie 6 Wanderlieder). gr. 8. (IV, 80 S.) Leipzig 898. H. Brotze. Geb. n. — 40

Schneider, Kurt, a. Hausdorf, Kr. Waldenburg, Schl.: Überführung der Persulfocyansäure in Dithiobarete und Triazole. Freiburg i. Br. 1906: U. Hochreuther. (69 S.) 8°
Freiburg i. B., Phil. Fak., Ref. Gattermann, Diss. v. 25. Febr. 1906
[Geb. 4. Juli 82 Hausdorf; Wohnort: Freiburg i. B.; Staatsangeh.: Preußen; Vorbildung: Realgymn. Reichenbach i. Schl. Untersek. 99, Handelsakad. Leipzig; Studium: Freiburg i. B. 8 S.; Rig. 16. Febr. 06.]

Schneider, L., auch für Gymnasial-Reform. Ein Beitrag zur deutschen Kulturgeschichte. gr. 8. (54 S.) Neu-Ruppin 877, [Held.] Howe's Buchh. *

— De communibus et collegiis quibusdam Graecorum. S.-A. 1879. 16 S. 4°.

— Ueb. attische Gesetzgebung. Ak. 1886. 57 S.

Schneider, L., Bad Gleisweiler bei Landau in Rheinbayern. Nebst prakt. Bemerkungen über Wasser-, Molken- und Traubenkuren. gr. 8. (VII und 207 S. mit 1 Stahlst. und 1 lithogr. Karte in Fol.) Landau 853, (Kaußler.)

Ueber die Gründung von Alt- und Neu-Ruppin, nach historischen Quellen. Vortrag, gehalten von L. SCHNEIDER am 28. März 1887. (Ohne bes. Titelbl.) 8°.

Schneider, L., s.: Konfirmations-Scheine, 40.

Schneider, L., 40 Konfirmations-Scheine, s.: Pfannschmidt, C. G.

— Kurerfolge zu Bad Gleisweiler. Auszug aus der Schrift: „Bad Gleisweiler und dessen Umgebung ꝛc." Ebend. 853. gr. 8. (52 S. u. 1 Holzschn.) 6 ngr.

Schneider, L., D. staatswirtschaftlichen Lehren i. d. Politik d. Aristoteles. I. Pr. 1868. 26 S. 4°. 2.50
— — — II. Pr. 1873. 24 S. 4°. 2.—

Schneider: Die staatswissenschaftlichen Lehren in der Politik des Aristoteles. 26 S. – Deutsch-Crone, Progr. 1868.

— De extraordinariis quibusdam magistratibus Atheniensium. S.-A. 1877. 22 S. 4°.

— s. Mittheilungen des Vereins für die Geschichte Potsdams.

Schneider, L., s.: Mittheilungen d. historischen Vereins f. die Grafschaft Ruppin.

— die Molken- und Traubenkur zu Bad Gleisweiler. gr. 8. (24 S. mit 1 Holzschnt.) Landau 853, (Kaußler.)
aus des Verf. „Bad Gleisweiler ꝛc.", besonders abgedruckt.

Schneider, L., Resultate der Wasserheilanstalt Gleisweiler, bei Landau in Rheinbayern. Dargestellt durch eine Anzahl daselbst behandelter Krankheitsfälle. gr. 4. (20 S. m. 1 Holzschn.) Landau 852, Kaußler in Comm. n. 1/6 ₰

— De synegoris Atticis commentatio. Gel. 1875. 48 S.

— Truchmann militaire, s. Wlh. *Förster*.

SCHNEIDER, „Was ist ein Schweinehund? Eine naturhistorische Untersuchung über ein zoologisches Problem. Humoristischer Vortrag von *L. Schneider*." **Autogr. Mspt.** Titel u. 20 S. 4°. (20 Mk. E. Frensdorff, 1904.)
Nirgends abgedrucktes, sehr freies (theilweise erotisches) Werkchen.

Schneider, L., an den blauen Wassern d. Liwasees, s.: Novellen, baltische.

Schneider, Ladislaus, Das heil. Land und seine kathol. Bewohner in kirchlicher u. socialer Beziehung. Münster, Theissing. 1879. 48 S., 50 Pf.
Dem Schriftchen liegt eine Rede zu Grunde, welche P. Ladislaus zur Weckung des Interesses für das hl. Land am 22. Januar 1879 im kath. Volksverein zu Köln gehalten.

Schneider, Lebrecht Ehregott

Chirurgische Geschichte mit theoretischen und practischen Anmerkungen, entworffen von Lebrecht Ehregott Schneidern [Schneider]. Th.[1.] - 12. Chemnitz: Stößel 1762 - 88. 8°

[Th.1:] 1762. Th.1: 2.Aufl. 1765.
Th.2: 1763.
Th.3: 1765.
Th.4: 1768.
Th.5: 1771.
Th.6: 1773.
Th.7: 1775.
Th.8: 1776.
Th.9: 1781.
Th.10: 1784.
Th.11: 1786.
Th.12: 1788.

Schneider, L. E., chirurg. Geschichte m. theoret. u. prakt. Anmerk. 12 Thle. 8. Chemnitz, Stößel. (Mauke.) 762–88. (1r 2r à 6 gr. 3r 8 gr. 4r 5r à 10 gr. 6r 8 gr. 7r — 10r à 6 gr. 11r 8 gr. 12r 6 gr.)

Schneider, Leo, vorm. Assistenzarzt am städt. Krankenh. in Bremerhaven: Zwei Fälle von solitären Echinokokkencysten im Gehirn. Erlangen 1909: Junge. 32 S. 8°
Erlangen, Med. Diss. v. 6. Mai 1909, Ref. Hauser
[Geb. 11. Febr. 83 Furth i. B.; Wohnort: Furth; Staatsangeh.: Bayern; Vorbildung: Gymn. Furth Reife Juli 02; Studium: Erlangen 4, Berlin 2, Erlangen 4 S.; Coll. 23. März 09; Approb. 26. März 09.] [U 09. 786

Schneider, Leonh., Roger Bacon Ord. min. Eine Monographie als Beitrag zur Geschichte der Philosophie d. 13. Jahrh. Aus den Quellen bearb. gr. 8. (118 S.) Augsburg 873. Kranzfelder. n. 2. 25

Schneider, Leonhardt, Die Unsterblichkeitsidee im Glauben und in der Philosophie der Völker. Regensburg, Coppenrath, 1870, gr. 8°, X, 989 S., 8,40 Mk.

Schneider, Leonh., die Unsterblichkeitsidee im Glauben und in der Philosophie der Völker. Neue (Titel-)Aufl. gr. 8. (X, 989 S.) Regensburg 883, Coppenrath. *

Schneider, Leonh., Unsterblichkeitslehre des Aristoteles. gr. 8. (X und 141 S.) Passau 867, Waldbauer's Buchh. *

Schneider Leopold: Eine neue Bestimmungsmethode des Mangans. S. 97. IIb. 56 . . . vgr.
Separatabdruck

Schneider, Leop., die neue österreichische Pharmakopöe u. das metrische Gewicht. Eine übersichtl. alphabetisch geordnete, vergleichende Darstellung der Verschiedenheiten der österreich. Pharmakopöen von den Jahren 1869 u. 1855, nebst einer Anleitung zur Anwendung des vom 1. Octbr. 1869 an zu gebrauchenden metr. oder Grammen-Gewichts. Ein Taschenbuch für die Aerzte, Wundärzte u. Apotheker Oesterreichs. Wien 870. Gerold's Sohn. gr. 16. (VII, 68 S.) n. 12 ngr.

— Studien über chemisch gebundenes Wasser (Hydratwasser, Kristallwasser). S. 99. III. 186 . . . . vgr.
Separatabdruck

Schneider, Lina, Frauengestalten der griechischen Sage u. Dichtung. Mit 18 Illustr. in Holzschn. gr. 8. (XII, 392 S.) Leipzig 879. Fernau. n. 9. —; geb. n. 12. —

Schneider, L., **Geschichte der niederländischen Litteratur, s. Geschichte der Weltlitteratur in Einzeldarstellungen.**

Schneider, L., Geschichte der niederländischen Litteratur. Mit Benutzg. der hinterlassenen Arbeit von F. v. Hellwald verf. u. durch Proben veranschaulicht. gr. 8. (XVI, 868 S.) Leipzig 887. Friedrich. n. 12. —; geb. n. 13. 50

Geschichte der Niederländischen Litteratur m. Benutzg d. hinterlass. Arbeit v. Ferdinand v. Hellwald vf. und durch Proben veranschaul. v. L. Schneider . . . Neue Ausg. *Gera: C. B. Griesbach 1896.* (XVI, 868 S.) 1 Bd 8.

Schneider, Lina, **Großmutter-Lieder. Erlebtes u. Mitempfundenes. (V, 100 S. m. Bildnis.) 8. München 903. Allgemeine Verlags-Gesellschaft. Geb. in Leinw. n. 3. —**

Emil Rittershaus. Zur Enthüllung seines Denkmals in Barmen am 20. Juni 1900 allen seinen Freunden und Verehrern gewidmet von Lina **Schneider.** Elberfeld: Baedeker 1900. 21 S. 4 Taf. 4°
[Umschlagtit.:] Zum 20. Juni 1900. Emil Rittershaus.
Gedenkt auf S. 21 der Ehrungen Rittershaus' durch die Logen.

Schneider, Lina, Emil Rittershaus. Zur Enthüllungsfeier seines Denkmals in Barmen am 20. VI. 1900, allen seinen Freunden u. Verehrern gewidmet. 4. (23 S. m. Abbildgn.) Elberfeld 900. Baedeker. n. 1. —

Schneider, Lorenz [Bretzenheimiensis]: De sevirum Augustalium muneribus et condicione publica. . . . Gissae, *G. Otto's Hof-Buchdr. in Darmstadt,* 1891; 3 Bl., 64 S., 1 Bl. 8°
Giessen, Phil. Fak., Inaug.-Diss. v. 1891

Schneider, Louis

Schneider, L. Das Regiment Alexander in Dresden v. 5.–9. Mai 1849. (64) 8. Berlin 1849. 1,00.
Vgl. Soldatenfreund.

Schneider, L. Das Bataillon Anhalt 1810 u. 49. (72) 8. Berlin 1853. 1,00.

Schneider, L. Bellona. Schilderungen aus dem Kriegerleben. (20 B.) 8. Berlin 1837. 4,50.

— Schilderungen aus dem Kriegerleben, s. Bellona, Novellen, Erzählungen etc.

(Schneider L. Bericht über die „Kriegssammlung" der Königl. Bibliothek. Berlin 1873.) 8°. (Verm. Jähns.)

Schneider, L. Berlin zweimal in Feindeshänden. (68) 8. Berlin 1855. 1,00.

— Ihr Bild, s. Bühnen-Repertoir . . . Nr. 110.

Schneider, L., **Bilder aus Berlins Nächten. Genre-Skizzen aus der Geschichte, Phantasie u. Wirklichkeit. 8. Berlin 835.** Hayn. 1½ ℳ

SCHNEIDER, Louis (Schriftsteller, Schauspieler, kgl. Vorleser u. Geheimer Hofrath, 1805—78), Bilder aus Berlins Nächten, Genreskizzen aus der Sage, Geschichte, Phanthasie und Wirklichkeit. Berlin 1835. 8°. 332 S. (2 Mk., Leihbibl.-Expl., J. Taussig, Prag, 1904.)
— — Dasselbe. 2. Aufl. Ebd. 1870. 8°. (1 Mk. 20 Pfg. Max Jaeckel, Potsdam, 1904.)

Schneider, L., Bilder aus Berlin's Nächten. Genre-Skizzen aus der Sage, Geschichte, Phantasie und Wirklichkeit. 2. Aufl. br. 8. (VII, 188 S.) Berlin 870, Janke. * 1 50

—— der böse Blick, od.: Die Queiße in d. J. 1538, 1638, 1738 u. 1838. Histor. Roman in 4 Abthln. 1—3. Abthl. 8. Berlin, Hayn. à
A. u. d. Ttln.:
Abthl. 1. Berlin vor 300 Jahren. (21¼ B.) 838.
„ 2. Berlin vor 200 Jahren. (20¼ B.) 838.
„ 3. Berlin vor 100 Jahren. (21 B.) 841.

Schneider, L., der böse Blick, od.: Die Queiße in den Jahren 1538, 1638, 1738 u. 1838. **Histor. Roman in 4 Abthlgn. 4. Abthl. Berlin im Jahre 1838. 8. (21 B.) Berlin 844, Hayn.**
1—3. Abthl. Ebendas. 1838—41. 4 Thlr. 15 Ngr.

—— der böse Blick oder: Die Queiße in den J. 1538, 1638, 1738 und 1838. Historischer Roman in 4 Abthlgn. 2. Aufl. 8. Ebendas. 871. 12 —
Inhalt:
Abthl. 1. Berlin vor 300 Jahren. (III, 287 S.)
„ 2. Berlin vor 200 Jahren. (III, 275 S.)
„ 3. Berlin vor 100 Jahren. (III, 287 S.)
„ 4. Berlin im Jahre 1838. (III, 295 S.)

Schneider, L. Die Brandenburger in Ungarn. (72) 8. Berlin 1855. 1,00.

Schneider, L., Bühnen-Repertoir des Auslandes, s. Bühnen-Repertoir.

Schneider, L. Die Berliner Bürgerwehr. (324) 8. Berlin 1853. 5,00.

Schneider, L. Der alte Dessauer. (64) 8. Berlin 1852. 1,00.

— **eine königliche Dienstschnalle. [Aus dem „Soldaten-Freund."] Berlin 868. Winckelmann & Söhne. gr. 8.** (30 S. mit eingedr. Holzschn.) n. 5 ngr.

Schneider, Louis, Johann Leonhard Dober, der erste Missionar der Brüdergemeine. Ein Lebensbild zur Erinnerg. an seinen 200. Geburtstag, den 7. III. 1906. Den Mitgliedern u. Freunden der Brüdergemeine gewidmet. (55 S. m. Abbildgn.) 8. Herrnhut (906). Missionsbuchh. n. — 30

—— er requirirt, s. Bühnen-Repertoir.., Nr. 96.

Schneider, L., s.: Erdient u. Verdient!

Schneider, L. Fahrten u. Abenteuer eines preuss. Pioniers 1844 bis 1855. (176) 8. Berlin 1856. 3,00.

Schneider, L., der Preuß. Freiwillige. Ein Handb. f. jeden jungen Preußen u. dess Angehörige, sowohl bei d. Eintritt in d. stehende Heer u. während d. Dienstzeit in dems., als bei d. Uebertritt z. Kriegs-Reserve u. in d. beiden Aufgebote d. Landwehr. gr. 8. (24 B. u. 1 Noten-Beil. gr. 4.) Berlin 833, Hayn.

Schneider, L. Friedrich Wilhelm, Herzog v. Braunschweig (72) 8. Berlin 1854. 1,00.

Schneider, Ludw., Fröhlich. Musikalisches Quodlibet in 2 Aufzügen. 2. Aufl. gr. 8. (50 S.) Berlin 850, Hayn.

Schneider, L[ouis]. Gallerie der Costüme auf historischen nationellen und characteristischen Grundlagen für das Theater herausgegeben ... Verlag von Winckelmann & Söhne in Berlin [1844—1847].
Tit., 4 Bl., 96 S.; 144 Taf. in kol. Lithogr. 4°
Erschienen in 12 Lieferungen mit je 12 Taf.

—— **Gallerie der Costüme,** s. Gallerie.

Schneider, L. Geschichte der 2. zwölfpfünd. Batterie des 3. Artillerie-Regiments. (52) 8. Berlin 1856. 1,00.

Schneider, L. Zur Geschichte des preuss. Heeres i. J. 1848. (63) 8. Berlin 1849. 1,00.
Vgl. Soldatenfreund.

Schneider, L. Zur Geschichte des preuss. Heeres i. J. 1849. (64) 8. Berlin 1850. 1,00.

—— **Geschichte der Oper u. des kgl. Opernhauses in Berlin, mit architecton. Beiträgen von Langhans. Prachtausgabe m. histor. Documenten, artist. Beilagen u. eingedr. Holzschn. 1—4. Lfg. gr. Fol. (24 B., 9 Stnt. u. 11 Holzschn.) Berlin 845, 47, Duncker u. Humblot. à * 4 Thlr. ***

—— **Geschichte der Oper und des königl. Opernhauses in Berlin. Mit den architekton. Plänen des 1740 vom Frhrn. von Knobelsdorf und des 1844 vom k. Ober-Bau-Rath Langhans neuerbauten berliner Opernhauses. Pracht-Ausg. mit histor. Dokumenten, artist. Beilagen und eingedr. Holzschn. 5. (letzte) Lfg. gr. Fol. (10½ Bog. und 2 Stnt.) Berlin 852, Duncker und Humblot. ***
1—4. Lfg. Ebendas. 1845—47. * 16 Thlr.

—— **Geschichte der Oper und des königl. Opernhauses in Berlin. gr. 8. (XV und 505 S. mit in den Text gedr. Holzschn.) Berlin 852, Duncker und Humblot. ***
mit 11 artist. Beilagen in Fol. *

—— **der Heiraths-Antrag auf Helgoland, s. Bühnen-Repertoir** ... Nr. 91.

Der Heiratsantrag auf Helgoland. Ein Lebensbild in 2 Akten von L[ouis] **Schneider**. Neubearb. von L. Bernhard. Mühlhausen i. Th.: Danner [1909]. 30 S. 8°
(Mehrakter: Nr. 41.)

Schneider, Louis, der Heiratsantrag auf Helgoland, neubearb. v. L. Bernhard, s. a. Mehrakter

(Schneider, L.) Die preuss. Jager u. Schützen. (271) 8. Berlin 1856. 4,00.

Schneider, L. Das Jager-Detachement des 3. Dragoner-Regiments. (63) 8. Berlin 1855. 1,00.

Schneider, L. Die Janitscharen. (60) 8. Berlin 1854. 1,00.

Schneider, Louis: Jeder fege vor seiner Thür, s. Bühnen-Repertoir ... Nr. 80.

— **Instruktionsbuch für den Infanteristen, mit 319 Abbildungen in (eingedr.) Holzschn. I. 2. Aufl. Berlin 869. (Mittler & Sohn.) gr. 8. (149 S. mit 8 Steintaff.)**
n. 10 ngr.

—— Instruktionsbuch für den Infanteristen. I. 2.—4. Aufl. gr. 8. (149 S. mit 319 Abbild. in eingedr. Holzschn. und 8 Stnt.) (Ebendas.) 870. * 1 —

—— des Soldatenfreundes Instruktionsbuch für den Infanteristen. I. 5. und 6. Aufl. gr. 8. (152 S. mit 352 eingedr. Abbild. in Holzschn. und 8 Stnt.) (Ebendas.) 871. * 1 —

Schneider, L.: Des Soldatenfreundes Instructionsbuch für den Infanteristen. 8. Aufl. T. 1. Berlin 1875. 154 S. m. Abb.

Schneider, L. Instruktionsbuch für den Kavalleristen mit Abb. u. Pl. I. (Mehr nicht erschienen.) Berlin 1871. 143 S.

—— **des Soldatenfreundes Instructionsbuch für den Cavalleristen. I. gr. 8. (144 S. mit 270 Abbild. und Plänen in Holzschn., eingedr. und auf 8 Taf.) Berlin 872, Mittler und Sohn. * 1 —**

Schneider, Louis: Die Instructionsstunde, s. Soldatenfreund.

—— **Jokosus, Repertorium f. deutsch. Liederspiel** &c., **s. Jokosus.**

Schneider, L. Das 6. Kürassier-Regiment „Kaiser von Russland". (VII, 167) 8. M. 1 Taf. Berlin 1864.

Schneider, L. Kalisch im September 1835. Blätter der Erinnerung an diese Zeit für Preußens Heer. Berlin 1835. 8°.

—— **der Kapellmeister von Venedig. Musikalisches Quodlibet in 1 Aufzuge. 2. Aufl. gr. 8. (47 S.) Berlin 856, Hayn.**

Schneider, L., der Krieg der Triple-Allians [Kaiserth. Brasilien, argentin. Conföderation u. Republik Banda oriental del Uruguay] gegen die Regierg. der Republik Paraguay. 3 Bde. Mit 9 (lith. u. chromolith.) Karten (in gr. 8. u. gr. Fol.) u. 1 (lith.) Plane (in 4.) Lex.-8. (IV, 287, 352 u. 360 S.) Berlin 872—75. Behr's Buchh. n. 9. —

—— der Krieg der Triple-Allianz [Kaiserth. Brasilien, argentinische Conföderation und Republik Banda oriental del Uruguay] gegen die Regierung der Republik Paraguay. 3 Bde. Lex.-8. Berlin 872—75, Behr's Buchh. [1. Bd. (IV, 287 S. mit 4 lithogr. und chromolithogr. Karten in gr. 8. und gr. Fol. und 1 lithogr. Plane in 4.); 2. Bd. (352 S. mit 2 lithogr. und chromolithogr. Karten in gr. Fol.); 3. Bd. (260 S. und Schriftstücke S. 119—189 mit 3 lithogr. und chromolithogr. Karten in gr. 8., gr. 4. und gr. Fol.)] à Bd. ℳ 9. * 27 —

– Die preuß. Kriegsartikel, s. Soldatenfreund.

Schneider, L[ouis]. Die Kunst sich zu schminken (Physiographie für das Theater) oder Leitfaden für junge Schauspieler ... Ein Versuch von L. Schneider ... Mit ... Kupfertafeln Berlin, bei A. W. Hayn 1831.
X – 73 S. m. 10 Holzschn., 9 Taf. in Lithogr. 8°

—— **Kurmärker und Picarde, s. Bloch's E., Dilettanten-Bühne.**

Schneider, L., Kurmärker u. Picarde, s.: Bloch's, E., Theater-Correspondenz.

— dasselbe, eingerichtet v. Heinr. Vogel, s.: Heidelmann's, A., Theaterbibliothek.

Kurmärker u. Picarde, s.: Szenen, kurze, f. 2 od. mehr Personen.

Der Kurmärker und die Pikarde. Genrebild mit Gesang in 1 Aufz. von Louis **Schneider**. Musik von Herrmann Schmidt. Leipzig: Reclam [1908]. 24 S. 8°
(Universal-Bibliothek. 5056.)

- dasselbe, s. a. Universal-Bibliothek.

Schneider, L. Die preuss. Landwehr. (68) 8. Berlin 1851. 1,00.

— L. Der Landwehrmann. 14. Aufl. Berlin 1852. 96 S.

Schneider, Louis, aus meinem Leben. 1. und 2. Bd. gr. 8. Berlin 879, Mittler und Sohn. [1. Bd. 1. und 2. Aufl. (VII, 407 S.) * M 6.; geb. * M 7,50.; 2. Bd. (III, 485 S.) * M 8.; geb. * M 9,50.] * M 14.; geb. *

Schneider, Louis, aus meinem Leben. 3. (Schluß-)Bd. gr. 8. (III, 356 S.) Berlin 880, Mittler und Sohn. geb. *
1. und 2. Bd. Ebendas. 1879. * M 14.; geb. * M 17.

Schneider, L[ouis], aus dem Leben Kaiser Wilhelms. 1849—1873. Mit dem Bildniß des Kaisers und 1 Autogramm. 8 Bde. Lex.-8. (IV, 341; IV, 286; IV, 291 S.) Berlin 888, Janke. * M 30.—.; geb. **

Schneider, L., Aus dem Leben Kaiser Wilhelms. 1849—1873. Mit dem Bildniß d. Kaisers u. e. Autogramm. 3 Bde. Wohlf. (Titel-) Ausg. Lex.-8. (IV, 341; IV, 286; IV, 291 S.) Berl. 891, Janke. * 12 —; geb. * 15 —

Schneider, L. Das Lehr-Infanterie-Bataillon. (68) 8. Berlin 1855. 1,00.

– Leyer und Schwert, s. Soldatenfreund.

Schneider, Louis [aus Rappoltsweiler '(Ob.-Els.)']: Loretin als Wundverbandmittel ... Strassburg i. E., Buchdr. C. Goeller, 1895; 29 S., 1 Bl. 8.
Strassburg, Med. Fak., Inaug.-Diss. v. 1895

— Berlinische Nachrichten, s.: Schriften d. Vereins f Geschichte der Stadt Berlin.

Schneider, L. Kaisor Nikolaus I. (72) 8. Berlin 1855. 1,00.

Schneider, L[ouis]. Die Preussischen Orden. Ehrenzeichen u. Auszeichnungen. Geschichtlich. Bildlich. Statistisch ... von L. Schneider ... Berlin. Druck und Verlag von A. W. Hayn's Erben. [Tl. VII: Verlag von Alexander Duncker] 1867—1872.
13 Teile. 4°
[I] Das Düppeler Sturm-Kreuz. 1867. Tit., 9 — 3 S.; 1 Taf. in kol. Holzschn.
[II] Das Erinnerungs-Kreuz für den Feldzug von 1866. 1867. Tit., 18 S.; 1 Taf. in kol. Holzschn.
[III] Der Louisen-Orden. 1867. Tit., 43 + 16 S. m. 3 Holzschn.; 2 farb. Taf.
[IV] Die Medaille für Rettung aus Gefahr. 1867. Tit., 18 — 17 S.; 1 farb. Taf.
[V] Das Militair-Ehrenzeichen. 1868. Tit., 26 — 8 S.; 2 farb. Taf.
[VI] Der Rothe Adler-Orden. 1868. VIII — 96 — 108 S., 1 Bl., 97—139 S. m. 38 Holzschn.; 22 farb. Taf.
[VII] Der Königliche Hausorden von Hohenzollern. 1869. Tit., 22 — 18 — 10 — 8 S. m. 1 Holzschn.; 2 Taf.
[VIII] Der unter die Königlich Preußischen Orden aufgenommene Fürstliche Haus-Orden von Hohenzollern. 1869. Tit., 8 — 15 S.; 1 farb. Taf.
[IX] Das Buch vom Schwarzen Adler-Orden. 1870. Tit., 167 — 40 S.; 9 farb. Taf.
[X] Der Königliche Kronen-Orden. 1871. Tit., 20 — 6 — 90 S.; 2 farb. Taf.
[XI] Die Kriegsdenkmünze für den Feldzug 1870—71. 1872. Tit., 18 S. m. 3 Holzschn.; [illegible] Taf. ... Holzschn.
[XII] Das Buch vom Eisernen Kreuze. 1872. Tit., 147 — 44 S. m. 8 Holzschn.; 2 farb. Taf.
[XIII] Das Verdienst-Kreuz für Frauen und Jungfrauen. 1872. Tit., 12 — 32 S.; 1 Taf. in kol. Holzschn.

— — das Militär-Ehrenzeichen. Berlin 868. A. Duncker. hoch 4. (34 S. mit 2 Chromolith.) n. 2 ₰ 10 ngr.

— dasselbe. Der königl. Kronen-Orden. Fol. (116 S. m. 2 Chromolith.) Ebend. 872. n. 11. —; geb. n. 16. —

— das Palais des Prinzen Albrecht von Preußen, s.: Schriften d. Vereins f. die Geschichte der Stadt Berlin.

– Abendliches Plauderstübchen, s. Soldatenfreund.

Schneider, L. Das militärische Potsdam. (64) 8. Berlin 1858. 1,00.

Schneider, L. *Präsentirt das Gewehr!* Ein Geschenk für Knaben. Anleitung zu Militairischen Spielen. Mit vier [hand]colorirten [lithogr.] Abbildungen der Uniformen des Preußischen Militairs von der Zeit des großen Churfürsten bis auf die Jetzige und einem colorirten Titelbilde [Zar Nikolaus I. u. König Friedrich Wilhelm IV.]. Von L. Schneider. Berlin, Stuhrsche Buchhandlung, [c. 1843]. 8°. Hübscher grüner Or.-Pappbd. mit Illustration (Soldat vor Wachthaus). 36.—
Lipperheide 2173 m. Die Tafeln stellen 24 sorgfältig kolor. Uniformfig. dar. — Einige Fleckchen im Text.

Schneider, L[ouis]. Präsentirt das Gewehr! Ein Geschenk für Knaben. Anleitung zu Militairischen Spielen ... Berlin, Stuhrsche Buchhdlg. [1844].
128 S.; 5 Taf. in kol. Lithogr. 8°.

Schneider, Louis. Die Preußen in Baden. Auszeichnungen preußischer Soldaten während des Feldzuges gegen die Insurgenten in der Pfalz und Baden 1849, nach offiziellen Berichten, zur Nacheiferung für die Kameraden zusammengetragen. (Soldatenfreund. Jahrg. 17, Heft 8, Febr. 1850) Berlin (1850). 66 S. 8.

Schneider, L. Der Prinz von Preussen. (136) 8. Berlin 1858. 2,00.

– Die constitutionellen Rechte und Pflichten des preuß. Soldaten, s. Soldatenfreund.

— Repertoir für deutsches Liederspiel etc., s. Jokosus.

– Die Schatzgräber, s. Bühnen-Repertoir ... Nr. 101.

— der Schauspielerdirektor, s.: Mode's Opern-Text-Bibliothek.

Schneider, Louis, der Schauspieldirektor, s.: Mozart, Wolfg. Amadeus.

—— Schauspieler-Novellen. 2 Bde. 8. (31 B.) Berlin 839, Hayn.

Schneider, L., s.a. Soldaten-Freund, der.

Schneider, L. Der Soldaten-Freund. Ein Lesebüchlein für den preuß. Artilleristen. 3. Aufl. Berlin 1833. 100 S.

— Der Soldaten-Freund. Ein Lesebüchlein für den preuß. Infanteristen. 7. Aufl. Berlin 1833. 96 S.

Schneider L[ouis]. Illustrierte Stamm-, Rang- und Quartierliste der Königlich Preussischen Armee. Text und Tafel. Berlin, Alexander Duncker 1854
8° u. gr. 2°.
Textband. Darin:
1. Waldersee, Graf J.: Das erste Garderegiment zu Fuss. 101 S.
2. Schoning, Kurd Wolfg. v.: Das Regiment Garde du Corps. 55 S.
3. Mach, A. v.: Das zweite Infanterie-(Königs-)Regiment. 64 S.
4. Schneider, L.: Das 6. Cürassier-Regiment (Kaiser von Russland). 167 S.
5. Gorszkowski, C. v.: Das Kaiser Grenadier-Regiment. 20 S.
6. Schneider, L.: Das Kaiser Alexander Grenadier-Regiment. 135 S.
Tafelband. 6 Taf. in kol. Lithogr.

— Stamm-, Rang- u. Quartier-Liste d. kgl. preuss. Armee, s.a. Stamm-, Rang- u. Quartier-Liste etc.

—— der reisende Student oder: das Donnerwetter. Musikalisches Quodlibet in 2 Aufzügen. 2. Aufl. gr. 8. (68 S.) Berlin 850, Hayn.

— der reisende Student oder: das Donnerwetter. Musikalisches Quodlibet in 2 Aufzügen. 2. Aufl. Ebend. 857. 8 (68 S.) 15 ngr

Schneider, L., der reisende Student od. das Donnerwetter. Musikalisches Quodlibet in 2 Aufzügen. 3. Aufl. gr. 8. (68 S.) Berlin 887. Hayn's Erben. 1. 50

Schneider, Louis,
—— die Unglücklichen,
} s. Bloch's, E., Dilettanten-Bühne.

Schneider, Louis, die Unglücklichen, s. Bloch's, E., Theater-Correspondenz.

Schneider, Louis: Das französische Volkslied. Mit 8 Vollbild u. 6 Notentaf. Berlin: Marquardt [1908]. 126 S. 8°
(Die Musik. Bd 28. 29.)

— Das französische Volkslied, s.a. Musik, die.

Schneider, L. Was sich die franzos. Fremdenlegion erzählt. (79) 8. Berlin 1858. 1,00.

Schneider, L., König Wilhelm im Jahre 1866. 1—4. Aufl. Berlin 867. Schweigger'sche Hofbuchh. 8. (96 S.) n. 7½ ngr.; geb. mit Goldschn. n. 1 ₰

— — 5. Aufl. Ebend. 868. 8. (96 S. mit 1 Holzschn.) geb. mit Goldschn. n. 1 ₰

—— König Wilhelm. Militärische Lebensbeschreibung. 2 Hefte. gr. 8. Berlin 869, Mittler und Sohn. * — 80

Inhalt:

Heft 1. Bis zur Schlacht von Königgrätz. Mit einem (lithogr.) Plan (in gr. 4.), auf welchem der Ritt des Königs am Schlachttage von Königgrätz genau eingezeichnet ist. (III, S. 1—90.) * 60 Pf.

" 2. Vom 4. Juli bis Ende 1866. (S. 91—127.) * 20 Pf.

Schneider, L., Kaiser Wilhelm. Militärische Lebensbeschreibg. 1867—1871. Fortsetzg. der 1869 in demselben Verlage erschienenen beiden Hefte: „König Wilhelm," welche die J. 1864 u. 1867 umfassen. gr. 8. (III, 300 S.) Berlin 875. Mittler & Sohn in Comm. n. 2. 40

—— **Wohlgemuth.** Musikalischer Scherz in 1 Aufzuge. 2. Aufl. gr. 8. (59 S.) Berlin 856, Hayn.

Schneider, L. Feldmarschall v. Wrangel. (80) 8. Berlin 1858. 1,00.

SCHNEIDER, Ludwig (Hauptstuhl): Eine congenitale Abnormität des Auges.- München: Ciriaci 1893. 23 S.
16.2.1893 - Chr 1892/93,16; Jv 1893/94,203
Diss. Ingolst.-Landsh.-**Mchn.**

Schneider, Ludw. Beschreibung der Gefäßpflanzen d. Florengebiets von Magdeburg, Bernburg u. Zerbst. Mit e. Uebersicht der Boden- u. Vegetations-Verhältnisse. 2. nach den hinterlassenen Verbessergn. u. Zusätzen d. Verf. bericht. u. verm. Aufl. 8. (XIII, 60, 349 S.) Magdeb. 891, Creutz. * 3 —; geb. * 3 50

Schneider, Ludwig. Beschreibung der Gefässpflanzen des Florengebiets von Magdeburg, Bernburg und Zerbst . . . 2. Aufl. Magdeburg 1891. H: *Schneider, Walther* & *Oscar Pfeil-Schneider.* (Berl)

Schneider, Ludw., Gregorianische Choralgesänge für die Hauptfeste des Kirchenjahres. Ausgewählt u. für die Orgel harmonisirt. Nach seinem Tode hersg. von **Fr. Jos. Mayer u. Erwin Schneider.** 2 Abthlgn. Frankfurt a. M. 800. Hamacher. qu. 4. (VIII, 295 S.) n. 3 ℳ

Schneider, Ludwig, s. Chryselius, J. W.: Anweisung ...

Schneider, Ludovicus (geb. am 15 Febr. 1824 in Fröndenberg Westf.): Experimenta et cogitata quaedam de aere atmosphaerico eiusque rationibus chemicis ad animalium physiologiam relatis ... Bonnae, typ. C. & F. Krüger 1849. 27 S., 2 Bl. 8.

Bonn, Med. Fak., Diss. v. 14 Febr. 1849

SCHNEIDER, Ludwig: Über zwei Fälle von idiopathischer Hypertrophie und Dilatation des Herzens.- München: Fröhlich 1898. 31 S.
28.7.1896 - Chr 1896/97,19; Jv 1897/98,219 (Prom.-Datum: 1898)
Diss.Ingolst.-Landsh.-Mchn.

Schneider, Ludw., Grundzüge der allgemeinen Botanik nebst e. Uebersicht der wichtigsten Pflanzen-Familien. Für höhere Schulen u. zum Selbstunterricht. gr. 8. (VII, 328 S.) Berlin 874. Springer's Verl. n. 2. —

Schneider, Ludw., Flora von Magdeburg mit Einschluß der Florengebiete von Bernburg und Zerbst, nebst einem Abriß der allgemeinen Botanik als einleitender Theil. Für höhere Schulen und zum Selbstunterricht bearb. 2. Thl. A. u. d. T.: Beschreibung der Gefäßpflanzen und des Florengebiets von Magdeburg, Bernburg und Zerbst. Mit einer Uebersicht der Boden- und Vegetations-Verhältnisse. 8. (XIV, 60 und 353 S.) Berlin 877, Springer. *

Den 1. Thl. bildet: Schneider, Ludw., Grundzüge der allgemeinen Botanik.

Schneider, Ludw., Hermann u. Thusnelda, s.: Eichendorff, Jos. Frhr. v.

Schneider, Ludw., der Köhler v. Höllenthal. Ein Sang v. der Mosel. 12. (102 S.) Saarbrücken 901. C. Schmidtke. Geb. in Leinw. m. Goldschn. 2. 25

Schneider, Ludw. (geb. am 27 Mai 1846 in Rüdesheim a. Rh.): Ueber die Basedow'sche Krankheit . . . Bonn, Druck v. C. Georgi 1872. 22 S., 1 Bl. 8.

Bonn, Med. Fak., Diss. v. 27 März 1872

Schneider, Ldw., üb. die Mittel z. Einführ. d. Stallfütterung u. üb. die Wirkung des zu häufigen Kartoffelbaues. 2 Preisschriften. 8. Leipz. 786. Schneider. 4 gl.

Schneider L.: Ueber die Mittel zu Einführung d. Stallfütterung, u. üb. die Wirkungen d. häufigen Kartoffelbaues. 2 Preisschr.ⁿ Leips. 1786. 64 S. P.

Schneider, Ludovicus *(geb. Ratibor 19. 2. 1823)*: De philosophiae organismo. Vratislaviae (1848). (34 S.) 8°

Breslau, Phil. Diss. v. 27. Juli 1848

SCHNEIDER, Ludwig (Landau/Pf.): Ueber die Radical-Cur uneingeklemmter Leistenbrüche.- München: Giesser 1839. 24 S.
3.2.1838 - Urk (Titel: De cura radicali herniae inguinalis liberae.); F 64
Diss. Ingolst.-Landsh.-Mchn.

Schneider, L[udwig], a. Wiesbaden: Über Sehnenluxationen. Emmendingen 1907: Druck- u. Verlagsges. vorm. Dölter. (49 S.) 8°

Freiburg i. B., Med. Fak., Ref. Kraske, Diss. v. 1907

[Geb. 2. Febr. 71 Wiesbaden; Wohnort: Freiburg i. B.; Staatsangeh.: Preußen; Vorbildung: Kgl. Gymn. Wiesbaden Reife O. 90; Studium: Freiburg i. B. 4, Bonn 3, Freiburg i. B. 5 S.; Coll. 6. März 96; Approb. 12. Febr. 96.]

Schneider, Ludwig: Über die Verwertung des Zwischendampfes und des Abdampfes der Dampfmaschinen zu Heizzwecken. Eine wirtschaftliche Studie. Mit 85 in d. Text gedr. Fig. u. 1 Taf. Berlin: Springer 1910. VI, 98 S., 1 Taf. 8° ¶ Auch als Buch; 2. bedeutend erw. Aufl. u. d. T.: Die Abwärmeverwertung im Kraftmaschinenbetrieb mit besonderer Berücksichtigung der Zwischen- und Abdampfverwertung zu Heizzwecken. 1912.

München, Dr.-Ing.-Diss. v. 17. 3. 1910

— Fröhlich Volk. Ein Rhein-, Wein- u. Wanderlied. (39 S. m. Abb.) 8. Saarbrücken 907. C. Schmidtke. — 60

—— Wanderungen im Magdeburger Florengebiete im J. 1873, s. Abhandlungen des naturwissenschaftl. Vereins zu Magdeburg.

Schneider, Luise, im Forsthaus. Eine Erzählg. f. Kinder von 9—13 Jahren. 8. (III, 151 S.) Gotha 889. Gera, Griesbach. cart. 2. —

— Ebba Heimburg. Eine Erzählg. f. heranreif. Mädchen. 8. (III, 157 S.) Ebd. 889. cart. 2. —

Schneider, L., Rikens Tagebuch, — Schmierkätzchen u. Gierkätzchen, } s.: Sammlung v. Kinderschriften.

SCHNEIDER, L. *In Waldheim* oder der Kindheit Leid und Freud. Eine Erzählung für Mädchen von 10—14 Jahren. Gotha, Perthes, [ca. 1890]. 4 Bl. 240 S. 8°. Orlwd. (= Samml. v. Kinderschriften, 8). 8.—

Schneider, L., in Waldheim, s. Sammlung von Kinderschriften.

Schneider, M., s.: In paradiesischer Schönheit.

Schneider, M., **Karte des nördlichen Sternhimmels.** Unter Kontrole von L. Weinek entworfen. Lithogr. Imp.-Fol. Leipzig 882, Dietz und Zieger. 1 50
Rotierend mit einfacher Transparenz 75 —
Mit fünffacher Transparenz 80 —
Mit einfacher Transparenz und Uhrwerk 100 —

Schneider, M., die Maschinen-Elemente. Ein Hilfsbuch f. techn. Lehranstalten sowie zum Selbststudium geeignet. Mit Beispielen u. zahlreichen Zeichngn. im Text wie auf Tafeln. (In 2 Bdn.) I. Bd. 1.—6. Lfg. gr. 4. Braunschweig, F. Vieweg & Sohn. n. 16.25
1. 1. Schraubenverbindungen. (IV u. S. 1—7 m. Fig u. 8 Taf.) 901. n. 2. —
2. Nieten u. Keile. Mit 9 Taf. (S. 9—25.) 901. n. 2.25
3. 4. Zapfen. Lager u. Lagerböcke, Achsen. Mit 31 Taf. (S. 27—54.) 902. n. 6. —
5. 6. Wellen u. Kuppelgn. (S. 55—86 m. 29 Taf.) 902. n. 6. —

Schneider, M., die Maschinen-Elemente. Ein Hilfsbuch f. techn. Lehranstalten, sowie zum Selbststudium geeignet. Mit Beispielen u. zahlreichen Zeichngn. im Text wie auf Tafeln. (In 2 Bdn.) 7.—10. (Schluss-) Lfg. gr. 4. Braunschweig, F. Vieweg & Sohn. n. 23.75 (Kpl. n. 40. —; geb. in Halbfrz. n. 48. —)
7. Zahnräder u. Reibungsräder. (S. 87—128 m. 13 Taf.) 903. n. 4.50
8. Riemen-, Seil- u. Kettenbetrieb. (S. 129—180 m. Taf.) 903. n. 4.50
9. Kurbeltriebteile, Geradführgn. u. Kreuzköpfe, Kolben u. Kolbenstangen, Stopfbüchsen. (S. 180, 180a u. 181—217 m. Fig. u. 16 Taf.) 904. n. 5.60
10. Zylinder, Rohre, Absperrvorrichtgn. (VIII, VIII u. S. 219—273 m. Fig. u. 18 Taf.) 905. n. 9.15

Schneider, Manfred, Referendar: Die Fürsorgeerziehung Minderjähriger in Württemberg. Stuttgart 1909: Metzler. 94 S. 8°
Heidelberg, Jur. Diss. v. 1909, Ref. v. Lilienthal
[Geb. 24. Febr. 84 Stuttgart; Wohnort: Stuttgart; Staatsangeh.: Württemberg; Vorbildung: Karls-Gymn. Stuttgart Reife M. 02; Studium: Tübingen 2, Freiburg i. B. 1, Tübingen 1, Berlin 2, Tübingen 2 S.; Rig. 16. Dez. 08.]
[U 09. 1896

Schneider, Manfr., die Fürsorgeerziehung Minderjähriger in Württemberg. Mit dem Text des Gesetzes v. 29. XII 1899/11. XI. 1905 u. der Vollzugsverfügg. vom 14. II. 1900. (128 S.) 8. Stuttgart 909. J. B. Metzler. 2.20

Schneider, Margar., zwei Ehen. Roman. (338 S.) 8. Berlin 908. F. Fontane & Co. 4.—; geb. 5.—

Margarete **Schneider**. Zwei Ehen. Roman. 2. Aufl. Berlin: F. Fontane & Co. 1908. (338 S.) 8° [F.] [08. 16092

Margarete **Schneider**. Karriere. Roman. Berlin: Fontane [1910]. 328 S. 8° [10. 18324

Schneider, Margarete: Nebenwege. Reisenovellen. Berlin: F. Fontane & Co. 1906. (285 S.) 8°

— Ilse Petersen. Ein Familienbild im Bremer Rahmen. 2 Bde. (VII, 376 u. V, 386 S.) 8. Ebd. 908. 10.—; geb. 12.—

Margarete **Schneider**. Die Tilemanns. Eine Familiengeschichte. Berlin: F. Fontane & Co. 1905. (394 S.) 8° [F.]

Schneider, Martin: De condictione indebiti. 15 S.– Basel, Jur.Diss.v. 8.Dez.1815.

Schneider, Martin, die Elemente der Mathematik für Seminarien u. Mittelschulen. 1. Thl. Planimetrie. gr. 8. (VIII, 128 S. m. 10 Steintaf.) Köthen 877. Schulze. n. 1. 75

— die Knaben-Mittelschulen, ihr Zweck u. ihre Organisation. gr. 8. (V, 56 S.) Ebend. 876. n. 1. 20

Schneider, Mart., französisches Lesebuch, zum Gebrauch an deutschen Lehrerbildungsanstalten zusammengestellt. gr. 8. (XLVII, 311 S.) Köthen 880, Schulze. *

Schneider: Ueber die Darwin'sche Theorie. – Cöthen, G.& R., Progr. 1871.

Schneider, Matthias: Begriff und Methode der Taubstummenbildung. Eine Antwort auf d. Frage: Ist das die heutige Taubstummen-Unterrichtsmethode beherrschende Prinzip d. sogenannten 'unmittelbaren Lautsprachassoziation' psychologisch zu begründen? Osterwieck/Harz: Zickfeldt 1909. 68 S. 8°
(Die Morgenröte. Bd 1, H.4.)

Schneider, Matthias, Begriff u. Methode der Taubstummenbildung, s. Morgenröte, die. I, 4.

Das Denken und das Sprechen des Taubstummen. Eine Untersuchung über d. wahren Grundlagen d. Taubstummen-Unterr. von Matthias **Schneider**. Osterwieck/Harz: A. W. Zickfeldt 1908. (95 S.) 8° [08. 5633

Schneider, Matthias ⟨geb. am 4 Mai 1816 in Wormersdorf bei Bonn⟩: De restitutione oxygenii in atmosphaera ... Bonnae, litt. F. P. Lechneri 1845. 1 Bl., 31 S. 8.
Bonn, Med. Fak., Diss. v. 15 März 1845

Schneider, Matthias Friedrich (Eisenach) A. S. 1188/5

Dissertatio inauguralis medica, de hercule medico, communiter dicto spermate ceti.
Präs. Justus Vesti.
Erfurt (Grosch) 21. X. 1701. 40 S.

W. v.: Präs., J. P. Eysel, Peter Elias Rhoen, J. S. Schneider (Bruder). 31063

Schneider, Max: Die Abiturienten des Gymnasium Ernestinum zu Gotha unter Joachim Marquardts Direktorat 1859—1882. Gotha 1908: Engelhard-Reyher. S. 1—14. 4°
Gotha, herz. G Ernestinum P 1908 (916) [S 08. 420

Schneider, Max, Prof. Dr.: Die Abiturienten des Gymnasium illustre zu Gotha von 1768—1859. T. 1. Gotha 1905: Engelhard-Reyher. (S. 1—16.) 4°
Gotha, herz. G Ernestinum P 1905 (845)

Schneider, Max, Prof. Dr.: Die Abiturienten des Gymnasium illustre zu Gotha von 1768—1859. T. 2 (Schluss). Gotha 1906: Engelhard-Reyher. (20 S.) 4° (Forts. d. P-Beil 1905.)
Gotha, herz. G Ernestinum P 1906 (874)

Schneider, Max, Abriss der griechischen Heldensagen. Ein Hilfsbuch f. die unteren Klassen der Gymnasien. 8. (IV, 34 S.) Leipzig 889. Teubner. cart. — 45

Schneider, Max: Sophokles' Aias v. 144 ἱππομανῆ λειμῶνα und die übrigen mit μανης gebildeten Adjektiva. Eine lexikalische Studie. S. 109—130. 8.
In: Festschrift Albert von Bamberg zum 1. Oktober 1905 gewidmet vom Lehrerkollegium des Gymn. Ernestinum *Gotha* 1905.
Progr.

Schneider, M.: Anleitung zum sportmäßigen Betreiben des Schneeschuhlaufens und Rennwolffahrens. Berlin um 1895. 16 S. m. Abb.

Anleitung zum sportmässigen Betreiben des Schneeschuhlaufens und Rennwolffahrens m. 20 Ill. v. Max **Schneider**. Als Ms. gedr. ... *Berlin: Wintersportverl.* *[1898]*. (16 S.) 1 Bd 8. [98. 4564

Schneider, M., De Dionysii Periegetae arte metrica et grammatica. Diss. 1882. 50 S. 1.20

Schneider, Max, uber die *Bau- u. Kunstdenkmäler*, so wie über Reste alter Baukunst in Freysing. (Progr.) Mit 4 Taf. Abbild. (nach den Zeichnungen d. Vf. lithogr. von *A. Unthal* in Freysing). 1849. Druck v. Frz. Datterer das. 4°. 12 S. Beibd.

Schneider, Max: Beitrag zur Statistik des primären Extremitätencarcinoms ... Berlin: Buchdr. v. Gustav Schade (Otto Francke) (1889). 30 S.+ 1 Bl. 8°
Berlin, Med. Fak., Inaug.-Diss. v. 13. Jul. 1889

Schneider, Max [aus Berlin]: Pathologisch-histologische und klinische Beiträge zur Lehre von den Kleinhirngeschwülsten ... Baden-Baden, E. Kölblin, Hof-Buchdr., *1893*; 44 S. 8.
Würzburg, Med. Fak., Inaug.-Diss. v. 1893

Schneider, Max: Ueber die B e s t i m m u n g des Weinsteins, der freien Weinsäure und der Aepfelsäure im Weine, nebst kritischen Studien über die anorganischen Salze des Weines ... München: M. Rieger'sche Univ.-Buchh. (Gustav Himmer.), 1890. 38 S. 8°
Erlangen, Phil. Fak., Inaug.-Diss. v. 1890

Schneider, Max, Botanik f. Lehrer u. Lehrerinnen-Bildungs-Anstalten. 2., verb. Aufl. gr. 8. (VI, 196 S. m. 860 Fig. in 312 Abbildgn.) Wien 894. A. Hölder. n. 2. —; geb. n. 2. 40

Schneider, Max, Botanik f. Lehrer- u. Lehrerinnen-Bildungs-Anst. 3. Aufl. M. 890 Fig. in 312 Abb. gr. 8. (VII, 207 S.) Wien 895. A. Hölder. Geb. n. 2. 40

Schneider, Max, Botanik f. Lehrer- u. Lehrerinnen-Bildungs-Anstalten. 4. Aufl. Mit 900 Fig. in 312 Abbildgn. gr. 8. (VII, 208 S.) Wien 902. A. Hölder. Geb. in Leinw. n. 2. 60

Schneider, Max: B o t a n i k für Lehrer- und Lehrerinnenbildungsanstalten. Unter Berücksichtigung der Beziehungen zwischen Bau und Leben der Pflanzen bearbeitet. 5. Auflage. Mit 950 Figuren in 343 Abbildungen und mit einer botanischen Erdkarte. Wien 1907. Alfred Hölder

Schneider, Max [Dr.]: Das Coenobium beim Gymnasium illustre '(1543—1863)'. '(E. Beitr. z. Geschichte d. Gothaer Gymn.)' Gotha, Druck d. Engelhard-Reyherschen Hofbuchdr., 1895; 1—40 S. 4.
Gotha, herz. G Ernestinum, OP 1895 (728)

Schneider, Maximilianus [Dr.]: Curae criticae in epicos Graecos (Numenium, Aratum, Claudianum). Gotha, Druck d. Engelhard-Reyherschen Hofbuchdr., 1891; S. 1—20; 4°
Gotha, herz. G Ernestinum, OP 1891 (695)

SCHNEIDER, MAX. Zur Einwirkung von Acetophenon auf Aethoxybenzaldehyde und Piperonal. (Bern) Wien, 1896.

Schneider Max: Über die Einwirkung von Chlor auf die Homologen des Phloroglucins. S. 108. IIb. 125 . . . . vgr.
Separatabdruck

Schneider, Maxim., Marcelli Sitedae medici fragmenta, s. Commentationes Philologae quibus Ottoni Ribbeckio congratulantur Discipuli Lipsienses.

Schneider, Max [Dr.]: Die Gelehrtenbriefe der Gothaer Gymnasialbibliothek aus dem XVI. und XVII. Jahrhundert. Gotha, Druck d. Engelhard-Reyherschen Hofbuchdr., 1897; 1—26 S. 4.
Gotha, herz. G Ernestinum, OP 1897 (731)

Schneider, Max, Grundlage e. Ehren Pforte, woran der Tüchtigsten Capellmeister, Componisten, Musikgelehrten, Tonkünstler &c. Leben, Wercke, Verdienste &c. erscheinen sollen, s.: M a t t h e s o n, Joh.

Schneider, Max, Katechismus d. Wintersports. 12. (VII, 160 S. m. 140 Abbildgn.) Leipzig 894. J. J. Weber. Geb. in Leinw. n. 3. —

Schneider M, Wintersport. (Weber's illustr. Katechismen 147) Leipzig 1894

Schneider, Max, Krankheits-Material u. Behandlung im Curorte Reichenhall. Ein Vortrag. gr. 8. (20 S.) München 875. J. A. Finsterlin. — 60

Schneider, Max, Prof. Dr.: Die **Lehrer** des Gymnasium Illustre zu Gotha ⟨1524—1859⟩. ⟨Ein biographisch-bibliogr. Beitrag zur Geschichte d. Gymnasiums.⟩ T. 1. *Gotha 1901: Engelhard-Reyher.* (S. 1—24.) 4°
Gotha, herz. G Ernestinum, OP 1901 (768)

Schneider, Max, Prof. Dr.. Die **Lehrer** des Gymnasium Illustre zu Gotha ⟨1524—1859⟩. ⟨Ein biogr.-bibliogr. Beitrag zur Geschichte des Gymn.⟩ T. 2. ⟨Schluß.⟩ *Gotha 1902: Engelhard Reyher.* (S. 1—24.) 4° ¶[Schluß d. P-Beil. 1901.]
Gotha, herz. G Ernestinum, OP 1902 (784)

Schneider, Max, Leitfaden d. organ. Chemie, f. Hochschüler u. d. Selbstunterr. bearb. (In 2 Tln.) 1. Tl.: Das Methan u. s. Derivate. gr. 8. (VII, 126 S.) Zürich 898. F. Schulthess. n. 2. 80

Schneider, Max, Leitfaden der organischen Chemie, f. Hochschüler u. den Selbstunterricht bearb. 2. Tl.: Ringverbindungen. gr. 8. (VII, 115 S.) Zürich 900. Schulthess & Co. n. 2. 80

Schneider, Max, über Luft-Curen u. climatische Curorte mit besond. Berücksichtigung von Reichenhall. Ein Beitrag zur Climatologie. München 867. Kaiser. gr. 8. (III, 70 S.) n. 15 ngr.

Proportionalwahl und Wahlreformfrage in Bayern. Von Max **Schneider**. München 1904: H. Kutzner. (40 S.) 8° [F.] 07. 17388

Schneider, Max, der poetische Reichszöllner. Das deutsche Zollvereinsgesetz in Memorialversen. 8. (114 S.) Minden 887. Schneider. geb. n. 1. —

Schneider, Max, Schneeschuh u. Rennwolf u. ihr praktischer Gebrauch. 3. vollständig neu bearb. Aufl. gr. 8. (63 S. m. 62 Abbildgn.) Berlin 900. (H. Mues.) n. 1. —

Schneeschuh und Rennwolf und ihr praktischer Gebrauch. Von **Max Schneider**. Mit 62 Abb. 3. vollst. neu bearb. Aufl. *Berlin: Wintersportverl. 1900.* (64 S.) 8° [F.] 05. 11747

Schneeschuh und Schlitten für Sport, Jagd und Verkehr. Ein Handbuch f. Jedermann von **Max Schneider**. Mit 85 Ill. *Berlin: F. Fontane & Co. 1905.* (144 S.) 8° 04. 16556

Schneider, Max, Schneeschuh u. Schlitten f. Sport, Jagd u. Verkehr. Ein Handbuch f. Jedermann. (143 S. m. Abbildgn.) gr. 8. Ebd. 905. n. 2. 50; geb. n. 3. —

Schneider, M.: Schneeschuh und Schlitten für Sport, Jagd und Verkehr. Berlin 1905. 144 S. m. Abb.
— — 2. Aufl. 1905.

Schneider, Max (Georg) (geb. Seeburg in Ostpr. 12. 12. 1858): Der Shock, ins Besondere nach Exarticulatio femoris. Berlin (1880). (30 S.) 8°
Berlin, Med. Diss. v. 30. Juli 1880

Schneider, Max. Über Thrombophlebitis bei Nichtoperierten. ⟨Aus dem Frauen-Spital Basel.⟩ Diss. Med. Basel. 35 S. 8. Basel, Brin & Cie., 1910.

Schneider, Max (Red.), s. T o u r i s t , Der.

Schneider, Max, „Von wem ist das doch?!" Ein Titelbuch zur Auffindung v. Verfassernamen deutsch. Literaturwerke. (V, 538 S.) Lex. 8. Berlin 907—09. Eug. Schneider. 8.—; geb. in Leinw. 9.—; in Halbfrz. 10.—; auch in 11 Lfgn.
- Dass.3.Aufl.Ebda.1909.

— Musikalische Zeitschriftenschau Oktbr. 1907—Septbr. 1908. Alphabetisch-systemat. Übersicht üb. die im 9. Jahrgange der Zeitschrift der internation. Musikgesellschaft unter der Rubrik „Zeitschriftenschau" angeführten Aufsätze üb. Musik. Hrsg. v. d. internationalen Musikgesellschaft. (112 S.) gr. 8. Leipzig 909. Breitkopf & Härtel. 2. —

SCHNEIDER, Max (München): Ueber den Zusammenhang der Chirurgie mit der Anatomie bei A.Cornelius Celsus.- München: Giesser 1852. 3 Bl.,44 S.
24.7.1852 - Urk (Titel: De nexu chirurgiae cum anatomia apud A.Cornel.Celsum.); F 67
Diss. Ingolst.-Landsh.-Mchn.

Schneider, Norb., Leo XIII. Sein Leben u. Wirken. Mit Unterstützg. v. Graf Ludw. Pecci. gr. 8. (VIII, 194 S. m. 130 Abbildgn. u. 1 farb. Bildnis.) Kempten 903. J. Kösel. n. 3. —; geb. n. 4. —

Schneider, O., Beiträge zur Methodik des Unterrichtes in der Heimatkunde, s.: Günther, A.

Schneider, O. Zur Frage der Berechtigung und Methodik des Spezial-geschichtsunterrichts mit besonderer Beziehung auf hessische Geschichte und Ethnographie. S. 27—31. Progr. *Bingen* 1881.

Schneider, O., Grundzüge der Gesetzes- u. Wirtschaftskunde f. anhaltische Staatsbürger, s.: Günther, A.

Schneider, O., Heimat- u. Landeskunde des Herzogtums Anhalt, s.: Günther, A.

— O., Versuch einer genetischen Entwickelung des Platonischen ἀγαθόν. Pr. 1874. 82 S. 4°. 1,20

Schneider, Oskar

Schneider, Osk., üb. Anschwemmung v. antikem Arbeitsmaterial an der Alexandriner Küste. [Aus: „Naturwissenschaftl. Beiträge zur Geogr. u. Kulturgeschichte".] Lex.-8. (VII, 52 S. m. 1 Plan.) Dresden 883. Gilbers' Verl. n. 2. —

Schneider, Osc. (geb. Werden a. d. Ruhr 23. 3. 1855). Ein Beitrag zur Casuistik der Schädelverletzungen. Berlin (1878). (30 S.) 8°
Berlin, Med. Diss. v. 5. März 1878

Schneider, Oskar, prakt. Arzt, a. Frankfurt a. d. O.: Ein kasuistischer Beitrag zu den traumatischen Hüftgelenksluxationen. Leipzig 1906: B. Georgi. (40 S.) 8°
Leipzig, Med. Fak., Ref. Sattler, Diss. v. 16. Juni 1906
[Geb. 12. Sept. 80 Frankfurt a. O.; Wohnort: Leipzig; Staatsangeh.: Preußen; Vorbildung: Gymn. Frankfurt a. O. Reife M. 01; Studium: Berlin 5, Kiel 1, Berlin 3 S.; Coll. 16. Juni 06; Approb. 13. Sept. 05.]

Schneider, Osc., Beiträge zur Kenntniss der griechisch-orthodoxen Kirche Aegyptens. gr. 8. (48 S.) Dresden 874, Exped. des Jahresber. des Vereins für Erdkunde. * 1 —

Schneider, Osk., naturwissenschaftliche Beiträge zur Geographie u. Kulturgeschichte. gr. 8. (VII, 276 S. m. 13 Taf.) Dresden 883. Bloyl & Kaemmoror. n. 10. —

Schneider, Oskar, *naturwissenschaftl. Beiträge* z. Geographie u. Kultur-Geschichte. Mit 12 Taf., 1 gross. Karte u. 1 Prospect. Dresden 1883. 8°. Blauer Orig.-Klbldrb. m. Silberpress. u. Silberschnitt. Schönes Expl.
4 Bll., 276 S. — Inh.: 1. Ueber Anschwemmung von antikem Arbeitsmaterial an der Alexandriner Küste. 2. Die Schwefelminen am Ras el Gimse u. der Prozess der Société soufrière d'Egypte. 3. Ueber den rothen Porphyr der Alten. 4. Zur Bernsteinfrage, insbes. üb. sicilischen Bernstein u. das Lynkurion der Alten. 5. Ueber die kaukasische Naphtaproduktion.

Schneider, Osc., naturwissenschaftliche Beiträge zur Kenntniss der Kaukasusländer, auf Grund seiner Sammelbeute hrsg. Mit 5 Taf. Abbildungen (4 Kpfr.- u. 1 color. Steintaf.). [Veröffentlicht von der naturw. Gesellschaft „Isis" zu Dresden.] gr. 8. (160 S.) Dresden 878. Burdach in Comm. n.n. 6. —

Schneider, Oscar (Hrsg.), s. Beiträge, Naturwissenschaftliche, zur Kenntniss der Kaukasusländer...

Schneider, Oscar: Vorläufiger Bericht über im Laufe des Sommers 1875 in Transkaukasien ausgeführte Reisen. (S.-A.) Sitzungsberichte der naturwissenschaftlichen Gesellschaft „Isis" zu Dresden. Heft 1 u. 2. 1876.) Dresden 1876. 27 S. 8°. [II 3795

— zur Bernsteinfrage, insbesondere üb. sicilischen Bernstein u. das Lynkurion der Alten. [Aus: „Naturwissenschaftl. Beiträge zur Geogr. u. Kulturgeschichte".] Lex.-8. (S. 177—213 m. 1 Karte.) Ebd. 883. n. 1. 50

Schneider, Osk., s.: Central-Zeitung f. Optik u. Mechanik.

Haupt-Katalog (Jubiläums-Ausg.) der Leipziger Lehrmittel-Anstalt von Oskar Schneider in Leipzig. Leipzig: [O. Schneider 1902]. (XIX, 440 S.) 8°

Schneider, Oskar: Katalog über Lehr-, Spiel- und Beschäftigungsmittel. Leipzig [1909]

Schneider, Osk., Die Machtäusserung des deutschen Reiches im Auslande. Sedanfestrede im Annen-Realgymnasium zu Dresden 1884 gehalten. Dresden o. J. 8. (D.)

Schneider, Osk., Muschelgeld-Studien. Nach dem hinterlassenen Mskr. bearb. v. Carl Ribbe. Hrsg. vom Verein f. Erdkunde zu Dresden. (IV, 191 S. m. Abbildgn. u. 16 Taf.) Lex.-8. Dresden 905. (E. Engelmann's Nachf.) Geb. n.n. 10. —

Schneider, Osk., Muschelgeld-Studien. Jetzt: Dresden (A. Köhler).

— üb. die kaukasische Naphtaproduktion. [Aus: „Naturwissenschaftl. Beiträge zur Geogr. u. Kulturgeschichte".] Lex.-8. (S. 215—276 m. 1 Karte.) Ebd. 883. n. 2. —

Schneider, Osc., über die Nothwendigkeit und Einrichtung geographischer Schulsammlungen. gr. 8. (15 S.) Berlin 877. (Dresden, v. Zahn's Verlag.) * — 60
Aus: Zeitschrift für das Gymnasialwesen, besonders abgedruckt.

— üb. den roten Porphyr der Alten. Mit 1 Karte v. Aegypten u. 8 Lichtdr.-Beilagen, sowie e. grossen Karte u. 1 Panorama der zwischen Nil u. rotem Meer lieg. Porphyrgebirge von G. Schweinfurth. [Aus: „Naturwissenschaftl. Beiträge zur Geogr. u. Kulturgeschichte".] Lex.-8. (S. 75—176.) Ebd. 883. n. 4. 50

— die Riviera di Ponente, s.: Universal-Bibliothek, geographische.

Schneider, Osk., San Remo u. seine Thierwelt im Winter. [Aus: „Sitzungsber. u. Abhandlgn. der Gesellschaft Isis".] gr. 8. (62 S.) Dresden 893. (Berlin. R. Friedländer & Sohn.) n. 2. —

— die Schwefelminen am Ras el Gimse u. der Prozess der Société soufrière d'Égypte. [Aus: „Naturwissenschaftl. Beiträge zur Geogr. u. Kulturgeschichte".] Lex.-8. (S. 53—73.) Ebd. 883. n. 1. —

—— Typen-Atlas. Naturwissenschaftlich-geograph. Hand-Atlas für Schule und Haus. Unter künstler. Mitwirkung von W. Claudius, H. Leutemann, G. Mützel und C. F. Seidel hrsg. 1. und 2. Aufl. qu. Fol. (15 Holzschntaf.) Dresden 881, Meinhold und Söhne. *
geb. *

— Typen-Atlas. Naturwissenschaftlich-geograph. Hand-Atlas f. Schule u. Haus. Unter künstler. Mitwirkg. v. W. Claudius, H. Leutemann, G. Mützel u. C. F. Seidel hrsg. 3. Aufl. qu. gr. 4. (16 Holzschn.- u. Steintaf. m. 8 S. Text.) Dresden 885. Meinhold & Söhne. n. 2. 40; geb. n. 3. 60

— Typen-Atlas. Naturwissenschaftlich-geograph. Hand-Atlas f. Schule u. Haus. Unter künstler. Mitwirkung v. W. Claudius, H. Leutemann, G. Mützel u. C. F. Seidel hrsg. 4., verb. Aufl. qu. gr. 4. (16 Holzschn.- u. Steintaf. m. 8 S. Text.) Dresden 892. C. C. Meinhold & Söhne. n. 2. 40; geb. n. 3. 60

Schneider's, Osk., Typen-Atlas. Naturwissenschaftl.-geograph. Hand-Atlas f. Schule u. Haus. Unter künstler. Mitwirkg. v. W. Claudius, H. Leutemann, G. Mützel u. C. F. Seidel hrsg. 5. unveränd. Aufl. (16 Taf. u. VIII S. Text.) 33,5×25,5 cm. Dresden (907). C. C. Meinhold & Söhne. 2.40; geb. 3.60

— dasselbe. 6. verb. Aufl. Farbige Ausg. (16 Taf. m. VIII S. Text.) 33,5×25,5 cm. Ebd. (909). 5.—; geb. 6.20

Schneider, Oskar, a. Halberstadt: Die Verbalformen bei Wace. Halle a. S. 1908: E. Karras. (VIII, 100 S.) 8°
Halle, Phil. Fak., Ref. Suchier, Diss. v. 6. Aug. 1908
[Geb. 23. Dez. 85 Halberstadt; Wohnort: Halle a. S.; Staatsangeh.: Preußen; Vorbildung: Realgymn. Halberstadt Reife O. 04; Studium: Phil. Freiburg i. B. 1, Jura Berlin 1, Phil. Halle 6 S.; Rig. 5. März 08.]

Schneider, O: Weihnachts-Katalog der Leipziger Lehrmittel-Anstalt. T. 1. 2. Leipzig 1900—1902

Schneider, Osc. Pfeil (geb. Erfurt 18. 9. 1842): De laryngis morbis et in ileotypho et ex eo orientibus. Berolini (1867). (30 S.) 8°
Berlin, Med. Diss. v. 4. Apr. 1867

Schneider, Oskar Pfeil (Hrsg.), s. Schneider, Ludw.: Beschreibung der Gefäßpflanzen d. Florengebiets v. Magdeburg, ...

Schneider, Oswald, a. Görlitz: Bismarck und die preußisch-deutsche Freihandelspolitik. ⟨1862—1876.⟩ (Altenburg 1910: Pierer.) 77 S. 8° ¶ (Aus: Jahrbuch f. Gesetzgeb., Verwalt. u. Volkswirtsch. im Dtsch. Reich. Jg. 34, H. 3.)
Berlin, Phil. Diss. v. 13. Juli 1910, Ref. v. Schmoller
[Geb. 2. Feb. 85 Liegnitz; Wohnort: Berlin; Staatsangeh.: Preußen; Vorbildung: Realgymn. Görlitz Reife M. 06; Studium: Berlin 6 S.; Rig. 3. März 10.] [U 10. 249

Schneider, Osw., Rede üb. d. Verhältniß d. Adels z. Staate. gr. 8. Wien 809. Wallishauser. 6 ℋ

Schneider, Otto, fidele Abende. Kom. Vorträge f. Herren u. Damen. 12. (63 S.) Köln 896. J. Püttmann. —30

Schneider, Otto, der climatische Curort Algier. Schilderungen nach dreijähriger Beobachtung in Stadt u. Provinz, zugleich ein Rathgeber für Reise u. Aufenthalt. Dresden 869. Schönfeld's Verl. br. 8. (VIII, 295 S.) n. 1 ℛ 10 ngr.

Schneider, Otto, der climatische Curort Algier. Schilderungen nach dreijähr. Beobachtg. in Stadt und Provinz, zugleich e. Rathgeber f. Reise u. Aufenthalt. Fortsetzung: Von Algier nach Tunis u. Constantine. br. 8. (127 S.) Dresden 872. Schönfeld's Verl. n. 2. 80; Hauptwerk u. Fortsetzg. n. 6. 80

Schneider, Otto, der climatische Curort Algier. Schilderungen nach dreijähriger Beobachtung in Stadt und Provinz, zugleich ein Rathgeber für Reise und Aufenthalt. 3. Bd.: Von Algier nach Oran und Tlemcen. Algierische Reise- und Lebensbilder von Otto Schneider und Herm. Haas. 8. (XI, 216 S.) Dresden 878, Schönfeld's Verlag. *
1. und 2. Bd. Ebendas. 1869.72. *ℳ 6.80.

Schneider, (Otto) [Dir. Dr.]: (Antrittsrede, geh. am 24. Juni 1889.) (Aus d. „Landskrone".) Oppenheim am Rhein, Druck v. W. Traumüller, 1890; S. 8—9; 4°
Oppenheim, großh. R, P 1890

Schneider, Otto: Die Bedeutung der Sprache und der Sprachphilosophie für die Bildung einer philosophischen Weltanschauung. T. 1. Cüstrin 1910: Adler. S. 1—17. 4°
Küstrin, k. G P 1910 (93) [S 10. 387

Schneider, Otto: Beiträge zur Geschichte der Höheren Bürgerschule und Grossherzoglichen Realschule zu Oppenheim am Rhein von 1847—1897. *(Oppenheim 1898: W. Traumüller.)* (3—16 S.) 4° [F.]
Oppenheim a. Rh., grossh. R, P 1897 (673)

Heinrich Bellermann. Gedächtnisrede, geh. bei der vom Akad. Gesang-Ver. zu Berlin veranst. Feier 1903 von Dr. Otto **Schneider,** Prof. zu Küstrin. Nebst d. Bilde Bellermanns u. e. Verzeichnis s. Kompositionen u. Werke. *Berlin: J. Springer 1903.* (18 S.) 8° [03. ...

Schneider, Otto, de censione hastaria veterum Romanorum coniecturae. Epistola ad Dr. Ed. Iacobi, Consil. supremi senatus eccles. etc. 8maj. Berolini 842, Schroeder. ¼ ℛ

Schneider, (Julius Frid.) Otto (geb. Berlin 1. 7. 1846): De discrepantiis quibusdam quae insunt in singulorum carminum Homericorum genere dicendi. Berolini (1869). (32 S.) 8°
Berlin, Phil. Diss. v. 29. Juli 1869

Schneider, [Otto]: Die Einweihung der neuen Schule. Dortmund 1908: Crüwell. S. 6—11. 4°
Dortmund, R P 1908 (491) [S 08. 421

Schneider, Otto, die psychologische Entwickelung d. Apriori, m. Rücksicht auf das Psychologische in Kants Kritik der reinen Vernunft. gr. 8. (IV, 228 S.) Bonn 883. Weber. n. 6. —

Schneider, Otto: Festbericht über die Feier des 50jährigen Bestehens der Grofsh. Realschule zu Oppenheim a. Rh. vormaligen Höheren Bürgerschule am 2. und 3. Mai 1897. Mit Beilagen. Herausgegeben von Direktor Dr. Otto Schneider, dem Lehrerkollegium und dem Festausschufs. 4 (45 S.).
Progr. Grofsh. Rsch. *Oppenheim a. Rh.* 1897.
Nicht im Tauschverkehr.

Schneider, Otto, s. a. Festbericht üb. d. Feier d. 50jähr. Bestehens d. großh. Realschule zu Oppenheim a. Rh.

Schneider, Otto (Herm. Eduard.) (geb. Stralsund 25. 4. 1815): Commentationis de veterum in Aristophanem scholiorum fontibus capita priora. Sundiae: I. Loeffler (1838). (48 S.) 8° * Vollst. ersch. Sundiae: Loeffler 1838.
Berlin, Phil. Diss. v. 16. Juni 1838

Schneider, Otto, de veterum in Aristophanem scholior. fontibus comment. 8maj. (8½ B.) Sundiae 838, libr. Loeffler.

Schneider, Otto: Das Gestein des Seebachfelsens bei Friedrichroda im Thüringer Wald. Berlin 1904: A. W. Schade. (54 S.) 8°
Leipzig, Phil. Diss. v. 1904

Schneider, Otto [aus Vieselbach]: Ueber Granulationsstenosen nach Tracheotomie. . . . Breslau, Druck v. Grass, Barth & Comp. (W. Friedrich), 1888; 56 S. 8°
Jena, Med. Fak., Inaug.-Diss. v. [27. Sept.] 1888

Schneider, Otto, Handbuch f. den Unterofficier als Civildienstwerber. gr. 8. (156 S.) St. Pölten 890. (Wien-Hernals, Arming.) 2. 40

Schneider, Otto Die vierjährige Homer-Lektüre auf dem Gymnasium. 4 (48 S.)
Progr. Rats- u. Friedrichs-G. mit Vorsch. *Cüstrin* 1888 (70).

Schneider, Otto, in C. Plini Secundi naturalis historiae libros indices, s. Plini Secundi, C., naturalis historiae libri.

Schneider, Otto [Dr., Oberl.]: Lehrbuch der mathematischen Geographie zum Gebrauche für die Prima höherer Schulen. Elbing, 1891; 40 S., 2 Taf. 8°
Elbing, st. RG, OP 1891 (45)

Lehrgang für den Zeichenunterricht in Volksschulen. Auf Grund d. allg. Bestimmungen u. d. Ministerialerl. von 1887, von Otto **Schneider,** Rektor in Barmen, u. Albert Schneider, Lehrer in Elberfeld. T. 1. *Elberfeld: Koch & Palm [1900].* 8° [F.] [01. 1878 5

Schneider, Otto, u. Alb. **Schneider,** Lehrgang für den Zeichenunterricht in Volksschulen. Auf Grund d. allgem. Bestimmgn. u. des Ministerialerlasses v. 1887. 8. (52 S. m. Abbildgn.) Elberfeld 901. Koch & Palm. Geb. in Leinw. n. 4. —

Die neuen Lehrgänge für den Zeichenunterricht nebst Ausführungsbestimmungen u. prakt. Winken von O[tto] **Schneider,** [Rektor in Barmen]. Hagen i. W.: Schlegel & v. d. Heyden (1904). (50 S.) 8° [F.] [05. 7905 6

Schneider, Otto, ein Lehrplan für den deutschen Unterricht in der Prima höherer Lehranstalten. gr. 8. (64 S.) Bonn 881. Weber. n. 1. 50

Schneider. O. H. E., Prolegomena in Callimachi Αἰτίων fragmenta. P. 1851. 18 S. 4°. 1.—

Schneider, Otto ⟨geb. am 6 Juni 1858 in Wetter a. d. Ruhr⟩: Ueber die einheimischen Rattenarten ... Bonn, Univ.-Buchdr. v. C. Georgi 1881. 25 S., 1 Bl. 8.
Bonn, Phil. Fak., Diss. v. 28 Nov. 1881

[F.] **Schneider,** *Otto* [Dir. Dr.]: Zur Schülerstatistik der Oppenheimer Realschule von 1889—1895. *Oppenheim a. Rh., Buchdr. v. W. Traumüller, 1895;* 5—7 S. 4.
Oppenheim, grossh. R, P 1895 (671)

Schneider, O., de Callimachi operum tabula quae extat apud Suidam commentatio. Gotha 862. (Thienemann.) gr. 4. (16 S.) n. 4 ngr.

Schneider, Otto, de Callimachi operum tabula quae extat apud Suidam commentatio. gr. 4. (16 S.) Gotha 862. (Berlin, Calvary und Comp.)

Schneider - Küstrin, Otto, Transcendentalpsychologie. Ein kritisch-philosoph. Entwurf. gr. 8. (IV, 467 S.) Leipzig 891. W. Friedrich. n. 10. —

Schneider, Otto, Bern: Experimentelle Untersuchungen über Schweizerische Weidenmelampsoren. Jena 1906. 40 S. 8°. S.-A. a. d. Centralbl. f. Bakt. Abt. II. Bd. 16. [2. XI. 05.]
Bern. Phil. Diss. 1905/1906.

Schneider, Otto. Experimentelle Untersuchungen über schweizerische Weidenmelampsoren. Diss. Phil. Bern. Sonderabdruck aus dem Centralblatt f. Bakt[eriologie] etc. Abt. II. [Bd. 16, No. 1/3 u. 4/6]. 40 S. 8. Jena, Gustav Fischer, 1906.

Schneider, Otto. Versuche mit schweizerischen Weidenmelampsoren. ⟨Aus dem botanischen Institut Bern. Vorläufige Mitteilung.⟩ (Abdruck aus dem Centralblatt f. Bakteriologie, Parasitenkunde u. Infektionskrankheiten. Abteilung II.... Band 13. 1904. No. 5/7.) I S. + S. 222—224. 8. (Jena, Gustav Fischer.)

Schneider, Otto. Weitere Versuche mit schweizerischen Weidenmelampsoren. ⟨Aus dem botanischen Institut Bern.⟩ ⟨Vorläufige Mitteilung.⟩ (Abdruck aus dem Centralblatt f. Bakteriologie, Parasitenkunde u. Infektionskrankheiten. Abteilung II.... Band 15. 1905. No. 7/8.) III S.+S. 232—234. 8. (Jena, Gustav Fischer.)

Vorlagen für das malende Zeichnen z. Gebr. f. Schule u. Haus ... von O[tto] **Schneider**, Rektor in Barmen, u. A[lbert] Schneider, Lehrer in Elberfeld. *Elberfeld: Koch & Palm [1900].* (31 S.) 8° [os. 1879 5

— — Vorlagen f. das malende Zeichnen z. Gebrauch f. Schule u. Haus, zur Unterstützg. des Anschauungsunterrichts u. zur häusl. Beschäftigg. der Kinder. (2. [Umschlag-]Aufl.) gr. 8. (31 S.) Ebd. (900). n. — 40

Schneider, Otto, Wittenberg u. Zwickau. „Die kirchl. Lehre v. den Heilstatsachen — e. Abweg vom echten Evangelium Jesu?" (28 S.) 8. Dresden 909. Niederlage d. Vereins zur Verbreitg. christl. Schriften. — 30

Schneider, [Julius Friedrich] Otto: Nietzsches Zarathustra-Dichtung in der Beleuchtung eines Modernen.*) (Umschlagtitel: „Also sprach Zarathustra" ...) 15 S. 4. Kgl. Gymn. *Küstrin* 1902 (86).
*Richard M. Meyer in: Neue Jahrbücher für das klassische Altertum, Geschichte und deutsche Literatur III (1900) 5 p. 714—730.
Progr.

Der Zeichenunterricht in seiner Neugestaltung. Prakt. Anleitung zunächst f. d. Zwecke d. Volksschule von O[tto] u. A[lbert] **Schneider**, Rektoren in Barmen u. Elberfeld. Mit vielen Text-Abb. sowie 23 Taf. Düsseldorf: L. Schwann 1906. (104 S.) 8° [F.] [os. 8464

Schneider, O., u. A. **Schneider,** der Zeichenunterricht in seiner Neugestaltung. Praktische Anleitg. zunächst f. die Zwecke der Volksschule. Mit vielen Text-Abb., sowie 24 mehr- u. einfarb. Taf. 2., verb. u. verm. Aufl. (104 S.) gr. 8. Düsseldorf 908. L. Schwann. 3.20; kart. 3.60

Gedichte von Otto Albert **Schneider**. Minden i. W.: J. C. C. Bruns 1907. (39 Bl.) 8° [o8. 5186

Schneider, Otto Ludwig, appr. Arzt a. Neubukow: Über einen Fall von myelogenem Sarkom der oberen Tibiaepiphyse. Kiel 1905: Schmidt & Klaunig. (17 S.) 8°
Kiel, Med. Fak., Ref. Helferich, Diss. v. 3. Juni 1905
[Geb. 10. Dez. 80 Neubukow; Wohnort: Neubukow; Staatsangeh.: Mecklenburg-Schwerin; Vorbildung: Gymn. Rostock Reife O. 99; Studium: München 4, Rostock 1, Leipzig 1, Kiel 1, Berlin 2 S.; Coll. 12. Mai 05; Approb. 27. Juni 04.]

Schneider, P., Unsere Liebe Frau v. Lourdes. Gebetbuch zu Ehren der unbefleckten Empfängnis. 16. (400 S. m. 1 farb. Bild.) Donauwörth 892, Auer. geb. * 1 50

— Unsere Liebe Frau v. Lourdes. Gebetbuch zu Ehren d. unbefleckten Empfängnis. 2., verm. Aufl. 16. (416 S. m. farb. Titelbild.) Ebd. 897. Geb. in Leinw. n. 1. 50

Schneider, P., Herz-Jesu-Büchlein f. alle frommen Verehrer des hochheil. Herzens Jesu. 16. (240 S. m. 1 Farbendr.) Donauwörth 894. L. Auer. Geb. in Leinw. — 75

Schneider, P., Herz-Jesu-Büchlein f. alle frommen Verehrer d. heiligsten Herzens Jesu. 2. Aufl. 16. (240 S. m. 1 Farbdr.) Donauwörth 898. L. Auer.
Geb. in Leinw. — 75

Schneider, P., Herz-Jesu-Büchlein f. alle frommen Verehrer des hochh. Herzens Jesu. 6. Aufl. (244 S. m. farb. Titelbild.) 16. Donauwörth, L. Auer.
Geb. in Leinw. — 75

Schneider, P., Herz-Jesu-Büchlein f. alle frommen Verehrer des hochhl. Herzens Jesu. 8. Aufl. (244 S. m. 1 Farbdr.) 16. Donauwörth (909). L. Auer. Geb. in Leinw. — 75

Schneider, P., deutsche Schreibschule. Erstes und zweites Textbüchlein mit Vorschrift zum Schönschreiben in Verbindung mit Sprachlehre und Rechtschreiben für die Hand der Schreibschüler. 8. Trier 886, Paulinusdruckerei. [1. Textbüchlein. (16 S.) ** 15 Pf.; 2. Textbüchlein. (24 S.) ** 20 Pf.] **

Schneider, P., Deutsche Schreibschule. 1. Textbüchlein m. Vorschrift zum Schönschreiben in Verbindg. m. Sprachlehre und Rechtschreiben f. die Hand der Schreibschüler. 2., unter Mitwirkung v. M. Reuter hrsgegeb. Aufl. 8. Trier 889, Paulinus-Druckerei. ** — 15
2. Textbüchlein. Ebd. 1886. ** — 20.

Schneider, P., Text u. kurze Erklärung des Römerbriefes. 8. (120 S.) Gütersloh 895. C. Bertelsmann.
n. 1. 50; geb. n. 2. —

Schneider, P., das polizeigerichtliche Verfahren nach den jetzt geltenden Bestimmungen zum Gebrauch für Polizeirichter und Polizeianwälte systematisch zusammengestellt und erläutert, nebst einem Anhange. gr. 8. (VIII und 152 S.) Breslau 853, Aderholz.

Schneider, Pancr., die Mästung des Rindviehes, der Schweine, der Hammel, der Enten, Truthühner und Gänse, nach engl., französ. und deutschen Methoden, sowie als Anhang die Bereitung der so beliebten Gänseleberpasteten und der Spickgänse. Ein Volksbuch zur Vermehrung des bäuerl. Wohlstandes. Mit 26 erläut. Fig. gr. 8. (VIII und 179 S. mit 2 Stnt. in qu. gr. 4.) Weimar 856, Voigt.

Schneider, Pancrat., die Mästung des Rindviehes, der Schweine, der Hammel 2c. nach engl., französ. und deutschen Methoden, sowie als Anh. die Bereituug der so beliebten Gänseleberpasteten und der Spickgänse. Ein Volksbuch zur Vermehrung des bäuerl. Wohlstandes. 2., verm. Aufl. gr. 8. (VIII und 188 S. mit 26 erläut. Fig. auf 2 Stnt. in 4.) Weimar 862, Voigt.

SCHNEIDER, PATERNUS O. F. M.: Die so wünderbahrliche, von Gott verliehene Hohe Würde, und Gewalt Mariae der gekrönten Königin des Himmels und der Erden; wie auch eines Gott neu gewichten Priesters vorgetragen am Fest der glorreichen Himmelfahrt Mariä. Caschau 1762. Gedr. in der academ. Buchdruck. 39 S. - 210 mm

Schneider, Paul [Apotheker aus Sprottau]: Aus d. chem. Institut d. Univ. Breslau. Über Alkylderivate des Äthylendiamins ... Breslau, Druck v. Dr. R. Galle, 1896; 50 S., 1 Bl. 8.
Breslau, Phil. Fak., Inaug.-Diss. v. 17. März 1896

Schneider, Paul, über Alkylderivate des Äthylendiamins. Diss. gr. 8. (50 S.) Breslau 896. (Schlotter.)
n. — 60

Schneider, Paul, topographische Anatomie des Vorderhalses beim Kaninchen und der Kehlkopf desselben. gr. 4. (III, 25 S. mit 2 color. lithogr. Taf.) Berlin 868, Hirschwald. * 2 80

Schneider, Paul, die Bedeutung d. Bakterienfarbstoffe f. d. Unterscheidg. d. Arten. [Aus: „Arbeiten d. bakteriolog. Instituts der grossh. Hochschule zu Karlsruhe".] gr. 8. (30 S. m. 2 Taf.) Karlsruhe 895. Wiesbaden, O. Nemnich. n. 2. —

Schneider, Paul: Beitrag zur Frage der Blutplättchengenese. *Berlin 1903: G. Reimer.* (32 S.) 8°
Heidelberg, Med. Diss. v. 1903

Schneider, Paul, approb. Arzt aus Gerlingen: Aus d. chirurg. Universitäts-Klinik zu Gießen. Ein Beitrag zur Kasuistik des Carcinoma penis. *Gießen 1904: v. Münchow.* (23 S.) 8°
Gießen, Med. Diss. v. 1904

Schneider, Paul, üb. das Darstellungsvermögen der Musik. Eine Untersuchg. an der Hand v. Ed. Hanslick's Buch „Vom Musikalisch-Schönen". 8. (125 S.) Oppeln 892. E. Franck. n. 3. —

Schneider, Paul: Depositum und Mandat. Essen 1899: H. L. Geck. (50 S.) 8°
Erlnagen, Jur. Diss. v. 10. Mai 1899

Schneider, Paulus, de elocutione Hesiodea commentatio. Pars I. gr. 8. (46 S.) Berlin 872. (Calvary & Co.) n. 1. 20

Schneider, Paul, Rechtsanwalt beim Kgl. Landger. zu Arnsberg: Die Entwickelung des richterlichen Fragerechts und die Anwendung desselben nach der Reichscivilprozessordnung. *Arnsberg 1899: H. R. Stein.* (43 S.) 8° [F.]
Erlangen, Jur. Diss. v. 29. Mai 1899

Schneider, Paul: 66 Fälle künstlicher Frühgeburt, eingeleitet mittels glyceringefüllten Fischblasencondoms. Leipzig 1901: B. Georgi. (55 S.) 8°
Leipzig, Med. Diss. v. (8. Juli) 1901

Schneider, Paul: Über Gelenkerkrankungen bei Tabes dorsalis. *Halle a. S. 1898: C. A. Kaemmerer & C.* (34 S.) 8°
Halle, Med. Diss. v. 15. Juli 1898

Schneider, Paul [app. Arzt aus Cüstrin]: Zur Casuistik der operablen Ovarial-Carcinome.... Marburg, *Gebauer-Schwetschke'sche Buchdr., Halle (Saale),* 1891; 44 S., 2 Bl. 8°
Marburg, Med. Fak., Inaug.-Diss. v. [16. Mai] 1891

Schneider, Paul, a. Braunschweig: Die Lebenschancen der Kinder von künstlichen Frühgeburten und Kaiserschnitten. Straßburg i. E. 1906: C. Müh. (42 S.) 8°
Straßburg, Med. Fak., Ref. Fehling, Diss. v. 26. Juni 1906
[Geb. 7. Nov. 81 Braunschweig; Wohnort: Hagenau; Staatsangeh.: Braunschweig; Vorbildung: Gymn. Baden-Baden Reife S. 99; Studium: Kaiser Wilh.-Akad. Berlin 6 S.; Coll. 23 Mai 06; Approb. 6. Juni 05.]

Schneider, Paul, a. Hagenau i. E.: Ovariotomie während der Schwangerschaft. Straßburg i. E. 1904: C. Müh & Cie. (45 S.) 8°
Straßburg, Med. Fak., Ref. Fehling, Diss. v. 22. Dez. 1904
[Geb. 10. Jan. 77 Hagenau i. E.; Wohnort: Hagenau; Staatsangeh.: Elsaß-Lothringen; Vorbildung: Gymn. Hagenau Reife M. 98; Studium: Straßburg 4, Berlin 1, Straßburg 5 S.; Coll. 17. Nov. 04; Approb. 24. Juni 03.]

Schneider, Paul [aus Deutz]: Über Paratolenyloxytetrazotsäure ... Königsberg, Ostpreuss. Zeitgs- u. Verl.-Druckerei, 1892; 2 Bl., 32 S. 8.
Königsberg, Phil. Fak., Inaug.-Diss. v. 21. Mai 1892

Schneider, Paulus: Die Siedelungen an Meerbusen in ihrer Abhängigkeit von den geographischen Bedingungen. Halis Saxonum 1882: Karras. 38 S. 8°
Halle-Wittenberg, Phil. Diss. v. [13. Nov.] 1882
Geb. Halle a. d. S. 12. 4. 1852, V.
Im Buchhandel Halle: Niemeyer 1883. 59 S.

Schneider, Paul [app. Arzt aus Tangerhütte]: Die in der Göttinger Universitäts-Frauenklinik übliche Therapie bei engem Becken ... Göttingen, Druck d. Dieterich'schen Univ.-Buchdr., 1895; 46 S. 8.
Göttingen, Med. Fak., Inaug.-Diss. v. [25. Mai] 1895

Schneider, Paul, Thum während d. 30jähr. Krieges, s.: Erzgebirge, das.

Schneider, Pauline, die Blüthe d. Glaubens, in religiösen Liedern u. Gedichten. 2. Aufl. 8. (63 S.) Leipzig 871. Serbe. n. 1. 50

Schneider, Peter, a. Bamberg: Das zweite Buch der Pseudo-Aristotelischen Ökonomika. Bamberg 1907: J. Nagengast. (121 S.) 8°
Würzburg, Phil. Fak., Ref. Boll, Diss. v. 22. Juli 1907
[Geb. 20. Juli 82 Bamberg; Wohnort: Bamberg; Staatsangeh.: Bayern; Vorbildung: Gymn. Bamberg Reife Juli 01; Studium: München 8 S.; Rig. 27. Mai 07.]

Das zweite Buch der Pseudo-Aristotelischen Ökonomika. — Von Dr. Peter Schneider, G.-A. — 1907 u. 1908, Bamberg, Johann Nagengast. — P. 3—121.
Progr. Bamberg, K. Altes Gymnasium

Schneider, Peter Franz (Hrsg.), s. Schneider, Johann: Lebenserfahrungen.

Schneider, Peter Josef

Schneider, Pt. Jos., medicin.-prakt. Adversarien am Krankenbette. 1e Lieferg. 821. 1 ℔ 16 ℊ, 2e Lieferg. A. u. d. T.: Entwurf zu einer Heilmittellehre gegen psychische Krankheiten. Mit 6 Steintaf. 824. 2 ℔ 16 ℊ, 3e Lieferg. A. u. d. Tit.: Ueber d. sporadischen Typhus u. d. Wechselfieber. 826. 1 ℔ 18 ℊ, gr. 8. Tübing., Laupp. 6 ℔

Schneider, P(eter)J(osef) (Hrsg.):
s.: Annalen der gesammten Staatsarzneikunde. Bd 1-11. Tübingen, Freiburg: 1836-46.

JB 6.146

Schneider, Pet. Jos., bibl.-geschichtl. Darstellung d. hebr. Musik, deren Ursprung, Zunahme, Glanzpunkt, Abnahme u. gänzl. Verfall, mit Bezugnahme auf die den Israeliten sprachlich verwandten Völker. Nach d. hebr. Orig.-Texte, u. nächst diesem nach d. besten Quellen, mit besond. Hinweis. auf d. Verf. nächst zu erscheinende musikal.-krit. Bibliothek bearb. u. den Bibelfreunden, der Geistlichkeit, einem gebild. israelit. Publikum u. den Freunden d. Tonkunst insbesond. zugeeignet. gr. 8. (7½ B.) Bonn 834, Dunst u. Comp.

Schneider, Pet. Jos., Fragmente aus d. Tagebuch, betreff. meine Methode: „Menschen eines jed. Alters u. Geschlechts v. d. Uebel d. Stotterns (Tottelns) Stammelns, Lispelns, Schnarrens (Schnatterns), Polterns, Näselns, der partiellen, od. völligen Stummheit od. Sprachunfähigkeit, sowie auch Taubstumme v. d. Stummheit ohne Anwend. e. chirurg. Operation, sanft, schnell, gewiß u. dauerhaft zu befreien." gr. 8. (9 B.) Bonn 835. (Cöln, Renard.?)

SCHNEIDER, P. Jos.: Ueber die Gifte in medizinisch gerichtl. u. med. polizeil. Bezieh. Mit ein. Anhange üb. die Behandl. der Vergifteten im Allgem. Mit ein. Vorrede v. Th. A. *Ruland. Würzb.*, Stahel. 815. Fünfte verm. u. verb. Ausg. mit einer Anleit. zu genereller u. specieller Behandl. der Vergifteten. Ein Handb. für öffentl. u. gerichtl. Aerzte, Apotheker u. Rechtspfleger. *Tübingen,* Laupp. 821. gr. 8. (2 Thl. 12 Gr.)

Schneider, P. J., über die Gifte in medizinisch-gerichtl. und mediz. polizeyl. Rücksicht, nebst einer Anleitung zur generellen und speziellen Behandlung der Vergifteten. 2te Aufl. gr. 8. Tübingen, Laupp. 821.

Schneider, Pet. Jos., über die von den Gerichtsärzten zu erstattenden Gutachten nach dem neuen Strafgesetzbuche und der neuen Strafprocessordnung für das Grossherzogth. Baden. Für Gerichtsärzte, Richter und Anwälte. gr. 8. (114 S.) Freiburg im Br. 851, Wagner'sche Buchh. *

Schneider, P. J.: Die Gymnastik medicinisch-polizeilich beleuchtet. 1841. 48 S. Sonderdr. aus: Annalen d. Staatsarzneikunde. Tübingen. Jg. 7. 1841. H. 4.

Peter Jos. Schneider die Hämatomanie des ersten Viertels des neunzehnten Jahrhunderts, oder der Aderlass in historischer, therapeutischer und medicinisch-polizeilicher Hinsicht. Nebst 1 Steindr. Tübingen 1827. 8. (Historica consideratio ab antiquis usque ad novissima tempora; cfr. Allgem. Medic. Ann. 1827 p. 1468.)

— die Haematomanie des ersten Viertels des 19n Jahrh., oder der Aderlaß in histor.-therapeut. u. medicin.-polizeil. Hinsicht. Mit 1 Steindr. gr. 8. Tübing. 827. Laupp. 2 ₰ 6 gr

Schneider, Pet. Jos., d. Königsdenkmal auf d. Bodenstein. Preisgekrönte Märchendichtg, m. e. Volkslied v. Karl Aug. Kern. 12. (VIII, 46 S. m. 1 Lichtdr. u. Musikbeilage 2 S. in qu. gr. 8.) Billmar 895. (Leipzig, R. Streller.) n. — 80

—— die Musik u. Poesie. Nach ihren Wirkungen histor.-krit. dargest. od. systemat. geord. Versuch e. genau. Zusammenst. u. mögl. richt. Erklär. ders. — A. u. d. T.: System e. medizin. Musik. 1. u. 2. Thl. gr. 8. Bonn 835, (Dunst.?) [1. (22¼ B.), 2. (21 B.)]

— System einer medizin. Musik. 2 Thle. gr. 8. Ebd. 835. 2 ₰

— Versuch einer medizinisch-statistischen Topographie von Ettlingen und deren Umgebungen. Mit Tabell. und und Kupf. 8. Carlsruhe, Marx. 818.

— Versuch e. medicin.-statist. Topographie v. Ettlingen u. dess. nächsten Umgebungen. Mit 6 Tab. gr. 8. Karlsr. 818. Marx.

—— medicin.-polizeil. Würdigung d. Leichenhallen, als einziges u. zuverläss. Mittel z. Verhütung d. Wiedererwachens im Grabe. Eine Festrede. gr. 8. (8½ B.) Freiburg 839, Wagner'sche Buchh.

Schneider, (Peter Josef) (Hrsg.):

s.: Zeitschrift, Vereinte deutsche, für die Staatsarzneikunde. N.F. 1-4. Freiburg i.Br.: 1847-48

JB 6.149

Schneider, Ph., Deutschlands Grenzen. Mit einer (chromolithogr.) Sprachkarte von Deutschland (in 4.). 8. (18 S.) Mannheim [Straßburg] 871, Schneider.

Schneider, Ph., über deutsche Reinsprache. Ein Wort an alle vaterländisch gesinnten Deutschen, insbesondere den deutschen Lehrerstand. Speyer 869. Neidhard. 8. (43 S.) 3 ngr.

Schneider, Philipp

Schneider, Phpp., die wichtigsten Bestimmungen der neuen Büchergesetze. gr. 8. (47 S.) Regensburg 901. (A. Coppenrath's Verl.) n. — 50
Sonderabdruck aus: „Theologisch-prakt. Monatsschrift".

— die neuen Büchergesetze der Kirche. Ein Kommentar zur Bulle Officiorum ac munerum u. zu den Decreta generalia de prohibitione et censura librorum. gr. 8. (XVI, 198 S.) Mainz 900. F. Kirchheim. n. 2. 80

Schneider, Phpp., die bischöflichen Domkapitel, ihre Entwicklung u. rechtliche Stellung im Organismus der Kirche. 8. (XXXII, 503 S.) Mainz 885. Kirchheim. n. 6. —

Schneider, Phpp., die bischöflichen Domkapitel, ihre Entwicklung u. rechtliche Stellung im Organismus der Kirche. Neue (Titel-)Ausg. gr. 8. (XXXII, 503 S.) Mainz 892. F. Kirchheim. n. 4.

Schneider, Philipp, aus Bitburg (Rheinl.): Ueber die **Einwirkung anorganischer Verbindungen auf das Drehungsvermögen der Chinasäure**. *Bonn 1903: S. Foppen.* (77 S.) 8°
Bonn, Phil. Diss. v. 10. Jan. 1903

Schneider, Phpp., fontes juris ecclesiastici novissimi. Decreta et canones sacrosancti oecumenici concilii vaticani una cum selectis constitutionibus pontificiis aliisque documentis ecclesiasticis. Edidit atque illustravit S. gr. 8. (VI, 136 S.) Regensburg 895. F. Pustet. n. 1. 60; geb. in Halbchagrin n. 2. 20

— d. partikulären Kirchenrechtsquellen in Deutschland u. Oesterreich. Gesammelt u. m. erläut. Bemerkgn. vers. gr. 8. (XXVI, 598 S.) Regensburg 898. A. Coppenrath's Verl. n. 10. —

Schneider, Philipp, f.: Konrad's v. Megenberg Traktat de limitibus parochiarum civitas Ratisbonensis.

Die Lehre von den Kirchenrechtsquellen. — Von Dr. Philipp Schneider, L.-P. — 1890, Stadtamhof, J. und K. Mayr. — S. 1–64.
Progr. Regensburg, K. Lyzeum

Schneider, Phpp., die Lehre v. den Kirchenrechtsquellen. gr. 8. (IV, 64 S.) Stadtamhof 890. (Regensburg, Coppenrath's Verl.) n. — 70

— die Lehre v. den Kirchenrechtsquellen. Eine Einleitung in das Studium d. Kirchenrechts. 2. [vollständ.] Aufl. gr. 8. (XII, 212 S.) Regensburg 892. F. Pustet. n. 2. 60

— Predigt, geh. bei der Feier d. ersten hl. Meßopfers d. hochwürdigen Hrn. Neomysten Leonhard Kraus in der Stadtpfarrkirche zu Amberg. 12. (16 S.) Amberg 890. (Pustet'sche Buchhandlg.) n.n. — 25

Schneider, R., s. Amtskalender f. evangel. Geistliche.

Schneider, R., über das Atomgewicht des Antimons. Eine chem. Skizze. gr. 8. (53 S.) Berlin 880, [Gutmann'sche Buchh.] O. Enslin. * 1 —

Schneider, R., Berufswahl u. körperl. Anlagen, f.: Hahn, M.

Schneider, R., dennoch! 3 Predigten üb. Joh. 16, 16–23, Ps. 73, 23–28 u. Matth. 28, 20. (32 S.) gr. 8. Oldenburg 907. F. Schmidt's Buchh. — 50

Schneider, R., Gespräche üb. d. Ueberschwemmungen im Seelande d. westl. Schweiz; üb. d. Mittel zu Austrocknung u. z. Anbau seiner Sümpfe u. Möößer. gr. 8. (5 B.) Bern 835, [Fischer.]

Schneider, R., homiletische Illustrationen f. Predigttexte aus den Psalmen im Anschluß an das Kirchenjahr. 2 Bde. gr. 8. Leipzig, G. Strübig à n. 4. 20; geb. à n.n. 5. 20
I. Vom 1. Advent bis Quasimodogeniti. (VII, 344 S.) 904.
II. Misericordias Domini bis Sylvester. (X, 336 S.) 905.

Schneider, R., 300 iocos clarorum antiquitatis virorum ex Erasmi apophthegmatum libris collectos iuvenum senumque oblectamentum scholarum in usum edidit. gr. 16. (IV und 79 S.) Meiningen 864, v. Eye.

Schneider, R., f.: Johanneskirche, die evangelische, in Heidelberg-Neuenheim.

Schneider, R.: Christliche Klänge aus den alten griechischen u. römischen Classikern. Meiningen 1865. 29 S. 4°
Schul-/Univ.-Schrift

Schneider, R., christliche Klänge aus den griechischen u. römischen Klassikern. Eine Sammlung aus den Quellen im Anschluss an den Catechismus u. die bezügl. Bibelsprüche für Gebildete u. höhere Lehranstalten, insbesondere Gymnasien. Gotha 865. F. A. Perthes. gr. 8. (LXVI, 376 S.) n. 2 ₰

Schneider, R., christliche Klänge aus den griechischen u. römischen Klassikern. Eine Sammlung aus den Quellen für Gebildete u. höhere Lehranstalten, insbesondere Gymnasien. 2. (Titel-)Ausg. gr. 8. (LXVI, 376 S.) Leipzig (1865) 877. Siegismund & Volkening. 6.—

— homiletische Meditationen nebst Dispositionen f. 66 Predigttexte aus den Psalmen im Anschluß an das Kirchenjahr. I. Abtlg. Anh.: Uebersicht v. Predigttexten aus den Psalmen. (XII, 270 S.) gr. 8. Leipzig 904. 905. G. Strübig. n. 3. 50; geb. n.n. 4. 40

Schneider, R. (Red.), s. Mittheilungen, Schweizer graphische.

— Sagen der alten Griechen. Der reiferen Jugend beiderlei Geschlechts erzählt. Salzungen 866. Scheermesser. 8. (VIII, 160 S.) 20 ngr.

Schneider, R., Sagen der alten Griechen. Der reiferen Jugend erzählt. 2., verb. Aufl. 8. (X, 164 S.) Leipzig 887. Opetz. 1. 50; geb. n. 1. 80

Schneider, R., Sagen d. alten Griechen. D. reiferen Jugend erzählt. 3., m. 2 Holzschn. vers. Aufl. 8. (X, 164 S.) Leipzig 896. W. Opetz. 1. 50; geb. in Leinw. 1. 80

— Unsere Sehnsucht nach dem Vater. 9 Predigten üb. das Vaterunser. (V, 155 S.) 8. Oldenburg: Schmidt 1909 Geb. in Leinw. 2. 25

Schneider R. zwei Vorträge über Mineralschmieröle. Hamburg (1881)

Schneider, R., was muß jeder v. der Kohlen- u. Eisenindustrie wissen? (93 S.) kl. 8. Leipzig(-Schleußig) (910). L. Hirsch. 1. 10

Schneider, R. L. (Hrsg.), s. Bericht der Dresdener Musik-Schule.

Die musikalische Metrik als Grundlage der Rhythmik. Zur Einführung in d. Disziplin d. Rhythmuslehre. Von R. L. **Schneider**, Dir. d. Dresdener Musik-Schule. (Dresden: Selbstverl. 1898.) (30 S.) 8°
[Aus: Bericht d. Dresdener Musik-Schule. 1896–98.] [07. 1174

Splitter und Bruchstücke. Von R. L. **Schneider**, Dir. d. Dresdener Musikschule. [1.] (Dresden: Selbstverl. 1904.) 8° [F. u. Ant.]
[Aus: Bericht d. Dresdener Musik-Schule. 1902–04.] [07. 1174

Schneider, Regina, die Einmachekunst der verschiedenen Conserven u. Früchte. Nach langjährigen Erfahrungen zum Gebrauch für jeden Haushalt bearb. u. hrsg. 8. (VIII, 92 S.) Berlin 881. R. Kühn. n. — 75

Schneider, Regina, das Ganze der Einmachekunst der verschiedensten Konserven u. Früchte. Nach langjähr. Erfahrungen zum Gebrauch f. jeden Haushalt bearb. u. hrsg. Anh.: Gründliche Anleitgn. zur schmackhaften Zubereitg. aller gebräuchl. Bowlen. 2., verb. u. verm. Aufl. 12. (VI, 94 S.) Leipzig 891. G. A. Kaufmann. Kart. n. — 75

Schneider, Regina, das Ganze der Einmachekunst der verschiedensten Konserven u. Früchte. Nach langjähr. Erfahrgn. zum Gebrauch f. jeden Haushalt bearb. u. hrsg. Anh.: Gründliche Anleitg. zur schmackhaften Zubereitg. aller gebräuchl. Bowlen. 4., verb. u. verm. Aufl. 12. (VI, 94 S.) Leipzig (899). G. A. Kaufmann. Kart. n. — 75

Schneider, Reinhold, aus Klitzschmar: Die Ausgestaltung des Selbstverwaltungssystems auf dem Schulgebiete bei Mager. *Wiesbaden 1899: K. Schwab.* (92 S.) 8°
Jena, Phil. Diss. v. (18. Mai) 1898

Schneider, Rhold., die Ausgestaltung des Selbstverwaltungssystems auf dem Schulgebiete bei Mager, s.a. Zeit- u. Streitfragen, pädagogische. 55. Hft.

Schneider, Reinhold Commentarii in epistulam Pauli ad Titum datam a Leone dioeceseos waldenburgensis ephoro conscripti specimen. 30 S. Progr. G. *Zittau* 1884.

Schneider, Reinhold, approb. Arzt aus Thonberg b. Leipzig: Ueber Harnconcremente im Blasenhalse und in der Harnröhre. *Leipzig 1902: B. Georgi.* (42 S.) 8°
Leipzig, Med. Diss. v. (29. Sept.) 1902

Schneider, Reinhold Olympias, die Mutter Alexanders des Grofsen. 31 S. u. Tabelle. Progr. G. *Zwickau* 1885.

Schneider, Richard

Schneider, Rich., allgemeine Anweisungen f. den Bau u. den Betrieb der Regenerativ-Gasöfen. 8. (48 S.) Leipzig 886. Felix. n. 1. —

Schneider, Richard [app. Arzt aus Plauen]: Aus d. medizin. Klinik zu Jena. Ein Beitrag zur Differentialdiagnose zwischen Lupus und Lues hereditaria tarda ... Jena, Druck v. A. Kämpfe, 1895; 47 S. 8.
Jena, Med. Fak., Inaug.-Diss. v. [30. Mai] 1895

Schneider, Rich., der Feldmarschall Blücher, s.a. Volksbücher, neue.

Schneider, R. Feldmarschall Blücher. (40) 16. Leipzig 1853. 0,15.

Schneider, Rich., Feldmarschall Blücher. Ein deutsches Soldatenleben. Dem Volk geschildert. 2. Aufl. 8. (32 S.) Reutlingen 881, Enßlin und Laiblin's Verlagsh. * — 10

Schneider, R., s.: Bodleiana.

Schneider, Rich. Commentarii critici et exegetici in Apollonium Dyscolum specimen. Accedunt emendationes. [Plat. Crat. 407 B, Dem. de pac. 57,3, Cic. Planc. 22,54, 23,57, Tac. ann. I. 63, Herodian. frag. nov. et I p. 517,7 Ltz.] 16 S. *Norden* 1878. Progr.

Schneider, Rich., Commentarius criticus et exegeticus in Apollonii scripta minora, s.: Grammatici graeci.

Schneider, *Carl* Richard *Balduin Joseph* [Referendar in Bonn]: Die condictio ob causam datorum bei Verträgen ... Bonn, Buch- u. Steindr. J. Bach Wwe, 1895; 83 S. 8.
Erlangen, Jur. Fak., Inaug.-Diss. v. 1895

Schneider, R(ichard), Referendar a. Halle a. S.: Die Eigentümerhypothek vor Übergabe des Briefes. Halle a. S. 1908: C. A. Kaemmerer & Co. (53 S.) 8°
Halle, Jur. Fak., Ref. v. Blume, Diss. v. 10. Juli 1908
[Geb. 9. Juni 83 Halle a. S.; Wohnort: Halle a. S.; Staatsangeh.: Preußen; Vorbildung: Gymn. Halle a. S. Reife M. 01; Studium: Philol. u. Philos. Genf 1, Jena 1, Jura Jena 1, München 4, Halle 3 S.; Rig. 10. März 08.]

—— Erzählungen für das Volk. I. Bd. 8. (III und 140 S.) Zwickau 855, Verlagsbuchhandlung des Volksschriften-Vereins.

Schneider, Rich., Erzählungen für das Volk. 2. Bd. 8. (160 S.) Zwickau 856(57), Verlagsbuchh. des Volksschriften-Vereins.
1. Bd. Ebendas. 1855. 6 Ngr.

Schneider, Richard, Reg.-Bauführer: Die Erzeugung der Stirnräder-Evolventen nach dem Wälzverfahren. 1911. 62 S., 4 Taf. 8°
Stuttgart, Dr.-Ing.-Diss. v. 13. 1. 1910

Schneider, Richardus [Dir. Dr.]: Excerpta περὶ παθῶν. Edidit. Leipzig, Druck v. B. G. Teubner, 1895; 24 S. 8.
Duisburg, k. G u. VS, P 1895 (446)

Schneider, Richardus [Dir. Dr.]: Excerptum περὶ διαλέκτων. E codicibus Baroccianis LXXII et CIII bibliothecae Bodleianae Oxoniensis edidit. Leipzig, Druck v. B. G. Teubner, 1894; 16 S. 8.
Duisburg, k. G u. VS, P 1894 (436)

Schneider, Richard. Feuerbestattungsapparat, System Richard Schneider. Mehrere Auflagen. Dresden. C. C. Meinhold u. Söhne. 8°.

Schneider, Rich., Meister Fröhlich u. sein Haus. Eine Geschichte f. das Volk aus den Nothjahren 1771 u. 1772. 8. (152 S.) Zwickau 849, Verein zur Verbreitung v. Volksschriften. 6 ngr

Schneider, Rich., Civil-Ingenieur: **Geschichte des Neubaues** (der Lehr- und Erziehungs-Anstalt für Knaben — Freimaurer-Institut — zu Dresden-Striesen). *(Dresden 1899: C. C. Meinhold & Söhne.)* (S. 3—14.) 4° [F.]
Dresden-Striesen, öff. R (Freimaurer-Inst.), Lehr- u. Erz.-Anst. f. Knaben, Festschr. 1899 (1900 No 603)

— das Kriegsjahr 1813, siehe: Volks-Bibliothek.

Schneider: Observationum criticarum in Apollonium Dyscolum spec. II. 28 S.–Köln Fr.W., Progr. 1867

Schneider, Rich., Polterabendscherze f. e. u. mehrere Personen. (104 S.) 16. Plau 906. L. Hancke. — 30

—— der Prinzenraub im J. 1455. Zum Gedächtnißjahre 1855 dem Volke neu erzählt. 8. (64 S.) Zwickau 855, Verlagsbuchhandlung des Volksschriften-Vereins. *

Schneider, Richard [Dir. Dr.]: I. Der Prometheus des Aeschylos. II. Die Medea des Euripides. III. Zwei Briefe des Horaz. (Umschl.-Tit.: Zwei bei der Entlassung der Abiturienten gehaltene Reden. Zwei Briefe des Horaz in deutscher Übersetzung.) Duisburg, Buchdr. v. J. Ewich, 1889; S. I--XXI; 4°
Duisburg, k. G, OP 1889 (409)

Schneider, Richardvs (geb. am 21 Nov. 1835 in Manebach Bz. Gotha): Qvaestiones Xenophonteae ... Bonnae, form. C. Georgii (1860). 36 S., 1 Bl. 8. ¶ Erschien zugleich selbständig bei Weber in Bonn.
Bonn, Phil. Fak., Diss. v. 7 März 1860

(Schneider, Richard), Republik oder konstitutionelle Monarchie? Beilage zur „Zeitung für Stadt und Land", Nr. 22. Altenburg; Leipzig, W. Schrey, 1848. 24 S. 8°.

— siehe u. Republik oder konstitutionelle Monarchie?

Schneider, Richard, der Kossäth Rübeke, s. Volksbücher, herausgeg. vom Vereine etc.

— der Kossäth Rübecke, siehe: Volksbücher, neue.

Schneider, Rich., üb. das Schicksal d. Caffeins u. Theobromins im Thierkörper, nebst Untersuchgn. üb. den Nachweis des Morphins im Harn. gr. 8. (66 S.) Dorpat 884. (Karow.) n. 1. —

Schneider, Richard *Professor Richard Sonntag, † 19. Dezember 1891.*
4 (S. 14—15) **Progr.** Kgl. G. u. verb. Vsch. *Duisburg* 1892 (434).

Schneider, Richard [aus Binde in d. Altmark]: Ueber die Stickstoff-Bilanz bei Kranken, die an Herzklappenfehlern leiden. '(Aus d. II. med. Klinik zu Berlin.)' ... Berlin, gedr. bei L. Schumacher, 1894; 35 S. 8.
Berlin, Med. Fak., Inaug.-Diss. v. 13. Juli 1894

Album auserlesener Gegenstände der Antiken-Sammlung des Allerhöchsten Kaiserhauses. Hrsg. m. Genehmigg d. hohen Oberstkämmerer-Amtes S. K. u. K. apostol. Majestät v. Robert v. **Schneider**. 50 Taf. in Lichtdr. v. M. Frankenstein & C. *Wien: C. Gerold's Sohn 1895.* (2 Bl., 20 S., 50 Taf.) 1 Bd 2.
= **Sammlungen,** Kunsthistor., d. Allerhöchsten Kaiserhauses. Antiken-Sammlung. (96. 1??

Schneider, R. Ein bleicher Asellus in den Gruben von Freiberg im Erzgebirge. Berlin, 1887.

— R. v., Ausgrabungen in Carnuntum. 1886 17 S. u. 1 Taf.

Schneider, Rob. v., s.: **Ausstellung** von Fundstücken aus Ephesos.

Schneider, Rob., Bericht über eine Reise in Dalmatien, s. Hirschfeld, O.

Schneider, Robert, a. Pirmasens: **Das österreichische und das deutsche Börsenrecht. Ein Vergleich. München 1905:** E. Stahl. (99 S.) 8°
Erlangen, Jur. Fak., Ref. Sehling, Diss. v. 21. Nov. 1905
(Geb. 15. Nov. 78 Pirmasens; Wohnort: Pirmasens; Staatsangeb.: Bayern; Vorbildung: Gymn. Zweibrücken Reife Juli 96; Studium: München 4, Genf 1, Halle 1, Erlangen 4 S.; Rig. 23. Okt. 05.)

Schneider, Rob., s.: Caesar, Caius Jul., gallischer Krieg.

Schneider, Rob., üb. Eisen-Resorption in thierischen Organen u. Geweben. Mit 3 Taf. [Aus: „Abhandlgn. d. k. preuss. Akad. d. Wiss. zu Berlin".] gr. 4. (68 S.) Berlin 888. (G. Reimer.) cart. n. 4. —

Schneider, Rob., die Entwickelung, Bedeutung u. Zukunft des Bergbaues u. der Eisenindustrie. (58 S. m. Fig.) 8. Bochum (905). (Berlin, H. Kubz.) n.n. 1. —

Die Entwickelung, Bedeutung und Zukunft des Bergbaues und der Eisenindustrie. Von Robert **Schneider**. Bochum: Selbstverl.; [auf d. Umschl. aufgestempelt: Magdeburg: R. Zacharias](1905). (58 S.) 8° [F.] 05.13003

Entwickelung des niederrhein.-westfäl. Bergbaus und der Eisen-Industrie im 19. Jahrhundert mit bes. Berücks. d. Arbeiterverhältnisse. Von Robert **Schneider**. *(Bochum): Selbstverl. 1899.* (46 S.) 8° [F.]

Schneider, Rob., Entwickelung des niederrhein.-westfäl. Bergbaus u. der Eisen-Industrie im 19. Jahrh. m. besond. Berücksicht. der Arbeiterverhältnisse. gr. 8. (46 S.) Bochum 899. (Leipzig, A. Felix.) n. — 60

Die Entwickelung des Allgemeinen Knappschafts-Vereins. Von Robert **Schneider**. *Gelsenkirchen 1901: C. Bertenburg.* (23 S.) 8° [01.18533

— die **Entwickelung** des allgemeinen Knappschafts-Vereins. gr. 8. (23 S.) Gelsenkirchen 901. (Leipzig, A. Felix.) n. — 40

— d. Erzstatue vom Helenenberg. Festschrift zur Begrüssg. d. 42. Versammlg. deutscher Philologen u. Schulmänner zu Wien. Fol. (22 S. m. 4 Taf.) Wien 893. A. Holzhausen. Nicht im Handel.

Der größte Feind. Ein Beitrag z. Lösung d. Alkoholfrage von Robert **Schneider**. Magdeburg: R. Zacharias [um 1906]. (16 S.) 8° [F.] 07.8127

Schneider, Rob., Führer durch Halberstadt. Kurze Beschreibg. der Stadt u. ihrer Sehenswürdigkeiten. Mit 10 Ansichtspostkarten in Lichtdr. gr. 16. (37 S. m. 1 Plan.) Halberstadt (901). Frantz. Kart. — 90

Schneider Robert: Die Geburt der Athena.
D: Abhandlung des Archäolog.-epigraph. Seminars in Wien 1880.
1879 PN 160 Diss. Wien, Univ.

Schneider, Rob., die Geburt der Athena, s. Abhandlungen des archäologisch-epigraphischen Seminares der Universität Wien.

Schneider, Rob., kritische Jahrbücher f. deutsche Rechtswissenschaft, s. Jahrbücher.

—— Index omnium rerum et sententiar. quae in Corpore Juris Justinianei continentur. Quem verbor. ord. observato edere coepit. In cuius locum a secundo fasc. successit Guil. Gust. Busse. Vol. I. Fasc. I—III. A — Ager vectigalis. 4maj. (32 B.) Lipsiae 837—39, Focke. à Fasc. * 16 Gr., Vlnp. Thlr. *

Fasc. I. ist beigefügt: Stephani Daoyz Pampilon., Index omnium, quae continentur tam in textu quam in glossa juris civilis ab auctore edit. totius corporis juris civilis adjectus. Quem denuo edid., emend. et auxit, adhib. praesertim Gaji institut. comment., Ulpiani fragmentis, Pauli sententiis receptis, veteris ictidc jure fiscl fragmentis et collatione legum mosaicar. et romanar. Lud. Hoepfner. Tom. I. A — I. (Fasc. I. A — Accusare.)

Schneider, Rob., die Influenza, ihre Verhütung u. naturgemäße Behandlung. (16 S.) gr. 8. Leipzig (903). O. Borggold. n. — 40

SCHNEIDER, Robert von

Ein Kunstsammler im alten Wien von Robert von Schneider. (Aus dem XXI. Bande des „Jahrbuches der kunsthistorischen Sammlungen des allerhöchsten Kaiserhauses".) Wien. 1900. In Comm. [Tempsky.] Fol. 11 S. K 6.—

— ein Kunstsammler im alten Wien. Fol. (11 S. m. Abbildgn.) Wien 900. (Leipzig, G. Freytag.) Kart. n. 6. —

Sonderabdruck aus: „Jahrb. d. kunsthistor. Sammlgn. des allerh. Kaiserhauses".

Die Kürenberglieder erl. u. ins Neuhochdeutsche übertr. Von Robert Schneider, Oberlehrer a. D. Halberstadt: Schimmelburg 1909. 19 S. 8° (10. 233)

Schneider, Rob., d. namenlosen Lieder aus Minnesangs Frühling, erläutert u. ins Neuhochdeutsche übertragen. 12. (31 S.) Berlin 885. Friedberg & Mode. n. — 60

Schneider, Rob. Spervogels Lieder, für die Schule erklärt und mit einem Glossar versehen. 21 S. = Zeitschrift für den deutschen Unterricht I (1887) S. 289—320 Rg. *Halberstadt* 1876. Progr.

Die Minnelieder des Burggrafen von Regensburg erläutert und ins Neuhochdeutsche übertragen von *Robert Friedrich* Schneider. 4 (S. 9—11) 1895.
Festschrift z. Erinnerung an d. 350j. Jubil. Rg. *Halberstadt* 1896
Progr.

Schneider, Rob. Über subterrane Organismen. 32 S. u. 2 Taf. Progr. Kö. Rg. *Berlin* 1885.

Schneider, Rob., Quaestionum de Servio Sulpicio Rufo spec. I. et II. 8maj. (9½ B.) Lipsiae 834, Focke.

Schneider, R., De Servio Sulpicio Rufo, iurisconsulto Romano spec. I. Diss. 1834. 102 S. 2.—
— — Spec. II. Hab. 1834. 82 S.

Schneider, Robertus: Die Schuppen an den verschiedenen Flügel- und Körpertheilen der Lepidopteren. Accedunt 3 tabulae. Halis Saxonum 1878: Gebauer-Schwetschke. 59 S., 3 Taf. 8°
Halle-Wittenberg. Phil. Diss. v. 22. Jan. 1878
Geb. Berlin 24. 8. 1854. V.
Aus: Zeitschrift f. d. ges. Naturwissenschaften. Bd 51. Berlin 1878. S. 1—59, Taf. 1—3.

Schneider, Robert: Jungdeutschlands Schwur. Gedicht von Otto Bauer. Für vierstimmigen Chor komponiert und dem Kaiser Wilhelms-Realgymnasium gewidmet von R. S. 7 ungez. S. 4.
Progr. Kgl. Kaiser Wilhelms-Realgymn. *Berlin* 1905 (102).

Schneider, *Friedrich Emil* Robert Der naturwissenschaftliche Unterricht und die neuere Forschung. 4 (S. 3—29), 2 Taf.
Progr. Kgl. Rg. *Berlin* 1895 (92

Schneider, Rudolf

Schneider, Rud., s.: Anonymi de rebus bellicis liber.

— Die Artillerie des Mittelalters. Nach d. Angaben der Zeitgenossen dargestellt. Mit 6 Textbeilagen u. 8 Bildertaf. (X, 183 S.) gr. 8. Berlin 910. Weidmann. 6. —

Schneider, Rudolf, Referendar, z. Z. am Kgl. Landgericht in Breslau: Die Baugefährdung. ⟨Vergehen nach § 330 des Strafgesetzbuchs für das Deutsche Reich vom 15. Mai 1871.⟩ Breslau 1906: Graß, Barth & Co. (84 S.) 8°
Breslau, Jur. Fak., Ref. Gretener-Fischer, Diss. v. 4. Dez. 1906
[Geb. 9. Aug. 81 Breslau; Wohnort: Breslau; Staatsangeh.: Preußen; Vorbildung: König-Wilhelms-Gymn. Breslau M. 01; Studium: Breslau 3, Genf 1, Berlin 2 S.; Rig. 9. Nov. 06.]

Schneider, Rudolf, prakt. Arzt in Gönnern ⟨Kr. Biedenkopf⟩: Aus d. Universitäts-Frauenklinik zu Marburg a. d. Lahn. Beitrag zur Chirurgie der Harnwege. Marburg a. d. L. 1907. (26 S.) 8°
Marburg, Med. Fak., Ref. Opitz-Ahlfeld, Diss. v. 13. Okt. 1907
[Geb. 6. Juni 80 Wehen (Taunus); Wohnort: Gönnern; Staatsangeh.: Preußen; Vorbildung: Gymn. Wiesbaden Reife O. 00; Studium: Marburg, Halle, zus. 6, Marburg 4 S.; Coll. 2. Aug. 07; Approb. 12. Aug. 05.]

Schneider, Rudolf, Medizinalprakt.: Aus d. chirurg. Universitätsklinik zu Gießen. Beitrag zur Serumtherapie des Tetanus. Berlin: Trenkel 1907. 41 S. 8°
Gießen, Med. Diss. v. 27. März 1909, Ref. Poppert
[Geb. 10. Nov. 78 Frankfurt a. M.; Wohnort: Frankfurt a. M.; Staatsangeh.: Preußen; Vorbildung: Kaiser-Friedrichs-Gymn. Frankfurt a. M. Reife M. 99; Studium: Marburg 4, Heidelberg 2, Würzburg 4, Gießen 1, Freiburg i. B. 1, Gießen 3 S.; Coll. 20. Dez. 07; Approb. 19. März 09.] [U 09. 1121

Schneider, Rud., s.: Bellum africanum.

Schneider, Rudolphus ⟨geb. am 19 Aug. 1819 in Bonn⟩: De evolutione caloris [in] coagulando sanguine ... Bonnae, typ. C. & F. Krüger 1850. 25 S., 2 Bl. 8.
Bonn, Med. Fak., Diss. v. 27 Febr. 1850

1885—1910. Festschrift anlässlich des 25jähr. Jubiläums des Exportvereln lm Königreich Sachsen, Dresden. [Verf.: Rudolf Schneider.] — (Dresden 1910: Pässler.) 95 S. 4°

Schneider, Rud., Gedichte. 8. (V, 134 S.) Dresden 901. E. Pierson. n. 2. 50; geb. n. 3. 50

Antike Geschütze auf der Saalburg. Erläuterungen zu Schramm's Rekonstruktionen von Rudolf Schneider. Vom Saalburg-Museum hrsg. Homburg v. d. H. 1908: Schudt. 21 S. 8° (09. 1119)

Die antiken Geschütze der Saalburg. Erl. zu Schramms Rekonstruktionen von Rudolf Schneider. Mit 9 Textbild. 2. Aufl. Berlin: Weidmann 1910. 34 S. 8°
(Veröffentlichungen d. Saalburg-Museums. [1.]) (11. 316

Geschütze auf handschriftlichen Bildern. Hrsg. u. erl. von Dr. Rudolf Schneider. Metz: G. Scriba 1907. (71 S.) 8°
= Jahrbuch d. Gesellschaft f. Lothring. Geschichte u. Altertumskunde. Erg.H. 2. (07. 9376

Schneider, Rud., die Grundzüge der theosophischen Lehren. 1. u. 2. Bdchn. kl. 8. Lorch 904. K. Rohm. — 65
1. Was ist Theosophie u. welchen Zweck hat die theosoph. Gesellschaft? Die siebenfache Konstitution des Menschen u. des Weltalls. (64 S.) 904. — 40
2. Die Wiederverkörperungslehre. (S. 65—99.) 906. — 25

Schneider, Rud., Grundzüge der theosophischen Lehren. III. Bdchn. Karma, d. Gesetz d. Ausgleichs, d. Gerechtigkeit u. Harmonie im Weltall. (28 S.) kl. 8. Lorch 908. K. Rohm. — 25

— „Heimweh." Vortrag, geh. am 2. Pfingsttage (1. VI.) 1908 im kaufmänn. Vereinssaale in Heidelberg gelegentlich der „Allgemeinen theosoph. Konferenz". (15 S.) kl. 8. Ebd. 903. — 10

Schneider, Rud., Horda. Ein Beitrag zur röm. Kriegsgeschichte. Mit 1 Karte v. H. Kiepert. gr. 8. (VIII, 43 S. m. 1 Ansicht.) Berlin 886. Weidmann. n. 1. 60

Schneider, R., das römische Kriegswesen zu Caesars Zeit, s.: Caesaris, C. Iulii, belli gallici libri VII, hrsg. v. H. Meusel.

Leben und Treiben an Bord S. M. Seekadetten- und Schiffsjungenschulschiffe. Schilderungen nach photogr. Momentaufnahmen von R. **Schneider**, Marinepfarrer. Mit 1 Portr., 147 Bild. u. 1 Segel- u. Takelriß; dazu e. Anh. ... München: Lehmann 1901. XI, 228 S. 8°
[11. 9149

Schneider, Rud., Legion u. Phalanx. Taktische Untersuchgn. gr. 8. (149 S. m. Fig.) Berlin 893. Weidmann. n. 3. —

— Machinae et tormenta (Die Kriegsmaschinen der alten Griechen u. Römer), s.: Tabulae quibus antiquitates graecae et romanae illustrantur. IX.

Schneider, Rud., die Macht der Liebe. Vortrag, geh. in der theosoph. Gesellschaft zu Mannheim am 29. I. 1902. 12. (14 S.) Lorch (902). K. Rohm. n.n. — 10

Schneider, Rud., absolute Messungen d. nächtlichen Ausstrahlung in Wien, s.: Krčmář, J.

Über die pulsatorischen Oszillationen (mikroseismische Unruhe) des Erdbodens im Winter 1907/1908 in Wien von Dr. Rudolf **Schneider**. Mit 6 Textfig. Wien: Hölder in Komm. 1909. 48 S. 8°
(Mitteilungen d. Erdbeben-Kommission d. Kais. Akad. d. Wiss. in Wien. N. F. Nr 35.)
[11. 8919

Schneider, Rudolf: Der Petroleumhandel. *Stuttgart 1902: Union.* (95 S.) 8° ¶ (= Zeitschrift f. d. ges. Staatswiss., Erg.H. 3.)
Leipzig, Phil. Diss. v. [1. Mai] 1902

Der Petroleumhandel. Von Dr. Rudolf **Schneider**. *Tübingen: H. Laupp 1902.* (95 S.) 8°
— Zeitschrift f. d. gesamte Staatswissenschaft. Erg.H. 3.

Griechische Poliorketiker, s.: Abhandlungen d. königl. Gesellschaft d. Wissenschaften zu Göttingen. Philol.-histor. Kl. X, 1 u. XI, 1.

Schneider, Rudolf. Portus Itius. Mit einer Karte von A. Brecher. 4 (19 S.) **Progr.** Königstädt. G. *Berlin* 1888 (63)

Schneider, Rud., Portus Itius. Mit 1 Karte v. A. Brecher. gr. 4. (19 S.) Berlin 888. Gaertner. n. 1. —

Predigt über Psalm 46, V. 2–4, zum Gedächtnis der bei d. Strandung S. M. S. 'Gneisenau' am 16. Dez. d. J. im Hafen von Malaga im Kampf mit d. Elementen gefallenen Kameraden. Geh. zu Kiel am 23. Dez. 1900 von R[udolf] **Schneider**, Marine-Garnisonpfarrer. *Kiel & Leipzig: Lipsius & Tischer 1901.* (15 S.) 8° [J.]
[01. 2574 8

Schneider, Rudolf, Dr. Seismische Registrierungen in Wien, k. k. Zentralanstalt für Meteorologie und Geodynamik, im Jahre 1910. Siehe Mitteilungen der Erdbeben-Kommiss., neue Folge Nr. 41 . . . . K 1.20
Separatabdruck

Schneider, Rudolf, Dr., (Augenarzt in München): Aus d. hyg. Inst. d. Univ. München. Vorst.: v. Gruber. Experimentelle Untersuchungen über die Bedeutung der 'Leukine' für die Heilung infektiöser Bindehautentzündungen. Mit 1 Fig. im Text. Leipzig: W. Engelmann 1909. 67 S. 8° ¶ (Aus: Albr. v. Graefe's Archiv f. Ophthalmol. Bd 73, H. 2.)
München, Med. Hab.-Schr. v. 1909 [U 10. 3730

SCHNEIDER, Rudolf: Ueber das Verhalten der elastischen Fasern bei Lungengangrän.- München: Kastner & Lossen 1897. 26 S.
20.7.1897 - Chr 1897/98,17; Jv 1897/98,219
Diss. Ingolst.-Landsh.-Mchn.

Schneider, Rudolf [Gerichtsref. aus Essen '(Ruhr)']: „Von welchem Moment datiert die Kredithypothek des gemeinen Rechts?" ... Essen, Druck v. H. L. Geck, 1895; VI, 37 S. 8.
Erlangen, Jur. Fak. Inaug.-Diss. v. 1895

(Schneider, S.) Beschreibung des Kantons Bern für Schule und Haus. 1864. 8. Langnau (1864).

Schneider, S., Brünn u. seine Denkwürdigkeiten. Ein Handb. f. Einheimische u. Wegweiser f. Fremde. M. 1 Plan d. Stadt sammt Vorstädten. 16. (6½ B.) Brünn 830. (Wien, Beck.) 10 Gr., Schrbp.

Schneider, S. F. G., Bilder aus dem Leben Jesu. Probeheft aus der Evangelien-Harmonie. gr. 16. (16 S. mit eingedr. Holzschn.) Breslau 854, Dülfer's Buchh. *

— Dr. M. Luther's kleiner Katechismus, erläutert durch 527 Bibelsprüche, als Antworten auf zusammenhängende Fragen, nebst einem evangel. Schul-Gesangbuche von 214 ausgewählten Kirchenliedern. 3. verm. Aufl. Trebnitz 855. (Breslau, Dülfer.) gr. 8. (2 Bl., 176 S.) n. 10 ngr.
Separatabdruck hieraus:
Evang. Schulgesangbuch.

— die Psalmen Davids in Kirchen-Liedern für die häusliche Andacht. 1—5. Buch. (Psalm 1—150). Breslau 854. (Dülfer.) Lex.-8. (66 S.) n. 7 ngr.

—— evangelisches Schul-Gesang-Buch, enth. ausgewählte Lieder zu den sechs Hauptstücken des Katechismus, in welche das deutsche evangel. Kirchen-Gesangbuch aufgenommen ist. 8. (106 S.) Trebnitz 855. (Breslau, Dülfer's Buchh.) *

Schneider, S. R., Beschreibung v. Preußen, s. Handbuch zu d. Atlas v. Preußen, (1. Hälfte).

—— Gedichte. gr. 8. (15¼ B.) Gotha 833, Hennings u. Hopf.

Schneider, S. R., Preußen u. die Constitutionsfrage. gr. 8. Danzig 812, Gerhard. 5/12 ₰

—— das Problem der Zeit u. dess. Lösung durch d. Association. 8. (6½ B.) Gotha 834, Hennings u. Hopf.

Schneider, S. R., s. Scott, W.: Werke.

— s. Shakespeare: Sämmtl. Schauspiele.

SCHNEIDER, S. R., VITA NUOVA. Erotische Eidyllien (sol). Gotha. Hennings und Hopf 1834. 12°. (In Warmbrunn.)
72 S. (incl. Tit.). Einiges etwas frei. — Sehr selten!

Schneider, Sam. Sal., geistl. Oden u. Lieder. 8. Berl. 822. L. Oehmigke. 10 gr.

— Pania, ein Weihnachtsgeschenk z. Beförder. ächter Wohlthätigkeit. 8. Halle. (Leipz., Andrä). 10 gr.

Schneider, Sascha, Gedanken üb. d. Gestaltg. e. Modellschule m. Angliederung e. freien Kunst-Akademie. (32 S.) 8. Leipzig (910). Breitkopf & Härtel. 1. —

Schneider, Sascha, Titelzeichnungen zu den Werken Karl Mays. Mit einführ. Text v. Johs. Werner. (25 Bl. m. 12 S. Text.) Fol. Freiburg i/B. (905). F. E. Fehsenfeld. In Mappe n. 12. —

Schneider, Sascha, 18 Zeichngn., s.: Meisterwerke d. Holzschneidekunst.

Schneider, Sascha, Zeichnungen. 4. Aufl. Text von Aemil Fendler. Fol. (16 Holzschn.-Taf. m. XV S. ill. Text.) Leipzig (901). J. J. Weber. In Mappe n. 6.50

Schneider, Sebastian, aus Erlangen: Zur Kenntnis der Isodithiobiazolone. *Erlangen 1902: E. Th. Jacob.* (55 S.) 8°
Erlangen, Phil. Diss. v. 11. Juni 1902

Schneider, Selma (Sophie Roberts), s. a.: Roberts, Sophie.

Schneider, Selma [Ps Sophie Roberts]. Gebete u. Lieder f. Mutter u. Kind. 16. (IV, 84 S.) [Nürnb. 891, Hennings.] Lpz., Kaufmann. cart. * 1 —

2. Aufl. u. d. T.:

— das Beste in der Welt f. Mutter u. Kind. Kinder-Gebete, Lieder u. Glückwünsche, gesammelt. 2., durchgeseh. (Titel-)Ausg. 16. (IV, 84 S.) Leipzig 891. G. A. Kaufmann. Kart. n. 1. —

Schneider, Selma, Kochbuch, s.: Blok. Therese

Schneider, Siegm., s.: Ausstellung, die internationale, f. Musik- u. Theaterwesen Wien 1892.

Siegmund Schneider. Die deutsche Baghdâd-Bahn und die projectirte Überbrückung des Bosporus in ihrer Bedeutung für Weltwirtschaft und Weltverkehr Wien und Leipzig. 1900. Leopold Weiss. Lex.-8°. 146 S. mit 1 Tafel. K 3.—

— s.: Exhibition, the international, for music and the drama. Vienna 1892.

Schneider, Sigmund (Red.), s. Zeitung, Österreich. illustr.

SIGMUND A. J. SCHNEIDER, Die Kopfverletzungen in medicinisch-gerichtlicher Hinsicht. Eine vom Vereine Grossh. Bad. Medizinalbeamter zur Förderung der Staatsarzneikunde am 13. August 1847 gekrönte Preisschrift. Stuttgart, 1848. J. F. Steinkopf'sche Buchhandlung. 8°. (VIII, 229 S.)

—— Weierbach's mächtige Stahlquelle auf dem Rebhofe des Hrn. Kaufmanns Frz. Guerra in der Nähe von Offenburg. Ein balneograph. Versuch. gr. 8. (42 S.) Freiburg im Br. 849, Wagner'sche Buchh.

Schneider, Th., die pädagogische Schrift d. Plutarch: „Ueber die Erziehung der Kinder." gr. 8. (16 S.) Leipzig 875. Siegismund & Volkening. n. — 40

Schneider, Th., faßl. Unterricht üb. die Erkenntniß u. eine bewährte Heilung d. Schaafraude. 8. Trier. 816. Lintz. 3 gr

Schneider, Th. F., der geschickte Schnellrechner oder die Kunst, in 8 Lectionen alle im prakt. Leben vorkommenden Rechnungen auf schnelle, leichte u. sichere Weise zu lösen. Nebst einem Anh.: Die neue Maaß- u. Gewichtsordnung des norddeutschen Bundes, nebst Tabellen der Verwandlung der alten Maaße u. Gewichte in die neuen. Leipzig 869. Mayer. 16. (52 S.) 6 ngr.

Schneider, Th. F., der geschickte Schnellrechner oder die Kunst, in acht Lectionen alle im prakt. Leben vorkommenden Rechnungen auf schnelle, leichte und sicherste Weise zu lösen. Nebst Maaß- und Gewichtstabellen. 2. verb. Aufl. 12. (47 S.) Köln 880, Mayer. — 60

Schneider, Thekla, Gedichte. 2., verm. Aufl. der „Wellen vom Bodensee". 8. (IV, 148 S.) Paderborn 889. F. Schöningh. n. 2. —; geb. n. 3. —

Schneider, Thekla. Gedichte. 2. verm. u. verb. Aufl. der „Wellen vom Bodensee". 8. (IV, 148 S.) Paderb. 890, F. Schöningh. * 2 —; geb. * 3 —

Hinaus! Für Herz u. Haus. Gedichte von Thekla Schneider. Essen a. d. Ruhr: Fredebeul & Koenen 1905. (114 S.) 8° [F.] [i.6. 3709

Schneider, Thekla, Irmentrud. 8. (160 S.) Ravensburg 897. Dorn. n. 2. 40

Schneider, Thekla, aus alten Tagen. Eine epische Erzählg. 12. (127 S.) Stuttgart 885. Deutsches Volksblatt. n.n. 1. 50; geb. n.n. 2. 50

— Tannengrün. 12. (30 S.) Ebd. 898. n. — 60

Schneider, Thekla, Wellen vom Bodensee. Mit einem Vorwort von Ch. Schlüter. 8. (IX, 139 S.) Sigmaringen 882, Tappen. 1 50

Schneider, Thekla, Frau Wendelgard. 12. (III, 120 S.) Ravensburg 893. O. Maier. n. 2. —; geb. n. 3. 60

Schneider, Theodor: Religionsgeschichtliche Bilder aus Nassau. T. 1. Wiesbaden 1906: K. Schwab. (S. 3—42.) 4°
Wiesbaden, OR P 1906 (522)

Schneider, Theodor: Religionsgeschichtliche Bilder aus Nassau. T. 2. Wiesbaden 1907: K. Schwab. (S. 3—48.) 4° ¶ [Forts. d. P-Beil. 1906.]
Wiesbaden, st. OR u. Reform-RG i. E. P 1907 (522)

Religionsgeschichtliche Bilder aus Nassau. Von Prof. Th[eodor] Schneider, Oberl., Wiesbaden. Wiesbaden: Selbstverl. 1910 92 S. 8° [11. 5856 4

Calvin und wir. Was wir von Calvin lernen können, und was wir nicht von ihm lernen sollen. Eine Gedächtnisrede z. Feier s. 400jähr. Geburtstages nebst e. Anh.: Calvin u. d. päpstliche Inquisition in Vienne. Eine Enthüllungsgeschichte von Prof. Th[eodor] Schneider, Oberl. Wiesbaden: Selbstverl. 1909. 32 S. 8° [10. 6459

Schneider, Th., Calvin u. wir. Was wir v. Calvin lernen können, u. was wir nicht v. ihm lernen sollen. Eine Gedächtnisrede z. Feier seines 400jähr. Geburtstages nebst e. Anh.: Calvin u. die päpstl. Inquisition in Vienne. Eine Enthüllungsgeschichte. (32 S.) 8. Wiesbaden 909. (Heidelberg, Ev. Verlag.) — 50

Schneider, Theodor [app. Arzt aus Stuttgart]: Ein Fall von Atresia ani uterina et vesicalis mit Atresia vaginae et urethrae ... [Sep.-Abdr.] Rudolstadt, Druck d. fürstl. priv. Hofbuchdr. F. Mitzlaff, *1892*; 10 S., 3 Taf. 8.
Tübingen, Med. Fak., Inaug.-Diss. v. 1892

Schneider, Theodor „Die Feier der Eröffnung des neuen Schulgebäudes", pg. 27—33. 8°. Ziegler.
Neustadt a.d.Haardt, Progr. 1891/92

Schneider, Th. „Zur Geschichte der Gewerb-, später Realschule zu Neustadt a. d. H.". Nebst statistischem Anhang für den Zeitraum 1869—1894. pg. 3—53. 8°. Mit Abbildung der Kgl. Realschule. W. Kranzbühler.
Neustadt a.d.Haardt, Progr. 1893/94

Schneider, Th., zur Geschichte der Currende u. des Singechors zu Dessau. Bei Gelegenheit der 50jährigen Stiftungsfeier der Reorganisation des Singechors herausg. Dessau 859. Aue. gr. 8. (23 S.) 2½ ngr.

Schneider, Thdr., hütet euch vor dem Sauerteig der Pharisäer u. Sadducäer! 2 Vorträge: 1. Was wissen wir v. Christus? 2. Das Evangelium St. Johannis in histor. Beleuchtg. (53 S.) 8. Wiesbaden 905. H. Heuß. n. — 75

Cantate von O[sw.] Marbach. Comp. von Th. Schneider. [Leipzig] o. J.: [Nies]. 2 Bl. 8° [Kopftit.]
Abgedr. in: FZ. 17 (1863) S. 201—202. Marbach, O.: Agenda J. 4. Aufl. S. 392—394. Tt. 2521. Ohne Noten: „Wie lieblich sind die Hütten dein . . ." 25. 193.

Schneider, Theodor, a. Leipzig: Karl Christian Friedrich Krause als Geschichtsphilosoph. Leipzig 1907: Bär & Hermann. (63 S.) 8°
Leipzig, Phil. Fak., Ref. Heinze-Brandenburg, Diss. v. 19. Juni 1907
[Geb. 17. Nov. 79 Leipzig; Wohnort: Leipzig; Staatsangeh.: Sachsen; Vorbildung: Wahlfähigkeitszeugnis Dez. 02; Studium: Leipzig 6 S.; Rig. 21. Dez. 06.]

Schneider, Theodor. Aus dem Leben von Dr Theodor Schneider (1825—1902. Aufzeichnungen, [mit] Ergänzung: Auszug eines Vortrags von Dr. W[ilhelm] Bernoulli [und Anhang:] Aus den hinterlassenen Gedichten). [Mit Porträt-Tafel.] 125 S. 8. Basel, Birkhäuser & Dubi, 1902. [fr. 1. 25]

Schneider, Th[eodor]. Michael Servet. Ein Vortrag, gehalten am 28. Oktober 1903 zum 350jähr. Gedächtnis seiner Verbrennung. [Mit 1 Ansicht.] 40 S. 8. Wiesbaden, Moritz & Münzel, 1904. [M. —. 70]

Schneider, Theodor Über den Text der Trachinierinnen des Sophokles mit besonderer Berücksichtigung der Retractationstheorie Bergks und seiner Nachfolger. I. Theil. 8 (28 S.). II. Theil. 8 (S. 3—31). Staatsg. im IX. Bezirk *Wien* 1887. 1888
Progr.

Vom Ursprung des Christentums. Drei Vorträge: 1. Was wissen wir von Christus? 2. Das Evangelium St. Johannis in historischer Beleuchtung. 3. Jensen, Kautsky, Maurenbrecher und der Ursprung des Christentums. Von Prof. Th[eodor] **Schneider**. Wiesbaden: Selbstverl. 1910. 104 S. 8° A 12. 9793 4

Was ist's mit der Sintflut? Die Versuche ihrer Deutung als Geschichte, Sage u. Mythus. Zugleich e. Beitrag z. Babel- u. Bibelfrage von Theodor **Schneider**, Oberl. in Wiesbaden. *Wiesbaden: H. Staadt 1903.* (26 S.) 8° [F.]

Wer war Wilhelmus von Nassauen? Ein Vortrag von Prof. Th[eodor] **Schneider**, Oberl. in Wiesbaden. Geh. 1908. 3. Aufl. Wiesbaden: Selbstverl. [1908]. 24 S. 8° (11. 3034 4

Worin besteht meine Schuld, daß ich nicht Pfarrer geworden bin? Eine Anfrage an d. Nassauische Bezirkssynode nebst Replik auf deren Antwort. Von Th[eodor] **Schneider**, Oberl. Wiesbaden: Selbstverl. 1901. (56 S.) 8° [F.] 08. 2919 3

Schneider, Theophil, C. S. Sp., auf dem Missionspfade in Deutsch-Ostafrika. Von Sansibar zum Kilimandscharo. Reise-Bericht, gewidmet den deutschen Katholiken. Lex.-8. (115 S. m. 74 Abbildgn.) Münster (899). (H. Schöningh.) Kart. n. 2. —

Schneider, Theoph. A., zur Lehre vom Versuch. M. Betrachtg. uns. Rechtszustände. gr. 8. (44 S.) Breslau 896. M. & H. Marcus. n. 1. —

Schneider, Ulr., Polyxena. Drama in 1 Aufzug. — Die sieben Schläfer. Ein Mysterium in 3 Abtlgn. (XII, 100 S.) 8. Dresden 905. E. Pierson. n. 2. —

Schneider, V. [städt. Turnl.]: Der Turnunterricht und das Turnspiel. Marburg, Univ.-Buchdr. v. J. A. Koch, *1895;* 4—7 S. 4.
Marburg, RPG m. d. in Entwickelg begriff. R, OP 1895 (419)

Schneider, Valentin, die Rheinthal-Wasserleitung der Stadt Elberfeld. Nebst 10 lith. Taf. Imp.-4. (IV, 30 S.) Elberfeld 881. Löwenstein & Co. n. 18. —

Schneider, V: Rheinthal-Wasserleitung der Stadt Elberfeld. Berlin 1882. Fol. (Aus Glaser's Annalen f. Gew. u. Bauw. 1882 Nr 117)

Schneider, Valentin, die Rheinthal-Wasserleitung der Stadt Elberfeld. Nebst 10 lith. Taf. Neue Ausg. gr. 4. (IV, 30 S.) Elberfeld 884. Loewenstein's Verl. n. 10. —

Schneider, Val., s.: Untersuchungen zur älteren griechischen Prosalitteratur.

Schneider, Vikt., das Handels-, Wechsel-, Konkurs- u. Seerecht Grossbritanniens u. Irlands, s. a. Goldschmidt, Siegfr.

Schneider, Vikt., das Handels-, Wechsel-, Konkurs- u. See-Recht Grossbritanniens, s. a. Handelsgesetze, die, des Erdballs. (Goldschmidt, Siegfr.)

Schneider, Victor: Ueber peritoneale Reibegeräusche ... Berlin, gedr. bei L. Schumacher 1888. 56 S. 8°
Heidelberg, Med. Fak., Inaug.-Diss. v. [27. Jul.] 1888

Schneider, Vict., die Schlacht bei Näfels. Drama in acht Bildern. Glarus 868. Vogel. gr. 16. (XI, 315 S.) n. 23 ngr.

Schneider, Vikt., die Schlacht bei Näfels. Drama in 8 Bildern. Neue (Titel-)Ausg. 12. (XVI, 314 S.) Glarus 888. Baeschlin. n. 2. —

Schneider, W. v., mineralische Düngemittel u. Ernteerträge. Umgearb. Ausg. der in russ. Sprache als Beilage z. Zeitschrift „Rationelle Düngg." erschienenen Schrift. (116 S.) gr. 8. Riga 909. N. Kymmel. 1. 80

Schneider, W., das Gesetz vom 14. Decbr. 1864 über das Pfandrecht u. die Befriedigung der Gläubiger im Concurse, nebst den zur Ausführung desselben erlassenen Bekanntmachungen. Mit Berücksichtigung der Regierungs- u. der ständ. Motive herdg. Hannover 865. Meyer. gr. 8. (XVI, 100 S.) 15 ngr.

Schneider, W., Querfurter Stadt- u. Kreis-Chronik. 8. (VII, 575 S. m. 3 Taf. u. 1 Stammtaf.) Querfurt 902. W. Schneider. Geb. 1. 80

Schneider, Walther, approb. Arzt aus Manchester i. Engl.: Aus d. Städt. Krankenhause zu Crefeld. ‹Innere Abt.: Oberarzt Dr. Reinhold.› Zur Aetiologie der Weil'schen Krankheit. *Leipzig 1902: B. Georgi.* (55 S.) 8°
Leipzig, Med. Diss. v. (21. Mai) 1902

Schneider, Walther: Die Entwickelung des Gottesbegriffs bei Immanuel Kant. Königsberg Nm. 1904: J. G. Striese. (23 S.) 4°
Königsberg Nm., Friedrich-Wilhelms-G OP 1904 (85)

Schneider, Walther, „Folge mir nach!" Matth. IX, 9. Ein Gebet- u. Erbauungsbuch für gebildete kathol. Christen. Mit 3 Stahlst. gr. 12. Regensburg 841, Manz. 3/4 ₰

Schneider, W., über die biblische Geschichte u. die beste Methode, sie in den Schulen zu lehren. 8. Fulda 840. Müller. 1/3 ₰

Schneider, Walther: Staatsbürgerliche Gesinnung und Selbstverwaltung im Wirken des Freiherrn vom Stein. Neuhaldensleben 1910: Eyraud. S. 1—16. 4°
Neuhaldensleben, G P 1910 (340) [S 10. 388

Schneider, Walther, Jesus ist der Weg, die Wahrheit und das Leben. Joh. XIV. 6. Eine Samml. christkathol. Gebete u. Unterweisungen. Mit 1 Stahlst. gr. 16. Cassel 839. (Fischer.) 2/3 ₰

— Jesus ist der Weg, die Wahrheit u. das Leben. Joh. XIV, 6. Ein vollständiges Gebetbuch für fromme u. rechtgläubige kathol. Christen. 2. Ausg. (Mit 1 Stahlst.) kl. 8. Cassel 841, Fischer. 3/8 ₰

— Jesus ist der Weg, die Wahrheit u. das Leben. Eine Sammlung von 100 christkathol. Gebeten u. Unterweisungen. Mit 1 Stahlst. kl. 8. Quedlinburg 846, Ernst. 5/12 ₰

— s. Rollin, über die Kanzelberedsamkeit.

Schneider, Walther (Hrsg.), s. Schneider, Ludwig: Beschreibung d. Gefäßpflanzen d. Florengebiets von Magdeburg, ...

Schneider, Walter: Ueber angeborene Speiseröhrenverengungen. Königsberg i. Pr. 1900: M. Liedtke. (28 S.) 8°
Königsberg, Med. Diss. v. 26. Mai 1900

Schneider, Walter, aus Elbing: Über das Verhältnis von David Garricks 'Florizel and Perdita' zu Shakespeares 'The Winters Tale'. *Halle a. S. 1902: C. A. Kaemmerer & Co.* (112 S.) 8°
Halle, Phil. Diss. v. 1902

Schneider, Weibert, der Anschauungsunterricht der drei untersten Schuljahre. Im Anschluß an den Spezziallehrplan v. W. Schneider nach den formalen Stufen bearb. 8. (III, 280 S.) Bonndorf 898. Spachholz & Ehrath. Geb. n.n. 2. 80

Schneider, Weibert, Spezial-Lehrplan. Nach d. Normallehrplan f. d. bad. Volksschulen bearb. gr. 4. (3 S, 22 Bl. u. III S.) Bonndorf 896. J. A. Binder's Nachf. n. — 80

— dasselbe. 3., unt. Mitwirkg. namhafter Schulmänner, gänzl. umgearb. Aufl. Fol. (28 S.) Ebd. 897. n.n. 1. —

Schneider, Wilhelm, s.a. Schneider - Clauß, Wilhelm.

Schneider, Wilh., Allgemeinheit u. Einheit d. sittl. Bewußtseins. (1. Vereinsschrift d. Görres-Gesellschaft f. 1895.) gr. 8. (V, 132 S.) Köln 895. (J. P. Bachem.) n. 2. 25

Schneider, Wilh., Anweisung zum Choralspielen mit eingewebter Melodie f. verschied. Formen, in 50 Vorspielen üb. 9 der gangbarst. Kirchenmelodieen, nebst Zergliederung u. instructiv. Anweis. auf deren Bau, so wie Andeut. d. Registerzugs u. Vortrags, f. Schulseminarien u. angeh. Orgelspieler. qu. gr. 4. (11 B.) Halle 829, Kümmel.

Schneider, Wilhelm (Hrsg.), s. Apollon

Schneider, Wilhelm, Referendar: Die Aufrechnung mit der Forderung gegen einen Dritten. *Göttingen 1904: Dieterich.* (73 S.) 8°
Göttingen, Jur. Diss. v. [15. Juli] 1904

Schneider, Wilh., die Aufrechnung m. der Forderung gegen e. Dritten. Diss. (73 S.) gr. 8. Göttingen (904). (Vandenhoeck & Ruprecht.) n. 1. 60

Schneider, Wilhelm: Beiträge zur pathologischen Anatomie des Auges. Gliom und Gliose der Netzhaut, Sarkom der Aderhaut, peribulbäres Karzinom. Marburg 1910: Koch. 26 S. 8°
Marburg, Med. Diss. v. 19. Juli 1910, Ref. Bach

Schneider, Wilhelm: Beiträge zur Kenntnis der Strychninonsäure und ein neues Verfahren zur Darstellung von Strychninsulfosäuren. (Berlin 1909: Blanke.) 35 S. 8°
Berlin, Phil. Diss. v. 21. Nov. 1909, Ref. E. Fischer
[Geb. 15. Dez. 83 Hohenstein-Ernstthal; Wohnort: Berlin; Staatsangeh.: Sachsen; Vorbildung: Realgymn. Chemnitz Reife O. 03; Studium: München 3, Berlin 8 S.; Rig. 4. Nov. 09.] [U 10. 250

— ausführl. Beschreibung d. großen Dom-Orgel zu Merseburg, nebst Prospect ders., so wie geschichtl. Rückblicke auf d. Entstehung u. Vervollkommnung d. Orgel im Allgem. gr. 8. (2 B.) Halle 829, Kümmel.

— histor.-techn. Beschreibung d. musical. Instrumente, ihres Alters, Tonumfangs u. Baues, ihrer Erfinder, Verbesserer, Virtuosen u. Schulen, nebst e. faßl. Anweis. zur gründl. Kenntniß u. Behandlung ders. gr. 8. (9 B. u. 11 Musikbeil. qu. Fol. u. 8.) Neiße 834, Hennings.

Schneider, Wilh., Blankenberg a. d. Sieg. Der Ort u. seine Gegend in Geschichte u. Sage. (70 S. m. 1 Abb. u. 1 Taf.) kl. 8. Gummersbach (910). (Siegburg, C. Dietzgen.) — 60

Schneider, Wilhelm, Dr.: Über Cheirolin, das Senföl des Goldlacksamens. Sein Abbau und Aufbau. Leipzig: Winter 1910. 54 S. 8° ¶(Aus: Justus Liebig's Annalen d. Chemie. Bd 375.)
Jena, Phil. Hab.-Schr. v. 1910 [U 11. 3534

— Choral-Kenntniß, nebst Regeln u. Beispielen zum richt. Vortrag d. Altargesanges. Ein Beitr. zum nöth. musical. Wissen angeh. Prediger u. Predigtamtscandidaten d. evangel. Kirche. qr. 4. (8 B.) Neiße 833, Hennings.

— 46 Choral-Vorspiele zu d. Melodieen der kirchl. Feste in d. evangel. Kirche, nebst Erläutern. u. Winken üb. deren Bau, Vortrag u. Registrirung f. angeh. Orgelspieler. 2 Hfte. gr. 4. (6¼ B.) Meissen 834, Goedsche.

Schneider, W., die australischen Eingebornen, s. Broschüren, Frankfurter zeitgemäße.

Schneider, Wilh., Wertheimer Ernst, Humor u. Gemütlichkeit. 4. verm. u. verb. Aufl. (68 S. m. Bildnis.) 8. Wertheim 908. E. Buchheim Nachf. — 60

Schneider, Wilhelm. Zur Frage der Schnelldiagnose der Tuberkulose. Diss. Vet.-Med. Bern. 53 S. 8. Bonn, Carl Georgi, 1909.

[J.] **Schneider,** Wilhelm [Dir.]: *Professor Dr. Hermann Franck, gest. am 4. Juni 1892.* Demmin, gedr. bei W. Gesellius, 1893; 20—22 S. 4.
Demmin, k. G, OP 1893 (134)

— musikal. Führer &c., s. Hand- u. Taschen-Bibliothek, pädagog., II. Abthl. 13. Bdchn.

Schneider, Wilh., der Gebetsgeist u. Gebetseifer des Christen. Letztes Hirtenwort an seine Diöcesanen. (40 S. m. Bildnis.) kl. 8. Paderborn 910. Junfermann. — 40

Schneider, Wilh., der neuere Geisterglaube. Thatsachen, Täuschungen und Theorien. gr. 8. (VII, 431 S.) Paderborn 882, F. Schöningh. * 4 50

Schneider, Wilh., der neuere Geisterglaube. Thatsachen, Täuschgn. u. Theorien. 2. Aufl. gr. 8. (XII, 554 S.) Paderborn 885. F. Schöningh. n. 6. —

— Gesanglehre f. Land- u. Bürgerschulen, nebst 59 Gesängen, sowohl z. Uebung im Singen, als vorzügl. z. Gebrauch in d. Kirche, Schule u. bei andern religiösen Gelegenheiten. gr. 4. Halle 825. Fr. Ruff. 16 gℊ.

— Gesanglehre für Land- und Bürgerschulen &c. gr. qu. 4. Halle 825. (Grunert.) 2/3 ₰

— musikal. Grammatik, od. Handbuch zum Selbststudium d. musikal. Theorie, in welchem d. Logiersche System theilweise mit den früheren zweckmäßig verbunden ist. gr. 4. (12½ B.) Dresden 834, [Leipzig,] Friese.

SCHNEIDER, Wilhelm (Bayreuth): Ueber die Häufigkeit des runden Magengeschwürs in München.- München: Kastner & Lossen 1900. 44 S.
26.7.1900 - Chr 1900/01,191 Jv 1900/01,245 (Prom.-Datum: 1901)
Diss. Ingolst.-Landsh.-Mchn.

Schneider, Wilh., Hilfe der armen Seelen. Ein vollständ. Andachtsbuch f. kathol. Christen, m. besond. Berücksicht. der Andachtsübgn. f. die Verstorbenen, nebst e. Abhandlg. üb. die in Rom errichtete Erzbruderschaft zum Troste der armen Seelen. 16. (XX, 540 S. m. 1 Stahlst.) Paderborn 875. F. Schöningh. n. 1. 20

— musikal. Hülfsb. beim Kirchendienst. Zunächst f. Landschullehrer, Organist. u. Cantoren. qu. gr. 4. Halle 826. Fr. Ruff. 21 gℊ.

— musikalisches Hülfsbuch beim Kirchendienst &c. gr. qu. 4. Halle 826. (Grunert.) 7/8 ₰

Schneider, Wilhelm: Zur Kenntnis des Oxycodeins und des Codeinons. Jena 1906: A. Kämpfe. (50 S.) 8°
Jena, Phil. Fak., Ref. Knorr, Diss. v. 2. Juni 1906
[Geb. 13. Nov. 82 St. Petersburg; Wohnort: Erfurt; Staatsangeh.: Preußen; Vorbildung: Realgymn. Erfurt Reife O. 02; Studium: Jena 8 S.; Rig. 8. März 06.]

Schneider, Wilhelm [aus Butzbach '(Grossh. Hessen)']: Ueber die durch Einwirkung von Chlor auf Toluidin entstehenden Ketochloride ... Marburg, Buchdr. v. J. Hamel, 1896; 1 Bl., 47 S., 1 Bl. 8.
Marburg, Phil. Fak., Inaug.-Diss. v. [4. Mai] 1896

Schneider, Wilh., die Culturfähigkeit des Negers, s. Broschüren, Frankfurter, zeitgemäße.

Schneider, Wilh., das andere Leben. Ernst u. Trost der christl. Weltanschaug. 3., teilweise neu bearb. u. sehr verm. Aufl. v. „Das Wiedersehen im anderen Leben". gr. 8. (XVIII, 530 S.) Paderborn 890. F. Schöningh. n. 6. —

[F.] Das andere Leben. Ernst u. Trost d. christl. Welt- u. Lebensanschauung. Von Prälat Dr. Wilhelm **Schneider**, ... Prof. ... in Paderborn ... 4., verb. Aufl. *Paderborn: F. Schöningh 1896.* (XVI, 529 S.) 1 Bd 8. [96. 8131

Schneider, Wilh., das andere Leben. Ernst u. Trost der christl. Welt- u. Lebensanschauung. 6., verb. Aufl. gr. 8. (XX, 711 S.) Paderborn 902. F. Schöningh. n. 6. 20; geb. n. 7. 40
5. Aufl. (XX, 705 S.) 901. n. 6. —; geb. n. 7. 40.

Schneider, Wilhelm: Das andere Leben. Ernst u. Trost d. christl. Welt- u. Lebensanschauung. 7. durchges. Aufl. Paderborn: F. Schöningh 1904. (XX, 754 S.) 8°

Das andere Leben. Ernst u. Trost d. christl. Welt- u. Lebensanschauung. Von Dr. Wilhelm **Schneider**, Bischof von Paderborn. 8., durchges. Aufl. Paderborn: F. Schöningh 1905. (XX, 754 S.) 8° [F.] [07. 7316 G

Das andere Leben. Ernst u. Trost d. christl. Welt- u. Lebensanschauung. Von Dr. Wilhelm **Schneider**, Bischof von Paderborn. 9. Aufl. Paderborn: F. Schöningh 1908. (XX, 754 S.) 8° [F.] [08. 8313

Das andere Leben. Ernst u. Trost d. christl. Welt- u. Lebensanschauung. Von Dr. Wilhelm **Schneider**, Bischof von Paderborn. 10. Aufl. Paderborn: Schöningh 1909. XX, 754 S. 8° [10. 2800

—— Lebensweisheit. Frei nach dem Latein. bearb. 8. (144 S.) Paderborn 882, Bonifacius-Druckerei. — 80

— **das bittere Leiden Jesu Christi u Mariä. Katholisches Andachts- u. Erbauungsbuch m. tägl. Betrachtgn., Andachten u. Gebeten f. die hl. Fastenzeit. Nach den Schriften der Heiligen verfaßt. 16. (XXIV, 727 S. m. 1 Stahlst.) Ebend. 878.** n. 1. 60

—— das Modulieren, od. leicht faßl. Anweisung, durch e. einzigen Accord schnell u. natürlich in die nahen u. entferntest. Tonarten auszuweichen. Für Pianoforte- u. Orgelspieler mit Notenbeispielen erläutert. 8. (2 B.) Leipzig 834, Friese.

—— Die Naturvölker. Mißverständnisse, Mißdeutungen und Mißhandlungen. Paderborn u. Münster, Schöningh, 1885–86, 8°, 2 Bde.

Schneider, Wilhelm: Die Naturvölker. Missverständnisse, Missdeutungen und Misshandlungen. Th. 1. 2. Paderborn und Münster 1885 u. 1886. 2 Bde. XI. 310; X. 501 S. 8°. [C 2026

Schneider, Wilhelm, aus Rothlach: **Nitril und Amid der Phenyllutidindicarbonsäure.** *Heidelberg 1903: K. Rößler.* (75 S.) 8°
Heidelberg, Naturw.-math. Diss. v. 1903

Schneider, Wilh., die Orgelregister, deren Entsteh., Name, Bau, Behandl., Benutz. u. Mischung. Ein nützl. Handbüchl. f. angeh. Orgelspieler. Nr. 156. 8. (5¼ B.) Leipzig 835, Friese.

—— 127 ganz leichte u. kurze Orgelvorspiele zum Hillerschen Choralbuch f. angeh. Orgelspieler u. besond. f. Schullehrer auf d. Lande. qu. gr. 4. (9 B.) Meissen 829, Goedsche.

Schneiderus, Guilelmus *[geb. Wiehe in Thür. 1795]*: De originibus comoediae Graecae. Vratislaviae (1817). (26 S.) 8°
Breslau, Phil. Diss. v. 29. Okt. 1817

Schneider, Wilh., Die Religion der afrikanischen Naturvölker. Münster, Aschendorff, 1891, gr. 8°, 283 S., 4,50 Mk.
Bd. 5 u. 6 der „Darstellungen aus d. Gebiete der nichtchristl. Religionsgeich." Ebendas.

Schneider, Wilh., die Religion der afrikanischen Naturvölker, s. **Darstellungen** aus dem Gebiete der nichtchristlichen Religionsgeschichte.

Schneider, Wilhelm: Der Schild des Glaubens. Evangelisations- u. andere Gedichte. Halle a. S.: W. Schneider 1904. (VIII, 112 S.) 8°

Schneider, Wilh., Die Sittlichkeit im Lichte der Darwinschen Entwicklungslehre. Paderborn, Schöningh, 1895, gr. 8°. V, 200 S., 3,60 Mk.

Schneider, Wilh. [pr. Arzt aus Troisdorf]: Die Varicen der untern Extremität und ihre Behandlungsmethoden mit besonderer Berücksichtigung des Vogt'schen Verfahrens. ... Rostock, Carl Boldt'sche Hof-Buchdr., 1890; 42 S. 8°
Erlangen, Med. Fak., Inaug.-Diss. v. 10. März 1890

Schneider, W., das Vaterunser u. die Einsetzungsworte beim Abendmahl, mit Orgel u. Clavier begleitet. Fol. Leipz. Hofmeister. 815.

Schneider, Wilhelm, aus Halle a. S.: **Das Verhältnis von Colley Cibbers Lustspiel 'The Non-Juror' zu Molières 'Tartuffe'.** *Halle a. S. 1903: C. A. Kaemmerer & Co.* (56 S.) 8°
Halle, Phil. Diss. v. 4. Apr. 1903

Schneider, Wilh., was hat d. Orgelspieler bei kirchl. Gottesverehrungen zu beobachten. 8. Merseb. 823. Kobitzsch. (Rein in Lpz.) 8 gr.

—— instructiver Wegweiser zur Praeludirkunst f. angeh. Orgelspieler. qu. gr. 4. (8½ B.) Halle 833, Kümmel.

Göttliche Weltordnung und religionslose Sittlichkeit. Zeitgem. Erörterungen vom Prälat Dr. Wilh. **Schneider**, Domprobst in Paderborn. *Paderborn: F. Schöningh 1900.* (VII, 600 S.) 8° [01. 2219

— Göttliche Weltordnung u. religionslose Sittlichkeit. Zeitgemässe Erörtergn. 2., durchgeseh. Aufl. (VII, 612 S.) gr. 8. Ebd. 909. 11. —

— **das Wiedersehen im andern Leben. Trostworte an Trauernde. 8. (VII, 208 S.) Paderborn 879. F. Schöningh.** n. 1. 20

—— das Wiedersehen im andern Leben. 2. umgearb. und bedeutend verm. Aufl. gr. 8. (XIV, 481 S.) Paderborn 883, F. Schöningh. * 3 60
3.Aufl.ff.unt.d.T.:Das andere Leben.

Schneider, Wilhelm Gottlob

Schneider, Guilelmus Theaenus *(geb. Breslau 28. 5. 1814)*: Monographia generis Rhaphidiae Linnaei. Vratislaviae (1843). (99 S., 7 Taf.) 4° *[Buchausg. 1843 bei Graß, Barth & Ko. in Breslau.]*
Breslau, Phil. Diss. v. 21. Sept. 1843

Schneider, Wlh. Th., Monographia generis Rhaphidiae Linnaei. Continens et novas de hujus generis singulis speciebus institutas observationes, et integram omnium, quae hucusque inventae sunt, specierum descriptionem. Adjectis tabulis VII. lapidi incisis. 4maj. Vratislaviae 843, Grass, Barth et Soc. n. 2 ₰

Schneider, W. G., Sudetenflora, s. Krebs, der Sudetenführer.

Schneider, Wilh. Theaenus, Symbolae ad monographiam generis Chrysopae, Leach. 60 picturarum tabulis, in lapide acu delineatis, quarum 54 coloribus impressae sunt, illustratae. Lex.8. (178 S.) Vratislaviae 851, Hirt. n. 6⅔ ₰

— dass. [Editio minor.] 5 tabulis, in lapide acu delineatis illustratae. Lex. 8. (175 S.) Ebd. 851. n. 2 ₰

Schneider, Wilhelm Gottlob: Übersicht d. in Schlesien gefundenen Pilze, s. Schröter, J.

Schneider, Willibald

Schneider, Willib., d. historische Entwickelung u. wirtschaftl. Bedeutg. d. Scheckverkehrs. Anlagen: I. Bestimmgn. üb. den Giroverkehr m. der Reichsbank. II. Geschäftsordng. f. die Abrechnungsstelle zu Berlin. III. Das Scheckgesetz v. 11. III. 1908. (32 S.) 8. Dresden 908. A. Huhle. — 60

Schneider, Woldemar

Schneider, Wold., über Abscheidung des reinen Platins und Iridiums. Eine Abhandlung. gr. 8. (III, 62 S.) Dorpat 869, Glaeser. [Schnakenburg.] *

Schneider, W., der junge Bergmann. Kurzgefaßtes Handbüchlein für Alle, die sich der Bergbaukunst widmen. Für Jedermann leicht verständlich geschrieben. 3., verb. und verm. (Titel-) Aufl. 12. (III und 108 S. mit 90 Abbild. auf 8 Stnt. in qu. Fol.) Neuwied (857)62, Heuser's Verlag.

Schneider, Woldem., Taschenbuch für practische Bergleute und Bergwerksunternehmer. Enthaltend: das Wissenswertheste aus dem Gebiet der Gewinnung nutzbarer Fossilien. 12. (IV und 108 S. mit 90 Fig. auf 8 Stnt. in qu. Fol.) Neuwied 857, Heuser. *

Schneider-Arno, José Baronin, Kaiser Franz Josef I. Gedenkbuch. (176 S. m. Abb.) gr. 8. Wien 908. W. Braumüller. Geb. nn 4. 20

Schneider-Arno, José Baronin, Gastein. 8. (77 S. mit Abbildgn.) Wien 901. W. Braumüller. n.n. 1. 80

— s.: Habsburg-Stephansthurm-Kalender.

— Mosaik. Was ich empfinde, wie ich denke, was mich begeistert, was ich vortrage. Gedichte u. Reime. 8. (115 S.) Ebd. 902. n.n. 2. —

Schneider-Arno, Baronin José, Biographie d. Großvaters d. Verf. u. Gedichte. (Aus Oesterreich!) 8. (208 S.) Wien 889. Seidel & Sohn. n. 6. —

— aus Oesterreich. Novellen. 8. (VII, 285 S.) Stuttgart 890. Deutsche Verlags-Anstalt. n. 4. —

Schneider v. Arno, José Baronin, aus Oesterreich. Novellen. (Neue Titel-Ausg.) 8. (V, 285 S.) Stuttgart 894. Deutsche Verlags-Anstalt. n. 1. 50; geb. n. 1. 75

Schneider-Arno, José Baronin, aus Oesterreich. Bagatellen. 8. (XII, 258 S.) Wien 895. L. W. Seidel & Sohn. n. 6. —

Schneider-Arno, Bagatellen. 2. Auflage. 8. (265 S.) Ebda. 1895. 3.—

(F) Aus Oesterreich. IV. Bd. Der Leuchtthurmwächter von Zaglawa von José Baronin Schneider-Arno. Wien. 1901. In Comm. Braumüller. Gr.-8°. 167 S. mit 1 Tafel. K 4.—

— s.: Stephansturm-Kaiser-Jubiläums-Kalender.

Schneider-Arno, Baronin José, s.: Stephansturm-Kalender.

Schneider-Clauß, Wilhelm

1894. **Das goldene Jubeljahr** der Grossen Karnevals-Gesellschaft in Köln. Ein **Festbericht** von Dr. Wilhelm Clauss [d. i. Wilhelm **Schneider**]. *Köln: Ph. Gehly (1894).* (204 S.) 8° [F.] [00. 3677 5

Alaaf Kölle! En Schelderei us grosser Zick von Wilhelm **Schneider-Clauss.** T. 1. Köln: Hoursch & Bechstedt [1908]. 8° [F.]
— **Bibliothek,** Kölnische, rheinischer Autoren. Bd 3. [08. 8668 9

Schneider-Clauß, Wilh., Alaaf Kölle! En Schelderei us großer Zick. (3 Tle. in 1 Bde.) (173, 148 u. 164 S.) kl. 8. Köln (908). Hoursch & Bechstedt. Geb. in Leinw. 5. —

Fletten un Blotsdröppcher. Dichtungen von Wilhelm **Schneider**-Clauss. Köln: Hoursch & Bechstedt [1907]. (133 S.) 8° [F.]
— **Bibliothek,** Kölnische, rheinischer Autoren. Bd 2. [07. 17389 5

Schneider-Clauß, Wilh., Kölsch Gemööt. Verzällcher un Bildcher en Rüümcher. (VII, 65 S.) 12. Köln (908). [P. Neubner.] Hoursch & Bechstedt. Kart. n. 1. 20; erm. Pr. — 50

[F.] Kölner Kommersbuch. E. neuer Liederquell f. fröhl. Kreise u. humorist. Veranstaltgn. Aus 72 Jahrgängen Köln. Faschingslebens nach d. Liederarchiv d. Grossen Carnevals-Gesellsch. zsgest. v. Dr. Wilh. Schneider-Clauss. *Köln: Köln. Verl.-Anst. u. Dr. A.-G. 1896.* (VIII, 241 S.) 1 Bd 8. [96. 5045

Schneider-Clauß, Wilh., auf dem platten Lande. Roman. (230 S.) 8. Köln (904). Kölner Verlags-Anstalt u. Druckerei. n. 3. —; geb. n. 4. —

— Ming eezte Liebschaff, s.: Bibliothek, kölnische, rhein. Autoren.

Schneider-(Claus), Wilh., Ming eezte Liebschaff! E löstig Stöckelche us unse Lotterbovejohre. Erzählg. in Kölner Mundart. 8. (III, 138 S. m. Bildn.) Köln 897. Kölner Verlags-Anstalt u. Druckerei. Kart. 1. 50

— us unse Lotterbove-Johre. Erzählungen in köln. Mundart. 1. Bd. (Der Seilspenner. Unse Student.) 2. Aufl. (VIII, 216 S.) kl. 8. Köln (901). J. P. Bachem. Kart. n. 1. 50

Em Ahle Posshof. Veer Verzällcher üvver einfache Lück vun Wilhelm **Schneider**-Clauss. Köln: Hoursch & Bechstedt [1907]. (176 S.) 8° [F.]
— **Bibliothek,** Kölnische, rheinischer Autoren. Bd 1. [07. 16016 9

[F.] Der Gymnicher Ritt. Romant. Erzählg v. Wilhelm **Schneider-Clauss.** *Köln: Kölner Verl.-Anst. u. Dr. A.-G. 1895.* (2 Bl., 367 S.) 1 Bd 8. [96. 5046

Schneider-Clauß, Wilh., aus deutscher Frauen Ruhmeshalle. Ein Ehrenkranz ums Rothe Kreuz. Gedicht in 6 Bildern. gr. 8. (24 S.) Köln 894. P. Neubner. n. — 60

– Zwesche Vringspooz un Eigelstein, s.: **Bibliothek**, kölnische, rhein. Autoren.

Fantasien. [Josef Anton] **Schneider**-Franken. Berlin: W. Kraus (1906). (2 Bl., 20 Taf.) 2° 1906. 13190

Schneider-Franken, Fantasien. (20 Bl. m. IV S. Text.) gr. 8. Berlin (906). Verlagsanstalt Buntdruck. In Leinw.-Mappe 10. —

– Aus dem **Traumland.** Ein Cyclus. (10 Bl. m. 2 Bl. Text.) gr. 4. Berlin 906. Berliner Verlag. 4. 50

Schneider-Geiger, Theodor. Zur Therapie der Eihautretention. Diss. Med. Basel. [Sep.-Abdr. aus: Beiträge zur Geburtshilfe und Gynaekologie. Band 11, Heft 2.] 24 S. 8. Leipzig, Georg Thieme, 1906.

Schneider-Guillemin, H., d. rechtlose Elsaß. Zur Beleuchtg. der öffentlich-rechtl. Zustände d. Reichslande. (61 S.) 8. Basel 909. Köhler. 1. —

Schneider-Mundt, Herm., neuere Verfahren in der Ohrenheilkunde. Inaugural-Dissertation. gr. 8. (34 S.) Marburg 876, (Ehrhardt's Universitäts-Buchh.) * — 60

Schneider-v. Orelli. Mathilde: Untersuchungen über das Auge von Anableps tetrophthalmus. Bern 1907. 30 S. 8°. S.-A. a. d. Mitteilungen der Naturforschenden Gesellschaft von Bern 1907. [21. VII. 06.] Bern. Phil. Diss 1906/1907.

Schneider-v[on] Orelli, Mathilde. Untersuchungen über das Auge von Anableps tetrophtalmus. Diss. Phil. Bern. [Mit Figuren.] (Separat-Abdruck aus den Mitteilungen der Naturforschenden Gesellschaft von Bern [aus dem Jahre] 1907.) 30 S. 8. Bern, K. J. Wyss, 1907.

Schneider-Schlöth, Amalie

Schneider, Amalie, geb. Schlöth, Basler Kochschule. Eine leichtfaßl. Anleitung zur bürgerl. und feineren Kochkunst. gr. 8. (IV, 442 S.) Basel 877, Schneider. *M* 3.; geb. *

Schneider-Schlöth, Amalie, Basler Kochschule. Eine leichtfaßl. Anleitung zur bürgerl. und feineren Kochkunst. 2. bedeutend verm. und verb. Aufl. gr. 8. (VI, 606 S. mit 9 eingedr. Holzschn.-Illustr.) Basel 883, Schneider. 4 —
geb. * 5 —

Schneider-Schlöth, Amalie, Basler Kochschule. Eine leichtfaßliche Anleitung zur bürgerl. und feineren Kochkunst. 3. verm. und verb. Aufl. gr. 8. (IV, 588 S. mit 9 Illustr.) Basel 888, Schneider. *M* 4.—.; geb. *

Schneider-Schlöth, Amalie, Basler Kochschule. Eine leichtfaßl. Anleitg. zur bürgerl. u. feineren Kochkunst. 4., verm. Aufl. gr. 8. (IV, 576 S. m. 9 Illustr.) Basel 893. A. Geering. Geb. in Leinw. n. 5. —

Schneider-Schlöth, Amalie, Basler Kochschule. Eine leichtfaßl. Anleitung zur bürgerl. u. feineren Kochkunst 6., durchaus neu bearb. Aufl. v. L. Fäsch-Kußmaul u. W. Roth-Schneider. gr. 8. (IV, 605 S. m. 9 Illustr.) Basel 899. A. Geering Geb. in Leinw. n. 5. -

Schneider-Schlöth, Amalie. Basler Kochschule. Eine leichtfassliche Anleitung zur bürgerlichen und feineren Kochkunst. 6. durchaus neu bearbeitete Aufl. ⟨12. bis 14. Tausend⟩ von L[ydia] Fäsch-Kussmaul und W[ilhelmine] Roth-Schneider. Mit 9 Illustrationen. IV + 627 S. 8. Basel, Basler Buch- und Antiquariatshandlung, 1903. [geb. fr. 6. —]

Schneider-Schlöth, Amalie. Basler Kochschule. Eine leichtfassliche Anleitung zur bürgerlichen und feineren Kochkunst. 7. verbesserte Aufl. ⟨15.—17. Tausend⟩ von L[ydia] Fäsch-Kussmaul und W[ilhelmine] Roth-Schneider. Mit 9 Illustrationen. IV + 632 S. 8. Basel, Basler Buch- und Antiquariatsh., 1908. [geb. fr. 6. —]

SCHNEIDER-SIEVERS, Richard (Hamburg): Ein Beitrag zur Diagnostik der primären Tuberculose des weiblichen Harnsystems.- München: Ernst 1901. 88 S.
12.7.1901 - Chr 1901/02,221 Jv 1900/01,245
Diss.Ingolst.-Landsh.-Mchn.

[**Schneider-Singeisen, Eduard.**] Tod dem Falschen Mehltau ⟨Peronospora viticola⟩ und dem Rotbrenner! Oder: Ob und wie man dieselben ausrotten könnte? Von Weinhold Rebtreu. [Mit Vignetten.] IV + 62 S. 8. Liestal, Gebr. Lüdin, [1906].

Schneider-Börse, Deutsche. Zentralorgan f. d. gesamte Schneider-Gewerbe und verwandte Branchen. Jahrgang 1894. Berlin: Expedition 1894.

Schneider-Börse, deutsche. Central-Organ f. das gesammte Schneider-Gewerbe u. verwandte Branchen. Verbreitetstes Insertionsorgan u. Fachblatt. Red.: Ed. Teymann. 1. Jahrg. Juli 1894 — Juni 1895. 24 Nrn. (à ca. 1 Bog. mit Abbildgn.) gr. 4. Leipzig, C. W. Vollrath. n. 3. — mit 2 Saisonbildern 5. —

Schneider-Börse, deutsche. Central-Organ f. d. ges. Schneider-Gewerbe u. verw. Branchen. Verbreitetstes Insertionsorgan u. Fachblatt. Red.: M. Vollrath. 2. Jahrg. 1895. 24 Nrn. (Bog.) gr. 4. Leipzig-Gohlis, Roosch & Co. 3. —; m. 2 Saisonbildern 5. —

— dasselbe. Unt. Mitwirkg. erster Fachmänner hrsg. v. G. Schmidt. 3. Jahrg. 1896. 24 Nrn. (à ca. 12 S. m. Abb.) gr. 4. Ebd. 4. —; m. jährlich 2 Modenbildern n. 7. —

— dasselbe. 4. Jahrg. 1897. 24 Nrn. (Bog. m. Schnittbog.) gr. 4. Ebd. 4. —; m. 1 grossen Modenbild 6. —

— dasselbe. Red.: Adf. Nelscher. 5. Jahrg. 1898. 24 Hfte. (Bog. m. Bildn.) gr. 4. Ebd. n. 6. —;
m. Unfallversicherg. n. 8. —
Kann auch halbjährlich bezogen werden.

Schneider-Börse, deutsche. Red.: Adf. Nelscher. 6. Jahrg. 1899. 24 Hfte. gr. 4. (à ca. 8 S.) Leipzig-Gohlis, Naunhof, Rösch & Co. n. 6. —

— dasselbe. Modenzeitung nebst Anzeiger f. das Schneidergewerbe. Red.: Max Mayer. 7. Jahrg. 1900. 12 Nrn. gr. 4. (à ca. 16 S. m. Abbildgn, Taf. u. Schnittbogen.) Naunhof b/Leipzig, Rösch & Co. n. 6. —

— dasselbe. 8. Jahrg. 1901. 12 Nrn. gr. 4. (à ca. 16 S. m. Schnittzeichngn. u. Modenbildern.) Leipzig, Jüstel & Göttel. n. 6. —

Schneiderbüchlein. [Sammlg. von Spottliedern auf die ehrsame Schneiderzunft usw.] Stuttgart 1853. H: *Eichrodt, Ldw. & Heinr. Goll.* Vgl. BRÜ 1 (1876), S. 169. (DARP)

Schneiderbüchlein. (Gedichte.) gr. 16. (159 S. mit eingedr. Holzschn. und 1 Holzschnt.) Stuttgart 853, Scheitlin's Vrlgsb. *

Schneider-Büchlein, das lustige, oder merkwürdige Geschichten u. Großthaten des uralten, weltberühmten Völkleins d. Dünnfüßler, auch Schneiderleins genannt, eine Art, oder eigentlich die Krone der Insekten. (Phalaena Tinea sarcitella aut haedula.) Beschrieben in 100 anmuthigen Kapiteln von Cyriakus Bock, dem jüngern. Nebst einem Anhange von Schneiderliedern. (Mit 1 Holzschnitt.) 8. München 834. Jaquet. 1/4 ℛ𝓅

Schneider-Büchlein, das lustige, oder merkwürd. Geschichten und Großthaten des uralten, berühmten Völkleins der Dünnfüßler auch Schneiderleins genannt. Beschrieben in 100 anmuthigen Kapiteln von Cyriakus Bock, dem jüngern. 2. Aufl. Mit einem Anhange von Schneiderliedern. 8. (78 S.) Augsburg 850, Jaquet's Vrlgsh.

Schneiderhahn, J., s. Schneiderhan, Johann

Schneiderhahn, Vincenz

Schneiderhahn, V., Die Entwicklung der attischen Demokratie von Perikles bis in die Zeit des Demosthenes. I: Vom Sturze Kimons bis zur Kapitulation Athens. Pr. 1866. 42 S. 4°. 2.—

Schneiderhahn, V., die Entwicklung der attischen Demokratie von Perikles bis in die Zeit des Demosthenes. 2 Abthlgn. Rottweil 867. (Tübingen, Fues'sche Sortimentsh.) gr. 4. Jede Abthl. n. 15 ngr.
1. Abthl. Vom Sturze Kimons bis zur Capitulation Athens. Nach den Quellen bearb. (42 S.)
2. Abthl. Von der Herrschaft der 30 Tyrannen bis zur Katastrophe von Chaeronea. Nach den Quellen bearb. (IV, 42 S.)

— Die Entwicklung der attischen Demokratie von Perikles bis in die Zeit des Demosthenes. II. Abt. Von der Herrschaft der XXX Tyrannen bis zur Katastrophe von Chaeronea. Pr. 1887. 42 S. 4°. 2.—

Schneiderhan, V., die Politik des Cajus Julius Cäsar in seinem ersten Consulate nach den Quellen dargestellt. 4. (IV und 31 S.) Rottweil 859. (Tübingen, Fues'sche Sortimentsbuchh.) *

Schneiderhahn, Vinc. Festschrift über die Einweihung des neuen Gymnasialgebäudes. 18 S. **Progr.** *Ehingen* 1885.

Schneiderhan, Ant., die Bayerischen in Berlin und der letzte Paragraph des Strafgesetzbuches für das deutsche Reich nach ihren öffentl. Bekenntnißreden. gr. 8. (32 S.) Stuttgart 872, Rupfer. *

Schneiderhan, Ant.: Das Sendschreiben des zur katholischen Kirche übergetretenen Dr. Haas und die gegen ihn erschienenen Schriften. Ellwangen: Brandegger 1844.

Schneiderhan, Eug., deutsche Fibel, s.: Schneiderhan, Joh.

Schneiderhan, Eugen, a. Wössingen: Die Umgebung von Bebenhausen. Stuttgart 1904: Stähle & Friedel. (46 S.) 4°(8°)
Tübingen, Naturw. Fak., Ref. Koken, Diss. v. 7. Mai 1904
[Geb. 26. Mai 80 Wössingen; Wohnort: Tübingen; Staatsangeh.: Württemberg; Vorbildung: Gymn. Rottweil Reife M. 99; Studium: Stuttgart T.H. 4, Tübingen 4 S.; Rig. 7. Mai 04.]

Schneiderhan, Johann

Schneiderhan, Johs., der Anfänger. Theoretisch-praktische Anleitung zu sämmtlichen Unterrichtsgegenständen des ersten Schuljahres für Lehrer u. Schulamtskandidaten. gr. 8. (XII, 225 S.) Freiburg i/Br. 882. Herder. n. 1.80

Schneiderhan, Joh., der Anfänger. Theoretisch-prakt. Anleitung zum Unterricht im ersten Schuljahr f. Lehrer u. Schulamtskandidaten. 2., verb. Aufl. 8. (XII, 358 S.) Freiburg i/Br. 887. Herder. n. 2.40

Schneiderhan, Joh., d. Anfänger. Theoretisch-prakt. Anleitg. z. Unterr. im ersten Schuljahr f. Lehrer u. Schulamtskandidaten. Nebst Geschichtlichem üb. d. Entwickelg. d. Unterrichts in d. einschläg. Lehrgegenständen. 3., vielfach verb. u. verm. Aufl. gr. 8. (XII, 404 S.) Freiburg i/B. 897. Herder. n. 2.80; Einbd. in Halbldr. n.n.n. — 45

Schneiderhan, Joh., der Anfänger. Theoretisch-praktische Anleitg. z. Unterricht im 1. Schulj. f. Lehrer u. Schulamtskandidaten. Nebst Geschichtl. üb. die Entwicklg. des Unterrichts in d. einschläg. Lehrgegenständen. 4., umgearb. Aufl. (XII, 325 S.) 8. Freiburg i/B. 910. Herder. 3.20; geb. in Leinw. 3.80

Schneiderhan, A., d. schriftl. Arbeiten in d. allgem. Fortbildungsschule, s.a. Neher, J. B.

Schneiderhan, Joh., die schriftlichen Arbeiten aus dem gewöhnlichen Geschäftsleben. Für Volks-, Fortbildungs- u. Gewerbeschulen bearb. Mit 8 Beilagen in Mappe. gr. 8. (52 S.) Stuttgart 899. Muth. n.n. — 45

—— die gesetzlichen Bestimmungen für die unständigen Lehrer und Lehrerinnen Württembergs, nebst den erläut. und ergänz. Verfügungen. Mit einem Anhang: Bildung der Volksschullehrer und Prüfungs-Ordnungen. gr. 8. (VI, 76 S.) Schwäb. Gmünd 886, [Schmid.] Roth. *

— s.: Dialektdichtungen, ausgewählte, aus d. Schriften älterer oberschwäbischer, bezw. schwäbischer Dichter.

— u. Eug. **Schneiderhan**, deutsche Fibel f. Volksschulen. 2., verb. Aufl. 8. (104 S. m. Abbildgn.) Freiburg i/B. 892. Herder. n. — 35; kart. n.n. — 45

Schneiderhan, Joh., u. Eug. **Schneiderhan**, deutsche Fibel f. Volksschulen. 1. Schulj. 3., vielfach verb. Aufl. 8. (121 S. m. Abb.) Freiburg i/B. 897. Herder. n. — 40; Einbd. in Halbleinw. n.n.n. — 10

Schneiderhan, Joh., u. Eug. **Schneiderhan**, deutsche Fibel f. Volksschulen. 1. Schulj. 5., verb. Aufl. 8. (123 S. m. Abbildgn.) Freiburg i/B. 902. Herder. Geb. n.n. — 50

— u. Eug. **Schneiderhan**, deutsche Fibel f. Volksschulen. 1. Schulj. 6., durchgeseh. Aufl. (123 S. m. Abbildgn.) 8. Freiburg i/B. 905. Herder. n. — 40; geb. n. — 55

— Handbuch z. Unterricht im verein. Anschauungs- u. Sprachunterricht in d. Unterklassen d. Volksschulen. Zugleich: Spez. Anleitg. zu d. Vers. „Deutschem Lesebuch f. Volksschulen 2. u. 3. Schulj." gr. 8. (XV, 378 S. m. 1 Abb.) Ebd. 896. n. 3.80; geb. in Leinw. n.n. 4.30; in Halbfrz. n.n. 4.65

— Handbuch zum Unterricht im vereinigten Anschauungs- u. Sprachunterricht in den Unterklassen der Volksschulen. 2., verb. Aufl. (XV, 445 S.) gr. 8. Stuttgart 903. Süddeutsche Verlagsbuchh. n. 3.80; geb. n. 4.30

— Handbuch d. schriftl. u. mündl. Verkehrs m. vorgesetzten Behörden u. Personen. 8. (VIII, 195 S.) Stuttgart 895. Süddeutsche Verlagsbuchh. n. 1.85; geb. n. 2.40

— dasselbe. 2., vielfach verb. Aufl. 12. (VIII, 202 S.) Ebd. 896. n. 1.40; geb. in Leinw. n.n. 1.85

Schneiderhan, Joh., Handbuch des schriftlichen u. mündlichen Verkehrs m. vorgesetzten Behörden u. Personen. 3., umgearb. u. verm. Aufl. (VIII, 301 S.) kl. 8. Stuttgart 904. Süddeutsche Verlagsbuchh. n. 2. —; geb. n. 2. 60

— s.: Kommentar zum Lesebuch für die kathol. Volksschulen Württembergs.

— deutsches Lesebuch f. Volksschulen. 2. u. 3. Schulj. 8. (VIII, 170 S.) Freiburg i/B. 896. Herder. n. — 55; Einbd. in Halbleinw. n.n.n. — 10

— deutsches Lesebuch f. Volksschulen. 2. u. 3. Schulj. 2., verb. Aufl. 8. (VIII, 163 S. m. Abbildgn.) Freiburg i/B. 898. Herder. n. — 55; Einbd. in Halbleinw. n.n.n. — 10

— deutsches Lesebuch f. Volksschulen. 2. u. 3. Schuljahr. 4., verb. Aufl. (VIII, 159 S. m. Abbildgn.) 8. Freiburg i/B. (906). Herder. n. — 60; geb. n. — 75

— Matthäus Cornelius v. Münch, e. schwäb. Pädagoge. Zugl. e. Beitrag z. Geschichte d. württ. Volksschulwesens im 19. Jahrh. 8. (IV, 137 S.) Schw. Gmünd 895. J. Roth. n.n. 1. 25

— Matthäus Kornelius v. Münch, e. schwäbischer Pädagoge. (1771—1853.) Zugleich e. Beitrag zur Geschichte des Volksschulwesens in der ersten Hälfte d. 19. Jahrh. 3., vollständig umgearb. Aufl. (248 S. m. 1 Bildnis.) 8. Ravensburg 907. F. Alber. 2.40; geb. 2. 80

— planmäßig geordnete Musterbeispiele zum schriftl. Gedankenausdruck f. die Volksschulen u. die Mittelklassen höh. Knaben- u. Mädchenschulen. (Neubearbeitung der 10. Aufl. des gleichnam. Werkes v. J. G. Mezler. gr. 8. (XX, 427 S.) Ebd. 900. n. 2. 80; Einbd. in Halbldr. n.n.n. — 50

— Normallehrplan f. d. württemberg. Volksschulen, s.: Frick, Paul.

— u. F. Ruf, Rechtschreib- u. Sprachlehrhefte für Volksschulen. Ausg. A in 3 Hftn. gr. 8. Stuttgart 902. Muth. n.n. — 55

I. 2. u. 3. Schulj. (28 S.) n.n. — 15. — II. 4. u. 5. Schulj. (44 S.) n.n. — 20. — III. 6. u. 7. Schulj. (52 S.) n.n. — 20.

— — dasselbe. Ausg. B in 2 Heften. 8. Ebd. n.n. — 40

I. 2. u. 3. Schulj. 2. Aufl. (28 S.) 903. n.n. — 15
II. 4. bis 7. Schulj. 4. Aufl. (64 S.) 905. n.n. — 25

— u. F. Ruf, Rechtschreib- u. Sprachlehrhefte für Volksschulen. Ausg. A in 3 Heften. 8. Stuttgart, Muth. n.n. — 55

I. 2. u. 3. Schulj. 3. Aufl. (30 S.) 905. n.n. — 15
II. 4. u. 5. Schulj. 3. Aufl. (40 S.) 905. n.n. — 20
III. 6. u. 7. Schulj. 3. Aufl. (52 S.) 906. n.n. — 20

— — dasselbe. Ausg. B in 2 Heften. 8. Ebd. n.n. — 40

I. 2. u. 3. Schulj. 2. Aufl. (28 S.) 903. n.n. — 15
II. 4. bis 7. Schulj. 4. Aufl. (64 S.) 905. n.n. — 25

— u. Ruf, Rechtschreib- u. Sprachlehrhefte f. Volksschulen. Ausg. A in 3 Heften. I. Heft: 2. u. 3. Schulj. 5. Aufl. (30 S.) 8. Stuttgart 910. Muth. nn — 15

— — dasselbe. Ausg. B in 2 Heften. II. Heft. 4.—7. Schulj. 5. Aufl. (64 S.) 8. Ebd. 909. — 25

Schneiderhan, Johann (Hrsg.), s. Sailer, Seb.: Ausgew. Dialektdichtungen ...

— Christoph v. Schmid. Lebensbild e. Schulmannes u. Jugendschriftstellers. gr. 8. (IV, 59 S. m. 1 Bildnis.) Stuttgart 899. Muth. n. 1.—

— Vademecum d. württemberg. Volksschulgesetzgebg. f. Lehrer u. Ortsschulinspektoren. 8. (IV, 276 S.) Stuttgart 898. Muth. n. 2. 30; geb. in Leinw. n. 2. 80

— Vademecum der württemberg. Volksschulgesetzgebung 2. nach der neuen Gesetzgebg. umgearb. Aufl. 8. (VIII, 423 S.) Ebd. 901. n. 3. —; geb. in Leinw. n. 3. 50

— Vademecum der württemberg. Volksschulgesetzgebung. 3., durchgeseh. u. verm. Aufl. (478 S.) kl. 8. Stuttgart 904. Muth. n. 3. 50; geb. in Leinw. n. 4. —

Schneiderhan, Joh., das Volksschulgesetz, s.: Mennel, Joh. Nep.

— die Volksschulmethodik, s.: Frick, Paul.

— und F. Ruf

— — Winke u. Diktate f. den Unterricht in der Rechtschreibung u. Sprachlehre. Nebst den amtl. Regeln u. e. ausführl. Wörterbuch auf etymolog. Grundlage. Zugleich Lehrer-Ausg. zu den „Rechtschreib- u. Sprachlehrheften f. Volksschulen" (Ausg. A u. B). (VIII, 244 S.) gr. 8. Ebd. 903. Geb. in Leinw. n.n. 3. —

— — deutsches Wörterbuch auf etymologischer Grundlage im Anschluß an das amtliche Wörterverzeichnis. Mit Verdeutschg. zahlreicher Fremdwörter u. den neuen Rechtschreibregeln. (125 S.) gr. 8. Ebd. 903. Geb. in Leinw. n. 1. —

Schneiderhan, V., s. Schneiderhahn, Vincenz

Schneiderheinze, Johannes, städtischer Tierarzt in Dresden: Ueber die Aufenthalts- und Durchgangszeiten der Nahrung bez. ihrer Reste im Magen-Darmkanal, speziell im Magen des Schweines. (Aus der physiologisch-chemischen Abteilung des physiologischen Instituts der k. sächs. tierärztlichen Hochschule zu Dresden. Prof. Ellenberger.) Mit 24 Abbildungen und sechs Gewichtstabellen. Dresden, Otto Franke, 1910. 90 S. und sechs Tabellen. 8°. [16. VI. 10.]

Bern. Vet.-Med. Diss. 1910,11.

Schneiderhöhn, Hans: Die nichtbasaltischen Eruptivgesteine zwischen Wirges, Boden und Ettinghausen im südwestlichen Westerwald. Berlin 1909: A. W. Schade. S. 249—311. 8° (Aus: Jahrbuch d. Kgl. Preuß. Geol. Landesanst. f. 1909, T. 2, H. 2.)

Gießen, Phil. Diss. v. 1. März 1910, Ref. Kaiser

Geb. 2. Juni 87 Mainz; Wohnort: Gießen; Staatsangeh.: Hessen; Vorbildung: Ostergymn. Mainz Reife O. 05; Studium: Freiburg i. B. 2, München 1, Gießen 5 S.; Rig. 8. März 09.] [U 10. 1303

Schneiderhöhn, H., die nichtbasaltischen Eruptivgesteine zwischen Wirgos, Bodon u. Ettinghausen im südwestlichen Westerwald. (S. 249—311 m. 4 Fig. u. 3 Taf.) Lex. 8. Berlin (N. 4, Invalidenstr. 44) 910. Vertriebsstelle d. kgl. geolog. Landesanstalt. nn 2. 50

Sonderabdr. a.: „Jahrb. d. kgl. preuss. geol. Landesanst."

Die perfekte **Schneiderin**. Leichtfaßliche Lehre des Zuschnitts und der Bearbeitung der gesammten Frauen-, Mädchen- und Knaben-Garderobe. Verlag: Expedition der Europ. Modenzeitung (Klemm & Weiß), Dresden [1896—1897]. [Umschlagtit.]

96 S. m. 130 Abb., 12 Taf. in Lithogr. 4°.

Schneiderin, die perfekte. Leichtfaßl. Lehre d. Zuschnitts u. der Bearbeitg. d. ges. Frauen-, Mädchen- u. Knabengarderobe. 16 Hfte. gr. 4. (132 S. m. Abb. u. 13 Schnittbog.) Dresden 896. 97. Exped. d. europ. Modenzeitg. à Hft. n. — 50

Schneiderin, die perfekte. Leichtfaßliche Lehre des Zuschnitts u. der Bearbeitung aller Frauen-, Mädchen- u. Knaben-Kleidg. sowie Wäsche. 4. Aufl. 20 Hefte. (176 S. m. Abbildgn., 1 Taf. u. je 1 Schnittbog.) 4. Dresden (905. 906). Expedition der europ. Modenzeitg. à — 50

— die praktische. Anleitg. f. Damenschneiderei. Red.: Rud. Tiesler. 1. Jahrg. Aug. 1896—Jan. 1897. 6 Hfte. (à ca. 2 Bog. m. Abb., Reduktionsschema, Modebild. u. Schnittbogen.) gr. 4. Ebd. n. 2. —

— dasselbe. 2. u. 3. Jahrg. Febr. 1897—Jan. 1899. 12 Hfte. (à ca. 2 Bog. m. Abb., Modebild. u. Schnittbog.) gr. 4. Ebd. à Jahrg. n. 4. —
Kann auch vierteljährlich bezogen werden.

Schneiderin, die praktische. Anleitung zur Damenschneiderei. 4.—7. Jahrg. Febr. 1899—Jan. 1903. à 12 Hfte. gr. 4. (à ca. 14 S. m. Abbildgn., Taf. u. Schnittbog.) Dresden, Expedition der europ. Modenzeitg. à Jahrg. n. 4. —

— die praktische. Anleitung zur Damenschneiderei. 8. bis 11. Jahrg. 1903—1906. à 12 Hefte. (à ca. 14 S. m. Abbildgn., 1 Taf. u. 1 Schnittbogen.) gr. 4. Ebd. à Jahrg. n. 4. —

Schneiderin, die praktische. Anleitung zur Damenschneiderei. Red.: K. Belling. 15. Jahrg. 1910. 12 Nrn. (à ca. 12 S. m. Abb., 1 Taf. u. Schnittbog.) 31×23 cm. Dresden, Expedition der europ. Modenzeitg. à Jahrg. 4. —

Schneider-Kalender f. d. J. 1892. 1. Jahrg. gr. 16. (IV, 155 S.) Dresd. 891, Bloem. geb. * 1 25
Nicht weiter erschienen.

—— allgemeiner, f. d. J. 1890—1893. Hrsg. v. d. Redact. d. „Mode, allgemeine Schneider-Zeitg." 1.—4. Jahrg. gr. 16. (à Jahrg. ca. X S., Schreibkalender u. 30 S. m. 1 Tab.) Berl., Harrwitz Nachf. geb. à Jahrg. — 75

Schneider-Kalender, deutscher. 1894. (102 S) Dresden 1894

— deutscher, f. d. J. 1895, enth. viele werthvolle techn. Abhandlgn. m. zahlreichen Illustr. 9. Jahrg. gr. 8. (98 S.) Dresden, Expedition d. Europäischen Modenzeitg. (Klemm & Weiß). Kart. n. 1. —

Schneider-Kalender, deutscher, f. d. J. 1899, enth. viele werthvolle techn. Abhandlgn. m. zahlr. Illustr. 13. Jahrg. gr. 8. (96 S. m. 1 Portemonnaiekal.) Ebd. Kart. n. 1. —

Schneider-Kalender, deutscher, 1903, zugleich Vereins-Jahrbuch, Bd. XI der freien Vereinigg. der Herren- u. Damenschneider z. Pflege u. Mode u. Fachbildg. u. z. Vertretg. gewerbl. Interessen. gr. 8. (125 S. m. Abb.) Ebd. Kart. n. 1. —

Schneider-Kalender, deutscher, 1906. 17. Bd. Vereins-Jahrbuch der freien Vereinigg. der Herren- u. Damenschneider zur Pflege v. Mode u. Fachbildg. u. zur Vertretg. gewerbl. Interessen. (104 S. m. Abbildgn.) 8. Ebd. Kart. n. 1. —

Schneider-Kalender, deutscher, 1910. Vereins-Jahrbuch 25. Bd. d. freien Vereinigg. d. Herren- u. Damenschneider z. Pflege v. Mode u. Fachbildg. u. zur Vertretg. gewerbl. Interessen. (116 S. m. Abb.) 8. Ebd. Kart. 1. —

Schneider-Kalender, illustrirter deutscher, für das Schaltj. 1876. 4. (106 S. mit eingedr. Holzschn.) Dresden, Expedition der europäischen Modenzeitung.
Nicht weiter erschienen.

—— illustrirter, m. Maassbuch 1893. Bearb. v. der Redact. d. Europ. Herrenmode, Leipzig. gr. 16. (VIII, 54, 62 S.) Lpz. 892, Jüstel u. Göttel. cart. * 1 —

Schneider-Kalender, illustr., m. Maassbuch 1895. Bearb. v. der Red. der Europ. Herrenmode, Leipzig. gr. 16. (74 S. m. Abbildgn. u. Formularen.) Leipzig, Jüstel & Göttel. Kart. n. 1. —

Schneider-Kalender und Massbuch, Schweizer. Taschen-Notizbuch für Schneider. Herausgegeben vom Schneidermeister-Verein in Zürich. 2 Jahrg. In-16°. 272 S. Bern, Michel & Büchler. 1895.

Schneiderkalender. Schweizerischer (*Umschlag: Schweizer) Schneider-Kalender und (*Umschlag: mit) Massbuch. 1901. Nachahmung verboten. [IV + 112 S.] 8. Thun, Buchdr. Steffen, Verlag der Schweiz. Schneider-Zeitung. [fr. —. 40]

Schneiderkalender. Schweizerischer Schneider-Kalender und Massbuch. 1902. [IV + 108 S.] 8. Thun, Druck und Verlag der Schweiz. Schneider-Zeitung. [fr. —. 40]

Schneiderkalender. Schweizerischer Schneider-Kalender und Massbuch. 1902 (*d. i.* **Umschlag:* 1903). [IV + 112 S.] 8. Thun, Druck und Verlag der Schweiz. Schneider-Zeitung. [fr. —. 40]

Schneiderkalender. Schweizerischer Schneider-Kalender und Massbuch 1904. [IV + 112 S.] 8. [Thun,] Druck und Verlag der Schweiz. Schneider-Zeitung. [fr. —. 40]

Schneiderkalender. Schweizerischer Sch'-K' und Massbuch. 1905. [IV + 160 S.] 8. ⟨Thun, Steffen.⟩ [fr. —. 50]

Schneiderkalender. Schweizerischer Sch'-K' und Massbuch. 1906. [Mit Figuren.] [128 S.] 8. ⟨Thun, R. Steffen.⟩

Schneiderkalender. Schweizerischer Sch'-K' und Massbuch. 1907. [Mit Figuren.] [128 S.] 8. ⟨Bern,⟩ Druck und Verlag der Schweizer. Schneider-Zeitung ⟨Buchdr. Gustav Grunau⟩.

Schneiderkalender. Schweizerischer Sch'-K' und Massbuch. 1908 u. 1909. [Mit Figuren.] [*je* 128 S.] 8. ⟨Bern,⟩ Druck und Verlag der Schweizer. Schneider-Zeitung ⟨Buchdr. Gustav Grunau⟩.

Schneiderlein, das, als Hexenmeister, deutsch v. P. Sutter, s. a. Esser's, J., Sammlg leicht aufführb. Theaterstücke.

Das Schneiderlein als Hexenmeister. Lustspiel in 2 Akten v. *** Aus d. Französ; ins Deutsche übertragen v. P. Sutter. Paderborn: J. Esser 1898. (32 S.) 1 Bd 8°
= Sammlung, J. Esser's, leicht aufführb. Theaterstücke. H. 58.

Schneiderlein, das tapfere, s. a. Bilderbücher, Münchener.

Schneiderlein, das tapfere. gr. 4. (6 S. m. 5 Chromolith.) Eßlingen 872. Schreiber. n. 1. —

— dasselbe. Ein Märchen f. art. Kinder. Mit 6 bunten Bildern nach Original-Aquarellen v. C. Reinhardt. 4. (6 S.) Leipzig 872. Loewe. geb. — 75

— das tapfere. Märchen, m. 6 Farbendr.-Bildern in Holzschn. nach Orig.-Zeichngn. v. Emil Sachße. (Meinhold's Märchen-Bücher.) gr. 4. (8 S.) Dresden (902). C. C. Meinhold & Söhne. n. 1. —

Schneiderlieder aus dem Munde des Volks und deutscher Dichter. Gesammelt und hrsg. von J. Bachmann-Korbett. 16. (VI und 104 S.) Frankfurt a. M. 851(52,) Lizius. *

Schneiderlieder aus dem Munde des Volks und deutscher Dichter. Gesammelt und hrsg. von J. Bachmann-Korbett. 16. (VI und 104 S.) Frankfurt a. M. 852, Lizius. *

Schneiderlin, Eduard [Arzt aus Hagenau i. Els.]: Über die Biologie des Tuberculoseerregers '(Tuberkelbacillus.)' ... Freiburg i. B., Univ.-Buchdr. v. Ch. Lehmann, 1897; 51 S. 8.
Freiburg i. B., Med. Fak., Inaug.-Diss. v. 1897

Schneidermeister, Der m o d e r n e . Mode- u. Fachzeitschrift f. d. Herren- Schneider-Gewerbe. Jahrg. 1–8. Breslau: Springer 1894–1902

Schneidermeister, d. moderne. Mode- u. Fachzeitschrift f. d. Herren-Schneider-Gewerbe. 2. Jahrg. Oktbr. 1895 – Septbr. 1896. 12 Nrn. gr. 4. (à Nr. ca. 8 S. m. Schnittzeichngn. u. Modenbild.) Breslau, P. Förster. n. 4. —

— dasselbe. 3. Jahrg. Oktbr. 1896—Dezbr. 1897. 15 Nrn. gr. 4. (à Nr. ca. 8 S. m. Schnittbog. u. Modebild.) Ebd. n. 5. —

— dasselbe. 4. Jahrg. 1898. 12 Nrn. gr. 4. (à Nr. ca. 8 S. m. Schnittbog. u. Modebild.) Breslau (Flurstr. 5/6), P. Springer. n. 4. —
Kann auch vierteljährlich bezogen werden.

Schneider-Meister, der moderne. Mode- u. Fachzeitg f. das Herren-Schneider-Gewerbe. 5. Jahrg. 1899. 12 Nrn. gr. 4. (à ca. 8 S. m. Schnittbog. u. Modebild.) Breslau (Flurstr. 6), P. Springer. Postfrei 6. —

Schneiderreit, Anleitung zur Aufstellung von Vormundschafts-Rechnungen nach der Vormundschaftsordnung vom 5. Juli 1875. gr. 8. (16 S.) Berlin 878, Bohne. *

Schneiderreit, Georg, Dr.: Die Einheit in dem System des Nikolaus von Kues. *Berlin: R. Gaertner 1902.* (21 S.) 4°
Berlin, Friedrichs-Werdersche OR, OP 1902 (121)

Schneiderreit, Geo., die Einheit in dem System des Nikolaus v. Kues. Progr. 4. (21 S.) Berlin 902. [R. Gaertner.] Weidmann. n. 1. —

Schneiderreit, Georg [Schulamtscand.]: Die Wahl Lothars III. zum deutschen König ... Halle, Druck v. M. Liebmann, Berlin, 1892; 37 S., 1 Bl. 8.
Halle, Phil. Fak., Inaug.-Diss. v. 7. Jun. 1892

Schneiderreit, Gust., Gedichte. 8. (14 B.) Breslau 835, G. P. Aderholz. *

Schneiderreit's, Gust., Gedichte. 8. Breslau 835. (Friedländer.) n. 1 ℛ, jetzt 1/2 ℛ

Schneiderreit, Gust., Breslauer Morgenblatt, s. Morgenblatt.

—— Morgenzeitung f. d. gebild. Welt, s. Morgenzeitung.

Schneiderreit, Max, Matthias Claudius. Seine Weltanschaug. u. Lebensweisheit, s. a. Lebensphilosophieen in gemeinverständl. Darstellg.

Schneiderreit, Max: Matthias C l a u d i u s . Seine Weltanschauung u. Lebensweisheit. Von –. Berlin: E. Hofmann & C. 1898. (VII, 119 S.) 1 Bd. 8°
= Lebensphilosophieen in gemeinverständlicher Darstellung. Bdch. 1.

Schneiderreit, Max, Heinrich Zschokke. Seine Weltanschaug. u. Lebensweisheit (Lebensphilosophien in gemeinverständl. Darstellg.) (XI, 267 S.) gr. 8. Berlin 904. E. Hofmann & Co. n. 4. 50; geb. n. 5. 50

Schneiders, Franz, aus Bonn a. Rh.: Über die Einwirkung von Benzylhydrazin auf Ketonsäureester. *Leipzig 1903: Trenkler & Co.* (54 S.) 8°
Heidelberg, Naturw.-math. Diss. v. 1903

Schneiders, Gfr., die Naturphilosophie des Himmels. Eine neue Weltentwickelungstheorie. gr. 8. (45 S.) Aachen 898. C. Mayer's Verl. n. 1. —

Schneiders, Heinrich, Gerichtsref. aus Bonn: Der Konkurs über das Vermögen des rechtsfähigen und des nicht rechtsfähigen Vereins. *Bonn 1904: C. Georgi.* (85 S.) 8°
Rostock, Jur. Diss. v. [10. Mai] 1904

Schneiders, Jakob [app. Arzt aus Fankel a/d. Mosel]: Casuistik der Osteosarkome ... Bremen, Druck v. H. M. Hauschild, 1885; 29 S. 8.
Würzburg, Med. Fak., Inaug.-Diss. v. 1893

Schneiders, Joh. Friedem., s. S c h n e i d e r , Johann Friedemann

Schneiders, Jos. Chlodwig, der Franken-König. Tragödie in 5 Aufzügen. 16. (78 S.) [Düsseld. 889, F. Bagel.] Frankf. a. M., Jaeger. * 1 —

Schneiders, Wilhelm, a. Bonn: Acinöse Struktur in metastatischen Lebercarcinomen. Bonn 1908: F. Eisele. (37 S.) 8°
Bonn, Med. Fak., Ref. Ribbert, Diss. v. 20. Mai 1908
[Geb. 12. Juli 83 Bonn; Wohnort: Bonn; Staatsangeh.: Preußen; Vorbildung: Städt. Gymn. Bonn Reife O. 02; Studium: Bonn 4, München 3, Bonn 3 S.; Coll. 1. Mai 08; Approb. 5. Mai 08.]

Schneidersmann, Jos., die Entwicklung der Architektur in Deutschland von den ersten Anfängen bis zur Mitte d. 18. Jahrh. gr. 8. (53 S.) Paderborn 894. F. Schöningh. n. 1. —

Schneidersturm, der; heroische Posse in 3 Aufz.; zum Benefiz der Glasermeister, aufgeführt in den Straßen v. Breslau. 8. Altenb. 831. Literatur-Compt. 4 ℊℊ

Schneidersturm, der, heroische Posse in 3 Aufz. zum Benefiz der Glasermeister, aufgeführt in d. Straßen v. Breslau. gr. 12. (1 1/2 B.) Altenburg 831, [Pierer.]

Schneiderwirth, Frz., Wilhelm v. Berg, Bischof von Paderborn. Inaugural-Dissertation. gr. 8. (62 S.) Kahla 884. (Jena, Deistung's Buchh.) *

Schneiderwirth, Hermann, s. S c h n e i d e r w i r t h , Johann Hermann

Schneiderwirth, Johann Hermann

[Umschlagt.:] [F.] Zur Geschichte von Cherson (Sebastopol)' in Taurien '(Krim)'. Theokrit v. Chios. Von Dr. H e r m a n n Schneiderwirth in Heiligenstadt. Berlin: Kommv. v. S. Calvary & C.; (Brun'sche Buchdr., Heiligenstadt) 1897. (1 Bl., 71, 21 S.) 1 Bd 8° 96. 5010

Schneiderwirth: Politische Geschichte des dorischen A r g o s . I. u. II. 102 S.–Heiligenstadt, Progr. 1865, 1866

Schneiderwirth, Joh. Herm., Geschichte der Insel Rhodus nach den Quellen bearb. Heiligenstadt 868. Dunkelberg. gr. 8. (III, 244 S.) 27 ngr.

Schneiderwirth, Herm. Das pontische Heraklea. 39, 28 SS. Progr. *Heiligenstadt* 1882. 1885.

Schneiderwirth, Heraclea am Pontus. Pr. 1882. 89 S. 4°. Heiligenstadt

Schneiderwirth: Hiero II. von Syrakus. 16 S. –Heiligenstadt, Progr. 1861

Schneiderwirth, J. Herm., die Parther od. das neupers. Reich unter den Arsaciden nach griechisch-röm. Quellen. gr. 8. (201 S.) Heiligenstadt 874. Dunckelberg. 4. —

Schneiderwirth: D. persische Politik geg. d. Griech. seit d. Ende d. Perserkriege. – D. polit. Bezieh. d. Römer zu Aegypten. Heiligenstadt 1863.
Schul-/Univ.-Schrift

Schneiderwirth, J. Herm., die persische Politik gegen die Griechen seit dem Ende der Perserkriege. Die polit. Beziehungen der Römer zu Aegypten bis zu seiner Unterwerfung. Zwei historisch-polit. Abhandlungen. gr. 8. (168 S.) Heiligenstadt 863, Delion. *

Schneiderwirth, H.: Letzte Schicksale Hannibals von der Schlacht bei Zama bis zu seinem Tode. 28 S.– Heiligenstadt, Progr. 1857.

Schneiderwirth, J. H. Seleucia am Tigris. Ein Zusatz zu des Verf. Parthergeschichte vom Jahre 1874. 29 S. *Heiligenstadt* 1879.
Progr.

Schneiderwirth, Herm. Der erste Sklavenkrieg im römischen Sicilien. Festschrift. (41) 8. Heiligenstadt 1875.

Schneiderwirth, Herm., der geographische Unterricht auf der Mittelstufe. In schulgemäßer Form f. die Hand d. Lehrers bearb. Mit 9 Zeichngn. u. Karten. gr. 8. (61 S.) Breslau 894. F. Hirt. n. 1. —

Schneiderwirth, Herm., das einstige Cisterzienserkloster Reifenstein auf dem Eichsfelde. Nach archival. Quellen u. einschläg. Werken. gr. 8. (63 S. m. 1 Taf.) Heiligenstadt 902. F. W. Cordier. n. 1. 50

Schneiderwirth, Karl: Das katholische deutsche Kirchenlied unter dem Einflusse Gellerts und Klopstocks. Münster i. W. 1907: Aschendorff. (IV, 101 S.) 8° [J.] ¶(Erscheint vollst. im gleichen Verlage.)
Münster, Phil. Fak., Ref. Jostes, Diss. v. 24. Juli 1907
[Geb. 2. Juli 77 Westenholz, Kr. Paderborn; Wohnort: Harreveld, Holland; Staatsangeh.: Preußen; Vorbildung: Colleg d. h. Ludwig Harreveld (Holl.) Reife Juli 97; Studium: Bonn 1, Münster 5 S.; Rig. 1. März 07.]

Schneiderwirth, Matthaeus, O. F. M., d. kathol. deutsche Kirchenlied unter dem Einflusse Gellerts u. Klopstocks, s.a. Forschungen u. Funde. I, 1.

Schneiderwirth, P. Matthaeus: Das katholische deutsche Kirchenlied unter dem Einflusse Gellerts und Klopstocks. Von P. Matthaeus Schneiderwirth O. F. M. Münster i. W.: Aschendorff 1908. IX, 190 S. 8°
[Ein T. erschien als Inaug.-Diss. Münster 1907.]
(Forschungen u. Funde. Bd 1, H.1.)

Schneider-Zeitung, Berliner. Organ d. „Großen Berliner Schneider-Akademie". Redact.: J. Bugarsky [f. den techn. Thl.: J. Fingerhuth]. 1.—4. Jahrg. 1889—1892. à Jahrg. 12 Nrn. (à Nr. 1 Bog. m. 2 Modebildern u. 1 Bog. Schnittmuster.) gr. 4. Berl., Expedition. à Jahrg. * 12 —

Schneider-Zeitung, Berliner, Organ der „Großen Berliner Schneider-Akademie". Red.: J. Bugarsky [f. den techn. Thl.: J. Fingerhuth]. 5.—6. Jahrg. 1891—1894. à 12 Nrn. (Bog. m. 2 Modebildern u. 1 Bog. Schnittmuster.) gr. 4. Berlin, Expedition. à Jahrg. n. 12. —

Schneider-Zeitung, Berliner. Organ d. großen Berliner Schneider-Akademie. Red.: H. Wagner [f. den techn. Thl.: J. Fingerhuth]. 7.—10. Jahrg. 1895—1898. à 12 Nrn. (à ca. 8 S. m. 2 Modebildern u. 1 Bog. Schnittmuster.) gr. 4. Berlin, Expedition. à Jahrg. n. 12. —
Kann auch halbjährlich bezogen werden.

Schneider-Zeitung, Berliner. Organ der Großen Berliner Schneider-Akademie. Red.: H. Wagner [f. den techn. Thl.: J. Fingerhuth]. 11. Jahrg. 1899. 12 Nrn. gr. 4. (à ca. 12 S. m. Modebildern.) Berlin, Expedition. n. 12. —

Schneider-Zeitung, deutsche. Organ des deutschen allgemeinen Arbeitgeberbundes des Schneidergewerbes. 1.—3. Jahrg. 1872—1874. à Jahrg. 52 Nrn. (Bog.) Mit Modenbildern und Schnitttaf. Fol. Berlin, Kuhn. 1872 und 1873 à * 1874, 1.—3. Quartal à *M 3., 4. Quartal **

Schneider-Zeitung, deutsche. Organ der „Berliner Schneider-Akademie" und des deutschen Arbeitgeberbundes des Schneidergewerbes. 4.—11. Jahrg. 1875—1882. à Jahrg. 24 Nrn. (Bog. mit 8 lithogr. Modebildern und Schnitttaf. in gr. Fol.) Fol. Berlin, Expedition. à Jahrg. *
—— dass. — Redact.: C. Kuhn. 12. und 13. Jahrg. 1883 und 1884. à Jahrg. 24 Nrn. (Bog. mit 8 lithogr. Modebildern und Schnitttaf. in gr. Fol.) Fol. Ebendas. à Jahrg. *

Schneiderzeitung, Deutsche. Jahrgang 1883-88. fol Berlin 1883-88

— deutsche. [Alte Kuhn'sche.] 19. Jahrg. 1890. 12 Nrn. (B. m. Modebild u. Schnitttaf.) Fol. Berlin, Streisand. n. 12. —

— deutsche. [Alte Kuhn'sche.] Offertenblatt f. die gesammte Schneiderindustrie. 20.—23. Jahrg. 1891—1894. à 24 Nrn. (Bog.) Fol. Berlin, E. Streisand. à Jahrg. n. 4. —

Schneiderzeitung, Schweizerische. Thun: Steffen 1892-1902

Schneidewall, Der. Politisches Gespräch. Jena 1814. V: *Schacht, Theodor.* (HS I, 341) (Zeitschr. f. Büch. N. F. 15, 1923, S. 121)

Schneidewein, Jo. Friedrich (Frankleben) A. S. 140/1

Dissertatio inauguralis iuridica de pacto remissorio moto concursu. Präs. Justus Henning Böhmer. Halle (Grunert) 29. VIII. 1735. 22 S. 31066

Schneidewein, Max, Prof. Dr.: Einige Grundeinsichten der Himmelskunde in allgemein verständlicher Darstellung. Hameln 1905. (S. 3—35.) 4°
Hameln, st. G. RPG u. R i. E. OP 1905 (358)

Schneidewin, De Laso Hermionensi. Pr. 1848. 19 S. 4°.

Schneidewin, De Pittheo Troezenio. Pr. 1842. 15 S. 4°.

Schneidewin, Friedrich Wilhelm (Bearb.), s. Aeschylus: Agamemnon.

— s. Auctoris incerti etc.

Schneidewin, Friedr. Wilh., Beiträge zur Kritik der poetae lyrici graeci edit. Theod. Bergk. Nebst e. Vorworte. gr. 8. (10 B.) Göttingen 844, Dieterich'sche Buchh. *

Schneidewin, Frid. Guil., **Conjectanea critica.** Insunt Orionis Thebani Antholognomici tit. VIII. Nunc prim. ex cod. bibliothecae Palat. Vindobon. ed. 8maj. (12½ B.) Gottingae 839, libr. Dieterich.

– s. Corpus Paroemiographorum Graecor.

—— Delectus poesis Graecorum, s. Delectus.

Schneidewin, Fr. W., Exercitationum criticarum in poetas Graecos minores capita V. Pr. 1838. 80 S. 4°. 1.20

—— Exercitationum criticar. in poetas Graecos minores cap. V. 4maj. (4 B.) Brunsvigae 836, Leibrock.

—— Fragmente griech. Dichter aus e. Papyrus d. k. Musei zu Paris. Nach Letronne hrsg. gr. 8. (2¼ B.) Göttingen 838, Dieterichsche Buchh. *

Schneidewin, Frdr. Wilh., die Homerischen Hymnen auf Apollon. [Abgedr. aus den Göttinger Studien 1847.] gr. 8. (74 S.) Göttingen 847, Vandenhoeck & Ruprecht. 5/12 ℛ

Schneidewin, Fr. W., de hypothesibus tragoediarum graecarum Aristophani Byzantio vindicandis commentatio. Recitata in concessu societatis reg. scientiarum Gottingensis d. IV. Decembr. 1852. Gottingae 853. Dieterich. gr. 4. (38 S.) n. 12 ngr.

– s. Ibyci Rhegini carminum.

—— brevis disputatio de loco Horatii Serm. II. 3, 18 sqq. 4maj. (1¾ B.) Gottingae 845, libr. Dieterich. *

—— Philologus, s. Philologus.

Schneidewin, F. G., Progymnasmata in anthologiam Graecam. Gel. 1855. 81 S. 4°.

—— Eustathii prooemium commentarior. Pindaricor. Access.: I. Supplementa corporis fragmentor. Pindaricor. Boeckhiani. II. Exercitationum criticar. in poetas Graecos cap. VI—XI. 8maj. (5 B.) Gottingae 837, libr. Dieterich.

— die Sage vom Odipus. [Aus dem 5. Bd. der Abhandlungen der Königl. Gesellschaft der Wissensch. zu Göttingen.] gr. 4. (50 S.) Gottingen 852, Dieterich. n. 12 ngr.

– s. Simonidis Cei carminum,

—— über die Trachinierinnen des Sophokles. gr. 4. (40 S.) Göttingen 854, Dieterichsche Buchh. *
Aus: Abhandlungen der königl. Gesellschaft der Wissenschaften zu Göttingen, 6. Bd., besonders abgedruckt.

Incerti auctoris de figuris vel schematibus versus heroici ed. F. G. Schneidewi
Gel. 1841. 46 S.

Schneidewin, Gfr., der Bischof von Mainz u. die drei hessischen Superintendenten. Eine Beleuchtung der Erwiderung der drei Superintendenten Prälat Dr. Zimmermann, Dr. Simon, Dr. Schmitt auf die Schrift des Bischofs von Mainz „die wahren Grundlagen des religiösen Friedens." Mainz 868. Kirchheim. gr. 8. (IV, 80 S.) 6 ngr.

Schneidewin, Helene, die Wohlfahrts-Einrichtungen Magdeburgs, s.: Meyer, Rose.

Schneidewin, Hermann

Schneidewin, H., De Syllogis Theognideis. Diss. 1878. 41 S.

Schneidewin, Herm., de syllogis Theognideis. gr. 8. (41 S.) Strassburg 878, Trübner. *

Schneidewin, H. De Theognide eiusque fragmentis in Stobaei florilegio servatis. 18 S. Progr. St. Rg. Stettin 1882.

Schneidewin, Ioh., comment. ad instituta a M. Wesenbeccio et G. Godofredo illustr. 4. Cöln, Metternich. 724.

Schneidewin, Karl, Referendar: Die offene Handelsgesellschaft als Erbin. Göttingen 1910: Dieterich. VI, 75 S. 8°
Göttingen, Jur. Diss. v. 14. März 1910, Ref. Ehrenberg
[Geb. 1. Mai 87 Hameln; Wohnort: Lüneburg; Staatsangeh.: Preußen; Vorbildung: Gymn. Hameln Reife O. 05; Studium: Freiburg i. B. 2, München 1, Berlin 1, Göttingen 2 S.; Rig. 24. Jan. 10.] [U 10. 1352

Schneidewin, [Maximilian], Prof. Dr.: [Abschiedsrede an den aus dem Amte scheidenden Direktor Dr. Dörries.] *Hameln 1903: C. W. Niemeyer.* (S. 20—23.) 4° [F.]
Hameln, st. G, RPG u. R i. d. E., OP 1903 (352)

Schneidewin, [Max]: [Abschiedsworte an den scheidenden Direktor Dr. Dörries.] S. 20—23. 4.
Städt. Gymn., Realprogymn. u. i. d. E. begriffene Realschule
Progr. *Hameln* 1903 (352).

Schneidewin, Max, offener Brief an Eduard v. Hartmann, zum 50. Geburtstage d. Philosophen. gr. 8. (140 S.) Leipzig 892. W. Friedrich. n. 2. —

Schneidewin, Max, offener Brief an Hrn. Professor Theobald Ziegler üb. „antiko Humanität" u. üb. e. Internum uns. Universitätsphilosophie. gr. 8. (27 S.) Leipzig 897. F. Fleischer, Verl. n. — 50

Schneidewin, Max., Carmen graecum et A. Grummii de Pindari Ol. II. commentatio. gr. 8. (51 S.) Göttingen 862, (Dieterich'sche Buchh.)

— Cicero u. Jacob Grimm üb. das Alter. gr. 8. (108 S.) Hamburg 893. Verlagsanstalt u. Druckerei. n. 3. —

Schneidewin, Max., disquisitionum philosopharum de Platonis Theaeteti parte priori specimen. Dissertatio inauguralis. Göttingen 865. (Vandenhoeck & Ruprecht.) gr. 8. (66 S.) n. 10 ngr.

— das zeitgeschichtliche Ereigniß v. Trier als ein Markstein zur Umschau üb. unseren religiösen Horizont. gr. 8. (71 S.) Berlin 891. F. Stahn. n. 1. —

— üb. die zukünftige nationale Erziehung. Ehrliche Glossen. [Aus: „Tägl. Rundschau".] gr. 8. (22 S.) Hameln 891. Th. Fuendeling. n. — 50

Schneidewin, Max, drei populär-philosophische Essays. 2. Aufl. gr. 8. Hameln 883. Fuendeling. n. — 75
1. Arthur Schopenhauer u. Eduard v. Hartmann. Eine Parallele zwischen der philosoph. u. menschl. Persönlichkeit Beider.
2. Adolph Steudel, e. Philosoph der Gegenwart.
3. Eins der geflügelten Worte d. Goethe'schen Faust als harmonische Lösungsformel d. modernen Lebens. (52 S.)

— die Wundt-Sommer'sche wissenschaftliche Fehde üb. die sittliche Pointe d. Lebens. gr. 8. (15 S.) Hameln 888. Fuendeling. — 50

— die jüdische Frage im Deutschen Reich. Versuch e. unparteiischen u. auf die salus publica ziel. Schiedsspruches zwischen Antisemitismus u. Philosemitismus. gr. 8. (X, 162 S.) Ebd. 894. 2. 50

— Gedanken über antike u. moderne Staatsberedsamkeit u. Versuch e. Charakteristik des Grafen v. Caprivi als Redner. gr. 8. (VIII, 48 S.) Hameln 895. Th. Fuendeling. n. — 75

Schneidewin, Max: Einige Grundeinsichten der Himmelskunde in allgemein verständlicher Darstellung. S. 3—35. 4.
Städt. Gymn., Realprogymn. u. i. E. begriffene Realschule *Hameln* 1905 (358).
Progr.

Schneidewin, M., übersichtliches griechisch-deutsches Handwörterbuch, s.: Suhle, B.

— die antike Humanität. gr. 8. (XX, 558 S.) Berlin 897. Weidmann. n. 12. —

Schneidewin, Max, eine antike Instruktion an e. Verwaltungschef. Mit e. Einleitg. üb. röm. Provinzialverwaltg. (XI, 125 S.) 8. Berlin 907. K. Curtius. 2. 50

Schneidewin, Max, die Horazische Lebensweisheit, aus den 15 den Fragen der Lebenskunst gewidmeten Oden entwickelt u. beurteilt. gr. 8. (IV, 40 S.) Hannover 890. Hahn. cart. n. 1. —

— Ernst v. Leutsch. Ein Nekrolog. gr. 8. (11 S.) Göttingen 888. Dieterich's Verl. n. — 40

— e. Mahnwort an das Centrum. 8. (29 S.) Ebd. 893. — 40

— s. die Militär-Vorlage. Drei Weihnachtsferienbetrachtgn. aus einigen der idealen Gesichtspunkte. 8. (52 S.) Hannover 892. L. Ost. n. — 60

— e. kritische Musterung unseres religiösen Horizontes, angestellt auf Veranlassg. der merkwürd. Sommerconstellation v. 1891. 2. (Titel-)Ausg. der Schrift: Das zeitgeschichtl. Ereigniß v. Trier als e. Markstein zur Umschau üb. unseren religiösen Horizont. gr. 8. (71 S.) Berlin 892. F. Stahn. n. 1. —

— die homerische Naivetät. Eine ästhetisch-culturgeschichtliche Studie. gr. 8. (VIII, 156 S.) Hameln 878, Brecht. *

— die homerische Naivetät. Eine ästhetisch-culturgeschichtl. Studie. 2. Aufl. 8. (VII, 156 S.) Hameln 881. Brecht. n. 2. 75

Schneidewin, Max, ein neues Nationallied f. „Deutschland, Deutschland üb. alles". Die Mängel des alten. Der Typus e. neuen. 8. (32 S.) Hameln 899. Th. Fuendeling. n. — 50

In Sachen des Nationalliedes. Von **Max Schneidewin**. *Hameln & Leipzig: Th. Fuendeling 1899.* (64 S.) 8° [F.] [oo. 8393 7

Schneidewin, Max, Pro pace. I. Wo liegt die Friedensbürgschaft? II. Die Broschüre des Major a. D. Karl v. Bruchhausen „Der komm. Krieg". (15 S.) 8. Hameln 906. Th. Fuendeling. n. — 30

Schneidewin, M.: Ueber die neue „Philosophie des Unbewussten". I. 25 S. 4° – Hameln, G., Progr. 1871.

— das Räthsel d. Gerhart Hauptmann'schen Märchendramas „Die versunkene Glocke" u. s. märchenhaften Erfolges. gr. 8. (64 S.) Leipzig 897. F. Fleischer, Verlag. n. 1. —

Schneidewin, *Max* [Prof. Dr.]: Ein zusammenfassender und metakritischer Rückblick auf Cicero's Beurteilung der Epikureischen Ethik in seinem zweiten Buche de finibus. (Umschlagt.: Studien zu Ciceros philosophischen Schriften.) Hameln, Buchdr. v. C. W. Niemeyer, 1893; 3—24 S. 4.
Hameln, st. G u. RPG, OP 1893 (305)

— der Sternenhimmel und seine Verkleinerer. Eine Streitschrift an Ed. v. Hartmann. gr. 8. (VII, 41 S.) Berlin 901. G. Reimer. n. — 80

Schneidewin, M., Studien zu Ciceros philosophischen Schriften. Pr. 1898. 24 S. 4°.

— Die innerpolitische Sturmflut. Niederschriften gegen den Strom aus den Novembertagen 1908. (IV, 54 S.) gr. 8. Berlin 909. K. Siegismund. 1. —

— das politische System des Reichskanzlers Grafen v. Caprivi. gr. 8. (VII, 158 S.) Danzig 894. A. W. Kafemann. n. 2. —

— Ein v. dem preußischen Oberlehrerstande etwa zu gründender Töchterhort u. die Ludwig Wiese-Stiftung. (26 S.) 8. Hameln 907. (Th. Fuendeling.) — 30

— deutsch u. lateinisch gefaßte disponierende Übersicht der Ciceronianischen Miloniana u. Sostiana. 8. (47 S.) Ebend. 884. n. — 90

Die Unendlichkeit der Welt, nach ihrem Sinn und nach ihrer Bedeutung für die Menschheit. Gedanken z. Angebinde d. 300j. Gedächtnisses d. Martyriums Giordano Bruno's f. d. Lehre von d. Unendlichkeit d. Welt. Von **Max Schneidewin**. *Berlin: G. Reimer 1900.* (190 S.) 8° [F.] [oo. 5436

Veit Valentin. Von **Max Schneidewin**. Mit V. Valentins Bildnis. *Berlin: R. Gaertner 1901.* (56 S.) 8° [F.] [oo. 6649

— Veit Valentin. Mit Veit Valentins Bildnis. gr. 8. (56 S.) Berlin 901. [R. Gaertner.] Weidmann. n. 1. 20

— homerisches Vocabularium sachlich geordnet. gr. 8. (VIII, 111 S.) Paderborn 883. F. Schöningh. n. 1. 35

— e. Wanderung üb. d. Schlachtfeld d. 16. Aug. 1870. M. e. Nachwort: Zur Ehrg. d. Chefs d. Generalstabes d. X. Armeecorps, während d. großen Krieges, Oberstlieutenants, nachmal. commandir. Generals u. Reichskanzlers, v. Caprivi. gr. 8. (27 S.) Hameln 895. Th. Fuendeling. n. — 50

— wie präpariere ich mich f. d. fremdsprachl. Lektüre, s.: Bibliothek f. deutsche Schüler.

Schneidewin, [Max]: [Worte der Begrüßung an den neu eintretenden Direktor Dr. Wilhelm Prinzhorn.] S. 29—31. 4.
Städt. Gymn., Realprogymn. u. i. d. E. begriffene Realschule
Progr. *Hameln* 1903 (352).

Schneidewin, Wlh., s. *Quinctiliani* institutionum ed. Fr. Wlh. Augusti.

Schneidewin, W(ilhelm), *Hamelensis*: Studia Philodemea. Gottingae 1905: Dieterich. (68 S.) 8°
Göttingen, Phil. Fak., Ref. Schwartz, Diss. v. 17. Mai 1905
[Geb. 29. Aug. 82 Hameln; Wohnort: Hameln; Staatsangeh.: Preußen; Vorbildung: Gymn. Hameln Reife O. 00; Studium: München 2, Berlin 2, Göttingen 5 S.; Rig. 21. Febr. 05.]

Schneidewin, W., Studia Philodemea. Diss. (68 S.) 8. Göttingen 905. (Leipzig, Buchh. G. Fock.) n. 1. 20

Schneidewind, Edmund

Schneidewind, E., De carmine Theocriti quod dicitur aeolico tertio. Pr. 1873. 11 S. 4°. 1.—

Schneidewind, Edm., de carmine Theocriti quod dicitur aeolico tertio. gr. 4. (14 S.) Eisenach 873. Bacmeister. — 75

Schneidewind, Edm., Festrede zum Geburtstage Sr. Majestät des Kaisers gehalten am 22. März 1872 in der Aula des Karl-Friedrichs-Gymnasium zu Eisenach. gr. 8. (13 S.) Eisenach 872, Baerecke. *

Schneidewind, E., das Lutherhaus in Eisenach. Ein Beitrag zu Luthers Jugendgeschichte. 8. (46 S.) Eisenach 883. Baerecke. n. 1. —

Schneidewind, E.: König Nabis und seine Bedeutung für Sparta. 48 S. Nordhausen, Progr. 1869.

Schneidewind, *Edmund Theodor*. Quaestiunculae Sophocleae. 4 (12 S.). **Progr.** Karl-Friedrich-G. *Eisenach* 1887 (zu 623)

— der tugendhafte Schreiber am Hofe der Landgrafen v. Thüringen. Eine Festschrift d. Karl-Friedrich-Gymnasiums in Eisenach. gr. 8. (VII, 24 S.) Gotha 886. F. A. Perthes. n. — 60

Schneidewind, Edmund Theodorus: De casus locativi vestigiis apud Homerum atque Hesiodum. Halae (1863): Hendel. 36 S. 8°
Halle-Wittenberg, Phil. Diss. v. 26. März 1863
Geb. Sangerhausen 27. 12. 1839. V.

Schneidewind, Edmund Theodor, s. Schneidewind, Edmund

Die Staatsmänner Grey, Talleyrand, Fox, Pitt und Canning. Britische Schilderungen und Urtheile. Deutsch mitgetheilt v. Franz Joseph Adolph **Schneidewind**. A. u. d. T.: Ueberlieferungen und Materialien zur Geschichte. Heft 1. Neuhaldensleben. 1833. 8°.

Schneidewind, Franz Joseph Adolph, Die Schlacht bei Rossbach, und Seydlitz und die preuss. Reiterei am 5. Nov. 1757. Neuhaldensleben u. Gardelegen. 8. (20 S.)

Ueberlieferungen und Materialien zur Geschichte, namentlich zu jener des 18. und 19. Jahrhunderts. Originalarbeiten und Uebertragungen der interessantesten ausländischen Memoiren und Geschichtswerke. Von Franz Joseph Adolph Schneidewind. 8°.
Heft 1: Die Staatsmänner Grey, Talleyrand, Fox, Pitt und Canning. Britische Schilderungen und Urtheile. Deutsch mitgetheilt v. Franz Joseph Adolph Schneidewind. Mit dem Portrait von Georg Canning. Neuhaldensleben. 1833.

Schneidewind, Frz. Jos. Ad., Die Wut bei Menschen u. Tieren. Nach den neuesten u. besten medizinischen u. philosophischen Quellen gemeinnützig bearbeitet. 8. Bamberg 30. Dresch. M. —.40

Schneidewind, Friedrich Wilhelm. Ueber die negative Natur organischer Radikale. (Göttingen) Leipzig, 1888.

Schneidewind, Hans: Handschriftenverhältnis und Variantenapparat der altfranzösischen Achtsilbnerredaktion der 'Histoire de Jésu'. Greifswald 1909: Adler. VIII, 56 S. 8°
Greifswald, Phil. Diss. v. 8. März 1909, Ref. Stengel
[Geb. 26. Okt. 85 Kl.-Oschersleben; Wohnort: Fraustadt; Staatsangeh.: Preußen; Vorbildung: Gymn. Fraustadt Reife O. 05; Studium: Berlin 2, Halle 2, Greifswald 3 S.; Rig. 31. Okt. 08.] [U 09. 1563

Schneidewind, Otto, über Convergenz unendlicher Reihen. Inaugural-Dissertation. Heidelberg 868. (Nordhausen, Haacke.) 8. (45 S.) 7½ ngr.

Schneidewind, (Wilh.), s.: Arbeiten der agrik.-chem. Versuchsstation Halle a. S.

— u. Franck, zweckmäßige Behandlung des Stalldüngers, s.a. Arbeiten der Landwirtschaftskammer f. die Prov. Sachsen. 6. Hft.

Schneidewind, W., s.: Bericht üb. die Versuchswirtschaft Lauchstädt.

— neuere Erfahrungen über Behandlung u. Wirkung des Stalldüngers. Vortrag, geh. am 13. XI. 1903 in der ökonom. Gesellschaft im Königr. Sachsen. (14 S.) gr. 8. Leipzig 904. Berlin, R. C. Schmidt & Co. n. — 60

(B) — Neue Erfahrungen. 904.
Jetzt: Leipzig, Fritzsche & Schmidt.

— u. D. Meyer, die Futterrationen vom wissenschaftlichen u. praktischen Standpunkte, s.a. Arbeiten der Landwirtschaftskammer f. die Prov. Sachsen. 10. Hft.

Die Futterrationen vom wissenschaftlichen und praktischen Standpunkte. Von Prof. Dr. W[ilhelm] **Schneidewind** u. Dr. D[iedrich] Meyer. Leipzig: R. C. Schmidt & Co. 1907. (36 S.) 8° [F.]
= **Arbeiten** d. Landwirtschaftskammer f. d. Prov. Sachsen. H. 10. [07. 3403

Schneidewind, W., die agrikultur-chemische Versuchsstation Halle a/S., s.: Bieler, K.

Die Kalidüngung auf besserem Boden. Von Prof. Dr. W[ilhelm] **Schneidewind**, Halle a. S. Mit 4 Taf. Berlin: P. Parey 1905. (67 S.) 8° [F.] [05. 3600

Die Kalidüngung auf besserem Boden. Von Prof. Dr. W[ilhelm] **Schneidewind**. 2. Aufl. Mit 4 Taf. Berlin: P. Parey 1905. (71 S.) 8° [F.] [06. 3036

— Die Kalidüngung. 3., vollständig neu bearb. Aufl. (82 S. m. 4 farb. Taf.) gr. 8. Berlin 910. P. Parey. 2. —

Schneidewind, Wilhelm [aus Osterweddingen, b. Magdeburg]: Ueber die negative Natur organischer Radicale .... Leipzig, Druck v. Hesse & Becker, 1888; 37 + 1 S. 8°
Göttingen, Phil. Fak., Inaug.-Diss. v. 12. Mai 1888

Schneidewind, Wilh., über die negative Natur organischer Radicale. Inaugural-Dissertation. gr. 8. (37 S.) Leipzig 888. (Göttingen, Vandenhoeck und Ruprecht.) *

— die rationelle Stalldüngerbehandlung m. Rücksicht auf die Ergebnisse der neueren diesbezügl. chemischen u. bakteriologischen Forschgn. Vortrag, geh. in der ökonom. Gesellschaft im Königr. Sachsen, Dresden, am 13. I. 1899. gr. 8. (13 S.) Dresden 899. Leipzig, G. Schönfeld. n. – 60

Stalldüngerbehandlung. Jetzt: Leipzig, Fritsche & Schmidt

Die Stickstoffquellen und die Stickstoffdüngung. Von Prof. Dr. W[ilhelm] **Schneidewind**. Berlin: Parey 1908. VII, 139 S. 8° [08. 8379 11

— Untersuchungen üb. den Wert des neuen 40prozent. Kalidüngesalzes gegenüber dem Kainit, s.: Arbeiten der deutschen Landwirtschafts-Gesellschaft. 81. Hft.

— Untersuchungen üb. den Wert des neuen 40prozentigen Kalidüngesalzes gegenüber dem Kainit, s.: Maercker.

— Versuche üb. die Wirkung des Chilisalpeters, Ammoniaksalzes, Kalkstickstoffes, Stickstoffkalkes u. des norwegischen Kalksalpeters, s. Arbeiten der deutschen Landwirtschafts-Gesellschaft.

Versuche uber die Wirkung des Chilisalpeters, Ammoniaksalzes, Kalkstickstoffes, Stickstoffkalkes und des norwegischen Kalksalpeters. Aus d. J. 1905–1907. Unter Mitw. von Dr. D[iedrich] Meyer, Dr. H[ans] Frese, Dr. F. Münter u. Dr. J[oachim] Graff hrsg. von Dr W[ilhelm] Schneidewind. Berlin: Deutsche Landw.-Gesellsch. 1908. (118 S.) 8° [F.]
= Arbeiten d. Deutschen Landwirtsch.-Gesellschaft. H. 146. 168. 1311

— — der Weizen u. seine Backfähigkeit, s. Arbeiten aus der Landwirtschaftskammer f. die Prov. Sachsen. 2. Hft.

Schneidewind, W[ilh.], u. D[iedrich] *Meyer*. Der Weizen und seine Backfähigkeit Nach Versuchen d. agrik.-chem. Versuchsstation Hallo a. S. Bericht 1. Halle a. S. [1903]. 8°.
(Arbeiten a. d. Landwirtschaft-Kammer f. d. Prov. Sachsen. H. 2.)

Zeit- und Streitfragen auf dem Gebiete der Düngerlehre. Von Prof. Dr. (W[ilhelm]) Schneidewind. Berlin-Gr.-Lichterfelde-West: 'Ceres' [1910]. 16 S. 8° [Umschlagt.] A 12. 8690

Schneidler, Chr., Tafeln zur Umrechnung der Längen- u. Flächenmaasse nach dem Metersystem auf hannoversche Maasse. Zum Gebrauche für Landes-Oeconomie-, Forst- u. Grundsteuer-Beamte, Bautechniker, Verwaltungsbehörden etc. in der Provinz Hannover. Hildesheim 870. Nolte & Schneidler. gr. 4. (11 S.) n. 12½ ngr.

— Tafeln zur Umrechnung hannoverscher Längen- u. Flächenmaasse in Metermaass. Zum Gebrauch für Landes-Oeconomie-, Forst- u. Grundsteuer-Beamte, Bautechniker, Verwaltungsbehörden etc. in der Provinz Hannover. Ebend. 870. gr. 4. (36 S.) n. 1 ℳ

Schneidler, Erich, Referendar: Die Geschäftsschulden und Geschäftsforderungen bei der Umwandlung des Geschäftes eines Einzelkaufmanns in eine offene Handelsgesellschaft oder Kommanditgesellschaft durch Hinzutritt eines Gesellschafters. ⟨§ 28 HGB.⟩ Borna-Leipzig 1910: Noske. VIII, 80 S. 8°
Leipzig, Jur. Diss. v. 9. April 1910
[Geb. 28. Okt. 84 Chemnitz i. S.; Wohnort: Chemnitz; Staatsangeh.: Sachsen; Vorbildung: Gymn. Chemnitz Reife O. 03; Studium: Grenoble 1, Berlin 1, München 1, Berlin 1, Leipzig 4 S.; Rig. 28. Jan. 08.] [U 10. 2873

Schneidler, G. J., s. Schneidler, Gottlob Lorenz

Schneidler, Gottlob Lorenz

Schneidler, G. L., Anklänge f. Geist u. Gemüth, in Darstelln. sein. äußern u. innern Welt, aus früherer u. späterer Zeit, in Poesie u. Prose. 1. Hft. gr. 8. (10 B.) Frankfurt a. M. 828, (Sauerländer.)

Schneidler, G. L., Der Geist der Zeit. Zur Feier des Joh.-Festes 5818. Seinen Brüdern u. Mitarbeitern am wiedererb. Tempel der Bruderliebe im Or. von Worms gewidmet. Worms, Kranzbühler. 8. 8 S.

Glaube, Liebe, Hoffnung, im Verein mit den Grundsäulen der K. K. Kunst. Zur Feier des Winter-Johannisfestes 5825. Seinen B. B. und Mitarbeitern am wiedererbauten Tempel der Bruderliebe am O.·. von Worms. Von ihrem treuen OB.·. G[ottlob] L[orenz] **Schneidler.** Worms [1825]: Kranzbühler. 4 Bl. 8° [Umschlagtit.]
Kl. 1233. Gedicht.

s. Groisier, Beschreibung d. chines. Reichs.

Lehrstand und Maurerthum, bey der Aufnahme der BB.·. Ch. J. Cämmerer und K. Büchner, Ph[ilipp] Merz und K. H. Küstner gesprochen von G[ottlob] L[orenz] **Schneidler.** Am M.·. von Worms. Als Anh.·. des Maurers Streben von demselben. Frankenthal [ca 1820]: Enderes. 8 S. 8° [Umschlagtit.]
Kl. 1219. Tt. 2187. 2 Gedichte.

Schmidt, Sebastian Laurenz: [Lied.] Unserm [Br.] S. L. Schmidt, zu seiner Vermählungs-Feier, den 26. des 2. M.·. 5818. Im Namen der BB.·. des wiedererbauten Tempels der Bruder-Liebe, am M.·. von Worms, von G[ottlob] L[orenz] **Schneidler.** Worms [1818]: Kranzbühler. 2 Bl. 8° [Umschlagtit.]
Tt. 2587. Ohne Noten: „Zur Arbeit, ihr Brüder! Uns winkt die Freude, . . ."

s. Musarion.

s. de Page, Reisen.

Schneidler, G. L., Schwesternlied. Zur Feier des Joh. Festes 5817. Seinen Brüdern u. Mitarbeitern im wiedererb. Tempel der Brliebe in Worms gewidmet. Worms. 8. 7 S. – Fehlt bei Kloss.

Tafellied zur Feier des Sommer-Johannisfestes 5821 von G[ottlob] L[orenz] **Schneidler.** Worms [1821]: Kranzbühler. 2 Bl. 8° [Umschlagtit.]
Ohne Noten: „Brüder, gesungen!"

s. Versuch e. systemat. Erdbeschreibung.

Schneidler, G. J., Volksbildung im Geist und nach den Bedürfnissen unserer Zeit. 8. Mainz, Kupferberg. 821.

Schneidler, H., Anweis. z. Gebrauch d. engl. Bleichpulvers. 8. Hannov. 806. Hahn. 3 gr.

Schneidler, Karl, das gesamte württemberg. Landesprivatrecht, im Anschluß an die einzelnen Paragraphen des bürgerlichen Gesetzbuchs, Handelsgesetzbuchs, der Wechselordnung, des Gesetzes über die Angelegenheiten der freiwilligen Gerichtsbarkeit, der Grundbuchordnung u. des Zwangsversteigerungsgesetzes systematisch dargestellt unter besond. Berücksicht. der Verordnungen, Verfügungen u. der Rechtsprechung. (VII, 570 S.) 8. Stuttgart 908. W. Kohlhammer. 7.50; geb. 8.50

Schneidler, Karl. Der Ort d. begangenen Handlung in strafrechtlicher u. strafprozessualer Beziehung. Diss. gr. 8. (87 S.) Tübingen 889, (Fues' Verlag). * 2 —

— Das im Königr. Württemberg geltende Reichs- u. Landesrecht, s.: Glock, A.

Schneidler, Lorenz, s. S c h n e i d l e r, Gottlob Lorenz

Schneidmann, Johann Georg (Kehl) A. S. 579/45

Dissertatio inauguralis de dimissione reorum sine sententia. Präs. Johann Friedrich Moegling. Tübingen (Pflick, Bauhof) VI. 1741. 46 S.

31068

Schneidmann, Johann Philipp (Kehl) A. S. 579/50

Dissertatio inauguralis juridica, de dolo et vi tertii ac effectibus eorum. Präs. Wolfgang Adam Schpepff. Tübingen (Pflick, Bauhof) VI. 1741. 56 S. 31069

SCHNEIDT, A.: Die Verwendung buchener Eisenbahnschwellen und die Tränkung der hölzernen Eisenbahnschwellen mit Chlorzink und mit karbolhaltigem Theeröle. - Berlin 1898. 20 S.

Schneidt, Carl, s. S c h n e i d t, Karl

Schneidt, J. v., im Strudel e. Großstadt. Aristokratischer Sittenroman. (66 S.) 8. Leipzig (904). Ph. Hülsemann. n. 1. —

SCHNEIDT, J. v. Im Strudel einer Großstadt. Aristokratischer Sittenroman. Leipzig, Ph. Hülsemann (um 1910). 8°. Verb. d. Ldg. I Berlin 38 J. 738/11.

Schneidt, Jos. Jo. Ign. Xav. Mar., s. S c h n e i d t, Josef Maria

Schneidt, Josef Maria

— histor. u. rechtl. Abhandl. v. d. sogenannt. Leyherren: pfründen od. Panisbriefen. 4. Ulm, Wohler. 768.

Ders.: Abhandlung von d. Renovaturen, besond. in dem Herzogth. Franken u. dem Hochstift Würzburg. *Würzburg*, Rienner. 793. gr. 8. (16 Gr.)

SCHNEIDT, J. Ign. X. Mar.: Abhandl. v. d. Schatzungs- u. Lehnrenovationswesen, nebst Darlegung eines dauernden Schatzungs- u. Lehnbuches. *Würzb.* 793. gr. 8.

Schneidt, Joseph Maria [Praes.], s. B r a u n w a r t, Carl Andreas: Meditationes de judicio parium vulgo Manngericht in genere et usu hujus judicii curia feudali Hohenlohica in specie.

Schneidt, Joseph Maria [Praes.], s. D e i s s e n b e r g e r, Alb. Jos.: De concursu creditorum theoremata ordinat. concursus Wirceburgensem de 20. VII. 1747.

— delineatio corp. j. civ. Rom. gr. 8. Würb. Stahel. 774.

SCHNEIDT, Jos. Jo. Jgn. Xav. Mar.: Delineatio elementorum juris Franconici et in specie Wirceburgens. privati hodierni ex ipsis fontibus hausta et in usum auditorum commoda methodo proposita. T. I. *Herbipol.* (Goethe, *Leipzig.*) 771. 4. (10 Gr.)

Schneidt, Joseph Maria [Praes.], s. E c k h a r t, Adolph von: De querela inofficiosi inter parentes et liberos exule.

Schneidt, Jos. Maria: Der Eid nach dem Gesichtspunkte der gesetzgeberischen Klugheit betrachtet. Progr. Wirzburg 1785.

Id.: Elementa juris Franc. s. Wirceburg. priv. hod., quae ex ipsis fontibus haus. et comm. meth. in us. auditor. propos. *Wirceburg.*, Rienner. 794. gr. 8. (1 Thl. 14 Gr.)

Id.: Elementa praxeos judic., tam in gen., quam Würceb. in specie. *Wirceburg*, Rienner. 776. 8. (12 Gr.)

Id.: Schediasma juridico historicum de emancipatione canonicorum in genere et Dioeceseos Wirceburg. in specie. *Wirceb.*, Rienner. 789. 8. (6 Gr.)

Schneidt, Joseph Maria [Praes.], s. E n n e m o s e r, Franz Karl: Oratio de speciali modo ferendi leges per gladiatores.

— systemat. Entw. d. Münzwissenschaft d. Deutschen. gr. 4. Bamberg, Göbhard. 766.

SCHNEIDT, Jos. Jo. J. Xav. Mar.: Tractatiuncula de fontibus juris Franconici praecipue Wirceburg. *Wirceburg.*, Stahel. 774. 4. (4 Gr.)

SCHNEIDT, Jos. Mar.: Gedanken üb. d. Bestimmung d. Vorans b. Einkindschaften, nach natürl., mathemat. u. fränk. Rechtsgrunds., wob. zugleich d. Elterl. Vorbehalt unters. u. d. Regel v. Abtheil. d. eingekindschafteten Kinder näher beleucht. wird. *Würzb.*, Rienner. 789. gr. 8. (12 Gr.)

S c h n e i d t, J. M.: „Gedanken über die dermalen bevorstehende Münzrevolution", Würzburg 1786. fol.

Schneidt, Joseph Maria [Praes.], s. G e i s e r, Maximilian: De eo, quod circa solutiones aut praestationes valore monetae mutato in Imperio Romano-Germanico justum est.

— vollst. Geschichte d. röm. Königswahl Rudolphs II. aus Urkunden. gr. 8. Würzburg, Stahel. 792.

Schneidt, Joseph Maria [Praes.], s. G r e i n, Georg Friedrich: Textum institutionum D. Justiniani ex suis fontibus deductum, a minus necessariis purgatum, ex digestis, codice et novellis suppletum, a potioribus antinomiis liberatum, et in breves regulas redactum.

— Grundriß z. e. Handbuche üb. d. Mathesin forensem, d. i. d. gerichtl. Mathematik. gr. 8. Ebend. 802.

Schneidt, Joseph Maria [Praes.], s. H a n n b a u m, Philipp: De prioritate pignorum qualificatorum in creditorum concursu secundum placita juris communis Romani.

Schneidt, Joseph Maria [Praes.], s. H o c h, Karl Adolph Philipp: Artem conciliandi leges in systema redactam.

SCHNEIDT, Jos. Mar.: Jurisprud. for. HELLFELD. in ord. syst. redacta et suppl. *Würzb.*, Stahel. (Ed. 1—2. 786—90.) Ed. 3. repertorio controversiar. et literat. augmentata. 801. 2 Th. gr. 8. (3 Thl. 8 Gr.)

— jurisprudentia forensis Hellfeldiana in ordinem systemat. redacta et suppleta. II Pts. et IIIia repertorio controversiarum et literat. augmentata. gr. 8. Würzburg. Stahel. 802.

Schneidt, Jos. Mar., v. deutsch. u. franz. Calenderwesen von 1792—1847. 8. Würzburg, Rienner. 796. Rthlr.

— Concurs=Ordnung. 8. Ebend.

Schneidt, Joseph Maria [Praes.], s. K r a e n z l, Joseph Aloys: Meditationes circa obligationem ex sponsalibus oriundam.

Ders.: Literatur u. Bibliothek der das fränkische Recht u. d. Geschichte erläuternden Schriftsteller. *Würzburg*, Rienner. 789. gr. 8.

— jurist. mathemat. Magazin. 1s Stck. gr. 8. Würzb. Köl. 798.

Schneidt, Jos. Maria (J. U. D., Prof. in Würzb., Fürstl. Würzb.-Bamberg. u. Fuldaischer Hofrath), specimen III. juris Franconici, sistens materiam de *laudemio*, vulgo: von dem *Handlohn*. Wirceburgi, typis Franc. Ern. Nitribitt, Universitatis typographi. 1768. 4⁰. Cart.
40 S. Einiges deutsch.

Schneidt, Joseph Maria [Praes.], s. P a p i u s, Ferdinand: Diss. jur. sistens praxin rei judiciariae in genere.

Schneidt, Joseph Maria [Praes.], s. P f i s t e r, Joseph Valentin: De foro et instantiis nobilitatis immediatae Germanicae in causis civilibus in genere, nec non de jurisdictione nobilitatis et nobilium in suos subditos in specie.

SCHNEIDT, Jos. Mar.: Spec. prodr. juris civ. syst. sistens doctrinam de probationibus. *Wirceb.*, 767. 8.

— p r o g r a m m a juridic. mathemat. chronolog. quo suam sententiam Diem Bis-Sextilem etc. ctra Koch. gr. 8. ibid. 796.

SCHNEIDT, Jos. Mar.: Progr. quo suam sent., diem bissext. in anno bissext. diei 29. Febr. s. pridie Calend. Martii affixum esse def. contra argum. *Kochii*. *Würzb.* 796. 8.

— Register d. Cramerschen sämmtlichen Werke, s. J. Ul. v. C r a m e r.

Schneidt, Joseph Maria [Praes.], s. S c h o b e r, Franz Eberhard: Dissertatio inauguralis juridica sistens delineationem elementorum juris Franconici et in specie Wirceburgensis, privati hodierni ex ipsis fontibus haustam.

— s i c i l i m e n t a quaedam ad Historiam Universitatis Wirceburg. et in specie Literar. facult. jurid. 4. Wurzburg. Rienner. 795.

Id.: Sicilimenta quaedam ad historiam Universitatis Wirceburg., et in specie Literar. Facult. jurid. *Wirceburg.*, Rienner. 796. 4. (1 Thl. 4 Gr.)

Schneidt, Joseph Maria [Praes.], s. S t e i e r t, Franz Xaver: De consursu ad delicta aliena.

Schneidt, Joseph Maria [Praes.], s. S t r o b e l, Wenzeslaus: Jus et obligatio prohibitionem librorum positivum concernens in dissertatione inaugurali juridica exposita.

SCHNEIDT, Jos. Mar.: Spec. Matheseos forensis de successione Descendentium ex divers. matrimoniis natorum, juxta jus Rom. et Francon. *Würzb.*, Rienner. 799. 4. (6 Gr.)

SCHNEIDT, Jos. Mar.: Thesaurus juris franconici, od. Samml. th. gedruckter, th. ungedr. Abhandl., Dissertat., Progr., Gutachten, Gesetze, Urkunden, welche d. fränk., bes. d. Würzburg. geistl., weltl., bürgerl., peinl., Lehn- u. Cameralrecht erläutern. (*Würzburg*, Rienner.) *Frankf.*, Wesché. 785 — 90. 794. 39 Hefte. (13 Bde.) gr. 8. (12 Thl.)

Schneidt, J. M., Thesaurus Jur. franconici etc. 13 Bde. gr. 8. Würzburg. 794. Jetzt Göbhardt.

Schneidt, J. M. Specimen Arithmeticae sublimioris et pol. ad. mat. de usuris, antichresi, interusurio ac reditibus annuis. etc. Diss 1784.

SCHNEIDT, Jos. Mar.: Letztes Wort — auf Hrn. *Koch's* paar Worte. *Würzb.* 798. 8.

Schneidt, Karl, der Prozeß A h l w a r d t u. Anderes, s.: S a m m l u n g volksthümlicher Streitschriften.

— neue A u f s c h l ü s s e üb. die Hungerrevolte in Berlin. 8. (36 S.) Berlin 892. Spottvogel-Verlag. — 20

Schneidt, Karl, Briefe an den Kaiser. (1. u. 2. Taus.) (157 S. m. Bildnis.) 8. Berlin (909). Verlag der Tribüne. 2. —
Sonderabdruck aus: „Tribüne".

SCHNEIDT, Karl (in Strausberg in der Mark, Herausg. der „Tribüne" in Berlin, geb. 13. Mai 1854 zu Russhütte, Kr. Saarbrücken). D e r E h e - M o l t k e oder d i e K u n s t d e r h ä u s l i c h e n K r i e g s f ü h r u n g. Berlin 1892. 8⁰. 75 Pfg. M. Edelmann, 1907.)

— der Ehe-M o l t k e od. die Kunst der häusl. Kriegsführg. 8. (96 S.) Berlin 892. H. Conitzer's Verl. n. 1. —

Schneidt, Karl, s.a. F r a g e n d. öffentlichen Lebens.

Fragen des öffentlichen Lebens. Hrsg. v. Karl Schneidt u. Dr. jur. Richard W r e d e. H. 1. *Berlin: Kritik-Verl. 1896.* 8.

— freudvoll u. leidvoll, s.a. K ü r s c h n e r's Bücherschatz.

Schneidt, Karl: F r e u d v o l l und leidvoll. Roman von –. Mit Ill. v. W. Roegge. Berlin. Eisenach. Leipzig: H. Hillger [1898]. (128 S.) 8⁰
= Bücherschatz, Kürschners. No 106.

Schneidt, Karl, Jagd auf ehrbare Frauen. 1. Zehntaus. gr. 8. (16 S.) Berlin (902). (Die Welt am Montag.) — 10

— — D i e J a g d a u f e h r b a r e F r a u e n 1903. (40. Aufl.)
Kürschner's Litt-Kal. f. 1903, Sp. 1481.

KELLNERINNEN. — S c h n e i d t, Carl (geb. 13. Mai 1854 zu Rußhütte, Kr. Saarbrücken), K e l l n e r i n n e n - E l e n d in B e r l i n. 4. Aufl. 1890.
Kürschner's Deutscher Litt.-Kal.

— das K e l l n e r i n n e n - E l e n d in Berlin. gr. 8. (56 S.) Berlin 893. Moderner Verlag. n. 1. –

— D i e h ä u s l i c h e K r i e g f ü h r u n g. 1898. (6. Aufl.)

— Vingtras' junge Leiden, s.: V a l l e s, Jules.

GRAF. — M e p h i s t o (d. i. *Carl Schneidt*), E i n M ä d c h e n m o d e l l. Bilder aus dem modernen Kunstleben. Mit Portr. der B e r t h a R o t h e r. Zürich, o. J. 8⁰. (Mk. 4.—.) (2 Mk. Heinr. Hugendubel, München; 2 Mk. 50 Pfg. Max Jaeckel, Potsdam; 3 Mk. J. Taussig, Prag.)
— — Dasselbe. Ebd. 1890. 8⁰. 480 S.

—— Die eiserne M a s k e. Das enthüllte Geheimniß d. Sozialdemokratie. 8. (48 S.) Berl. 892, van Groningen u. Comp. • — 50

Schneidt, Karl, einfache Menschen: Unsichtbare Mächte. Der Altgeselle, s.a. K ü r s c h n e r's, Jos, Bücherschatz.

Einfache Menschen. Unsichtbare Mächte. Novelle. Der Altgeselle. Eine Geschichte aus unserm Dorfe. Von Karl **Schneidt.** Mit Ill. von W. Roegge. *Berlin, Eisenach, Leipzig: H. Hillger [1903].* (107 S.) 8° [F.]
= **Bücherschatz**, Kürschner's. No 353. [04. 978

Schneidt, Karl (Hrsg.), s. Michow - Bücher.

— der Plötzensee-Prozeß u. seine Bedeutung. (36 S.) 8. Berlin (906). (Neue Verlags-Gesellschaft.) — 30

Karl Schneidt. Der Plötzensee-Prozess und seine Bedeutung. Berlin: Neue Verl.-Gesellsch. in Komm. [1906]. (36 S.) 8° [Umschlagt.] [07. 978

— s.: Spottvogel, der.

— das Urtheil der Welt. Schausp. in 4 Aufzgn. gr. 8. (69 S.) Berlin 895. Leipzig, C. F. Tiefenbach. n. 2. —

Schneidt, Laura, Flora's Tagebuch. Gedichte. 2., verm. u. verb. Aufl. 12. (IV, 104 S.) München 896. Münchner Handelsdruckerei u. Verlagsanstalt M. Poeßl. n. 1. 80; geb. in Leinw. m. Goldschn. 3. —

Schneidt, Wilhelm, appr. Arzt aus München: Die **Augenheilkunde des Theophrastus Paracelsus von Hohenheim.** *München 1903: F. X. Seitz.* (21 S.) 8°
München, Med. Diss. v. 1903

Schneier, Christoph Wilhelm, Anna Perenna /// Oder // Engel= und Holländische // Heldenthaten /// Unter der // Großmächtigsten Britannischen // Königin // ANNA /// In // gebundener Rede beschrieben // Von // C. W. S. // Erster Theil /// Darinnen begriffen // Die Jahre 17o2. 17o3. und 17o4. // Salfeld / druckts Johann Ritter / F. S. Hofbuchdrucker. - 3 Blatt (nicht paginiert: Titelblatt und Vorrede. - 84 Seiten.
Unter den Buchstaben C. W. S. steht mit Tinte geschrieben:
M. Christoph Willhelm Schneier. Rect: Saalefeld:
B. S. T. 4°.12o.

Schneierson, Salomon [aus Polotzk (Russland)]: Untersuchungen über eine neue Methode der quantitativen Kreatininbestimmung .... Königsb., gedr. bei E. Erlatis (1886); 27 S. 8°.
Königsberg, Med. Fak., Inaug.-Diss. v. 30. Jul. 1886.

Schneierson, Salomon, Untersuchungen über eine neue Methode der quantitativen Kreatininbestimmung. Inaugural-Dissertation. gr. 8. (25 S.) Königsberg i. Pr. 886, (Koch's Antiquariat.) **

Schneiter, Karl

Schneiter, Carl [med. pract. von Feuerthalen, Kt. Zürich]: Aus dem pathologisch-anatomischen Institut in Zürich. Ueber einen noch nie beschriebenen Fall von grossen Emphysemblasen mit Stieldrehung. (Mit einer Tafel.) s. l. 1902. 42 S. 8°.
Zürich, Med. Diss. 1901/1902.

Schneiter, Carl. Über einen noch nie beschriebenen Fall von grossen Emphysemblasen mit Stieldrehung. Diss. Med. [Univ.] Zürich. *Kopftitel:* Aus dem pathologisch-anatomischen Institut Zürich. — [Mit 1 Tafel.] 42 S. 8. [Basel, Hans Speiser, 1902.]

Schneiter. Max. med. pract. von Feuerthalen, Kt. Zürich: Aus der medizinischen Klinik in Zürich. Direktor: Prof. Dr. Hermann Eichhorst. Über Leukaemie nach Beobachtungen auf der medizinischen Klinik in Zürich. Schaffhausen 1907. 64 + 2 S. 8°. [6. V. 07.]
Zürich Med. Diss. 1906/1907.

Schneiter, Max. Ueber Leukaemie, nach Beobachtungen auf der medizinischen Klinik in Zürich. [Diss. Med. Univ. Zürich.] *Kopftitel:* Aus der med' Kl' in Z'. Direktor: Prof. Dr. Hermann Eichhorst. 66 S. 8. Schaffhausen, Paul Schoch, 1907.

Schneiter, Richard. Eine Fussreise [durch] Appenzell-Toggenburg. Ernstes und Heiteres. Sonder-Abdruck aus der illustrierten Zeitschrift »Die Schweiz« [Jahrg. 9, Nr. 14—16]. [Mit Vignette.] 40 S. 8. Zürich, Ed. Raschers Erben, 1905. [fr. — . 80]

SCHNEITHER, J. A.: Diss., qua loca e Plinii jun. scriptis, quae ad jus civile pertinent, recens. et illustr. *Groningae,* van Boekeren. *Leipz.*, Barth. 827. 8maj. (12 Gr.)

Schneither, J. A., Disputatio de Euripide philosopho. 8maj. (7 B.) Groningae 828, van Boekeren. (Lipsiae, Barth.)
Vgl. Schneider. — Schneyder.

Schneitler, C. F., Bericht über die landwirthschaftlichen Maschinen und Geräthe, welche von dem königl. Ministerium für landwirthschaftliche Angelegenheiten in London angekauft sind. gr. 8. (35 S. mit eingedr. Holzschn.) Berlin 852, Wiegandt und Grieben. *

— und Th. **Wolff,** die Dampf-Maschine. Eine allgemein faßliche Darstellung der Einrichtung, Wirkung und des Gebrauchs der Dampfmaschine, sowie der allgemeinen Grundsätze, auf denen dieselbe beruht. Aus dem Engl. des Dr. Lardner frei bearb. Berlin 853. Behrend. 8. (IV, 144 S. mit Holzschn. im Text u. 1 Kpfrtaf.) n. 10 ngr.

Schneitler, C. (F.), die Dibbelkultur, s. a. Duncker's landwirthschaftliche Bibliothek.

Schneitler, C: Die Dibbelkultur oder Aussaat und Bearbeitung der landwirthschaftlichen Nutzpflanzen in unterbrochenen Reihen. Berlin 1860

—— die Drainröhren- und Ziegel-Pressen in genauen Zeichnungen dargestellt und beschrieben. Mit Zeichnungen. gr. 4. (16 S. mit 7 Stnt. in Fol.) Berlin 852. (Leipzig, Teubner.) *

Schneitler, C., die neueren Erfahrungen über Drillkultur nebst Darlegung der allgemeinen Einführbarkeit derselben. Berlin 865. Wiegandt & Hempel. gr. 8. (VIII, 80 S. mit 8 eingedr. Holzschn.) n. 15 ngr.

—— Erfahrungen über Drillkultur im J. 1866. (Die neuesten Erfahrungen über Drillkultur nebst Darlegung der allgemeinen Einführbarkeit derselben.) 3. Heft. gr. 8. (V und 125 S.) Berlin 867, Wiegandt und Hempel. * —

— die Instrumente u. Werkzeuge der höhern u. niedern Meßkunst, sowie der geometrischen Zeichenkunst, ihre Theorie, Construction, Gebrauch u. Prüfung. Zum Unterricht u. Selbststudium bearb. Mit 213 (eingedr.) Fig. in Holzschn. gr. 8. (XII u. 252 S.) Leipzig 848, Teubner. 1½ ℳ — 2. sehr verm. u. verb. Aufl. Mit 227 (eingedr.) Fig. in Holzschn. gr. 8. (VIII u. 372 S.) Ebd. 852. 2 ℳ

Schneitler, C. F., die Instrumente und Werkzeuge der höheren und niederen Meßkunst, sowie der geometr. Zeichnenkunst, ihre Theorie, Construction, Gebrauch und Prüfung. Zum Unterricht u. Selbststudium bearb. 3. verm. rc. Aufl. Mit 236 Fig. in Holzschn. (im Text.) Leipzig 858. Teubner. gr. 8. (VIII, 393 S.) 2 ℳ.

— die Instrumente u. Werkzeuge der höheren u. niederen Meßkunst, sowie der geometrischen Zeichnenkunst, ihre Theorie, Construction, Gebrauch u. Prüfung. Zum Unterricht u. Selbststudium bearb. 4. Aufl. Mit 236 Fig. in Holzschn. Leipzig 861. Teubner. gr. 8. (VIII, 393 S.) 1 ℳ 15 ngr.

— die neue Kartoffel-Schälmaschine in ihrer Anwendung zum Schälen der Kartoffeln u. Aepfel, sowie zum Putzen von Mohrrüben, Carotten u. Teltower Rüben nebst Darlegung der Construction des Gebrauches, der Vortheile u. Ersparnisse durch dieselbe. Mit 3 Holzschn. Berlin 862. Schotte & Co. (Stuttgart, Johannssen.) gr. 8. (31 S.) n. 5 ngr.

—— Lehrbuch der gesammten Meßkunst oder Darstellung der Theorie und Praxis des Feldmessens, Nivellirens und des Höhenmessens, der militair. Aufnahmen, des Markscheidens und der Aufnahme ganzer Länder, sowie der geometr. Zeichnenkunst. Zum Unterricht und Selbststudium bearb. gr. 8. (VIII und 374 S. mit 200 eingedr. Holzschn.) Leipzig 851, Teubner.

—— Lehrbuch der gesammten Meßkunst oder Darstellung der Theorie und Praxis des Feldmessens, Nivellirens und des Höhenmessens, der militair. Aufnahmen, des Markscheidens und der Aufnahme ganzer Länder, sowie der geometr. Zeichnenkunst. Zum Selbststudium und Unterricht bearb. 2., verb. Aufl. gr. 8. (X und 388 S. mit 179 in den Text eingedr. Fig. in Holzschn.) Leipzig 854, Teubner.

—— Lehrbuch der gesammten Meßkunst oder Darstellung der Theorie und Praxis des Feldmessens, Nivellirens und des Höhenmessens, der militairischen Aufnahmen, des Markscheidens rc. Zum Selbstudium und Unterricht bearb. 3., verb. Aufl. gr. 8. (XII und 475 S. mit 225 in den Text gedr. Fig. in Holzschn.) Leipzig 861, Teubner.

— und J. Andrée, die neueren und wichtigeren landwirthschaftlichen Maschinen und Geräthe, ihre Theorie, Construction, Wirkungsweise und Anwendung. Ein Handbuch der landwirthschaftl. Maschinen- und Geräthekunde zum Selbststudium und Unterricht Mit ca. 250 in den Text gedr. Holzschn. 1. Lieferg. Leipzig 857. Teubner. gr. 8. (S. 1—80.) 15 ngr.

— u. J. Andree, die neueren u. wichtigeren landwirthschaftlichen Maschinen u. Geräthe, ihre Theorie, Construction, Wirkungsweise u. Anwendung. Ein Handbuch der landwirthschaftlichen Maschinen- u. Geräthekunde zum Selbststudium u. Unterricht. Mit 350 in den Text gedr. Holzschn. 2—6. (letzte) Liefg. Ebend. 859—61. gr. 8. (XVI, S. 81—516 u. 1 Holzschntaf. in 4.) Jede Liefg. 15 ngr.

— — illustrirter Preis-Courant der Fabrik landwirthschaftlicher Maschinen und Geräthe. Berlin 856. (Besser's Verlhdlg.) gr. 4. (12 S. mit Holzschn. im Text.) 3 ngr.

—— Sammlung von Werkzeichnungen landwirthschaftlicher Maschinen und Geräthe. Nebst ausführl. Beschreibungen. 2. Heft. Die Maschinen und Apparate zur Flachsbereitung und E. Kämmerer's Universal-Säemaschine. Mit Zeichnungen. gr. 4. (16 S. mit 6 Stnt. in Fol.) Leipzig 853, Teubner. *

—— dass. — 3. Heft: Göpel- oder Rosswerke, Häckselschneide-Maschine und Schrotmühle. Mit Zeichnungen. gr. 4. (15 S. mit 6 Stnt. in Fol.) Ebds. 854. *
Das 1. Heft bildet des Verf.: Die Drainröhren- und Ziegel-Pressen. Vgl. oben. Die Fortsetzung s. Schneitler und Jul. Andrée.

—— und Jul. Andrée, Sammlung von Werkzeichnungen landwirthschaftlicher Maschinen und Geräthe nebst ausführl. Beschreibungen. 2. Serie. 1. Heft oder der ganzen Reihenfolge 4. Heft: Dreschmaschine, Häckselschneide-Maschine und Bedford-Eggen. Mit Zeichnungen. gr. 4. (12 S. mit 6 Stnt. in Fol.) Leipzig 855, Teubner. *

—— —— dass. — 2. Serie. 2. Heft oder der ganzen Reihenfolge 5. Heft: Thonschlemmerei zu Joachimsthal, Göpel von Pinet, Romaine's Dampfgrabe-Maschine. Mit Zeichnungen. gr. 4. (10 S. mit 6 Stnt. in Fol.) Ebds. 856. **

—— —— Sammlung von Werkzeichnungen landwirthschaftlicher Maschinen und Geräthe nebst ausführlichen Beschreibungen. 2. Serie. 3. und 4. Heft oder der ganzen Reihenfolge 6. und 7. Heft. A. u. d. T.: Die neueren Dampfkultur-Geräthe und Dampf-Pflüge Englands. Von C. F. Schneitler. Mit Zeichnungen. gr. 4. (28 S. mit 11 Stnt. in Fol.) Leipzig 857, Teubner. *

Schneitler, C. F., siehe: Separationsbüchlein.

Schneitler, C. F., die Tiefkultur, s. Duncker's landwirthschaftliche Bibliothek.

— s. Volksbote, der deutsche.

Schneitler, C. F. (Hrsg.), s. Zeitung, Landwirtschaftliche für Nord- und Mitteldeutschland

Schneitler, Carl, s. Schneitler, Karl

Schneitler, F. C. Vide: Mittheilungen des Centralvereins.

Schneitler, F. H.

—— s. Brée, P., Traité de correspondance commerciale.

Schneitler, F. H., englische Elementargrammatik für Kaufleute u. Einführung in die englische Handelskorrespondenz. gr. 8. (VII, 254 S.) Dresden 903. G. Kühtmann. n. 1.20; geb. in Leinw. n.n. 1.50

— französische Elementargrammatik für Kaufleute u. Einführg. in die französische Handelskorrespondenz. gr. 8. (VII, 163 S.) Ebd. 903. n. 1.20; geb. in Leinw. n.n. 1.50

— Elementargrammatik der französischen Sprache f. Kaufleute u. Einführung in die französische Handelskorrespondenz. Schlüssel zu den deutschen Uebungsbeispielen. (33 S.) gr. 8. Ebd. 903. n. 1.—

Schneitler, F. H., die Formenlehre des französischen Verbs, zum Gebrauche für Schulen bearb. Mit einem Anhang. gr. 8. (90 S.) Helmstedt 879, (Richter's Buchh.) *

Schneitler, F. H., Lehrgang der englischen Sprache f. Kaufleute u. Vorschule zur englischen Handelskorrespondenz [speciell zu Feller's New mercantile correspondence, 5th ed. 1886]. Für Handelsschulen, kaufmänn. Fortbildungsschulen u. ähnl. Schulen, sowie f. den Selbstunterricht bearb. gr. 8. (XIV, 429 S.) Leipzig 886. Baumgärtner. geb. 3.—

— Lehrgang der englischen Sprache f. Kaufleute u. Vorschule zur englischen Handelskorrespondenz. 2. verb. u. verm. Aufl. gr. 8. (VIII, 439 S.) Ebd. 902. n. 2.60; geb. in Leinw. n.n. 3.—

Schneitler, F. H., Lehrgang der französischen Sprache für Kaufleute und Vorschule zur französischen Handelscorrespondenz [speciell zur Correspondance commerciale par P. Brée. 9. Aufl. 1884.] gr. 8. (VIII, 181 S.) Leipzig 884, Baumgärtner's Buchh. geb.

Schneitler, F. H., Lehrgang der französischen Sprache für Kaufleute und Vorschule zur französischen Handelskorrespondenz. gr. 8. Leipzig 884. Dresden, Kühtmann. geb.

Schneitler, F. H., Lehrgang der französischen Sprache f. Kaufleute u. Vorschule zur französischen Handelskorrespondenz [speziell zur Correspondance commerciale par P. Brée. 9. Aufl.]. 2. Aufl. gr. 8. (VIII, 181 S.) Dresden 891. Kühtmann. n. 1. —

Schneitler, F. H., Lehrgang d. französischen Sprache f. Kaufleute u. Vorschule z. französ. Handelskorrespondenz. 3., verb. Aufl. gr. 8. (VIII, 313 S.) Dresden 895. G. Kühtmann. n. 2. 20; geb. in Leinw. n.n. 2. 60

— Lehrgang der französischen Sprache für Kaufleute u. Vorschule zur französischen Handelskorrespondenz. 4. verb. u. verm. Aufl. gr. 8. (VIII, 333 S.) Ebd. 902. n. 2.20; geb. in Leinw. n.n. 2. 60

— Lehrgang der französischen Sprache f. Kaufleute u. Vorschule zur französischen Handelskorrespondenz. 4., verb. Aufl. Schlüssel zu den deutschen Uebungsbeispielen. (47 S.) gr. 8. Ebd. 902. n. 2. —

Schneitler, F. H., Lehrgang der französ. Sprache f. Kaufleute u. Vorschule zur französ. Handelskorrespondenz. 5. verb. Aufl. (VIII, 333 S.) gr. 8. Dresden 908. G. Kühtmann. 2.20; geb. n 2. 60

— traité de correspondance commerciale, s.: Brée, P.

— englische Vorschule. Schlüssel zu den deutschen Uebungsbeispielen. 2. Aufl. (93 S.) gr. 8. Ebd. 902. n. 2. —

Schneitler, Karl

SCHNEITLER, Carl, Eine Schande der deutschen Presse, nachgewiesen in der Literatur der Volksschriften. Dem deutschen Volke, seinen Freunden u. Vertretern gewidmet. (Motto aus Platen's verhängnißvoller Gabel.) Stolberg, O. Kleinecke, 1846. — *A. E.:* Druck von Ferd. Reichard u. Co in Berlin. — Gr. 8°. 114 S. (In Hamburg: Bibl. der „Harmonie".)

Beschäftigt sich ausschließlich mit der Bücherfabrikation eines berüchtigten Plagiarius, Dr. philos. Geo. Carl Ludw. Schöpfer, der (laut A. G. Schmidt's Gallerie deutscher pseud. Schriftsteller, Grimma 1840, kl. 4°) unter nicht weniger als 31 verschiedenen Namen Bücher aus allen möglichen Fächern geschrieben hat, die bei Basse u. Ernst in Quedlinb., Fürst in Nordhausen etc. verlegt wurden. — Wichtig für die Geschichte des deutschen Buchhandels.

Schneitler, Carl, eine Schande der deutschen Presse, nachgewiesen in der Literatur der Volksschriften. gr. 8. (114 S.) Stolberg 847, Kleinecke. 1/4 ß

—— Walkenried, histor. u. topographisch geschildert. 8. (3¾ B.) Nordhausen 843. [Stolberg, Kleinecke's Vrlgsh.] 7½ Ngr. Hrbgef. Pr.

— Walkenried, historisch u. topographisch geschildert. 8. Nordhausen 843, Schmidt. 1/4 ß

Schneitz, Dom., Hausbuch, s. Chroniques, les, d'Alsace.

Schnek, J., Kautschukwaaren, s.: Ausstellungs-Bericht, officieller.

Schneken, s. Schnecken.

Schnekker, Johann Daniel (Goslar) [Auctor]
Dissertatio inauguralis medico-botanica ideam generalem ordinis plantarum verticillatarum sistens.
Giessae [17.] März 1777: Joh. Jac. Braun. 32 S. 4°
pro gradu doctoris summisque in medicina honoribus et privilegiis rite consequendis.

Schnell, s. auch Snell.

Schnell Italienisch. Kleiner Sprachführer der gebräuchlichsten Redensarten des prakt. Lebens. Schnellste Erlerng. der italien. Conversation. (31 S.) 22,5×12,5 cm. Triest (907). M. Quidde. — 60

Schnell Italienisch. Kleiner Sprachführer der gebräuchlichsten Redensarten d. praktischen Lebens. Schnellste Erlernung der italienischen Konversation. Gr.-8°. (31 S.) K —.60
Triest: Schimpff 1907.

Schnell polnisch. Leichteste Anleitung, die polnische Umgangssprache in einigen Wochen zu erlernen. 12. (144 S.) Brünn. Fr. Karafiat. 1 fl. 1885

Schnell Slovenisch. Praktischer sloven. Sprachführer f. Touristen, Sommerfrischler u. Handlungsreisende, m. genauer Angabe der Aussprache. (36 S.) schmal 8. Triest (905). F. H. Schimpff. n. — 60

Schnell, s.: Taschenkalender f. die Rheinschiffahrt.

Schnell, M. Gerhard Omekens Unterricht v. der Visitation 1557, veröffentlicht u. besprochen. gr. 8. (31 S.) Güstrow 900. (Opitz & Co.) n. — 75
Sonderabdruck a.: „Ztschr. d. Gesellsch f. niedersächs. Kirchengesch."

Schnell: Das Zeichnen an Mittelschulen. 8 S. 8° – Oberhollabrunn, Progr. 1866

Schnell, Abr. (Resp.): De morbis... oriundis, s. Buechner, Andr. El. (Praes.)

Schnell, Alb., s.: Avadânas, die.

Schnell, Ans., Compendium juris canonici in V libros digestum. 8. Augsb. Wolf. 743.

— — theologiae scholasticae. 8 Pts. 8. ibid. 740.

Schnell, Anselmus, Cursus theologiae polemicae abbreviatus. Augustae Vind. 1744, 8°.

— Opuscula omnia theolog. etc. fol. Augsb. Doll. 744.

Schnell, Anton [aus Coblenz]: Ueber Nitromethylsalicylaldehyd und einige daraus darstellbare Verbindungen .... Berlin (ohne Angabe des Druckers) (1885); 48+1 S. 8°.
Berlin, Phil. Fak., Inaug.-Diss. v. 28. Okt. 1885.

Schnell, Anton, über Nitromethylsalicylaldehyd und einige daraus darstellbare Verbindungen. Diss. Berlin 1885, Mayer & Müller. 8°. 48 S.

Schnell, Auguste: Magyrisches Sprach- und Lesebuch für höhere Volks- und Bürgerschulen, s.a. Zay, Adele

Schnell, A., Magyarisches Sprach- und Lesebuch für Gewerbelehrlings- und Ackerbauschulen. 1. Teil. Gr.-8°. (27 S.)
Hermannstadt: Krafft 1906. K —.40

Schmell, A., Magyarisches Sprach- und Lesebuch für Gewerbelehrlings- und Ackerbauschulen. II. Teil. Gr.-8°. (VI, 121 S.)
Hermannstadt: Krafft 1906. geb. K 1.40

Schnell, Auguste, ungarisches Sprach- u. Lesebuch, s.a. Zay, Adele.

Schnell, Auguste, magyarisches Sprach- u. Lesebuch für Gewerbelehrlings- u. Ackerbauschulen. 2 Tle. 8. Nagyszeben (Hermannstadt) 906. W. Krafft. n.n. 1.52
I. (Vorstufe.) (27 u. 6 S.) n. — 34
II. (VIII, 121 u. 40 S.) Geb. u. geh. n.n. 1.18

Schnell, Bernh., Liederbuch. 100 1- u. mehrstimm. Volkslieder. Für den Schulunterricht geordnet u. hrsg. 12. (72 S.) Neustrelitz 894. (G. Barnewitz' Sort.) n. — 80

Schnell, C. F., s. S c h n e l l , Karl Ferdinand

Schnell, C. M., englische Sprachlehre, } s.: Bowon, K.
— a view of London, }

Schnell, Carl, s. S c h n e l l , Karl

Schnell, Christian (Pyritz) A. S. 1346/23

Griphus rabbinico-philologicus de Schem Hammephorasch Oder: Das aufgelösste Rabbinische Rätzel vom Schemhammphorasch. Präs. Johann Pasch. Rec. Wittenberg (Bossoegel) 1740. 30 S.

Diss. 30. V. 1685. 31071

Schnell, E., die geschichtlichen Beziehungen des fürstlichen Hauses Hohenzollern zu den Niederlanden. Sigmaringen. 4. 20 p. 1867.
Schul-/Univ.-Schrifts

Schnell, Eduard (geb. am 7 Juni 1861 in Koblenz): Aus d. chirurg. Klinik zu Bonn. — Ueber Erfolge von Exstirpationen tuberculöser Lymphome ... Bonn, Hauptmann'sche Buchdr. 1885. 31 S. 8.
Bonn, Med. Fak., Diss. v. 9 Mai 1885

Schnell, Er., die Stoffe u. Substanzen d. Lustfeuerwerkerei rc., s. W e b s k y ' s , M., Lustfeuerwerkerei.

Schnell, Eug., Pater Abraham a St. Clara, s.: S t u d i e n , katholische.

— neue B e i t r ä g e zur Geschichte und Literatur des heil. Fidelis von Sigmaringen. Festgabe zur 150jähr. Beatification. 8. (VII, 82 S.) Sigmaringen 879, Tappen. *

Schnell, Eug., die geschichtlichen Beziehungen des fürstlichen Hauses Hohenzollern zu den Niederlanden. Festschrift. Sigmaringen 867. Liehner'sche Buchh. gr. 4. (20 S.) 15 ngr.

Schnell, Eug., Sanct Nicolaus, der heil. Bischof u. Kinderfreund, sein Fest u. seine Gaben. Eine kirchen- u. kulturgeschichtl. Abhandlg. u. Beitrag zur Klärg. der christl. u. heidn. Mythologie, zugleich als Lesebuch f. die reifere Jugend u. als Festgeschenk zu Sanct Nicolaus u. Weihnachten. 1—5. Hft. gr. 8. Brünn. (Ravensburg, Dorn.) n. 6.25
1. Das deutsche Reich u. die Schweiz. (82 S.) 883. n. 1. —
2. Oesterreich-Ungarn. (79 S.) 884. n. 1. —
3. Oesterreich-Ungarn. 2. Abth.: Salzburg, Tirol u. Vorarlberg. (109 S.) 884. n.n. 1.25
4. Oesterreich-Ungarn. 2. Abth.: Salzburg, Tirol u. Vorarlberg. Fortsetzung u. Schluß. (143 S.) 885. n.n. 1.50
5. Belgien, Holland m. Luxemburg, England m. Irland, Frankreich, Italien, Spanien u. Portugal. Mit 3 Bildern, v. Holland u. Italien. (151 S.) 885. n.n. 1.50

— Dr. Marcus R o y. Festgabe zur 300jähr. Jubelfeier des heil. Fidelis von Sigmaringen im Jahre 1877. gr. 8. (VIII, 48 S.) Freiburg i. Br. 877, Herder'sche Verlagsh. *

Schnell, Eugen, s. Z e i t s c h r i f t, histor.-statist., für Hohenzollern.

Schnell, F., s. S c h n e l l , Karl Ferdinand

Schnell, Ferdinand, s. S c h n e l l , Karl Ferdinand

Schnell, Ferdinand Max [cand. med. aus Köln a. Rhein] Ueber die Wirbelsäule des Menschen, des Gorilla und des Cercopithecus. Eine vergleichende osteologische Studie. ... Köln, Druck, Greven & Bechtold (1890); 54 S. + 1 Bl. u. 2 Taf. 8°
München, Med. Fak., Inaug.-Diss. v. 1890

Schnell, Fr., das Museum für Kunst und Wissenschaft in Hannover. Nach authent. Quellen. Fol. (69 S. mit 4 Stnt., wovon 1 in Ton- und 2 in Farbendr., mit chromolithogr. Titel und chromolithogr. Widmungsblatt.) Hannover 858, Klindworth. geb. *

Schnell, Fr., die das bürgerliche u. Strafproceßverfahren beziehenden Gesetze von 1850 u. 1859 für das Königreich Hannover. Zusammengestellt u. mit Sachregistern bezw. Inhaltsübersichten versehen. 2 Thle. Hannover 859. Lohse. 12. Jeder Theil n. 20 ngr.
1. Theil: Die das bürgerliche Proceßverfahren beziehenden Gesetze. (IV, 367 S.)
2. Theil: Die das Strafproceßverfahren beziehenden Gesetze. (V, 251 S.)

Schnell, Friedrich: Die Entstehung der Realschule zu Plettenberg. Plettenberg 1909: Maercker. S. 3—8. 4°
Plettenberg, R i. E. P 1909 (522) [S 09. 412

Schnell, Friedrich: Das neue R e a l s c h u l g e b ä u d e und seine Entstehung, s. K ö h l e r , Rudolf

Schnell, Friedrich: Welchen Umschwung hat die Reformbewegung im neusprachlichen Unterricht herbeigeführt? Eine zusammenfassende Orientierung. *Remscheid 1902: H. Krumm.* (S. 102—110.) 8°
Remscheid, RG m. R (Reform-S), Festschr. 1902 (541)

Weber, Imm. [Präs.] u. Friedr. Anton Schnell (Giessen) [Resp.]
Specimen Annotationum ad illustr. Pufendorfii de officiis libros.
Gissae Nov. 1702: Henning Müller. 22 S. 4°
publicae ventilationi

Schnell, Fritz, Tafel deutscher L a u t z e i c h e n. Ein phonet. Hilfsmittel f. den Unterricht in der Aussprache, im Lesen u. Rechtschreiben. 73,5×123 cm. Mit Text. (2 S.) gr. 8. Marburg (908). N. G. Elwert's Verl. 2.50; auf Leinw. m. Stäben n 5.—; Begleitwort. (15 S.) 8. —30

— U b u n g s s t o f f f. den Unterricht in der Andersschreibung. Als Anh.: Wie lehre ich das Rechtschreiben auf phonet. Grundlage? (31 S.) 8. Ebd. 910. —50

SCHNELL, Georg (Passau): Ursache der Entstehung der Aortenaneurysmen.- Passau: Passavia 1899. 17 S.
21.7.1899 - Chr 1899/1900,11; Jv 1899/1900,208
Diss. Ingolst.-Landsh.-Mchn.

Schnell, Geo. Gottl., die Nationen Siebenbürgens, s. S c h n e l l , Mart.

Schnell, H., Handbuch der Ballspiele. 3 Tle. 8. Leipzig, R. Voigtländer. Kart. in Papphülse n. 4.40
1. Die Schlagballspiele. Mit 37 Abbildgn. (VII, 103 S.) 899. n 1.40
2. Das Fußballspiel. Mit 41 Abb. (VIII, 100 S.) 900. n. 1.40
3. Die Rückschlagspiele. (VIII, 120 S. m. 43 Abb.) 901. n. 1.60

Schnell, H., das deutsche Schlagballspiel ohne Einschenker. 32. (27 S.) Leipzig 894. R. Voigtländer. — 25; bei 50 Expl. à n. — 15

Schnell, H.: Turnen. Leipzig 1896. S. 451—491. Aus: 48. Pädagog. Jahresbericht. 1896.

Schnell, H., die Uebungen des Laufens, Springens u. Werfens im Schulturnen. Nebst Bemerkgn. üb. d. Hantelstemmen, Tauziehen u. Glitschen. M. 52 Abb. 8. (VIII, 113 S.) Leipzig 898. R. Voigtländer. n. 1. 60

Die volkstümlichen Übungen des deutschen Turnens. Eine Anleitung z. Erlernung volkstüml. Wettübungen. Von Dr. H. Schnell, Oberl., Altona. Mit 12 Abb. *Leipzig: R. Voigtländer 1897.* (87 S.) 8° [F.] (ev. 1138) 10

-- s.: Zeitschrift f. Turnen u. Jugendspiel.

Schnell, Hans „Elementare Ableitung der Pendelformel $t = \pi \cdot \sqrt{l:g}$". Vereinfachte Berechnung der Zahl π und kleine Beiträge zur Schulmathematik. pg. 3–48. 8°. Mit Textfiguren. Martin Neumeyer. Landsberg, Progr. 1910/11

Schnell, Hans [aus Hannover]: Zur Kenntniss der Campher-säure ... Heidelberg, Univ.-Buchdr. v. J. Hörning, 1894; 42 S., 1 Bl. 8.
Heidelberg, Naturw.-math. Fak., Inaug.-Diss. v. [7. Nov.] 1893

Schnell, Hans, zur Kenntnis der Camphersäure. Diss. gr. 8. (42 S.) Heidelberg 894. (J. Hörning.) n. 1.—

Schnell, [Heinrich]: Die schultechnische Bedeutung der preussischen Mädchenschulreform. — Leipzig: Dörffling & Francke 1910. 75 S. 8°

Schnell, Heinr., das Bekenntnis des Herzogt. Mecklenburg. Kaiser Karl V. 1549 überreicht, nebst demjenigen des Landes Braunschweig-Lüneburg. Ein Beitrag zur Geschichte des Augsburger Interims. gr. 8. (41 S.) Berlin 899. W. Süsserott. n. 1.25

— die Einführung der Reformation in Mecklenburg. Eine Festgabe zum 350jähr. Jubiläum der mecklenburg. Landeskirche. 20 V. 1549—1899. 8. (73 S. m. Abbildgn., 1 Bildnis u. 1 Taf.) Güstrow 899. Opitz & Co. n. —50

— dasselbe, s.a. Schriften f. das deutsche Volk. 34.

Schnell, Heinrich: 20. Juni 1549–1899. Die Einführung der Reformation in Mecklenburg. Eine Festgabe z. 350j. Jubiläum d. mecklenburg. Landeskirche. [Von] H[einrich] Schnell, Oberl. zu Güstrow. Halle a. S.: Ver. f. Reformationsgesch. 1899. (67 S.) 8°
= Schriften f. d. deutsche Volk. 34.

Schnell, H., Geschichte des Schulwesens der Stadt Waren, s.a. Mitteilungen der Gesellschaft f. deutsche Erziehungs- u. Schulgeschichte. 9. Beiheft.

H[einrich] **Schnell**: Geschichte des Schulwesens der Stadt Waren. Berlin: A. Hofmann & Ko. 1905. (S. 33–91.) 8°
= Beiträge z. Geschichte d. Erziehung u. d. Unterr. in Mecklenburg. [1, 2.]
= **Mitteilungen** d. Gesellschaft f. deutsche Erziehungs- u. Schulgeschichte. Beihefte. 9. (ed. 5617)

— Heinrich V., der Friedfertige, Herzog v. Mecklenburg, s.a. Schriften des Vereins f. Reformationsgeschichte. 72.

Schnell, Heinrich: Heinrich V., der Friedfertige, Herzog von Mecklenburg. 1503–1552. Von –. Halle: Verein f. Reformationsgesch. 1902. (72 S.) 8°
= Schriften d. Vereins f. Reformationsgeschichte. No 72.

Schnell, Heinrich, aus Malchow: Die mecklenburgischen Kirchenordnungen. Ein Beitrag zur Geschichte d. Entstehung d. mecklenb. Landeskirche. *Güstrow 1899: C. Michaal.* (128 S.) 8° ¶ (Aus: Jahrbücher d. Vereins f. mecklenb. Geschichte u. Alterthumskunde, Jg 63 u. 64.)
Erlangen, Phil. Diss. v. 19. Juli 1899

Schnell, H., Mecklenburg zur Zeit des 30jährigen Krieges, s.a. Geschichte, mecklenburgische, in Einzeldarstellungen. 10. Heft.

Mecklenburg zur Zeit des Dreißigjährigen Krieges 1603–1658. Von Dr. H[einrich] **Schnell**-Güstrow. Berlin: W. Süsserott 1907. (185 S.) 8° [F.]
= **Geschichte**, Mecklenburgische, in Einzeldarstellungen. H. 10. (ev. 7166 8

— Mecklenburg im Zeitalter der Reformation 1503—1603, s.a. Geschichte, mecklenburgische. 5.

Mecklenburg im Zeitalter der Reformation. 1503–1603. Von Dr. Heinrich Schnell. Berlin: Süsserott 1900. (324 S.) 8°
= Geschichte, Mecklenburgische, in Einzel-Darstell. H. 5.

Schnell, Heinrich [aus Mommenheim i. Rheinhessen]: Ueber Scharen unter einander perspektiver Tetraeder ... Viernheim, Druck v. E. Baum, 1891; 2 Bl., 25 S., 1 Bl. 8.
Giessen, Phil. Fak., Inaug.-Diss. v. 1891

Schnell, Heinrich, Dr.: Die Umgestaltung der Unterrichtsräume für Physik im Ludwig-Georgs-Gymnasium zu Darmstadt. Darmstadt 1906: G. Otto. (S. 3—15.) 4°
Darmstadt, großh. Ludwig-Georgs-G OP 1906 (790)

Schnell, Heinr., der mathematische Unterricht an den höh. Schulen u. die Ausbildung der Lehramtskandidaten im Grossherzogt. Hessen, s.a. Abhandlungen üb. den mathematischen Unterricht in Deutschland. II, 5.

Der mathematische Unterricht an den höheren Schulen nach Organisation, Lehrstoff u. Lehrverfahren u. d. Ausbildung d. Lehramtskandidaten im Grossherz. Hessen von Prof. Dr. Heinrich **Schnell**, Oberl. Leipzig & Berlin: Teubner 1910. IX, 51 S. 4°(8°)
(Abhandlungen über d. math. Unterricht in Deutschland. Bd 2, H. 5)

Das Unterrichtswesen der Grossherzogtümer Mecklenburg-Schwerin u. Strelitz, s.a. Monumenta Germaniae paedagogica. 38. 44. u. 45. Bd.

Schnell, H[einr.], Das Unterrichtswesen der Grossherzogtümer Mecklenburg-Schwerin und Strelitz. Hrsg. Bd 1–3. Berlin 1907–1909. 8°.
1 Urkunden u. Akten z. Gesch. d. mecklenburg. Unterrichtswesens, Mittelalter u. d. Zeitalter d. Reformation. 1907.
2 Das 17. u. 18. Jahrh. 1908.
3 Überblick üb. d. gesch. Entwickl. d. Unterrichtswes. 1909.
(Monumenta Germaniae Paedagogica, hrsg. von Karl *Kehrbach*. Bd 38. 44. 45.)

Schnell, *Heinrich*: Vorschläge zu einem Lehrplan für den Religionsunterricht an ev. luth. höhern Schulen. Güstrow, Druck d. Ratsbuchdr. v. C. Michaal & A. Schuster, *1897*; 1–34 S. 4.
Güstrow, Dom-S, OP 1897 (677)

Schnell, H, Vorschläge zu e. Lehrplan f. den Religionsunterricht an ev. luth. höh. Schulen. Progr. 4. (34 S.) Güstrow (897). (Opitz & Co) n. 1. 50

Schnell, Hermann

Schnell, H., über den Abfassungsort der Miracles de Nostre Dame par personnages, } s. Ausgaben- und Abhandlungen aus dem Gebiete der romanischen Philologie.

—— Untersuchungen über die Verfasser der Miracles de Nostre Dame par personnages, s.a. Ausgaben- und Abhandlungen aus dem Gebiete der romanischen Philologie.

Schnell, H. Untersuchungen über die Verfasser der Miracles de Nostre Dame par personnages. Diss. Marburg 1884. 73 S.

Schnell, Herm., Weltanschauung u. Ethik des Monismus als Wissenschaft, s. a. Flugschriften des deutschen Monistenbundes. Heft 26.

Weltanschauung und Ethik des Monismus als Wissenschaft. Vortrag geh. von Hermann **Schnell**. München: Deutscher Monistenbund 1910. 32 S. 8°
(Flugschriften d. Deutschen Monistenbundes. H. 26.) III, 13776 II

Schnell, J., Betrachtungen über die Urzeit des Menschen. St. Pölten, 1870, 8°, 18 S., Progr. des Realgymn.

Schnell, J., die älteste Gerichtsordnung von Basel, s. Gerichtsordnung.

Schnell, J., das israelitische Recht in seinen Grundzügen dargestellt. Basel 853. Bahnmaier. gr. 8. (2 Bl., 52 S.) 7½ ngr.

Schnell, J. (Prof. in Basel), u. **M. v. Stürler** (Staatsschreiber in Bern), Uebersicht der älteren Rechtsquellen des Cantons Bern mit Ausschluss des Jura; zugleich als Einleitung in die Sammlung dieser Rechtsquellen. XLVI u. 127 Stn. 8. Basel, Bahnmaier's Verlag. (C. Detloff.) 1871.

Schnell, J., u. C. F. Schönbein, die Universität von Basel was sie fordert u. was sie leistet. Ein Wort, im Einverständniß mit mehrern Collegen ausgesprochen. gr. 8. (35 S.) Basel 851, Bahnmaier. n. 4 ngr

—— die Universität von Basel, was ihr gebricht und was sie sein soll. In Verbindung mit seinen Collegen und Freunden F. Miescher, J. Riggenbach, W. Wackernagel dargelegt. gr. 8. (25 S.) Basel 854, Bahnmaier's Buchh. *

Schnell, J. G., de paschate veterum ἀναστασίμῳ. I—II. Lips. 1717. 4.

Schnell, J. Geo., die Colonie Hallbergmoos, k. Landgerichts Freysing, in Oberbayern. Geschildert von ihrem bisherigen Seelsorger. Mit einem (lith.) Situationsplan der Colonie. gr. 8. (48 S.) Reichenhall 851. (München, Finsterlin.) ¼ ℛ︎

Schnell, (J. J.,) üb. die Nothwendigkeit der Gründ. polytechn. Vereine u. Schulen im Allgemeinen, u. über die dringend-nothwend. Erricht. eines solchen Vereins u. Schule zu Nürnberg u. f. den Rezatkreis insbes. gr. 8. Nürnberg 822, Campe.

— üb. d. Werth u. d. Bedürfniß eines directen Verkehrs d. südl. Deutschlands mit d. südl. Amerika u. d. einzigen sichern Weg seiner Ausführ., als drittes u. letztes großes Rettungs- u. Heilmittel f. Deutschlands Handel u. Industrie. gr. 8. Nürnb. 823. Bauer u. R. 4 gr.

Schnell, Jo. Ro., de vita et rebus gestis Servii Tullii. Basil. 790. 4.

Schnell, J[ohann]. Meine Erlebnisse unter dem Berner-Freischaaren-Regiment. Als Beitrag zu einer Schilderung desselben. Der gegenwärtigen Regierung von Bern zur Beherzigung vorgelegt. 8. Burgdorf, im Christmonat 1850.

Schnell, Johann Georg (Lindau) A. S. 1330/35

Dissertatio philosophica de imaginationis in mentem corpusque imperio. Präs. Ludwig Christ. Crell. Leipzig (Schede) IV. 1716. 62 S.

Gew.: Stadt Lindau. 31073

Schnell, Joh.Rudolf: Observationes juridicae. 10 S.– Basel, Jur.Diss.v. 5.Juni 1795.

[Schnell, Johannes.] Albrecht von Haller. Darstellung seines Lebens nach den Briefen seiner Freunde und nach seinen eigenen Aufzeichnungen. [Mit Porträt-Tafel.] 8. Basel 1878.
Ausg. A. ([Hrg. vom] Verein zur Verbreitung christlicher Schriften. [Nr.] 726.)
Ausg. B. ([Hrg. vom Verein zur Verbreitung] christlicher Schriften.)

[Schnell, Johannes.] Aus dem Leben eines Basler Baumeisters [Christoph Riggenbach, 1810–1863]. 8. Basel 1883.

Schnell, Jos.: Betrachtungen über die Urzeit des Menschen. 18 S. 8° – Baden, RG., Progr. 1870.

Schnell, Josef: Zur Kenntnis der Bitterstoffe des Hopfens. 1904. 51 S. 8°
¶ Vgl. Zeitschrift f. d. gesamte Brauwesen. Jg. 27. München, Dr.-Ing.-Diss. v. 21. 12. 1903

Schnell Jos.: Das Zeichnen als allgemeines Bildungsmittel u. seine Bedeutung für Gymnasien. 14. Baden 85.
Progr.

[Schnell, Frl. Julie.] Ein Wort der Liebe an nachdenkende Christen. 15 S. 8. Bern, Hans Körber, 1903. [fr. —.20]

Schnell, Karl, s.a. Schnell, Karl Friedrich

[Schnell, Carl.] Hüte dich, o Volk! vor den Wölfen im Schafpelz. Auch ein Wort zur Warnung. 8. *o. O.* [1831].

Schnell, Carl [aus Bingen am Rhein]: Über Polymyositis Würzburg, J. M. Richter's Buchdr., 1892; 46 S. 8.
Würzburg, Med. Fak., Inaug.-Diss. v. 1892

Schnell, Karl Ferdinand

Schnell, (C.) Ferd., die Beschränkung des Schulunterrichts auf die Vormittagszeit nebst anderen damit in Verbindung stehenden Wünschen und Forderungen zum Heile der Jugend. Ein Wort an Eltern und Schulmänner, sowie an Schul- und Gemeindebehörden. gr. 8. (VII und 117 S.) Berlin 864, Nicolai'sche Verlagsh.

Schnell, (C.) Ferd., die Bürgerschule. Leitende Grundsätze bei der Einrichtung von Bürgerschulen. Nebst praktisch erprobten Lehrplänen für dieselben. Berlin 865. Nicolai'sche Verlagsh. gr. 8. (VII, 222 S.) n. 25 ngr.

—— die Einrichtung einklassiger Schulen in Bezug auf Ziel, Abstufung und Plan des Unterrichts behufs gleichzeit. und zweckmäß. Beschäftigung aller Schülerabtheilungen. Eine von der Redaktion des Schulblattes für die Provinz Brandenburg gekrönte Preisschrift. 8. (VIII und 37 S.) Berlin 849. [Leipzig, Herm. Schultze.] *

Schnell, Carl Ferd., die organische Erziehungspflege. Aus dem Gesichtspunkte der Gesundheit, zugleich mit Beziehung auf Selbsterziehung dargestellt. gr. 8. (VIII und 210 S.) Leipzig 855(56,) G. Mayer. *

Schnell, Carl, deutsche Fibel für Stadt- und Landschulen. Zum ersten Lehrunterricht. 2., verm. Ausg. 8. (51 S.) Pest 864, Lauffer's Verlag. *

—— deutsche und ungarische Fibel für Stadt- und Landschulen. Zum ersten Lehrunterricht. 2., verm. Aufl. 8. (74 S.) Pest 864, Lauffer's Verlag. *

Schnell, C. Ferd., zur Frage der Concentration des Volksschulunterrichts. Die Gliederung und Wechselbeziehung der Lehr- und Uebungsgegenstände. An einem vereinfachten Lectionsplane erläutert. 8. (39 S.) Langensalza 858, Schulbuchh. von Greßler.

— zur Frage der Concentration des Volksschulunterrichts. Die Gliederung u. Wechselbeziehung der Lehr- u. Uebungsgegenstände. An einem vereinfachten Lectionsplane erläutert. Langensalza 859. Greßler. 8. (39 S.) 4 ngr

Schnell, (C.) Ferd., Gleichnisse und religiös-sittliche Lebensbilder. 2 Thle. 8. Leipzig 863, O. Wigand. [1. Thl. (VIII und 141 S.) * 10 Ngr., 2. Thl. (VII und 254 S.) * 16 Ngr.] *

—— Grundriß der Concentration und Centralisation des Unterrichts. Zugleich ein organisch-vereinfachter Lehrgang des erziehenden Unterrichts in Volksschulen. gr. 8. (VIII und 159 S.) Langensalza 860, Schulbuchh. von Greßler.

—— aus dem Leben eines preußischen Schulmannes der Pestalozzi'schen Schule. gr. 8. (VII und 180 S.) Leipzig 863, O. Wigand.

Schnell, F.: Der Lernakt. Worin besteht er, und wodurch wird er gehemmt und gefördert? Langensalza 1867. 48 S. Schul-/Univ.-Schrift

—— der Lernakt. Worin besteht er, und wodurch wird er gehemmt und gefördert? gr. 8 (48 S.) Langensalza 867, Verlags-Comptoir.

—— centralisirtes Lesebuch. 1. Cursus: Bilder mit dazu passenden Geschichten, Bibelsprüchen, Gedichten rc. als Grundlagen zu den vereinigten Anschauungs-, Gedächtniß-, Sprech- rc. Uebungen. 8. (VI und 122 S. mit eingedr. Holzschn.) Langensalza 860, Schulbuchh. von Greßler.

— die Methodik u. Organisation des Elementar- u. Volksschul-Unterrichts. Ein Leitfaden zur erziehenden Behandlung des Unterrichts u. zur organ. Verbindung der Lehr- u. Uebungsgegenstände in einem einfachen, praktisch erprobten Unterrichts-Systeme. Für die Leiter u. Lehrer der betreffenden Schulen. gr. 8. (XIV u. 187 S.) Berlin 852, David. n. 18 ngl

— die Methodik und Organisation des Elementar- und Volksschul-Unterrichts. Ein Leitfaden zur erziehenden Behandlung des Unterrichts und zur organ. Verbindung der Lehr- und Uebungsgegenstände in einem einfachen prakt. erprobten Unterrichts-Systeme. Für die Leiter und Lehrer der betr. Schulen. 2. (Titel-)Aufl. Berlin (852.) 858. Remak. 8. (XIV, 187 S.) 15 ngr

Schnell, Ferd., Natur und Kultur. Ein Wort über ihr Verhältniß zu einander, besonders in erziehl. Beziehung, nebst einigen pädagog. Kulturgesetzen. gr. 8. (IV, 74 S.) Langensalza 869, Beyer und Söhne.

Schnell, (C.) Ferd., Natur u. Kultur. Ein Wort über ihr Verhältniß zu einander, besonders in erziehl. Beziehung, nebst einigen pädagog. Kulturgesetzen. Langensalza 869. Verl.-Comptoir. gr. 8. (IV, 74 S.) 7½ ngr

—— zur Pädagogik der That. Praktische Punkte der Erziehung und Bildung, nebst einem Anh., Schulgesetze betr. gr. 8. (VII und 256 S.) Berlin 864, Nicolai'sche Verlagsh.

—— die sociale Privathülfe. Eine neu bearb., gekrönte Preisschrift. A. u. d. T.: Materialien zur Abwehr und Vorbeugung der Noth des kleinen Handwerkers und Arbeiterstandes für Gemeinden, Magistrate, Stadtverordnete, Innungen rc. wie überhaupt für Menschen- und Vaterlandsfreunde. gr. 8. (XII und 172 S.) Berlin 860, R. Kühn. Thlr. *

— die Schuldisciplin. Als wissenschaftlich geordnete Kunde in ein einfaches System zusammengefaßt, u. aus sittlichen Gesichtspunkten für die unmittelbare Schulamts-Praxis kurz u. übersichtlich dargestellt. gr. 8. (XII u. 123 S.) Berlin 850, Wiegandt & Grieben. n. ½

—— die Schuldisciplin. Eine Schrift zur Einführung in die Schulerziehung. 2., verm. Aufl. gr. 8. (XIV und 146 S.) Berlin 854, Wiegandt und Grieben. *

Schnell, Ferd., das Seelenleben des Menschen. Unter dem Gesichtspunkte seiner organ. Entwickelung, Verjüngung und Gesundheit nach dem „Neuen System der Psychologie" des Prof. Schultz-Schultzenstein im Grundrisse bearb. gr. 8. (XII und 162 S.) Leipzig 861, Fr. Fleischer.

—— der organische Unterricht. 1. Bdchn. gr. 8. (XIII und 175 S.) Berlin 856, G. Reimer. –

—— die Verbindung des Unterrichts in den Realien mit den übrigen Lehrgegenständen. Ein Beitrag zur innern Reorganisation des Volksschulwesens. Gekrönte Preisschrift. gr. 8. (42 S.) Berlin 849, [Wiegandt und Grieben.] *

—— die Verjüngung des Leibes und der Seele. Nach dem Systeme des Prof. Schultz-Schultzenstein bearb. br. 8. (VI und 118 S.) Berlin (861)62, Remak.

—— die preußische Volksschule und die Verhältnisse ihrer Lehrer. Eine Denkschrift. gr. 8. (IV und 56 S.) Langensalza 862, Verlags-Comptoir.

—— die preußische Volksschule und die Verhältnisse ihrer Lehrer. Ein Blick zunächst auf die Entwicklung der Volksschule und die Gehaltsstellung ihrer Lehrer, nebst Bemerkungen in Betreff einer, seitens der Lehrer der Provinz Brandenburg beabsichtigten Petition. 2., neu bearb. Aufl. gr. 8. (52 S.) Langensalza 867, Verlags-Comptoir.

— Vorschläge zur Verbesserung der Arbeiterverhältnisse namentlich auf dem Lande. Gekrönte Preisschrift. Mit Vorbemerkungen von Koppe. gr. 8⁰. Berlin, Wiegandt u. Grieben, 1849.

—— wie sind muthwillige Schulversäumnisse zu verhüten, unvermeidliche aber möglichst unschädlich zu machen. Ein zeitgemäßes Wort an Lehrer und Schulvorstände, denen das Gedeihen der Schule und Jugend am Herzen liegt. gr. 8. (VI und 34 S.) Berlin 850, [Wiegandt und Grieben.] *

Schnell, Karl Ferd., die Centralisation des allgemeinen Schul-Unterrichts. Ein vereinfachtes Lehr- u. Uebungs-System für Elementar- u. Gemeindeschulen. gr. 8. (46 S.) Berlin 850, David. n. ⅓

Schnell, Ludwig [aus Laasphe]: Beiträge zur Kenntniss des p-Nitro- und p-Amido-Chinolin's ... Freiburg i. B., Universitätsbuchdr. v. Ch. Lehmann, 1894; 52 S., 1 Bl. 8.
Freiburg i. B., Phil. Fak., Inaug.-Diss. v. 1894

Schnell, Ludw., der letzte Mensch. Ein Gedicht. 16. (132 S.) Halle 854(55,) Schmidt. *

Schnell, Ludw., die Vertreibung der Zillerthaler. Ein Beitrag zur Chronik der Pfaffenränke des 19. Jahrh. gr. 12. (66 S.) Hamburg 850, Hoffmann & Campe. ¼

Schnell, Ldw. Imm., christl. Trost- u. Besserungsbuch in besond. Fällen. 8. Weimar 804.

Schnell, Ludwig Carl [aus Frankfurt a. M.]: Ueber Alkaloidsalze aromatischer Sulfosäuren ... Heidelberg, Univ.-Buchdr. v. J. Hörning, 1896; 30 S., 1 Bl. 8.
Heidelberg, Naturw.-math. Fak., Inaug.-Diss. v. [8. Mai] 1896

Schnell, Ludw. Carl, über Alkaloidsalze aromat. Sulfosäuren. Diss. gr. 8. (30 S.) Heidelberg 896. (J. Hörning.) n. — 80

Schnell, Martin

—— u. Geo. Gottl. Schnell, die Nationen Siebenbürgens nach ihrem Herkommen u. Charakter u. in (4) treuen Abbild. nach ihrer Nationaltracht. 1. Hft. 4. (13¾ B.) Kronstadt 842, Németh. *

Schnell, Mart., die Sachsen in Siebenbürgen nach ihrem Herkommen u. Charakter kurz beschrieben. 4. (25 B.) Kronstadt 844, Németh. *

Schnell, Otto, Salzburg-Führer. Geschichte u. Beschreibung der alten Kaiserpfalz Salzburg a. der fränk. Saale. 3. wesentlich verm. Aufl. Mit 28 Abbildgn. u. 1 Burg-Plänchen. 8. (IV, 108 S.) Würzburg 900. Stahel's Verl. n. 1. —

Schnell, Otto Helmuth, Die Wirkung konkursrechtlicher Grundsätze auf das Rechtsinstitut der Einziehung. Borna-Leipzig 1905. 8°.
Leipzig Jur. Diss. v. 1905

Schnell, Paul, das marokkanische Atlasgebirge, s. a. Petermann's, A., Mitteilungen aus Justus Perthes' geographischer Anstalt.

Schnell, Paul [ord. Lehrer am Realprogymn. zu Mühlhausen i. Th.]: Das marokkanische Atlasgebirge. Tl 1 ... [Erschien vollst. 1892 als 103. Erg.-Heft zu Petermanns Geogr. Mitteil.] Gotha, Druck d. Engelhard-Reyherschen Hofbuchdr., 1891; 2 Bl., 38 S., 1 Bl., 1 Kte; 4.
Göttingen, Phil. Fak., Inaug.-Diss. v. [18. Febr.] 1892

Schnell, Peter: Analyse der Ferdinands- und Franzens-Quelle in Zaizon. Kronstadt: 1843

s.: Greissing, Joseph von

JB 2.831

Schnell, R., s. Schnell, Wilhelm Richard

Schnell, S. B., s. Schnell, Samuel Ludwig

Schnell, S. V., s. Schnell, Samuel Ludwig

Schnell, Samuel Ludwig

— Abhandl. üb. verschied. wichtige Theile d. Civilrechts. 8. Bern 809.

Schnell, Sam. Ldw., Bemerkk. üb. d. Ursprung d. Bernischen Civilrechts. 8. Bern 809.

— Neue Aufl. beider unt. d. Tit.: Handbuch d. Bernischen Civilrechts in e. ausführl. Erörter. d. wichtigsten Gegenstände desselben etc., mit Hinsicht auf die Gesetze des Kantons Bern. gr. 8. Bern 811. Walthard. (Schmidt in Leipz.) 2 ₰ 10 gr.

Schnell, S. L. Denkschrift der bernischen Lobberechtigten über die von den Herren von Mestral und Mithaften bei der Tagsatzung eingereichten Beschwerden. Bern 1816?

— Gesetzbuch, s. Civil-Gesetzbuch f. Bern.

Schnell, S. L., s. Gesetzbuch über das gerichtl. Verfahren in Civil-Rechtssachen.

Schnell, S. V., Handbuch des Civilprozesses mit Hinsicht auf Bern. gr. 8. Bern, Walthard. (Palm in Erlangen.) 810.

— Handbuch d. Bernischen Civilprocesses. 8. Bern 810. Walthard. (Leipz., Schmidt). 2 ₰ (Diese 3 Schriften haben auch d. T.: Theoret.-prakt. Commentar üb. das positive Civilrecht d. Cantons Bern).

Schnell, S. B., Handbuch d. Civilrechts etc. mit besond. Hinsicht auf d. posit. Gesetze des Kantons Bern. 8. Bern, Walthard. (Palm, Sauerländer in Comm.) 811.

— vollständ. Notariatsbuch. 8. Bern 813.

— kleine Schriften. 16 Heft. 12. Basel 794. Haas. 9 gr.

— das Civilrecht in einer ausführl. Erörterung der wichtigsten Gegenstände desselben. 8. Ebend. (Ebend.) 811.

Schnell, Wilhelm Richard

Schnell. Rich., moderne Flächen-Ornamente, s.: Spetzler, A.

Schnell, W. Rich., Leitfaden für den Unterricht im Freihandzeichnen (an Volks- u. Fortbildungsschulen etc.). 1.—3. Stufe. 2. (veränd.) Aufl. 8. (Mit Fig.) Nürnberg 901. C. Koch. n.n. 2.50
1. (84 S.) n.n. 1.30. — 2. (37 S.) n. —60. — 3. (35 S.) n. —60.

— das Linearzeichnen, zum Lehrgebrauche u. zum Selbstunterricht bearb. 8. (38 S. m. 12 Taf.) Ebd. 902. n. 1.—

Schnell, Wilh. Rich., Ornamentstudien. Vorlagen f. den Unterricht im Freihandzeichnen. 5 Hfte. gr. Fol. (à 12 lith. Bl.) Bayreuth 887. Heuschmann. In Mappe. à n. 4. —

— das Projektionszeichnen, zum Lehrgebrauche u. zum Selbstunterricht bearb. 3 Tle. 8. (17, 13 u. 14 S. m. Fig. u. je 8 Bl. Vorlagen.) Ebd. 902. à n. — 40

— Zeichenblätter. 24 Wandtafel-Vorlagen für den Unterricht im Freihandzeichnen. 1.— 3. Stufe. gr. Fol. (à 24 Bl.) Ebd. (901). à n. 4.50

Schnell, R., Zeichenblätter für Freihandzeichnen. 1. Stufe. qu. gr. 4. (24 Bl.) Nürnberg 898. C. Koch. n.n. — 50; Leitfaden dazu. schmal 8. (V, 85 S. m. Fig.) n.n. 1. 30

— dasselbe, f. Freihandzeichnen. 2. u. 3. Stufe. qu. gr. 4. (24 u. 20 Bl.) Ebd. 900. à n. — 50; Leitfaden dazu. schmal 8. (37 S. u. V, 35 S. m. Fig.) n. 1.10; (2 — 60; 3 — 50)

Schnell, R., Zeichenblätter f. Freihandzeichnen. IV. Stufe. (20 Bl.) 26×33 cm. Nürnberg (904). C. Koch. Kart. — 60

Schnell-Koch, Carl, die Herstellung der Kautschuk-Stempel, Signier- u. Leimmasse-Stempel, sowie der schwarzen u. bunten Stempelfarben. Vollständige, zeitgemäße Darstellg. der Fabrikation sowie der hiezu nöt. Geräte, Apparate u. Maschinen. (VII, 124 S. m. 76 Abbild.) 8. Wien 910. A. Hartleben. 2.—; geb. 2.80

Schnellart u. Rothenstein, ein romant. Gemälde aus d. Reiche der Geister- u. Fabelwelt; nach e. Sage bearb. v. August (Aug. Scharfenberg). 12. Würzb. 809. Stahl. 16 gr.

Schnellbach, Pet., Gedichte. 8. (VIII, 164 S.) Mannheim 903. (T. Löffler.) n. 2.50

Schnellbach, Pet., Lieder e. Schiffknechts auf dem Rhein. Zusammengestellt u. hrsg. (24 S.) kl. 8. Mannheim 903. Dr. H. Haas'sche Buchdr. n. —25

Schnellbach, Pet., Robinson. Ein Gedicht. (66 S.) kl. 8. Karlsruhe (908). F. Gutsch. —50

— Städte der Heimat. Gedichte. (VI, 67 S.) 8. Karlsruhe 904. F. Gutsch. n.n. 1.50

Schnellbächer, Karl [aus Eberstadt]: Über den syntactischen Gebrauch des Conjunctivs in den Chansons de geste: Huon de Bordeaux, Amis et Amiles, Jourdains de Blaivies, Aliscans, Aiol et Mirabel und Garin le Loherain. . . . Darmstadt, G. Otto's Hof-Buchdr., 1891; IV S., 1 Bl., 59 S., 1 Bl. 8°
Giessen, Phil. Fak., Inaug.-Diss. v. 1891

Schnelldampfer, die transatlantischen, d. Gefahren d. Seereise u. die Rettungsmittel der Seeschiffe. Nebst e. ausführl. Antwort auf die Frage: Warum versteht man bei uns im Binnenlande so wenig v. Seewesen? Von e. Gereisten (J. Schmitz). 8. (640 S.) Leipzig 896. F. W. Grunow. n. 6.—

Schnelldampfer-Verkehr des Norddeutschen Lloyd Bremen–New York. Bremen (um 1909): Schünemann. 88 S. 8° A 11.1817

Schnelle, A., üb. angeborenen Defect v. radius u. ulna. Inaugural-Dissertation. gr. 8. (23 S.) Göttingen 875. (Vandenhoeck & Ruprecht.) n. — 60

Schnelle, C., s. Schnelle, Karl

Schnelle, Carolus, s. Schnelle, Karl

Schnelle, Eugen(ius) Carol(us) Ernest(us): De strictura oesophagi. Halis Saxonum (1852): Gebauer-Schwetschke. 22 S. 8°
Halle-Wittenberg, Med. Diss. v. 13. Okt. 1852
Geb. Freyburg a. d. Unstrut 28. 12. 1828. V.

Schnelle, F. O: Die neuesten Fortschritte auf dem Gebiete der magnetischen Aufbereitung. Vortrag. Berlin 1902

Schnelle, Frdr. O., die neuesten Fortschritte auf dem Gebiete der magnetischen Aufbereitung. Vortrag, geh. in der Sitzung des Vereins zur Beförderung des Gewerbfleisses am 6. X. 1902. (15 S. m. Abbildgn.) gr. 4. Freiberg 903. Craz & Gerlach. n. 1.—
Sonderabdruck aus: „Verhandlgn. d. Ver. z. Beförderg. d. Gewerbfleisses".

Schnelle, Georg, approb. Arzt aus Berlin: Zur Röntgen-Behandlung der Sycosis non parasitaria. *Leipzig 1904: B. Georgi.* (26 S.) 8°
Leipzig, Med. Diss. v. (12. Mai) 1904

Schnelle, Johann (Schwerin) A. S. 578/64

Disputatio inauguralis iuridica de iudice ad examen testium in perpetuam rei memoriam, appellatione interposita, competente.
Präs. Matthias Beno Hering.
Rostock (Adler) 23. IX. 1749. 38 S.

W. v.: Präs. 31083

Schnelle, K., Aufgabensammlung zum Übersetzen ins Griechische, s.: Wendt, G.

Schnelle, K., Kritisches zum Panegyricus des Plinius. Pr. 1879. 5 S. 4°.

— Kritisches zu C. Plini et Traiani epistel. Gel. 1882. 6 S.

Schnelle, K., Ueber die Schlachten am Ticinus und an der Trebia. Pr. 1865. 16 S. 4°. Hamm —.90

Schnelle, Karl

Schnelle, Car. (geb. Bielefeld 15. 9. 1830): De maxillae superioris carcinomate ejusque curatione operativa. Berolini (1854). (27 S.) 8°
Berlin, Med. Diss. v. 28. Apr. 1854

Schnelle, Carolus (geb. 1831 in Freiburg Thür.): Exercitationes criticae in Dionysii Halicarnassensis Antiquitates Romanas . . . Bonnae, form. C. Georgii (1854). 1 Bl., 36 S., 1 Bl. 8.
Bonn, Phil. Fak., Diss. v. 5 Aug. 1854

Schnelle, Karl, a. Grünstadt (Rheinpfalz): Zur Kenntnis aromatischer Aldehyde und Ketone. Freiburg i. B.: Speyer & Kaerner 1906. (57 S.) 8°
Freiburg i. B., Phil. Fak., Ref. Gattermann, Diss. v. 1907
[Geb. 26. Sept. 81 Grünstadt (Rheinpfalz); Wohnort: Freiburg i. B.; Staatsangeh.: Bayern; Vorbildung: Gymn. Speyer Reife Juli 00; Studium: T.H. München 3, Berlin 1, München 3, Univ. Freiburg i. B. 3 S.; Rig. 2. März 06.]

Schnelle, Max [aus Rostock]: Die Frostschäden und ihre Behandlung . . . Berlin, Buchdr. v. G. Schade, *1892;* 29 S., 1 Bl. 8.
Berlin, Med. Fak., Inaug.-Diss. v. 30. Jan. 1892

Schnelle, S., kurzer Bericht über d. mecklenburg. Landtag des Jahres 1843—1845. 1—3. Jahrg. gr. 8. Parchim, Hinstorff'sche Hofbuchh. [1843. (27⅞ B.) 844., 1844. (25⅝ B.) 45. à * 1 Thlr. 1845. (31½ B.) 46. * 1 Thlr. 5 Ngr.] *

Schnelle, S., Ritter- u. Landschaft Mecklenburgs seit ihrer Restauration im Jahre 1850 u. ihr Recht zur Vertretung des ganzen Landes. Berlin 861. J. Springer. gr. 8. (V, 97 S.) n. 17½ ngr.

Schnelle, Walther *Samuel Nestor Karl Herrmann August Moltke* [aus Rostock]: Die Chirurgie des Johannes Mesuë junior. Schluss d. 4. Buches. Zum 1. Male veröffentl. . . . [B. 1—3 hrsg. v. Jul. Leop. Pagel erschien 1893 bei A. Hirschwald in Berlin; B. 4 Th. 1 hrsg. v. Fred. Alex. Sternberg in s. Berliner Diss. v. 1893; B. 5 hrsg. v. Hans Brockelmann in s. Berliner Diss. v. 1895.] Berlin, Buchdr. v. G. Schade, *1895;* 34 S., 1 Bl. 8.
Berlin, Med. Fak., Inaug.-Diss. v. 1. Febr. 1895

Schnelle, Wilhelm [aus Göttingen]: Ueber die Polarisation von Saccharinarten, Glyconsäure, Galactonsäure, Rhamnonsäure etc. und der Rhamnose. . . . Göttingen, Buch- u. Steindr. v. L. Hofer, 1891; 69 S., 1 Taf. 8°
Göttingen, Phil. Fak., Inaug.-Diss. v. [17. Jul.] 1891

Schnelle, Wilh., üb. die Polarisation v. Saccharinarten, Glyconsäure, Galactonsäure, Rhamnonsäure etc. u. der Rhamnose. Diss. gr. 8. (69 S. m. 1 Taf.) Göttingen 891. (Vandenhoeck & Ruprecht.) n. 1.60

Schnellen, Eberh., Dornenkronen, s. a. Dilettanten-Theater.

Dornenkronen. Schauspiel aus d. Zeit d. Eroberung Roms 1870 in 4 Aufz. u. 1 lebenden Bilde. Von Eberhard **Schnellen.** Paderborn: F. Schöningh [1907]. (41 S.) 8° [F.]
= **Dilettanten-Theater.** H. 79. [07. 14273

Schnellen, Wilhelm [aus Klosterwald (Hohenzollern)]: Zur Casuistik der Perityphlitis. . . . Berlin, Buchdr. v. Gustav Schade (Otto Francke) (1880); 31 + 1 S. 8°
Berlin, Med. Fak., Inaug.-Diss. v. 1. Aug. 1880

Die Jungfräulichen Mütter in der Geschichte. [Verf.: Edward Schnellenbach.] *Berlin: G. Chasté 1894.* (14 S.) 8° [F.]
— [Schnellenbach]: Von Weihnacht bis Ostern. 1. [04. 13676

Die Älteste Tragödie. (Verf.: Edward Schnellenbach.) *Berlin: Selbstverl. 1894.* (15 S.) 8° [F.]
— (Schnellenbach): Von Weihnacht bis Ostern. 2. [04. 13677

Von Weihnacht bis Ostern. (Verf.: Edward Schnellenbach.) 1. 2. [Mehr nicht erschienen.] *Berlin: G. Chasté (2: Selbstverl.) 1894.* 2 Bde 8° [F.]
1 — Die Jungfräulichen Mütter in d. Geschichte.
2 — Die älteste Tragödie. [04. 13675

Schnellenbach, Heinrich [aus Wallstedt]: Ueber die Urachuscysten. . . . Bonn, Druck v. J. F. Carthaus, 1888; 32 S. + 1 Bl. 8°
Bonn, Med. Fak., Inaug.-Diss. v. 16. Aug. 1888

Schnellenberg, Tarquinius: Experimentbüchlein von XX.Pestilentzwurtzeln. 39 Bl.(Bl.174 - 212) Abb.

Straßburg: Städel 1700
in: Ryff, Walther Hermann: Kurtzes Hand-Büchlein, und Experiment, vieler Artzneyen... 1700

JB 1.335

Schnellenblatt
Ⓢ In den 30er Jahren des 19. Jahrhunderts häufig gebrauchter Name für den von den Gebrüdern Schnell in Burgdorf redigierten »Berner Volksfreund« (So—Be).

Schneller, üb. Lesen u. Schreiben. Vortrag, geh. in der naturforsch. Gesellschaft in Danzig. 8. (44 S. m. eingedr. Holzschn. u. 2 Taf.) Danzig 884. Saunier. n 1. —

Schneller. Sehproben zur Bestimmung der Refraktion, Sehschärfe u. Akkommodation. qu. 16. (II, 24 S.) Danzig 892, Kafemann. In Leinw. cart. * 2 —

Schneller, Adelh., der Brüsseler Friede v. 1516, s.a. Studien, historische. 83. Heft.

Der Brüssler Friede von 1516. Von Dr. Adelheid Schneller. Berlin: Ebering 1910. 91 S. 8°
(Historische Studien. H. 83.) [10. 5025 2

Schneller, Albert [approb. Arzt aus München]: Ueber die Verbreitung des Wechselfiebers in Bayern und dessen Abnahme in den letzten Jahrzehnten. Mit 2 Karten . . . . (Aus d. Münch. Med. Wochenschr.) München, Jos. Ant. Finsterlin, 1887; 1 Bl. + 28 S. 8°
München, Med. Fak., Inaug. Diss. v. 1887

Schneller, Carl Gustav Leopold,
s. Schneller, Karl Gustav Leopold

Schneller, Chrn., Am Alpsee. Dichtung. Innsbruck 860. Wagner. 16. (65 S.) n. 15 ngr.

Schneller, Christian: Beiträge zur Ortsnamenkunde Tirols. Von —. Hrsg. vom Zweigver. d. Leo-Gesellsch. f. Tirol und Vorarlberg. H. 1–3. Innsbruck: Vereinsbuchh. 1893–96. 3 Bde 8°
1. 1893. 2. 1894. 3. 1896.

Schneller, Chrn., Aus den Bergen. Gedichte. Nürnberg 857. Bauer u. Raspe. 16. (120 S.) 15 ngr.

Schneller, Chrn., Blüthen u. Garben. Dichtgn. 8. (IV, 168 S.) Leipzig 897. Berlin, G. H. Meyer. n. 3. —; geb. n. 4. —

Schneller, Christian: Deutsche und Romanen in Südtirol und Venetien. Petermanns geogr. Mitteilungen 1877, 365 ff.
Ein Auszug aus Schnellers Abhandlung erschien als Broschüre, bearbeitet von Cölestin Stampfer. Meran (1878). 47 S.

— d. Einsiedler v. Fleims. 12. (108 S.) Innsbruck 893. Vereins-Buchh. n. 1. 60; geb. in Leinw. m. Goldschn. n. 2. 60

Schneller, Ch.: Über die sogenannten rhäto-etruskischen Inschriften. Lesungs- und Lösungsversuche. Innsbruck 1867. 34 S. Mit 1 Steintafel in 4°
Schul-/Univ.-Schrift

Schneller, Chrn., über die sogenannten rhäto-etruskischen Inschriften. Lesungs- u. Lösungsversuche. Innsbruck 867. Wagner'sche Univ.-Buchh. gr. 8. (34 S. mit 1 Steintaf. in qu. 4.) n. 2 ngr.

Schneller, Chrn., der Knappe von Schwaz. Trauerspiel in 5 Aufzügen. 16. (III, 125 S.) Innsbruck 880, Wagner'sche Universitäts-Buchh. *

Schneller, Chrn., Landeskunde v. Tirol. Mit 2 (chromolith.) Karten (in qu. gr. 4.) 8. (106 S.) Innsbruck 872. Wagner. n. 1. 50

SCHNELLER, Christian
(F) Südtirolische Landschaften. Nons- und Sulzberg. Civezzano und Pinè. Pergine. Valsugana. Von Christian Schneller. Innsbruck. 1899. Wagner. 8°. VII. 342 S. mit 1 Tafel. fl. 2.—

Schneller, Chrn., südtirolische Landschaften. 2. Reihe. Das Lagerthal — La valle Lagarina. 8. (VII, 448 S. m. Titelbild.) Innsbruck 900. Wagner. n. 4.50

Schneller: Ueber die volksmundartliche Literatur der Romanen in Südtirol. 20 S.–Innsbruck, Progr. 1869

—— Märchen und Sagen aus Wälschtirol. Ein Beitrag zur deutschen Sagenkunde. gr. 8. (VII und 258 S.) Innsbruck 867, Wagner'sche Universitäts-Buchh.

Schneller, Christian, Innsbrucker Namenbuch. (XI, 256 S.) 8. Innsbruck 905. Wagner. n. 4. —

Schneller, Chrn., tirolische Namensforschungen. Orts- u. Personen-Namen d. Lagerthales in Südtirol. Mit e. Anh. u. e. Kartenskizze. gr. 8. (XIV, 373 S.) Innsbruck 890. Wagner. n. 8. —

Schneller, Christian, Sanct Valentin. Dichtung. 12. (58 S.) Innsbruck: Wagner 1890. —.40

SCHNELLER, Christian
(F) Scherz und Laune. Neue Gedichte von Christian Schneller. Innsbruck. 1901. Wagner. 8°. VII, 220 S. K 3.—

Schneller, Chrn., Skizzen und Culturbilder aus Tirol. 8. (349 S.) Innsbruck 877, Wagner'sche Universitäts-Buchh. * geb. *

TRIENT. — Schneller, Chr., Statuten einer Geisslerbruderschaft in Trient aus dem 14. Jahrhundert. Mit geschichtlichen und sprachlichen Erläuterungen. (S.-A.) 1881. 8°. 54 S. (1 Mk. Friedr. Klüber, c. 1902.)

Schneller, Christian, Statuten einer Geissler-Bruderschaft in Trient aus dem 14. Jahrhundert. Mit geschichtl. u. sprachl. Erläut. (Sep.-Abdr. aus d. „Zeitschr. d. Ferdinandeum für Tirol u. Vorarlberg". 3. Folge. 25. Heft.) gr. 8. (52 S.) geh 40 kr.
Innsbruck: Wagner'sche Uni.-B., 1881.

— Tridentin. Urbare aus d. 13. Jahrh., s. a. Quellen u. Forschungen zur Geschichte, Litteratur u. Sprache Österreichs u. s. Kronländer, Bd. 4.

Tridentinische Urbare aus dem dreizehnten Jahrhundert. M. e. Urkunde aus Judicarien v. 1244—1247. Von Christian Schneller. *Innsbruck: Wagner 1898.* (3 Bl., 283 S.) 1 Bd 8.
= Quellen u. Forschgn z. Geschichte, Litt. u. Sprache Österreichs u. s. Kronländer. [Bd] IV. (97. 48,6

— die romanischen Volksmundarten in Südtirol. Nach ihrem Zusammenhange mit den romanischen u. germanischen Sprachen etymologisch u. grammatikalisch dargestellt. 1. Bd. Gera 870. Amthor. gr. 8. (X, 291 S.) n. 2 ℛ

—— die Volksschule in Tirol vor 100 Jahren. Vortrag gehalten in der 4. Generalversammlung der tirol. Volksschulvereine zu Innsbruck am 25. Mai 1874. gr. 8. (52 S.) Innsbruck 874, Wagner'sche Universitäts-Buchh. *

— aus alter u. neuer Zeit. Geschichten u. Erzählgn. 8. (IV, 348 S.) Ebd. 902. n. 4.20
Innsbruck: Wagner 1902.

Schneller, David Andreas. Historische Anleitung zur Bildung tapferer und kriegskundiger Officiere in der Erzählung der im vorigen Jahrhundert vorgefallenen merkwürdigen Vertheidigungen von Grave 1674 und von Mainz 1689, auf hohen Befehl in teutscher Sprache ans Licht gestellt. Mit Kupfern. 8. 1774.

Schneller, Dav. Andr., († d. 5. Nov. 1790.) histor Anleit. z. Bildung tapferer u. kriegskundiger Officiere, in d. Erzählung d. Vertheidigungen v. Grave u. Mainz. Mit Kpf. 8. Braunschweig 774. Schulbuchh. 12 gr.

— s. Belidor, vermischte Werke.

— Ode auf d. Marschall v. Sachsen. 4. Straßb. 750.

Schneller, Ed. [von Rheinau (Kt. Zürich)]: Veränderungen im Nervensystem nach Amputationen und Nervendurchschneidungen. Zürich 1898. 26 S. 8°.
Zürich. Med. Diss. 1898/99.

Schneller, F., Weltgeschichte. 1r–3r Thl. m. K. gr. 8. Grätz, Ferstl. 808–10. (1r und 2r à 1 Rthlr. 8 gr. 3r 2 Rthlr.)

Schneller, F. J., Weltgeschichte z. gründl. Erkenntniß d. Schicksale u. Kräfte des Menschengeschlechts. 4r und letzter Theil, mit K. gr. 8. Grätz, Ferstl. 812.

Schneller, Fr, Lehrbuch der Algebra und politischen Arithmetik für höhere Handelsschulen und Handelsakademien. Gr.-8°. (220 S.) Wien: Fromme 1904. geb. K 3.—

Schneller, Friedrich

—— Röschen und Rosa oder Großvaters Segen. Novelle. 2. Aufl. 8. (64 S.) Ebendas. 882. * cart. *

Schneller, Fr., Röschen und Rosa oder des Großvaters Segen. Novelle. 3. Aufl. kl. 8. (647 S.) [Frankfurt a. M. 885, Schriften-Niederlage des Evangel. Vereins.] Leipzig, Wilh. Weber. [60 Pf.] * 30 Pf.; cart. [70 Pf.] *

Schneller, Friedr., des Pfarrers Töchterlein. Novelle. 8. (84 S.) Leipzig 882, Drescher. * 80 Pf.; cart. *

—— des Pfarrers Töchterlein. Novelle. 2. Aufl. (84 S.) Ebendas. 885. [80 Pf.] * 40 Pf.; cart. [90 Pf.] *

Schneller, Georg., De Liberii Rom. Pontificis communioni s. Athanasii renuntiantis oeconomia. Diss. historico-theologica. Straubing 1779, 62 S.

Schneller, Geo., († 1803.) concilia ab anno 1716 ad 1770 in Bojaria ac confinibus quibusdam locis. 4. Ingolst. 793.

— miscellanea theologica anecdota ex codice MS. bibl. Oberaltacensis eruta. 4. Ingolst. 793.

— Concilii Ratisbonensis saeculo 13 celebrati statuta. 4. Straubing. 785.

Schneller, Hans [Kammergerichtsref.]: Die staatsrechtliche Stellung von Bosnien und der Herzegowina ... Leipzig, Kommv. v. H. G. Wallmann, 1892; 220 S., 3 Bl. 8.
Berlin, Jur. Fak., Inaug.-Diss. v. 11. [handschr.] Aug. 1892

Schneller, Hans, die staatsrechtliche Stellung von Bosnien u. der Herzegowina. gr. 8. (214 S.) Leipzig 892. (H. G. Wallmann.) n. 3. —

SCHNELLER, Heinrich
(F) Die Incorporation von Kirchenämtern mit besonderer Berücksichtigung von Österreich von Dr. Heinrich Schneller. Wien. 1900. Manz. Gr.-8°. X, 107 S. K 1.80

Schneller, J. Die erste Leichenverbrennung in einer eigens hierzu gebauten Anstalt. Mitt. d. Wiener med. Doktor-Collegs. 1876. II. 132—135.

Schneller, Ignaz s. Akademie-Album

Schneller, Joh. Daniel (Straßburg) Chirurgien-Maior in holl. Dienst ["Auctor"]
Dissertatio inauguralis medica de ardore ventriculi.
Giessae 8. Sept. 1786: Joh. Jac. Braun. 16 S. 4°
pro gradu doctoris medicinae et chirurgiae ... rite obtinendis.

Schneller, Jos., Arzneimittellehre in ihrer Anwendung auf die Krankheiten des kindlichen Alters. Wien 857. Sallmayer u. Co. gr. 8. (VII, 176 S.) n. 1 ℛ.

Schneller, Josef Dr. Arzneimittellehre in ihrer Anwendung auf die Krankheiten des kindlichen Alters von — —. Wien, J. B. Wallishaussers Dr. 1857. (VII. 176 S. 8.)

(Schneller, Joseph.) Die Bischöfe von Basel. Ein chronologischer Nekrolog. 8. Zug 1830.

Schneller, J., siehe: Entwurf einer Apotheker-Ordnung für Oesterreich.

[Schneller, Joseph.] Die Zweihundertjährige Feier der Einweihung der Stifts- und Pfarrkirche in Lucern. Eine historische Festgabe für alle Pfarrangehörigen. 1844. [Mit 1 Tafel.] 8. Lucern.

Schneller, J[oseph]. Das Keltengrab zu Ober-Ebersol. [Mit 1 Tafel.] 8. Einsiedeln 1849.

Schneller, Jos., Liturgia sacra, s. Jos. Marzohl.

SCHNELLER Josef. Predigt von dem Beweggrunde und den Vorzügen des neuen Armeninstitutes . . . Von –. Schmidt, Wien 1783. 1 vol. 30 S.

— Predigt v. d. dringenden Nothwendigkeit u. der geringen Fruchtbarkeit d. Predigten in unsern Zeiten. 8. Augsb., A. Doll. 2 gr

Schneller, Jos., († d. 2. April 1802.) Predigten auf alle Sonntage d. Jahres. 2 Bde. gr. 8. Augsb. 787. Doll, (Landsh., Krüll). 1 ℛ 8 gr

— Predigten auf alle Sonntage d. Jahres. 4 Thle. gr. 8. Wien 787, 88. (Heubner). 5 ℛ 5r Thl., od. Predigten f. die heil. Fastenzeit. gr. 8. Ebd. 788. 1 ℛ 6r Thl. od. Predigten auf die Feste d. Jahres. gr. 8. Ebd. 788. 1 ℛ

Schneller, Joseph s. Russ, Melchior.... Eidgenössische Chronik. - Bern 1834.

— s. M. Russen, Eidgenöss. Chronik.

Schneller, Joseph. Lucern's St. Lukas-Bruderschaft und deren vorzüglichere Mitglieder. Ein Beitrag zur hierseitigen Kunstgeschichte. [Mit 2 Tafeln.] 4. Lucern, im Mai 1861.

— Trauerrede auf Maria Theresia. Fol. Wien 781. (Heubner). 12 gr

— geistl. Uebungen. 2 Bde. gr. 8. Wien 803. Ant. Doll. 2 ℛ 8 gr

Schneller, Jos. Ant., († d. 5. Mai 1811.) Auszug aus den größern Unterricht- u. Christenlehrbüchern. 8. Dillingen 775. Verfasser.

— Einleit. zu der christl. Catechese. 8. Ebd. 774.

— Entwurf d. niedern Schulwesens in Dillingen ꝛc. 8. Ebd. 780.

Schneller, Jos. Ant., katechet. Gebet- u. Gesangbuch. Dilling. 779. Verfasser.

— auserles. geistl. Gesänge f. die Schuljugend. Ebd.

— die Geschichte d. wahren Religion, von ihrem Ursprunge an, bis auf unsere Zeiten. 8. Ebd.

— Idea theologiae positivae in commod. audit. edita. II Tmi. 8. Augsb. 789. Doll. 1 ℛ 8 gr

— institut. theologiae positivae. 8. Augsb. 796. Veith. 10 gr

— Naturgeschichte u. Naturlehre für die Schuljugend. Ebd. 7e verb. Aufl. v. F. Richarz. 8. Cöln 827. Matthieux. 3 gr

— die Normalschule wie sie ist. 1r Thl. 8. Dilling. 787. Verf. 2r Thl. ist nicht erschienen.

— Rechnungsbüchlein z. Gebrauch d. Normalschule. 8. Ebd.

— Schild d. Glaubens, od. die wahre reine Lehre. 8. Ebd. 791. (Haslinger in Linz). 12 gr

Schneller, Jos. Ant., Schild des Glaubens, od. d. wahre reine Lehre ꝛc. 8. Dillingen. (Haslinger in Linz.) 792.

— die Dillingsche Schreibfeder, od. Anleit. zur deutschen u. latein. Calligraphie, in 31 Kpftaf. Ebd.

— Schule d. Höflichkeit u. Sittenlehre f. die Jugend. Dilling., Verfasser.

— kathol. Unterweis. in der christl. Lehre, in 2 Thlen. Dillingen 774. Verf.

— Zophnat Pancach, seu flores philologici ex ling. hebr., chald., syr., graeca et omni eruditione sacra collecti. 8. Ebd. 791.
(NB. Vorstehende sind sämmtl. im Selbstverlage des Verfass. u. zum Theil ohne Drucker u. Jahrzahl erschienen).

Schneller, Julius, Ideen über Litteratur und Kunst, nebst ausgewählten Dichtungen. Statistische Briefe; Biographieen und Charakteristiken. Aus seinen hinterlassenen Manuscripten und zerstreuten Aufsätzen gesammelt und hrsg. von Ernst Münch. Leipzig und Stuttgart, Scheible, 1834. 8°. 380 S. (3 Mk. J. Taussig, Prag, 1903; 3 Kr. A. H. Huber, Salzburg, 1909.)

Schneller, Julius Franz

— Bundes-Anbeginn von Ungarn, Böhmen, Oesterreich, Steyermark, von 1526 bis 1714. gr. 8. Grätz 819. Miller. 2 ℛ 8 gr

-- s. Chateaubriand sämmtl. Werke.

Schneller, J. Histor. Darstellg d. Entwickel. d. medizin. Fakultät z. Wien. Wien 1856. 4.

Schneller, Julius Franz, Prof. etc. Oesterreichs Einfluss auf Deutschland und Europa, seit der Reformation bis zu den Revolutionen unserer Tage. (2 Bde.) 8. Stuttgart 1828–1829.

—— Oesterreichs Einfluß auf Deutschland u. Europa, seit d. Reformation bis zu den Revolutionen uns. Tage. 2 Bde. gr. 8. ... Stuttgart 828, [Hallberger.]

— Gedächtnißrede auf Ludwig, Großherzog von Baden, bei des Verewigten akad m. Todtenfeier in d. Münster zu Freiburg im Breisgau am 19. Mai 1830 gehalt. 2e Aufl. gr. 8. Freiburg 831. Gebr. Groos. 6 gr

— Geschichte v. Böhmen. 3 Bdchn. 8. Dresd. 827, 28. Hilscher. 1 ℛ 9 gr

—— Geschichte von Böhmen. 3 Bdchn. 8. (22 B.) Dresden 827. [Zittau, Nauwerck.] 1 Thlr. 9 Gr., hrbgs. Pr.
Aus der „Allgem. histor. Taschenbibliothek" besond. abgedruckt.

— Gesch. d. Menschheit, s. a. Taschenbibliothek, allgem. deutsche, No. 1 u. 2.

— Geschichte d. Menschheit, als Grundlage d. Anthropologie. 2 Bdchen. 8. Dresd. 828. Hilscher. 18 gr

—— Gesch. der Menschheit. 2 Bdchn. 8. (13 B.) Dresden 828. [Zittau, Nauwerck.] 18 Gr., hrbgs. Pr.
Aus der „Allgem. Taschenbibliothek d. menschl. Culturgesch." besond. abgedruckt.

— Gesch. v. Oesterreich u. Steyermark. 4 Bdchn. 8. Dresd. 828. Hilscher. 1 ℛ 18 gr

—— Gesch. v. Oesterreich u. Steyermark. 4 Bdchn. 8. (37¼ B.) Dresden 828. [Zittau, Nauwerck.] 1 Thlr. 12 Gr., hrbgs. Pr.
Aus der „Allgem. histor. Taschenbibliothek" besond. abgedruckt.

— Gesch. v. Ungarn. 3 Bdchn. 8. Dresd. 829, 30. Hilscher. (à 9 gr) 1 ℛ 3 gr

—— die Gesch. Ungarns. 3 Bdchn. 8. (30¼ B.) Dresden 829, 33. [Zittau, Nauwerck.] 1 Thlr. 3 Gr., hrbgs. Pr.
Aus der „Allgem. histor. Taschenbibliothek" besond. abgedruckt.

— Gesch. d. Weltlaufes u. Zeitgeistes. 16 Bdchn. 8. Dresd. 829. Hilscher. 9 gl.

—— Gesch. d. Weltlaufes u. Zeitgeistes. 3 Bdchn. (Beendigt v. E. Münch.) 12. (17½ B.) Dresden (830—34). [Zittau, Nauwerck.] 1 Thlr. 3 Gr., hrbgs. Pr.
Aus der „Allgem. histor. Taschenbibliothek" besond. abgedruckt.

Schneller, Julius Franz. Das Jahr 1831 in seinen Staatsumwälzungen und Hauptereignissen vollständig dargestellt. Stuttgart, C. Hoffmann 1833. 574 S. 8.

— Jahrbuch neuester Thaten u. Zeiten, für 1833. A. u. d. T.: Das Jahr 1831 in seinen Staatsumwälzungen u. Hauptereignissen, vollständ dargest. gr. 8. Stuttg. 833. Hoffmann. 2½ ß

—— Jahrbuch neuester Thaten u. Zeiten, f. 1833. — A. u. d. T.: Das Jahr 1831 in sein. Staatsumwälzungen u. Hauptereignissen, vollständig dargest. gr. 8. (36¼ B.) Stuttgart 833, [Weise u. Stoppani.]

— Jetzt! Taschenbuch der Zeitgeschichte, s. Taschenbibliothek, historische, No. 119. 120.

—— Jetzt! Taschenbuch d. Zeitgeschichte f. 1832. 3 Bdchn. gr. 8. (33½ B.) Dresden. [Zittau, Nauwerck.] 1 Thlr. 12 Gr., hrbgs. Pr.
Aus der „Allgem. histor. Taschenbibliothek" besond. abgedruckt.

— der Mensch u. die Geschichte. Philosophisch u. kritisch bearb. 3 Bdchn. 16. Dresden 828. Quedlinburg, Ernst. ¾ ß

— der Mensch u. die Geschichte. Philosophisch u. krit. bearb. 3 Bdchn. gr. 12. Dresd. 828. Hilscher. 1 ß 3 gl.

—— der Mensch u. die Geschichte. Philosoph. u. krit. bearb. 3 Bdchn. 8. (20 B.) Dresden 828. [Zittau, Nauwerck.] 1 Thlr. 3 Gr., hrbgs. Pr.

Schneller, Jul. Frz., der Mensch u. d. Geschichte, enth.: das Wesen d. Weltgeschichte, Erdkunde, Zeitrechn. u. Kritik d. Gesch. Philosophisch u. krit. bearb. 3 Bdchn. Neue Ausg. gr. 12. (12 B.) Quedlinburg 841, Ernst'sche Buchh.

Schneller, Jul. Frz., († d. 15. Mai 1833.) Böhmens Schicksal u. Thatkraft vor d. Verein mit Ungarn, Oesterreich u. Steyermark, Zeitraum v. 1 bis 1526. gr. 8. Grätz 817. Miller. 2 ß 8 gl.

— Ungarns Schicksale u. Thatkraft, vor d. Verein mit Böhmen, Oesterr. u. Steyermark. Zeitraum v. 1 bis 1526. gr. 8. Grätz 817, Miller.

Schneller, (J. Frz.,) Staatengeschichte d. Kaiserthums Oesterreich, von d. Geburt Christi bis z. Sturze Napoleons. 4 Theile. gr. 8. Grätz 817—19, Miller. Rthlr.

— s. **Taschenbibliothek, allgemeine historische.**

— Oesterreichs u. Steyermarks Thatkraft vor d. Verein mit Ungarn, Böhmen u. unter sich. Zeitraum v. 1 bis 1526. gr. 8. Grätz 818. Miller. 2 ß 8 gl.

SCHNELLER, Jul. Franz (1777—1833), Weiblichkeit. 3 Sonette. Ein Weihnachtsgeschenk. Wien, Wallishausser, 1821. 8⁰. (Mk. 1.25.)

— — Dasselbe, tit.: Weiblichkeit. (39 Sonette.) Mit 3 hübschen Kpfrn. Freiburg, Herder, 1830. 12⁰. (Mk. 1—.) (80 Pfg. A. Bielefeld, vor 1885.)
W. Engelmann, Bibl. d. schönen Wissensch. 2. Aufl. Lpz. 1837. S. 371.

— Weltgeschichte. Zur gründl. Erkenntniß d. Schicksale u. Kräfte d. Menschengeschlechts. 4 Thle. Mit 4 Kpf. gr. 8. Grätz 808—812. Mit Jahrz. 1823. gr. 8. Leipz., Brockhaus. 6 ß

Schneller, Julius Franz, Prof. in Grätz. Weltgeschichte zur gründlichen Erkenntniss der Schicksale und Kräfte des Menschengeschlechtes. (4 Bde.) 8. Grätz 1808—1813.

Schneller's, Julius, hinterlassene Werke. Aus Auftrag und zum Besten seiner Familie herausg. von Ernst Münch. 1r Bd. A. u. d. T.: Schneller's Lebensumriß und vertraute Briefe an seine Gattin u. seine Freunde. gr. 8. Leipzig u. Stuttgart 834. (Hallberger's Buchh.) 1⁵⁄₆ ß

—— hinterlass. Werke. Aus Auftrag u. zum Besten seiner Familie hrsg. v. Ernst Münch. 1. Bd. — A. u. d. T.: Schneller's Lebensumriß u. vertraute Briefe an seine Gattin u. seine Freunde. gr. 8. (25½ B.) Leipzig u. Stuttgart 834, Scheible's Vrls.-Expedit.

—— ders. 2. Bd. — A. u. d. T.: Briefwechsel zwischen Julius Schneller u. seinem Pflegesohne Prokesch. gr. 8. (25 B.) Ebds. 834.

—— ders. 3. Bd. — A. u. d. T.: Schneller's Ideen üb. Litteratur u. Kunst, nebst ausgewählt. Dichtungen. Statist. Briefe, Biographieen u. Charakteristiken. gr. 8. (24 B.) Ebds. 834.

—— ders. 4. Bd. — A. u. d. T.: Schneller's Ansichten v. Philosophie u. Geschichte, Politik u. Weltlauf, Glauben u. Kirchthum rc. gr. 8. (21¼ B.) Ebds. 834.
4 Bde. zusamm. genomm. nur 4 Thlr. 12 Gr.

—— hinterlass. Werke. Aus Auftrag u. z. Besten seiner Familie hrsg. v. Ernst Münch. 5—16. (letzt.) Bd. gr. 8. Stuttgart, Hallberger'sche Vrlsh.
A. u. d. Tiln.:
Bd. 5—10. Staatengeschichte d. Kaiserth. Oesterreichs v. Christi Geburt bis zu den neuesten Zeiten. 6 Thle. 9 Thlr. 6 Gr.
Thl. 1. Ungarns Alleinseyn. 2. Aufl. — Ungarns Schicksal u. Thatkraft vor d. Verein mit Böhmen, Oesterreich u. Steiermark. Zeitraum: v. 1—1526. (23¼ B.) 841. 1 Thlr. 12 Gr.
- 2. Böhmens Alleinseyn. 2. Aufl. — Böhmens Schicksal u. Thatkraft vor d. Verein mit Ungarn, Oesterreich u. Steiermark. Zeitraum: v. 1—1526. (27½ B.) 841. 1 Thlr. 12 Gr.
- 3. Oesterreichs u. Steiermarks Alleinseyn. 2. Aufl. — Oesterreichs u. Steiermarks Schicksal u. Thatkraft vor d. Verein mit Ungarn, Böhmen u. unter sich. Zeitraum: v. 1—1526. (28 B.) 841. 1 Thlr. 18 Gr.
- 4—6. Oesterreichs Einfluß auf Teutschland u. Europa vom Bundes-Anbeginn von Ungarn u. Böhmen, Oesterreich u. Steyermark bis zu d. letzten Zeiten Kaisers Franz I. u. II. Zeitraum v. 1526—1790. 2 Bde. od. 3 Thle. 2., verb. Aufl. (74½ B.) 839. 4 Thlr. 12 Gr.
- 11—16. Weltgeschichte z. gründl. Erkenntniß d. Schicksale u. Kräfte d. Menschengeschlechts. 6 Thle. 10 Thlr. 12 Gr.
Thl. 1. Urwelt. 3., vollst. umgearb. Aufl. (38¾ B.) 841. 2 Thlr. 9 Gr.
- 2. Alterthum. 2. Aufl. (32¼ B.) 841. 1 Thlr. 18 Gr.
- 3., 4. Mittelalter. 2 Thle. 2. Aufl. (41 B.) 841. 3 Thlr.
- 5., 6. Neuzeit. 2 Thle. 2. Aufl. (43¾ B.) 842. 3 Thlr. 9 Gr.
1—4. Bd. Ebendas. 1834. 4 Thlr. 12 Gr.

— üb. d. Zusammenhang der Philosophie mit der Weltgeschichte. Academ. Antrittsrede. gr. 8. Freiburg 825. Fr. Wagner. 6 gl.

Schneller, Karl, Das Ballspiel für Kinder von 1—7 Jahren, 2. verb. u. verm. Aufl., Wien 1883, 8 S., 8°.

Die Johannisloge Friedrich Leopold zum Friedensbund [in Berlin], ihre Entstehung und ihre Entwickelung in den ersten 10 Jahren seit ihrer Einsetzung 1900–1910. Eine Festgabe zur Feier des 10 jährigen Stiftungsfestes am 13. November 1910 von [Karl] Schneller. [Berlin 1910: Denter & Nicolas.] 63 S., 3 Bl., 1 Taf. Abbild. 8°.]

Schneller, Karl, Reactionen u. Reagentien. E. Handbuch f. Aerzte, Analytiker, Apotheker u. Chemiker. II. (Schluss-) Bd. 8. (III, 561 S.) Eichstätt 894. (Dinkelsbühl, F. A. Graf.) n. 6. —; geb. n. 6. 80

Schneller, Karl, Reactionen u. Reagentien. Ein Handbuch f. Aerzte, Analytiker, Apotheker u. Chemiker. I. Bd. 8. (IV, 605 S.) Eichstätt 894. A. Stillkrauth. n. 6. —; geb. n. 6. 80

Schneller, Karl Gustav Leopold

Schneller, Carl Gustav Leopold [aus Sagan]: Über einen Fall von geheilter Iristuberkulose .... Halle a. d. S., Druck v. Otto Hendel, 1888; 30 S. + 1 Bl. 8°
Halle, Med. Fak., Inaug.-Diss. v. 4. Febr. 1888

Schneller, Carl Gustav Leopold, ein Fall von geheilter Iristuberkulose. Diss. Halle 1888, Lippertsche Buchh. 8°. 30 S.

Schneller, Ludw., Apostelfahrten. Wanderungen durchs hl. Land zur Oster-, Pfingst- u. Apostelzeit. 1.—3. Aufl. gr. 8. (480 S. m. Abbildgn. u. 2 farb. Karten.) Leipzig 895. 896. (H. G. Wallmann.) n. 4. 80; geb. in Leinw. n. 6. —

Schneller, Ludw., Les chemins de l'évangile. Traduit librement de l'allemand par Jules Gindraux. Avec 20 gravures hors texte et un index chronologique. (IX, 571 S.) gr. 8. Basel (906). E. Finckh. n. 7. 20; geb. in Leinw. n. 9. 60

Schneller, Ludw., durch die Wüste zum Sinai. In Moses Spuren vom Schilfmeer bis zum Nebo. (283 S. m. Abb. u. 1 farb. Karte.) gr. 8. Leipzig 910. H. G. Wallmann. 5.—; geb. in Leinw. 6. 20

Evangelienfahrten. Bilder aus d. Leben Jesu in d. Beleuchtung d. heiligen Landes im Anschlusse an d. Sonntagsevangelien. Von Ludwig **Schneller**, Pastor. Leipzig: Wallmann in Komm. 1892. XII, 575 S. 8° [10. 10863

— **Evangelienfahrten.** Bilder aus dem Leben Jesu in der Beleuchtg. des hl. Landes im Anschlusse an die Sonntagsevangelien. 1.—4. Aufl. gr. 8. (XVII, 575 S. m. Abbildgn.) Ebd. 892. 893. n. 5. 80; geb. n. 7. —

Schneller, Ludw., Evangelienfahrten. Bilder aus dem Leben Jesu in der Beleuchtg. des hl. Landes. gr. 8. (572 S. m. Abbildgn.) Leipzig 899. (H. G. Wallmann.) n. 5. 80; geb. in Leinw. n. 7. —

— **Evangelienfahrten.** Bilder aus dem Leben Jesu in der Beleuchtg. des hl. Landes. 10. Aufl. (568 S. m. Abbildgn.) 8. Leipzig 904. (H. G. Wallmann.) n. 5. 80; geb. in Leinw. n. 7. —

Schneller, Ludw., die **Kaiserfahrt** durchs Heilige Land. 2. Aufl. gr. 8. (260 S. m. Abb.) Leipzig 899. (H. G. Wallmann.) Kart. n. 3. —; geb. in Leinw. n. 4. —

— d. **Kaiserfahrt** durchs heil. Land. 5.—9. Aufl. gr. 8. (à 260 S. m. Abbildgn.) Ebd. 899. 900. Kart. n. 3. —; geb. in Leinw. n. 4. —

— s.: **Kalender** f. die evangel. Gemeinde in Köln.

Schneller, L., kennst du das Land? Bilder aus dem gelobten Lande zur Erklärg. der heil. Schrift. 1.—5. Aufl. gr. 8. (XIII, 386 S.) Jerusalem 888. 889. Buchhandlg. d. syr. Waisenhauses. n. 5. —; geb. n. 6. 20

—— Kennst du das Land? Bilder aus dem gelobten Lande zur Erklärg. der hl. Schrift. 2.—9. Aufl. gr. 8. (VIII, 454 S.) Jerusalem 889 —91. (Lpz., Wallmann, Sep.-Cto.) * 5 —; geb. * 6 20
Die 2.—6. Aufl. wurde v. d. Buchhandlung d. syr. Waisenhauses in Jerusalem debitiert.

— dasselbe. 6. Aufl. gr. 8. (VIII, 454 S.) Ebd. 890. n. 5. —; geb. n. 6. 20

— **kennst** du das **Land? Bilder** aus dem gelobten Lande zur Erklärg. d. hl. Schrift. 9. u. 10. Aufl. gr. 8. (464 S. m. Abbildgn.) Ebd. 894. n. 5. —; geb. n. 6. 20

— **kennst du das Land? Bilder aus dem gelobten Lande zur Erklärg. der hl. Schrift.** 17. Aufl. gr. 8. (464 S.) Leipzig 900. (H. G. Wallmann.) n. 5. —; geb. in Leinw. n. 6. 20

Schneller, Ludw., kennst du das Land? **Bilder** aus dem gelobten Lande zur Erklärg. der hl. Schrift. 20. u. 21. Aufl. (à 464 S.) 8. Leipzig 904. 905. (H. G. Wallmann.) n. 5. —; geb. in Leinw. n. 6. 20

— Nicäa u. Byzanz. Welt- u. kirchengeschichtl. Streifzüge am Marmarameer u. am Goldenen Horn. (184 S. m. Abb.) gr. 8. Ebd. 907. n. 3. —; geb. in Leinw. n. 4. —

Aus meiner Reisetasche. Wanderbuchnotizen aus Palästina von Ludwig **Schneller**. *Leipzig: H. G. Wallmann in Comm. 1901.* (264 S.) 8° [F.] [01. 3183

— bis zur Sahara. Welt- u. kirchengeschichtl. Streifzüge durch Nordafrika. (III, 207 S. m. Abbildgn. u. 1 farb. Karte.) gr. 8. Ebd. 905. n. 3. 60; geb. in Leinw. n. 4. 80

[F.] Vater Schneller. E. Patriarch d. Evang. Mission im Heiligen Lande. Von Ludwig **Schneller**, Pastor in Köln. *Leipzig: Komm.-V. c. H. G. Wallmann; (Gedr. bei J. Bredt, Münster i. W.) 1898.* (197 S., 1 Bl.) 1 Bd 8. [98. 1441

Vater Schneller. Ein Patriarch d. Ev. Mission im Heil. Lande. Von Ludwig **Schneller**, Pastor in Köln. 2. Aufl. *Leipzig: H. G. Wallmann in Komm. 1899.* (197 S.) 8° [F.] [01. 3286 9

— **Vater Schneller.** Ein Patriarch der evangel. Mission im hl. Lande. 5. u. 6. Taus. Vermehrt durch e. Lebensbild v. Frau Magdalene Schneller. (199 u. 53 S. m. Abbildgn. u. 1 farb. Karte.) gr. 8. Ebd. 904. n. 2. —; geb. n. 3. 20

Schneller, Ludwig: Tröstet Jerusalem! Tagebuchblätter über e. Inspektionsreise zu d. Anstalten d. Syrischen Waisenhauses im Hl. Lande. Köln '06. 144 S.

Schneller, Ludwig [in Zürich]: Das Veranlassungsprinzip im Schweizerischen Zivilrecht. Zürich 1904. 122 + 1 S. 8°. [26. II. 04.]
Zürich. Jur. Diss. 1903 1904.

Schneller, Ludwig. Das Veranlassungsprinzip im Schweizerischen Zivilrecht. Diss. Staatsw. Univ. Zürich. 123 S. 8. Zürich, H. Börsig, 1904.

[F.] In alle Welt. Auf d. Spuren d. Apostels Paulus v. Antiochia bis Rom. Von Ludwig Schneller, Pastor in Köln. *Leipzig: Kommv. v. H. G. Wallmann 1897.* (544 S., 2 Kt.) 1 Bd 8. [96. 8833

Schneller, Max, Chemiker a. Christianstadt a. Bober: Zur Bestimmung der Milchsäure im Weine. Würzburg 1905: A. Borst. (28 S.) 8°
Würzburg, Phil. Fak., Ref. Medicus, Diss. v. 11. Juli 1905
[Geb. 27. Aug. 80 Christianstadt a/Bober; Wohnort: Cottbus; Staatsangeh.: Preußen; Vorbildung: Gymn. Sorau Reife O. 00; Studium: München 2, Leipzig 2. Würzburg 3 S.; Rig. 27. Juni 04.]

Schneller, O. Die Lebensversicherung als Mittel zur Entschuldung der Landwirte, speziell Süddeutschlands. Bayreuth 1899.

Schneller, Otto v., d. schiefe Ebene als Schiffshebe-Einrichtung auf Canälen (System Peslin). Vortrag, geh. in der Vollversammlg. des österr. Ingenieur- u. Architekten-Vereines am 16. März 1895. [Aus: „Zeitschr. d. österr. Ingen.- u. Archit.-Ver."] gr. 8. (25 S. m. 1 Taf.) Wien 896. (Lehmann & Wentzel.) n. 1. 20

Schneller, P., französ. Lesebuch, s.: Breitinger, H.

Schneller, Steph. Zur Geschichte der theologischen Akademie d. evang. Gesammtkirche A. C. Ungarns in Preßburg. 4. (16 S.) Preßb. 889, (Heckenast's Nachf.). gratis

Schneller, Th. Die Missionsarbeit in Jerusalem. Ein Vortrag im Anschluß an Luk. 21, 24. 16°. (23 S.) Jerusalem 892. (Lpz., Wallmann Sep.-Cto.). ** — 10

Schneller, Theodor

Schneller, Thdr., Lehrbuch der Algebra u. polit. Arithmetik f. höh. Handelsschulen u. Handelsakademien. (III, 218 S.) gr. 8. Wien 904. C. Fromme. Geb. in Leinw. n. 2. 50

Schneller, Thdr., Lehrbuch der Geometrie f. höhere Handelsschulen (Handelsakademien). (III, 95 S. m. 96 Fig.) gr. 8. Wien, C. Fromme. 1907 Geb. 2. —

Schnellessig-Fabrikation, die neueste u. untrüglichste, u. sichere Bereitung d. Essig-Sprit, so wie Nachweis. e. kostenfreien Materials, welches die Stelle d. Bindfadens bei d. Fabrikation vertritt, u. wodurch d. beträchtl. Verdunstung Werth habender Theile gänzlich gehoben wird. Theoret. u. prakt. dargest. Mit erklär. Abbild. 8. Berlin 834, [Lewent.] Versiegelt. Thlr.

Schnelleſſig-Fabrikation, die neueſte u. untrüglichſte, u. ſichere Bereitung des Eſſig-Sprit, ſo wie Nachweiſung eines koſtenfreien Materials, welches die Stelle des Bindfadens bei der Fabrikation vertritt, u. wodurch die beträchtl. Verdunſtung Werth habender Theile gänzlich gehoben wird. Mit erklär. Abbildung. Ein verſiegeltes Couvert. Berlin 834. Schumann. 1 1/2 ℳ (Vergl. A. F. Schultz.)

Schnellfeuer-Feldkanonen Syſtem Ehrhardt der Rheiniſchen Metallwaren- u. Maſchinenfabrik Düſſeldorf. Ausgaben von 1902, 1903, 1905. Mit Abb. Düſſeldorf 1902—1905. 4°

Schnellfeuer-Kanonen, Die Gruson'schen, und deren Laffeten, Munition und ballistische Verhältnisse. Th. 1. 2. Magdeburg 1888—1890

Schnellinger, J.: Gesetze der relativen Bewegung und ihre Anwendung auf den Wurf mit Rücksicht auf die Rotation der Erde. 35 S. 8° – Wien, ROG. M., Progr. 1872.

Schnellinger, Joſ., Grundlehren der allgemeinen Arithmetik u. Algebra f. die 3. u. 4. Claſſe der Gymnaſien u. verwandte Lehranſtalten gr. 8. (VIII, 143 S.) Wien 875. Hölder. n. 1. 50

Schnellinger, Jos., fünfstellige Logarithmen f. die Zehner-Logarithmen der natürlichen u. trigonometrischen Zahlen. gr. 8. (VII, 146 S.) Wien 892. Manz. Geb. in Leinw. n. 3. —

Schnellinger, Josef, Fünfstellige Tafeln für die Zehner-Logarithmen der natürlichen u. trigonometrischen Zahlen. Gr.-8. (VII, 146 S.) In Lwd. geb. Wien: Manz 1892. 1.50

Schnellinger, Josef Zum Unterrichte in der Mischungsrechnung an Mittelschulen. 8 (S. 3—13).
Progr. R.- u. Ober-G. *Ungarisch-Hradisch* 1886.

Schnellkomponiſt, der. Untrügliche Anleitung f. Jedermann, in kurzer Zeit e. bedeut. Komponiſt zu werden. 2. Aufl. der „induſtr.-muſikal. Kompoſitionslehre" v. Theophilus Plümpſer, durchgefallenem Konſervatoriſten. 8. (29 S.) Berlin 888. [Brachvogel & Ranft.] Leipzig, Liſt & Francke. n. — 75

Schnellküche, neueſte, gute. Eine Anleitg. zur ſchnellen, erleichterten u. ſparſamen Herſtellg. nahrhafter u. wohlſchmeck. Gerichte f. jeden Haushalt. Auf Grund eigener, langjähr. u. bewährter Erfahrg. verf. v. Frau v. Sz. 3., verb. u. verm. Aufl. gr. 8. (XXVI, 736 S.) Berlin 895. F. Schirmer. Geb. in Leinw. n. 5. —

Schnellküche, neueſte gute, f. Geſunde u. Kranke. Auf eigenes, bewährtes Verfahren gegründete Anleitg., geſunde u. ſchmackhafte Gerichte in kürzeſter Zeit herzuſtellen. Von Frau v. Sz. 2. Aufl. gr. 8. (XVI, 462 S.) Düſſeldorf 884. Dietz. 4. —; geb. 5. —

Schnelllade-Kanone, die 5 cm, L/40 in Mittel-Pivot-Laffete C/90 u. Torpedoboots-Laffete C/92 u. die 8,8 cm Schnelllade-Kanone L/30 in Mittel-Pivot-Laffete C/89 u. ihre Munition, nebſt Vorſchriften f. d. Bedieng. u. Behandlg. an Bord in Dienſt befindl. Schiffe. Hrsg. v. Reichs-Marine-Amt. 8. (VI, 162 S. m. Fig.) Berlin 896. E. S. Mittler & Sohn. n. 2. 50

— die, der Schiffs-Artillerie (f. Einheitspatronen) u. ihre Munition, nebſt Vorſchriften f. d. Behandlg. u. Bedieng. an Bord in Dienſt befindl. Schiffe. Hrsg. vom Reichs-Marine-Amt. 8. (VII, 273 S. m. Abb.) Berlin 898. E. S. Mittler & Sohn. n. 2. 40; kart. n. 2. 80

[F.] Die 5 cm Schnelllade-Kanone L/40 in Torpedoboots-Lafette C/92 und ihre Munition, nebst Vorschriften f. d. Behandlg u. Bedieng. Hrsg. v. Reichs-Marine-Amt. *Berlin: E. S. Mittler & Sohn 1898.* (V, 111 S., 1 Taf.) 1 Bd 8. [98. 7414

Die Schnelllade-Kanonen der Schiffs-Artillerie. Hrsg. vom Reichs-Marine-Amt. Berlin 1898. 8°.

Schnelllade-Methoden, vier neue, für gewöhnliche Percuſſionsgewehre [ohne Holzeinſatz]. Mit 8 Abbildgn. Berlin 864. H. Müller in Comm. 8. verklebt n. 15 ngr.

Schnellmaler, der, ſ. a. Faſtnachtsbühne.

Schnellmaler, der. (12 Bl. m. farb. Abbildgn.) gr. 8. Weſel (905). W. Düms. — 45

Schnell-Oelmalerei, die, od. d. Kunst, ohne alle Fertigkeit im Zeichnen u. Malen in wenig Stunden mit geringen Kosten d. schönsten Oelgemälde zu fertigen. 1 verkl. Couv. Anclam 838, Dietze. Thlr. *

SCHNELLPFEFFER, Jacobus (ps.), Die (mehr als tollen) Gedichte eines Gefühllosen. München und Berlin, Verlag zum Toten Kind, 1903. Roy.-8⁰. (5 Kr., br. im Orig.-Umschl. A. H. Huber, Salzburg, 1909.)

Lat. Lett. 58 S. (incl. Vorblatt: „Als Mspt. f. Freunde gedruckt", Tit., 1 Bl. Widm.: „Allen dunklen Existenzen, sowie besonders seinem Freundeskreis aus dem Café Westminster zu Berlin", 1 Bl. Inh., 1 Bl. Einleitg. u. Vorwort). Eine kleine Episode aus dem Wiesbadener Kurgarten; Was willst Du werden?; auf dem Friedhof; zur Nacheiferung; Variante; der Sprung ins Nasse; am Krankenbett; die sterbende Großmama; Gesang des unehelichen Kindes auf der Strasse; an Sie [hypercynisch]; der Leierkastenmann und sein Husten; der Tod des Betrunkenen; Weihnacht, ein Stimmungsbild; der alte Mann und der Fremde; die unterbrochene Kirchenandacht; das Kind; auf den Tod eines Freundes; meine Sammlung; das Lied vom Greise; der Invalide; Selbstbekenntnis. — Schon die meisten Gedicht-Ueberschriften verrathen den rüpelhaften Versifex.

Schnellpfeffer, Jacobus, Packete, die ihn nicht erreichten. Ein Capriccio. (VII, 155 S.) München 904. [C. Haushalter.] Verl. der Süddeutsch. Bauhütte. 2.—

Schnellpost. – Die Schnellpost. –
Ulm. – 1.I.1837 – 31.XII.1840.
Fortges. u.d.T.: Ulmer Schnellpost.

Schnellpost, Berliner, f. Literatur, Theater u. Geselligkeit. 1r u. 2r Jahrgg. 1826 u. 27. Redigirt v. M. G. Saphir gr. 4. Berlin 826—27, (Laue.) 8 Rthl. —

Schnellpost, Berliner, f. Literatur, Theater u. Geselligkeit. Nebst Beiwagen f. Kritik u. Antikritik: Der Herold. Redig. v. M. G. Saphir. 3. Jahrg. 1828. 260 Nrn. Mit Vign. u. Kpfrn. gr. 4. Altenburg. (Leipzig, Focke.) 8 Thlr., hrbgs. Pr.

—— dies., hrsg. v. dems. 4. Jahrg. 1829. 260 Nrn. Mit Vign. u. Stndr. gr. 4. Berlin, (Krause.)
1. u. 2. Jahrg. 1826 u. 27. Berlin, (Laue.) à 8 Thlr.

Berner Schnellpost
① Allgemeines Anzeigenblatt für die Stadt Bern, später: Abendblatt für Anzeigen und Neuigkeiten ② 1845—1852 ④ 4° ⑦ wöchentlich 6×, Samstag mit »Sonntagsblatt«, Montag früh mit »Vorläufer«. ⑤ Bern: Vereinsdruckerei (Gutknecht) ⑨ Novellenblatt; Sonntagsblatt (wöchentliche Beilage 1849) ⑪ freisinnig ⑬ BGSZ 973 ⑮ Be: St. ⑯ In »Berner Zeitung« IV, Nr. 352, 19.12.1850 werden die Preßprozesse der Regierung gegen die Blätter der Opposition aufgezählt. Unter diesen befindet sich auch die »Berner Schnellpost«. — Beschreibung des Zeitungskopfes in BGSZ 973.

Deutsche Schnellpost : [Jahrgang] 1–9, no. 1?? Jan. 4, 1843–Sept. 1, 1851.
Semi-weekly, Jan. 4, 1843–?; daily, except Sunday, 1850?–Sept. 1, 1851. Democratic under Eichthal, radical under Froebel, and Heinzen. Harmony Society had subscription, but requested cancellation, 1843. Sub-title: Für Europäische Zustände, öffentliches und sociales Leben Deutschlands, Jan. 4, 1843–Jan. 1848; later, Ein Organ der Zustände und Interessen der alten und neuen Heimat. For weekly edition, see Wochenblatt der Deutschen Schnellpost. Followed by Die Deutsche Zeitung. Circulation: 1851, 1150; 1847, 1700 [for both editions]. Edited & published by Wilhelm von Eichthal & Bernhard, Jan. 2, 1843–Nov. 1845; by Wilhelm von Eichthal, Nov. 27, 1845–Dec. 1847; by F. W. Bodenstein, Dec. 1847; edited by Rudolph Froebel, Jan.–Feb. ? 1848; published by Wilhelm Wagenitz, Jan.–Feb. 1848; edited & published by Karl Heinzen & Ivan Tyssowski, Feb. 26–Mar. 1848; edited by Ivan Tyssowski, Mar. 1848–?; by Karl Heinzen, Jan.–Sept. 1851. Published by A. Ch. Fromm, Jan.–Feb. 1851; by Moritz Otto, Feb. 26–Aug. 1851; by Aktiengesellschaft, Aug. 16–Sept. 1, 1851; by C. Winkler, Heinzen & Co., Mar. 2–Aug. 1848; by C. Winkler, & F. Magnus, Aug. 21, 1848–June 1849; by Magnus & Bach, June 22, 1849–?
New York, NY

Wochenblatt der Deutschen Schnellpost : Jan. 1845–Sept. 1, 1851.
Weekly edition of Deutsche Schnellpost. Sub-title: Ein Organ der Zustände und Interessen der alten und neuen Heimath. "Extra Ausgaben des Wochenblattes" issued infrequently.
New York, NY

Schnellpost. – Eßlinger Schnellpost. –
1843 – 16.VIII.1854.

Hamburger Schnellpost und Allgemeiner Demokratischer Anzeiger : May? 1841–1900.
Democratic weekly. Title varies: Hamburger Schnellpost.
Called "Hamburger Schnellposcht" by the Pennsylvania Dutch subscribers, as a term of friendly familiarity. Circulation: 1870, 700 (est.), 1880, 1000, 1890, 960, 1895, 960. Edited & published by Johann Scheilly & Mahlon A. Sellers, 1841–Dec. 12, 1843; by Mahlon A. Sellers, Dec. 19, 1843–Mar. 25, 1845; by Charles Beneman, Apr. 1845–1855; by Moritz P. Döring, 1855–July 1892; by John Döring, July 1892–1900.
Hamburger, PA

Schnellpost für Moden, s. a. Hellermagazin.

Schnellpost fur Moden und Literatur ... 1.—5. Jahrgang ... 1632—1836. Leipzig, Allgemeine Niederlandische Buchhandlung.
Mit kol. Modekupfern. 4°.
[4. Jahrgang: Verlags-Comptoir von A. Peters.]
Mehr nicht erschienen.

—— für Moden. Blätter f. in- u. ausländ. Literatur. Hrsg. v. O. L. B. Wolff, u. L. v. Alvensleben, u. mehr. andern Gelehrten. 1. Jahrg. 1832. Juli—Dec. 26 Nrn. u. 26 ill. Mode-Kpfr. — 2. J. 1833. 52 Nrn. u. 52 ill. Mode-Kpfr. Fol. Leipzig, [Baumgärtner.] à J.
Ohne Kpfr., à J. 3 Thlr.
Fortsetzung u. d. T.:

—— für Moden u. Literatur. — Magazin f. d. elegante Welt. Hrsg. v. R. Büchner. 3—5. Jahrg. 1834—36. à 52 Nrn. Jed. m. 104 ill. Mode-Kpfr. u. vielen Vign. Roy.-4. Ebds. à J.
Ohne Kpfr., à J. 3 Thlr.

Schnellpost für Moden. Magazin f. d. eleg. Welt u. alle Kunst- u. Gewerbtreibende, welche f. jene wirken. 6—11. (Neue Folge 1—6.) Jahrg. 1837—42. à 52 Nrn. (½ Bog.) Mit 52 col. Mode-Kpfrn. zc. Lex.-8. Leipzig, Baumgärtners Buchh. à J. *
Vgl. 8. Bd. 2. Abthl. S. 234.

Schnellpost. – Ulmer Schnellpost. –
1.I.1841 – 31.XII.1912.
Vorh. u.d.T.: Die Schnellpost.

Schnellpost. – Wiener Schnellpost. Jahrg. 1. Wien: Haas 1848
Red.: Schall

Schnellpost – Wiener Schnellpost. Wien: Wallishauser 1863/64
Red.: Jos. Chewanetz. Jahrg. 1 u. 2.

Schnellpost für Witz und Laune
① Beilage zu den allgemeinen illustrirten Unterhaltungsblättern ② 1850 (Probe-Nr.) ④ 4° ⑤ Zürich: David Bürkli ⑩ Hermann Sailer ⑯ Be: L.

Schnellräucherungs-Methode, neue, verbesserte, in jeder Jahreszeit jede Gattung Fleisches ohne Feuer und Rauch in ganz kurzer Zeit und einfacher Art auf nassem Wege wohlfeil zu räuchern zc. Herausgeg. von J. G. C. 8. Grätz 843, Kienreich. Verklebt 6¼ ngl

Schnellrechenknecht, landwirthschaftlicher. Ein Buch für alle Fälle im landwirthschaftl. Verkehr. 8. (IV und 59 S.) Oschatz 854, Oldecop's Erben.

Schnell-Rechner, der, od. sogen. Faullenzer. 5., auf die d. Zollvereins-Staaten bezügl. Münzen, Maße u. Gewichte, so wie jene der Schweiz, veränd. u. verm. Aufl. gr. 12. (3⅔ B.) Freiburg 837, Waizenegger'sche Brlsbh.

— der. Leichtfaßliche Reduktionstabellen der Gulden u. Kreuzer in neue Franken u. Rappen u. umgekehrt, nach dem in der Eidgenossenschaft u. für die Amtsklassen der östlichen Kantone angenommenen Verkehrsgrundsatz: 1 Brabanterthaler zu 5 Franken 67 Rappen, 1 Guldenstück zu 2 Franken 10 Rappen. 8. (8 S.) St. Gallen 852, Scheitlin & Zollikofer. n. 2 ngl

Schnellrechner, der. Ein unentbehrl., prakt. Hülfsbüchlein für Weinhändler, Wirthe, Küfer zc. enth.: genaue Tabellen zum Berechnen der Flüssigkeiten nach Eimer, Imi u. Maß; von 5 Xr. pr. Eimer bis zu 100 fl. 8. (59 S.) Tübingen 852, Osiander. n. ⅙ ß

Schnellrechner oder Faulenzer, vollständiger und neuester. Ein unentbehrl. Hilfsbuch für Jedermann. 3., verm. und verb. Aufl. 16. (94 S.) Augsburg 857, Jaquet's Verlagsbuchh. geb.

Schnellrechner, der, oder der schnelle u. sichere Ausrechner von 1 bis 100 Pfund, Stück oder Elle u. von 1 bis 5 Neugroschen. Mügeln 868. (Leipzig, Senf.) 32. (84 S.) 5 ngr

Schnellrechner. Ausführliches Hülfsbuch beim Rechnen nach den Münz-, Maß- u. Gewichts-Verhältnissen, welche am 1. Jan. 1872 in Deutschland in Kraft getreten. Ein unentbehrl. Handbuch f. Jedermann. gr. 8. (VIII, 288 S.) Hannover 872. Meyer. n. 2. 50

Bester und sicherster Schnell-Rechner oder Rechnungsfaulenzer unentbehrlich beim Ein- und Verkaufe. Berechnet in Kronenwährung 1 bis 100 Stück zu 1 bis 100 Heller nebst einem Anhange von Verwandlungstabellen des neuen Maßes und Gewichtes in altes und umgekehrt, so auch Verwandlungen der Preise, Interessen-Berechnungs-Tabellen und sonstigen nützlichen Tabellen. Zusammengestellt von Heinrich Arnstein. 4. Auflage. Wien. [1899.] Daberkow. 16°. 125 S. Cart. fl. —.40

— deutscher, nach Mark u. Pfennigen. Nebst Zins-Tabellen zu 3, 3½, 4, 4½, 5, 5½ u. 6 pCt. f. 1 Jahr, 1 Monat u. 1 Tag. 8. (109 S.) Hamburg 873. Herold. n. 1. 50

Schnell-Rechner (Rechnungs-Faulenzer), der, beim Ein- u. Verkauf. Nach d. Gewicht v. 1 bis 100 Pfund, v. 4 bis 18 Kreuzer per Pfund. 8. Augsburg 846, Jaquet. 3 ngl

Schnellrechner, Der, beim Ein- und Verkauf trockner und flüssiger Waaren . . . Eisenberg 1848. V: *Nützer, W. E.* (Ky)

— der, beim Ein- und Verkauf trockner und flüssiger Waaren, bei Berechnung der Frachten, bei der Reduktion verschiedener Münzfuße rc. Ein nützl. u. zuverlässiges Handbuch f. Materialisten, Ausschnitthändler rc. (von W. E. Nützer.) gr. 12. (127 S.) Eisenberg 848, Schöne in Comm. n. ½ ℳ — 2. verm. Aufl. 8. (130 S.) Freiberg 850, Craz & Gerlach. ½ ℳ

— kleiner, zur Umwandlung der alten bayerischen Maße u. Gewichte in die neuen metrischen Maße u. Gewichte u. umgekehrt sammt den gegenseit. Preis-Umrechngn. Enth. die Umwandlg. u. Preisberechng. f. alle Längen-, Flächen-, Körper- u. Hohlmaße u. Gewichte. [Aus „Wechs, Rathgeber u. Schnellrechner."] Zum Taschengebrauch zusammengestellt f. den Bürger u. Landmann. gr. 16. (72 S.) Regensburg 872. Manz. — 30

— neuer Biberacher, f. das Gewicht. Enth Stückrechnung v. 1 Pfennig bis 99 Pfennig, sodann die Berechng. der Preise v. 1 Centner bis 100 Centner, u. von 1 Pfund bis 99 Pfund, der Centner von 1 Mark bis auf 25 Mark. Mit einem Anh. enth. die Reduction von 1 bis 100,000 Gulden in Mark u. umgekehrt. 8. (191 S.) Biberach 874. Dorn. geb. n. 1. 60

Schnellrechner, neuer Biberacher, f. das Gewicht. Enth. Stückrechnung von 1 Pfennig bis 99 Pfennig, sodann die Berechng. der Preise von 1 Centner bis 100 Centner, u. von 1 Pfund bis 99 Pfund, der Centner von 1 Mark bis auf 25 Mark. 10. Aufl. 12. (IV, 178 S.) Biberach 891. Dorn. Geb. in Halbleinw. m. Klappe u. Band. n. 1. 20

— mit Rücksicht auf die neue österreichische Währung. — Hitri računar z ozirom na novi dnar po avstrijanski veljavi. 2. Aufl. Laibach 863. Giontini. 16. (305 S.) geb. n. 8 ngr

Schnellrechner, vollständiger und neuester, oder Faulenzer. Ein unentbehrliches Hilfsbuch für Jedermann. 3. verm. rc. Aufl. Augsburg 857. Jaquet. 8. (94 S.) 4½ ngr

—— der zuverläßige, oder leichte und sehr richtige Rechnungstabellen für Kauf und Verkauf, aus denen augenblicklich zu ersehen ist, was das Gekaufte oder Verkaufte an Geld in neuer Schweizerwährung in Waaren jeder Art von 1 bis 100 Stück zu 2 bis 99 Rpn. ausmacht; nebst Interessen- oder Zinsrechnungstabellen in neuer Schweizerwährung rc. Ein unentbehrl. Handbuch für Geschäftsleute rc. 12. (108 S.) Herisau 853, Meisel's Buchh.

Schnellrechner, der zuverlässige, oder leichte und sehr richt. Rechnungstabellen für Kauf und Verkauf, aus denen augenblickl. zu ersehen ist, was das Gekaufte oder Verkaufte an Geld in neuer Schweizerwährung in Waaren jeder Art von 1 bis 100 Stück von 2 bis 99 Rp. ausmacht; nebst Reduktionstabelle der Kronenthaler in neue Schweizerwährung, sowie Interessen- oder Zinsrechnungstabellen in neuer Schweizerwährung von 3, 3½, 4, 4½, 5 und 6 vom Hundert von 1—10,000 Fr. Ein unentbehrl. Handbuch für Geschäftsleute jegl. Standes. 4. verm. Aufl. 12. (115 S.) Zürich 880, Schmidt. *

Schnell-Seifensiederei, Die. Nachricht über die patentirte neu erfundene Art jede Gattung Seife . . . zu fertigen. Nürnberg 1844. V: *Leuchs, Johann Carl* [?]. (BrMm)

Schnell-Seifensiederei, die. Nachricht über die patentirte neuerfundene Art, jede Gattung Seife fast augenblicklich, mit großer Ersparung an Zeit und Feuerung, sowie ohne Lauge, Kalk, Kochsalz zu bedürfen, zu fertigen rc. 16. Nürnberg 844, Leuchs u. Comp. ⅙ ℳ

Schnelltourist, der. Führungen durch Deutschlands Städte. 5. Heft. 8. Stuttgart, W. Seifert. Geb. 1. —
5. Süd-West-Deutschland. Elsass-Lothringen, Rheinpfalz, Rhein-Hessen, Hessen-Starkenburg u. Baden. (47 S. m. eingedr. Kartenskizzen.) (910.)
Heft 1—4 sind noch nicht erschienen.

Schnellzeichner, der. (6 Bl.) gr. 8. Wesel (905). W. Düms. — 25

Schnellzugs-Kursbuch f. den gesammten Bahnverkehr Deutschlands nebst Anschlüssen u. Verbindungen nach den grösseren Plätzen des Auslandes. Bearb. nach den neuesten Eisenbahn- u. Dampfschiffs-Fahrplänen. 3. Jahrg. Sommer 1900. 12. (213 u. 32 S. m. e. Karte.) Berlin, R. Schröder. — 50
Vergl.: „Schröder's Pfeil".

Schnelting, Friedrich Wilhelm: Die geographischen Bedingungen der wichtigeren oberrheinischen Städte unter besonderer Berücksichtigung der Entwicklung letzterer seit der Eisenbahnzeit. Bonn: Georgi 1909. 99 S. 8°
Bonn, Phil. Diss. v. 29. Juli 1909, Ref. Rein
[Geb. 13. Aug. 84 Neuenahr; Wohnort: Bonn; Staatsangeh.: Preußen; Vorbildung: Gymn. Prüm Reife O. 05; Studium: Bonn 3, Freiburg i. B. 5, Bonn 1 S.; Rig. 14. Juli 09.] [U 10. 418

Schnepel, L. F. C., Beleuchtung des Zustandes der Preuß. Renten-Versicherungs-Anstalt zu Berlin mit einer tabellar. Zusammenstellung der über die Verwaltung dieser Anstalt veröffentlichten 4 Rechenschafts-Berichte. gr. 4. (Mit 1 Tab.) Breslau 843, Graß, Barth u. Comp. n. ⅓ ℳ

—— Entgegnung auf die Widerlegung der Schrift: Beleuchtung des Zustandes der preuß. Renten-Versicherungs-Anstalt zu Berlin rc. gr. 4. (1 B.) Breslau 844, Graß, Barth u. Comp., Verl. *

Schnepf, Ant., 31 Marien-Predigten f. alle Tage d. Monates Mai, nebst e. Schluß-Betrachtg. Geh. in der Domkirche zu St. Pölten. gr. 8. (VI, 229 S.) St. Pölten 884. (Linz, Haslinger.) n. 3. —

Schnepf, Erh., commentar. in psalmos Davidis. fol.

Schnepf, F. M., Fibel, s. Bockenheimer.

Schnepf, F. M., der kleine Leseschüler. Ein Elementarbuch für den ersten Leseunterricht nach M. W. Götzinger's Lautlehre bearb. 8. (Mit Titelvign.) Frankfurt a/M. 842, Andreä'sche Buchh. 1/12 ℔

Schnepf, F. M., das schwarze Schiff oder Curd im Korbe. Ein Mährchen f. kleine u. große Kinder zur Belustigung an Winterabenden erzählt. gr. 16. (50 S. mit 4 Lithochrom.) Frankfurt a. M. 851, Lizius. 12 ℊ

Schnepf, F. M., die letzten Zöpfe in der Grafschaft Irra. Ein Mährchen für kleine und große Kinder zur Belustigung an den Winterabenden. 12. (51 S. mit 4 ill. Stnt.) Frankfurt a. M. 856, Krebs-Schmitt. *

Schnepf, J., Gesangübungen in fortschreitender Ordnung für die Schüler u. Schülerinnen des Conservatoriums der Musik zu Prag, so wie auch für jeden andern öffentl. als auch Privat-Unterricht. 2 Hfte. .. Prag ... (Kronberger u. Řziwnatz.) 1 2/3 ℔

Schnepf, Max De imitationis ratione, quae intercedit inter Heliodorum et Xenophontem Ephesium, commentatio. 8 (48 S.). Progr. Studienanst. *Kempten* 1887.

Schnepf, M., de imitationis ratione, quae intercedit inter Heliodorum et Xenophontem Ephesium, commentatio. gr. 8. (48 S.) Kempten 887. (Kösel.) n. 1. —

Schnepf, Wilh., Seebad Wannsee. Kritische Betrachtgn. u. Vorschläge. (16 S.) 8. Berlin 907. Herm. Walther. 20

Schnepfenthal und die umliegenden Gegenden, s. Unterhaltungen.

Schnepp, Leo *(geb. Lemberg [25. 4.] 1847)*: Ein Beitrag zur Lehre von den Echinococcen. Breslau 1875. (16 S.) 8°
Breslau, Med. Diss. v. 26. Mai 1875

Schneppel, F., Rede zur Einweihung d. zum Andenken an die hier bestatteten Opfer d. letzten Krieges errichteten Denkmals, geh. am 25. April 1872. gr. 8. (9 S.) Dessau 872. (Reißner.) n. — 25

Schneppendahl, Th., die Bewegung der Wärme! 12. (IV, 94 S.) Hagen 885. Risel & Co. n. 1. —

Schnepper, College, oder die Höllensteinpupille. Species dramaticae in 2 Aufgüssen für Aerzte, Apotheker und Naturforscher beider Hemisphären. Von Supinator Longus. 2. weder verm. noch verb. (Titel-)Aufl. 8. (64 S.) Berlin 883, Th. Chr. Fr. Enslin. *
1. Aufl. vgl. Longus, Supinator.

Schnepper, Heinrich

Schnepper, H., Lehr- u. Übungsbuch zum Erlernen der Weltsprache Volapük in 2 Lehrstufen. Schlüssel zu den Übgn. der 3. Aufl. 8. (31 S.) München 888. Lindauer. n. — 40

Schnepper, Heinrich: Die Namen der Schiffe und Schiffsteile im Altenglischen. Eine kulturgeschichtlich-etymol. Untersuchung. Kiel 1908: Fiencke. XV, 87 S. 8°
Kiel, Phil. Diss. v. 22. Dez. 1908, Ref. Holthausen
[Geb. 16. Okt. 85 Wickede, Kr. Dortmund; Wohnort: Wickede; Staatsangeh.: Preußen; Vorbildung: Oberrealsch. Dortmund Reife O. 04; Studium: Bonn 4, Kiel 1, Berlin 1, Kiel 3 S.; Rig. 3. Aug. 08.] [U 09. 2337

—— Schlüssel zu den Uebungen im Lehr- und Uebungsbuch zum Erlernen der Weltsprache „Volapük" in zwei Lehrstufen. 3. Aufl. 8. (31 S.) Ebendas. 888. *

Schnepper, Heinr., Volapük in zwei Lehrstufen. Kurzes Lehr- und Uebungsbuch zum Erlernen der Weltsprache. 2. Aufl. 8. (VIII, 88 S.) München 887, (Lindauer'sche Buchh.) *

— Volapük in zwei Lehrstufen. Kurzes Lehr- u. Uebungsbuch zum Erlernen der Weltsprache. 3. Aufl. Nach den Beschlüssen des Volapük-Kongresses in München bearb. 8. (VIII, 98 S.) Ebd. 887. n. 1. 50

Schnerich, Alfr., die Frage der Reform der katholischen Kirchenmusik. Beiträge zur prakt. Aesthetik. 8. (VIII, 80 S.) Wien 901. Gerold & Co. n. 1.—

Schnerich, Alfr., die beiden biblischen Gemälde-Cyclen des Domes zu Gurk. [Aus: „Mittheilgn. der k. k. Central-Commission zur Erforschg. u. Erhaltg. der Kunst- u. histor. Denkmale".] gr. 8. (129 S. m. Abbildgn. u. 1 Taf.) Wien 894. (W. Braumüller.) n.n. 4.—

(8) Schnerich, Alfr., die beiden biblischen Gemälde-Cyklen im Dome zu Gurk. 894. Jetzt: Wien, A. Schroll & Co.

Schnerich, Alfr., die Kollegiat- u. Stadtpfarrkirche St. Peter, s.: Führer durch die Kirchen Wiens. I.

Messe und Requiem seit Haydn und Mozart. Von Alfred Schnerich. Mit e. themat. Verz. Wien-Leipzig: C. W. Stern 1909. (VIII, 178 S.) 8° [illegible]

— der Messen-Typus von Haydn bis Schubert. [Joseph u. Michael Haydn, Mozart, Beethoven, Schubert.] Mit e. themat. Verzeichnisse als Anh. [Aus: „St.-Leopoldsblatt".] gr. 8. (23 S.) Wien 892. (Gerold & Co.) n. 1. —

Schnerich, Gerh., Notariat u. Rechtsvertretung in Oesterreich; nach ihrem Bestande u. den Bedürfnissen des Volkes u. Standes, mit besonderer Rücksicht auf Gebirgsländer. Wien 860. (Manz & Co.) gr. 8. (IV, 84 S.) n. 14 ngr

Schnerich, Ghard., vernünft. Tugendlehre. gr. 8. (298 S.) Leipzig 895. W. Friedrich. n. 4. —

Schnerich, Gotthard

Schnerich, Ghard., Gedichte. 8. (102 S. mit Photogr. des Verf.) Wolfsberg 880. (Klagenfurt, v. Kleinmayr.) *

Schnerich, Gotthard. Gedichte. Wolfsberg, (Ploetz?), 1880. — 2. verm. Aufl. 1883. 116 S.

Schnering, H. C., de evangelio Marci. Gryph. 1710. 4.

Schnering, L. C., les Evangiles pour les dimanches. 8. Hannov. 751. Hahn. 20 ℊ

Schnerr, Alexander Alfred, aus Turek (Russ. Polen): Ueber die Verdampfungswärme und kritische Temperatur einiger Gase, sowie über die Dampfspannung des flüssigen Schwefeldioxyds. ⟨Aus dem II. Chemischen Laboratorium der Universität Freiburg i. Schw. Prof. v. Estreicher.⟩ [Mit drei Abbildungen im Text.] Freiburg (Schweiz) 1910. 63 S. 8°.
Freiburg i. Schw. Math.-naturw. Diss. 1909/10.

Schnerr, Alexander Alfred. Über die Verdampfungswärme und kritische Temperatur einiger Gase, sowie über die Dampfspannung des flüssigen Schwefeldioxyds. Diss. Math.-Naturw. Freiburg, Schweiz. [Mit Figuren.] 63 S. 8. Freiburg ⟨Schweiz⟩, St.-Paulus-Druckerei, 1910.

Schnerr, Johann Jakob

— Anleit. z. Kunst in Pappe zu arbeiten. Mit 95 Figur. gr. 8. Nürnb. 819. Riegel u. W. 1 ₰

Schnerr, Joh. Jak., Anleitung zur Kunst, in Pappe zu arbeiten. Allen Freunden dieser Kunst, besonders aber d. Jugend u. ihren Erziehern gewidmet. 2e Aufl. Mit 100 Figuren auf 6 Kpfrtaf. 8. Nürnberg 835. Riegel u. Wießner. 1 ₰

Schnerr, Joh. Jak., Beschreibung d. schwed. Ofens sowohl in seiner Urform, als auch in mehr. Umänderungen u. Verbesssern. M. 1 versinnl. Modell u. 1 Taf. 8. (1 B.) Nürnberg 832, Rötter. (?) Verklebt.

Schnerr, Jh. Jak., Gedichte. 8. Nürnb. 818. 2e A. 828. Riegel u. W. 15 gr

Schnerr, (Jac.,) Gedichte. 2e Aufl. 12. Nürnberg 827, Riegel u. W.

Schnerr, Jac., Gedichte. 3. reich verm. Aufl. Nürnberg 854. Bauer u. Raspe. 16. (XIV, 272 S.) 1 ₰. 6 ngr.

Schnerr, Karl Hermann [aus Nürnberg]: Beiträge zur chemischen Kenntnis der Granatgruppe ... München, Druck v. V. Höfling, 1894; 49 S. 8.
München, Phil. Fak., Inaug.-Diss. v. 1894

Schnetger, Alexander

— Mohammed und Irene. Drama in 5 Aufzügen. (Als Mscr. für die Bühnen gedr.) gr. 16. (192 S.) Leipzig 857. (Dresden, Burdach.) *

Schnetger, Alex., Arnold v. Selenhofen, Erzbischof von Mainz. Trauerspiel in 5 Aufzügen. 16. (194 S.) Gotha 856, Scheube. *

Schnetger, Alex., der zweite Theil des Goethe'schen Faust erläutert. gr. 8. (XII und 224 S.) Jena 858, Mauke. *

Schnetger, Richard, a. Oschatz ⟨Kgr. Sachsen⟩: Die Anfänge der Quantitätstheorie. Halle a. S. 1908: C. A. Kaemmerer & Co. (67 S.) 8°
Halle, Phil. Fak., Ref. Waentig, Diss. v. 14. Aug. 1908
[Geb. 28. Sept. 68 Oschatz; Wohnort: Halle a. S.; Staatsangeh.: Sachsen; Vorbildung: Gymn. Mühlhausen (Thüringen) Reife M. 91; Studium: Jura Leipzig 2, Halle 6, Med. Halle 15, Phil. Halle 2 S.; Rig. 4. Mai 08.]

Schnetter, A. W., Repertorium aller in d. Preuß. Gesetzsammlung u. dem Amtsblatte d. Kgl. Regierung zu Potsdam bis incl. 1823 enthalt., den Polizei- u. Kommunialdienst betreff. Gesetze, Edikte, Verordn. u. Verfügungen. 8. (26¼ B.) Neu-Ruppin 831, [Oehmigke u. Riemschneider.]

Schnetter, A. W., Repertorium aller in der Preußischen Gesetzsammlung, dem Ministerialblatte u. dem Amtsblatte der Kön. Regierung zu Potsdam enthaltenen, den Polizei- u. Kommunaldienst betreff. Gesetze, Verordnungen u. Verfügungen. 4. Zeitfolge v. 1846 bis incl. 1850. Ein Handbuch f. Landraths-Aemter, Domainen-Polizei-Aemter, Magisträte rc. 8. (VIII u. 94 S.) Angermünde 851. (Berlin, G. Bethge.) n. ⅓ ₰. — (4 Bde. 831. 39. 47. 52: n. 2⅙ ₰)

Schnetter, Christian Ludwig (Altenburg) A. S. 1254/14

Disputatio physica de motu, qui secundum, et qui supra naturam est. Präs. Johann Kiessling.
Erfurt (Funck) 27. X. 1711. 20 Bl.

Gew.: Johann Christoph Schnetter, August Heinrich Foerster.
W. v.: Präs. 31088

Schnetter, Christian Ludwig (Altenburg) A. S. 1272/19

Dissertatio inauguralis medica de sale catharctico amaro Anglico vulgo Anglis Epsomsalt dicto.
Präs. Johann Adolph Wedel.
Jena (Krebs) V. 1715. 32 S.

W. v.: Georg Wolffgang Wedel. 31089

Schnetter, J., zur Dyspepsiefrage. Eine Festschrift zur Eröffng. d. neuen deutschen Dispensary in New-York. gr. 8. (42 S.) New-York 884. (Westermann & Co.) — 75

Schnetter, J., der nervöse Kopfschmerz. Eine klin. Studie. gr. 8. (43 S.) Heidelberg 889. C. Winter. n. 1. 20

Johann Kaspar Schnetter

Verzeichnis [Verzeichnis] der anatomischen und chirurgischen Instrumente, welche um beygesetzte billige Preise verfertiget werden von Johann Caspar Schnetter. München 1813. 51 S. 8

Schnetter, Wilhelm Hannibal (Altenburg/Th.) A. S. 1176/22

Exercitatio medica de vita in secessibus valetudinis causa quandoque agenda exemplo prisci Romani nostrique aevi occasione loci Pliniani lib. V. epist. VI.
Präs. Simon Paul Hilscher.
Jena (Müller) III. 1725. 48 S. 31091

Schnettler, Friedrich

– Jäger und Wildschütz. s. Unterhaltungsbibliothek. Katholische.

Schnettler, Frdr., Kinder werden Leute. Eine Erzählg. aus dem westfäl. Volksleben. Mit 4 Stahlst. 8. (162 S.) Regensburg 873. Manz. n. 1. —

— bei schlichten Leuten. I. Wie Hochmuth gebrochen ward. — Wer hoch fliegen will, kann tief fallen. Alt u. neu. Drei Erzählgn. Mit 4 Stahlst. 8. (159 S.) Ebend. 874. 1. —

Schnettler, Fr., und A. Steinbach, bei schlichten Leuten. II. Doppelte Rettung. Der Tannenonkel. Das Findelkind. Ein schrecklicher Verdacht. Vier Erzählungen. 8. (157 S. mit 4 Stahlst.) Regensburg 877, Manz.
I. Ebendas. 1874. M. 1.

— das Recht bleibt oben, s.: Unterhaltungsbibliothek, katholische.

— ehre Vater u. Mutter. I. u. II. 8. Regensburg 874. Manz. à 1. —
I. Der Sohn d. Trunkenbolds. Erzählung. (154 S. m. 4 Stahlst.)
II. Die Tochter der Waschfrau. Erzählung. (159 S. m. 4 Stahlst.)

Schnettler, Otto, cand. phil. a. Boele i. Westf.: Die Stellung des Kurfürstenkollegiums zum Königtum u. zur Reichsregierung bis zur Zeit Sigmunds. Halle a. S. 1906 (W. Schröder, Boele i. W.). (69 S.) 8° [F.]
Halle, Phil. Fak., Ref. Lindner, Diss. v. 24. Sept. 1906
[Geb. 14. Juli 82 Boele i. Westf.; Wohnort: Halle a. S.; Staatsangeh.: Preußen; Vorbildung: Gymn. Hagen i. W. Reife M. 02; Studium: Münster 1, Kiel 1, Berlin 3, Halle 3 S.; Rig. 25. Juli 06.]

Schnetz, I[oseph]: Ein Kritiker des Valerius Maximus im 9. Jahrhundert. *Neuburg a. D. 1901: Griessmayer.* (56 S.) 8°
Neuburg a. D., k. humanist. G, P 1901*

Schnetz, J[oseph]: Neue Untersuchungen zu Valerius Maximus, seinen Epitomatoren und zum Fragmentum de praenominibus. Würzburg 1904: H. Stürtz. (46 S.) 8°
Münnerstadt, k. humanist. G P 1904*

Schnetzchen on Schnarze. Thüringer Klänge. Hrsg. von Otto Kürsten. Nr. 1—3. 12. (à 16 S.) Weimar (901. 902.) [H. Grosse.] à n. — 10
1. u. 2. v. Otto Kürsten. — 3. v. Thom. Wilde.

Schnetzchen on Schnarze. Thüringer Klänge. 1., 4. u. 5. Heft v. Otto Kürsten. (à 16 S.) kl. 8. Weimar, H. Grosse.
1. 4. Aufl. (903.) — 4. (903.) — 5. (904.) à n. — 10

Schnetzer, Richard, Rechtspraktikant aus München: Die rechtliche Stellung der unehelichen Kinder nach dem Bürgerlichen Gesetzbuch. *München 1902: A. Bruckmann.* (94 S.) 8°
Freiburg i. B., Rechts- u. staatswiss. Diss. v. 1902

Schnetzler, ... (Kreisr.,) s. Chateaubriand's Werke.

Schnetzler, A., praktischer Führer durch das Bundesgesetz üb. Schuldbetreibung u. Konkurs. Ein Wegweiser f. die Geschäftswelt. 3 Tabellen: 1. Betreibung auf Pfändg. 2. Betreibung auf Pfandverwertg. 3. Betreibung auf Konkurs. 3 farb. Steintaf. in Fol. auf 1 Blatt. Bern 893. Schmid, Francke & Co. n. — 80

Schnetzler, A., La question du logement dans la Suisse occidentale. Schriften d. Vereins f. Sozialpol., Bd. 97. gr. 8⁰. Leipzig 1901.

Schnetzler, Eberh., der junge Elektrotechniker, s. a. Taschenbücher, illustrierte, f. die Jugend. 4. Bd.

Schnetzler, Eberh., elektrotechnisches Experimentierbuch für Knaben. (IV, 314 S. m. 247 Abbildgn.) 8. Stuttgart (906). Union. Geb. in Leinw. n. 3. 75

Elektrotechnisches Experimentierbuch. Eine Anleitung z. Ausführung elektrotechn. Experimente unter Verwendung einfachster ... Hilfsmittel. Von Eberhard **Schnetzler**. Mit 247 Abb. 9. Aufl. Stuttgart, Berlin, Leipzig: Union [1907]. (IV, 314 S.) 8° [F.] [08. 2913

Elektrotechnisches **Experimentierbuch**. Eine Anleitg. zur Ausführg. elektrotechn. Experimente unter Verwendg. einfachster, meist selbst herzustell. Hilfsmittel. 10. neubearb. u. verm. Aufl. (IV, 324 S. m. 250 Abb.) kl. 8. Stuttgart (909). Union. Geb. in Leinw. 4. —

— **Werkbuch** fürs Haus. Eine Anleitg. zur Handfertigkeit f. Bastler. (IV, 323 S. m. 409 Abb.) 8. Ebd. (909). Geb. in Leinw. 5. —

Schnetzler, Karl, u. Frz. **Neumann,** die Geheimmittel u. die Heilschwindler. Nach den amtl. Materialien d. Ortsgesundheitsraths Karlsruhe geschildert. 3. Aufl. v. „Die medicin. Geheimmittel, ihr Wesen u. ihre Bedeutg." gr. 8. (VIII, 108 S.) Karlsruhe 883. Bielefeld's Verl. n. 1. 20

Schnetzler, Karl, und Frz. **Neumann,** die medicinischen Geheimmittel, ihr Wesen und ihre Bedeutung. Nach den amtl. Materialien des Ortsgesundheitsraths Karlsruhe geschildert. 1. und 2. Aufl. gr. 8. (VIII, 96 S.) Karlsruhe 881, J. Bielefeld's Verlag. *

Schnetzler, Karl, u. Frz. **Neumann.** Die Geheimmittel u. die Heilschwindler. 4. Aufl. Mit Anh.: Amtliche Sammlung der Bekanntmachgn. d. Ortsgesundheitsraths Karlsruhe. gr. 8. (VIII, 160 S.) Karlsr. 891. Bielefeld's Verlag. * 1 60

(B) **Schnetzler,** K., u. J. **Neumann,** Geheimmittel. 891.
Jetzt: Karlsruhe, G. Braun'sche Hofbuchdr.

Schnetzler, Karl, u. Frz. **Neumann,** die Geheimmittel u. die Heilschwindler. Geschildert. 4. Aufl. (Neudr.) (VIII, 80 S.) 8. Karlsruhe 905. (Rudolstadt, P. Keller.) n. 1. —

Schneuder, Luis. Berlin! Was ist aus dir geworden? Ein passives Sylvester-Widerstands-Lied. Berlin, F. Reichardt. 1 Bl. Fol.
Flugblatt. Berlin, 1848/49.

Schneuwly, Joseph

Schneuwly, petite **géographie** élémentaire de la Suisse à l'usage des écoles primaires. 8. (46 S. mit eingedr. Holzschn. und chromolithogr. Titel.) Einsiedeln 881, Gebr. Benziger. cart. **

Schneuwly, (J[oseph]). Petite géographie élémentaire de la Suisse à l'usage des écoles primaires. Ouvrage approuvé par la Direction de l'Instruction publique ... du Canton de Fribourg. [Illustré.] 8. Einsiedeln ... 1881.

Schneuwly, petite **géographie** illustrée de la Suisse avec un aperçu général sur les 5 parties du monde à l'usage des écoles primaires. Nouvelle éd. 8. (64 S. m. Holzschn. u. farb. Titel.) Einsiedeln 884. Benziger. cart. n.n. — 35

Schneuwly, Ch. Petite géographie illustrée de la Suisse. Nouv. éd. In-8⁰. Eins., Benziger. — 50
1893

—— petite **histoire** illustrée de la Suisse à l'usage des écoles primaires. Nouvelle édit. 8. (88 S. mit eingedr. Holzschn. und farb. Titel.) Ebendas. 884. cart. **

Schneuwly, (J[oseph]). Petite histoire illustrée de la Suisse à l'usage des écoles primaires. Nouvelle éd. 8. Einsiedeln ... 1884.

— petite **histoire** illustrée de la Suisse à l'usage des écoles primaires. Nouvelle éd. 8. (88 S. m. eingedr. Holzschn. u. farb. Titel.) Ebend. 886. cart. n.n. — 50

Schneuwly, Ch. Petite histoire illustr. de la Suisse. Nouv. édition. In-8⁰. Einsiedeln, Gebr. Benziger.
1893 — 60

—— le plus beau **jour** de la vie ou lectures édifiantes à l'usage des enfants, qui se préparent à la première communion. Traduit de l'allemand. Avec 1 chromolithogr. et 28 gravures sur bois (intercalées dans le texte). 16. (239 S.) Ebendas. 881. geb.

—— Notions élémentaires d'histoire suisse à l'usage des écoles primaires. 1re et 2e édit., revue, corrigée et illustrée. 8. (47 S. mit eingedr. Holzschn.) Ebendas. 880,81. cart. **

Schneuwly, (J[oseph]). Notions élémentaires d'histoire suisse à l'usage des écoles primaires. Ouvrage approuvé par la Direction de l'Instruction publique... du Canton de Fribourg. 2me éd., revue, corrigée et illustrée. 8. Einsiedeln..., Fribourg 1881.

Schneuwly (chanoine). Notions élémentaires d'histoire suisse à l'usage des écoles primaires. In-8⁰, 48 p. avec 21 gravures sur bois. Einsiedeln, Benziger, frères. 1881.

Schneuwly, [Joseph]. Nozioni elementari di storia svizzera. Traduzione italiana per uso delle scuole primarie del Cantone Ticino. [Illustrato.] 8. Einsiedeln... 1885.

Schneuwly, J., voir: *Projets*.

Schneuwly, J. Les seigneurs de Mézières. Gr. in-8⁰. 13 p. Fribourg, Impr. Fragnière Frères. 1892.
*** Extrait des „Archives de la Société d'histoire du canton de Fribourg. Tome V, 2e livr."

Schneverdingen [Schlagwort]

Schneverdingen, s.: Preussen. Messtischblätter.

Schnewlin, Joh. Heinr., Stein am Rhein. Dissertatio medica inauguralis de studio pharmaceutico, medico maxime necessario.
Basel, Med. Diss. 1754

Schnewly (Kanonikus, Schuldirector). Einige Worte über die Jugend-Erziehung. Nach den Lehren des P. Lacordaire, des Bischofs Dupanloup, des P. Felix, u. s. w. Aus dem Französischen von Dr. Joseph Bühlmann-Laier, Advokat. Kl.-8⁰, 68 S. (Freiburg, Buchdruckerei des hl. Paulus). Luzern, Gebr. Räber. 1880 — 65

SCHNEYDER, Andr. Cph.: Processus juris judicii provincialis Sneviae, vulgo d. freyen Kays. Land-Gerichts in Ober- u. Nieder-Schwaben gerichtl. Process. *Ulm*. 723. 4.

Schneyder, J. J., theoret.-prakt. franz. Grammatik, in e. neuen u. faßlicheren Darstell. der auf ihre richtigen u. einfachst. Grundsäze zurückgeführt. Regeln. Nebst e. Anh. v. leichten Uebungsbeispielen zum Uebersezen aus d. Deutschen in's Franz., u. umgekehrt. gr. 8. (24 B.) Rastatt 832. (Frankfurt a. M. 833, Andreä.)
Vgl. Schneider. — Schneither.

Schneyder, Johann: Ueber den Wein- und Obstbau der alten Römer. Rastatt 1846. VI, 55 S. ([Progr. des grossh. Lyceums zu Rastatt 1845/46. Beil.]) -- 31*.107. Frei 109

Schneyder, Karl [Unterarzt im Schleswigschen Feld-Art.-Reg. No. 9 u. am K. Charité-Krankenhause]: Inversio uteri .... Berlin, Druck v. H. S. Hermann (1886); 32 S. 8⁰.
Berlin, Med. Fak., Inaug.-Diss. v. 10. März 1886.

Schneyder, Karl, inversio uteri. Diss. Berlin 1886, Mayer & Müller. 8⁰. 32 S.

Schneider, Rudolf

Dr. R. Schneyder. Über mikroskopische Unterrichtsobjekte. 54 S. Donaueschingen, P 1873

Schneyder, Rud., chemische Untersuchungen verschiedener Arten von Menschen und Thieren nebst einem Anh. über eine neue, bequemere und genauere Bestimmung des specifischen Gewichts. Inauguralschrift. Freiburg im Br. 855. Wagner. gr. 8. (2 Bl., 53 S. mit Holzschn. im Text.) n. 12 ngr.

SCHNEYDER, RUDOLPH. Chemische Untersuchungen verschiedener Augen bei Menschen und Thieren, nebst einem Anhange über eine neue, bequemere und genauere Bestimmung des specifischen Gewichtes. Rastatt, 1855.

Schneyder, Rud., chemische Untersuchungen verschiedener Augen von Menschen und Thieren nebst einem Anhang über eine neue, bequemere und genauere Bestimmung des specifischen Gewichts. Inauguralschrift. gr. 8. (III und 52 S. mit eingedr. Holzschn.) Freiburg im Br. 857, Wagner'sche Buchh. *

Schneyer, Ferd., Beschäftigungstafeln für Kinder von 6 bis 9 Jahren. gr. 8. (8 Stnt., wovon 6 in Buntdr.) Coburg 869, Sendelbach. *

— Kinderlust, ein Lesebuch für Kinder von 7 bis 8 Jahren. Ebend. 868. gr. 8. (VIII, 100 S.) n. 7½ ngr.

Schneyer, Ferd., Kinderlust, e. Lehrbuch f. Kinder von 7 bis 8 Jahren. 2., verb. Aufl. gr. 8. (VIII, 100 S.) Coburg 872. Sendelbach. n. -- 60

Schneyer, Ferd., Kinderlust, ein Lesebuch für Kinder von 7 bis 8 Jahren. 3., verb. Aufl. gr. 8. (VIII, 100 S.) Koburg 877. Sendelbach. geb. n. — 80

Schneyer, Ferd., Kinderlust, e. Lesebuch f. Kinder von 7 bis 8 Jahren. 4. Aufl. gr. 8. (112 S.) Coburg 885. Sendelbach. geb. n. — 80

Schneyer, Ferd., Kinderlust, e. Lesebuch f. Kinder von 7—8 Jahren. Neu hrsg. im Auftr. d. Lehrerschaft des Herzogt. Coburg. 5. Aufl. gr. 8. (160 S.) Coburg 898. J. F. Albrecht. Geb. n.n. — 80

Schneyer, Ferd., Kinderlust, e. Lesebuch f. Kinder v. 7 bis 8 Jahren. Neu hrsg. im Auftrage der Lehrerschaft des Herzogt. Coburg. 6. Aufl. (160 S.) 8. Coburg 904. J. F. Albrecht. Geb. n.n. — 80

Schneyer, Ferd., der erste Rechenunterricht m. Benutzung d. Baukastens u. der Netztafel. Zum Gebrauch f. Elementarlehrer u. in der Familie. Mit e. Vorwort von Fr. Th. Heckenhayn. 1. u. 2. Hft. gr. 8. Coburg 871. 76. Sendelbach. à n. 1. —
1. Zahlenraum 1—10. Mit 4 lith. Taf. (30 S.)
2. Zahlenraum bis 100. Mit 1 lith. Taf. (32 S.)

—— der erste Rechenunterricht mit Benutzung des Baukastens und der Netztafel. Zum Gebrauch für Elementarlehrer und in der Familie. Mit einem Vorwort von Fr. Th. Heckenhayn. 2 Hefte. 8. Ebendas. à Heft * *M* 1. *
Inhalt:
Heft 1. Zahlenraum 1—10. 2. Aufl. (32 S. mit 5 lithogr. Taf.) 879.
» 2. Zahlenraum bis 100. (32 S. mit 1 lithogr. Taf.) 876.

Schneyer, Ferd., der erste Rechenunterricht m. Benutzung des Baukastens u. der Netztafel. Zum Gebrauch f. Elementarlehrer u. in der Familie. Mit e. Vorwort v. Fr. Th. Heckenhayn. 2 Hfte. gr. 8. (à 32 S.) Gotha 902. E. F. Thienemann. à n. 1.—
1. Zahlenraum 1—10. Mit 5 lith. Taf. 2. Aufl. 2. unveränd. Abdr.
2. Zahlenraum bis 100. Mit 1 lith. Taf. 2. unveränd. Abdr.

Schneyer, Ferd., der erste Rechenunterricht m. Benutzung des Baukastens u. der Netztafel. Zum Gebrauch f. Elementarlehrer u. in der Familie. 2. Heft. 8. Gotha 908. E. F. Thienemann. 1. —
Zahlenraum bis 100. 3. unveränd. Abdr. (33 S. m. 1 Taf.)

Schneyer, Friederike, persönliche Erinnerungen an Heinrich Schaumberger, s.a. Magazin, pädagog.

Schneyer, Friederike: Persönliche Erinnerungen an Heinrich Schaumberger. Von —. Langensalza: H. Beyer & Söhne 1899. (19 S.) 8°
= Magazin, Pädagogisches. H. 128.

Schneyer's, G. F., (7) bewährte und auserwählte Recepte zur Lebkuchenbäckerei. 8. Leipzig 850, Spamer. *
Jedes einzeln *
2 zusammengenommen *
4 zusammengenommen *

Schneyer, Johs., Gedichte in Hildburghäuser Mundart. Hrsg. von M. Werner. Mit dem Portr. des Verf. (in Stahlst.). 1. Aufl. (V, 80 S.) 1875; 2. Aufl. 16. (64 S.) Hildburghausen 878, (Kesselring'sche Hofbuchh.) *

Schneyer, Johs., Gedichte in Hildburghäuser Mundart. Gesammelt u. hrsg. v. M. Werner. (3. Aufl.) 8. (V, 88 S.) Hildburghausen 883. (Kesselring.) n. 1. 20

Schneyer, Johs., Gedichte in Hildburghäuser Mundart. 4. Aufl. 8. (73 S.) Hildburghausen 891. Kesselring. n. 1. —

Schnezler's, Aug., Gedichte. gr. 12. München 833. (Freiburg, Fr. Wagner.) n. 5/6 ℛ

—— Gedichte. 2., verm. Ausg. 12. (21¾ B.) Karlsruhe 846. (Leipzig, Wilh. Engelmann.) * 1 Thlr. 21 Ngr.
In engl. Einbd * 1

Schnezler, Aug., Gedichte. 2. verm. Ausg. 12. Karlsruhe 846, Creuzbauer u. Hasper. n. 1 ℛ 21 ngl In engl. Einb. n. 1 11/12 ℛ

Schnezler, Aug., Gedichte. Neue (Titel-)Ausg. 12. (247 S.) Freiburg im Br. 854, Wagner'sche Buchh.

Schnezler, Aug., die badische Kammer, s. Kammer.

Schnezler, A., rheinisches Odeon, s. Odeon.

Schnezler, A., Melodram, Mummelsee's Rache. Gedicht v. S. Musik v. Th. Cursch-Bühren. gr. 8. (2 S.) Leipzig 895. M. Brockhaus. n. — 10

— der Riß zum Kölner Dome. Festsp. in 1 Akte. Nebst einem Prolog von A. Nodnagel. gr. 8. Darmst. 842, Pabst. 1/8 ℛ

— Badisches Sagen-Buch. Eine Sammlung der schönsten Sagen, Geschichten, Märchen und Legenden des Badischen Landes. 1. Abtheil.: Vom Bodensee bis z. Ortenau. gr. 8. Ebend. 846. n. 1½ ℛ — 2. Abthl.: Von der Ortenau bis zum Mainthal. gr. 8. Ebend. 846. 1⅔ ℛ

—— Vergißmeinnicht, s. Vergißmeinnicht.

Schnezler, Aug., Aurelia's Zauberkreis, s. Aurelia's.

Schnibbe-Schellmühl, Georg: Die Gartenanlage des Conradinum zu Langfuhr. *Danzig 1901: A. W. Kafemann.* (S. 14—16.) 4°
Langfuhr b. Danzig, R u. VS (v. Conradisches Schul- u. Erz.-Inst. Conradinum), OP 1901 (48)**

Schnick, Karl, approb. Arzt, aus Nakel, Prov. Posen: Aus d. patholog. Institut d. Universität Greifswald. Ein Fall von primärem Spindelzellensarkom der Lunge, gepaart mit Tuberkulose. *Greifswald 1899: J. Abel.* (24 S.) 8°
Greifswald, Med. Diss. v. 25. März 1899

Schnickel, Nicolaus (geb. am 25 Aug. 1811 in Bonn): Expositio nosographica morborum membranae mucosae bronchiorum ... Bonnae, typ. C. Georgii (1835). 3 Bl., 28 S. 4.
Bonn, Med. Fak., Diss. v. 7 Apr. 1835

Schnick-Schnack, allerhand. qu. 4. (10 S. m. z. Tl. farb. Bild.) Fürth 895. (Leipzig, W. Opetz.) — 50

Schnickschnack, kleiner, für die lieben Kinder. 2. Aufl. 4. (8 Holzschn. mit Text.) Leipzig 851(52,) Naumburg. *

— lustiger. 4. (12 S. m. z. Tl. farb. Bild.) Leipzig 895. Wezel & Naumann. 1. —

Schnickschnack, lustiger. schmal gr. 8. (8 S. m. z. Tl. farb. Abbildgn.) Nürnberg (902). Th. Stroefer. — 50

Schnickschnackschnuckliklappermey, Die verkümmelte Hochzeit, oder Das Mädchen ist keine Jungfer mehr! Ein Gedicht in zwei Gesängen. Halle, zu haben bei Joh. Ch. Hendel. 1790. 8°. 45 S. (Es giebt Expll. auf weisserem Papier.)

— — — — Dasselbe. (Neudruck.) München. Bibliogr.-artist. Institut (Ludw. Unflad). O. J. (1883). 8°.
Verboten vom L.-G. Wien, 2. Febr. 1884. § 516.

Schnidaritsch, Ant., Untersuchung über specifische Wärme des Alkohols von verschied. Concentrationsgraden. Lex.-8. (32 S. mit 2 Stnt. in 4.) Wien 859, (Gerold's Sohn.) * —
Aus: Sitzungsberichte der k. Akad. der Wissenschaften, Jahrg. 1859, besonders abgedruckt.

Schnider. s.a. Schnyder.

Schnider, Über Gründüngung und ihre Verbreitung in der Oberpfalz.
Regensburg 1898.
Verf. Prof. d. l. Betriebslehre an der T. H. München. Ähnl. 1902 in Mitt. d. DLG., S. 201. (W)

Schnider, August [aus Gut Schwabhof bei Augsburg]: Statistische Untersuchungen über den Zusammenhang der Preise von Roggen, Roggenmehl im Gross- und Kleinhandel und Roggenbrot in vier deutschen Städten während der Jahre 1881 bis 1889 '(bezw. 1890)'. M. 4 graph. Darstellgn ... (Aus: Zeitschr. d. Kgl. Preuss. statist. Bureaus, Jg. 1891.) Berlin, gedr. in d. Buchdr. W. Koebke, 1891; 4 Bl., 18 S., 4 Tab. 4.
Giessen, Phil. Fak., Inaug.-Diss. v. 1892

Schnider, Th., d. Alpwirtschaft im Kanton St. Gallen, s.a. Alpstatistik, schweizer., Lfg. 3.

Die Alpwirtschaft im Kanton St. Gallen. Hrsg. v. Schweizerischen alpwirtschaftl. Ver., bearb. v. Th. Schnider, Oberförster. *Bern: Buchdr. Stämpfli & C. 1896.* (111 S., 3 Tab.) 1 Bd 8.
— Alpstatistik, Schweizerische. Lfg 3. [97. 7823

Schnider von Wartensee s. Schnyder von Wartensee.

SCHNIDERSCHITZ, Hans: Über das Cinchonidin. — 1899. 33 S.
Diss. Graz, Univ.

Schniderschitz Hans: Zur Konstitution der Chinaalkaloide. 2. Mitteilung: Das Cinchonidin.
8. 98. IIb. 34 . . . . vgr.
Separatabdruck

Schniderstückli, E paar neueri und neusti. Zürich 1871. V: *Kilchsperger, Rud.* (Cat. d. Stadtbibl. Zürich. Zürich 1864—97.)

Schnieber, Alfr. (geb. Sorau 4. 2. 1821): De partu praematuro arte provocando. Berolini (1843). (50 S.) 8°
Berlin, Med. Diss. v. 6. Apr. 1843

Schnieber, C. G., Heinrich der Fromme, Herzog zu Sachsen. 8. Liegn. 815. Kuhlmey. 12 gr.

Schnieber, Karl, Darstell. der Vortheile v. Anbau d. syrischen Seidenpflanze. 8. Liegnitz 789. Siegert. 4 gr. u. Leipz. 794. Linke; (a. Coppenrath in Münst.) 3 gr.

— s. Pfarrer u. d. Bauer.

Schniebes, Ch. Gottfr., Moses u. Christus, od. Zeugniß d. geoffenb. Religion. 8. Leipz. H. Richter. 813.

Schniederjost, Joseph, aus Westfalen: **Beiträge zur Kenntnis der Spektra von Wasserstoff, Helium, Luft, Stickstoff und Sauerstoff im Ultraviolett.** *Halle a. S. 1904: C. A. Kaemmerer & Co.* (43 S.) 8°
Halle, Phil. Diss. v. 1904

Schnierer, Jul. v., Commentar zum ungarischen Handelsgesetzbuch. Autoris. Uebersetzg. aus dem Ung. gr. 8. (VIII, 442 S.) Budapest 877. Leipzig, Hässel. n. 6. —

Schniering, Clemens, Referendar: Über die Entwickelung der Lehre von der Zulässigkeit des Wahrheitsbeweises bei Beleidigungen. Borna-Leipzig 1909: Noske. X, 103 S. 8°
Heidelberg, Jur. Diss. v. 13. Aug. 1909, Ref. v. Lilienthal
[Geb. 8. Sept. 87 Borbeck; Wohnort: Borbeck; Staatsangeh.: Preußen; Vorbildung: Gymn. Mülheim a. Rh. Reife 06; Studium: Münster, München, Berlin, Freiburg i. B. zus. 7 S.; Rig. 7. Juli 09.] [U 10. 2011

Schniewind, s.: Gnade u. Friede!

Schniewind, C., Rede, geh. am 27. Juni 1891 auf dem Schlachtfelde bei Langensalza zum Gedächtnis der vor 25 Jahren gefallenen Krieger. 8. (8 S.) Langensalza 891. Wendt & Klauwell. n. — 20

Schniewind, Carl, s. Schniewind, Karl

Schniewind, Christ(ophorus) Henr. Eugenius (geb. am 24 Jan. 1814 in Valenciennes in Frankreich): De herniarum abdominis mobilium cura radicali ... Bonnae, typ. F. Baaden (1839). 4 Bl., 47 S., 2 Bl., 2 Taf. 4.
Bonn, Med. Fak., Diss. v. 15 Apr. 1839

Schniewind, Helene, die Kunstwäscherin u. Färberin, nach erprobten Verfahrungsarten, enth.: Anweisungen zur Zubereitung u. zum Gebrauch der Seife, mit der man alle Arten von Zeuge wie neu waschen kann 2c., Fett- od. Schmutzflecken auszumachen, Kleider 2c. zu färben, sowie endlich Glacee-Handschuhe zu waschen. 8. (8 S.) Neuwied 850, Lichtfers. 1/6 gr.

Schniewind, Julius, cand. min.: Die Begriffe Wort und Evangelium bei Paulus. Bonn: Georgi 1910. 120 S. 8°
Halle, Theol. Diss. v. 9. Juli 1910, Ref. Haupt †
[Geb. 28. Mai 83 Elberfeld; Wohnort: M.-Gladbach: Staatsangeh.: Preußen; Vorbildung: Gymn. Elberfeld Reife O. 01; Studium: Bonn 3, Halle 5, Berlin 1, Marburg 1 S.; Rig. 19. Febr. 10.] [U 10. 1661

Schniewind, Karl

Schniewind, Carl, der Dom zu Berlin. Geschichtliche Nachrichten vom alten Dom, bei Einweihg. des neuen Doms dargeboten. (206 S. m. Abbildgn.) 8. Berlin 905. W. Warneck. n. 1. 50

Schniewind, Otto (geb. am 29 Jan. 1846 in Köln): Ueber Elephantiasis Arabum ... Bonn, Druck v. C. Georgi 1869. 35 S., 1 Bl. 8.
Bonn, Med. Fak., Diss. v. 5 [hs. 8] Juli 1869

Schniewind-Thies, J, Beiträge zur Kenntnis d. Septalnectarien. gr. 8. (87 S. m. 12 lith. Taf. u. 12 Bl. Erklärgn.) Jena 897. G. Fischer. n. 15. —

Schniewind-Thies, J., die Reduction der Chromosomenzahl u. die ihr folgenden Kernteilungen in den Embryosackmutterzellen d. Angiospermen. gr. 8. (34 S. m. 5 lith. Taf. u. 5 Bl. Erklärgn.) Jena 901. G. Fischer. n. 7. —

Schnill, J., Vertheidigung des baier. Konkordats gegen die Betrachtungen in Zschokke's Ueberlieferungen. 3 Hefte. 4. München, Lentner. 818. Rthlr. -

Schnippel, E.: Zur Dispositionslehre. I. — Osterode i. O.-Pr. — R. G. — 25 S. — (21).

Schnippel, E.: Zur Dispositionslehre II. — Osterode in O.-Pr. — R. G. — 29—51 S. — (21).

Schnippel, E., ausgeführter Lehrplan im Deutschen f. die mittleren u. oberen Klassen höherer Lehranstalten. Ein Entwurf. gr. 8. (XVI, 95 S.) Berlin 891. Gaertner. n. 1. 80

Schnippel, E., „ohne Kaiser kein Reich". Festrede zu Kaisersgeburtstag 1895. gr. 8. (16 S.) Oldenburg 895. Schulze. n. — 30; geb. — 75

Schnippel, E., üb. e. merkwürdigen Runenkalender d. großherzogl. Museums zu Oldenburg, s.: Bericht üb. die Thätigkeit d. Oldenburger Landesvereins f. Alterthumskunde.

Schnippel, Emil, Prof. Dr.: Urkundliche Beiträge zur Geschichte des Jahres 1806. T. 1. Zum hundertj. Gedächtnis an den Aufenthalt des Königs Friedrich Wilhelm III. in Osterode. Osterode Ostpr. 1906: F. Albrecht. (16 S.) 4° [J.]
Osterode, st. G OP 1906 (14)

Schnippel, Emil: Urkundliche Beiträge zur Geschichte des Jahres 1906. Tl 1. 2. Osterode, Ostpr. 1906. 1911. 8° (4°)
1. 2. 100jähr. Gedächtnis an d. Aufenthalt d. Königs Friedr. Wilhelm III. in Osterode. 1906.
2. 1911.
[Osterode, Städt. Gymnas.] P. v. 1906. 1911.

Schnippel, *Emil* Zur Dispositionslehre. I. 4 (25 S.). II. 4. (S. 29—51). **Progr.** Rg. *Osterode in Ostpr.* 1886 (21). 1888 (21).

Schnippel, Emil [Dr., Oberl.]: Zur Dispositionslehre. III. (Schluss d. P-Beil. 1886, 88.) Osterode Ostpr., Buchdr. v. C. E. Salewski, 1892; 1 Bl., 55—84 S. 4.
Osterode in Ostpr., st. RG, OP 1892 (20)

Schnippel, E[mil], Prof. Dr.: **Miscellen zur Geschichte von Osterode.** *Osterode Ostpr. 1901: F. Albrecht.* (14 S.) 4° [J.]
Osterode i. Ostpr., st. G, OP 1901 (13)

Schnippel, E, Fischermarken u. Giebelkronen aus Hela. (31 S. m. 4 Taf.) Lex.-8. Danzig 904. (L. Saunier.) n. 1.50
Sonderabdruck aus: „Ztschr. d. westpreuss. Geschichtsver."

Schnippenkötter, Ernst, s.: „Ecce homo" panis angelorum.

Schnippenkötter, Ernst, kathol. Gebetbuch in vereinf. Stenographie (Einigungs-System: Stolze-Schrey). 16. (192 S. m. Titelbild.) M.-Gladbach 898. A. Riffarth. Geb. in Ldr. m. Goldschn. n. 2.50

Schnirch, Fr., und Jos. Schnirch, Beytrag f. den Kettenbrückenbau, enthalt. die Theorie d. Schwankungen bey allen bekannt. Kettenbrücken-Constructionsarten, mit 2 od. mehr. zusammenhäng. Bahnen, nebst beigefügt. Hülfsformeln zur Berechnung d. Kettenbrücken, u. e. Entwurfe zu e. zusammengesetz. Kettenbrücke f. sehr grosse Flussbreiten. M. 2 Stnt. (qu. gr. Fol.) 8. (11¼ B. incl. 1 Tab.) Prag 832, (Eggenberger.)

Schnirch, Fr., die Kaiser Franzens-Kettenbrücke zu Prag. Hinsichtlich ihres Entwurfs u. ihrer Ausführung. Mit Darlegung aller technischen Nachweisungen darüber, nebst 16 lith. Detail-Plänen u. 1 Perspektiv-Ansicht. Herausgeg. v. Karl Aug. Fd. Hennig. gr. 4. Prag u. Berlin 842. (Prag, Calve'sche Buchh.) n. 4 ℔

Schnirch, Jos., s. Fr. Schnirch, Beitrag für den Kettenbrückenbau.

Schnirer, M. T., s.: Encyklopädie der prakt. Medizin.

Schnirer, M. T., s.: Lexikon, diagnostisches, f. praktische Ärzte.

— s.: Medizinal-Index u. therapeutisches Vademecum.

Schnirer, M. T, Taschenbuch der Therapie mit besonderer Berücksichtigung der Therapie an den Berliner, Wiener u. a. deutschen Kliniken. 16°. (14, 293 S.) geb. K 2.40
Wien: Coen 1904.

Schnirer, M. T., Taschenbuch der Therapie. 2. Aufl. 8°. (400, IX S.) Wien: R. Coën 1905. geb. K 2.40

— Taschenbuch der Therapie m. besond. Berücksicht. der Therapie an den Berliner, Wiener u. a. deutschen Kliniken. 3. verm. u. verb. Aufl. (15, 380 S.) 16. Wien 907. R. Coën. Geb. in Leinw. n. 2.—
1. Aufl. (14, 293 S.) 905. — 2. (III, 13, 400 S.) 906.

— Taschenbuch der Therapie m. besond. Berücksicht. der Therapie an den Berliner, Wiener u. a. deutschen Kliniken. 7. verm. u. verb. Ausg. (15, 450 S.) 16. Würzburg 911. C. Kabitzsch. Geb. in Leinw. 2.

— s.: Therapie, neue.

Schnirer, M. T., s.: Wochenschrift, klin.-therapeut.

Schnirer, M. T, s.: Wochenschrift, therapeutische.

— s.: Wochenschrift, Wiener klinisch-therapeutische.

Schnirle, Jos., die Schlacht v. Eggmühl am 22. IV. 1809. (20 S. m. 2 Taf.) 8. Regensburg (909). (A. Coppenrath's Sort.) — 20
Sonderabdruck aus: „Burschenblatt".

(Schniter, E[ugen].) Album vom Zürichberg mit Panorama und Vogelschau vom Sonnenberg, Hottingen bei Zürich. Aufl. 1880. 8. Zürich (1880).

Schniter, Karl, von Albisrieden (Kanton Zürich): Zur Kenntniss der Einwirkungsproducte von Chlor und Brom auf Pyrogallol. — Ueber Halogenderivate der Chinone. Zür. Orell Füssli Cie Dr. 1887. 48 S. 8. Zürich. Phil. Diss. [v. 28. Juli 1887].

Schnitger, A. D., die neue Preußische u. Allgemeine Deutsche Civil-Proceß-Ordnung. Ein Votum. Berlin 861. Guttentag. gr. 8. (46 S.) n. 10 ngr.

Schnitger, C. Rud., Heimatskunde. Eine Anweisung zu einem methodisch geordneten Lehrgang für den Unterricht in derselben. Hamburg 867. Grüning. gr. 8. (42 S.) n. 6 ngr.

Schnitger, C. Rud., Heimatskunde. Eine Anweisg. zu e. methodisch geordneten Lehrgang f. den Unterricht in derselben. 2., zum Theil umgearb. Aufl. 8. (IV, 51 S.) Hamburg 876. Grüning. n. — 80; cart. n. 1. —

Schnitger, C. Rud., u. H. Berndt, Leitfaden f. Grammatik u. Orthographie in der Vorschule. 2 Tle. 3., nach der neuen Rechtschreibg. verb. Aufl. gr. 8. Hamburg, Herold.
1. (2. Schulj.) (VIII, 70 S.) n. 1. —. Geb. n. 2.50
2. (3. Schulj.) (IX, 136 S.) n. 1.50.

Schnitger, C. Rud, u. H. Berndt, Leitfaden f. Grammatik u. Orthographie in der Vorschule. 1. u. 2. Tl. gr. 8. Hamburg 897. (Herold.) Geb. n. 2.50
1. (2. Schulj.) (VII, 70 S.) n. 1. —.
2. (3. Schulj.) (VIII, 136 S.) n. 1.50.

Schnitger, C. R., u. H. Berndt, Leitfaden f. Grammatik u. Orthographie in der Vorschule. I. Tl. (2. Schulj.) 5., unveränd. Aufl. (VIII, 70 S.) 8. Hamburg 910. Herold. Geb. — 80 u. — 90.

Schnitger, kleine Schulgeographie. Heimathskunde des Fürstenth. Lippe. gr. 8. (12 S.) Schleswig 869, (Schulbuchh.) [Halle, Buchh. des Waisenhauses.] *

— kleine Schulgeographie. Heimathskunde des Fürstenthums Lippe. Schleswig 869. (Schulbuchh. — Detmold, Meyer.) gr. 8. (12 S.) n. 1½ ngr.

— das französische Verb. Eine methodische Anweisung zur Erlernung desselben. 1. u. 2. Heft. Hamburg 868, 69. Grüning. 8. Jedes Heft geb. n. 6 ngr.
1. Heft. Hülfsverben u. regelmäßige Verben. (64 S.)
2. Heft. Unregelmäßige Verben. (64 S.)

Schnitger, C. Rud., das französische Verb. Eine method. Anweisung zur Erlernung desselben. 1. Heft: Hülfsverben und regelmäß. Verben. 2. Aufl. 8. (64 S.) Hamburg 881, Grüning. geb. *

Schnitkemper, Bernhard: Die Heiligthümer Billerbecks. Festschr. z. Feier der Einweihg d. Votivkirche des hl. Ludgerus u. d. 1100jähr. Bestehens d. Pfarre Billerbeck. Von [Bernhard] Schnitkemper, Pfarrer ... Billerbeck: M. F. Knüppel 1898. (4 Bl., 102 S., 1 Bl., 16 Taf.) 1 Bd 8°

Schnitker, Reformations- und Abschieds-Predigt von der Gemeinde zu Eckernförde, gehalten am 2. Novbr. 1856. Rendsburg 857. Matthiessen in Comm. gr. 8. (16 S.) n. 4 ngr.

Schnitler, D. Almindelig Krigshistorie. Periode 1. 2. Christiania 1878. 8°.

Schnitt, der goldene. Eine deutsche Bücher-Liste. Auswahl der vom Kunstwart, Dürerbund, u. Ed. Engel, Witkowski, allen deutschen Jugendschriften-Prüfungs-Ausschüssen, sowie der im „Katalog der deutschen Unterrichts-Ausstellg. in Brüssel", im „Musterkatalog f. Volksbibliotheken" u. anderen wertvollen Bücherlisten empfohlenen Bücher. 4. Jahrg. (VIII, 100 S.) Lex. 8. Dresden (910). A. Köhler. — 50

Schnitt, Adolf [app. Arzt aus Berlin]: Aus d. medicin. Klinik in Jena. Statistische Mittheilungen über Herzklappenfehler m. bes. Berücks. d. Auftretens v. Hydrops bei denselben ... Berlin, gedr. bei H. Schmidt, 1893; 2 Bl., 37 S. 8.
Jena, Med. Fak., Inaug.-Diss. v. [26. Jan.] 1894

Schnitter, die,. Lstsp. v. Favart. 8. Ffft. Garbe. 769. Rthlr.

— die, oder d. Glück der Unterthanen. Lstspl. 8. Prag 769. Widtmann. 4 ℊ

Schnitter, Die. Ein Lustsp. (Singsp.) 1771 (Pfeffel). 1772 (Faber). (IV, 1233/34.) — Beide Stücke bearb. nach *Charl. Sim. Favart.* (DARP)

Schnitter, die; ein Lstspl. nach d. Französ. (v. Konr. Gli. Pfeffel). 8. Frankf. a. M. 771. (Vergl. auch Favart.)

— die,. Singsp. 8. Frkft. Andreä. 772.

Schnitter, Albert

Schnitter, A., in eigenen Banden. Eine Erzählg. aus dem modernen Leben. In Versen. 12. (VII, 99 S.) Dresden 889. Pierson. n. 1. 50; geb. n. 2. 50

— Gewehr heraus! Heitere Bilder aus dem österreich. Soldatenleben in Prosa u. Versen. 8. (V, 96 S.) Graz 888. Pechel. n. 1. —

—— Gewehr heraus! Heitere Bilder aus dem österreich. Soldatenleben in Prosa u. Versen. 2. verm. Aufl. 8. (VI, 110 S.) Graz 889, Pechel. * 1 20

Schnitter, Alb., Näherinnen werden aufgenommen. Schwank in 1 Act. gr. 16. (24 S.) Graz 895. F. Pechel. n. — 35

Schnitter, Alb., Schön-Lieschen. Eine Weihnachtsgeschichte in Versen. 12. (61 S.) Graz 885. Pechel. n. 1. 20

Schnitter, Alois. St. Patrizius. Ein Gebet- u. Wallfahrtsbüchlein f. das kathol. Volk zu Ehren d. heil. Patrizius. 16. (XI, 167 S. m. 1 Bild.) [Schw. Gmünd 889.] Stuttg., Jos. Roth. * — 80; geb. * * 1 —

Schnitter, Andreas, a. Offenbach a. M.: Aus dem pathol. Institut zu Freiburg i. Br. Über leukämische und pseudoleukämische Hautveränderungen. Freiburg i. Br.: Speyer & Kaerner 1906. (62 S.) 8°
Freiburg i. B., Med. Fak., Ref. Gierke, Diss. v. 1906
[Geb. 7. Mai 81 Coblenz; Wohnort: Offenbach; Staatsangeh.: Preußen; Vorbildung: Lessing-Gymn. Frankfurt a. M. Reife O. 01; Studium: Würzburg 2, München 4, Kiel 1, Freiburg i. B. 4 S.; Coll. 9. Marz 06.]

Schnitter, Herman [med. prakt. von Zürich]: Unguis incarnatus. Aetiologie, Pathologie, Therapie des eingewachsenen Nagels. Basel 1898. 46 S. 1 Taf. 8°.
Basel. Med. Diss. 1897/98.

Schnitter, Johann Christian (Zittau) A. S. 1257/7

Dissertatio medica inauguralis de sterilitate.
Präs. Georg Wolffgang Wedel.
Jena (Krebs) 7. VII. 1714. 40 S.

W. v.: Präs., Johann Kaspar Gemeinhardt.

31093

Schnitter, Otto [aus Cottbus]: Der heutige Stand der Puerperalfieberfrage dargethan im Anschluss an die Beobachtung einer kleinen Wochenbetts-Stadtepidemie. ... Strassburg i. E., Buchdr. C. Goeller, 1891; 30 S. 8°
Strassburg, Med. Fak., Inaug. Diss. v. 1891

Schnitter, Wilh., dramatische Festgabe. 3 Lustspiele. 8. (90 S.) Berlin 885. (Scheller.) n. 1. —

Schnitter, Wilhelm, Fortunat. Trauerspiel in fünf Aufzügen. gr. 8. (151 S.) Stralsund 855, [Hingst.] *

Schnitter, Wilh., Gedichte v. Carol. B.......n, s. a. Gedichte.

Schnitter, Wilh., Gedichte. gr. 8. (11¾ B.) Greifswald 836, [Koch's Vrlgh.]

Schnitter, Wilhelm, Nur ein Glas, Dramat. Scherz in 1 Aufz., Leipzig 1876, 29 S., 16°.

Schnitter, Wilhelm, Lieder f. dtsche. Turner, Stralsund 1865, 1869, 1876, 16°. 3 Bde.

Schnitter, Wilhelm, Drei Lustspiele, Berlin 1885, 90 S., 8°.

— Polykrates. Trauerspiel in 5 Aufz. (Geschrieben im Sommer 1830.) gr. 8. Leipzig 835. (Fort.) ¾ ℊ

Schnitter, Wilh., dramatische Schriften. I. Thl. A. u. d. Ttl.: Maria. Trauersp. in 5 Acten. Geschrieben 1828. gr. 12. (7⅝ B.) Leipzig 842, Friedr. Fleischer. *

Schnittert, Karl

Schnittert, Carl [app. Arzt aus Düsseldorf]: Zur Anastomosenbildung am Darme ... *Düsseldorf, Druck v. C. Schaab,* 1895; 22 S., 1 Bl. 8.
München, Med. Fak., Inaug.-Diss. v. 1895

Schnittger's, C. N., Erinnerungen e. alten Schleswigers. Neu hrsg., m. Anmerkgn. versehen u. durch e. Anh. ergänzt von Heinr. Aug. Chr. Philippsen. (359 S. m. Abbildgn.) gr. 8. Schleswig 904. J. Ibbeken. n. 5. 50; geb. n. 7. —
Erschien auch in 22 Lfgn. à — 25.

Schnittger, Doris, der Dom zu Schleswig. Geschichte u. Beschreibg. 8. (VII, 91 S. m. Abbildgn.) Schleswig 894. J. Bergas. n. 1. —

Schnittlehre, die vollständ., des Damen- und Kinderkleiderfertigens, in 18 lith. Taf. dargestellt u. für den Selbstunterricht bearb. v. d. Redaction d. Panorama d. Moden: Abthl. d. Damen-Journals. qu. Fol. Frankf. a/M. 846. (Streng.) n. 1⅓ ℊ französ. Ausg. auch n. 1⅓ ℊ

— dies. Für Herren. 3. Aufl. Roy.-Fol. (Mit Text.) Ebend. 845. n. 1⅓ ℊ

Schnittler, O., Rückblick auf die geschichtliche Entwicklung des Turnvereins Ruhla, gegr. 1848, Festg. z. 60jähr. Stiftungsf., verb. m. d. 1. Bezirksturnf., 23. 8. 1908, m. Abb., 15 S., Kl.-8°.

Schnittmann, J. H., Nathanael, s. Nathanael.

Schnitt-Modelle, Neue Wiener. Wien: Administration 1899.

Schnitt-Modelle, neue Wiener. Mode-Fachblatt. 1. u. 2. Jahrg. Oktbr. 1899—Septbr. 1901. à 12 Nrn. schmal Fol. (à ca. 6 Taf. m. 6 Schnitten in Normalgrösse.) Wien, Administration. à Jahrg. n. 30. —
Fortsetzung s.: Moden-Revue, Wiener.

Schnittmuster-Album des „Berliner Modenblatt". 2. Heft: 490 Abbild. der Frühjahrs- und Sommer-Moden 1880. Mit Angabe, bei jeder Abbild., des Preises für das betr. Papier-Schnittmuster und des erforderl. Stoffes. qu. Fol. (48 Holzschntaf.) Berlin, Berliner Modenblatt. *
Das 1. Heft bildet: Album der neuesten Herbst- und Winter-Vorlagen etc.; vgl. XVI. Bd. 1. Abthl. S. 26.

—— dass. — 3. Heft: 484 Abbild. der Herbst- und Winter-Moden 1880|81, mit Angabe, bei jeder Abbild., des Preises für das betr. Papier-Schnittmuster und des erforderl. Stoffes. qu. Fol. (49 S. mit eingedr. Holzschn.) Ebendas. *

—— dass. — 4. Heft: 448 Abbild. der Frühjahrs- und Sommer-Moden 1881, mit Angabe, bei jeder Abbild., des Preises für das betr. Papier-Schnittmuster und des erforderl. Stoffes. qu. Fol. (40 S. mit eingedr. Holzschn.) Ebendas.

—— dass. — 5. Heft: 357 Abbild. der Herbst- und Winter-Moden 1881|82, mit Angabe, bei jeder Abbild., des Preises für das betr. Papier-Schnittmuster und des erforderl. Stoffes. qu. Fol. (36 S. mit eingedr. Holzschn.) Berlin, Ebhardt.
Fortsetzung s.: Ebhardt's Moden-Album.

— s.: Ebhardt's, Frz., Moden-Album.

Schnittmusterbogen, monatliche, für Kleidung und Lingerie: 1. Jahrg. 1859 April bis Decbr. 9 Nrn. (Bog.) Imp.-Fol. Stuttgart, Verlag der Frauenzeitung. *
Aus der „Frauenzeitung" besonders abgedruckt.
Ist nicht fortgesetzt worden.

[Schnittmusterbuch. Deutschland. Um 1700.]
10 Bl. in Federzeichn. 4°.
Enthält zwölf flüchtig entworfene Schnitte zu einem Bischofs-Ornat, einer Alba, einem Levitenrock, einem Frauenkleid mit französischem Leibchen, einem spanischen Kleid, einem Zelte u. a. Deutsche Beischriften geben ausser der Benennung die für Schnitte erforderlichen Stoffmengen an.
S. auch Yc 101 Hampel, L., Zwei Linzer Schnittbücher aus dem ersten Viertel des 18. Jahrh. . . . 1960.

Schnittmusterbuch. Anleitung zum Wäschezuschneiden für Schule und Haus. Mit 30 (lithogr.) Taf., erläut. Texte (4 S.), Massstäben und Vorwort. Hrsg. vom Wiener Frauen-Erwerb-Verein. 1. und 2. revid. und verm. Aufl. gr. 4. Wien 877,78, v. Waldheim. *

Schnittmusterbuch. Anleitung zum Wäsche-Zuschneiden für Schule und Haus. Mit 30 Taf., erläut. (eingedr.) Texte, Massstäben und Vorwort. Mit Unterstützung des k. k. Ministeriums für Cultus und Unterricht hrsg. vom Wiener Frauen-Erwerb-Verein. 3. revid. und verm. Aufl. gr. 4. (4 S.) Wien 880, v. Waldheim. *

—— dass. — 4. revid. und verm. Aufl. gr. 4. (2 Bl. Text.) Ebendas. 883. *

Schnittmusterbuch. Anleitung zum Wäsche-Zuschneiden f. Schule u. Haus. Mit 35 Taf., erläut. Texte, Massstäben u. Vorwort. Mit Unterstützg. d. k. k. Ministeriums f. Cultus u. Unterricht hrsg. vom Wiener Frauen-Erwerb-Verein. 5. Aufl. gr. 4. (4 S.) Wien 886. v. Waldheim. n. 1. 80

Schnittmusterbuch. Anleitung zum Wäsche-Zuschneiden für Schule u. Haus. Mit 36 Taf., erläut. Texte, Massstäben u. Vorwort. Mit Unterstützg. d. k. k. Ministeriums f. Cultus u. Unterricht hrsg. vom Wiener Frauen-Erwerb-Verein. 6. u. 7. rev. u. verm. Aufl. gr. 4. (4 S.) Wien 889,92, v. Waldheim. * 1 80

Schnittmusterbuch. Anleitung zum Wäsche-Zuschneiden f. Schule u. Haus. Mit 36 Taf., (eingedr.) erläut. Texte, Maassstäben u. Vorwort. Mit Unterstützung des k. k. Ministeriums f. Cultus u. Unterricht hrsg. vom Wiener Frauen-Erwerb-Verein. 8., verb. u. verm. Aufl. gr. 4. (4 S.) Wien 894. R. v. Waldheim. n. 1. 80

Schnittmusterbuch. Anleitg. z. Wäsche-Zuschneiden für Schule u. Haus. Mit 37 Taf., erläut. Texte, Massstäben u. Vorwort. M. Unterstützg. d. k. k. Ministeriums für Cultus u. Unterricht hrsg. v. Wiener Frauen-Erwerb-Verein. 9. Aufl. gr. 4. (4 S.) Wien 898. R. v. Waldheim. n. 1. 80

Schnittmusterbuch. Anleitung z. Wäsche-Zuschneiden f. Schule u. Haus. Mit 37 Taf., erläut. Texte, Massstäben u. Vorwort. Mit Unterstützg. des k. k. Ministeriums f. Cultus u. Unterricht hrsg. vom Wiener Frauen-Erwerb-Verein. 10. verb. u. verm. Aufl. gr. 4. (4 S.) Wien (901). R. v. Waldheim. In Mappe n. 2. —

Schnittmusterbuch. Anleitung zum Wäschezuschneiden für Schule und Haus. 11. Aufl. (35 Tafeln mit Text in Mappe) Wien: v. Waldheim 1904. K 2.20

Schnittmusterbuch. Anleitg. zum Wäsche-Zuschneiden f. Schule u. Haus. Mit 35 Taf., erläut. Texte, Masstäben u. Vorwort. Hrsg. vom Wiener Frauen-Erwerb-Verein. 11. verb. u. verm. Aufl. (4 S.) 4. Wien 905. Druckerei u. Verlags-Akt.-Ges. vorm. R. v. Waldheim. In Mappe n. 2. —

Schnittmusterbuch. Anleitg. zum Wäsche-Zuschneiden f. Schule u. Haus. Mit 35 Taf., erläut. Texte, Massstäben u. Vorwort. Hrsg. vom Wiener Frauen-Erwerb-Verein. 12. verb. u. verm. Aufl. (4 S.) 31,5×23,5 cm. Wien 908. Druckerei- u. Verlags-Aktiengesellschaft vorm. R. v. Waldheim. In Mappe 2. 20

Schnittspahn, Georg Friedrich

Schnittspahn, G. F., Flora der Gefäße-Pflanzen des Großherzogth. Hessen. Ein Taschenbuch für botan. Excursionen. 2. Aufl. 12. Darmstadt 846, Diehl. 1 ₰ .

Schnittspahn, G. F., Flora der Gefässepflanzen des Grossherzogthums Hessen. Ein Taschenbuch für botanische Excursionen. 3. Aufl. Darmstadt 853. Diehl. 12. (LXXV, 362 S.) n. 1 ₰.

Schnittspahn, G. F., Flora der Gefässe-Pflanzen des Grossherzogth. Hessen u. der angrenzenden Gebiete. Ein Taschenbuch für botan. Excursionen bearb. 4 Aufl. Darmstadt 865. Diehl's Verl. 12. (CX, 444 S.) n. 1 ₰

SCHNITTSPAHN, Georg Friedrich: Flora der phanerogamischen Gewächse des Großherzogthums Hessen und der angrenzenden Gebiete. - Darmstadt 1839. LXXII, 328 S. - 2. Aufl. ebd. 1846. - 3. Aufl. ebd. 1853. - 4. Aufl. ebd. 1865. CX, 444 S.

Schnittspahn, Geo. Frdr., Nachweis der Abbildungen der Obstarten aus der deutschen, belgischen, holländischen u. theilweise französischen pomologischen Literatur zusammengestellt. 1. Abthlg.: Apfelfrüchte. Pomaceae. Darmstadt 860. Diehl. 12. (XII, 232 S.) n. 20 ngr.

Schnittspahn, Ge. Frdr., Nachweis der Abbildungen der Obstsorten aus den deutschen, belg., holländischen und theilweise französ. pomolog. Literatur zusammengestellt. 1. Abthlg.: Apfelfrüchte. Pomaceae. Darmstadt 1866. 12.

Schnittspahn, Karl, d. Soolbad Salzhausen, s.: Taschó, H.

Schnittwerkzeug- und Maschinenfabrik, Erzgebirgische, G. m. b. H: Spezial-Beschreibung über das Goßweiler'sche Pappe-Ziehverfahren. Schwarzenberg i. Sa. 1907—1908

Schnittweyer. Bad Sch'.... Eisenbahnstation Thun.... Erdige Stahlquelle mit reichem Gehalt an Bittererdesalzen. [Illustriert.] 8. (Biel) *o. J.* [1890,99].

Schnitz, A., Animadversiones in Menonem Platonis. Pr. 1880. 10 S. 4°.

Schnitz, A. Ueber die Versmaaße des Horaz. (Auch unter dem Titel: Einleit. in d. Ged. des Hor. Metrischer Theil.) 16 S. .
Münstereiffel, Progr. 1831

Schnitzaltar, Der, von Lavertezzo-Verzasca. [Zürich 1890.] V: *Kahn, Joh. Rud.* (Zuwachsverz. d. Bibliotheken in Zürich 1898 ff.)

Schnitzarbeiten aus den Kinderhorten zu Frankfurt a. M. 22 Lichtdr. auf 12 Taf. nebst Vorwort u. Erklärg. gr. 4. (2 S.) Frankfurt a/M. (899). Verein f. Kinderhorte. 3. —

Schnitzel & Spähne aus der medizinischen Praxis. Zusammengestellt u. hrsg. v. Komos. 1. Bdchn. 8. (88 S.) Beerfelden 886. Meinhard. n. 1. —

Schnitzel, Klem. Kritischer Kommentar zu Sophokles Oedipus rex v. 532—603. S. 29—49. 8. Progr. II. Staatsg. *Lemberg* 1880.

Schnitzel, Klem. Die traiectio epitheti bei Genetivverbindungen in den Tragödien des Sophokles. 18 S. 8. II. Staatsg. *Lemberg* 1881. Progr.

Schnitzelbänke. Basler Sch' (*Heft 4: Vereinigte Sch'). Carneval 1910. [Illustrierte Basler Fastnachts-Zeitung.] 4 Hefte. [*zus.* 48 S.] 4. (Basel,) J. Kohlhepp. *je* fr. —. 35

Schnitzelbänke. Sämtliche Sch' der Freien Sch' Basel (*No. 3: Diverse Sch' der Selbstständigen Sch'). Carneval 1909. [Illustrierte Basler Fastnachts-Zeitung.] 3 Nos. [*zus.* 22 S.] 4. Basel, J. Kohlhepp. *je* fr. —. 35

Schnitzelbänke. Vereinigte Sch'. Karneval 1911. [Basler Fastnachts-Zeitung.] 24 S. 8. (Basel, Genossenschaftsbuchdr.) fr. —. 30

Schnitzelbankzeitung. Schnitzelbank-Zeitung. Fastnacht 1901. 3 Nummern. [Mit Vignetten.] *zus.* 3 Bl. fol. Basel, Müller-Schmid. [*je* fr. —. 25]

Schnitzelbank-Zeitung. Fastnacht 1902. 3 Nummern. [Mit Vignetten.] *zus.* 3 Bl. fol. Basel, Müller-Schmid. [*je* fr. —. 25]

Schnitzelbank-Zeitung. Fastnacht 1903. 2 Nummern. [Mit Vignetten.] *zus.* 2 Bl. fol. Basel, Müller-Schmid. [*je* fr. —. 30]

Schnitzelbank-Zeitung. Fastnacht 1904. 2 Nummern. [Mit Vignetten.] *zus.* 2 Bl. fol. Basel, Müller-Schmid. [*je* fr. —. 25]

Schnitzelbank-Zeitung. Fastnacht 1905. 2 Nummern. [Mit Vignetten.] *zus.* 2 Bl. fol. Basel, Müller-Schmid. [*je* fr. —. 30]

Schnitzelbank-Zeitung. Fastnacht 1906. 4 Nummern. [Mit Vignetten.] *zus.* 4 Bl. fol. [Basel,] Müller-Schmidt. [*je* fr. —. 30]

Schnitzelbank-Zeitung. Fastnacht 1907. 3 Nummern. [Mit Vignetten.] *zus.* 3 Bl. fol. [Basel,] E. Müller-Schmid. [*je* fr. —. 30]

Schnitzelbank-Zeitung. Fastnacht 1908. 5 Nummern. [Mit Vignetten.] *zus.* 5 Bl. fol. [Basel,] Müller-Schmid. [*je* fr. —. 20]

Schnitzelbank-Zeitung. ⟨Vereinigte Schnitzelbänke.⟩ Fastnacht 1909. 3 Nummern. [Mit Vignetten.] *zus.* 3 Bl. fol. Basel, Müller-Schmid. [*je* fr. —. 30]

Schnitzelbankzeitung. Basler Sch'-Z'. Fastnacht 1911. 2 Nummern. [Mit Vignetten.] (*zus.* 2 Bl.) fol. [Basel,] H. Wolf-Müller. [*je* fr. —. 20]

Schnitzel-Lise. Schnitzelbank-Lieder der Freien Schnitzelbänke. Basler Karneval 1902. [Mit Vignetten.] 2. verbesserte Aufl. 16 S. 8. Basel, Emil Birkhäuser. fr. —. 25

Schnitzelliese. Die Schnitzel-Liese. Schnitzelbank-Lieder. Basler Karneval 1903. Mit schönen Helgen ausstaffieret. 16 S. 8. (Basel, Genossenschafts-Buchdr.) fr. —. 25

Schnitzelliese. Die Sch'-L'. Schnitzelbank-Lieder. Mit schönen Helgen ausstaffieret. Basler Karneval [= Fastnacht] 1904. 16 S. 8. (Basel, Genossenschafts-Buchdr.) [fr. —. 25]

Schnitzelliese. Die Sch'-L'. Schnitzelbank-Lieder. Mit schönen Helgen ausstaffieret. Basler Karneval [= Fastnacht] 1905. 16 S. 8. (Basel, Genossenschafts-Buchdr.) fr. —. 25

Schnitzelliese. Die Sch'-L'. Schnitzelbank-Lieder. Mit schönen Helgen ausstaffieret. Basler Karneval [= Fastnacht] 1906. 16 S. 8. (Basel, Genossenschafts-Buchdr.) fr. —. 25

Schnitzelliese. Die Sch'-L'. Schnitzelbank-Lieder. [Mit Vignetten.] Basler Karneval [= Fastnacht] 1907. 16 S. 8. (Basel, Genossenschafts-Buchdr.) fr. —. 25

Schnitzeltrocknung, d. [Aus: „Verzeichnis d. Zuckerfabriken u. Raffinerien Deutschlands“, 12. Jahrg.] gr. 8. (XVI S.) Magdeburg 895. A. Rathke. n. — 60

Schnitzer, Friedrich List, s. List, Friedrich.

Schnitzer, üb. den Begriff u. Gebrauch der Redensart. Rede geh. am Geburtsfest Sr. Maj. d. Königs, den 6. März 1871. 4. (9 S.) Heilbronn 872. (Tübingen, Fues.) — 30

Schnitzer: Über d. neuesten Systeme der Logik in Deutschland u. England mit Rücksicht auf Aristot. Ellwang. 1863 Schul-/Univ.-Schrift

Schnitzer, Ueber freizugebende Zerstückelung der Bauerngüter. 8⁰. Tübingen 1833.

Schnitzer, Adolf

Schnitzer, Ado., practische Anleitung z. Anwendung des magneto-elektrischen Rotations-Apparates in verschiedenen Krankheiten. 8. (8 B. u. 1 Stnt.) Berlin 843, Aug. Hirschwald, Verl.

Schnitzer, Adph., practische Anleitung zur Anwendung des magneto-elektr. Rotations-Apparates in verschied. Krankheiten. 2., mit einem Nachtrage verm. Ausg. 8. (VI und 185 S. mit 2 Stnt.) Berlin 850, A. Hirschwald. *
Der Nachtrag auch besonders u. d. T.:

— über die rationelle Anwendung des mineralischen Magnetismus in verschied. Krankheitszuständen, nebst e. Anweisung zur Anfertigung v. Stahlmagneten. gr. 8. 837. Halle, Colditz'sche Buchh. 3/4 ₰

Schnitzer, Ad., über die rationelle Anwendung des mineralischen Magnetismus in verschied. Krankheitszuständen, nebst einer Anweisung zur Anfertigung von Stahlmagneten. gr. 8. Berlin 837. Stackebrandt. 3/4 ₰

Schnitzer, Adolph (Bearb.), s. Balbirnie, John: Die Metroscopie oder Diagnose und Therapie ...

Schnitzer, Ad., die Cholera contagiosa beobacht. auf einer in Folge höh. Auftrages in Galizien währ. d. Monate Mai, Juni u. Juli, u. im Beuthner Kreise in Oberschlesien im August gemacht. Reise. gr. 8. (8½ B. u. 2 Tab. Fol.) Breslau 831, Pelz.

Schnitzer, A(dolf) (Hrsg.):

s.a. Handbuch der Kinderkrankheiten. Nach Mittheilungen bewährter Aerzte. Bd 1 - 2. Leipzig: 1843

JB 4.122

—— u. B. Wolff, Handbuch der Kinderkrankheiten. Nach Mittheilungen bewährter Aerzte hrsg. 2 Bde. gr. 8. Leipzig, Brockhaus. [1. (32¼ B.) 2 Thlr. 12 Ngr., 2. (47 B.) 3 Thlr. 18 Ngr.]

— u. B. Wolff, Handbuch der Kinderkrankheiten. Nach Mittheilungen bewährter Aerzte herausgeg. 1. u. 2. Bd. gr. 8. Leipzig 843, Brockhaus. 1. 2 ₰ 12 ngl 2. 3 ₰ 18 ngl

— s.a. Handbuch d. Pathologie u. Therapie.

—— Handbuch d. Pathologie u. Therapie d. Geisteskrankheiten. Für prakt. Aerzte u. Studirende. 2 Thle. 1. Thl. Allgem. Pathologie u. Therapie. 2. Thl. Specielle Pathologie u. Therapie. gr. 8. (49¾ B.) Leipzig 840, Brockhaus.

—— die Hausmutter als Krankenpflegerin in allen Fällen. Ein Rathgeber f. Hausfrauen. gr. 8. (17 B.) Berlin 845, Stuhr'sche Buchh. *

Schnitzer, Ad., die Hausmutter als Krankenpflegerin in allen Fällen. Ein Rathgeber für Hausfrauen. gr. 8. Berlin 846, Stuhr'sche Buchh. n. ⅔ ℔

Schnitzer, Adolph [illegible] De hydrophobia [illegible] Berolini 1823. [illegible] 8°
Berlin, Med. Diss. v. 8. Juli 1823

—— über die häusliche Krankenpflege, s. Thomson.

—— die Lehre v. d. Zurechnungsfähigkeit bei zweifelhaften Gemüthszuständen. Für Aerzte u. Juristen prakt. dargest. gr. 8. (24 B.) Berlin 840, Hayn.

—— die Preuß. Medizinal-Verfassung, eine im Auszuge bearb. vollständ. Zusammenstell. aller gegenwärtig gelt. Medizinal-Gesetze, Verordn., Rescripte rc. rc. Handb. zum Gebr. f. Medizinal- u. Polizei-Beamte, Aerzte, Wundärzte u. a. m. gr. 8. (27½ B.) Berlin 832, Hirschwald.

—— die preuß. Medizinal-Verfassung. Eine im Auszuge bearb. vollständ. Zusammenstellung aller gegenwärtig gelt. Medizinal-Gesetze, Verordnn., Rescripte rc. Handb. z. Gebr. f. Medizinal- u. Polizei-Beamte, Aerzte, Wundärzte rc. 1. Nachtr.— A. u. d. T.: Vollständ. Zusammenstell. aller gelt. Medizinal-Gesetze, Verordnn., Rescripte rc. A. d. Jahren 1832 — 1836. (A—Z.) 8. (12½ B.) Berlin 836, A. Hirschwald.

Schnitzer, Adolf, Kammergerichtsrefer.: Der Nießbrauch an einer Erbschaft, an einem Erbteile und an sämtlichen Erbteilen. Borna-Leipzig 1910: Noske. IX, 70 S. 8°
Jena, Jur. Diss. v. 9. Aug. 1910, Ref. Hedemann
[Geb. 30. Juli 89 Berlin; Wohnort: Berlin; Staatsangeh.: Preußen; Vorbildung: Kölln. Gymn. Berlin Reife O. 07; Studium: Freiburg i. B. 1, Berlin 5 S.; Rig. 12. Juli 10.] [U 10. 2268

—— Provinzial-Blätter f. Brandenburg, s. Provinzial-Blätter.

(——) Rathgeber f. alle, welche sich gegen d. Cholera morbus schützen wollen, s. Rathgeber.

— der magneto-elektrische Rotations-Apparat u. seine Anwendung in verschiedenen Krankheiten. Nach d. neuesten Erfahrungen bearb. Mit 1 lith. Taf. 8. (IV u. 64 S.) Ebd. 850. n. ⅓ ℔ (Bildet den Nachtrag des vorigen.)

—— der magneto-elektrische Rotations-Apparat und seine Anwendung in verschiedenen Krankheiten. Nach den neuesten Erfahrungen bearb. 8. (IV und 64 S. mit 1 Stnt.) Berlin 850, A. Hirschwald. *

—— Summarium der Journalistik, s. Summarium.

s. Thomson, A. T., über die häusliche Krankenpflege.

- s. Walshe, W. H., die physikal. Diagnose d. Lungenkrankheit.

—— Zeitschrift f. d. gesammte Medizinal- u. Sanitätspflege d. In- u. Auslandes, s. 8. Bd.: Zeitschrift.

Schnitzer, Albert (geb. Cumlosen in West-Priegnitz 18. 6. 1846): Ueber Leukaemie. Berlin (1870). (30 S.) 8°
Berlin, Med. Diss. v. 30. Mai 1870

Jüdische Kulturbilder (Aus meinem Leben). Von Armin Schnitzer, Oberrabbiner. Wien 1904: Beck. 224 S. 8° [04. 13611

Schnitzer, B., s. Bewegungen, kirchliche, 5. H.

Schnitzer, C. F., s. Schnitzer, Karl Friedrich

Schnitzer, Carl, s. Schnitzer, Karl

Schnitzer, Carl Fr., s. Schnitzer, Karl Friedrich

Schnitzer, Clemens, s. Schnitzer, Klemens

[**Schnitzer**, Eduard] Emin Pascha: Drei neue Briefe Emin Pascha's an Dr. Georg Schweinfurth in Kairo, und Bericht Emin Pascha's über eine Reise auf dem Albert Nyanza.
in: Mitteilungen des Vereins für Erdkunde zu Leipzig. 1886. S. 51—130. Leipzig 1887. 80 S. 8°.

([**Schnitzer**, Eduard] Emin-Pascha und Frank Lupton-Bey): Emin-Pascha's und Lupton-Bey's Briefe an Dr. Wilhelm Junker. Bearbeitet und herausgegeben von Richard Buchta.
in: Buchta: Der Sudan unter ägyptischer Herrschaft. S. 140—222. Leipzig 1888. 83 S. 8°.

[**Schnitzer**, Eduard] Emin-Pascha. Eine Sammlung von Reisebriefen und Berichten Dr. Emin-Pascha's aus den ehemals ägyptischen Aequatorialprovinzen und deren Grenzländern. Herausgegeben von Georg Schweinfurth und Friedrich Ratzel mit Unterstützung von Robert W. Felkin und Gustav Hartlaub. Mit Porträt, Lebensskizze und erklärendem Namenverzeichniss. Leipzig 1888. XXII, 550 S. 8°.

Schnitzer, Eduard. (geb. Oppeln 1805): De praestantissimo emeticorum usu. Berolini (1831). (28 S.) 8°
Berlin, Med. Diss. v. 26. Febr. 1831

Schnitzer F. zur Hydrographie der Stadt Erlangen. Erlangen 1872

Schnitzer, Fr., Nachruf gewidm. v. d. Münchener Burschenschaft „Arminia" ihr. hochverehrten alten Herrn Dr. Johannes v. Widenmayer, München 1893, 16 S., 8°; Angeb.: Näher, Gedächtnisrede.

Schnitzer, Franz: Katalog der sehr reichhaltigen Bibliothek und Graphica-Sammlung des in München 1901 verstorb. Herrn Dr. Franz Schnitzer ... Auktion in München ... München (1902). (312 S.) 8°

Schnitzer, G. M., de κληδούχοις ecclesiae. Erl. 1770. 4.

Alkoholismus und Geistesstörung. Gemeinverständl. dargest. von Dr. Hubert **Schnitzer**, Chefarzt in Stettin. *Berlin: H. Walther 1902.* (28 S.) 8° [F. u. Ant.] [03. 5313

Moderne Behandlung der Geisteskranken. Von Dr. Hubert **Schnitzer**, Stettin. Berlin: H. Walther 1906. (24 S.) 8° [07. 17808

Schnitzer, J., s. o. Franz Joseph I. u. seine Zeit.

Schnitzer, J. Franz Joseph I. und seine Zeit. Culturhistorischer Rückblick auf die francisco-josephinische Epoche. Unter dem höchsten Protectorate Seiner kaiserl. und königl. Hoheit des durchlauchtigsten Herrn Erzherzogs Franz Ferdinand und unter Mitwirkung hervorragendster Hof- und Staatswürdenträger, Militärs, Politiker, Gelehrten, Schriftsteller, Künstler und Persönlichkeiten aus der Gesellschaft. (Prachtwerk mit zahlreichen Portraits und Illustrationen.) (2 Bde.)
Wien u. München 1898.

Schnitzer, J., Muzeddin. Romantisch-kom. Oper in 2 Aufzügen. Musik von S. Bachrich. 8. (66 S.) Wien 883, [Wallishausser'sche Hofbuchh.] Klinast. *

Schnitzer, Ignaz: Text der Gesänge zu Husarenblut, s. Moser, Felix Hugo

Schnitzer, Joseph (Dr.): Berengar von Tours, sein Leben und seine Lehre. Ein Beitrag zur Abendmahlslehre des beginnenden Mittelalters. München, Verl. v. Ernst Stahl sen. (Jul. Stahl), 1890; XVI + 416 S. + 1 Bl. 8°
München, Theol. Fak., Inaug.-Diss. v. 1890
(Nur in beschränkter Zahl für den Austausch)

Schnitzer, Jos., Berengar v. Tours, sein Leben u. seine Lehre. Ein Beitrag zur Abendmahlslehre d. beginn. Mittelalters. gr. 8. (XVI, 415 S.) München 890. E. Stahl sen. n. 6. —

—— dass. — (Neue Titel-Ausg.) gr. 8. (XVI, 415 S.) Stuttg. 891, J. Roth. * 6 —
Die 1. Ausg. erschien 1890 bei Stahl sen. in München.

Schnitzer, Jos., Berengar v. Tours, sein Leben u. seine Lehre. Ein Beitrag zur Abendmahlslehre d. beginn. Mittelalters. (Neue Titel-Ausg.) gr. 8. (XVI, 415 S.) Stuttgart 892. J. Roth. n. 6. —

Bartolomeo Cerretani. Von Dr. Joseph Schnitzer, Prof., Munchen. *Munchen: J. J. Lentner 1904.* (LX, 110 S.) 8°
= Schnitzer: Quellen u. Forschungen z. Geschichte Savonarolas. 3.
= Veröffentlichungen aus d. Kirchenhist. Seminar, München. Reihe 2, No 5. [04. 4301

Schnitzer, Jos., katholisches Eherecht. M. Berücksicht. d. im Deutschen Reich, in Oesterreich, d. Schweiz u. im Gebiete d. Code civil gelt. staatl. Bestimmgn. 5., vollst. neu bearb. Aufl. d. Werkes: J. Weber, D. canon. Ehehindernisse. gr. 8. (XI, 681 S.) Freiburg i/B. 898. Herder. n. 7. 50; geb. in Halbfrz. n. 9. 50

Schnitzer, Jos., s.: Festgabe, Karl Th. v. Heigel gewidmet.

Schnitzer, Jos., s.: Festgabe, Alois Knöpfler gewidmet zur Vollendung des 60. Lebensjahres.

— die Gesta romanae ecclesiae d. Kardinals Beno u. andere Streitschriften der schismatischen Kardinäle wider Gregor VII., s.a. Abhandlungen, historische, aus dem Münchener Seminar.

Schnitzer, Joseph, Dr. theol. Die Gesta Romanae ecclesiae des Kardinals Beno und andere Streitschriften der schismatischen Kardinäle wider Gregor VII (Aus:) „Historische Abhandlungen aus dem Munchener Seminar." 2. Heft 8 Bamberg 1892.

Hat Jesus das Papsttum gestiftet? Eine dogmengeschichtl. Untersuchung von Dr. Joseph Schnitzer, Prof. Augsburg: Lampart 1910. VII, 79 S. 8° [10. 11350 5

Hat Jesus das Papsttum gestiftet? Eine dogmengeschichtl. Untersuchung von Dr. Joseph Schnitzer, Prof. 2. verb. Aufl. Augsburg: Lampart 1910. X, 83 S. 8° [10. 11475

— Hat Jesus das Papsttum gestiftet? Eine dogmengeschichtl. Untersuchg. 3., durchgesch. u. verb. Aufl. (XI, 90 S.) gr. 8. Augsburg 910. Lampart & Co. 1. —

Das Papsttum eine Stiftung Jesu? Eine erneute dogmengeschichtl. Untersuchung Fritz Tillmann gewidmet von Dr. Joseph Schnitzer, Prof. Augsburg: Lampart 1910. IV, 73 S. 8°

Schnitzer, Jos., Quellen u. Forschungen zur Geschichte Savonarolas, s.a. Veröffentlichungen aus d. kirchenhistor. Seminar München. 9.

Schnitzer, Joseph: Quellen und Forschungen zur Geschichte Savonarolas. Von Dr. Joseph Schnitzer, Prof. 1. München: J. J. Lentner 1902. 8°
= Veroffentlichungen aus d. Kirchenhist. Seminar, München. No 9.

Schnitzer, Joseph, Dr., o. ö. Univ.-Prof.: Quellen und Forschungen zur Geschichte Savonarolas. 1. Bartolomeo Redditi u. Tomaso Ginori. 1902. 2. Savonarola u. d. Feuerprobe. 1904. 3. Bartolomeo Cerretani. 1904. München: Lentner 1902—04. 108; VIII, 174; LX, 110 S. 8° ¶(Ersch. als: Veröffentlichungen aus d. Kirchenhistor. Seminar München. [Reihe 1], Nr 9. Reihe 2, Nr 3. 5.)
Tübingen, Phil. Diss. v. 11. Febr. 1909, Ref. Goetz
(Nicht für den Austausch)
[Geb. 15. Juni 59 Lauingen a. D.; Wohnort: München; Staatsangeh.: Bayern; Vorbildung: Gymn. Dillingen Reife M. 80; Studium: München 8 S.; Coll. 5. Febr. 09.] [U 09. 3963

— Quellen u. Forschungen zur Geschichte Savonarolas. IV. 8. Leipzig, Duncker & Humblot. 11. —
IV. Savonarola nach den Aufzeichnungen des Florentiners Piero Parenti. (CLXII, 322 S.) 910.

Bartolomeo Redditi und Tomaso Ginori. Von Dr. Joseph Schnitzer, Univ.Prof. München: J. J. Lentner 1902. (108 S.) 8°
= Schnitzer: Quellen u. Forschungen z. Geschichte Savonarolas. 1.
= Veröffentlichungen aus d. Kirchenhist. Seminar, München. No 9. [08. 7300

— s.a. Savonarola, Hieron., etliche beschauliche Betrachtungen des bitteren Leidens Jesu.

Savonarola und die Feuerprobe. Eine quellenkrit. Untersuchung von Dr. Joseph Schnitzer, Prof., München. *München: J. J. Lentner 1904.* (VIII, 174 S.) 8°
= Schnitzer: Quellen u. Forschungen z. Geschichte Savonarolas. 2.
= Veröffentlichungen aus d. kirchenhist. Seminar, München. Reihe 2, No 3. [04. 1555

Savonarola nach den Aufzeichnungen des Florentiners Piero Parenti. Von Joseph Schnitzer, Dr., Prof. Leipzig: Duncker & Humblot 1910. CLXII, 322 S. 8°
(Schnitzer: Quellen u. Forschungen z. Geschichte Savonarolas. 4.) [10. 2301

Schnitzer, Jos., Verfassung u. gegenwärtiger Bestand sämtlicher Kirchen des Orients, s: Silbernagl, Isidor.

Schnitzer, K. A. F., s. Voltaire's auserlesene Werke.

Schnitzer, Karl

Schnitzer, Carl, die niederbayerische Querbahn als letztes Verbindungsglied der mitteldeutschen Süd-Nordbahn von der Adria an die Ost- u. Nordsee &c. Altötting 868. (Lutzenberger.) gr. 8. (80 S. mit 1 lith. Karte in Fol.) 7 ngr.

Schnitzer, Karl Friedrich

Schnitzer, Carl Friedrich (Bearb.), s. Aristophanes: Werke.

Schnitzer, Car. Fr., Chrestomathia Herodotea. Belli persici narrationem continens. Subjecta explicatione edidit. Stuttgartiae 854. Maecken. gr. 8. (IX, 140 S.) 15 ngr.

Schnitzer, Car. Fr., Chrestomathia Xenophontea. Cum praecursore Isocrateo adjectis aliquot poëmatiis. Accedit explicatio grammatica. Editio prima. 1853. et Editio altera. 8maj. (V und 156 S.) Stuttgartiae 854, Mäcken. — 17½

— — Edit. III. Stuttgardiae: Maecken 1856. V, 156 S. 8°

—— Chrestomatiae Xenophonteae explicatio grammatica. Editio prima. 1853. et Editio altera. 8maj. (27 S.) Stuttgartiae 854, Mäcken. — 3½

Schnitzer, Carl Fr., Chrestomathie aus Xenophon, s.a. Chrestomathie.

—— Chrestomathie aus Xenophon. Mit einem Vorläufer aus Isocrates und einem poet. Anhang. Bearb. und mit einem Wörterbuche versehen. 2., verb. und theilweise verm. Aufl. gr. 8. (VI und 202 S.) Stuttgart 853, Mäcken.

Schnitzer, C. F., Das Griechische auf dem Gymnasium. Pr. 1860. 21 S. 4°.

[**Schnitzer**, Karl F.:] Friedrich List, ein Vorläufer und ein Opfer für das Vaterland. Mit Portr. u. Facs. 2. Aufl. Stuttgart: Weise [1877].

—— die Mittelschule, s. Mittelschule.

— s. Origenes, über die Grundlehren der Glaubenswissenschaft.

Schnitzer, C. F., de Pindaro nuperrime emendato disputare instituit. Ellwangen 867. (Hess.) gr. 8. (80 S.) n. 12 ngr.

Schnitzer, C. F., Quaestionum Ciceronianarum part. I. Gel. 1886. 27 S. 4°.
— — II. Gel. 1887. 20 S. 4°.

Schnitzer, Carl Fr., Quaestiones Ciceronianae Partic. I. Einladungsschrift. 4. (3½ B.) Aarau 836, (Sauerländer's Vrlsb.) *

Schnitzer, (Carl Frdr.), über die neuesten Systeme der Logik in Deutschland u. England, in Rücksicht auf Aristoteles. Ellwangen 863. (Tübingen, Fues' Sortbdlg.) 4. (20 S.) n. 7 ngr.

Schnitzer, Karl Friedrich, s. Vierteljahresschrift, Pädagogische.

Schnitzer, K. F., Vorkursus zur Chrestomathie aus Xenophon. gr. 8. Reutlingen 846, Mäcken, Sohn. 1/6 ₰

— Wörterbuch zur Chrestomathie aus Xenophon. gr. 8. Reutlingen 846, Mäcken, Sohn. 1/4 ₰

Schnitzer, Karl Friedrich, s. Zeitschrift für das Gelehrte- und Realschulwesen

Schnitzer, Karl Friedrich, s. Zeitschrift für das Gesamtschulwesen

Schnitzer, Käte: Meine Freundin nebenan, s. Schnitzer, Manuel

Schnitzer, Klemens

Schnitzer, Clemens, Oberarzt im Feldart.-Reg. Nr. 29: Ueber isolierte Brucheinklemmung des Wurmfortsatzes. Tübingen 1908: Laupp. 19 S. 8° ¶(Aus: Beiträge z. klin. Chirurgie. Bd 61, H. 3.)
Tübingen, Med. Diss. v. 18. Dez. 1908, Ref. v. Bruns
[Geb. 18. Mai 77 Rosenberg, O.-A. Ellwangen; Wohnort: Ludwigsburg; Staatsangeh.: Württemberg; Vorbildung: Gymn. Ehingen Reife M. 96; Studium: Berlin K. W. A. 9 S.; Coll. 5. Dez. 08; Approb. 5. Juni 03.] [U 09. 3948

Schnitzer, Manuel, s. a.: Nuél, M.

Das Buch von Peter und Fann. (Nach d. Erzählungen einer jungen Mutter.) Von Manuel **Schnitzer**. 3. Aufl. Berlin: Concordia [1908]. 195 S. 8° [09. 1633

Das Buch der jüdischen Witze von M. Nuél [d. i. Manuel **Schnitzer**]. Berlin: G. Riecke Nachf. (1907). (184 S.) 8° [F.] [07. 10836

— — Neue Folge. 1—7. Aufl. 1908

Schnitzer, Manuel, Eitelkeit, s. a. Eckstein's humorist. Bibliothek.

Schnitzer, Manuel: Eitelkeit. Neue Geschichten v. —. (1. bis 4. Taus.) Berlin: R. Eckstein Nf. [1898]. (127 S.) 1 Bd 8°
= Bibliothek, Ecksteins Humoristische, No 90.

— — Lessys Flitterwochen. Humorist. Novelle. 1906. Kürschner's Lit.-Kal. f. 1909. Sp. 1452.

Schnitzer, Manuel, Franja, die Magd u. andere Novellen. 2. u. 3. Taus. 8. (291 S.) Berlin 900. F. Schirmer. n. 3. —; geb. n. 4. —

Manuel u. Käte **Schnitzer**. Meine Freundin von nebenan. Skizzen. Berlin-Gr.-Lichterfelde: P. Langenscheidt [1906]. (191 S.) 8°
(Dr. P. Langenscheidt's Bibliothek d. Zeit.) [07. 18831

Schnitzer, Manuel, Humoresken, s. a. Kürschner's, Jos., Bücherschatz.

Humoresken. Von Manuel **Schnitzer**. Mit Ill. von A. Lewin. *Berlin, Eisenach, Leipzig: H. Hillger [1903].* (111 S.) 8° [F.]
= Bücherschatz, Kürschners. No 392. [04. 11131

[Ant. u. F.] Manuel **Schnitzer**. Ist das die Liebe? Zwei Novellen. *Berlin: Deutsche Schriftsteller-Genossensch. 1895.* (132 S.) 1 Bd 8. [96. 4299

— ist das d. Liebe? 2 Novellen. 8. (132 S.) Berlin 895. Deutscher Autoren-Verlag. n. 2. —; geb. n. 3. —

SCHNITZER, Manuel (in Berlin, Red. am Lokal-Anz., geb. 14. Febr. 1861 zu Andrychau), Käthe und ich. Erlebnisse und Erfahrungen aus junger Ehe. Berlin 1894. 8°. (Mk. 3—.) (1 Mk. 50 Pfg. M. Edelmann, Nürnb., 1904.)

— Käthe u. ich. Erlebnisse u. Erfahrgn. aus junger Ehe. 3. Aufl. 8. (209 S.) Berlin 896. F. Schirmer. n. 3. —; geb. in Leinw. n. 4. —

— Käte u. ich. Erlebnisse u. Erfahrgn. aus junger Ehe. Neue, erweit. Ausg. (256 S.) 8. Berlin (905). Globus Verlag. Geb. n. 1. 50

[F.] Manuel **Schnitzer**. Käthe, Ich und die Anderen. Neue Erfahrgn u. Erlebnisse aus junger Ehe. Zweiter Band v. Käthe u. ich. *Berlin: F. Schirmer 1898.* (2 Bl., 253 S.) 1 Bd 8. [98. 1938

Manuel **Schnitzer**. Käte, ich und die andern. Neue Erlebnisse u. Erfahrungen aus junger Ehe. Neue, erw. Ausg. Berlin: Globus Verl. [1900]. 255 S. 8° [09. 1103

— Der Knopf u. andere Erzählgn., s. a. Kürschner's Bücherschatz.

Der Knopf und andere Erzählungen von Manuel **Schnitzer**. Mit Ill. von E. Stübner. Berlin, Leipzig: Hillger [1900]. 90 S. 8°
(Kürschners Bücherschatz Nr 703.) [10. 7403

[F.] Manuel **Schnitzer**. Drillichauer Lebensläufe. *Berlin: F. Schirmer 1897.* (2 Bl., 255 S., 1 Bl.) 1 Bd 8. [98. 1160

— u. Käte **Schnitzer**, närrische Leute. Skizzen. 3. [Titel-]Aufl. (von: Meine Freundin v. nebenan). (IV, 191 S.) 8. Gross-Lichterfelde-Ost [906] 909. Berlin, Dr. P. Langenscheidt. 2.—; geb. n 3.—

— — Der Liebesbrief meiner Köchin. Eine Geschichte aus enger Welt. Leipzig 1902. 8°. (Mk. 2—.) (1 Kr. 40 H. A. H. Huber, Salzburg, 1908.)

— der Liebesbrief meiner Köchin. Eine Geschichte aus enger Welt. 2. Aufl. 8. (162 S.) Leipzig 902. H. Seemann Nachf. n. 2. —; geb. n. 3. —

— — Dasselbe. 3. Aufl. Ebd. 1903.

— u. Mart. Fließ, Münchhausen, s. a. Kühling, A., u. Güttner's Theater-Mappe, Nr. 78.

[F.] Münchhausen. Lustsp. in 1 Aufz. v. Manuel **Schnitzer** u. Martin Fliess. *Berlin: Kühling & Güttner [1896].* (22 S.) 1 Bd 8.
= Theater-Mappe, Kühling & Güttner's. [No] 78. [97. 3435

Die Scheidewand, s. a. Concordia Bibliothek, kleine. 6. Bd.

— dasselbe, s.a. Siesta.

Die Scheidewand. Erzählungen von Manuel **Schnitzer**. 2. Taus. Berlin: Concordia [1907]. (111 S.) 8° [F.]
— **Concordia-Bibliothek**, Kleine. Bd 6. [07. 11900

Die Scheidewand. Erzählungen von Manuel **Schnitzer**. Berlin & Leipzig: Seemann [1910]. 109 S. 8°
(Siesta. 10.) [10. 16479

— erstes Semester. Ein Kinderbuch f. Mütter. 8. (VII, 178 S.) Ebd. (901). n. 3. —; geb. n. 4. —

— sollen Herren tanzen? Allerlei Schimpf, s.a. Eckstein's humorist. Bibliothek.

Schnitzer, Manuel: S o l l e n Herren tanzen? Allerlei Schimpf. Von —. 1.–4. Taus. Berlin: R. Eckstein Nf. [1898]. (126 S.) 1 Bd 8°
= Bibliothek, Ecksteins Humoristische. No 91.

— Sophie et moi. Expórioncos ot aventuros do la vio à deux. Traduit do l'allomand par Raymond Bouyer. 8. (V, 196 S.) Borlin 897. F. Schirmor. n. 3. —

— der kleine Peter Willaschek u. andere Novellen, s.a. Kürschner's, Jos., Bücherschatz.

Der kleine Peter Willaschek u. andere Novellen von Manuel **Schnitzer**. Mit Ill. von R. Braun. Berlin, Eisenach, Leipzig: H. Hillger [1905]. (111 S.) 8° [F.]
— **Bücherschatz**, Kürschners. No 476. [07. 15094

Schnitzer, Mor., die Sonnenwärme-Theorie. Ein Beitrag zur Erklärg. der Entstehg. u. Entwicklg. der Erde, Pflanzen, Thiere u. Menschen, sow. d. Begründg. d. Naturheilkunde u. d. Vegetarismus durch d. Gesetze der Natur. 8. (22 S.) Reichenberg 896. (F. Jannasch.) n. — 20

Schnitzer, Walther, Referendar: Die Bedeutung von § 326 B.G.B., insbesondere im Verhältnis zu den positiven Vertragsverletzungen und dem Rücktritt vom Vertrage. o.O. 1910. VI, 100 S. 8°
Münster, Rechts- u. staatsw. Diss. v. 23. Juli 1910, Ref. Krückmann, Erman
[Geb. 22. Jan. 85 Berlin; Wohnort: Berlin; Staatsangeh.: Preußen; Vorbildung: Luisenstädt. Gymn. Berlin Reife M. 04; Studium: Berlin 6, Heidelberg 1 S.; Rig. 15. März 10.] [U 10. 3754

Schnitzer, Wilhelm (geb. Berlin ... 1851): Ueber traumatische Lähmungen der Armnerven speciell des Medianus. Berlin (1876). (30 S.) 8°
Berlin, Med. Diss. v. 18. März 1876

Schnitzer-Fischer, Rob[ert]. Hie Fern — Hie Splügen. Eine zeitgemässe Studie. 3. Aufl. [Mit 1 Karte.] 23 S. 8. Kempten, (Jos. Kösel,) 1903. [M. —. 50]
(*Gegen* eine Splügenbahn.) — *1. u. 2. Aufl. 1903.*

Schnitzl, Cl.: Kritischer C o m m e n t a r zu Sophokles Oed. Rex v. 532–603. (21.) Lemberg II. 80. Progr.

Schnitzlein, das Wildbad bey Wemding, e. medicin.-topograph. Skizze. Hrsg. v. Schoch. M. 1 lith. Ansicht. 8. (2¼ B.) Nördlingen 830, Beck. Thlr.

Schnitzlein, A., s. S c h n i z l e i n , Adalbert

Schnitzlein, J. W., zwote Synodal-Rede, am 14. Sept. 1814. gr. 8. Nürnb. Riegel u. W. 815.

Schnitzlein, (J. W. G.,) vier Synodal-Reden, in Roth gehalten. 8. Nürnb. 827, Riegel u. W.

SCHNITZLEIN, Johann Leonhard (Regensburg): De tuberculis pulmonum.- Ratisbonae 1836. 23 S.
23.1.1834 - Ork; F 61
Diss. Ingolst.-Landsh.-Mchn.

Schnitzlein, Karl Wilh. (Mutmaßl. Verf.) s. A b h a n d l u n g , Historisch-diplomatische, von denen landesherrlichen Gerechtsamen . . .

Schnitzlein, Karl Wilh., († d. 27. Dec. 1785.) s. 1) Alexander, ... 2) Brennophilus. 3) Traug. Groot. 4) Kathschläge, Nürnberg. 5) Reverien v. Verbesser. d. Justizwesens. 6) *Selecta* Norimberg.

Schnitzler, Albert [aus M.-Gladbach]: Die Prioritätscession nach gemeinem Recht. . . . Göttingen, Druck d. Dieterich'schen Univ.-Buchdr. (W. Fr. Kästner), 1889; 51 S. 8°
Göttingen, Jur. Fak., Inaug.-Diss. v. 20. Apr. 1889

Schnitzler, A., die Prioritätscession nach gemeinem Recht. Inaug.-Diss. gr. 8. (51 S.) Göttingen 889. (Vandenhoeck & Ruprecht's Verl.) n. 1. 20

Schnitzler, Alb., deutsche Kolonisten. Schauspiel in 4 Akten. (36 S.) 8. Leipzig-Gohlis 909. Raschwitz, B. Volger. 2. —

Schnitzler, Anton [Badearzt in Sulzbrunn bei Kempten]: Beitrag zur Kenntniss der Trachealschleimhaut m. bes. Berücks. d. Basalmembran ... München, kgl. Hof- u. Univ.-Buchdr. v. Dr. C. Wolf & Sohn, 1893; 81 S., 1 Taf. 8.
München, Med. Fak., Inaug.-Diss. v. 1893

Schnitzler, Arth., ein Abschied, s.: Meisterwerke d. zeitgenöss. Novellistik, Bd. 1.

Schnitzler, Arth., Anatol. 8. (III, 138 S.) Berlin 893. Bibliograph. Bureau. n. 2. 50

— Anatol. 3. Aufl. 8. (V, 138 S.) Berlin 898. S. Fischer, Verl. n. 2. 50

Schnitzler, Arth., Anatol, illustr. von M. Coschell. 1. bis 3. Aufl. 4. (206 S.) Berlin 901. S. Fischer, Verl. n. 4. —; geb. n.n. 6. 50

Schnitzler, Arth., Anatol. 7. u. 8. Aufl. (à 146 S.) 8. Berlin 906. S. Fischer Verl. n. 2. —; geb. n.n. 3. —

Schnitzler, Arth., Anatol. 10. Aufl. (146 S.) 8. Berlin 908. S. Fischer, Verl. 2. —

Schnitzler, Arth. Ueber funktionelle Aphonie u. deren Behandlung durch Hypnose u. Suggestion. gr. 8. (30 S.) Wien 889, Braumüller.
Aus: Internat. klin. Rundschau, besonders abgedruckt. * — 80

Der tapfere Cassian. Puppenspiel in 1 Akt von Arthur **Schnitzler**. Berlin: S. Fischer 1910. 47 S. 8° [10. 6227

Schnitzler, Arth., Dämmerseelen. Novellen. 1.—8. Aufl. (132 S.) kl. 8. Berlin 907. 08. S. Fischer, Verl. 2.—; geb. n 3.—; in Ldr. 4. —

Dämmerseelen. Novellen von Arthur **Schnitzler**. 7. Aufl. Berlin: S. Fischer 1907. (132 S.) 8° [F.] [07. 11428

Dämmerseelen. Novellen von Arthur **Schnitzler**. 8. Aufl. Berlin: S. Fischer 1908. (132 S.) 8° [F.] [08. 18354 II

[Aut. u. F.] Arthur **Schnitzler**. Die Frau des Weisen. Novelletten. Berlin: S. Fischer 1898. (2 Bl., 170 S., 1 Bl.) 1 Bd 8. [98. 11534

— die Frau des Weisen. Novelletten. 8. Aufl. 8. (171 S.) Ebd. 902. n. 2. —; geb. n.n. 3. —

— die Frau des Weisen. Novelletten. 5. u. 6. Aufl. (à 171 S.) 8. Ebd. 906. n. 2. —; geb. n.n. 3. —

[Ant. u. J.] Arthur Schnitzler. Freiwild. Schauspiel in 3 Akten. *Berlin: S. Fischer 1898.* (158 S., 1 Bl.) 1 Bd 8. [98 11933]

— Freiwild. Schauspiel in 3 Akten. 2. veränd. Aufl. 8. (163 S.) Ebd. 902. n. 2. —

Freiwild. Schauspiel in 3 Akten. 3. Aufl. (158 S.) 8. Ebd. 908. 2. —

— Frau Bertha Garlan. Roman. 8. (256 S.) 901. Berlin: S. Fischer. n. 3. —; geb. n.n. 4. —

Frau Bertha Garlan. Roman von Arthur Schnitzler. 3. Aufl. *Berlin: S. Fischer 1901.* (256 S.) 8° [J.]

— Frau Bertha Garlan. Roman. 4. Aufl. (256 S.) 8. Ebd. 904. n. 3. —; geb. n.n. 4. —

— Frau Bertha Garlan. Novelle. 5.—7. Aufl. (256 S.) 8. Ebd. 906—08. 3.—; geb. n 4. —

Lieutenant Gustl. Novelle von Arthur Schnitzler. Ill. von M. Coschell. 6. Aufl. *Berlin: S. Fischer 1901.* (80 S.) 8° [J.]

Lieutenant Gustl. Novelle von Arthur Schnitzler. Ill. von M. Coschell. 7. Aufl. *Berlin: S. Fischer 1901.* (80 S.) 8° [J.]

— Lieutenant Gustl. Novelle. (9.—12. Aufl.) (à 64 S.) Il. 8. Ebd. 904. 906. n. 1. —

Leutnant Gustl. Novelle von Arthur Schnitzler. 14. Aufl. Berlin: S. Fischer 1910. 72 S. 8°

— Leutnant Gustl. Novelle. 15. Aufl. (72 S.) Il. 8. Ebd. 910. 1. —

Der grüne Kakadu. Paracelsus. Die Gefährtin. 3 Einakter von Arthur Schnitzler. Berlin: S. Fischer 1899. (178 S.) 8°

Der grüne Kakadu. Paracelsus. Die Gefährtin. 3 Einakter von Arthur Schnitzler. 3. Aufl. *Berlin: S. Fischer 1900.* (178 S.) 8° [J.]

— Der grüne Kakadu. — Paracelsus. — Die Gefährtin. 3 Einakter. 4. u. 5. Aufl. (V. 178 S.) 8. Ebd. 905. 08. 2.—; geb. n 3. —

[Ant. u. J.] Arthur Schnitzler. Liebelei. Schausp. in 3 Akten. Berlin: S. Fischer 1896. (142 S., 1 Bl.) 1 Bd 8.

Schnitzler, Arth., Liebelei. Schauspiel in 3 Akten. 3. u. 4. Aufl. 8. (à 142 S.) Berlin 899. 901. S. Fischer, Verl. n. 2. —; geb. n.n. 3. —

— Liebelei. Schauspiel in 3 Akten. 7. u. 8. Aufl. (142 S.) 8. Ebd. 909. 2.

— das Märchen. Schauspiel in 3 Aufzügen. 8. (111 S.) Dresden 894. E. Pierson. n. 1. 50

Schnitzler, Arthur: Das Märchen. Schausp. in 3 Aufz. 2. Aufl. Berlin: S. Fischer 1902. (200 S.) 8°

— Das Märchen. Schauspiel in 3 Aufzügen. 3. Aufl. (200 S.) 8. Ebd. 910. 2. 50

Marionetten. 3 Einakter von Arthur Schnitzler. 2. Aufl. Berlin: S. Fischer 1906. (147 S.) 8°

— Der junge Medardus. Dramatische Historie in 1 Vorspiel u. 5 Aufzügen. 1.—4. Aufl. (290 S.) 8. Ebd. 910. 3.50; geb. n 4.50

Komtesse Mizzi od. Der Familientag. Komödie in 1 Akt. 1. u. 2. Aufl. (93 S.) 8. 909. 1.—; Berlin: S. Fischer. geb. n 2. —

Schnitzler, Arthur: Komtesse Mizzi oder Der Familientag. Komödie in 1 Akt von —. 3. Aufl. Berlin: S. Fischer 1909. 93 S. 8°

REIGEN. Zehn Dialoge (von *Arthur Schnitzler*, Dr. med., Arzt in Wien, geb. ebendas. 15. Mai 1862). O. O. (Wien), Winter 1896—1897. Als Mspt. gedruckt. 8°. 93 S. (15 Kr. Halm & Goldmann, Wien, 1907:)

Erste Ausgabe des seinerzeit als Privatdruck für den intimsten Freundeskreis hergestellten Buches. — Eine der größten Seltenheiten der modernen Literatur.

— — Dasselbe. Luxus-Ausgabe auf Büttenpap. Nur 25 Expll. mit eigenhänd. Unterschrift des Dichters. (Kr. 40—.) (45 Mk., rother Orig.-Ganzldrbd., Paul Graupe, Berlin. 1911.)

SCHNITZLER, Arthur (in Wien, geb. ebd. 15. Mai 1862), Reigen. Zehn Dialoge. (Erot. Liebesscenen.) Winter 1896—97. Auf Titelrüchs.: Als Mspt. gedr. — *A. E.:* Buchdruckerei Roetzsch vorm. Otto Noack & Co. 8°. 94 unbez. Bll. (60 Kr., Prachtexpl. in blauem Ganzmaroquinbd. m. G., Gilhofer & Ranschburg, Wien. 1908:)

Erste, äusserst seltene Ausgabe des Reigen, die im Jahre 1897 in ganz kleiner Auflage unter Ausschluss der Oeffentlichkeit als Manuskript gedruckt wurde. Mit eigenhändiger Widmung des Verfassers datiert, Wien: 2. 6. 1900. Schnitzler schreibt in der Vorrede: „Ein Erscheinen der nachfolgenden Szenen ist vorläufig ausgeschlossen .... Da jedoch Dummheit und böser Wille immer in der Nähe sind, fuge ich den ausdrücklichen Wunsch bei, dass meine Freunde, denen ich dieses Manuskript gelegentlich übergeben werde, es als bescheidenes, Ihnen persönlich zugedachtes Geschenk des Verfassers aufnehmen mögen." Publiziert wurde das Werk erst im Jahre 1903.

— — Dasselbe. Ebd. 1900. 8°.
Kürschner's Lit.-Kal. f. 1909, Sp.-S. 1482.

Arthur Schnitzler. Reigen. 10 Dialoge, geschrieben Winter 1896–97. Buchschmuck von Berthold Löffler. *Wien & Leipzig: Wiener Verl. 1902.* (250 S.) 8° [J.]

— — Dasselbe, tit.: Reigen. Zehn Dialoge, geschrieben Winter 1896—97. Buchschmuck von Berthold Löffler. Wien und Leipzig 1903. 8°. 250 S. (Mk. 4—.) (3 Mk. Taussig, 1903; 3 Kr. 60 H. L. Rosner, Wien, 1910.)

In Deutschland verboten. — Dirne u. Soldat; Soldat u. Stubenmädchen; Stubenmädchen u. der junge Herr; der junge Herr u. die junge Frau; die junge Frau u. der Ehegatte; der Ehegatte u. das susse Madel, etc.

— Reigen. 10 Dialoge. Geschrieben Winter 1896—97. Buchschmuck v. Berth. Löffler. 1.—11. Aufl. (250 S.) 8. Wien 903 Wiener Verlag. n. 3. 50; geb. n.n. 5. —
Im Deutschen Reiche verboten.

— — Dasselbe. Buchschmuck von B. Löffler. Wien, Wiener Verlag, 1908. 8°. (3 Kr. 60 H., Lwd. mit d. Orig.-Umschl., die vorige Firma, 1907.)

— der Ruf des Lebens. Schauspiel in 3 Akten. 1. u. 2. Aufl. (à 132 S.) 8. Berlin 906. S. Fischer Verlag. n. 2. —; geb. in Leinw. n.n. 3. —

Der Schleier der Beatrice. Schauspiel in 5 Akten von Arthur Schnitzler. 2. Aufl. *Berlin: S. Fischer 1901.* (215 S.) 8° [J.]

— Sterben. Novelle. 8. (148 S.) Berlin 895. S. Fischer Verl. n. 2. —; geb. n. 3. —

— Sterben. Novelle. 2. Aufl. 8. (138 S.) Ebd. 896. n. 2. —

Schnitzler, Arthur: Sterben. Novelle. 2. Aufl. Berlin: S. Fischer 1898. (138 S.) 8° [Ant. u. F.]

— Sterben. Novellen. 3. Aufl. 8. (138 S.) Ebd. 901. n. 2. —; geb. n.n. 3. —

— Sterben. Novelle. 4. Aufl. (138 S.) 8. Ebd. 904. n. 2. —; geb. n n. 3. —

— Sterben. Novelle. 5. u. 6. Aufl. (138 S.) 8. Ebd. 906. 09. 2.—; geb. n 3. —

Schnitzler, Arthur: Lebendige Stunden. (Die Frau mit d. Dolche. Die letzten Masken. Literatur.) 4 Einakter. Berlin: S. Fischer 1902.(160 S.) 8°

— lebendige Stunden. 4 Einakter. 1. u. 2. Aufl. 8. (à 160 S.) Ebd. 902. n. 2. —; geb. n.n. 3.—

— lebendige Stunden. 4 Einakter. 5. Aufl. (159 S.) 8. Ebd. 903. n. 2. —; geb. n.n. 3 —

— die griechische Tänzerin, s: Bibliothek moderner deutscher Autoren. 1. Bd.

— das Vermächtnis. Schausp. in 3 Akten. 8. (191 S.) Ebd. 899. Berlin: S. Fischer. n. 2. —

— das Vermächtnis. Schauspiel in 3 Akten. 2. Aufl. 8. (191 S.) Ebd. 901. n. 2. —; geb. n.n. 3.—

— der einsame Weg. Schauspiel in 5 Akten. 1.—4. Aufl. (à 166 S.) 8. Berlin 904. 906. S. Fischer Verlag. n. 2. —; geb. n. 3. —

· Der einsame Weg. Schauspiel in 5 Akten. 5. Aufl. (166 S.) 8. Ebd. 910. 2. —

Der Weg ins Freie. Roman von Arthur Schnitzler. 16. Aufl. Berlin: S. Fischer 1908. (491 S.) 8° [F.] 108. 1302

Schnitzler, Arthur: Der Weg ins Freie. Roman von —. 18. Aufl. Berlin: S. Fischer 1908. 491 S. 8°

Der Weg ins Freie. Roman. 20. Aufl. (491 S.) 8. Ebd. 908. 5.—; geb. in Leinw. 6. —

Zwischenspiel. Komödie in 3 Akten von Arthur Schnitzler. 2. Aufl. Berlin: S. Fischer 1906. (139 S.) 8° [F.] 108. 1198

— Zwischenspiel. Komödie in 3 Akten. 4. Aufl. (140 S.) 8. Ebd. 909. 2. —

Schnitzler, B. J., Fernando u. Beatrice oder schöner Sieg nach hartem Kampfe. Novelle aus Italien. 2 Bde. Leipzig 863. (Aachen, Hensen.) 8. (VIII, 332 S.) n. 25 ngr.

Schnitzler, Ferd., drei Vorträge üb. das Versicherungswesen, s. a. Sammlung gewerbl. Vorträge. II.

Schnitzler, F., Drei Vorträge über das Versicherungswesen. [Sammlung gewerblicher Vorträge. II.] 8°. (60 S.) K —.80
Brunn: C. Winkler, K. u. K. Hofbuchhandl. 1907.

Schnitzler, Franz, prakt. Arzt in Weilheim: Ueber einen Fall von Sarkom der Kreuz-Steissbein-Gegend. *München 1900 [vielm. 1901]: Kastner & Lossen.* (41 S.) 8°
München, Med. Diss. v. 1901

Schnitzler, Franz: Aus d. Ohrenabt. d. chirurg. Poliklinik (Prof. Dr. Haug). Über lebende Fremdkörper im Ohre. *München 1901: C. Wolf & Sohn.* (30 S.) 8°
München, Med. Diss. v. 1901

Schnitzler, Franz: Aus dem pathologischen Institut zu Giessen. Die Lipome des Gehirns. *Giessen 1897: v. Münchow.* (33 S.) 8°
Giessen, Med. Diss. v. 1897

Schnitzler, Fritz: Malkasten-Poesie. Orig.-Beiträge in Poesie u. Prosa von Mitgliedern d. Künstlervereins 'Malkasten' gesammelt von —. Düsseldorf: 1905. 55 S. 8°

Schnitzler, Georg, a. Cöln, z. Z. Referendar in Cöln: Schadensersatzpflicht ohne Verschulden aus §§ 302, 600, 717, 945 Z.P.O. Borna-Leipzig 1907: R. Noske. (VII, 40 S.) 8°
Leipzig, Jur. Fak., Diss. v. 14. Jan. 1908
[Geb. 29. Okt. 84 Cöln; Wohnort: Cöln; Staatsangeh.: Preußen; Vorbildung: Gymn. an Marzellen Cöln Reife O. 03; Studium: Bonn 3, Berlin 1, Bonn 2 S.; Rig. 5. Juli 06.]

Schnitzler, H., Abhandlgn. üb. d. period. Dezimalbrüche, bes. f. Lehrer, Seminaristen u. Rechenfreunde. 8. (16 S.) Herdecke 895. (Leipzig, R. Giegler's Sort.) n.n.

Schnitzler, Heinrich, a. Neuss a. Rh.: Ueber die Belichtung von krummen Flächen, speziell von Rotationsflächen II. Ordnung. Rostock 1904: C. Hinstorff. (37 S.) 8°
Rostock, Phil. Fak., Ref. Matthiessen, Diss. v. 27. Okt. 1904
[Geb. 25. Okt. 79 Neuss a. Rh.; Wohnort: Rostock i. M.; Staatsangeh.: Preußen; Vorbildung: Gymn. Neuss Reife O. 99; Studium: Göttingen 2, Bonn 2, Kiel 1, Bonn 2 S.; Rig. 30. Sept. 04.]

Schnitzler, Hermann, a. Fredeburg (Westfalen): Über die Fortpflanzung von Clepsidrina ovata. Marburg 1905: (Lippert & Co., Naumburg a. S.) (20 S.) 8° ¶ (Die vollständige Dissertation mit 2 Figurentafeln erscheint im „Archiv für Protistenkunde".)
Marburg, Phil. Fak., Ref. Korschelt, Diss. v. 5. Nov. 1905
[Geb. 10. Aug. 80 Fredeburg; Wohnort: Attendorn; Staatsangeh.: Preußen; Vorbildung: Gymn. Brilon Reife O. 99; Studium: Münster 1, Berlin 2, Marburg 6 S.; Rig. 24. Mai 05.]

Schnitzler, Herm., nuevo método para aprender el Inglés. Obra dedicada á la América española. Para el uso privado y escolar. 8. (IX, 202 S.) Freiburg i/B. 898. Herder. Geb. in Leinw. n. 2. 80

Schnitzler, Herm., nuevo método para aprender el Francés. (Método Schnitzler para el estudio de lenguas.) Obra dedicada á la América española. Para el uso privado y escolar. 8. (XIV, 274 S.) Freiburg i/B. (901). Herder. Geb. in Leinw. n. 3. 40

Schnitzler, Herm., Nuevo método para aprender el Inglés. Obra dedicada á la América española. Para el uso privado y escolar. (Método Schnitzler para el estudio de lenguas.) 2. ed. revista y adicionada. (X, 194 S.) 8. Freiburg i/B. (903). Herder. Geb. in Leinw. n 2. 40

Schnitzler, Herm., nuevo método para aprender el Francés. (Método Schnitzler para el studio de lenguas.) Obra dedicada á la América española. Para el uso privado y escolar. 2. ed. rev. (XIV, 253 S.) 8. Freiburg i/B. (908). Herder. Geb. 3. —

— dasselbe. 3. ed. cuidosamente revisada. (XII, 192 S.) 8. Ebd. (908). 2.—; geb. in Leinw. 2. 40

Schnitzler, Hermannus Josephus (geb. 1829 in Köln): De oniscineis agri Bonnensis ... Coloniae Agripp., form. Guil. Clouthii (1853). 26 S., 1 Bl. 8.
Bonn, Phil. Fak., Diss. v. 7 Febr. 1853

Schnitzler, Hugo (geb. Solingen 8. 2. 1846): De hereditatis jacentis natura. Berolini (1871). (111 S.) 8°
Berlin, Jur. Diss. v. 15. Aug. 1871

Schnitzler, Hugo, de hereditatis jacentis natura. Dissertatio inauguralis. gr. 8. (112 S.) Berlin 871. (Puttkammer & Mühlbrecht.) n. 1. 50

Schnitzler, J. Mich., s. Psalterium explanatum.

Schnitzler, J. P. J., De satirae Romanae novae natura et forma. Diss. 1870. 44 S.

Schnitzler, Johann: Über Anwendung ..., s.a. Zeit- und Streitfragen, Klinische.

Schnitzler, J., üb. Anwendung u. Wirkung d. Perubalsams bei Krankheiten d. Kehlkopfes, der Luftröhre, der Bronchien u. der Lunge. [Aus: „Internationale klin. Rundschau".] gr. 8. (15 S.) Wien 889. Braumüller. n. — 50

— Aphorismen zur Diagnose u. Therapie der Kehlkopftuberkulose, s.: Zeit- u. Streitfragen, klinische.

Schnitzler, Joh., klinischer Atlas der Laryngologie u. Rhinologie, nebst Anleitg. zur Diagnose u. Therapie der Krankheiten d. Kehlkopfes u. der Luftröhre. Unter Mitwirkg. v. M. Hajek u. A. Schnitzler. 2.—6. Lfg. gr. 8. (S. 33—184 m. Holzschn., 20 farb. Taf. u. 23 Bl. Erklärgn.) Wien 891—894. W. Braumüller. à n. 4. —

Schnitzler, Joh., klinischer Atlas d. Laryngologie, nebst Anleitg. zur Diagnose u. Therapie der Krankheiten d. Kehlkopfes u. d. Luftröhre. Hrsg. unt. Mitwirkg. v. M. Hajek u. A. Schnitzler. 7. (Schluss-) Lfg. gr. 8. (VIII u. S. 185—254 m. 22 Holzschn., 4 farb. Taf. u. 4 Bl. Erklärgn.) Wien 895. W. Braumüller n 4 — (kplt. kart n 28. —)

Schnitzler, Joh., die pneumatische Behandlung der Lungen- und Herzkrankheiten, s.a. Klinik, Wiener.

Schnitzler, Joh., die pneumatische Behandlung der Lungen- u. Herzkrankheiten. 2., durch e. Nachtrag verm. Aufl. Mit 4 (eingedr.) Holzschn. gr. 8. (IV, 40 S.) Wien 877. Urban & Schwarzenberg. n. 2. —

Schnitzler, Joh., zur Diagnose u. Therapie der Laryngo- u. Tracheostenosen, s.: Klinik, Wiener, 1877.

Schnitzler, Joh., zur Frage der endolaryngealen Behandlung des Kehlkopfkrebses. gr. 8. (16 S.) Wien 888, Braumüller. *
Aus: Internationale klinische Rundschau, besonders abgedruckt.

— zur Frage der endolaryngealen Behandlung d. Kehlkopfkrebses. [Aus: „Internat. klin. Rundschau".] gr. 8. (16 S.) Ebd. 889. n. — 40

— über Kombination v. Syphilis u. Tuberkulose d. Kehlkopfes u. die gegenseitige Beeinflussung beider Prozesse. Vortrag, geh. in der Sektion f. Laryngologie u. Rhinologie d. X. internationalen medizin. Kongresses zu Berlin, Aug. 1890. gr. 8. (31 S. m. 10 Abbildgn.) Ebd. 890. n. — 70

— üb. Laryngoskopie u. Rhinoskopie u. ihre Anwendung in der ärztlichen Praxis. 6 Vorträge, geh. an der allgemeinen Poliklinik in Wien. Mit 24 (eingedr.) Holzschn. [Aus: „Wiener Klinik".] gr. 8. (64 S.) Wien 879. Urban & Schwarzenberg. n. 1. 60

— dasselbe. s. Klinik, Wiener, 1879.

— die Lungensyphilis und ihr Verhältniss zur Lungenschwindsucht. gr. 8. (IV, 60 S. mit 8 eingedr. Holzschn.) Wien 880, Urban und Schwarzenberg. *
Aus: Wiener medicinische Presse, besonders abgedruckt.

Schnitzler, Johann: Die Tuberkulose ..., s. Wick, Ludwig

Schnitzler, Joh. Heinr., ausführl. Bericht e. Augenzeugen üb. d. letzten Auftritte d. franz. Revolution währ. der zwei Wochen v. 26. Jul. bis z. 9. Aug. 1830. gr. 8. (9½ B. mit Lafayette's Bildn. u. d. Grundrisse v. Paris.) Stuttgart 830, Cotta.

—— Briefe aus Paris üb. Frankreich im ersten Jahre sein. Juliusrevolution, als Fortsetz. d. ausführl. Berichts e. Augenzeugen üb. d. letzten Auftritte d. franz. Revolution ꝛc. gr. 8. (27 B.) Stuttgart 832, Cotta.

— essai d'une Statistique generale de l'Empire de Russie. gr. 12. St. Petersb. 829. Brieff. 8 Rub. (A. u. d. T.: Statistique et itinéraire de la Russie etc.)

Schnitzler, J. H., Geheimgeschichte von Rußland unter der Herrschaft der Kaiser Alexander und Nikolaus mit besond. Berücksicht. der Krisis im J. 1825. Deutsch von Rob. Binder. 4 Bde. 8. (1461 S.) Leipzig 847, [Bibliopolische Anstalt.]

—— geheime Geschichte Rußlands unter den Kaisern Alexander und Nicolaus mit besond. Berücksicht. der Krisis von 1825. 2 Bde. br. gr. 8. (659 S.) Grimma 847. [Wurzen,] Verlags-Comptoir.

Schnitzler, J. H., Geschichte des Russischen Reiches, s.a. Hausbibliothek, historische.

Schnitzler, J. H. Geschichte des russischen Reiches von der ältesten Zeit bis zum Tode des Kaisers Nikolaus I. Deutsch von Dr. Eduard Burckhardt. 8. Leipzig 1855.

Schnitzler, J. H., Geschichte des russischen Reichs von der ältesten Zeit bis zum Tode des Kaisers Nikolaus I. Deutsch von Ed. Burckhardt. Neue (Titel-)Ausg. Leipzig (855)865. Senf. gr. 8. (III, 214 S.) 1 ℛ︀

Schnitzler, J. H., Geschichte des russischen Reiches von der ältesten Zeit bis zum Tode Nikolaus I. Deutsch v. Ed. Burkhardt. 3. Ausg. 8. (214 S.) Leipzig 874. G. Senf. 3. —

— Griechenland u. Spanien. 8. (Straßb.) 822.

— Marie Foeodorovna, née princesse de Wurtemberg-Montbéliard, avant son élevation au trône impérial de Russie 1759—1781. Halle 865. Schmidt's Verlag. 16. (136 S.) 15 *ngr.*

(——) Notice sur les principaux tableaux etc., s.a. Notice.

(Schnitzler, J. H.) Notice sur les principaux tableaux du Musée Impérial de l'Ermitage à Saint-Pétersbourg. St. Pétersbourg et Berlin 1828. 8°. 2 Exemplare.

Schnitzler, J. H., Kaiser Paul I. vor u. nach seiner Thronbesteigung. (S.-A.) Leipzig 1867. 103 SS. (2 Kr. Gilhofer & Ranschburg.)

— la Russie, la Pologne et la Finlande. Tableau statistique, géographique et historique de toutes les Parties de la Monarchie Russe prises isolément. Avec 3 plans lith. gr. in-8. Paris 835. (Saint-Pétersbourg, Brieff.) $3\frac{1}{2}$ *ℛ︀*

Schnitzler, Josef, prakt. Arzt aus Rottenburg a. N.: **Über Osteomalacie unter Mitteilung eines durch Kaiserschnitt und Kastration behandelten Falles der Tübinger Frauenklinik.** *Tübingen: F. Pietzcker 1898.* (35 S.) 8°
Tübingen, Med. Diss. v. 1898

Schnitzler, Jos., üb. Osteomalacie unt. Mitteilg. e. durch Kaiserschnitt u. Kastration behand. Falles d. Tübinger Frauenklinik. Diss. gr. 8. (35 S.) Tübingen 898. F. Pietzcker. n.n. — 70

Schnitzler, Jul., zur Ätiologie der Cystitis. Aus dem Institute f. patholog. Histologie u. Bakteriologie in Wien. gr. 8. (88 S.) Wien 892. W. Braumüller. n. 2.—

Schnitzler, Jul., Beiträge zur Casuistik der branchiogenen Fisteln u. Cysten. gr. 8. (43 S. m. 3 Fig.) Wien 890. Hölder. n. 1. —

Schnitzler, Jul., die Indikationen zu chirurg. Eingriffen bei inneren Erkrankgn., s.: Schlesinger, Herm.

Schnitzler, Otto, Gerichtsreferendar in Cöln a. Rh.: Der ärztliche Eingriff und das Strafrecht. Borna-Leipzig 1908: R. Noske. (VI, 60 S.) 8° [J.]
Leipzig, Jur. Fak., Diss. v. 2. März 1908
[Geb. 15. Aug. 83 Düsseldorf; Wohnort: Cöln; Staatsangeh.: Preußen; Vorbildung: Friedrich-Wilhelms-Gymn. Cöln Reife O. 01; Studium: Straßburg 3, Berlin 1, Straßburg 1, Bonn 2 S.; Rig. 2. März 08.]

Schnizer, Otto, die ersten Quäker Georg Fox u. William Penn, s.: Familienbibliothek, Calwer. 67. Bd.

— Johann Heinrich Wichern, der Vater der innern Mission, s.: Familienbibliothek. Calwer 69. Bd.

Schnitzler, Paul C.

Schnitzler, Paul, die Beitreibung v. Schuldforderungen in den Vereinigten Staaten v. Amerika, s. a. Wie treibt man Schuldforderungen im Auslande ein? 5. Bd.

Die Beitreibung von Schuldforderungen in den Vereinigten Staaten von Amerika. Zum prakt. Gebr. f. d. Geschäftswelt bearb. von Dr. Paul C. **Schnitzler**, Attorney in New York. *Berlin: Universum (1901).* (VIII, 142 S.) 8°
= Wie treibt man Schuldforderungen im Ausland ein? Bd 5. [04 1,64

— Wegweiser f. den Rechtsverkehr zwischen Deutschland u. den Vereinigten Staaten v. Amerika, zusammengestellt f. die Bedürfnisse der deutschen Praxis. (48 S.) gr. 8. New York 900. The International News Company. n. 3. —

Wegweiser für den Rechtsverkehr zwischen Deutschland und den Vereinigten Staaten von Amerika ... zsgest. f. d. Bedürfnisse d. deutschen Praxis. Von Dr. jur. Paul C. **Schnitzler**, Rechtsanw. in New York. 2., stark erw. Aufl. *Berlin: O. Liebmann 1903.* (X, 156 S.) 8° [03. [illegible]

Schnitzler, S. Mich., Psalterium explanatum sive psalmi omnes et in officio canonico legenda V. Test. cantica iuxta Vulgatam ss. Librorum editionem, additis notis tum textus sensum, tum omnia, quae in Bibliis Hebraicis aliter leguntur, exhibentibus. Koblenz, Hölscher, 1842, 4 Mk.
Recens. (Tüb.) Theol. Quartalschr. 1843, S. 332—337.

Schnitzspahn, Karl. Ueber die Konstitution des Cyanwasserstoffsesquichlorhydrates und dessen synthetische Verwendung. Heidelberg, 1898.

Schnizer, Carl von. s. Schnizer, Karl von

Schnizer, Ernst, appr. Arzt a. Ludwigsburg in Württemberg, Unterarzt beim 4. Württemb. Feldartillerie-Reg. Nr. 65: Schädeltuberkulose mit besonderer Berücksichtigung der Therapie nach König. Berlin (1906): G. Schade. (34 S.) 8°
Berlin, Med. Fak., Ref. Hildebrand, Diss. v. 28. Febr. 1906
[Geb. 28. März 81 Ludwigsburg; Wohnort: Ludwigsburg; Staatsangeh.: Württemberg; Vorbildung: Gymn. Ludwigsburg; Studium: Berlin Kaiser Wilh.-Akad. 9 S.; Coll. 24. Febr. 06; Approb. 16. Febr. 06.]

Widukind der Sachsenherzog. Ein Drama von Friedrich **Schnizer**. Berlin-Leipzig: Wigand 1910. 181 S. 8° [11. 4183

Schnizer, Frdr., Widukind, der Sachsenherzog. Ein Drama. (181 S.) 8. Leipzig 910. Modernes Verlagsbureau. 4. —

Schnizer, Georg Matth.

— der Kirchenbibliothek zu Neustadt an d. Aisch, 1e—6e Anzeige. 4. Nürnb. 782—87. Bauer. 9 gl.

Schnizer, Geo. Matth., († d. 2. Jan. 1805.) Nachrr. von d. Kirchenbibliothek zu Neustadt an d. Aisch. 8. Neustadt 768.

Schnizer, Karl von

v. **Schnizer**, Carl [aus Stuttgart]: Über Beckenfracturen München, Beck'sche Buchdr., 1894; 32 S. 8.
München, Med. Fak., Inaug.-Diss. v. 1894

Schnizer, O., Johs. Brenz, der württembergische Reformator, s.: Für die Feste u. Freunde d. Gustav-Adolf-Vereins.

Schnizer, Otto, Oliver Cromwell, s.: Familienbibliothek, Calwer. 62.

SCHNITZLEIN, Adalbert: Abbildungen der natürlichen Familien des Gewächsreiches, gezeichnet und mit den Charakteren der Familien, so wie verschiedenen wissenschaftlichen und practischen Anmerkungen begleitet. - Bonn 1843-1870. 4 Bd. m. je einem Atlas. - Bd. I: Kryptogamen und Monocotylen. - Bd. II: Gymnospermae, Dicotyleae apetalae et gamopetalae. - Bd. III und IV: Dicotyleae dialypetalae

Schnizlein, Adalb., Analysen zu den natürlichen Ordnungen der Gewächse und deren sämmtl. Familien in Europa. I. Phanerogamen, in einem Atlas von 70 (lithogr.) Taf. (in gr. Fol.) mit 2500 Fig. erläutert. gr. 4. (60 S.) Erlangen 858, Palm und Enke. *

Schnizlein, Adalb., Analysen zu den natürlichen Ordnungen der Gewächse und deren sämmtlichen Familien in Europa. Phanerogamen auf 70 Taf. mit 2500 Fig. Neue (Titel-)Ausg. 10 Lfgn. gr. Fol. (70 Stnt. mit 60 S. Text in gr. 4.) Erlangen (858)63,64, Palm und Enke. à Lfg. * 12 Ngr. *

Schnizlein (A.). Auswahl vom fremden Pflanzen . . . Erlangen, 1865. 4°.

Schnizlein (A.). Beschreibung des Botanischen Gartens Erlangen. Erlangen, 1858. 4°.

Schnizlein, Adalb., Botanik, als Gegenstand der allgemeinen Bildung. Eine kurze Anleitung zur verständ. Betrachtung der Pflanzenwelt im Ganzen, u. zur Kenntniß der wichtigsten Familien u. Einzelformen. Mit Abbildgn. in (eingedr.) Holzschn. u. (4 lith.) Taff. Erlangen 868. Besold. gr. 8. (134 S.) n. 20 ngr.

Schnizlein, A(dalb.), Campanulaceae, Ericeae etc., s. Genera plantarum florae germanicae.

Schnizlein, Adalb., Encyklopädie d. Naturwissenschaften als Hilfslehren der Pharmacie. Ein Leitfaden z. Selbst- u. Hilfsunterricht f. angehende Pharmaceuten. gr. 8. (16 B.) Erlangen 846, Palm's Vrlgsh.

—— Encyclopädie der Naturwissenschaften als Hilfslehren der Pharmacie. Ein Leitfaden beim Unterricht angehender Pharmaceuten. 2. Ausg. mit Berichtigungen. gr. 8. (XV und 239 S.) Erlangen 853, Palm's Vrlgsh.

—— die Farnpflanzen der Gewächshäuser. Eine Anleitung zur systemat. Bestimmung der vorzüglichsten ausländischen Arten dieser Familie für Gartenbesitzer und Gärtner bearb. gr. 8. (38 S.) Erlangen 854, Palm und Enke. *
Aus: Berger, E., die Bestimmung der Gartenpflanzen etc., besonders abgedruckt.

—— die Flora von Bayern nebst den angrenzenden Gegenden von Hessen, Thüringen, Böhmen, Oestreich und Tyrol sowie von ganz Württemberg und Baden. Ein Entwurf des Inhaltes mit übersichtl. Anordnung der unterscheid. Merkmale aller Blüthenpflanzen, welche in diesen Ländern wild wachsen und auch zum Nutzen oder Vergnügen allgem. gepflanzt werden. 8. (CVI und 373 S.) Erlangen 847. [Frankfurt a. M., Heyder und Zimmer.] Thlr. *

— Flore exotique qu'il convient de cultiver dans les serres d'un jardin botanique. Édit. française, publiée par E. Morren. Bonn 867. (Henry.) gr. 8. (140 S.) 15 ngr.

— Dipsacearum, Stellatarum, Gentianearum genera, s.: Genera plantarum florae Germanicae. Fasc. XXV.

— genera plantarum etc., s. Nees ab Esenbeck, genera plantarum etc.

—— Genera plura familiae Caryophyllacearum, } s. Genera plantarum florae germanicae.
—— Genera plura Ericinearum et Oleinearum, }

— — Iconographia familiarum naturalium regni vegetabilis delineata atque adjectis familiarum characteribus exornata. Bonn 1843—70. 4°.

Vol. I. Text.	Ordines 1—75. Cryptogamae et Monocotyleae.
„ I. Atl.	
„ II. Text.	Ordines 75—161. (Cupressineae-Galazineae.)
„ II. Atl.	Gymnospermae, Dicotyleae Apetalae et Gamopet.
„ III. Text.	Ordines 162—228. (Umbelliferae-Coriaricae.)
„ III. Atl.	Dicotyleae Dialypetalae. Pars 1.
„ IV. Text.	Ordines 229—247. (Erythroxyleae-Mimoseae.)
„ IV. Atl.	Dicotyleae Dialypetalae. Pars 2.

—— Iconographia familiarum natural. regni vegetab. delineata atque adjectis famil. characteribus et adnotat. variis tum scientiam tum usum spectantibus exornata. — Abbildungen der natürl. Familien des Gewächsreiches, gezeichnet u. m. den Characteren der Familien, so wie verschiedenen wissenschaftl. u. pract. Anmerk. begleitet. 1—5. Hft. gr. 4. (100 zum Theil ill. Stnt. u. 22$\frac{3}{4}$ latein. u. deutscher Text.) Bonn 843—47, Henry u. Cohen. à 2 Thlr. *

—— Iconographia familiarum naturalium regni vegetabilis. — Abbildungen aller natürl. Familien des Gewächsreichs. 6. und 7. Heft. (Schluß des 1. Bds. Kryptogamen und Monocotylen der Phanerogamen.) gr. 4. (à Heft 58 S. und 20 zum Theil ill. Stnt.) Bonn 848, Henry und Cohen. à Heft * 2 Thlr. *

—— dass. — 8. Heft. gr. 4. (55 S. und 20 zum Theil ill. Stnt.) Ebds. 852. *

—— Iconographia familiarum naturalium regni vegetabilis. — Abbildungen aller natürlichen Familien des Gewächsreiches. 9—11. Heft. gr. 4. (à Heft 54—56 S. und à 20 theils ill. Stnt.) Bonn 854—55, Henry und Cohen. à Heft * 2 Thlr. *

—— Iconographia familiarum naturalium regni vegetabilis. Abbildungen aller natürlichen Familien des Gewächsreiches. 12—15. Heft. gr. 4. (à Heft 48—58 S. und 20 theilweise ill. Stnt.) Bonn 859—61, [Cohen und Sohn.] à Heft * 2 Thlr. *

—— Iconographia familiarum naturalium regni vegetabilis. Abbildungen aller natürlichen Familien des Gewächsreiches. 16.—19. Heft. gr. 4. (à Heft 46—54 S. mit 20—22 theilweise ill. Stnt.) Bonn 864—68, Cohen und Sohn. à Heft * 2 Thlr. '

—— Iconographia familiarum naturalium regni vegetabilis. — Abbildungen aller natürlichen Familien des Gewächsreiches. 20. (Schluss-)Heft. gr 4. (VI, 90 S. mit 20 theilweise color. Stnt.) Bonn 870, Cohen und Sohn. *

Schnitzlein und Frickhinger. Geognostisch-topographische Karte vom Wörnitz- und Altmühlthale und deren Umgebungen. 2. Auflage. Nördlingen. Folio.

—— die natürliche Pflanzen-Familie der Typhaceen mit besonderer Rücksicht auf die deutschen Arten bearbeitet. gr. 4. (3$\frac{3}{4}$ B. u. 2 Taf. Abbild.) Nördlingen 845, Beck'sche Bh. *

— die Pilze Deutschlands, s.: Sturm's (Jac.) Deutschlands Flora.

—— Uebersichten zum Studium der systematischen und angewandten, besonders der medizinisch-pharmazeut. Botanik. Zum Gebrauche bei Vorlesungen und Repetitionen zusammengestellt. gr. 8. (XVI und 96 S.) Erlangen 860, Palm und Enke. *

—— und Albert Frickhinger, die Vegetationsverhältnisse der Jura- und Keuperformation in den Flussgebieten der Wörnitz und Altmühl. Unter Mitwirkung von G. Ad. Hauser für Dinkelsbühl. Lex.-8. (VIII und 344 S. mit 1 geognost.-topograph. lithochrom. Karte des Bezirks in Fol.) Nördlingen 848, Beck'sche Buchh. Schrbp. in gr. 4. *

— Verzeichniss der Gefässpflanzen, s.: Sturm, Joh. Wilh.

—— und J. W. Sturm, Verzeichniss der phanerogamen und gefässkryptogamen Pflanzen in der Umgegend von Nürnberg, s. Sturm, J. W.

*Schnizlein, August: Andreas Samuel Gesner, Rektor des Rothenburger Gymnasiums 1716—1771. 43 S. 8.
Progr. Kgl. Progymn. *Rothenburg o. Tbr.* 1907.

Schnizlein Aug., ein Hans Sachs-Abend, s.: Sachs, Hans.

Schnizlein, Eduard

Schnizlein, Ed., meine Behandlung der Cholera, ihre Entstehung, Verbreitung, Heilung und Verhütung. München 854. Franz. 8. (24 S.) 3 ngr.

Schnizlein, Ed., Beobachtungen, Erfahrungen u. ihre Ergebnisse zur Begründung der Wasserheilkunde, hauptsächlich in Folge allerhöchsten Willens nach einem längeren Aufenthalte in der Wasserheilanstalt des V. Prießnitz zu Gräfenberg dargestellt. 2e verb. u. verm. Aufl. kl. 8. München 838. Franz. $^1/_2$ ℳ

SCHNIZLEIN, Eduard (Oettingen): Tractatus de ratione medendi per morbos cutis arte provocatos in quo praesertim agitur de psora, exanthemate acuto senania.- Monachii: Giesser 1835. 16 S. 20.8.1833 - Urk: F 61
Diss. Ingolst.-Landsh.-Mchn.

Schnizlein, Ed., das Scharlachfieber, seine Geschichte, Erkenntniss und Heilung. gr. 8. (VI und 247 S.) München 851, Kaiser. *

Schnizlein, Ed., das Scharlachfieber, seine Geschichte, Erkenntniss und Heilung. Neue wohlf. (Titel-)Ausg. gr. 8. (VI und 247 S.) München (851)59, Franz. *

Schnizlein, Johann Georg Christoph (Ansbach)
A. S. 278/12

Dissertatio historico-ecclesiastica de haeresi Pauli Samosateni et solis fragmentis scriptorum ipsius et testimoniis patrum Antiochenorum.
Präs. Jakob Wilhelm Feuerlein.
Göttingen (Schultz) 8. IV. 1741. 51 S.

Gew.: Philipp Ludwig Fhr. von Bobenhausen, Karl Ferdinand Jung, Johann Sigismund Strebel, Immanuel Johann Jung, Georg Samuel Esenbeck. 31094

Schnizlein, Johann Georg Christoph (Ansbach)
A. S. 300/1

Observationes variae in articulum VI. Augustaneae confessionis de nova obedientia.
Präs. Jakob Wilhelm Feuerlein.
In: Feuerlein: Disputationes ... de observationibus variis et selectis in singulos articulos Augustaneae confessionis. Göttingen (Hager) 1742. S. 41 - 48.

31095

SCHNIZLEIN, Wilhelm (Neustadt a.A.): Ein Beitrag zur Statistik und Aetiologie der Hämatumoren.- München: Kastner & Lossen 1899. 22 S.
24.2.1899 - Chr 1898/99,131 Jv 1899/1900,208
Diss.Ingolst.-Landsh.-Mchn.

Schnizlin, Johann Georg Christoph [Praes.], s. Stierlin, Immanuel Johannes: De religione Friderici II. imperatoris.

Schnizzer, Matthias Salomon (Kulmbach) A. S. 634/32

Exercitatio Antibaroniana VII. In qua ostenditur potestatem alienandi imperia contra jus naturale et positivum a R. P. affectari.
Präs. Johann Friedrich Krebs.
In: Krebs: De jure alienandi imperia, schediasma cum animadversionibus ... ad Caesaris Baronii annalium ecclesiasticorum tom. IX. A. DCCC. IIX. disputationibus comprehensum. VII. Leipzig, Hamburg (Reumann) 1709. S. 78-92. 31096

Schnobel, Carl, s. Schnobel, Karl

Dissertatio inauguralis ex iure Germanico de condominio, curae legitimae, quae feminis Lubecensibus in fratres et sorores male sese gerentes competit, unico et vero fundamento. Ad Artic. 5. Tit. 10. Libr. 1. iuris Lubecensis. Quam praeside Ioanne Dieterico Mellmann pro licentia summos in iure honores cappessendi 1776. publice defendet auctor Ioannes Fridericus Schnobel. Kilonii Holsatorum. (1776.) 4°k.

Schnobel, Jh. Herm., († d. 23. Dec. 1802.) s. 1) Jak. v. Melle, Nachricht. 2) v. H. Müller, Lubeckisch. Münz- u. Medaillenkabinet.

Schnobel, Karl

Die altklassischen Realien im Realgymnasium. Im Anschluß an M. Wohlrab 'Die altklass. Realien im Gymn.' bearb. von Carl Schnobel, Oberl. Mit 3 Kärtchen u. 1 Abb., 8 Taf. mit Abb. u. 1 Pl. d. alten Rom. Leipzig & Berlin: B. G. Teubner 1907. (VIII, 104 S.) 8° [07. 5597]

Schnobel, Karl: Das Schulgebäude zu St. Elisabet in Breslau und seine Geschichte. Mit Abbildungen u. Plänen. *(Breslau 1903: Graß, Barth & Co.)* (S. 3 - 32.) 8°
Breslau, st. ev. G zu St. Elisabet. Festschr. 1903 (200)

Schnobel, Carl: Zum grammatischen Unterricht im Deutschen auf der lateinlosen Unterstufe der Reformschulen. Charlottenburg 1908: Gertz. 27 S. 8°
Charlottenburg, st. Reform-RG u. R i. E. OP 1908 (120) [S 08. 422

-- Zum grammatischen Unterricht im Deutschen auf der lateinlosen Unterstufe der Reformschulen. (27 S.) gr. 8. Arnstadt 910. (E. Frotscher.) -- 60

Schnobeliana. Ein- u. Ausfälle des improvisirenden Kamtschadalen Schnobel, Mitglied mehrerer mäßigen u. unmäßigen Vereine u. Besitzer einer Pumpanstalt etc. Allen Denen gewidmet, welchen 10 Silbergroschen nicht zu sehr am Herzen liegen. (Mit 1 Abbild.) 8. Berlin 840. (Stackebrandt.) n. 1/3 Thlr

Schnobeliana. Ein- u. Ausfälle des improvisirenden Kamtschadalen Schnobel, Mitglied mehrerer mäßigen u. unmäßigen Vereine u. Besitzer einer Pumpanstalt, für Freunde des Durstes u. der frohen Laune etc. Allen denen gewidmet, welchen 10 Silbergroschen nicht zu sehr am Herzen liegen. gr. 8. Halle 840, Colditz'sche Buchh. 1/3 Thlr

Schnobelius, Dr., (E. Krakow,) s. Geheimnisse, die, der Liebe.

Schnobrich, Ed.: Rusalki. Eine Phantasie von Bohdan Zaleski. Aus dem Poln. metrisch übertragen. 18. Przemyśl 1889. Progr.

Schnock, Heinr., s.: Aus Aachens Vorzeit.

Schnock, L., u. A. Grau, Comtoir-Tabelle. Berechnung der Kilogramm-, Pfund- u. Dekagramm- od. Neulothpreise sowie d. pro Thaler ausmach. Gewichtsquantum bei den vorkommlichsten Centnerpreisen. Nach Heinr. Pressler's Tabelle berechnet. gr. Fol. (1 Bl.) Aschersleben 872. Schnock. n. — 40

Schnock, Willy, s.a. Adressen, 3500 neue gute, der Provv. Ost- u. Westpreussen.

3500 neue gute Adressen der Provinzen Ost- und Westpreussen zsgest. von Willy Schnock. *Konigsberg i. Pr.: Bon (1902).* (164 S.) 8° [02. 15537 10

Schnoderhüpfeln, d. i. baiersche Gebirgslieder mit Bildern, gezeichn. v. E. Neureuther. Fol. 1s Hft. Mit 6 lith. Blättern. Münch., v. Cotta. 20 Sgr

Schnofeles auf der Reis'. Soloscene im jüdischen Jargon. Von J. B. Wien [1885]. V: *Bartl, Hans.* (EB)

Schnoferl's u. Schnuckerl's Reise mit Hindernissen zur Wiener Weltausstellung 1873. gr. 8. (15 S. m. eingedr. Holzschn.) Würzburg 873. Stahel in Comm. n. 1. —

Schnöller, A[nton]. Theoretisches und Praktisches über Immunisierung gegen Tuberkulose, nebst Statistik von 211 mit Denys'schem Tuberkulin behandelten Lungenkranken, von Dr. A. Sch', .. in Davos-Platz. IV + 218 S. 8. Strassburg i. Elsass, C. F. Schmidt, 1905. [M. 3. 20]

Der fidele Gesellschafter v. Adolf Schnoor. Braunschweig. 1902. 8°

Schnoor, Adolf: Klang und Sang! Eine Sammlung ernster und heiterer Lieder von –. Altrahlstedt & Leipzig: Lübsen 1908. 88 S. 8°

Schnoor, Carl, s. Schnoor, Karl

Schnoor, Herm. Zum Gebrauche von ut bei Plautus. 28 S. *Neumünster* 1885.
Progr.

Schnoor, H[ermann], Dr.: Katalog der Bibliothek der höheren Lehranstalt in Neumünster. (Abgeschlossen am 15. Febr. 1899.) *Neumünster 1899: R. Hieronymus.* (139 S.) 8° [S.]
Neumünster, PG u. RPG, P 1899 (297)

Schnoor, H., Quaestiones Plautinae. Diss. 1878. 40 S. 4°.

Schnoor, Herm., Quaestiones Plautinae. Dissertatio. gr. 4. (40 S.) Kiel 878, Lipsius und Tischer. *

Schnoor, Johannes

Schnoor, J., die erste Prüfung der Post- u. Telegraphenbeamten in der Telegraphie. Ein Lehrbuch zum Selbstunterricht f. sämtl. Angehörigen der mittleren Postlaufbahn, Post- u. Telegraphengehilfinnen u. Postagenten. (IV, 240 S. m. 110 Fig.) gr. 8. Kiel 908. R. Cordes. Geb. in Leinw. 3. —

Schnoor, Karl

Schnoor, Carl: Über Retinitis circinata. *Berlin (1898): G. Schade.* (37 S.) 8"
Berlin, Med. Diss. v. 27. Mai 1898

Schnöpf, Paul: F e s t s c h r i f t zur 50 Jahrfeier des Vereins, Mitgliedern, Freunden u. Gönnern desselben ... dargebracht von –. (Berlin 1902: Scholem.) 26 S. 4⁰
[Umschlagt.:] 50 Jahre d. Schnöpf'schen Gesangvereins 1852–1902.

Schnöpf, Paul, Leitfaden f. den Gesang-Unterricht in der Schule. 2. verm. u. neu bearb. Aufl. qu. 8. (VIII, 88 S.) Berlin 874. Späth. n. 1. 20

— dasselbe. Anhang dazu. 2. verm. u. neu bearb. Aufl. qu. 8. (24 S.) Ebend. 874. n. — 30

S c h n ö p f, Paul, Leitfaden für den Gesang-Unterricht in der Schule. Hierzu ein Anhang, enth. Choräle und geistl. Lieder. 3. verb. Aufl. qu. gr. 8. (VIII, 88 und Anhang 24 S.) Berlin 877, Spaeth. *
Anhang allein. *

Schnöpf, P., Leitfaden f. den Gesang-Unterricht in der Schule. Hierzu e. Anh., enth. Choräle u. geistl. Lieder. 4., verb. Aufl. [2. Ster.-Ausg.] qu. gr. 8. (VIII, 88 u. Anh. 24 S.) Berlin 887. Spaeth. geb. n. 1. 60

Schnöpf, Paul, Leitfaden f. den Gesang-Unterricht in der Schule. 5. Aufl. (3. Ster.-Ausg.) qu. gr. 8. (VIII, 88 u. II, 24 S.) Berlin 901. [J. Rentel.] A. Dreßler & Co. Kart. n. 1. 20

Schnöpf, P., das Wissenswertheste für den Unterricht des Gesanges auf Gymnasien, Real- und höheren Bürgerschulen. Potsdam. 1866. 72 p.
Schul-/Univ.-Schrift

Schnöpf, Paul, das Wissenswertheste für den Unterricht des Gesanges auf Gymnasien, Real- u. höheren Bürgerschulen, nebst zwei- u. dreistimmigen Chorälen, Chören, Liedern u. Canons. Potsdam 866. Riegel'sche Buchh. qu. 4. (72 S.) 7½ ngr.

S c h n o p f h a g e n, Frz., B e i t r ä g e zur Anatomie des Sehhügels und dessen nächster Umgebung. [Mit 2 (lithogr.) Taf., nach der Natur gezeichnet vom Verf.] Lex.-8. (12 S.) Wien 877, (Gerold's Sohn.) **

– die sogenannte cystöse Degeneration der Plexus choroidei des Grosshirns. [Mit 5 (lith.) Taf.] [Aus: „Sitzungsber. d. k. Akad. d. Wiss."] Lex.-8. (34 S.) Ebend. 877. n. 1. 80

Schnopfhagen, F., die Entstehung der Windungen d. Grosshirns. Mit 18 vom Verf. nach der Natur gezeichneten Abbildgn. [Aus: „Jahrbb. f. Psychiatrie".] gr. 8. (122 S.) Wien 891. Deuticke. n. 5. —

Schnopfhagen F.: Hermaphrodismus verus bilateralis bei einer Ziege. (1877). (10) S. 1 Tvl. (Særtr.). P.

[F.] Niedernhart und Gschwendt, die Heil- und Pflege-Anstalt f. Geisteskranke im Erzherzogthume Oesterreich ob d. Enns. Über Veranl. d. oberösterr. Landesausschusses hrsg. v. Dr. F r a n z **Schnopfhagen,** Primararzt ... zu Niedernhart. *Linz: Oberösterr. Landesausschuss; In Comm. Ebenhoch 1897.* (IV, 179 S., 1 Tab.) 1 Bd 4 (8). [98. 184

Schnopfhagen, Fr., üb. die hypertrophischen Verdickungen der Intima der Aorta. [Mit 3 (lith.) Taf. (in qu. gr. 4.)] [Aus: „Sitzungsber. d. k. Akad. d. Wiss."] Lex.-8. (26 S.) Wien 875. (Gerold's Sohn.) **n. 2. —**

Schnopfhagen, H., s.: Aus dà Hoamát.

Schnorbusch, Anton, s. S c h n o r b u s c h, Heinrich Anton

Schnorbusch, Heinrich Anton

Schnorbusch, Ant., De carminibus Graecorum fatidicis. Münster 1858. Philos. Doktordiss.

S c h n o r b u s c h, Heinr. Ant., de carminibus Graecorum fatidicis. Particula I. Dissertatio philologica. gr. 8. (III und 69 S.) Münster 858, (Cazin.)

Schnorbusch, Henr. Ant., de carminibus Graecorum fatidicis. Partic. I. Dissert. philolog. Monasterii 858. Mitsdörffer. gr. 8. (2 Bl., 69 S.) n. 10 ngr.

Schnorbusch, H. A., u. F. J. Scherer, griechische Sprachlehre für Gymnasien bearb. 2 Thle. Paderborn 866,68. Schöningh. gr. 8. n. 28 ngr.
1. Thl. Attische Formenlehre. (IV u. S. 1—220.) n. 16 ngr.
2. Thl. Syntax, nebst Anh. über den Homer. Dialekt u. Vers. (VIII u. S. 221—419.) n. 12 ngr.

S c h n o r b u s c h, H. A., und F. J. S c h e r e r, griechische Sprachlehre für Gymnasien. 2. verb. und verm. Aufl. gr. 8. (XII, 454 S.) Paderborn 871, Schöningh. *

— u. F. J. Scherer, griechische Sprachlehre f. Gymnasien. 3. verb. Aufl. gr. 8. (XII, 443 S.) Paderborn 876. F. Schöningh. n. 2. 80

— u. F. J. **Scherer,** griechische Sprachlehre f. Gymnasien. 4. Aufl. gr. 8. (XIV, 376 S.) Paderborn 885. F. Schöningh. n. 2. 80

Schnorbusch, H. A., u. F. J. **Scherer,** griechische Sprachlehre f. Gymnasien. 5., verb. Aufl. gr. 8. (VI, 281 S.) Paderborn 891. F. Schöningh. n. 2. 60

— u. F. J. Scherer, g r i e c h i s c h e S p r a c h l e h r e f. Gymnasien. 6., verb. Aufl. v. F. J. Scherer. gr. 8. (VI, 276 S.) Paderborn 895. F. Schöningh. n. 2. 50

S c h n o r b u s c h, H. A., Uebungsbuch zur griechischen Sprachlehre für die Quarta und Tertia der Gymnasien, s. S c h e r e r, F. J.

S c h n o r f, Beat Anton s. U r s a c h e n Warum ... Die Reichs-Fürstl. Stifft St. Gallen Uber das ... Fridens-Projekt Ferner nicht hat schreitten ... sollen. 1714 – U r s a c h e n Warumb ... Das Reichs-Fürstliche Stüfft Sanct Gallen ... nicht hat schreitten ... sollen.

Schnorf, Carl, s. S c h n o r f, Karl

Schnorf, Caspar, s. S c h n o r f, Kaspar

Schnorf, Karl

Schnorf, Carl, med. vet. aus Zürich, Assistent am Institute: Aus dem physiologischen Institute (Prof. Dr. Zangger) der veterin.-medizin. Fakultät der Universität Zürich. Physikalisch-chemische U n t e r s u c h u n g e n physiologischer und pathologischer Kuh-Milch. Zürich 1904. 207 S. 8⁰. S.-A. a. d. Schweizer. Archiv f. Tierheilkunde Bd. 46. [17. X. 04.]
Zürich. Vet.-med. Diss. 1904/1905.

Schnorf, C[arl]. Neue physikalisch-chemische Untersuchungen der Milch. Unterscheidung physiologischer und pathologischer Kuh-Milch. [Mit Figuren.] 207 S. 8. Zürich, Orell Füssli, 1905. [fr. 3. —]
[Titel-Ausg. der Diss. Vet.-Med. Univ. Zürich des gleichen Verf.]

Schnorf, Carl. Physikalisch-chemische Untersuchungen physiologischer und pathologischer Kuh-Milch. Diss. Vet.-Med. Univ. Zürich. [Mit Figuren.] *Kopftitel:* Aus dem physiologischen Institute ⟨Prof. Dr. [Heinrich] Zangger⟩ der veterin.-medizin. Fakultät der U' Z'. 207 S. 8. Zürich, Orell Füssli, 1904.

Schnorf, C[aspar]. Unser Deutsch. Von Prof. K. Sch'. Sonderabdruck aus der Neuen Zürcher Zeitung [Jahrg. 1907, №. 289—294]. (Beilage zum 3. Jahresbericht des Deutschschweiz. Sprachvereins.) 30 S. 8. Zürich, Druckerei der N' Z' Z' (*Umschlag: Geschäftsstelle des D' Sp'), 1907.

Schnorf, K., unser Deutsch. Ein Mahnruf an die Deutschschweizer. 2., verm. u. verb. Aufl. (57 S.) 8. Zürich 908. Schultheß & Co. — 80

Schnorf, K., Elementarbuch d. engl. Sprache, s.: Behn-Eschenburg, Herm.

Schnorf, Kaspar, s. Frei, Johannes

Schnorf, Kaspar, von Uetikon [Kt. Zürich]: Der mythische Hintergrund im Gudrunlied und in der Odyssee. Zür. F. Schulthess Dr. [u. Comm.-Verl.] 1879. 56 S. 8⁰.

Zürich, Phil. Diss. [v. 15. Nov. 1879].

Schnorf, Kaspar, der mythische Hintergrund im Gudrunlied und in der Odyssee. Inaugural-Dissertation. gr. 8. (56 S.) Zürich 879, Schulthess. *

Schnorf, K., deutsches Lesebuch, s.a. Lüning, H.

Schnorf, C[aspar]. Deutsches Lesebuch für die untern und mittlern Klassen höherer Lehranstalten der Schweiz ⟨Gymnasien, Industrieschulen u. s. w.⟩. Von Dr. K. Schnorf... . 2 Teile. 2. Aufl. 8. Zürich, Schulthess & Co., 1900—1902.

Teil 1: 2. Aufl. ⟨4. Aufl. des Lesebuches von [Hermann] Lüning und [Ignaz] Sartori⟩. VIII + 304 S. 1900. (br. fr. 3. —, cart. fr. 3.50)
Teil 2: 2., umgearb. und vermehrte Aufl. ⟨3. Aufl. des — — Sartori⟩. IV + 368 S. 1902. (br. fr. 3. 20, cart. fr. 3. 80)

Schnorf, C[aspar]. Nachruf auf Prof. Dr. Johannes Frei. ⟨† am 1. Dezember 1899.⟩ Von Professor K. Sch'. ⟨SA.⟩ 8. Zürich 1900.

Schnorf, K., Schulgrammatik der neuhochdeutschen Sprache, s.: Frei, Joh.

Schnorf, C[aspar]. Friedrich Staub (1826–1896). (Necrolog.) [SA.] 8. [Aarau 1897.]

Schnorf, R[udolf] E[mil]. Schematische Anleitung zur Untersuchung von Brandfällen. Für Polizei-Untersuchungs- und Versicherungsbeamte, Direktoren von Fabriketablissements etc. 31 S. 8. Zürich und Berlin, Arnold Bopp, 1907. [fr. 1. —]

Schnorf, R. E., schematische Anleitung zur Untersuchung v. Brandfällen. 2. Aufl. (31 S.) kl. 8. Zürich 907. A. Bopp. — 80

(Schnorfeil): Kantate, dem würdigsten Director und Lehrer Johann Peter Frank zur Namensfeier geweiht von seinen Zuhörern. XXIX. Jun. MDCCIIIC. (Musik von Pohl.) 5 ungez. S., gbd.

Wien: typ. Schmidt 1797

JB 6.678

Schnöring, Fritz, Gerichtsrefer.: Die Simultan- und Sukzessivgründung von Aktiengesellschaften in der neueren Doktrin. Borna-Leipzig 1908: Noske. VIII, 167 S. 8°

Leipzig, Jur. Diss. v. 6. Jan. 1909

[Geb. 9. März 84 Hagen i. W.; Wohnort: Hagen; Staatsangeh.: Preußen; Vorbildung: Gymn. Hagen Reife O. 02; Studium: Freiburg i. B. 1, Leipzig 1, Freiburg i. B. 1, Munster 3 S.; Rig. 1. Aug. 05.] [U 09. 2074

Schnöring, Wilh., Johannes Blankenfeld, s.a. Schriften des Vereins f. Reformationsgeschichte. Nr. 86.

Schnöring, Wilhelm, a. Barmen: Johannes Blankenfeld. Ein Lebensbild aus den Anfängen der Reformation. Halle a. d. S. 1905: E. Karras. (XII, 115 S.) 8° [F.] ¶ (Ersch. gleichzeitig in: Schriften des Vereins für Reformationsgeschichte.) *)

Bonn, Phil. Fak., Ref. Schulte, Diss. v. 28. Juni 1905

[Geb. 12. Febr. 82 Barmen; Heimatsort: Barmen; Staatsangeh.: Preußen; Vorbildung: Gymn. Barmen Reife O. 00; Studium: Leipzig 3, Bonn 6 S.; Rig. 15. Febr. 05.]

Schnorr's Biographie, s.: Valentin, V.

Schnorr, Veit Hans. [Weimar 1800.] V: *Seume, Joh. Gottfried.* (MGT)

Schnorr, Heinrich Theodor Ludwig

— Betstunden, ein Handbuch f. Pfarr- u. Filialkirchen z. Beförder. kirchl. u. häusl. Erbauung. gr. 8. Stendal 821. Franzen u. Gr. 18 gr (A. u. d. T.: Gottesverehr. in d. Betstunden).

— allgem., neuestes u. vollständ. Elementarwerk f. die deutsche Sprache u. f. alle Sprachen d. Welt, um d. Kindern d. Lesenlernen derselben zu erleichtern. 1) Methodik f. Lehrer. 2) Fibel f. die kleinern Kinder. 3) Lehrbuch f. die größern Kinder. 8. Stendal 815. Franzen u. Gr. 12 gr

— dankbare Empfindungen eines Christen üb. die Geburt Jesu. Eine Predigt am 2n Weihnachtsfeiertage üb. d. Evangel. Joh. 1, 18. 8. Stendal 788. (Franzen u. Gr.) 2 gr

Schnorr, Hnr. Thdr. Ldw. s.a. Ferrol, od. es geht manch einem so.

FERROL, oder Es geht manch Einem so! Ein Burschengemäld (!) in 5 Aufzügen (derbe Studenten-Comödie von *Heinr. Theod. Ludw. Schnorr*). Mit Titelvign. in Holzschnitt. Hamburg 1783. Bey Joh. Phil. Chrn. Reuss. 8⁰. 198 S. Rar!

Anon.-Lex. II. p. 96 (nach Meusel. Kayser. Hayn u. dem Neuen Nekrolog).

— unvorgreifl. Gedanken von d. Unterschiede d. außerwesentl. Stücke u. Umstände d. Bekehrung u. Erneuerung der Menschen in Ansehung d. Temperamente derselben. 8. Stendal 780.

Schnorr, Hnr. Thdr. Ldw., Katechetik; Anweis. f. Kinderlehrer. 8. Götting. 793. (Röwer). 6 gr

- s. Leben u. Abentheuer des Fräuleins Emilie ***.

— Pendant zu d. Beitr. zu d. Beförder. christl. Tugenden u. anständ. Sitten. (A. u. d. T.: der Mentor auf Universitäten). 8. Quedlinb. 797. Ernst. 8 gr

- s.a. Reisen u. Abentheuer des Fräuleins.

REISEN, Wunderbare, zu Wasser und Lande und Abentheuer des Fräuleins Emilie von Bornau, verehelichte von Schmerbauch. Von ihr selbst erzählt. (Lasciver Roman von *Heinr. Theod. Lud. Schnorr.*) M. Portr. Emiliens und 12 kl. Kpfrn. (auf 6 Bll.). Frankfurt (Stendal, Franzen u. Grosse) 1801. 8⁰. (In Wien, Stadtbibl.: Secr. A 224.) (12 Mk., ohne das Portr., Max Harrwitz, 1908.)

Laut Vorr. ist das besonders in der 2ten Hälfte sehr cynische Opus ein Pendant zu Münchhausen, dem berühmten Volksbuche. (3 Mk., Leihbiblex., Völcker, vor 1885.) VI—174 SS (incl. 36 SS. pikanter Vorr. u. 14 SS. Inh.)

— — Dasselbe, titulo: Leben und seltsame Abentheuer des Frl. Emilie ***, einer natürlichen Tochter des Freyherrn von Münchhausen in Bodenwerder. Hannover (Stendal, Franzen & Grosse). 1804. 8⁰.

Goedeke V, 374, 15, 4. — Weller, fing. Dr., hat: „Franzen und G. in Riga" (??).

- s.a. Reisen, wunderbare, des Frhrrn. v. Münchhausen.

Küper, Hennige (d. i. *Heinr. Theod. Ludw. Schnorr*), Wunderbare Reisen zu Wasser und Lande, und letzte Abentheuer des Freyherrn von Münchhausen. Vierter und letzter Band. Ein Opus posthumum. Bodenwerder (Franzen u. Große in Stendal). (180*.) (Weller, fing. Dr.)

KÜPER, Hennige (d. i. *Heinr. Theod. Ludw. Schnorr*). — Wunderbare Reisen zu Wasser und zu Lande, und letzte Abentheuer des Freyherrn von Münchhausen. Viertes und letztes Bändchen. Ein Opus posthumum verfasset von *Hennige Küper*, Küster in Bodenwerder. Auf des Herrn von Münchhausen höchst eigenen Befehl. Mit Kupfern. Bodenwerder 1800. 8°. (1 Mk. 80 Pfg., sehr fleckig, A. Buchholz, München, 1908: saubere Expll. sehr theuer!)

— üb. die Unsterblichkeit der Seele, nach Moses Mendelssohns Phädon. gr. 8. Götting. 794. (Röwer). 8 gr

Schnorr, Joannes Henricus: De cognoscenda curandaque amaurosi. [Praeses:] Christ[ianus] Henr[icus] Th[eodorus] **Schreger.** Halae (1818): Grunert 25 S. 8°
Halle-Wittenberg, Med. Diss. v. 14. Mai 1818
Geb. Silberberg (Schlesien) 1780. V.

Schnorr, Johann Theophil (Schneeberg) A. S. 146/15

Historia iuris civilis de pignoribus tacite contractis.
Präs. Johann Theophil Seger.
Leipzig (Langenheim) 4. VI. 1772. 36 S.

Gew.: Stadt Schneeberg. 31097
W. v.: Präs.

Schnorr, Jos., leichtfaßliche Erklärung des Katholischen Katechismus von P. Jos. Deharbe. Mit vielen Beispielen und Gleichnissen als Handbuch für Seelsorger und Lehrer sowie zum Selbstunterricht herausg. 3 Bde. (à 2 Abthlgn.).
Würzburg 857, 58. Stahel. gr. 8. (1. Bd.: VII, 536 S.; 2. Bd.: 2 Bl., 588 S.; 3 Bd.: 2 Bl., 546 S.) Jeder Bd. n. 28 ngr.

Schnorr, Jos., leichtfaßliche Erklärung des katholischen Katechismus von Jos. Deharbe. Mit vielen Beispielen und Gleichnissen als Handbuch für Seelsorger und Lehrer sowie zum Selbstunterrichte hrsg. 3 Bde. gr. 8. Würzburg, Stahel'sche Buchh. à Bd. * 28 Ngr.

Inhalt:
Bd. 1. 2 Abthlgn.: Von dem Glauben. 1. Aufl. 1857. und 2. Aufl. () und 518 S.) 861.
" 2. Von den Geboten. (588 S.) 858.
" 3. Von den Geboten (Schluß) und den Gnadenmitteln. (546 S.) 859

Schnorr, Jos., leichtfaßliche Erklärung des katholischen Katechismus von P. Jos. Deharbe. Mit vielen Beispielen und Gleichnissen als Handbuch für Seelsorger und Lehrer sowie zum Selbstunterrichte hrsg. 2. Aufl. 3 Bde. gr. 8. Würzburg, Stahel'sche Buchh. à Bd. * 1 Thlr. 2 Ngr.

Inhalt:
Bd. 1. Von dem Glauben. (X und 518 S.) 861.
" 2. Von den Geboten. (III und 542 S.) 862.
" 3. Von den Gnadenmitteln. (IV und 596 S.) 865.

—— Hausschatz für katholische Familien. Eine Auswahl von Gebeten, Betrachtungen, Unterweisungen 2c. Zur Belebung christl. Sinnes und Wandels. 1. Jahrg. 1861. 5 Hefte. 8. (1. Heft III und 60 S.) Würzburg, Stahel'sche Buchh.

Schnorr, Pet., s.: Alb, die schwäbische.

Schnorr, Peter, Esslingen in Wort u. Bild, s.: Ströhmfeld, G.

Schnorr, Robert [aus Berlin]: Ein Fall von primärem Lungenkrebs ... Erlangen, k. b. Hof- u. Univ.-Buchdr. v. F. Junge, 1891; 30 S. 8.
Erlangen, Med. Fak., Inaug.-Diss. v. Jan. 1891

Schnorr, Rud. Franc. (geb. Haynau in Schles. 12. 10. 1834): De ileo. Berolini (1860). (31 S.) 8°
Berlin, Med. Diss. v. 16. Aug. 1860

Schnorr, Veit Hans [Konrektor Prof.]: Die Krystallformen des Kalkspates von Neumark. Zwickau, Druck v. R. Zückler, 1896; 1 Bl., 16 S. 4.
Zwickau, RG, OP 1896 (568)

Schnorr (Veit Hans), Studien an Mineralien von Zwickau. Zwickau 1874. S. 1—17. 4°
Zwickau, Realsch. 1. Ordn., P 1873/74

Schnorr, W: Ill. Catalog der Eisengießerei und Fabrik landwirthschaftlicher Maschinen. Eisenwerk Pöhl bei Jocketa i. Vogtl. (1897?)

Schnorr v. Carlsfeld, (L.,) Samml. wahrhafter Abbildungen d. heil. Gottes, s. Sammlung.

Schnorr von Carlsfeld, Veith Hans, s. Schnorr von Carolsfeld

Schnorr v. Carolsfeld, Eduard [cand. med. aus München]: Die Symptome der Bronchialdrüsentuberkulose ... München, Buchdr. v. M. Ernst, 1892; 26 S., 1 Bl. 8.
München, Med. Fak., Inaug.-Diss. v. 1892

Schnorr von Carolsfeld, Ernst: **Widerstandsmessungen mit konstanten und Wechselströmen in und außer dem Magnetfeld an Wismut- und Antimondrahten.** *Leipzig: J. A. Barth 1904.* (45 S.) 8°
München, Phil. Diss. v. 1903

Schnorr v. Carolsfeld, Frz., Erasmus Alberus. Ein biograph. Beitrag zur Geschichte der Reformationszeit. gr. 8. (VIII, 232 S.) Dresden 893. L. Ehlermann. n. 6. —

Schnorr v. Carolsfeld, Frz.. zur Geschichte d. deutschen Meistergesangs. Notizen u. Litteraturproben. aus den Dresdner Handschriften d. Hans Sachs u. anderer Meistersänger. gr. 8. (63 S.) Berlin 872. F. Lobeck's Verl. n. 1. 50

Schnorr v. Carolsfeld, Frz., Katalog der Handschriften der königl. öffentlichen Bibliothek zu Dresden. Im Auftrage der Generaldirection der königl. Sammlgn. für Kunst u. Wissenschaft bearb. 1. Bd. [Enth. die Abtheilungen A—D. u. F—H.] gr. 8. (XVI, 648 S.) Leipzig 882. Teubner. n. 15. —

Schnorr v. Carolsfeld, Frz., Katalog der Handschriften der königl. öffentlichen Bibliothek zu Dresden. Im Auftrage der Generaldirection der königl. Sammlgn. f. Kunst u. Wissenschaft bearb. 2. Bd. [Enth. die Abtheilgn. I—M.] gr. 8. (IX, 588 S.) Leipzig 883. Teubner. n. 15. — (1. u. 2. Abth.: n. 30. —)

Schnorr v. Carolsfeld, Frz., Katalog der Handschriften der königl. öffentlichen Bibliothek zu Dresden, Fortsetzg., s.: Katalog.

Schnorr de Carolsfeld, [illegible] Verborum collocatio Homerica quas habeat leges et qua utatur libertate. Berolini (1864). [illegible]
Berlin, Phil. Diss. v. [illegible] Febr. 1864

Schnorr v. Carolsfeld, F., verborum collocatio Homerica quas habeat leges et qua utatur libertate. Berlin 864. Calvary & Co. gr. 8. (2 Bl., 90 S.) n. 15 ngr.

Schnorr von Carolsfeld, Hans

Schnorr v. Carolsfeld, Hans, die Njálssage, s. Lehmann, Karl.

Schnorr von Carolsfeld, Hans: Über die Reden und Briefe bei Sallust (Gekrönte Preisschrift) .... Leipzig, Druck v. B. G. Teubner, 1886; 47 S. 8°.
München, Phil. Fak., Inaug.-Diss. v. 1886.

Schnorr v. Carolsfeld, H., üb. die Reden u. Briefe bei Sallust. Gekrönte Preisschrift. gr. 8. (VI, 81 S.) Leipzig 888. Teubner. n. 2.—

Schnorr v. Carolsfeld, H., die Transscription fremder Alphabete, s.: Kuhn, E.

Schnorr v. Carolsfeld, Jul., s. a. Bibel, die.

SCHNORR VON CAROLSFELD, JULIUS: Bibel in Bildern (Illustrations de la Bible). Vulgatatext in 14 Sprachen. 24 Hefte zu 10 Tafeln. Pest 1852(-60): Gustav Heckenast 240 t. - 4°

Schnorr v. Carolsfeld, Jul., die Bibel in Bildern. (In 30 Lfgn. à 8 Bl. in Holzschn.) 1—15. Lfg. Fol. (112 Bl. in Holzschn. und 30 S. Text von Bruno Lindner.) Leipzig 852—56, G. Wigand. Volksausg. à Lfg. * 10 Ngr. * Prachtausg. in gr. Fol. à Lfg. * 1 Thlr. *

Schnorr v. Carolsfeld, Jul., die Bibel in Bildern. 16—30. (Schluß-)Lfg. Fol. (à Lfg. 8 Holzschnt. mit 6 S. Text und Erläuterungen von Heinr. Merz. 38 S.) Leipzig 857—60, G. Wigand. Volksausg. à Lfg. * 10 Ngr. * Prachtausg. in gr. Fol. à Lfg. * 1 Thlr. *

—— dass. — Auswahl von 100 Blättern für die Bedürfnisse der sächs. Schule. Fol. (100 Holzschnt. mit 3 S. Text.) Ebendas. 861. In Carton *

Schnorr von Carolsfeld, Jul., Bibel in Bildern. 2. Pracht-Ausg. 20 Lfgn. Fol. (à Lfg. 12 Holzschntaf.) Leipzig 879,80, G. Wigand. à Lfg. * ℳ 3,50.; compl. in Carton * geb. in Leder. *

Schnorr v. Carolsfeld, Jul., die Bibel in Bildern. 240 Darstellgn., erfunden u. auf Holz gezeichnet. Mit kurzen Bibeltexten nach der revidierten luther. Bibel. (Neue wohlf. Ausg.) gr. Fol. (VI S., A. T. II, 160 S. u. N. T. II, 80 S.) Leipzig (899). G. Wigand. 10.—; geb. in Leinw. 16.—; m. Goldschn. 20.—
Erschien auch in 10 Lfgn. à n. 1.—.

Schnorr v. Carolsfeld, Jul., die Bibel in Bildern. 179 Darstellgn. m. begleit. Bibeltext. (IV, 182 S.) 31,5×23 cm. Zwickau 908. J. Herrmann. Geb. in Leinw. 4.50; in Ldr. m. Goldschn. 10. –

dasselbe. Mit begleit. Text nach Worten der Hl. Schrift. (VIII, 437 S.) 16,5×20,5 cm. Konstanz (908). Christl. Buch- u. Kunstverlag C. Hirsch. Kart. 1.80; geb. in Leinw. 2.50

—— Biblia sacra tabulis illustrata. Adscripti sunt loci s. s. sermone hebraico vel graeco, latino, italico, gallico, hispanico, lusitano, bohemico, polonico, germanico, brittannico, batavo, danico, suedico, hungarico expressi. (In 24 fasc.) Fasc. 1. Fol. (10 Holzschnt. in Tondr. und 10 Bl. Text.) Lipsiae 855, G. Wigand. *

Schnorr von Carolsfeld, Jul., 48 biblische Bilder. Nach Zeichnungen. Ausg. A. (ohne Unterschriften); Ausg. B. (mit deutschen Unterschriften). qu. 4. (Holzschntaf.) Leipzig 878, G. Wigand. Jede Ausg. *

— biblische Bilder zum Alten u. Neuen Testament, m. begleit. Texten u. e. Vorworte v. R. Stier. (XVI, 277 S.) gr. 8. Berlin 903. H. Hillger. Geb. in Leinw. n. 1. 20

Schnorr v. Carolsfeld, Jul., Bilder aus d. bibl. Geschichte, Erklärgn., s.: Seyffarth, L. W.

Schnorr v. Carolsfeld, Jul., Bilder aus der biblischen Geschichte f. den Anschauungs-Unterricht. Nach Originalzeichngn. in Photolith. ausgeführt. Auswahl v. 30 Blatt f. die Unterstufe der Volksschulen. 1. u. 2. Samml. qu. Imp.-Fol. (à 15 Bl.) Leipzig 875. G. Wigand. à n. 18.—

Schnorr v. Carolsfeld, Jul., Bilder aus der biblischen Geschichte für den Anschauungs-Unterricht. Nach Orig.-Zeichnungen in Photolithogr. ausgeführt. Auswahl von 30 Bl. für die Unterstufe der Volksschulen. 2 Sammlungen. (2. Aufl.) Imp.-Fol. Leipzig 882, G. Wigand.
à Sammlung * ℳ 10. *
Color. Ausg. 1883. à Sammlung * ℳ 15. *

Schnorr v. Carolsfeld, Jul., Bilder aus der biblischen Geschichte f. den Anschauungs-Unterricht. Nach Orig.-Zeichngn. in Photolith. ausgeführt. Auswahl v. 30 Blatt f. die Unterstufe der Volksschulen. 2 Sammlgn. Color. Ausg. Imp.-Fol. Leipzig 883. G Wigand. à n. 15.—

Schnorr v. Carolsfeld, J., Bilder aus der biblischen Geschichte f. den Anschauungs-Unterricht. Nach den Orig.-Holzschn. in Photolith. ausgeführt. Auswahl v. 30 Blatt f. die Unterklassen der Volksschulen. 2 Sammlgn. (3. Aufl. Imp.-Fol. Leipzig 887. G. Wigand. à n. 10.— color. à n. 15.—

Schnorr v. Carolsfeld, Jul., 6 Bilder aus der hl. Geschichte, s.: Kindern, unsern.

Sechs Bilder aus Ariosto's Rasendem Roland, erfunden und gezeichnet von Julius Schnorr, lithographirt von J. Völlinger. Carlsruhe. Fol.

— s.: Bilderbuch, e. biblisches.

— Briefe aus Italien, geschrieben in den J. 1817 bis 1827. Ein Beitrag zur Geschichte seines Lebens u. der Kunstbestrebgn. seiner Zeit. Mit Portr. gr. 8. (555 S.) Gotha 886. F. A. Perthes. n. 10.—; geb. n. 11. 20

Schnorr v. Carolsfeld, Jul., das Buch der Bücher in Bildern. 240 Darstellgn., erfunden u. gezeichnet. (VIII, 120 S.) 32,5×21,5 cm. Leipzig (908). G. Wigand. 1. 80

Schnorr von Carolsfeld, J., siehe: *Diethe, A.*

— Fresko-Gemälde üb. das Nibelungen-Lied, } s.: Schatzkammer deutscher Illustratoren.

Schnorr v. Carolsfeld, J., s. Geschichte, die biblische.

—— s. Gleichnisse, die, des Herrn.

— zu den Hymnen Homers, s.: Kunst, deutsche. 8. Lfg.

Katalog der Ausstellung der Werke von Julius Schnorr von Carolsfeld, in der Königl. National-Galerie. Berlin 1878. 8°.

Schnorr v. Carolsfeld, Jul., zwölf Compositionen zu den Hymnen des Homer, auf den Pythischen Apollon, auf Hermes, auf Aphrodite und auf Demeter. Encaustisch ausgeführt im Königsbau zu München und nach den Orig.-Federzeichnungen photolithogr. von Gebr. Burchard. Mit Erläuterungen von Chr. Semler. qu. gr. Fol. (12 Photolithogr. und 1 Bl. Text.) Dresden 864, E. Arnold. *

—— italienische Landschaften in Photographien nach Originalzeichnungen. 30 Blatt. Fol. Dresden 864, (E. Arnold.) (Leipzig, Hinrichs'sche Sortimentsh.) * *
Einzelne Blatt * *

—— das Nibelungen-Lied, s. Schatzkammer, deutscher Illustratoren.

Schnorr v. Carolsfeld, Jul., die Nibelungen-Sage nach den Fresco-Gemälden in der königl. Residenz zu München. Photographirt im Auftrage Sr. Majest. König Ludw. II. von Bayern von Jos. Albert. München 866. Albert. gr. 4. (20 Blatt.) In Mappe. n. 10 ₰

— zwei Passionsbilder. Holzschn. von A. Gaber. Dresden 854, 55. Naumann in Comm. gr. 4. n. 5 ngr.

— s.: Schrift, die hl., in Bildern.

SCHNORR VON CAROLSFELD, JUL. *Erbauliche Sinnbilder*, 56 Bilder mit Reimdeutungen und Bibelsprüchen entnommen den alten Ausgaben von JOHANN ARND's wahrem Christenthum. (Neu gezeichnet von J. Schnorr, gestochen von Allgaier und Siegle.) Stuttgart, Steinkopf, 1855. Umschlag: und Basel, C. Detloff]. 2 Bl. (m. Porträt Arndts) u. 56 Bl. mit 56 Holzschnitten. Kl.-8°. Or.-Karton. — Rüm. 2235. ★ Originalausgabe. Einige winz. Fl. 15.—

— Künstlerische Wege u. Ziele. Schriftstücke aus der Feder des Malers, hrsg. v. Frz. Schnorr v. Carolsfeld. (III, 255 S. m. Bildnis.) gr. 8. Ebd. 909. 6.- ; Leipzig: Wiegand geb. 7.

Schnorr v. Carolsfeld, Ludwig, a. Dresden: Der plastische Schmuck im Innern des Münsters zu Salem aus den Jahren 1774—1784 von Johann Georg Dürr und Johann Georg Wieland. Mit einer ganzseitigen Abbildung in Autotypie. Berlin 1906: O. v. Holten. (123 S.) 8°

Leipzig, Phil. Fak., Ref. Schmarsow-Studniczka, Diss. v. 23. Okt. 1906

[Geb. 22. Sept. 77 Dresden; Wohnort: Dresden; Staatsangeh.: Sachsen; Vorbildung: Vitzthumsches Gymn. Dresden Reife O. 98; Studium: München 2, Leipzig 1, Berlin 1, Leipzig 9 S.; Rig. 24. Juli 05.]

Schnorr von Carolsfeld, Veith Hans

— s. A. R. Mengs, Unterricht.

Schnorr von Carlsfeld, Veit Hans, s. Salomon, Ed., anatom. Studien.

Schnorr v. Karolsfeld, Weith Hans, Unterricht in d. Zeichenkunst, mit 61 Bl. in Fol. als ein Gegenstand d. feinen Erziehung, zur Bildung d. Geschmacks f. höhere Stände ꝛc. gr. 8. Leipz. 810. Göschen. 10 ₰

Schnorr von Karolsfeld, Veith Hans, s. Schnorr von Carolsfeld

Schnorre aus Frankfort un Sachsenhause. Frankfurt a. M. [1858]. V: *Hoven, Fr. Wilhelm von.* (Askenasy, Alexander. Die Frankfurter Mundart. 1904. S. 294.)

Schnorre aus Frankfort un Sachsehause. Schee zu lese voors Colleg un derrhamm, voorem Spichel un hinnerm Owe, im Saloon un im Stibbche, lustig, schaurig un draurig. Geschriwwe dorch Schanche Pfeffer un seine Collegsfreinde. 1—4. Heftchn. Frankfurt a. M. (858.) (Küchler.) gr. 8. Jedes Heft (à 16 S.) 2 ngr.

Schnorre aus Frankfort un Sachsehause. Schee ze lese voors Colleg un derrhaam, voorem Spichel un hinnerm Owe, im Saloon un im Stibbche, lustig, schaurig u. draurig. Geschriwwe durch Schanche Peffer un seine Collegsfreinde. 5. u. 6. Heft. Frankfurt a. M. 859. (Küchler.) 16. (S. 65—96.) Jedes Heft 2 ngr.

— — 2. verb. u. verm. Ufflaag. 1. u. 2. Heft. Ebend. 860. 16. (S. 1—32.) Jedes Heft 2 ngr.

Das Jahr 1899 der Grossen Carnevals-Gesellschaft. Ein Beitrag z. Gesch. d. Kölner Faschings. Zsgest. im Auftr. d. Kleinen Rates von Gerhard **Schnorrenberg**. *Köln 1899: Ph. Gehly.* (VIII, 284 S.) 8° [?] [o. 368, 5

Der Kölner Karneval in Wort und Bild. Text von Gerhard **Schnorrenberg**. Köln a. Rh.: Hoursch & Bechstedt [1904]. (28 S.) quer-8° [o6. 6006

Schnorrenberg, Gerh., däm Herr Antun Meis seinen Herr Nevöh, 'es Hermännche, gleichfalls ebenso grad wie seinen Ohm Antun, Renteneer zu Kölle, auf der Industrie- un Gewerbe-Ausstellung zu Düsseldorf. 8. (48 S.) Köln (902). J. Büttmann. n. — 30

Des Rheinlands Sagenbuch v. Gerhard **Schnorrenberg**. M. 1 Titelb. *Köln a. Rh.: P. Neubner 1896.* (VIII, 295 S., 1 Taf.) 1 Bd 8. [96. 4771

— **Valeria.** Drama in 4 Aufzügen. (64 S.) 8. Kempen (904). Thomasdruckerei u. Buchhdlg. n. 1. 25

Schnösenberg, P. C., theologiae dogmaticae de Deo tres tomi in usum fratrum theologorum Ord. S. franc. de strict. Observ. Prov. Sax. S. Crucis ex probat. auctoribus conscripti. 8. Münster, Aschendorff. 783.

Schnötzinger, Frz., Programm u. Methode zur Ausbildg. d. Compagnie im Schiessen. gr. 8. (32 S.) Teschen 895. K. Prochaska. n. 1. 20

— Schwarmlinie u. Feuerleitg. Eine Studie üb. d. Kampf d. Infanterie auf Grundlage uns. Exercir- u. Schiessvorschriften. M. 1 Beilage. gr. 8. (105 S.) Wien 897. * W. Braumüller. n. 2. —

Schnozeln, Erfurter. 1—3. Bdchn. Erfurt 867—70. (Körner'sche Buchh.) gr. 16. (VII, 96 S., XVIII, 96 S., III, 104 S.) Jedes Bdchn. n. 10 ngr.

Schnozeln, Erfurter. 1. u. 2. Bdchn. 2. Aufl. gr. 16. (VII, 96 u. XVIII, 96 S.) Erfurt 871. 75. Körner. à n. 1. —

— dasselbe. Auswahl. In Erfurter Mundart. 1—8. Hft. 16. (à 31 S.) Ebend. 874. à — 15

Schnozeln, Erfurter. 1.—4. Bändchen. 12. Erfurt, Körner'sche Buchh. [1.—3. Bdchn. 3. Aufl. (VII, 104; XIX, 96; XXXIX, 73 S.) 887,88. à Bdchn. * 75 Pf.; 4. Bdchn. (55 S.) 888. * 50 Pf.] *

Vgl. Braunkärsch, Arforter.'

Schnozeln, Erfurter. 3. Bdchn. Bearb. u. neu hrsg. v. Otto Kürsten. 4. Aufl. (64 S.) 8. Erfurt 908. Körner. — 50

SCHNUCKEN, F. Wilh.: Ueber die Rechtsverhältnisse zwischen Herrschaften u. Gesinde nach den Bestimmungen d. Königl. Preuss. Gesinde-Ordnung. *Elberfeld*, (Schönnian.) 816. 8. (5 Gr.)

Schnuoklake, Hermann [cand. med. aus Geldern '(Rheinl.)']: Beitrag zur Operation der Tumoren des Siebbeines u. Oberkiefers mit Hülfe der temporären Ligatur der Carotis communis ... Würzburg, A. Boegler'sche Buchdr., 1896; 48 S. 8.

Würzburg, Med. Fak., Inaug.-Diss. v. 1896

Schnuderhans, der, oder Suum cuique; d. h.: „Wenn nur Jede sy Sach het." Eine rührsame, in schöne Reimlein gebrachte Erzählung aus dem Baselbiet. Bern 866. Jenni. gr. 8. (8 S. mit eingedr. Holzschn. u. Vignetten.) 4 ngr.

Schnudrian, Elias Nikolaus [Pseud.], s. Wolter, F.

P. F. Laurentii, von Schnüffis, Vorder Oesterreichischer Provintz Capuciners ... Mirantisches Flötlein Oder Geistliche Schäfferey, In welcher Christus, unter dem Namen Daphnis, die in dem Sünden-Schlaff vertieffte Seel Clorinda zu einem bessern Leben aufferwecket, und durch wunderliche Weisz und Weg zu grosser Heiligkeit führet. Vierte Aufflage. Darinnen alle Melodien zu drey Stimmen samt einem Rittornello auffgesetzet, Zugleich ein Anhang Neuer Liedern und dienl. Register beygefüget worden ... Franckfurt, Bey Eman. und Joh. Rud. Thurneysen, 1739.

Goedeke *3*, 196, 10. 2. 17 cm. 8 leaves, 344 [i.e. 366] pages, 1 leaf. With frontispiece and thirty copperplates. This is the last edition of Laurentius' main work.

Lusus Mirabiles Orbis Ludentis, Mirantische Wunder-Spiel der Welt; Vorstellend Die zeitliche Eitelkeit ... der Menschen ... Opusculum Posthumum A V. P. Laurentij von Schniffis ... Durch einen seiner Brüder zum Druck befördert und vermehrt. Auch mit schönen Kupffern gezieret ... Kempten, gedruckt durch Caspar Rollen, und in Augspurg zu finden Bey Andreas Maschenbauer, Stadt-Buchdrucker. 1707.

Goedeke *3*, 196, 10, 9, with wrong date of imprint. 16 cm. 8 leaves, 218 [i.e. 318] pages. With folded engraved title page and thirty copperplates. The work was found in manuscript after the author's death; the "one of his brethren" who published it may have been Theobald von Constanz.

Schnuffi, Lor., mirontische Mayenpfeife, m. K. 8. Augsb. Wolf. (auch Thurneysen in Basel.) 707.

Schnüffler, Anastasius [Pseud.], s.a. H o p f, Albert

Schnüffler, Anast., die Aufhebung d. demokratischen Frauen-Clubbs, od.: Das schreckliche Ende. 4. (8 S.) Berlin 848, Hopf. 1½ ngr

—— entdeckte Geheimnisse des demokrat. Frauen-Clubbs. 1—6. Aufl. 4. (8 S.) Berlin 848, Hopf.

—— Petition des gesammten weibl. Ballet-Personals um Permanenz des Belagerungszustandes und Beibehaltung der ersten Kammer. 1. und 2. Aufl. 4. (8 S.) Berlin 849, Hopf.

Schnüffler, Anastasius (Albert Hopf). Petition des gesammten weiblichen Ballet-Personals um Permanenz des Belagerungszustandes und Beibehaltung der ersten Kammer. (Mit einem Holzschnitt auf dem Titelblatt.) Berlin, in Kommission bei S. Löwenherz (1849). 8 S. 8.

Schnüffler, Anast., humoristischer Rückblick auf d. Jahr 1848. 8. (14 S.) Berlin 848, Hopf. 1½ ngr

—— höchst wichtige Unterhaltung zwischen dem Ex-Deputirten Nante und seinem Freunde Brennecke. hoch 4. (8 S.) Berlin 848, Hopf.

—— die schreckliche Verschwörung der rothen Republikaner. Ein Trauerspiel mit Gesang, in 5 Akten. Frei nach Sittenfeld. 4. (8 S.) Berlin 849, Hopf.

—— die aristokratischen Weiber, oder: O Glück! — Die Garde bleibt! 4. (8 S.) Berlin 849, Hopf.

—— der passive Widerstand der Berliner oder Karline hat Schuld! Eine unpolit. Kneipen-Scene. 4. (8 S.) Berlin 848, Hopf.

Schnug's Moment-Fahrplan f. Bayern. Bearb. nach amtl. Material. Sommerdienst 1909. (104 u. 27 S. m. 1 Karte.) kl. 8. Ansbach, E. Schnug. —20

Schnug, Leo, Bilder aus vergangener Zeit. Hrsg. v. Jul. Manias u. Leo Schnug. (40 Taf. m. III S. Text.) 32×24 cm. Straßburg (909). (Schlesier & Schweikhardt.) In Leinw.-Mappe 15. —

Johann Joachim Friedrich Schnuhr

Joan(nes) Joach(imus) Frid(ericus) Schnuhr: De Psoriasi. Berolini 1821: Formis Bruschckianis. 35 S. 8°
Berlin, Med. Diss. v. 29. Sept. 1821

Schnuller, der. kl. 4. (12 S. m. farb. Bild.) Eßlingen 898. J. F. Schreiber. Kart. n. —40

Schnupfen u. Husten, über den, od. nützl. Rathgeber, sich ohne Arzt davon zu befreien, (v. Chr. Fr. Niceus). 8. Königslutter 799. Culemann. 18 gl. N. A. 8. Leipz. 817. (W. Rauck). 18 gl.

Schnupfen und Husten, uber den rc. 8. Königslutter, Culemann. (Sommer in Lpz.) 799.

Schnupfen, der, u. d. Husten, od. nützl. Rathgeber, um sich ohne Arzt davon zu befreien. 8. Leipzig, Sommer. 814.

Schnupfen, der, und Husten, oder nützl. Rathgeber für Leute, welche häufig am Schnupfen oder am Husten leiden, um sich, ohne Arzt, davon befreyen zu können. N. A. Leipzig, Sommer. 817.

Schnupftabak, L i t e r a r i s c h e r für allerley Nasen von Fabricius Nasenfreund. Hamburg 1793.

Schnupftuch, das, od. d. Mohr von Venedig, Othello. Trspl., nach Shakspeare, (v. Jh. Hnr. Steffens). 8. Leipz. 770. Zelle, Gsellius. (Hamb., Campe). 4 gl.

Schnupftuch, das.. Oper v. Henisch. 8. Prag, Gerle. 775.

— das.. Trsp. v. Hack. 8. Hamb. Herold. (a. Hoffmann.) 781.

Das Schnupftuch.
Wien, o. J. (c. 1837) 8° (2 Kr. A. H. Huber, Salzburg, c. 1908.)

Schnupp, Wilhelm, Dr.: Zur Auffassung und Erklärung des Dramatischen. *Amberg 1901: H. Böes.* (34 S.) 8°
Amberg, k. hum. G, P 1901*

Deutsche Aufsatzlehre. (Die Abhandlung.) Für d. Unterricht an höh. Schulen von Dr. Wilhelm **Schnupp**, Gymn.Prof. Leipzig & Berlin: B. G. Teubner 1907. (VII, 296 S.) 8° [F.] [07. 16906]

Schnur, Eine dreifältige, Lehre, Verheissung, Gebet in Sprüchen der heil. Schrift ... O. O. 1834. II: *Oncken, Johann Gerhard.* (schr)

Schnur, die dreifältige,: Lehre, Verheißung, Gebet in Sprüchen d. heil. Schrift auf alle Tage im Jahre. ¹/₂ 32. (128 Seit.) Hamburg 835. (Leipzig, Barth.) Geh. in Futteral * 8 Gr., in Corduan geb. m. Goldschn. *

Schnur, eine dreifaltige. Lehre, Verheißung, Gebet in Sprüchen der heil. Schrift, auf alle Tage im Jahre. 32. (176 S.) New-York 851. (Philadelphia, Schäfer & Koradi.) In Engl. Einband n. 12 ngr.

Schnur, eine dreifältige, geflochten aus den 3 Büchern des heiligen Augustin: 1) Manuale: Handbuch. 2) Soliloquia: Alleingespräche. 3) Meditationes: Betrachtungen. Aus dem Latein. übertragen von Traugott Siegmund. Neu-Ruppin 863. Oehmigke. 16. (352 S.) 18 ngr.

Schnur, eine dreifältige: Lehre, Verheißung, Gebet, in Sprüchen der heiligen Schrift, auf alle Tage im Jahre. 3. Aufl. Hamburg 869. J. G. Oncken. 16. (128 S.) 5 ngr.

Vereinigung ehemaliger Einjährig-Freiwilliger, Kampfgenossen von 1864, 1866, 1870/71 (Nr 2 ff.: 'Die Schnur'. Zeitschrift d. Vereinigung ...). Nr 1. (Berlin: Vereinigung) 1896. 4° 10. 1046?

Schnur (J.). Die Brachiopoden aus dem Uebergangsgebirge der Eifel. (Schulprogramm.) Trier 1851. 4.

Schnur, J., der preuß. Staat, ein Büchlein f. Volksschulen. 16. (5 B.) Trier 836, Lintz'sche Buchh.

Schnur, J., der preußische Staat, ein Büchlein für Volksschulen. 2. Aufl. 8. Trier 843, Lintz. ¹/₈ ℔

Schnur, J., Zusammenstellung und Beschreibung sämmtlicher im Uebergangsgebirge der Eifel vorkommenden Brachiopoden nebst Abbildungen derselben. Mit Abbildungen. gr. 4. (V und 79 S. mit 24 Stnt.) Cassel 853, Fischer. *
Aus: Palaeontographicis von W. Dunker und H. v. Meyer, besonders abgedruckt.

Schnüran, Emil, Dir.: [Kurzer Überblick über die Entwicklung der Anstalt in den ersten 10 Jahren ihres Bestehens.] *Meiderich 1901: H. Rosbach.* (S. 17–19.) 4°
Meiderich, st. R, P 1901 (546)

Schnarbein, Hans Frhr. v.: Friedrich List als Eisenbahnpolitiker. Augsburg (1904): J. P. Himmer. (52 S.) 8°
Erlangen, Phil. Fak., Diss. v. 25. Juli 1904
[Geb. 12. Sept. 78 Augsburg; Staatsangeh.: Bayern; Vorbildung: Gymn. St. Anna Augsburg Reife 98; Studium: Berlin 3, Rom 1, München 1, Akademie f. Sozial- u. Handelswiss. Frankfurt a. M. 1, Berlin landw. Hochschule 1, Berlin Univ. 2 S.; Rig. 25. Juli 04.]

Schnurbusch, Otto, die praktischen Kultureinrichtungen der Neuzeit. 1. u. 2. Tl. gr. 8. Leipzig, H. Voigt. n. 5. 40; geb. n. 6. 60
1. Anlage v. Kulturkasten, Heizungseinrichtgn., Gewächshäusern. (VII, 90 S. m. Abb.) 902. n. 2. 40; geb. n. 3. —
2. Heizungs-Einrichtungen. (IV, 139 S. m. Fig.) 903. n. 3. —; geb. n. 3. 60

Schnurbusch, Otto, die praktischen Kultureinrichtungen der Neuzeit. III. Tl. Gewächshaus-Bau. (VI, 176 S. m. 103 Abbildgn.) gr. 8. Leipzig 904. H. Voigt. n. 6. —; (Vollst. n. 11. 40)

Schnurbusch, Otto, der prakt. Schnittblumenzüchter d. Neuzeit. Enth. d. Kultur u. Treiberei d. gangbarsten Schnittblumen u. d. Schnittgrüns für Herbst, Winter u. Frühjahr. Die Anlage v. Gewächshäusern u. Wasserheizgn. m. vielen Abb. Der richt. Betrieb e. Schnittblumengärtnerei nebst Gewinnberechng. nach eigenen prakt. langjähr. Erfahrg. gr. 8. (223 S.) Leipzig 898. H. Voigt. n. 5. —; geb. n. 5.60

— der praktische Schnittblumenzüchter der Neuzeit. I. u. II. Thl. gr. 8. Ebd. n. 9. —; geb. n. 10. 40
I. Kultur- u. Treiberei der gangbarsten Schnittblumen u. des Schnittgrüns f. Herbst, Winter u. Frühjahr. Die Anlage v. Gewächshäusern u. Wasserheizgn. m. vielen Abbildgn. Der richt. Betrieb einer Schnittblumengärtnerei nebst Gewinnberechng. nach eigenen prakt. langjähr. Erfahrgn. 2. Aufl. 901. n. 5. —; geb. n. 5. 60
II. Eine Zusammenstellg. u. Culturbeschreibung der f. den Schnittblumenzüchter werthvollsten Sträucher, Stauden, Knollen, Zwiebeln u. einjähr. Pflanzen für Frühjahr, Sommer u. Herbst. (X, 160 S. m. Abbildgn.) 900. n. 4. —; geb. n. 4. 80

— der praktische Schnittblumenzüchter der Neuzeit. I u. II. Tl. gr. 8. Ebd. n. 9. — ; geb. n. 10. 40
I. Enth. die Kultur u. Treiberei der gangbarsten Schnittblumen u. des Schnittgrüns f. Herbst, Winter u. Frühjahr. Der richt. Betrieb e. Schnittblumengärtnerei nebst Gewinnberechng. nach eigenen prakt. langjähr. Erfahrgn. 3., neubearb. u. erweit. Aufl. (204 S. m. Abbildgn.) 905. n. 5. —; geb. n. 5.60
II. Eine Zusammenstellg. u. Kulturbeschreibg. der f. den Schnittblumenzüchter wertvollsten Sträucher, Stauden, Knollen, Zwiebeln u. einjähr. Pflanzen f. Frühjahr, Sommer u. Herbst. Die Schnittblumen des freien Landes. 2. verb. Aufl. (X, 133 S. m. Abb.) 906. n. 4. —; geb. n. 4.80

— die Schnittorchideen, ihre rationelle Kultur u. Verwendbarkeit als Schnittblume. Die Verpackg. sowie genaue Einteilg. nach Blüthezeit u. Farbe. Ungefähre Rentabilitätsberechng. (32 S.) gr. 8. Ebd. 905. n. — 80

Schnurer, (Fr.,) Chronik der Seuchen, in Verbindung mit d. gleichzeitigen Vorgängen in d. physischen Welt u. in der Geschichte der Menschen. 1r Thl. A. u. d. T.: die Krankheiten des Menschengeschlechts, histor. u. geogr. betrachtet. 1r Thl. gr. 8. Tübingen 823, Osiander

— dess. 2r Thl. — Mit vollständ. Register. A. u. d. T.: die Krankheiten d. Menschengeschlechts histor. u. geograph. betrachtet. — Der histor. Abtheil. 2r Thl. gr. 8. Tübing. 824, Osiander.

Schnürer Franz, Dr.: Bericht über eine Weistümerforschung in den Archiven des Viertels oberm Manhartsberge in Niederösterreich. (Sommer 1889.) S. 122/6 . . . Separatabdruck

Schnürer, Frz., Bericht üb. e. Weisthümer-Forschung in den Archiven d. V. O. M. B. in Niederösterreich. [Sommer 1889.] [Aus: „Sitzungsber. d. k. Akad. d. Wiss."] Lex.-8. (14 S.) Wien 890. (Tempsky.) n. — 30

Schnürer, Frz., berühmte Frauenschönheiten. Mit biograph. Notizen versehen. (In 12 Lfgn.) 1.—5. Lfg. (à 3 Taf.) Fol. Leipzig (903.904). A. Schumann's Verl. à n. — 75

Schnürer, Frz., berühmte Frauenschönheiten. Mit biograph. Notizen versehen. 6.—8. Lfg. (à 3 Taf.) 35,5×27 cm. Leipzig (904). A. Schumann's Verl. à — 75

— Habsburger Anekdoten, s. a. Anekdoten-Bibliothek.

Habsburger-Anekdoten. Hrsg. von Dr. Franz Schnürer, Bibliothekar. 2. Aufl. Stuttgart: R. Lutz 1906. (206 S.) 8° [J.]
= Anekdoten-Bibliothek. Bd 5. 07. 6125 B

Habsburger-Anekdoten. Hrsg. von Dr. Franz Schnürer, Bibliothekar. 5. Aufl. Stuttgart: R. Lutz 1907. (206 S.) 8° [J.]
= Anekdoten-Bibliothek. Bd 5. 07. 6142

— s.: Jahrbuch der Zeit- u. Kulturgeschichte.

s.: Kaiser, unser, als Weidmann.

Schnürer, Frz., s.: Litteraturblatt, allgemeines.

— u. Carl v. Bertele, Radmer. Gedenkblätter zur Dreijahrhundert-Feier der Kirche. (61 S. m. Abbildgn. u. 5 Taf.) 4. Wien 902. C. Fromme. n. 2. —
Vergriffen.

Schnürer, Friedr. Chrst., das Schifffahrt-Recht, in Bezug auf den Ludwig-Kanal in Bayern. gr. 8. (6 B.) Erlangen 843, Palm's Verlgsh.

Schnürer, Gustav: Die Bekehrung d. Deutschen z. Christentum. Bonifatius. Von –. Mit 59 Abb. 1. bis 5. Taus. Mainz: Kirchheim 1909. 110 S. 4°
(Weltgeschichte in Karakterbildern. Abt. 2, [2.])

Schnürer, Gust., Bonifatius, s.a. Weltgeschichte in Karakterbildern.

Schnürer, Gustav. Bonifatius. Die Bekehrung der Deutschen zum Christentum. Mit 59 Abbildungen. 1. bis 5. Tausend. VIII + 110 S. gr.-8. Mainz, Kirchheim & Co., 1909. [geb. M. 4.—]
Weltgeschichte in Karakterbildern, hrg. von Franz Kampers, Sebastian Merkle und Martin Spahn. Abteilung 2: Mittelalter. Bonifatius.

Schnürer, Gust., die Entstehung des Kirchenstaates. (Schriften der Görres-Gesellschaft, 1894, II.) gr. 8. (116 S.) Köln 894. (J. P. Bachem.) n. 1. 80

Schnürer, Gust., s.a. Fragmentum, das Fantuzzianum.

Schnürer, Gustav, und Ulivi, Diomedes. Das Fragmentum Fantuzzianum, neu hrg. und kritisch untersucht. Ein Beitrag zur Entstehung des Kirchenstaates. Mit zwei Kupfer-Autotypien [Tafeln]. VIII + 128 S. 8. Freiburg ⟨Schweiz⟩, ⟨Otto Gschwend⟩, 1906. (fr. 3. 50)
Freiburger Historische Studien.... (Fasc.) 2....

— Franz v. Assisi, s.a. Weltgeschichte in Karakterbildern.

Schnürer, Gustav. Franz von Assisi. Von G. Sch' [Prof. zu Freiburg in der Schweiz.] Mit 73 Abbildungen [wovon 1 Tafel]. 1. bis 5. Tausend. *Kopftitel:* Die Vertiefung des religiösen Lebens im Abendlande zur Zeit der Kreuzzüge. IV + 136 S. gr.-8. München, Kirchheim, 1905. [geb. M. 4. —]
Weltgeschichte in Karakterbildern, hrg. von Franz Kampers, Sebastian Merkle und Martin Spahn. Abteilung 3: Uebergangszeit. F' von A'.

Schnürer, Gustav. Der Name Fredegar. SA. 8. Freiburg ⟨Schweiz⟩ 1900.

Schnürer, Gust., s.: Jahrbuch, historisches.

– Das Mittelalter, s.: Glaube u. Wissen.

– s.a. Necrologium, das, des Cluniacenser-Priorates Münchenwiler.

Schnürer, Gustav. Das Necrologium des Cluniacenser-Priorates Münchenwiler ⟨Villars-les-Moines⟩. Hrg. von G' Sch'. Mit 2 Faksimiles [Tafeln]. VIII + XXXVI + 159 S. 8. Freiburg ⟨Schweiz⟩, Komm. der Universitäts-Buchh. ⟨O. Gschwend⟩, 1909. [fr. 5. —]
Collectanea Friburgensia. Veröffentlichungen der Universität Freiburg ⟨Schweiz⟩. Neue Folge, Fasc. 10 ⟨19 der ganzen Reihe⟩.

Schnürer, Prof. Dr. Gustav [Rektor der Universität]: Über Periodisierung der Weltgeschichte. Rede gehalten am 15. November 1900 zur feierlichen Eröffnung des Studienjahrs 1900/1901. Freiburg (Schweiz) 1900. 16 S. 8°.
Freiburg i. Schw. Univ.-Schr. 1900/1901.

— s.: Studien, Freiburger historische.

— die ursprüngliche Templerregel, s.a. Studien u. Darstellungen aus dem Gebiete der Geschichte. III. 1. 2.

Die ursprüngliche Templerregel. Krit. untersucht und hrsg. von Gust. Schnürer. Freiburg i. B.: Herder 1903. VIII, 157 S. 8°
(Studien u. Darstellungen aus d. Gebiete d. Geschichte. 3, 1. 2.)
Recens: Literar. Anzeiger. Kathol. Literatur-Bl. 7 (1904) S. 19 (J. Höller); Histor. Jahrbuch d. Görresgesellsch. 1904 S. 275 bis 277; Theol. Quartalsschr. 1904 S. 294 (Funk); Theolog. Revue. 1904 S. 334 (Albers); Stimmen aus Maria-Laach. 66 (1904) S. 340—341; Literar. Centralblatt f. Deutschland. 1904 S. 952 (Schneider); Literar. Rundschau f. d. kathol. Deutschland. 1905 No 2.

Schnürer, Gust., die Verfasser der sogenannten Fredegar-Chronik, s.a. Collectanea Friburgensia. IX.

Die Verfasser der sogenannten Fredegar-Chronik von Gustav Schnürer. *Freiburg (Schweiz): Universitätsbuchh. in Comm. 1900.* (263 S.) 4°(8°)
= **Collectanea Friburgensia.** Fasc. 9. Iuu. 6505

Die Vertiefung d. religiösen Lebens im Abendlande z. Zeit d. Kreuzzüge. Franz von Assisi von Gustav **Schnürer.** Mit 73 Abb. 1. bis 5. Taus. München: Kirchheim 1905. (136 S.) 4°(8°) [F.]
= **Weltgeschichte** in Karakterbildern. Abt. 3, [2.] Ics. 8464

Die Vertiefung d. religiösen Lebens im Abendlande z. Zeit d. Kreuzzüge. Franz von Assisi. Von Gustav **Schnürer.** Durchges. u. verm. Aufl. Mit 76 Abb. München: Kirchheim 1907. 139 S. 4°(8°)
(Weltgeschichte in Charakterbildern. Abt. 3, [2.]) Iu. 18367 2

Schnüriger, Xaver. Fürsorge für die katholischen Auswanderer. Von X' Sch', Pfarrhelfer, Seelisberg, Vertrauensmann des St. Raphaelsvereins. 15 S. 8. Solothurn, Union, [1904]. [10 Ex. fr. —. 70]

Schnüriger, Xaver, cand. jur.: Die Schwyzer-Landsgemeinde. II + 134 S. 8°.
Bern. Jur. Diss. 1905/1906.

Schnüriger, Xaver. Die Schwyzer-Landsgemeinde. Diss. Jur. Bern. II + 133 S. 8. [Schwyz, Caspar Triner & Cie., 1906.]

Schnüriger-Martin, Friederike, Arbeitsschulkunde, s.: Weissenbach, Elisabeth.

Von der elementaren analytischen Behandlung der Quadratur, Rectification und Krümmungshalbmesser der Kegelschnitte, und von der Bestimmung der Rectification der Ellipse und Hyperbel auf diesem Wege. Von Lud. Christoph Schnürlein, P. der Math. — 1840. Ebend. — S. 3–18, mit 1 lith. Taf.
Progr. Hof

Neue Entwickelung des Binomialtheorems und der mit demselben verwandten Gleichungen $\text{Sin. } x = x - \frac{x^3}{1.2.3} + \frac{x^5}{1.2.3.4.5} - \ldots$, $\text{Cos. } x = 1 - \frac{x^2}{1.2} + \frac{x^4}{1.2.3.4} - \ldots$ Von Ludw. Christoph Schnürlein, P. der Math. — 1842. Ebend. — S. 3–14.
Progr. Hof

Erweiterung und Verallgemeinerung der bisher zwischen den trigonometrischen und andern Functionen und zwischen den Coefficienten der niedrigsten Glieder in den Summen der Potenzen ganzer Zahlen bekannt gewesenen Relationen. Von Ludw. Christoph Schnürlein, P. der Math. — 1833. Ebend. — S. 3–16.
Progr. Hof

Relationen über die Oberflächen der zweiten Ordnung. Eine math. Abhandlung von Ludw. Christoph Schnürlein, P. der Math. — 1831. Ebend. — S. 3—16.
Progr. Hof

Versuch einer neuen Entwickelung der Grundgesetze der Dynamik aus der Theorie der Functionen und Ableitung des Parallelepipedons der Kräfte und der unmittelbaren Folgen desselben aus dem der Geschwindigkeiten nebst einigen besondern Betrachtungen und Bemerkungen. Von Lud. Christoph Schnürlein, P. der Math. — 1847. II, Grau. — S. III–V, 6–38 mit 1 lith. Taf.
Progr. Hof

Schnürlein, Ludw. Chrph., Versuch einer neuen Entwicklung der Grundgesetze der Dynamik aus der Theorie der Functionen und Ableitung des Parallelepipedons der Kräfte und der unmittelbaren Folgen desselben aus dem der Geschwindigkeiten nebst einigen besond. Betrachtungen und Bemerkungen. Eine Abhandlung zum Schlusse des Studienjahres 1846/47. gr. 4. (37 S. und 1 Stnt.) Hof 847, [Grau und Comp.]

Zusammenstellung und Entwickelung derjenigen Gauß'schen Formeln, welche sich zur Verbesserung der parabolischen und zur Bestimmung der vorläufigen elliptischen Elemente einer Kometenbahn unmittelbar aus dem Taylor'schen Theorem ergeben, und Anwendung derselben auf die Bahn des Halley'schen Kometen. Von Lud. Christoph Schnurlein, P. der Math. — 1838. Ebend. — S. III—IV u. 5—24.
Progr. Hof

N. Schnürlein, Beschreibung einer Flachs- und Hanfröstung, welche nach genauer Untersuchung als anwendbar befunden wurde.
Regensburg 1826

Schnurmann, Karl

Schnurmann, Carl, aus Karlsruhe: I. Neue Darstellungsmethode zinnorganischer Verbindungen. II. Beitrag zur Hydrolyse und Alkoholyse der Zinnhalogenide. Karlsruhe 1905. 70 + 4 S. 8°. [2. XII. 1905.]
Zürich. Phil. Diss. II. S. 1905/1906.

Schnurmann, Carl. 1. Neue Darstellungsmethode zinnorganischer Verbindungen; 2. Beitrag zur Hydrolyse und Alkoholyse der Zinn-Halogenide. Diss. Phil. [II.] Univ. Zürich von Karl Sch'... 73 S. 8. Karlsruhe, Ernst Stiess, 1905.

Schnürmann, H.: De Ss. Basilio et Gregorio Nazianzeno literarum antiquarum studiosis. P. II. Literarum antiquarum studia quomodo Greg. Christionis vindica verit atque commendaverit. 18 S.– Kempen, Progr. 1872.

•*Schnürpel, C.* Beitrag zur Kenntnis der Handhabung und richterlichen Auslegung des in Preußen geltenden Gesetzes vom 8. V. 1837 über das Mobiliar-Feuerversicherungswesen nebst einigen Streiflichtern auf den gegenwärtigen Stand des Versicherungswesens in den deutschen Staaten überhaupt. Berlin 1875.

Schnuerpel, (Julius Ludw.) [illegible] (geb. 7. 6. 1832): De leucaemia. Berolini (1856). (28 S.) 8°
Berlin, Med. Diss. v. 30. Juli 1856

Schnurrpfeifereien, Narretheien u. Blödheiten Tyll Eulenspiegel's, des Erznarren. Ein Buch zum Gesundlachen. (46 S.) 16. Neuweißensee, E. Bartels. — 50

Schnurpfeil's Notiz- u. Auskunfts-Almanach f. d. J. 1904. (49 S.) 16. Leipzig, S. Schnurpfeil. n. — 10
Fortsetzung, s.: Notizkalender.

Schnurpfeil, Franz [app. Arzt aus Leobschütz]: Histologische Beiträge zur Lehre von der gelben Erweichung des Gehirns ... Leobschütz, J. Gomolka's Buch- & Steindr., 1891; 33 S. 8.
Würzburg, Med. Fak., Inaug.-Diss. v. 1891

Schnurpfeil, Hans, der Glashütten-Techniker, s.a. Glashütten-Bibliothek.

Der Glashütten-Techniker. Von Hans **Schnurpfeil**. 1. Aufl. Berlin & Leipzig: Die Glas-Industrie 1906. (69 S.) 8°
= **Glashütten-Bibliothek**. Bd 1. [06, 13261

— deutsch-französische **Handelskorrespondenz** f. den Selbstunterricht, m. e. reichen Sammlg. v. deutsch-französ. Musterbriefen u. Formularen sowie Vokabelschatz u. Grammatikauszug. (VIII, 147 S.) 8. Dresden (906). E. Pierson. n. 1. 50; kart. n. 2. —

— die **Schmelzung** der Hohl-, Schliff-, Preß-, Tafel- u. Flaschengläser mit ihren verschiedenen Rohmaterialien, Sätzen u. Kosten. (VIII, 209 S.) 8. Wien 906. A. Hartleben. n. 4. —; geb. n. 4. 80

Schnurpfeil, Hans, die Tonindustrie im Glashüttenbetriebe. Mit 106 Abb. und e. Bezugsquellen-Nachweiser. (190 S.) gr. 8. Berlin 908. Tonindustrie-Ztg. Geb. in Leinw. 5.

Schnurpfeil, Heinr., Geschichte u. Beschreibung der Stadt Ober-Glogau in Oberschlesien. Mit der Genealogie der Grafen v. Oppersdorf. Ober-Glogau 860. Handel in Comm. gr. 8. (XVI, 210 S. u. 1 Tab. in Fol.) n. 1 *ℛ*

Schnurpfeil, Heinr., die Polizei bei Ausübung der Befugniß zum Erlaß einer vorläufigen Strafverfügung. Handbuch für die Polizeiverwalter in den Städten, Amtsvorsteher, Polizei-Districts-Kommissarien ꝛc., aus den Materialien der Gesetzgebung und der bisher. Praxis der Verwaltungsbehörden und Gerichte systematisch bearb. 16. (VII, 90 S.) Leobschütz 881, Witke. cart. *

— das Polizeiverordnungsrecht der preußischen Monarchie. Handbuch zum prakt. Gebrauch für die Amtsvorsteher, Polizeiverwalter in den Städten, Landräthe ꝛc. ꝛc., unter Beigabe von Mustern für Polizeiverordnungen. 2. verm. und verb. Aufl. 8. (VI, 53 S.) Berlin 882, C. Heymann's Verlag. cart. *

Schnurpfeil, Heinr., die Polizei-Verwaltung in Ausübung ihrer Befugniß zum Erlaß ortspolizeil. Verordnungen u. vorläuf. Strafverfügungen, sowie zur Anwendung exekutiver Maßregeln aus den Materialien der Gesetzgebung u. der bisher. Praxis der Verwaltungsbehörden u. Gerichte systematisch zusammengestellt. Ober-Glogau 866. (Handel.) gr. 8. (VI, 81 S.) n. 10 *ngr.*

Schnurpfeil, S. (Red.), s. Beobachter, Der graphische.

SCHNURR, Baldrian, und Kasper Klaus (pss.), Abenteuer des Junkers aus der Heide. 1800. 8°.
Weller, Lex. Ps. p. 507. — Müller-Fraureuth: „Mancher Autor braut aus 99 Romanen einen hundertsten zusammen, wie z. B. der Verfasser der „Abenteuer des Junkers von der Haide" gesteht: „Ich sass an meinem Tische und schrieb mit grossem Eifer. Bisweilen hielt ich einen Augenblick inne, sann nach, dann lief ich auf und ab, setzte mich nieder, nagte meine Feder entzwei, guckte in das Petermannchen oder in die 12 schlafenden Jungfrauen, welche mit andern klassischen Werken dieser Art malerisch vor mir aufgetürmt lagen, und dann fing ich wieder an mit neuem Enthusiasmus und neuer Heiterkeit meiner Finger zu schreiben."

Schnurr, *Gerhard Max Eugen* [app. Arzt aus Pasewalk]: Über Fremdkörper in den Luftwegen ... Greifswald, Druck v. F. W. Kunike, 1897; 2 Bl., 40 S. 8.
Leipzig, Med. Fak., Inaug.-Diss. v. 2. März 1897

Schnurr, Gerh., üb. Fremdkörper in d. Luftwegen. Diss. gr. 8. (39 S.) Greifswald 897. (Pasewalk, A. Schnurr.) n. 1. —

Schnurr, Gerh., Infektionskrankheiten m. besond. Berücksicht. von Masern u. Scharlach). (Schumanns medizin. Volksbücher.) 8. (142 S.) Leipzig 902. W. Schumann Nachf. Geb. in Leinw. n. 1. 50

(G) Schnurr, Gerh., Infektionskrankheiten. 902. Sekt: Ulm, S. Ebner.

Schnurr, Reinhold *Karl Christian Julius* [aus Heinrichsruh bei Pasewalk]: Katechetisches in vulgärlateinischer und rheinfränkischer Sprache aus der Weissenburger Handschrift 91 in Wolfenbüttel. I ... Greifswald, Druck v. F. W. Kunike, 1894; 2 Bl., 64 S. 8.
Greifswald, Phil. Fak., Inaug.-Diss. v. 10. Mai 1894

– u. Rudolf Ernesti,

: Übersichtssammlung der auf Bornholm beobachteten Formationen. Ausgewählt aus dem auf der geologischen Schülerreise der Oberrealschule Steglitz, Juli 1907, gesammelten Material. S. 24—25. **Progr.** Oberrealschule u. Realschule i. E. *Steglitz* 1908 (177).

Schnurr, R[einhold] und Ernesti, [Rudolf]: Geologische Wanderfahrt nach Bornholm. 6.—15. Juli 1907. S. 20—24. 1.
Progr.

Schnurr von Landsidel, Balthasar. Der Ameisen- und Mückenkrieg, ein Gedicht, neu hsg. Leipzig 1806. V: *Fuchs, Hans Christoph.* H: *Büsching, Johann Gustav.* (EE)

Schnurranten, die. Vom Schalksnarren Udo. Mainz 862. (Leipzig, Brauns.) gr. 16. (176 S.) 15 ngr.

Schnurre, 1001. Ein Buch zum Lachen, aber nicht zum Todlachen. Für gebild. Freunde des Witzes u. der fröhl. Laune. Gesammelt von Meister Hilar. Kurzweil (W. A. Gerle). 2 Bdchen. gr. 8. Pesth 825. Hartleben. 1 ℛ 8 gℓ

Schnurren. | (*Vignette*, 32 × 55) | *Volksbücher*. 27. | Herausgegeben von G. O. Marbach. | Leipzig, bei Otto Wigand. Kol.: Druck von Breitkopf und Härtel in Leipzig. o. J. (1842), 84 S. 165 × 115, *Schlußvignette*, 37 × 52. UB Tü Dk XI. 241a.

— Launen u. Einfälle e. ehemal. Kriegers, s. a. Salz u. Laune; auch v. Kahmel.

Schnurren, Launen und Einfälle eines ehemaligen Kriegers bei der preussischen Armee am Rhein. Constantinopel [Breslau] 1796. Constantinopel [Leipzig] 1808. V: *Kahmel, August Wilhelm Leopold von.* (Wr)

SCHNURREN, Schwäncke und Abentheuer in der Gespensterstunde. Nox et amor vinumque nihil moderabile suadent; Illa pudore vacat, liber amorque metu. Ovid. Mit groteskem Titelkpfr. (meist fehlend). Rom, bey Giuseppe Falziola (Leipzig, Linke). 1797. 8⁰. Gestoch. Tit. u. 280 S. (In Wien, Stadtbibl.: Secr. A. 19.) (8 Mk. Max Perl's Berliner Oct.-Auct. 1907; 15 Mk., schönes unbeschn. Expl., Bernh. Liebisch, Lpz., 1907.)

Widm.: An die Göttin der Nacht. Enthält 4 humorist.-erotische Erzählungen, Genre Boccaccio: Der Schnurrbart — Der betrogene Betrüger. — Die keuschen Ohren — Die platonische Liebe.

Schnurren u. Schwänke d. französischen Bauernvolkes, deutsch v. E. K. Blümml, s. a. Meistererzähler, roman. N.

SCHNURREN und Schwänke des französischen Bauernvolkes. Deutsch von E. K. Blümml. (Preis broschiert Mk. 4—, elegant gebd. Mk. 5—, Ganzlederband Mk. 6—.) (4 Mk. O. Rauthe, 1909.)

Schnurren, Schwänke und lustige Einfälle des Herzogs von Roquelaure . . . Paris [Leipzig] 1797. Ü: *Meyer, August Wilhelm.* (BGE)

Schnurren u. Streiche, 4000 gar lustige, aus Vater Spasshansens ganz trolligem Reiche. 8. Rotweil 819. Herder. (Barth in Leipz.) 9 gℓ

Schnurren u. Streiche (Räthsel-Fragen in Prosa u. Versen). Viertausend gar lustige, aus Vater Spasshansens ganz trolligem Reiche. Zu Trutz u. Scherz, Für Kopf u. Herz. Von einem ehmaligen frohen Studenten gesammelt, verfertigt mit hurtigen Händen; Doch auch mit Kopf, Und nicht als Tropf. Drum läßt er auch drucken die Possen und Schnacken Für jeden, den Langeweil und Missmuth will packen, Und zwar im Jahr, da ihm's drum war 1819. O. O. 8⁰. 175 + 111 Seiten. Die letzteren enth. die Auflösung der 4000 Räthsel, mit Sondertitel u. d. Jahrz. 1820. — Ungemein rar u. nirgends citirt. (3 Mk. Carl Uebelen, München, 1892; jetzt theurer!)

Schnurren, weimarische, s. Historien und Schnurren.

Schnurrenberger (Alt-Verwaltungsrath). Der Irrenhausstreit im Kant. Zürich. In-8⁰, 90 S. Zürich, Honegger, C. Schmidt. 1878.

Schnurrer, Christian Friedrich

— animadversionum ad quaedam loca Psalmorum Fasc. I. et II. 4. Tübing. 778.

Schnurrer, Christian Fr., s. Anzeigen, Tübingische gelehrte.

Schnurrer, Chr. Fr., († d. 10. Nov. 1822.) bibliothecae arabicae Specimen I., II., III. et IV. 4. Tübing. 799—804. Auctam nunc atque integram edid. cum appendice. 8maj. Halle 811., Hendel. 2 ℛ 16 gℓ

— Slavischer Bücherdruck in Würtemberg im 16. Jahrh. gr. 8. Tübing. 799. v. Cotta. 12 gℓ

— Dissertationes philologico-criticae. 8maj. Gotha 790. Ettinger. 2 ℛ 16 gℓ

— Erläuterr. der Würtemberg. Kirchen-, Reformations- u. Gelehrten-Geschichte. gr. 8. Tübing. 789. v. Cotta. 1 ℛ 16 gℓ

— Erläuterungen d. wirtemb. Kirchen-Reformations- u. Gelehrten-Geschichte. gr. 8. Tüb. Cotta. 798.

Schnurrer, Christian Friedrich [Praes.], s. Hanser, Friedrich Wilhelm: Historia Davidis.

Schnurrer, Christian Friedrich (Bad Cannstatt)
A. S. 1360/53

Dissertatio inauguralis de historia restaurati post diluvium orbis ab exitu Noae ex arca ad dispersionem gentium. Präs. Ludwig Joseph Uhland. Tübingen (Sigmund) XII. 1761. 48 S. 31100

Schnurrer, Christian Friedrich [Praes.], s. Hutten, Karl Georg: Bibliothecae Arabicae p. VII.

— biograph. u. literar. Nachrr. von ehemal. Lehrern d. hebräischen Literatur in Tübingen. gr. 8. Ulm 792. Wohler. 16 gℓ

— observationes ad quaedam loca Proverbiorum Salomonis. 4. Tübing.

— observationes ad vaticinia Jeremiae. IV Ptes. 4. Tübing. 793—97.

Schnurrer, Chn. Frdr.: Orationum academicarum, historiam litterariam theologicam et orientalem illustrantium delectus posthumus. Ed. Heinr. Eb. Glo. Paulus. Tubingae: Osiander 1828.

Praefatio biographica. 1. De Ph. Melanchthonis rebus Tubingensibus. 2. De Wittebergensi Universitate et colonia Tubingensi. 3. De Matthia Langio, archiepisc. Salisburgensi, Tubingensis scholae magistro. 4. De Jo. Brentio. 5. De Melch. Volmario 101. 6. De Steph. Gerlach 113. 7. De Jacobo Heerbrand 129. 8. De Matthia Hafenreffer 141. 9. Wilhelm Schickhard 155. 10. De professoribus oriental. litterarum post Schickardum 1.. 11. De Georgio Burkhardo prof. Tub. 181. 12. De Vito Müllero Tub. prof. 19.. 13. De Hoogeveen... und dessen angebl. Uebersetzung Gf. Eberhards v. W. 203. 14. De Typographia Turcica Constantinopolitana 223. 14 (!) Oratio inter initium Carcii ducis 235. 15. De utilitate linguae arabicae. 245.

Schnurrer, Chr. Fr., Orationum academicar. histor. litterar. theolog. et oriental. illustrant. delectus posthumus. Piae memoriae causa addita praefat. biographica edid. H. E. G. Paulus. 8maj. (16¼ B.) Tubingae 828, Osiander.

— s. 1) de Rossi, Specimen.

— s. R. Tanchum, Hierosolymitani.

— vindiciae veritatis revelatae ab insultibus libelli: Catechisme de l'honnet homme. 4. Tübing. 765.

Schnurrer, Friedr., die Cholera morbus, ihre Verbreitung, ihre Zufälle, die versuchten Heilmethoden, ihre Eigenthümlichkeiten u. die im Großen dagegen anzuwend. Mittel. Mit d. Charte ihres Verbreitungsbezirks (Fol.) 1., u. 2., verm. Aufl. ($5^3/_4$ u. $7^1/_2$ B.) 8. Stuttgart 831, Cotta. à

Schnurrer, Friedrich: Chronik der Seuchen in Verbindung mit den gleichzeitigen Vorgängen in der physischen Welt und in der Geschichte der Menschen. Th.1: vom Anfang der Geschichte bis in die Mitte des fünfzehnten Jahrhunderts. Th.2: von der Mitte des fünfzehnten Jahrhunderts bis auf die neueste Zeit; gbd.

Tübingen: Osiander 1823 - 1825
(Schnurrer, F.: Die Krankheiten des Menschen-Geschlechts historisch und geographisch betrachtet. Historische Abtheilung, Th.1 - 2)

JB 5.141/Hist.Abth.

Schnurrer, Fr., († d. 9. April 1833.) Karte üb. die geograph. Ausbreitung der Krankheiten. Mit der Beilage: Karte der Verbreitung d. Cholera morbus vom Aug. 1817 bis gegen Ende Oct. 1830. Fol. Münch. 831. (v. Cotta). 8 gr.

Schnurrer, Friedrich: Die Krankheiten des Menschen-Geschlechts historisch und geographisch betrachtet.

Tübingen: Osiander 1823-1825
Hist.Abth., Th.1: Schnurrer, F.: Chronik der Seuchen...vom Anfang der Geschichte bis in die Mitte des fünfzehnten Jahrhunderts. 1823
Hist.Abth., Th.2: Schnurrer, F.: Chronik der Seuchen...von der Mitte des fünfzehnten Jahrhunderts bis auf die neueste Zeit. 1825

JB 5.141

Schnurrer, Friedrich: Allgemeine Krankheits-Lehre, gegründet auf die Erfahrung und auf die Fortschritte des neunzehnten Jahrhunderts. 304 S., gbd.

Tübingen: Osiander 1831

JB 1.205

Friedrich Schnurrer

Materialien zu einer allgemeinen Naturlehre der Epidemieen und Contagien. Von Frid[rich] Schnurrer. Tübingen: Heerbrandt 1810. VIII, 168 S. 8°

— Materialien zu e. allgem. Naturlehre der Epidemie u. Contagienen. 8. Tübing. 810. (Osiander). 14 gr.

Schnurrer, Friedrich: Geographische Nosologie oder die Lehre von den Veränderungen der Krankheiten in den verschiedenen Gegenden der Erde, in Verbindung mit physischer Geographie und Natur-Geschichte des Menschen. 572 S., gbd.

Stuttgart: Steinkopf 1813

JB 5.180

— geograph. Nosologie, od. die Lehre von den Veränderungen d. Krankheiten in d. verschied. Gegenden d. Erde, in Verbindung mit physisch. Geographie u. Naturgeschichte d. Menschen. gr. 8. Stuttg. 814. Steinkopf. 2 ₰

— Diss. inaug. Observata de materiarum oxydatarum quarundam in germinationem efficientia, pro diversa seminum rerumque externarum indole, varia. 4. Tübing. 805.

Schnurrpfeifereien und Cri-cri-linzien, oder Unterhaltung auf Reisen zu Lande und zu Wasser von Jocosus. 8. (107 S.) Bleicherode 877, [Busch.] Niehoff. *

Schnurrpfeifereien, illustrirte. Lustiges in Wort und Bild. 16. (73 S. mit 80 eingedr. Holzschn.) Berlin 858, Reymann.

Schnurrpfeifereien, illustrirte, für heitere Leute. Mit 120 (eingedr.) Origin.-Holzschn. 8. (IV u. 92 S.) Leipzig 851, Hirschfeld. n. $^1/_3$ ₰

— illustrirte, für heitre Leute. 2. verm. Aufl. Mit 123 Original-Holzschn. (im Text). Leipzig 853. Hirschfeld. 8. (IV, 96 S.) n. 10 ngr.

— — 2. Bdchn. Mit 67 Original-Holzschn. (im Text). Leipzig 855. Hirschfeld. 8. (IV, 90 S.) n. 10 ngr.

Schnurrpfeifereien nach der Melodie: „Ungeheure Heiterkeit ꝛc." Komisches Allerlei für Freunde des Scherzes u. des Frohsinns. 12. Sonderburg 845. (Leipzig, Goetz.) $^1/_4$ ₰

Schnurrpfeifereien, Theologische.
Hrsg. von Baldrian Schwarzbuckel, Schulmeister zu Buxtehude. Halberstadt 1807.
V: *Werfel, J.* (BGE VII[a], 203)

Schnurrpfeiffereien, theologische; hrsgg. v. Baldr. Schwarzbuckel. 8. Halberst. ... N. A. 807. (W. Nauck in Leipz.) 8 gr.

Schnurrpfeifereyen, theologische, herausg. von Baldr. Schwarzbuckel. 8. Halberst. Groß. (Sommer in Leipzig.) 807.

Schnuse, C. H., s. Fr. Arago, popul. Vorlesungen über die Astronom

Schnuse, C. H. Aufgaben aus der Differenzialrechnung. Braunschweig 1844.

s. C. H. Baily, die Theorie der Lebensrenten.

Schnuse, C. H. (Hrsg.). s. Bergery: Anleitung, Theoretisch-praktische, zur Berechnung der gebräuchlichsten Maschinen.

— s. Bresson, M., Elementarlehrbuch d. Mechanik.

s. Cauchy, A. L., Vorles. über d. Differenzialrechnung.

s. dess. Vorles. über d. Anwendung d. Infinitesimalrechnung.

s. Coriolis, G., Lehrbuch d. Mechanik.

s. Cournot, A. A., Elementarbuch der Theorie der Functionen ꝛc.

s. Duchemin, Experimentaluntersuchungen über die Gesetze des Widerstandes der Flüssigkeiten.

Schnuse, C. H., die Grundlehren der höhern Analysis für angehende Mathematiker u. Techniker, sowie als Leitfaden bei öffentl. Vorträgen an höh. Lehranstalten, einfach u. leichtfaßlich entwickelt. 1. Thl.: Differenzialrechnung. Mit in den Text gedr. Holzschnitten. gr. 8. (XII u. 243 S.) Braunschweig 819, Leibrock. $1^3/_4$ ₰

Schnuse, C. H., die Grundlehren der höhern Analysis für angehende Mathematiker und Techniker, sowie als Leitfaden bei öffentl. Vorträgen an höheren Lehranstalten, einfach und leichtfaßlich entwickelt. 2. Thl.: Integralrechnung. 1. Abthl.: Integration der expliciten Funktionen. gr. 8. (223 S. mit in den Text gedr. Holzschn.) Braunschweig 856, Leibrock.

Schnuse, C. H., die Grundlehren der höhern Analysis für angehende Mathematiker und Techniker, so wie als Leitfaden bei öffentl. Vorträgen an höhern Lehranstalten, einfach und leichtfaßl. entwickelt. 2. Thl.: Integralrechnung. 2. Abthl.: Integration der impliciten Differenzialausdrücke oder der Differenzialgleichungen. gr. 8. (VII und S. 225—384.) Braunschweig 858, Leibrock.

Schnuse, C. H., die Grundlehren der ebenen analytischen oder Coordinatengeometrie; mit vielen Uebungsaufgaben. Für höhere Lehranstalten, angehende Mathematiker und Techniker. gr. 8. (X und 298 S. mit 10 lithogr. Figurentaf. in qu. gr. 4.) Stuttgart 852, Belser'sche Buchh. Thlr.

—— die Grundlehren der neuern Geometrie. 1. Thl.: Die Theorie des anharmonischen Verhältnisses, der homograph. Theilung und der Involution und deren Anwendung auf die geradlinigen und Kreis-Figuren. Nach Chasles: Traité de géometrie supérieure frei bearb. gr. 8. (XV und 349 S. mit in den Text gedr. Holzschn.) Braunschweig 856, Leibrock.

—— die Grundlehren der Statik fester Körper. Mit einer Sammlung von 287 größtentheils vollständig gelösten Aufgaben; für höhere Lehranstalten, angehende Mathematiker und Techniker, einfach und leichtfaßlich entwickelt. gr. 8. (VII und 264 S. mit 175 eingedr. Holzschn.) Leipzig 851, Fr. Fleischer.

—— die Grundlehren der Theorie der Kreisfunktionen, der ebenen Trigonometrie und Polygonometrie und der sphärischen Trigonometrie. Mit vielen Uebungsaufgaben. Für höhere Lehranstalten, angehende Mathematiker und Techniker. gr. 8. (VI und 211 S. mit in den Text gedr. Holzschn.) Stuttgart 852, Belser'sche Buchh.

- s. Lamé, Lehrbuch der Physik.

- s. Migout u. Bergery, Anleit. z. Berechnung d. gebräuchl. Maschinen.

- s. Moigno, Vorlesungen üb. die Integralrechnung.

- s. Olivier, Th., geometr. Theorie der Zahnräderwerke.

- s. de Pambour, Graf G., Anleit. zur Berechnung der Kraft der Dampfmaschinen.

- s. dess. Handbuch über Dampfwagen.

- s. de Pambour, Theorie der Dampfmaschine.

- s. Poisson, Lehrbuch der Wahrscheinlichkeitsrechnung.

- s. Poncelet, J. V., Lehrbuch d. Anwend. d. Mechanik, 2. Bd.

- s. Pouillet, Lehrbuch der Experimentalphysik.

Schnuse, C. H., Sammlung ausgewählter allgemeiner Formeln, Beispiele u. Aufgaben aus der Differenzialrechnung u. deren Anwendung auf Geometrie. Ein Hülfsbuch für Lehrer u. Schüler an höhern Unterrichtsanstalten. Mit 1 Figurentafel. In 2 Liefg. gr. 8. Braunschweig 844, Meyer sen. (à 2/3 ₰) 1 1/3 ₰

—— offenes Sendschreiben an die Herren Dr. O. Schlömilch und Dr. B. Witzschel in Dresden. Entgegnung auf die Behauptungen dieser Herren in der Zeitschrift für Mathematik und Physik. Jahrg. 2. Literaturzeitung S. 72—77. gr. 8. (16 S.) Braunschweig 858, Leibrock.

—— zweites offenes Sendschreiben an die Herren Dr. O. Schlömilch und Dr. B. Witzschel in Dresden. Antwort auf das „Noch einmal" in der Zeitschrift für Mathematik und Physik, Jahrg. 3, Heft 4, Literaturzeitung S. 99—106. gr. 8. (16 S.) Braunschweig 859, Leibrock.

—— die Theorie und Auflösung der höhern algebraischen und der transcendenten Gleichungen, theoretisch und practisch bearb. gr. 8. (488 S.) Braunschweig 850, Leibrock.

— die Theorie u. Auflösung der höhern algebraischen und der transcendenten Gleichungen, theoretisch u. praktisch bearbeitet. gr. 8. (488 S.) Braunschweig 852, Leibrock. 2 ₰ 24 ngr

- s. A. J. H. Vincent, Lehrbuch.

- s. Whewell, Elementar-Lehrbuch der Mechanik.

- s. Whewell, W., über die Grundsätze der engl. Universitätsbildung.

Beiträge zur Kenntnis der südamerikanischen Dipterenfauna auf Grund der Sammelergebnisse einer Reise in Chile, Peru und Bolivia, ausgeführt in d. J. 1902–1904 von W. **Schnuse.** Halle; W. Engelmann in Leipzig in Komm. 1909. 114 S. 4°
(Nova Acta. Abhandlungen d. Kais. Leopold.-Carol.-Deutschen Akad. d. Naturforscher. Bd 91, Nr 3.) [10. 3936 4

Schnütgen, A., Catalog e. Sammlung v. Geweben u. Stickereien d. Mittelalters u. der Renaissance auf 156 Tafeln 773 Nummern umfassend. gr. 8. (44 S.) Köln 876. (Boisserée.) n 1. —

Schnütgen, Alex: Das Elsaß und die Erneuerung des katholischen Lebens in Deutschland von 1814 bis 1848. Straßburg i. E. 1908: Buchdr. d. „Elsäßer". (59 S.) 8° [J.]
¶ (Erscheint vollst. in: Straßburger Beiträge z. neueren Geschichte.)
Straßburg, Phil. Fak., Ref. Spahn-Wiegand, Diss. v. 6. Juli 1907
[Geb. 1. Juli 83 Steele a. d. Ruhr; Wohnort: Steele; Staatsangeh.: Preußen; Vorbildung: Städt. Rektoratsch. Steele, Gymn. Coesfeld i. W. Reife O. 02; Studium: Freiburg i. B. 1, Bonn 2, Berlin 1, Münster 1, Straßburg 6 S.]

Schnütgen, Alex., s.: Zeitschrift f. christl. Kunst.

Schnütgen, Alfred [aus Essen]: Ueber Geschwülste des Nabels spez. über e. Carcinom ... Würzburg, Druck v. A. Göb & C., 1895; 32 S. 8.
Würzburg, Med. Fak., Inaug.-Diss. v. 1895

Schnütgen, Emil [Dr., Dir.]: Gedächtnisrede zur Jahrhundertfeier der Geburt des in Gott ruhenden Kaisers Wilhelm I., geh. am Progymn. zu Eupen, d. 22. März 1897. Eupen, Druck v. C. Braselmann, 1897; 3—12 S. 4.
Eupen, PG, P 1897 (459)

Schnütgen, Emil [Rekt. Dr.]: Geschichte der höheren Lehranstalt zu Eupen. Ein Rückblick auf die 80jährige Vergangenheit der Schule aus Anlass des 25jährigen Jubiläums ihrer staatlichen Anerkennung. Eupen, Druck v. C. J. Mayer, 1890; S. 3—51; 4°
Eupen, PG m. Realparallelklassen, P 1890

Schnütgen, Emil Otto Olivier de Magny.
Ein Beitrag zur Geschichte der lyrischen Dichtung Frankreichs im 16. Jahrhundert. 32 S. Progr. OR. *Cöln* 1884.

Schnütgen, Hermann (geb. am 7 Aug. 1846 in Freckenhorst Westf.): Ueber die Diagnose der Klappenfehler ... Bonn, gedr. bei J. F. Carthaus (1870). 40 S., 1 Bl. 8.
Bonn, Med. Fak., Diss. v. 22 Juli 1870

Schnütgen, Karl, Referendar: Die Umwandlung einer Kommanditgesellschaft auf Aktien in eine Aktiengesellschaft (§§ 332—334 HGB.). Borna-Leipzig 1910: Noske. VIII, 45 S. 8°
Leipzig, Jur. Diss. v. 5. März 1910
[Geb. 9. Okt. 85 Steele; Wohnort: Cöln; Staatsangeh.: Preußen; Vorbildung: Gymn. Steele Reife O. 04; Studium: Freiburg i. B. 1, München 1, Freiburg i. B. 1, Bonn 3 S.; Rig. 5. März 10.] [U 10. 2874

Schnütgen, [Max]: [Ansprache bei dem feierl. Hochamt mit Te Deum am 27. Jan.] S. 35–36. 4. Kaiser-Karls-Gymn. *Aachen* 1907 (525).
Progr.

Schnütgen, Paul, die Augendiagnose, e. bisher unbeachtete Fundgrube des Okkultismus. (16 S.) 8. Leipzig 909. O. Mutze. — 30

Schnütgen, Paul, die zeitgenössische Geisterseherin v. Cöln. Eröffnung üb. die Fähigkeit gewisser Personen, Geister zu sehen, sowie über das Hereintragen e. Geisterwelt in die unsere. Mit e. Einführg. v. Heinr. Passaro. u. e. Kommentierg. üb. die psych. u. spiritist. Erscheingn. vom heut. Standpunkt der offiziellen Wissenschaft v. W. F. Barrett. (XX, 63 S.) 8. Leipzig 906. O. Mutze.
n. 1.—; geb. n. 2.—

Schnütgen, Robert, Gerichtsref. aus Steele a. d. Ruhr: Das Differenzgeschäft, seine geschichtliche Entwicklung und Klagbarkeit, unter besonderer Berücksichtigung des § 764 Bürgerlichen Gesetzbuchs und des darin gewählten Ausdruckes 'Absicht'. *Düsseldorf 1899: L. Schwann.* (66 S.) 8°
Erlangen, Jur. Diss. v. 22. Dez. 1898

Schnütgen, Robert [aus Attendorn '(Westf.)']: Über einen Fall isolierter Amyloidentartung des Darms ... Würzburg, P. Scheiner's Buchdr., 1895; 28 S. 8.
Würzburg, Med. Fak., Inaug.-Diss. v. 1895

Schnütgen, Robert, approb. Arzt aus Münster in W.: Aus d. pharmakol. Institut d. Universität Greifswald. Onychographische Studien. *Greifswald 1903: J. Abel.* (54 S.) 8°
Greifswald, Med. Diss. v. 17. Dez. 1903

Schnütgen, Victor (geb. am 6 Apr. 1849 in Steele a. d. Ruhr): Das Granulom der Iris ... Bonn, Druck v. J. Trapp 1872. 26 S., 1 Bl., 1 Taf. 8.
Bonn, Med. Fak., Diss. v. 7 Febr. 1872

Schnüttgen, A., die Trierer Ada-Handschrift, s.: Publikationen der Gesellschaft für rheinische Geschichtskunde.

Schnützlein, Georg Michael (Weissenburg)
Altd. Thl. 19/1

Dissertatio historico-philologico-theologica de speciminibus, conatibus variis atque novissimis successibus doctorum quorundam virorum in edendo Alcorano Arabico. Präs. Johann Michael Lange.
Altdorf (Meyer) 16. IV. 1704. 37 S. 31099

Schnuurrer, Fr., s. Schnurrer, Friedrich

Schnyder. Etwas über die Bahnhoffrage. Luzern 1874.

Schnyder. Zwei neue Hülfsmittel zur Verstärkung der Adhäsion der Treibräder bei Berglokomotiven. Luzern 1869.

Schnyder, Ad., Anleitung zum Unterricht in der Klein-Kinder-Schule. 32. (96 Blätter u. Text.) Aarau 845. (Sauerländer's Sort.-Buchh.) n. 2/3 ₰

Schnyder, Aloys, der heilige Aloysius von Gonzaga, ein Vorbild f. die Jugend u. für Alle, die nach christl. Vollkommenheit streben, in Gebeten u. Betrachtgn. Sammt e. kurzen Lebensgeschichte des Heiligen. gr. 16. (VIII u. 248 S. mit 1 Lith.) Luzern 851, Gebr. Räber. 8 ngr.

Schnyder, Al. (Spitalpfarrer in Luzern). Der heil. Aloysius. Ein Vorbild für die Jugend. Mit einer Lebensskizze. 2. Auflage. Mit 1 Stahlstich. In-24°, 400 S. Stans, Caspar von Matt. — 75
1881

—— der Armen Seelen-Freund, oder Andachtsübungen für die lieben Abgestorbenen im Sinne und Geiste der heil. kathol. Kirche. Auch ein Gebetbuch für alle Zeiten zu gebrauchen. 8. (210 S. mit 1 Holzschn.) Luzern 849, Gebr. Räber. *

Schnyder, Aloys, die Ehe und zwar die katholische, die gemischte und die bürgerliche, sowie ihre Bedeutung für die Familie und die Gesellschaft. gr. 8. (IV und 94 S.) Luzern 863, Gebr. Räber.

—— die Heiligkeit des Eides und die falschen Eide, ihre Bedeutung und Folgen, mit 2 Beispielen. gr. 8. (IV und 103 S.) Luzern 868, Gebr. Räber.

Schnyder, Alois, Paradies des betenden Herzens oder Andachtsbuch für kathol. Christen nach den Zeiten und Festen des Kirchenjahres. 24. (VIII und 459 S. mit 1 Stahlst.) Luzern 853, Gebr. Räber.
feine Ausg. mit 3 Stahlst.

Schnyder, Ch[ristoph]. Alpen-Hochwacht. (Männerchorlied. [Gedicht von] Dr Fr[itz] Rohrer.) [2 S.] 8. (St. Gallen, Zweifel-Weber, [1905].) (fr. —. 15)

Schnyder, Christoph. Chr' Sch'-Heft enthaltend 8 Männerchorlieder ([componiert von] Ch. Sch'). [Mit Porträt.] II + 22 S. 8. St. Gallen, Zweifel-Weber, [1904]. Partitur fr. —. 60

Schnyder, Chr., siehe: *Gesangbuch.*

Schnyder, Ch., katholisches Gesangbuch. Eine Sammlung kathol. Gesänge für 4 Singstimmen. 1. Abth. enth.: Predigtlieder, Meßgesänge, Traueramt, Lieder auf die verschiedenen Feste des Kirchenjahres ꝛc. 2., verb. und vielfach verm. Aufl. 4. (VI und 255 S.) Lucern 856(57,) Kaiser'sche Buchh. *

Schnyder, Ch., katholisches Gesangbuch. Eine Sammlung katholischer Gesänge für vier Singstimmen. 3 Abthlgn. Lex.-8. Luzern 862, Gebhardt. [1. Abthl. enth.: Predigtlieder, teutsche Meßgesänge und latein. Chormessen. 3., verb. und vielfach verm. Aufl. (189 S.) * 22 Ngr., 2. Abthl. 3., verb. und vielfach verm. Aufl. und 3. Abthl. (VII und 224 S.) * 28 Ngr.] *

Schnyder, Chr., Gesangbuch für die Primar- und Secundarschulen. 2 Thle. 8. Einsiedeln 888, Benziger und Comp. [1. Thl. 7. Aufl. (80 S.) cart. * 25 Pf.; 2. Thl. (224 S.) geb. * 50 Pf.] *

Gesangbuch für die Primarschulen (2: ... f. d. Primar- u. Sekundarschulen). Auf Anordnung d. Erziehungsrates d. Kantons Luzern zsgest. von Chr. Schnyder, Musikdir. H. 1. 2. *Einsiedeln, Köln: Benziger & Co. 1901–03.* 2 Bde 8° [F.]
1. 10. (1.) Aufl. 1901. 2. 12. (verm.) Aufl. 1903. (03. 13924

— dreistimmige katholische Gesänge für den öffentlichen Gottesdienst, zunächst für Bezirks- und höhere Töchterschulen, sowie für kleine Landchöre. 1. Heft. 2. Aufl. Lucern 853. Kaiser. qu. 8. (32 S.) n. 5 ngr.

Schnyder, Ch., dreistimmige katholische Gesänge für den öffentlichen Gottesdienst, zunächst für Bezirks- u. höhere Töchterschulen, sowie für kleine Landchöre. 1. Heft. 3. Aufl. Luzern 867. Gebhardt. qu. 4. (39 S.) n. 5 ngr.

Schnyder, C., dreistimmige katholische Gesänge f. den öffentlichen Gottesdienst, zunächst f. Bezirks- u. höhere Töchterschulen, sowie f. kleine Landchöre. 1. Hft. 4. Aufl. qu. gr. 8. (39 S.) Luzern 872. Gebhardt. n. — 60

— drei- und vierstimmige katholische Gesänge für den öffentlichen Gottesdienst, zunächst für Bezirks- und höhere Töchterschulen, sowie für kleine Landchöre. 2. Heft. Lucern 854. Kaiser. qu. 8. (48 S.) n. 6 ngr.

Schnyder, Ch., Hülfsbuch für Orgelschüler. Enthaltend Cadenzen, Versetten, Vor- und Nachspiele zum Gebrauch beim öffentl. Gottesdienste. 1. Heft. qu. 4. (54 lithogr. S.) Luzern 858, [Gebhardt.] *

—— Hülfsbuch für Orgelschüler. Enthaltend Cadenzen, Versetten, Vor- und Nachspiele zum Gebrauch beim öffentl. Gottesdienste. 1. Heft. 2. Aufl. qu. 4. (79 S.) Luzern 867, Gebhardt.

— s.: Lieder, 11, f. vierstimm. Männerchor.

Schnyder, C., fünf Lieder f. vierstimm. Männerchor. 8. (16 S.) Zürich 895. Leipzig, Gebr. Hug & Co. n. – · 80

— 9 Lieder f. vierstimm. Männerchor. 12. (26 S.) Ebd. 896. n.n. – · 60

Schnyder, F[ranz] L[udwig]. Kurze Geschichte des Ursprungs der Badener-Konferenzartikel. Ein Neujahrsgeschenk, hrg. von F. L. Sch'.... 8. Luzern 1841.

Schnyder, G., der Berghofbauer, s.: Rabermacher's, J., Vereinsbühne.

Schnyder, H. Üb. Organisation d. Gesundheitsdienstes d. eidgenöss. Armee. Freiburg 1873.

Schnyder, Heinrich

Schnyder, H[einrich]. Les eaux thermales de Weissenbourg en Suisse. Leur action thérapeutique dans le traitement des affections chroniques des voies respiratoires. [Traduit de l'allemand par Hippolyte Cuony. Avec 2 planches et 1 carte.] 8. Bienne 1884.

Schnyder, H., aus meinem Leben. Autobiographische Notizen. gr. 8. (VII, 130 S. m. Bildnis.) Basel 899. (B. Schwabe.) Kart. n.n. 2. 80

Aus meinem Leben. Autobiogr. Notizen von Dr. H. Schnyder, Alt-Oberfeldarzt. *Basel 1899: Schweighauser.* (VII, 130 S.) 8° [F.]

Schnyder, H., Ratgeber f. Brustkranke. 12. (112 S.) Basel 896. B. Schwabe. Kart. n. 1. 60

(Schnyder, [Heinrich].) Eine Sommerreise, mit Randglossen. Von einem alten Kurarzte. SA. 8. [Basel 1887.]

Schnyder, H., Weissenburg. Seine Heilanzeigen und seine Kurmittel, zugleich ein Führer für den Kurgast. 1. Aufl. (59 S. mit 2 Holzschntaf.) 1877; 2. durchgeseh. und verm. Aufl. gr. 8. (61 S. mit 2 Holzschntaf. und 1 chromolithogr. Karte.) Luzern 879, (Prell.) *

Schnyder, H., Bad und Kuranstalt Weissenburg in der Schweiz. gr. 8. (73 S. mit 2 Holzschntaf. und 1 chromolithogr. Plan.) Basel 884, Schwabe. *

Schnyder, H. Bad- und Kuranstalt Weissenberg in d. Schweiz. Gr. in-8⁰. Basel, Schwabe. 3 — 1893

Schnyder, H. (Dr.) Bad und Kuranstalt Weissenburg in der Schweiz. Mit 2 Abbildungen und 1 Karte. In-8⁰, 75 S. Basel, B. Schwabe. 1893 2 40

Schnyder, Joh[annes]. Antistes (Johann Jakob) Breitinger (1575–1645). Ein Lebensbild aus dem sechzehnten Jahrhundert. ([Johann Caspar] Mörikofer u. A. nacherzählt, zunächst für's Appenzeller Sonntagsblatt.) [SA.] 8. Basel 1883.

Schnyder, Johannes s. Reben am Weinstock. Basel 1885–1898.

Schnyder, J., der evangelischen Heidenmission Recht, Pflicht und Erfolg. 8. (32 S.) Basel 882, Missionsbuchhandlung. *

Schnyder, J., der evangelischen Heidenmission Recht, Pflicht u. Erfolg. 2. Aufl. 8. (32 S.) Basel 887. Missionsbuchhandlung. n. — 15

— J. H. Wichern u. das Rauhe Haus, s. a. Reben am Weinstock.

Schnyder, Johannes. Johann Hinrich Wichern (1808–1881) und das Rauhe Haus. Leben und Wirken eines Vaters und Förderers christlicher Liebesthätigkeit. 8. Basel 1888.
Reben am Weinstock. (Bändchen) 4.

Schnyder, L[ouis]. Alkohol und Muskelkraft. Von Dr. L. Sch' (Bern). (Mit 7 Textfiguren.) Separat-Abdruck aus dem Archiv für die ges. Physiologie Bd. 93. II S. + S. 451—484. 8. Bonn, Emil Strauss. 1903.

Schnyder, L. Muskelkraft u. Gaswechsel. Mit 2 Textabb. In-8⁰. 33 S. Bern. These. 1897

Schnyder, M[ax]. Armierter Beton. Lehrbuch zur Berechnung und Konstruktion, bearb. von M. Sch'.... [Mit Figuren.] VIII + 152 S. 8. Burgdorf, C. Langlois & Cie., 1907. [geb. fr. 2. —]

Schnyder, M[ichael]. Erinnerungen an Zermatt und sein Tal. (SA.) 8. Luzern 1900.

Schnyder, Alois Feldmann, Kunstmaler, s. a. Neujahrsblatt der Künstlergesellschaft in Zürich.

[Schnyder, Michael.] Aloys Fellmann. Kunstmaler (1855–1892). [Mit 3 Tafeln.] Njbl. Künstlerges. Zürich 1894. 4. [Zürich.]

Schnyder, Michael. Die Rosalische Gesellschaft der Stadt Luzern. 2. Aufl. [Mit Vignetten und illustriertem Umschlag.] 39 S. 8. Luzern, Räber & Cie., 1902.

Schnyder, M., siehe: *Neujahrsbl. der Künstlerges. Zürich.*

Schnyder, M[ichael]. St. Antönien im Prättigau. SA. 8. ([Luzern] 1900.)

Schnyder, M[ichael]. Heinrich Viktor von Segesser (Architekt und Oberst), gestorben am 28. November 1900. [Mit Illustrationen und 4 Tafeln.] 26 S. 4. Luzern, J. Burkhardt, 1902. [fr. 2. 80]
Neujahrsblatt der Kunstgesellschaft Luzern für 1901.

Schnyder, Mich., im Sonnenschein. Ausgewählte Skizzen. (404 S.) 8. Luzern 907. Räber & Co. Geb. in Leinw. 5. —

Schnyder, Michael. Im Sonnenschein. Ausgewählte Skizzen. 404 S. 8. Luzern, Räber & Cie., 1909. [fr. 4. —, geb. 5. —]

Schnyder, Othmar, Tierarzt in Horgen (Kt. Zürich): Aus dem veterinär-pathologischen Institut der Universität Zürich. Beitrag zur Kenntnis der Magen-Darmstrongylosis — der sogen. Kaltbrändigkeit — des Rindes. Mit 7 Tafeln und 2 Holzschnitten. Zürich 1906. 82 S. 8⁰. S.-A. a. d. Schweizer-Archiv f. Tierheilkde. Bd. 48. [23. VI. 06.]
Zürich. Vet.-med. Diss. 1905/1906.

Schnyder, Othmar. Beitrag zur Kenntnis der Magen-Darmstrongylosis — der sogen. Kaltbrändigkeit — des Rindes. Diss. Vet.-Med, Univ. Zürich. Mit 7 Tafeln und 2 Holzschnitten. [Sep.-Abdr. aus: Schweizer-Archiv für Tierheilkunde. Band 48. Heft 3 u. 4.] *Kopftitel:* Aus dem veterinär-pathologischen Institut der Universität Zürich. 81 S. 8. Zürich, Orell Füssli, 1906.

Schnyder, Otto: Die Fertigung nach Luzernischem Recht. Historisch-dogmatische Darstellung. Luzern 1906. VIII + 187 S. 8⁰.
Bern. Jur. Diss. 1906/1907.

Schnyder, Otto. Die Fertigung nach Luzernischem Recht. Historisch-dogmatische Darstellung. Von Dr. O' Sch'. (Diss. [Jur.] Bern.) VIII + 187 S. 8. Luzern, H. Keller, 1906. [fr. 2. —]

Schnyder, Rudolf [prakt. Arzt in Balsthal]: Über den Mechanismus und die Therapie der Gebärmutter- und Scheidenrisse. Basel 1899. 72 S. 8⁰.
Zürich. Med. Diss. 1899/1900.

Schnyder, Rud., über Nervosität im Kindesalter. Vortrag. (Erinnerungs-Blatt der Töpfergesellschaft Solothurn. Winter 1905—1906.) (35 S.) gr. 8. Solothurn 906. (A. Lüthy.) n.n. — 80

Schnyder, Vital, Anrede an d. kathol. Jugend der Stadt Luzern bei Anlaß ihrer ersten heil. Kommunion am weißen Sonntage, den 7. April 1839, in der Stiftskirche im Hofe zu Luzern. 12. Luzern 839. Gebr. Räber. (St. Gallen, Scheitlin u. Z.) 1/8 ℳ

Schnyder, Wilh[elm]. Die ältesten Denkmäler aus christlicher Zeit zu St. Maurice im Wallis. ⟨Separat-Abdruck aus «Schweiz. Rundschau» [Jahrg. 4,] 1903—04, Heft 4.⟩ 18 S. 8. [Stans, Hans von Matt & Co., 1904.]

Schnyder, W., sa Festreden an der Schlachtfeier in Sempach.

Schnyder, Wilhelm: Festreden an der Schlachtfeier in Sempach am 10. Juli 1905, s. Felber, Theodor

Schnyder von Wartensee. Xaver Sch' von W'. Njbl. Zürich sa[Weber, Heinrich].

Schnyder, Xaver, von Wartensee. Zürich [1871]. V: *Weber, Heinrich.* (Cat. d. Stadtbibl. Zürich. Zürich 1864—97.)

Schnyder v. Wartensee, aesthetische Betrachtungen über die Jahreszeiten von Jos. Haydn, zum bessern Verständniss des Werks bei seiner Aufführung durch den Rühl'schen Verein in Frankfurt a. M. gr. 8. (15 S.) Frankfurt a. M. 856, Keller.

Schnyder v. Wartensee, aesthetische Betrachtungen über die Jahreszeiten von Jos. Haydn, zum bessern Verständniss des Werks bei seiner Aufführung. 1. Aufl. 1857. und 2. Aufl. gr. 8. (15 S.) Frankfurt a. M. 861, Keller. *

Schnyder v. Wartensee, Gedichte. Nach dem Tode des Altmeisters gesammelt u. herSg. von Müller von der Werra. Leipzig 869. Weber. 16. (VIII, 184 S.) n. 20 ngr.; in engl. Einb. n. 1 ℳ

Schnyder von Wartensee, Josef Xaver

— besondere Beschreibb. etlicher Berge des Entlibuchs. 3 Thle. 8. Luzern 783, 84.

Schnyder von Wartensee, Joseph Xaver. Geschichte der Entlibucher, von J' Xaveri (**Theil 2:* Xaver) Schnider von W'... 2 Theile. 8. Luzern 1781–1782.
Theil 1. (Geschichte der Entlibucher.)
Theil 2 oder dermaliger Zustand des Entlibuchs.

Schnyder v. Wartensee, Jos. Xav. Geschichte der Entlibucher 2 Bde. 8. Luzern 1781. 82. — Auszug daraus. 8. ib. 1782

Schnider v. Wartensee, Gesch. d. Entlibucher. 2 Thle. Luzern 1781—82. — Ders., besond. Beschreibung etlicher Berge des Entlibuches. 3 Hefte. Luz. 1783—84. Pb. 8. 5. —

Schnyder v. Wartensee, Jos. Xav., († d. 8. Juli 1784.) geographische Tabellen der beiden Entlibucher Aemter Schüpfheim u. Eschlismatt im Kanton Luzern. ... 780.

Schnyder v. Wartensee, Xaver, Lebenserinnerungen, nebst musikal. Beilagen u. e. Gesammtverzeichniss seiner Werke. Hrsg. v. der Stiftg. von Schnyder v. Wartensee. Lex.-8. (XIII, 379 S. m. Bildnis.) Zürich 888. Leipzig, Gebr. Hug & Co. n. 4. —

Schoapp, Johann Georg: „Buchhalterische Belustigung In Zweyen absonderlichen Haupt-Theilen, Ueber Differente und besondere Kauffmännische rare Handels-Casus, Als worinnen zugleich die gantze Hochschätzbare Buchhalterey, nach denen Zweyen Kauffmännischen Haupt- und Handels-Büchern, Journal und Schuld-Buch . . . enthalten . . .", Nürnberg und Leipzig 1714. fol. Mit Schoapps Porträt. — Vorh.: Com. Bibl. Hamburg und Bücherei der Industrie- und Handelskammer Leipzig.

Schoapp, Johann Georg: „Kaufmännischer Buchhalter, oder Buchhalten, Gewichtsvergleich fremder Kauf- und Handelsplätze . . .", Nürnberg 1796.

Schoapp, Joh. Gg.: „Europäische Elen-Vergleichungen / aller Ausländischen Elen der fürnehmsten Handels-Plätze in Europa . . . mit der Nürnbergischen = Elen / und Hinwiederum der Nürnberger = Elen / wie solche sich gegen die anderen alle verhalte . . . Bey dem Authore in Nürnberg zu finden / Anno 1722", — Vorh.: StB Nürnberg.

Schoapp, Joh. Gg.: „Europäische Gewichts-Vergleichungen / wie nemlicher solcher Kauff- und Handelsplätze / so wol ihre Stadt- und Kram-Gewichte / als auch Silber-Gewichte / gegen das Nürnberger = Gewicht / und hinwiederum dieses gegen jene sich verhalte . . . . Bey dem Authore in Nürnberg zu finden Anno 1722". — Vorh.: StB Nürnberg.

Schoapp, Joh. Gg.: „Tabelle der Reichs-Kreutzer / reducirt gegen Funfftzigerley Inn- und ausländische Müntzen / und Sieben neuen nutzlichen accuraten Interesse-Tabellen, In allen Reichen und Landen / Republiquen, Städten und Oerthern . . . .", Nürnberg / Getruckt bey Chr. Sigm. Froberg. In Verlegung des Authoris. Anno 1712. — Vorh.: StB Nürnberg.

Schob, A[rthur], aus Bomst (Posen): Ueber γ-Methylisoxazol-α-carbonsäure. *Kiel 1899: P. Peters.* (37 S.) 8°
Kiel, Phil. Diss. v. [16. Dez.] 1899

Schob, Franz, a. Meerane, Anstaltsarzt an der Kgl. Sächs. Landes-Heil- u. Pflege-Anstalt Sonnenstein: Ein Beitrag zur pathologischen Anatomie der multiplen Sklerose. Berlin: S. Karger 1907. (26 S.) 8° ¶(Aus: Monatsschrift für Psychiatrie und Neurologie Bd 22.)
Leipzig, Med. Fak., Ref. Flechsig, Diss. v. 1907
[Geb. 15. Jan. 77 Meerane; Wohnort: Pirna; Staatsangeh.: Sachsen; Vorbildung: Gymn. Grimma Reife O. 96; Studium: Leipzig 9, Tübingen 1 S.; Coll. 20. Juli 07; Approb. 15. Febr. 01.]

Schöb, Fr[iedrich] Alfons, a. Mengen: Velleius Paterculus und seine literar-historischen Abschnitte. Tübingen: J. J. Heckenhauer in Komm. 1908. (X, 113 S.) 8°
Tübingen, Phil. Fak., Ref. Gundermann, Diss. v. 22. Juli 1908
[Geb. 20. Nov. 79 Mengen, O.-A. Saulgau; Wohnort: Mengen; Staatsangeh.: Württemberg; Vorbildung: Gymn. Ravensburg Reife M. 97; Studium: Tübingen 10 S.; Coll. 2. Mai 08.]

Schobacher, Karl

SCHOBACHER, Carl (Deggendorf): De morbis ex diaetae vitio ortis.- Monachii: Giesser 1837. 16 S.
9.1.1836 - Urk; F 63
Diss. Ingolst.-Landsh.-Mchn.

Schöbe, Konstantin

Schöbe, Constant., 40 ausgewählte Bewegungsspiele des Kindergartens zunächst für den häuslichen Gebrauch. Zweistimmig gesetzt und mit leichter Clavierbegleitung versehen. qu. 4. (IV und 48 S.) Bremen 865, Gesenius.

Schöbe, Constant., 40 ausgewählte Bewegungsspiele des Kindergartens. Für Mütter, Kindergärtnerinnen und Kinderfreunde. Zweistimmig gesetzt und mit leichter Clavierbegleitung versehen. 2. unveränd. (Titel-)Aufl. qu. 4. (IV, 48 S.) Bremen [Halle] (865)69, Gesenius. geb. *

Schöbe, Const., C. Hentschel's Liederhain. Auswahl volksmäßiger deutscher Lieder für Jung und Alt zunächst für Knaben- und Mädchenschulen. Mit leichter Klavierbegleitung versehen und unter Zustimmung und Bevorwortung C. Hentschel's herausg. 1. Heft. Leipzig 855. Merseburger. qu. gr. 8. (2 Bl., 44 S.) 6 ngr.

Schobel, Samuel Georg (Siebenbürgen)
Diss. Erlg. Phs. 1770/3

Dissertatio inauguralis de ingenio oratorio.
Präs. August Friedrich Pfeiffer.
Erlangen (Walther) II. 1770. 38 S. 31101

Schobel, Valentin (Schesburg/Siebenb.) Erlg. F, zp/18

Spicilegium animadversionum logico-metaphysicarum in nonnulla ex praecipuis recentiorum argumentis quibus trito illi quod sufficientem rebus et cur sint rationem adsignat principio summam conciliatum eunt universalitatem. Präs. Simon Gabriel Suckow.
Erlangen (Becker) 21.XII.1745. 36 S. 31102

Schöbel, Agnes

— moderne Bräute. Erzählungen. 1.–8. Taus. 12. (124 S.) Berlin 898. Leipzig, G. Müller-Mann. n. 1. --

Schobel, Agnes, Champagner, s.: Eckstein's Miniaturbibliothek.

Schoebel, Agnes, weiße Damen. (100 S.) 8. Leipzig (910). G. Müller-Mann. 1. -

Schöbel, Agnes, Faschings Ende u. andere Novellen. 8. (205 S. m. Bildnis.) Leipzig 894. Dresden, E. Reißner. n. 3. —

Flitterwochen des Ruhms. Roman in 2 Büchern von A[gnes] Schoebel (Berlin). Bd 1. 2. Berlin: R. Eckstein Nachf. [1903]. 2 Bde 8°

— fesche Frauen, s.: Eckstein's Miniaturbibliothek.

— Die Geister-Fürstin. Roman. (284 S.) 8. Ebd. (909). 4. –

— e. Gespenst. Erzählg. 8. (262 S.) Berlin 896. R. Eckstein Nachf. n. 2. 50

— dasselbe, s. a.: Eckstein's Reisebibliothek.

— Am Heldengrabe u. andere Erzählungen, s.: Hesse's, Max, Volksbücherei.

— blutende Herzen, s.: Eckstein's Miniaturbibliothek.

— schlafende Knospen, s.: Eckstein's Miniaturbibliothek.

Schöbel, A., übersinnliche Liebe. 2 Novellen. 1. u. 2. Aufl. 8. (à 309 S.) Stuttgart 901. Deutsche Verlags-Anstalt. n. 3. —; geb. in Leinw. n.n. 4. --

— Liebesopfer, s. Eckstein's Miniaturbibliothek

— Löwinnen der Gesellschaft. (117 S.) 8. Leipzig (907). G. Müller-Mann. 1. --

Schoebel, A., Aschenbrödels Pantöffelchen, s. a. Eckstein's 50 Pfennig-Bibliothek, Nr. 22.

[F.] Aschenbrödels Pantöffelchen. Erzählgn v. A[gnes] Schoebel. *Berlin: R. Eckstein Nachf. [1896].* (64 S.) 1 Bd 8.
= 50 Pfennig-Bibliothek, Eckesteins. No 22. [97. 4766

Schöbel, Agnes, Prinzen-Märchen. Illustr. v. Geo. Schöbel. gr. 4. (III, 112 S. m. 8 Vollbildern in Photograv. u. 73 Textillustr.) Leipzig 890. Titze. geb. m. Goldschn. n. 20. —

— Salongespenster, s.: Eckstein's Miniaturbibliothek.

— Talmi-Liebe, s.a. Eckstein's mod. Bibliothek.

Talmi-Liebe. Moderne Novellen von A[gnes] Schöbel, Berlin. 1.–10. Taus. *Berlin: R. Eckstein Nachf. [1901].* (96 S.) 8°
— Bibliothek, Ecksteins Moderne. No 6. [03. 13890 11

Talmi-Liebe. Moderne Novellen von A[gnes] Schöbel, Berlin. 11.–15. Taus. *Berlin: R. Eckstein Nachf. [1901].* (96 S.) 8°
— Bibliothek, Ecksteins Moderne. No 6. [03. 13386

— unser Teufelchen u. andere Novellen. 8. (403 S.) Dresden 892. E. Pierson. n. 5. --

— wer will sie richten?, s.a. Eckstein's illustr. Roman-Bibliothek. I. Jahrg. 12. Bd

Wer will sie richten? Roman von A[gnes] Schoebel. Ill. v. A. Mandlick. 1.–10. Taus. *Berlin: R. Eckstein Nachf. [1898].* (187 S.) 8°
— Romanbibliothek, Ecksteins illustrierte. Jg. 1, Bd 12. [99. 9406

Schoebel, E., Autoren- u. Sachregister, s.: Jahresbericht. zoolog.

Schöbel, Edmund, appr. Arzt: Über Cysten der Talgdrüsen unter Beifügung eines besonderen Falles. (Leipzig 1909: Gerstäcker.) 21 S. 8°
Leipzig, Med. Diss. v. 22. Febr. 1909, Ref. Hoffmann
[Geb. 6. Juni 81 Dresden; Wohnort: Leipzig-Oetzsch; Staatsangeh.: Sachsen; Vorbildung: Gymn. Zwickau Reife O. 03; Studium: Freiburg i. B. 1, Leipzig 10 S.; Coll. 26. Febr. 09; Approb. 1. Febr. 09.] [U 09. 2872

Schoebel, *Friedrich* Emil [aus Grosshennersdorf]: Zur postembryonalen Entwicklung des Auges der Amphibien. . . . Jena, G. Fischer, 1890; 2 Bl., 51 S., 8 Taf. 8°
Leipzig, Phil. Fak., Inaug.-Diss. v. 30. Okt., 1890

Schöbel, Emman., Lehrbuch der christ-katholischen Religion für die reifere Jugend. 3 Bde. Prag 861—63. Credner. Lex.-8. n. 2 ⁄ 15 ngr.
1. Bd.: Religionsgeschichte oder Geschichte des Reiches Gottes auf Erden seit der Erschaffung des Menschen bis auf unsere Tage. (X, 244 S.) n. 27 ngr.
2. Bd.: Christ-katholische Glaubenslehre nach ihrem allgemeinen u. besondern Inhalte oder Apologetik u. Dogmatik der Kirche Christi. (X, 222 S.) n. 24 ngr.
3. Bd.: Die Offenbarung Gottes nach ihrem praktischen Inhalte oder Sittenlehre der Kirche Christi. (X, 215 S.) n. 24 ngr.

Praktische Fragen aus dem Gebiete der Zwangsversteigerung. Vortrag geh. vom Amtsrichter E[rnst] A[lfred] Schöbel in Leipzig. Leipzig: Dieterich 1904. 42 S. 8° [11. 4830 11

Schoebel, Friedrich Emil, s. Schoebel, Emil

Schöbel, Geo., Berliner Weihnachtstage. Scenen aus dem Markt- u. Straßenleben in 25 Lichtdr. nach Tuschzeichnungen v. G. S. Mit e. Vorwort v. Agnes Schöbel. gr. 4. (4 S.) Leipzig 893. A. Fischer. In Leinw.-Mappe. n. 15. —

Schöbel, Herm., Dresdner Berufs- u. Gewerbestatistik u. die Aufgaben der Berufs- u. Gewerbe-Zählungen, s.a. Mitteilungen des statist. Amtes d. Stadt Dresden. 10.

Schöbel, Hermann: Dresdner Berufs- und Gewerbestatistik und die Aufgaben der Berufs- und Gewerbe-Zählungen. Bearb. von Hermann Schöbel, Dir. Assist., Dresden. Dresden: v. Zahn & Jaensch 1901. (58 S.) 4°
Mitteilungen d. Statist. Amtes d. Stadt Dresden. H. 10.

Schoebel, Philipp [app. Arzt aus Minkowski i. Schles.]: Aus d. Laboratorium d. pharmakognost. Sammlung in Kiel. Beitrag zur Kenntnis der Wirkung des Piperidin ... Kiel, Druck v. A. F. Jensen, 1895; 18 S., 1 Bl. 8.
Kiel, Med. Fak., Inaug.-Diss. v. [25. Juli] 1895

Schobelt, Kurze Lebensgeschichte des Herrn Grafen Carl Friedrich von Schlippenbach. 1796. 8.

Schobelt, A. F. A., Predigt am ersten Sonntag nach dem Brande im Saldernberge bei Havelberg, d. 23. Juli 1815. gr. 8. Berl. 815. Mittler. 2 ℊ

Schobelt, Christoph Heinrich

Schobelt, Chr. H., Diss. s. hemicran. aetiologiam. 55 pp. Jen. 4°. 1786

Schobelt, Ch. H., Beschr. der Epidemie in d. alten Mark im J. 1772. 8. Berlin, Realschulbuchhdl. 773.

Schobelt, Cph. Hnr., († d. 17. Febr. 1807.) Beschreib. der Epidemie in d. alten Mark im J. 1772. 8. Berl. 773. Reimer. 7 ℊ

— Betrachtt. über die Kur der vener. Krankheiten. gr. 8. Magdeburg 771. Hechtel. 6 ℊ

— de hemicranio. 8. Berlin, Realschulbchhdl. 776.

— tractat. de hemicrania. 8. Berl. 776. Reimer, 3 ℊ

Schobelt, Chr. H., Diss. s. historia hemicran. 55 pp. Jena. 4°. 1785

— Noten mit Text über die Erziehung d. Menschengeschlechts, v. Lessing. 8. Stendal 780. Franzen u. Gr. 6 ℊ

—, Chr. H., Diss. hemicraniae therapia. Erl. 4°. 1788

— ein paar Worte üb. die Faulfieber, zu Aerzten u. Nichtärzten gesprochen. 8. Berl. 791. 2e A. 796. Schöne. 14 ℊ

Schober, D. ..., kurze Abhandl. von dem Bade zu Kiehschlag bei Linz. 2e A. 8. Linz 817. Acad. B. (Leipz., Schmidt). 3 ℊ

Schober, Beschreibung u. Resultate d. ungarischen Zonentarifs. Vortrag, geh. in der Versammlg. d. Vereins f. Eisenbahnkunde zu Berlin am 10. Febr. 1891. [Aus: „Glaser's Annalen f. Gewerbe u. Bauwesen".] gr. 8. (23 S.) Berlin 891. (Dierig & Siemens.) n. 1. —

S[chober], Ritter v.- Briefe über F. Liszt's Aufenthalt in Ungarn. Berlin 1843.

Schobers prakt. Verzierungsblätter für Tapeten-Fabrikanten, Dekorations- u. Zimmer-Maler, Gipser u. Tüncher. 1. Liefg. gr. Fol. (12 Taf., wovon 2 col. sind.) Neu-Ulm 845. (Ulm, Ebner.) n. 1 ℛ 2 ngℊ

Schober, A., die Uralpen Oberkärntens. Mit 6 Kartenskizzen unt. Berücksicht. d. Tauernbahn, der Sehenswürdigkeiten u. zuverläss. Behandlg. der Ausflüge u. Hochtonren. (XV, 139 u. 6 S. u. Fahrpläne 4 S. in 8.) kl. 8. Spittal 909. (Klagenfurt, J. Heyn.) 1. 20

Schober, Alfred, Dr.: Die **Anschauungen** über den Geotropismus der Pflanzen seit Knight. Geschichtl. Studie eines physiol. Problems. *Hamburg 1899: Lütcke & Wulff.* (30 S.) 8°
Hamburg. R in Eilbeck, P 1899 (784)

Schober, Alfr., die Anschauungen üb. den Geotropismus der Pflanzen seit Knight. Geschichtliche Studie e. physiolog. Problems. Progr. gr. 8. (50 S.) Hamburg 899. (Herold.) n.n. 1. 50

Schober, Alfr., Charles Darwin. Vortrag, geh. in der wissenschaftl. Vereinigg. in Hamburg am 23. XI. 1908. (48 S.) 8. Hamburg 909. Leipzig, L. Voss. —. 80

Schober, Alfred, appr. Arzt: Aus d. Rudolf Virchow-Krankenh. zu Berlin. Ueber die Karellsche Kur. Leipzig 1909: Lehmann. 38 S. 8°
Leipzig, Med. Diss. v. 20. Dez. 1909, Ref. Curschmann
[Geb. 18. April 83 Berlin; Wohnort: Berlin; Staatsangeh.: Preußen; Vorbildung: Luisen Gymn. Berlin Reife M. 01; Studium: Berlin 13 S.; Coll. 23. Dez. 09; Approb. 12. Okt. 09.] [U 10. 3053

Alfred Schober: Matthias Jacob **Schleiden.** Nach der Gedenkrede im Naturw. Verein am 13. April 1904. (Als Manuskript gedruckt.) Hamburgische Liebhaberbibliothek. (Mit 1 Bildnis.) Hamburg. 1904. 8°.

Schober, Alfred [aus Kosten]: Über das Wachsthum der Pflanzenhaare an etiolierten Blatt- und Axenorganen .... Breslau (1886); 31 S. 8°.
Breslau, Phil. Fak., Inaug.-Diss. v. 8. [handschr. 5.] Mai 1886.

Schober, Alfr., über das Wachsthum der Pflanzenhaare an etiolierten Blatt- und Axenorganen. gr. 8. (25 S.) Halle 886, Tausch und Grosse. *
Aus: Zeitschrift für Naturwissenschaft, besonders abgedruckt.

Erika. Eine Erzählung f. junge Mädchen von Anna **Schober.** Berlin: Globus-Verl. [1904]. (248 S.) 8° [F.] [06. 3037

Schober, Anna, Hanna. Erzählung f. erwachsene Mädchen. Mit Bild nach e. Original v. Paul Heydel. gr. 8. (180 S.) Berlin (900). Globus-Verlag. Geb. in Leinw. 1. 50

Schober, Anna, aus sonniger Kindheit. Eine Erzählg. f. kleine Mädchen von 8—12 Jahren. gr. 8. (200 S.) Berlin 894. G. Schuhr. Geb. in Leinw. n. 3. —

Schober, Anna, vollständiges Lehr- u. Hilfsbuch zum Selbstunterricht f. Damen in der Herstellung e. guten Toilette. Neu hrsg. u. verb. v. ihrer langjähr. Mitarbeiterin. 9., m. den neuesten Schnittmustern verm. Aufl., enth. die neuesten Taillen, Jaquets, Mantelets, Aermelschnitte u. Jupons in allen Arten. 8. (35 S. m. 11 Taf.) Wien 884. Daberkow. cart. n. 4. —; geb. n. 4. 80

Schober, Anna (I.), vollständiges Lehr- und Hilfsbuch zum Selbstunterricht für Damen in der Herstellung einer guten Toilette. Neu hrsg. und verb. von ihrer langjähr. Mitarbeiterin. 9. mit den neuesten Schnittmustern verm. Aufl., enthaltend die neuesten Taillen, Jaquets, Mantelets, Aermelschnitte und Jupons in allen Arten. 8. (35 S. mit 11 Taf.) Wien 884, Winkler. cart. *
geb. *

Lotte und Käte. 2 Backfischgeschichten von Anna **Schober**. *Berlin: Globus Verl. [1902].* (240 S.) 8° [F.] [04. 11385

Schober, Anna, aus dem Mädchenleben. 3 Erzählgn. f. die reifere weibl. Jugend. 8. (265 S.) Berlin 884. Ißleib. geb. 3. —

Schober, Anna, aus dem Mädchenleben. Drei Erzählgn. f. die reifere weibl. Jugend. 2. Aufl. 8. (271 S.) Berlin 887. Ißleib. geb. 3. —

Schober, Anna —. Neuester leichtfaßlichster und praktischer Selbstunterricht im Maßnehmen, Schnittzeichnen, Zuschneiden und Verfertigen aller Arten Damenkleider, Mantils ꝛc. 2. Auflage. Mit drei Musterbogen. Wien. A. Dorfmeister. 1853. 8. (24 S. 3 Taf.)

Schober, Anna, neuester, leichtfaßlichster und praktischer Selbstunterrichter im Maßnehmen, Schnittzeichnen, Zuschneiden und Verfertigen aller Arten Damenkleider, Mantilles ꝛc., so wie auch aller Gattungen Kinder-Anzüge nach den schönsten Verhältnissen und modernster Façon. Mit 3 Musterbogen und 70 fein lithogr. Schnittzeichnungen (in gr. Fol.), einem Maßbüchlein und dem Centimetre. 2., verm. und verb. Aufl. gr. 8. (24 S.) Wien 853, (Tendler und Comp.) *

— trübe u. frohe Stunden. Bilder aus der Mädchenwelt. 8. (226 S.) Ebd. 887. geb. 3. —

Schober, Anna. Susanne. Erzählung f. erwachsene Mädchen. 12. (396 S.) Berl. 891, [Ißleib.] Schuhr. geb. * 5 —

Unserm Töchterchen. 14 Erzählungen f. Mädchen im Alter von 7 bis 10 Jahren von Anna Schober. Mit zahlr. Text-Ill. von R. Tönsmann. 4 schwarzen u. 3 bunten Vollbildern. *Berlin: Globus-Verl. [1901].* (230 S.) 8° [F.]

— unserm Töchterchen. 14 Erzähign. f. Mädchen im Alter von 7 bis 10 Jahren. Mit zahlreichen Text-Illustr. nach Originalen v. R. Tönsmann, 4 schwarzen Vollbildern u. 1 farb. Titelbild. (232 S.) gr. 8. Ebd. (905). Geb. n. 1. 60

— die Zwillinge. Erzählungen f. junge Mädchen in Tagebuchform. 2. Aufl. 8. (207 S.) Ebd. 890. geb. 3. —

Schober, C. Probe einer neuen Uebers. der Jahrbücher des Tacitus. (B. I. c. 1—30.) 20 S. . . . .
Schleusingen, Progr. 1829

Schober, C., und H. K. Kissling, Reductions-Tabellen der Münzen sämmtlicher handeltreibenden Staaten und Städte in deutsche und Franken-Währungen und umgekehrt von 1 bis 100 Stücken. Für die Geschäftswelt berechnet. gr. Fol. (IV und 35 S.) Stuttgart 863, Schober.

Schober, C.: Der geographische Unterricht an Gymnasien. 22 S. 8°.– Teschen kth. (I.G.) 1870.

Schober, C. E., s. Schober, Karl Ernst

Schober, C. G., Versuch einer Theorie v. d. Ueberwucht, m. K. 8. Lpz. Fritsch. 751.

Schober, C. G., Versuch e. Theorie von der Ueberwucht. Mit Kpf. 8. Leipz. 751. (Hahn). 4 gr.

Schober Dr. C. J.: Welche Unterstützung kann und soll das Elternhaus dem Gymn. gewähren? Ein Wort an die Eltern als Beitrag zur Lösung der Frage betreffend die Überbürdung der Gymn.-Schüler. 65. Wien. VIII. 77.
Progr.

Schober, C. T., Mittheilungen über das königl. Bad Oeynhausen bei Rehme-Neusalzwerk. gr. 8. (IV und 47 S.) Berlin 849, [Ernst und Korn.] *

Schober, Carl, s. Schober, Karl

Schober, (Theophilus) Edmund. (geb. Waldau bei Görlitz 20. 8. 182..)
De somno. Berolini (1845). (30 S.) 8°
Berlin, Med. Diss. v. 17. Apr. 1845

(Schober, Elisabeth.) Aus dem Leben der El' Sch', einer Nähterin ([geb.] 1765). (Memoiren) Hrg. zum Besten einer Anstalt zur Bildung weiblicher Dienstboten von Joh[annes] Linder.... Mit sieben illuminirten Abbildungen [Tafeln] von August Beck. 8. Basel 1833.

Schober, Ernestus, Halensis: De Apulei Metamorphoseon compositione numerosa. *Halis Sax. 1904: E. Karras.* (81 S.) 8°
Halle, Phil. Diss. v. 1904

Schober, Ernest., de Apulei metamorphoseon compositione numerosa. Diss. (79 S.) 8. Halis 904. Leipzig, Buchh. G. Fock. n. 1. 60

Schober, Ernst [Arzt]: Aus d. Kgl. medizin. Universitäts-poliklinik zu Königsberg i. Pr. Über die Wirksamkeit der Immunisierung bei Diphtherie ... Königsberg i. Pr., Hartungsche Buchdr., *1895;* 47 S. 8.
Königsberg, Med. Fak., Inaug.-Diss. v. 2. Aug. 1895

Schober, E., üb. d. Wirksamkeit d. Immunisierung bei Diphtherie. Diss. gr. 8. (47 S.) Königsberg 895. (W. Koch.) n. — 80

Schober, Ernst Sigismund (Schweidnitz) A. S. 745/31

Dissertatio de feudis ducatuum Silesiae Schwidnicensis et Jauravensis. Präs. Samuel Stryk.
Halle (Gruner) II. 1704. 96 S. 31103

Schober, Ernst Siegismund (Schweidnitz)
4° Jur. XII, 26c/7

De feudis ducatum Silesiae Swidnicensis et Jauravi-ensis. Präs. Samuel Stryk.
In: Stryk: Dissertationum juridicarum Hallensium vol. II. Disputatio VII. Leipzig, Frankfurt (Foerster) 1720. S. 257-32o.

Diss. Halle II. 1704. 31104

v. Schober, (Fr..) Palingenesien a. d. heil. Büchern d. alt. Bundes. (Gedichte.) gr. 16. Bresl. 826, Max u. C.

v. Schober, Frz., Gedichte. 8. Stuttgart u. Tübingen 842, Cotta'scher Verlag. 1½ fl

Schober, Frz. v., Gedichte. 2., verm. Aufl. Leipzig 865. Weber. 8. (XVI, 330 S.) n. 1 Thlr 10 ngr.

Schober, Franz Eberhard (Würzburg) A. S. 586/9

Dissertatio inauguralis juridica sistens delineationem elementorum juris Franconici et in specie Wirceburgensis, privati hodierni ex ipsis fontibus haustam. Präs. Joseph Maria Schneidt.
Würzburg (Nitribitt) 27. IV. 1771. 106 S., 4 Bl.
31105

Schober, G., Die Landeskultur - Rentenbanken in Preussen, Sachsen u. Hessen, nach den bezügl. Gesetzen dargestellt. Mit einem Anhang: Die Landeskultur-Rentenbank für die Provinz Schlesien. gr. 8°. Berlin, Parey, 1887.

Schober, Geo., caeremoniae missarum solemnium et pontificalium aliaeque functiones ecclesiasticae. 8. (XII, 424 S. m. Abbildgn. u. farb. Titelbild.) Regensburg 894. F. Pustet. n. 2. 80; geb. in Halbleinw. n. 3. 60

Schober, Georg., C. Ss. R., Caeremoniae missarum solemnium et pontificalium aliarumque functionum ecclesiasticarum. Ed. II revisa et aucta. (XII, 428 S.) 8. Regensburg 909. F. Pustet. 3.—; geb. in Leinw. 4.—

Schober, Geo., Erinnerungen an Preußens ostasiatische Expedition in den Jahren 1859, 1860, 1861 u. 1862, mit besonderer Berücksichtigung Sr. Maj. Segelfregatte „Thetis." Eine Reisebeschreibung in Versen. Mit (8 lith.) Zeichnungen von v. Wittkowski. Danzig 863. Kafemann. Lex.-8. (2 Bl., 95 S.) n. 24 ngr.

Schober, Geo. **Explanatio critica editionis Breviarii Romani, qua a sacr. rituum congregatione uti typica declarata est.** 8. (VIII, 364 S.) Regensb. 891, Pustet. * 2 60; geb. * 3 40

Schober, Geo., des Matrosen Leid u. Freud' auf der Segelfregatte Thetis bei der ersten ostasiatischen Expedition in den J. 1860—62. Hinterlassene Briefe e. Mitgliedes der Mannschaft. Mit Abbildg. der Thetis. 8. (V, 227 S.) Berlin 898. B. Paul. n. 1.—; geb. n. 1.50

Denkschrift des Landes-Rat (G[otthard]) **Schober** über einen Malhügel am Ufer der Katzbach zur Erinnerung an die Schlacht an der Katzbach vom 26. August 1813 ... (Breslau 1908: O. Gutsmann.) (21 S.) 8° [F.] [Umschlagt.:] Zur Katzbach-Regulierung. Für e. Denkmal am Katzbach-Ufer! ... [08. 8669 2

Festschrift und Festordnung zur Enthüllungsfeier des Bismarck-Denkmals in Breslau am 16. Okt. 1900. Im Auftr. d. geschäftsführ. Ausschusses d. Denkmals-Comités hrsg. von G[otthard] **Schober**, Landes-Rath. Breslau: M. Woywood 1900. (24 S.) 4°(8°) [F.] [06. 1816 2

Schober, Gotthard, Spuren u. Denkmäler russischer Geschichte auf schlesischem Boden. Bearb. f. das Museum f. russ. Geschichte im Auslande zu Berlin. Anh.: Auszüge aus der „Schlesischen Zeitung" v. 1813/14, betr. Russen in Schlesien. gr. 8. (III, 166 S.) Breslau 902. Berlin, E. Trowendt. n. 4.80

Spuren und Denkmäler russischer Geschichte auf reichsdeutschem Boden. Von Gotthardt **Schober**, Landesrat. Strausberg 1907: Prov.-Dr. 84 S. 8° [10. 11989 2

Schober, H., s.: Handbuch, enzyklopädisches, der Heilpädagogik.

Schober, Hugo, s. Schober, Hugo Emil

Schober, Hugo Emil, der Anbau des Tabaks und der Weberkarden, eine Anleitung zum zweckmäßigen Betriebe desselben für Landwirthe und Gärtner. Mit 60 in den Text gedr. Holzschn. Leipzig 853. G. Wigand. 8. (VII, 128 S.) 1 ℛ.

Schober, Hugo, Bericht üb. d. Verhandlgn. d. balt. Vereins, s. Bericht.

—— die Academie Eldena. Ein Beitrag z. Geschichte des landwirthschaftl. Unterrichtswesens. gr. 8. (4¾ B.) Greifswald 843, Koch's Vrlgsh.

— Encyclopädie der Landwirthschaftswissenschaft. Nebst einer Uebersicht über die neuere deutsche landwirthschaftliche Literatur. Dresden 856. Schönfeld. 8. (X, 171 S.) n. 20 ngr.

— zur Förderung der Drainage. Ueber Einrichtung und Bedeutung von Actien-Unternehmungen behufs Ausführung und Beleihung von Drainagen. Dresden 856. Arnold. 8. (47 S.) n. 10 ngr.

— die landwirthschaftl. Geräthschaftskunde. 1. Abtheil. gr. 8. Anclam 846, Dietze. n. 1 ℛ

— Grundriß der landwirthschaftl. Betriebslehre. gr. 8. Anclam 846, Dietze. 18 ngr

Schober, Hugo, u. Ed. O. Schulze, Grundriß der Volkswirthschaftslehre, s.: Weber's illustr. Katechismen. 41. Bd.

Schober, Hugo, Grundzüge z. einer Theorie d. Wirthschaftssysteme in d. Landwirthschaft, nebst e. Karte üb. die geographische Verbreitung dieser Wirthschaftssysteme in Deutschland. gr. 8. Anclam 846, Dietze. n. 11 ngr

Schober, Hugo, Katechismus der Volkswirtschaftslehre, s. Webers, J. J., illustr. Katechismen.

Schober, Hugo, Katechismus der Volkswirthschaftslehre. Ein Unterrichtsbuch in den Anfangsgründen der Nationalökonomie. Leipzig 859. Weber. 8. (X, 135 S.) n. 15 ngr.

Schober, H., Katechismus der Volkswirtschaftslehre. 4., durchgeseh. Aufl. 8. (VIII, 391 S.) Leipzig 888. J. J. Weber. geb. n. 3.—

Schober, Hugo, Katechismus d. Volkswirtschaftslehre. 5., durchgeseh. u. verm. Aufl. Besorgt v. Ed. O. Schulze. 12. (X, 483 S.) Leipzig 896. J. J. Weber. Geb. in Leinw. n. 4.—

Schober, Hugo, allgemeine Landwirthschaftslehre. Eine übersichtl. Darlegung der Entwickelungsgesetze der Landwirthschaft. 1. Buch. Die Zweige der Landwirthschaft. gr. 8. (124 S.) Braunschweig 868, Schwetschke und Sohn. *

Schober, Hugo, allgemeine Landwirthschaftslehre. Eine Darlegung des Wesens und Entwickelungsganges der Landwirthschaft für Land- und Volkswirthe, namentlich für Studirende an höheren landwirthschaftl. Lehranstalten und Universitäten. 2. Buch: Productionsmittel der Landwirthschaft. 1. Abthl.: Grundstücke und Anlagekapital. gr. 8. (S. 125—204.) Braunschweig 870, Schwetschke und Sohn. *

Schober, Hugo, Lehrbuch der Landwirthschaft für Land- und Staatswirthe, namentlich für Studirende an höh. landwirthschaftl. Lehranstalten und Universitäten. 1. Bd. gr. 8. (XXIV und 408 S.) Leipzig 848, Arnoldische Buchh.

—— dass. — 3. Bd. 1. Abthl. A. u. d. T.: Die Viehzuchtlehre. 1. Abthl.: Die allgem. Viehzuchtlehre und die Rindviehzucht. gr. 8. (XII und 275 S.) Ebds. 849.
Der 2. Bd. ist noch nicht erschienen.

Schober, Hugo, Lehrbuch der Landwirthschaft für Land- und Staatswirthe, namentlich f. Studirende an höh. landwirthschaftl. Lehranstalten u. Universitäten. 1. Bd. 3. Bd. 1. Abtheil. u. 4. Bd. 1. Lfg. gr. 8. 1. Bd. (XXIV u. 408 S.) 3. Bd. 1. Abth. A. u. d. T.: Die Viehzuchtlehre. 1. Abth.: Die allgem. Viehzuchtlehre u. die Rindviehzucht. (XII u. 275 S.) 4. Bd. 1. Lfg. (S. 1—272.) Leipzig 848—52, Arnold. (1. Bd. 2 ℛ 3. Bd. 1. Abthl. 1½ ℛ 4. Bd. 1. Lfg. 1½ ℛ) 5 ℛ

—— Lehrbuch der Landwirthschaft für Land- und Staatswirthe, namentlich für Studirende an höheren landwirthschaftl. Lehranstalten und Universitäten. 4. Bd. 1. und 2. Lfg. A. u. d. T.: Die landwirthschaftliche Betriebslehre, oder die Lehre von der Wirthschaftseinrichtung, der Wirthschaftsführung und den landwirthschaftlichen Berechnungen. 1. und 2. Lfg. gr. 8. (XVI und S. 1—508.) Leipzig 852,55, Arnoldische Buchh. 2

Schober H.: Leitfaden f. Veranschlagung d. Landgüter. Greifswald 1846. 48 S. P.

—— Tabellen für die landwirthschaftl. Buchführung nach der auf dem Folgengute angewendeten Buchführung. gr. 8. (IV und 14 S.) Leipzig 848, Arnoldische Buchh.

— das Treiben der von Staatsrath Fischer herausgeg. landwirthschaftl. Literatur-Zeitung, beispielsweise erläutert durch in derselben enthaltene Recensionen. Lex.-8. Greifswald 846, Koch's Verlagsh. n. ⅓ ℛ

— die Veranschlagung d. Landgüter. breit 8. Greifswald 816. (Koch.) 6 ngl

— Verf. der Bemerkungen üb. die landwirthschaftl. Vereine, s.: Bemerkungen.

— die Volkswirthschaft der Gegenwart im Leben u. in d. Wissenschaft. Basel 869.

Schober, H., die Volkswirthschaftslehre, s.a. Weber's J. J. illustr. Katechismen.

Schober H, Volkswirtschaftslehre. 1. u 2. Aufl. (Weber's Katech. 41) Leipzig 1859. 72

Schober, Hugo, die Volkswirthschaftslehre. Katechismus in den Anfangsgründen der Wirthschaftslehre. 3., umgearb. u. verm. Aufl. 8. (X, 391 S.) Leipzig 882. Weber. geb. n. 3. —

Schober, Hugo Emil (Hrsg.), s. Zeitschrift für dt. Landwirte.

Schober, Hugo Emil (Hrsg.), s. Zeitschrift, Landwirtschaftliche.

Schober, J: Preis-Verzeichniß über Einrichtung chemischer Laboratorien. Berlin 1889

Schober, J. Ch. Comment. de Tacit. Germ. C. II. 5—7. 15 S. . . Naumburg, Progr. 1827

Schober, J. H., statistische Mitteilungen üb. das Wachstum u. die Entwicklung verschiedener Koniferen zu Schovenhorst, Putten (Prov. Gelderland) Niederlande. gr. 8. (34 S. m. 1 Taf. u. 1 Tab.) Utrecht 900. Berlin, J. Springer. n. 2. —

Schober, J. Karl Welche Unterstützung kann und soll das Elternhaus dem Gymnasium gewähren? Ein Wort an die Eltern als Beitrag zur Lösung der Frage betreffs der Überbürdung der Gymnasialschüler. 67 S 8. Progr. Jos. G Wien 1877.

SCHOBER, JOHANN: Anrede an die löbl. bürgerl. Scharfschützen-Gesellschaft in der Königl. freyen Krönungsstadt Preßburg, da ihre neue Fahne, vor der Sommer-Residenz Sr. hochfürstl. Eminenz, Kardinal und Primas . . . Joseph von Batthyán . . . den 13. May 1792 feyerlich geweyht wurde. Preßburg 1792. Veranstaltet durch Joh. Peter Herb... Gedr. bey Simon Peter Weber. 14 S. - kl. 8°
- Dass. Preßburg 1804. 2. durch Hrn. Hauptmann Johann Peter Herbst veranstaltete Auflage. Gedr. bey S. P. Weber. 16 S. - 8°

Schober, Joh., Aschaffenburg. Führer durch die Stadt u. nächste Umgebg. m. Ansichten u. 1 Stadtplan. 2., verb. Aufl. gr. 16. (III, 65 S.) Aschaffenburg 896. C. Krebs. — 75

Schober, Joh., Aschaffenburg. Führer durch die Stadt u. nächste Umgebg. m. Ansichten, Stadtplan u. e. Plan des Pompejanum. 4. verb. Aufl. 12. (IV, 71 S.) Aschaffenburg 901. C. Krebs. Kart. n. 1. —

Schober, Joh., Aschaffenburg. Führer durch die Stadt u. nächste Umgebg. m. Ansichten, Stadtplan u. e. Plan des Pompejanum. 5. verb. Aufl. (VII, 77 S.) kl. 8. Aschaffenburg 905. C. Krebs. n. 1. —

Schober, Joh., Aschaffenburg u. seine Umgebung. Führer durch die Stadt u. Umgegend m. Ansichten, 1 Stadtplan u. Wegeskizzen. 12. (VIII, 91 S.) Aschaffenburg 886. Krebs' Verl. cart. n. 1. 20

Schober, Joh., Aufsatzlehre. Anleitung zu einem guten Brief- und Geschäftsstile mit hierzu nöthigen Vorbegriffen, stufenweisen Forderungen und Aufgaben. Für Schüler der 4. Volksschulklasse so wie auch für die in den ersten Klassen der Unter-Realschule. 2., gänzlich umgearb. u. sehr verm. Aufl. Wien 858. Sallmayer u. Co. gr. 8. (X, 216 S.) n. 16 ngr.

Schober, Joh., Aufsatzlehre. Anleitung zu einem guten Brief- u. Geschäftsstile mit hierzu nöthigen Vorbegriffen, stufenweisen Forderungen u. Aufgaben. Für Schüler der vierten Volksschulklasse, sowie auch für die in den ersten Klassen der Unter-Realschule. 3., gänzlich umgearb. u. sehr verm. Aufl. Wien 861. Sallmayer & Co. 8. (X, 216 S.) n. 16 ngr.

Schober, Joh., Aufsatzlehre. Anleitung zu einem guten Brief- u. Geschäftsstile mit hierzu nöthigen Vorbegriffen, stufenweisen Forderungen u. Aufgaben. Für Schüler der 4. Volksschulklasse, sowie auch für die in den ersten Klassen der Unter-Realschule. 4., gänzlich umgearb. u. sehr verm. Aufl. Wien 865. Sallmayer u. Comp. 8. (X, 216 S.) n. 16 ngr.

— Diktierbuch zum Gebrauche für Lehrer in Volksschulen. 2., umgearb., verm. und nach der neuen Rechtschreibung, wie diese in den anbefohlenen Schulbüchern vorkommt, eingerichtete Aufl. Wien 854. Sallmayer u. Co. 8. (IV, 136 S.) n. 14 ngr.

— Diktierbuch zum Gebrauche für Lehrer in Volksschulen. 3., abermals verm., nach der neuen Rechtschreibung, wie diese in den anbefohlenen Schulbüchern vorkommt, eingerichtete Aufl. Ebend. 862. 8. (IV, 139 S.) n. 14 ngr.

Schober, Joh., Diktierbuch zum Gebrauche für Lehrer in Volks- und Bürgerschulen. 4., abermals verm. Aufl. 8. (VII, 151 S.) Wien 872, Sallmayer und Comp. [Graeser.] *

— Erzählungen aus dem Leben Franz Xaver Gabelsbergers, d. Erfinders d. deutschen Stenographie. Als Lese- u. Diktierbuch bearb. (Zu des Verf. „Satzkürzungslehre" nach Gabelsbergers System.) 12. (20 S.) Aschaffenburg 889. (Elberfeld, Fassbender.) n. — 40

— Führer im Spessart. Im Auftrage d. Vereins f. Spessartfreunde in Aschaffenburg hrsg. 8. (73 S.) Würzburg 884. Stahel. geb. n. — 80

Schober, J., Führer durch den Spessart, Kahlgrund u. das Mainthal. Mit Spezial- u. Routenkarte. 8. (X, 197 S.) Aschaffenburg 888. Krebs. cart. n. 3. —

Schober, Joh., Führer durch den Spessart, Kahlgrund u. das Mainthal. Im Auftrage d. Vereins der Spessartfreunde hrsg. Mit Illustr., Spezial- u. Routenkarten. 2., verb. Aufl. 12. (VIII, 217 S.) Aschaffenburg 892. C. Krebs. Geb. n. 3. —

— Führer durch den Spessart, Kahlgrund u. das Mainthal. Unter Mitwirkg. des Vereins der Spessartfreunde hrsg. Mit Illustr., Spezial- u. Routenkarten. 3. verm. u. verb. Aufl. 12. (VIII, 216 S.) Ebd. 901. Geb. in Leinw. n. 3. —

— Führer durch den Spessart, Kahlgrund u. das Maintal. Unter Mitwirkg. des Vereins der Spessartfreunde hrsg. Mit Illustr., Spezial- u. Routenkarten. 4. verm. u. verb. Aufl. (VIII, 233 S.) Ebd. 905. Geb. in Leinw. n. 3. —

Schober, Joh., Führer durch den Spessart, Kahlgrund u. das Maintal. Unt. Mitwirkg. d. Vereins d. Spessartfreunde hrsg. Mit Illustr., Spezial- u. Routenkarten 5. verm. u. verb. Aufl. (VIII, 309 S.) kl. 8. Aschaffenburg 908. C. Krebs. Geb. 3.

— Franz Xaver Gabelsberger, der Erfinder der deutschen Redezeichenkunst. Eine Lebensbeschreibg. zu seinem 100. Geburtstage. Mit 1 Bildnisse Gabelsberger's. [Aus: „Repertorium d. Pädagogik".] gr. 8. (20 S.) Ulm 889. Ebner. n. — 50

Schober, Joh. Die Grundlehren d. Denkens im Dienste d. deutschen Aufsatzes. Leichtverständlich dargestellt. 2. umgearb. Aufl. gr. 8. (16 S.) Aschaffenb. 891, Krebs. * — 50

— **die Grundlehren** des Denkens im Dienste des deutschen Aufsatzes. Leichtverständlich dargestellt. 3. verb. Aufl. gr. 8. (16 S.) Ebd. 901. n. — 50

—— **die Grundlehren der Logik** im Dienste des deutschen Aufsatzes für Mittelschulen bearb. gr. 8. (48 S.) Aschaffenburg 882, (Krebs'sche Buchh.) *

Schober, Joh., Johann Jacob Wilhelm Heinse. Sein Leben und seine Werke. Ein Kultur- und Literaturbild. Mit H's Portrait. Leipzig, Wilhelm Friedrich, 1882. 4 Bl. u. 231 S. 8⁰. (Mk. 5—.) (3 Mk. Ernst Geibel, Hannover, 1907.)

—— **Lese- und Sprechübungen.** Zunächst beim Anschauungsunterrichte verwendbar für Schüler der zwei untersten Volksschulklassen. 8. (129 S.) Wien 866, Sallmayer und Comp. geb. *

— Liederhain

—— —— dass. — Für österreichische Bürgerschulen. Im Anschlusse an das „Lesebuch für österreich. Volks- und Bürgerschulen" [Ausg. in 8 Thln.] von Geo. Ullrich, W. Ernst und Frz. Branky. Ausg. in 5 Heften. 5. Heft: Für das sechste, siebente und achte Schuljahr. gr. 8. (107 S.) Ebendas. 880. *

— u. **Wladimir Labler**, Liederhain f. österreichische Bürgerschulen. Im Anschlusse an das „Lesebuch f. österreich. Volks- u. Bürgerschulen". [Ausg. in 8 Thln.] v. Geo. Ullrich, W. Ernst u. Frz. Branky bearb. u. hrsg. 2. Aufl. gr. 8. (146 S.) Prag 884. Tempsky. n. 1. 20; Einbd. n.n. — 20

— Liederhain für österreichische Bürgerschulen im Anschlusse an das Lesebuch für österreichische Bürgerschulen von Dr. Georg Ullrich, W. Ernst und Franz Branky. 4. verbesserte Auflage. Wien und Prag. Verlag von F. Tempsky. (Min.-Erl. vom 15. October 1890. Z. 17101.) Geh. —.60, gebunden. 1890 —.75

Schober, Joh., u. Wladim. Labler, Liederhain f. österreich. Bürgerschulen. Im Anschlusse an das „Lesebuch f. österreich. Bürgerschulen" v. Geo. Ullrich, W. Ernst u. Frz. Branky bearb. u. hrsg. 6., verb. Aufl. gr. 8. (II, 150 S.) Wien 896. F. Tempsky. Geb. in Leinw. n. 1. 40

— — dasselbe. Neue Ausg. in 5 Hftn. 4. u. 5. Hft. 3. Aufl. Unveränd. Abdr. der 2. Aufl. gr. 8. Ebd. 897. Geb. à n. — 80
4. (Für das 4. u. 5. Schulj.) (III, 76 S.)
5. (Für das 6., 7. u. 8. Schulj.) (III, 84 S.)

Schober, Joh., u. Wladim. Labler, Liederhain f. österr. Bürgerschulen. Bearb. u. hrsg. 7., verb. Aufl. (IV, 162 S.) gr. 8. Wien 903. F. Tempsky. Geb. n. 1. 60

—— und **Wlad. Labler**, Liederhain für österreichische Volksschulen. Im Anschlusse an das „Lesebuch für österreichische Volksschulen" von G. Zeynek, Jos. Mich und Al. Steuer bearb. und hrsg. 3 Hefte. gr. 8. Prag 879, Tempsky. [1. und 2. Heft. (20; 24 S.) à * 20 Pf.; 3. Heft. (40 S.) * 35 Pf.] *

—— und **Wladimir Labler**, Liederhain für österreichische Volksschulen. Im Anschlusse an das „Lesebuch für österreich. Volksschulen" von G. Zeynek, Jos. Mich und Al. Steuer bearb. und hrsg. [Ausg. in 3 Heften.] 2. und 3. Heft. 2. verm. und verb. Aufl. gr. 8. Prag 880, Tempsky. [2. Heft. (32 S.) * 25 Pf.; 3. Heft. (48 S.) * 35 Pf.] *

—— —— dass. — Für österreichische Volksschulen. Im Anschlusse an das „Lesebuch für österreich. Volksschulen" [Ausg. in 5 Thln.] von Geo. Ullrich, W. Ernst und Frz. Branky. Ausg. in 5 Heften. 5. Heft: Für das sechste, siebente und achte Schuljahr. gr. 8. (66 S.) Ebendas. 880. *

—— und **Wladimir Labler**, Liederhain für österreichische Volksschulen. In Anschlusse an das „Lesebuch für österreich. Volks- und Bürgerschulen". [Ausg. in 5 Thln.] von Geo. Ullrich, W. Ernst und Frz. Branky bearb. u. hrsg. 3. und 4. Heft. 2. umgearb. Aufl. gr. 8. Prag. Tempsky. [3. Heft. (32 S.) 886. * 24 Pf.; 4. Heft. (79 S.) * 60 Pf.] *

Schober, Johann, und Labler, Wladimir, Liederhain für österreichische Volksschulen. Im Anschlusse an das dreitheilige Lesebuch des k. k. Schulbücher-Verlages. (Ausgabe in 3 Heften.) III. Heft. 4. verbesserte Auflage. (Min.-Erl. v. 18. December 1893, Z. 27033.) Geb. 60 h
1894

— — Liederhain für österreichische Volksschulen. Neue Ausgabe in 5 Heften. 2. verbesserte Auflage. (Min.-Erl. v. 18. December 1893, Z. 27033.)

I. Heft.	Geheftet	24 h
II. Heft.	Geheftet	24 h
III. Heft.	Geheftet	30 h
IV. Heft.	Gebunden	90 h
V. Heft.	Gebunden	90 h

1894

Schober, Johann, und Labler, Wladimir, Liederhain für österreichische allgemeine Volksschulen. Ausgabe in fünf Heften. II. Heft. 2. umgearbeitete Auflage. F. Tempsky in Wien und Prag. G. Freytag in Leipzig. 1890. (Min.-Erl. 13. Mai 1890. Z. 8787) —.12

Schober, Johann, u. Labler Wladimir, Liederhain für österreichische allgemeine Volksschulen im Anschlusse an das Lesebuch für österreichische Volksschulen von G. Zeynek, Dr. Josef Mich u. Al. Steuer. Ausgabe in 3 Heften. 2. Heft. 3. neugeordnete Auflage. Verlag v. F. Tempsky. Wien und Prag. (Min.-Erl. vom 15. October 1890. Z. 15417.) 1890 —.12

— — dasselbe f. österreich. allgem. Volksschulen. Ausg. in 3 Hftn. 1. u. 2. Hft. gr. 8. Ebd. n.n. — 48
1. 2., verb. Aufl. (II, 24 S.) 896. Kart. n. — 24
2. Im Anschlusse an das „Lesebuch f. österreichische Volksschulen" v. G. Zeynek, Jos. Mich u. Al. Steurer bearb. u. hrsg. 4., verb. Aufl. (32 S.) 897. n.n. — 24

Schober, Johann, und Walter, Wladimir, Liederhain für österreichische allgemeine Volksschulen. Ausgabe in 3 Heften. (1. Heft für das 1. Schuljahr). 2. verbesserte Auflage. Wien und Prag 1896. Verlag von F. Tempsky. (Min.-Erl. v. 24. Nov. 1895, Z. 26859.) Geheftet —.12
1895

Schober, J. und Labler, W., Liederhain für österreichische allgemeine Volksschulen. Neue Ausgabe in 5 Heften. II. Heft. (für das 2. Schuljahr.) 4., verbesserte Auflage. Wien 1904. F. Tempsky. Preis, geheftet 24 h.

Schober, Johann und Labler, Wladimir, Liederhain für österreichische allgemeine Volksschulen. Neue Ausgabe in 5 Heften. V. Heft. Für das 6., 7. und 8. Schuljahr. 4., verbesserte Auflage. Wien 1903. F. Tempsky. Preis, gebunden 80 h.

—— —— dass. — Für österreichische Volks- und Bürgerschulen. Im Anschlusse an das a) „Lesebuch für österreich. Volksschulen" [Ausg. in 5 Thln.], b) „Lesebuch für österreich. Volks- und Bürgerschulen" [Ausg. in 8 Thln.] von Geo. Ullrich, W. Ernst und Frz. Branky. Ausg. in 5 Heften. 1.—4. Heft. gr. 8. Ebendas. 880. *

Inhalt:

Heft 1. Für das erste Schuljahr. (26 S.) * 24 Pf.
„ 2. Für das zweite Schuljahr. (28 S.) * 24 Pf.
„ 3. Für das dritte Schuljahr. (32 S.) * 24 Pf.
„ 4. Für das vierte und fünfte Schuljahr. (54 S.) * 48 Pf.

Schober, Johann. Die Naturgeschichte der Thiere. Bearbeitet und herausgegeben von — —. Ein Nachlesebuch für Unter-Realschüler. 8. (VI u. 118 S.) Wien. Gedr. bei A. Pichler's Witwe u. Sohn 1854.

Schober, Joh., Rechtschreibelehre beim öffentlichen und Privat-Unterrichte für Volks- und Unter-Realschüler. 3., verb. und verm. Aufl. 8. (IV und 92 S.) Wien 855, Sallmayer und Comp. *

—— Rechtschreibelehre beim öffentlichen und Privat-Unterrichte für Volks- und Unter-Realschüler. 4. Aufl. 1859. und 5., verb. und verm. Aufl. 8. (IV und 92 S.) Wien (861)62, Sallmayer und Comp. *

—— Rechtschreibelehre beim öffentlichen und Privat-Unterrichte für Volks- und Unter-Realschüler. 6., verb. und verm. Aufl. 8. (IV und 92 S.) Wien 864, Sallmayer und Comp. *

—— Rechtschreiblehre beim öffentlichen und Privatunterrichte für Volks- und Unterrealschüler. 8. unveränd. Aufl. 8. (IV, 92 S.) Ebendas. 873. *

Schober, Joh., Rechtschreibelehre für Volks-, Bürger- und Unter-Realschulen, sowie zum Privatunterricht. 9. unveränd. Aufl. 8. (95 S.) Wien 877, Graeser. *

Schober, Joh. —. Geordnete Sätze zur Uebung im Schönschreiben der Latein- und Kurrentschrift Von — —. Wien. 1855. Gedr. bei A. Pichler's Wtw. und Sohn. (16 S. 8.)

— die Satzkürzungslehre nach Gabelsberger's System, zum Gebrauch f. Fortbildungskurse in der Gabelsbergerschen Stenographie bearb. u. m. Erzählgn. aus dem Leben deutscher Frauen versehen. 4. Aufl. 8. (IV, 40 S.) Aschaffenburg 886. Elberfeld, Fassbender. n. — 60

Schober, Johann. Satzlehre von — —. 3. Theil. 3. verb. und verm. Auflage. 8. (VI. und 153 S.) Wien, gedruckt bei A. Pichler's Witwe und Sohn 1853.

— deutsche Satzlehre für Lehrer und Schüler. (Der Sprachlehre 3. Thl.) 4. verb. rc. Aufl. 855. — 5. verb. Aufl. Wien 855. Sallmayer u. Co. 8. (VIII, 98 S.) n. 8 ngr.

— deutsche Satzlehre für Lehrer und Schüler. [Der Sprachlehre 3. Thl.] 6. Aufl. 857. — 7., verb. u. verm. Aufl. Ebend. 859. gr. 8. (VI, 98 S.) n. 8 ngr.

— deutsche Satzlehre f. Lehrer u. Schüler. 1. Thl. Erster Unterricht in der deutschen Sprache. 31. Aufl. 8. (110 S.) Ebend. 874. n. — 80

— deutsche Satzlehre f. Lehrer u. Schüler. [Der Sprachlehre 3. Thl.] 21. verb. u. verm. Aufl. gr. 8. (100 S.) Wien 876. Graeser. n. — 84

Schober, Joh. (II.), deutsche Satzlehre für Lehrer und Schüler. [Der Sprachlehre 3. Thl.] 28. Aufl. 8. (96 S.) Wien 885, Graeser. *

— die Olmützer Schulbank. Für Gemeinden, Lehrer u. Schulbehörden. Mit e. Vorw. d. Erasm. Schwab u. 3 (lith.) Taf. Abbildgn. gr. 8. (23 S.) Wien 873. Pichler's Wwe. & Sohn. n. — 40

Schober, Joh., deutsches Sprachbuch zum Gebrauche an vollständigen Unter-Realschulen und Lehrerbildungsanstalten. 8. (VI und 284 S.) Wien 865, Sallmayer und Comp. *

— deutsche Sprachlehre für Lehrer und Schüler. 3 Thle. Ebend. 8. n. 1 ℛ

1. Thl.: Erster Unterricht in der deutschen Sprache. 11—18. Aufl. 860—64. (VI, 108 S.) n. 8 ngr.
2. Thl.: Erweiterter Unterricht in der deutschen Sprache. 9—15. Aufl. 860—64. (VI, 186 S.) n. 14 ngr.
3. Thl.: Deutsche Satzlehre. 8—11., verb. u. verm. Aufl. 860—64. (IV, 100 S.) n. 8 ngr.

—— deutsche Sprachlehre für Lehrer und Schüler. 3 Thle. 8. Wien 861. 62, Sallmayer und Comp. *

Inhalt:

Thl. 1. Erster Unterricht. 13. Aufl. (VI und 108 S.) * 8 Ngr.
„ 2. Erweiterter Unterricht. 11. Aufl. (VI und 186 S.) * 14 Ngr.
„ 3. Deutsche Satzlehre. 9., verb. und verm. Aufl. (IV und 100 S.) * 8 Ngr.

—— deutsche Sprachlehre für Lehrer und Schüler. 3 Thle. 8. Wien 875, Sallmayer und Comp. [Graeser.] *

Inhalt:

Thl. 1. Erster Unterricht in der deutschen Sprache. 19.—31. Aufl. (VI, 100 S.) * 84 Pf.
„ 2. Erweiterter Unterricht in der deutschen Sprache. 16.—28. Aufl. (VI, 186 S.) * M 1,40.
„ 3. Deutsche Satzlehre. 12.—20. verb. und verm. Aufl. (IV, 100 S.) * 84 Pf.

—— deutsche Sprachlehre für Lehrer und Schüler. 3 Thle. 8. Ebendas. *

Inhalt:

Thl. 1. Erster Unterricht in der deutschen Sprache. 32. und 33. Aufl. (96 S.) 876,77. * 84 Pf.
„ 2. Erweiterter Unterricht in der deutschen Sprache. 29. und 30. Aufl. (VI, 186 S.) 878,79. * M 1,40.
„ 3. Deutsche Satzlehre. 21. verb. und verm. Aufl. (IV, 100 S.) 876. * 84 Pf.; 22. und 23. Aufl. (95 S.) 878,79. * 84 Pf.

—— deutsche Sprachlehre für Lehrer und Schüler. 3 Thle. 8. Wien, Graeser. *

Inhalt:

Thl. 1. Erster Unterricht in der deutschen Sprache. 34.—41. Aufl. (96 S.) 878—86. * 84 Pf.
„ 2. Erweiterter Unterricht in der deutschen Sprache. 31.—35. Aufl. (VI, 186 S.) 880—84. * M 1,40.
„ 3. Deutsche Satzlehre. 24.—28. Aufl. (95 S.) 880—85. * 84 Pf.

— deutsche Sprachlehre für Lehrer u. Schüler. 3 Thle. 8. Ebend. 881. n. 3. 8

1. Erster Unterricht in der deutschen Sprache. 33—37. Aufl. (96 S.) n. — 84
2. Erweiterter Unterricht in der deutschen Sprache 32. Aufl. (176 S.) n. 1. 40
3. Deutsche Satzlehre. 25. Aufl. (96 S.) n. — 84

Schober, Joh., deutsche Sprachlehre f. Lehrer u. Schüler. 3 Thle. 8. Wien, Graeser. n. 3. 8

1. Erster Unterricht in der deutschen Sprache f. Lehrer u. Schüler. 41. Aufl. (96 S.) 885. n. — 84
2. Erweiterter Unterricht in der deutschen Sprache f. Lehrer u. Schüler. 36. Aufl. (175 S.) 885. n. 1. 40
3. Deutsche Satzlehre. 28. Aufl. (96 S.) 885. n. — 84

—— deutsche Sprachlehre für Lehrer und Schüler. 3 Thle. 8. Ebendas. *

Inhalt:
Thl. 1. Erster Unterricht in der deutschen Sprache für Lehrer und Schüler. 42. und 43. Aufl. (96 S.) 887,88. * 84 Pf.
" 2. Erweiterter Unterricht in der deutschen Sprache für Lehrer und Schüler. 36. Aufl. (175 S.) 886. * M 1.40.
" 3. Deutsche Satzlehre. 29. Aufl. (96 S.) 888. * 84 Pf.

Schober, Johann. Erster Unterricht in der deutschen Sprache für Schüler der I. Klasse. I. Theil. Dritte Aufl. 8. (VIII u. 144 S.) Wien. Gedruckt bei A. Pichler's Witwe u. Sohn 1852.

—— erster Unterricht in der deutschen Sprache für Lehrer und Schüler. (Der Sprachlehre I. Thl.) 5. Aufl. 8. (VIII und 98 S.) Wien 855, Sallmayer und Comp. *

— erster Unterricht in der deutschen Sprache für Lehrer und Schüler. (Der Sprachlehre 1. Thl.) 5—8. Aufl. Wien 855—58. Sallmayer u. Co. 8. (VIII, 106 S.) n. 8 ngr

—— erster Unterricht in der deutschen Sprache für Lehrer und Schüler. (Der Sprachlehre 1. Thl.) 8—10. Aufl. gr. 8. (VII und 106 S.) Wien 858. 59, Sallmayer und Comp. *

Schober, Johann, Erster Unterricht in der deutschen Sprache für Lehrer und Schüler. (Der Sprachlehre 1. Theil.) 27. Auflage. 8. (VI u. 106 S.) Wien. Sallmayer & Co. 1869 42 kr.

— erster Unterricht in der deutschen Sprache f. Lehrer [Der Sprachlehre 1. Thl.] 29. Aufl. 8. (VI, 108 S.) Ebend. 872. n. — 80

Schober, Johann —. Erweiterter Unterricht in der deutschen Sprache für Lehrer und Schüler, von — —. Wortforschung. II. Theil. Vierte Auflage. Wien. 1854. Gedruckt bei A. Pichler's Wwe. und Sohn. (XII. 256 S. und 2 Bl. 8.) geh.

Schober, Johann —. Erweiterter Unterricht in der deutschen Sprache für Lehrer und Schüler. Von — —. Der Sprachlehre II. Theil. Fünfte Auflage. 8. (3 Blätt. 182 S.) Wien. Gedruckt bei A. Pichler's Wwe. u. Sohn. Sallmayer u. Komp. 1855

— erweiterter Unterricht in der deutschen Sprache für Lehrer und Schüler. (Der Sprachlehre 2. Thl.) 5—7. Aufl. Wien 855—58. Sallmayer u. Co. 8. (VIII, 184 S.) n. 14 ngr

Schober, Johann Erweiterter Unterricht in der deutschen Sprache für Lehrer und Schüler. Von — —. II–III. Theil Fünfte Auflage. Wien, 1855. Sallmayer & Komp. Gedr. bei Leopold Sommer in Wien. (182 S. 98 S. 8.)

Schober, Johann — Erweiterter Unterricht in der deutschen Sprache für Lehrer und Schüler. (Der Sprachlehre 2ter Theil.) 6te Auflage. Wien, 1857.

—— erweiterter Unterricht in der deutschen Sprache für Lehrer und Schüler. (Der Sprachlehre 2. Bd.) 7. Aufl. 1858. und 8. Aufl. gr. 8. (VIII und 184 S.) Wien 859, Sallmayer und Comp. *

— erweiterter Unterricht in der deutschen Sprache für Lehrer und Schüler. [Der Sprachlehre 2. Bd.] 8. Aufl. Ebend. 859. 8. (VIII, 184 S.) n. 14 ngr

— übersichtliche Zeitdarstellung der deutschen Geschichte unter Rücksichtnahme auf Bayern u. Preussen zusammengestellt. 1 Blatt. Fol. Aschaffenburg 877. Wailandt. – 30

SCHOBER, JOSEPH, Kantor-Lehrer in Gődre: Zwölf Lieder zu Ehren der seligsten Jungfrau Maria für eine Singstimme mit Orgelbegleitung. Budapest 1896.

SCHOBER, JOSEF: Trauerlieder bei Leichenbegängnissen. Handbuch für den Landschullehrer und Sänger. Verfaßt und mit Melodien versehen von Josef Schober, Lehrer und Sänger an der Pfarrschule in Gődre, der Diöcese Fünfkirchen, in Ungarn. Eigenthum des Verfassers. Fünfkirchen 1880. Lyceum-Buchdruckerei. J. E. Steegmüller. 206 S.
- Dass. u. d. T.: Trauerlieder bei Leichenbegängnissen und Requiem. Budapest o. J.: Johann Dvorzsák. (4) XII, 200 (3) S. - 210 mm

SCHOBER, JOSEF: Trauerlieder bei Leichenbegängnissen und Requiem. Verfaßt und mit Melodien versehen. Monatshefte. Budapest o. J.: Johann Dvorzsák. XII, 17, 200, 3 S. - 8°

Schober, Josef, aus Hausen (Bayern): **Rabelais' Verhältnis zum Disciple de Pantagruel.** *München 1904: F. Stein.* (92 S.) 8°
Würzburg, Phil. Diss. v. 1904

Praktische Winke fuer Maschinenmeister und Drucker. 2. Aufl. Hrsg. Josef **Schober**. Halle a. S.: Goldschmidt [1901]. (45 S.) 8°

Schober, Karl

Schober, Car. (Theod.) (geb. Sedan 1817): De angina membranacea. Berolini (1838). (27 S.) 8°
Berlin, Med. Diss. v. 19. Okt. 1838

Schober, Karl, die Deutschen in Nieder- und Ober-Oesterreich, Salzburg, Steiermark, Kärnthen und Krain, s. Völker, die, Oesterreich-Ungarns.

Schober, Karl: Die Dtn in Nieder- und Ober-Oesterreich, Salzburg, Steiermark, Kärnten und **Krain**. — Wien und Teschen: Prochaska 1881. 396 S. (Die Völker Oesterreich-Ungarns. Bd 1.)

Schober, Karl, Elemente d. Geometrie, } s. Rossmanith.

— die Eroberung Niederösterreichs durch Mathias Corvinus in den Jahren 1482—1490. Mit Benützung bisher unedierter Quellen im k. u. k. Staats-Archiv, im Wiener Stadt-Archiv u. n. ö. Landes-Archiv. [Aus „Blätter d. Vereines f. Landeskde. v. Niederösterreich".] gr. 8. (223 S.) Wien 879. (Hölder.) n. 5. 20

Schober, Karl Karl Feyerfeil, Direktor des k. k. Gymnasiums im VIII. Bezirke. Ein Nachruf. 11 S. 8. G. VIII. Bez. Wien 1879. **Progr.**

Schober, Karl, geometrische Formenlehre, } s.: Rossmanith.

— Grundriss der Geometrie, s.a. Rossmanith

Schober, K., Roßmaniths Grundriß der Geometrie in Verbindung mit dem geometrischen Zeichnen, für die 2., 3. und 4. Realklasse. 8. Aufl. Gr.-8°. (ill. 160 S.) K 1.90, geb. K 2.—
Wien: Pichler 1903.

Schober, K., Handkarte des Königreiches Böhmen. 1:1,000,000. Hrsg. vom k. k. militär. geograph. Institute in Wien. 4. Wien 887, (Lechner's Sortiment.) **

Schober, K., **Handkarte des Erzherzogth. Österreich unter der Enns. 1:750,000. Hrsg. vom k. k. militär. geograph. Institute in Wien. Wien 888, (Lechner's Sortiment.)** **

— Handkarte des Erzherzogthumes Oesterreich ob der Enns und des Herzogthumes Salzburg. Maßstab 1 : 175.000. Ausgeführt und herausgegeben vom k. u. k. militär-geographischen Institute. Wien 1889. (Min.-Erl. 26. Sept. 1890. Z. 16542.) Zu beziehen wie die Wandkarte oben um den Preis von 7 kr., respective —.10

— — Handkarte der Markgrafschaft Mähren und des Herzogthumes Schlesien. Verkleinerung der vorerwähnten Wandkarte. Im Maaße 1 : 750.000. Ausgeführt und herausgegeben vom k. k. milit.-geogr. Institute in Wien 1888. Zu beziehen bei R. Lechner in Wien —.10

Schober, K., Handkarte der österr.-ungar. Monarchie. 1 : 3,500.000. (32 × 40 *cm.*) Wien: Lechner 1906. K —.20

— — Handkarte des Herzogthums Steiermark. Maßstab: 1 : 750.000. Ausgeführt und herausgegeben vom k. und k. militär-geographischen Institute. Wien 1890. Zu beziehen, wie die Wandkarte.

— **Heimatskunde** v. Nieder-Oesterreich. Zum Gebrauche an Lehrerbildungsanstalten u. als Handbuch f. Volks- u. Bürgerschullehrer. gr. 8. (VI, 247 S.) Wien 884. Hölder. n. 2. 48

— Sigismund Freiherr v. Herberstein, s.: Bibliothek, historische, f. die Jugend.

Schober K.: Über die Construction der Halbschattengrenzen der Flächen II. Grades unter Voraussetzung von Kugelbeleuchtung, mit 2 Tafeln. 38 Wien R. Sechsh. 85.
Progr.

Schober, Karl, üb. die Construction der Halbschattengrenzen der Flächen 2. Grades unter Voraussetzung v. Kugelbeleuchtung. gr. 8. (40 S. m. 2 Steintaf.) Wien 885. (Pichler's Wwe. & Sohn.) n. 1. 30

Schober, Karl, üb. die Construction der Halbschattengrenzen der Flächen zweiten Grades unter Voraussetzung v. Kugelbeleuchtung. gr. 8. (40 S. m. 2 Taf.) Innsbruck 890. Wagner. n. 3. 20

Schober Karl: Construction von Kegelschnittlinien aus imaginären Elementen auf Grund neuer Sätze der Polarentheorie. (Mit 6 Holzschnitten). (20). Innsbruck R. 92.
Progr.

— Lehrbuch der allgemeinen Geschichte f. die oberen Klassen der Realschulen, s.: Bauer, A.

Schober Dr. R., Böhmisches Lesebuch für die Oberklassen deutscher Mittelschulen. Wien und Prag 1900. F. Tempsky. Preis, geheftet 4 K, gebunden 4 K 50 h.

Schober, Dr. Karl, Böhmisches Lesebuch für die Oberklassen deutscher Mittelschulen. 2., verbesserte Auflage. Wien 1907. F. Tempsky. Geh. K 4.—, geb. K 4.50.

— **Quellenbuch** zur Geschichte der österreichisch-ungarischen Monarchie. Ein historisches Lesebuch f. höhere Schulen u. f. jeden Gebildeten. 1. Thl. Von der ältesten Zeit bis zum Aussterben der Babenberger. Aus den Quellen zusammengestellt u. m. Uebersetzgn. sowie m. erläut. Noten versehen. gr. 8. (VIII, 314 S.) Ebend. 886. n. 3. 20

Schober, K., Quellenbuch zur Geschichte der österreichisch-ungarischen Monarchie. Ein histor. Lesebuch f. höhere Schulen u. f. jeden Gebildeten. II. Thl. Der Zeitraum von 1246 bis zum Tode Friedrich's III. Aus den Quellen zusammengestellt u. m. Übersetzgn., sowie m. erläut. Noten versehen. gr. 8. (VII, 360 S.) Wien 887. Hölder. n. 4. — (1. u. 2.: n. 7. 20)

Schober, Karl: Schulwandkarte des Königreiches Böhmen. Im Maaße 1:200.000. Ausgeführt und herausgegeben vom k. k. militär-geographischen Institute. Wien 1886. Zu beziehen bei R. Lechner in Wien.

Schober, K.: Schulwandkarte der Bukowina. (1: 150.000.) Czernowitz: Schally 1895.

— — Schulwandkarte der Markgrafschaft Mähren und des Herzogthumes Schlesien. Im Maaße 1 : 150.000. Ausgeführt, herausgegeben und zu beziehen vom k. k. milit. geogr. Institute in Wien 1888. Aufgespannt, mit Stäben 11.50
Ohne Stäbe 10.50

Schober, K., Schulwandkarte der österreichisch-ungarischen Monarchie. 1 : 700.000. 6 Bl.
roh K 15.—, auf Leinen in Mappe K 19.— mit Stäben K 21.—
Wien: Lechner 1906.

Schober, Dr. Karl, Schulwandkarte des Erzherzogthumes Oesterreich ob der Enns und des Herzogthumes Salzburg. Maßstab 1 : 150.000. Ausgeführt und herausgegeben vom k. und k. militär-geographischen Institute. Wien 1889. (Min.-Erl. 24. October 1890. Z. 21703.) Ein Exemplar bei directem Bezuge vom k. und k. militär-geographischen Institute innerhalb dreier Monate nach erfolgter Einladung zur Pränumeration, mit Stäben 6.50,
ohne Stäbe 6.—

Schober, Dr. Karl, Schulwandkarte des Erzherzogthumes Oesterreich ob der Enns und des Herzogthumes Salzburg. Maßstab 1 : 150.000. Ausgeführt und herausgegeben vom k. u. k. militär-geographischen Institute. Wien 1889. (Min.-Erl. 26. September 1890. Z. 16542.) Preis eines Exemplares bei directem Bezuge vom k. u. k. militär-geographischen Institute innerhalb dreier Monate nach erfolgter Einladung zur Pränumeration, mit Stäben 6.50, ohne Stäbe 6.—
Nach Ablauf dieser Zeit zu beziehen bei der k. k. Schulbücherverlags-Verwaltung und bei der R. Lechner'schen Hof- und Universitäts-Buchhandlung in Wien um den Preis von fl. 10.— mit Stäben, ohne Stäbe 9.—

— — Schulwandkarte des Erzherzogthumes Oesterreich unter der Enns. Im Maaße 1 : 150.000. Ausgeführt, herausgegeben und zu beziehen vom k. k. milit. geogr. Institute Wien 1888. Auf Percail aufgespannt 9.—, mit Stäben 10.—
1892

Schober, Dr. Karl, Schulwandkarte des Herzogthumes Steiermark, Maßstab 1 : 150.000. Ausgeführt und herausgegeben vom k. u. k. militär-geographischen Institute. Wien 1890. Zu beziehen durch die k. und k. Hof- und Universitäts-Buchhandlung R. Lechner (Wilhelm Müller). Wien, I., Graben Nr. 31.

Schober, Dr. Karl, Školní mapa markrabství Moravského i vévodství Sleszkého. Wien 1888 R. k. milit.-geogr. Institut. Aufgespannt mit Stäben 11.—

Schober, Carl, a. Halle a. S., Assistenzarzt an d. chir. Abt. d. St. Elisabethkrankenh. zu Halle a. S.: Über die therapeutischen Wirkungen des Glykosals. Halle a. S. 1904: C. A. Kaemmerer & Co. (23 S.) 8°
Halle, Med. Fak., Ref. v. Mering, Diss. v. 15. Dez. 1904
[Geb. 9. Nov. 77 Halle a. S.; Wohnort: Halle a. S.; Staatsangeh.: Preußen; Vorbildung: Gymn. Halle Reife O. 98; Studium: Freiburg i. B. 1, Halle 8 S.; Coll. 9. Dez. 04; Approb. 26. März 03.]

Schober, Karl, s.: Zeitschrift des Vereines f. die Geschichte Mährens u. Schlesiens.

Schober, Karl Ernst

Schober, C. E. Andeutungen und Wünsche in Hinsicht auf die pädagogischen Bestrebungen des Gymnasiums. 14 S. . .
Neisse, Progr. 1842

Schober, C. E. Über Anleitung zu geistiger Productivität. 17 S. .
Glatz, Progr. 1849

Schober: Adnotationes ad duos Horatii locos (Od. III, 24. epist. II, 1, 57) 11 S.–Glatz, Progr. 1855

Schober, C. E.: Antrittsrede, gehalten am 28. October 1844, Parallelen aus der göttlichen und aus der menschlichen Pädagogik. 11 S. Glaz. Progr. 1845

Schober, C. E. De M. Porcio Catone Censorio oratore. 14 S. .
Neisse, Progr. 1825

Schober, Carolus Ernestus *(geb. Glogau 1799)*: De Atellanarum exodiis. Vratislaviae (1830). (X, 22 S.) 8°
Breslau, Phil. Diss. v. 11. Dez. 1830

Schober: Ueber Gefühlsbildung auf Gymnasien. 14 S.– Progr. Glatz, 1852.

Schober, C. E. In discipulis ad latine loquendi facultatem instituendis quam viam secutus sit. 8 S. . . . .
Progr. Neisse 1827

Schober, C. E. De Satirae initiis. 10 S. . . . .
Neisse, Progr. 1835

Schober: Der Instinkt in seiner Bedeutsamkeit für die Erziehung. 15 S.– Glatz, Progr. 1858.

Schober: De nonnullis Tauricae Euripidis Iphigeniae locis. 16 S.–Glatz, Progr. 1863

Schober, C. E. De loco Strabonis, qui legitur lib. V. c. 3. (Ueb. die Atellanen und deren Ursprung bei den Oskern.) 10 S.
Neisse, Progr. 1833

Schober, C. E. De loco Velleji Paterc. l. II. c. 9. (Ueber den Atellanendichter Pomponius.) 14 S. . . . .
Neisse, Progr. 1831

Schober, Rede, gehalten in der Festversammlung zur Sekundiz-Feier des heil. Vaters Pius IX. [Nach stenograph. Aufzeichnung des Lehrers Loske.] Glatz 869. Hirschberg. gr. 16. (11 S.) n. 2 ngr.

Schober, (C. E.,) üb. die Atellanischen Schauspiele d. Römer. Ein Versuch. gr. 8. Leipzig 825, Hartmann.

Schober, C. E., üb. die Atellanischen Schauspiele der Römer. Ein Versuch. gr. 8. Leipz. 825. (Lehnhold). 8 9/;

Schober, Der Unterricht als Erziehungsmittel. 7 S.– Glatz, Progr. 1868.

Schober: Die Welt als Erziehungsanstalt. 11 S. – Glatz, Progr. 1854.

Schober, Kaspar, Buch der Jugend. In Sonetten u. Liedern. gr. 8. Bamberg 843, Züberlein. n. 2/3 ₰

— über die heutige musikal. Tragödie. Eine ästhetische Skizze. gr. 8. (1½ B.) Bamberg 843, (Züberlein.)

Schober, Paul

Schober, P., sozialmedicinische Bildor aus Frankreich. (IV, 134 S.) 16. Wien 905. Spielhagen & Schurich.
Sonderabdruck aus: „Die Heilkunde“. n. 1. 60

Dictionnaire médical des langues française et allemande par [Paul Schober. T. 1. 2. *Stuttgart: F. Enke 1898–1900.* 2 Bde 8°
[Nebent.:] Mediz. Wörterbuch d. franz. u. d. deutschen Sprache von Schober.
1. Diction. méd. franç.-allem. Avec une préf. de M. le Dr. A[lbert] Villaret. 1898.
2. Deutsch-franz. med. Wörterbuch. Mit e. Vorr. von Dr. L[éon] Lereboullet. 1900.
(01. 2376 10

Schober, Paul [aus Stuttgart]: Über Erkrankungen gewundener Tuben. . . . Strassburg i. E., Buchdr. M. DuMont-Schauberg, 1889; 84 S. + 1 Bl. 8°
Strassburg, Med. Fak., Inaug.-Diss. v. 1889

Schober, P., medizin. Wörterbuch der französ. u. deutschen Sprache. 1. Bd.: Französisch-deutsches medizin. Wörterbuch. Mit e. Vorrede v. A. Villaret. gr. 8. (X, 174 S) Stuttgart 898. F. Enke.
n. 3. 60; geb. in Leinw. n. 4. 40

Medizinisches Wörterbuch der französischen und deutschen Sprache v. Dr. P. Schober . Bd 1. (A. T.: Dictionnaire médical des langues franç. et allem. p. P. S. . . .) *Stuttgart: F. Enke; Paris: Hirzr & Steinert 1898.* 8.
(98. 11936 M.

Schober, P., medizinisches Wörterbuch der deutschen u. französischen Sprache. 2. Bd.: Deutsch-französisches medizin. Wörterbuch. Mit e. Vorrede v. L. Lereboullet. gr. 8. (VIII, 120 S.) Stuttgart 900. F. Enke. n. 2.40; geb. in Leinw. n. 3. 20; (kplt. n. 6.—; geb. n. 7.60; in 1 Leinw.-Bd. n. 7. —)

Schober, P: Medizinisches Wörterbuch der deutschen und französischen Sprache. 2. Aufl. Stuttgart und Paris 1908

Schober, P., medizinisches Wörterbuch der deutschen u. französischen Sprache. Mit Vorreden v. A. Villaret u. L. Lereboullet. 2. verm. Aufl. (XIII, 347 S.) gr. 8. Stuttgart 908. F. Enke. 7.60; geb. in Leinw. n 8. 60

Schober, Thekla v., s. a. Gumpert, Thekla v.

Schober, Thekla v., geb. v. Gumpert, Autographen u. Erinnerungen. 8. (VIII, 339 S. m. eingedr. Autogr. u. 1 Musikbeilage.) Bremen 893. C. E. Müller. n. 4. 80; geb. n.n. 6. —

Schober, Thekla v., geb. v. Gumpert. Unter fünf Königen u. drei Kaisern. Unpolitische Erinnergn. e. alten Frau. 1. u. 2. Aufl. 8. (342 S. m. 3 Bildern.) Glogau 891, Flemming. geb. * 6 —

Schober, Theophil Edmund, s. Schober, Edmund

Schober, U. E., Geschichte der evangelisch-reformirten Gemeinde in Schwelm. gr. 8. (VIII, 64 S.) Schwelm 871, Scherz. *

Schober, W., die Noth und ihre Ursachen. National-ökonom. Studie. 3 Thle. gr. 8. Wien, (Frank.) [1. Thl. (32 S.) 880. * 60 Pf.; 2. Thl. (109 S.) 881. *M 1,40.; 3. Thl. (184 S.) 882. *M 2,40.] *

Schober, Wenzel, die Valuta-Regulirung in Österreich, s.: Blätter, fliegende, d. Geselligkeitsvereines „Deutscher Hort".

Schober, Willy, Generalregister, s.: Sprachen, d. neueren.

Schoeber u. Doeultz, die Goldproduktion u. Geldanlage. Ein Wegweiser f. Kapitalisten. gr. 8. (III, 66 S.) Leipzig 897. Buchhdlg. G. Fock. n. 1. —

Schöber, David Gottfried

Schöber, Dav. Gf., zweiter Beitr. zur Liederhistorie, betreff. die evangelisch. Gesangbücher, welche bei Lebzeiten Lutheri zum Druck befördert worden rc. 8. Leipz. 761. Hilscher. 3 K

—s.a. Beitr. zur Liederhistorie, u. setze hinzu: (v. D. G. Schöber).

— Beyträge zur Liederhistorie. 2 Theile. 8. Lpz. Hilscher. 759–60.

— ausführl. Bericht von alten deutschen geschriebenen Bibeln vor Erfindung d. Buchdruckerei rc. 8. Gera 763.

— Erinnerungen an C. R. Hausen üb. seine pragmat. Geschichte d. Protestanten in Deutschland u. deren erster Theil. 8. Frankf. u. Leipz. 768.

— Gedanken üb. die Würtemberg. Erklärung Luc. 22, 43 u. f. 8. Gera 763.

— das wahre u. unbegreifl. Geheimniß der Natur in d. Händen der Menschen, betrachtet. 8. Greiz 767.

— Geschichte der Augsburg. Confession vom J. 1530 bis 1630. 8. Leipz. 755.

— die wahren u. wichtigen Geschichten Petri des Apostels. 8. Halle 770.

- s.a. Gestalt der Herrnhut. Gesangbücher, u. setze hinzu: (v. D. G. Schöber).

Gestalt, Die wahre, der sämmtlichen Herrnhuthischen Gesangbücher (von *David Gottfried Schöber*). Leipzig 1761.
Anon.-Lex. II. p. 222 (nach Kayser u. Meusel).

— Leben, Schriften u. Kunstwerke Albr. Dürers. 8. Schleiz 769. Mauke. 5 K

— der geistl. Liedersegen. 8. Lobenstein 735. 2e A. 749. 3e A. 769. ... 10 K

– s. Salomo's, hohes Lied.

– s. Vorzug der Kinder Gottes.

— Warnung vor d. gewöhnl. Selbstbetrug bei Gesunden, Kranken u. Sterbenden rc., nebst einigen andern Gebeten. 8. Leipz. u. Schleiz 767. 2e Aufl. gr. 8. Erlang. 774. Heyder. 6 K

Schöber, *Hermann* Aus dem lateinischen Elementarunterricht. 4 (14 S.). **Progr.** G. mit Realabteilung *Greiz* 1888 (670).

[Umschlagt.:] [J.] **Schöber,** *Ludwig* [Dir. Prof.]: Geschichte der Schule von 1869—1894. Uelzen, C. Beckers Buchdr., 1894; 3—10 S. 4.
Uelzen, RPG, OP 1894 (340)

(**Schöber,** Ludwig, Direktor Prof.): Das neue Realgymnasium und seine Einweihung 2. bis 3. August 1904. (Uelzen) 1905: (C. Becker). (22 S.) 4°
Ülzen, RG OP 1905 (390)

Schoeber, Robert: Die Schlacht bei Nancy ... Erlangen, k. b. Hof- u. Univ.-Buchdr. v. F. Junge, 1891; 59 S. 8.
Erlangen, Phil. Fak., Inaug.-Diss. v. 1891

Schöber, R[obert], Dr.: Das **Staatsideal** Platons. *Elbing 1901: R. Kühn.* (25 S.) 8°
Elbing, st. RG i. Umw., OP 1901 (46)**

Patriotisch und menschenfreundlich nothwendige öffentliche Anzeige. [Von Schöberl.] [Regensburg 1804.] 1 Bl. 8°. [Kopftit.]

Kurzes Flugblatt in der Art der Gertingerschen Schriften. Erklärt alle Logen Deutschlands, da sie gegen ihre alten Regeln verstossen, kurzerhand für aufgehoben. Äusserst selten.

Schöberl Franz: Das österreichische Alpenvorland an seiner engsten Stelle.
II. 1897 PN 1060 Diss. Wien, Univ. 2359

Schöberl, Franz: Aufbau und Landschaft des Innviertels. S. 1—9. 8. **Progr.** K. k. Staats-Gymn. *Ried* 1909.

Schoeberl, Frz.. the Passion-play at Ober-Ammergau. Translated by Catherine Thompson. gr. 16. (94 S.) Eichstätt 871. Krüll. 1. 50; geb. n. 2. —

Schöberl, Frz., das Oberammergauer Passions-Spiel mit den Passionsbildern v. A. Dürer (in eingedr. Holzschn.). Nebst (lith.) Kärtchen, Fahrplänen, einigen Touren aus Trautweins Wegweiser durch Süddbayern. u. sonst nothwend. Erläutergn. Eichstätt 870. Krüll. gr. 16. (90 S.) cart. 10 ngr.

— — billige Ausg., mit Titelzeichng. (Holzschn.) v. A. Süßmayr. 2. Aufl. Ebend. 870. (68 S. mit eingedr. Holzschn.) n. 4 ngr.

Schöberl, Franz Xaver

Schöberl, F. X., Lehrbuch der katholischen Katechetik. gr. 8. (XIX, 664 S.) Kempten 890. Kösel. 6. 60

Schöberl, Fr. X., die „Narratio" des heil. Augustin und die Katechetiker der Neuzeit. 8. (103 S.) Dingolfing 880, [Russy.] Hils und Müller. **

Schöberl, Frz. X., der katholische Schul-Katechismus in seiner Geschichte, in seiner Theorie u. Praxis. Eine katechet. Abhandlg. in spezieller Rücksicht auf die Schulverhältnisse in Bayern u. auf die neuesten Verbessergn. d. kleinen u. mittleren Eichstätter Diözesan-Katechismus. gr. 8. (170 S.) Kempten 885. Kösel. 1. 80

Schöberl, Johann Franz (Hrsg.):

s.: Protokoll des Oberhollabrunner Chirurgischen Haupt Gremium in V(iertel) U(nter dem) M(anharts-) B(erge). Verfaßt nach tabellarischen Inhalt. (Handschrift.) (Oberhollabrunn): 1791 - 1861 (?)

JB 5.847

Schöberl, Johann Michael

Schöberl, J. M. (k. Studienlehrer), *Erinnerung an Lorenz v. Westenrieder*, den Volkslehrer seines Vaterlandes. (Progr. d. kgl. Wilhelms-Gymnasiums.) München 1854. 8⁰. (Auf dem Titel der Name „Rudhart".) Cart.

Festschrift z. Feier d. Enthüllung von Westenrieder's Standbild, 1. August 1854. — 38 S. Starkes Papier.

Schöberl, J[ohann Michael]: H o m e r und die deutsche Literatur des 18. Jahrhunderts. Eine Nachlese. I. Gottsched und die Franzosen. Von –. München 1866: Straub. 44 S. 8⁰ (Jahresbericht des k. Maximilians-Gymnas. in München 1865/66.)

Schoberlechner, A.: Zur T h e o r i e der Wage. S. 3–69. 8⁰ – Wien, OR. Jos., Progr. 1871.

Schoberlechner, J., Instruktion zum Gesetze vom 10. Juni 1887, Nr. 74 R.-G.-Bl., betr. die Abänderung, bezw. Ergänzung einiger Bestimmungen d. Executionsverfahrens zur Hereinbringung v. Geldforderungen. Für die k. k. Gerichtsdiener zusammengestellt. 8. (47 S.) Graz 888. Leuschner & Lubensky. n. — 50

Schoberlechner, Jul., d. Zufall im Straf- u. Civilrechte. Studien. gr. 8. (VIII, 199 S.) Wien 897. M. Perles. n. 4. —

Schoeberlein, Ludw., über das heilige Abendmahl nach Lehre und Uebung. Vortrag in der Berliner Pastoral-Conferenz gehalten und mit Erläuterungen versehen. gr. 8. (IV, 89 S.) Berlin 870, Schlawitz. [Leipzig, Hinrichs' Verlag.] (*ℳ 1,50.) *

Schoeberlein, Ludw., die Auferstehung d. Herrn in zwei liturgischen Andachten. Für den kirchl. Gebrauch hrsg. Lex.-8. (VI, 38 S.) Göttingen 871. Vandenhoeck & Ruprecht's Verl. n. 1. —

Schoeberlein, Ludw., über den liturgischen Ausbau des Gemeindegottesdienstes in der deutschen evangelischen Kirche. Gotha 859. F. A. Perthes. gr. 8. (VIII, 376 S.) n. 2 ℛ

Schoeberlein, Ludw., das Christenthum die Wahrheit und Vollendung des Menschlichen. Ein Vortrag. gr. 8. (24 S.) Göttingen 862, Vandenhoeck und Ruprecht's Verlag. *

— die heilige Dreieinigkeit Gottes. Vortrag im evangel. Verein zu Hannover gehalten. Hannover 869. Meyer. gr. 8. (34 S.) 6 ngr.

—— die heilige Fest-Geschichte in 12 liturg. Andachten. Die Geburt Jesu Christi. Die heilge Passion. Die Auferstehung des Herrn. Die Sendung des heil. Geistes. Für den kirchl. Gebrauch hrsg. Lex.-8. (IV, 39; XIII, 104; 38; 22 S.) Göttingen 873, Vandenhoeck und Ruprecht's Verlag. *

— die heilige Geburt Jesu Christi in zwei liturgischen Andachten. Für den kirchl. Gebrauch. Lex.-8. (IV, 39 S.) Ebend. 873. n. 1. 20

— die Geheimnisse d. Glaubens. gr. 8. (VII, 422 S.) Heidelberg 872. C. Winter. 8. 40; geb. n. 10. —

Schöberlein, Ludw., der evangelische Gottesdienst nach den Grundsätzen der Reformation und mit Rücksicht auf das jetzige Bedürfniß. Antwort auf eine wichtige Zeitfrage der evangel. Kirche in Formularen und Erläuterungen. Heidelberg 854. K. Winter. gr. 8. (48 S.) n. 6 ngr.

Schoeberlein, Ludw., die Grundlehren d. Heils entwickelt aus d. Princip der Liebe. gr. 8. (XVI u. 158 S.) Stuttgart 848, S. G. Liesching. n. 28 ngr.

Schoeberlein, Ludw., die Grundlehren des Heils entwickelt aus dem Princip der Liebe. gr. 8. (XVI und 158 S.) Stuttgart 848. [Berlin, Schlawitz.] *

— der evangelische Hauptgottesdienst in Formularen für das ganze Kirchenjahr. Nach den Grundsätzen der Reformation, sowie mit Rücksicht auf das jetzige Bedürfniß bearb. und mit Erläuterungen versehen. Heidelberg 855. K. Winter. gr. 8. (VIII, 328 S.) n. 1 ℛ. 10 ngr.

— der evangelische Hauptgottesdienst in Formularen f. das ganze Kirchenjahr. Nach den Grundsätzen der Reformation, sowie m Rücksicht auf das jetz. Bedürfniß bearb. u. m. Erläutergn. versehen. 2. Ausg. gr. 8. (VIII, 328 S.) Ebend. 874. n. 4. —

— s.: Haus-Kapelle zur Feier d. Kirchenjahres.

— musica sacra, s.a. Musica.

Schöberlein, Ludw., Musica sacra f. Kirchenchöre, höh. Lehranstalten ꝛc. Mit e. liturg. Anh. v. Frdr. Spitta. 4. (Ster.-) Aufl. gr. 8. (VIII, 170 u. Anh. 32 S.) Göttingen 895. Vandenhoeck & Ruprecht. n. 2. 40; ohne liturg. Anh. n. 1. 80; liturg. Anh. allein n. — 60

Schoeberlein, Ludw., Musica sacra, f. höh. Lehranstalten, Kirchenchöre ꝛc. hrsg. 5. (Ster.-) Aufl. (VIII, 170 S.) Lex. 8. Göttingen 905. Vandenhoeck & Ruprecht. 1. 80

— s.: Musica sacra f. höhere Schulen.

Schoeberlein, Ludw., die Musik im Cultus der evangelischen Kirche, s. Sammlung von Vorträgen.

— die heil. Passion in sieben liturgischen Andachten. Für den kirchl. Gebrauch hersg. Göttingen 870. Vandenhoeck & Ruprecht's Verl. Lex.-8. (XIII, 104 S.) n. 24 ngr.

— Pfingstbüchlein f. die Gemeinde. Zur Feier der gnadenreichen Sendg. d. heil. Geistes in e. kirchl. Andacht 8. (8 S.) Göttingen 872. Vandenhoeck & Ruprecht's Verl. n. — 10

—— Pfingstbüchlein für die Gemeinde. Zur Feier der gnadenreichen Sendung des heil. Geistes in einer kirchl. Andacht. 8. (8 S.) Ebendas. 873. *

Schoeberlein, Ludw., das Prinzip und System der Dogmatik. Einleitung in die christliche Glaubenslehre. gr. 8. Heidelberg 881, C. Winter's Universitäts-Buchh. [ℳ 16.—.] *

— Schatz des liturgischen Chor- u. Gemeindegesangs nebst den Altarweisen in der deutschen evangelischen Kirche aus den Quellen vornehmlich des 16. u. 17. Jahrh. geschöpft mit den nöthigen geschichtl. u. prakt. Erläuterungen versehen u. unter der musikal. Rebaktion von Friedr. Riegel für den Gebrauch in Stadt- u. Landkirchen hersg. 1. Thl. 4. u. 5. Liefg., 2. Thl. 1. Abthl. 6 Liefgn. und 2. Thl. 2. Abthl. [3. Bd.] 1—5. Liefg. Göttingen 865—70. Vandenhreck u. Ruprecht's Verl. hoch 4. 1. Thl. (VIII u. S. 481—756.) 2. Thl. 1. Abthl. (XVI, 996 S.) 2. Thl. 2. Abthl. (S. 1—800.) [1. Thl. 1—4. Liefg. à n. 1 ℛ 10 ngr., 5. Liefg. n. 1 ℛ, 2. Thl. 1. Abthl. 1—5. Liefg. à n. 1 ℛ 10 ngr., 6. Liefg. n. 1 ℛ 25 ngr., 2. Thl. 2. Abthl. 1—5. Liefg. à n. 1 ℛ 10 ngr.] n. 17 ℛ 15 ngr.

— Schatz des liturgischen Chor- u. Gemeinde-Gesangs, nebst den Altargesängen in der deutschen evangelischen Kirche. Aus den Quellen vornehmlich des 16. u. 17. Jahrh. geschöpft, mit den nöthigen geschichtlichen u. praktischen Erläuterungen versehen u. unter der musikalischen Red. von Frdr. Riegel für den Gebrauch in Stadt- u. Landkirchen hrsg. 2. (Titel-)Ausg. in 18 Lfgn. 1. u. 2. Lfg. Lex.-8. (S. 1—320.) Göttingen (1872) 880. Vandenhoeck & Ruprecht's Verl. à n. 3. —

—— Schatz des liturgischen Chor- und Gemeinde-Gesangs, nebst den Altargesängen in der deutschen evangelischen Kirche. Aus den Quellen vornehmlich des 16. und 17. Jahrh. geschöpft, mit den nöth. geschichtl. und prakt. Erläuterungen versehen und unter der musikal. Redact. von Friedr. Riegel für den Gebrauch in Stadt- und Landkirchen hrsg. 2. (Titel-) Ausg. 18 Lfgn. oder 3 Bde. Lex.-8. (VIII, 756; XVI, 996; XV, 1108 S.) Göttingen 880, Vandenhoeck und Ruprecht's Verlag. à Lfg. *M 3. *

— die Sendung d. heiligen Geistes in e. liturgischen Andacht. Für den kirchl. Gebrauch. Lex.-8. (IV. 22 S.) Ebend. 873. n. — 80

— j.: Siona.

— die christliche Versöhnungslehre. Ein Vortrag. gr. 8. (28 S.) Heidelberg 877. C. Winter. n. — 80

— Weihnachtsbüchlein f. die Gemeinde. Zur Feier der heil. Geburt unsers Herrn Jesu Christi in zwei kirchl. Andachten. 8. (14 S.) Ebend. 873. n. — 10

—— das Wesen des christlichen Gottesdienstes. Ein Vortrag im göttinger Frauenverein gehalten. gr. 8. (22 S.) Göttingen 860, Vandenhoeck und Ruprecht's Verlagsh. *

—— Zeit und Ewigkeit. Himmel und Erde. 8. (III, 79 S.) Heidelberg 875, C. Winter's Universitäts-Buchh. *

Schobert, G., s. Schobert, Hedwig

Schobert, Hedwig

[F.] Art zu Art. Roman v. H[edw.] Schobert. Bd 1—3 ... *Berlin: O. Janke 1897.* 3 Bde 8.
1. (2 Bl., 228 S.) 2. (2 Bl., 242 S.) 3. (2 Bl., 280 S.) [97. 1317

Schobert, H., Aschenbrödel. Roman. 8. (358 S.) Berlin 889. Schorer. n. 4. —

— dasselbe, s.a. Für's Coupé.

— fürstliches Blut. Roman. 8. (287 S.) Berlin 888. Schorer. n. 3. 60

— dasselbe, s.a. Für's Coupé.

Schobert, H. (Baronin v. Bode), fürstliches Blut. Roman. 4. Aufl. 8. (302 S.) Leipzig (902). P. List. n. 3. 60; geb. n. 4. 50

— die Brillanten der Herzogin. Roman. 2 Tle. in 1 Bde. 8. (151 u. 160 S.) Berlin 900. O. Janke. n. 6. —; erm. Pr. n. 2. —

— deklassiert. Roman. 3 Bde. 8. (237, 225 u. 250 S.) Ebd. 896. n. 12. —

— Madame Diane. Erzählung. 8. (79 S.) Berlin 889. Janke. n. — 50

Madame Diane. Erzählung von H[edwig] Schobert [B^nin v. Bode]. 2. Aufl. Berlin: O. Janke [1905]. (80 S.) 8° [F.]
(Kollektion Otto Janke.) [05. 13004

Schobert, H., moderne Ehen. Roman. 3 Bde. 8. (250, 220 u. 247 S.) Berlin 895. O. Janke. n. 12. —

Sein Eigentum. Roman von H(edwig) Schobert ⟨B^nin v. Bode⟩. Berlin: Janke 1910. 427 S. 8° [11. 11194

— Einst. Eines Thoren Paradies. Zwei Erzählgn. 8. (140 S.) Ebd. 889. n. 1. —

— Flecken auf der Ehre. Roman. 3 Bde. 8. (248, 226 u. 257 S.) Ebd. 889. n. 10. —

SCHOBERT, Hedwig (d. i. *Hedwig* Baronin *v. Bode* in Berlin, geb. 19. April 1857 zu Barnimskunow), Eine verrufene Frau. Roman. 3 Bde. Berlin 1898. 8⁰. Zahm. (Mk. 10—.)
Osw. Weigel's Lpziger Mai-Auct. 1908, no. 354.

[F.] Eine verrufene Frau. Roman v. H[edwig] Schobert ... Bd 1—3. *Berlin: O. Janke 1898.* 3 Bde 8.
1. (2 Bl., 224 S.) 2. (2 Bl., 210 S.) 3. (2 Bl., 200 S.) [98. 5165

— gemischte Gesellschaft. Roman. 3 Bde. 8. (249, 196 u. 252 S.) Ebd. 899. n. 10. —; erm. Pr. n. 2. —

Gemischte Gesellschaft. Roman von H[edwig] Schobert. Bd 1—3. *Berlin: O. Janke 1899.* 3 Bde 8° [F.] [99. 9700

Schobert, H., das Größeste auf Erden. Eine Geschichte vom Strande. 8. (182 S.) Berlin 889. Janke. n. 1. —

— eine Häßliche. Die Tragödie e. Frau. (Roman.) 3 Bde. 8. (199, 206 u. 200 S.) Ebd. 902. n. 10. —; erm. Pr. n. 4. —

Eine Hässliche. Die Tragödie einer Frau. Von H[edwig] Schobert ⟨Baronin v. Bode⟩. Bd 1—3. *Berlin: O. Janke 1902.* 3 Bde 8° [F.] [02. 14496

— Ich gehe meine Straße. Roman. 1. u. 2. Aufl. (368 S.) 8. Ebd. (909). 4.—; geb. 5. —

[F.] Im Liebesspiel verloren. Erzählg v. H[edwig] Schobert. 2. Aufl. ... *Berlin: O. Janke [1898].* 179 S. 1 Bd 8.
(Collection Otto Janke.) [99. 3004

—— Das Kind der Straße, s.a. Für's Coupé.

— das Kind der Straße. Roman. 8. (261 S.) Berlin 887. Schorer. n. 3. 60

— das Kind der Straße. Roman. 3. Aufl. 8. (261 S.) Berlin 894. Leipzig, P. List. n. 3. 60; geb. 4. 50

— Kinder der Geschiedenen. Roman. 3 Bde. 8. (216, 211 u. 245 S.) Ebd. 901. n. 12. —; erm. Pr. n. 4. —

Kinder der Geschiedenen. Roman von H[edwig] Schobert. ⟨B^nin v. Bode.⟩ Bd 1—3. *Berlin: O. Janke 1901.* 3 Bde 8° [F.] [01. 3981

— arme Königin. Roman. (344 S.) 8. Leipzig (905). P. List. n. 3. —; geb. n. 4. —

— Kreuzdorn. Roman. 2 Bde. 8. (184 u. 188 S.) Dresden 889. Pierson. n. 6. —

[J.] Kreuzdorn. Roman v. H[edwig] Schobert. 2. Aufl. ... *Berlin: O. Janke [1898].* (2 Bl., 277 S.) 1 Bd 8.
(Collection Otto Janke.) [97. 3003]

— Künstlerblut. Roman. 3 Bde. 8. (286, 267 u. 205 S.) Ebd. 892. n. 9. —; geb. 13. —

— Künstlergewissen. Erzählung. 8. (135 S.) Berlin 889. Janke. n. 1. —

— auf der großen Landstraße. Roman. 3 Bde. 8. (279, 279 u. 269 S.) Berlin 893. O. Janke. n. 12. —

— ein Opfer, s. a. Michow-Bücher 13/14. Bd.

Ein Opfer. Roman v. H[edwig] Schobert. Tl 1. 2. ... *Charlottenburg: A. Michow 1898.* 2 Bde 8.
I. (127 S.) II. (128 S.)
— Michow-Bücher. Bd 13. 14. [98. 2726]

[J.] Eines Thoren Paradies. Erzählg v. H[edwig] Schobert. 2. Aufl. ... *Berlin: O. Janke [1898].* (79 S.) 1 Bd 8.
(Collection Otto Janke.) [99. 3001]

— illustrierte Romane. (I. Serie.) 10 Bde. 8. Ebd. à n. 3. —; geb. in Leinw. à n. 4. —; auch in 83 Lfgn. à n. — 40
1. Das Kind der Straße. Roman. Mit Illustr. v. Ad. Wald. (302 S.) (905.) — 2. Fürstlich Blut. Roman. Mit Illustr. v. W. Baraschdts. (415 S.) (905.) — 3. Flecken auf der Ehre. Roman. Mit Illustr. v. A. Haushofer. (443 S.) (905.) — 4. Deklassiert. Roman. Mit Illustr. v. Ad. Wald. (438 S.) (905.) — 5. Künstlerblut. Roman. Mit Illustr. v. M. Gutschmidt. (448 S.) (905.) — 6. Auf der großen Landstraße. Roman. Mit Illustr. v. H. Grobet. (447 S.) (906.) — 7. Spekulanten. Roman. Mit Illustr. v. M. Flashar. (407 S.) (906.) — 8. Moderne Ehen. Mit Illustr. v. Hans W. Schmidt. (391 S.) 906. — 9. Tradition. Eine Offizierstragödie. Mit Illustr. v. Geo. Koch. (368 S.) (906.) — 10. Arme Königin. Roman. Mit Illustr. v. Fritz Bergen. (368 S.) (906.)

— dasselbe. (II. Serie.) 1. u. 2. Bd. 8. Ebd. à n. 3. —; geb. in Leinw. à n. 4. —; auch in 75 Lfgn. à n. — 40
1. Die Brillanten der Herzogin. Roman. Mit Illustr. v. Ad. Wald. (363 S.) (906.) — 2. Eine verrufene Frau. Roman. Mit Illustr. v. Max Vogel. (365 S.) (906.)

Schobert's, H. (Baronin v. Bode), illustrierte Romane. (II. Serie.) 3.—10. Bd. 8. Leipzig, P. List. à 3.—; geb. in Leinw. à 4.—; auch in 75 Lfgn. à — 40
3. Gemischte Gesellschaft. Roman. Mit Illustr. v. Aug. Mandlick. (392 S.) (907.)
4. Kinder der Geschiedenen. Roman. Mit Illustr. v. Fritz Bergen. (382 S.) (907.)
5. Eine Häßliche. Die Tragödie einer Frau. Mit Illustr. v. F. Schwormstädt. (336 S.) (907.)
6. Der Platz an der Sonne. Roman. Mit Illustr. v. Aug. Mandlick. (352 S.) (907.)
7. Durch eigene Schuld. Roman. Mit Illustr. v. F. B. Doubek. (286 S.) (907.)
8. Art zu Art. Roman. Mit Illustr. v. Joh. Leonhard. (384 S.) (907.)
9. Denn wir sind jung! Roman. Mit Illustr. v. Fritz Bergen. (340 S.) (908.)
10. Ulanenliebe. Roman. Mit Illustr. v. Ad. Wald. (470 S.) (908.)

— Marquise Rose. Roman. 8. (270 S.) Ebd. 889. n. 2. —

Schobert, Hedwig

Durch eigene Schuld. Roman.
Berlin: Janke (1889). 280 S. 8°

Schwüle Stunden. Aus d. Leben e. Mondaine von H[edwig] Schobert (B[aroni]n v. Bode). Berlin: M. Lilienthal 1904. (151 S.) 8° [J.] [04. 1120]

— — Schwüle Stunden. Aus dem Leben einer Mondaine. Berlin 1904. Lilienthal Verlag. 8⁰. 2. Auflage. Dresden u. Leipzig (1904), E. Piersons Verlag. 8⁰. 162 S. (Mk. 2—.)
Ein sehr schwüle Marlittiade mit einem starken Schuss Masochismus. (Dr. Neumann. Berlin.)

— Schwüle Stunden. Aus dem Leben e. Mondaine. 2. Aufl. (162 S.) 8. Dresden (910). E. Pierson. 2. —

— Tradition. Eine Geschichte aus dem Offiziersleben. Roman. 2 Bde. (291 u. 294 S.) 8. Leipzig (904). P. List. n. 6. —; geb. n. 8. —

— Ulanenliebe, s. a. Eckstein's Reisebibliothek.

Schobert, H., Ulanenliebe. Roman. 2. Aufl. 8. (314 S.) Berlin 895. O. Janke. n. 2. —

Schobess, Klara

Ein Veilchenkranz. Heimatlieder von Clara Schobess. Magdeburg: Zacharias [1908]. 60 S. 8°
[Umschlagt.:] Heimat-Lieder von C. Schobess. [09. 8245]

Schoboß, R[ichard], prakt. Arzt zu Schorndorf (Württ.): Die Behandlung der Chorioiditis disseminata mit Natrium salicylicum. *Heidelberg 1903: F. Schulze.* (51 S.) 8°
Heidelberg, Med. Diss. v. 1903

Schöbi, Jos[eph], lic. jur.: Die kirchlichen Simultanverhältnisse in der Schweiz. Altstätten 1905. 88 S. 8⁰.
Freiburg i. Schw. Jur. Diss. 1905/1906.

Schöbi, Jos[eph]. Die kirchlichen Simultanverhältnisse in der Schweiz. Diss. Jur. Freiburg (Schweiz). 88 S. 8. Altstätten, Buchdr. «Rheintalische Volkszeitung», 1905.

Schöbi, J., Die kirchlichen Simultanverhältnisse in der Schweiz. Diss. (88 S.) gr. 8. Zürich '05, Baessler & Drexler. 1. 20.

Schobinger, Dr., bildliche Darstellungen des menschl. Körpers. 24 Lfrgg., nach den besten Originalien. 1e Lfrg. Fol. St. Gallen 839. Scheitlin u. Zollikofer. 1 1/6 ℛ

Schobinger, A[mbrosius] C[arl]. Erinnerung an Herrn Diakon Ferdinand Specker. Leichenrede, gehalten den 4. Mai 1847 ... von A. K. Sch'.... (Als Handschrift für Freunde gedruckt.) 8. St. Gallen 1847.

Schobinger, [Ambrosius] Carl. Leichenrede bei der Beerdigung der Frau Anna Magdalena Jann, hinterlassene Wittwe des sel. Meister Johannes Rohner von Rebstein. Gehalten in Rebstein den 11. Mai 1853. 8. Altstätten.

Schobinger, C. Andenken an die Feier der Stiftung von Kirche und Kirchgemeinde Rebstein, begangen am 100. Gedächtnisstag, den 29. October 1882 in Rebstein. In-8⁰, 32 S. St. Gallen, Huber & Cie. 1883 — 50

Schobinger, Eug., s.: Katalog der Bibliothek des Vereins f. Geschichte des Bodensees.

Schobinger, Johann Burkhart (Kalchofen) A. S. 187/30

Dissertatio juridica inauguralis, de statutorum alienationem bonorum immobilium in ecclesias et clericos prohibentium validitate. Präs. Gabriel Schweder. Tübingen (Franck) 3. VII. 1723. 42 S. 31112

Schobinger, Joh. Casp., St. Gallen: Dissertatio medico-chirurgica inauguralis de fistula lacrymali.
Basel, Med. Diss. 1729

Schobinger-Pfister, Joseph

Schobinger-Pfister, J., Taschenbuch für reisende Botaniker, s.a. Taschenbuch.

Schobinger-Pfister, J[oseph]. Taschenbuch für reisende Botaniker im Kanton Luzern, auf Rigi, Pilatus und Umgegend. Nach Dr. J[ohann] G(eorg) Krauer's Prodromus Floræ Lucernensis. Vermehrt mit mehr als 500 Pflanzenarten und eigenen Beobachtungen, nebst einem alphabetischen Gattungsregister, hrg. von J. Sch'-Pf'.... 8. (Luzern) 1866.

SCHOEBINGER, Karl: Über die Darstellbarkeit einer Funktion zweier unabhängiger Veränderlichen durch eine Kugelfunktionsreihe für den Fall, daß die Funktion unendlich viele Maxima und Minima besitze. — 1889. 40 S. Diss. Graz, Univ.

Schobiss, Bartholomaeus Friedrich (Querfurt) A.S. 354/21

Dissertatio juridica, de divortio, Von Der Ehescheidung. Präs. Ernst Friedrich Schroeter. Jena (Ehrlich) 1716. 26 S.

Diss. 29. III. 1662.
W. v.: Präs., Justus Henning Boehmer, Wilhelm T. Stempel. 31114

Schöbitz, Wenzel, lies u. giebs weiter. Wer ist d. größte Mann od. Wofür halten die Leute den Menschensohn? Matth. 8, 27. Broschüre f. Jedermann. 2., verm. Aufl. 16. (47 S.) Warnsdorf 896. A. Opitz. n. — 10

Schöbitz, Wenzel, wer ist der größte Mann? od. Wofür halten d. Leute den Menschensohn? Matth. 8, 27. 3. Aufl. 16. (48 S.) Ebd. 898. n. — 10

Schöbitz, Wenzel, Wer sind die Geleimten? Die Sozialdemokraten oder die Christlich-Socialen? 2. Aufl. 16°. Warnsdorf, A. Opitz, 1898.

Schöbl, Prof. Dr., Optotypy, Dic. Eduarda Jägra z Jaxtthalů pro české lékaře uspořádal. (Gr.-8. (15 S.) Wien: Franz Deuticke 1895. 1.—

Schöbl Eduard: Vielfache Brechung eines Lichtstrahles in Kalkspat-Kristallen (mit 2 Taf.). S. 8. 543 . . . .
Separatabdruck

Schöbl, Ed., vielfache Brechung eines Lichtstrahles in Kalkspath-Krystallen. Mit 2 (lith.) Taf. [Aus d. Sitzungsber. 1852 d. k. Akademie d. Wissensch.] Lex. 8. (13 S.) Wien 852. (Braumüller.) n. 1/6 ₰

Schöbl Josef: Typhloniscus. Eine neue blinde Gattung der *Crustacea Isopoda*. Monographisch bearbeitet (mit 10 Taf.). S. 40. 270 . . . . vgr.
Separatabdruck

Schöbl, Jos., Typhloniscus. Eine neue blinde Gattung der Crustacea Isopoda. Monographisch bearb. Lex.-8. (54 S. mit 10 Stnt. in Tondr. in Lex.-8. und gr. 4.) Wien 860, (Gerold's Sohn.) *
Aus: Sitzungsberichte der k. Akademie der Wissenschaften, Jahrg. 1860, besonders abgedruckt.

SCHOBLACK, ANTON: Fünfzigster Psalm / des königlichen Sängers Davids, / oder / vierter Bußpsalm des königlichen Büßers, / betitelt: / Erbarme dich meiner o Gott. / Zur /Ermahnung des Sünders-Tröstung/des begnadigten - und Stärkung des/gebesserten Menschen. Für gläubige Christen / als / Bußgebeth dargestellt, frey bearbeitet / und in Reimen gegeben von Anton Schoblack, Kooperator in Moosbrunn. Eisenstadt 1832 / gedruckt bey Johann Nep. Stocz, k. k. priv. Buchdruck. 52 S. - 178 mm

Schobloch Anton, Dr.: Bahnbestimmung des von Brorsen am 20. Juli 1847 in Altona entdeckten Kometen 1847 V. D 67. 805 . . . .
Separatabdruck

Schobloch, Ant., Bahnbestimmung d. Kometen 1847 V (Brorsen). [Aus: „Denkschriften d. k. Akad. d. Wiss."] gr. 4. (16 S.) Wien 898. (C. Gerold's Sohn.) n. 1. —

— Zur Statistik der Kometenbahnen (mit 2 Textfiguren). S. 109. II a. 790 . . . . . .
Separatabdruck

Schobloch, A., zur Statistik der Kometenbahnen. gr. 8. (28 S. m. 2 Fig.) Wien 900. (C. Gerold's Sohn.) n. — 60
Sonderabdruck aus: „Sitzungsber. d. k. Akad. d. Wiss."

Schobloch, Carl Em., s. Schobloch, Karl Em.

Schobloch, J. Ant., üb. Beta- u. Gammafunctionen. gr. 4. (11 S.) Halle 884. Nebert. n. — 60

Schobloch, Karl Em.

Schobloch, Carl Em. „Von den Rechnungs-Auszügen oder Conti-Correnten im Waarengeschäfte". pg. 1—11. 4°. Stoffel & Wachter.
Lindau, Progr. 1860/61

Schobri, Geo., der Räuberhauptmann in Ungarn. Ein Charaktergemälde d. neuesten Zeit. N. d. Ungar. d. Ladislav Hölics Székhely bearb. u. hrsg. v. ** ***. 2 Thle. 1. Aufl. 8. (23 B.) 837. 1⅓ Thlr., 2. Ausg. 16. (23½ B.) Leipzig 838, E. Klein.

Schöbs, die Praxis des kaufmännischen Geschäfts, s. Franz.

Schoch d. J. [Pseud.], s. Naumann, Johann Nikolaus

Schoch, das Wildbad bei Wembing, s. Schnitzlein.

Schoch, Adolf, von Fischenthal [Kt. Zürich]: Über hypertrophische Stenose des Pylorus. Zür. F. Walder u. S. Dr. 1857. 1 Bl., 32 S., 1 Bl. 8°.
Zürich, Med. Diss. v. 8. Aug. 1857.

Schoch, Adolf, med. pract. Arzt der kantonalen Pflegeanstalt in Wülflingen [von Fischenthal, Kt. Zürich]: Aus dem pathologisch-anatomischen Institute der Universitat Zurich. Ueber einen congenitalen, zahnhaltigen Tumor der Unterlippe. '(Mit einer Tafel.)'. Zür. Orell Füssli Dr. 1893. 26 S., 1 Taf., 1 Bl. 8°.
Zürich, Med. Diss. [v. 4. Dec. 1893].

Schoch, Albert, von Winterthur [Kt. Zürich], (Obergerichtssekretär, in Zürich): Art. 59 der Schweiz. Bundesverfassung vom 29. Mai 1874 betreffend den Schutz des Schuldners beim Richter seines Wohnorts. Hottingen-Zür. H. Zürcher Dr. [Schulthess Verl.] 1882. VIII. 2 Bl., 198 S., 1 Bl., 1 Bl. Thesen. 8°.
Zürich, Jur. Diss. v. 18. Febr. 1882.

Schoch, A., Artikel 59 der schweiz. Bundesverfassung vom 29. Mai 1874, betr. den Schutz d. Schuldners beim Richter seines Wohnorts. Dargestellt. gr. 8. (XI, 198 S.) Zürich 882. (Schulthess.) n. 3. —

Schoch, A., Artikel 59 der schweiz. Bundesverfassung vom 29. Mai 1874, betr. den Schutz des Schuldners beim Richter seines Wohnorts. Dargestellt. gr. 8. (XI, 198 S.) Zürich 885, (Schulthess.) *

Schoch, C., s.a. Schoch, Konrad

Schoch, C., das Ehe-Pantöffelchen, s.: Bloch's, E., Dilettanten-Bühne.

Schoch, C. G. W., Anweisung wie der Nichtarzt die meisten Krankheiten seiner Hausthiere durch sorgfältige Auffassung d. sicht-, fühl- u. hörbaren Krankheits-Erscheinungen mit den danach so schnell als sicher aufzufindenden erprobten u. zweckdienl. homöopath. Heilmitteln auf einfache u. fast kostenlose Weise selbst heilen kann. gr. 8. Leipzig 846, Barth. 1/4 ₰

Schoch, Carl, s. Schoch, Karl

Schoch, Curt, s. Schoch, Kurt

Schoch, Egon [prakt. Arzt von Schaffhausen]: Die irreponibeln Schulterluxationen und ihre blutige Behandlung. Tübingen 1900. 25 S. 1 Taf. 8°. (S.-A. aus Beiträge zur klinischen Chirurgie. Bd. 29.)
Zürich. Med. Diss. 1900/1901.

Schoch, Emil [aus Zürich]: Monographie der Gattung Chironia L. (Mit 2 Tafeln.) (S.-A. aus Beihefte z. botan. Centralblatt 1903. Bd. XIV, Heft 2.) Jena 1903. 66 S. 8°.
Zürich. Phil. Diss. II. S. 1902/1903.

Schoch, Emil. Monographie der Gattung Chironia L. 8.
Ausg. A: Diss. Phil. [II.] Univ. Zürich. [Mit 2 Tafeln.] IV + II + 66 S. Jena, Gustav Fischer, 1903.
Ausg. B: ⟨Mit Tafel XV—XVI⟩. (Abdruck aus: Beihefte zum Botanischen Centralblatt. Original-Arbeiten.... Band 14. Heft 2. 1903. Jena, Gustav Fischer. — *Aufdruck:* Mitteilungen aus dem Botanischen Museum der Universität Zürich. [Heft] 19.) II S. + S. 177—242.

Schoch, Emil, wohin? Praktischer Rathgeber f. alle, welche außer Landes wollen. Mit spezieller Berücksicht. v. Spanisch-Amerika. gr. 8. (63 S.) Bern 886. Nydegger & Baumgart. n. — 75

SCHOCH, Erhard (München): Über die Bedeutung des Nabelschnurgeräusches bei der Geburt für Mutter und Kind. (Titel nach der Urkunde)
15.7.1893 - Urk; Chr 1893/94,11
Diss. Ingolst.-Landsh.-Mchn.

Schoch, Erich: Der landwirtschaftliche Hypothekarkredit in der Provinz Sachsen. Halle a. S. 1909: Thiele. 122, II S. 8°
Heidelberg, Phil. Diss. v. 29. April 1909, Ref. Gothein
[Geb. 7. März 79 Königsaue; Wohnort: Königsaue; Staatsangeh.: Preußen; Vorbildung: Realgymn. Halberstadt Reife O. 98; Studium: Bonn 3, Berlin 1, Tübingen 5, Heidelberg 1 S.; Rig. 6. März 08.] [U 09. 2010

Schoch, Fr. R., s. Fr. v. Matthison's literar. Nachlaß rc.

Schoch, Gottlieb: Johann Friedrich Eyserbeck. Von G[ottlieb] Schoch, städt. Gartendir. in Magdeburg. Magdeburg 1898: E. Baensch jun. (20 S.) 8°
[Mittheilungen d. Vereins f. Anhalt. Geschichte u. Altertumskunde. Bd 8, T. 3, Beil.]

Schoch, G., Johann Friedrich Eyserbeck. gr. 8. (20 S. m. 2 Plänen.) Leipzig 898. K. W. Hiersemann. n. 1. 20

Schoch, Glieb., Verzeichniß der Gehölze in den öffentlichen Gärten u. Parkanlagen Magdeburgs. gr. 8. (IX, 67 S.) Magdeburg 900. Creutz. n. — 80

Schoch, Gustav

Schoch, G., Anleitung zum Anlegen u. Ordnen e. Insektensammlung f. Anfänger in der Entomologie, nebst systemat. Katalog der häufigsten Insekten Deutschlands u. der Schweiz. gr. 8. (96 S.) Zürich 889. (Wurster & Co.) n. 1. 80

Schoch, Gust., practische Anleitung zum Bestimmen der Käfer Deutschlands u. der Schweiz, nach der analyt. Methode. Mit 150 Abbildgn. auf 10 (lith.) Taf. gr. 8. (183 S.) Stuttgart 878. Thienemann. n. 6. 50

Schoch, Gust., Diptera, s.: Fauna insectorum Helvetiae.

— Fischfauna des Kantons Zürich. Von Dr. *Gustav Schoch.* In-4°, 19 S. u. 2 Taf. Zürich, Druck von Zürcher & Furrer. *1880.*

Schoch, Gustav: Die Genera und Species meiner Cetonidensammlung. I. Teil: Trib. Goliathidae, Gymnetidae, Madagassae, Schizorrhinidae. Zür. Zürcher u. Furrer Dr. 1895. 1 Bl., III, 63 S., 1 Bl. 4°.
. Programm der Kantonsschule in Zürich 1895.

Schoch, Gust., d. Genera u. Species meiner Cetonidensammlung. 2 Tle. m. Nachtrag. gr. 4. Zürich 895. (Berlin, R. Friedländer & Sohn.) n.n. 6. —
1. Trib. Goliathidae, Gymnetidae, Madagassae, Schizorrhinidae. (III, 64 S.); Nachtrag dazu. (S. 66—82.)
2. Tribus Cetoniadae, Diphognathidae u. Cremastochilidae. (S. 84—148.)

Schoch, Gustav, von Pfäffikon [Kt. Zürich]: Zur Casuistik des Aneurysma Aortae. Zür. F. Schulthess Dr. 1860. 40 S., 1 Bl. 8°.
Zürich. Med. Diss. v. 19. Mai 1860.

— Lamellicornia melitophila. Catalogus systematicus Cetonidarum et Trichiidarum ad huc cognitarum. gr. 8. (95 S.) Ebd. 896. n n. 4. —

Schoch, Gust., Miscellanea entomologica: I. Das Geäder des Insektenflügels. II. Prolegomena zur Fauna Dipterorum Helvetiae. Zürich 1889.
Progr.

Schoch, G., der deutsche Moselübergang im J. 1870 in französischer Beleuchtung, s. a. Beiträge zur Kriegsgeschichte. 3. Hft.

Der deutsche Moselübergang im Jahre 1870 in französischer Beleuchtung von Oberst G[ustav] Schoch. Berlin: A. Bath 1906. (102 S.) 8°
= **Beiträge** z. Kriegsgeschichte. H. 3. [07. 11...

Schoch, Gust. Naturgeschichte der Phylloxera.

— Neuroptera Helvetiae, analytisch bearbeitet als Grundlage e. Neuropterenfauna der Schweiz. (93 S.) gr. 8. Schaffhausen 885. (Bern, Raillard & Co.) 2. 90

(Schoch, Gustav.) Orthoptera Helvetiae analytisch bearb. als Grundlage einer Orthopterenfauna der Schweiz. [Beilage zu den Mittheilungen der schweizerischen entomologischen Gesellschaft.] 8. Schaffhausen 1886.

Schoch, Gust., die schweizerischen Orthopteren. Analytische Taf. zur Bestimmg. geradflügliger Insecten. gr. 8. (48 S.) Zürich 876. Schmidt. n. 1. 60

— s. a. Phylloxera, die.

Schoch, Gust. Phylloxera und Koloradokäfer. 1878. 4.

Schoch, Gust. Analytische Tafeln zum Bestimmen der schweizer. Libellen. 1878.

— die Tätigkeit des Marschalls Mac Mahon vor der Schlacht v. Wörth, s. a. Beiträge zur Kriegsgeschichte. 2. Hft.

Die Tätigkeit des Marschalls Mac Mahon vor der Schlacht von Wörth. Eine operative Studie von G[ustav] Schoch, Oberstlt. Mit 1 Karte. Berlin: A. Bath 1904. (69 S.) 8°
= **Beiträge** z. Kriegsgeschichte. H. 2. [07. 11...

Schoch, Gustav. 1. Die Technik in der künstlichen Fischzucht. 2. Tabelle zur leichten Bestimmung der Fische der Schweiz. 3. Fischfauna des Cantons Zürich. [Mit 1 Doppel-Tafel.] (Njbl. Naturf. Ges. Zürich 1880.) 4. Zürich 1879.

Schoch, Gust., die mikroskopischen Thiere des Süsswasser-Aquariums. Für Freunde des Mikroskopes und der Naturwissenschaften systematisch dargestellt. 1. und 2. Buch. gr. 8. Leipzig 868, Felix. à Buch ℳ 2,25.
Inhalt:
Buch 1. Die Urthiere. (VI, 60 S. mit 8 Stnt.)
» 2. Die Räderthiere. (IV, 34 S. mit 8 Stnt.)

Schoch, Heinrich Gustav, von Bauma [Kt. Zürich]: Kritische Betrachtung der neueren Doctrin und Gesetzgebung über die Verjährung der Strafen. Schaffhausen Brodtmann Dr. **1860**. 2 Bl., 32 S., 1 Bl. 8°.
Zürich, Jur. Diss. v. 30. Mai 1860.

Schoch, Heinr. Gust., kritische Betrachtung der neueren Doctrin und Gesetzgebung über die Verjährung der Strafen. Inaug.-Dissert. Schaffhausen 860. (Brodtmann.) gr. 8. (2 Bl., 32 S.) n. 12 ngr.

Schoch, J. G., Fremdenführer für Schloß Püchau und seine Umgebungen. Eine kurze Zusammenstellung des Sehenswerthen von Püchau. Lex.-8. (8 S. mit 1 Stnt.) Wurzen 862. (Leipzig, Hinrichs'sche Sortimentsh.) *

Schoch, J. G., die Versammlung d. deutschen Naturforscher in Stuttgart im Sept. 1834. Eine Satyre auf ihren Hauptzweck in Versen. 8. (3½ B.) Mainz 835, Kupferberg.

Schoch, J. U. Gesetz betr. die Brandversicherungs-Anstalt für die Gebäude im Kanton Zürich vom 25. X. 1885, abgeändert am 4. III. 1894 und 24. III. 1901. Zürich 1901.

Schoch, Jh., Versuch e. kurzen Anleit., d. Schreibunterr. auf eine zweckmäß. Weise zu ertheilen. Mit 4 Anschauungstafeln. gr. 4. Zürich 830. Schultheß. 12 kr

Schoch's, Joh. Geo., Comoedia vom Studentenleben, s.: Auswahl litterarischer Denkmäler d. deutschen Studententhums.

Schoch, Joh[ann] Heinrich. Rede bei der Beerdigung des sel. Herrn Joh[ann] Kaspar Wolf, Pfarrer zu Oberglatt..., den 16. September 1852 gehalten. 8. Zürich.

Schoch, Jh. Jak., Vorless. üb. d. Medicin, oder üb. die wichtigsten Momente ihrer Bestimmung u. Beziehung zur Bildung guter u. großer Aerzte. 8. Zürich 811. Orell. 16 kr

Schoch, Jh. Thom., Gedanten üb. Menschenbildung. 8. Sondershaus. 805. (Leipz., Joachim). 12 kr

Schoch, K.: Das Schulturnen, sein Entstehen und seine Entwicklung. Schaffhausen 1869. 23 S. Schaffhausen, Elementarschule u. Realschule P 1869.

Schoch, Karl

Die moderne **Aufbereitung** der Mörtel-Materialien. Von Dr. **Carl Schoch**. 2. umgearb. **Aufl.** *Berlin: Tonindustrie-Zeitung 1904.* (VII, 475 S.) 8°

Schoch, Carl, die moderne Aufbereitung der Mörtel-Materialien. 2. umgearb. Aufl. (VII, 475 S. m. Abb. u. 5 Taf.) Lex. 8. Berlin 907. Tonindustrie-Zeitg. Geb. in Leinw. 15. —

Schoch, Carl, d. moderne Aufbereitung u. Wertung der Mörtel-Materialien. gr. 8. (VI, 299 S. m. Fig.) Berlin 896. Thonindustrie-Zeitung, Verlagsabtheilung. n. 8. —; geb. in Leinw. n.n. 9. —

Schoch, Carl, das Ehe-Pantöffelchen, s.: Bloch's, Ludw., Sammlung v. Zwie- u. Dreigesprachen. 37. Hft.

Schoch, Carl [aus Berlin]: Ueber die Einwirkung von Aldehyden und Ketonen auf Oxynaphtochinon .... Marburg, Druck v. Joh. Aug. Koch, 1888; 39 + 1 S. 8°
Marburg, Phil. Fak., Inaug.-Diss. v. 27. Febr. 1888

Schoch, Carl, über die Einwirkung von Aldehyden und Ketonen auf Oxynaphtochinon. Diss. Marburg 1888, N. G. Elwertsche Univ.-Buchh. 8°. 39 S.

Schoch, Karl, von Hongkong nach Lokong. Reise-Erinnergn. aus China. (72 S. m. Abbildgn.) 8. Basel 908. Basler Missionsbuchh. — 20

Schoch, Konrad

Schoch, Conr., Anweisung f. Lehrer z. Ertheilung e. fruchtbaren Unterr. in d. Geographie, sowohl im Allgem. als mit spec. Bezieh. auf d. Handbuch. gr. 8. (7¾ B.) Zürich 837, (Höhr.)

— Anweis. zum Unterr. in d. deutschen Sprachlehre; e. Handbuch f. Lehrer, nebst e. gedrängten Uebersicht d. deutsch. Sprachlehre selbst, in 4 Tabb. gr. 8. Zürich 822. Orell. 1 fl 16 kr

Schoch, Conrad. Geographische Darstellung der Schweiz in tabellarischer Form, zum Behuf des Schulunterrichtes (°*Umschlag*: Geographisch-statistische D' der Schweizerischen Eidsgenossenschaft). 2. vermehrte und verbesserte Ausg. *Ein Blatt* quer-fol. *in Mappe* 8. (Zürich) 1818.

Schoch, Konr., geograph. Darstell. der Schweiz, in tabellar. Form, zum Behuf des Schulunterrichts. 2e verm. u. verbess. Ausg. gr. Fol. Zürich 818. (Orell). (In Etui 1 Tabelle). 14 kr

—— Handbuch d. Geographie f. Schulen u. z. Selbstunterr., nach e. streng method. Lehrgange geord. gr. 8. (14¼ B.) Zürich 837, (Höhr.)

Schoch, Conrad. Handbuch der Geographie für Schulen und zum Selbstunterricht, nach einem streng methodischen Lehrgange geordnet. 8. Zürich.
[1. Aufl.] 1837. — (2. Aufl.) 1842.

Schoch, Conr., kleine deutsche Sprachlehre f. d. ersten grammat. Unterr. gr. 8. (4½ B.) Zürich 830, Orell, Füßli u. Comp.

— gedrängte Uebersicht d. deutschen Sprachlehre, f. die Jugend. 4 Tabb. in gr. Fol. Zürich 822. Orell. 6 kr

Schoch, Kurt

Schoch, Curt. Der Unfallbegriff in der schweizerischen privaten Einzel-Unfall-Versicherung. Diss. Jur. Univ. Zürich von K' Sch'.... XIV + 225 S. 8. Schleitheim, J. G. Stamm, 1930.

Schoch, L., Umrisse f. Freunde d. Gartenkunst. gr. 12. (5½ B.) Dessau 828, Fritsche u. Sohn.

Schoch, Laura, aus Wald (Kt. Zürich): Silvio Pellico in Mailand 1809—1820. Berlin 1907. IV + 137 S. 8°. [16. II. 07.]
Bern. Phil. Diss. 1907/08.

Schoch, Laura, Silvio Pellico in Mailand. 1809—1820. (III, 137 S.) gr. 8. Berlin 907. Mayer & Müller. 3. —

Schoch, Ludw., zur Reform d. österreichisch-ungarischen Zoll-Tarifes. gr. 8. (IV, 82 S.) Wien 871. Faesy & Frick. n. 2. —

Schoch, Maximil. (Augustus Guil. Car.) (geb. Feberstedt in Anh. 18. 6. 1831): De exophthalmo ac struma cum cordis affectione. Berolini (1854). (32 S.) 8°
Berlin, Med. Diss. v. 18. März 1854

Schoch, Otto, die körperliche Misshandlung v. Kindern durch Personen, welchen die Fürsorgepflicht f. dieselben obliegt, s. a. Beiträge, Zürcher, zur Rechtswissenschaft. XVII.

Schoch, Otto, aus Bauma: Die körperliche Misshandlung von Kindern durch Personen, welchen die Fürsorgepflicht für dieselben obliegt. Zürich 1907. XII + 142 S. 8°. Zürcher Beiträge zur Rechtswissenschaft. Heft 17. [6. VI. 07.]
Zürich. Jur. Diss. 1906/1907

Schoch, Otto. Die körperliche Misshandlung von Kindern durch Personen, welchen die Fürsorgepflicht für dieselben obliegt. 142 S. 8. Zürich, Schulthess & Co., 1907.

Ausg. A: Diss. Staatsw. Univ. Zürich.
Ausg. B: Preisgekrönte Arbeit. (fr. 3.60.) — Zürcher Beiträge zur Rechtswissenschaft.... [Heft] 17.

Schoch, Otto, Referendar: Die Scheinhandelsgesellschaft. Göttingen 1910: Dieterich. 49 S. 8°
Göttingen, Jur. Diss. v. 3. Juni 1910, Ref. Ehrenberg
[Geb. 8. März 83 Braunschweig; Wohnort: Hildesheim; Staatsangeh.: Preußen; Vorbildung: Gymn. Andreanum Hildesheim Reife M. 01; Studium: Göttingen 4, Berlin 2, Göttingen 2 S.; Rig. 27. April 10.] [U 10. 1353

Schoch, Paula, Hausfrau u. Dienstbote! Eine Studie über ihr gegenseit. Verhältnis vom Standpunkt der Hausfrau aus. Im Auftrage d. Münchener Hausfrauen-Vereinigg. verf. (20 S.) 8. München 909. (C. Beck [L. Haile].) — 30

Schoch, R, s.: Idiotikon, schweizerisches.

(Schoch, R[udolf].) Bemerkungen zur Anlegung von Gemeindechroniken. (Separatabdruck aus der Neuen Zürcher Zeitung.) 8 S. 8. ([Zürich, Druckerei der Neuen Zürcher Zeitung,] Januar 1902.)
Mit Beilage: [Aufruf] An die Herren Geistlichen im Kanton Zürich. (1901 August.) [4 S.] 8.

Schoch, Rudolf, von Herisau [Kanton Appenzell A.-Rh.]: Zur Constitution des Chlorkalkes. Zür. Orell Füssli Cie Dr. 1887. 59 S. 8°.
Zürich, Phil. Diss. [v. 7. März 1887].

Schoch, Rudolf, von Bauma [Kt. Zürich]: Ueber Boners Sprache. Frauenfeld J. Huber Dr. 1881. 1 Bl., 55 S. 8°.
Zürich, Phil. Diss. v. März [30. April] 1881.

Schoch, Rud., über Boners Sprache. Inaugural-Dissertation. gr. 8. (55 S.) Halle 881, (Niemeyer.) *

Schoch, Victor. Beitrag zur Kenntnis der typischen Luxationsfraktur des Interkarpalgelenkes. Diss. Med. Bern von Viktor Sch'.... [Mit Figuren. Sep.-Abdr. aus: Deutsche Zeitschrift für Chirurgie. Band 91, Heft 1 bis 2.] *Kopftitel:* Aus der chirurgischen Abteilung des Spitales in La Chaux-de-Fonds. ⟨Oberarzt Prof. Dr. F[ritz] de Quervain.⟩ 92 S. 8. Leipzig, August Pries, 1907.

Schoch, W.: Bemerkungen über Schulturnen. Frauenfeld 1866. 18 S. Frauenfeld, Thurgauische Kantonschule P 1866.

Schoch, W.: Das Schulturnen mit Berücksichtigung auf die darauf zu verwendende Zeit. Bern 1872. 13 S. Sonderdr. aus: Schweizer. Turnzeitung.

Schoch, W. Aug., die Gabe des Hl. Geistes in d. Gegenwart. Zugleich 4. Heft der „Vertraulichen Mitteilgn. einiger Kinder Gottes in Süd-Afrika". (31 S.) gr. 8. Lorch 908. K. Rohm. — 50

Schoch, W. Aug, vertrauliche Mitteilungen üb. die geistigen Erlebnisse einiger Kinder Gottes in Süd-Afrika. (24 S.) gr. 8. Lorch 903. K. Rohm. — 40

— Vertrauliche Mitteilungen üb. die geistigen Erlebnisse einiger Kinder Gottes in Süd-Afrika. II. u. III. Teil. (S. 25—48.) gr. 8. Ebd. 04. 07. à — 20

Schoch, Wilhelm [Rudolf], von Fischenthal [Kt. Zürich]: Über die Darstellung der mittlern Jahrestemperatur eines Ortes als Function seiner geographischen Länge und Breite. Zür. F. Walder u. S. Dr. 1856. 28 S. 8°.
Zürich, Phil. Diss. v. 9. Aug. 1856.

Schocher, Chr. Gotthold

Schocher, C. G., etwas üb. deutsche Literatur. 8. Leipzig, Reinicke. 792.

Schocher, Chr. Gtthld., Freuden d. Redlichen an d. Geburtsfeste d. Landesvaters; ein Vorspiel. 8. Leipz. 789.

— Rechtfertigung d. Schreibart: Teutsch, nebst einigen vorausgehenden analogischen Berichtigungen. 8. Halle 793, ist Verl. v. Reinicke u. C.

Schocher, (C. G.,) soll d. Rede auf immer ein dunkler Gesang bleiben u. können ihre Arten, Gänge u. Beugungen nicht anschaulich gemacht u. nach Art d. Tonkunst gezeichnet werden. 4. Halle 792, ist Verl. v. Reinicke u. C.

— Todtenfeier Leopolds II. gr. 4. Leipz. 792. Reinike in Halle. 4 gl.

Schochert, Friedr. Dan., d. Gärtner aus Erfahrung, od. immerwährender Gartenunterricht etc. 8. Altona u. Leipzig, 1789. 2. T.-Ausg. 1797. 3. Aufl. v. F. G. Berger, 1816. (Nauck.) — 15

Schochert, F. D., d. Gärtner aus Erfahrung od. immerwährender Gartenunterricht. 8. Altona, Kaven. (Sommer. auch Gräff in Leipz.) 797.

Schöchlin, Karl Friedrich

Schöchlin, (Carl Friedr.), Germanus Faselmaier, Doctor der Röthe und Communist in der rothen Socialrepublik Ikaria-Schlaraffiana. 8. (20 S.) Frankfurt a. M. 851, Brönner. 1/6 ℔

— Kaiser Julianus der Abtrünnige. Tragödie in fünf Aufzügen. [Den Bühnen gegenüber als Mscr. gedr.] 12. (IV u. 143 S.) Karlsruhe 850, Malsch & Vogel. n. 16 ngr.

—— der teutsche Michel auf dem Blocksberge. Infernal-polit. Confusion aus der dämonokratischen Diabolarchie in anarchischen Versen. 12. (50 S.) Karlsruhe 850, Malsch und Vogel. *

— siehe: Sander, Adolph. — (Verf. von Blumen u. Nesseln.) s.: Blumen u. Nesseln.

SCHÖCHLIN, U., Satyr's weibliche Tafelrunde. Charaktere und Bilder aus der Frauenzimmerwelt. Carlsruhe 1852. 8°. Zahm. (30 Pfg. A. Bielefeld, vor 1885.)

Schochor, M., s.: Meschullam b. Mose, Sefer Haschlamah.

Schochor-Tscherny, M[oses], von Mohilew (Russland): Die Wertbestimmung von Mergeln für hydraulische Zwecke durch chemische Analyse. Zür. E. Lehmann Dr. 1894. 67 S. 8°.
Zürich, Phil. Diss. [v. 30. Juli 1894].

Schochterus, C., Der siebenbürgisch-sächsische Bauer. Eine socialhistorische Skizze. 8°. Hermannstadt 1873.

Schöchtner, Frz., unj. Kaiserlied, s.: Teuber, Osc.

Schöchtner Franz: Das älteste Stadtrecht Wiens. Eine rechtshistorische Studie
1876 PN 52 Diss. Wien, Univ. 634

Schock, H., erlöse uns von dem Übel, s.: Immergrün.

Schock, H., ein' feste Burg ist unser Gott, s. Immergrün.

Schock, Helene, seine zweite Frau. Eine Erzählung aus der Gegenwart. 2. Aufl. 8. (416 S.) Stuttgart 903. D. Gundert. Geb. in Leinw. n. 4.—
1. Aufl. (464 S.) 900. n. 3.20; geb. n. 4.—.

— eine Heimat. Familienbilder. 8. (320 S.) Ebd. 903. Geb. in Leinw. n. 3.—

— Irene Herwig, ihr Streben u. Lieben. Eine Erzählg. f. die Frauenwelt. 8. (335 S.) Ebd. 902. Geb. in Leinw. n. 3.—

— Landfremd, s. Immergrün.

Schock, Helene, Menschenstimmen. Eine Erzählg. (280 S.) 8. Stuttgart 911. M. Kielmann. 2.—; geb. in Leinw. 3.—

— d. kleine Reichsdeutsche, s.: Immergrün. Nr. 147.

— die Volksschullehrerin. (296 S.) kl. 8. Stuttgart 905. D. Gundert. Geb. in Leinw. n. 3.—

Schock, Helene, des Künstlers Weg. Eine Geschichte der Kämpfenden u. Suchenden. (310 S.) kl. 8. Stuttgart 907. D. Gundert. Geb. in Leinw. n. 3.—

— mein Zoar s.: Immergrün.

Schock, Josef

— Katalog des Seitenstettener geogr. Kabinettes. 35. 28. 55. 46. ibd. 02—05. Seitenstetten
Progr.

Schock Josef: Über geographische Schulsammlungen im allgemeinen u. das Seitenstettener geogr. Cabinett im besondern. 24. Seitenstetten 01.
Progr.

Schock, Karl, appr. Tierarzt: Aus d. ophthalmol. Inst. d. Tierärztl. Hochsch. zu Stuttgart. Vorst.: Königshöfer. Die Endausbreitung des Nervus sympathicus in der Iris. Leipzig: (Hirzel) 1910. 21 S., 1 Taf. 8° ¶(Aus: Archiv f. vergl. Ophthalmol. Bd 1, H. 3.)
Gießen, Veterinär-Med. Diss. v. 19. Aug. 1910, Ref. Martin
[Geb. 2. Mai 86 Gaisburg-Stuttgart; Wohnort: Stuttgart; Staatsangeh.: Württemberg; Vorbildung: Oberrealsch. Stuttgart Reife Juli 06; Studium: Tierärztl. Hochschulen Stuttgart 4, Berlin 1, Stuttgart 3 S.; Rig. 1. Aug. 10.] [U 11. 1321

Schöck, Chr., method. Lehrgang der Gabelsberger'schen Stenographie, d. einz. staatl. anerkannten, in 4 deutschen Staaten mit Ausschluß aller übrigen Systeme allein eingef. deutschen Einheits-Stenographie, f. d. Schul- u. Privatunterricht. 2 Tle. gr. 8. Oehringen 898. (Stuttgart, H. Lindemann.) à n.n. 1.10
1. Schul- u. Korrespondenzschrift. 14. Aufl. (V, 46 S.)
2. Fortbildungskurs u. Satzkürzungslehre. (IV, 12 u. 30 S.)

Schöck, Chr., methodischer Lehrgang der Gabelsberger'schen Stenographie, der einzigen staatlich anerkannten, in 5 deutschen Staaten unter Ausschluß aller übr. Systeme allein eingeführten deutschen Einheits-Stenographie, f. den Schul- u. Privatunterricht bearb. 2 Tle. gr. 8. Oehringen 900. Selbstverlag. à n. 1.10
1. Schul- u. Korrespondenzschrift. 27. Aufl. (V, 46 S.)
2. Fortbildungskurs u. Satzkürzungslehre. 5. verb. u. verm. Aufl. (IV, 48 S.)

Schöck, Chr., methodischer Lehrgang der Gabelsberger'schen Stenographie f. den Schul- u. Privatunterricht bearb. 2 Tle. m. Schlüssel. 8. Oehringen 905. Ch. Schöck. n.n. 3.70
1. Verkehrsschrift. 52. Aufl. (Nach den Berliner Beschlüssen.) (V, 45 S.) n.n. 1.10; Schlüssel. (19 S.) n.n. —65
2. Redeschrift (m. Fortbildungskurs). 14. unveränd. Aufl. (Nach den Berliner Beschlüssen.) (IV, 43 S.) n.n. 1.10; Schlüssel. (16 S.) n.n. —85

— **Lesebuch** f. Fortbildungskurse u. f. Militärstenographen, als Anh. zum 1. Tl. seines method. Lehrganges der Gabelsbergerschen Stenographie. 2. Aufl. 12. (32 S.) Ebd. 900. —25

— Lesebuch zum I. Tl. seines method. Lehrgangs der Gabelsbergerschen Stenographie (nach den Berliner Beschlüssen). 25. Aufl. (24 S.) 8. Ebd. 905. n.—28

— J. G. Paust, Joh. Ziesemer u. Ernst Hupfer, Erläuterungen zu den Mittel- u. Oberstufen der Ausg. D von Ferdinand Hirts deutschem Lesebuche. 1. Bd. gr. 8. Breslau, F. Hirt. n. 4.—
Erläuterungen sämtlicher Lesestücke des 3. Teils (erstes Lesebuch f. die Mittelstufe). (368 S.) 902.

Schocke, Otto, die allgemein litterarischen Stoffe, s.a. Erläuterungen zu F. Hirt's deutschem Lesebuche. 1. Bdchn.

Die allgemeinen litterarischen Stoffe. Bearb. von Otto **Schocke**. Abt. 1. 2. Breslau: F. Hirt 1900–04. 2 Bde 8° [5.]
1. Erl. zum Ersten Lesebuche f. d. Mittelstufe (T. 3). 1900.
2. Erl. zu d. Lesestücken 1–42 im Zweiten Lesebuche f. d. Mittelstufe (T. 4). 1904.
— **Erläuterungen** zu d. Mittel- u. Oberstufen von F. Hirts Deutschem Lesebuche, Ausg. B. Bd 1. [07. 17118 2

Schocke, Wilhelm, Referendar: Die Selbsthilfe nach altem und neuem Rechte in historisch-dogmatischer Darstellung. Borna-Leipzig 1909: Noske. 58 S. 8°
Heidelberg, Jur. Diss. v. 1909, Ref. Endemann
[Geb. 13. Jan. 79 Kassel; Wohnort: Kassel; Staatsangeh.: Preußen; Vorbildung: Gymn. Kassel Reife M. 98; Studium: Leipzig 1, Bonn 5, Marburg 2 S.; Rig. 3. Aug. 08.] [U 09. 1897

Schockel, A., histoire de Frédéric-Guillaume le Grand, s. Sammlung franz. Lesestücke.

Schockel, A., s. Sammlung französ. Lesestücke.

— York, Stein etc. s. Sammlung franz. Lesestücke.

Schockel, Aug. Über Marsilius von Padua. I. Teil. 19 S.
Progr. Buchsweiler 1877.

Schocken [Schlagwort]

Schocken, s.: Geologische Karten. Preussen 89.

SCHOCKEWITZ, Joh. („Med. Doct., Medicus d. Königl. Schweitzer Garde u. Phisicus der Friedrichsstadt"), Curiose Observation von einem Baur Jungen, der einen Finger-Hut, wie ihn die Schneider gebrauchen, von gehärteten Eisen gemacht, über einen nicht allzu kleinen Kopff des männlichen Gliedes unglücklich gestossen, u. in kurtzer Zeit glücklich curirt worden, heraus gegeben von dem AUTORE JOHANNE SCHOCKEWITZ .... Berlin (o. Adresse), Anno 1705. 4°.
15 S. à 2 Col. (lat. u. deutsch). Die auf S. 7 erwähnte Kupfertaf., Abbildg. des Jungen u. des Fingerhutes, fehlte (wie fast stets) bei vorliegendem Expl. — Höchst seltenes Curiosum!

Schockherr, Jul., der Großgrundbesitzer als Patronatsherr. Handbuch f. Großgrundbesitzer u. Patronatsherren, dann f. Domänenbeamte u. Kirchenrechnungsführer in den im Reichsrathe vertretenen Königreichen u. Ländern. [A. u. d. T.: Archiv f. Landwirthschaft, hrsg. v. Hugo H. Hitschmann. III.] gr. 8. (VIII, 163 S.) Wien 884. (Gerold's Sohn.) n. 3. 40

Schockherr, Jul., Kirchenpatronat u. Kirchenconcurrenz m. Besprechung der Vogtei u. d. Schulpatronates. Handbuch f. Kirchen- u. Schulpatrone, Großgrundbesitzer, Beneficiaten, Orts- u. Pfarrgemeinden, Kirchenconcurrenz-ausschüsse, dann f. Domainenbeamte u. Kirchenrechnungsführer in den im Reichsrathe vertretenen Königreichen u. Ländern Oesterreich-Ungarns. 2., ganz umgearb., wesentlich verm. u. vervollständ. Aufl. v. „Der Großgrundbesitzer als Patronatsherr". gr. 8. (XI, 410 S.) Wien 892. (C. Gerold's Sohn.) Geb. n. 9. 60

Kirchenpatronat und Kirchenconcurrenz mit Besprechung der Vogtei und des Schulpatronates. Handb. f. Kirchen- u. Schulpatrone ... in d. im Reichsrathe vertret. Königreichen u. Ländern Oesterr.-Ungarns. Von Julius Schockherr, Domainen-Oberverwalter i. P. 2., ganz umgearb., wesentl. verm. u. vervollständ. Aufl. d. Werkes 'Der Grossgrundbesitzer als Patronatsherr.' [Nebst] Erg.H. 1. 2. *Wien: H. H. Hitschmann 1893–95.* 3 Bde 8° [F.]
Erg.H. 1. 2. 1893–95 = Archiv f. Landwirtschaft. 3, Erg.H. 1. 2. [00. 429]

Schockherr, Julius, Kirchenpatronat und Kirchen-Concurrenz mit Besprechung des Vogtei- und des Schulpatronates. 2., ganz umgearbeitete, wesentlich vermehrte und vervollständigte Auflage. 1. Ergänzungsheft. Gr.-8. (109 S.) 1.20
Wien: Gerold's Sohn 1893.

Schockherr, Jul., Kirchenpatronat u. Kirchenconcurrenz m. Besprechg. d. Vogtei u. d. Schulpatronates. Handbuch f. Kirchen- u. Schulpatrone, Großgrundbesitzer, Beneficiaten, Orts- u. Pfarrgemeinden, Kirchenconcurrenz-ausschüsse, dann f. Domainenbeamte u. Kirchenrechnungsführer in den im Reichsrathe vertret. Königreichen u. Ländern Oesterreich-Ungarns. 2., ganz umgearb., wesentl. verm. u. vervollst. Aufl. v. „Der Großgrundbesitzer als Patronatsherr". 2. Ergänzungsheft. gr. 8. (127 S.) Wien 896. (C. Gerold's Sohn.) n. 2. 40
(Hauptwerk m. 1. u. 2. Ergänzungsheft: n. 14. 40)

† SCHOCKWITZ, Breslauer Genrebilder, keine Nebelbilder. Mit den frischesten Farben gemalt, gefaßt in poetische Goldleisten und eingewickelt in provisorische Anmerkungen. Breslau, Trewendt, 1846. 8°. 35 S.
Inh.: Humorist. Gedichte: Die Extrazügler in Fürstenstein. 14. VI. 1846. — Anne Rose und Christian, Tragikomische Historie bei der Barmherzigen Brüder-Kirmiss. — Eduard und Kunigunde. (Partsch, Heft 5, S. 349.)

Schoddo, George H., Hêrmâ Nabî, the ethiopic version of Pastor Hermae examined. A dissertation. gr. 8. (45 S.) Leipzig 876. Stauffer in Comm. n. 1.—

Schoedde, Georg Wilhelm (Hessen) A. S. 165/28

Dissertatio inauguralis juridica de diverso poenarum genere ex mente c. c. c. indeque oriente discrimine inter delicta civilia et criminalia nequaquam negligendo. Präs. Karl Wilhelm Robert.
Marburg (Bayrhoffer) VIII. 1779. 64 S. 31122

Schödde, R., Predigten üb. den Heidelberg. Katechismus. 2 Thle. gr. 8. Danzig 754. Waesberg. 1 Thlr 8 Gr

Schöde, Jul., Ananas, s.: Radetzki, gärtnerische Kultur-Anweisungen. 9. Hft.

Schoedel, Frid. Herm., Flavius Josephus de Jesu Christo testatus vindiciae Flavianae. 8. (5½ B.) Lipsiae 840, B. Tauchnitz jun.

Schödel, Fr. Herm., vier Predigten. Gehalten bei der Ablaßfeier in der Marienkirche zu Wickershain bei Gelthain, im Leipziger Kreise. 8. Leipzig 842, Reclam sen. n. ⅓ Thlr

— s. Dr. Scholl, medicinisches Deutsch-Latein. Taschenwörterbuch.

Schödel, Fried. Herm., zwei Schulvorträge, religiösen u. geograph. Inhalts etc. gr. 8. (2¾ B.) Dresden 838, (Gottschalck.) Thlr.

Schödel, Fr. Herm., zwei Schulvorträge, religiösen u. geographischen Inhalts, gehalten in einer Unterrichtsanstalt Dresdens und seinen vormal. Schülerinnen gewidmet. gr. 8. Dresden 838. (Wagner.) ⅓ Thlr

—— Urkunden u. Nachrichten, betreffend die vormalige Ablaßertheilung u. die jetzige Ablaßfeier in der Marienkirche zu Wickershain. 8. (2 B.) Leipzig 842, C. H. Reclam sen. *

Schödel, Gg., Jubiläumsreigen, E. Lampion- u. Fackelreigen m. 18 Zeichn., Ansbach, Kl.-8°. 2 Bde.

Schödel, Geo., Lampionreigen der Turnvereine zu Hof, s.: Reigen f. das Turnen der Knaben, der Mädchen u. der Erwachsenen.

Schoedel, Joh., kurze Anweisung zur Säuglingspflege im einfachen Haushalt. gr. 8. (8 S.) Chemnitz (901). (C. Strauß.) — 10

Schoedel, Johann Adam (Bayreuth) Diss. Erlg. Phs. 1756/1

Dissertatio philosophica inauguralis de felicitate.
Präs. Johann Friedrich Hagen.
Erlangen (Tetzschner) I. 1756. 43 S.

Gew.: Johann Heinrich von Dobeneck, Johann Stephan Erckert, Johann Christoph Silchmüller, Germanus August Ellrod, Johann Christian Schmid, Johann Michael Ansorg.
W. v.: Präs. 31123

Schödel, Jh. Erhrd., kurzer Leitfaden f. den arithmet. Unterricht in theoret. u. prakt. Hinsicht etc. 1r Cursus. 8. Bayr. 808. Lübeck. 10 Gr

— die Redetheile d. französ. Sprache, od. e. concentrirte französ. Grammatik. 4. (Bayr. 808.)

Schoedel, Johannes: Aus der medizinischen Poliklinik zu Kiel. Beitrag zur Lehre vom Urobilin. *Kiel 1898: P. Peters.* (26 S.) 8°.
Kiel, Med. Diss. v. [18. März] 1898

Aus d. pathol.-anat. Abth. d. Stadtkrankenhauses in Chemnitz. Untersuchungen über die Möller-Barlow'sche Krankheit. Von Dr. J[ohannes] Schoedel, Assist., u. Prof. C[oelestin] Nauwerck, Prosector. *Jena: G. Fischer 1900.* (159 S.) 8° [00. 429]

Ananas. Pract. Anleitung z. Ananas-Kultur. Aus d. Praxis f. d. Praxis von Jul. Schöde. Berlin: Berliner Gärtner-Börse [1904]. (11 S.) 8°
= Kultur-Anweisungen, Gärtnerische. H. 9. [04. 19]

Schödel, L. T., wie baut man billig u. gut? Praktische Anleitg. zur Herstellg. v. Kunststeinen, echter Dachsteinpappe u. Betonguss- u. Pisóbauten. Populäre Rathschläge u. erprobte Recepte f. Bauunternehmer, Landbaumeister, Maurerpoliere u. Bauinteressenten, ferner f. Besitzer v. Gips-, Kalk- u. Ziegeleianlagen, Steinbrüchen etc. etc. 8. (IV, 139 S. m. 1 Taf.) Wien 900. L. Weiß. n.n. 1.70

Schödel, Mart., grammatisch-stilistischer Abriß der lateinischen Sprache f. die oberen Gymnasialklassen. (IV, 56 S.) gr. 8. Wolfenbüttel 903. J. Zwißler. n. — 75

Schödel, Mart., lateinische Elementargrammatik f. die drei unteren Gymnasialklassen u. die entsprechenden Klassen anderer höheren Lehranstalten. gr. 8. (VIII, 170 S.) Leipzig 892. B. G. Teubner. Geb. in Leinw. n. 2. —

— lateinische Schulgrammatik. (V, 242 S.) gr. 8. Ebd. 903. n. 2. —; geb. in Leinw. n.n. 2. 50

Schödel, W., Leitfaden u. Lehrstoff zu Vorträgen üb. Weltgeschichte in Gymnasialklassen. Als Heft bearb. 1. Thl. — A. u. d. T.: Geschichte d. Alterthums. 8. (12½ B.) Leipzig 841, Frohberger.

Schoder, Gedichte. Tübingen 1805. 8°. (3 Mk. Jos. Baer & Co., Frankfurt a. M., 1912.)
Goedeke VII. 228. 65: Der Verfasser wurde vom Könige von Würtemberg veranlasst, das Land zu verlassen.

Schoder, Gedichte. 8. Tüb. Cotta. 805.

Schoder's Leben, s. Leben rc.

Schoder, Kanzlei-Rath, cameralistische Tabellen zur Erleichterung und Beförderung des Geschäftsganges. gr. 4. Stuttgart 836. Liesching u. Comp. ¾ ₰

Schoder, Adf., Vertheidigungsrede in dem Prozeß gegen Rau und Genossen vor den Assisen zu Rottweil. gr. 16. (28 S.) Rottweil 851, Willmann. **

Schoder, A., Vertheidigungs-Rede vor dem Schwurgerichte in Eßlingen in Anklage-Sachen gegen den Lithographen Frdr. Krauß wegen Beleidigung der Ehre der Staatsregierung [des Märzministeriums] aus Anlaß der Sprengung der National-Versammlung. 8. (32 S.) Stuttgart 850, Göpel. baar 4 ngl

Schoder, Ed., († d. 5. Jan. 1849), hinterlassene Predigten. gr. 8. (VI u. 322 S.) Tübingen 849. (Fues'sche Sortiments-Buchhandlung.) n. 1/12 ₰

Schoder, Ferdinand Adam (Nürnberg) A. S. 1310/16

Dissertatio inauguralis medica de intestinorum mutuo ingressu.
Altdorf (Kohles) VI. 1729. 48 S.

Gew.: Stadt Nürnberg.
W. v.: Johann Jakob Baier, Johann Jakob Iantke, Johann Heinrich Schulze, Io. Georg Stuss, Karl Hofmann (Opp.), Ernst Friedrich Krugelstein (Opp.), David Franz Hezel (Opp.), A. B. Filzhofer, G. F. Bechmann. 31120

Schoder, Ferdinand Adam (Nürnberg) A. S. 1166/52

Exercitatio medica de refectione celeri per alimenta humida ad ductum Hippocratis aphorism. II. XI.
Präs. Johann Heinrich Schulze.
Altdorf (Kohles) III. 1728. 20 S.

W. v.: Präs., G. L. Huth (Opp.), Karl Hofmann (Opp.), Georg Ulrich Schmidt (Opp.). 31119

Schoder, Fr. Jak., († d. 22. Aug. 1785.) Hierozoicon ex Sam. Bocharti itinerariis variis aliisque comment. compositum. III Spec. 8. Tübing. 784—86. v. Cotta. 1 ₰

— s. Pauli, d. Apostels, Brief an d. Christen in Rom. Frankf., u. setze hinzu: (von F. J. Schoder).

Schoder, Franz [aus Schwäb.-Hall]: **Beiträge zur Lehre vom provocierten Abort ... Berlin, C. Vogt's Buchdr.,** *1893;* **33 S., 1 Bl. 8.**
Berlin, Med. Fak., Inaug.-Diss. v. 11. Dez. 1893

Schoder, G. F. H., d. Erdarten im Gebiete d. Pflanzen-Vegetation, im Kultur- u. Nichtkulturzustande. 8. Ludwigsburg, 1825. Nast. — 15

Schoder, Hugo

Schoder, H., Dr., Mittlere Bewegung des Bodensees zu Friedrichshafen, aus den am Friedrichshafener Pegel gemachten Beobachtungen abgeleitet von —.

— Mittlere Bewolkung zu Stuttgart, berechnet aus den 45jahrigen Beobachtungen von 1826 bis 1870. (Wurttemb. Jahrbucher, 1872.)

— Fünfzigjahrige Ergebnisse der meteorologischen Beobachtungen in Stuttgart. — Witterungsbericht von den Jahren 1878 und 79 nach den Beobachtungen der wurttembergischen meteorologischen Stationen. (Besond. Abdr. a. d. Jahrg. 1882 der Wurttemb. Jahrb.) Stuttgart 1882.

Schoder, H. Fünfzigjährige Ergebnisse der meteorol. Beobachtungen in Württemberg, und Witterungsbericht von 1878 und 1879. Stuttgart 1882. 4.

Schoder. Ueber den jährlichen Gang des Barometers. (Wurttemb. Naturwiss. Jahreshefte, Jahrg. XXIV, 1868.) Stuttgart.

Schoder, H. von, Hulfstafeln zur barometrischen Hohen-Bestimmung nebst einer Anleitung zur Untersuchung und zum Gebrauch der Aneroid-Barometer. Stuttgart 1872.

Schoder, H., Hülfstafeln zur barometrischen Höhenbestimmung nebst einer Anleitung zur Untersuchung und zum Gebrauch der Feldbarometer. Mit einem Anhang enth. die Höhen der württemberg. Eisenbahnstationen. 2. verb. Aufl. gr. 8. (63 S.) Stuttgart 874, Schweizerbart'sche Verlagsh.

Schoder, H., Logarithmen mit 4 u. 3 Stellen. Stuttgart 866. Lindemann. 8. (4 S.) cart. n. 4 ngr

— — Wurttembergische Meteorologie der Jahre 1876 u. 77. (Besonderer Abdr. aus dem Jahrg. 1878 der Wurttemberg. Jahrbücher.) Stuttgart 1878.

Schoder, von, Präcisions-Nivellement. Ausgeführt unter Leitung und ausgeglichen von von Schoder. Stuttgart 1885. Mit Übersichtskarte.

Schoder, v., Der Prognosendienst in Wurttemberg im Sommer 1881. Stuttgart 1882.

— — logarithmische u. trigonometrische Tafeln mit 4 u. 3 Stellen. 2. verm. Aufl. Ebend. 869. qu. Fol. Aufgezogen n. 5 ngr

Schoder, H., logarithmische u. trigonometrische Tafeln m. 4 u. 3 Stellen. 3. Aufl. (6 S. auf Karton in Leporelloform.) kl. 8. Stuttgart (904). K. Wittwer. n. — 60

— Uebersicht uber die Witterungs-Verhaltnisse von Januar 1867 bis Juni 1876 nach den Beobachtungen der wurttembergischen Stationen. Stuttgart. Fol.

— Uebersicht uber die Witterungs-Verhältnisse nach den Beobachtungen der wurttembergischen Stationen. Herausgeg. von Schoder. 1877, 78, 80—82. Stuttgart 1877—83. qu. Fol.

Schoder, H. Die meteorologischen Verhältnisse Württemberg's nach den Resultaten der württemb. meteorol. Stationen. 1870?

Schoder, H., Dr., Die mittlere Vertheilung der Tage mit Niederschlag zu Stuttgart, aus 50jahrigen Beobachtungen berechnet. (Wurtt. Jahrb., 1874.)

Schoder, H., Dr., Normale Warmemittel von Stuttgart und Heidenheim. (Sep.-Abdr. aus den wurttemb. Jahrbuch.) (Mit 1 graphischen Darstellung.) Stuttgart 1872.

(Schoder, H. v.; i. J. 1885: Zech), Witterungsbericht von den Jahren 1872 bis 75, 1880 bis 88. Nach den Beobachtungen der württemb. meteorolog. Stationen. (Besond. Abdr. aus den Württemb. Jahrbüch.)
Stuttgart

Meteorolog. Central-Station, (Schoder, H., Dr.), Die Witterungs-Verhältnisse der Jahre 1867—71 und 75. Nach den Beobachtungen der württemb.-meteorolog. Stationen zusammengestellt von —. (Mit 1 Taf. und 2 graph. Darstellungen.) (Sep.-Abdr. aus den württemb. Jahrb.)
Stuttgart 1872, 73, 76.

Schoder, Hugo, die Elemente der Cometen VI 1857 berechnet. Tübingen 858. (Fues' Sorthdlg.) 4. (12 S.) n. 4 ngr.

Schoder, Hugo, die Elemente des Cometen VI 1857 berechnet. 4. (12 S.) Tübingen 859, (Fues'sche Sortimentsbuchh.) *

Schober, J. C. G., bibl. Abriß d. ewigen Lebens, d. Lebenden und Sterbenden zum Troste aufgesetzt. 8. Stuttgart, Metzler. 755.

— Morgen- u. Abend-Andachten frommer Christen. 2 Thle. 8. Heilbronn, Eckebrecht. 753.

Schoder, Robert [aus Stuttgart]: Die Reductionsproducte der α-Naphtoësäure . . . . Würzburg, Druck d. Stahel'schen k. Hof-Buchdr., 1890; 83 S. 8°
München, Phil. Fak., Inaug.-Diss. v. 1891

Schöder, G. F. H., die Erdarten im Gebiete der Pflanzen-Vegetation, im Kultur- u. Nichtkulturzustande, nebst den Folgen einer Vernachlässigung des erstern. ... Ludwigsburg 825, jetzt Berendsohn in Hamburg. 1/2 ℛ

Schoderiana, s.: Drost.

Schödl, Frz., Handbuch ausführlicher metrischer Tabellen, welches die Umrechngn. der metr. Längen-, Flächen-, Körper-Hohl-Maasse u. Gewichte auf die österreich. Maasse u. Gewichte u. auch im Gegenfalle, nebst Anwendung derselben auf Preis-Ermittlgn. enthält. 4. umgestaltete u. erweit. Ster.-Aufl., f. die Erfordernisse der techn. Bau-Betriebs-Werkstätten- u. kommerziellen Eisenbahn-Dienstes eingerichtet. gr. 8. (VII, 108 S.) Wien 874. Lechner's Verl. in Comm. n. 3. —

Schödl, Franz, Handbuch ausführlicher Tabellen, welches sowohl die Umrechnung der Zahlenwerthe der metrischen Längen-, Flächen- u. Körper-Maasse, sowie der Gewichte u. Münzen auf die österreichischen Maasse, Gewichte u. Münzen, als auch umgekehrt, nebst einer populären Darstellung des metrischen Maassystems u. dessen Anwendung in der Rechnung enthält. Mit Zugrundelegung des authentischen Verhältnisses, welches zwischen den Grund-Maassen beider Systeme besteht. Wien 866. (v. Waldheim). 8. (XXIII, 108 S.) n. 1 ℛ 10 ngr.

Schödl, Franz, manuel de tables métriques complètes contenant toutes calculées, les valeurs numérales des mesures métriques, tant linéaires que carrées et cubes, ainsi que celles des poids et des monnaies, converties en les mesures duodécimales, et en celles des poids et monnaies d'Autriche et réciproquement; précédé d'un exposé populaire sur le système métrique, et l'application de ce système au calcul. Fondé sur le rapport authentique qu'a lieu entre les bases des deux systèmes. (Französisch u. deutsch.) 2. mit einem Anhang versehener Ster.-Abdr. Wien 870. Lechner in Comm. gr. 8. (XXIII, 284 S.) n. 1 ℛ 10 ngr.

—— neuester Rechnungsschlüssel für die neuen Masse und Gewichte. Zum Gebrauche des Handelsstandes und der Gewerbe nach dem praktischen Bedarfe derselben und den bestehenden Handels-Usancen eingerichtet. 2. umgestaltete und verm. Aufl. der unter dem Titel: „Handtafel zur Verwandlung der Wiener Gewichte in Zollgewichte etc." erschienenen Tabellen. Wien 874, v. Waldheim. *

— 100 Rechnungs-Vortheile u. Kunst-Behelfe, mittelst welcher nach hier zuerst aufgestellten Verfahrungsarten die Umrechng. sämmtl. österreich. Maße u. Gewichte, sowie die Umrechngn. der Einheitspreise in jene der neuen Maß- u. Gewichtsordng. ohne Tafelgebrauch nach f. die Praxis raschen, sicheren u. bequemen Methoden vorgenommen werden können. Sämmtliche Kürzungs-Regeln durch prakt. Beispiele erläutert. gr. 8. (41 S.) Wien 875. v. Waldheim. Verklebt. n. 3. —

Schödl, Frz., neuer Zinsen-Schnellrechner. Ein Universal-Schlüssel zur schnelleren Berechnung der Interessen oder des Disconto's für jeden beliebig hohen Kapitalwerth in Gulden, Mark, Francs, Rubel, Lire rc. und jedes Perzent, in Ganzen oder Bruchtheilen des Zinsfußes. gr. 8. (16 S.) Wien 882, (Lechner's Verlag.) *

Schoedler, Ed., s. Schoedler, J. Ed.

Schödler, Friedrich

Schoedler, Frdr., Atlas der chemischen Technik. [Aus „Bilder-Atlas."] 1 Taf. in Stahlst. u. 9 Taf. in Holzschn. (in qu. Fol.) nebst erläut. Texte. hoch 4. (48 S.) Leipzig 873. Brockhaus. n. 2. —; geb. n. 3. —

Schoedler, Fr. Berufswahl. S. 25—30. **Progr.** Rg. *Mainz* 1882.

—— s. Brehm, A. E., Illustr. Thierleben.

Schoedler, Frdr., das Buch der Natur, die Lehren der Botanik, Zoologie u. Physiologie, Paläontologie, Astronomie, Mineralogie, Geologie, Physik u. Chemie umfass. u. allen Freunden d. Naturwissenschaft, insbes. d. höh. Lehranst. gewidmet. 23., vollst. neu bearb. Aufl. v. B. Schwalbe u. O. W. Thomé. (In 3 Tln.) 1. Tl. Botanik, Zoologie, Physiologie u. Paläontologie v. Otto Wilh. Thomé. Mit 894 eingedr. Abb. in 600 Holzst. gr. 8. (XII, 416 S.) Braunschweig 897. F. Vieweg & Sohn. n. 3. 60; geb. in Leinw. n. 4. —

Schoedler, Frdr., das Buch der Natur, die Lehren der Botanik, Zoologie u. Physiologie, Paläontologie, Astronomie, Mineralogie, Geologie, Physik u. Chemie umfassend u. allen Freunden der Naturwissenschaft, insbesondere den höh. Lehranstalten gewidmet. 23. vollst. neu bearb. Aufl. v. B. Schwalbe u. O. W. Thomé. (In 3 Tln.) 2. Tl. Chemie, Mineralogie u. Geologie. 1. Abtlg. Chemie v. H. Böttger. Mit 85 Abbildgn. in Holzst. u. 1 Taf. gr. 8. (XVI, 694 S.) Braunschweig 899. F. Vieweg & Sohn. n. 6. —; geb. in Leinw. n. 6. 50

Schödler, Fried., das Buch der Natur, die Lehren der Physik, Chemie, Mineralogie, Geologie u. s. w. umfassend. Allen Freunden der Naturwissenschaft, insbesond. den Gymnasien, Real- u. höheren Bürgerschulen gewidmet. gr. 8. (33 B. m. 181 eingedr. Holzst.) Braunschweig 846, Vieweg u. Sohn.

Schödler, Fr., das Buch der Natur, die Lehren der Physik, Chemie, Mineralogie, Geologie rc. umfassend. Allen Freunden d. Naturwissenschaft, insbesond. den Gymnasien, Real- und höheren Bürgerschulen gewidmet. Mit 281 in den Text gedr. Holzst. gr. 8. Braunschweig 846, Vieweg u. S. $1^1/_3$ ℛ

Schoedler, Frdr., das Buch der Natur, die Lehren der Physik, Astronomie, Chemie, Mineralogie, Geologie, Physiologie, Botanik und Zoologie umfassend. Allen Freunden der Naturwissenschaft, insbesondere den Gymnasien, Real- und höheren Bürgerschulen gewidmet. 3. umgearb. u. verm. Aufl. Mit zahlr. eingedr. Holzschn. gr. 8. (XX u. 644 S.) Braunschweig 848, Vieweg & Sohn. — 4. verb. Aufl. Mit 350 eingedr. Holzschn., Sternkarten u. 1 color. geognost. Taf. gr. 8. (XXX u. 644 S.) Ebd. 849. — 5. Aufl. Mit 350 eingedr. Holzschn., Sternkarten u. 1 color. geognost. Taf. gr. 8. (XXX u. 644 S.) Ebd. 850. — 6. verb. Aufl. Mit zahlr. in den Text eingedr. Holzschn., Sternkarten u. 1 color. geognost. Taf. gr. 8. (XXX u. 664 S. mit 2 lith. Taf. in Fol.) Ebd. 852. 1½ ℛ

Schoedler, Friedr., das Buch der Natur, die Lehren der Physik, Astronomie, Chemie, Mineralogie, Geologie, Physiologie, Botanik und Zoologie umfassend. Allen Freunden der Naturwissenschaft, insbesondere den Gymnasien, Real- und höheren Bürgerschulen gewidmet. 7. und 8. Aufl. 1853—54., 9. Aufl. 1855. und 10., verb. Aufl. gr. 8. (XXX und 663 S. mit 378 in den Text eingedr. Holzschn., Sternkarten und 1 geognost. Taf. in Farbendr. auf 1 Kpfrt. und 1 Stnt. in 8. und Fol.) Braunschweig 856, Vieweg und Sohn. *

Schoedler, Friedr., das Buch der Natur, die Lehren der Physik, Astronomie, Chemie, Mineralogie, Geologie, Botanik, Physiologie und Zoologie umfassend. Allen Freunden der Naturwissenschaft, insbesond. den Gymnasien, Real- und höheren Bürgerschulen gewidmet. 11., wesentlich verm. und verb. Aufl. Mit ca. 976 in den Text gedr. Holzschn., Sternkarten, Mondkarten und 1 geognost. Taf. in Farbendr. In 2 Thln. 1. Thl.: Physik, physikal. Geographie, Astronomie und Chemie. gr. 8. (XXXII und 454 S. mit 2 Kpfrt. und 1 Holzschnt. in 4. und Fol.) Braunschweig 860, Vieweg und Sohn.

—— dass. — 2. Thl.: Mineralogie, Geognosie, Geologie, Botanik, Physiologie und Zoologie. 3 Lfgn. gr. 8. (522 S. mit eingedr. Holzschn.) Ebendas. 860—62. *

Schoedler, Friedr., das Buch der Natur, die Lehren der Physik, Astronomie, Chemie &c. umfassend. Allen Freunden der Naturwissenschaft, insbesond. den Gymnasien, Real- und höheren Bürgerschulen gewidmet. 2 Thle. 12.—17., durchgeseh. Aufl. gr. 8. Braunschweig 863—68, Vieweg und Sohn. *

Inhalt:

Thl. 1. Physik, physikalische Geographie, Astronomie und Chemie. (XL und 445 S. mit 361 in den Text gedr. Holzst., 2 Sternkarten in Stahlst. in 4. und Fol. und 1 Mondkarte in Holzschn. und Fol.) * 1 Thlr.

" 2. Mineralogie, Geognosie, Geologie, Botanik, Physiologie und Zoologie. (XIV und 565 S. mit 615 in den Text eingedr. Holzst. und 1 geognost. Taf. in Farbendr. in Holzschn.) * 1 Thlr. 10 Ngr.

Schoedler, Friedr., das Buch der Natur, die Lehren der Physik, Astronomie, Chemie &c. umfassend. Allen Freunden der Naturwissenschaft, insbesond. den Gymnasien, Real- u. höheren Bürgerschulen gewidmet. 2 Thle. 15—17., durchgeseh. Aufl. Braunschweig 865—68. Vieweg u. Sohn. gr. 8. n. 2 ℛ 10 ngr.

1. Thl. Physik, physikalische Geographie, Astronomie und Chemie. (XL, 445 S. mit 361 in den Text gedr. Holzst., 2 Sternkarten in Stahlst. in 4. und Fol. und 1 Mondkarte in Holzschn. und Fol.) n. 1 ℛ

2. Thl. Mineralogie, Geognosie, Geologie, Botanik, Physiologie u. Zoologie. (XIV, 565 S. mit 615 in den Text eingedr. Holzst. und 1 geognost. Taf. in Farbendr. in Holzschn.) n. 1 ℛ 10 ngr.

— das Buch der Natur, die Lehren der Physik, Astronomie, Chemie, Mineralogie, Geologie, Botanik, Physiologie u. Zoologie. umfassend. Allen Freunden der Naturwissenschaft, insbesondere den Gymnasien, Real- u. höheren Bürgerschulen gewidmet. 18., verm. u. verb. Aufl. In 2 Thln. 1. Thl. Physik, Astronomie u. Chemie. Mit zahlreichen in den Text eingedr. Holzst., e. Spectraltaf. in Farbendr. u. e. (lith.) Mondkarte. 2. Abth. gr. 8. (XXXVI u. S. 385-524.) Braunschweig 871. Vieweg & Sohn. n. 1. 60 (1. Thl. cplt.: n. 4. —)

— dasselbe. 2. Thl. Mineralogie, Geognosie, Botanik, Physiologie u. Zoologie. gr. 8. (XXXIV. 614 S.) Ebend. 874. n. 4. 80 (cplt.: n 8. 80)

—— dass. — 19. Aufl. 1874, und 20. verb. Aufl. In 2 Thln. Mit über 1000 in den Text eingedr. Holzst., Sternkarten, Mondkarte, chromolithogr. Spectraltaf. und einer geognost. Karte in Farbendr. gr. 8. Ebendas. 875. à Thl. * ℳ 4,80. *

Inhalt:

Thl. 1. Physik, Astronomie und Chemie. (XXXIV, 524 S. mit 407 in den Text eingedr. Holzst., 1 Spectraltaf. in Farbendr., Sternkarten und 1 Mondkarte in qu. gr. 4., lithogr.)

" 2. Mineralogie, Geognosie, Geologie, Botanik, Zoologie und Physiologie. (XXXIV, 614 S. mit 675 in den Text eingedr. Holzst. und 1 geognost. Taf. in Farbendr.)

— dasselbe. 20. verb. Aufl. In 2 Thln. Mit über 1000 in den Text eingedr. Holzst., Sternkarten, Mondkarte, (chromolith.) Spectraltaf. u. e. geognost. Taf. in Farbendr. gr. 8. (XXXIV, 524 u. XXXIV, 614 S.) Ebend. 875. à n. 4. 80

Schoedler, Friedr., das Buch der Natur. Die Lehren der Physik, Astronomie, Chemie, Mineralogie, Geologie, Botanik, Zoologie und Physiologie umfassend. Allen Freunden der Naturwissenschaft, insbesondere den Gymnasien, Real- und höheren Bürgerschulen gewidmet. 21. verb. Aufl. 2 Thle. gr. 8. Braunschweig, Vieweg und Sohn. à Thl. ℳ 4,80.

Inhalt:

Thl. 1. Physik, Astronomie und Chemie. (XXXIV, 546 S. mit 404 in den Text eingedr. Holzschn., 1 Spectraltaf. in Farbendr., Sternkarten und 1 Mondkarte.) 879.

" 2. Mineralogie, Geologie, Botanik, Zoologie und Physiologie. (XXXIV, 623 S. mit 683 in den Text eingedr. Holzschn. und 1 geognost. Taf. in Farbendr.) 880.

Schoedler, Friedr., das Buch der Natur, die Lehren der Physik, Astronomie, Chemie, Mineralogie, Geologie, Botanik, Zoologie und Physiologie umfassend. Allen Freunden der Naturgeschichte, insbesondere den Gymnasien, Realschulen und höheren Bürgerschulen gewidmet. 22. verb. Aufl. mit dem (Holzschn.-) Portr. des Verf. In 2 Thln. Mit über 1000 in den Text eingedr. Holzst., Sternkarten, Mondkarte, Spectraltaf. und 1 geognost. Taf. in Farbendr. 1. Thl.: Physik, Astronomie und Chemie. gr. 8. (XXXIV, 546 S. mit 404 in den Text eingedr. Holzst., 1 Spectraltaf. in Farbendr., Sternkarten und 1 Mondkarte.) Braunschweig 884, Vieweg und Sohn. *

Schoedler, Friedr., das Buch der Natur, die Lehren der Physik, Astronomie, Chemie, Mineralogie, Geologie, Botanik, Zoologie und Physiologie umfassend. Allen Freunden der Naturwissenschaft, insbesondere den Gymnasien, Real- und höheren Bürgerschulen gewidmet. 22. verb. Aufl. [In 2 Thln.] 2. Thl.: Mineralogie, Geologie, Botanik, Zoologie und Physiologie. gr. 8. (XXXIV, 623 S. mit 683 in den Text eingedr. Holzst. und 1 geognost. Taf. in Farbendr.) Braunschweig 886, Vieweg und Sohn. *

Schoedler, Frdr., das Buch der Natur, die Lehren der Botanik, Zoologie u. Physiologie, Paläontologie, Astronomie, Mineralogie, Geologie, Physik u. Chemie umfassend u. allen Freunden der Naturwissenschaft, insbesondere den höh. Lehranstalten gewidmet. 23., vollst. neu bearb. Aufl. (In 3 Tln.) II. Tl. u. III. Tl. 1. Abtlg. gr. 8. Braunschweig, F. Vieweg & Sohn. n. 18. —; geb. in Leinw. n. 20. 50

II. Chemie, Mineralogie u. Geologie. 2. Abtlg. Mineralogie u. Geologie v. B. Schwalbe, unter Mitwirkg. v. B. Schwalbe beendet u. hrsg. v. H. Böttger. (XVII, VIII, 766 S. m. 418 Abbildgn. u. 9 Taf.) 903. n. 12. —; geb. n. 13. 50

III. 1. Astronomie u. Physik. 1. Abtlg. Astronomie v. B. Schwalbe, beendet u. hrsg. v. H. Böttger. Mit e. Lebensbild des Verf. v. E. Schwalbe. (XIV, 319 S. m. 170 Abbildgn. u. 13 Taf.) 904. n. 6. —; geb. n. 7. —

Schoedler, Friedr., die Chemie der Gegenwart in ihren Grundzügen und Beziehungen zu Wissenschaft und Kunst, Gewerbe und Ackerbau, Schule und Leben. Für Gebildete aller Stände dargestellt. Mit vielen in den Text gedr. Holzschn. Leipzig 854. Brockhaus. 8. (XII, 347 S.) n. 1 ℛ 10 ngr.

— die Chemie der Gegenwart in ihren Grundzügen und Beziehungen zu Wissenschaft und Kunst, Gewerbe und Ackerbau, Schule und Leben. Für Gebildete aller Stände dargestellt. Mit zahlreichen in den Text gedr. Holzschn. 3., umgearb. u. sehr verm. Aufl. Leipzig 859. Brockhaus. gr. 8. (XV, 452 S., 1 Holzschntaf. u. 1 lith. Taf. in 8. u. Fol.) n. 2 ℛ

—— die Chemie als geistig bildendes Moment f. den Unterricht in Gymnasien. Eine Rede. gr. 8. (1½ B.) Braunschweig 846, Vieweg u. Sohn. *

Schödler, Friedr. Ehre und Duell. S. 27–36. Progr. Rg. Mainz 1877.

—— primi elimenti di fisica. Trattato popolare estratto dall' opera il libro della natura ad uso degli allievi delle scuole technice commerciali e scuole reali inferiori. Prima versione italiana di Angelo Cavalieri. 2. Edizione. gr. 8. (XX und 159 S. mit 24 eingedr. Holzschn.) Trieste 854, Coën. *

— primi elementi di fisica. Trattato popolare estratto dall' opera Il libro della natura ad uso degli allievi delle scuole technice commerciali e scuole reali inferiori. Prima versione italiana di Angelo Cavalieri. Con 134 figure (Holzschn.) intercalate nel testo. 2. ediz. Trieste 856. Coën. gr. 8. (XX, 159 S.) n. 24 ngr.

Schödler, F.: Die Gesundheit in der Schule (Rede). Mainz 1867.
Schul-/Univ.-Schrift

(Schoedler, F.,) Klageausbruch ꝛc., s. Klageausbruch ꝛc.

(Schoedler, F.) Klageausbruch meines Zartgefühles und meiner Ohren, beleidigt durch die Todtenruferin vulgo Chilchgangsägeri in Zürich. [Gedicht. Mit 1 Vignette und 1 Tafel.] 8. Zürich 1834.

— kniha přírody obsahující veškeré nauky přírodní, zejména: fysiku, astronomii, lučbu etc. Věnována všem přátelům přírodozpytu jakož i studujícím na školách gymnasialních, technických etc. Dle 12. vydání pro čtenářstvo československé vzdělali Jil. Jahn a Karel Starý. S 972 vyobrazeními. Díl I. Sešit 1—5. — II. Sešit 1—6. Prag 863, 64. Kober. gr. 8. (I. Bd.: XVI, 432 S.; 2. Bd.: S. 1—480 u. 3 lith. Taf. in 4. u. Fol.) Jede Liefg. n. 12 ngr.

—— der Lateinzwang in der Realschule. gr. 8. (32 S.) Ebendas. 873.

—— il libro della natura comprendente sei trattati di fisica, astronomia, chimica, mineralogia, botanica e zoologia. Prima versione italiana di Angelo Cavalieri eseguita sulla 6. edizione del 1852, migliorata ed accresciuta. Trattato I.: Fisica. gr. 8. (XX und 159 S. mit 334 eingedr. Holzschn.) Trieste 854, (Coën.) *

Schoedler, F. Mainz vor zehn Jahren. S. 25–30. Rg. Mainz 1881
Progr.

Schoedler, F.: Die Pietät. Mainz 1864. 5 S. 4°
Schul-/Univ.-Schrift 1865

Schödler, F. Das Schreiben und die Schrift. Mainz, R., 1868. 8 S. 4. Progr.

Schoedler, Friedr., die höheren technischen Schulen nach ihrer Idee und Bedeutung dargestellt und erläut. durch die Beschreibung der höh. techn. Lehranstalten zu Augsburg, Braunschweig, Carlsruhe, Cassel, Darmstadt, Dresden, München, Prag, Stuttgart und Wien. gr. 8. (XII und 132 S.) Braunschweig 847, Vieweg und Sohn. *

s. Soubeiran, Handbuch.

— a' természet konyve, magában foglaló: természettant, csillagászatot etc. etc. A' hatodik kiadás után Magyarra tették Jánosi Ferencz, Mentovich Ferencz és ifj. Szásj Károly. Számos a' szövegbe nyomott ábrákkal, csillagabrosszal 's szinenett konyomato földtani ábráxal. I. 2. Fele. (Vége.) gr. 8. (XII u. 715 S. m. eingedr. Holzschn. m. 2 lith. Taf. in qu. Fol. wovon 1 col.) Pesth 852, Geibel. n. 2 ₰

—— illustrirtes Thierleben. Wohlfeile Ausg., s. Brehm, A. E.

—— die gefährliche Verbindung. Eine kulturgeschichtl. Skizze. Aus dessen Nachlaß mitgetheilt. gr. 8. (44 S.) Darmstadt 888, Bergsträßer. *

Schoedler, Ioannes Eduardus: De Acanthocerco rigido.
Halle-Wittenberg, Phil. Diss. v. 24. Sept. 1846
Geb. [Lagowitz (Kr. Meseritz) 1. 8. 1819]
Verf. erhielt das lateinische Ms. auf Wunsch zurück und sandte dafür der Fakultät die gedruckte deutsche Uebersetzung ein: Ueber Acanthocercus rigidus, ein bisher noch unbekanntes Entomostracon aus der Familie der Cladoceren. Aus: Archiv f. Naturgesch. Jg. 12. Bd 1. Berlin 1846 S. 301—374, Taf. 11, 12.

Schoedler, J. Ed., neue Beiträge zur Naturgeschichte der Cladoceren (Crustacea Cladocera). gr. 4. (80 S. mit 3 Kpfrt.) Berlin 863, A. Hirschwald. *

Schoedler, J. Ed., zur Naturgeschichte der Daphniden. Beiträge zur Kenntniss der systemat. Angehörigkeit der Daphniden. gr. 4. (24 S. mit 1 Kpfrt.) Berlin 877, (Friedländer und Sohn.) *

Schodorf, Konr., Beiträge zur genaueren Kenntnis der attischen Gerichtssprache aus den zehn Rednern, s.: Beiträge zur histor. Syntax der griechischen Sprache. 17. Hft.

Schodorf, Konrad, aus Großbardorf: Beiträge zur genaueren Kenntnis der attischen Gerichtssprache aus den zehn Rednern und den Lexicographen. *Würzburg: A. Stuber 1904.* (59 S.) 8° (= Beiträge z. hist. Syntax d. griech. Sprache, Heft 17.)
Würzburg, Phil. Diss. v. 1904

= Jhl. 11, 165 [17]

Schofelschreck, ..., Frau ... u. Menschenschreck, (psdn.) Gedichte. 12. Bremen. (Brem.) 808. Müller. 8 gl. Ebd., (Velp.) 3 gl.

Schöfer, Jos., s. a.: Gerabaus, Ernst.

— das Studium u. die Privatlektüre, s.: Krier, Joh. Bernh.

— Zentrumspolitik auf d. badischen Landtage. 1.–3. Bd. 1905/06, 1907/08, 1909/10. (IV, 249; VII, 209 u. VIII, 214 S.) 8. Baden-Baden 907–10. P. Weber. à 2.20

Schöfer, Georg [aus Kaiserslautern]: Einwirkung von Hydrazinhydrat auf einige Ester der Fettsäurereihe ... Kiel, Druck v. H. Fiencke, 1892; 25 S., 1 Bl. 8.
Kiel, Phil. Fak., Inaug.-Diss. v. [7. Mai] 1892

Schöfer, Hans. Landesübliche Menagen u. Kriegsverpflegung der k. k. Truppen. Darstellung u. vergleich. Beurtheilg. der verschiedenen landesübl. Menagen, sowie der systemisirten Kriegsverpflegg. u. d. Reservevorrathes der k. k. Truppen, m. Rücksicht auf die bisher bekannten Gesetze der Ernährg. Vom k. k. Militär-Sanitäts-Comité gekrönte Preisschrift. Mit 2 farb. Tab. gr. 8. (152 S.) Wien 889, Deuticke. * 3 60

Schöfer, Heinr. Wilh., Rechnungs-Tabellen zur schnellen Auffindung gleicher Gewichts-Mengen für den Handels- und Eisenbahn-Verkehr. 4. (12 S.) Zauchtl 861. (Olmütz, Halauska.)

Schöfer, Joh., Lehrbuch der Militär-Hygiene, s.: Publikationen, militärärztliche. Nr. 51.

SCHÖFER, Johann
Leitfaden der Militär-Hygiene für den Unterricht der Einjährig-Freiwilligen-Ärzte. Von Dr. Johann Schöfer. 2. umgearbeitete Auflage. Mit 9 Abbildungen. [Militärärztliche Publicationen Nr. 51.] Wien, 1900. Šafář. Lex.-8°. VI, 116 S. fl. 1.40

Schöfer, Joh. Für d. Verbesserung d. Mannschaftskost. Wien 1893.

Schoefert, J. G., der Preußische Beamte, oder die Kenntniß d. Gesetze u. Verordnungen über die Befähigung der höhern und niedern Verwaltungs-, Justiz-, Bau- u. Eisenbahnbeamten &c. 5 Hefte. gr. 8. (VIII u. 296 S.) Glogau 851. 52, Flemming. (à 1/4 ℛ) 1 1/4 ℛ

J. G. Schöfert, Handbuch des Preuß. Etats-, Kassen und Rechnungswesens zum prakt. Gebrauch für Kassenbeamte u. s. w. Glogau, 1851—52. 5 Hefte (315 S.).

—— Handbuch des preuß. Etats-, Kassen- und Rechnungs-Wesens zum prakt. Gebrauch für Kassen- und solche Beamte, welche mit der Bearbeitung, Controlirung &c. von Kassen-Verwaltungen und Rechnungssachen speciell oder nur vorübergehend betraut sind. Mit einer Sammlung von Formularen &c. 1—5. Heft. gr. 8. (XII und S. 1—315.) Glogau 851, Flemming's Verlag. à Heft 7 1/2 Ngr.

— der Preußische Rechts- u. Geschäfts-Konsulent. Ein Handb. zum prakt. Gebrauch f. jeden Staatsbürger, insbesondere für Staats- u. Kommunal-Beamte, Konzipienten, Kaufleute &c. 7 Lfgn. gr. 8. (XII u. 762 S.) Breslau 852. 53, Korn. (à 1/4 ℛ) 1 3/4 ℛ

Schöff, Aug., Thespis, od. Anthologie v. trag. Monologen u. kom. Gedichten, z. Declamiren f. d. reif. Jugend. 8. (10 1/2 B.) Weimar 837. [Leipzig, Schreck.]

Schöff, Aug., Thespis, oder Anthologie von tragischen Monologen u. komischen Gedichten, zum Declamiren für die reifere Jugend. 8. Weimar u. St. Petersburg 837. (Leipzig, Wuttig.) 5/6 ℛ

Schöffel, Jos., die Autonomie. Eine Studie. 8. (24 S.) Wien 902. Verlag „Die Fackel". n. — 40
Sonderabdruck aus: „Die Fackel".

— s.: Bericht des niederösterr. Landesausschusses üb. seine Amtswirksamkeit.

— Erinnerungen aus meinem Leben. (334 S.) gr. 8. Wien 905. Jahoda & Siegel. n. 4. —; geb. n. 5. —

— Immunität u. Incompatibilität. Eine Studie. (19 S.) 8. Wien (903). Verlag „Die Fackel". n. — 40
Sonderabdruck aus: „Die Fackel".

— der Parlamentarismus. Eine Studie. 8. (28 S.) Wien 902. Verlag „Die Fackel". n. — 40
Sonderabdruck aus: „Die Fackel".

Schöffel, J., Öffentl. Sicherheit, s. Bericht d. niederöst. Landesaussch.

Schöffel, R., Beiträge zum Studium d. Hohofen-Processes, s.: Kupelwieser, F.

Schöffel, R., die Kohlenreviere v. Ostrau etc., s. Kupelwieser, F.

Schöffel Rudolf und Donath Eduard: Über die volumetrische Bestimmung des Mangans. S. 91. II. 84 . . . . ver.
Separatabdruck

Schoeffenbuecher, Die Hallischen. Hrsg. von d. Hist. Commiss. d. Prov. Sachsen. Bearb. von Gust. *Hertel*. Thl 1. 2 Halle 1882. 1887. 8°.
1 (1266 bis 1400.) 1882.
2 (1401 bis 1460.) 1887.
(Geschichtsquellen d. Prov. Sachsen u. angrenz. Gebiete. Bd 14.)

Schöffenbüchlein für Elsaß-Lothringen. Ein Hülfsbuch für Schöffen, Amtsrichter, Amtsanwälte, Rechtsanwälte, Bürgermeister und Polizei-Kommissare. (Deutsch und französisch.) 8. (432 S.) Straßburg 879, Trübner. cart. *

Schöffen- u. Geschworenendienst, der, im Deutschen Reich. Dargestellt auf Grund des Gerichtsverfassungsgesetzes v. 20. V. 1898 u. v. 5. VI. 1905 u. der Reichsstrafprozeßordnung v. 20. V. 1898, nebst e. Anh. einschläg. Gesetzesvorschriften über Rechtsmittel gegen Urteile, über amtsgerichtl. Strafbefehle, das Armenrecht, das Reichsstrafgesetzbuch (Strafarten, Strafmaß, Verjährg. &c.), sowie der Bestimmgn. üb. Reisekosten der Schöffen u. Geschw. in Württemberg, Preußen u. Bayern. Zum prakt. Gebr. f. jeden Rechtsunkundigen. (VIII, 96 S.) kl. 8. Stuttgart 907. W. Kohlhammer. 1. —

Schöffengerichte, die, und deren Zuständigkeit. Zusammenstellung der darauf bezügl. Vorschriften des deutschen Gerichtsverfassungsgesetzes, der deutschen Strafprozeßordnung und der nach dem Ergebniß der ständischen Verhandlungen redigirten Entwürfe von königl. sächs. Gesetzen zur Ausführung der Reichsjustizgesetze. Von einem Justizbeamten. 8. (48 S.) Leipzig 879, Roßberg'sche Buchh. *

Schöffensprüche, Magdeburger. Im Auftrage u. m. Unterstützg. der Savigny-Stiftg. hrsg. u. bearb. von Vict. Friese u. Erich Liesegang. 1. Bd. (Abth. I—IV.) Die Magdeburger Schöffensprüche für Gross-Salze, Zerbst u. Anhalt, Naumburg u. aus dem Codex Harzgorodanus. gr. 8. (XI, 872 S.) Berlin 901. G. Reimer. n. 24. —

**Schoffer*. Zur Hagelversicherungsfrage in Württemberg und in Deutschland. Zeitschr. f. d. ges. Staatswiss. 30. 2. Tübingen 1874.

Scheffer, August [aus Stuttgart, Assistenzarzt im 8. K. Württ. Inf.-Reg. N° 126]: Über Phenacetin als Antineuralgicum. . . . Strassburg, Strassb. Druckerei u. Verlagsanst. vorm. R. Schultz & C°, 1888; 84 S. 8°
Strassburg, Med. Fak., Inaug.-Diss. v. 1888

Schoffer, H., die landwirthschaftliche Kreditkrisis unserer Tage. Eine populäre Darstellung der betreff. Verhältnisse u. Beleuchtung der Hülfsmittel. Im Auftrage des Vereins für Landwirthschaft u. Gartenbau im Kanton Zürich verf. 1. Aufl. 1866. u. 2., unveränd. (Titel-)Aufl. Zürich 867. Schultheß. gr. 8. (IV, 69 S.) 10 *ngr.*

Schoeffer A.: Über die Kohlensäure des Blutes und ihre Ausscheidung mittelst der Lunge (mit 1 Taf.). S. 41. 860 . . . . —.80
Separatabdruck

Schöffer sen., C. H., der Caffeehandel. Amsterdam 868. Seyffardt. gr. 8. (47 S.) n. 10 *ngr.*

Schöffer, H und A. Tischbein, Denkmale altdeutscher Baukunst in Lübeck. 3 Hefte. Lübeck. 1831. Fol. 7 1/2 Thlr.

Schöffer, Jul., die große Entscheidungsschlacht bei Königgrätz in Böhmen am 3. Juli 1866 zwischen den k. preuß. u. den k. k. österreich. Armeen in Verbindung mit den k. sächs. Truppen. Nach genauen Berichten zusammengestellt. Kassel 866. (Meßner'sche Buchh.) 8. (40 S.) n. 4 *ngr.*

Schöffer, Konrad Heinrich, Referendar beim Hanseatischen Amtsgericht zu Hamburg: Die **Abnahmepflicht** beim Kauf- und Werkvertrag. *Leipzig: Thalacker & Schöffer 1903.* (80 S.) 8°
Rostock, Jur. Diss. v. [1. Mai] 1903

Peter Schöffers Liederbuch. Tenor, Discantus, Bassus, Altus. Mainz 1513. Nach e. einzigen bekannten Exemplar auf d. Kgl. Hof- u. Staatsbibliothek zu München, hrsg. von d. Gesellschaft Münchener Bibliophilen. [1—4.] (München: Gesellsch. Münch. Bibliophilen) 1909. quer-8°

Schoeffer, Valerian v., s.: Bericht üb. d. etc. Litteratur zu Aristoteles' Ἀθηναίων πολιτεία.

Schoeffer, Valerianus de. De Deli insulae rebus, s. a. Studien, Berliner, f. classische Philologie u. Archäologie.

De Deli insulae rebus. Scripsit Valerianus de **Schoeffer.** Berolini: S. Calvary & soc. 1889. (VIII, 244 S.) 8°
— **Studien,** Berliner, f. classische Philologie u. Archaeologie. Bd 9, H. 1. [06.7703

Schöffer von Dietz, H. W.: Gründliche und eigentliche Beschreibung der freyen Adelichen und Ritterlichen Fechtkunst im einfachen Rappir und im Rappir und Dolch. Marpurg 1620. 495, 494 S. m. Abb.

Schoffield, Alfred Taylor, s. S c h o f i e l d , Alfred Taylor

Schöffl, Jos., der Saazer Hopfenbau nach 30jährigen Erfahrungen und Beobachtungen. Prag 863. (Ehrlich.) 8. (VII, 135 S.) n. 20 ngr.

Schöffl, Jos., der Saazer Hopfenbau nach mehr als 50jähr. Erfahrungen u. Beobachtungen. 3. unveränd. [Titel-] Aufl. (VII, 202 S. m. 52 Abbildgn.) 8. Leipzig [884] 904. J. M. Gebhardt. n. 2. —; geb. n. 2. 50

Schöffl, Jos., der Saazer Hopfenbau nach mehr als 50jährigen Erfahrungen u. Beobachtungen. 2. Aufl. Mit 52 Holzschn. 8. (VII, 202 S.) Saaz 884. Ippoldt. n. 2. 50

Schöffler, Benedict

Schöffler, B., und A. Počta, Atlas über das k. k. österreichische Artillerie-Material. 1.—3. Lfg. qu. Fol. (à Lfg. 4 Stnt.) Wien 874, Seidel und Sohn. à Lfg. *M. 1,60. *

Schöffler, B., und A. Počta, Atlas über das k. k. österreichische Artillerie-Material. 4.—7. Lfg. qu. Fol. (à Lfg. 4 Stnt.) Wien 875, Seidel und Sohn. à Lfg. *M. 1,60. *
1.—3. Lfg. Ebendas. 1874. à *M. 1,60.
Nicht weiter erschienen.

—— und **Smolarz,** die Elektricität und der Magnetismus mit ihrer Anwendung zu praktischen Zwecken. Zum Selbststudium bearb. gr. 8. (VIII, 91 S. mit 90 Abbild. im Texte.) Wien 884, (Teufen.) *
—— —— dass. — Populär bearb. 2. Aufl. gr. 8. (VIII, 109 S. mit 109 Abbild. im Texte.) (Ebendas.) 884. *

—— —— das elektrische Gewehr, elektrische Minenzündung, elektrische Distanzmesser und das Gastroskop. Populär bearb. gr. 8. (17 S. mit 17 Abbild. im Texte.) (Ebendas.) 884. *

Schöffler und **Smolarz:** Das elektrische Gewehr, elektrische Minenzündung, elektrische Distanzmesser und das Gastroscop. Wien 1884 Carl Teufen

SCHÖFFLER, Benedict
Lösung von Aufgaben mittels des Richtbogens und der Messplatte nebst Beschreibung dieses Instrumentes, mit 61 Figuren und einer perspectivischen Terrainskizze. 2. Auflage. Von Major Benedict Schöffler. Wien und Leipzig. 1900. Braumüller. Gr.-8°. 46 S. K 2.40

Schöffler, B., Lösung von Aufgaben mittels des Richtbogens und der Meßplatte nebst Beschreibung der 7 *cm* M. 99, der 9 *cm* M. 1875 und einer 10 *cm* Meßplatte. 3. Aufl. Gr.-8°. (ill. 78 S.) Wien: Braumüller 1903. K 2.80

Schöffler, B: Lösung von Aufgaben mittels des Richtbogens und des Sprenghöhenmessers. Wien und Leipzig 1897

Schöffler, Bened., Lösung v. Aufgaben mittels d. Richtbogens u. d. Sprenghöhenmessers, nebst Beschreibg. dieses Instrumentes, m. 58 Fig. u. e. Modell d. Sprenghöhenmessers. gr. 8. (IV, 33 S.) Wien 897. W. Braumüller n. 2. —

Schöffler, Bened., Lösung v. Aufgaben mittels des Richtbogens u. der Messplatte, nebst Beschreibg. der 7 cm M. 99, der 9 cm M. 1875 u. e. 10 cm. Messplatte, m. 52 Fig. u. e. perspektiv. Terrainskizze. 3. Aufl. (78 S.) gr. 8. Wien 903. W. Braumüller. n. 2.40

Die Phototelegraphie und das Elektrische Fernsehen m. e. Figurentaf. v. Major **Benedict Schöffler** ... Wien & Leipzig: W. Braumüller 1898. (27 S., 2 Taf.) 1 Bd 8. [98.7415

Schöffler, Benedict, synthetische Theorie der Curven zweiter Ordnung, für den Selbstunterricht bearb. gr. 8. (38 S. mit 30 in den Text gedr. Holzschn.) Wien 882, (Seidel und Sohn.) *

Schöffler, Bened., unabhäng. Visierlinie. (14 S. m. 4 Fig.) 8. Wien 908. L. W. Seidel & Sohn. — 60
Sonderabdruck aus: „Danzer's Armee-Ztg."

SCHÖFFLER, Benedict
Das Zeichnen perspectivischer Terrainskizzen mittels der Messplatte mit 3 Terrainskizzen und einer Messplatte aus Carton. Von Oberstlieutenant Benedict Schöffler. Wien und Leipzig. 1900. Braumüller. Gr.-8°. 15 S. K 1.20

Schoeffler, Ernst (geb. Freienwalde a. O. 7. 12. 1843): Die Elephantiasis Arabum. Berlin (1869). (40 S.) 8°
Berlin, Med. Diss. v. 22. Juli 1869

Schöffler, Georg, Referendar: Die rechtliche Natur des Eintritts in den Reichsdienst. Borna-Leipzig 1910: Noske. VI, 56 S. 8°
Leipzig, Jur. Diss. v. 26. Jan. 1910
[Geb. 9. Okt. 81 Leipzig; Wohnort: Leipzig; Staatsangeh.: Sachsen; Vorbildung: Vitzthumsches Gymn. Dresden Reife O. 03; Studium: Leipzig 8 S.; Rig. 30. Jan. 08.] [U 10. 2875

Schöffler, Hermann, a. Knittlingen: Beiträge zur Kenntnis der Oxallävulinsäureester. Würzburg 1905: C. J. Becker. (29 S.) 8°
Tübingen, Naturw. Fak., Ref. Wislicenus, Diss. v. 19. Dez. 1904
[Geb. 12. März 79 Knittlingen, O./A. Maulbronn; Wohnort: Tübingen; Staatsangeh.: Württemberg; Vorbildung: Realanstalt Cannstatt Reife M. 98; Studium: Stuttgart T.H. 3, Tübingen 7 S.; Rig. 19. Dez. 04.]

Schöffler, Otto, appr. Arzt aus Bönnigheim, OA. Besigheim: Aus d. med. Klinik, München. Zur Kasuistik der Amyloidniere. *Cannstatt 1902: J. Munn.* (26 S.) 8°
München, Med. Diss. v. 1902

Eine der denkwürdigsten Episoden aus dem Kriege 1870/71 ist der nächtliche Ueberfall der Franzosen in Etrepagny. Geschildert nach s. Tagebuch von e. unmittelbar beteiligt gewesenen reitenden Artilleristen. [Verf.: Peter **Schöffler**, Leipzig.] Hierzu 2 Skizzen. (Leipzig [1904]: C. H. Serbe.) (8 S.) 8° [F.] [06.4465 a

Schoefflin. Commentatio historica de sacris Galliae regum expeditionibus in Orientem. Argentorati 1724.

Schöffmann, J. B., Bilder u. Erinnerungen aus d. bayer. u. benachbarten Hochgebirge, s.: Volks-Bibliothek, kathol. 5.

Schöfft, August —. Der Hof von Lahor und andere Bilder aus dem Oriente. Nach der Wirklichkeit gemalt von — — Wien. 1855. Mechitharisten-Buchdruckerei. (20 S. 8.)

Schofield, Alfred Taylor

Gesundes Christentum. Von A(lfred) T(aylor) Schoffield [vielm. **Schofield**]. Mit e. Vorw. von Dr. Handley Moulé [Handley Carr Glynn Moule], Bischof von Durham. Deutsch von Cl. F. Neumünster: Ihloff [1900]. 170 S. 8° A 12.11692

Schoffield, A. T., gesundes Christentum. M. e. Vorwort v. Handley Moulé. Deutsch von Cl. F. (171 S.) 8. Neumünster 909). Vereinsbuchh. G. Ihloff & Co. 1.50; geb. in Leinw. 2. —

Schoffield, Alfr. T., Glaubensheilung, s.: Hausbibliothek, deutsche.

Schofka: Über einige Lichtmeteore. S. 9. 858 . . . . vgr.
Separatabdruck

Schöfl, Andr., das Grundbuchs-Gesetz vom 25. Juli 1871 [R. G. B. Nr. 95] mit allen dasselbe ergänzenden Gesetzen u. Verordnungen, nebst Formularien für alle in Grundbuchs-Angelegenheiten vorkommenden Fälle. Commentirt u. erläutert durch die einschläg. Bestimmungen d. A. B. G. B. mit Benützung der Entscheidungen des hohen k. k. obersten Gerichtshofes. 8. (IV, 151 S.) Wien 879. Perles. n. 2. —

Schöfl, Andreas, Das Grundbuchs-Gesetz v. 25. Juli 1871 mit allen dasselbe ergänz. Gesetzen und Verordnungen nebst Formularien. 2., verm. u. verb. Aufl. 8. (XII u. 191 S.) Wien, Moritz Perles. 1 fl. 80 kr. 1884

Schöfl, Ant., Büchlein der Liebe zu den armen Seelen. Zur Belehrung u. Förderung der Andacht. 2., verb. Aufl. Mit Titelbild (in Stahlst.). Regensburg 859. Manz. 12. (531 S.) 12½ ngr.

Schöfl, Ant., Büchlein der Liebe zu den armen Seelen. Zur Belehrg. u. Förderg. der Andacht. 3. verb. Aufl. Mit Titelbild (in Stahlst.) gr. 16. (531 S.) Regensburg 876. Manz. 1. 25

Schöfl, Ant., himmlische Thautropfen auf den christl. Gottesacker. E. Sammlg. v. Lehrstücken u. Gebeten z. Troste d. armen Seelen im Fegfeuer u. z. Beförderg. d. Andacht zu uns. lieben Abgestorb. 4., verb. u. verm. Aufl., hrsg. v. e. Priester d. Diözese Regensburg. 12. (535 S. m. 1 Stahlst.) Regensburg 890. Verlagsanstalt vorm. G. J. Manz. n. 1. 20; geb. in Leinw. n. 1. 80

Schöfl, Ant., himmlische Tautropfen auf den christl. Gottesacker. Eine Sammlg. v. Lehrstücken u. Gebeten z. Troste der armen Seelen im Fegfeuer u. z. Beförderg. der Andacht zu unsern lieben Abgestorbenen. 5., verb. Aufl., hrsg. v. e. Priester der Diözese Regensburg. (535 S. m. 1 Stahlst.) 8. Regensburg 907. Verlagsanstalt vorm. G. J. Manz. 1.80; geb. in Leinw. 2. 60

Schöfl, Ant., Worte d. Lebens. Ein Gebet- u. Betrachtungsbuch als immerwährende Haus-Mission. 2. verm. Aufl. 18. (Mit 1 Stahlst.) Innsbruck 843, Rauch. (Regensb., Manz.) 3/8 ₰

Schöfl, Ant., Worte des Lebens. Ein kathol. Gebetbuch als immerwährende Haus-Mission. 7., einzig rechtmässige, verb. u. verm. Aufl. Mit 1 Stahlst. 18. (XVI u. 630 S.) Regensburg 849. Manz. 5/12 ₰ — 8., einzig rechtmäßige, verb. u. verm. Aufl. Mit 1 Stahlst. 12. (636 S.) Ebd. 852. 5/12 ₰

Schöfl, Ant., Worte des Lebens. Ein katholisches Gebetbuch als immerwährende Haus-Mission. 8. Aufl. (636 S.) 1852. und 9., einzig rechtmäß., verb. und verm. Aufl. 12. (552 S. mit 1 Stahlst.) Regensburg 854, Manz.

—— Worte des Lebens. Ein kathol. Gebetbuch als immerwährende Haus-Mission. 10., einzig rechtmäß., verb. und verm. Aufl. 12. (552 S. mit Stahlst.) Regensburg 856(58), Manz.

—— Worte des Lebens. Ein kathol. Gebetbuch als immerwährende Haus-Mission. 13., einzig rechtmäßige, verb. und verm. Aufl. gr. 16. (552 S. mit 1 Stahlst.) Ebendas. 876.
Die 11. und 12. Aufl. erschienen 1859 und 1866.

Schoefl, Robert, s.a. Sanitätsbericht des k.k. Landesrathes.

Schoefl, Dr. Robert, Sanitätsbericht des k. k. Landes-Sanitätsrathes für Mähren für das Jahr 1892. XIII. Jahrg. 4. (192 S.) 3.50
Brünn: Winiker 1894.

Schöfl, Dr. Robert, Sanitätsbericht des k. k. Landes-Sanitäts-Rathes für Mähren für das Jahr 1893. XIV. Jahrg. 4. (152 S.) 3.—
Brünn: Carl Winiker 1895.

Schöfl, Wilh., die Stadt Kladrau von der ältesten Zeit bis zur Gegenwart. Geschichtliche Nachrichten aus Urkunden u. anderen verläßl. Quellen. gr. 8. (90 S.) Mies 891. (A. Dworzak.) n. 2. 80

Schoham, Carl, der neue rumänische Zolltarif u. unser Export nach Rumänien, s.: Streiflichter, wirtschaftliche.

Schohay, Vinc., polizeil. Gesetzkunde f. das Königr. Böhmen; enthalt. sämmtl. bis Ende 1828 für Böhmen ergang. Polizei- u. sonstige hierauf Bezug nehmende Gesetze u. Anordnungen, nach bestimmt. Schlagwörtern alphabet. geordnet gr. 8. Prag 830. Borrosch u. A. 2 ₰ 16 g.

Schohay, Vinc., polizeyl. Gesetzkunde f. d. Königr. Böhmen; enthalt. sämmtl. bis Ende 1828 f. Böhmen ergang. Polizey- u. sonstige hierauf Bezug nehmende Gesetze u. Anordn., nach bestimmt. Schlagwörtern alphabet. geordnet. gr. 8. (41 B.) Prag 830. [Pilsen, Reiner u. Schmid.]

—— Oesterreichs Strafgesetz üb. Verbrechen u. die bis einschließig zum J. 1830 ergang. hierauf Bezug habenden Gesetze u. Verordn. alphabet. nach Schlagwörtern zusammengetr. u. geordnet. 2 Bde. gr. 8. (48½ B.) Prag 832, (Haase Söhne.)

Schohl, Max: Über Fulvenperoxyde. Ein Beitrag zur Kenntnis der Autoxydation. 1907. 84 S. 8°
Karlsruhe, Dr.-Ing.-Diss. v. 23. 7. 1907

Schohl, Natalie, die Gemeinsamkeitsidee im Lichte der Vergangenheit, Gegenwart u. Zukunft, s.a. Blätter, lose, im Interesse der Frauenfrage.

Schohl, Natalie: Die Gemeinsamkeitsidee im Lichte der Vergangenheit, Gegenwart und Zukunft. Vortrag, gehalten in d. „Montagsversammlung d. Rechtsschutzvereins f. Frauen" zu Dresden. — Dresden: Tittmann [1894]. 19 S. 8° (Lose Blätter im Interesse d. Frauenfrage. 10.)

Scholmul's, Theoktist, kurzgefaßte praktische Grammatik der romanischen (walachischen) Sprache. Mit einem praktischen Theile, enth. die im Umgange nothwendigsten Wörter, Gespräche, Sprichwörter ꝛc. nebst einem Wortverzeichnisse. 2. Aufl. Umgearb. u. vermehrt von R. Blagoevich. Wien 866. Venedikt. 16. (175 S.) 12 ngr.

Scholmul, Theoktist, theoretisch-praktische Taschengrammatik zur leichten und schnellen Erlernung der romanischen (walachischen) Sprache. Mit einer Wörtersammlung, Gesprächen, Sprüchwörtern und Leseübungen. Wien 855. Venedikt. 16. (200 S. u. 1 lith. Taf.) n. 16 ngr.

Schoekel, Valentinus Frid. (geb. Aschersleben 14. 4. 1807): De papillae mammarum morbis curandis. Berolini (1839). (27 S.) 8°
Berlin, Med. Diss. v. 16. Mai 1839

Schokoladen- und Zuckerwaren-Industrie, die, u. Schokoladen-Zeitung. Fachzeitschrift für Kakaoproduktion u. Kakaoverbrauch. Berichte üb. die Beweggn. u. Fortschritte auf dem Gebiete der Kakao-, Schokoladen-, Bonbon-, Lebkuchen-, Kakes-, Biskuit-, Waffel-, Konditoreiwaren- u. Fruchtkonserven-Fabrikation sowie der damit verknüpften Handelsbeziehgn. Verantwortlich: Eduard Riesen. 5. Jahrg. 1910. 52 Nrn. (à ca. 10 S.) Lex. 8. Berlin, E. Riesen. 12. —

Schoel Albert: Zur Kritik der Herbartschen Religionsphilosophie. Diss. Wien, Univ.
D. Selbstverlag. 1883 PN 287 19

Schoel, Alb., Johann Friedrich Herbart's philosophische Lehre v. der Religion, quellenmässig dargestellt. Ein Beitrag zur Beantwortg. der religiösen Frage der Gegenwart. gr. 8. (V, 254 S.) Dresden 884. Bleyl & Kaemmerer. n. 5. —

Schola artistica Beuronensis. Die Malerschule des Benedictinerordens. Wien 1901. V: *Silva Tarouca, Frz Joseph Maria Graf v.* (Berl)

Schola castitatis docens actiones et affectus ad angelicae puritatis normam componere. Tyrnaviae 1738. V: *Schmitth, Nicolaus.* (Jes) (Pk) »Lincii 1767« V: *Zehentner, Ignaz.* (Jes)

[Regimen sanitatis Salernitanum.] Schola Salernitana, sive De conservandâ valetudine praecepta metrica. Autore Joh[anne] de Mediolano [Johannes de Mediolano] hactenus ignoto. Cum luculentâ & succinctâ Arnoldi Villanovani [Arnoldus de Villa Nova] in singula capita exegesi. Ex re. Zachariae Sylvii [Sylvius]. Cum ejusdem praef. Nova ed., melior & aliquot medicis opusculis auctior. Cum ind. ... Ratisbonae: Seidel 1722. 506 S. 8°

Schola Salernitana, oder Salernitanische Schule, die Gesundheit zu erhalten ... Erfurt und Leipzig 1750. Ü: *Schuster, Gottwald.* (ML) (Ebert)

[Regimen sanitatis Salernitanum.] Schola Salernitana. Auctore Io[anne] de Mediolano [Johannes de Mediolano]. Plurimis, quibus hactenus scatebat, mendis purgavit et diversitatem lectionis adiecit Io[annes] Adamus Schier. Athenis ad Elmum 1753: Schnorr. 60 S. 8°

Schola urbanitatis, sive communis vitae inter homines morum elegantia. 12. Frankf. a. M. ... Wesché. 2 gr.

Schola urbanitatis, sive communis vitae inter homines morum elegantia. Bambergae 1756. V: *Perrin, Leonard.* (ZürKl)

Schola virtutum a Deo homine omnibus hominibus aperta, argumentum quinque meditationum ... Monachii 1755. V: *Gachet, Franz Xaver.* (Jes) (SO)

Illustrissimae **Scholae** Regiae Afranae trecentos quinquaginta annos gloriosissime peractos a. d. V Non. Iulias MDCCCXCIII rite celebranti votis pientissimis congratulantur Scholae Regiae Portensis Rector et Collegae. (Enthält: Über Lessings Emilia Galotti v. Gustav Kettner.) *Numburgi ad S.: Typis expr. Lippert & soc. (1893).* (32 S.) 1 Bd 8. [illegible]

Scholae Portensi tribus saeculis et dimidio gloriosissime per actis solemnia natalicia rite celebranda pie gratulantur prisci alumni... [Berlin 1893.] V: *Eck, Ernst.* (Berl)

Scholae regiae Portensi diem auspicatissimum 21. Mai 1843 ... votis pro eius ... salute susceptis congratulatur Gymnasium illustre Gothanum. Gothae 1843. V: *Wüstemann, Ernst Friedrich.* (ABJP)

Scholae Salisburgenses. 1.—8. Heft. gr. 8. Salzburg (A. Pustet). n.n. 5. 70
Danner, Seb., Bericht üb. die Philosophat-Kurse in Salzburg v. 5. X. bis 14. XII. 1904. Hrsg. unter Mitwirkg. des Komitees u. der Dozenten der Kurse. (155 S.) (905.) (Hft. 3.) n.n. 1. 30
Danner, Seb., Bericht üb. die Philosophat-Kurse in Salzburg v. 5. X. bis 7. XII. 1905. Hrsg. unter Mitwirkg. des Komitees u. der Dozenten der Kurse. (104 S.) (906.) (Hft. 8.) n. 1. —
— der pädagogisch-katechetische Kursus in Salzburg vom 10. bis 23. XI. 1903. Hrsg. unter Mitwirkg. des Komitees f. den Kursus. (95 S.) (903.) (Hft. 1.) n.n. 1. 30
— der pädagogische Kursus in Salzburg vom 7. bis 18. VIII. 1905. Hrsg. unter Mitwirkg. des Philosophatkomitees u. der Dozenten. (40 S.) (905.) (Hft. 6.) n. — 40
— der soziologische Kursus in Salzburg vom 17. bis 25. VIII. 1905. Hrsg. unter Mitwirkg. des Philosophatkomitees u. der Dozenten. (97 S.) (905. (Hft. 7.) n. — 40
— Programme f. die Ferial- u. Quartal-Kurse des Salzburger Philosophats im Aug. u. vom Oktbr. bis Dezbr. 1905. Hrsg. unter Mitwirkg. des Komitees u. der Dozenten der Kurse. (11 S.) (Hft. 4.) Unentgeltlich.
— Programm der Philosophat-Kurse in Salzburg im Winter 1904/05. Hrsg. unter Mitwirkg. des Komitees f. die Kurse. (11 S.) (904.) (Hft. 2.) Unentgeltlich.
Spängler, Frz., Schulrecht. Vorlesungen bei dem Salzburger Philosophatkurse. (5. X. bis 14. XII. 1904.) 2. Tl.: Das positive Schulrecht. (Vorträge 14—25.) (Nachtrag zum Berichte im Hefte 3.) Hrsg. unter Mitwirkg. des Komitees u. der Dozenten der Kurse. (114 S.) (905.) (Hft. 5.) n.n. 1. 50

Scholae Salisburgenses. 9. u. 10. Heft. gr. 8. Salzburg, (A. Pustet). 3. 50
Danner, Seb., der katechetische Kursus in Salzburg v. 20.—25. VIII. 1906. Hrsg. unter Mitwirkg. des Komites u. d. Dozenten des Kurses. (202 S.) (907.) (Heft 10.) 2. 50
Der pädagogische Kursus in Salzburg v. 13.—17. VIII. 1906. Hrsg. unter Mitwirkg. des Komitees u. der Dozenten der Kurse. (65 S.) (907.) (Heft 9.) 1. —

Soholand, Franz, approb. Arzt aus Meschede: Ueber Entstehung und Behandlung der Ranula. *Leipzig 1901: B. Georgi.* (35 S.) 8°
Leipzig, Med. Diss. v. (11. Mai) 1901

Scholand, J. M., Amalthea, oder Betrachtungen u. Gedanken über den Menschen u. das Menschenleben. Eine Blumenlese aus den besten Werken älterer u. neuerer Literatur. Zur Beförderung prakt. Humanität u. Lebensweisheit, so wie auch zum Gebrauche für Stammbücher u. Schulvorschriften. 2 Thle. gr. 12. (14½ B.) Magdeburg 835, Wagner u. Richter. (?)
2. Thl. a. u. d. T.: Neue Auswahl von Stammbuch-Aufsätzen.

—— neue Auswahl v. Stammbuch-Aufsätzen. Eine Blumenlese aus d. besten Werken d. ält. u. neu. Literatur. (Amalthea. 2. Thl.) 2., unveränd. Ausg. gr. 12. (7 B.) Magdeburg 836, Wagner u. Richter. (?)

Scholand, J. M., Bemerkungen u. Gedanken üb. Leben u. Tod des Menschen. 8. (7 B.) Magdeburg 832, Rubach.

Scholand, J. M., naturgemäße Gesundheitslehre für Jedermann. 2., verm. Aufl. 12. (VIII und 140 S.) Quedlinburg 847, Ernst'sche Buchh.

—— naturgemäße Gesundheits-Lehre f. Schule u. Haus. Nach d. Ansichten u. Vorschriften d. berühmtesten Aerzte ält. u. neu. Zeit bearb. 12. (8 B.) Magdeburg 837. [Quedlinburg, Ernst'sche Buchh.]

— naturgemäße Gesundheits-Lehre für Schule und Haus. Nach den Ansichten u. Vorschriften der berühmtesten Aerzte älterer u. neuerer Zeit bearbeitet. 12. Magdeburg 837. Wagner u. Richter. 3/8 Thlr.

— das Ewige Leben, oder Unsterblichkeit, Himmel, Hölle, Rückerinnerung u. Wiedersehen jenseits. Allen Unbefangenen zur Beherzigung u. Würdigung. 2 Bdchn. gr. 8. Berlin 840. Heymann. 1 1/4 Thlr.

—— der Mensch nach seiner geist. u. körperl. Natur, so wie nach seinen verschied. bürgerl. u. gesell. Verhältnissen. Ein gemeinnütz. Handb. f. gebild. Stände, insbesond. f. Lehrer u. d. reif. Jugend. gr. 8. (21¾ B. u. 1 Tab.) Magdeburg 837, Heinrichshofen.

—— der Menschenfreund, od. Anleit. z. zweckmäß. Pflege u. Behandl. d. Kranken, Sterbenden, Todten u. Scheintodten ꝛc. 5 Bdchn. gr. 8. (23½ B.) Magdeburg 837—39, Heinrichshofen. à 6 Gr.

A. u. d. Titln.:

Bdchn. 1. Kurzgefaßte Krankenflege od. Verhaltungsregeln vor, in u. nach Krankheiten.

„ 2. Anleitung zur zweckmäß. Pflege u. Behandlung d. Sterbenden, d. Gestorbenen u. d. Scheintodten.

„ 3. Ueber Tod u. Todesfurcht, z. Belehr. f. Diejenigen, welche einst e. ruhigen Tod wünschen.

„ 4. Trostbüchlein f. Betrübte, welche bei den Trennungen d. Todes eine beruhigende Gemüthsbewegung suchen u. wünschen.

„ 5. Der Schutzgeist, od. Regeln u. Vorschriften f. Jung u. Alt z. Verhut. gewöhnl. vorkomm. Gesundheits- u. Lebensgefahren. Nebst e. Anh., welcher e. kurze Anweis. enthält, wie man sich auf Reisen u. in d. Kälte vor Unglücksfällen schützen kann.

Scholand, J. M., Pflege der Zähne u. des Zahnfleisches im gesunden u. kranken Zustande. Ein wohlmeinender Rathgeber für Eltern, Erzieher, Jünglinge u. Jungfrauen ꝛc. Nach den Vorschriften berühmter Aerzte u. Zahnärzte bearb. gr. 8. (4 B.) Magdeburg 843, [Baensch.] *

Scholand, J. M., Pflege der Zähne und des Zahnfleisches im gesunden u. kranken Zustande. Ein wohlmeinender Rathgeber für Eltern, Erzieher, Jünglinge u. Jungfrauen ꝛc. Nach den Vorschriften berühmter Aerzte und Zahnärzte bearb. gr. 8. Magdeburg 843, Schmilinsky. n. 1/6 Thlr.

—— die vorzüglichsten Regeln zur Erhaltung d. Gesundheit im Allgem., so wie zur zweckmäß. Pflege gesunder u. kranker Augen, Zähne u. Haupthaare im Besond. Nach d. besten Quellen u. bewährt. Erfahrn. bearb. 1. Aufl. (12¼ B.) 831., 2., mit e. Anh. (Behandl. d. Sterbenden u. Todten. — Muster zu e. Krankenberichte) verm. A. (13 B.) 8. Magdeburg 831, Rubach.

—— kurzgefaßte Verhaltungsregeln bei gewöhnl. vorkomm. Krankheiten u. plötzl. Unglücksfällen. Nebst e. Anh., Vorsichtsmaßregeln beim Gewitter enth. — A. u. d. T.: Vorsichts- u. Verhaltungsmaßregeln beim Baden, Gewitter, bei plötzlichen Unglücksfällen u. ansteck. Krankheiten. 2., verb. u. mit vielen Zusätzen verm. Aufl. gr. 12. (6 B.) Magdeburg 837, [Berlin,] Rubach.

—— Vorsichts- u. Verhaltungsmaßregeln beim Baden, Gewitter, bei plötzl. Unglücksfällen u. ansteck. Krankheiten. Nach d. besten Quellen u. bewährt. Erfahrn. bearb. 8. (5 B.) Magdeburg 832, Rubach. à

—— das Waschen u. Baden d. menschl. Körpers in diätet. Hinsicht. Nebst e. Anh., die Vorsichts- u. Verhaltungsregeln f. Bade-Reisende u. Brunnentrinker enth. Nach ärztl. Beobachtn. u. eigener Erfahr. bearb. 2., verb. u. mit vielen Zusätzen verm. Aufl. gr. 12. (3⅓ B.) Magdeburg 837, [Berlin,] Rubach.

— Zähne u. Zahnfleisch in gesundem u. krankem Zustande. Eine Schrift zur Beherzigung f. Jedermann. 2. unveränd. (Titel-)Aufl. 8. (VIII u. 52 S.) Magdeburg (842) 848, Baensch. n. 1/6 Thlr.

HILARIUS, Fridolin (d. i. *Joh. Mathias Scholand*, geb. 2. März 1782 zu Bleywäsche im ehem. Bisth. Paderborn, seit 1815 Rector an d. St. Marienschule in Magdeb.), Neue Polterabend-Scherze, gesammelt u. hrsg. von —. Magdeburg, Wagner, 1836. Gr. 12⁰.

7⅛ Bog. u. 1 Musikbeil. in gr. 4⁰. — A. G. Schmidt, Gallerie etc. S. 92; Holzmann & Bohatta, Ps.-Lex., nennt Vornamen, hat aber „1838".

Der **Scholar**. Lehrreiche und unterhaltende Zeitschrift für die Schülerwelt. Jg. 1.
Berlin: Expedition 1900. 8⁰

Scholar, der. Erinnerungen an die Schulzeit. (Einschreibebuch.) (49 S.) 22,5×29,5 cm. Magdeburg (909). P. Joschkowitz. 1.50; geb. n 2.—

Scholar, der deutsche. Wochenschrift f. Schüler oberer Klassen höherer Lehranstalten, Seminaristen, Schulfreunde u. Gönner. Hrsg.: C. Müller, W. Müller-Waldenburg. 1. Jahrg. Oktbr.—Dezbr. 1898. 13 Nrn. (Bog.) gr. 8. Berlin (N., Ruppinerstr. 1), Redaktion. n. 2.—; monatlich n. —75

Scholaren, lustige. Humor. Wochenschr. Nebst: „Seifenblasen". Humoristische Zeitungsbeilage. 1. Jahrg. Juli 1908—Juni 1909. 52 Nrn. (à ca. 8 S. m. Abb.) Lex. 8. Halle, P. Wiebach. 4.80
Erschien anfänglich u. d. T.: „Die Penne". — Erloschen.

Scholarius, W. J., die algebraischen Gleichungen des 1. und 2. Grades, mit besonderer Behandlung ihrer Auflösungsmethoden und der Theorie der Determinanten, zugleich Schlüssel zu den im Rechenbuche von J. Hoffmann und J. Klein enthaltenen Gleichungen, nebst zahlreichen Uebungsbeispielen. Zum Selbststudium bearb. gr. 8. (IV, 212 S.) Paderborn 879, F. Schöningh. *

Die geistliche Schulaufsicht. Von **Scholastikus**. Trier: Paulinus-Dr. 1904. (48 S.) 8° [J.] 143. 1363

Scholasticus, Johs., die Analyse u. Synthese im Religionsunterricht. Eine Ergänzung, beziehungsweise Kritik der Schrift: Neue Wege im Religionsunterricht v. Johann Valerian. gr. 8. (44 S.) Würzburg 902. F. X. Bucher. n. —40

Scholasticus, Johs., s.: Stellung des katholischen Religions-Unterrichts in der Volksschule im Lehrplan der Jünger Herbarts.

Scholasticus, Ph., s.: Sprichwort, das deutsche, im Dienste des Religions-Unterrichts in der Volksschule.

Scholastika. Dramatischer Scherz in 2 Aufzügen, den Alten u. Jungen d. plauenschen Seminars zur Erinnerg. an dessen 75jähr. Jubiläum 1885 gewidmet v. E. O. Dem. gr. 8. (38 S.) Plauen 885. (Neupert.) n. —30

Scholastikus, s.: Schulaufsicht, die geistliche.

Scholber, Chr. Aug., Vorschläge, wie der Verpachter eines Landgutes den allzugrossen Gewinn der Pächter beschränken könne. gr. 8⁰. Leipzig, Grieshammer, 1796.

— Ueber die Vortheile und Nachtheile der Wanderschaft der Handwerker. 8⁰. Altenburg, Petersen, 1800.

— über Wanderschaft der Handwerker. 8. Altenburg, Petersen. 800.

Scholber, Hermann: De acephalocystidibus ex casu quodam illustratis. Halis [1839]: Semmler. 30 S. 8°
Halle-Wittenberg, Med. Diss. v. 28. Sept. [1839]
Geb. [Behlitz (Kr. Delitzsch) 2. 1. 1815]. V.

Schoelch, Mich., a new practical German grammar, s.: Sonnenburg, Rud.

Schölcher, V., die Antillen, s.: Weltpanorama.

Scholdan, Henr., Argumenta psalmorum iuxta explanationem Heseri carmine deducta. Styrae, 1710, 8°.

Scholder, das Hagel- u. Sturm-Ungewitter im Hohenloher Land in d. Nacht v. 30. VI. auf 1. VII. 1897. Von e. Augen- u. Ohrenzeugen wahrheitsgetreu geschild. 8. (12 S. m. 4 Bild.) Schw.-Hall 897. Stuttgart, Buchh. f. Inn. Mission. — 10

Scholder, Charles, med. pract. aus Zürich: Ueber die Gefahr und Verhütung septischer Infectionen bei gewissen Geisteskranken. Zür. Orell Füssli Cie Dr. 1886. 69 S., 1 Bl. 8°.
Zürich, Med. Diss. [v. 14. Mai 1886].

Scholder, [Charles]. Die Schulskoliose und deren Behandlung. Von Dr. Scholder ... in Lausanne. Mit 10 Abbildungen. (Separat-Abdruck aus dem Archiv für Orthopädie, Mechanotherapie und Unfallchirurgie. Band 1. Heft 3....) S. 327—352. gr.-8. (Wiesbaden, J. F. Bergmann, [1903].)

Scholder-Develay, H. La Famine aux Indes. [Illustré.] 8. Zurich 1900.

Scholder-Develay, H. Die Hungersnot in Indien. [Illustriert.] 8. Zürich 1900.

Scholderer, E., Abriß der Geschichte, s.: Baldamus, F.

Scholderer, E. Zur Charakteristik Fénelons. Frankfurt a. M., H. B., 1868. 27 S. 4. Progr.

Scholderer, E., Lehrbuch d. Französischen. 1. Tl. gr. 8. (VIII, 265 S.) Frankfurt a/M. 884. Jaeger. n. 1. 80

Scholderer, E., deutsches Lesebuch, s.: Baldamus, F. E.

Scholderer, E., deutsches Lesebuch f. höhere Lehranstalten, s.: Baldamus, F. E.

Scholderer, Aemil. (geb. Frankfurt a. M. 1831): Tanagraeorum antiquitatum specimen. Berolini (1855). [illegible]
Berlin, Phil. Diss. v. 14. Juli 1855

Scholderer, J. C., deutsches Lesebuch für die untern u. mittlern Klassen der Real- u. Volksschulen, nebst einem Anhang, enth. bibl. Sprüche u. Liederverse. gr. 12. (13 B.) Frankfurt a. M. 846, Jäger'sche Buchh. —

Scholderer, J. C., erstes Lesebuch f. Elementarschulen. 8. (12¼ B.) Frankfurt a. M. 840, (Küchler.) *

Scholderer, J. C., erstes Lesebuch für Elementarschulen. 2. verb. u. verm. Aufl. gr. 12. Frankfurt a/M. 843, Jäger'sche Buchh. ½ ₰ — 3. verb. Aufl. 12. Ebend. 845. 5/12 ₰

Scholderer, J. C., erstes Lesebuch f. Elementarschulen. 4. verb. Aufl. gr. 12. (VIII u. 256 S.) Frankfurt a. M. 851, Jaeger. 5/12 ₰

— s. Rothkehlchen, die.

Schöldgen, Paul, Referendar: Der öffentliche Glaube des Erbscheins. Greifswald 1908: Abel. 56 S. 8°
Greifswald, Jur. Diss. v. 9. Nov. 1908, Ref. Jung
[Geb. 5. Sept. 85 Solingen; Wohnort: Solingen; Staatsangeh.: Preußen; Vorbildung: Gymn. Solingen Reife O. 04; Studium: Freiburg i. B. 2, Greifswald 6 S.; Rig. 23. Juni 08.] [U 09 1472

Scholé, I. C., der Ritter. Eine Dichtg. 8. (V, 86 S.) Dresden 902. E. Pierson. n. 1. 50; geb. n. 2. 50

Scholefield, J., der Mensch — kein Raubthier, s. Gesundheit, Wohlstand u. Glück.

Scholefield, J., der Mensch — kein Raubthier, s.: Gut, das höchste.

Scholefield, Oscar [approb. Arzt aus Hamburg]: Fünf Fälle von transitorischer Amblyopie und Amaurose, beobachtet in der Kieler Augenklinik .... Kiel, Druck v. Schmidt & Klaunig, 1886; 15 + 1 S. 8°.
Kiel, Med. Fak., Inaug.-Diss. v. 8. Mai 1886.

Scholefield, Osc., 5 Fälle v. transitorischer Amblyopie u. Amaurose beobachtet in der Kieler Augenklinik. gr. 8. (15 S.) Kiel 886. (Lipsius & Tischer). n. — 80

Scholem Alechem 1908 [Pseud.]
s. Rabinovič, Salom. [illegible]

Scholem, Georg, approb. Arzt aus Berlin: Aus d. Poliklinik f. Haut- u. Geschlechtskrankheiten von Dr. med. O. Werler zu Berlin. Über Unguentum hydrargyri colloidalis (Mercurcolloid), seine Anwendungsweise und Wirkung. *Berlin 1901: S. Scholem.* (37 S.) 8°
Leipzig, Med. Diss. v. (12. Juli) 1901

Geschichte des Berliner Turner-Vereins 1850–1900. Unter Mitw. von H. Albertz u. A. Stadthaus verf. von Theobald Scholem. *Berlin 1900: (S. Scholem).* (32 S.) 8° [F.] [00. 1892

Scholer, P., Blüthen u. Falter. Gedichte. 12. (140 S.) Zürich 887. Caesar Schmidt. n. 2. —; geb. n. 2. 50

Scholer, Remigius [app. Arzt aus Laufen (Schweiz)]: Einige seltene Verletzungen des Auges durch chemisch wirkende Substanzen. ... Strassburg, Univ.-Buchdr. v. J. H. Ed. Heitz (Heitz & Mündel), 1888; 24 S. 8°
Strassburg, Med. Fak., Inaug.-Diss. v. 1888

Schoeler, zur operativen Behandlung u. Heilung der Netzhautablösung. Mit 24 in d. Text gedr. Holzschn.-Zeichngn. u. 5 Chromolith. 8. (98 S.) Berlin 889. H. Peters. geb. n. 6. —

Schoeler und Uhthoff, Beiträge zur Pathologie der Sehnerven und der Netzhaut bei Allgemeinerkrankungen, nebst einer Operations-Statistik 1882/83 als Anhang. gr. 8. (102 S. mit eingedr. Holzschn.) Berlin 882, H. Peters. *

Schoeler und Uhthoff, Beiträge zur Pathologie der Sehnerven und der Netzhaut. gr. 8. Berlin 882, J. M. Spaeth.

Schoeler u. Uhthoff, Beiträge zur Pathologie d. Sehnerven u. der Netzhaut bei Allgemeinerkrankungen, nebst e. Operations-Statistik 1882/83 als Anh. gr. 8. (102 S. m. Holzschn.) Berlin 884. H. Peters. n. 2. —

Schoeler u. Albrand, experimentelle Studie üb. galvanolytische-kataphorische Einwirkungen auf das Auge. gr. 8. (30 S.) Wiesbaden 894. J. F. Bergmann. n. 1. —

Schoeler, *Albrecht* [Past.]: Über Kant's philosophischen Entwurf „Zum ewigen Frieden“ ... Münster, Druck d. Coppenrathschen Buchdr., 1892; 15—28 S. 4.
Münster i. W., k. Paulinisches G, P 1892 (358)

Schoeler, Alb., die religiöse Erziehung unserer gebildeten Jugend u. der Religionsunterricht auf unseren Gymnasien. Mit Rücksicht auf Geh.-R. Wiese's Bedenken. gr. 8. (84 S.) Gütersloh 890. Bertelsmann. n. 1. 20

— dasselbe. Mit Rücksicht auf Geh.-R. Wiese's u. Güßfeldt's Vorschläge. 2., verm. Aufl. gr. 8. (116 S.) Ebd. 891. n. 1. 40

Schoeler, Albr., das vatikanische Bild oder: Du sollst keine and. Götter haben neben mir! Erinnergn. an e. Romfahrt im Lutherjubiläums-J. 1883. 8. (VIII, (62 S. m. Titelbild.) Gütersloh 898. C. Bertelsmann. n. 1. —

Schoeler, *Albrecht* Die induktive Methode in der Erforschung des Sittlichen mit Beziehung auf Kant's „Kritik der praktischen Vernunft“. 4 (14 S.). — Über Kant's philosophischen Entwurf „Zum ewigen Frieden“. 4 (S. 15—28).
Progr. Kgl. Paulinisches G. *Münster* i. W. 1892 (358).

Schöler Albrecht: Ueber die Möglichkeit einer kritisch-induktiven Methode in der Erforschung des sittlichen Lebens der Menschheit mit besonderer Beziehung auf Kants Kritik der praktischen Vernunft.
H. 1878 PN 114 **Diss.** Wien, Univ

Schöler, Albr. Jul., Johannes Michael Feneberg, ein evangel. Priesterleben in der römisch-kathol. Kirche. Barmen 864. (Berlin, Beck.) 8. (40 S.) n. 1 ngr.

Schoeler, B., s. a. **Augusti,** Bertha

Schöler, Charlotte v., der Büchsenspanner. Roman. 8. (417 S.) Berlin 888. F. Luckhardt. n. 5. —

Schoeler, Charlotte v., Hans im Glück, s. a. Kürschner's, Jos., Bücherschatz.

Schoeler, Charlotte v.: Hans im Glück und Anderes. Aus d. Nachlass von —. Mit e. Vorw. von Hans v. Wolzogen. Mit Ill. von Braune. Berlin, Eisenach, Leipzig: H. Hillger [1901]. (127 S.) 8°
= Bücherschatz. Kürschners. No 253.

Schöler, Charlotte v., Mattias v. Zwifalten. Erzählung. 8. (296 S.) Berlin 885. F. Luckhardt. n. 5. —

— der Rathsherr v. Trier. Ein Blatt aus e. alten Familien-Chronik. 8. (IV, 250 S.) Ebend. 885. n. 5. —

Schöler, Ch. v., der Ratsherr v. Trier. Ein Blatt aus e. alten Familien-Chronik. Neue [Titel-] Ausg. (IV, 250 S.) 8. Trier [886] 906. H. Stephanus.
Geb. in Leinw. n. 3. —

Schöler, Ernst (geb. am 27 Juli 1862 in Elberfeld): Aus d. anat. Laboratorium d. Univ. Bonn. — Beitrag zur Kenntniss der Nerven in der Epidermis der Fische ... Bonn, Univ.-Buchdr. v. C. Georgi 1885. 33 S., 1 Bl., 1 Taf. 8.
Bonn, Phil. Fak., Diss. v. 6 Aug. 1885

Schoeler, Friedrich, prakt. Arzt aus Fellin in Livland (Russl.): 4 Fälle von Orbitalverletzungen. *Berlin (1900): G. Schade.* (31 S.) 8°
Berlin, Med. Diss. v. 27. Febr. 1900

Schoeler, Fritz, Erfahrungen üb. die Anwendung des Alttuberkulins z. Heilzwecken i. d. Augenheilkunde. (Aus der Geheimrat Schoelerschen Augenklinik zu Berlin.) (64 S.) gr. 8. Jena 909. G. Fischer. 2. —
Sonderabdruck aus: „Klin. Jahrbuch“.

Schoeler, G., new concise Grammar of the German Tongue. gr. 12. (13 B. u. 1 Bl. Vorschriften z. Schönschreiben.) Berlin 829, Amelang.

—— kurzgef. Grammatik d. engl. Sprache. 8. (5½ B.) Danzig 828, Anhuth.

Schöler, (G.,) Protreptikon od. Andeutung zur gehör. Würdigung u. Betreibung d. Gymnasialstudien. gr. 8. Danzig 823, Albertl.

— Protreptikon, od. Andeutung zur gehör. Würdigung u. Betreibung der Gymnasialstudien. gr. 8. Danzig 823. (Ewert). 8 gr.

Schöler, Georg: Antrittsrede. 12 S. . . .
Erfurt, Progr. 1844

Schöler, Georg: Über die Griechische Baukunst. 21 S. . .
Erfurt, Progr. 1848

Schöler, über die griechische Baukunst, eine Vorlesung als Grundlage für den Unterricht in diesem Theile der alten Kunstgeschichte. gr. 4. (21 S.) Erfurt 848, (Körner.)

Schöler, Georg: Carmina gratulatoria: I. Ad Joannem Schulzium. II. Ad Jenam illustrem. 2 S. – Progr. Erfurt 1859.

Schöler, Georg: Civibus patriae urbis hoc anno diem XXII. mensis Augusti celebrantibus et suo et collegarum nomine gratulatur. 2 S. – Progr. Erfurt 1852.

Schöler, G.: Ueber Farbenanstrich und Farbigkeit plastischer Bildwerke bei den Alten. 25 S. . . . .
Danzig, Progr. 1826

Derselbe Die Malerei bei den Griechen. 32 S. . .
Lissa, Progr. 1842

Nachricht über den Zustand des Königlichen Gymnasiums zu Erfurt verfasst v. **Schöler.** 1861/62. Erfurt. 1862. 4°

Schöler, (Geo.), Schiller in Thüringen, ein idyllisches Gedicht. Erfurt 859. Villaret. gr. 4. (8 S.) n. 3 ngr.

Schöler, Georg. Schiller in Thüringen, ein idyllisches Gedicht. 8 S.
Erfurt, Progr. 1860

Schöler, G. Charakteristische Uebersicht der griech. Plastik. 16 S. . . . .
Lissa, Progr. 1835

Schöler, Georg: Geschichtliche Übersicht der italienischen Malerei nach ihren Haupterscheinungen. 41 S.– Erfurt, Progr. 1854.

Schöler, Geo., geschichtliche Uebersicht der italienischen Malerei nach ihren Haupterscheinungen. Beigabe zum Osterprogramm des Königl. Gymn. zu Erfurt. Erfurt 854. (Körner'sche Buchhdlg.) gr. 4. (41 S.) n. 10 ngr.

Schöler, Geo., geschichtliche Uebersicht der italienischen Malerei nach ihren Haupterscheinungen. (Beigabe zum Osterprogramm des königl. Gymnasiums zu Erfurt.) gr. 4. (41 S.) Erfurt 854, (Weingart.) *

Schöler, G. Zusammenstellung der griech. u. christl. Kunst. 13 S. . .
Lissa, Progr. 1835

Schöler, Gustav. Ein Beitrag zur Kenntnis des wechselnden Affinitätswertes einfacher Bindungen. Diss. Phil. [II.] Univ. Zürich. 62 S. 8. Zürich — Druck von Gebrüder Stiepel, Reichenberg, Böhmen — 1908.

Schöler, Heinrich, Livländer, Experimentelle Beiträge zur Kenntniss der Irisbewegung. Diss. Dorpat. 8°. 77 pp. 1869.

Schöler, Henr., de oculi evolutione in embryonibus gallinaceis. Dissertatio inauguralis. 4maj. (36 S. und 1 Stnt.) Mitaviae 849, Reyher.

Schoeler, Heinr. v., fremdes Glück. Eine venetian. Novelle. 8. (166 S.) Leipzig (902). H. Seemann Nachf. n. 2.50

Schoeler, Heinr. v., Kritik der wissenschaftlichen Erkenntnis. E. vorurteilsfreie Weltanschaug. gr. 8. (VIII, 677 S.) Leipzig 898. W. Engelmann. n. 12. —; geb. n. 15. —

— Probleme. Kritische Studien üb. den Monismus. gr. 8. (VIII, 107 S.) Leipzig 900. W. Engelmann. n. 2. —

Schoeler, Heinr. v., Rettung. Roman. (292 S.) 8. Berlin (904). H. Seemann Nachf. n. 3. —

Schoeler, Heinr. v., Kaiser Tiberius auf Capri. Histor. Roman. (174 S.) 8. Leipzig 908. Schulze & Co. 3.50; geb. 4.50

Schöler, Heinrich: Augustins Verhältnis zu Plato in genetischer Entwicklung. *Jena 1897: A. Kämpfe.* (122 S.) 8° Jena, Phil. Diss. v. [9. Jan.] 1897

— die höchste Wahrheit, s.: Volksschriften zur Umwälzung der Geister. 49. Hft.

Schöler, Herm., wider den Brotwucher. Ein Leitfaden im Kampfe gegen Erhöhg. der Lebensmittelzölle u. f. Fortführung e. volksfreundl. Handelsvertragspolitik. gr. 8. (204 S.) Berlin (901). H. Steinitz. n. 2. —

Schöler, Herm., d. Irrthümer d. Socialdemokratie. Beleuchtet an der Hand v. Bebels Buch „Die Frau u. d. Sozialismus". Der wirthschaftl., geist. u. sittl. Bankerott d. socialdemokrat. Zukunftsstaates. gr. 8. (64 S.) Hannover-Linden 895. A. Edel. n. — 80

Schöler, Herm., mein Militärprozeß. Die militär. Schreckensbilder, II. Tl. („Ein Jahr Arbeitssoldat") vor Gericht. Auf Grund d. Verhandlg. vor d. I. Strafkammer d. kgl. Landgerichts zu Hannover besprochen. gr. 8. (104 S.) Stuttgart 897. R. Lutz. n. 1.20

Die Reichserbschaftssteuer. Ein Beitrag z. Lösung d. Frage d. Reichsfinanzreform von Hermann **Schöler**. Berlin: Puttkammer & Mühlbrecht 1905. (141 S.) 8° [F.] [06. 930

Schöler, Herm., die Reichserbschaftssteuer. Ein Beitrag zur Lösg. der Frage der Reichsfinanzreform. (141 S.) gr. 8. Berlin 906. Puttkammer & Mühlbrecht. n. 2. —

Direkte Reichssteuern. Erwiderung auf die gleichnamige Schrift des Professors H. Paul Laband. Eine staatsrechtliche, finanzwissenschaftliche und politische Kontroverse v. **Hermann Schöler.** Wissenschaftliche Beilage zu Nr. 17 des Fortschritt, 2. Jahrg. (dieser angeb.). Kiel. 1908. 8°

— militärische Schreckensbilder in Friedenszeiten. Eine auf Thatsachen beruh., wahrheitsgem. Schilderung. I. u. II. Thl. gr. 8. Ebd. à n. — 60
I. Zwei Jahre Infanterist. (7. Tausf.) (46 S.) 896.
II. Ein Jahr Arbeitssoldat. 1. u. durchgesch. u. veränd. 2. Aufl. (56 S.) 895.

Schöler, I. W. Plan du cours de la Ruhr aux environs du Bac d'Acke. Cleve 1767. 1 Bl. Hz.

Schöler, K.: Ueber Isomorphismus. 24 S. 8° – Leitmeritz, OR., Progr. 1864.

Schöler K.: Quellwasseranalysen. 2. Leitmeritz R. 85. **Progr.**

Schöler K.: Über den Ursprung der Pflanzennahrung. 23. Leitmeritz R. 75. **Progr.**

Schöler, Karl W., s. Hirtenrufe eines früh Vollendeten.

Schöler, Ldw., Diss. inaug. med. sistens observationes super morbis Surinamensium. 4. Götting. 781. Dieterich. 2 gl

Schoeler, M. v., der Erdball im Aether. Ein lyr. Fragment nebst einigen and. Gedichten. gr. 8. (9 B.) Berlin 829, (Dümmler.)

Schöler, M. v., theosebische Muthmaßungen, s. Zamorti, H.

Zamorti Hercules, des ungar. Edelmanns, theosebische Muthmassungen üb. Gottheit, Geisterwirkung, Menschheit, Unsterblichk. u. Fürsehung; veröffentl. durch M.. v. Schoeler. *Berl.*, Dümmler. 839. gr8° *20 gl*

Schöler, R., Beispiele f. d. Berechng. einf. Brücken a. Holz u. Eisen. Für den Schulgebrauch u. die Praxis bearb. (V, 54 S. m. 195 Abbildgn.) Lex. 8. Leipzig 911. B. F. Voigt. 2.50; geb. 3.25

Schöler, R., die Eisenkonstruktionen des Hochbaues, s. a. Handbuch, das, des Bautechnikers. IX.

Schöler R, die Eisenkonstruktionen d. Hochbaues. (355 S.) (Issel H, Handbuch des Bautechnikers 9) Leipzig 1901

— s.: Handbuch des Bauingenieurs.

— Die Statik u. Festigkeitslehre des Hochbaues, einschliessl. der Theorie der Beton- u. Betoneisenkonstruktion, s. a. Handbuch, das, des Bautechnikers. XVI.

Schöler R, die Statik und Festigkeitslehre des Hochbaues. (284 S 13 T) (Issel, Handbuch des Bautechnikers 16) Leipzig 1905

Schoeler, Rüdiger v., 1812, s.: [Hartwich, Jul. v.].

Schoeler, Rüdiger v., die Berufspflichten des Soldaten, für den Infanteristen bearb. gr. 8. (V, 38 S.) Hannover 887, Helwing's Verlag. *

Schoeler, Rüdiger v., die Berufspflichten d. Soldaten, f. den Infanteristen bearb. 2., verm. Aufl. gr. 8. (VI, 120 S.) Hannover 892. Helwing's Verl. n. — 50

— Register, s.: Mitteilungen d. Vereins f. die Geschichte Berlins.

Schoeler, Guilelmus (geb. am 15 Sept. 1810 in Drabenderhöhe bei Siegburg): De amputatione naturae vi peracta ... Bonnae, typ. C. Georgii (1836). VI S., 1 Bl., 24 S., 1 Taf. 4.
Bonn, Med. Fak., Diss. v. 26 Apr. 1836

Taschenbuch für die Interessenten der Grubenholz-Branche. Nach amtl. Quellen zsgest. von W[ilhelm] **Schöler**-Charlottenburg. *Berlin: Liebel (1902).* (37 S.) 8° [F.] [03. 3488

Schölermann, Wilh., s.a. Akademie, e. deutsche, in Weimar.

Eine Deutsche Akademie in Weimar. (Verf.: Prof. Wilhelm **Schölermann.**) Leipzig: Verl. f. Lit., Kunst & Musik 1910. 16 S. 8° [Umschlagt.] [11. 4663

Schölermann, Wilh., Freilicht! Eine plein-air-Studie. gr. 8. (55 S.) Düsseldorf 891. F. Bagel. n. 1. —

— dasselbe. 2. Aufl. gr. 8. (55 S.) Frankfurt a/M. 894. Jaeger's Verl. n. 1. —

Schölermann, Wilh., s.: Hendrichsaal, der, in Kiel.

— Künstler-Kolonial-Politik u. Revolution v. oben. 2 Vorträge. (16 S.) 8. Leipzig 910. Verlag f. Literatur, Kunst u. Musik. — 40

Die deutsche Not! Gesammelte Schriften von Prof. Wilhelm **Schölermann.** Leipzig: Verl. f. Literatur, Kunst u. Musik 1910. 162 S. 8° [10. 13334

Scholia

— **antiqua in Q. Horatium Flaccum recensuerunt Alfr. Holder et Otto Keller.** Vol. I. gr. 8. **Innsbruck 894. Wagner. n. 20. —**
Pomponi Porfyrionis commentum in Horatium Flaccum rec. Alfr. Holder. (X, 620 S.)

Scholia antiqua in Homeri Odysseam, e codd. bibliothecae Ambrosianae Mediolanensis ab Angelo Majo eruta emendatius edidit, notulis illustravit, et scholior. Harlejanorum excerptis Porsonianis auxit Ph. Buttmannus. 8maj. Berolini, Mylius. 820.

Scholia antiqua in Euripidis tragoedias partim editis integriora. Ex rec. C. G. Cobeti iterum ed. Aug. Witzschel. 8. (VIII und 64 S.) Lipsiae 849, Geuther.

Scholia in Dionysii **Thracis artem grammaticam,** recensuit **Alf. Hilgard,** s.a. Grammatici graeci. III.

Scholia in Dionysii Thracis artem grammaticam. Rec. et apparatum criticum indicesque adiecit Alfredus Hilgard. *Lipsiae: B. G. Teubner 1901.* (LI, 052 S.) 8°
= Grammatici Graeci. P. 3. [01. 11734

Scholia in Lucani bellum civile edid. Herm. Usener. Pars prior: Commenta Bernensia. gr. 8. (X, 338 S. mit 1 Stnt.) Leipzig 869, Teubner. *

Scholia Bernensia **ad Vergili Bucolica atque Georgica** edidit, emendavit, praefatus est **Herm. Hagen.** (Commentatio ex supplementis annalium philologicorum exscripta.) Leipzig 867. **Teubner. gr. 8. (343 S.) n. 2** ₰

— in Pindari epinicia, ad librorum manuscriptorum fidem ed. Eug. Abel. Pars III. Scholia recentia. Vol. I. Scholia in Olympia et Pythia. gr. 8. (VII, 480 S.) Budapestini 891. (Berlin, Calvary & Co.) n. 15. — (II. u. III, 1.: n. 30. —)
s.: Abel, Eug. Vol. I. erschien noch nicht.

Scholia Germani in Pindari Olympia e codice Caesareo Vindobonensi edidit, aliorum scholiorum specimina adjecit, epistolarum criticarum triadem praemisit Tycho Mommsen. gr. 8. (XXVIII und 70 S.) Kiel 861, Homann. *

Scholiorum gracc. Tom. I. cont. e Procli scholiis in Cratyl. Plat. excerpta. E cod. ed. J. F. Boissonade, e ejusd. not. 8min. Leipzig, Weigel. 820. –

Scholia graeca in Aristophanem cum prolegomenis grammaticorum, variet. lectionis optim. codd. integra, ceter. selecta, annotat. criticorum item selecta, cui sua quaedam inseruit Fr. Dübner. Accedit index nom. et rerum ex Aristophane et scholiis nostra opera collectus, indices scriptorum et verbor. in scholiis expositorum. Lex.-8. (47¾ B.) Parisiis 842, Didot Fratres. *

Scholia Graeca in Aeschinem et Isocratem ex codd. aucta et emendata ed. **Guil. Dindorfius. gr. 8. (XII u. 132 S.) Oxonii 852. (Parker.) n. n. 1⅓** ₰

Scholia graeca in Homeri Iliadem ex codicibus aucta et emendata editionis a Guil. Dindorfio incohatae. Tom. V et VI. gr. 8. (XXXIII, 461; XVI, 561 S.) Oxoniae 888, e typographeo Clarendoniano. (Leipzig, T. O. Weigel Nachf.) *
Tom. I.–IV., s.: Dindorf, scholia graeca. (Ebendas.) 1875–77. * ℳ 50.–.

—— graeca in Homeri Odysseam ex codd. aucta et emendata ed. Guil. Dindorfius. II Tomi. 8maj. (LXXII und 814 S.) Oxonii 855. (Lipsiae, T. O. Weigel.) **

—— Horatiana quae feruntur Acronis et Porphyrionis post Georgium Fabricium nunc primum emendatiora edid. Franc. Pauly. 2 Voll. gr. 8. Prag, Bellmann's Verlag. *

Inhalt:

Vol. I.	Scholia in quattuor carminum libros et carmen saeculare continens. (VI und 427 S.) 858. * 2 Thlr. 10 Ngr.
» II. Pars 1.	Scholia in Epodon librum, sermonum librum I et II, 1–3, 103 continens. (S. 1–256.) 858. * 1 Thlr. 10 Ngr.
» II. » 2.	Scholia in sermonum librum II. inde a 3, 104 in epistularum libros II in artem poeticam continens. Adjecti sunt indices scriptorum et rerum et verborum. (XXXIX und S. 257–559.) 859. * 2 Thlr.

—— dass. — Editio II. (Titel-Ausg.) (In 6 Fascc.) Fasc. 1 et 2. gr. 8. (1. Bd. VI und S. 1—288.) Ebendas. (858. 59) 61. à Fasc. * 20 Ngr. *

—— Horatiana quae feruntur Acronis et Porphyrionis post Geo. Fabricium nunc primum emendatiora ed Franc. Pauly. Edit. II. (Titel-Ausg.) Fasc. 3—6. (Finis.) gr. 8. (1. Bd. S. 289—427 und 2. Bd. XXXVIII und 559 S.) Prag 861, Bellmann's Verlag. à Fasc. * 20 Ngr. *
Fasc. 1. 2. Ebendas. 1861. * 1 Thlr. 10 Ngr.

— in Homeri Iliadem etc., s.a. **Bekker.**

Scholia in Homeri Iliadem quae in cod. bibl. Paull. Acad. Lips. leguntur, post Villoisonum et Imm. Bekkerum nunc primum ex ipso cod. integra ed. ac rec. Lud. Bachmannus. Vol. I. (III Fasc.) 8maj. Lipsiae, Kollmann. [I. (18 B.) 835. 1⅓ Thlr., II. (17 B.) 836. 1½ Thlr., III. (18¼ B.) 838. 1⅓ Thlr.]

—— ultimae Pindari Istmiae, maximam partem primum edit. et annotatione crit. instrux. Jul. Resler. 8maj. (33 S.) Vratislaviae 847, (Trewendt et Granier.) *

Scholia in Lucianum. Ed. Hugo Rabe. Adiectae sunt 2 tab. **Lipsiae:** B. G. Teubner 1906. (X, 330 S.) 8°
(Bibliotheca script. graec. et rom. Teubneriana.) [06. 1946

Scholia in Q. Horatii Flacci Opera. 28 S.–Melk. Progr. 1852

Scholia in Aelii Aristidis sophistae orationes Panathenaicam et Platonicas. Plurima ex parte nunc primum e Codd. Mscr. edid. Guil. Frommel. 8maj. Francof. 826, Brönner. 3 Rthl. Velinp.

Scholia in Ciceronis orationes Bobiensia ed. Paulus Hildebrandt. Adjectae sunt 2 tab. Lipsiae: B. G. Teubner 1907. (XLVI, 308 S.) 8°
(Bibliotheca script. graec. et rom. Teubneriana.) [07. 17393

Scholia in Aeschyli Persas. Recensuit, apparatu critico instruxit, cum praefatione de archetypo codicum Aeschyli scripta edidit Osc. Dähnhardt. 8. (LXVI, 275 S.) Leipzig 894. B. G. Teubner. n. 3. 60

— in Platonem graece c. not. Dav. Ruhnkenii. 8. Leyd. 792. Luchtmans. (Leipz., Weidmann). 1 ß

Scholia recentiora Thomanno-Tricliniana in Pindari Nemea et Isthmia ... eduntur in honorem scholae Hanoviensis ... cui redeuntia nunc altera saecularia piegratulantur gymnasii Moenofrancofurtani rector et professores. [Frankfurt a. M.] 1865. V: *Mommsen, Tycho.* (StBFrankf I, 213)

Scholiorum Theocriteorum pars inedita quam ad codicis Genevensis fidem edidit J. Adert. 8. Turici 843, Meyer et Zeller. ½ ß

— in Theocritum. Auctiora reddidit et annotatione critica instruxit Fr. Dübner. — Scholia et paraphrases in Nicandrum et Oppianum partim nunc primum edidit, partim collatis codd. mss. emendavit, annotatione critica instruxit et indices confecit U. Cats Bussemaker. [Scriptorum Graecorum bibliotheca. Vol. XXXIII.] gr. Lex. 8. (XIV u. 670 S.) Parisiis 849, Didot fratres. n. 4 ß

— in Sophoclis Tragoedias etc., et in Oedipum Tyrannum, f. *Elmsley.*

—— in Sophoclis tragoedias VII ex codicibus aucta et emendata. Vol. II. Edidit G. Dindorfius. 8maj. (LII und 414 S.) Oxonii 852, (Parker.) **
Der 1. Bd. von P. Elmsley hrsg., erschien 1825 und kostet ** 2 Thlr. 25 Ngr.

— in Sophoclis tragoedias vetera. E codice Laurentiano denuo collato ed., commentario critico instruxit, indices adiecit P. N. Papageorgius. 8. (XVIII, 532 S.) Leipzig 888. Teubner. 4. 80

Scholia vetera in Nicandri Alexipharmaca e codice Gottingensi edita. Adiecta sunt scholia recentia. Recensionem ab Eug. Ábel incohatam ad finem perduxit Rud. Vári. (Editiones criticae scriptorum graecorum et romanorum a collegio philologico classico academiae litterarum hungaricae publici iuris factae.) gr. 8. (120 S.) Budapestini 891. (Berl., Calvary u. Comp.) * 3 50

Scholia vetera in Pindari carmina. Rec. A[nders] B[joern] Drachmann. Vol. 1. *Lipsiae: B. G. Teubner 1903.* 8°
(Bibliotheca script. graec. et rom. Teubneriana.) [03. 8790

— vetera in Pindari carmina. Recensuit A. B. Drachmann. Vol. II. Scholia in Pythionicas. (XVI, 270 S. m. 2 Taf.) kl. 8. Ebd. 910. 6.— ; geb. in Leinw. 6. 60
Vol. I. Ebd. 903. 8. —; geb. 8. 60

Scholia vetera in Lucanum e cod. Montepessulano ed. et commentario instr. H. Genthe. Pr. 1868. 29 S. 4°.

— vetusta in Lycophronis Alexandram. E cod. bibliothecae Vatic. antiquissimo ed. Lud. Bachmann. gr. 4. (XII u. 30 S.) Rostochii 848. (Lipsiae, Klinkhardt.) n. ⅓ ß

Scholia Vindobonensia ad Horatii Artem poeticam ed. J. Zechmeister. 1877. XXII, 51 S. 1.—

Scholiast, Der, zum teutschen Homer, oder Journal für die Kritik und Erklärung des Vossischen Homers ... O. O. [1798]. V: *Thieriot, Paul Emil.* (GGr)

Scholiast, der, zum deutschen Homer, od. Journal f. Kritik u. Erklärung des Vossischen Homers. gr. 8. Leipz. 798. Junius. 12 gr

Scholien zu Euclids Elementen, aus Pfleiderers gedruckten akadem. Schriften, s. Chr. Fr. Pfleiderer.

Scholien zu Euclid's Elementen, aus (Chr. F.) Pfleiderer's gedruckten akad. Schriften u. handschriftl. Nachlaessen zusammengestellt u. mit Zusätzen verm. v. C. F. Hauber u. (Th.) Plieninger. 1—5. Hft. (— A. u. d. T.: Chr. F. Pfleiderer, akadem. Schriften. 1—5. Hft. od. 5 Lfgn.) gr. 8. Stuttgart 826, 27, Metzler.
Hft. 1. Scholien zum I. Buch. (20 B. u. 4 Stat. Fol.) 1 Thlr. 16 Gr.
- 2. Scholien zum II. Buch. (8 B. u. 2 Stat. Fol.) 12 Gr.
- 3. Scholien zum III. u. IV. Buch (7 B. u. 1 Stat. Fol.) 12 Gr.
- 4. Scholien zum V. Buch. (9½ B. u. 1 Stat. Fol.) 22 Gr.
- 5. Scholien zum VI. Buch. (11½ B. u. 4 Stat. Fol.) 1 Thlr. 8 Gr.

Scholim, E., der Stick- od. Keuchhusten. Auf Grund eigener Beobachtgn., Untersuchgn. u. Erfahrgn. anatomisch, physiologisch u. pathologisch dargestellt u. erläutert. gr. 8. (24 S.) Berlin 874. Haack in Comm. n. 1. 25

Scholim, Paul, Dr.: Einige Eigenschaften einer ebenen Curve vierter Ordnung und einer ihr entsprechenden Raumcurve, auf synthetischem Wege abgeleitet. *Königshütte O.-S. 1901: R. Giebler.* (S. 3—19.) 4°
Königshütte O.-S., k. G, OP 1901 (205)

Scholim, Paul, Lehrbuch der Geometrie f. höhere Lehranstalten. 2 Tle. gr. 8. Kreuzburg O/S. 890. Thielmann. n. 2. 50
1. Die Geometrie der Ebene [Planimetrie u. Trigonometrie]. (VIII, 97 S. m. 56 Fig.) n. 1. 50
2. Die Geometrie d. Raumes [Stereometrie]. (IV, 65 S. m. 19 Fig.) n. 1. —

Scholim, *Paul* [Dr.]: Stereometrische Örter und Konstruktions-Aufgaben. I. Teil. Kreuzburg O.-S., Druck v. E. Thielmann (1890); S. 1—21; 4°
Kreuzburg O.-S., G, OP 1890

Scholim, *Paul* [Dr.]: Stereometrische Örter und Konstruktions-Aufgaben. II. Tl. (Forts. d. P-Beil. 1890. — Ersch. umgearb. u. vollst. in Buchform.) Kreuzburg O.-S., Druck v. E. Thielmann, *1891*; S. 1—10; 4°
Kreuzburg O.-S., G, OP 1891 (188)

Scholim, Paul, kurzgefaßtes algebraisches Regelheft f. die mittleren u. oberen Klassen der Gymnasien. 12. (III, 35 S.) Kreuzburg O/S. 891. E. Thielmann. n. — 60

Scholim, Paul [Dr.]: Der vorbereitende physikalische Unterricht in Obertertia und Untersekunda. '(1. Tl.)' Königshütte O.-S., Druck v. R. Giebler, 1897; 1—29 S. 4.
Königshütte O.-S., k. G, P 1897 (197)

Scholim, Paul: Der vorbereitende physikalische Unterricht in Obertertia und Untersekunda. ⟨2. Th.⟩ ([Umschlagt.:] ... Verbunden mit einem Lehrbuche der Elektrotechnik für höhere Schulen.) *Königshütte O.-S. 1898: R. Giebler.* (1—18 S.) 4° ¶[Fortsetzung d. P-Beilage 1897.]
Königshütte O.-S., k. G, P 1898 (200)

Scholim, Paul *(geb. Breslau 24. 4. 1862)*: Ueber eine geometrische Verwandtschaft und deren Ergebnisse in Ebne und Raum. Breslau 1884. (26 S.) 8° *[Im Buchhandel 1884 bei Köhler in Breslau.]*
Breslau, Phil. Diss. v. 6. März 1884

Scholinus, Alfred: ⟨Aus d. med. Klinik in Jena.⟩ Ueber Verlauf und Prognose der Scharlachnierenentzündung. Jena 1909: Neuenhahn. 25 S. 8°
Jena, Med. Diss. v. 5. Sept. 1909, Ref. Stintzing
[Geb. 27. Febr. 83 Eberswalde; Wohnort: Eberswalde; Staatsangeh.: Preußen; Vorbildung: Gymn. Treptow a. R. Reife O. 03; Studium: Jena 5, Berlin 1, Jena 4 S.; Coll. 29. Juli 09; Approb. 11. Juni 09.] [U 10. 2309

Scholinus, Georg Christoph (Mansfeld) A. S. 315/18

Dissertatio iuris naturalis de successione legitimorum eorumque qui secus pronati sunt.
Präs. Johann Chrisitan Stockmann.
Jena (Ritter) IV. 1721. 12 Bl.

Gew.: Ernst Stockmann.
W. v.: Johann Jakob Lehmann. 31237

Scholinus, Gustav [pr. Arzt aus Stettin]: Über primäre und secundäre Paranoia. . . . Greifswald, Druck v. Julius Abel, 1890; 66 S. 8°
Greifswald, Med. Fak., Inaug.-Diss. v. 24. Mai 1890

Scholinus, Max

Scholinus, M., aus früheren Jahren. Plauderei, zugleich zum Gedächtnis des „alten Münchener Plauderers." (64 S. m. 1 Bildnistaf.) 8. Leipzig 905. G. Schlemminger. n. 2. —

Scholinus, M., Aus früheren Jahren. Plauderei, zugleich zum Gedächtnis d. „alten Münchener Plauderers". Leipzig 1906. 8°.

Stammbaum der Familie Scholinus, allen Trägern u. Freunden dieses Namens zugeeignet. (Verf.: Max **Scholinus.**) (Leipzig 1906.) (27 S.) 8°(4°) [F.] (16. 1559) 8

[Schoelkens, J.]: Die Viehhaltung in Cöln nach den Viehzählungen d. J. 1906—1909. Bearb. u. hrsg. durch d. Statist. Amt d. Stadt Cöln. Cöln o. J. 4°

Schoelkens, Joseph, aus Burgwaldniel: Das **Erbrecht** und die Bodenverteilung in Frankreich vor und nach der Revolution. *Neuss [1900]: Gesellschaft f. Buchdruckerei.* (76 S.) 8° [Ant. u. F.]
München, Staatswirtsch. Diss. v. 1900

Scholkmann, Signal- u. Sicherungs-Anlagen, s.: Eisenbahn-Technik, die, der Gegenwart. II. 4.

[F.] Grundlinien einer Philosophie des Christenthums. Anthropolog. Thesen v. Adolf Scholkmann. *Berlin: E. S. Mittler & Sohn 1896.* (VII, 327 S.) 1 Bd 8. (56. 8454

Scholkmann, Adf., die Idee Gottes als d. dreipersönlichen. Ein spekulativer Versuch. gr. 4. (32 S.) Berlin 875. F. Schulze's Verl. n. 1. —

Scholkmann, G., u. Borchard, H., Die Ziele der deutschen Schwimmvereine, „Kommt zum Schwimmen!", Werbeschr., i. A. d. Kreisvorst. Abteil., Hrsg. Nr. IX d. Dtsch. Schwimmverb., Stuttgart, 15 S., 8°.

Scholkoff, Sophie. Zur Kenntniss d. specifischen Gewichts d. Blutes unter physiologischen u. pathologischen Verhältnissen. Diss. gr. 8. (20 S.) Bern 892, (Körber). * — 40

Schölkopf, Artur: Das Naturgefühl in Lord Byrons Dichtungen. Cannstatt 1909: Drück. 36 S. 4°
Stuttgart-Cannstatt, k. OR P 1909 (807) [S 09. 413

Scholkow, Alexander [aus Bobrinetz '(Russl.)']: Ueber die therapeutische Wirkung des Analgen ... Freiburg i. Br., Buchdr. v. G. Mehlhase, 1893; 30 S., 1 Bl. 8.
Freiburg i. B., Med. Fak., Inaug.-Diss. v. 1893

Scholl, kurze gemeinfaßl. Anleit. zu Anlage u. Behandl. d. Weinberge ꝛc., s. Desaga, Elementarbuch, Anhang.

Scholl, ..., Anleitung zu Anlage u. Behandlung der Weinberge. 8. Heidelberg 836. (Bensheimer in Mannheim.) 1/6 ₰

Scholl, das Befestigungswesen der Neuzeit. Für Offiziere aller Waffen bearb. gr. 8. (74 S.) Berlin 889. Mittler & Sohn. n. 1. 40

Scholl, (Lehrer) ..., s. M. Desaga, Elementarbuch. Anhang.

Scholl, Wegweiser f. die Großh. Residenzstadt Karlsruhe. 8. Karlsr. 823, Müller.

Scholl, (I.), Wegweiser (u. Adreßbuch) f. d. Großh. Residenzstadt Karlsruhe. 1831. 8. (8½ B.) Karlsruhe, Müller. Thlr.

Scholl, Alfred [aus Eupen '(Rheinprov.)']: Ueber Derivate des o-Phenylendiamins ... Marburg, Univ.-Buchdr. '(R. Friedrich)', 1897; 47 S. 8.
Marburg, Phil. Fak., Inaug.-Diss. v. [7. Mai] 1897

Scholl, Arthur [Arzt]: Ueber rätische und einige andere alpine Schädelformen ... (Sep.-Abdr.) Naumburg a/S., G. Pätz'sche Buchdr., 1891; 2 Bl., 76 S., 3 Tab. 8.
Strassburg, Med. Fak., Inaug.-Diss. v. 1891

Scholl, Aurélien, les mauvais instincts. Histoire d'un premier amour. gr. 12. (292 S.) Leipzig 860, A. Dürr.

Scholl, Carl, s. Scholl, Karl

Scholl, Carl August, s. Scholl, Karl August

Scholl, E., der Kreislauf des Wassers im Haushalt der Städte [Kanalisation]. Gemeinverständlicher Vortrag, gehalten als Festrede am 82. Geburtstag Sr. Maj. des Kaisers im Technikum der Stadt Rheydt. gr. 8. (15 S.) Stuttgart 879, Wittwer. *

[Scholl, E. .] La ville de Bienne (F.) 8. (Berne 1855.)

Scholl, E. F.

— der Bau und Betrieb der Oelmühlen. Nebst einem Anhang über die Berechnung u. Schätzung der Kraftmaschinen (Motoren). Ein prakt. Handbuch für Oelmüller, Mühlen- und Maschinenbauer ꝛc. Mit 19 lith. Taf., worunter 5 Doppeltafeln. gr. 4. Darmstadt 844, Leske. 2½ ₰

Scholl, E. F., der Führer des Maschinisten. Anleitung zur Kenntniß, zur Wahl, zum Ankaufe, zur Aufstellung, Wartung, Instanderhaltung u. Feuerung der Dampfmaschinen, der Dampfkessel u. Getriebe. Mit 139 eingedruckten Holzst. 8. Braunschweig 845, Vieweg u. Sohn. geb. n. 1½ ₰

Scholl, E. F., der Führer der Maschinisten. Anleitung zur Kenntniß, zur Wahl, zum Ankaufe, zur Aufstellung, Wartung, Instanderhaltung und Feuerung der Dampfmaschinen, Dampfkessel und Triebwerke. Ein Hand- und Hülfsbuch für Heizer, Dampfmaschinenwärter, angehende Mechaniker ꝛc. Nach selbstständ. Erfahrung bearb. 2. Aufl. (416 S. mit 170 eingedr. Holzschn.) 1848. und 3., verb. und verm. Aufl. 2 Hälften. 8. (1. Hälfte. S. 1—256 mit über 200 in den Text eingedr. Holzschn.) Braunschweig 852, Vieweg und Sohn. *

Scholl, E. F., der Führer des Maschinisten. Anleitung zur Kenntniß, zur Wahl, zur Aufstellung, Wartung und Feuerung der Dampfmaschinen, Dampfkessel und Triebwerke. Ein Hand- u. Hülfsbuch für Heizer, Dampfmaschinenwärter, angehende Mechaniker ꝛc. Nach selbstständiger Erfahrung bearbeitet. 3. verb. u. verm. Aufl. 853. (2 Bl., 490 S. u. 1 Holzschn.) n. 1 ₰. 20 ngr. — 4. verb. ꝛc. Aufl. Mit 285 in den Text eingedr. Holzschn. Braunschweig 856. Vieweg. 8. (X, 512 S. u. 1 Holzschn.) n. 1 ₰. 25 ngr.

Scholl, E. F., der Führer d. Maschinisten. Anleitung zur Kenntniß, zur Wahl, zur Anstellung, Wartung und Feuerung der Dampfmaschinen, Dampfkessel und Triebwerke. Ein Hand- und Hülfsbuch für Heizer, Dampfmaschinenwärter, angehende Mechaniker ꝛc. Nach selbstständ. Erfahrung bearb. 5., verb. und verm. Aufl. 8. (XII und 568 S. mit 284 in den Text gedr. Holzschn. und 1 Holzschnt.) Braunschweig 860, Vieweg und Sohn. * 1 Thlr. 25 Ngr.; geb. * *

Scholl, E. F., der Führer des Maschinisten. Anleitung zur Kenntniß, zur Wahl, zur Aufstellung, Wartung und Feuerung der Dampfmaschinen, Dampfkessel und Triebwerke. Ein Hand- und Hülfsbuch für Heizer, Dampfmaschinenwärter, angehende Mechaniker rc. Nach selbstständ. Erfahrung bearb. 6., verb. und verm. Aufl., besorgt von F. Reuleaux. 8. (XII und 594 S. mit 1 Holzschntaf. und 311 in den Text eingedr. Holzst.) Braunschweig 864, Vieweg und Sohn. cart. *
geb. * *

Scholl, E. F., der Führer des Maschinisten. Anleitung zur Kenntniß, zur Wahl, zur Aufstellg., Wartg. u. Feuerg. der Dampfmaschinen, Dampfkessel u. Triebwerke. Ein Hand- u. Hülfsbuch für Heizer, Dampfmaschinenwärter, angehende Mechaniker rc. Nach selbstständiger Erfahrg. bearb. 7. verb. u. verm. unter Mitwirkg. v. F. Reuleaux hersg. Aufl. Mit zahlreich in den Text eingedr. Holzst. Braunschweig 870. Vieweg & Sohn. 8. (XII, 620 S.) n. 1 ℛ 25 ngr.

Scholl's, E. F., Führer d. Maschinisten. Ein Hand- u. Hülfsbuch f. Heizer, Dampfmaschinenwärter, angeh. Mechaniker rc. 8. verb. u. verm., unter Mitwirkg. v. Reuleaux hrsg. Aufl. Mit 370 in den Text eingedr. Holzst. u. 1 Meßtaf. (in Holzschn.) 8. (XIV, 656 S.) Braunschweig 873. Vieweg & Sohn. n. 7. 50

— dasselbe. 9. verb. u. verm., unter Mitwirkg. v. F. Reuleaux hrsg. Aufl. Mit 370 in den Text eingedr. Holzst. u. e. Maßtaf. (in Holzschn.) 8. (XV, 664 S.) Ebend. 875. n. 9. —

Scholl's, E. F., Führer des Maschinisten. Ein Hand- u. Hülfsbuch f. Heizer, Dampfmaschinenwärter, angeh. Maschinenbauer, Ingenieure, Fabrikherren, Maschinenbauanstalten, techn. Lehranstalten und Behörden. Nach d. Verf. Tode bearb. v. Ernst A. Brauer. 10. verb. u. verm., unter Mitwirkg. v. F. Reuleaux hrsg. Aufl. Mit 422 Holzst. 8. (XII, 699 S.) Braunschweig 883. Vieweg & Sohn. n. 9. —

Scholl's, E. F., Führer d. Maschinisten. Ein Hand- u. Hilfsbuch f. Heizer, Dampfmaschinenwärter, angeh. Maschinenbauer, Ingenieure, Fabrikherren, Maschinenbauanstalten, techn. Lehranstalten u. Behörden. Unter Mitwirkg. v. F. Reuleaux, bearb. v. Ernst A. Brauer. 11., verm. Aufl. 1. u. 2. unveränd. Abdr. gr. 8. (XXII, 730 S. m. 434 Holzst.) Braunschweig 891. 894. F. Vieweg & Sohn. n. 9. —; geb. in Leinw. n.n. 10. —

Scholl's, E. F., Führer d. Maschinisten. Ein Hand- u. Hilfsbuch f. Heizer, Dampfmaschinenwärter, angeh. Maschinenbauer, Ingenieure, Fabrikherren, Maschinenbauanstalten, techn. Lehranstalten u. Behörden. Unt. Mitwirkg. v. F. Reuleaux bearb. v. Ernst A. Brauer. 11., verm. u. verb. Aufl. 3., unveränd. Abdr. 8. (XXII, 730 S. m. 434 Holzst.) Braunschweig 896. F. Vieweg & Sohn. n. 9. —; geb. in Leinw. n.n. 10. —

Scholl's, E. F., Führer des Maschinisten. Ein Hand- u. Hilfsbuch f. Heizer, Dampfmaschinenwärter, angeh. Maschinenbauer, Ingenieure, Fabrikherren, Maschinenbauanstalten, techn. Lehranstalten u. Behörden. Unter Mitwirkung v. F. Reuleaux bearb. v. Ernst A. Brauer. 11. verm. u. verb. Aufl. 4. unveränd. Abdr. 8. (XXII, 730 S. m. 434 Holzst.) Braunschweig 900. F. Vieweg & Sohn. n. 9. —; geb. n. 10. —

Scholl, E. F., u. a., Führer des Maschinisten. 12. Aufl., bearb. von R. Graßmann. Braunschweig, 1911. 1606 S. mit 1501 Abb.

Scholl, Ed., Bekleidung u. Ausrüstung der preuss. Feuerwehren. I. Thl.: Berliner Feuerwehr. II. Thl.: Kommunale Berufsfeuerwehren u. kommunale Feuerwehr-Aufsichtsbeamte. III. Thl.: Polizeilich anerkannte freiwillige Feuerwehren u. Pflichtfeuerwehren. Nach amtl. Material bearb. 8. (17 farb. Taf. m. 24 S. Text.) Leipzig 901. M. Ruhl. n. 1. 90; geb. n. 2. 50

Arnold Bach. Roman in 2 T. von Emil Scholl. (T. 1. 2.) Berlin-Leipzig: C. Wigand 1908. 8° (op. 1687)

Scholl, Emil, Arnold Bach. Roman. 2 Tle. (382 u. 374 S.) 8. Leipzig 908. Modernes Verlagsbureau. 12. —

Scholl Emil; Die Reindarstellung des Chitins aus *Boletus edulis*. S. 117. I. 347 . . .
Separatabdruck

Scholl, Emil, die Reindarstellg. d. Chitins aus Boletus edulis. (14 S.) gr. 8. Wien 908. A. Hölder. — 50
Sonderabdruck aus: „Sitzungsber. d. k. Akad. d. Wiss."

Scholl, Emma, aus Mülheim a. d. Ruhr: Die flexivische Behandlung der fremden Eigennamen in den althochdeutschen u. altsächsischen Denkmälern. Zürich 1906. 100 + 2 S. 8°. [3. VIII. 06.]
Zürich, Phil. Diss. I. S. 1905/1906.

Scholl, Emma. Die flexivische Behandlung der fremden Eigennamen in den althochdeutschen und altsächsischen Denkmälern. Diss. Phil. I. Univ. Zürich. 101 S. 8. Zürich, Gebr. Leemann & Co., 1906.

Scholl, Erich, sie kriegen sich, s. a. Mehrakter.

Sie kriegen sich. Schwank in 2 Akten von Erich Scholl. Mühlhausen i. Thür.: Danner [1910]. 48 S. 8°
(Mehrakter. Nr 48.) (11. 1690

Scholl, Ernst, appr. Arzt a. Ellwangen: Aus d. Frauenklinik d. Univ. Tübingen. Das Blutungs-, Schmerz- und Altersbild der gynäkologischen Erkrankungen. Leipzig: G. Thieme 1907. (29 S.) 8°
Tübingen, Med. Fak., Ref. Döderlein, Diss. v. 1. Okt. 1907
[Geb. 11. Aug. 82 Ellwangen; Wohnort: Tübingen; Staatsangeh.: Württemberg; Vorbildung: Eberhard-Ludwigs-Gymn. Stuttgart, Gymn. Tübingen Reife M. 99; Studium: Tübingen 5, München 1, Berlin 1, Tübingen 3 S.; Coll. 15. Mai 07; Approb. 2. März 07.]

Scholl, Eug., die Lehre des heil. Basilius von der Gnade. Von der theolog. Facultät zu Würzburg gekrönte Preisschrift. gr. 8. (VIII, 235 S.) Freiburg i. Br. 881, Herder'sche Verlagsh. *

Scholl, (F. A.) Gesch. u. Topographie d. Marktfleckens u. ehemal. Frauenklosters Steinheim an d. Murr. 8. Ludwigsburg 826, Nast.

Scholl, F. A. Das württembergische Postwesen. Mit einer Sammlung der auf das Postwesen sich beziehenden Gesetze etc., sowie einer Geschichte des württembergischen Postinstitutes. 8°. Stuttgart 1838.

Scholl, F. A., das würtembergische Postwesen, eine systematische Darstellung der Organisation der würtemberg. Postanstalt in ihren innern u. äußeren Verhältnissen; nebst e. Sammlung der auf das Postwesen sich beziehenden Gesetze rc. gr. 8. Stuttgart 840. Weise u. Stoppani. 1½ ℛ

Scholl, F. F., systematische Uebersicht der Militär-Literatur u. ihrer Hülfswissenschaften seit dem Jahre 1830. — A. u. d. T.: Tableau systématique de la littérature militaire et des sciences auxiliaires depuis l'an 1830. Lex.-8. Darmstadt 842, Leske. 3 ℛ

Scholl, F. L. Systematische übersicht der Militär-Literatur u. ihrer Hilfswissenschaften seit 1830. Darmstadt 1842. 553 S.

Scholl, Ferd., s. Lesebuch, deutsches.

Scholl, Ferd., deutsche Literaturgeschichte rc., s. Scholl, G. H. F.

Scholl, Ferd., Reden zur Erinnerung an zwei Heroen im deutschen Liede, Franz Schubert u. Ludwig Uhland. Stuttgart 865. Nitzschke. gr. 8. (23 S.) n. 4 ngr.

— die griechischen verba anomala für den Schulgebrauch zusammengestellt. Erlangen 866. Deichert. gr. 8. (12 S.) n. 2 ngr.

Scholl, Ferd., orthographisches Wörterbuch der deutschen Sprache für Schule und Haus. Nach den Regeln der württembergischen Oberschulbehörden u. mit Beziehung der sogenannten Fremdwörter verfaßt. Stuttgart 861. Nitzschke. Lex.-8. (VIII, 220 S.) n. 26 ngr.

— orthographisches Wörterbuch der deutschen Sprache f. Schule u. Haus. Nach den Regeln der württemberg. Oberschulbehörden u. m. Beiziehg. der sogenannten Fremdwörter. 2. verm. Aufl. gr. 8. (IX, 246 S.) Stuttgart 871. Nitzschke. n. 3. —

Scholl, Franz [aus Nürnberg, Assist. am chem. Laborat. d. Univ. Jena]: Über Wasserstoffadditionsprodukte des Pyrazins und Tetramethylpyrazins, e. Beitr. z. Konstitutionsfrage d. Pyrazins ... Jena, Druck v. A. Kämpfe, 1893; 38 S., 1 Bl. 8.
Jena, Phil. Fak., Inaug.-Diss. v. 1893

Scholl, Franz Xaver

Scholl, (II.,) Commentatio exegetica de septuaginta hebdomatibus Danielis IX, 24—27. 4maj. (4½ B.) Francofurti ad M. 829, Andreae.

Scholl, Franc. Xav., De Dei mandato, ut offerat filium, Abrahamo iniuncto animadversiones quasdam congessit. Trier, Gall, (Jahr? 1829?) 4°.

Scholl, F. X., de dei mandato, ut offerat filium, Abrahamo injuncto animadversiones quasdam congessit. 4maj. (1 B.) Treviris 836, Gall. *

Scholl, *Friedrich* [Prof.]: Ilias 1, 291. Eine krit.-exeget. Betrachtg. Schweinfurt, Druck v. F. J. Reichardt, 1895; 30 S. 8.
Schweinfurt, k. G, P 1895*

Lateinische Übersetzungsproben. — Von Friedrich Scholl, G.-P. — 1885, Landau, K. und A. Kaussler. — S. 3—34.
Progr. Landau(Pfalz), K. Gymn.

Scholl, Friedr. Lateinische Übersetzungsproben. gr. 8. (34 S.) Landau 885, Kaussler. * 1 —

Scholl, Frdr., griechisches Vokabularium, auf Grundlage der sprachvergleichenden Forschungen in etymolog. Ordng. für Lateinschulen u. Gymnasien bearb. Erlangen 870. Besold. gr. 8. (IX, 157 S.) n. 18 ngr.

Scholl, Friedr. Salomon, Biel: Dissertatio medica inauguralis de origine, nutritione, incremento et decremento hominis. Basel: Med. Diss. 1733

Scholl, Gottfried Heinrich

— NB. Armenanstalten, über zweckmäß., in Schwaben, welche im 14ten Bogen aufgeführt sind, sollen auch v. ihm u. nicht von J. U. Schöll seyn.

– s. Erläuter. des Würtemberg. Spruchbuchs.

– s. Reform d. Würtemberg. Klosterschulen.

Scholl, Gf. Hnr., Versuch über die Frage: Welches sind die wirksamsten Mittel, um den Einwohnern kleiner Staaten den Hang zu ausländ. Produkten u. Fabrikaten zu benehmen? Eine gekr. Preisschr. 8. Nürnb. 800. 2e Aufl. 810. Schneider u. W. 8 gr.

– s. Volksblätter, über.

Scholl, Gottlob Heinrich Friedrich

Scholl, G. H. F., s. Bibliothek des litterarischen Vereins in Stuttgart XXVII.

Scholl, G. H. F. u. T. F., *Geschichte d. altdeutschen Literatur* in Proben u. Biographien. Unter Mitwirkung d. Herrn *Frz. Pfeiffer*. Stuttgart 1844. Gr. 8°. Hldrb., gebraucht.
XXVIII—722 S., 1 Bl. Err.

Scholl, Gtlo. Heinr. Friedr., Grundriß d. Naturlehre, z. Behufe e. populären Vortrags dieser Wissenschaft ausgearb. gr. 8. (6¼ B. u. 4 Figtaf.) Ulm 839, Wohler'sche Buchh.

Scholl, Glo. Hnr. Fr., Grundriß der Naturlehre zum Behufe des populären Vortrags dieser Wissenschaft. Mit 4 Figurentaf. 2. verb. Ausg. gr. 8. Ulm 844. (Wohler'sche Buchh.) ½ ℳ Für Schulen n. 12 ngl

Scholl, Gtlo. Heinr. Friedr., Grundriß der Naturlehre zum Behufe des populären Vortrags dieser Wissenschaft ausgearb. 3. Aufl. (VIII und 127 S. mit 4 Stnt. in 4.) 1849. und 4., verm. und verb. Ausg. gr. 8. (VIII und 135 S. mit 84 eingedr. Holzschn.) Ulm 851, Wohler'sche Buchh. *

Scholl, G(tlob.) H(einr.) F(riedr.), Grundriß der Naturlehre zum Behufe des populären Vortrags dieser Wissenschaft ausgearb. 5. Aufl. gr. 8. (VIII und 138 S. mit 85 eingedr. Holzschn.) Ulm 853, Wohler'sche Buchh. *

Scholl, G. H. F., Grundriß der Naturlehre zum Behufe des populären Vortrags dieser Wissenschaft. Mit 88 Holzschn. (im Text.) 6., mit einem chemischen Theil verm. Aufl. Ulm 863. Wohler. gr. 8. (VI, 190 S.) n. 16 ngr.

Scholl, G. H. F., Grundriß der Naturlehre zum Behufe des populären Vortrags dieser Wissenschaft. Neu bearb. v. Böklen. Mit 91 (eingedr.) Holzschn. 7. mit einem chem. Thl. verm. Aufl. 2. Abth. Ulm 871. Wohler. 8. (VIII, 214 S.) n. 18 ngr.

Scholl, G. H. F., Grundriß der Naturlehre, neu bearb. v. Otto Böklen. Mit 207 (eingedr.) Holzschn. 8. verm. Aufl. gr. 8. (VII, 295 S.) Ulm 875. Wohler's Verl. n. 2. 80

—— und Ferd. Scholl, deutsche Literaturgeschichte in Biographien u. Proben aus allen Jahrhunderten, z. Selbstbelehr. u. z. Gebrauche in höh. Unterrichtsanstalten. Lex.-8. (41⅛ B.) Stuttgart 841, Ebner u. Seubert.

—— u. Traug. Ferd. Scholl, deutsche Literaturgeschichte in Biographien u. Proben aus allen Jahrhunderten, zur Selbstbelehrung u. zum Gebrauche in höheren Unterrichtsanstalten. 2., umgearb. Aufl. 2 Bde. gr. 8. Stuttgart 844, 45, Ebner u. Seubert. à 1 Thlr. 15 Ngr.

A. u. d. Ttln.:

Bd. 1. Geschichte der altdeutschen Literatur in Proben u. Biographien. Unter Mitwirkung v. Frz. Pfeiffer hrsg. v. G. H. F. Scholl u. T. F. Scholl. (24¾ B.)

" 2. Geschichte der neudeutschen Literatur. (32¾ B.)

Scholl, Glob. Heinr. Friedr., u. Traug. Ferd. **Scholl**, Deutsche Literaturgeschichte in Biographien u. Proben aus allen Jahrhunderten, zur Selbstbelehrung u. zum Gebrauche in höh. Unterrichtsanstalten. 2. Bd. 3. verm., bis zum J. 1852 fortgeführte Aufl. A. u. d. T.: Geschichte d. neudeutschen Literatur in Proben u. Biographien. gr. 8. (XII u. 983 S.) Stuttgart 852, Ebner & Seubert. 1½ ℳ

—— und Traug. Ferd. Scholl, deutsche Literaturgeschichte in Biographien und Proben aus allen Jahrhunderten, zur Selbstbelehrung und zum Gebrauche in höheren Unterrichtsanstalten. 1. Bd. 3., völlig umgearb. und verm. Aufl. A. u. d. T.: Geschichte der altdeutschen Literatur in Proben und Charakteristiken mit Beiträgen von Frz. Pfeiffer. 3., völlig umgearb. und verm. Aufl. gr. 8. (XXXII und 809 Sp.) Stuttgart 855, Metzler'sche Buchh. Verlags-Conto. *

Scholl, G. H. F., gemeinfaßliche Naturlehre mit Inbegriff der Chemie. Sehr erweiterte und verb. Ausg. des in 5. Aufl. erschienenen Grundrisses der Naturlehre. gr. 8. (VI und 292 S. mit 121 dem Texte beigedr. Holzschn.) Ulm 861, Wohler'sche Buchh. *

— s. Theophilus. Ein Sonntagsblatt.

Scholl, Gustav: Kritische und exegetische Betrachtungen zu den Satiren des Horaz. Fürth 1910: Limpert. 46 S. 8°
Fürth, k. G P 1910° [S 10. 391

Scholl, Gust., die Spinnstube zu Leingart. Zur anmuth. u. nützl. Verkürzung d. langen Winterabende, f. d. Volk u. dess. Jugend beschrieben. 8. (10½ B.) Stuttgart 838, Metzler'sche Buchh. 12 Gr., f. Pap.

Scholl, Heinrich Freiherr von. Oberst im k. k. Génie-Stabe. Abriss der Geschichte des Kampfes um Gerona im Jahre 1809, nach französischen und spanischen Quellen zusammengestellt und besprochen. Mit 1 Plan (Aus: „Mittheilungen des k. k. Génie-Comité". Jahrg. 1865, 10. Bd.) (Donation Liechtenstein.) 8. Wien **1865**.

Scholl, Heinrich Freih. v., Oberst im k. k. Genie-Stabe. Abriss der Geschichte des Krieges 1840—1841 in Syrien. Mit 2 Karten und 1 Plan. 8. Wien **1866**.

Scholl, Heinrich Freiherr v., Oberst im k. k. Genie-Stabe. Anleitung zur Anlage von Eisenbahnen, welche die Bestimmung haben, bauliche Zwecke fördern zu helfen. (Bau-Hülfs-Bahnen.) (Besondere Beilage zum Jahrg. 1865 der „Mittheilung über Gegenstände der Ingenieur- und Kriegs-Wissenschaften", herausgegeben vom k. k. Genie-Comité.) Wien **1865**.

Scholl, Heinrich Freiherr von. Oberst im k. k. Genie-Stab. Über Baustyl, zum Schluss mit besonderer Beziehung auf Militär-Bauwerke. (Aus: „Mittheilungen des k. k. Genie-Comité." Jahrg 1864. IX. Bd.) (Donation Liechtenstein.) 8. Wien **1864**.

Scholl, Heinrich Freiherr von, Oberst des k. k. Genie-Stabes. Bestimmung der zweckmässigsten Querschnittsform für Minen-Gallerien. (Hiezu Plan 1.) (Sonder-Abdruck aus dem IX. Bande der „Mittheilungen des k. k. Genie-Comité".) (Donation Liechtenstein.) 8. Wien **1864**.

Scholl, Heinrich Freiherr von, Oberst im k. k. Génie-Stabe. Die interessantesten Bruchstücke aus der Geschichte der Vertheidigung von Colberg im Jahre 1807. Mit 2 (1) Pläne. (Aus: „Mittheilungen des k. k. Génie-Comité". Jahrg. 1865, 10 Bd.) (Donation Liechtenstein.) 8. Wien **1865**.

Scholl, Heinrich Freiherr von. Oberst im k. k. Genie-Stabe. Über Darstellung der Boden-Gestaltung. (Aus: „Mittheilungen des k. k. Genie-Comité." Jhrg. 1865. X. Bd. (Donation Lichtenstein.) 8. Wien **1865**.

— — Defilirung der Laufgräben. (Mit 2 Plänen.) (Aus: „Mittheilungen des k. k. Genie-Comité." Jahrg. 1865. X. Bd.) (Donation Liechtenstein.) 8. Wien **1865**.

Scholl, Heinrich Freiherr von, Oberst im k. k. Genie-Stabe. Über die Haupt-Eigenschaften eines guten See-Hafens für Handels-Plätze. (Aus: „Mittheilungen des k. k. Génie-Comité." Jahrg. 1864. IX. Bd.) (Donation Liechtenstein.) 8. Wien **1864**.

— Über Nutzbarmachung der Ströme im Interesse der Schiffahrt, Landwirthschaft und Industrie, und Besprechung der hiefür nöthigen Massnahmen. (Aus: „Mittheilungen des k. k. Genie-Comité." Jahrg. 1865. X. Bd.) (Donation Liechtenstein.) 8. Wien **1865**.

— — Über Reduits. (Aus: „Mittheilungen des k. k. Genie-Comité". Jahrg. 1864. IX. Bd.) (Donation Liechtenstein.) 8. Wien **1864**.

Scholl, Heinrich Freiherr von, Oberst im Geniestab. Über Sicherstellung der auf offenen Wällen befindlichen Festungs-Geschütze und ihrer Bedienungs-Mannschaft gegen feindliche Projectile. (Geschrieben 1863.) (Aus: „Mittheilungen des k. k. Génie-Comité". Jahrg. 1864. IX. Bd.) (Donation Liechtenstein.) 8. Wien **1864**.

— — Systemisirung von Minen-Versuchen zur Auffindung möglichst verlässlicher Ladungs-Formeln. (Geschrieben im October 1859.) (Aus: „Mittheilungen des k. k. Genie-Comité." Jahrg. 1864. IX. Bd.) — Beigebunden zu „Scholl. Ventilationsbrunnen." Siehe F u. (Donation Liechtenstein.) 8. Wien **1864**.

Scholl, Heinrich Freiherr von, Oberst im k. k. Genie-Stab. Über Ventilations-Brunnen, welche von unten nach oben gebaut werden. (Aus: „Mittheilungen des k. k. Genie-Comité." Jahrg. 1864. IX. Bd.) (Donation Liechtenstein.) 8. Wien **1864**.

Scholl, Heinrich Freiherr von, Oberst im k. k. Genie-Stab. Über Verwendung der Cavallerie zur Vertheidigung von Festungen und Küsten. (Festungs- und Küsten-Cavallerie.) (Aus: „Mittheilungen des k. k. Genie-Comité." Jahrg. 1864 IX. Bd.) (Donation Liechtenstein.) 8. Wien **1864**.

— — Vorschlag zu einem Scharten-Verschluss für eiserne Drehkuppeln zu Lande. (Aus: „Mittheilungen des k. k. Genie-Comité". Jahrg. 1864. IX. Bd.) (Donation Liechtenstein.)

— — Zur Zukunft der Vertheidigungs-Minen (zu Lande). (Aus: „Mittheilungen des k. k. Genie-Comité." Jhrg 1864. IX. Bd.) (Donation Liechtenstein.) 8. Wien **1864**.

Scholl, Heinrich C. A. Medicinisches Deutsch-Lateinisches Taschenwörterbuch für Medicin-Studirende. Berlin 1839. H: *Schödel*, *Frdr. Hermann*. (EngM)

Scholl, Heinr., medicin. deutsch-latein. Taschenwörterbuch f. Medicin-Studirende. (Hrsg. v. F. H. Schödel.) gr. 12. (13⅓ B.) Berlin 839, Th. Enslin. *

Scholl, Hermann [cand. med. aus Stuttgart]: Beiträge zur Eclampsia puerperalis ... München, Buchdr. Kastner & Lossen, 1895; 86 S. 8.
München, Med. Fak., Inaug.-Diss. v. 1895

Scholl H.: Beiträge z. Kenntniss d. Milchzersetzungen durch Mikroorganismen. 1. Ueber blaue Milch. (Rudolstadt 1889). 15 S. (Sertr.). P.

Scholl, Hermann, Dr.: Photoelektrische Erscheinungen am feuchten Jodsilber. Leipzig 1904: O. Leiner. (84 S.) 8°
Leipzig, Phil. Fak., Hab.-Schr. v. 19. Dez. 1904

Scholl, Herm., die Milch, ihre häufigen Zersetzungen u. Verfälschungen m. spezieller Berücksicht. ihrer Beziehungen zur Hygiene. Mit e. Vorwort v. Ferd. Hueppe. gr. 8. (VIII, 187 S. m. 17 Abbildgn.) Wiesbaden 891. J. F. Bergmann. n. 3. 60

Scholl, *Hermann Wolfgang Martin* [Assist. am hygien. Inst. d. deutschen Univ. zu Prag]: Chemisch-biologische Untersuchungen über toxische Eiweisskörper der Cholera und anderer Fäulnissprozesse ... Stuttgart, Hoffmannsche Buchdr., 1892; 1 Bl., 36 S., 1 Bl. 8.
Heidelberg, Naturw.-math. Fak., Inaug.-Diss. v. [25. Nov.] 1892

Scholl, Hermann, aus Eupen: Über Veränderungen von Jodsilber im Licht und den Daguerre'schen Process. *Leipzig: J. A. Barth 1899.* (36 S.) 8°
Giessen, Phil. Diss. v. 1899

Schoell, J., der evangelische Glaube f. die Gegenwart dargestellt. (IV, 116 S.) 8. Heilbronn 905. E. Salzer. n.n. 1. 30; in Schulbd. n. 1. 70; in Geschenkbd. n. 2. —

Schoell, J., Sittenlehre. (IV, 137 S.) 8. Heilbronn 906. E. Salzer. n. 1. 65; geb. in Schulbd. n. 2. —; in Geschenkbd. n. 2. 40

Scholl, J. B., neue Architectur. Aus den Grundelementen d. Mathematik constructiv in monumentalen Darstellungen z. prakt. Gebrauch entwickelt auf 12 Tafeln. (Mit dem Umschlagstitel: Neue Denksteine etc.) 4. Heft. (Schluss.) Roy.-Fol. (3 lith. Tafeln u. Titelblatt.) Mainz 847, Kunze. n. 1⅓ ℛ︁ (4 Hefte: n. 4⅔ ℛ︁)

Scholl, J. B., neue Architectur. Aus den Grundelementen der Mathematik constructiv in monumentalen Darstellungen zum prakt. Gebrauch entwickelt auf 12 Taf. Zum Gebrauch für Architekten, Bildhauer etc. 2. Aufl. gr. Fol. (12 Stnt., wovon 11 in Ton- und 1 in Farbendr.) Mainz 861, Kunze. *

Scholl, J. B., neue Denksteine z. Gebrauche f. Architecten, Bildhauer, Steinmetzen u. Gewerbzeichenschulen. 1—3. Hft. Imp.-Fol. (9 Stnt. in Buntdruck) Mainz 845, 45, Kuntze. à * 1 Thlr. 5 Ngr. *

—— dass. 4. Hft. Jetzt auch u. d. Tit.: Neue Architectur. Aus den Grundelementen der Mathematik constructiv in monumentalen Darstellungen z. prakt. Gebrauche entwickelt auf 12 Tafeln. ½ Imp.-Fol. (3 Bl. in Farbendr.) Ebds. 847. *

Scholl, J. B., neue praktische Guitarre-Schule oder gemeinfaßl. Anleitung, selbst ohne Notenkenntniß bekannte Lieder auf der Guitarre begleiten zu lernen. Nebst einer großen Sammlung der neuesten kom. Duette, Intermezzos und Lieder mit ihren Melodien, Angabe der Begleitung rc. 16. (IV, 204 S. mit 1 Stnt.) [Leipzig 881, Eckerlein.] Heilbronn, Schmidt. *

— Lebens-Bilder. Eine Frühlingsgabe für das deutsche Volk. Mit (1 Bl.) begleitendem Text von Dornroder. Fol. Lith. (6 Bl. in Tondr.) Frankfurt a. M. 850, Schmerber. n. 21 ngr

Scholl, J. C., l'Islam et son fondateur. Étude morale. gr. 8. (XIV, 461 S.) Neuchatel 874. Sandoz. n.n. 6. 40

(**Scholl**, Joh.,) Annales Bingenses, d. i. Chronick oder zeitregister der uhralten statt Bingen am Rhein, von ihrem herkommen, auch waß sich in, und bey auff etliche meil umb dieselbe gegend denckwürdig zugetragen, auß alten und neüwen scribenten und Historicis zusammengetragen und in diesse ordnung bracht durch Joannem Schollium, pictorem, quondam Bingensem, nunc vero Moguntinum civem, Anno Domini 1613. Zum erstenmal nach Handschriften herausg. von Ed. Sander. Mit der Merian'schen Abbildg. Bingens vom Jahr 1633 und einem Plane der Stadt (auf 2 lith. Taf. in Fol.). Mainz 853. Wirth. gr. 8. (VIII, 240 S.) 1 ℛ︁. 15 ngr

Scholl, Joh. Bapt., Bildnisse der hessischen Landgrafen, Philipps des Großmüthigen von Hessen und Georg I., Landgrafen von Hessen-Darmstadt. Nach den Originalzeichnungen der am Ludwigstage, 25. Aug. 1853, zu Darmstadt rc. aufgestellten Statuen. Mit lebensgeschichtl. Umrissen von Heinr. Künzel. gr. 4. (7 S. und 2 Holzschnt.) München 853, Kohler und Comp.

Scholl, Jh. Bapt., Verzeichniß von Gypsabgüssen, s. J. J. Kaup.

Scholl, Jh. Eberh. Hnr., († d. 11. Oct. 1813.)

— s.a. Geschichte d. alten u. neuen Herrnhuter.

Scholl, J. E. H., Geschichte d. alt. u. neuen herrnhutischen Sekte und ihr. Stifters, d. Graf N. L. von Zinzendorf. 8. Tübingen, Heerbrand. 805.

— s. W. A. Ockersee, Entwurf e. allgem. Charakterkunde.

— s. Psalmen Davids ins Holländ. übersetzt.

— s. Salomo's Sprüche.

Scholl, Karl

Scholl, Carl, dem Andenken Dr. J. D. C. Bruggers, Prediger der freireligiösen (deutschkatholischen) Gemeinde in Heidelberg. Zwei Vorträge, an seinem Grabe, an seine Gemeinde. gr. 8. (24 S.) Heidelberg 865, (Weiß.) * *

Scholl, Carl, dem Andenken Ludwig Feuerbachs! 1. Rede an seinem Grabe. 2. Seine letzten Stunden. 3. Gedicht, v. Hektor. [Aus „es werde Licht".] gr. 8. (16 S.) Nürnberg 872. Zeh in Comm. — 20

Scholl, Carl, dem Andenken einer deutschen Frau, der Gattin Ludwig Feuerbach's — Bertha, geb. Löw — gestorben am 19. Juni 1883. Worte, gesprochen an ihrem Grabe, Nürnberg, den 21. Juni 1883. gr. 8. (16 S.) Leipzig 883, Friese.
Aus: Es werde Licht, besonders abgedruckt.

Scholl, Carl, zwei Antisemiten. Ein Freidenker u. e. Hofprediger. Nebst e. Anh.: Die wirkliche semitische Unmoral od. Grundsätze der jüd. Sittenlehre. [Aus: „Es werde Licht!"] gr. 8. (III, 52 S.) Leipzig 890. Friese. n. — 60

Scholl, Carl, der Antisemitismus, betrachtet vom sittlichen Standpunkt. Mit besonderem Hinweis auf den Meineids-Prozeß des Rabbiners u. Reichstags-Abgeordneten Bloch gegen Rohling, Verfasser des „Talmudjuden". Zugleich mein erstes u. letztes Wort gegen niedr. Verdächtigg. gr. 8. (36 S.) Bamberg 894. Handels-Druckerei u. Verlagsh. n. — 50

—— die Beethoven-Feier in Zürich am 16. Dezbr. 1853. Dramatischer Prolog. gr. 8. (8 S.) Zürich 854, Kiesling's Verlag.

Scholl, Carl, Begraben oder Verbrennen? Ein Wort für die Todten und die Lebendigen vom Standpunkt der Pietät. gr. 8. (18 S.) Leipzig 874, Friese. *

Scholl, Carl, Bernhard der Heilige in Freiburg im Breisgau. Eine geschichtl. Erinnerung. 4. (17 S.) Carlsruhe 860, Creuzbauer'sche Buchh. *

Scholl, Carl, erster Blick in die Wunderwelt des Magnetismus. Mittheilungen aus Paris. Hamburg 853. O. Meißner. 8. (76 S.) n. 10 ngr

Offener Brief an einen deutschen Bischof. Zur Abwehr und Klärung. Eine Antwort auf den am 18. Jan. 1891 erschienenen Fastenhirtenbrief des Bischofs von Eichstätt. Von Carl Scholl. Nürnberg u. Leipzig: Friese in Comm. 1891. 29 S. 8⁰
Aus: „Es werde Licht!" Jg. 22 H. 6. 7. Widerlegung von Anklagen gegen die sogen. „Ungläubigen". Erwähnt auf S. 21 das Hirtenschreiben des Erzbischofs von München-Freising gegen das Frmrtum. (1884.)

Scholl, Carl, offener Brief an die deutschen Bischöfe. Zur Abwehr u. Klärung. 2. Aufl. des früher nur an den Bischof v. Eichstätt gerichteten „Offenen Briefes". gr. 8. (37 S.) Bamberg (902). Handels-Druckerei u. Verlagsh. — 60

Scholl, Carl, offener Brief an einen protestantischen Geistlichen Bayerns. [Aus „Es werde Licht".] Nürnberg 870. Zeh in Comm. gr. 8. (168 S.) n. 7 ngr.

— die Brüder. Eine Alpen-Scene. Mannheim 861. Löffler. (Segnitz.) gr. 8. (28 S.) n. 7½ ngr.

Scholl, Carl, Victor Considerant über die Erlösung der Menschheit in ihrem wahren Sinne. 8⁰. Zürich, E. Kiessling, 1855.

— das nennt sich Christenthum! Offener Brief an den evangel. Kirchengemeinderath in Pforzheim wegen Verweigerung d. Grabgeläutes. 3. Aufl. [Aus: „Es werde Licht!"] gr. 8. (16 S.) Nürnberg 889. Leipzig, Friese. n. — 30

— durch Nacht zum Licht! Mein religiöser Entwicklungsgang vom Kinderglauben zur neuen Weltanschaug. (77 S.) 8. Ebd. (904). n. 1. —

—— zur Einigung der Confessionen in der Religion der Humanität. Festrede am Geburtsfest Sr. kgl. Hoh. des Großherzogs, gehalten in der freireligiösen (deutsch-kathol.) Gemeinde zu Mannheim, Sonntag den 9. Septbr. 1860. gr. 8. (14 S.) Mannheim 860, Löffler.

—— die Entstehung der geistlichen und weltlichen Macht des Papstthums. gr. 8. (XI und 110 S.) Mannheim 857, Schneider.

— die Entstehung der geistlichen u. weltlichen Macht des Papstthums. Mannheim 867. Schneider. gr. 8. (XI, 110 S.) 15 ngr.

— die Entstehung des Papstums. Geschichtliche Widerlegg. röm. Fabeln. 2. Aufl. gr. 8. (IX, 121 S.) Bamberg 894. Handels-Druckerei u. Verlagsh. n. 1. 50

— erobert od. erräubert? Geschichtlicher Nachweis wie England Ost-Indien nahm. Ein Seitenstück zum Burenkrieg. Zeitgemäße Erinnerungen. 1. u. 2. Aufl. gr. 8. (à 48 S.) Ebd. 901. 1. —

Scholl, Carl, s. a Es werde Licht.

—— Es werde Licht! Freireligiöse Vorträge, Betrachtungen und Abhandlungen zur Förderung der Religion der Humanität. 1.—4. Jahrg. (October 1870—Dezbr. 1873.) à Jahrg. 12 Nrn. (Bog.) gr. 8. Ebendas. à Jahrg. *
—— dass. — Beiträge zur Förderung der Religion der Humanität. 5. und 6. Jahrg. (Octbr. 1873—Septbr. 1875.) à Jahrg. 12 Nrn. (Bog.) gr. 8. Nürnberg. (Leipzig, Friese.) à Jahrg. *
Vgl.: Ulmer, Th. W.

Scholl, Carl, Es werde Licht! Beiträge zur Förderung der Religion der Humanität. 7.—11. Jahrg. Octbr. 1875 — Septbr. 1880. à Jahrg. 12 Nrn. (Bog.) gr. 8. Heidelberg. (Leipzig, Friese.) à Jahrg.

—— Es werde Licht! Beiträge zur Förderung der Religion der Humanität. 12.—16. Jahrg. Oktbr. 1880—Septbr. 1885. à Jahrg. 12 Nrn. (Bog.) gr. 8. Nürnberg. (Leipzig, Friese.) à Jahrg.

—— es werde Licht! Beiträge zur Förderung der Religion der Humanität. 17.—20. Jahrg. Oktbr. 1885 — Septbr. 1889. à Jahrg. 12 Nrn. (Bog.) gr. 8. Nürnberg. (Leipzig, Friese.) à Jahrg. **

—— Es werde Licht! Beiträge zur Förderg. der Religion der Humanität. 21.—24. Jahrg. Oktbr. 1889—Septbr. 1893. à Jahrg. 12 Nrn. (Bog.) gr. 8. Nürnb. (Lpz., Friese.) à Jahrg. 2 35

— es werde Licht! Beiträge zur Förderg. der Religion der Humanität. 23.—26. Jahrg. Oktbr. 1891—Septbr. 1895. à 12 Nrn. (Bog.) gr. 8. Nürnberg. (Leipzig, R. Friese.) à Jahrg. 2. 85

— es werde Licht! Beiträge zur Förderg. d. Religion d. Humanität. 27.—30. Jahrg. Oktbr. 1895—Septbr. 1899. à 12 Nrn. (Bog.) gr. 8. Nürnberg (Leipzig, R. Friese). à Jahrg. 2. 35

— Es werde Licht! Beiträge zur Förderg. der Religion der Humanität. 31.—33. Jahrg. Oktbr. 1899 · Septbr. 1902. à 12 Nrn. gr. 8. (à ca. 16 S.) München. (Leipzig, R. Friese.) à Jahrg. 2. 35
Fortsetzung s.: Es werde Licht.

— der neueste Fasten-Hirtenbrief des Erzbischofs von Freiburg Herrm. v. Vicari. Besonders für freisinnige Katholiken beleuchtet. Mannheim 866. Schneider. gr. 8. (33 S.) 4½ ngr.

—— die freien religiösen Gemeinden in ihrem weltgeschichtlichen Beruf für Neugestaltung der Zukunft durch die Religion der Humanität. Fest-Rede zur Stiftungsfeier der freireligiösen Gemeinde in Mannheim am 12. Aug. 1866. gr. 8. (16 S.) Mannheim 866, Schneider.

— die freien religiösen Gemeinden im Dienste der Aufklärg. u. Versöhng. „Zur gerecht. Würdigg. ihrer jetzt 50jähr. Bestrebgn." gr. 8. (18 S.) Ebd. 898. n. — 40

Scholl, Carl, die freien religiösen Gemeinden und die Social-Demokratie. Ein Wort zum Frieden. gr. 8. (36 S.) Heidelberg 877. (Leipzig, Friese.)

— die neueste Gewaltthat Rom's oder das Dogma der Verzweiflg. [Aus „Es werde Licht".] Nürnberg 870. Zeh in Comm. gr. 8. (15 S.) n. 2 ngr.

— an der Grenzscheide zweier Welten. Ein Wegweiser in die Zukunft f. Alle, insbesondere f. Fürsten u. Staatsmänner. [Aus: „Es werde Licht".] gr. 8. (VIII, 303 S. m. 1 Bildnis.) Ebd. 898. n. 3. 60

— ein Gruß in die Heimath. Vier Vorträge aus Anlaß meines Wegzugs von Mannheim nach Nürnberg. Mannheim 869. Schneider. 8. (57 S.) n. 7 ngr.

— hundert Jahre nach Lessings Nathan. Den Judenhassern zur Beschämg., ernsten Juden zur Selbstprüfg. gr. 8. (VIII, 196 S.) Ebd. 893. n. 2. 40

— zur Jahrhundert-Feier eines Halb-Vergessenen am 9. V. 1905. (III, 63 S.) gr. 8. Bamberg (905). Handels-Druckerei u. Verlagsh. n. 1. —

— die Jesuiten in Baiern, von der ersten Zeit ihrer Berufung bis zum drohenden Staatsbankerott am Ende d. 16. Jahrh. Ein Bild der Vergangenheit zur Warng. f. die Gegenwart. gr. 8. (VIII, 72 S.) Würzburg 892. A. Stuber's Verl. n. 1. 50

—— Jesus von Nazareth auch ein Semite. gr. 8. (23 S.) Ebendas. 881. *

—— das Judenthum und die Religion der Humanität. Vortrag zum 23. Stiftungsfest der freireligiösen Gemeinde in Mannheim am 17. Aug. 1879. gr. 8. (24 S.) Leipzig 879, Friese. *

Scholl, Carl, das Judenthum u. seine Weltmission. (S.-A. aus „Es werde Licht! Monatsbll. z. Förd. d. Humanität", Jahrg. XI, 1880, Febrhft.) Leipzig, Rob. Friesen, 1880. 8°. 26 S. Beibd.

— ein Kaiser (Julian Apostata) im Kampf m. s. Zeit. 4., verm. Aufl. gr. 8. (30 S.) Ebd. 898. n. — 50

— ein Kaiser im Kampf m. seiner Zeit. (Julian Apostata.) [Aus: „Es werde Licht".] gr. 8. (26 S.) Bamberg 892. Handels-Druckerei u. Verlagsh. n. — 50

Scholl, Carl, ein Kaiser-Traum. gr. 8. (26 S.) Leipzig 888, Friese. *

Scholl, Carl, nach Kamerun! Aus den hinterlassenen Papieren meines in Kamerun gestorbenen Sohnes. Der deutschen Jugend gewidmet. gr. 8. (VII, 104 S. mit Portr. in Lichtdr.) Leipzig 886, Cavael. geb. *

— nach Kamerun! Aus den hinterlassenen Papieren meines in Kamerun verstorbenen Sohnes. 2. Aufl. gr. 8. (VII, 104 S. m. Portr.) Leipzig 890. Cavael. geb. n. 2. —

Scholl, Carl, meine Kämpfe! Erinnergn. u. Gedichte e. Ringenden. 2. verm. Aufl. 8. (XII, 320 S.) Bamberg (902). Handels-Druckerei u. Verlagsh. Geb. in Leinw. n. 3.60

—— der gegenwärtige Krieg. Eine Betrachtung nach der Schlacht bei Sedan. gr. 8. (16 S.) Nürnberg 870, (Zeh'sche Buchh.) *
Aus: Es werde Licht, besonders abgedruckt.

Scholl, Carl, Krieg dem Kriege! Friede auf Erden! Ein Mahnwort an die christl. Geistlichkeit aller Länder u. Confessionen. gr. 8. (18 S.) Bamberg 893. Handels-Druckerei u. Verlagsh. n. — 60

—— Rom's neueste Kriegserklärung oder das päpstliche Rundschreiben vom 29. Juni 1881. Lex.-8. (30 S.) Leipzig 881, Friese. *
Aus: Es werde Licht, besonders abgedruckt.

Scholl, Carl, aus dem Leben einer freien Gemeinde. Denkschrift über die neuesten Vorgänge in der freireligiösen Gemeinde zu Mannheim. Im Auftrage des Vorstandes verfaßt. Mannheim 863. Löffler. (Segnitz.) gr. 8. (59 S.) n. 7½ ngr.

Die grosse Lüge im religiösen Leben der Gegenwart. Letzter Mahnruf e. Achtzigjährigen! Von Carl Scholl, Pred. a. D. *Bamberg: Handels-Dr. (1900).* (32 S.) 8° [Ä.] (ow. 11219

—— der Massen-Austritt aus der Kirche. Vom Standpunkt der freien Gemeinden betrachtet. gr. 8. (18 S.) Heidelberg 878. (Ebendas.)
Aus: Es werde Licht, besonders abgedruckt.

Scholl, Carl, die Messias-Sagen d. Morgenlandes nebst vergleichenden Auszügen aus seinen heil. Büchern. 8. (XII u. 431 S.) Hamburg 852, Meißner & Schirges. 1¼ ℔

— nehmen wir Alles? Ein Wort zur Rechtfertigg. der freien religiösen Gemeinden. Vortrag gehalten in Rothenburg a. d. T. am 21. Septbr. 1868. Nürnberg 869. Zeh in Comm. br. 8. (15 S.) 3 ngr.

— nehmen wir Alles? Ein Wort zur Rechtfertigg. der freien religiösen Gemeinden. 2. unveränd. Aufl. gr. 8. (20 S.) Ebend 870. n. — 20

—— Opfer und Opfermahle des Alterthums mit Einschluß des Abendmahls. Ein geschichtl. Ueberblick. gr. 8. (XII und 104 S.) Mannheim 862, Löffler. *

Scholl, Karl, ein Opfer der Ueberzeugung! Für die Mundhelden des Christenthums und der Freiheit überhaupt. 8. Mannheim 846, Bensheimer. 1½ ngr.

— ein Opfer der Ueberzeugung! Für die Mundhelden des Christenthums und der Freiheit überhaupt, veröffentlichte Rede. 8. (13 S.) Mannheim 847, Bensheimer. 1½ ngr.

— die letzten drei Päpste in ihrem Kampf gegen den Fortschritt. (88 S.) gr. 8. Frankfurt a/M. 903. Neuer Frankfurter Verlag. n. — 75

— die Papstfeier in Rom u. das Rundschreiben an die bayerischen Bischöfe. Mit deutschen Randbemerkgn. [Aus: „Es werde Licht!"] gr. 8. (16 S.) Leipzig 888. Friese. n. — 50

Scholl, Carl, Paulus u. die Galater. Ein warnendes Bild der Vergangenheit für alle Deutschkathol. und Freiprotestanten. gr. 8. (61 S.) Hamburg 847, Berendsohn. *

—— gegen das Pfaffenthum! Offener Brief an den evangel. Kirchengemeinderath in Pforzheim. 2. Aufl. gr. 8. (21 S.) Mannheim 862, (Löffler.)

—— vergessene Quellen der Wahrheit. Sieben Vorträge, in der freireligiösen (deutsch-kathol.) Gemeinde zu Mannheim gehalten. gr. 8. (III und 92 S.) Mannheim 860, Löffler. *

—— Raymund von Beziers. Ein Trauerspiel der Albigenser-Zeit in 5 Aufzügen. 8. (103 S.) München 879, Merhoff's Verlag.

—— Reaction und Religion. Ein Mahnruf an die Demokratie. gr. 8. (18 S.) Heidelberg 879. (Leipzig, Friese.) *
Aus: Es werde Licht, besonders abgedruckt.

— zur Reform der Eidesgesetzgebung. Ein Nothruf ebenso im Interesse der Glaubens- u. Gewissensfreiheit, als der Staatsordng. u. Sittlichkeit. gr. 8. (42 S.) Frankfurt a/M. 873. Auffarth. n. — 50

— die Reformation in Oberfranken und meine Disputation mit Hrn. Joh. Wirth, Pfarrer. Kurzer Reisebericht. gr. 8. (60 S.) Schweinfurt 850. (Nürnberg, Stein.) n. 6 ngr.

— Religion auf Kommando! D. neuesten Vorgänge in Preußen. gr. 8. (16 S.) Bamberg 896. Handelsdruckerei u. Verlagshaus. — 30

—— Religion und Theater im Geiste Schillers. Zwei Vorträge bei der diesjähr. Schillerfeier der freireligiösen Gemeinde zu Mannheim. 8. (35 S.) Mannheim 861, Löffler. *

— die Rockfahrt nach Trier u. die Judenverfolgungen in Rußland. [Aus: „Es werde Licht".] gr. 8. (16 S.) Ebd. 891. n. — 20

— gegen Rom u. römische Anmaßung. Zur Abwehr u. Warng. 1. u. 2., durchgeseh. Aufl. gr. 8. (VIII, 291 S.) Berlin 890. 891. Lüstenöder. n. 3. —

— Rom und England in ihrem neuesten Kampfe. Urkundliche Mittheilungen. Zürich 854. Kiesling. 8. (XI, 164 S.) n. 18 ngr.

—— Schiller-Feier und Götzendienst. Festrede, auf Wunsch der freireligiösen (deutsch-kathol.) Gemeinde zu Mannheim, gehalten am Sonntag den 11. Nov. 1860. gr. 8. (15 S.) Mannheim 860, Löffler.

— „Sind wir Heiden oder noch hinter den Heiden?" Vortrag in öffentl. Versammlung zu Nürnberg — Mittwoch, den 18. Septbr. 1867 — als Antwort auf die vom protestant. Pfr. bei St. Jakob, Herrn Kunel, gegen die freireligiösen Gemeinden gerichtete Anschuldigung. 2. Aufl. Nürnberg 867. (Zeh'sche Buchh.) gr. 8. (16 S.) n. 2 ngr.

— das Staatsgefährliche d. freien religiösen Gemeinden. Festrede, bei Eröffng. d. XVI. Bundes-Versammlg. der freien religiösen Gemeinden Deutschlands zur Erinnerg. an ihre Gründg. vor 50 Jahren. Breslau, 8. Juli 1895. gr. 8. (21 S.) Ebd. 895. n. — 50

— meine Sterne. Stunden der Weihe. Eine Sammlg. auserlesner Gedichte u. Denksprüche. Mit 1 Titelbilde (in Lichtdr.). gr. 8. (XI, 373 S.) Leipzig 885. Cavael. geb. m. Goldschn. n. 6. —

—— Meine Sterne. Stunden der Weihe. Eine Sammlg. auserlesener Gedichte u. Denksprüche. 2. wohlf. Ausg. gr. 8. (348 S. m. Titelbild in Lichtdr.) Lpz. 888, Cavael. geb. * 3 —; geb. m. Goldschn. * 4 —

— meine Sterne. Stunden der Weihe. Eine Sammlg. auserlesner Gedichte u. Denksprüche. 2. Aufl. gr 8. (XI, 348 S. m. 1 Titelbild.) Leipzig 892. F. Cavael. Geb. in Leinw. 3. —; m. Goldschn. n. 4. —

— meine Sterne. Stunden d. Weihe. Eine Sammlg. auserles. Gedichte u. Denksprüche im Geist d. neuen Weltanschaug. 3. Aufl. 8. (XII, 348 S. m. Titelbild.) Ebd. 898. Geb. in Leinw. n.n. 3. —; m. Goldschn. n.n. 4. —

— meine Sterne. Stunden der Weihe. Eine Sammlung auserlesener Gedichte u. Denksprüche im Geist der neuen Weltanschaug. 4. Aufl. (XI, 355 S. m. Titelbild.) 8. Bamberg (906). Handelsdruckerei u. Verlagsh. Geb. in Leinw. n.n. 3. — ; m. Goldschn. n.n. 4. —

—— drei Stimmen aus Frankreich, England und Amerika über die religiöse Bewegung der Gegenwart. Uebersetzt und hrsg. gr. 8. (64 S.) Mannheim 861, Löffler. *

— freie Stimmen aus dem heutigen Frankreich, England u. Amerika über Lebensfragen der Religion. Mannheim 865. Schneider. gr. 8. (640 S.) n. 2 ₰ 10 ngr.

— Meine Suspension. Mit Vorwort von Gust. Ad. Wislicenus. gr. 8. Leipzig 846, O. Wigand. 6 ngr

—— der Tag von Leipzig, oder Religion und Vaterland. Rede, zur Erinnerung an den 18. Octbr. 1813, gehalten in der freireligiösen (deutsch.-kathol.) Gemeinde Mannheim. gr. 8. (15 S.) Mannheim 860, Löffler.

—— Aus hohen Tagen. Das Erwachen der Geister in Oesterreich. Reden u. Ansprachen, geh. während der Revolution in Wien u. Graz vom Septbr. 1848 bis zu meiner Ausweisg. im Mai 1849. gr. 8. (III, 213 S.) Berl. 891, Lüstenöder. * 2 40
Die mit * bezeichneten Schriften sind aus: Scholl, Carl. Es werde Licht, besonders abgedruckt.

—— das Theater im Geiste Schiller's. Ein Fest-Vortrag. Zur 100jähr. Jubelfeier des Hof- und Nationaltheaters in Mannheim neu aufgelegt. gr. 8. (16 S.) Mannheim 879, Löffler. *

— das Theater in Zürich. Bei Eröffnung des 3. Jahrg. unter meiner Direction. Zürich 857. Meyer u. Zeller in Comm. 8. (IV, 38 S.) n. 8 ngr.

—— Toast-Rede am 18. Octbr. 1861 beim Festmahl im Badner Hof zu Mannheim. gr. 8. (15 S.) Mannheim 861, Löffler. *

—— einem geschmähten Todten! Rede gehalten in der freireligiösen Gemeinde zu Pforzheim, Sonntag den 12. Jan. 1862, zum Andenken an deren Vorstand Leopold Rühl. gr. 8. (12 S.) Mannheim 862, (Löffler.) *

— der neueste Umsturzversuch gegen d. Glaubens- u. Gewissensfreiheit. Vortrag, geh. am 3. März 1895 in d. freien religiösen Gemeinde zu Nürnberg. gr. 8. (22 S.) Ebd. 895. n. — 50

Scholl, Karl, appr. Arzt: Versuche über die Einführung von Komplexen in die Assoziationen von Gesunden und Geisteskranken. Halle a. S.: Marhold 1908. 39 S. 8° ¶(Aus: Klinik f. psych. u. nerv. Krankh. Bd 3, H. 3.)
Gießen, Med. Diss. v. 20. Okt. 1908, Ref. Sommer
[Geb. 6. Jan. 83 Kassel; Wohnort: Kassel; Staatsangeh.: Preußen; Vorbildung: Realgymn. Kassel Reife O. 01; Studium: Bonn 1, Göttingen 6, Berlin 1, Göttingen 2 S.; Coll. 23. Juni 08; Approb. 6. Juni 08.] [U 09. 1133

— drei Vorträge, gehalten v. d. deutsch-kathol. Gemeinde zu Mannheim, zugleich als Rechtfertigung meines Anschlusses. gr. 8. Darmstadt 846, Pabst. (Mannheim, Bensheimer.) n. 4 ngr

—— Wahrheit aus Ruinen oder das Ewige Evangelium der Humanität. Original-Aussprüche aus den ältesten vorchristl. Schriftwerken der Chinesen, Inder, Perser, Griechen, Römer und Germanen. Gesammelt und übersichtlich geordnet. gr. 8. (XV, 304 S.) Frankfurt a. M. 873, Auffarth. *

— der Warnungsruf des Vaterlandes an die freireligiösen Gemeinden. Erstes Wort zur Wiederbegrüßung der deutschkatholischen Gemeinde in Mannheim, Sonntag, den 3. Juni 1860. Carlsruhe 860. Creuzbauer. gr. 8. (9 S.) n. 2 ngr.

Was droht uns von Rom? Ein Mahnruf an die Schlafenden. Von Carl Scholl. Bamberg 1896: Handelsdr. 20 S. 8°
Erwähnt auf S. 15 auch die Frmr-Encyklika Leo XIII. vom 20. April 1884.

Scholl, Carl (II.), Auf dem Wege zur Wahrheit. Gedichte. 12. (XI und 232 S.) Zürich 855, Kiesling's Verlag. *

—— „Wo ein Priester hintritt, wächst kein Gras mehr." gr. 8. (16 S.) Nürnberg 871, (Zeh'sche Buchh.) *
Aus: Es werde Licht, besonders abgedruckt.

Scholl, Carl. Worte der Entscheidung ins Gewissen unsrer Zeit! 2 Vorträge. Mannheim, J. Bensheimer 1846. 19 S. 8.

— Worte der Entscheidung ins Gewissen unsrer Zeit! Zwei Vorträge. gr. 8. (19 S.) Mannheim 847, Bensheimer. 1/12 ₰

Scholl, Karl A., Übungsaufgaben zum Übersetzen aus dem Deutschen ins Französische. Zum Einüben der französ. Formenlehre u. Syntax f. die mittleren Klassen höherer Lehranstalten zusammengestellt. gr. 8. (VIII, 177 S.) Freising 894. (Dr. F. P. Datterer.) n.n. 1. 50

Scholl, Karl A., Uebungsaufgaben z. Uebersetzen aus d. Deutschen ins Französische. Zum Einüben d. französ. Formenlehre u. Syntax f. d. mittl. Klassen höh. Lehranst. zusammengest. 2. Aufl. gr. 8. (VIII, 176 S.) Passau 897. M. Waldbauer. n. 1. 50; geb. n. 1. 90

Scholl, Karl August

Scholl, Car. Augustus (geb. Blumenthal im Rheinl. 23. 10. 1814): De gastritide chronica. Berolini (1839). (25 S.) 8°
Berlin, Med. Diss. v. 30. Dez. 1839

Scholl, Mathilde, Städtische und private Wohlfahrtseinrichtungen der Städte Cöln, Mühlhausen a. Rh. und Kalk, Hrsg. von der Rechtsschutzstelle der Frauen. 8⁰. Cöln 1905.

Scholl, Max: Über Ketonspaltung der Benzotetronsäure und ihrer Homologen. Bonn: Georgi 1910. 48 S. 8°
Bonn, Phil. Diss. v. 10. Aug. 1910, Ref. Anschütz
[Geb. 11. Mai 82 Bonn; Wohnort: Bonn; Staatsangeh.: Preußen; Vorbildung: Kgl. Gymn. Bonn Reife O. 01; Studium: Bonn 13 S.; Rig. 6. Juli 10.]
[U 10. 419

Scholl, Maximilianus: De verborum lusu apud Platonem. *Bayreuth 1899: L. Ellwanger.* (27 S.) 8° [Ant. u. F.]
Bayreuth, k. Humanist. G, P 1899*

Scholl, Max., de verborum lusu apud Platonem. Progr. gr. 8. (27 S.) Bayreuth 899. (C. Giessel.) —75

Scholl, Paul [aus Hessen-Nassau]: Die Kreatininausscheidung im Harn unter physiologischen und pathologischen Verhältnissen ... Greifswald, Druck v. J. Abel, 1892; 32 S. 8.
Greifswald, Med. Fak., Inaug.-Diss. v. 22. März 1892

Scholl, Roland

— und Seer Christian: Über die katalytische Abspaltung von Wasserstoff aus aromatischen Kernen und den Aufbau kondensierter Systeme durch Aluminiumchlorid. S. 120. IIb. 95 . . . . vgr.
Separatabdruck

Scholl Roland, **Eberle** Fritz und **Tritsch** W.: Über einige Azine und Chinondiazide der Anthrachinonreihe. S. 120. IIb. 25 . . . . vgr.
Separatabdruck

Scholl Roland: Bemerkungen über *meso*-Benz- und *meso*-Naphthodianthren. S. 122. IIb. 3d . . . . vgr
Separatabdruck

— und Eberle Fritz: Einige Betrachtungen über den Verlauf der Indanthrenschmelze des 2-Aminoanthrachinons und Versuche über 2-Hydroxylamino- und 2, 2'-Azoxy-anthrachinon. S. 120. IIb. 517 . . . . vgr.
Separatabdruck

Scholl, Roland. Ueber die Einwirkung von Stickstofftetroxyd auf Oxime (als Beitrag zur Konstitution der Knallsäure). (Basel) Würzburg, 1890.

Scholl, Dr. Roland: Entwicklungsgeschichte und kritisch-experimenteller Vergleich der Theorien über die Natur der sogenannten Knallsäure und ihrer Derivate. (Auszug aus einer am eidgen. Polytechnikum in Zürich preisgekrönten Arbeit gleichen Namens.) Uster-Zür. A. Diggelmann Dr. 1893. 102 S., 1 Bl. 8°.
Zürich, Phil. Fac., Habilitationsschrift.

Scholl, Roland, Entwicklungsgeschichte u. kritisch-experimenteller Vergleich der Theorien üb. die Natur der sogenannten Knallsäure u. ihrer Derivate. (Als Habilitationsschrift verf. Auszug aus e. am eidgen. Polytechnikum in Zürich preisgekrönten Arbeit gleichen Namens.) gr. 8. (103 S.) München 893. J. F. Lehmann's Verl. n. 2.40

— Über den Mechanismus der Umlagerung von o-Nitrotoluol in Anthranilsäure und die Übertragung der Reaktion in die Anthrachinonreihe. S. 122. IIb. [illegible] . . . . vgr.
Separatabdruck

— Holdermann Carl und Langer Arvid: Über Tetracarbonester und Tetramid der [illegible] Einwirkungsprodukte von Ammoniak auf Dikarbonsäure [illegible]. S. 122. IIb. 5 . . . . vgr.
Separatabdruck

— und Tritsch [illegible]: Untersuchungen in der Reihe der Methyl-1, 2-benzanthrachinone. 1. Mitteilung. S. 120. IIb. 23 . . . . vgr.
Separatabdruck

— und Neuberger Walter: Untersuchungen in der Reihe der Methyl-1, 2-benzanthrachinone. 2. Mitteilung. S. 121. IIb. 183 . . . . vgr.
Separatabdruck

— Potschiwauscheg Julius und Lenko Josef: Synthetische Versuche in der Perylenreihe. S. 120. IIb. 497 . . . . vgr.
Separatabdruck

Scholl, Rudolph: De ankylosi. Halis Saxonum (1856): Gebauer-Schwetschke. 29 S. 8°
Halle-Wittenberg, Med. Diss. v. 22. Okt. 1856
Geb. Neunheilingen (Kr. Langensalza) 27. 3. 1832. V.

Scholl, Rud., die Feuerpolizei im Königr. Württemberg. Sammlung sämtl. in Württemberg in Geltg. steh. feuerpolizeil. Vorschriften. Mit Erläutergn. versehen u. hrsg. (193 S.) 8. Stuttgart 908. J. Heß. 5.—; geb. 5. 60

Scholl, R., das württemb. Landtagswahlgesetz vom 16. VII. 1906, m. der Vollzugsverfügg. vom 10. X. 1906, e. Einleitg., behandelnd die Verhältniswahl, Beispielen zur Verhältniswahl, der Vollzugsverfügg. betr. die Wahl der ritterschaftl. Abgeordneten vom 10. X. 1906 u. e. Sachregister, unter Benützg. der Akten des k. Ministeriums des Innern, der Verhandlgn. der Ständeversammlung u. des Nieder'schen Kommentars v. 1900 erläutert u. hrsg. (207 S.) kl. 8. Stuttgart 906. J. Heß.
Geb. in Leinw. n. 2. 80

Scholl, Sigmund, Dr.: Guillaume Tardif und seine französische Übersetzung der Fabeln des Laurentius Valla. *Kempten 1903: J. Kösel.* (32 S.) 8°
Kempten, k. humanist. G, P 1903*

Scholl, Sigmund [k. Reallehrer]: Die Vergleiche in Montchrestiens Tragödien. E. Beitr. z. inneren Gesch. d. französ. Dramas im XVI. Jh. ... Nördlingen, Druck v. C. H. Beck, 1894; 3 Bl., 68 S. 8.
München, Phil. Fak., Inaug.-Diss. v. 1894

Scholl, Sigm., d. Vergleiche in Montchrestiens Tragödien. Ein Beitrag zur inneren Geschichte des französischen Dramas im XVI. Jahrh. gr. 8. (V, 68 S.) Nördlingen 894. C. H. Beck. n. 1. 50

Scholl, Traug. Ferd., die letzten hundert Jahre der vaterländ. Literatur in ihren Meistern dargestellt und auf den Geist der Gegenwart bezogen. 2 Lfgn. gr. 8. (IV u. 422 S.) Schw. Hall 850. 51, Nitzschke. (1: 21 ngr 2: 1 ꝑ 12 ngr) 2 ꝑ 3 ngr

— u. G. H. F. **Scholl,** Deutsche Literaturgeschichte, siehe: Scholl, G. H. F.

— Zeittafeln der vaterländischen Literatur unter Vergleichung m. den gleichlaufenden Regenten, Künstlern, ausländ. Schriftstellern u. Weltbegebenheiten, f. höhere Schulen u. zum Privatgebrauch entworfen. 4. (VIII u. 97 S.) Ebd. 852. 27 ngr

Schöll, A., Prolog und Epilog zum Festspiel: Die Huldigung der Künste, s. Prolog.

Schöll, A., Vater Unser. Eine Betrachtung, s. Vater Unser.

Schöll, Adolf

Schöll, Adf., gesammelte Aufsätze zur klassischen Literatur alter u. neuerer Zeit. gr. 8. (IX, 394 S.) Berlin 884. Hertz. n. 7. —; geb. in Leinw. n. 8. 20; in Halbkalbldr. n. 10. —

Schöll, Ad., Beiträge z. Geschichte d. griech. Poesie. 1. Thl. 1. Bd. — A. u. d. T.: Beiträge z. Kenntniß d. trag. Poesie d. Griechen. 1. Bd. Die Tetralogieen d. attischen Tragiker. gr. 8. (42 B.) Berlin 839, G. Reimer. Thlr.

Schöll, Ad., Dido. Ein Drama. gr. 8. Stuttg. 827. v. Cotta. 9 K

Schöll, Adf., Gedichte aus den Jahren 1823—1839. 8. (VII, 269 S.) Leipzig 879. Hirzel. n. 2. 80

– s. v. Goethe's Briefe u. Aufsätze.

Schöll, Adf., s.: Goethe's Briefe an Frau v. Stein.

—— Goethe in Hauptzügen seines Lebens und Wirkens. Gesammelte Abhandlungen. gr. 8. (VII, 572 S.) Ebendas. 882. *ℳ 9.; geb. in Leinw. ** geb. in Halbkalbldr. **

– s. Herodot's Geschichte.

Schöll, Adolf, Carl-August-Büchlein. Lebenszüge, Aussprüche, Briefe und Anecdoten von Carl August Großherzog von Sachsen-Weimar-Eisenach. 8. (IV und 171 S.) Weimar 857, Böhlau. Thlr. *

Schöll, A., Weimar's Merkwürdigkeiten einst und jetzt. Ein Führer für Fremde und Einheimische. Dabei e. statist.-topograph. Anhang, nebst einem Adreßverzeichnisse der Behörden und wichtigsten Privatanstalten, einem Boten-, Post- und Eisenbahnberichte von A. Froriep. gr. 12. (VI, 352 und 71 S. mit 1 in Kpfr. gest. Plane von Weimar in 4.) Weimar 847, Landes-Industrie-Comptoir. *

— Weimar's Merkwürdigkeiten einst und jetzt. Ein Führer für Fremde und Einheimische. Mit 1 Plan von Weimar (Kpfrst. in 4.). Weimar 857. Landes-Industrie-Comptoir. 12. (IV, 363 S.) n. 20 ngr.

Schöll, Ado., archaeolog. Mittheilungen, s.a Mittheilungen.

Schöll, Adolf Archäolog. Mittheilungen aus Griechenland, nach Carl Otfried Müller's hinterlassenen Papieren. Frankfurt a. M. 1843. 4.
I. Athens Antiken-Sammlung. I. Heft.

— und C. Heiland, Reden bei Enthüllung der Dichter-Denkmäler in Weimar am 4. Septbr. 1857 gehalten. 1. u. 2. Aufl. Weimar 857. Böhlau. gr. 8. (24 S.) n. 3 ngr.

Schöll, Ad., Sophokles. Sein Leben und Wirken. Nach den Quellen dargestellt. gr. 8. Frankfurt a/M. 842, Hermannsche Buchh. F. E. Suchsland. 3 ₰

Schöll, Adf., Sophokles. Sein Leben u. Wirken. Nach den Quellen dargestellt. 2. (Titel-)Ausg. Prag (842) 870. Tempsky. gr. 8. (VII, 398 S.) n. 20 ngr.

– s. Sophokles, Ajas.

Schöll, Adf., gründlicher Unterricht über die Tetralogie des attischen Theaters und die Kompositionsweise des Sophokles, zur Widerlegung eines hartnäckigen Vorurtheils aus den Quellen entwickelt. Leipzig 859. C. F. Winter. gr. 8. (X, 249 S.) n. 1 ℛ 10 ngr.

Schoell, C., Paulus. Epos in sieben Gesängen. Eine Weihnachtsgabe. gr. 12. (5¼ B.) Stuttgart 830, [Beck u. Fränkel.]

Schöll, C., Paulus. Epos in sieben Gesangen. gr. 12. Stuttg. 830. Löflund u. S. 14 gr.

Schoell, Carl, s. Schoell, Karl

Schoell, Carl Wilhelm, s. Schoell, Karl Wilhelm

Schöll, Ernst. Der jesuitische Gehorsam. Aus den Quellen dargelegt, beurteilt, nach seinen Konsequenzen geschildert u. m. Bezug auf die gegenwärt. Verhältnisse in der römisch-kathol. Kirche besprochen. gr. 8. (IV, 124 S.) Halle a. S. 891, Strien. • 2 40

Schöll, F., s. Schöll, Max. Samson-Frédr.

Schöll, Fr., s.: Landwirtschaft, Weinbau u. Alkoholfrage.

— Neugestaltg. des deutschen Sprachunterrichts nach Vorschlägen v. Kern u. Hildebrand. (16 S.) 8. Waiblingen (908). (Reutlingen, C. F. Palm.) — 30

Schoell, Frdr., Geo. Goetz und Gust. Loewe, Analecta Plautina. gr. 8. Leipzig 877, Teubner. *
Inhalt:
1. Divinationes in Plauti Truculentum. Scripsit Frdr. Schoell. (S. 1—68.) — 2. Symbola critica ad priores Plauti fabulas. Scripsit Geo. Goetz. (S. 69—134.) — 3. Conjectanea Plautina. Scripsit Gust. Loewe. (S. 135—224.)

Schöll, Fritz

Schöll, F., De accentu linguae Latinae commentationum capita I—III. Diss. [1
82 S.

Schöll, F. Zum I. Buch d. Velleius Pat. S.-A. 1898. 15 S.

Schöll, F., Divinationes in Plauti Truculentum. Hab. 1876. 68 S.

Schöll, F., Interpolationen, Lücken u. sonstige Verderbnisse in Ciceros Rede de d[
S.-A. 1898. 24 S.

— Zu Ciceros Ligariana. S.-A. 1900. 12 S.

Schöll, F., De locis nonnullis ad Aeschyli vitam et ad historiam tragoediae Graeca[e] pertinentibus epistula. Gel. 1875. 27 S.

Schoell, F., De Pandora Hesiodi meletemata critica. S.-A. 1879. 17 S.

Vom Vogel Phönix. Akademische Rede ... am 22. Nov. 1890 beim Vortrage des Jahresberichtes und der Verkündigung der akademischen Preise gehalten von Dr. Fritz Schöll, o. ö. Prof. d. class. Phil. u. Mitdir. d. philol. Sem. d. z. Prorector d. Grossh. Bad. Univ. Heidelberg. Heidelberg, Univ.-Buchdr. v. J. Hörning, 1890; 47 S. 4°

Schöll, Fritz, zu den sogenannten Proverbia Alexandrina des Pseudo-Plutarch, s.a Festschrift zur Begrüssung der in Karlsruhe tagenden XXXVI. Philologen-Versammlung.

Schöll, F., Zu den sog. Proverbia Alexandrina des Pseudo-Plutarch (cod. Laur. pl. 80, 13). S.-A. 1882. 20 S. 1.20

Schöll, Fritz (Hrsg.), s. Rohde, Erwin: Der griech. Roman ... 2. Aufl. – Kleine Schriften.

Schöll, F. Adolf Schöll 1805—1882. S.-A. 1883. 39 S.

—— Adolf Schöll, weil. Geh. Hofrath und Oberbibliothekar in Weimar. gr. 8. (39 S.) Berlin 883, Calvary und Comp. *
Aus: Biographisches Jahrbuch für Alterthumskunde, besonders abgedruckt.

Schöll, F., Rudolf Schöll 1844—1893. S.-A. 1897. 32 S.

Schöll, F., De accentu linguae Latinae veterum grammaticorum testimonia. [
1876. 231 S.

Über zwei sich entsprechende Trilogien des Euripides. Mit Bemerkungen z. Tetralogie d. attischen Theaters. Von Fritz Schöll. Heidelberg: Winter 1910. 33 S. 8°
(Sitzungsberichte d. Heidelberger Akad. d. Wiss. Philos.-hist. Kl. Jg. 1910, Abh. 15) (11, 965

Schoell, G. Ad., de origine graeci dramatis, Dissertat. Ps. I. cont. quaestiones praevias de ludorum mimicorum apud Siculos ac Dorienses primordiis. 8 maj. (6 B.) Tubingae 828, (Laupp.)

Schoell, J., religiöse Charakterköpfe. 8. (101 S.) Reutlingen (901). Enßlin & Laiblin. — 75

— fromm u. frei. Religiöse Vorträge f. Suchende u. Denkende. 8. (104 S.) Ebd. (899). — 75; erm. Pr. — 50

Schoell, J., Naturwissenschaft u. Gottesglaube, s.: Balser.

— s.: Religionsunterricht, der evangelische, auf höh. Schulen.

Schoell, *Jeremias* [Dr.]: Die religiöse Anlage und ihre Entfaltung. Ulm, Wagnersche Buchdr., 1892; 1 Bl., 18 S. 4.
Ulm, k. G, P 1892 (591)
vgl. Schoell, Johannes

Schoell, Johann Heinrich (Buschweiler) A. S. 796/18

Theses ex singulis jurisprudentiae partibus.
Präs. Johann Heinrich Feltz.
Strassburg (Maag) 28. III. 1708. 12 S.

Gew.: Johann Jakob Fridius. 31127

Schöll, Johann Ulrich

Schöll. siehe auch: Abriss des Gauner- und Bettlerwesens.

(Schöll, J. U.): Abriss d. Gauner- u. Bettlerwesens in Schwaben. *Stuttg.*, Erhard u. Löfflund. 793. 8. (1 Thl. 4 Gr.)

Schöll, Jh. Ulr., s. Armenanstalten in Schwaben. (Dasselbe, s. Gf. Hnr. Scholl.)

Schöll. Auszug aus den Akten über das Gauner-und Bettlerwesen in Schwaben. *Stuttgard.* 1793

Schöll, Jh. Ulr., s. Hans Konstanzer.

[Schöll, Joh. Ulr., Pfarrer] Costanzer Hanss, eine Schwäbische Jauners-Geschichte. Stuttgart, Erhard & Loflund 1789.

Schoell, *Johannes* Die religiöse Anlage und ihre Entfaltung. 4 (18 S.). **Progr.** Kgl. G. *Ulm* 1892 (591).
vgl. Schoell, Jeremias

Schöll, Karl

Schoell, Carl: Geschichte der dt. evangel. Kirchen in England. — London: Williams & Norgate; Stg.: Steinkopf 1852. VIII, 79 S.

Schöll, Carl, Schätze d. Schrift, in poet. Form dargeboten sowohl zu Denksprüchen f. Confirmanden als zu häusl. Erbauung. 16. (4 B.) Stuttgart 839, J. F. Steinkopf.

Schoell, Karl Gabriel (Mitau) Erlg. F. zv/28

Positiones miscellae. Präs. Theophil Christoph Harles.
Erlangen (Walther) 30. IX. 1775. 16 S.

Phil. Diss.
W. v.: Präs. 31128

Schoell, Karl Wilhelm

Schoell, Carol. Guil., de ecclesiasticae Britonum Scoturumque historiae fontibus. 8maj. (VIII und 80 S.) Berolini 850, Hertz.

Schoell, Carol. Guil., de ecclesiasticae Britonum Scotorumque historiae fontibus. Lex. 8. (VIII u. 80 S.) Berolini 851, Hertz. n. 1 ₰

Schoell, Max. Samson-Frédr., Cours d'histoire des états européens, depuis le bouleversement de l'empire romain d'occident jusqu'en 1789. 46 Ts. (ou 47 Vls.) gr. in-8. ... Paris 830—34. (Berlin, Duncker et Humblot.) à Tom.

Schöll, Ritter Max. Samson Fr., († d. 6. Aug. 1833.) Cours d'histoire des états Européens, depuis le bouleversement de l'Empire Romain d'occident jusqu'en 1789. Tom. I—XXIV. gr. 8. (Berl.) u. Paris 830—832. Duncker u. H. 41 ₰ Tom. XXV—XXXI. Histoire du XVII. Siècle Tom. I—VII. gr. 8. le même 832. 16 ₰ 8 Gr

Schöll, Max. Samson-Fréd., Cours d'histoire des états Européens, depuis le bouleversement de l'Empire Romain d'occident jusqu'en 1789. Tom. XXXII—XXXVI. Histoire du XVII Siècle. Tom. VIII—XII. gr. in-8. Paris 832, 33; Berlin, Duncker et Humblot. n. $13^1/_3$ ₰

— le même ouvr. Tom. XXXVII—XXXXI. Histoire du XVIII Siècle. Tom. I—V. gr. in-8. les mêmes 833. n. $13^1/_3$ ₰ (Tome XXXX. enthält auch: Notice historique sur la vie de M. S. F. Schöll, par Prof. A. Pihan de la Forest.)

— le même Tome XXXXII—XXXXVI. 1e Partie. Histoire du XVIII Siècle. Tome VI—X. gr. in-8. les mêmes 833, 34. n. $13^1/_3$ ₰

— le même ouvr. Tome XXXXVI. 2de Partie. Notice littéraire. gr. in-8. les mêmes 834. n. $2^2/_3$ ₰ — Alle 47 Bände n. $125^1/_3$ ₰

— über Friedrich Dieterich, gewesenen Maire v. Straßburg u. seine Ankläger. 6 Hfte. 8. Straßb. 793.

— histor. Gemälde v. Europa, s. C. W. Koch, Gemälde, 4r Bd.

—— Geschichte d. Griech. Litteratur, von d. frühesten mythischen Zeit bis z. Einnahme Constantinopels durch d. Türken. Nach d. 2. Aufl. a. d. Franz. übers., mit Berichtigungen u. Zusätzen d. Verfs. u. d. Uebersetzers. 3 Bde. gr. 8. Berlin, Duncker u. Humblot. [1. (36 B.) 828. 2 Thlr. 16 Gr., Schrbp. 3 Thlr.; 2. (50½ B.) 3 Thlr. 8 Gr., Schrbp. 3 Thlr. 16 Gr.; 3. (42 B.) 830. 3 Thlr., Schrbp. 3 Thlr. 8 Gr.] 9 Thlr., Schrbp.
1. Bd. übers. v. J. F. J. Schwarze. — 2. u. 3. Bd. v. Mor. Pinder. — Beigefugt sind 2 Tab. gr. Fol: Chronolog.-system. Uebersicht d. vornehmsten griech. Dichter. (Von M. Pinder.)

— Précis de la révolution franç. et des guerres que la France a soutenues depuis cet événement jusqu'à l'avril 1810. 18. ibid.

Schöll, F., Répertoire de littérature ancienne. II Vol. 8. Paris, Schöll. 808.

— tableau des peuples qui habitent l'Europe classés d'après les langues qu'ils parlent et tableau des religions qu'ils professent. 18. ibid. 810.

— s. Tagebuch d. zweiten Nationalversammlung.

— s. Voyage pittoresque en Alsace.

— ein Wort üb. das Decret v. 17. Aug. 1790, wodurch d. Protestanten in Elsaß ihre Güter gesichert werden; e. Rede. 8. Straßb. 790.

— s. Zeitung, Südpreußische.

Schöll, Rudolf

Schoell, R., s. Anecdota varia graeca et latina.

Schöll, Rud., die Anfänge e. politischen Literatur bei den Griechen. Festrede, geh. in der öffentl. Sitzg. d. k. b. Akademie der Wissenschaften zu München am 15. Novbr. 1889. gr. 4. (37 S.) München 890. (Franz' Verl.) n.n. 1. —

Schöll, R., Athen. Fest-Commissionen. Ak. 1887. 24 S.

Schöll. R., De communibus et collegiis quibusdam Graecorum. S.-A. 1879. 16 S.

Schoell, Rud., s.: Corpus iuris civilis.

Schöll, R., Ueb. die ἐκλογὴ des Atticisten Phrynichos. Ak. 1894. 48 S.

Schoell, Rvdolfvs (geb. am 1 Sept. 1844 in Weimar): Commentationis de lege dvodecim tabvlarvm Spec. privs ... Lipsiae, typ. B. G. Tevbneri 1865. 2 Bl., 44 S. 8. ¶ Erschien vollständig 1866 bei Teubner in Leipzig *u. d. T.:* Legis XII tab. reliquiae ed. constitvit proleg. add. R. Schoell.
Bonn, Phil. Fak., Diss. v. 18 Nov. 1865

Schoell, R., Mitteilungen aus Handschriften. I. Zur Lysias Epitaphios. II. Zu d. Aristophanes-Scholien d. Ravennas. S.-A. 1889. 21 S. 1.—

Schöll, Rud., Karl Nipperdey, † am 2. Januar 1875. Akademische Gelegenheitsrede gehalten am 16. Januar 1875. gr. 8. (25 S.) Jena 875, [Dufft.] Fischer. *

Schöll, R., 1. Die kleisthenischen Phratrien. II. Mittheilungen aus Handschriften. Ak. 1889. 25 S. 1.20

— R., Plutarchhandschriften in Florenz. S.-A. 1871. 15 S.

Schöll, R., Der Prozess des Phidias. Ak. 1888. 53 S.

Schoell, Rud., Quaestiones fiscales iuris attici ex Lysiae orationibus illustratae. gr. 8. (IV, 20 S.) Berlin 873, Weidmann'sche Buchh. *

Schoell, Rud., legis duodecim tabularum reliquiae. Edidit, constituit, prolegomena addidit. Leipzig 866. Teubner. gr. 8. (X, 176 S.) n. 1 Thlr 6 ngr.

Schöll. R.. Aristoteles Staat der Athener. Gel. 1891. 24 S.

— de synegoris atticis commentatio, et Frdr. Schoellii de locis nonnullis ad Aeschyli vitam et ad historiam tragoediae graecae pertinentibus epistula. gr. 8. (65 S.) Jena 878. Dufft. n. 2. —

Schöll, R.. Zur Thukydides-Biographie. S.-A. 1878. 19 S.

Schöll, Wilh., erster Unterricht im Lesen, Schreiben, Rechnen, m. Denk- u. Sprachübgn. f. Schule u. Haus. gr. 8. (III, 89 S., wovon 48 lith.) Rottweil 876. Tübingen, Fues in Comm. n.n. — 90

Schollar, Frz., Sprachunterricht, als Mittel zur Bildung des Verstandes, deutsche Sprachlehre für Böhmens Töchter geschrieben. gr. 8. Prag 818. Enders. 10 gr. 2e ganz umgearb. Aufl. 8. Prag 824. Krenberger u. W. 12 gr.

Scholle: Die Scholle
v. Neue Zürcher Nachrichten.

Scholle, die. Hessischer Volkskalender f. Bürger u. Landmann auf d. J. 1911. Ein Jahrbüchlein zur Unterhaltg. u. Belehrg., hrsg. v. Ernst Fischer u. Adf. Korell. (128 S. m. Abbildgn. u. Wandkalender.) 8. München, Buchh. Nationalverein. — 40

— die. Landsberger Volkskalender f. Bürger u. Landmann auf d. J. 1911. Ein Jahrbüchlein z. Unterhaltg. u. Belehrg., hrsg. v. Ernst Fischer. (128 S. m. Abbildgn. u. Wandkalender.) 8. Ebd. — 40

— die. Pfälzer Volkskalender f. Bürger u. Landmann auf d. J. 1911. Ein Jahrbüchlein zur Unterhaltg. u. Belehrg. In Verbindg. m. pfälz. Parteifreunden hrsg. v. Ernst Fischer. (128 S. m. Abbildgn. u. Wandkalender.) 8. Ebd. — 40

Scholle, die Lebenskraft, s. Festschrift für Hrn. Conrector Dr. Heussi.

Scholle, Anton, appr. Arzt a. Brakel (Westf.): Eine Mischgeschwulst der Zungenbasis. Leipzig 1904: B. Georgi. (27 S.) 8°
Leipzig, Med. Fak., Ref. Marchand, Diss. v. 11. Sept. 1904
[Geb. 24. Okt. 78 Brakel, Westf.; Wohnort: Hermsdorf i. M.; Staatsangeh.: Preußen; Vorbildung: Gymn. Coesfeld Reife O. 99; Studium: Berlin 10 S.; Coll. 10. Dez. 04; Approb. 30. Juni 04.]

Scholle, F. Faut-il voir dans le changement de forme et de sens qu'ont subi les mots latins en passant au français une infériorité de cette langue? Berlin, Dorotheenstädt. R., 1866. 38 S. 4. Progr.

Scholle, Fr., Anleitung zu Gemeinheitstheilungen f. angehende Geometer, auch Oekonomen. gr. 8. Berl. Schöne. (in Comm.) 811.

Scholle, Franc. (geb. Berlin 27. 1. 1831): De Lotharii I imperatoris cum fratribus de monarchia facto certamine. Berolini (1855). (68 S.) 8°
Berlin, Phil. Diss. v. 18. Juli 1855

Scholle, Franz: Der Stammbaum der altfranzösischen und altnordischen Überlieferungen des Rolandsliedes und der Wert der Oxforder Handschrift. Berlin, R. Gaertners Verlagsbuchh. H. Heyfelder, 1889; 24 S. 4°
Berlin, Falk-RG, OP 1889 (98)

Scholle, Frz., über den Begriff Tochtersprache. Ein Beitrag zur gerechten Beurtheilg. des Romanischen, namentlich des Französ. Berlin 869. Weber's Verl.-Cto. gr. 8. (85 S.) n. 18 ngr.

Scholle, Friedrich

Imprägnationsverfahren als Schutzmaßregel gegen Feuersgefahr. Dresden 1882.

Scholle, Friedr., über Imprägnationsverfahren als Schutzmaßregel gegen Feuersgefahr. gr. 8. (19 S.) Dresden 883, (Meinhold und Söhne.) *

Scholle, Frdr., über Theaterbrände, deren Ursachen u. Verhütung, sowie die Einrichtung des Feuersicherheitswesens in den königl. Hoftheatern zu Dresden. gr. 8. (75 S.) Dresden 882. Meinhold & Söhne. n. 1. —

Scholle, Friedr., prakt. Unterricht im Zuschneiden f. Klempner, Silber- u. Kupfer- u. überhaupt Metallblecharbeiter. 1—21. Hft. 4. (19 B. u. 37 Stnt.) Dresden 841—42, [Adler u. Dietze.] à 3¼ Gr., 2

Scholle, Friedr., praktischer Unterricht im Zuschneiden f. Klempner, Silber-, Kupfer- u. überhaupt Metallblecharbeiter. 22—40. (letztes) Hft. 4. (7½ B. u. 38 Stnt.) Dresden 843, 44, [Adler u. Dietze.] à *
1—21. Hft. Ebendas. 1841, 42. * 2 Thlr. 25¼ Ngr.

Scholle, Frdr., praktischer Unterricht im geometrischen Zuschneiden für Klempner [Spengler, Flaschner], Kupferschmiede, sowie überhaupt für Metallblech- u. Papparbeiter. Mit 82 (lith.) Taf. (in Fol.), enthaltend 762 Fig. Neue wohlfeilere Ausg. Dresden 864. Dietze. 4. (VII, 188 S.) n. 2 Thlr

Scholle, *Heinrich Moritz* [Prof. Dr.]: Die Entwickelungslehre und die moderne Weltanschauung. Parchim, G. Gerlachs Buchdr., 1895; 1 24 S. 4.
Parchim, grossh. Friedrich-Franz-G u. RPG, OP 1895 (670)

Scholle, Henricus Mauritius. De urinae varietatibus earumque vi ad morbos diagnoscendos. Numburgi (1854): Sieling. 26 S. 8°
Halle-Wittenberg, Med. Diss. v. 11. Okt. 1854
Geb. Naumburg 5. 1. 1829. V.

Scholle, *Moritz* Katalog der Lehrer-Bibliothek des Grofsherzoglichen Friedrich-Franz-Gymnasiums zu Parchim. 1887. I. Abteilung. Klassisches Altertum. 8 (48 S.). II. Abteilung. Neuere Sprachen. Geschichte. Geographie. 8 (48 S.). III. Abteilung. Theologie. Philosophie. Pädagogik. Kunst. Exacte Wissenschaften etc. 8 (48 S.).
Friedrich-Franz-G. u. Rprg. *Parchim* 1887 (601). 1888 (610). 1889 (613).
Progr.

Scholle [Oberl. Dr.]: Katalog der Lehrer-Bibliothek des Grossherzoglichen Friedrich-Franz-Gymnasiums zu Parchim. III. Abteilung. . . . Parchim, G. Gerlach's Buchdr., 1889; 48 S. 8°
Parchim, grossh. Friedrich-Franz-G u. RPG, OP 1889 (613)

Scholle, [Moritz], Prof. Dr., & **Wilbrandt,** [Martin], Dr.: **Katalog** der Lehrer-Bibliothek des Großherzoglichen Friedrich-Franz-Gymnasiums zu Parchim. Abt. 4. Nachträge u. Anschaffungen 1889—1901. *Parchim 1902: G. Gerlach.* (48 S.) 8° ¶[Forts. d. P-Beil. 1887—89.]
Parchim, großh. Friedrich-Franz-G m. RPG, OP 1902 (730)

Scholle, Wilhelm

Scholle, W., Laurence Minot's Lieder, s. a. Quellen u. Forschungen zur Sprach- u. Culturgeschichte der germanischen Völker.

Scholle, Wilhelm: Laurence Minots Lieder. Grammatisch-metrische Einleitung. (Separat-Abdruck aus den Quellen und Forschungen zur Sprach- und Culturgeschichte der germanischen Völker. Heft 52, S. VII—XLVII.) Strassburg, Karl J. Trübner, 1884. 8. 41 S.

SCHOLLEN. Eine Sammlung kleiner Erzählungen. Colberg, C. F. Past, 1844. 8°. Zahm.
Tit., 1 Bl. Inh., 235 S. — Inh.: Die Erbschaft. — Merkwürd. Criminal-Prozeß unter Friedrich II. — Die Trauung. — Der wilde Jäger, od. die Schreckenshöhle am linken Rheinufer. — Der brave Student als tüchtiger Pastor. — Die Liebe im Kerker. — Die Sonnenfinsterniß als Eheprokurator.

Schollen, Franz [Referendar]: **Die Rechtsgültigkeit der Strafdrohung in § 62 der Betriebsordnung für die Haupteisenbahnen Deutschlands** ... *Bonn,* Univ.-Buchdr. v. C. Georgi, 1897; 51 S., 1 Bl. 8.
Bonn, Jur. Fak., Inaug.-Diss. v. 5. Aug. 1897

Schollen, Matthias

Schollen, M., Allaf Oche en wen et verſönt! 3 einact. Luſtſpiele in Aachener Mundart. 8. (VI, 65 S.) Aachen 886. Schweitzer. n. 1. —

Schollen, M., Allaf Oche! Rümseljere. (112 S.) kl. 8. Aachen (905). I. Schweitzer. n. 1. 20

Schollen, M., Beiträge zur Aachener Kulturgeschichte. I. Sprichwörter u. Redensarten. kl. 8. (54 S.) Aachen 887. A. Jacobi & Co. n. 1. —

Schollen, M., Buch der verstorbenen Schwestern u. der Wohlthäter des Christenserklosters in Aachen. gr. 8. (16 S. m. 1 Taf.) Aachen 901. Cremer. n. — 80
Sonderabdruck aus: „Aachens Vorzeit".

Schollen, M., Handbuch für die Polizei-Verwaltung und Strafrechtspflege im Reg.-Bez. Aachen. Unter Zugrundelegung des mit Genehmigung der königl. Regierung zu Aachen benutzten amtl. Materials bearb. 8. (XX, 784 S.) Aachen 879, Barth. Subſcr.-Pr. * *M.* 5.; geb. * Ladenpr. * *M.* 6.; geb. *

—— Handbuch für die Polizei-Verwaltung und Strafrechtspflege im Reg.-Bez. Aachen. 1. Suppl.-Heft. Unter Zugrundelegung des mit Genehmigung der königl. Regierung zu Aachen benutzten amtl. Materials bearb. 8. (VIII, 202 S.) Aachen 885, Barth. * *M.* 2.—.; geb. *
Hauptwerk. Ebendaſ. 1879. * *M.* 6.—; geb. * *M.* 7.20.

Schollen, M. Handbuch f. die Polizei-Verwaltung u. Strafrechtspflege im Reg.-Bez. Aachen. 2. Suppl.-Heft. Unter Zugrundelegg. d. m. G·ehmigg. der königl. Regierg. zu Aachen benutzten amtl. Materials bearb. 8. (XII, 228 S.) Aachen 892, Barth, Verlag. * 3 — geb. * 3 70
Hauptwerk. Ebd. 1879. (* 6 —) * 5 —; geb. * 6 —; 1. Suppl.-Heft. Ebd. 1885. * 2 —; geb. * 2 70. 1. u. 2. Suppl. in 1 Bd. geb. * 6 —.

— Handbuch f. die Polizei-Verwaltung u. Strafrechtspflege im Reg.-Bez. Aachen. 2. Aufl., bearb. unter Zugrundelegg. des m. Genehmigg. der königl. Regierg. zu Aachen benutzten amtl. Materials. gr. 8. (VIII, 980 S.) Aachen 900. R. Barth, Verlag. n. 14. —; geb. in Leinw. n. 16. —

— das Reichsgesetz üb. die Beurkundg. des Personenſtandes u. die Eheſchließg. vom 6. II. 1875 (R. G. Bl. S. 23). Auf der Grundlage des vom 1. 1. 1900 an gelt. Rechts bearb. Mit Sachregiſter. 12. (155 S.) Berlin 900. F. Dümmler's Verl. Geb. in Leinw. n. 1.60

— die Verrichtungen der Bürgermeiſter, Polizei-Commiſſäre, Amts- u. Gemeinde-Vorſteher ꝛc. in ihrer Eigenſchaft als Hülfsbeamte der Staatsanwaltſchaft. Auf Grund der Reichs-Juſtiz-Geſetze, der einſchläg. preuß. Geſetze, Miniſterial-Reſcripte ꝛc. 16. (VI, 70) Düſſeldorf 881. Schwann. cart. n. 1. —

— die Verrichtungen der Bürgermeiſter, Polizei-Commiſſäre, Amts- u. Gemeinde-Vorſteher ꝛc. in ihrer Eigenſchaft als Hülfsbeamte der Staatsanwaltſchaft. Auf Grund der Reichs-Juſtiz-Geſetze, der einſchläg. preuß. Geſetze, Miniſterial-Reſcripte ꝛc. bearb. 2. Aufl. 12. (VIII, 81 S.) Düſſeldorf 883. Schwann. cart. n. 1. —

—— **Volksthümliches aus Aachen. Volks- und Kinderlieder, Wetter-, Gesundheits- und Rechts-Regeln, Sprüchwörter etc. 16. (VII, 78 S.) Aachen 881, Jacobi und Comp. ***

Gustav Vossen und seine Dichtungen. Mit d. Bildn. d. Dichters. Von M[atthias] Schollen. Aachen: Cremer 1909. 24 S. 8°
Aus: Zeitschrift d. Aachener Geschichtsvereins. Bd 31. A 12. 6,165

SCHOLLENBERG und REUTHA, Johann Theodor Frhr. zu: Anmerkungen über das Bayersche Mandat, welches in Betref der Wildschütz und Landkultur den 1. August 1778 erschienen, aber von dem Churfürstl. Hofrath- und Hofkammer zur Ehre und zum Nutzen des Vaterlandes unterdrückt worden. - München 1778

Schollenberger, Hermann, aus Winterthur (Kt. Zürich): Leonhard Widmer, der Dichter des „Schweizerpsalms". Aarau 1906. XVIII + 172 + 1 S. 8°. [18. VIII. 06.]
Zürich, Phil. Diss. 1. 8. 1905,1906

Schollenberger, H(ermann). Leonhard Widmer. Ein schweizerischer Volksdichter, geschildert von Dr. H. Sch'. Mit [Melodien und] 4 Abbildungen [Tafeln]. XVIII + 171 S. 8. Aarau, H. R. Sauerländer & Co., 1907. [fr. 4.—]
Buch-Ausg. der Zürcher Dissertation (von 1906).

Schollenberger, (Joh. Jakob), s.: **Arbeiten** aus d. staatswissenschaftlichen Seminar der Universität Zürich.

— Die Arbeiterfrage — gelöſt! Kritik der bisherigen Löſungsverſuche u. Begründg. des Syſtems der natürl. u. gründl. Löſg. Eine Kundgebg. an alle Länder u. alle Parteien. (34 S.) gr. 8. Berlin 910. O. Haering. — 60

Schollenberger, J[ohann Jacob]. Das Bundesstaatsrecht der Schweiz. Geschichte und System. VIII + 280 S. 8. Berlin, O. Haering, 1902. [br. M. 7. —, geb. M. 9. —]

Schollenberger. Jakob (Komm.). s. a. Bundesverfassung d. Schweizer. Eidgenossenschaft.

Schollenberger, J[ohann Jacob]. Bundesverfassung der Schweizerischen Eidgenossenschaft. Kommentar mit Einleitung. XVI + 582 S. 8. Berlin, O. Häring, 1905. [M. 15. —, geb. 17. —]

Schollenberger, J., vergleichende Darstellungen aus dem öffentl. Rechte der schweizer. Kantone. I—III. 8. Zürich, Alb. Müller. n. 9. —
I. Die schweizer. Freiheitsrechte. (VI, 81 S.) 888. n. 2. —
II. Die schweizer. Handels- u. Gewerbeordnungen. 1. Hälfte. (VIII, 95 S.) 889. n. 2. 50
III. Die schweizer. Freizügigkeit. (XVI, 239 S. m. e. Taf.) 890. n. 4. 50

Die schweizerische Eidgenossenschaft von 1874 bis auf die Gegenwart. Von Dr. J[ohann Jakob] **Schollenberger**. Berlin: Häring 1910. xn, 485 S. 8°
(Schollenberger: Die Schweiz seit 1848. Buch 2.) [10. 17825

Schollenberger, [Johann Jacob]. Entgegnung auf das Exposé an den Grossen Stadtrat (Zürich) betreffend «Die Betreibung für Polizeibussen». II + 12 S. 8. Zürich, ⟨Kirsten & Zeisberg⟩, 1902.

Schollenberger, J., Die schweizerische Freizügigkeit. 8°. Zürich 1891.

— **Geschichte der schweizerischen Politik. 1. Bd.: Die alte Zeit bis 1798.** 4 Lfgn. (XVII, 451 S.) gr. 8. Frauenfeld 905. 906. Huber & Co. n. 6. 40

Schollenberger, J[ohann Jacob]. Geschichte der Schweizerischen Politik. 2 Bände. (8 Lieferungen.) 8. Frauenfeld, Huber & Co., (1905—)1908.
Band 1 (Liefg. 1—4): Die alte Zeit bis 1798. XVIII + XVI + 451 S. (1905—)1906. [fr. 10. —, geb. 13. 50.] — (Liefg. 1 *mit provisorischem Titelblatt:* G' der Sch' P'. Fr' ... 1905 *und* Inhaltsübersicht.)
Band 2 (Liefg. 5—8): Die neue Zeit seit 1798. X + 382 S. [1907—] 1908. [fr. 8. 50, geb. 12. —]

Grundriss des Staats- und Verwaltungsrechts der Schweizerischen Kantone. Von Dr. J[oh. Jak.] **Schollenberger**, Prof., Zürich. Bd 1—3. *Zürich: A. Müller 1898—1900.* 3 Bde 8°
1. Das Staatsrecht. 1900.
2. Das Verwaltungsrecht. Innere Verwaltung. 1898.
3. Das Verwaltungsrecht. Aeussere Verwaltung u. Verw. Prozess 1899. [00. 10361

— **Grundriss des Staats- u. Verwaltungsrechts der schweizerischen Kantone. I. Bd. Das Staatsrecht.** (XVI, 384 S.) gr. 8. Zürich 900. (Gebr. Leemann & Co.) n. 5. 60
Bd. II u. III. (Zürich, A. Müller) 898. 899. n. 13. —.

(Schollenberger, [Johann Jacob].) Gutachten über die Verordnung der Stadt Zürich betreffend Schriftenabgabe und Einwohnerkontrolle vom 19. Februar 1898. II + 20 S. 8. (Z[ürich], G[rütli-] B[uchdr.], III. [19]02.)

Schollenberger, J., Die schweizerischen Handels- und Gewerbeordnungen. 8°. Zürich 1889.

(Schollenberger, [Johann Jacob].) Modus vivendi mit Bezug auf die Frage, ob und inwieweit schriftenlosen Personen im Kanton Zürich der Aufenthalt zu gestatten sei — in Berücksichtigung der zürcherischen Gesetzgebung, des Bundesrechts ... und der Staatsverträge ... und beziehungsweise der ausländischen Gesetzgebung, speziell Deutschlands. (1901 Februar 6.) 7 S. 8. (Z[ürich], G[rütli-] B[uchdr.], III. [19]02.)

Politik in systematischer Darstellung von J[akob] **Schollenberger**, Prof., Zürich. *Berlin: O. Häring 1903.* (XII, 290 S.) 8° [03. 10019

— Das schweizerische öffentliche Recht, s. a. Bibliothek des öffentlichen Rechts.

Schollenberger, J[ohann Jacob]. Das Schweizerische öffentliche Recht. Ein politischer Führer durch die Schweiz. XIV + 260 S. 8. Hannover, Dr. Max Jänecke, 1909. (M. 5. —, geb. 5. 40)
Bibliothek des Öffentlichen Rechts, hrg. von Landrichter Dr. F. Scholz und Oberregierungsrat Storck. Sammlung gemeinverständlicher Darstellungen des Staats- und Verwaltungsrechtes der wichtigsten Kulturstaaten der Gegenwart. Band 5.

Schollenberger, J., der schweizerische Rechtsspiegel. Ein gedrängtes Abbild der gesammten derzeit geltenden Bundesgesetzgebung. 8. (IV, 121 S.) Zürich 879, Schulthess. cart.

— Prof. J. Schollenberger, Zürich, contra Prof. H. v. Frisch, Basel, u. Genossen. Eine Abrechnung. (22 S.) gr. 8. Zürich (909). J. Leemann vormals J. Schabelitz. (Nur direkt.) — 60

Schollenberger, J[ohann Jacob]. Die Schweiz seit 1848. Ein staatsmännisches und diplomatisches Handbuch. X + 422 S. 8. Berlin, O. Häring, 1908. [M. 9. —, geb. 11. —]

Die Schweiz seit 1848. Ein staatsmänn. u. diplomat. Handbuch von Dr. J[ohann Jakob] **Schollenberger**, Prof. (Buch 1. 2.) Berlin: Häring 1908—10. 8°
1. 1908. 2 [u. d. T.:] Die schweizerische Eidgenossenschaft von 1874 bis auf d. Gegenwart. 1910. [10. 17824

Schollenbruch, Rede zur Eröffnung d. evangelischen Lehrerseminars (in Colmar) geh. am 20. April 1871. gr. 8. (15 S.) Straßburg 871. Schmidt. n. — 50

Schollenbruch, H. R., Gedächtnißpredigt zum Andenken des am 26. Juli 1855 verstorbenen Pfarrers Herrn Carl Ludwig Daniel Küper. gr. 8. (11 S.) Schwelm 855, Scherz.

Schollenbruch's, H. R., biblische Geschichte f. evangelische Elementarschulen. Neue Bearbeitung v. Ed. Foerster. Ausg. A, B u. C. gr. 8. Straßburg, Straßburger Druckerei u. Verlagsanstalt. n. 2. 60
A. Unterstufe. 9. Aufl. (IV, 43 S.) 900. Kart. n. — 40
B. Mittelstufe. 17. Aufl. (IV, 64 S.) 900. Kart. n. — 60
C. Oberstufe. Mit 2 geograph. Karten. 9. Aufl. (IX, 252 S.) 902. Geb. n.n. 1. 60

Schollenbruch's, H. R., biblische Geschichte f. evangelische Elementarschulen. Neue Bearbeitg. v. Eduard Foerster. Ausg. A. B. C. 8. Straßburg, Straßburger Druckerei u. Verlagsanstalt. n.n. 2. 75
A. Unterstufe. 13. Aufl. (IV, 43 S.) 906. Kart. -- 40
B. Mittelstufe. 21. Aufl. (IV, 64 S.) (905.) Geb. n.n. — 75
C. Oberstufe. Mit 2 geograph. Karten. 10. Aufl. (IX, 25? S.) 905. Geb. n.n. 1. 60

Schollenbruch, H. R., biblische Geschichten für die Mittelstufe. Nach Maaßgabe des Normal-Lehrplans für die Elementarschulen in Elsaß-Lothringen bearb. 8. (VII, 72 S.) Straßburg 877. Schultz & Co. cart. n n. — 60

Schollenbruch, H. R., biblische Geschichten für die Mittelstufe. Nach Maaßgabe des Normal-Lehrplans für die Elementarschulen in Elsaß-Lothringen bearb. 2.—4. Aufl. 8. (VII, 72 S.) Straßburg 880—86, Schultz und Comp. cart. **

Schollenbruch, H. R., biblische Geschichten für die Mittelstufe. Nach Maßgabe des Normal-Lehrplans für die Elementarschulen in Elsaß-Lothringen bearb. 5. Aufl. 8. (VIII, 72 S.) Straßburg 887, Straßburger Druckerei und Verlagsanstalt, vorm. Schultz und Comp., Verlag. cart. *

— dasselbe f. die Mittelstufe. 7. Aufl. 8. (VIII, 72 S.) Ebd. 889. n. — 60

— desgl. — f. die Mittelstufe. 8. Aufl. 8. (VIII, 72 S.) Ebd. 891. cart. * — 60

— **dasselbe f. die Mittelstufe. 10. Aufl.** 8. (VIII, 72 S.) Ebd. 894. Kart. n. — 60

Schollenbruch, H. R., biblische Geschichten für die Oberstufe evangelischer Elementarschulen, nebst Auszügen aus den Lehrbüchern der heil. Schrift. Nach Maaßgabe des Normal-Lehrplans für die Elementarschulen in Elsaß-Lothringen bearb. 1. und 2. Aufl. gr. 8. (IV, 283 S.) Straßburg 878,79, Schultz und Comp. *

Schollenbruch, H. R., biblische Geschichten f. die Oberstufe evangelischer Elementarschulen, nebst Auszügen aus den Lehrbüchern der heil. Schrift. Nach Maaßgabe d. Normal-Lehrplans f. die Elementarschulen in Elsaß-Lothringen bearb. 3. Aufl. gr. 8. (IV, 283 S.) Straßburg 883. Schultz & Co. cart. n. 1. 50

—— biblische Geschichten für die Oberstufe evangelischer Elementarschulen, nebst Auszügen aus den Lehrbüchern der heil. Schrift. Nach Maaßgabe des Normal-Lehrplans für die Elementarschulen in Elsaß-Lothringen bearb. 3. Aufl. gr. 8. (IV, 283 S.) Ebendas. 884. cart. *

—— dass. — für die Oberstufe evangelischer Elementarschulen, nebst Auszügen aus den Lehrbüchern der heil. Schrift. 4. Aufl. 8. (IV, 283 S.) Ebendas. 887. cart. *

Schollenbruch, H. R. Biblische Geschichten f. die Oberstufe evangelischer Elementarschulen, nebst Auszügen aus den Lehrbüchern der Heiligen Schrift. Nach Maßgabe d. Normal-Lehrplans f. die Elementarschulen in Elsaß-Lothringen. 5. Aufl. 8. (IV, 283 S.) Straßb. i. E. 891, Straßburger Druckerei u. Verlagsanstalt. cart. * 1 50

— dasselbe f. die Oberstufe evangelischer Elementarschulen, nebst Auszügen aus den Lehrbüchern der hl. Schrift. 6. Aufl. gr. 8. (IV, 283 S.) Ebd. 894. Kart. n. 1. 50

— dasselbe f. die Oberstufe, nebst Auszügen aus d. Lehrbüchern d. Hl. Schrift. 7. Aufl. 8. (IV, 283 S.) Ebd. 896. Kart. n. 1. 50

— dasselbe, für die Unterstufe. 8. (VII, 40 S.) Ebend. 877. cart. n.n. — 40

Schollenbruch, H. R., biblische Geschichten f. die Unterstufe. Nach Maßgabe d. Normal-Lehrplans f. die Elementarschulen in Elsaß-Lothringen bearb. 2. (Titel-)Aufl. 8. (VII, 40 S.) Straßburg 887. Straßburger Druckerei u. Verlagsanstalt. cart. n. — 40

—— desgl. — f. die Unterstufe. 3. Aufl. 8. (VII, 40 S.) Ebd. 891. cart. * — 40

Schollenbruch, H. R., biblische Geschichten f. die Unterstufe. Nach Maßgabe d. Normal-Lehrplans f. die Elementarschulen in Elsaß-Lothringen bearb. 3. Aufl. 8. (VII, 40 S.) Straßburg i/E. 894. Straßburger Druckerei u. Verlagsanstalt. Kart. n. — 40

Schollenbruch, H. R., biblische Geschichten f. d. Unterstufe. Nach Maßgabe d. Normal-Lehrplans f. die Elementarschulen in Elsaß-Lothringen bearb. 7. Aufl. 8. (VII, 40 S.) Straßburg 898. Straßburger Druckerei u. Verlagsanstalt. Kart. n. — 40

Schollenbruch, J. G., freundl. Gaben f. d. christl. Jugend. 1. Bdchn. 12. (3 B.) Elberfeld 838, Schmachtenberg.

— s. Magazin für die Jugend.

SCHOLLENBRUCH, Rudolph (Strassburg): Ueber progressive perniciöse Anämie.- München: Straub 1882. 33 S.
10.7.1882 - Urk (Titel: De anaemia progressiva perniciosa.); Chr 1882/83,16
Diss.Ingolst.-Landsh.-Mchn.

Scholler E, der erste Rechenunterricht nach dem Scholler'schen Rechenhilfsmittel; (35 S) mit Apparat. Crimmitschau 1895

Scholler, Fr. Adm., († d. 3. April 1785.) Flora Barbiensis in usum seminarii fratrum. 8maj. Leipz. 774. Kummer. 16 gr. Hbg. Pr. 8 gr. — Supplem. c. J. J. Bossart, c. J. C. D. Schreger, cum tabb. aen. 8maj. ibid. 787. 8 gr. Hbg. Pr. 4 gr.

Scholler, Frid. Augustus (geb. Berlin 20.6.1815): Nonnulla de pathologia epilepsiae. Berolini (1838). (32 S.) 8°
Berlin, Med. Diss. v. 1. Mai 1838

Scholler, Johann Benedikt (Bayreuth) A. S. 1207/32

Dissertatio inauguralis medico-chirurgica de enteroscheocele antiqua, restitutione sacci herniosi feliciter peracta, absque bracherio et sectione curata. Präs. Matthias Georg Pfann. Erlangen (Becker) 7. V. 1748. 36 S.

Gew.: Peter Christian Wagner. 31242

Scholler, K. Fr., italienische Reise. 2 Bde. — A. u. d. T.: Natur, Volksleben, Kunst u. Alterthum in Italien. Als neuestes allgem. Handb. f. Reisende. 2 Bde. gr. 8. (28¼ u. 23½ B.) Leipzig 831, 32, [Böhme.]

Scholler, K. Fr., italien. Reisen. (A. u. d. T.: Natur, Volksleben, Kunst u. Alterthum in Italien.) 2 Thle. gr. 8. Leipz. 831, 32. Hartmann. 3 ℛ 8 gr.

Scholler, K. Ph., Dramen. 8. (154 S.) Heidelberg 886, [Bangel und Schmitt.] O. Petters. *

Scholler, Karl Friedrich (prot. Decan) „Vom Rechte des Gewissens". pg. 3 bis 10. 4°. Ed. Kaussler.
Landau, Progr. 1855/56

Scholler, Karl Frdr., Zeugniß der Wahrheit in Sachen der evangelisch-protestantischen Kirche der bayerischen Rheinpfalz. Wider die grundlosen Ausstreuungen der Druckschrift: „Kirchengesetz u. Kirchengewalt in der bayerischen Pfalz." München 861. Kaiser. gr. 8. (76 S.) n. 7½ ngr.

Scholler, L. W., Kirchengeschichtliches aus dem deutschen Süden. Mitteilungen aus dem Leben v. Joh. Evang. Georg Lutz, chemal. Pfarrer u. Dekan in Oberroth. Den Freunden d. Verewigten dargeboten. gr. 8. (IV, 156 S.) Basel 891. A. Geering. n. 1. 60

Scholler, L. W., das Leiden d. Gerechten. 2 Vorträge über das Buch Hiob. 8. (40 S.) Basel 890. Geering. n. — 50

Scholler, L. W. Mittheilungen aus dem Leben von Joh. Evang. Georg Lutz, ehem. Pfarrer und Dekan in Oberroth. In-8⁰. IV, 156 S. Basel, Adolf Geering. 1891 2 —

— e. Zeugnis f. Gottes Werk in unserer Zeit, mit Berücksicht. der Angriffe v. Seiten Hrn. Frdr. Kalb's, ev.-luth. Pfarrer in Buxach. gr. 8. (42 S.) Augsburg 889. Preuß. n. — 40

Schoeller, Bücklers & Co, Flachsspinnerei in Düren. Die Fürsorge d. Firma f. ihre Arbeiter u Arbeiterinnen. 1851-1906. (56 S) qu 4° Düren 1906

Schöller, Arth., Taschenbuch für gesellige Vergnügungen. Eine auserlesene Sammlung der amüsantesten Gesellschafts- und Pfänder-Spiele, humorist. Vorträge und Deklamationen, belustigender Räthsel und Scherzfragen, beliebter Gesänge ꝛc. Für heitere Kreise hrsg. 8. (208 S.) Oberhausen 880, Spaarmann. *

Schoeller, August (aus Elberfeld): Über das Hystazarin. . . *Berlin, Druck v. J. Schlesinger* (1880); 41 S. + 2 Bl. 8°
Berlin, Phil. Fak., Inaug.-Diss. v. 23. Nov. 1880

Schöller, C., s. Schöller, K.

Schöller, Emil

—— und J. Mayer, die Gemeindeordnung für die Landestheile diesseits des Rheins vom 29. April 1869 mit Auslegungsbehelfen aus den Motiven des Regierungsentwurfes, den Vorträgen der Referenten, den Sitzungsprotokollen der Socialgesetzgebungsausschüsse und den Plenarverhandlungen der beiden Kammern unter Aufsicht des Hrsgbrs. der „Gesetzgebung des Königr. Bayern mit Erläuterungen" bearb. 1. Aufl. (XI, 180 S.) 1869, und 2. verb. Aufl. gr. 8. (XI, 189 S.) Erlangen 870, Palm und Enke. *

Schöller, E., und J. Mayer, die Gemeindeordnung für die Landestheile diesseits des Rheins vom 29. April 1869 mit Erläuterungen, dann mit Auslegungsbehelfen aus den Motiven des Regierungsentwurfes, den Vorträgen der Referenten, den Sitzungsprotokollen der Socialgesetzgebungsausschüsse und den Plenarverhandlungen der beiden Kammern. In 3. verb. Aufl. hrsg. von E. Schöller. gr. 8. (XI, 236 S.) Erlangen 882, Palm und Enke. *

Schöller, Emil, Gesetz vom 30. Jan. 1868, das Gewerbswesen betr., s.a. Gesetzgebung.

Schöller, Emil, Gesetz vom 30. Janr. 1868, das Gewerbswesen betr., erläutert. Erlangen 869. Palm & Enke. gr. 8. (III, 149 S. mit 1 Tab. in qu. gr. 4.) n. 24 ngr.

Schöller, bayer. Gesetz betr. Gewerbswesen. Erlangen 870.

Schoeller, Eugen (geb. am 23 Juli 1860 in Blumenthal Rgbz. Aachen): Ueber die Anbohrung der Highmorshöhle bei Naseneiterungen ... Bonn, Druck v. J. F. Carthaus 1885. 29 S. 8.
Bonn, Med. Fak., Diss. v. 10 Aug. 1885

Schöller, F., sicherer Lohn f. die Opfer getreuer Unterthanen. 8. Salzb. 814. Mayr. 4 Xr

Schöller, Ferd. v., die innerlichen Krankheiten d. Menschen. Zum Gebr. f. Candidaten d. medicin.-chirurg. Studien u. Landchirurgen systemat. dargest. gr. 8. (35¾ B.) Wien 839, Wallishausser.

Schöller, G. A., der Anbau der Arzneigewächse. Nebst botan. Beschreibung derselben, Angabe ihrer Heilkräfte u. Berücksichtigung ihrer weitern Benutzung als Fabrik- u. Handelsgewächse. 8. Nordhausen 843, Fürst. ½ ß

Schöller, H.: Ein Problem aus der Theorie der Capillarphänomene. 16 S. 8° – Oberhollabrunn, ROG., Progr. 1873.

Schöller J.: Die wichtigsten elementaren Methoden zur Bestimmung von größten und kleinsten Werten von Functionen. 68. 77. Salzburg R. 88. 89. Progr.

Schöller, J.: Übersicht der in den Jahren 1875 und 1876 angestellten meteorologischen Beobachtungen. Je 4 S. Oberhollabrunn, P 1875. 1876.

Leopold Hoesch-Museum. Düren. Führer für die Sonder-Ausstellung 'Die Kunst im Buchdruck des XV. und XVI. Jahrhunderts in Deutschland'. Dargest. aus d. Beständen d. Büchersammlung von Frau Guido Schoeller. (Verf.: I[da] Sch[oeller].) Düren 1905: Hamel. (47 S.) 8° [Umschlagt.:] Leopold Hoesch-Museum, Düren. Sonder-Ausstellung. Die Kunst im Buchdruck d. 15. u. 16. Jhs in Deutschland.

Schöller, Johann: Katalog der Lehrerbibliothek.
Salzburg 1898. 84 S.
Salzburg 1899. 46 S.
Salzburg 1900. 61 S.
Salzburg 1903. 24 S.
Programm St. R. Salzburg

Schoeller, Joannes Theodorus: De nervorum substantiae motu quondam defenso. Halae (1819): Grunert. 16 S. 8°
Halle-Wittenberg, Med. Diss. v. 12. Juli 1819
Geb. Gemünd an der Eifel [18.1.] 1798. V.

Schöller, Jos., die Bischöfe von Passau u. ihre Zeitereignisse von der Gründung d. Bisthums Lorch im ersten christl. Jahrhundert, dessen Transferirung nach Passau im Jahre 737, Erhebung zu einem weltlichen Fürstenthume im Jahre 999, bis zu der im Jahre 1803 erfolgten Säkularisation. Aus guten Quellen bearb. 1. u. 2. Liefg. gr. 8. (Mit 3 Tafeln color. Wappenabbild.) Passau 844, Pustet'sche B. à ¾ ß

—— Statistik der Stadt Passau. 16. (10⅝ B.) Passau 846, Pustet'sche Buchh.

Schoeller, Jul. Vict., die künstliche Frühgeburt, bewirkt durch den Tampon. Mittheilung eines neuen, höchst einfachen Verfahrens. gr. 8. (3½ B.) Berlin 842, Besser, Vrlgsh. –

Schoeller, Julius Victor (geb. Düren 1811): Dissertatio sistens duas morbi historias exquisitas, alteram uteri gravidi retroversi, alteram eclampsiae parturientium. Berolini (1835). (32 S.) 8°
Berlin, Med. Diss. v. 14. Dez. 1835

Schöller, K.

Schöller, K., die Rekruten-Ausbildung, s.a. Zeit- und Streitfragen, neue militärische.

Schoeller, K. Die Rekruten-Ausbildung. Berlin 1879. 48 S.

Schoeller, Kurt, Referendar in Kiel: Das Verhältnis des Reichsjesuitengesetzes zur Landesgesetzgebung. Borna-Leipzig 1907: R. Noske. (VIII, 39 S.) 8° [J.]
Leipzig, Jur. Fak., Diss. v. 25. April 1907
[Geb. 17. Jan. 82 Berlin; Wohnort: Kiel; Staatsangeh.: Preußen; Vorbildung: Wilhelm-Gymn. Berlin Reife O. 00; Studium: Berlin 2, München 1, Berlin 3, Kiel 1 S.; Rig. 3. März 05.]

Schoeller, Leop., die Beschlüsse der ständigen Tarif-Commission vom 27. Novbr. 1879 in Bezug auf Schlesien und dessen landwirthschaftliche Interessen. gr. 8. (58 S.) Breslau 880, Korn. *

Schoeller, L., Erörterungen üb. die Gütertarife in Preußen. gr. 8. (III, 61 u. 63 S. m. 1 Tab.) Breslau 890. Korn. n. 1.50

—— Erörterungen über eine gesetzliche Regelung der Fürsorge für die von Unfällen betroffenen Arbeiter. gr. 8. (67 S.) Breslau 881, Köhler. *

Ueber die Gütertarife in Preussen. Von Leopold Schoeller. Mit 1 Karte der Kanäle und Kanalprojecte. Breslau. 1892. 8°.

Schoeller, Leop., Handelsrichter, Erörterungen über eine gesetzliche Regelung der Fürsorge für die von Unfällen betroffenen Arbeiter. gr. 8°. Breslau, Köhler, 1881.

Schoeller, Leop., üb. die Staffeltarife im Allgemeinen u. üb. den erstellten Ausnahmetarif f. landwirthschaftliche Produkte im Besonderen. Nach e. Vortrage, geh. in der Generalversammlg. des Breslauer landwirthschaftl. Vereins am 20. Febr. 1894. gr. 8. (28 S.) Breslau 894. W. G. Korn. — 10

Ueber preussische Verkehrspolitik. Nach e. Vortrage, geh. am 18. Dez. 1894 von Leopold Schoeller, Kgl. Geh. Kommerzienr. Breslau 1894: W. G. Korn. (29 S.) 8°

Schöller, Max, meine Aequatorial-Ost-Afrika u. Uganda-Expedition 1896/97, s.a. Verhandlungen d. deutschen Kolonial-Gesellschaft.

Schöller, Max: Meine Aequatorial-Ostafrika- und Uganda- Expedition 1896/1897. Vortrag ... Berlin: D. Reimer 1898. (159–233 S., 1 Kt.) 8°
= Deutsche Kolonial-Gesellschaft. Abt.: Berlin: Charlottenburg. Verhandlungen 1897/98. H. 5.

Schoeller, Max [aus Düren]: Zur Kenntnis des o-Chlorchinolins und seiner Derivate. . . . Freiburg i. B., Buchdr. v. Chr. Ströcker, 1890; 60 S., 1 Bl. 8°
Freiburg i. B., Phil. Fak., Inaug.-Diss. v. 1890

Schoeller, Max, Mitteilungen üb. meine Reise nach Äquatorial-Ost-Afrika u. Uganda 1896–1897. 3 Bde. Lex.-8. (1. Bd. VIII, 262 u. 27 S. m. 49 Taf. u. 3. Bd. III S. m. 16 farb. Karten.) Berlin 901. D. Reimer. Geb. in Ldr., 1. Bd. m. Goldschn., f. vollständig n. 60. —

(B) **Schoeller**, Max, Mitteilungen über m. Reise nach Aequatorial-Ostafrika. 901–904. (KBL 32.) Erm. Pr. 20. —

Mittheilungen über meine Reise in der Colonia Eritrea (Nord-Abyssinien). Von Dr. Max Schoeller ... *Berlin: Selbstv.; Dr. d. Norddeutschen Buchdr. & Verlagsanst. 1895.* (196 S., 1 Kt.) 1 Bd 8. [97. 1335

Schoeller, Max, Mittheilgn. üb. meine Reise in der Colonia Eritrea (Nord-Abyssinien). gr. 8. (196 S. m. Abb. u. 1 farb. Karte.) Berlin 895. Gsellius. Geb. in Leinw. n. 6. —

Schöller, Rud., Beiträge zur Besprechung über das Wohl der ärmern Volksklassen, s. Beiträge.

(Schöller, R.): „Beitrag zur Besprechung über das Wohl der ärmern Volksklassen", Aachen 1848.

Schoeller, Rud., Besprechung üb. das Wohl d. ärmern Volksklassen. V. Ueber Freihandel u. Schutzzölle. 8. (13 S.) Aachen 850, Benrath & Vogelgesang. n. 4 ngr (Hft. 1–4 erschien anonym, s.: Beiträge z. Besprechung üb. d. Wohl der ärmern Volksklassen. — Besprechung.)

Schöller, Rud., Geschichtschreibung u. Katholizismus. [Aus: „Theolog. Zeitschr. aus der Schweiz".] gr. 8. (44 S.) Zürich 893. Fäsi & Beer. n. 1. —

— der Katholizismus als Prinzip des Rückschrittes f. das Christentum u. den Staat, sowie als Hemmnis f. die Vernunft u. das Wahrheitsgefühl. gr. 8. (39 S.) Ebd. 898. n. — 80

Katholizismus und Ultramontanismus von Rudolph Schoeller in Zürich. *Zürich: Faesi & Beer 1900.* (42 S.) 8° [3. u. Aufl.]
Aus: Theolog. Zeitschr. aus d. Schweiz [9?. 2340 5

Schœller, Rudolph. Jesu Religion eine Religion der Liebe, der Tat und Wahrhaftigkeit, nicht des Glaubens. (Separat-Abdruck aus der «Schweiz. theolog. Zeitschrift», [Jahrg. 18, 1901. Vierteljahrs-Heft 2].) 27 S. 8. Zürich, Faesi & Beer, 1901. [fr. —. 60]

— die Unterwerfung der Christenheit durch die Kirche bis zum Ende des Mittelalters trotz des Protestes der Apostelbriefe u. der Evangelien. [Aus: „Theol. Zeitschr. aus der Schweiz".] gr. 8. (39 S.) Ebd. 895. n. 1. —

Schoeller, Rud., über Verkündiggn., die als göttliche Offenbarungen ausgegeben worden sind, u. üb. d. Folgen, die sich hieraus ergeben haben. [Aus: „Theolog. Zeitschr. aus d. Schweiz".] gr. 8. (81 S.) Zürich 897. Fäsi & Beer. 1. 50

Schoeller, Rud., welche Faktoren haben zur Gestaltg. des kirchlichen Glaubens mitgewirkt? gr. 8. (25 S.) Zürich 902. Fäsi & Beer. — 60

Schöller, Thdr., embryologische Geologie oder vergleichende Entwickelungsgeschichte der Erdkugel. 1. Lfg., die Einleitung und die 2 ersten Kapitel enthaltend. gr. 4. (XXII und 162 S. mit 5 lithogr. und zum Theil ill. Abbildungen.) Leipzig 854, Brockhaus. *

Schöller, Walter

Schöller, W., zivilistische Abhandlgn. 2. Bde. (IV, 386 u. IV, 327 S.) gr. 8. Düsseldorf 907. (L. Schwann.) Geb. in Ldr. 10. —

Schoeller, Walter, aus Antwerpen: Zur Constitution des Camphorphorons. *Greifswald 1902: H. Adler.* (51 S.) 8°
Greifswald, Phil. Diss. v. 19. Juli 1902

Schöller, W., die Novelle vom 14. Juli 1893 zum Gesetz üb. das Grundbuchwesen im Geltungsbereich des rheinischen Rechts vom 12. Apr. 1888. Mit Anmerkgn. u. e. Anh., enth. das Gesetz vom 12. Apr. 1888 in der neuen Fassg. u. die Ausführungsverfügg. vom 26. Juli 1893.) 8. (76 S.) Düsseldorf 893. L. Schwann. n. 1. —

Schoeller, Walter, a. Berlin: Über die Spaltung des Phenylalanin in seine optisch aktiven Komponenten mittels der Formylverbindung. Über die d-Bromhydrozimtsäure und zwei aktive Dipeptide, Derivate des l-Phenylalanin. (Berlin 1906: G. Schade.) (45 S.) 8°
Berlin, Phil. Fak., Ref. Fischer, Diss. v. 22. Dez. 1906
[Geb. 17. Nov. 80 Berlin; Wohnort: Berlin; Staatsangeh.: Preußen; Vorbildung: Wilhelms-Gymn. Berlin Reife M. 99; Studium: Bonn 4, Berlin 9 S.; Rig. 17. Dez. 06.]

— die Vorrechts-Einräumung nach heutigem preußischem Grundbuchrecht unter besond. Berücksicht. des Einflusses derselben auf das geringste Gebot im Zwangs-Versteigerungs-Verfahren (Gesetz vom 30. Mai 1893). Mit e. Anh.: Die Vorrechts-Einräumg. u. die 2. Lesg. des Entwurfs e. bürgerl. Gesetzbuchs f. das Deutsche Reich. gr. 8. (III, 124 S.) Ebd. 894. n. 2. 50

Schöller, W., die Zwangsversteigerg. u. Zwangsverwaltg. v. Grundstücken im Wege der Zwangsvollstreckung nach dem Reichsgesetz vom 24. III. 1897. gr. 8. (XIII, 117 S.) Düsseldorf 899. L. Schwann. n. 2. —

Schoeller, Walter Otto (geb. Düren 12. 11. 1844): Die Aetiologie der fehlerhaften Kindeslagen. Berlin (1868). (32 S.) 8°
Berlin, Med. Diss. v. 31. Juli 1868

Schöller, Wilh., der Bauer. Eine Geschichte aus den Kornlanden Bayerns, durch welche man das alte, ewigneue Schicksal e. schwachen Kraftmenschen erfährt 8. (206 S.) Dresden 900. E. Pierson. n. 2. 50; geb. n. 3. 50

Schöller, Wilh., La belle Ferronnière. Ein Ereignis in 4 Aufzügen. (66 S.) 8. Berlin-Wilmersdorf 908. A. R. Meyer. 2. —

Schöller, Wilh., und Fr. J. **Schopf**, praktisches Handbuch über das in Ehesachen der Katholiken zu beobachtende Verfahren, nach dem Ehegesetze vom 8. Oktbr. 1856 und nach der für die geistlichen Gerichte erlassenen Anweisung in Verbindung mit den noch aufrecht bestehenden älteren Vorschriften. Zum Gebrauche für die katholischen Seelsorger aller Kronländer. Pest 857. Heckenast. Lex.-8. (XVI, 175 S.) n. 1 ₰. 2 ngr

Schöller, Wilh., Heimat u. Fremde. Gedichte dem deutschen Volke gewidmet. gr. 16. (IV, 191 S.) Tübingen 876. Osiander in Comm. n. 1. —

— Der Wallfahrtsort. Groteske in 2 Akten. (42 S.) 8. München(-Schwabing) (908). E. W. Bonsels & Co. 2. —; geb. 3. —

Schöllhammer, Otto, aus Schwaigern: Ein Fall von ausgedehnter Varicenbildung an den Bauchdecken. *Würzburg 1903: Verlagsdruckerei.* (29 S.) 8°
Würzburg, Med. Diss. v. 1903

SCHOLLICH, Ambros: Der Regensburger Reichstag 1597/98. Ein Beitrag zur Reichshilfe. — 1907. X, 88 Bl. Diss. Graz, Univ.

SCHOLLICH, Ernst: Die Verhandlungen über die Türkenhilfe auf dem Regensburger Reichstage im Jahre 1594. — 1907. 183 Bl. Diss. Graz, Univ.

Scholliner, Hermann

— s. auch: Abhandl. von den Wappen der Grafen v. Wittelsbach.

— disciplinae arcani antiquitas et usus vindicatur. Ibid. 1736. 4.

Scholliner, H., de disciplinae arcani antiquitate. Tegerns. 1735. 4.

— axioma theologorum: facienti, quod est in se, Deus non denegat gratiam, dogmatice et scholastice consideratum. 4. Tegernsee 754. (4 Bog.)

— Beantwort. d. Frage: Wann, wie u. auf was für Art ist Arnulph, der Sohn Luitpolds, zum Herzogth. Baiern gekommen? u. worin bestunden dessen landesfürstl. Gerechtsamen, die ihm entweder besonders eigen waren, od. die er mit andern Herzogen Deutschlands gemein hatte? Münch., (G. Franz.) 14 ℛ

— entscheid. Beweis, daß das eigentl. Geschlecht d. Pfalzgrafen v. Wittelsbach vor d. Jahre 1242 weder Adler noch Wecken, sond. die sogen. Sparren gewesen. Mit Kpf. 4. Hildburgh. 779.

Scholliner, Herm., Diss. historico-theologica de non commentitio eoque genuino, sed excusato lapsu Liberii Rom. Pontificis, qua conciliorum formularumque Sirmiensium numerus et epocha determinantur, et ipse Pontifex binis licet formulis subscripserit, ab Arianae haereseos labe vindicatur. Ingolstadt 1775, 4°, 2. Aufl.
Anders der Titel der 1. Aufl: De conciliis ac formulis Sirmiensibus et subscriptione Liberii Rom. Pont. dissertatio, qua conciliorum istorum epocha determinatur, plures eruditorum virorum anachronismi moleste emendantur, et Liberius Rom. Pontifex ab Ariana haeresi vindicatur. Salzburg 1762, 4°. Es erschien davon zu Wien bei Trattner: Editio nova ab anonymo multis animadversionibus aucta. 1788, 8°, 183 S.

— historico-theolog. de non commentatio, eoque gemino, sed excusato lapsu liberii. 8. Wien 776. Trattner. 6 ℛ

— ecclesiae orientalis et occidentalis concordia in transsubstantiatione, historiae concertat. a R. Kieslingio. 4. Regensb. 756. (1 Alph. u. 15 Bog.)

— de magistratuum ecclesiast. creatione. 4. Straubing. 751. (5 Bog.) Cont. 4. ibid. 752. (13 Bog.)

Scholliner, Herm., († d. 16. Juli 1795.) de disciplina Arcani, Diss. theolog.-histor. 4. Tegurinis 756. (1 Alph. u. 12 Bog.)

— disciplina Arcani, suae antiquitati restituta, et ab heterodoxorum impugnationibus vindicata. 4. Tegernsee 756.

Scholliner, Herm., Dissertatio Anti-Huthiana, qua calumnia de Papa antichristo in S. C. maiestatis statuumque catholicorum iniuriam redundare ostenditur. Regensburg 1758, 4°.

Scholliner, Herm., Epistola ad Io. Rud. Kiesslingium, in qua de religione Lutherana Catholicis iuxta ipsum, ut ad eam accedant, amabili, re ipsa vero, ut ad eam deficiant, iure merito odibili, disserit. Regensburg 1753, 4°.

— muthmaßl. Erklär. einer seltenen Medaille Albrechts V., Herzogs in Baiern. Mit 1 Kpf. Münch., (G. Franz). 4 ℛ

— Erläuter. einer in d. Kloster Niederaltaich entdeckten bleiernen Tafel u. eines Grabsteines, wodurch aus wahrscheinl. Gründen erwiesen wird, daß Herzog Bertbold, Herzog Arnulphs Bruder, einen Sohn Heinrich, dieses Namens den dritten, Herzog in Baiern u. Kärnthen, hinterlassen habe. Mit 2 Kpf. München, (G. Franz). 10 ℛ

— de Gerbirge Geisenfeldae sepulta, ejusque parentibus ac progenitoribus diquisitio cum stemmatographia Comitum de Semta et Ebersberg. Münch., (G. Franz). 18 ℛ

— de hierarchia ecclesiae catholicae. 4. Regensb. 757. (1 Alphabet u. 6 Bog.)

Scholliner, Herm., De hierarchia Ecclesiae catholicae dissertationes theologico-historicae duae: I. De clericorum laicorumque discrimine; II. de fictitio laicorum iure sacerdotali. Regensburg 1757, 4°; diss. III. qua episcoporum supra presbyteros eminentia adversus Boehmerum vindicatur. Das. 1758, 4°.

— historia theolog. christianae saeculi primi. 4. Salzb. 761. (1 Alph. u. 3 Bog.)

— introductio ad praelect. theolog. cum thes. ex univ. theolog. 8. Ingolst. 775.

— innocuum rom. pontif. in elargiendis titulis jus, ab ineptiis anonymi Halensis vindicatum. 4. Regensb. 759. (14 Bog.)

— de merito vitae aeternae, Diss. dogmat. 4. Tegernsee 756. (6 Bog.)

— Nachtrag zu d. Abhandll. von den Sparren 2c. 4. Münch. 784. Lentner. 6 ℛ

— Nachtrag v. d. Sparren, als d. Geschlechtswappen der Pfalzgrafen von Wittelsbach. 4. München, Lentner. 785.

Scholliner, Herm. Observaciones ad quaedam Henricorum III. et IV., Germaniae regum et imperatorum. 4. Ingolstadii 1790.

— observationes ad quaedam Henricorum II., III. et IV. german. regum et imp. aliaque diplomata. Mit Kpf. 4. Ingolst. 790. Krüll. 3 ℛ

— de magistratuum ecclesiasticorum origine et creatione, Diss. theolog.-histor., secundis curis adornata. 4. Pedeponti 757. (1 Alph. u. 4 Bog.)

— de praedestinatione haereseos ante Calvinum phantasmate. 8. Augsb. 767. (9 Bog.)

— praelectiones theologicae. XII Tomes. 8. Augsb. 769. Wolff. 6 ℔ 8 ℛ

Schollinger, H., praelectiones theol. de Deo. 4. Salzb. Mayr. 764.

— berichtigte Reihe der herzogl. Linie in Niederbaiern, v. Herzog Heinrich I. im J. 1255 bis Herzog Johann den letzten 1340, sammt 3 Geschlechtstafeln. Augsb. 786. Rieger. 6 ℛ

— vollständ. Reihe der Voraltern Otto d. Großen, ersten Herzogs in Baiern, aus d. pfalzgräfl. Hause Scheyern = Wittelsbach. Münch., (G. Franz). 1 ℔ 8 ℛ

Scholliner, Herm., stemmatographia illustrissimorum S. R. J. Comitum de Bogen, hodie ab Arco etc., cum IX tabb. aen. München, (G. Franz). 1 ℔ 4 ℛ

Scholliner, Stemmatographia Gebhardi I, episcopi Ratisbonnensis e comitibus ab Andechs et Hohenwart. Monachii 1785. 4.

— stemmatographia Gebehardi hoc nomine primi episcopi Ratisbon. 8. Münch. 785. Lentner. 3 gl.

Scholliner. Herm. (Benedictinus Oberaltacens., cathol. et electoral. Acad. Ingolstadiens. h. t. rector, & Th. p. p. o.), *de Synodo Nuenheimensi sub Tassilone, Bojoariae duce*, (anno 774) *celebrata*, a Dingolfingensi diversa, eruditorum historiae ecclesiastico-boicae statorum disquisitioni conjecturas denuo stabilitas exponit —. Nuenhemii (i. e. Neuburg a. d. Donau), typis Fel. Ant. Griesmayer, excelsi regim. electoral. cam. aulic. & statuum provincial. typographi, 1777. 4°. Feuchtfleckig. Cart.
2 Bll. u. 19 S.

Scholliner, Herm. (o. B., 1722—95. Rektor der hohen Schule zu Ingolst., Prof. d. Theol., Mitgl. d. churbayer. Akad. d. Wiss. etc.), Untersuchung der *Vorältern Otto des Grossen*, gebohrnen (!) Pfalzgrafen von Witelsbach (sic) u. gemeinschaftl. Stammvaters der Durchlauchtigsten Churhäuser Bajern u. Pfalz, sammt 18 genealog. u. chronolog. Tafeln. Ingolstadt 1777. In Commiss. zu haben bey Ant. Attenkofer, akademischen Buchbinder. 4°. Gleichzeit. Kalbldrbd.
6 Bll., 154 S., 16 S. Tabell. — Der Akademie zu Mannheim gewidmet.

— Untersuch. der Vorältern Otto d. Großen, geb. Pfalzgrafen v. Wittelsbach 2c. Mit 18 genealog. u. chronolog. Tabellen. Ingolst. 778.

SCHÖLLING, Franz (Senden): Ueber Ovariotomie.- München: Wolf 1876. 34 S.
3.8.1876 - Urk (Titel: De ovariotomia.); Chr 1876/77,9
Diss. Ingolst.-Landsh.-Mchn.

Schollius, Joannes, Annales Bingenses, d. i. Chronick oder zeitregister der uhralten statt Bingen am Rhein, von ihrem herkommen, auch waß sich in, und bey auff etliche meil umb dieselbe gegend denckwürdig zugetragen, auß alten und neüwen scribenten und Historicis zusammengetragen und in diesse ordnung bracht Anno domini 1613. Zum erstenmal nach Handschriften hrsg. von Ed. Sander. Mit der Merian'schen Abbildung Bingens vom J. 1633 und einem Plane der Stadt. gr. 8. (VIII und 240 S. mit 2 Stnt. in Fol.) Mainz 853, Wirth und Comp.

Schoellkopf, Jacob Frederick, a. Buffalo (New-York): Über Isophtalaldehyd u. 5-Nitroisophtalaldehyd. Straßburg i. Els. 1907: C. Müh & Cie. (40 S.) 8°
Straßburg, Math.-naturw. Fak., Ref. Thiele, Diss. v. 24. Juli 1907
[Geb. 3. Mai 83 Buffalo, New-York; Wohnort: Buffalo; Staatsangeh.: Vereinigte Staaten; Vorbildung: Privatim; Studium: Cornell University Ithaca N. Y. 6, Straßburg 6 S.]

Schöllkopf, Jh. Jak. (Hrsg.), s. Aufklärung, die wahre u. falsche, gegen einander gestellt in einem Briefwechsel zwischen zwei Brüdern.

Schollmaier, F. P., die Volksschule im Großherzogtum Hessen u. in der baierischen Pfalz. 8. (36 S.) Münster 888. Aschendorff. — 40

Schollmayer, C., katholisches Gebetbuch. 8. Frkf. Andreä. 793.

Schollmayer, E. H., auf Schneeschuhen. Ein Handbuch f. Forstleute, Jäger u. Touristen. 12. (85 S. m. 11 Holzschn.) Klagenfurt 893. J. Leon sen. n. 1. 20

Schollmayer, Emil

Schollmayer, Aemilianus (Kostheim) A. S. 1419/7

Dissertatio canonica de rebus ecclesiae non alienandis. Mainz (Alef) 1780. 91 S.

Gew.: Abt Benedikt von Amorbach. 31243

Schollmayer, Ethbin, u. Heinr. **Schollmayer,** der bäuerliche Kleinwaldbesitz. Seine Bedeutg., Bewirthschaftg. u. Pflege. Ueber Anregg. des krainisch-küstenländ. Forstvereines verf. u. auf Wunsch des Forstvereines in Oberösterreich u. Salzburg f. diese Kronländer neu bearb. gr. 8. (XII, 115 S.) Wien 900. W. Frick. n. 3. —

Schollmayer, Fr. J., Adolf Clarenbach u. Peter Flysteden. Zwei evangel. Märtyrer. (28 S.) kl. 8. Kaiserslautern (905). Buchh. des ev. Vereins f. die Pfalz. n. — 10

— Peter Runtz aus Annweiler. Eine Lebensbeschreibg. sowie e. Beitrag zur Geschichte des pfälz. evangel. Gemeinschaftslebens um die Mitte des 19. Jahrh. (78 S.) kl. 8. Ebd. (905). n. — 50

Schollmayer, Gustav, s. Schollmeyer, Gustav

Schollmayer, K., Rechenbuch, s.: Reeb, Wilh.

Schollmayer-Lichtenberg, E. Heinr., Wasserversorgg. im Karstgebiete. Referat, geh. am VIII. internation. landwirtschaftl. Kongress in Wien 1907. (44 S.) 8. Laibach 907. (Wien, W. Frick.) 1. —
Sonderabdruck aus: „Mitteilgn. d. Musealver. f. Krain".

Schollmeyer, Einführungsrede, s.: Lohoff, R., Antritts-Predigt.

Schollmeyer, Anastas., der Ištarhymnus K. 41 nebst seinen Duplikaten, s. a. Mitteilungen d. vorderasiat. Gesellschaft. 908, IV.

Der Ištarhymnus K. 41 nebst seinen Duplikaten bearb. von P. Anastasius Schollmeyer. Berlin: Peiser 1908. 25 S. 8°
(Mitteilungen d. Vorderasiat. Gesellschaft. 1908, 4.) [09. 10830

Schollmeyer, E. H., s. Schollmayer, E. H.

Schollmeyer, Elisab., Frauenfrage u. Bibel. (III, 48 S.) gr. 8. Halle 904. Gebauer-Schwetschke. n. — 60

Schollmeyer, Ernestus: Quid Cicero de poetis Romanorum iudicaverit. Halis Saxonum 1884: Hendel. 28 S. 8°
Halle-Wittenberg, Phil. Diss. v. 4. Apr. 1884
Geb. Mühlhausen (Thür.) 24. 2. 1860. V.
Verf. erlebte die Diplomerneuerung 1934 als Gymnasialprofessor a. D. in Halle, vgl. Anh. Nr. 764.

Schollmeyer, Ernst: Römer 7,25 (ἐγὼ τῷ νοῒ δουλεύω νόμῳ θεοῦ, τῇ δὲ σαρκὶ νόμῳ ἁμαρτίας) didaktisch erklärt. Halle a. S. 1910: Gebauer-Schwetschke. S. 23—29. 4°
Halle a. S., Stadt-G OP 1910 (332) [S 10. 392

Schollmeyer F[riedrich]: Der gesetzliche Eintritt in die Rechte des Gläubigers. Ein Beitrag zur Erläuterung der Paragraphen 45—50. Theil I. Tit. 16. des Preuss. Allgem. Landrechts. Halle: Pfeffer 1877. VI, 76 S. 8°
[Halle-Wittenberg, Jur. Hab.-Schr. v. 21. April 1877]

Schollmeyer, F., Bürg. Gesetzbuch, siehe Kommentar.

Schollmeyer, Friedrich: Die Hypothek des Eigenthümers nach dem Gesetz über den Eigenthumserwerb und die dingliche Belastung von Grundstücken u. s. w. vom 5. Mai 1872. Halle a/S. (1874): Plötz. 53 S. 8°
Halle-Wittenberg, Jur. Diss. v. 28. Juli 1874
Geb. Mülhausen (Thür.) 12. 9. 1848. V.

Schollmeyer, Frdr., s.: Kommentar zum bürgerl. Gesetzbuch.

Schollmeyer, F., die Compensationseinrede im deutschen Reichs-Civilproceß. gr. 8. (V, 176 S.) Berlin 884. Guttentag. n. 4. —

Schollmeyer, Friedrich, Dr., k. Pr. Geh. Justizrat, z. Z. Rektor d. Univ.: **Das Recht der Notwehr nach dem bürgerlichen Gesetzbuch für das deutsche Reich.** (Enthält ausserdem: Chronik.) Mit Anhang: Hundertjähr. Jubiläum der Wiedervereinigung der bayer. Lande. Festrede des ö. o. Prof. d. Geschichte Dr. Theodor Henner. *Würzburg 1899: H. Stürtz.* (46 S.) 4°
Würzburg, Festrede zur Feier d. 317j. Bestehens d. Univ. 1899

Schollmeyer, Frdr., Recht der Schuldverhältnisse, s. Kommentar zum bürgerl. Gesetzbuch. II. 2.

Schollmeyer, Friedrich: Recht der Schuldverhältnisse. Von –. Hälfte 1. München: C. H. Beck (1899–)1900. 8°
= Kommentar z. Bürgerlichen Gesetzbuch. Bd 2, Hälfte 1.

— das Recht der einzelnen Schuldverhältnisse im bürgerl. Gesetzbuche, s.: Recht, das, des bürgerl. Gesetzbuchs. IV.

[F.] Das Recht der einzelnen Schuldverhältnisse im Bürgerlichen Gesetzbuche für das Deutsche Reich. E. Darstellg u. Erläuterg d. Hauptbestimmgn v. Dr. Friedrich **Schollmeyer**, ... Prof. an d. Univ. Würzburg. *Berlin: J. Guttentag 1897.* (4 Bl., 122 S.) 1 Bd 8.
— Recht, Das, d. Bürgerlichen Gesetzbuchs in Einzeldarstellgn. [No] IV.
[97. 3607

Schollmeyer, Friedrich: Das Recht der einzelnen Schuldverhältnisse im Bürgerlichen Gesetzbuche. Eine Darstellung u. Erläuterung d. Hauptbestimmungen von Dr. Friedrich Schollmeyer, Prof., Berlin. 2., völlig neu bearb. Aufl. Berlin: J. Guttentag 1904. (241 S.) 8°
= Recht, Das, d. Bürgerl. Gesetzbuchs in Einzeldarstellungen. 4.

—— der Zwischenstreit unter den Parteien. Ein Beitrag zur Erläuterung der Reichs-Civilprozeß-Ordnung. 1. Abthl. gr. 8. (X, 118 S.) Ebendas. 880. *
Nicht weiter erschienen.

Schollmeyer, G., Anleitung zur wirksamen Ausführung d. Aufsichtsdienstes in Brauereien. Ein Handbuch f. Steuer-Aufseher u. Supernumerare. gr. 16. (79 S. m. 1 Tab.) Berlin 892. Eug. Schneider. n. — 80

Schollmeyer, Gust., Scripturae sacrae de mali origine doctrina. 8maj. (1½ B.) Muelhusae 832, Heinrichshofen.

Schollmeyer, Gust., Jesus Christus gestern u. heute, u. Derselbe auch in Ewigkeit. Pred., beim Antritte d. Diakonats zu Weißensee geh. gr. 8. (1½ B.) Magdeburg 837, [Inkermann'sche Buchh. ?]

—— Jesus u. Judas. Ein histor.-krit. Versuch, nebst e. Sendschreiben an d. Dr. (Karl) Ullmann. gr. 8. (6 B.) Lüneburg 836, Herold u. Wahlstab.

— das Licht. Das Wissenswerteste aus d. Lehre v. Lichte, m. bes. Berücksicht. d. neuesten Entdeckgn. auf diesem Gebiete (Röntgen-Strahlen, Tesla-Licht). gr. 8. (III, 88 S. m. 44 Abb.) Ebd. 896. 1. 50

— Schule der Elektrizität. Praktisches Handbuch der gesamten Elektrizitätslehre. Unter Berücksicht. der neuesten Forschgn. u. Erfindgn. zum Gebrauche f. Elektrotechniker, Studierende an techn. Hochschulen, Baugewerkschulen, Gewerbeschulen, Bergakademien, Kriegsschulen u. s. w., überhaupt f. jeden Fachmann u. gebildete Laien bearb. gr. 8. (VII, 323 S. m. 117 Abbildgn.) Ebd. 902. n. 5. —; geb. n. 6. —

— Schule der Elektrizität. Prakt. Handbuch der gesamten Elektrizitätslehre. Unter Berücksicht. der neuesten Forschgn. u. Erfindgn. zum Gebrauch f. Elektrotechniker, Studierende an techn. Hochschulen, Baugewerkschulen, Bergakademien, Kriegsschulen u. s. w., überhaupt f. jeden Fachmann u. gebildete Laien bearb. 2. Aufl. (VII, 339 S. m. 120 Abbildgn.) 8. Ebd. 904. Geb. n. 4. —

— dunkle Strahlen. Gemeinverständliche Einführg. in das Gebiet der neueren Strahlenforschg. (Kathoden-, Kanal-, Röntgen-, Becquerel- u. N-Strahlen.) Mit besond. Berücksicht. des Radiums bearb. (III, 72 S. m. 19 Abbildgn.) gr. 8. Ebd. 905. n. 1. 50

Schollmeyer, Gust., M. Hieronymus Tilesius, der Reformator Mühlhausens. Eine Skizze seines Lebens m. den v. Ludw. Helmbold, Donatus Groß u. Vitus Kleinschmidt auf seinen Tod verfaßten Trauergesängen. 8. (VIII, 103 S. m. Lichtdr. Portr.) Halle 883. Fricke's Verl. n. 1. 20

— was muß der Gebildete v. der Elektrizität wissen? Gemeinverständliche Belehrg. üb. die Kraft der Zukunft. 1.—3. Aufl. gr. 8. (III, 88 S. m. Abbildgn.) Neuwied 894. Heuser's Verl. 1. 50

Schollmeyer, G., was muß der Gebildete v. d. Elektrizität wissen? Gemeinverständl. Belehrg. üb. d. Kraft d. Zukunft. 6. Aufl. gr. 8. (III, 96 S. m. Abb.) Neuwied 897. Heuser's Verl. 1. 50

-- was muß der Gebildete v. der Elektrizität wissen? Gemeinverständliche Belehrg. üb. die Kraft der Zukunft. 8. Aufl. gr. 8. (III, 96 S. m. Abbildgn.) Ebd. (900). 1. 50

Schollmeyer, G., wie beleuchte ich am zweckmässigsten u. billigsten meine Wohn- u. Geschäftsräume? Praktische Winke f. Jedermann. gr. 8. (III, 92 S. m. 72 Abbildgn.) Neuwied 899. Heuser's Verl. 1. 50

Schollmeyer, G., wie beleuchte ich am zweckmässigsten u. billigsten meine Wohn- u. Geschäftsräume? Praktische Winke für Jedermann. 2., m. e. Nachtrage verseh. Aufl. (III, 104 S. m. 72 Abbildgn.) 8. Neuwied 904. L. Heuser Wwe. & Co. n. 1. 50

-- wie erhalte ich mein Haus lange in gutem Zustande? Prakt. Ratschläge u. Winke f. Hausbesitzer. gr. 8. (IV, 72 S. m. Abb.) Ebd. 897. 1. 50

[F.] Wie erhalte ich mein Haus lange in gutem Zustande? Prakt. Ratschläge u. Winke f. Hausbesitzer v. G. **Schollmeyer.** M. mehreren in d. Text gedr. Abb. 2. Aufl. *Neuwied & Leipzig: Heuser 1898.* (IV, 72 S.) 1 Bd 8.
[98. 11430

— wie heize ich am zweckmässigsten u. billigsten meine Wohn- u. Geschäftsräume? Praktische Winke f. Jedermann. gr. 8. (III, 98 S. m. 88 Abbildgn.) Ebd. 900. 1. 50

— wie heize ich am zweckmässigsten u. billigsten meine Wohn- u. Geschäftsräume? Praktische Winke f. Jedermann. 2., m. e. Nachtrage verseh. Aufl. (III, 109 S. m. m. 90 Abbildgn.) 8. Ebd. 904. n. 1. 50

— d. Wunder d. Lichtes. Gemeinverständl. Darstellg. d. Wissenswertesten aus d. Lehre v. Lichte. gr. 8. (III, 75 S. m. 43 Abb.) Ebd. 895. 1. 50

Schollmeyer, H., e. Blick auf das abscheidende Jahr v. der Warte der Kirche. Rede geh. am letzten Abend d. J. 1870 in der Bartholomäikirche zu Altenburg. 8. (14 S.) Altenburg 871. Schnuphase. n. — 30

Schollmeyer, Herm., das Bild des barmherzigen Samariters ist das Bild unsers Gustav-Adolph-Vereins. Luc. 10, 25—37. Predigt bei der allgem. Versammlung des Altenburger Hauptvereins für die Gustav-Adolph-Stiftung gehalten in der Kirche zu Meuselwitz am 27. Juli 1863. gr. 8. (16 S.) Altenburg 863, Schnuphase'sche Hofbuchh.

Schollmeyer, Herm., die Thränen des Herrn, lebendige Bußprediger. Frühpredigt gehalten am X. Sonntage nach Trin. in der Gottesackerkirche zu Altenburg. Altenburg 866. Schnuphase'sche Buchh. gr. 8. (16 S.) 3 ngr

Schollmeyer, J. G. De aetate aurea. P. 1. Quid de eorum sententia sit statuendum, qui aetatem auream temporibus antiquissimis contigisse contendunt. 17 S. . . .
Mühlhausen, Progr. 1825

Schollmeyer, J. G., Beleuchtung unseres Schulwesens. Progr. Mühlhausen 821. 4. (24 Seiten).

Schollmeyer, Joan. Ferd. Guil. (geb. Mühlhausen in Thür. 6. 6. 1815): De menstruationis natura. Berolini (1839). (25 S.) 8°
Berlin, Med. Diss. v. 20. Juni 1839

Schollmeyer, Johann Georg

Schollmeyer, Jh. Geo., moral. Aufgaben f. die Jugend, zur Uebung u. Schärfung der sittl. Urtheilskraft, als Anhang zu seinem Katechismus. 8. Leipz. 802. 2e Aufl. 815. (W. Vogel). 6 gl

Eb. — (Anh.) moral. Aufgaben f. d. Jug. *Eb.* (802.) 814. 8° 6 gl

Schollmeyer, J. G., moral. Aufgaben f. die Jugend, z. Uebung u. Schärfung d. sittl. Urtheilskraft, als Anh. z. 3ten Aufl. des Katechismus d. Vernunft. 8. Leipz. F. C. W. Vogel. 815.

SCHOLLMEYER, Joh. Geo., Erzählungen und Sinngedichte. Erster (einz.?) Theil. Mit Kupfern (Schubert del., Grünler sc.) Leipzig bey Siegfr. Seb. Crusius. O. J. (18**). 8°. (2 Mk. 50 Pfg. A. Buchholz, München, 1908.)

— Erzählungen und Sinngedichte, ein Beytrag zu einer durchaus reinen und schuldlosen Lecture, m. K. 1r Thl. 8. Ebend. 803.

— Erzählungen u. Sinngedichte. 2te verm. Ausg. m. 3 K. 8. Ebend. 813.

— Geschichte d. christl. Religion u. Kirche f. den Unterr. in Stadt- u. Landschulen. 8. Leipz. 818. (W. Vogel). 10 gl

— Jesus u. seine Jünger; e. Lehr- u. Lesebuch f. Stadt- u. Landschulen aller christl. Confessionen. 8. Leipz. 807. (W. Vogel). 10 gl

— der heil. Kampf vom J. 1815. Ein Epos. gr. 4. Leipz. 816. (W. Vogel). 6 gl — Dass. kl. 4. 816. (Ebd.) 4 gl

— Katechismus der christl. Religion f. Stadt- u. Landschulen. 8. Mühlhaus. 817. (W. Vogel in Leipz.) 8 gl

— — Katechismus der christlichen Religion f. Stadt- und Landschulen. 8. Mühlhausen. (W. Vogel in Leipzig.) 818.

J. G. Schollmeyer's Katech. d. sittl. Vernunft od. kurze u. Kindern verständl. Erklär. d. sittl. u. relig. Grundbegriffe, durchgeh. m. Beyspp. erläut. *Lpz.*, (Crusius.) Vogel. (796. 802.) 3e vb. u. vm. A. 814. 8° 12 gl

— Katechismus der sittl. Vernunft. 8. Leipz. 796. 2e A. 802. 3e A. 815. (W. Vogel). 12 gl

Schollmeyer, Willy, Kaiser Karl IV. in Magdeburg. Historisches Festspiel zum Künstlerfeste des St. Lucas in Magdeburg am 15., 16. u. 17. I. 1903. (53 S.) 8. Magdeburg (Hinrichshofen's Sort.). n. 1.25

Kaiser Karl IV. in Magdeburg. Hist. Festspiel z. Künstlerfeste d. St. Lucas in Magdeburg 1903. Von Willy **Schollmeyer**. *(Magdeburg 1903: R. Zacharias.)* (53 S.) 8° [F.] 03. 13784 S

Schollwer, Kurt: Aus der Syphilido-Klinik zu Würzburg. Über Tuberculosis verrucosa cutis. *Würzburg 1897: P. Scheiner.* (35 S.) 8°
Würzburg, Med. Diss. v. 1897

Schollwöck, Gust., Bevi. Eine Erzählung aus den Tagen d. ersten Passionsspiels in Oberammergau. 8. (III, 193 S.) Leipzig 890. Friedrich. n. 2. —

Schollwöck, Gust., die Welfin v. Elmsrode. Roman. 8. (371 S.) Berlin 894. O. Janke. n. 5. —

Scholly, Franz Ludwig [August], Assistenzarzt am Knappschafts-Lazarett Neunkirchen Reg.-Bez. Trier: Fünf Fälle von Polyhydramnion bei eineiigen Zwillingen. Lauterecken 1907: C. Keller. (37 S.) 8°
Straßburg, Med. Fak., Ref. Fehling, Diss. v. 9. Febr. 1908
[Geb. 7. Dez. 79 Wörth a. Rh. (Rheinpfalz); Wohnort: Neunkirchen (Reg.-Bez. Trier); Staatsangeh.: Bayern; Vorbildung: Gymn. Kirchheimbolanden, St. Ingbert, Straßburg i. E., Weißenburg, Speyer a. Rh. Reife Juli 99; Studium: München 1, Straßburg 1, Würzburg 1, Straßburg 5, Erlangen 1, Straßburg 4 S.; Coll. 7. Nov. 07; Approb. 19. Juni 07.]

Scholly, Karl, der notarielle Akt nach Reichs- u. Landesrecht. Mit e. Nachtrag enth. verschiedene neuere Beschlüsse des Oberlandesgerichts Colmar u. des Landesgerichts Metz in Grundbuch-Angelegenheiten. 12. (127 S.) Straßburg 900. W. Heinrich. Geb. in Leinw. n. 2. —

Scholly, Karl, die Geschichte u. Verfassung des Chorherrenstift Thann, s. a. Beiträge zur Landes- u. Volkeskunde in Elsass-Lothringen.

Die Geschichte und Verfassung des Chorherrenstifts Thann nach archival. Urkunden bearb. von Dr. Karl **Scholly**, Notar. Strassburg: J. H. E. Heitz 1907. (VIII, 204 S.) 8°
— **Beiträge** z. Landes- u. Volkskunde in Elsaß-Lothringen. 33. 07. 15690

[F.] **Scholly**, Karl [Dr. jur. Rechtspraktikant in Bergzabern]: Das Autonomierecht des hohen Adels in seiner Entwicklung seit der Aufhebung des älteren Deutschen Reiches ... München, J. Schweitzer, 1894; 1 Bl., 44 S. 8.
Erlangen, Jur. Fak., Inaug.-Diss. v. 1894

(Gebrüder **Schölly**, Basel ... [und] St. Gallen.... Konfektion für Herren und Knaben. Katalog für Herbst und Winter 1901/2. [Illustriert.]) IV + 32 S. 8. (Bern, A. Benteli,) 1901.

Schölly, Traugott

Schölly, T., Samuel Gobat, evangelischer Bischof in Jerusalem. Ein Lebensbild. Mit Gobats Bild in Stahlst. 8. (IV, 193 S.) Basel 900. Kober. n. 1.20; geb. in Leinw. n. 2. —

Schölly, T[raugott]. Christian Heinrich Zeller, Inspektor der Anstalt in Beuggen. Ein Lebensbild. Mit Zellers Bild in Stahlstich. IV + 216 S. 8. Basel, Kober, 1901. [br. fr. 2. —, geb. fr. 3. —]

Scholta, A.

— u. Frau Anna **Scholta**, Diät f. Magenkranke. Hilfsbüchlein zur Auswahl v. Nahrungsstoffen u. Gerichten bei der diätet. Behandlg. der am häufigsten vorkomm. Magenkrankheiten. Mit e. Abriß üb. die Grundsätze der Diätetik u. üb. das diätet. Verhalten der Magenkranken. 2. völlig neubearb. Aufl. (24 S.) Lex. 8. Altenburg (910). (Leipzig, Krüger & Co.) — 50

Scholte, A., die Diphtherie u. das Heilserum, s. **Volksbücher**, gesundheitliche. Nr. 4.

Die Diphtherie und das Heilserum. Von A. **Scholta**, Freiberg i.S. *Berlin: Deutscher Bund [1903]*. (68 S.) 8° [F.]
— **Volksbücher**, Gesundheitliche. No. 4. [03. 11.

Scholta, A., d. Diphtheritis m. bes. Berücksicht. d. Vorbeugungs- u. Behandlungsmittel. gr. 8. (39 u. 11 S. m. 1 Taf.) Freiberg 895. M. R. Voigtländer. n. — 60

Scholta, A., das Fieber, sein Wesen, seine Ursachen u. Wirkungen u. die naturgemäße Behandlung Fieberkranker. Nach dem Standpunkt der neueren physikalisch-biolog. Wissenschaft. (4 S.) gr. 4. Freiberg 903. (Frotscher.) n.n. — 60

— **Herzmuskelschwäche (Herzinsufficienz). Vortrag, geh. am 21. VIII. 1899 auf der Versammlg. der Naturärzte u. Naturheilkundigen zu Dresden. (10 S. m. 2 Abbildgn.) gr. 8. Ebd. (903).** n.n. — 50

Scholta, A., Lehrbuch der Thure Brandt-Massage und der Behandlung der Frauenkrankheiten m. Massage, Gymnastik u. physikalisch-diätetischen Heilfaktoren. (2 Tle. in 1 Bde.) (78 u. 64 S. m. 90 Abbildgn.) 31,5 × 21 cm. Dresden 910. (Leipzig, Krüger & Co.) 3.50

Scholta, A., die Lungenschwindsucht m. besond. Berücksichtigung der Krankheitserscheinungen, der Vorbeugung u. sicheren Behandlung. (28 S.) gr. 8. Freiberg (903). (Frotscher.) n.n. — 60

— **Wirkungsweise u. Durchführung der Trauben- u. Weinmostkur. Praktische Erfahrgn. nebst theoret. Begründg. (16 S.) gr. 8. Berlin (904). Oranienburg, W. Möller.** n.n. — 30

Scholta, Frau Anna, das Asthma, seine Ursachen u. seine naturgemäße Behandlung. (Preisgekrönte Arbeit.) gr. 8. (30 S. m. Abbildgn.) Leipzig (901). O. Borggold. n. — 60

— **Diät f. Magenkranke.** gr. 8. (16 S.) Dresden 898. (Freiberg, Frotscher.) n.n. — 40
Sonderabdruck aus: „Neue Gesundheitswarte".

— **diätetische Küche.** Sechs Vorträge, geh. im Naturheilverein zu Freiberg. gr. 8. (31 S.) Wien 898. Ebd. n.n. — 60
Sonderabdruck aus: „Oesterr. Gesundheitsrath".

Scholte, Andreas, dissertatio literaria continens observationes criticas in saturas D. Junii Juvenalis. gr. 8. (114 S.) Utrecht 873. Kemink & Zoon. n. 2. 80

Scholten, v., über die Gefechtsausbildung der Infanterie. gr. 8. (III, 109 S.) Berlin 882, Bath. *

von Scholten, Rede beym Abschiede von seinem Bataillon gehalten in der Versammlung der Freunde der Wissenschaften und des guten Geschmacks zu Treuenbritzen d. 19. März 1786. (Mit Beilagen.) Zum 2. Male aufgelegt. Berlin 1786. 8.

Scholten, was uns noth thut. Betrachtungen üb. den Abfall großer Massen evangel. Christen vom Christenthum zum Atheismus. 8. (63 S.) Naumburg a/S. 893. A. Schirmer's Verl. n. 1. —

Scholten, A., eine Weihnachtsfeier in Kamerun, s. a. **Missionstraktate**, kleine. Nr. 80.

Scholten, A. Eine Weihnachtsfeier in Kamerun. Frei erzählt nach Mitteilg. v. A. Sch. M. Abb. In-16°. 16 S. Basel, Missionsbuchhandlung. — 05
1894

Scholten, Bernhard: Der Handelsteil der deutschen Zeitungen im 19. Jahrhundert. Eine volkswirtsch. Studie als Beitrag z. Geschichte d. Zeitungswesens. Ibbenbüren: Scholten 1910. VIII, 141 S. 8°
Heidelberg, Phil. Diss. v. 10. Nov. 1910, Ref. Gothein
[Geb. 11. Febr. 87 Osnabrück; Wohnort: Ibbenbüren; Staatsangeh.: Preußen; Vorbildung: Gymn. Rheine Reife O. 06; Studium: Zürich 1, Berlin 1, Leipzig 1, Heidelberg 4 S.; Rig. 27. Nov. 09.] [U 11. 2307

Scholten, Caspar W. Reinh., s. Scholten, Kaspar W. Reinh.

Scholten, Ernst [app. Arzt aus Rees am Rhein]: Aus d. Laboratorium d. pharmakognost. Sammlung in Kiel. Beitrag zur Kenntnis der Wirkung des Homoconiin ... Kiel, Druck v. A. F. Jensen, 1893; 23 S. 8.
Kiel, Med. Fak., Inaug.-Diss. v. [7. Juni] 1893

Scholten, G. H., Dogmatices christianae initia. In auditorum usum. Editio secunda. Pars formalis. 8maj. (4 et 100 S.) Lugduni-Batavorum 856, P. Engels.

Scholten, H., oratio de hominis peccatoris coram Deo justificatione, olim festo expiationis die in intimis Tabernaculi Mosaici adytis ab ipso Deo depicta. 4. Leyd. 765.

Scholten, H. C., Auszüge aus den Baurechnungen d. S. Victorskirche zu Xanten. Ein urkundl. Beitrag zur Kunstgeschichte d. Mittelalters. gr. 8. (XX u. 95 S.) Berlin 852, Ernst & Korn in Comm. 3/4 Thlr.

— **Geschichte Ludwig IX., des Heiligen, Königs von Frankreich.** 1. Bd. Nebst Bildniß des heil. Ludwig. gr. 8. (VI u. 359 S.) Münster 850, Coppenrath. 1 1/2 Thlr.

Scholten, H. C., Geschichte Ludwig IX., des Heiligen, Königs von Frankreich. Herausg. von W. Junkmann und Joh. Janssen. 2. (letzter) Bd. Münster 855. Coppenrath. gr. 8. (XVI, 304 S. u. 1 lith. Taf.) 1 Thlr. 10 Ngr.

Scholten, Heinrich Georg Leonhard Über Fusspunktskurven. 4 (21 S., 2 Taf.). **Progr.** G. u. Rprg. *Hersfeld* 1887 (367)

Scholten, Henricus Cornelius ‹geb. am 25 Okt. 1814 in Lüttingen bei Xanten›: Thucydidis de republica sententiae comparatione Politicorum Aristotelis illustratae ... Bonnae, typ. F. Baaden 1839. VIII, 42 S., 1 Bl. 8.
Bonn, Phil. Fak., Diss. v. [20 März] 1839

Scholten, Henricus Cornelius ‹geb. am 25 Okt. 1814 in Lüttingen bei Xanten›: Theses controversae quas una cum dissertatione Thucydidis de Republica sententiae comparatione politicorum Aristotelis illustratae ... defendet. Bonnae, impr. F. Baaden (1839). 2 Bl. 8.
Bonn, Phil. Fak., Thes. v. 20 März 1839

Scholten, J. H

— das älteste Evangelium. Kritische Untersuchung der Zusammensetzg., des wechselseit. Verhältnisses, des geschichtl. Werths u. des Ursprungs der Evangelien nach Matthäus u. Marcus. Aus dem Holländ. mit Genehmigg. des Verf. übers. v. Ernst Rud. Redepenning. Elberfeld 869. Friderichs. gr. 8. (XXIV, 256 S.) n. 1 Thlr. 20 Ngr.

Scholten, J. H., das Evangelium nach Johannes. Kritisch-historische Untersuchung. Aus dem Holländ. übers. von H. Lang. Berlin 867. G. Reimer. gr. 8. (XXVIII, 450 S.) 2 Thlr.

Scholten, J. H., das Paulinische Evangelium. Kritische Untersuchung des Evangeliums nach Lucas und seines Verhältnisses zu Marcus, Matthäus und der Apostelgeschichte. Nach eigenhänd. Ueberarbeitung des Verf. aus dem Holländ. übers. von C. R. Redepenning. gr. 8. (VIII, 326 S.) Elberfeld 881, Friderichs. *

Scholten, J. H., das Paulinische Evangelium. gr. 8. Elberfeld 881. Berlin, Wiegandt und Schotte. * 8 —

— Geschichte der Religion u. Philosophie. Ein Leitfaden. Aus dem Holländ. nach der 3. Aufl. mit Genehmigg. des Verf. übers. von Ernst Rud. Redepenning. Ebend. 868. gr. 8. (XVI, 248 S.) n. 1 ₰ 20 ngr.

Scholten, J. H., Dogmaticae Christianae initia in auditorum usum. 8. (IV und 139 S.) Lugduni-Batav. 855, P. Engels. **

Scholten, J. H., dogmatices Christianae initia. In auditorum usum. Editio II. gr. 8. (274 S.) Leyden 858,60, (Brill.) **

Scholten, J. H., der Apostel Johannes in Kleinasien. Historisch-krit. Untersuchg. Aus dem Holländ. übers. v. Bernh. Spiegel. 8. (IV, 135 S.) Berlin 872. Leipzig, Barth. n. 1. 80

Scholten, J. H., die Taufformel. Aus dem Holl. m. Genehmigg. d. Verf. übers. v. Max Gubalke. gr. 8. (VII, 88 S.) Gotha 885. Windaus. n. 1. 80

Scholten, J. H., der freie Wille. Kritische Untersuchg. Deutsche Ausg. Nach e. vom Verf. rev. u. verb. Redaction aus dem Holländ. übersetzt v. Carl Manchot. gr. 8. (XX, 284 S.) Berlin 873. München, Th. Ackermann. n. 5. 40

— die ältesten Zeugnisse betr. die Schriften des Neuen Testamentes. Historisch untersucht. Mit Bewilligung des Verf. aus dem Holländ. übers. von Carl Manchot. Bremen 867. Halle, Gesenius. gr. 8. (XII, 192 S.) n. 25 ngr.

Scholten, Jakob Justus

— Wesselius, Specimen hermeneutico-theologicum de appellatione ΤΟΥ ΥΙΟΥ ΤΟΥ ΑΝΘΡΩΠΟΥ. 8maj. Traj. ad Rhen. 809.

Scholten, Jak. Just., Specimen hermeneuticum de diversis significationibus vocis χαρις in N. Test. 8maj. Traj. ad Rhen. 805. (Leipz., Weidmann) ...

v. Scholten, Jh. Andr., († d. 22. Mai 1791.) Rede beim Abschiede von seinem Bataillon, gehalten zu Treuenbrietzen, d. 9. März 786. Maurers B. 3 ℊ

— Rede bei Eröffnung d. Gesellschaft in Treuenbrietzen. 8. Dessau u. Leipz. 781. Gelehrte B. 4 ℊ

— s. Was muß ein Offizier wissen.

Scholten, Jo. Henr., de dei erga hominem amore principe religionis christ. loco. Disquisit. 8maj. (14½ B.) Trajecti ad Rh. 836, Natan. (Lipsiae, Volckmar.) *

— de Demostheneae eloquentiae charactere. Disquisit. 8maj. (12½ B.) Trajecti ad Rh. 835, Natan. (Lipsiae, Volckmar.) *

— Oratio de vitando in Jesu Christi historia interpretanda docetismo, nobili, ad rem christianam promovendam, hodiernae theolog. munere. Acced. annotationes histor. et exeget. quibus argument. illustratur atque vindicatur. 8maj. (6½ B.) Trajecti ad Rh. 840, Natan. (Lipsiae, Volckmar.) *

Scholten, Jh. Hnr., oratio de religione christiana suae ipsa divinitatis in animo humano vindice. 8maj. Lugduni-Batavorum 844, Hazenberg et socii. n. 5/12 ₰

Scholten, Joh. Henr., Oratio de pugna theologiam inter atque philosophiam recto utriusque studio tollenda, quam habuit d. VIII Febr. 1847. 8maj. (35 S.) Lugduni-Batav. 848. (Lipsiae, T. O. Weigel.) *

Scholten, Johannes, approb. Arzt aus Haus-Voerde (Rheinl.): Aus d. pathol. Institut d. Universität Freiburg i. B. Über die Beziehungen der Enteritis membranacea zur Dysenterie. *Freiburg i. B.: Speyer & Kaerner 1902.* (31 S.) 8°
Freiburg i. B., Med. Diss. v. 1902

Scholten, Kaspar W. Reinh.

Scholten, Casp. W. Reinh., resp. H. J. Schoenenberg, De malo hypochondriaco. 28 pp. Duisb. 4°. 1762

SCHOLTEN, Robert (Rees): Über den Alter der Kirche bis auf Gregor den Grossen. (Titel nach der Urkunde)
26.7.1860 – Urk: F 44
Diss. Ingolst.-Landsh.-Mchn.

Scholten, Rob., Beiträge zur Geschichte v. Wissel u. Grieth und zur Genealogie niederrheinischer Geschlechter. gr. 8. (208 S. m. 1 lith. Taf.) Cleve 889. (Knipping.) n. 2. 20

Das Prämonstratenserinnen-Kloster Bedburg bei Cleve von Dr. R[obert] Scholten. Cleve 1901: W. Startz jr. (38 S.) 8°
[Umschlagt. F.]

Scholten, Rob., die Stadt Cleve. Beiträge zur Geschichte derselben meist aus archival. Quellen. 8 Lfgn. gr. 8. (XVI, 608 S.; Urkunden CXX S.) Cleve 879—81, Boss. *

Scholten, Rob., Führer durch Cleve u. Umgegend. Hrsg. v. Vorstand d. gemeinnütz. Vereins d. Stadt Cleve. 8. (36 S. m. 3 Abb. u. 2 Plänen.) Cleve 898. (F. Boss Wwe.) — 50

Scholten, Rob., Führer durch Cleve u. Umgegend. Hrsg. v. Vorstand des gemeinnütz. Vereins der Stadt Cleve. 2., verb. Aufl. (40 S. m. 3 Vollbildern u. 4 Plänen.) 8. Cleve (903). (F. Boss Wwe.) n. — 50

Führer durch Cleve und Umgegend. Von Dr. Robert Scholten. Hrsg. v. Vorstand d. Gemeinnütz. Ver. d. Stadt Cleve. 2., verb. Aufl. *Cleve 1904: F. Boß Wwe.* (40, 21 S.) 8° [61.703]

Gaesdonck. Geschichte d. Klosters d. regulierten Chorherren d. Hülfspriesterseminars oder Priesterhauses und d. Collegium Augustinianum bis 1873. Von Dr. Robert Scholten. Mit 8 Ill. Münster i. W.: Westfäl. Vereinsdr. in Komm. 1906. (VIII, 148 S.) 8° [06.10035]

Scholten, Rob., zur Geschichte d. Stadt Cleve aus archival. Quellen. (XX, 512 S.) gr. 8. Cleve 905. (F. Boss Wwe.) 7.50; geb. nn 9.25

Zur Geschichte des Gymnasiums zu Cleve. [Verf.: Robert Scholten.] Cleve [um 1910]: Startz. 12 S. 8° [Umschlagt.] A 12.2110 5

Geschichte der Clevischen Wälder (Sternbusch u. Tiergarten) u. die Stellungnahme d. Kurfürstl. u. Königl. Hauses zu denselben. [Verf.: Robert Scholten.] Cleve (1904): Startz jr. 44 S. 8° [10.7136]

Scholten, Rob., das Cistercienserinnen-Kloster Grafenthal od. Vallis comitis zu Asperden im Kreise Kleve. gr. 8. (298 u. 298 S. m. 3 Taf.) Kleve 899. F. Boss Wwe. n. 12. —

— Das Benediktinerinnen-Kloster Hagenbusch bei Xanten. Aus archival. Quellen. (56 S.) kl. 8. Xanten 906. Gebr. Krams. 1. —

Scholten, Rob., geschichtl. Nachrichten üb. Cleverham, Brienen, Sombrienen u. Griethausen. gr. 8. (112 S.) Cleve 888. (Knipping.) 1. 25

Scholten, Robert, Referendar, Wardt bei Xanten: **Regelung der gemeinrechtlichen Kontroversen über die Gültigkeit eines Vergleichs durch das Bürgerliche Gesetzbuch.** *Köln (1899): J. P. Bachem.* (51 S.) 8°
Freiburg i. B., Rechts- u. staatswiss. Diss. v. 1899

— Das Cistercienserinnen-Kloster Rivulus s. Marie in Sterkrade. (48 S.) kl. 8. Essen (907). Fredebeul & Koenen. — 50

Scholten, Theodor. Ueber einige Abkömmlinge des Trimethylamins. Bern, 1892.

Scholten, (W.,) Diatribe de Parabolis J. C. gr. 8. Delphis Bat. 827, (Leipz., Hartmann.)

von Scholten, Wilhelm [aus Coblenz]: **Metrische Untersuchungen zu John Marston's Trauerspielen ....** Halle a. S., Hof-Buchdr. v. O. A. Kaemmerer & Co., 1886; 55 + 1 S. 8°.
Halle, Phil. Fak., Inaug.-Diss. v. [24. Nov.] 1886.

Scholten, Wilhelm, metrische Untersuchungen zu John Marston's Trauerspielen. Diss. Halle 1886, Lippertsche Buchh. 8°. 55 S.

Scholter, A., Grundsätze rationeller Viehzucht, s.: Merkblätter, landwirtschaftliche.

Scholtes, Jos., ein Leben d. Unschuld u. Buße od. die drei hl. Schutzpatrone d. Jugend: 1. Stanislaus Kostka; 2. Aloysius v. Gonzaga; 3. Johannes Berchmans, s.: Jugend-Bibliothek, kathol., 16 u. 15.
— Lourdes-Rosen (Bernadette, d. Hirtenmädchen v. Lourdes. — Die Wunder v. Lourdes),

Die Nürnberg-Fürther Strassenbahn 1881 bis 1906. Denkschrift aus Anlass d. 25jähr. Bestehens von Strassenbahndir. Ph. **Scholtes**. Nürnberg: Stadtmagistrat 1906. (57 S.) 4°(8°) [J.] [06. 8193 10

Scholtissek, Paulus Antonius *(geb. Gleiwitz 13. 1. 1811)*: Casus ischiarthrocaceos suppuratoriae feliciter sanatae. Vratislaviae 1838. (26 S.) 8°
Breslau, Med. Diss. v. 21. Nov. 1838

Scholtyssek, August, Tierarzt aus Peiskretscham in Oberschlesien: Ueber Bestimmung des Blutdruckes in uneröffneten Arterien und über einen neuen Kapillarsphygmographen. [Mit fünf Abbildungen im Text.] Leipzig 1909. 12 S. 8°. Die Arbeit erscheint in dem Archiv für Anatomie und Physiologie. 1909. Physiologische Abteilung. [9. XII. 08.]
Bern, Vet.-med. Diss. 1909/10.

Scholtyssek, August. Über Bestimmung des Blutdruckes in uneröffneten Arterien und über einen neuen Kapillarsphygmographen. Diss. Vet.-Med. Bern. ([Mit Figuren. Sep.-Abdr. aus:] Archiv für Anatomie und Physiologie. 1909. Physiologische Abteilung.) IV S. — S. 323—330. 8. Leipzig. Veit & Comp., 1909.

Scholtz, einfache landwirtsch. Buchführung, s.: Oehmichen, P.

Scholtz, A., allgem. Baukonstruktionslehre, s.: Breymann, G. A.

Scholtz, A., s.: Breymann, G. A., allgem. Baukonstruktionslehre.

Scholtz, A., die Fachschule d. Maurers. Ein Leitfaden zum prakt. Gebrauch u. zum Unterricht an Fachschulen, Baugewerk- u. Fortbildungsschulen. 1. Abtlg. Mit 135 Holzschn. u. 2 Taf. in Farbendr. gr. 8. (102 S.) Leipzig 886. Gebhardt. n. 3. 50

Scholtz, A., die Fachschule d. Maurers. Ein Leitfaden zum prakt. Gebrauch u. zum Unterricht an Fachschulen, Baugewerk- u. Fortbildungsschulen. 2. Abtlg. Mit 231 in den Text eingedr. Holzschn. u. 5 Taf. in Farbendr. gr. 8. (X u. S. 103—278.) Leipzig 887. Gebhardt. n. 6. 50 (cplt.: n. 10. —; geb. n. 11. —)

—— Handbuch der Feuerungs- und Ventilations-Anlagen. Zum Selbstunterricht und zum Gebrauch für Vorlesungen. gr. 4. (VIII, 266 S. mit 279 eingedr. Holzschn. und 84 lithogr. Fig.-Taf.) Ebendas. 881. *ℳ 16.; geb. *
Vorstehende Schrift aus: Breymann's, G. A., allgemeine Bau-Constructionslehre, besonders abgedruckt.

Scholtz, A., 50 Konfirmationsscheine m. 50 verschiedenen Sprüchen u. Versen. Hrsg. im Auftrage des schles. Prov.-Vereins f. innere Mission. 6. Aufl. 24×30,5 cm. Liegnitz 910. Buchh. des schles. Prov.-Vereins f. innere Mission. 1. 20

Scholtz, A., Construktion u. Anlage der Gas- u. Wasserleitungen in Gebäuden, sowie der elektr. u. pneumat. Telegraphen, einschließlich der Telephone u. Sprachrohrleitungen. Zum Selbstunterricht für Architekten, Ingenieure u. Bauhandwerker u. zum Gebrauche bei Vorlesungen. [Aus: „Breymann's Bau-Constructionslehre, 4. Bd., 2. Aufl."] gr. 4. (64 S. m. eingedr. Holzschn. u. 6 Steintaf.) Stuttgart 881. Leipzig, Gebhardt. n. 4. —

— die Constructionen des Grundbaues u. die Bauführung, m. besond. Beziehung auf das Hochbauwesen. Zum Selbstunterricht für Architekten, Bauingenieure u. Bauhandwerker u. zum Gebrauche bei Vorlesungen. [Aus: „Breymann's Bau-Constructionslehre, 4. Bd., 2. Aufl."] gr. 4. (IV, 75 S. m. eingedr. Holzschn. u. 6 Steintaf.) Ebend. 881. n. 4. —

Scholtz, A., verschiedene Constructionen, s. Breymann's, G. A., Bau-Constructions-Lehre.

Scholtz, A. Die Nikolaikapelle zu Obermarsberg in Westphalen. Berlin 1890. 8.

Scholtz, A., das summarische Untersuchungs-Verfahren in Zoll- und Steuer-Prozessen, s. Untersuchungs-Verfahren.

Scholtz, d. summarische Untersuchungsverfahr. in Zoll- u. Steuer-Prozessen. Berlin 854.

Scholtz, X., s. Zamora.

Als Ms. gedruckt. Betrachtungen über Inhalt und Bedeutung des Gesellengrades. Den Brrn Gesellen der frmrschen Vereinigungen „Waldesfriede am Rheinhardsbrunn", „Rose am Tenneberg" und „Sophrosyne" zum 15. Jan. 1906 gewidmet vom Verf. [Adolf] **Scholtz**. [Erfurt 1906.] 13 S. 8°

Als Ms. gedruckt. Ethisch-frmrsche Betrachtungen zum Nachweis, dass in dem „christlichen Prinzip" der Freim. nach dem System der Nat.-Mutterloge gen. Z. d. 3 W. in Berlin die vollendetste Ethik sich darstellt. Den ger. u. vollk. St. Joh. Freimaurerlogen Carl zu den 3 Adlern i. Or. Erfurt und zum goldenen Kreuz i. Or. Merseburg in Hochverehrung und Liebe zugeeignet vom Verf. [Adolf] Scholtz. [Erfurt 1903.] 15 S. 8° [Umschlagtit.]

Betrachtungen über die Welt der Ideale. Zwei Vorträge gehalten in den Unterr.-Versammlungen d. I. Gr. der ger. u. vollk. St. Joh.-Loge Carl z. d. 3 Adlern i. Or. Erfurt am 7. 11. 06 u. am 2. 1. 07. Von [Adolf] Scholtz. Als Ms. gedr. und zu behandeln. [Erfurt 1907: Ohlenroth.] 44 S. 8°

Freimaurer-Loge Carl zu den drei Adlern im Or. Erfurt. Denkschrift über den im Jahre 1881 ausgeführten Umbau des Logengebäudes. [Bearb. von Adolf Scholtz. Erfurt 1881: Conrad.] 55 S. 8° [Umschlagtit.]
Enth. den Arbeits-Kalender für 1881/1882; Ansprache u. Gesch. des Baues sowie ein Gedicht.

Denkschrift über die Wohlthätigkeits-Anstalten der Loge Carl zu den drei Adlern im Or. zu Erfurt und deren Thätigkeit. Zsgest. und hrsg. vom Kuratorium der gesammten Stiftungen zur Feier des 100 jährigen Bestehens der Loge. [Bearb. von Adolf Scholtz.] Erfurt [1887]: Koenig. 28 S. 8° [Umschlagtit.]

Scholtz, Adf., die preußischen Eisenbahnen in Rücksicht auf das Tarifwesen. gr. 8. (68 S.) Ratibor 869, Wichura und Comp.

Scholtz, Adf., der Eisenbahn-Güter-Expeditionsdienst, an den Verhältnissen der Bergisch-Märkischen Eisenbahn erläutert. Leitfaden, Hilfsmittel u. Orientirungs-Material f. alle bei der Eisenbahn-Verwaltg. Interessirten u. Betheiligten. 2. bericht., veränd. u. erweit. Aufl. gr. 8. (VIII, 475 S.) Elberfeld 879. Bädeker. n. 6. —

Scholtz, Ad., der allgemeine deutsche Eisenbahn-Gütertarif nach Taxquadraten. Eine Skizze. gr. 8. (30 S.) Berlin 879, C. Heymann's Verlag. *

Scholtz, Adf., der Güter-Expeditionsdienst der Bergisch-Märkischen Eisenbahn. Leitfaden für alle beim Güter-Expeditionsdienst betheiligten Beamten, Hülfsmittel zur Information für alle Anwärter des Expeditions-Stationsdienstes, für Supernumerare und sonstige angehende Eisenbahn-Beamte auch Orientirungs-Material für alle bei der Eisenbahn-Verwaltung Interessirten. gr. 8. (XIX, 378 S.) Elberfeld 873, Bädeker'sche Buchh. *

Scholtz, Alexander

Scholtz: Der Johannesname u. seine Bedeutung im deutschen Volksglauben. 21 S.–Gr. Glogau ev., Progr. 1864

Scholtz, Alfred

Scholtz, v., Entwickelung der Breslauer Hafenverhältnisse, s. a. Verbands-Schriften des deutsch-österr.-ungar. Verbandes f. Binnenschiffahrt. N. F. 11.

Entwickelung der Breslauer Hafenverhältnisse. Von Stadtbau-R. [Alfred] v. Scholtz-Breslau. Mit 1 Lageplanskizze. Berlin: A. Troschel 1901. (S. 21–29.) 8°
= Deutsch-Oesterr.-Ung. Verband f. Binnenschiffahrt. Verbands-Schriften. N. F. No 11, 2.

Scholtz, Alfr., Grabsteinschriften. Ein Vorlagenwerk f. Steinbildhauer u. Grabdenkmalgeschäfte, enth. ausschliesslich monumentale Alphabete, Verziergn., Monogramme etc. 25 Taf. in lithograph. Ausführg. (3 S. Text.) qu. Fol. Leipzig 903. B. F. Voigt. 3. 75

Scholtz, Alfr., Ruhe sanft! E. Sammlg. ausgef. Grabdenkmäler nebst dazugehör. Grabhügelschmuck u. Hintergrund, geeignet f. jedes Alter u. alle Confessionen. 26 Taf. m. Text. Lex.-8. (8 S.) Leipzig 898. B. F. Voigt. In Mappe 4. 50

Scholtz, Carl, s. Scholtz, Karl

Scholtz, Constantin, s. Scholtz, Konstantin

Scholtz, Daniel (Goldberg) A.S. 1254/1

Dissertatio inauguralis medica, sistens atrophiam infantum. Präs. Justus Vesti.
Erfurt (Grosch) 7. V. 1711. 8 Bl. 31248

Scholtz, Ernestus Julius (*geb. Breslau 2. 7. 1799*): De figura guttae cadentis in aëre resistente. Vratislaviae (1826). (47 S., 1 Tab., 1 Taf.) 4° [*Im Buchhandel 1826 bei Max & Ko. in Breslau.*]
Breslau, Phil. Diss. v. 21. Juli 1826

Scholz, (E. J.,) de figura guttae cadentis in aere resistente disquisitiones nonnullae. Cum tab. lithogr. gr. 4. Bresl. 826. Max et C.

Scholtz, Ernestus Julius: De superficie, cujus radii osculi sunt aequales et oppositi. Vratislaviae 1833. (17 S.) 4°
Breslau, Phil. Fak., Antr.-Progr. als außerord. Prof. v. 14. Dez. 1833

Scholtz, Ernestus Julius: De superficiebus, in quibus plana tangentia constantem ubique habent inclinationem ad planum quoddam fixum. Vratislaviae (1827). (38 S., 1 Taf.) 4°
Breslau, Phil. Fak., Hab.-Schr. v. 3. Dez. 1827

Scholtz, F.: De ebriositate. D. Gryphiae. 1834.

Scholtz, Friedrich Ernst (Öls) 4°Misc. 180^{k}/7e

Dissert. de eruditis sine moribus, (vulgo) Von unhöflichen Gelehrten.
In: Selectorum litterariorum pentas continens dissertationes historico-morales ... Dissert. V. Leipzig (Schede) 1730. S. 79 - 104.
Diss. 1705. 31250

Das Erhabene in dem Orden der Freymäurer, aus dessen vorzüglichen Verbindlichkeiten bey Gelegenheit der feyerlichen Johannis-Loge, in einer Rede erwiesen, von dem Redner der ger. und vollenk. [!] Loge de la parfaite Union in Stettin [d. i. Friedr. Wilh. Scholtz?]. [Stettin] 1763: Effenbart. 6 Bl. 4° [Umschlagtit.]
Kl. 860. Selten. Verf. kann auch J. G. Fritze sein.

Scholtz, H. A.

— Beobachtungen über die Verwandlung der Schildkäfer (Cassida), s. Acta n. phys.-med. Acad. Caes. Leopold. Carol. XIX. Prs. II.

Scholtz, H., Flora der Umgegend von Breslau. kl. 8. Breslau 843, Schulz u. Comp. 3/4 ℛ

—— Schlesien's Land- u. Wasser-Mollusken systemat. geordnet u. beschrieben. 8. (9⅝ B.) Breslau 843, Schulz u. Comp.

Scholtz, H., Schlesien's Land- und Wasser-Mollusken systematisch geordnet und beschrieben. Supplement. 8. (III und 17 S.) Breslau 853, Schulz. *
Das Werkchen selbst erschien ebendas. 1843 und kostet 15 Ngr.

Scholtz, H. A., das Wissenswürdigste aus d. allgem. Weltgeschichte f. Kinder v. 7—10 Jahren, besond. f. niedere Bürger- u. Landschulen. 8. ... Breslau 831, (Schulz u. Comp.)

Scholtz, Heinrich

— Animadversio detrimenti et incrementi reipublicæ scholasticæ. Ploen. 1735. 4. P. (Skoleprogr.).

— Animadversio miseræ librorum scholæ destinatorum conditionis. Ploen. 1734. 4. (Skoleprogr.).

— Piæ et solidæ animadversiones de natura et notione verborum Pauli ad Rom. IX. v. 6. Ploenæ. (1736). 4. (Skoleprogr.). P. (U. B.).

Scholtz, Magdeburger Bauvorschriften. Im Auftrage der städt. Polizeiverwaltg. zusammengestellt. (XXXVI, 477 S. m. Fig. u. 1 farb. Plan.) 8. Magdeburg 909. R. Peters. Geb. in Leinw. nn 4.—

— Die wahre Beschaffenheit eines Eltesten der christlichen Kirche nach Anleitung I. Petr. V. 1—3. Altona. 1739. 4. P. (Progr. i Anledn. af Georg Pahns Jubilæum).

— Chrestomathia Cobetina eaque sacra, diss. philol.-hermeneutica. U. St. [Altona]. 1741. 4. P. [Resp. Joa. Andr. Wattenbachius].

— Programma de Cimbria Græca. Altonæ. 1741. 4. P.

— Sancta Colonia, numis antiquissimis illustrata et monumentis historicis explicata. Ploenæ. 1738. 4. P. (M. Fig. og 1 Tvl.).

Scholtz, Henricus *(geb. Breslau 4. 2. 1812)*: Enumeratio filicum in Silesia sponte crescentium earumque de usu, additis lycopodiaceis et equisetaceis. Vratislaviae (1836). (58 S.) 8°
Breslau, Med. Diss. v. 5. Okt. 1836

— Schedium de eo, quod justum est in historia ecclesiastico ICto tractanda. Altonæ. 1739. 4. P. (Skoleprogr.).

— Schedium de justitia ejusqve fructibus. Altonaviæ. 1739. 4. P. (M. 2 Træsnit). (Skoleprogr.).

— Diss. exegetico-philologica de Lychnucho Zachariano ejusqve mysterio. Zach. cap. IV. Altonæ. 1741. 4. P. (M. 1 Tvl.). (Skoleprogr.).

Dissertatio historico-philologica inauguralis de Philippi Melanchthonis Moderatione in A[ugustanae] C[onfessionis] negotio conspicua sive Philippi leise treten bey Verfertigung der A. C. quam Praeside Philippo Friderico Hane pro summis in philosophia honoribus rite obtinendis publico eruditorum examini submittit auctor R[espondens] Henricus Scholtz. Kiliae. 1730. 4 k.

Scholtz, Heinr. (autor), Diss. hist.-philol. inaug. de Philippi Melanchtonis moderatione in A. C. negotio conspicua sive Philippi leise treten bey Verfertigung des A. C. Kiliæ. 1730. 4. [Præs. Phil. Frid. Hane].

— Kurtzgefaszte Nachricht von der Stadt Heiligenhaven in Wagrien, aus glaubwürdigen Urkunden zusammen getragen und hiemit ans Licht gestellt. Ploen. (1743).

— De notione vocis מקום potissimum Exodi XXXIII 21. obviæ. Altonaviæ. 1738. 4. P. (Skoleprogr.).

— Programma de scholasticis ante scholasticos. Hamburg. (1741). 4. P. (Skoleprogr. fra Altona).

— Specimen I. Bibliothecæ Arabicæ de typographiis Arabicis. Hamburg. 1741. 4. P. (Skoleprogr.).

— Das christliche und neu bevölckerte Wagerland in Reden und Gesprächen öffentlich vorgestellet. Nun aber mit historischen Anmerckungen erläutert und nebst der hier weit gründlicher abgehandelten Frage: Ob das Land Wagrien eine Marggraffschaft sey ... ans Licht gegeben. Plön (Hamburg und Kiel). 1737. (M. 1 Tvl.). — Hamburg und Lpz. s. A. (Kun nyt Titelbl.).

Scholtz, J. A., über d. Glauben an Zauberei in den letztverfloss. vier Jahrh. Vorgetr. in d. schles. vaterländ. Gesellschaft. 8. (8½ B.) Breslau 830, W. G. Korn.

SCHOLTZ, J[OH.] F[RIEDR.], Ueber die Ansiedelung auf Arnis im J. 1667. Ein Beitrag zur Vaterlandskunde. Schleswig. 1835. (Særtr. af »Neues staatsb. Mag.«).

SCHOLTZ, J[OH.] F[RIEDR.], Ueber die Schulverbesserungen im Kirchspiel Haddeby in den Jahren 1806 bis 1818, nebst historischen Notizen über die frühere Verfassung der Schulen daselbst. Ein Bruchstück zur Geschichte der Schulverbesserung im Herzogthum Schleswig. Schleswig. 1833. (Særtr. af »Neues staatsbürg. Mag.«). P.

Traurede, gesprochen, als am 7. Juni 1845 in der Kirche zu Kappeln zwei Brüder Bonnewie mit zweien Schwestern Lorenzen sich ehelich verbanden v. Johann Friedrich Scholtz. Itzehoe. 1845. 8°

Scholtz, Joh. Wilhelm Ludwig

Scholtz, Joh. Gull. Ludov., Dissertat. histor.-theolog. inaug., exhibens disquisit., qua Thomae a Kempis sententia de re christ. exponitur et cum Gerardi Magni et Wesseli Gansfortii sententiis comparatur. 8maj. (15¾ B.) Groningae 839, van Boekeren. (Lipsiae, Barth.) *

Scholtz, K., es ist notwendig, daß der Landwirt e. guter Rechner ist. Für den mittleren u. kleinen Betrieb bearb. (II, 41 S. m. 10 Fig.) 8. Görlitz (905). (H. Tzschachel.) n. — 40

Scholtz, K. A., die Vereinigten Staaten von Nordamerika, in wissenschaftlicher, staatsrechtlicher und öconomischer Beziehung dargestellt. 2. Aufl. Baltimore 859. Schmidt. gr. 8. (156 S.) n. 15 ngr.

Scholtz, K. H. A., Theoret.-Prakt. Englische Sprachlehre. Für Gymnasien, höhere Bürger- u. Handlungsschulen, so wie zum Privat- u. Selbstunterrichte nach einem neuen Systeme verfaßt. 8. Berlin 838. Stackebrandt. n. 5/12 Rthlr.

Scholtz, K. H. A., theoretisch-pract. englische Sprachlehre. Für Gymnasien, höhere Bürger- u. Handlungsschulen, sowie zum Privat- u. Selbstunterrichte nach einem neuen Systeme verfaßt. 8. 838. Halle, Colditz'sche Buchh. 5/12 Rthlr.

Scholtz, K. H. A., theoret.-pract. engl. Sprachlehre. Für Gymnasien, höh. Bürger- u. Handlungsschulen rc. (Neue Titelausg.) 8. (IV u. 128 S.) Halle 848, Colditz. 5/12 Rthlr.

Scholtz, Karl

Scholtz, Carl, die Bestimmungen des bürgerlichen Gesetzbuches üb. den Viehhandel. Zum prakt. Gebrauch m. Formularen erläutert. 2. Aufl. 8. (36 S.) Breslau 902. (W. Koebner.) n. — 80

Die Bestimmungen des Bürgerlichen Gesetzbuches über den Viehhandel. Zum prakt. Gebr. erl. von Carl **Scholtz**, Bureau-Vorst., Breslau. *Breslau: W. Koebner 1899.* (32 S.) 8° [F.] [00. 3730 2

Scholtz, Bestimmungen des B. G. B. üb. den Viehhandel. Breslau 900.

Die Bestimmungen des Bürgerlichen Gesetzbuches über den Viehhandel. Zum prakt. Gebr. mit Formularen erl. von Carl **Scholtz**, Bureauvorst., Breslau. 2. Aufl. *Breslau: [W. Koebner in Komm.] 1902.* (36 S.) 8° [F.] [03. 5009

Es ist notwendig, daß der Landwirt ein guter Rechner ist. Für d. mittleren u. kleinen Betrieb bearb. von K[arl] **Scholtz**, Landwirtschaftsl. in Görlitz. Görlitz: Selbstverl.; H. Tzschaschel in Komm. [1905]. (41 S.) 8° [F.] [06. 10036 2

Scholtz (u. Hermensdorff), Carl (v.): Das jetzt bestehende Provinzialrecht der Kurmark Brandenburg. Im amtl. Auftr. ausgearb. Berlin 1834. 3 Bde

Abth. 1. Enth. den Entwurf des Provinzialgesetzbuchs.
„ 2. Die Rechtfertigungsgründe zu den provinzialrechtl. Bestimmungen des Entwurfs.
Th. 1. Materien vom ALR. Th. 1
„ 2. „ „ „ Th. 2.

— 2. ... umgearb. Ausg. 1854. 1+2 Bde

Bd 1, Abth. 1. Entwurf des Provinzialrechts.
„ 2. Der Motive 1. Theil.
„ 2, „ 3. Der Motive 2. Theil.

— 3. Aufl. Unt. Berücks. der neueren Gesetzgebung besorgt von [Fr.] Günsburg. Berlin 1895.

Scholtz, Carl, das jetzt besteh. Provinzialrecht d. Kurmark Brandenburg. Nach d. Materialien u. Quellen im Zusammenhange ausgearb., u. nebst e. Entwurfe zur Redact. dess., mit Genehm. Sr. Exc. d. Hrn. Justizministers v. Kamptz hrsg. 2 Abthln. (od. 3 Thle.) gr. 8. (94½ B.) Berlin 834, Dümmler.

Scholtz (v. Scholtz und Hermensdorff), Carl, das bestehende Provinzialrecht der Kurmark Brandenburg. Im amtlichen Auftrage ausgearbeitet. 2., auf den Grund der Berathungs-Verhandlungen und der neueren Gesetzgebung umgearb. Ausg. 3 Abthlgn. (in 2 Bdn.) Berlin 854. Dümmler's Verlag. gr. 8. (XX, 108; VIII, 366; XII, 458 S.) n. 6 Rthlr.

1. Bd. Das bestehende Provinzialrecht rc. 1. Abth. Entwurf des Provinzialrechts. — 2. Abth. Der Motive erster Theil.
2. Bd. oder 3. Abth.: Das bestehende Provinzialrecht rc. 2. Bd. oder 3. Abth. Der Motive zweiter Theil.

Scholtz u. Hermensdorff, v., d. besteh. Provinzialrecht d. Kurmark Brandenburg. Im amtl. Auftr. hrsg. 3. Aufl. Unt. Berücksicht. d. neueren Gesetzgebg. besorgt v. Günsburg. gr. 8. (L, 452 S.) Berlin 895. F. Dümmler's Verl. n. 10. — ; geb. n. 12. —

Scholtz u. Hermensdorff, C. v., Standesvorurteile. Orig.-Roman. 8. (III, 170 S.) Dresden 903. E. Pierson. n. 2. 50; geb. n. 3. 50

Scholtz, Karl A. M. und Kuntz, Lewis

--Die VS v N-A in wisschl u öconomischer Bez. 2d ed. Balt. 1859.

Scholtz, Konstantin

Scholtz, Constantia, Schwester Warwara, die russische Menschenfreundin. (34 S.) kl. 8. Basel 907. (Basler Missionsbuchh.) nn — 12

Scholtz, L., s.: Lesebuch, deutsches, f. die II. Klasse der Volksschulen.

Scholtz, Leopold: Ueber die Haftung für den Einsturz von Gebäuden und anderen Werken. Historisch dargestellt bis zu der Einführung des Bürgerlichen Gesetzbuches. Berlin 1907: E. Streisand. (86 S.) 8°
Heidelberg, Jur. Fak., Ref. Bekker, Diss. v. 10. Juni 1907
[Geb. 23. Febr. 76 Bernstadt; Wohnort: Bernstadt; Staatsangeh.: Preußen; Vorbildung: Gymn. Guben Reife O. 97; Studium: Freiburg i. B. 1, München 2, Berlin 1, Breslau 2 S.; Rig. 10. Mai 07.]

Scholtz, Ludwig Heinrich

Scholtz, L. H., üb. Concursrecht u. Concursverfahren im Herzogth. Schleswig. 8. Schlesw. 822. Taubst.-Inst. (Cnobloch in Leipz.) 20 gl.

Scholtz, L. H., Ueberſicht der, das Vormünderweſen u. einige mit demſ. verwandte Inſtitute betreff., in d. Hrzth. Schleswig u. Holſtein gelt. geſetzl. Vorſchriften, mit angehängtem Entwurf zu e. Inſtruction f. Vormünder. 8. (9 B.) Schleswig 835, [Bruhn.]

Scholtz, L. H., Ueberſicht der, das Vormünderweſen u. einige mit demſelben verwandte Inſtitute betreffenden, in den Herzogthümern Schleswig u. Holſtein geltenden, geſetzl. Vorſchriften, mit angehängtem Entwurf zu einer Inſtruction für Vormünder. 8. Schleswig 835. Taubſtummen-Inſtitut. (Leipzig, Hermann.) 5/8 ℛ

Scholtz, Max, d. künstl. Aufbau d. Alkaloide, s.a. Sammlung chem. u. chemisch-techn. Vorträge, II, 2.

SCHOLTZ, M.
Künstliche (Der) Aufbau der Alkaloide. Stuttgart, 1897. 8vo.
Sammlung chemischer und chemisch-technischer Vorträge.

Scholtz, Max [aus Breslau]: Ueber den Einfluss von Dehnung auf das Längenwachsthum der Pflanzen.... (Cohn, Beiträge zur Biologie der Pflanzen. Bd. IV. Hft. VII. pag. 323—364) Breslau, Druck v. Robert Nischkowsky, 1887; 1 Bl. + 42 S. + 1 Bl. 8°.
Breslau, Phil. Fak., Inaug.-Diss. v. 30. März 1887.

Scholtz, Max, über den Einfluss von Dehnung auf das Längenwachsthum der Pflanzen. Diss. Breslau 1887. 8°. 42 S.
Sonder-Abdruck aus: Beiträge zur Biologie der Pflanzen, hrsg. von Ferd. Cohn. IV. Band. Breslau 1887. J. U. Kerns Verlag.

Scholtz, Max, der Einfluss der Raumerfüllung der Atomgruppen auf den Verlauf chem. Reaktionen, s.a. Sammlung chem. u. chem.-techn. Vorträge. IV. 9.

SCHOLTZ, MAX.
Der Einfluss der Raumerfüllung der Atomgruppen auf den Verlauf chemischer Reaktionen. Stuttgart, 1899. 8vo. III.
Sammlung chemischer und chemisch-technischer Vorträge.

Scholtz, Max, das Einmaleins zu Luſt u. Scherz in Bildern u. Reimen fürs Kinderherz. 4. (8 farb. Taf.) Weſel 894. W. Düms. — 50; auf Pappe, geb. 1. —

Scholtz, Max [aus Breslau]: Aus d. chem. Institut d. Univ. Breslau. Ueber die Einwirkung von Ammoniak auf o-Xylylenbromid.... Breslau, F. W. Jungfer's Buchdr., 1891; 8 Bl., 80 S., 1 Bl. 8°
Breslau, Phil. Fak., Inaug.-Diss. v. 8. Aug. 1891

Scholtz, Max. Ueber die Einwirkung v. Ammoniak auf o-Xylylenbromid. Diss. gr. 8. (V, 30 S.) Bresl. 891, (Köhler). * 1 —

Scholtz, Max, Lehrbuch der pharmazeutischen Chemie. 1. Bd. Anorganischer Tl. Mit 56 Abbildgn. u. 1 (farb.) Spektraltaf. (X, 488 S.) gr. 8. Heidelberg 910. Carl Winter. 10. 60

Scholtz, Max, Dr.: Die Nutationen der Blüthenstiele der Papaver-Arten und der Sprossenden von Ampelopsis quinquefolia Michx. Mit 2 Taf. 1892. S. 373—406, 2 Taf. 8° ¶ Aus: Beiträge zur Biologie d. Pflanzen. Bd 5.
Karlsruhe Te. H., Hab.-Schr. v. 4. 2. 1892

Scholtz, Max [Dr. phil.]: Synthese der Piperinsäure und anderer Derivate des Piperonylacroleïns, sowie über künstliche Piperine ... Breslau, Druck v. Dr. R. Galle, 1895; 56 S., 1 Bl. 8.
Breslau, Phil. Fak., Hab.-Schr. v. 14. Aug. 1895

— Synthese d. Piperinsäure u. and. Derivate d. Piperonylacroleïns, sowie üb. künstliche Piperine. Habilitationsschrift. gr. 8. (56 S.) Breslau 895. (Schletter.) n. — 80

Scholtz, Max, d. Terpene, s. a. Sammlung chem. u. chemisch-techn. Vorträge, I, 5.

Terpene (Die). Stuttgart, 1896. 8vo.
Sammlung chemischer und chemisch-technischer Vorträge.

— Die optisch-aktiven Verbindungen des Schwefels, Selens, Zinns, Siliziums u. Stickstoffs. (S. 441—480 m. 1 Abbildg.) Lex. 8. Stuttgart 907. F. Enke. 1. 20
Sonderabdruck aus: „Sammlg. chem. u. chemisch-techn. Vorträge".

Scholtz, Menachem ben Chaim, s.: Biblia hebraeca.

Scholtz, Peter Christian Heinrich

Scholz, Pet. Chr. Hnr., († ...) Entwurf einer Kirchengeschichte des Herzogth. Holſtein. gr. 8. Schwer. 791. Bödner. 1 ℛ 4 gl

SCHOLTZ, PT. CHR. HEINR., Meditatio exegetica in 2. Tim. I. 12, qva in verum sensum vocis τῆς παρατήκης inprimis inquiritur. Helmstadii. 1756. 4. P.

Scholtz, Robertus Gustavus: Observatio de cordis dilatatione, addita de eiusdem morbi aetiologia adnotatione. Halae (1833): Baentsch. 58 S 8°
Halle-Wittenberg, Med. Diss. v. 12. Jan. 1833
Geb. Hirschberg (Schlesien) 1808. V.
S. III—VI fehlen im Exemplar der UB Halle

Scholtz, *Wilhelm Gustav* Rudolf [aus Brieg]: Zur Casuistik der Schussverletzungen im Frieden.... Berlin, Buchdr. v. G. Schade, *1891*; 87 S., 1 Bl. 8°
Berlin, Med. Fak., Inaug.-Diss. v. 29. Jul. 1891

Scholtz, S. G. Schweidnitzer Tagebuch aus dem ersten schles. Kriege. Hrsg. von Grünhagen. (Breslau 1873.) 8°. (Aus: Abhandl. d. schles Gesellschaft, philos.-histor. Abt. 1873.)

Scholtz, Samuel Gottlieb (Schweidnitz) A. S. 1152/9

Dissertatio medica inauguralis de ulceribus uteri. Utrecht (vande Water) 17. VII. 1713. 16 S. 31254

Scholtz, Sigismund (Breslau) A. S. 1374/25

... sive Davidis delirium coram Achis, ex I. Sam. XXI, 11-16. Präs. Johann Christoph Ortlob. Leipzig (Titius) 15. XII. 1706. 24 S. 31255

Scholtz, Susanne, English-German conversations of schools and family-pensions. Out of practical life. According of the method of Sch. 12. (X, 151 S.) Dresden 900. G. Kühtmann. Geb. in Leinw. n. 1.20

Scholtz, Theodor, a. Budapest: Über die Einwirkung von Schwefelammonium auf fettaromatische Ketone. Freiburg i. Br. 1905: U. Hochreuther. (51 S.) 8°
Freiburg i. B., Phil. Fak., Ref. Gattermann, Diss. v. 1905
[Geb. 14. Aug. 79 Budapest; Wohnort: Freiburg i. B.; Staatsangeh.: Ungarn; Vorbildung: Gymn. Budapest Reife 97; Studium: Charlottenburg T.H. 5, Freiburg i. B. 6 S.; Rig. 19. Mai 05.]

Scholtz, Theod., die Volksschule. gr. 8. (1⅓ B.) Oldenburg 845, Schulzesche Buchh. *

Scholtz, Walter

Scholtz, W., sexuelle Ethik u. Pädagogik. Vortrag, geh. am 23. II. 1909 im Stadtmissionshause zu Königsberg. (30 S.) 8. Königsberg 909. Gräfe & Unzer. 1. —

Scholtz, *Moritz Wilhelm* Walther [aus Elberfeld]: Über Sinusverletzungen und deren Behandlung ... Halle a. S., Hofbuchdr. v. C. A. Kaemmerer & C., 1895; 23 S., 1 Bl. 8.
Halle, Med. Fak., Inaug.-Diss. v. 23. Dez. 1895

Scholtz, Wilhelm *(geb. Ratibor 22. 3. 1860)*: Zur Lehre von der Paralysis spinalis spastica. Aus der Krankenabtheilung des städt. Armenhauses (Herr Prof. Dr. Berger). Breslau 1885. (43 S.) 8° *[Im Buchhandel 1885 bei Köhler in Breslau.]*
Breslau, Med. Diss. v. 19. [vielmehr 21.] Jan. 1885

Scholtz, Wilh., zur Lehre v. der Paralysis spinalis spastica. Aus der Krankenabtheilg. d. städt. Armenhauses [Hr. Prof. Dr. Berger]. gr. 8. (43 S.) Breslau 885. (Köhler.) n. 1. —

Scholtz, W., Vorlesungen üb. Pathologie u. Therapie der Gonorrhoe des Mannes. (IX, 144 S. m. 1 farb. Taf.) gr. 8. Jena 904. G. Fischer. n. 3. —; geb. n. 4. —

Scholtz u. Hermensdorff, Karl v., s. Scholtz, Karl v.

Scholtz-Knobloch, Th., Ein neues Bild. Die Lösung der sozialen Frage als Philosophie des Erwerbslebens. 8⁰. s. l. 1892.

Scholtz-Knobloch, Th., die Preisbildung. gr. 8. (111 S.) Berlin 888. (Walther & Apolant, Berl.) n. 2. —

Scholtze, d. Altertum, s.: Schubert h.

Scholtze's Bautaschenbuch. Unter Mitwirkg. v. Altwasser, W. Biscan, Theo. Effenberger u. a. hrsg. v. Emil Beutinger. (206 S. m. ca. 100 Abbildgn.) 22,5 × 12 cm. Leipzig (909). C. Scholtze. 1. —

Scholtze, s.: Leitfaden d. Geschichte f. Realschulen.

Scholtze. Die catilinarische Verschwörung nach Sallust. Pr. 1874. 16 S. 4°. 2.—

Scholtze, Carl, s. Scholtze, Karl

Scholtze, Christian Achmed

Scholtze, A., die Anfänge des deutschen Realschulwesens. Vortrag, den 28. Mai 1885 auf der Hauptversammlung des sächs. Realschulmännervereins in Freiberg gehalten. 8. (34 S.) Frankenberg i. S. 886, (Rossberg.) *

Scholtze, *Christian Achmed* [Prof. Dr., Dir.]: *Bericht über die Einweihung der neuen Schulfahne.* Plauen i. V., Druck d. Druckerei Neupert, 1895; 25—26 S. 4.
Plauen i. V., st. R, OP 1895 (589)

Scholtze, [Achmed]: [Bericht über die Festlichkeiten anläßlich seines Rücktrittes vom Rektorat.] S. 45—55 des Jahresberichtes. 4. Progr.

Scholtze, A., die Beziehungen zwischen Rom u. Hellas vom Sturze der Königsherrschaft bis zum epirotischen Kriege. Inaugural-Dissertation. Leipzig 869. Gerhard. gr. 8. (46 S.) n. 10 ngr.

Scholtze, [Achmed], Rektor Prof. Dr.: Städtisches Realgymnasium mit Realschule zu Plauen i. V. Festschrift zur Erinnerung an die vom 31. August bis 3. September 1904 begangene Jubelfeier des fünfzigjährigen Bestehens der Schule. Plauen i. V. 1905: Neupert. (69 S.) 4°
Plauen, st. RG m. R P 1905 (666)

Scholtze, A. Die orientalische Frage in der öffentlichen Meinung des 16. Jahrhunderts. 34 S. **Progr.** *Frankenberg* 1880.

Scholtze, *Christian Achmed* [Prof. Dr., Dir.]: **Humanismus und Realismus im höhern Schulwesen Sachsens während der Jahre 1831—1851. 1. Plauen i. V., Druck v. F. E. Neupert, 1894; 1 Bl., 38 S. 4.**
Plauen i. V., st. R. OP 1894 (570)

Scholtze, A., die Culturgeschichte im historischen Unterricht. Vortrag, den 30. Septbr. 1879, auf der Hauptversammlung des sächs. Realschulmännervereins in Dresden gehalten. 8. (24 S.) Leipzig 880, Quandt und Händel. *

Scholtze, Chr. A., s.: Mitteilungen des Altertumsvereins zu Plauen i. V.

Scholtze, Chr. A., Philander von Sittewald. Progr. Chemnitz. 1877. 4⁰. 21 S.

Scholtze, A(chmed), Prof. Dr., Rekt.: 1. **Schulordnung.** (Genehmigt durch Verordnung d. Kgl. Minist. d. Kultus u. öff. Unterrichts vom 4. Nov. 1901.) — 2. Hausordnung. *Plauen i. V. 1902: Neupert.* (S. 44—50.) 4°
Plauen i. V., st. RG m. R u. handelswiss. Oberkl., OP 1902 (617)

Scholtze, Ernst *Bernhard Johannes* [aus Fraustadt, Prov. Posen]: **Gravidität bei Ventrofixatio und Vaginofixatio uteri retroflexi ... Greifswald, Buchdr. C. Sell, 1895; 53 S., 1 Bl. 8.**
Greifswald, Med. Fak., Inaug.-Diss. v. 11. Sept. 1895

Scholtze, Friedrich Ernst [Praes.], s. Krause, Johann Gottlieb: Eruditos sine moribus.

Scholtze, Friedrich Ernst (Öls) Thl. XII, 26/22

Dissertatio historica de usu vestium albarum.
Präs. Johann Schmid.
Leipzig (Zschauen) 29. III. 1704. 29 S.

Gew.: Christian Ferdinand von Nickisch und Roseneck.
W. v.: Präs., Abraham Theoph. Hermann. 31257

Scholz, Johann Friedrich [Praes.], s. Nahmmacher, Konrad: Diss. moral. sistens exactam generalem scientiarum moralium divisionem.

Scholtze, Johs., über Acetylenbeleuchtungsanlagen. (Hrsg. unter Benutzg. einiger Artikel der vielbekannten „Gesellschaft f. Heiz- u Beleuchtungswesen" G. m. b. H. Heilbronn.) 8. (97 S. m. 7 Abbildgn.) Leipzig 901. K. Scholtze. 3. —; geb. n. 4. —

Scholtze, Johs., praktische Anleitung zum Briefmarkensammeln. 2. verm. Aufl. 8. (105 S. m. Abb.) Berlin (901). S. Mode. n. 1. —

Scholtze, Johs., die zehn Gebote f. Chorsänger. (24 S. m. Fig.) kl. 8. Magdeburg (906). Heinrichshofen's Verl. n. — 25

— Grundriß der allgemeinen Musiklehre in leichtfaßlicher Darstellung. Nebst Anleitg. zum klaren Notenschreiben, e. musikal. Formenlehre u. e. musikal. Wörterbuch. 8. (87 S.) Ebd. (901). 1. 25

— vollständiger Operettenführer durch die Repertoireoperetten, nebst Einführgn., geschichtl. u. biograph. Mitteilgn. (XII, 888 S.) kl. 8. Berlin (906). S. Mode. Geb. in Leinw. n. 2. —; auch in 11 Heften à — 20

Vollständiger Opernführer durch die Repertoireopern nebst Einführungen, geschichtl. u. biogr. Mitteilungen. Hrsg. von Johannes **Scholtze**. Berlin: S. Mode [1904]. (XVI, 574 S.) 8° [F.] [06. 3038

Die Schauspielkunst. Hrsg. von Johannes Scholtze. *Berlin: S. Mode [1901].* (191 S.) 8° [F.] [03. 4811

Wie soll ich künstlerisch singen? Kurze Anleitung z. Kunstgesang f. Sänger u. Sangesfreunde. Hrsg. von Johannes **Scholtze**. Berlin: S. Mode [1901]. (106 S.) 8° [F.] [07. 340

Scholtze K, Allgemeine Bibliographie der bautechnischen und kunstgewerblichen Wissenschaften. 1. Jahrg. (262 S) Leipzig 1876

Scholtze, K. Bibliographie der bautechnischen u. kunstgewerblichen Wissenschaften. Leipzig 1876.

Scholtze's, Carl, Façaden-Entwürfe neuer Gebäude aller Art. [Monatshefte für das gesammte Hochbauwesen.] Ausgeführte und projektirte Original-Entwürfe in Ansichten, Durchschnitten, Grundrissen, Details und Profilen, mit Original-Mittheilungen aus der Praxis, Fachliteraturbericht und Briefkasten. Mit Beiträgen aus ganz Deutschland, Oesterreich etc. Redact.: Hittenkofer. 1. Jahrg. 1874. 12 Hefte. gr. 8. (à Heft 8 S. mit eingedr. Holzschn., 7 Stnt., wovon 1 in Buntdr. in gr. 8. und Imp.-Fol.) Leipzig 874, Scholtze. à Heft * M. 4.; Subscr.-Pr. à Heft * M. 2,80. *

Scholtze's, Carl, Façaden-Entwürfe neuer Gebäude aller Art. [Monatshefte für das deutsche Hochbauwesen.] Ausgeführte und projektirte Original-Entwürfe in Ansichten, Durchschnitten, Grundrissen, Details und Profilen. Mit Original-Mittheilungen aus der Praxis, Fachliteraturbericht und Briefkasten. Redact.: Hittenkofer. 2. Jahrg. 1875. 12 Hefte. hoch 4. (à Heft 4 S. mit eingedr. Holzschn., und Stnt. in gr. 4. und Imp.-Fol.) Leipzig, Scholtze.
Subscr.-Pr. à Heft * M. 2,80.; Einzelpr. *
Compl. in Mappe *

—— dass. — Ausgeführte und projectirte Original-Entwürfe in Ansichten, Durchschnitten, Grundrissen, Details und Profilen. Innere Dekorationen [Decken, Wände, Fussböden]. Mit Orig.-Mittheilungen aus der Praxis, Fachliteratur und Briefkasten. Mit Beiträgen aus ganz Deutschland, Oesterreich etc. Redact.: Hittenkofer. 3. Jahrg. 1876; 4. Jahrg. 1877/78; 5. Jahrg. 1878/79. à Jahrg. 12 Hefte. hoch 4. (à Heft 4 S. mit eingedr. Holzschn. und Stnt. in hoch 4. und Imp.-Fol.) Ebendas.
Subscr.-Pr. à Heft * M. 2,80.; Einzelpr. *
Compl. in Mappe à Jahrg. *

Scholtze, Karl, a. Pischkawe, Schlesien: I. Zur Kenntnis des sogenannten Nitrosourethans. II. Über farbige und farblose Modificationen von Silbersalzen der Halogenphenole. Breslau 1907: P. Förster. (39 S.) 8°

Leipzig, Phil. Fak., Ref. Hantzsch-Beckmann, Diss. v. 9. März 1908

[Geb. 9. Sept. 76 Pischkawe; Wohnort: Breslau; Staatsangeh.: Preußen; Vorbildung: Oberrealsch. Breslau Reife O. 96; Studium: Breslau 6, Leipzig 5 S.]

—— Märchen-Sammlung. 3 Hefte. 4. (à Heft 8 S. mit 5 Chromolithogr.) Ebendas. 876. cart. à Heft * 80 Pf. *
Inhalt:
Heft 1. Böhnke-Reich, Heinr., Prinzesschen Tausendschön. Orig.-Märchen.
» 2. Der kleine Muck. Nach Wilh. Hauff.
» 3. Der falsche Prinz. Nach Wilh. Hauff.

Scholtze, Robert Vorlagen zum Übersetzen aus dem Deutschen ins Lateinische im Anschluſs an die Lektüre. Für die oberen Klassen der Realgymnasien. 4 (19 S.). Rg. *Fraustadt* 1888 (158). **Progr.**

Scholtze, Rudolph. Alb(ertus) *(geb. Scheidelwitz bei Brieg [8. 7.] 1810)*: De versione spontanea. Vratislaviae (1830). (38 S.) 8°

Breslau, Med. Diss. v. 23. [vielmehr 24.] Dez. 1830

Schöltzel, A., u. **K. Schöltzel**, Ritter Kunibert od. Liebe, Leidenschaft u. Lysol, s.: Liebhaber-Theater.

Scholvien, A., u. Wilh. **Krüger**, Untersuchungsmethoden auf d. Gebiete d. Rohrzuckerindustr., — F. **Szymanski**, W. **Lenders**, Setja **Wikarto** u. W. **Krüger**, meteorolog. Wahrnehmgn. d. Versuchsstation v. 1. Septbr. 1888 – 1. Mai 1891, s.: Berichte d. Versuchsstation f. Zuckerrohr in West-Java, II.

Scholvien, Bruno: Weitere Studien zur Chanson de Lion de Bourges. Teil 3. Greifswald 1905: F. W. Kunike. (99 S.) 8°

Greifswald, Phil. Fak., Ref. Stengel, Diss. v. 2. Dez. 1905

[Geb. 28. Aug. 83 Landsberg bei Halle; Wohnort: Landsberg; Staatsangeh.: Preußen; Vorbildung: Städt. Oberrealsch. Halle Reife O. 01; Studium: Halle 4, Berlin 1, Greifswald 3 S.; Rig. 27. Sept. 05.]

Scholvien, Joachim (Lübeck) A. S. 847/5

De medicamentis balsamicis.
Präs. Friedrich Hoffmann.
Halle (Zeitler) V. 1715. 38 S.

W. v.: Paul Wilhelm Schmidt, Philipp Christian Lang.

31258

Scholvien, Karl Robert, aus Mühlhausen (Thür.): Ueber Jodidchlorid, Jodoso- und Jodiniumverbindungen, die sich vom ana-Jodchinolin ableiten. *Freiburg i. B. 1900: K. Henn.* (44 S.) 8°
Freiburg i. B., Phil. Diss. v. 1900

SCHOLVIEN, LOUIS. Beiträge zur Kenntniss der Knallsäure. (Rostock) Leipzig, 1885.

Scholvin, Gerh. Ph., Aussicht in eine bessere Welt, od. Gedanken über die Zukunft. 1r Theil. gr. 8. Altona, Kaven, 790.

— Hannover in Kriegsflammen, od. Betrachtt. üb. die Kriegsbegebenheiten etc. seit 1756. 8. Frankf. u. Leipz. 762. Schmidt. 16 gr.

— der schwer zu treffende Mittelweg bei den sittl. Handlungen der Menschen. 8. Hannov. 758. Helwing. 8 gr. Schrbp. 12 gr.

— das bethränte Sterbebette; e. Betrachtung üb. das ungleiche Schicksal zweier sterbenden Väter. 8. Hannov. 757. Helwing. 2 gr.

Scholz: De deorum apud Sophoclem epithetis. 12 S. —Gütersloh, Progr. 1861

Achter Jahresbericht über die Victoria-Schule in Berlin. Mit der Abhandlung des Dr. Scholz: Anwendung der stereographischen Projection auf die Perspective. Berlin 1875. 4°.

Scholz, das Arteriensystem des Menschen im stereoskopischen Röntgenbild, s.: Hildebrand.

Scholz, über die ärztliche Beaufsichtigung der Schule, s.: Sammlung pädagogischer Vorträge.

Scholz, die Bedeutung des bürgerlichen Gesetzbuches f. den evangelischen Pfarrer, s.: Reyß.

Scholz' moderne Bibliothek. 1. u. 2. Bd. 8. Leipzig, E. Maerter. à n. 1.—
1. Minderjährig v. Wüstlingen genötigt. Sensationelle Enthüllgn. Ein Großstadtbild. Von Arth. Gerhart. (69 S.) Werdohl 906.
2. Wir jungen Mädchen. Strafe sexueller Verirrg. Von einer Verführten contra Tagebuch einer Verlorenen. 1. u. 2. Taus. (76 S.) Werdohl 906.

— Deformitäten u. Missbildungen. — Fremdkörper, Sarkom u. Osteomyelitis des Schenkels, s.: Hildebrand.

Scholz: Zur Einleitung in die Midiana des Demosthenes. — Emden. — G. + R. Prg. — 9 S. — (280).

Scholz, s.: Entscheidungen des königl. preuß. Oberverwaltungsgerichts.

Scholz: Entstehung und Bedeutung der normännischen Seefahrten im Mittelalter. 11 S.–Hermannstadt kth., Progr. 1858

Scholz, Fest-Predigt, geh. am 4. Aug. 1886 in Naumburg. Zum Jahresfest d. Haupt-Vereins der evangel. Gustav-Adolfs-Stiftg. f. die Prov. Sachsen. 8. (16 S.) Wittenberg 886. Wunschmann. n. — 30

– Frakturen der oberen bezw. unteren Extremitäten, s. Hildebrand.

Scholz. Geschichte der Hoheitsrechte des deutschen Königs zur Zeit der ersten Staufer (1138—1197). Leipzig 897.

Scholz, Glaube u. That. Vortrag geh. bei der XIII. Generalversammlg. des Evangel. Bundes zu Halberstadt am 1. X. 1900. gr. 8. (5 S.) Leipzig (900). Buchh. des ev. Bundes v. C. Braun. n.n. — 10

Scholz, die pädagogischen und didaktischen Grundsätze des Desiderius Erasmus. 4. (8 S.) Nordhausen 880. (Berlin, Weidmann'sche Buchh.) 1 —

– Die kongenitalen Hüftgelenksluxationen, s. Hildebrand.

Scholz, ..., s. Ingemann, der Hirte v. Tolosa.

Scholz, die weltüberwindende Kraft des Evangelischen Glaubens, s.: Flugschriften des Evangelischen Bundes.

Scholz: Über die geometr. Methode in der Ethik d. Spinoza. Spremb. 1863
Schul-/Univ.-Schrift

Scholz, Mittheilungen über einige in neuerer Zeit in der Stadt Greifswald und deren Umgegend angestellte Tiefbohrungen. (Ohne Druckort und -Jahr). 8.

SCHOLZ, Novelle über die zu dem Verbande des schlesischen Bädertages gehörenden Bäder: Alt-Haide, Cudowa, Flinsberg, Goczalkowitz, Reinerz, Salzbrunn, Warmbrunn, und die Dr. Brehmer'sche Kuranstalt zu Görbersdorf. Im Auftrage des Bädertages und im Anschluss an dessen Bericht über den VI. Bädertag bearbeitet. Reinerz 1878. Selbst-Verlag des schlesischen Bädertages. 8°.

— Predigt bei der 52. Hauptversammlung des evangel. Vereins der Gustav-Adolf-Stiftung, s.: Hoffmann.

Scholz: Die Rückkehr Gregors XI. von Avignon nach Rom im Jahre 1377. — Hirschberg. — G. — 22 S. — (180).

— die Selbsthülfe d. deutschen Protestantismus gegen Rom, s.: Aus d. Verhandlgn. etc. d. Evang. Bundes.

Scholz, Dr. Die Trunksucht, das Verderben des Volkes. Bremen 1884.

Ländliche Volksunterhaltungsabende. Anleitung z. Ausführung von Volksabenden in kleinen Gemeinden. Von Lehrer Scholz, Weißkollm. Berlin: Gesellsch. f. Verbreitung von Volksbildung 1905. (11 S.) 8° [Umschlagt. F.] [04, 17316

Scholz, Dr. ..., s. Zeitschrift f. Philosophie.

Scholz A.: Über Ferro- und Ferridoppelsalze mehrbasischer Säuren. S. 117. Hb. 197. ver. Separatabdruck

Scholz, A., nach 40 Jahren, s. Theater-Repertoir, Wiener.

Scholz, A. Roger Ascham's „Schoolmaster". Osterode, R., 1872. 10 S. 4. Progr.

Scholz, A., deutscher Volks-Briefsteller. Ein treuer, unentbehrl. Rathgeber bei Abfassung aller nur denkbaren Arten von Briefen, Eingaben, Verträgen, Testamenten, Vollmachten, Rechnungen, Quittungen, Wechseln, Anweisungen und andern schriftl. Aufsätzen, wie sie im gewöhnl. Leben und in den verschiedensten Verhältnissen vorkommen, nebst einer kurzen Anweisung, die Regeln der deutschen Sprache, Orthographie und Interpunktion auf eine leichte und sichere Weise zu erlernen. 3. Aufl. (XVI, 175 S.) Hanau 877, Alberti.

Scholz, A., deutscher Volksbriefsteller. Nebst e. kurzen Anweisg., die Regeln der deutschen Sprache, Orthographie u. Interpunktion auf e. leichte u. sichere Weise zu erlernen. 4. Aufl. 8. (XVI, 175 S.) Hanau 891. G. M. Alberti. — 75

Scholz, A. J. Abriß der Erfahrungsseelenlehre. 29 S. . . . .
Progr. Neisse 1838

Scholz, A. J. Ueber Freiheit im christl. Sinne oder als Seelenzustand und die Mittel zu derselben zu gelangen. Eine am Schlusse des Schuljahrs gehaltene Anrede. 12 S. . . . .
Neisse, Progr. 1828

Scholz, A. J. Rede, gehalten am 3. Aug. 1830. (Hauptf. über die Pflichten der Unterthanen gegen den König.) 8 S. . . . . .
Neisse, Progr. 1832

Scholz, A. J., Programm, enthält: Wider alte u. neue Vorurtheile gegen griech. Sprache u. Wissenschaft, von A. J. Vogel. 4. Neisse 826. (Einert). 8 gr.

Scholz, A. J. L. F., e. Ansicht üb. den Zusammenhang der Imponderabilien u. einige daraus abgeleitete Folgerungen. gr. 8. (27 S.) Klausenburg 873. Stein. n. — 60

Scholz, Adolf: Über Gliome der Retina mit besonderer Berücksichtigung zweier Fälle, welche in der hiesigen Augenklinik in den letzten Jahren zur Behandlung gekommen waren. *Greifswald 1897: J. Abel.* (32 S.) 8°
Greifswald, Med. Diss. v. 24. Juli 1897*)

Scholz, *Adolf Bernhard Carl Friedrich August* Zur Einführung in die Rede des Demosthenes gegen Midias. (Umschlagtitel: Zur Einleitung in die Midiana des Demosthenes.) 4 (S. 3—9).
Progr. Wilhelms G. u. Rprg. *Emden* 1886 (280).

Scholz, Alfred: Die Baumwollindustrie im Lodzer Industrierayon. 1823—1903. Breslau 1904: R. Nischkowsky. (73 S.) 8°
München, Staatswirtsch. Fak., Ref. Brentano, Diss. v. 7. Okt. 1904
[Geb. 6. Juli 79 Gnadenfeld i. Schl.; Wohnort: Breslau; Staatsangeh.: Preußen; Vorbildung: Askan. Gymn. Berlin Reife M. 99; Studium: Berlin 3 (jur.), Heidelberg 1 (jur.), München 4 S. (Staatsw.); Rig. 25. Juli 04.]

Scholz, Alois, Andreas u. Peter, d. Savoyardenbrüder, s.: Jessen's, A. Ch., Volks- u. Jugend-Bibliothek.

Scholz, Ant., die Aegyptologie und die Bücher Mosis. gr. 8. (139 S. mit 2 Stnt.) Würzburg 878, Woerl.

Scholz, Ant. (I.), das Buch Judith — eine Prophetie. Ein Vortrag in der historisch-philolog. Gesellschaft zu Würzburg, gehalten am 11. Novbr. 1884. gr. 8. (48 S.) Würzburg 885, Woerl. *

Scholz, Ant., d. Keilschrift-Urkunden u. d. Genesis, s.a. Studien, kathol.

Scholz, Anton, Die Keilschrift-Urkunden und die Genesis. Würzburg, Woerl, 1877, gr. 8°, 91 S., 1,20 Mk.
Recens. v. Rohling, Litt. Rundsch. 1878, S. 118—9: Die Schrift „berichtet für weitere Kreise über d. Geschichte der Entzifferung d. Keilinschriften u. bespricht dann in Beziehung auf d. Bibel die assyriol. Sagen von der Schöpfung, von d. Flut, vom Turmbau zu Babel u. von d. Unsterblichkeit".

Scholz, Ant. (I.), Commentar zum Buche des Propheten Hoseas. gr. 8. (XXXIX, 204 S.) Würzburg 882, Woerl. *

Scholz, Anton, Kommentar zum Buche des Propheten Jeremias. Würzburg, Woerl, 1880, gr. 8°. XXXV u. 609 S., 10 Mk.
Recens. von B. Schäfer, Litt. Handw. 1880, S. 389—393; von Seisenberger, (Innsbr.) Ztschr. für kath. Theol., VII. Jahrg., Heft 3; Zschokke, Litt. Rundsch. 1880, Nro 9.

Scholz, Ant., Kommentar zum Buche des Propheten Joel. Würzburg, Woerl, 1885, gr. 8°, 92 S., 2 Mk.
Recens. von Knabenbauer, Stimmen a. M.-Laach 1886, Heft 6.

Scholz, Ant. Commentar üb. das Buch „Esther" m. seinen „Zusätzen" u. üb. „Susanna". gr. 8. (XXXVII, 182, CVIII S.) Würzb. 892, Woerl. * 6 —

Kommentar über das Hohelied und Psalm 45 von Anton v. Scholz, Prof. Würzburg. *Leipzig: L. Woerl 1904.* (XVII, 138 S.) 8°

Scholz, Ant., Kommentar zum Buche Judith. Würzburg, Woerl, 1887, 8°, XXII u. 114 S., 3 Mk.
Recens. von Knabenbauer, Stimmen aus M. Laach 1886, Heft 6.

— Commentar üb. das Buch Judith u. üb. Bel u. Dracho. 2., neubearb. Aufl. v. „Judith." gr. 8. (XL, 233 u. CL S.) Würzburg 896. L. Woerl. n. 8. —

Scholz, Ant. v., Kommentar üb. das Hohelied u. Psalm 45. (IV, XVII, 138 S.) gr. 8. Leipzig 904. Woerl's Reisebücher-Verlag. n. 3. —

Scholz, Ant. v., Kommentar üb. den Prediger. gr. 8. (VII, XXVIII, 229 S.) Leipzig 901. Woerl's Reisebücher-Verlag. n. 6. —

Scholz, Anton, Kommentar zum Buche Tobias. Würzburg, Woerl, 1889, 8°, 172 S., 4 Mk.

Scholz, Ant., Lehrbuch der Arithmethik f. Handelsschulen. 2. m. Rücksicht auf das neue Mass- u. Gewichtssystem umgearb. u. erweit. Aufl. gr. 8. (X, 293 S.) Wien 874. Braumüller. n. 3. 20

Scholz, Ant., Lehrbuch der Arithmetik für Sonntags-Handelsschulen. Wien 865. Braumüller. gr. 8. (VII, 214 S.) n. 1 ...

—— Lehrbuch der Geografie für Handels- und Gewerbeschulen. gr. 8. (VIII und 248 S.) Wien 867, Braumüller. *

—— Lehrbuch der Geographie für Handels- und Gewerbeschulen. 2. umgearb. Aufl. gr. 8. (VIII, 266 S.) Ebendas. 873. *

Scholz, Ant. (II.), Lehrbuch der Geographie für Handels- und Gewerbeschulen. 3. umgearb. Aufl. gr. 8. (VIII, 361 S.) Wien 881, Braumüller. *

Scholz, A., Lehrbuch der Geographie u. Mittheilungen üb. den Welthandel f. Handels- u. Gewerbeschulen. 4., umgearb. Aufl. gr. 8. (VIII, 385 S.) Wien 887. Braumüller. n. 5. —

Scholz, Ant., Lehrbuch der Geographie u. Mittheilungen üb. den Welthandel f. Handels- u. Gewerbeschulen. 5., umgearb. Aufl. gr. 8. (VIII, 387 S.) Wien 894. W. Braumüller. Geb. in Leinw. n. 4. —

Scholz, Ant., der masorethische Text u. die LXX-Uebersetzung d. Buches Jeremias. gr. 8. (229 S.) Regensburg 875. Manz. n. 4. —

Scholz, Anton, Die alexandrinische Übersetzung des Buches Jesaias. Würzburg, Woerl, 1880, 8°, 49 S., 1 Mk.
Rektoratsrede, für den Druck mit erläuterndem Noten-Apparate ausgestattet. Recens. v. B. Schäfer, Litt. Handw. 1880, S. 393; v. Zschokke, Litt. Rundsch. 1880, Nro 9, und (Mainzer) Katholik, siehe nachstehend.

Zeit und Ort der Entstehung der Bücher des Alten Testamentes. Festrede z. Feier d. dreihundert und elften Stiftungstages d. kgl. Julius-Maximilians-Univ. geh. am 2ten Jan. 1893 v. Dr. Anton Scholz, ö. o. Prof. d. alttest. Exegese u. d. bibl.-orient. Spr., z. Z. Rector. [Enth. ausserdem die Chronik u. Preisfragen.] Würzburg, *Druck v. J. Falk III. Söhne, Mainz,* 1893; 45 S. 4.

— Zeit u. Ort der Entstehung der Bücher d. Alten Testamentes. Festrede, zur Feier d. 311. Stiftungstages der königl. Julius-Maximilians-Universität geh. am 2. Jan. 1893. gr. 4. (35 S.) Würzburg 893. (Dresden, G. Hertz.) n. 1. 20

Scholz, Arthur [aus Goldberg in Schlesien]: Zwei Fälle von intermittierender Pneumonie. . . . Würzburg, J. M. Richter's Buch- u. Kunstdr., 1890; 28 + 1 S. 8°
Würzburg, Med. Fak., Inaug.-Diss. v. 1890

Scholz, Arthur (*geb. Glogau 7. 7. 1845*): Die individuelle Prädisposition zur psychischen Erkrankung. Breslau (1868). (36 S.) 8°
Breslau, Med. Diss. v. 19. Dez. 1868

Scholz, August. Appellation an den hohen Landrath des Kantons Basel-Landschaft. (Mit einer Zuschrift an den hohen Landrath.) kl.-4. (Basel 1861.)

Scholz, Aug., russische Herrscher u. Charakterköpfe. Anekdoten u. Skizzen, nach russ. Skizzen zusammengestellt. — Drei Erzählungen. 12. (69 u. 64 S.) Leipzig 886. Werther. n. — 75

Scholz, Aug., s.a. Juden, die, in Russland.

Die Juden in Russland. Urkunden u. Zeugnisse Russ. Behörden u. Autoritäten. Aus d. Russ. übers. von August Scholz. *Berlin: Concordia 1900.* (248 S.) 8°

Scholz, August, prakt. Arzt aus Klein-Zoellnig, Kr. Oels, Schlesien: Über Verletzungen beider Augen bei Schläfenschüssen. Greifswald 1905: J. Abel. (28 S.) 8°
Greifswald, Med. Fak., Ref. Schirmer, Diss. v. 28. Nov. 1905
[Geb. 1. Nov. 78 Klein-Zöllnig, Kr. Öls; Wohnort: Boguschütz; Staatsangeh.: Preußen; Vorbildung: Matthias-Gymn. Breslau Reife M. 98; Studium: Breslau, Halle, Greifswald; Coll. 29. Mai 03; Approb. 28. Mai 03.]

Scholz, B., s.: Bestimmungen f. den Arznei-Verkehr beim Gewerks-Kranken-Verein zu Berlin.

Scholz, Benjamin

Scholz, B., Anfangsgründe d. Physik. gr. 8. Wien, Camesina. 815.

— Anfangsgründe d. Physik, als Vorbereitung zum Studium d. Chemie. Mit e. Vorr. v. J. F. Frhrrn. v. Jacquin. Mit 4 Kpf. gr. 8. Wien 816. 2e umgearb. Aufl. Mit 6 Kpft. gr. 8. Ebd. 821. 3e A. 827. 4e verm. Aufl. Mit 5 Kpft. 832. Heubner. 3 ∤ 20 ℊ

— Anfangsgründe d. Physik, als Vorbereitung zum Studium d. Chemie. 3e Aufl. gr. 8. Wien 826, Heubner.

Scholz, Benj., Anfangsgründe d. Physik, als Vorbereitung z. Studium d. Chemie. (3 Abthln.) 5., v. Ant. Schrötter umgearb. u. verm. Aufl. gr. 8. (49½ B. u. 5 Kpfrt.) Wien 837, [Heubner's Verl.] Thlr. •

Benjamin Scholz

Lehrbuch der Chemie. Von Benjamin Scholz. Bd 1.2. Wien: Beck 1824-25. 8°

—— Lehrbuch der Chemie. 2 Bde. 2. Aufl. gr. 8. Wien, Beck. [1. (50¼ B. u. 1 Kpfrt. Fol.) 829. 3 Thlr. 8 Gr., 2. (60½ B. u. 1 Kpfrt. Fol.) 831. 4 Thlr.]

— s. Parmentier, Abhandl. üb. die Bereitung d. Syrupe.

— chemisch. Rechenstab, oder stöchiometr. Tafel f. ausübende, sowohl analysirende als fabricirende Chemisten. Wien 822. (Beck). 1 ∤

Scholz, Bernh., s.: Chorwerke, die beliebtesten.

Scholz, Bernhard: Aus der Königl. chirurgischen Universitätsklinik zu Breslau. Neun Fälle von Jejunostomie. *Breslau 1898: Bresl. Gen.-Buchdr.* (33 S.) 8°
Breslau, Med. Diss. v. 25. Juli 1898

– Edgar Tinel's Franciscus, s. Musikführer, Der.

Scholz, Bernh., Gedichte. Aus dem Nachlasse hrsg. v. Freunden d. Verstorbenen. 8. (V, 292 S.) Wiesbaden 872. Rodrian. n. 4. —; geb. n. 6. 75

Scholz, Bernh., die Jericho-Rose, s.: Hausbücherei, rhein.

— s.: Kindersang — Heimatklang.

Lehre vom Kontrapunkt und den Nachahmungen von Bernhard Scholz. *Leipzig: Breitkopf & Härtel 1904.* (IX, 176 S.) 8°
= Lehrgänge an Dr. Hochs Konservatorium in Frankfurt a. M. [1.] [04.6934

— eine moderne Million. Schauspiel in 5 Aufzügen. 8. (IV, 98 S.) Ebend. 870. n. 2. —

Scholz, Bernh., W. A. Mozart u. seine Stellung in der Geschichte der Musik. Festrede bei der Mozart-Feier d. Dr. Hoch'schen Conservatoriums in Frankfurt a/M., am 6. Decbr. 1891. gr. 8. (15 S.) Frankfurt a/M. 892. B. Firnberg. n. — 50

Scholz, Bernh., Musikalisches u. Persönliches. 8. (VI, 237 S.) Berlin 899. Stuttgart, W. Spemann. n. 4. —; geb. n. 5. —

— Rheinbilder u. Alpenblumen. Novellen. Aus dem Nachlasse hrsg. v. Freunden d. Verstorbenen. gr. 8. (372 S.) Ebend. 873. n. 5. —; geb. n. 6. 75

– Caesar Francke's Seligkeiten (les béatitudes), s. Musikführer, Der.

Der Wald. Dichtung von Karl Feldmann. Für Soli, Männerchor u. Orchester komp. von Bernhard Scholz. Op. 85. Textbuch. *Berlin-Gr. Lichterfelde: Ch. F. Vieweg [1903].* (10 S.) 8° [F.] [04.4619

— Hans Waldmann. Historisches Trauerspiel in 5 Akten. Der Bühne gegenüber Mscr. 8. (IV, 148 S.) Ebend. 869. n. 2. 40

Scholz, Bernh., Gustav Wasa oder Maske für Maske. Schauspiel in 5 Akten. Leipzig 871. Dürr'sche Buchh. 8. (VII, 126 S.) 24 ngr.

— s.: Weihnachtsklänge.

— Wohin treiben wir? Betrachtgn. e. Musikers. [Aus: „Beilage zur Allg. Zeitg."] gr. 8. (56 S.) Frankfurt a/M. 897. B. Firnberg. 1. —

Scholz, Bethy, Führer durch das Altvatergebirge, durch Freiwaldau, Gräfenberg, Lindewiese, Ziegenhals, Zuckmantel, Reihwiesen, Einsiedel, Würbenthal, Karlsthal, Karlsbrunn, Goldenstein, M.-Altstadt und das Glatzer Schneebergs-Gebirge. 2. verbesserte und ergänzte Auflage. Mit neuer Wegkarte der mährisch-schlesischen Sudeten und markirtem Wegweiser. 8. (168 S.) 1.20
— — Ausgabe A mit Wegkarte —.90

Freiwaldau: Titze 1894.

Scholz jun., C., Gurken, s. a. Radetzki, gärtnerische Kultur-Anweisungen, 16. Hft.

Gurken. Prakt. Winke f. Gurken-Treiberei im Haus u. im Beet nach eigenen prakt. Erfahrungen von C. Scholz jun., Handelsgärtner. 2. Aufl. ⟨Neu durchges. u. verm.⟩ Berlin: Berliner Gärtner-Börse [1904]. (16 S.) 8°
— Kultur-Anweisungen, Gärtnerische. H. 16. [04.178

Scholz, C. F. L., Beichtreden für christl. gesinnte Menschen. 8. Görlitz 809. Anton in Halle. 12 ℊ

Scholz, C. F. W. "Aus d Anfängen d luth Kirche im Nordwesten." D-AGbl. v5 1 (1905) 225.

Scholz, C. F. W., s. Denkmal in 6 geistl. Reden. — Gott die Liebe 2c.

Scholz, C. R., Nervenstörungen u. deren Folgen. Eine moderne Psychotherapie. Jeder sein eigener Arzt u. Suggestor. Mit grossem Erfolge angewendet bei Nervenstörgn. u. deren Folgen. 3. u. 4. Aufl. (Je 82 S.) 8. Säckingen (Baden) (905). Institut Hephata. (Nur direkt.) n. 1. —

— dasselbe. 5. verm. u. verb. Aufl. Mit: Die Suggestionsformeln nebst prakt. Ratschlägen f. Nervenleidende. Suppl. zur 4. Aufl. (31 u. 20 S.) 8. Ebd. (905). 1. —

Scholz, Carl .... s. Scholz, Karl ...

Scholz, Chrn., actenmäßige Darstellung meiner gerichtlichen Verfolgung durch die literar. Anstalt zu Frankfurt a. M. wegen angeblichen Nachdrucks des Struwelpeter durch Uebersetzg. desselben in das Schwedische, Holländische u. Englische. Meine Freisprechung in erster u. meine Verurtheilung in zweiter Instanz. Beitrag zur Lehre vom Nachdruck. gr. 8. (VI u. 105 S.) Darmstadt 852, Leske in Comm. n. 8 ngr.

Scholz, Chr., grammatica aegyptiaca utriusque dialecti, Edid. C. G. Woide. 4maj. Oxonii. 778. Jetzt Verlag von Reimer in Berlin und der Preis

Scholz, Chr., († d. 6. Aug. 1777.) grammatica aegyptiaca utriusque dialecti, quam breviavit, illustr., edidit K. G. Woide. 4maj. Oxonii 779. Stahlbaum. 6 ℛ (Reimer in Berl.) Hbg. Pr. 2 ℛ

— s. Lexicon Aegyptico-Latinum.

Scholz, Christian Gottlieb (Gottlob)

Scholz, Chrst. Gtli., Abschiedsworte, gesprochen am 30. Sept. 1834, nach beendigter Schulprüfung. 12. (1¼ B.) Breslau, Pelz.

Scholz, Chr. Glieb., die Anfänge der Bruchrechnung als Zahl-Denkübung in elementar. Allseitigkeit mit den Zahlgrößen von 1 – 100 angestellt und als ein Beitrag z. Vereinfachg. des Rechenunterrichts hrsg. gr. 8. (VIII u. 64 S.) Breslau 848, Scholz. n. ⅙ ℛ

Scholz, Chrn. Glieb., Anleitung zur Fragebildung. Nebst einem Anhang enth. Musterstücke zum Studium in der Kunst gut u. richtig zu fragen. Ein Beitrag zur Förderung der Frage-Lehrkunst. 2. verb. u. erweiterte Aufl. Breslau 863. Leuckart. gr. 8. (2 Bl., 111 S.) 12 ngr

Scholz, Chr. G., Anleitg. zur Fragbildg., neue Aufl., s.: Reinstein, Alwin, d. Frage im Unterricht.

— kurze Anleitung zur Fragebildung. Ein Beitrag zur Förderung der Fragekunst f. Lehranfänger. Lex. 8. (56 S.) Breslau 852, Leuckart. 6 ngr

– s. Annalen d. Criminalrechtspflege. Extraheft.

— faßl. Anweis. zum gründl. Kopf- u. Zifferrechnen. Nach naturgemäßen Grundsätzen u. in method. Stufenfolge. Mit Vorwort von Dr. W. Harnisch. 3 Thle. 8. Halle 825. 1r Thl. N. A. 832. 14 gr 2r Thl. N. A. 828. 8 gr 3e Aufl. bearb. v. W. Harnisch. 832. 8 gr 3r Thl. 828. 10 gr Anton. 1 ℛ 8 gr

— faßliche Anweisung zum gründl. Kopf- u. Zifferrechnen. Nach bewährten Grundsätzen u. in method. Stufenfolge für Schullehrer-Bildungsanstalten, Gymnasien, Bürger- und Volksschulen bearbeitet. Mit einem Vorwort vom Director Dr. Wilh. Harnisch. 1r Thl. 4e Aufl. 8. Halle 835. Ed. Anton. $^7/_{12}$ ℛ — 2r Thl. 4e durchgeseh. Aufl. 8. Ebd. 836. ⅓ ℛ — 3r Thl. 3e Aufl 833. 4e Aufl. 836. $^5/_{12}$ ℛ (1—3: 1⅓ ℛ)

Scholz, Chrstn. Gtlo. (l.), † (Ernst Fibel,) faßl. Anweisung z. gründl. Kopf- u. Zifferrechnen. Nach bewährten Grundsätzen u. in method. Stufenfolge f. Schullehrer-Bildungsanstalten, Gymnasien, Bürger- u. Volksschulen bearb. Mit e. Vorw. v. Wilh. Harnisch. 3 Thle. 4., verb. Aufl. 8. Halle, Anton. [1. (24 B.) 836. $^7/_{12}$ Thlr., 2. (18 B.) ⅓ Thlr., 3. (19¾ B.) 836. $^5/_{12}$ Thlr.]
5. Aufl. s. unt.: Dess., prakt. Rechenlehrer ꝛc.

— 100 Aufgaben meist aus dem Gebiet der Gleichungen in Nachbildungen u. m. elementar. Berechnungen. 2. Sammlg. 8. (32 S.) Breslau 851, Scholz. 2 ngr (Die 1. Sammlung bilden dess. Verf. Materialien.)

— Aufgaben zum Kopfrechnen nach Proportionen od. Gleichungen. f. zahlreiche Knaben- od. Mädchenschulen. Als Anh. zum 2n Theil meiner Anweis. z. Kopf- u. Zifferrechnen. 8. Neisse 825. (Halle, Anton). 4 gr 2s Hft. 828. 4 gr 3s Hft. N. A. 827. 4 gr

— Aufgaben zum Kopfrechnen, in geordneter Stufenfolge f. zahlreiche Knaben- u. Mädchenschulen. 1s Hft. (Als Anh. zum 1n Theile der vorstehenden Anweis.) 8. Halle 832. Anton. 4 gr

—— Aufgaben z. Kopfrechnen, in geord. Stufenfolge f. zahlr. Knaben- u. Mädchenschulen. 3 Hfte. 8. Halle, Anton. [1. 2., durchges. u. verb. Aufl. (7 B.) 838., 2. 2., durchges. u. verb. Aufl. (6½ B.) 3. 3., durchgeseh. u. bericht. Aufl. (7½ B.) 836. à ⅙ Thlr.]
Dess., Auflösungen hierzu, s. Dess., Beantwortung ꝛc.

— Aufgaben zum Kopfrechnen, in geordneter Stufenfolge f. zahlreiche Knaben- u. Mädchenschulen. 1. u. 2. Hft. 3. durchgeseh. u. verb. Aufl. 8. (112 u. 103 S.) Halle 852, Anton. — 3. Hft. 4. genau durchgeseh. u. bericht. Aufl. [Als Anhang zum 3. Thl. d. Rechenlehrers, 5. Aufl.] 8. (120 S.) Ebd. 850. (à ⅙ ℛ) ½ ℛ

— Aufgaben zum Zifferrechnen. 2 Hefte. Neue Aufl. 826, u. 3s Heft 825. 8. Halle, Anton.

— Auflösungen hierzu 2 Hefte. Neue Aufl. 826. 5 gr. 3s Heft 825. 3 gr. 8, Ebd.

— Aufgaben zum Zifferrechnen. 3 Hfte. (1s Hft. 2e A.) 825. 3e A. 829. 4e A. 831. (2s Hft. 2e A.) 826. 3s Hft. 2e A. 827. 8. Halle, Anton. (à 4 gr) 12 gr

— Auflösungen hierzu. 2 Hfte. N. A. 826. 3e A. 830. 5 gr 3s Hft. 825. 2e A. 829. 3 gr. 8. Halle, Anton. 8 gr

Scholz, Chrst. Gtli., Auflösungen d. Aufgaben zum Zifferrechnen f. zahlr. Schulen u. einzelne Schüler. 1—3. Hft. 8. Halle, Anton. [1., 2. 3. Aufl. (8¼ B.) 830. (1. 2 Gr., 2. 3 Gr.) 5 Gr., 3. 2., 3. A. (à 4 B.) 828, 32. à 3 Gr.] Thlr.

— Aufgaben zum Zifferrechnen. In geordneter Stufenfolge für zahlreiche Schulen u. einzelne Schüler entworfen. 1s Hft. (in 2 Abthll.) 5e, durchgeseh. Aufl. 8. Halle 835. Ed. Anton. 6e Aufl. 838. ⅙ ℛ (Die 2e Abthl. auch u. d. T.: Die vier Rechnungsarten in Brüchen.) — 2s Hft. 4e Aufl. 835. 5e Aufl. 837. ⅙ ℛ — 3s Hft. 4e, durchgängig berichtigte u. verb. Aufl. 8. Ebd. 837. ⅙ ℛ (1–3: ½ ℛ — Auflösungen dazu. 3 Hfte. 4e Aufl. Ebd. 835, 39. ⅓ ℛ)

—— Aufgaben z. Zifferrechnen. In geord. Stufenfolge f. zahlreiche Schulen u. einzelne Schüler entworfen. 3 Hfte. 8. Halle, Anton. [1. 7., durchges. Aufl. (6 B.) 842., 2. 5., durchges. A. (8 B.) 837., 3., 5., durchges. A. (8⅛ B.) 842. à ⅙ Thlr.]
Dess., Auflösungen d. Aufgaben z. Zifferrechnen f. zahlr. Schulen u. einzelne Schüler. 3 Hfte. 8. Ebds. [1. 4. u. 5. Aufl. (à 3¼ B.) 835, 42. à 2 Gr., 2. 4. u. 5. A. (à 6 B.) 835, 43., 3. 4. A. (4 B.) 839. à 3 Gr.] 8 Gr.

—— Aufgaben zum Zifferrechnen. In geordneter Stufenfolge für zahlreiche Schulen und einzelne Schüler entworfen. 1. Heft. 8. Aufl. 8. (VIII und 71 S.) Halle 847, Anton.

—— dass. Ein Hülfsmittel, den Unterricht im Rechnen zu erleichtern, und das Diktiren der Aufgaben oder Vorlegen sogenannter Rechentafeln zu vermeiden. 3. Heft. 6., durchgängig bericht. Aufl. 8. (128 S.) Halle 850, Anton. Thlr.
2. Heft. 5. Aufl. Ebendas. 1837. 5 Ngr.

Scholz, Chr. Gottlieb, Auflösungen zu Obigem. 3. Heft. 5., durchaus bericht. Aufl. 8. (64 S.) Halle 850, Anton.
1. und 2. Heft. 5. Aufl. Ebendas. 1848. 7½ Ngr.

—— Aufgaben zum Zifferrechnen. In geordneter Stufenfolge für zahlreiche Schulen und einzelne Schüler entworfen. Ein Hülfsmittel den Unterricht im Rechnen zu erleichtern ꝛc. 2. Heft. 8. Aufl. 8. (IV und 138 S.) Halle 855, Anton.
1. Heft. (8. Aufl.) Ebendas. 1847. 5 Ngr.

— Beantwortung dieser Kopfrechnen-Aufgaben. 8. Neiße 826, (Halle, Anton.)

—— Beantwortungen der Aufgaben zum Kopfrechnen. 1—3. Hft. 8. Halle, Anton. [1. (2½ B.) 832., 2. (4½ B.) 829. à 3 Gr., 3. 2. A. (3 B.) 828. 2 Gr.]

— Beantwortung der Kopfrechen-Aufgaben 1sten Heftes. 2e, verb. Aufl. 8. Ebd. 836. 1/8 Thlr — 2s Hft. 2e Aufl. 834. 1/8 Thlr — 3s Hft. 3e, berichtigte u. verb. Aufl. 8. Ebd. 836. 1/12 Thlr

Scholz, Christ. Gtli., Beantwortungen der Kopfrechen-Aufgaben. 1. Hft. 3., verb. Aufl. 8. (2¼ B.) Halle 846, Anton.

—— dass. 3. Hft. 4., berichtigte u. verb. Aufl. 8. (3⅛ B.) Ebds. 846.
2. Hft. (2. Aufl.) Ebendas. 1834. 3¾ Ngr.

—— Beurtheilung d. wichtigsten pädagog. Schriften, s. Hand- u. Taschen-Bibliothek, pädagog., IV. Abthl.

Scholz, Chr. Gli., Bilder d. häusl. Lebens in 4 Predigten. 8. Hirschb. 822. Krahn. 6 Gr

Scholz, Chrn. Glieb., Briefe über Unterricht und Erziehung an eine junge Lehrerin gerichtet. 1. und 2. Heft. gr. 8. (à Heft 110 S.) Breslau 860,62, Maruschke und Berendt. [1. Heft * 12½ Ngr., 2. * 15 Ngr.] * -

Scholz, Chr. Glieb., die Dreisatzrechnung im weitesten Umfange od. die bürgerl. Rechnungsarten in Bruchform dargestellt und als ein Beitrag zur Vereinfachung d. Rechenunterrichts f. Lehrer und Schüler herausg. gr. 12. (IV u. 108 S.) Breslau 850, Scholz. n. ⅙ Thlr

—— meine Erlebnisse als Schulmann. 1. und 2., berichtigte und verm. Aufl. gr. 8. (VIII und 327 S. mit dem Bildniß und Facs. des Verf. in Holzschn.) Breslau 861. 62, Maruschke und Berendt. *

—— Fazitbüchlein zur Dreisatzrechnung. Enthaltend über 3000 Fazite zu 600 Aufgaben. Mit erläut. Bemerkungen. gr. 12. (48 S.) Breslau 850, Scholz. *

—— zehn pädagogische Federzeichnungen entworfen vor, während und nach der allgemeinen deutschen Lehrerversammlung in Mannheim in der Pfingstwoche 1863. 8. (80 S.) Breslau 863, (Maruschke und Berendt.) *

—— Fibel f. Leseschüler, od. Uebungen im Lesen d. Fraktur- u. Kursivschrift. (Des „Leseschülers" erste Bearbeit.) 3. Aufl. gr. 8. (5 B.) Halle 836, Anton.

— Fibel f. Leseschüler oder Uebungen im Lesen der Fraktur- u. Kursivschrift. [Des „Leseschülers" erste Bearbeitg.] 6. Aufl. gr. 8. (80 S.) Halle 848, Anton. ⅙ Thlr

Scholz, Chrn. G(lieb.), Fibel für Leseschüler oder Uebungen im Lesen der Druck- und Schreibschrift. (Des „Leseschülers" 1. Bearbeitung.) 7., verb. Aufl. gr. 8. (80 S.) Halle 854, Anton. Thlr.

Scholz, Chrn. Glieb., Fibel für Leseschüler oder Uebungen im Lesen der Druck- u. Schreibschrift. (Des „Leseschülers" 1. Bearbeitung.) 8., unveränd. Aufl. Halle 867. Anton. gr. 8. (80 S.) 3¾ ngr.

—— die am 14. Juli 1828 zu Landeshut in Schlesien abgehalt. General-Schullehrer-Conferenz; in einem Briefe dargestellt u. mit prakt. Bemerkn. vers. 8. (5 B.) Neiße 829, Hennings.
Aus dem „Archiv f. pract. Volksschulwesen, hrsg. v. Gräfe" besond. abgedruckt.

– s. Geppert, G.: Tugendpfad.

Scholz, Chrstn. Gtlo. (II.), bibl. Geschichte. Ein Buch f. Schule Haus 2 Thle. gr. 8. (34 B.) Leipzig 840, Barth.

Scholz, Chr. Glo., biblische Geschichten. — Auszug aus dessen größerem Werke für Volksschulen. gr. 8. Leipzig 841, Barth. 10½ ngr

—— zur Geschichte des aufgelösten k. evang. Schullehrer-Seminars zu Breslau. Eine nothgedrungene Abwehr der in einigen Zeitschriften gegen die Anstalt erhobenen Anklagen u. Beschuldigungen. gr. 8. (3 B.) Breslau 846, Scholz. *

Scholz, Christ. Gtli., zur Geschichte des aufgelösten k. evang. Schullehrer-Seminars rc. 2. Hft 2. Lfg., enth.: eine Beleuchtung u. Widerlegung der im evangel. Kirchen- u. Schulblatt von Gaupp u. Ruthardt gegen mich gerichteten Angriffe. gr. 8. (2¼ B.) Breslau 846, Scholz. Thlr.
Aus: Schlesische Schullehrer-Zeitg. Nr. 11, 12 besond. abgedruckt.

—— Grundlage zu den deutschen Dichtungsarten. Ein Lehr-, Lern- und Uebungsbuch für mittlere Klassen höherer Töchterschulen. 1. Heft. Enthaltend: Das Gnomen, Epigramm, Sonett und die Elegie. gr. 8. (IV und 44 S.) Halle 856, Anton.

—— Grundzüge der deutschen Satzlehre. Ein Leitfaden für Lehrer und ein Wiederholungsbüchlein für Schüler. gr. 8. (23 S.) Breslau 860, (Maruschke und Berendt.) *

—— Grundzüge der deutschen Wortlehre. Ein Leitfaden für Lehrer und ein Wiederholungsbüchlein für Schüler. gr. 8. (32 S.) Breslau 860, Maruschke und Berendt. *

—— pädagog. Hand- u. Taschen-Bibliothek, s. Hand- u. Taschen-Bibliothek rc.

— Handbuch z. Kunde v. Deutschland u. Preußen. 1s Heft. 8. Breslau 827, Grüson u. C.

—— Handbuch zur Kunde v. Deutschland u. Preußen. Ein Hülfsmittel zur zweckmäß. Behandl. dies. Länder; f. Schule u. Haus, in besond. Bezieh. auf K. Hälsig's „Wandkarte v. Deutschland." 2. Hft. gr. 8. (18 B. u. ¾ B. Tab.) Breslau 827, [Hentze.]
1. Hft. Ebendas. 1827. 8 Gr.

Scholz, C. F. U., s. Hälsig, Wandkarte.

—— und Ferd. Koska, der Jugendlehrer rc., s. Jugendlehrer.

— die christkathol. Kirche. Ein offenes Wort über sie u. für sie. gr. 8. Altenburg 845, Helbig. 4 ngr

— der evangel. Kirchenverein. Drei Predigten. 8. Hirschberg 824, Krahn.

– Laut- u. Buchstabenlehre der deutschen Sprache, — Pädagogisches Allerlei, s. Hand- u. Taschenbibliothek, pädagogische, I—IV. Abthl.

—— Laut- u. Buchstabenlehre d. deutschen Sprache rc., s. Hand- u. Taschen-Bibliothek, pädagog., II. Abthl. 7. Bdchn.

—— Leben, s. Bildnisse u. Lebensbeschreibungen rc., 7. Lfg.

– method. Lehrbuch der Geometrie, s. Hand- u. Taschenbibliothek, pädagogische, II. 21s u. 23s Bdchn.

— prakt. Lehrgang zu den Uebungen im Anschauen, Denken u. Reden. Verbunden mit einer Anweisung zu Stylübungen in Volksschulen. 2. vervollst. und mit 1 Steindruck verseh. Aufl. 8. Neiße 841, Hennings. 1 Thlr

—— Leitfaden f. d. Unterricht in d. Geometrie rc., s. Hand- u. Taschenbibliothek, pädagog., II. Abthl.

—— deutsches Lesebuch für die Jugend im Alter von 9 bis 14 Jahren. Eine Sammlung größtentheils neuer Lesestücke aus dem Natur- u. Menschenleben zur Bildung des Geistes u. Herzens. gr. 12. (22½ B.) Breslau 845, Scholz. * -

— deutsches Lesebuch für die Jugend im Alter von 11—14 Jahren. Eine Sammlung größtentheils neuer Lesestücke aus dem Natur- und Menschenleben zur Bildung des Geistes und Herzens. 3., verm. und verb. Aufl. 8. (VIII und 576 S.) Breslau 851, Leuckart. *

— Lesebuch für Kinder im Alter von 9—11 Jahren. Eine Sammlung von Lesestücken zu Denk-, Sprach-, Schreib- u. Gedächtnißübungen u. zur Bildung des Geistes u. Herzens. Zugleich als 2. Thl. des „Lesebüchleins f. Kinder von 6—9 Jahren," des „Leseschülers." 1. Thl. u. der „Fibel f. Leseschüler." gr. 12. (12 B.) Breslau 845, Scholz.

— Lesebüchlein für Kinder im Alter von 6 bis 9 Jahren. Zugleich eine Sammlung von Lesestücken zu Denk-, Sprach-, Schreib- u. Gedächtnißübungen. 2. erweiterte Aufl. des „ersten Lesebüchleins" v. Ernst Fibel. 12. (4¼ B.) Breslau 845, Scholz.

— Lesebüchlein f. Kinder im Alter von 6—9 Jahren. Zugleich eine Sammlung zu Denk-, Sprach-, Schreib- und Gedächtnißübungen. 3. verb. Aufl. 12. (100 S.) Breslau 849, Scholz. 1/12 ℛ

— der Leseschüler, od. Uebungen im Lesen d. Fraktur- u. Cursivschrift f. Volksschulen. Fortsetz. d. kl. Schreib- u. Leseschülers ꝛc. 8. Halle 827. Anton. 3 Gr.

— der Leseschüler, od. Uebungen im Lesen d. Fraktur- u. Kursivschrift; f. Volksschulen bearb. 1. Bearbeitung. 2. Aufl. gr. 8. (5 B.) Halle 833, Anton.

— der Leseschüler, in sachgemäß. Stufenfolge f. Volksschulen bearb. Fortsetz. u. weitere Ausführ. d. „Schreib- u. Leseschülers" (in Kurrentschrift) v. dems. Verf. 1. u. 2. Thl. 8. Halle 833, Anton.
Thl. 1. Uebungen im Lesen d. Druckschrift. (5¼ B.) 2 Gr.
" 2. Uebungen im Schön- u. Denklesen. (20 B.) 6 Gr.
Dess. „Schreib- u. Leseschüler ꝛc." gr. 8. Ebendas. 1827. 6 Gr.

— der Leseschüler, oder Uebungen im Lesen der Druckschrift; in sachgemäßer Stufenfolge für Volksschulen bearbeitet. Fortsetzung u. weitere Ausführung des „Schreib- u. Leseschülers" (in Kurrentschrift) von demselben Verf. 1r Thl. 8. Halle 833. Anton. 1/12 ℛ — 2e Aufl. 836. 1/12 ℛ — 3e Aufl. 840. 1/12 ℛ

— dass. 2r Thl. (Für Schüler von 7–10 Jahren.) 8. Ebd. 1/3 ℛ

— der Leseschüler, oder Uebungen im Lesen der Druckschrift; in sachgemäßer Stufenfolge für Volksschulen bearb. 1. Thl. 4. durchgeseh. Aufl. 8. Halle 842, Ed. Anton. 1/12 ℛ — 5. durchgeseh. Aufl. 8. Ebd. 844. 1/12 ℛ — 7. Aufl. 846. 1/12 ℛ

— der Leseschüler, od. Uebungen im Lesen der Druckschrift in sachgemäßer Stufenfolge f. Volksschulen bearb. 1. Theil. 8. durchges. Aufl. 8. (120 S.) Halle 848, Anton. — 9. durchges. Aufl. 8. (120 S.) Ebd. 849. — 10. durchgeseh. Aufl. 8. (120 S.) Ebd. 850. — 11. durchgeseh. Aufl. 8. (120 S.) Ebd. 852. 1/12 ℛ

— der Leseschüler, oder Uebungen im Lesen der Druck- und Schreibschrift in sachgemäßer Stufenfolge für Volksschulen bearb. 1. Thl. 12., verm. und verb. Aufl. 8. (120 S.) Halle 854, Anton.

— der Leseschüler, oder Uebungen im Lesen der Druckschrift in sachgemäßer Stufenfolge für Volksschulen bearb. 1. Thl. 13., verm. und verb. Aufl. 8. (120 S.) Halle 858, Anton.

— der Leseschüler. Uebungen im Lesen der Druckschrift in sachgemäßer Stufenfolge für Volksschulen bearb. 14., neu durchgeseh. und verb. Aufl. 8. (96 S.) Halle 867, Anton. *

— XXX neue Lesetabellen in method. Stufenfolge. Ein Hülfsmittel beim Unterricht im Lesen und Schreiben. (Zugleich ein Lehrgang für den Unterricht in der Orthographie.) Fol. Halle 841. (Anton.) 3/4 ℛ

— Materialien zur Bildung d. Zahlenverstandes d. Jugend. 1. Sammlg. 8. (36 S.) Breslau 848, Scholz. 2 ngr

— Methodik d. Muttersprachunterr. ꝛc., s. Hand- u. Taschen-Bibliothek, pädagog., I. Abthl. 7—10. Bdchn.

— und Aug. Lüben, Mittheilungen aus dem Pädagogen-Congreß zu Tabarz in Thüringen. gr. 8. (59 S.) Leipzig 863, Brandstetter.

Scholz, Chrstn. Gtlo., drei Predigten bei Veränderung seines Wirkungskreises gehalt. gr. 8. (2½ B.) Breslau 833. (Leipzig, Barth.)

— prakt. Rechenlehrer, od. method. Anweis. z. Unterr. im Rechnen. Nach bewährten Grundsätzen f. Lehrer, Seminaristen u. Schulpräparanden bearb. Mit e. Vorw. v. W. Harnisch. 3 Thle. 5., ganz umgearb. u. verb. Aufl. 8. Halle, Anton. [1. (25 B.) 839. ⅔ Thlr., 2. (18 B.) 840. ⅓ Thlr. 3. (18½ B.) 842. 5/12 Thlr.]
1—4. Aufl. erschien unt. d. Tit.: Dess., faßl. Anweisung z. gründl. Kopf- u. Ziffernrechnen ꝛc., s. oben.

— prakt. Rechenlehrer, oder methodische Anweisung zum Unterricht im Rechnen. Nach bewährten Grundsätzen für Lehrer, Seminaristen u. Schulpräparanden bearb. Mit e. Vorwort von W. Harnisch. 1. Thl. 6. verb. Aufl. 8. Halle 846, Anton. ⅔ ℛ — 3. Thl. 5. ganz umgearb. u. verb. Aufl. 8. Ebend. 842. 5/12 ℛ (1—3: 1 1/12 ℛ)

— praktischer Rechenlehrer od. method. Anweisg. zum Unterricht im Rechnen. Nach bewährten Grundsätzen f. Lehrer, Seminaristen u. Schulpräparanden bearb. Mit einem Vorwort von W. Harnisch. 2. Thl. 6. verb. Aufl. A. u. d. T.: Das Rechnen m. Zahlen v. verschied. Benennung od. mit ungleichbenannten Zahlen einschließlich der einfachen Dreisatzrechnung ohne u. mit Brüchen u. der Raumrechnung. 8. (XII u. 257 S.) Halle 851, Anton. ⅓ ℛ

— neuer Rechen-Lehrmeister. gr. 8. (28 S.) Leipzig 860. (Breslau, Maruschke und Berendt.) *

— neuer Rechenlehrmeister für die 1. und 2. Stufe der „Rechenschule", enth. die Zahldenkübungen im Zahlengebiet bis 100. 3., umgearb. Aufl. der „Zahldenkübungen". 8. (41 S.) Breslau 864, Maruschke und Berendt. *

— neue Rechenschule oder Zahldenkübungen. 1. u. 2. Stufe (in 1 Hefte). Halle 857. Anton. 8. (14 lith. S. u. 28 S.) 2½ ngr.

— dass. — 3. Stufe. (Das Rechnen mit Zehner-, Hunderter- und Tausenderzahlen.) 8. (24 S.) Breslau 860, Maruschke und Berendt. *

— dass. — 4. Stufe. (Das Rechnen mit Bruchzahlen.) 8. (36 S.) Ebendas. 860. *

— neue Rechenschule oder Zahldenkübungen. 1. und 2. Stufe. (Der Zahlraum bis 100.) 3. Aufl. der „Zahldenkübungen". 8. (40 S.) Breslau 864, Maruschke und Berendt. *

Scholz, Chrn. Gtlieb., neue Rechenschule oder Zahldenkübungen. 5. Stufe. (Die Dreisatzrechnung.) 2., umgearb. Aufl. 8. (32 S.) Breslau 863, Maruschke und Berendt. *
Auflösungen. (30 S.) *

— Schlesien. Ein Büchl. f. Elementarschüler (Aus d. Verf. Büchlein: „der preuß. Staat." 2. Aufl. (noch nicht gedruckt.) 12. (2¼ B.) Breslau 835, Pelz. (Leipzig, Hunger.) 3 Gr., m. 1 Schul-Charte v. L. E. J. Welp, Fol.

— Schlesien in 8 kleinen Karten für schlesische Volksschulen. qu. gr. 16. (8 lithogr. und ill. Karten und 4 S. Text.) Breslau 851, Scholz. *
Fein Pap. *

—— neue Schreiblesefibel oder erste Uebungen im Schreibund-lesenlernen. 4. (4 und 8 lithogr. S.) Breslau 860, (Maruschke und Berendt.) *

— kleiner Schreib- u. Leseschüler. gr. 8. Bresl. 827, (Grüson u. C., auch Anton in Halle.)

— kleiner Schreib- u. Leseschüler. gr. 8. Bresl. 827. (Hentze; a. Anton in Halle). 4 gr

— kleiner Schreib-Schüler, oder erste Uebungen im Schreiben u. Lesen. 3e Aufl. (1½ lith. Bog. mit Titelvign.) 8. Halle 834. (Ed. Anton.) ⅙ Thlr — 4e Aufl. 838. ⅙ Thlr

—— kleiner Schreib-Leseschüler, oder erste Uebungen im Schreiben u. Lesen. 4. Aufl. gr. 8. (1½ lith. B. u. 1 Ttlvgn.) Halle 842, Anton.

— s. Schulbote, Der Schlesische.

— s. Schullehrer-Zeitung, Schlesische.

—— prakt. deutscher Sprachlehrer, od. method. Anleit. zu geistbild. Sprach-Denkübungen. Nach bewährten Grundsätzen f. deutsche Elementar- u. Volksschulen verfaßt. 1. Thl. 8. (3½ B. u. 1 Tab.) Halle 837, Anton.

— deutscher Sprachschüler, od. stufenweis geordneter Stoff zu mündl. u. schriftl. deutschen Sprach- u. Verstandesübungen. Ein Leitfaden f. Lehrer u. ein Uebungs- u. Wiederholungsbuch f. Schüler. 1r—3r Lehrgang. 8. Halle 826. Anton. 1r Lehrg. N. A. 827. 3e A. 831. 2 gr 2r Lehrg. N. A. 829. 4 gr 3r Lehrg. 826. 2e A. 831. 6 gr

—— deutscher Sprachschüler, od. stufenweis geord. Stoff zu mündl. u. schriftl. deutschen Sprach- u. Verstandesübungen. Ein Leitfaden f. Lehrer u. e. Uebungs- u. Wiederholungsb. f. Schüler in Stadt- u. Landschulen. 1—3. Lehrg. 8. Halle, Anton. [1. 3. u. 4. Aufl. (à 5 B.) 831, 34. à 2 Gr., 2. 3. A. (6½ B.) 833. 4 Gr., 3. 2. A. (7 B.) 831. 4 Gr.]

— Deutscher Sprachschüler, oder stufenweis geordneter Stoff zu mündl. u. schriftl. deutschen Sprach- u. Verstandesübungen. Ein Leitfaden für Lehrer u. ein Uebungs- u. Wiederholungsbuch für Schüler in Stadt- u. Landschulen. Lehrgang I. 5e Aufl. 835, 6e 838. II. 4e u. 5e, III. 3e u. 4e 836, 39. 8. Halle, Ed. Anton. (I. 1/12 Thlr II. u. III. à 1/6 Thlr) 5/12 Thlr

Scholz, Chrstn. Gtlo. (I.), deutscher Sprachschüler, od. geord. Stoff zu mündl. u. schriftl. Sprachdenkübungen. Für Elementar- u. Realschüler, Schulpräparanden u. Seminaristen bearb. 1—3. Lehrg. (Hfte.) 8. Halle, Anton. [1. 7. Aufl. (..B.) 840. 2 Gr., 2. 5. A. (6⅛ B.) 839, 3. 4. A. (6½ B.) 840. à ⅙ Thlr.] Thlr.
4. u. 5. Lehrg., s. unten: Ders., Styl-Schule ꝛc.

—— deutscher Sprachschüler, oder stufenweis geordneter Stoff zu mündl. u. schriftl. Sprachdenkübungen. Für Volksschulen bearb. 1. Lehrg. 8. Aufl. 8. (6 B.) Halle 845, Anton.

— Deutscher Sprachschüler, od. stufenweis geordneter Stoff zu mündl. u. schriftl. Sprachdenkübungen. Für Elementar- u. Realschüler, Schulpräparanden u. Seminaristen. Zweiter Lehrgang. 6. Aufl. 8. (XII u. 91 S.) Halle 851, Anton. ⅙ Thlr

— der Sprech-, Schreib- u. Leselehrer oder Anweis. z. Sprechen u. Schreibend-Lesenlernen in Verbindung d. Laut- mit d. Buchstabir- u. Lese-Methode v. Dr. Harnisch. 8. Halle 827, Anton.

— Sprechsaal des schriftlichen Vereins vaterländ. Schulmänner, s. Hand- u. Taschenbibliothek, pädagogische.

—— der Preuß. Staat. Ein Büchl. f. preuß. Volksschulen, zunächst in Beziehung auf d. Krümmersche „Wandkarte vom preuß. Staate," od. auf K. Hälsig's „Wandkarte v. Deutschland u. Preußen." 8. (7 B.) Breslau 828, [Hentze.]

— die Styl-Schule, oder Stoff und Aufgaben zu Uebungen im schriftl. Gedankendarstellen. Ein Leitfaden zur method. Behandlung der Denklehre in Schullehrer-Seminarien u. höhern u. niedern Volksschulen. I. Kursus, oder des „Sprachschülers" IV. Lehrgang. 8. Halle 835. Ed. Anton. 5 gr — 2e verb. Aufl. 8. Ebd. 839. 5 gr — II. Kursus, oder des Sprachschülers V. Lehrgang. 8. Ebd. 836. 5 gr

— 150 Tafeln, enthaltend üb. 1000 Fragen aus d. Geographie u. Geschichte des Preuß. Staats; zu Wiederholungen u. schriftl. Ausarbeitungen. Fol. Neisse 828. Pelz; (a. Hentze in Bresl.) 4 gr In Etui 8 gr

—— systemat. Uebersicht des Thierreichs. Für Seminaristen u. Volksschullehrer bearb. 8. (3¾ B.) Breslau 844, Graß, Barth u. Comp., Verl.

—— Uebungen im Anschauen ꝛc., s. Hand- u. Taschen-Bibliothek, pädagog., II. Abthl. 1. u. 5. Bdchn.

— Uebungen im Anschauen, Denken, Reden u. Aufschreiben, als Vorschule der Weltkunde u. der Sprach- u. Größenlehre, für zwei auf verschiedenen Stufen stehende Schülerabtheilungen eingerichtet. 1s, 2s Hft. 8. Neiße 831, 33. Hennings. ¾ Thlr

— s. Unterhaltungen, Zwölf, über Gegenstände d. Natur.

— Unterrichts-Plan für eine vier- bis achtklassige Schule, beziehentlich höhere Töchterschule in Verbindung mit einer Bildungsanstalt f. Lehrerinnen u. Erzieherinnen od. auch f. e. Knaben-Mittelschule. [Abgedr. aus Nr. 17. 18. der „Schullehrer-Zeitung."] qu. Fol. (11 S.) Breslau 852, Leuckart. n. ⅙ Thlr

—— 32 Vorschriften zur Uebung im Schönschreiben, enthalt. Aufsätze aus d. niedern Geschäftsstyl. 4. (24 lith. Bl.) Breslau 829, [Hentze.] 8 Gr., Vlnp.

—— 69 Vorschriften (zweizeil.), enthalt. Sitten- u. Denksprüche zur Uebung im Schönschreiben d. Kurrentschrift. qu. gr. 8. (24 lith. Bl.) Breslau (830), Pelz.

—— 70 Vorschriften zur Uebung in d. Anfängen d. deutschen Kurrent-Schrift, in method. Stufenfolge. qu. gr. 8. (24 lith. Bl. u. 1 Bl. Text.) Breslau 830, Pelz.

—— 72 Vorschriften (ein- u. zweizeilig) zur Uebung in d. latein. od. engl. Schrift, in method. Stufenfolge, enthalt. Sitten- u. Denksprüche. 1. u. 2. Hft. qu. gr. 8. (à 25 lith. Bl. u. 2 Bl. Text.) Breslau (830, 32), Pelz. à

Scholz, Chrst. Gtli., Wandfibel zum Lesenlernen d. Druckschrift. Ein Hülfsmittel f. zahlr. Schulen. gr. Fol. (15 B.) Halle 829, Anton. Thlr.

— s. Wandkarte von Europa.

— Wandcharte des Neißener u. Grottkauer Kreises in 9 Bl. Breslau, Grüson u. C.

— Wandkarte des Neissener u. Grottkauer Kreises in 9 Bl. Breslau, (Hentze). 1 Thlr

—— Wandtafeln zum Schreiben- u. Lesen-Lernen der Kurrent-Schrift. Ein Hülfsmittel beim Unterr. nach d. Schreib-Lese-Methode. gr. Fol. (12 lith. B. u. gedr. Ttl.) Halle 830, Anton.

—— Wandtafeln zur Veranschaulichung d. ersten Uebungen im Rechnen. Ein Hülfsmittel f. zahlr. Schulen. Als Anh. zum 1. Thle. meiner „faßl. Anweis. zum Kopf- u. Zifferrechnen," u. den „Aufgaben zum Kopfrechnen." 1. Hft. (1 B. 8., u. 6½ B. Fol.) Halle 829, Anton.

— Wandtafeln z. Veranschaulichung d. ersten Uebungen im Rechnen. Ein Hülfsmittel f. zahlr. Schulen. 2. Aufl. Ein Anh. z. 1. Thl. d. prakt. „Rechenlehrers" u. zu d. Aufgaben z. Kopfrechnen. 1. Hft. Fol. (8 B. u. ½ B. in 8.) Halle 840, Anton.

— allgemeine Weltgeschichte. Ein Buch zur Belehrung u. Unterhaltung f. Freunde der Geschichte aus allen Ständen. 1. Bd. (Alte Gesch. bis auf Augustus.) 1. Hft. (In 5—6 Bde. à 6 Hfte.) gr. 8. (4 B.) Langensalza 845, Schulbuchhdlg. d. Lehrer-Vereins. (Wesel, Bagel.) 5 Ngr., Velinp.

Scholz, Chrn. Glob., allgemeine Weltgeschichte. Ein Buch für Freunde der Geschichte aus allen Ständen. 1. Bd. 2—4. Heft, 2. Bd. (3 Hefte), 3. Bd. (7 Hefte) und 4. Bd. (9 Hefte.) gr. 8. Langensalza 846—50, Schulbuchhandlung des thüringer Lehrer-Vereins.

Inhalt:

Bd. 1. Alte Geschichte, bis auf Augustus. (S. 65—232.) (2—4. Heft.) 18 Ngr.
" 2. Beschluß der alten Geschichte und Anfang der Geschichte des Mittelalters. (183 S.) 18 Ngr.
" 3. Beschluß der Geschichte des Mittelalters. — Von Karl dem Großen bis zur Entdeckung von Amerika. (484 S.) 1 Thlr. 12 Ngr.
" 4. Neuere Geschichte, von der Entdeckung Amerika's bis auf die französ. Revolution oder von 1492 bis 1789. (606 S.) 1 Thlr. 24 Ngr.

1. Bd. 1. Heft. Ebendas. 1845. 6 Ngr.

— allgemeine Weltgeschichte. Ein Buch für Freunde der Geschichte aus allen Ständen. 5. Bd. (Schluß.): Neuere Geschichte, von der französ. Revolution bis auf unsere Zeiten. gr. 8. (615 S.) Langensalza 851, Schulbuchh. des thüringer Lehrervereins.

1—4. Bd. Ebendas. 1846—50. 4 Thlr. 18 Ngr.

— Wort- u. Gedanken-Styl, od. Stoff u. Anleitung zum mündl. u. schriftl. Gedanken-Ausdruck. Ein prakt. Lehr- u. Handb. f. Lehrer an Schullehrer-Bildungsanstalten, Gymnasien u. Volksschulen. 1. Thl. Die Vorstellungen u. Begriffe. — A. u. d. T.: Vollständ. Unterr. in d. Muttersprache. 8. (29 B.) Halle 850, Anton.

— Wünsche f. d. evangel. Kirche u. ihre Diener; mit besond. Rücksicht auf Schlesien. 8. (8 B.) Breslau 830, W. G. Korn.

— die Zahl-Denkübungen in elementar. Allseitigkeit mit den Zahlengrößen v. 1 — 100 angestellt rc. gr. 8. (128 S.) Breslau 848, Scholz. n. ⅓ ₰

— s. Zeitschrift für Landwirthschaftsrecht.

Scholz, D. J. M., Die Harmonie der göttlichen Offenbarung mit den Fortschritten der (Natur-)Wissenschaften. Bonn, Wittmann, 1845, 8°, 22 S.

Rede zur Gedächtnisfeier König Friedr. Wilhelms III. am 3. Aug. 1845 im Namen der rhein. Friedrich-Wilhelms-Univers.

Scholz, E., u. Paul Donath, Rechtsbuch f. Genossenschaften, s. a. Handbibliothek f. das deutsche Genossenschaftswesen. 10. Bd.

Rechtsbuch für Genossenschaften. Von Dr. E. Scholz u. Paul Donath, Amtsrichter. Berlin: Guttentag 1908. XII, 322 S. 8°
(Handbibliothek f. d. Deutsche Genossenschaftswesen. Bd 10.) [10. 13223

Scholz, E., das Reichs-Hypothekenrecht, s. a. Handbibliothek f. das deutsche Genossenschaftswesen. 7. Bd.

Das Reichs-Hypothekenrecht. Eine kurzgefasste Darstellung unter besond. Berücks. d. Rechtsverhältnisse d. Genossenschaften nebst Formularen f. deren Geschäftsverkehr. Mit e. Anh. Von Ger.Ass. Dr. E. Scholz. *Berlin: J. Guttentag 1901.* (57 S.) 8°
= Handbibliothek f. d. Deutsche Genossenschaftswesen. Bd 7. [01. 680

Scholz, E., Professor Dr. W. Rein. Eine kurzgefasste Darstellg. u. Würdigg. seines Lebens u. Strebens. Zu seinem 60. Geburtstage gewidmet. (48 S. m. 1 Bildnis.) Lex. 8. Berlin 907. Gerdes & Hödel. —80; geb. 1.50

Sonderabdruck aus: „Der deutsche Schulmann".

Scholz, E., die Schulreise. Kurzer Abriß d. Geschichte u. d. Theorie d. Schulreise nebst Anweisg. zu deren prakt. Durchführg. [Aus: „Reins encyklopäd. Handb. d. Pädagogik."] gr. 8. (III, 20 S.) Langensalza 898, H. Beyer & Söhne. n. — 60

Scholz, E. G. W., XXIII fünfzeilige Vorschriften, enthaltend kurze Sätze aus d. Naturwissenschaftlichen entlehnt, zur Uebung im Schönschreiben der lateinischen Schrift. (24 lithogr. Blätter.) ½ qu. 4. Breslau 834. Pelz. 5/12 ₰

Scholz, E. J., s. Scholtz, Ernst Julius

Scholz, Edgar [app. Arzt aus Hamburg]: Aus d. städt. Krankenhause zu Kiel. Ueber die Wirkung der verschiedenen Behandlungsmethoden der Syphilis im sekundären Stadium ... Kiel, Druck v. P. Peters, 1897; 26 S., 1 Bl. 8.
Kiel, Med. Fak., Inaug.-Diss. v. [15. Febr.] 1897

Scholz, Edm., Andachtsbüchlein für die Besuchungen der heiligen Gräber am Charfreitage und Charsamstage, enth.: Verehrungen des heiligsten Altarssakraments, der 9 schmerzhaften Gänge des leidenden Heilands, der heiligsten 5 Wunden, der heiligsten Glieder Jesu, der 7 Blutsvergießungen rc., Kreuzweganbacht und Andacht zur schmerzhaften Mutter Gottes. 8. (59 S. mit 1 Stahlst.) Habelschwerdt 879, Franke. *

Scholz, Edm., Andachtsbüchlein f. die Besuchungen der heil. Gräber am Charfreitage u. Charsamstage, enth.: Verehrungen d. heiligsten Altarssakraments, der 9 schmerzhaften Gänge d. leid. Heilands, der heiligsten 5 Wunden, der heiligsten Glieder Jesu, der 7 Blutsvergießgn. rc., Kreuzweganbacht u. Andacht zur schmerzhaften Mutter Gottes. 2. Aufl. 8. (64 S. m. 1 Stahlst.) Habelschwerdt 883. Franke. n. — 30

Scholz, E., Andachtsbüchlein f. die Besuchungen der heil. Gräber am Charfreitage u. Charsamstage, nebst einer Kreuzweganbacht u. Andacht zur schmerzhaften Mutter Gottes. 3., verb. Aufl. 16. (96 S.) Habelschwerdt 888. Franke. In Wachstuch cart. n. — 30

Scholz, Edm., Andachtsbüchlein f. die hl. Fastenzeit u. die Charwoche, besonders f. die Besuchgn. der hl. Gräber. 4., verb. u. verm. Aufl. gr 16. (95 S.) Habelschwerdt 894. Franke's Verl. In Ledertuch kart. n. — 30

Scholz, Edm., Andachtsbüchlein f. d. hl. Fastenzeit u. d. Charwoche, bes. d. Besuchgn. d. hl. Gräber. 5, verb. u. verm. Aufl. 12. (104 S.) Habelschwerdt 898. Franke. In Ledertuch kart. n. — 30

Andachtsbüchlein für die heilige Fastenzeit und die Karwoche, besond. f. d. Besuchungen d. heil. Gräber. Von Edmund Scholz, Konsist.R. 6. verb. u. verm. Aufl. Habelschwerdt: Franke 1907. (109 S.) 8° [J.] [08. 4750

— Betrachtungen, Gebete u. Lieder am Osterfeste f. die Mitglieder der „Schwesterschaft am heil. Grabe Christi", welche am Ostermorgen den auferstandenen Heiland verehren, ebenso f. die Privat-Andacht. 8. (48 S.) Habelschwerdt 883. Franke. n. — 25

Scholz, E., Darstellung u. Beurteilung des Mannheimer Schulsystems, s. a. Magazin, pädagogisches.

Darstellung und Beurteilung des Mannheimer Schulsystems. Von E[dmund] Scholz, Schuldir. in Pößneck. Langensalza: H. Beyer & Söhne 1906. (93 S.) 8°
— Magazin, Pädagogisches. H. 256. [07. 12924

Scholz, Edm., Erinnerungen an meine italienische Reise im Aug. 1880. Als Reisebriefe für die Zeitung „Gebirgsbote" geschrieben. 8. (84 S.) Habelschwerdt 881. Franke. n. — 50

[J. u. Ant.] Friede den Verstorbenen! Gebete f. die Armen Seelen beim Gottesdienste f. die Verstorbenen u. z. häusl. Gebr. ... Von E[dmund] Scholz, Pfarrer ... *Habelschwerdt: Franke 1895.* (110 S.) 1 Bd 8. [96. 1310

— katholisches Gesang- u. Gebetbuch, s.: Kothe, Wilh.

Scholz, Edm., Handbüchlein f. den Empfang der heil. Firmung, enth. Unterricht u. Gebete f. Firmlinge. 12. (32 S.) Habelschwerdt 883. Franke. n. — 10

— Handbüchlein f. den Empfang der hl. Firmung, enth. Unterricht u. Gebete f. Firmlinge. gr. 16. (32 S.) Habelschwerdt 894. Franke's Verl. — 10

Scholz, Edm., das hl. Jahr 1900. Vollständiges Jubiläumsbüchlein, enth. Jubiläums-Bulle, Unterricht üb. den Ablaß u. Ablaßgebete. 12. (62 S.) Habelschwerdt 900. Franke. — 15

—— das außerordentliche Jubiläum im J. 1881. Vollständiges Jubiläumsbüchlein, besonders für die Prager Erzdiöcese, enthaltend Hirtenschreiben, Belehrungen und Gebete. 16. (64 S.) Ebendas. 881.

— vollständiges Jubiläumsbüchlein, enth. Jubiläums-Bulle, Unterricht üb. den Ablaß u. Ablaßgebete. 12. (62 S.) Ebd. 901. — 15

—— Kompaß zum Himmel. Vollständiges kathol. Gebetbuch, enthaltend Belehrungen, Gebete und Lieder für Haus- und Kirchen-Andachten. 16. (XVI, 576 S. mit chromolithogr. Titel und 1 Stahlst.) (Ebendas.) 880.

Scholz Eduard: Entwicklungsgeschichte und Anatomie von Asparagus officinalis L. 17 und 1 Tafel Wien VII. R. 01. (Festschritt).
Progr.

Scholz, Eduard, Feuertropfen. Drama in 3 Aufzügen. (47 S.) 8. Leipzig-Gohlis 910. Naschwitz, B. Volger. 1. —

Scholz, Eduard, Leitfaden der Botanik, s.: Schmeil, Otto.

— Morphologie und Entwicklungsgeschichte des Agaricus melleus. (29). Wien XV. R. 92.
Progr.

Scholz Ed.: Morphologie der Smilaceen mit bes. Berücksichtigung ihres Sprosswechsels u. der Anatomie der Vegetationsorgane. 42. m. 2 Taf. Stockerau 88.
Progr.

— Naturgeschichte d. Pflanzen- bezw. Tierreiches, s.: Schmeil, O.

Scholz, Eduard: Schlüssel zur Bestimmung der mitteleuropaeischen Farnpflanzen (Pteridophyta). 8 (S. 3—36, 1 Taf.).
Progr. K. k. Staatsg. *Görz* 1896.

Storia naturale, s.: Schmeil, Otto.

Scholz, Ehrenfried, hervorragende moderne Bauten. Eine Sammlg. v. ausgef. neuen Façaden, Details u. Grundrissen namhafter Architekten der Gegenwart. Photograph. Orig.-Aufn. nach d. Natur in Lichtdr. 1. Serie. 5 Lfgn. Fol. (à 20 Taf. m. 4 Bl. Text.) Berlin 897. 98. M. Mohr. à Lfg. n. 6. —; (1. Serie kplt. in Mappe: n. 30. —)

Hervorragende moderne Bauten. Eine Sammlung von ausgeführten neuen Facaden, Details u. Grundrissen namhafter Architekten der Gegenwart. Photogr. Orig.-Aufnahmen nach d. Natur in Lichtdr. Hrsg. von Ehrenfried Scholz, Architekt in Berlin. (Ser. 1.) Berlin: M. Mohr [1899]. gr. 2°

Scholz, Ehrenfried, 100 Motive f. Kunst-Schmiedearbeiten. 1. Sammlg. gr. 4. (30 Steintaf. m. 1 Bl. Text.) Berlin 884. Polytechn. Buchh. n. 8. —

Scholz, Ehrenfried, kunstindustrielle Renaissance-Motive der Metalle. 1. Abth. gr. Fol. (20 Lichtdr.-Taf.) Berlin 891. Fussinger's Buchhandlg. In Mappe. n. 16. —

—— Die Residenzen der regierenden Fürsten. Fol. (25 Lichtdr.-Taf. m. 9 Bl. Text.) Berl. 889, Nitschke u. Loechner.
In Mappe [* 50 —] * 25 —

— practische Vorlagen f. kunstgewerbliche Metall-Arbeiten. Silber—Bronze—Zink—Eisen. 1. Abth. Fol. (10 z. Thl. farb. Steintaf. m. 1 Bl. Text.) Berlin 884. Schmidt & Sternaux. n. 12. —

Scholz, Emil Über die Differentialgleichung der Krümmungslinien bei einigen krummen Oberflächen. 4 (S. 3—20).
Progr. Viktoria-G. *Burg* 1888 (215).

Scholz, Erhard, a. Berlin: Der absolute Infinitiv bei Shakespeare. (Berlin: Mayer & Müller 1908.) (XI, 72 S.) 8°
Berlin, Phil. Fak., Ref. Brandl, Diss. v. 16. Mai 1908
[Geb. 10. Sept. 83 Berlin; Wohnort: Berlin; Staatsangeh.: Preußen; Vorbildung: Leibniz-Gymn. Berlin Reife M. 03; Studium: Berlin 10 S.; Rig. 5. März 08.]

Scholz, Erich: Die geologischen Verhältnisse des Süntel und anstoßenden Wesergebirges. Hannover 1908: Riemschneider. 35 S. 8°
Göttingen, Phil. Diss. v. 2. Jan. 1909, Ref. v. Koenen
[Geb. 11. Sept. 84 Torgelow; Wohnort: Torgelow; Staatsangeh.: Preußen; Vorbildung: Gymn. Hann.-Münden Reife M. 03; Studium: Münster 1, Göttingen 1, München 2, Berlin 1, Göttingen 4 S.; Rig. 5. Aug. 08.]
[U 09. 1400

Scholz, Ernst, aus Köln: Ueber den Einfluss der Temperatur auf die Torsionsnachwirkung. *Köln 1902: F. Mermet.* (32 S.) 8° [J.]
Bonn, Phil. Diss. v. 11. [vielm. 13.] Jan. 1902

Heimatkunde des Kreises Glogau. Beilage z. Flemmingschen Schulkarte d. Kreises Glogau. Von E. Scholz, Gymn.L. 2. Aufl. Glogau: C. Flemming [1906]. (16 S.) 8° [J.] [07. 3856

Das Wichtigste aus der Heimatskunde des Kreises Glogau. Beilage z. Flemming'schen Schulkarte d. Kreises Glogau. Von E[rnst] Scholz, Bürgerschullehrer. Glogau: C. Flemming [1906]. (16 S.) 8° [J.] [06. 11..

Scholz, F., s.: Bibliothek des öffentlichen Rechts.

Scholz, F., der rationelle Bienenstock, ein freier, fröhlicher Hirtengesang in bunten Lebensbildern nach Hans Bendix, pastor gregis emeritus. gr. 8. (VIII und 127 S.) Sagan 859, (Krüsemann.) *

Scholz, F., der rationelle Bienenstock, ein freier, fröhlicher Hirtengesang in bunten Lebensbildern nach Hans Bendix, pastor gregis emeritus. Sagan 859. Julien in Comm. (Fürstenthal.) gr. 8. (VIII, 127 S.) n. 12 ngr.

Scholz, F., *Dr.*, *Vorstand des Leopoldstädter Fil.-Spitales.* Erfahrungen über das Wechselfieber. *Wien* 1857. *C. Gerold's S.* 31 S. 8°.
Separatabdruck eines in der allgem. Sitzung der k. k. Ges. der Aerzte vom 19. Jänner 1857 gehaltenen und im Mai — Junihefte d. Z. veröffentlichten Vortrages.

— — Ueber Geisteskrankheiten bei Sträflingen und ihre Beziehung zur Einzelhaft. *Wien* 1856. *C. Gerold's S.* 22 S 8°. Mit 1 Tab.
Separat-Abdruck a. d. Zeitschrift d. k. k. Gesellsch. der Aerzte zu Wien, November- u. December-Heft 1856.

Scholz, F., u. J. Lach, Kärntischer Lehrerpersonalstand im Jahre 1870. Klagenfurt 870. (Bertschinger.) 8. (IV, 224 S.) n. 12 ngr.; geb. n. 14 ngr.

Scholz, F., e. Stündchen Lieutenant!, s. a Bloch's, Ludw., Herren-Bühne

[J.] Ein Stündchen Lieutenant! Militär. Schwank in 1 Akt v. F. Scholz. *Berlin: E. Bloch (1893).* (15 S.) 1 Bd 8.
— Herren-Bühne, Ludwig Blochs. No 14. [96. 5609

— – Revaccinations-Ergebnisse. Vorgetragen in der Sect.-Sitz. f. Staats-Arzneikunde am 7. Nov. 1856. *Wien. C. Gerold's S.* 10 S. 8°.
Separat-Abdruck a. d. Zeitschrift der k. k. Gesellsch. d. Aerzte zu Wien. Janner-Heft 1857.

— Umriss d. geschichtlichen Entwicklung der Corrections-Anstalten für jugendliche Verbrecher und der Schutzvereine in Frankreich. (Vorgetragen in der Sitzung d. Sect. für Staatsarzneikunde d. k. k. Gesellsch. d. Aerzte in Wien am 3. Juli 1857). *Wien* 1857. *C. Gerold's S.* 15 S. 8°.
Separat-Abdruck a. d. Zeitschrift der k. k. Gesellsch. der Aerzte. September-Heft 1857.

Scholz, Fr. Paulus

Scholz, F.P. (Hrsg.), sa A u f s ä t z e , gemeinnützige naturhistorische u. unterhaltende, f.d. Bürger u. Landmann.

Scholz, Fr. Paulus, gemeinnütz. u. unterhalt. naturhistor. Aufsätze f. d. Bürger u. Landmann. 4 Bdchen. Mit ill. Kpf. 8. Bresl. 806, 7.

Scholz, F. P., kurzer Entwurf einer Naturgeschichte für das weibliche Geschlecht, besonders in diät. und ökonom. Hinsicht bearbeitet, zum Gebrauch in Mädchenschulen. gr. 8. Breslau, Holäufer. 818.

— kurzer Entwurf e. Naturgeschichte f. das weibl. Geschlecht, besond. in diätet. u. ökonom. Hinsicht bearb., zum Gebr. in Mädchenschulen. gr. 8. Bresl. 819. (Graß, B. u. C.) 16 Gr. (J. F. Korn). 12 Gr.

— Gespräche üb. die Naturlehre, f. Kinder u. Unwissende. Mit 3 Kpf. 8. Bresl. 801. Schall. 20 Gr. (Leipz., Weinbrack). 16 Gr.

— der belehr. Hausvater. Ein Buch f. Jedermann, besond. aber rathgebend für Familienväter, Hausfrauen ꝛc. 4 Bde. gr. 8. Bresl. 822—25. Graß, B. u. C. 5 Thlr. 8 Gr.

— Lebens- u. Sittenregeln f. Kinder, od. Anweis., wie sich die Kleinen in allen Fällen ihrer Kindheit zu benehmen haben, damit sie für artig u. gesittet gehalten werden. 8. Bresl. 808. J. F. Korn. 4 Gr.

— nützl. u. zweckmäß. Materialien zum Dictiren, od. Uebungen zum Briefschreiben für Kinder. 8. Bresl. 807. Barth. 12 Gr. N. A. (blos n. Titel) 816. Holäufer. 12 Gr.

— der Schlesische Naturfreund, s. F. G. Endler.

— d. Nützlichste aus der Naturgeschichte, ein Buch f. die Schuljugend. 8. Breslau, Barth. 806.

— das Nützlichste aus d. Naturgeschichte, e. Buch f. d. Schuljugend. 8. Bresl. 806. N. A. 8. Ebd. 816. (J. F. Korn). 20 Gr.

— kleines naturhistor. Taschenbuch, e. Weihnachtsgeschenk f. Kinder. 8. Bresl. 810. N. A. 816. Holäufer. 6 Gr.

— — kleines naturhistorisches Taschenbuch, ein Weihnachtsgeschenk für Kinder. Neue Ausg. 8. Ebend. 818.

Scholz, (Dr.) Unterhaltungen aus d. Länder- u. Völkerkunde, s. Unterhaltungen.

— gemeiner Unterricht f. Kinder und Unerfahrne über d. Gifte. 8. Breslau, Hamberger. (Barth.) 801.

— Unterricht üb. die Gifte, für Kinder u. Unwissende. 8. Bresl. 801. (Heymann in Glogau). 14 Gr.

— Werke der Allmacht, od. Wunder d. Natur. Ein Buch, das Unterhaltung, Belehrung u. Erhöhung d. religiös. Sinnes zum Zweck hat. 1r — 8r Jahrg. (Bd.) Mit Abbildd. in Steindr. gr. 4. Bresl. 826—32. Graß, B. u. C. (à 1 Thlr. 8 Gr.) 10 Thlr. 16 Gr.

Scholz, Fr. Paulus, Werke der Allmacht, oder Wunder der Natur. 9r—12r Bd. à 4 Lfrgg. Jahrg. 1833—1836. Mit Steintafeln. gr. 4. Breslau 833—37. Graß, Barth u. Comp. (à $1^1/_3$ Thlr.) $5^1/_3$ Thlr.

— Wodurch leidet der Soldat am meisten an seiner Gesundheit ꝛc. Ein Wort zur Beherzigung f. jeden Soldaten in Kriegs- u. Friedenszeiten. 8. Bresl., Graß, B. u. C. 1½ Gr.

SCHOLZ, Franz (Glatz): Einiges über Chorioidealrupturen.- München: Wolf 1879. 23 S.
14.8.1879 - Urk (Titel: De rupturis chorioideis.); Chr 1879/80,14
Diss.Ingolst.-Landsh.-Mchn.

Scholz, Frz., Krieg u. Seekabel. Eine völkerrechtl. Studie. (IV, 161 S.) gr. 8. Berlin 904. F. Vahlen. n. 4.—

Scholz Franz: Die Karthause Mauerbach. Historische und kunstgeschichtliche Mitteilungen aus dieser Stiftung Friedrichs des Schönen.
1898 PN 1176 Diss.Wien, Univ. 1873

Scholz, Franc. (geb. Schweidnitz 21. 6. 1801): De acidi hydrocyanici natura et usu medico. (Berolini 1823.) 47 S. 8°
Berlin, Med. Diss. v. 14. Mai 1823

Scholz, Frz., Rassentheorie u. Geschichtsforschung. (24 S.) 8. Metz 908. G. Scriba. — 60

Scholz, Franz [Kammerger.-Ref.]: Das Retentionsrecht und Gesetzliche Pfandrecht gegenüber einem Gesandten ... Berlin, Buchdr. G. Schenck Sohn, 1897; XI, 104 S., 1 Bl. 8.
Berlin, Jur. Fak., Inaug.-Diss. v. 23. Jan. 1897

Scholz, F., Drahtlose Telegraphie u. Neutralität. (46 S.) gr. 8. Berlin, F. Vahlen. 1905 1. 40.

Scholz, Frz. Ant., Mauerbach. Historisch-krit. Beitrag z. Capitel d. Wiener Armenpflege. gr. 8. (45 S. m. 4 Illustr.) Wien 897. (St. Norbertus.) n.n. 1. 20

Scholz, Franciscus Paulus: De origine nominis Jehowah. Vratislaviae: J. Max et comp. 1857. (34 S.) 8° [Ant. u. Hebr.]
Breslau, Kath.-theol. Fak., Hab.-Schr. v. [16. Dez.] 1857

Scholz, Franc. Paul., de origine nominis יהוה dissertatio. Vratislaviae 857. Max u. Co. gr. 8. (2 Bl., 34 S.) n. 6 ngr.

Anarchismus: Aus der Loge Friedrich Wilhelm zur Eintracht [in Bremen]. Der Anarchismus. Vortrag von [Friedr.] Scholz. Bremen 1900: Schünemann. 16 S. 8° [Umschlagtit.]

Scholz, Frdr., die moralische Anästhesie. Für Aerzte u. Juristen. (IV, 163 S.) gr. 8. Leipzig 904. E. H. Mayer. n. 3. 60; geb. n. 4. 50

Scholz, Fr., von Aerzten u. Patienten. Lustige u. unlust. Plaudereien. 2., verb. Aufl. gr. 8. (VII, 160 S.) München 900. Seitz & Schauer. n. 3. —; geb. n. 4. —
1. Aufl. (VII, 162 S. in Antiqua.) Ebd. 900. n. 3. —; geb. n. 4. —

— von Aerzten u. Patienten. Lustige u. unlustige Plaudereien. Mit dem Bildnis des Verf. u. Orig.-Federzeichnungen v. O. Merté. 3., verm. u. verb. Aufl. (VII, 178 S.) gr. 8. München 906. Verlag der ärztl. Rundschau. n. 3. —; geb. n. 4. —

Scholz, Frdr., die Behandlung der Bleichsucht mit Schwitzbädern u. Aderlässen. Eine therapeut. Studie. gr. 8. (64 S. m. Fig.) Leipzig 890. E. H. Mayer. n. 1.20

Scholz, Friedrich [aus Bremen]: Beiträge zur Statistik des Magenkrebses ... Göttingen, Druck d. Dieterich'schen Univ.-Buchdr., 1896; 75 S. 8.
Göttingen, Med. Fak., Inaug.-Diss. v. [8. Juli] 1896

Scholz, Frdr., Beiträge zur Statistik d. Magenkrebses. Diss. gr. 8. (75 S.) Göttingen 896. (Vandenhoeck & Ruprecht.) n. 2. —

Scholz, Frdr., die Charakterfehler d. Kindes. Eine Erziehungslehre f. Haus u. Schule. gr. 8. (VIII, 233 S.) Leipzig 891. E. H. Mayer. n. 4. 50; geb. n. 5. 50

Scholz, Frdr., d. Charakterfehler d. Kindes. E. Erziehungslehre f. Haus u. Schule. 2., verb. Aufl. gr. 8. (VIII, 255 S.) Leipzig 895. E. H. Mayer. n. 4. 50; geb. n. 5. 50

Scholz, Friedr., die Diätetik des Geistes. gr. 8. (VI, 169 S.) Leipzig 887, Mayer. *M 3.60.; geb. *

—— Die Diätetik d. Geistes. Ein Führer zu prakt. Lebensweisheit. 2. verb. u. verm. Aufl. gr. 8. (VI, 228 S.) Ebd. 890. * 3 60
geb. * 5 —

Scholz, (Joh. Paul.) Fridericus *(geb. Buchwald bei Schmiedeberg in Schles. [28. 10. 1831])*: De enchondromate. Vratislaviae (1855). (45 S., 2 Taf.) 8° *[Im Buchhandel 1855 bei Gosohorsky in Breslau.]*
Breslau, Med. Diss. v. 27. Okt. 1855

Scholz, Frider., de enchondromate. Dissertatio inauguralis pathologico-anatomica. 8maj. (VIII und 51 S. mit 2 Stnt.) Vratislaviae 855, (libr. Gosohorsky.) *

— üb. Fortschritte in der Irrenpflege. gr. 8. (63 S.) Ebd. 894. n. 1. 20

Freimaurerei und Loge. Von Friedr. Scholz. Bremen 1907: Schünemann. 25 S. 8° [Umschlagtit.]
cf. ArSt. 4 (1907) S. 108—110; Bh. 50 (1907, S. 100—101 (F. W. Toussaint); L. 30 (1907) S. 176 (P. Fischer).
Üb. Einwände gegen die Loge, Herkunft u. Inhalt der Frmrei, Logenarbeit.

[Gedicht.] Meiner geliebten Loge zum 23. Jan. 1881 gewidmet und jedem Br. eine bescheidene Erinnerung an den heutigen Tag von [Friedr.] Scholz. [Bremen] 1881: Guthe. 1 Bl. 8° [Kopftit.]
„Als Du dereinst verhüllten Angesichtes ..."

Scholz, Friedrich [aus Schweidnitz in Schles.]: Geschichte der deutschen Schriftsprache in Augsburg bis zum Jahre 1374. M. bes. Berücks. d. städt. Kanzlei. '(Tl 1.)' ... (Erscheint vollst. bei E. Felber in Weimar.) Weimar, Druck v. G. Uschmann, 1895; 1 Bl., 38 S., 1 Bl. 8.
Berlin, Phil. Fak., Inaug.-Diss. v. 23. Nov. 1895

Geschichte der Deutschen Schriftsprache in Augsburg bis z. J. 1374. Von Friedrich Scholz. *Berlin: Mayer & Müller 1898.* (3 Bl., 285, V S.) 1 Bd 8.
= Acta Germanica. Bd V. H. 2. [98. 11670

Scholz, Fr., naturgemäße Gesundheitslehre auf physiologischer Grundlage. 17 Vorträge. Mit 7 Abbildgn. 8. (VIII, 307 S.) Leipzig 884. Weber. n. 3. —; geb. n.n. 4. —

Goethe und die Freimaurerei. Von Friedr. Scholz. Braunschweig 1901: Westermann. 7 Bl. 8°
Aus: Westermanns Ill. Deutsche Monatshefte. 90 (1901) S. 632—644.

— Handbuch der Irrenheilkunde f. Aerzte u. Studirende. gr. 8. (VIII, 184 S.) Ebd. 889. n. 3. 60

—— die Handschrift und ihre characteristischen Merkmale. Vortrag, gehalten in der litterar. Gesellschaft des Bremer Künstlervereins. 8. (30 S. mit vielen chemigr. Taf.) [Bremen 885, Rocco.] Leipzig, Rauert und Rocco. *

— Lehrbuch der Irrenheilkunde. Für Aerzte u. Studirende. gr. 8. (IV, 356 S. m. 25 Taf.) Ebd. 892. n. 10. —

— Leitfaden der Gesundheitslehre. Für Schulen. gr. 8. (IV, 124 S. m. Fig.) Leipzig 886. Klinkhardt. n. 1. —

— Leitfaden der Gesundheitslehre f. Schulen. 2., verb. Aufl. (IV, 124 S. m. Abbildgn.) gr. 8. Leipzig 904. J. Klinkhardt. n. 1. — kart. n. 1. 20

— die verschiedenen Methoden in der Behandlung Geisteskranker. Eine kritisch-histor. Skizze. gr. 8. (32 S.) Ebd. 901. n. 1. 50

(b) Scholz, F., Methoden in d. Behandlung Geisteskranker. 901.
Jetzt: München, Verlag d. ärztl. Rundschau.

Aus der Loge Friedrich Wilhelm zur Eintracht [in Bremen]. Über Mystik und Mystizismus. Vortrag von [Friedr.] Scholz. Bremen 1901: Schünemann. 9 S. 8° [Umschlagtit.]

Scholz, Friedrich *Wilhelm* [aus Berlin]: Über Ostitis albuminosa nebst Mitteilg v. vier Krankengeschichten ... Greifswald, Druck v. C. Sell, 1893; 39 S., 1 Bl. 8.
Greifswald, Med. Fak., Inaug.-Diss. v. 24. Apr. 1893

Scholz, Frdr., Parerga. Maurerische Tischreden, s. a. Bücherei für Freimaurer. 5. 6.

Parerga. Maurerische Tischreden Zum Besten des Altersheims Johannisstift zu Einbeck hrsg. von Friedr. **Scholz.** Berlin: Wunder [1907]. VIII, 127 S. 8°

(Bücherei f. Frmr. 5. 6.)

Recens: ArSt. 4 (1907) S. 87—88; BZC. 36 (1907) S. 444; FZ. 61 (1907) S. 183 (R. Bachmann).

cf. DrL. 37 (1906—1907) S. 256 (J. H. Papsdorf); ML. 35 (1906—1907) S. 152 (O. Henckel); Z. 37 (1906—1907) S. 520; BstF. 16 (1907) S. 92—93 (A. Feld); Bbl. 21 (1907) S. 260 (O. Neumann); H. 18 (1907) No 15 (A. O. Klaussmann); L. 30 (1907) S. 111 (P. Fischer); S. 14 (1907) S. 41 (F. Rackhorst); V. 3 (1908—1909) S. 43 (W. H. Denier v. d. Gon).

58 kleine Reden.

Ueber die Phrase. Vortrag beim Verbandstage des nordwestdeutschen Logen-Gauverbandes am 9. April 1899 in der Loge Friedrich Wilhelm zur Eintracht zu Bremen vom Br [Friedr.] **Scholz.** [Bremen 1899: Schünemann.] 8 S. 8° [Umschlagtit.]

— die Physiologie d. Menschen als Grundlage e. naturgemäßen Gesundheitslehre. 16 Vorträge. Mit 58 Abbildgn. 8. (X, 259 S.) Leipzig 883. Weber. n. 2. —; geb. n.n. 3. —

Scholz, Friedrich: Prostitution und Frauenbewegung. — Leipzig: Ed. Heinr. Mayer 1897. 88 S. 8°

[Autogr.] Aus der Loge Friedrich Wilhelm zur Eintracht in Bremen. Rede zum Johannisfest 1893 von [Friedr.] **Scholz.** [Bremen 1894.] 14 S. 4° [Umschlagtit.]

Abgedr. in: MitthR. 1893—1894 S. 104—116; Bbl. 8 (1894) S. 95—104; Scholz, F.: Sursum corda! 1898 S. 24—36.

cf. Al. 20 (1894) S. 25 (E. Ducommun).

Üb. d. Aufgaben d. Frmrei in d. Gegenwart.

[Autogr.] Aus der Loge Friedrich Wilhelm zur Eintracht in Bremen. Rede zum Johannisfest 1894 von [Friedr.] **Scholz.** [Bremen 1894.] 11 S. 2° [Umschlagtit.]

Abgedr. in: Scholz, F.: Sursum corda! 1898 S. 77—86.

Mahnung zur Toleranz und Menschenliebe.

Scholz, Frdr., üb. Reform d. Irrenpflege. gr. 8. (77 S.) Leipzig 896. E. H. Mayer. n. 1. 50

—— Schlaf und Traum. Eine populär-wissenschaftl. Darstellung. gr. 8. (70 S.) Leipzig 887, E. H. Mayer. *

Sursum corda! Logenreden von [Friedr.] **Scholz.** Leipzig: Mayer [1898]. IV, 297 S. 8°

Recens: ML. 26 (1898—1899) S. 98 (O. Henckel); Bh. 42 (1899) S. 120 (C. Gotthold); FZ. 53 (1899) S. 64 (K. Pilz); L. 22 (1899) S. 16; HL. 32 (1899) S. 2732 (J. Moltmann); R. 26 (1899) S. 8; ArSt. 1 (1904) S. 355.

cf. S. 5 (1898) S. 125 (J. G. Findel); 6 (1899) S. 19—21 (J. G. Findel).

— über die Verfügungsfähigkeit e. Epileptikers. (An der Hand e. Gutachtens.) gr. 8. (10 S.) Ebd. 899. n. 1. —

Sonderabdruck aus: „Deutsche Praxis".

—! Über die Verfügungsfähigkeit eines Epileptikers 1899. Jetzt: München, Verlag der ärztlichen Rundschau.

—— Vorträge über Irrenpflege. Für Pfleger und Pflegerinnen, sowie für Gebildete jeden Standes. gr. 8. (IV, 135 S.) Bremen 882, Heinsius. *

— Vorträge üb. Irrenpflege. Für Pfleger u. Pflegerinnen, sowie f. Gebildete jedes Standes. 2., verm. u. verb. Aufl. gr. 8. (V, 136 S.) Bremen 895. M. Heinsius Nachf. n. 2. 80; geb. in Leinw. n. 3. 80

— Werden und Wachsen. Erinnerungen eines Arztes. 2. (Schluß-)Thl. gr. 8. (III, 162 S.) Leipzig (899). E. H. Mayer. n. 3. —; geb. n. 4. —

Thl. 1 u. 2. T.: Werden u. Wachsen. Ebd. 895. n. 3. —; geb. n. 4. —.

Scholz, Fritz, Assistenzarzt im Grenadier-Reg. No 7 in Liegnitz: Embryotomie mit dem Schultze'schen Sichelmesser. (4 neue Fälle.) (Aus d. Königl. Frauenklinik zu Breslau.) Breslau 1899: Bresl. Genossenschafts-Buchdr. (30 S.) 8°

Breslau, Med. Diss. v. 27. Apr. 1899

Scholz, Fritz, Grundriss der Mechanotherapie (Massage u. Gymnastik). Für Studierende u. Ärzte. Mit e. Vorwort v. Brieger. (V, 152 S. m. 37 Abbildgn.) Lex. 8. Jena 910. G. Fischer. 4. —; geb. 4. 80

Scholz, G., Kriegs-, Siegs- u. Friedenspredigten. 8. Liegnitz, Kuhlmey. 815.

Scholz, G., seid getrost, alles Volk d. Landes, u. arbeitet! Predigt üb. Haggai 2, 2—10, am 3. Adventssonntag geh. gr. 8. (14 S.) Gotha 892. G. Schloeßmann. n. — 40

Scholz, Georg: Das Geschäftsguthaben in der eingetragenen Genossenschaft und seine Übertragung. Strassburg i. E. 1909: Els. Lothr. Dr. u. Lith.-Anst. 70 S. 8°

Straßburg, Rechts- u. staatswiss. Diss. v. 27. Juli 1909, Ref. Rehm

[Geb. 3. Juni 81 Liebenthal, Bez. Liegnitz; Wohnort: Schöneberg-Berlin; Staatsangeh.: Preußen; Vorbildung: Gymn. Guben Reife O. 02; Studium: München 1, Berlin 3, Kiel 4 S.] [U 10. 4031

Scholz, Gf., heil. Geschichte Jesu Christi, in harmon. Verbindung der 4 Evangelisten. 8. Bresl. 784. (Gosohorsky). 10 gr.

Scholz, Gf., heilige Geschichte J. su Christi, in harmonischer Verbindung der vier Evangelisten. 8. Breslau, Meyer. 784.

Scholz, Gotthold

Scholz, G. P., neue klinische Beobachtungen über die Wirkung kohlensäurereicher Stahlbäder bei chronischen Herzkrankheiten. Vortrag, gehalten in der fünften öffentl. Versammlung der balneolog. Sektion der Gesellschaft für Heilkunde in Berlin am 18. März 1883. gr. 8. (24 S.) Berlin 883, Grosser. *
Aus: Deutsche Medicinal-Zeitung, besonders abgedruckt.

Scholz, Ghold., Instructionen für den Badegast in Cudowa, nebst populär-medicinischen Erläuterungen über die Wirkungen seiner Heilmittel. gr. 8. (IV, 52 S.) Görlitz 879. Koblitz in Comm. n. 1. —

Scholz, Ghold., über schwere diphtheritische Lähmungen und deren balneotherapeutische Heilung. gr. 8. (31 S.) Berlin 887, Hirschwald. *

Scholz, Ghold., üb. Rückenmarklähmungen u. deren Behandlung durch Cudowa nebst e. statistisch-klin. Bericht üb. die während der Saison 1870 u. 1871 behandelten Fälle. gr. 8. (X, 150 S.) Liegnitz 872. Cohn. n. 2. 80

Scholz, Ghold., klinische Studien über die Wirkung der Stahlbäder in der Gynaekologie. Lex.-8. (VIII und 155 S.) Berlin 862, A. Hirschwald. *

— klinische Studien über die Wirkung kohlensäurereicher Stahlbäder bei chronischen Herzkrankheiten nach elfjährigen Beobachtungen in Cudowa. gr. 8. (IV, 57 S.) Berlin 882. Hirschwald. n. 1. 60

[G.] Was leistet Cudowa? Darstellung s. Heil-Apparates u. Heil-Gebietes m. Hervorhebg d. prognostisch günstigsten Indicationen v. Dr. G(otthold) Scholz, Geh. Sanitätsr. ... zu Cudowa. 2. Aufl. *Lüben i. Schl.: H. Preiser 1894.* (2 Bl., 38 S.) 1 Bd 8. [94. 3456

Scholz, G., was leistet Cudowa? Darstellung seines Heil-Apparates u. Heilgebietes m. Hervorhebg. der prognostisch günstigsten Indicationen. 2. Aufl. gr. 8. (IV, 38 S.) Lüben 894. O. Ruhl's Spielverl. — 75

Scholz, Ghold. Thdr., Blumengeister. Allegorische Bilder aus dem blüh. Reiche. Gedichte. 8. (XVI, 212 S.) Breslau 893. M. Woywod. Geb. in Leinw. n. 3. —

Scholz, Ghold. Thdr., Heimatklänge aus der Ewigkeit. Religiöse Betrachtgn. in gebundener Sprache. 8. (XIII, 192 S.) Görlitz 900. H. Tzschaschel. Geb. in Leinw. n. 3. —

Scholz, Gotthold Theodor *(geb. Gäbersdorf bei Striegau 26. 5. 1819)*: De somno prae ceteris humano. Vratislaviae (1842). (39 S.) 4° *[Verf. erlebte die Diplomerneuerung 1892 als Sanitätsrat in Görlitz.]*
Breslau, Med. Diss. v. 20. Okt. 1842

Scholz, Gli., († d. 24. Juli 1801.) f. Herrmanns Familiengeschichte. — Monatsschrift f. Landkinder.

Scholz, Günth., Leitfaden der doppelten Buchführung. (45 S.) 8. Magdeburg 910. (Lichtenberg & Bühling.) Kart. 1. 50

Scholz, Günth., das System der doppelten Buchführung u. seine Anwendung in der Praxis, in gemeinverständl. Darstellg. (51 S.) 8. Berlin (906). (Magdeburg, Lichtenberg & Bühling.) n. 1. 50

Scholz, Gustav

Scholz, G., 25 Bilder aus der schlesischen Geschichte, nebst einer kurzen Uebersicht der Geographie von Schlesien. Nach authent. Quellen bearb. 8. (36 S.) Liegnitz 882, (Zippel.) *

Scholz, Gust., die wichtigsten Bilder aus der schlesischen Geschichte mit einem Anhang, enthaltend Züge aus dem Leben unseres Kaisers und Kronprinzen, nebst dem Wissenswürdigen aus der Geographie von Schlesien und einer Zeittafel. Für die schles. Schuljugend unter Benutzung zuverläss. Werke method. bearb. 2. bedeutend erweiterte, zum Teil umgearb. Aufl. gr. 8. (80 S.) Liegnitz 886, Zippel. *

— Passionspredigten im J. 1810 in d. Petri-Paulskirche in Liegnitz gehalten. 8. Liegnitz (810.)

Scholz, Gust., Passions- u. Osterpredigten im J. 1811 gehalten, 8. Liegnitz 811. Siegert. 18 gr.

— Passions- u. Osterpredigten, 8. Liegnitz, Siegert. 812.

Scholz, Gvstavvs (geb. am 13 Sept. 1848 in Wiesbaden): De Conradi I archiepiscopi Magvntini principatv territoriali. Pars prior [un.] ... Bonnae, form. C. Georgi (1870). 42 S., 1 Bl. 8.
Bonn, Phil. Fak., Diss. v. 16 Juli 1870

Scholz, Gust. Wörth. Ein vaterländisches Gedenkblatt. Kriegserinnerungen. 1.—7. Aufl. 12. (50 S. m. 1 Bildnis.) Baden-Baden 890, 91, Sommermeyer. ** — 25

Scholz, Gust., Wörth. Ein vaterländ. Gedenkblatt. Kriegserinnerungen. 2.—17. Aufl. 12. (49 S.) Baden-Baden 891–893. E. Sommermeyer. n. — 30

Scholz, Gust., Graf Nikolaus Ludwig v. Zinzendorf. s.: Volksabende. 28. Heft.

Scholz, H. Bemerkungen und Nachträge, zunächst zu Prof. Zumpts lateinischer Grammatik. 26 S.
Gütersloh, Progr. 1858

Scholz, H. Palazzo Ducale in Gubbio. (Photographien nach den Originalzeichnungen; nicht im Handel erschienen) (Berlin-Charlottenburg, 1898). Fol.

Scholz, H., zum Gedächtnis Kaiser Wilhelm's. Rede. 8. (12 S.) Berlin 888. Gaertner. n. — 40

Scholz, H., kurzgefaßte Nachricht von der Stadt Heiligenhaven in Norwegen. 8. Lübeck, Beckmann. 748.

Scholz, H., Predigt zur Wiedereröffnung der St. Marienkirche, am 26. Aug. 1894 geh. gr. 8. (13 S.) Berlin 894. (F. Rosenthal.) — 30

Scholz, H. A., das Wissenswürdigste aus d. allgem. Weltgeschichte, für Kinder von 7—10 Jahren, besond. f. niedere Bürger- u. Landschulen 8. Bresl. 831. (Schulz u. C.) 4 gr.

Schomacker, Hanna, ein unmodernes Mädchen. Roman. (262 S.) 8. Leipzig (903). H. Haessel Comm.-Gesch. — St. Petersburg, N. Jassé. n. 3. —; geb. n. 4. 20

Scholz, Hans: Johann Sigismund Kusser (Cousser). Sein Leben und seine Werke. Leipzig 1911: Röder. 243 S. 8°
München, Phil. Diss. v. 23. Juli 1910, Ref. Sandberger, Kroyer
[Geb. 7. März 79 Breslau; Wohnort: Frankfurt a. M.; Staatsangeh.: Preußen; Vorbildung: Gymn. Rostock Reife O. 08; Studium: Berlin 4, Rostock 4, München 4 S.; Rig. 23. Juli 10.] [U 11. 3852

Scholz, Harry, Arzt: Beiträge zur Frage der Entstehung des Indicans im Tierkörper. *Königsberg i. Pr. 1903: O. Kümmel.* (93 S.) 8°
Königsberg, Med. Diss. v. 14. März 1903

Scholz, Heinr., Christentum u. Wissenschaft in Schleiermachers Glaubenslehre. Ein Beitrag zum Verständnis der Schleiermacherschen Theologie. (X, 208 S.) gr. 8. Berlin 909. [A. Glaue.] Leipzig, J. C. Hinrichs' Verl. 3.25; geb. in Leinw. 4.25

Scholz, Heinrich, Cand. theol.: Theologische Thesen ... zur Erwerbung des Grades eines Lizentiaten der Theologie ... Berlin (1909): G. Schade. 2 Bl. 4°
Berlin, Theol. Thesen v. 26. Juni 1909, Ref. Kaftan
[Geb. 17. Dez. 84 Wilmersdorf-Berlin; Wohnort: Berlin; Staatsangeh.: Preußen; Vorbildung: Gymn. z. Grauen Kloster Berlin Reife O. 03; Studium: Berlin, Marburg, zus. 8 S.; Rig. 19. Juni 09.] [U 09. 8

Scholz, Herbert, Gerichtsass.: Der Verwendungsanspruch des Grundstücksbesitzers in der Zwangsversteigerung und im Konkurse. Greifswald 1909: Abel. 51 S. 8°
Greifswald, Jur. Diss. v. 29. April 1909, Ref. Pescatore
[Geb. 8. Febr. 82 Glogau; Wohnort: Greifenhagen; Staatsangeh.: Preußen; Vorbildung: Marienstifts-Gymn. Stettin Reife O. 00; Studium: Jena 1, München 1, Bonn 2, Greifswald 2 S.; Rig. 15. Febr. 09.] [U 09. 1473

Scholz, Herm., Abriss der hebräischen Laut- u. Formenlehre im Anschluss an Gesenius-Rödiger's Grammatik für den Elementarunterricht auf Gymnasien. Leipzig 867. F. C. W. Vogel. gr. 8. (IV, 31 S.) n. 6 ngr.

Scholz, Herm., Abriss der hebräischen Laut- u. Formenlehre im Anschluss an Gesenius-Rödiger's Grammatik. f. den Elementarunterricht auf Gymnasien. 2. Aufl. Durchgesehen u. vielfach berichtigt v. E. Kautszch. gr. 8. (31 S.) Leipzig 874. F. C. W. Vogel. n.n. — 75

Scholz's, H., Abriss der hebräischen Laut- und Formenlehre nach Gesenius-Rödiger's Grammatik. 3. Aufl. Im Anschluss an die 12. Aufl. der Grammatik umgearb. von E. Kautzsch. gr. 8. (IV, 32 S.) Leipzig 879, F. C. W. Vogel. **

Scholz's, H., Abriss der hebräischen Laut- und Formenlehre, nach Gesenius-Kautzsch' Grammatik umgearb. von E. Kautzsch. 4. nach der 23. Aufl. der Grammatik revid. Aufl. gr. 8. (IV, 32 S.) Leipzig 882, F. C. W. Vogel. **

Scholz's, H., Abriss der hebräischen Laut- u. Formenlehre, nach Gesenius-Kautzsch' Grammatik umgearb. v. E. Kautzsch. 5., nach der 24. Aufl. der Grammatik rev. Aufl. gr. 8. (IV, 34 S.) Leipzig 885. F. C. W. Vogel. n.n. — 75

Scholz's, H., Abriss der hebräischen Laut- u. Formenlehre, nach Gesenius-Kautzsch's Grammatik umgearb. v. E. Kautzsch. 6., nach der 25. Aufl. der Grammatik rev. Aufl. gr. 8. (IV, 35 S.) Leipzig 889. F. C. W. Vogel. n.n. — 75

Scholz's, H., Abriss der hebräischen Laut- u. Formenlehre, nach Gesenius-Kautzsch' Grammatik völlig umgearb. v. E. Kautzsch. 7., nach der 25. Aufl. der Grammatik abermals rev. Aufl. gr. 8. (IV, 35 S.) Leipzig 893. F. C. W. Vogel. Kart. n. 1. —

Scholz's, H., Abriss der hebräischen Laut- u. Formenlehre nach Gesenius-Kautzsch' Grammatik neubearb. v. E. Kautzsch. 8. nach der 26. Aufl. der Grammatik abermals rev. Aufl. gr. 8. (IV, 36 S.) Leipzig 899 F. C. W. Vogel. Kart. n. 1.50

—— bezeichnete Abschnitte aus Nepos, Cäsar und Cicero, übers. und zum Rückübersetzen ins Latein. bearb.; nebst einem metr. Anh. aus Ovid. Ein Hilfsmittel zum Selbstunterrichte. gr. 8. (IV und 84 S.) Gütersloh 863, Bertelsmann.

Scholz, (Herm.), Ansprache am Bugenhagen-Denkmal in Braunschweig, geh. am 6. X. 1908 anläßlich der 21. Generalversammlg. des Evangel. Bundes in Braunschweig. (4 S.) 8. Leipzig (908). Halle, Verlag des Evangel. Bundes. nn — 10

Scholz, Herm., Antithesen zu des Herrn Dr. Rud. Stiers 120 Thesen: ob Veränderungen oder nicht im Kirchenliede. gr. 8. (30 S.) Gütersloh 855, Bertelsmann. *

Zum 25jährigen Bestehen der Deutsch-evangelischen Blätter. Von D. H[ermann] **Scholz**, Pred. an St. Marien in Berlin. *Halle a. S.: E. Strien 1900.* 8° [F.] [01. 3460

Scholz, Herm., die neue deutsch-kathol. Bewegung, an dem Maßstabe der heil. Schrift gemessen. Ein Wort an Katholiken und Protestanten. Jesaia 5, 20. gr. 8. Braunschweig 845, Meyer sen. 3 ngl

— der Evangelische Bund u. die Politik, s. a. Flugschriften des Evangelischen Bundes. 222.

Der evangelische Bund und die Politik. Von Pred. Prof. D. [Hermann] Scholz, Berlin. *Leipzig: C. Braun 1904.* (19 S.) 8° [F.]
— Flugschriften d. Evangel. Bundes. 222. [04. 7154

Scholz, Herm., das Einigende im Protestantismus, s. a. Flugschriften des Evangelischen Bundes. 239.

Das Einigende im Protestantismus. Vortrag ... von Prediger Prof. D. Hermann **Scholz** in Berlin. Leipzig: C. Braun in Komm. 1906. (18 S.) 8° [Umschlagt. F.]
— **Flugschriften** d. Evangel. Bundes. 239. [06. 9933 3

Scholz, Herm., die christliche Erfahrung, ihre Entstehung u. Entwickelung (Luthers Katechismus Artikel III). 6 Vorlesgn. gr. 8. (V, 137 S.) Berlin 902. J. Springer. n. 2. —

Scholz, Herm., exempla sermonis Latini ex Corderii Erasmique colloquiis et Terentii comoediis deprompta tironum in usum collegit, annotatiunculas et verborum primae partis indicem adjunxit. gr. 8. (IV u. 118 S.) Gueterslohae 852, Bertelsmann. n. 1/3 ℳ; ohne Wörterbuch n. 9 ngr

Scholz, H., u. E. **Büttner,** Fortbildungs- u. Lesebuch f. Stenographen nach d. Einigungssystem Stolze-Schrey zum Gebrauch in Fortbildungskursen sow. z. Selbstunterr. gr. 8. (IV, 95 S.) Berlin 898. L. A. Kuntze. n. 1. 25

— — dasselbe. Schlüssel, hrsg. v. H. Scholz. gr. 8. (IV, 70 S.) Ebd. 899. n. 1. 25

Scholz, H., u. E. **Büttner,** Fortbildungs- u. Lesebuch f. Stenographen nach dem Einigungssystem Stolze-Schrey zum Gebrauch in Fortbildungskursen sowie zum Selbstunterricht. 2. Aufl. (IV, 84 S.) 8. Berlin 904. Buchh. des Stenographenverbandes Stolze-Schrey. n. 1. 25

Fortbildungs- und Lesebuch für Stenographen nach dem Einigungssystem Stolze-Schrey, z. Gebr. in Fortbildungskursen, sowie z. Selbstunterr. von H[ermann] **Scholz**, Fortbildungsschuldirig., u. E[rnst] Büttner, Lehrer. 4. Aufl. Berlin: Gerdes & Hödel 1907. (84 S.) 8° [07. 16304

Scholz, H., u. E. **Büttner,** Fortbildungs- u. Lesebuch f. Stenographen nach dem Einigungssystem Stolze-Schrey zum Gebrauch in Fortbildungskursen sowie zum Selbstunterricht. 6. Aufl. (IV, 84 S.) 8. Berlin 910. Gerdes & Hödel. 1. 25

Geschichte der Orgel d. St. Marien-Kirche zu Berlin 1579 - 1908. Am Tage ihrer Neueinweihung 1908 im Auftr. d. Gemeinde-Kirchenrats den Mitgliedern d. St. Mariengemeinde dargeboten. (Verf.: [Pastor] H[ermann] **S[cholz]**.) (Berlin 1908: Ev. Buchdr.) (9 S.) 8° [08. 16327

Geschichte der Orgel der St. Marien-Kirche zu Berlin 1579—1908. (Verf.: Heinrich Scholz, Berlin.) 2 verb. Aufl. (Berlin: Gemeindekirchenrat 1909.) 10 S. 8°

— 27 biblische Geschichten, s.: Fischer, L. H.

— biblisches Geschichtsbuch, s.: Fischer, L. H.

— methodisches Hilfsbuch f. den evangelischen Religionsunterricht, s.: Fischer, L. H.

— s.: Kelle u. Schwert.

Scholz, Herm., der Klempner u. Blechwarenfabrikant, s.: Was willst Du werden?

Löwenberg im Jahre 1813. Eine Erzählung d. Ereignisse u. Begebenheiten, die sich in dem denkwürdigen Jahre nationaler Erhebung in Löwenberg und Umgegend abgespielt haben. Nach verschied. Quellen zsgest. von Hermann Scholz. (Löwenberg i. Schl.: Müller 1909.) 91 S. 8°

Scholz, die Mission unt. Eis u. Schnee, s.a. Missionsschriften, neue.

Die Mission unter Eis und Schnee. Von Prof. Pastor D. [Hermann] Scholz in Berlin. (Berlin: Berliner Ev. Missionsgesellsch. [1896].) (14 S.) 8° [Kopft. F.]
— [Missionsschriften, Neue.] No 52. [07. 1334

— s.: Predigten, 7, bei der 56. Hauptversammlung des evangel. Vereins der Gustav Adolf-Stiftung geh.

Scholz, Herm., zehn Predigten. 8. (VI, 120 S.) Merseburg 883. Stollberg. n. 1. —

— Rede am Bugenhagendenkmal in Braunschweig, s. Generalversammlung, 21., des evangelischen Bundes in Braunschweig.

[F.] Rede gehalten zum Gedächtniss des Fürsten Bismarck am 9. Aug. 1898 in d. Waldhalle zu Zinnowitz v. Prof. Dr. [Hermann] Scholz, Prediger an St. Marien in Berlin. *Wolgast & Zinnowitz: In Comm. bei F. Cleppien; (Dr. v. E. Schlechter, Seebad Koserow 1898).* (7 S.) 1 Bd 8. [68. 9393

(Scholz, *Hermann* u. Paul Stengel) Dr. Karl Schaper, Direktor des Königl. Joachimsthalschen Gymnasiums zum Gedächtnis. 8 (29 S.) **Progr.** Joachimsthalsches G. *Berlin* 1886.
Inhalt: Rede gehalten am Sarge in der Aula des Königl. Joachimsthalschen Gymnasiums den 10. Oktober von *Hermann* Scholz. — Rede des .. *Paul* Stengel gehalten bei der Gedächtnisfeier in der Aula des Königl. Joachimsthalschen Gymnasiums am 16. Oktober 1886.
Nicht im Tauschverkehr.

— die Schriften der apostolischen Väter, das ist der Apostel Schüler, zur Erbauung der Gemeine aus dem Griechischen verdeutschet. Gütersloh 865. Bertelsmann's Verl. br. 8. (IX, 284 S.) 24 ngr.

— s.: Vorträge, 4, geh. usw. üb.: Das Einheitsband der evangelischen Deutschen.

— was haben wir vom Reformkatholizismus zu erwarten?, s.a. Flugschriften des Evangelischen Bundes. 206.

Was haben wir vom Reformkatholizismus zu erwarten? Von Pred. Prof. D. [Herm.] Scholz in Berlin. *Leipzig: C. Braun 1903.* (18, 8 S.) 8° [F.]
— Flugschriften d. Evangel. Bundes. 206. (Reihe 18, 2.) [03. 1347

Scholz, Herm., die Weltfrage od. die Lösung der socialen Frage. gr. 8. (16 S.) Leipzig-Volkmarsdorf 891. (Leipzig, J. Milde.) — 25

— s.: Zeitfragen.

Scholz, Hieronymus

— s. Jh. Fr. Burg, orationes.

— documenta quaedam singu aria providentiae divinae circa Gymnasium Elisabethanum. 4. Bresl. 787.

Scholz, Hieron., († d. 3. Febr. 1807.) Nachlese zu den v. Lessing u. Jachmann aufgefund. Gedichten des A. Scultetus. 8. Bresl. 783. W. G. Korn. 3 gr. Zweite Nachlese ꝛc. 8. Ebd. 783.

Scholz, J., Anleitung zur Erteilung d. Unterrichtes in der Kalligraphie. gr. 8. (60 S. m. 6 Bl. Vorlagen.) Breslau 886. Goerlich. n. — 80

— 100 Dispositionen zu Lehrproben in der Volksschule. gr. 8. (IV, 98 S.) Ebend. 886. n. 1. —

Scholz, J., Dispositionen zu Lehrproben in der Volksschule m. mehreren ausgeführten Lektionen. 2. Aufl. gr. 8. (IV, 148 S.) Breslau 893. F. Goerlich. n. 1. 50

Scholz, J., Dispositionen zu Lehrproben in der Volksschule m. mehreren ausgeführten Lektionen. 3., neu durchgeseh. Aufl., besorgt v. F. H. Musolff. (IV, 144 S.) gr. 8. Breslau (910). F. Goerlich. 1.50; geb. 1. 75

Scholz, J., zur Geschichte der katholischen Kirche. Ein Anhang für Volksschulen kathol. Confession zu Ed. Bock's neuem deutschen Lesebuche für die Mittel- und Oberstufe der Volksschulen beider Confessionen. Ausg. C. Thl. III. gr. 8. (24 S.) Breslau 880, Hirt. **

— spezielle Heimatkunde m. Einschluß der Kreise Neisse u. Neustadt O.-S. Unter Mitwirkg. einiger Schulmänner hrsg. Mit mehreren Zeichnungen. gr. 8. (VI, 122 S.) Neisse 887. Graveur's Verl. geb. n.n. 1. 50

Scholz, J., Kinder der Einsamkeit. 8. Andernach 803. Lassaulx. 12 gr.

Scholz, J., das Märchen. Hrsg. f. Schule u. Haus. Ausg. f. Eltern u. Lehrer. (Auch f. d. Zöglinge der Lehrerbildungsanstalten.) 8. (VI, 143 S.) Neisse 895. J. Graveur. Geb. in Leinw. n. 1. 25

— dasselbe. Ausg. f. Kinder. 8. (IV, 113 S. m. 4 farb. Bildern.) Ebd. 895. Kart. n. 1. 20

— Rätselbüchlein für Volksschulen u. Lehrerbildungsanstalten. 8. (36 S.) Breslau 888. Goerlich. n. — 40

Scholz, J.: Über Wesen und Bedeutung der Perspective. Berlin 1867. 38 S. 4°
Schul-/Univ.-Schrift

Scholz, J. A., über den Glauben an Zauberei in den letztverflossenen vier Jahrhunderten. Breslau 830. 8.

Scholz, J. C., Daheim u. in der Fremde. Eine histor. Erzählg., s.a. Für den Feierabend.

Scholz, J. C., Daheim u. in der Fremde. Eine histor. Erzählg. 8. (132 S.) Hamburg 874. Agentur d. Rauhen Hauses. n. — 80

Scholz, J. C., Daheim u. in der Fremde. Eine histor. Erzählg. 2. Aufl. 8. (120 S.) Hamburg 887. Agentur d. Rauhen Hauses. n. — 80

Scholz, J. C.: Zwei edle Frauen, s.a. Für den Feierabend.

— zwei edle Frauen. Geschichtliche Erzählgn. 8. (208 S.) Ebend. 874. n. 1. 20

Scholz, J. C., zwei edle Frauen. Geschichtliche Erzählungen. 2. Aufl. 8. (170 S.) Hamburg 892. Agentur d. Rauhen Hauses. n. 1. 20

Scholz, J. C., Frauenbilder der heiligen Schrift, s. Frauenbilder.

Scholz, J. C., Freud u. Leid. Drei Erzählgn. 8. (III, 248 S.) Hamburg 872. Agentur d. Rauh. Hauses. n. 1.50

Scholz, J. C., poetische Geschichte Preußens von 1415—1867. Eine chronologisch geordnete Sammlung histor. Gedichte für Schule u. Haus. Breslau 867. (Dülfer.) 8. (XI, 158 S.) n. 10 ngr.

— poetische Geschichte Preußens von 1415 bis zur Wiederaufrichtung d. deutschen Kaiserthums. Eine chronologisch geordn. Sammlg. histor. Gedichte f. Schule u. Haus. 2., verm. Ausg. [200 Gedichte.] gr. 8. (XI, 176 S.) Breslau 871. Dülfer. n. 1. 20

—— Gnadenführungen. Zwei Erzählungen. 8. (192 S.) Hamburg 878, Agentur des Rauhen Hauses. *

— Deutschlands Heldenkampf wider Frankreich 1870 u. 1871 in 30 Liedern deutscher Dichter. Für die deutsche Jugend ausgewählt. Zugleich als Fortsetzg. der „poet. Geschichte Preußens [von 1415—1867]" v. demselben Hrsg. [230 histor. Gedichte.] gr. 8. (16 S.) Ebend. 871. n. — 25

Scholz, J. C., Louise, Königin von Preußen. Ein Lebensbild zur 50jähr. Todesfeier, für Schule und Familie. 16. (47 S.) Erfurt 860, Körner's Verlag. Thlr.

– Hans Sachs. Eine histor. Erzählung aus der Reformationszeit, s.a. Für den Feierabend.

— Hans Sachs. Eine histor. Erzählg. aus der Reformationszeit. 8. (186 S.) Ebend. 872. n. 1. 20

Scholz, J. C. F., s. Wandkarte von Europa.

Scholz, J. C. G.

— der Freund der Natur, Kunst u. des gemeinen Lebens, oder Gallerie ausgesuchter Gemälde von merkwürd. Völkerschaften u. naturbeschreibenden Gegenständen aus d. Thier-, Pflanzen- u. Fossilien-Kenntniß. 2 Thle. Mit ill. Kpf. gr. 8. Berl. 818. (Sander). 5 ℔ 18 ℊ (A. u. d. T.: neue Bildergallerie 2c.)

Scholz, J. C. G., Emiliens Hochzeitfeyer. Neue Ausgabe. 12. Berlin, Flittner. 817.

Scholz, J. C. G., (Chr. G. Flittner,) Emiliens Hochzeitfeier. Neue Ausg. 12. Berl. 817. (Sander). 8 ℊ

Scholz, J. Chr. Friedr., Hülfsbuch f. den Unterricht in der Geographie v. Schlesien. 1. u. 2. verb. Aufl. 8. (à 5 B.) Breslau 843, Graß, Barth u. Comp., Berl. à

Scholz, J. Chr. Frdr., Hülfsbuch für den Unterricht in der Geographie v. Schlesien. 4. verb. Aufl. Mit 1 (lith. u.) color. Karte von Schlesien (in qu. gr. 4.) 8. (VIII u. 68 S.) Breslau 852, Graß, Barth & Co. Verlag. n. 1/6 ℔

Scholz, J. Chr. Frdr., Hülfsbuch für den Unterricht in der Geographie von Schlesien. 5. verb. Aufl. Mit 1 color. (lith.) Karte von Schlesien (in 4.). Breslau 860. Graß, Barth & Co. Verlag. 8. (IV, 76 S.) n. 5 ngr.

—— systematische Uebersicht des Thierreichs. Für Seminaristen u. Volksschullehrer bearb. 8. (3¾ B.) Breslau 843, Graß, Barth u. Comp., Berl.

— systemat. Uebersicht des Thierreichs. Für Seminaristen u. Volksschullehrer bearb. 8. Ebend. 844. 1/6 ℔

Scholz, J. Chr. Friedr., Uebersicht des Thierreiches. Nebst einem Anhang: das Wichtigste über den Bau des menschlichen Körpers. Zur Orientirung für Seminaristen u. Lehrer an Volksschulen. 2. verm. Aufl. Breslau 856. Graß, Barth u. Co. 8. (XVI, 207 S.) n. 15 ngr.

Scholz, J. Chr. Frdr., Uebersicht d. Thierreichs. Nebst e. Anh.: das Wichtigste üb. den Bau d. menschl. Körpers. Zur Orientirg. f. Seminaristen u. Lehrer an Volksschulen. 3., überarb. Aufl. gr. 8. (XVI, 203 S.) Breslau 872. Morgenstern. n. 1. 60

Scholz, J. Chr. Frdr., Uebersicht des Thierreichs. Nebst einem Anhang: Das Wichtigste über den Bau des menschl. Körpers. Zur Orientirung für Lehrer u. Schüler der Schullehrer-Seminarien u. Präparanden-Anstalten, der Mittel- u. gehobenen Volksschulen. 4., verb. Aufl. gr. 8. (XII, 203 S.) Breslau 877. Morgenstern. n. 1. 60

—— das Wissenswürdigste aus d. Mineralogie f. d. Volksschulen Schlesiens. 8. (4½ B.) Breslau 845, Graß, Barth u. Comp., Berl.

Scholz, J. Chr. Friedr., das Wissenswürdigste aus der Mineralogie. Für Schullehrer-Seminare und Volksschulen bearb. 2., verm. Aufl. 8. (VI und 82 S.) Breslau 862, Graß, Barth und Comp. *

— das Wissenwürdigste aus der Mineralogie. Für Schullehrer-Seminare u. Volksschulen. 3. Aufl. 8. (VI, 91 S.) Breslau 872. Maruschke & Berendt. n. — 60

— das Wissenswürdigste aus der Mineralogie. Für Schullehrer-Seminare, Präparanden-Anstalten, Bürger- u. Mittelschulen. 4. Aufl. 8. (VI, 93 S.) Breslau 879. Maruschke & Berendt. n. — 60

Scholz, J. Chr. Frdr., das Wissenswürdigste aus der Mineralogie. Für Schullehrer-Seminare, Präparanden-Anstalten, Bürger- u. Mittelschulen bearb. 5. Aufl. Hrsg. v. E. Leisner. 8. (VIII, 96 S.) Breslau 885. Maruschke & Berendt. n. — 75

Scholz, J. Chr. F., das Wissenswürdigste aus der Mineralogie. Für Schullehrer-Seminare, Präparanden-Anstalten, Bürger- u. Mittelschulen bearb. 6., verm. Aufl. Nach dem Tode d. Verf. besorgt durch E. Leisner. 8. (X, 112 S.) Breslau 888. Maruschke & Berendt, Verl. n. — 80; cart. n. — 90

Scholz, J. Chr. Frdr., das Wissenswürdigste aus der Mineralogie. Für Schullehrer-Seminare, Präparanden-Anstalten, Bürger- u. Mittelschulen bearb. 7., verm. Aufl. Nach dem Tode d. Verf. besorgt durch E. Leisner. 8. (X, 116 S.) Breslau 892. Maruschke & Berendt. n. — 80; kart. n. — 90

Scholz, J. Chr. Frdr., d. Wissenswürdigste aus d. Mineralogie. Für Schullehrer-Seminare, Präparanden-Anst., Bürger- u. Mittelschulen bearb. 8., verm. u. verb. Aufl. Nach d. Tode d. Verf. besorgt v. E. Leisner. gr. 8. (X, 117 S.) Breslau 896. Maruschke & Berendt. n. — 80; kart. n. — 90

Scholz, J. Chr. Friedr., das Wissenswürdigste aus der Thierkunde f. Volksschulen. 2 Bdchn. 8. Breslau, Graß, Barth u. Comp., Berl. à * 12½ Ngr., Thlr. *

Bdchn. 1. Die Wirbelthiere od. d. höhere Thierreich. (14¾ B.) 846.
" 2. Die wirbellosen Thiere od. d. niedere Thierreich (11 B.) 847.

— das Wissenswürdigste aus der Thierkunde f. Schullehrer-Seminarien, städt. Mittel- u. gehobene Elementarschulen. 1. u. 2. Bdchn. gr. 8. Breslau 872. 76. Morgenstern. à n. 1. 50

1. Die Wirbelthiere od. das höhere Thierreich. 2. Aufl. (VIII, 231 S.)
2. Die wirbellosen Thiere od. das niedere Thierreich. 3. Aufl. (VIII, 168 S.)

— das Wissenswürdigste aus der Thierkunde für Schullehrer-Seminarien, Präparanden-Anstalten, städtische Mittel- und gehobene Elementarschulen. 2 Bdchn. gr. 8. Breslau, Morgenstern. *

Inhalt:
Bdchn. 1. Die Wirbelthiere oder das höhere Thierreich. 3. Aufl. (244 S.) 874; 4. verb. Aufl. (VIII, 239 S.) 878. *M 1,60.
2. Die wirbellosen Thiere oder das niedere Thierreich. 3. verb. Aufl. (VIII, 168 S.) 876. *M 1,50.

Scholz, J. Chr. Friedr., das Wissenswürdigste aus der Thierkunde für Schullehrer-Seminarien, Präparanden-Anstalten, städtische Mittel- und gehobene Elementarschulen. 2 Bdchn. gr. 8. Breslau, Morgenstern. *M 3,10.; geb. *

Inhalt:
Bdchn. 1. Die Wirbelthiere oder das höhere Thierreich. 5. verb. Aufl. (VIII, 239 S.) 884. *M 1,60.; geb. *M 1,90.
2. Die wirbellosen Thiere oder das niedere Thierreich. 4. verb. Aufl. (VIII, 176 S.) 881. *M 1,50.; geb. *M 1,80.

Scholz, J. E., Gnadenführungen. 2 Erzählungen. 8. (192 S.) Hamburg 873. Agentur d. Rauhen Hauses. n. 1. 20

Scholz, J. F.

— drei Predigten bei seltenen Landesfesten in d. J. 1805, 1815 u. 1816, nebst e. Einsegnungsrede bei zwei Jubelehepaaren. gr. 8. Schlesw. 817. (Koch). 8 gr

Scholz, J. F., Gottes Wort in seinem hohen Werthe, nach d. Geiste des Protestantismus. 2 Reformationspredigten. gr. 8. Schlesw. 826. (Aue in Altona). 6 gr

Scholz, (J. F.,) Gottes Wort in seinem hohen Werthe, nach d. Geiste d. Protestantismus. 2 Reform.-Predigten. gr. 8. Schleswig 826, (Busch in Alt.)

Scholz, J. G., unpartheiische Bemerkk. üb. Hrn. M. Richters Winke für Auswanderer nach Amerika. gr. 8. Zittau 832. Schöps. 2 gr

Scholz, J. K., Frauenbilder der heiligen Schrift im Kranze der Dichtung. Eine Festgabe. Stuttgart 864. S. G. Liesching. 16. (XV, 272 S.) 27 ngr

Scholz, Johann Friedrich

Scholz, Johann Friedrich (Magdeburg) A. S. 1348/37

Dissertatio moralis de honore humanitatis.
Präs. Georg Gottfried Keuffel.
Helmstedt (Schnorr) III. 1752. 40 S. 31260

— institutiones metaphysicae. 8. Halle 758. Schwetschke u. S. 6 gr

Scholz, Joh. Fr., Abhandlungen über wichtige Materien a. d. Theologie u. Philosophie. 8. Halle, Hemmerde. 756. -

Scholz, Jh. Fr., († ...) Abhandll. üb. wichtige Materien aus der Theologie u. Philosophie. 8. Halle 756. Schwetschke u. S. 8 gr

— Beweis, daß es eine Seelenwanderung bei den Thieren gebe. 8. Helmst. 753. Weygand in Leipz. 3 gr

— vernunft- u. schriftmäß. Gedanken von d. Hölle u. Höllenfahrt Christi. 8. Halle 770. Schwetschke u. S. 4 gr

— das Leben Jesu zur Ueberzeugung u. Uebung. 8. Halle 760. Schwetschke u. S. 20 gr

Scholz, Jh. Fr., Sittenlehre d. Vernunft, zu akadem. Vorlesungen. 8. Halle 760. Schwetschke u. S. 8 gr

— die vernünftige Sittenlehre, in Briefen an ein Frauenzimmer. 2 Thle. 8. Halle 756—58. Schwetschke u. S. 8 gr

— die vernünftige Sittenlehre. 8. Halle, Hemmerde und Schw. 760.

SCHOLZ, Joh. Friederich („Dokter [!] d. Weltweisheit, und d. deutschen Geselschaften (so!) zu Göttingen und Helmstädt Mitgl."), Versuch einer Theorie von den natürlichen Trieben. Halle und Helmstädt, verlegt von Carl Hermann Hemerde 1755. (Darüber Signet-Vignette mit Bandschrift in Kpfst.). 8°.
12 Bll. Vorst., 308 S., 2 Bll. Verlag d. Firma, Ostermesse 1755. — Viel über den Trieb zum Beischlaf.

Scholz, Johannes, aus Schweidnitz (Schles.), Unterarzt beim Gren.-Reg. König Friedr. Wilh. II. (1. Schles.) No 10: **Über traumatische Myelitis** cervicalis mit absteigender Degeneration. *Berlin (1902): G. Schade.* (35 S.) 8°
Berlin, Med. Diss. v. 28. Mai 1902

Scholz, Johannes Martin Augustin

Scholz, J. M. A. (Hrsg.), s. Apokalypse, Die, des h. Johannes, des Apostels u. Evangelisten.

Scholz, J. M. A. (Hrsg.), s. Apostelgeschichte, Die, und die kathol. Briefe.

— Calendarium ecclesiae etc., s. Kalendarium.

Scholz, J. M. A., Curae criticae in historiam textus Evangeliorum. Heidelb. 819. 4. 20 gr.

— Curae criticae in historiam textus evangeliorum commentationibus duabus bibliothecae regiae Parisiensis Codices in Novo Test. complures, specialim vero Cyprium etc. Heidelberg, Winter, 1820, 4°, 2,50 Mk.

Scholz, J. M. Augustin, Einleitung in die heiligen Schriften des alten u. neuen Testaments. (In 4 Thln.) 1. Thl. Die allgem. Einleitung. (1. u. 2. Abthl.) gr. 8. Köln 845, J. u. W. Boisserée. à n. $1^1/_2$ — 2. Thl. Die specielle Einleitung in die histor. Bücher des A. T. gr. 8. Ebend. 845. n. $2^5/_6$

Scholz, J. M. Augustin, († d. 20. Oct. 1852.) Einleitung in die heil. Schriften d. alten u. neuen Testaments. 3. Thl.: Die specielle Einleitung in die poet. u. prophet. Bücher des A. T. gr. 8. (XVI u. 648 S.) Leipzig 848, Fr. Fleischer. n. $2^2/_3$ (1—3.: n. $8^1/_2$)

Solemnia natalitia ... Friderici Wilhelmi III d. III Aug. ab alma academia Fridericia Wilhelmia Rhenana ... celebranda ... indicit Dr. Ioannes Martinus Augustinus **Scholz**, ord. theol. cath. p. t. decanus. — Praemissa est commentatio de fontibus historiae V. T. antiquissimae integre servatis. Bonnae, litt. Thormannianis 1830. 28 S. 4.
Enth. zugleich d. Preisaufgaben f. d. J. 1830—31 und in einem später ausgegebenen Anhang (= S. 23—28; *Anf.:* Promissam atque exoptatam vobis, Cives, accipitis *Programmatis nuper ad indicendum diem festum, Natalem Regis, editi Appendiculam.*) d. Ergebnisse d. Preisbewerbung d. J. 1829—30

Scholz, Jh. Mart. Aug., Handbuch der biblischen Archäologie. gr. 8. Bonn 834. Marcus. (Wien, Gerold.) $2^1/_6$

— die Harmonie der göttl. Offenbarung mit den Fortschritten der Wissenschaften. Rede z. Gedächtnißfeier König Friedrich Wilhelm III. am 3. Aug. 1845 gehalten. 12. Bonn 845, Wittmann. $^1/_{12}$

De menologiis duorum codicum Graecorum bibliothecae regiae Parisiensis. Commentatio qua orationem de meritis quorundam interpretum Graecorum d. 20 Dec. ... a se ex lege publica habendam indicit ad eamque audiendam invitat Jo. Mart. Augustinus **Scholz**, theol. doct. et prof. publ. ord. Bonnae, A. Marcus 1823. 34 S., 1 Bl. 8.

Scholz, (J. M. A.,) de Menologiis duorum cod. graecor. bibliothecae reg. Parisiensis. Comment. 8 maj. Bonnae 824, Marcus.

Scholz, J. M. A., Die 12 kleinern Propheten. Aus dem Hebräischen übersetzt u. erklärt. Frankfurt, Varrentrapp, 1833, gr. 8°, 6,30 Mk.

— bibl.-krit. Reise in Frankreich, der Schweiz, Italien, Palästina u. im Archipel in d. J. 1818—21, nebst e. Geschichte des Textes d. N. Testam. Mit 1 Steindr. gr. 8. Leipz. 823. Fr. Fleischer. 1 ß 12 gl. Velinp. 2 ß 8 gl.

— Reise in die Gegend zwischen Alexandrien u. Parätonium, die lybische Wüste, Siwa, Aegypten, Palästina u. Syrien in d. Jahren 1820 u. 1821. gr. 8. Leipz. 822. Fr. Fleischer. 2 ß Velinp. 3 ß

— s. Schrift, die heilige, des alten Testaments, von Dereser.

Solemnia natalitia ... Friderici Guilelmi III d. III Aug. ab alma academia Borussica Rhenana ... celebranda ... indicit Dr. Joannes Martinus Augustinus Scholz, ord. theol. cath. p. t. decanus. — Praemissa est Commentatio de Golgothae et sanctissimi D. N. J. C. sepulcri situ. Bonnae, typ. Thormannianis 1825. 22 S., 1 Karte. 4.

Enth. zugleich d. Ergebnisse d. Preisbewerbung d. J. 1823—24 und d. Preisaufgaben f. d. J. 1825—26

Scholz, J. Mart. Aug., Commentatio de Golgathae et s. Domini nostri J. Christi sepulchri situ. Cum tabulis. Bonn, Markus, 1825, 4°.

Solennia natalitia ... Friderici Wilhelmi III d. III Aug. 1835 ab universitate Fridericia Wilhelmia Rhenana ... celebranda ... indicit Dr. Ioannes Martinus Augustinus Scholz, ord. theol. cath. p. t. decanus. — Inest commentatio de Hierosolymae singularumque illius partium situ et ambitu. Bonnae, typ. C. Georgii (1835). 1 Bl., 17, 21—24 S., 1 Taf. 4.

Enth. zugleich d. Preisaufgaben f. d. J. 1835—36 und in einem später ausgegebenen Anhang (mit falscher Zählung S. 21—24; [*Kopft.*] Iudicia quinque ordinum ... de certaminis litt. eventu a. 1835 ...) d. Ergebnisse d. Preisbewerbung d. J. 1834—35

— s. Testament, die Schriften d. Neuen. — Testamentum novum graece.

Sacram memoriam ... Friderici Guilelmi III ... natali eius III Non. Aug. ... ab litt. universitate Fridericia Guilelmia Rhenana ... celebrandam indicit D. I[oannes] Mart. Augustinus Scholz, ord. theol. cath. h. t. decanus. — Inest commentatio de virtutibus et vitiis utriusque codicum N. T. familiae. Bonnae, litt. Georgianis 1845. 1 Bl., 20 S. 4. ¶ Erschien zugleich selbständig bei Fleischer in Leipzig als Suppl. zu des Verf. grosser Ausg. des N. T.

—— de virtutibus et vitiis utriusque codicum N. T. familiae. Commentatio. 4maj. ($2^3/_4$ B.) Lipsiae 845, Friedr. Fleischer. *

Bildet ein Supplement zu des Verf. grosser Ausg. des Nov. Test.

[J.] Geographische Bilder von Ziegenhals und Umgegend m. Einschluss des Altvatergebirges '(dabei sämmtl. Kurorte in diesem Gebiete)'. Von J[os.] Scholz. M. Abb., 1 Wegekt., 1 Eisenbahnkt. u. 3 Orientiergs-ktch. *Ziegenhals: Selbstr. d. Vfs; (Dr. v. A. Auerbach) 1895.* (VII, 217 S., 1 Kt.) 1 Bd 8. [96. 780

Scholz, Jos., Hamburger Blumenlese, s. Blumenlese.

Scholz, Jos., s.: Collection Ernst Prinz zu Windisch-Grätz.

Scholz, Jos., über Darwinismus. Vortrag gehalten in der feierl. Sitzung des Wiener medicin. Doctoren-Collegiums am 28. Octbr. 1878. gr. 8. (14 S.) Wien 878, Schönfeld und Comp. *

Aus: Mittheilungen des Wiener Doctoren-Collegiums, besonders abgedruckt.

Scholz, J., Führer durch das Altvater-Gebirge, durch Freiwaldau, Lindewiese, Ziegenhals, Zuckmantel, Reihwiesen, Einsiedel, Würbenthal, Karlsbrunn, Goldenstein, Altstadt u. das Glatzer Schneebergs-Gebirge. Mit 1 Karte. 12. (VI, 145 S.) Ziegenhals 890. Rölle. n. 1. 50

Scholz, J., Führer durch das Altvatergebirge, durch Freiwaldau, Gräfenberg, Lindewiese, Ziegenhals, Zuckmantel, Reihwiesen, Einsiedel, Würbenthal, Karlsthal, Karlsbrunn, Goldenstein, M.-Altstadt u. das Glatzer Schneebergs-Gebirge. 2., verb. u. ergänzte Aufl. Mit neuer Wegekarte der mähr.-schles. Sudeten u. markiertem Wegweiser. 12. (VI, 149 S. m. 2 Ansichten.) Freiwaldau 894. B. Titze. n. 2. —; ohne Wegweiser n. 1. 50

Scholz, J., Führer durch das Altvatergebirge, durch Freiwaldau, Gräfenberg, Lindewiese, Ziegenhals, Zuckmantel, Reihwiesen, Einsiedel, Würbenthal, Karlsthal, Karlsbrunn, Goldenstein, M.-Altstadt und das Glatzer Schneebergs-Gebirge. 2. verbesserte und ergänzte Auflage. Ausgabe A mit Wegkarte. 8. (168 S.) —.90
— — Ausgabe B mit Wegkarte und markirten Wegweiser. 8. (168 S.) 1.20
Freiwaldau: Titze 1894.

Scholz, J., Führer durch das Altvatergebirge, durch Freiwaldau, Gräfenberg, Lindewiese, Ziegenhals, Neisse, Zuckmantel, Johannesthal, Reihwiesen, Einsiedel, Würbenthal, Jägerndorf, Karlsthal, Karlsbrunn, Groß-Ullersdorf, Mährisch-Schönberg, Goldenstein, M.-Altstadt u. d. Glatzer Schneebergs-Gebirge. 3., verb. u. ergänzte Aufl. 12. (VIII, 160 S. m. 2 Ansichten.) Freiwaldau 897. B. Titze. n. 1. 50

Scholz, J., Führer durch das Altvatergebirge, durch Freiwaldau, Gräfenberg ꝛc. und das Glatzer Schneebergs-Gebirge. 3. verbesserte und ergänzte Auflage. 8. (VIII, 172 S.) —.90
Freiwaldau: Titze 1897.

—— Führer durch Ziegenhals und Umgegend mit Einschluß des hohen Gesenkes. 12. (64 S. mit 3 eingedr. Kärtchen.) Ziegenhals 887, Roelle. *

[J.] Führer durch Ziegenhals und Umgegend m. Einschl. d. Altvatergebirges. Von J[osef] Scholz. M. Abb., 3 Kt. u. 3 Orientiergs-Ktchen. 2., vollst. umgearb. Aufl. *Ziegenhals: Selbstr.; (Dr. v. A. Auerbach) 1895.* (VIII, 87 S., 2 Kt.) 1 Bd 8. [96. 377

— lyrische Gedichte. Mit 1 Kpf. 8. Hamb. 807. (Herold jun.) 20 gl.

— lyrische Gedichte, m. einem Kupfer. 8. Hamb. Vollmer. 807.

— Hamburg, od. vollständ. Geschichte u. Beschreib. dieser Stadt. Mit 1 Grundriß. 8. Hamb. 810. (Herold jun.) 21 gl.

Scholz, Joseph, Hamburg od. vollständ. Geschichte u. Beschreibung dies. Stadt, mit e. Grundriß. 8. Hamb. Vollmer. 810.

Scholz, Jos., üb. die Honorarfrage der Aerzte. Eine Studie. gr. 8. (20 S.) Wien 874. Czermak. n. — 60

Katalog der Bibliothek der numismatischen Gesellschaft zsgest. v. Dr. Josef Scholz. *Wien: Selbstv. d. Ges.; k. k. Hof- & Staatsdr. 1896.* (40 S.) 1 Bd 8. [97. 1565

— Verzeichnis der Lektüre beim Unterrichte im Deutschen in den Lehrer-Bildungsanstalten zu Ziegenhals. gr. 8. (31 S.) Ziegenhals 886. Roelle n. — 60

Scholz, Josephus *(geb. Zadel in Schles. 18. 12. 1831)*: Vita St. Norberti institutoris ordinis Praemonstratensis postea archiepiscopi Magdeburgensis. P. 1. Vratislaviae (1859). (45 S.) 8°
[P. 2 ist Gymn.-Progr. v. Neustadt in Oberschles. 1874.]
Breslau, Phil. Diss. v. 6. Juni 1859

[J.] Vorträge oder Aufsätze verschiedenen Inhalts v. J[os.] **Scholz**, Kgl. Seminarl. zu Ziegenhals. *Neisse: J. Graveur 1896.* (2 Bl., 185 S., 1 Bl.) 1 Bd 8. [96. 7645

Scholz, Joseph [Dr.]: Wie ist das Zeichnen im geographischen Unterrichte zu verwerten? Beitrag z. Methodik d. geograph. Unterrichts in Mittelschulen. Neustadt O.-S., Raupach'sche Buchdr., *1893;* 3—13 S. 4.
Neustadt Ob.-Schl., k. G, OP 1893 (199)

Scholz, Jos. B., Vegetationsverhältnisse d. preussischen Weichselgeländes, s. **Mitteilungen** d. Coppernicus-Vereins f. Wissenschaft u. Kunst, XI.

Vegetationsverhältnisse des preussischen Weichselgeländes. Von Josef B. **Scholz**, Oberlandesger.-Sekr. M. 3 Lichtdrucktaf. *Thorn: E. Lambeck 1896.* (5 Bl., 206, XVIII S., 1 Bl., 3 Taf.) 1 Bd 8.
= **Mitteilungen** d. Coppernicus-Vereins f. Wissenschaft u. Kunst zu Thorn. H. XI. [97. 141

RÜGEN, Freimüthige und bescheidene, einiger Hamburgischer Polizeimängel .... (von *Joseph Heinr. Scholz*). Hamburg 1810.
Anon.-Lex. III. p. 398 (nach Goedeke).

Scholz der Dritte, Jul., über Abfindungen von deutschen Bauerngütern, s. Zeitschrift für Landwirthschaftsrecht. 1r Bd. 2s Heft.

Scholz III, J.: „Ueber Abfindungen von deutschen Bauergütern, sowohl im allgemeinen, als mit Berücksichtigung der Gesetzgebungen mehrerer deutscher Staaten", Braunschweig 1838 (Leibrock).

Scholz, J., Ueber Abfindung von deutschen Bauerngütern. 8°. Breslau 1838.

—— Abriß d. Gerichtsverfass. 2c. im Hrzgth. Braunschw., s. Annalen d. d. u. a. Crim.-Rechtspflege, Extra-Hft. z. 15. Bde.

— **Abriß der Gerichtsverfassung und des Verfahrens in Straffachen im Herzogthume Braunschweig. gr. 8. Altenburg 841, Helbig. 3/4 ₰**

—— das Baurecht u. d. Rechte in Bezieh. auf Gebäude in d. verschied. Verhältnissen d. bürgerl. Lebens. gr. 12. (20⅓ B.) Braunschweig 839, G. C. E. Meyer sen.

Scholz der Dritte, J., Bemerkungen über Ablösungen von Grundlasten, Theilungen von Gemeinheiten u. über Verkoppelungen. 8. (5¾ B.) Hameln 842, [Nienburg, Weichelt?] *

—— Bemerkungen, das Vergehen d. Unterschlagung betreff., mit besond. Rücksicht auf einzelne bürgerl. Geschäfte. Ein Beitr. z. gemeinen deutschen Strafrechte. gr. 8. (5½ B.) Altenburg 841, Helbig.

Scholz der Dritte, J.: Bemerkungen das Vergehen der Unterschlagung betr., mit bes. Rücks. auf einzelne bürgerl. Geschäfte. Altenburg 1841.

— [Desgl.] Altenburg 1848.

Scholz, Julius, Referendar zu Hamburg: **Die Blankettfälschung. Der Tatbestand des § 269 R.Str.G.B. u. seine Stellung im Abschnitt 'Urkundenfälschung'.** *Hamburg 1904: Herngruber & Henning.* (X, 76 S.) 8°
Rostock, Jur. Diss. v. [15. Febr.] 1904

Scholz der Dritte, Jul., Darstellung d. Rechtsstreits zwischen d. Hrzgl. Braunschweig. Kammer-Collegium u. dem Oberamtmann Wahnschaffe zu Warberg, üb. den Besitz u. das Eigenthum der Kommende Lucklum, mit den darin ergang. Entscheidungen der Hr. Br. Gerichte u. d. gemeinschaftl. Oberappellationsgerichts zu Wolfenbüttel. gr. 8. (5¼ B.) Helmstädt 828, Fleckeisen.

—— **Darstellung d. Strafrechtsfalles gegen d. Gräfin v. Görtz-Wrisberg u. mehre andre d. Hochverraths Angeklagte, sammt Entscheidungen d. hrzgl. braunschweig. Gerichte u. e. Gutachten d. heidelberger Juristenfakultät. gr. 8. (16 B.) Lüneburg 835, Herold u. Wahlstab.**

— **de diis manibus laribus et geniis. 4maj. Greifswald 841, Koch. ⅓ ₰**

— das Gartenrecht, s. Zeitschrift für Landwirthschaftsrecht. 1r Bd. 1s Hft.

Scholz, d. Dritte, J., d. Gartenrecht. gr. 8. Braunschweig, 1837. Leibrock. — 20

—— üb. Gutsübergaben u. Rückgaben bei Pachtungen u. and. Geschäften, f. Juristen u. Kameralisten, Kommissare 2c. gr. 8. (23¼ B. u. 4½ B. Tabn.) Braunschweig 840, G. C. E. Meyer sen.

—— üb. d. Intestaterbrechte d. Ehegatten auf deutschen Bauerngütern, nach gem. u. besond. Rechten. Mit e. Vorr. v. Chrstn. Ludw. Runde, üb. d. Güterrecht d. Ehegatten auf deutschen Bauergütern während d. Ehe. Anh.: Eine Abhandl. üb. d. Intestaterbfolge d. Ehegatten in d. hrzgl. braunschweig. Landen v. Wilh. Arnold Eschenburg. gr. 8. (16½ B.) Braunschweig 837, G. C. E. Meyer sen.

—— juristisches Magazin, s. Magazin.

Scholz, Jul., jurist. Magazin, besond. f. die herzogl. braunschw. Lande. 1r Bd. 1s u. 2s Heft. gr. 8. Wolfenb. Albrecht. 814.

—— das Schäferrecht nach gem. Rechte u. mit besond. Rücksicht auf d. Gesetze mehrer deutschen Staaten f. Juristen u. Landwirthe bearb. Mit e. Vorr. v. Mittermaier. gr. 8. (28 B.) Braunschweig 837, [Vieweg u. Sohn.]

—— merkwürd. Strafrechtsfälle aus mehren Ländern Deutschlands. Aktenmäßig dargest. 2 Bde. (à 2 Abthln.) 8. Braunschweig, Leibrock. [1. (35 B.) 840., 2. (36¼ B.) 841. à 2½ Thlr.]

. **Scholz**, [illegible] Augustus Aurelius Julius (geb. Berlin 2. [illegible]): De [illegible] [illegible] [illegible] [illegible] [illegible] in [illegible] Berolini 1863. (31 S.) 8.
Berlin, Phil. Diss. v. 14. Febr. 186[illegible]

— **über Testaments-Vollzieher, besonders in Anwendung auf das Geschäftsleben. gr. 8. Altenburg 841, Helbig. ½ ₰**

—— Zeitschrift f. Landwirthschaftsrecht, s. Zeitschrift.

Scholz, K. H. Vieregge u. Baur, drei Festpredigten, bei der 42. Hauptversammlg. d. Evangelischen Vereins der Gustav-Adolf-Stiftg. in Halle a/S. am 4. u. 5. Septbr. 1888 geh. gr. 8. (36 S.) Leipzig 888. (Hinrichs' Sort.) n. — 50

SCHOLZ K( ) F( ) Kritik über die Normalschulen von einer Gesellschaft Erzieher. Hrsg. von –. Hartl, Wien 1786.
3 Hefte in 2 vol.

Scholz, K. W., der Jüngling. 3 Thle. 8. Bautz. 784. Deinzer. 10 gr.

Alte Gedanken neu gedacht und in Knüttelverslein gebracht, f. Jung u. Alt zu mäss'gem Genuss von Till Eulenspiegel posthumus [d. i. **Karl Scholz**, Forstmeister in Göttingen]. *Göttingen: F. Wunder [1901]*. (96 S.) 8° [F.] [01. 3721 7

Scholz, Karl *(geb. Strehlen in Schles. 14. 8. 1854)*: Zur Pathologie des Nucleus caudatus. Breslau 1879. (44 S.) 8° *[Im Buchhandel 1879 bei Koebner in Breslau.]*

Breslau, Med. Diss. v. 29. Juli 1879

Scholz, Karl, zur Pathologie des Nucleus caudatus. Inaugural-Dissertation. gr. 8. (44 S.) Breslau 879, (Koebner.) *

Scholz, Carl, **Tabellen zur Gewichtsberechnung** von Walzeisen u. Eisenkonstruktionen aus Flusseisen, nebst e. Anh.: Gewichtstabelle f. Wellbleche, mitgeteilt v. der Firma Wolf Netter & Jacobi in Berlin u. Strassburg i. E. Hauptsächlich verwendbar im Eisenhochbau, Brückenbau, Schiffsbau u. Hüttenfache. 2., verb. Aufl. (II, 61 S.) gr. 8. Dortmund 909. H. Achilles. (Nur direkt.) Geb. in Halbleinw. 4. —

Tabellen zur Gewichtsberechnung von Walzeisen und Eisenkonstruktionen aus Flußeisen nebst e. Anh. ... Hrsg. von Carl **Scholz**, Techniker. 5., verb. Aufl. Dortmund: Achilles 1909. 61 S. 8° [10. 11829

Scholz, Carl [aus Schlesien]: Zur Therapie der supraacromialen Luxation der Clavicula. (Speciell percutane Naht nach Baum.) . . . Greifswald, Druck v. Julius Abel, 1889; 29 S. 8°

Greifswald, Med. Fak., Inaug.-Diss. v. 20. Dez. 1889

Scholz, Carl [pr. Arzt in Liegnitz]: Aus d. Poliklinik d. Herrn Prof. Dr. Krause in Berlin. Über adenoide Vegetationen im Nasenrachenraume besonders bei Erwachsenen. . . . Breslau, Druck d. Bresl. Gen.-Buchdr., E. G., 1888; 38 S. + 2 Bl. 8°

Breslau. Med. Fak., Inaug.-Diss. v. 10. Dez. 1888

Scholz, Carl. Ueber adenoide Vegetationen im Nasenrachenraume besonders bei Erwachsenen. Diss. gr. 8. (40 S.) Bresl. 888, (Köhler). * 1 —

Scholz, Karl, Wegweiser f. Volksunterhaltungsabende, s.: Maßdorf, Paul.

Scholz, Karl Albert, Oberarzt im Train-Bat. No. 12: **Schußverletzungen des Bauches. Leipzig 1909: Lehmann. 73 S. 8°**

Leipzig, Med. Diss. v. 11. Aug. 1909, Ref. Trendelenburg

[Geb. 10. Mai 76 Seifhennersdorf; Wohnort: Dresden; Staatsangeh.: Sachsen; Vorbildung: Kgl. Gymn. Dresden-N. Reife O. 96; Studium: Leipzig 9 S.; Coll. 28. Sept. 09; Approb. 28. Nov. 01.] [U 10. 3034

Scholz, Karl Bern. Eduard

Scholz, Car. Bern. Eduard. (geb. Steinau in Schles. 5. 9. 1807): De evolutionibus retardatis, adiecta exomphali singularis observatione. Berolini (1836). (28 S.) 8°

Berlin, Med. Diss. v. 23. März 1836

Scholz, Karl Ferdinand

Scholz, Car. Ferd. (geb. Schweidnitz 20. 6. 1831): De muscis volitantibus. Berolini (1853). (44 S.) 8°

Berlin, Med. Diss. v. 14. Mai 1853

Scholz, Konrad: Aus der Breslauer Chirurgischen Universitäts-Klinik. Zwei Fälle von totaler Skalpierung, geheilt durch Thiersch'sche Transplantationen. *Breslau 1898: Bresl. Gen.-Buchdr.* (20 S. mit Taf.) 8°

Breslau, Med. Diss. v. 19. Jan. 1898

Scholz, Konr., zwei Fälle v. totaler Skalpierung, geheilt durch Thiersch'sche Transplantationen. Diss. gr. 8. (21 S. m. 1 Taf.) Breslau 898. (Schletter.) n. — 80

Scholz, Ludw., **Irrenfürsorge** u. Irrenhilfsvereine. Für Ärzte u. Laien. gr. 8. (III, 79 S.) Halle 902. C. Marhold. n. 1. 80

Scholz, Ludw., s.: Irrenpflege, die.

Leitfaden für Irrenpflege. Von Ludwig Scholz. Vom Verein d. deutschen Irrenärzte gekr. Preisschr. Halle a. S.: C. Marhold 1900. (62 S.) 8°

Leitfaden für Irrenpflege. Von Ludwig **Scholz**. Vom Verein d. deutschen Irrenärzte gekr. Preisschr. 2., neu durchges. Aufl. *Halle a. S.: C. Marhold 1900.* (73 S.) 8° [F.] [00. 5439 3

— **Leitfaden** f. Irrenpfleger. Vom Verein der deutschen Irrenärzte gekrönte Preisschrift. 3., neu durchgeseh. u. erweit. Aufl. 8. (VI, 83 S. m. 38 Abbildgn.) Ebd. 902. Kart. n. 1. 50

— **Leitfaden für Irrenpfleger. Vom Verein der deutschen Irrenärzte gekrönte Preisschrift. 4. Aufl. (VI, 83 S. m. 38 Abb.) 8. Halle 904. C. Marhold. Kart. n. 1. 50**

Scholz, Ludw., **Leitfaden f. Irrenpfleger. Vom deutschen Verein f. Psychiatrie gekrönte Preisschrift.** 5. verm. u. verb. 6. Aufl. (VI, 100 S. m. 41 Abbildgn.) kl. 8. Halle 907. 09. C. Marhold. Kart. 1. 50

Scholz, Ludwig [aus Bremen]: Ueber fötale Rachitis ... Göttingen, Druck d. Dieterich'schen Univ.-Buchdr., 1892; 61 S. 8.

Göttingen, Med. Fak., Inaug.-Diss. v. [17. Febr.] 1892

Scholz, Ludw., üb. fötale Rachitis. Diss. gr. 8. (61 S.) Göttingen 892. (Vandenhoeck & Ruprecht.) n. 1. 40

Scholz (M.), Über die geologischen Verhältnisse der Stadt Greifswald und ihrer Umgegend, besonders in Bezug auf die bei Anlage der **neuen städtischen** Wasserleitung gewonnenen Ergebnisse. M. 2 Taf. **Greifswald** 1889. 29 S.

Aus: Mittheil. d. naturwiss. Ver. f. Neuvorpommern u. Rügen. Jg. 21. 1889.

Scholz, Frau Marie, s. a. Stona, Marie.

STONA, M. (d. i. *Marie Scholz*, geb. *Stonawski*), Buch der Liebe. Wien 1888. 8°. Zahm. (Mk. 1,20.) (80 Pfg. Schaper, Hannover, 1904.)

Im **Spiel** der Sinne. Novellen von Marie Stona [d. i. **Marie Scholz**]. *Breslau: S. Schottlaender; Leipzig: E. F. Steinacker 1902.* (162 S.) 8° [F.] [01. 9197

Scholz, Maximilianus *(geb. Bunzlau 31. 1. 1832)*: De basibus organicis arte conficiendis iisque de affine[!] quadam allyli cum sulphure conjunctione, quae nuper inventa est. Vratislaviae (1859). (28 S.) 8°

Breslau, Phil. Diss. v. 9. Aug. 1859

Scholz, Max, († 180..) die beiden Fächer. Nachspl. 8. Prag 778.

Scholz, O., Ambrosiaster-Studien, s.: Abhandlungen, kirchengeschichtliche. (Wittig, J.)

Scholz, O., offener Brief an den Bund der Landwirthe. gr. 8. (24 S.) Dresden 893. Druckerei Glöß. n. — 50

Scholz, O., der perfecte Buchhalter u. Rechnungsführer. Leichtfaßliche Anleitg. die Einrichtg. u. Führg. der Handelsbücher e. gewerbl., kaufmänn. od. Fabrikgeschäftes in kürzester Zeit zu erlernen, sowie Anweisg. zur Anfertigg. u. Ausstellg. der im Geschäftsverkehr am häufigsten vorkomm. schriftl. Arbeiten wie Kaufverträge, Lohnverträge, Lehrbriefe rc. nebst kurzem kaufmänn. Wörterbuch. br. 8. (46 S.) Leipzig 874. Schneider. — 75

Scholz, O., der perfekte Buchhalter und Rechnungsführer. Leichtfaßl. Anleitung, die Einrichtung und Führung eines gewerbl. oder kaufmänn. Geschäftes in kürzester Zeit zu erlernen, sowie Anweisung zur Anfertigung und Ausstellung der im Geschäftsverkehr am häufigsten vorkommenden schriftl. Arbeiten, wie Kaufverträge, Lehrverträge, Lehrbriefe 2c., Belehrungen über den Wechselverkehr und die Correspondenz, nebst kurzem, kaufmänn. Wörterbuch. 2. Aufl. kl. 8. (46 S.) Leipzig 888, Schneider. cart.

Scholz, O., der perfecte Buchhalter und Rechnungsführer. 2. Aufl. 8. (46 S.) Leipzig 889. F. Schneider. cart. — 75

Scholz, O., Missions-Predigt üb. Ev. Luc. 10, v. 30—37. Gehalten bei der Feier des 7. Missions-Festes zu Waldenburg am 18. Juli 1850. 8. (20 S.) Schreiberhau 852. (Breslau, Dülfer & Geiser.) 1 1/2 ngr

— u. **Szczepanski**, Berliner Randzeichnungen zur Geschichte der Gegenwart. 1. Hft.: Variationen üb. Louis Philipp. qu. 4. (6 lith. Bl.) Berlin 848. (Schneider & Co.) n. 1/4 ₰

Scholz, Oskar

Scholz, O., Landeskunde v. Schleswig-Holstein. Zunächst zur Ergänzg. der Ausgaben A u. B der Schulgeographie von E. v. Seydlitz hrsg. Mit e. Karten- u. Bilderanh. gr. 8. (47 S.) Breslau 890. F. Hirt. cart. n. — 50

Scholz, O., Landeskunde v. Schleswig-Holstein. Zunächst zur Ergänzg. der Ausgaben A. u. B. der Schulgeographie von E. v. Seydlitz hrsg. Mit e. Karten- u. Bilderanh. 2., umgearb. Ausg. gr. 8. (48 S.) Breslau 891. F. Hirt. Kart. n. — 50

Scholz, O., Landeskunde v. Schleswig-Holstein. Zunächst zur Ergänzung der Schulgeographie von E. v Seydlitz hrsg. Mit e. Bilderanh. 2., umgearb. Aufl gr. 8. (44 S) Breslau 900. F. Hirt. Kart. n. — 60

Scholz, Oskar, Prof. Dr.: Landeskunde d. Prov. Schleswig-Holstein. 3. Aufl. 1910
s. **Doormann**, Otto: Landeskunde ...

Scholz, O., Landeskunde der Prov. Schleswig-Holstein, 3. Aufl., s.: Hirt's, Ferd., Sammlung v. deutschen Landeskunden. (Doormann, O.)

Scholz, Osc., Hubert Languet, s. Abhandlungen, Hallesche, zur neueren Geschichte.

Scholz, Oscar: Hubert Languet als kursächsischer Berichterstatter und Gesandter in Frankreich während der Jahre 1560—1572. (Ein Beitrag zur politischen Geschichte Kursachsens.) Th. 1. Halle (1875): Heynemann. 28 S. 8°
Halle-Wittenberg, Phil. Diss. v. 12. Aug. 1875
Geb. Bärzdorf (Kr. Strehlen, Schlesien) 27. 2. 1851. V.
Ersch. vollst. Halle: Gesenius 1875. 62 S. 8° (Hallesche Abhandlungen zur neueren Geschichte. H. 3.)
Verf. erlebte die Diplomerneuerung 1925 als Professor, Geheimer Studienrat a. D. in Altona

Scholz, Osc., Hubert Languet als kursächsischer Berichterstatter u. Gesandter in Frankreich während d. J. 1560—1572. gr. 8. (62 S.) Halle 875. Gesenius. n. 1. 20

Scholz, Oskar Die Oberflächengestalt der Wüste Sahara. 13 S. — Die Wüste Sahara. Teil II: Klima, Pflanzen und Bevölkerung 28 S. **Progr.** *Ottensen* 1883. 1884.

Der Spinnabend zu Herzogswaldau im Winter 1899 von Oskar Scholz. *Breslau: (Schles. Gesellsch. f. Volkskunde) 1901.* (40 S.) 8°
= [Mitteilungen d. Schlesischen Gesellschaft f. Volkskunde. Bd 4. Anh.]

Scholz, Osk., der Spinnabend zu Herzogswaldau im Winter 1899. (40 S.) gr. 8. Breslau 901. (M. Woywod.) n. — 80
Sonderabdr. aus: „Mitteilgn. d. schles. Gesellsch. f. Volkskde."

Scholz, Otto: *Quaestiones de meritis atque animo Caesaris Octaviani Augusti. 40 S. 4°
Halle-Wittenberg, Phil. Diss. v. 24. April 1860
Geb. Hirschberg (Schles.) 1823. V.

Scholz, Otto, e. Tigerjagd in Birma, s. Jugend- u. Volksbibliothek.

Eine Tigerjagd in Birma. Erzählung aus Hinter-Indien von Otto **Scholz**. *Berlin: A. Weichert [1901].* (32 S.) 8° [F.]
— Indianer- u. Volksbibliothek. 302.

Scholz, Otto Franz August (geb. Berlin 26. 6. 1847): Utrum venditor ex jure Romano ad dominum transferendum obligatus fuerit nec ne. Berolini (1869). (76 S.) 8°
Berlin, Jur. Diss. v. 11. Jan. 1869

Scholz, Otto, utrum venditor ex jure Romano ad dominum transferendum obligatus fuerit nec ne. Dissertatio inauguralis. Berlin 869. (Puttkammer & Mühlbrecht.) 8. (78 S.) n. 7 1/2 ngr

Scholz, (P.,) der belehrende Hausvater. Ein Buch f. Jedermann, besonders aber rathgebend für Familienväter, Hausfrauen 2c. 4 Bde. gr. 8. Bresl. 822—25, Graß, Barth u. C. à 1 Rthl. 8 gr.

Scholz, P., der belehrende Hausvater. Ein Buch für Jedermann, besonders aber für Familienväter, Hausfrauen, Gutsbesitzer 2c. 2. durchgängig verb. u. verm. Aufl. Mit vielen Illustr. 1—6. Liefg. Berlin 864. Reichardt & Zander. gr. 8. (VII, S. 1—383 u. 4 Holzschntaf.) Jede Liefg. 5 ngr

Scholz, Paul, die heiligen Alterthümer des Volkes Israel dargestellt u. erläutert. 2 Abtheilungen. Regensburg 868. Manz. gr. 8. n. 3 ₰ 14 ngr
1. Abthl. Das Cultuspersonal u. die Cultusstätten des Volkes Israel. (IV, 286 S.) n. 1 ₰ 14 ngr
2. Abthl. Die Cultuszeiten u. Cultushandlungen des Volkes Israel. (370 S.) n. 2 ₰

Scholz, Paul., Commentarium de caritate christiana intra familiae, civitatis, ecclesiae fines actionibus exhibenda. gr. 8. (VI und 57 S.) Paderborn 864, Schöningh.

Scholz, Paul, die Ehen der Söhne Gottes mit den Töchtern der Menschen. Eine exegetisch-krit., historische u. dogmatische Abhandlung über den Bericht Genesis 6, 1—4. Berlin 865. (Puttkammer & Mühlbrecht.) gr. 8. (123 S.) 15 ngr

Scholz, Paul, Die Ehen der Söhne Gottes mit den Töchtern der Menschen. Eine exeget.-kritische, historische und dogmat. Abhandlung über den Bericht Gen. 6, 1, 4. Regensburg, Verl.-Anstalt, 1865, gr. 8°, 122 S., 1,50 Mk.
Die Schrift ist vorzugsweise gegen den protestant. Theologen Kurtz gerichtet. Im 1. Kap. werden d. Gründe, welche gegen d. Sethiten-Deutung und für die Engeldeutung geltend gemacht werden, als nichtig zu erweisen gesucht, u. zwar zuerst die aus d. A. Testam. (d. h. der Stelle Gen. 6, 1 ff. selbst), dann die aus d. N. Testam. (1 Kor. 11, 10; Jud. 6. 7 und 2 Petri 2, 4—5), zuletzt die aus d. jüd. u. christl. Tradition entnommenen Gründe. Im 2. Kapitel werden d. exeget. u. dogmat. Gründe für die Sethiten-Deutung und gegen die Engeldeutung zusammengestellt. Reusch, (Bonner) Theol. Litt.-Blatt 1866, S. 187. Hülskamp, Litt. Handw. 1867, S. 299.

Scholz, Paul (Gottlob) *(geb. Krotoschin in Pos. 21. 9. 1844)*: Die projectivischen Eigenschaften der gewöhnlichen und ausgezeichneten Elemente ebener Curven. (Dresden 1868). (VI, 105 S., 1 Taf.) 8° *[Aus: Zeitschr. f. Math. u. Phys. Jg. 13. 1868.]*
Breslau, Phil. Diss. v. 12. Dez. 1868

Scholz, Paul [aus Waldau bei Liegnitz]: Über das Entstehen der lokalisierten Tuberkulose in den Lungen ... Würzburg, P. Scheiner's Buchdr., 1895; 21 S. 8.
Würzburg, Med. Fak., Inaug.-Diss. v. 1895

Scholz, Paul *(geb. Strehlen in Schles. 22. 6. 1851)*: Erwerbung der Mark Brandenburg durch Karl IV. Th. 1. Glatz 1874. (27 S.) 8° *[Vollst. 1874 bei Max & Ko. in Breslau.]*
Breslau, Phil. Diss. v. 30. Juli 1874

Scholz, P., Erwerbung der Mark Brandenburg durch Karl IV. gr. 8. (79 S.) Breslau 874. Max & Co. n. 1. 50

Geschwindigkeitsformeln für Havel und Spree. Von Paul **Scholz.** Mit 2 Abb. Berlin: E. S. Mittler & Sohn 1907. (23 S.) 4°
— **Jahrbuch** f. d. Gewässerkunde Norddeutschlands. Bes. Mitteilungen. Bd 1, No 7. (e8. 13673 4

Scholz. Paul, Götzendienst und Zauberwesen bei den alten Hebräern und den benachbarten Völkern. Mit 5 Steintafeln. Regensburg, Manz, jetzt Verl.-Anst., 1877, gr. 8°, XII u. 482 S., 9 Mk.

Scholz, Paul, Handbuch der Theologie des Alten Bundes im Lichte des Neuen. 2 Abthlgn. gr. 8. Regensburg, Manz. [1. Abthl. (VI und 210 S.) 861., 2. (VIII und 224 S.) 862. à Abthl. * 1 Thlr. 6 Ngr.] *

Scholz, P., das Riesengebirge etc., s.: Städtebilder u. Landschaften.

Scholz, Paul, aus Schweidnitz: Ueber die **Reduction** des Drei-Körper-Problems auf die Integration einer einzigen Differential-Gleichung. *Berlin 1900: A. W. Schade.* (38 S.) 8°
Berlin, Phil. Diss. v. 30. Juni 1900

Scholz, Paul Die Rückkehr Gregors XI. von Avignon nach Rom im Jahre 1377 25 S. **Progr.** *Hirschberg* 1881

[J.] Scholz, Paul [Oberl. Dr.]: Karl Ernst Schubarth. E. Beitr. z. Litteraturgesch. d. 19. Jhs. M. e. Anh. bisher ungedr. Briefe August Hagens, Alexanders v. Humboldt, Friedrich Eichhorns. Hirschberg i. Schl., Druck v. Geisler & Ike, 1892; 1—30 S. 4.
Hirschberg i. Schl., k. G, OP 1892 (186)

Scholz, P.: Skizze einer Geschichte des Erdballs. 20 S. Progr. Hirschberg 1856.

Scholz, Paulus *(geb. Sagan 29. 6. 1828)*: Theses theologicae ... pro licentiati in ss. theologia honoribus rite capessendis. Vratislaviae (1853). (2 Bl.) 8°
Breslau, Kath.-theol. Liz.-Thesen v. 23. Apr. 1853

Scholz, Paul *(geb. Haynau in Schles. 20. 7. 1846)*: Ueber die traumatische Tuberculose. Breslau (1872). (28 S.) 8°
Breslau, Med. Diss. v. 31. Juli 1872

— Werke der Allmacht, oder Wunder d. Natur. Ein Buch, das Unterhaltung, Belehrung u. Erhöhung des religiösen Sinnes zum Zweck hat. 1r u. 2r Jahrgg. Mit Abbild. in Steindr. gr. 4. Breslau 825 u. 26, Graß, Barth u. C. à 1 Rthl. 8 gr.

Scholz, Paul, Werke der Allmacht, od. Wunder der Natur. Ein Buch, das Unterhalt., Belehr. u. Erhöhung d. religiösen Sinnes zum Zweck hat. 3—11. Bd. od. Jahrg. 1827—35. à 4 Lfgn. (à 6 B. u. Stnt.) gr. 4. Breslau, Graß, Barth u. Comp. à J.
1. u. 2. Bd. od. Jahrg. 1825, 26. à 1 Thlr. 8 Gr.

Scholz, Paul, Werke d. Allmacht, od. Wunder d. Natur. Ein Buch, das Unterhalt., Belehr. u. Erhöhung d. religiösen Sinnes z. Zweck hat. 12. Bd. od. Jahrg. 1836 in 4 Lfgn. (à 6 B. u. 3 Stnt.) gr. 4. Breslau, Graß, Barth u. Comp. Thlr.
1—11. Bd. od. J. 1825—35. Ebendas. à 1 Thlr. 8 Gr.

Scholz, Paul Die Zusammenkunft Kaiser Karls IV. und Karls V. von Frankreich zu Paris im Jahre 1378. 12 S. **Progr.** *Brieg* 1877.

Scholz, Paulus, s. oben: Fr. Paulus Scholz.

Scholz, Peter Christian Heinrich, s. Scholtz

Scholz, Reinhold [aus Poln.-Breile]: Die Lösungswärme einiger Salze in Wasser von 0° ... Berlin, Buchdr. v. Funcke & Naeter, *1892*; 1 Bl., 49 S., 1 Bl. 8.
Berlin, Phil. Fak., Inaug.-Diss. v. 19. März 1892

Scholz, Reinhold [pract. Arzt]: Ueber Magenkrebs im jugendlichen Alter .... Breslau, Druck v. Wilh. Gottl. Korn, 1886; 36 S. 8°.
Breslau, Med. Fak., Inaug.-Diss. v. 6. Febr. 1886.

Scholz, Rhold., üb. Magenkrebs im jugendlichen Alter. gr. 8. (34 S.) Breslau 886. (Köhler.) n. 1. —

Scholz, Rhold., Sehproben-Tafeln, s.: Kern, Berth.

Scholz, Richard, Dr.: Aegidius von Rom. *Stuttgart 1902: Union.* (99 S.) 8° ¶ [Teil des 1903 als Kirchenrechtl. Abhandl., H. 6—8 erschienenen Werkes: Die Publizistik zur Zeit Philipps des Schönen ...]
Leipzig, Phil. Hab.-Schr. v. 23. Okt. 1902

Scholz, Rich., Aschenbrödel. (Das deutsche Malbuch.) (4 farb. u. 4 schwarze Bl. m. Text auf dem Umschlag.) qu. kl. 8. Mainz (905). J. Scholz. — 50

Scholz, Rich., Beiträge zur Geschichte d. Hoheitsrechte d. deutschen Königs zur Zeit d. ersten Staufer, s.a. Studien, Leipziger, aus d. Gebiet d. Geschichte.

Scholz, Richard [aus Dresden]: Beiträge zur Geschichte der finanziellen Hoheitsrechte des deutschen Königs zur Zeit der ersten Staufer '(1138—1197)' ... [Erschien vollst. als Heft 4 d. II. Bds von: Leipz. Stud. aus d. Geb. d. Gesch.] Leipzig, Duncker & Humblot, 1896; 2 Bl., 74 S., 1 Bl. 8.
Leipzig, Phil. Fak., Inaug.-Diss. v. [19. Okt.] 1896

— Brüderchen u. Schwesterchen. (Malbuch.) (4 farb. u. 4 schwarze Bl. m. Text auf dem Umschlag.) qu. kl. 8. Ebd. (905). — 50

Scholz, Rich., Friedrich Wilhelm Dörpfeld, e. Meister unter den Lehrern u. wackerer Kämpfer f. die Rechte der Volksschule, s.: Abhandlungen, pädagogische.

— Dornröschen. (Das deutsche Malbuch.) (4 farb. u. 4 schwarze Bl. m. dem Text auf dem Umschlag.) qu. Lex.-8. Ebd. (904). — 50

Scholz, Rich., Handbüchlein für Geigenspieler, enth. das Wissenswerteste v. der Geige (Bau, Geschichte u. s. w.) u. ihrem Spiel (Technik, Vortrag, Studium). 12. (IV, 59 S.) Leipzig (900). Breitkopf & Härtel. n. 1. 60; geb. n. 2 50

Handbüchlein für Geigenspieler, enth. d. Wissenswerteste von d. Geige ... u. ihrem Spiel ... von Richard **Scholz.** Leipzig: Breitkopf & Härtel [um 1904]. (IV, 59, 35 S.) 8° [J.] (e8. 7063

— s.: Haustiere.

— das deutsche Malbuch. Serie A. 1. u. 2. Heft. (Je 4 farb. u. 4 schwarze Taf. m. Text auf dem Umschlag.) qu. Lex.-8. Mainz (903). J. Scholz. à — 50
1. Hänsel u. Gretel. — 2. Rotkäppchen.

Scholz, Rich., die Publizistik zur Zeit Philipps des Schönen u. Bonifaz' VIII., s.a. Abhandlungen, kirchenrechtl.

Die Publizistik zur Zeit Philipps des Schönen und Bonifaz' VIII. Ein Beitrag z. Gesch. d. polit. Anschauungen d. Mittelalters. Von Richard **Scholz,** Privatd., Leipzig. *Stuttgart: F. Enke 1903.* (XIV, 528 S.) 8°
— **Abhandlungen.** Kirchenrechtliche. H. 6/8. (e3. 11131

— Schneewittchen. (Das deutsche Malbuch.) (4 farb. u. 4 schwarze Bl. m. Text auf dem Umschlag.) qu. Lex.-8. Ebd. (904). — 50

Scholz, Rich., Studien üb. die politischen Streitschriften des 14. u. 15. Jahrh. (20 S.) gr. 8. Rom 909. Loescher & Co. nn 1. —
Sonderabdruck aus: „Quellen u. Forschgn. a. italien. Archiven u. Bibliotheken".

Scholz, Rich., über Studium u. Unterricht im Geigenspiel. Ein method. Führer f. Lehrende u. Lernende. (VI, 144 S.) kl. 8. Leipzig 905. Breitkopf & Härtel. n. 3. —; in Schulbd. n. 3. 50

Scholz, Rich., die Violin-Technik in ihrem ganzen Umfange nach neuestem System dargestellt u. durch viele Notenbeispiele erläutert. Lex.-8. (55 S.) Hannover 888. L. Oertel. n. 2. —; geb. n. 2. 50

Die Vortragskunst in der Musik nebst spezieller Berücks. d. Violinvortrages ... von Richard Scholz. *Hannover: L. Oertel [1893].* (36 S.) 4°
= Musikbibliothek, Louis Oertel's. Bd 14.

Scholz, Rob. Über den Einfluſs des Wassers auf die Kohäsion flüssiger Körper. S. 39—52. Progr. Kath. G. *Glogau* 1876.

— Über den Einfluſs der Wärme auf die Kohäsion flüssiger Körper. 10 S. u. Taf. Progr. Kath. G. *Glogau* 1881.

Scholz, Robert: Die Haftung für den Schaden, der durch den Einsturz eines Gebäudes oder sonstigen Werkes oder durch Ablösung von Teilen eines solchen fremden Personen entsteht. Nach römischem und gemeinem Rechte sowie dem Rechte des Bürgerlichen Gesetzbuchs für das Deutsche Reich. Greifswald 1905: J. Abel. (64 S.) 8°
Greifswald, Jur. Fak., Ref. Pescatore, Diss. v. 18. Aug. 1905
[Geb. 9. Dez. 82 Schirwindt, Ostpreußen; Wohnort: Potsdam; Staatsangeh.: Preußen; Vorbildung: Gymn. Potsdam Reife M. 01; Studium: Berlin 1, München 2, Greifswald 3 S.; Rig. 3. Febr. 05.]

Scholz, *Robert*. Die Försterei Kalkberg bei Fritzow i. P., ein Beitrag zur Kenntnis der oberen Jurabildungen Pommerns. 1 (S. 3—25, 2 Taf.) Progr. Kath. G. *Gross-Glogau* 1887 (175).

Scholz, R., die Försterei Kalkberg bei Fritzow i. P. Ein Beitrag zur Kenntnis der oberen Jurabildungen Pommerns. gr. 4. (25 S. m. 2 Taf.) Glogau 889. (Zimmermann.) n. 2. —

Scholz, Robertus (*geb. Breslau 13. 4. 1837*): Quanti sit momenti tempus in magnetismo inducendo[!] in chalybem certa quadam fluminis galvanici intensitate adhibita. Vratislaviae (1863). (32 S.) 8°
Breslau, Phil. Diss. v. 18. Dez. 1863

Scholz, R.: Synaphie einiger noch nicht untersuchter Stoffe, insbesondere der zusammengesetzten Aetherarten. 10 S. Gr.-Glogau, Kath. G., Progr. 1872.

Scholz, Roman: Über [illegible]
Separatabdruck

Scholz, Th., Sonderlehrplan f. die Schulen des Kr. Merzig, s.: Lehrplan f. die preußischen Volksschulen.

Scholz, Vikt., hier frohe Feste, dort Feuer u. Blut! (Zeitgemässe Betrachtgn. üb. d. jetzige deutsche Moral.) (32 S.) gr. 8. Leipzig (904). Verlagsanstalt „Cliché". n. — 60

Scholz, Victor, aus Wohlau: Dynamische Untersuchungen über die Verseifung von Säureestern und die Affinitätsconstanten derselben. *Heidelberg 1902: Moriell.* (99 S.) 8°
Heidelberg, Naturw.-math. Diss. v. 1902

— wie schütze ich mich als Soldat vor Misshandlungen v. Seiten Vorgesetzter. (48 S.) gr. 8. Ebd. (904.) n. 1. —

Scholz, W., der Eisenbahn-Werkmeister, s.: Bock, J.

Scholz, W., s. Probleme der Weltwirtschaft.

Scholz, W., mikroskopische Studien, s. Albumblätter, humoristische.

Scholz, W. B., Conradin von Schwaben. Ein Schauspiel. gr. 8. (VI u. 248 S.) Wiesbaden 852, Roth. n. 1 ₰

Scholz, Walter, approb. Arzt aus Höchst a. M.: Aus d. pathol. Institute zu Kiel. Ueber Infektion mit Tuberkulose durch den Verdauungskanal. *Kiel 1903: P. Peters.* (26 S.) 8°
Kiel, Med. Diss. v. [1. Apr.] 1903

Scholz, Werner, appr. Arzt a. Braunschweig, Unterarzt b. 2. Pommerschen Feldart.-Reg. Nr. 17: (Aus der Nervenklinik der Königl. Charité.) Über die Abgrenzung zonaler Sensibilitätsstörungen. Berlin (1907): G. Schade. (38 S.) 8°
Berlin, Med. Fak., Ref. Ziehen, Diss. v. 16. Mai 1907
[Geb. 15. Mai 83 Braunschweig; Wohnort: Braunschweig; Staatsangeh.: Braunschweig; Vorbildung: Gymn. Braunschweig Reife O. 01; Studium: Berlin K. W. A. 9 S.; Coll. 15. Mai 07; Approb. 4. Mai 07.]

Scholz, Wilh., Amputation u. Resection bei Gelenksverletzungen, ihre Anzeigen, ihre technische Ausführung u. ihr Werth vergleichungsweise. Gekrönte Preisschrift. Bevorwortet von v. Pitha. Wien 866. Czermak. gr. 8. (VIII, 223 S. mit 7 Figg. in eingedr. Holzschn.) n. 1 ₰ 22 ngr.

Scholz, Wilh. v., deutsches Balladenbuch, enth. die neueren deutschen Balladen des 18. u. 19. Jahrh., von Bürger bis Liliencron, m. e. Einleitg. hrsg. (XVI, 628 S.) 8. München 905. G. Müller. n. 4. —; geb. n. 5. —

Scholz, Wilh., Bardenwerper. Eine Geschichte von deutscher Treue u. Herzeleid, darüber bald 300 Jahre verflossen. (226 S.) 8. Berlin 909. O. Janke. 3. —

Scholz, Wilh. v., der Besiegte. Mystisches Drama in 5 Aufzügen. Mit Wappenzeichng. v. Hans Heise. gr. 8. (63 S.) München 899. Leipzig, H. Seemann Nachf. n. 1 50

(B) Scholz, Wilh. v., der Besiegte. 899. (KBl. 32.) Jetzt: München, G. Müller.

— Die unsichtbare Bibliothek. (89 S.) 8. München 910. G. Müller. 2.—; geb. 3.—; Luxusausg. 10. —

Scholz, W., Berliner Bilder. Erfunden u. gezeichnet. 1. Heft. Berlin (858.) Hofmann u. Co. gr. 4. (8 Holzschn. mit Text.) n. 6 ngr.

Scholz, W., berliner Bilder. Erfunden und gezeichnet. 1. Heft. gr. 4. (8 Holzschnt. mit Text.) Berlin 859, Hofmann und Comp. *

— Der Bodensee, s. Städte u. Landschaften. 3. Bd.

Scholz, Wilhelm von. Der Bodensee. Wanderungen von W' von Sch'. Mit acht Vollbildern [Tafeln]. 140 S. 8. Stuttgart, Carl Krabbe, [1907]. (M. 2. —, [geb. 3.50])
Städte und Landschaften. Hrg. von Leo Greiner. Band [3].

— s.: Dramaturgie, deutsche.

— Droste-Hülshoff, s. Dichtung, die. 11. Bd.

Droste-Hülshoff. Von Wilhelm v. Scholz. Berlin & Leipzig: Schuster & Loeffler [1904]. (73 S.) 8°
= Dichtung, Die. Bd 11.

Scholz, Wilhelm von: Annette von Droste-Hülshoff als westfälische Dichterin. *München (1897): Dr. C. Wolf & Sohn.* (47 S.) 8° (Enthält nur einen Theil der eingereichten Arbeit.) [J.]
München, Phil. Diss. v. 1898

— Das Ende Schills u. seiner Getreuen m. besond. Berücksicht. der bei St. Leonhard in Braunschweig 1809 erschossenen Krieger, s.a. Aus der Zeit der schweren Not. VI.

Scholz, Wilhelm: Das Ende Schills und seiner Getreuen mit besond. Berücks. der bei St. Leonhard in Braunschweig 1809 erschossenen Krieger. Nach zeitgenöss. Berichten wiedergegeben von –. Mit 2 Abb. Braunschweig: Scholz 1909. 66 S. 8°
(Aus d. Zeit d. schweren Not. 6.)

— Unter dem Fanal. Historische Erzählg. aus der Zeit des Diamantenherzogs Karl II. v. Braunschweig. (VII, 164 S.) 8. Braunschweig 910. W. Scholz. 3.—; geb. 4. —

Scholz, Wilh. v., Frühlingsfahrt. 8. (102 S.) München 896. A. Ackermann's Nachf. n. 2.—

— der Gast, e. deutsches Schauspiel in 3 Aufzügen. 4. (128 S. m. Bildnis.) Ebd. 900. n. 2.50

(B) — Der Gast. 900. Jetzt: München, G. Müller.

— Gedanken zum Drama u. andere Aufsätze üb. Bühne u. Literatur. (VI, 173 S.) 8. München 905. G. Müller. n. 3. —; geb. n. 4. 50

— Hebbel, s.a. Dichtung, die. 28. Bd.

Hebbel von Wilhelm v. Scholz. Berlin & Leipzig: Schuster & Loeffler [1905]. (81 S.) 8°
— Dichtung, Die. Bd 28. [05. 11446

— s.: Hebbel's, Frdr., Dramaturgie.

— Hohenklingen. E. Zeit in Bild. u. Gestalten. Titelblatt u. Vignetten v. Hans Heise. Lex.-8. (86 S.) München 898. Schimon & Burger. n. 2.50

(B) Scholz, Wilh. v., Hohenklingen. 898. (KBL 30.) Jetzt: München, G. Müller.

Scholz, Wilh., das Jahr 1869. Humoristische Revue in Bildern. Berlin 870. Hofmann & Co. gr. 4. (40 S. mit eingedr. Holzschn.) n. 15 ngr.

— der Jude v. Konstanz. Tragödie in 4 Aufzügen m. e. Nachspiel. (187 S.) 8. München 905. G. Müller. n. 3. —; geb. n. 4. 50

— Die Klostertante. Eine Erzählg. aus dem Leben u. v. Tode. (147 S.) 8. Wolfenbüttel 908. J. Zwißler. 1. 50

— Kunst u. Notwendigkeit. 4 Thesen. (16 S.) 8. Berlin (906). Oesterheld & Co. n. — 50

Scholz, Wilhelm v.: Kunst und Notwendigkeit. Vier Thesen. Berlin: Schaubühne 1906. 16 S. 8°

— Meroë. Ein Trauerspiel. (Umschlag: Tragödie in 5 Aufzügen.) (112 S.) 8. Berlin 906. Verlag Dr. Wedekind & Co. 2.50; geb. n 3. 50

— Deutsche Mystiker, s.a. Kultur, die.

Deutsche Mystiker von Wilh. v. Scholz. Mit 16 Vollbild. Berlin: Marquardt & Co. [1908]. (61 S.) 8°
— Kultur, Die. Bd 23. [08. 7031

—— und Szczepanski, berliner Randzeichnungen zur Geschichte der Gegenwart. 1. Heft: Variationen über Louis Philipp. qu. 4. (6 lithogr. Bl.) Berlin 848, (Schneider und Comp.) *

Scholz, W., ein berliner Raritäten-Kabinet. Original-Schwank. Mit 25 (eingedr.) Zeichnungen. Zum Vortrag in geselligen Kreisen. gr. 8. (20 S.) Berlin 850, Hofmann und Comp. *

— Vertauschte Seelen. Die Komödie der Auferstehgn. (VII, 151 S.) 8. München (910). G. Müller. 2.50; geb. 4. —

— der Spiegel. gr. 8. (189 S) Leipzig (902). E. Seemann Nachf. n. 2. 50

— Der Spiegel. 2. verm. Aufl. (VII, 223 S.) 8. Ebd. 908. 3.—; geb. in Halbperg. 4.50; Luxusausg. auf Bütten, geb. in Perg. 6.

— Student u. Tischler. Wie e. jung fahrend Blut bei e. braunschweig. Prinzessin zu Gnaden kam. Eine Historie. (69 S.) 8. Wolfenbüttel 907. J. Zwißler. 1.—; geb. in Leinw. 1. 50

— Der Tod des Empedokles, s.: Hölderlin.

Scholz, Wilh., klinische u. anatomische Untersuchungen üb. den Cretinismus. (VII, 607 S. m. 72 Abbildgn. u. 1 Karte.) Lex.-8. Berlin 906. A. Hirschwald. n. 14. —

Klinische und anatomische Untersuchungen über den Cretinismus. Von Dr. Wilhelm Scholz, Privatd. in Graz. Mit 1 Karte u. 72 Abb. Berlin: A. Hirschwald 1906. (VI, 607 S.) 8° [06. 6409

Scholz, Wilhelm, a. Reichenbach i. Schl.: Zucht und Vergleich der roten Rinder Schlesiens und Ostfrieslands. Halle a. S. 1910: Heynemann. 93 S. 8°
Halle, Phil. Diss. v. 14. März 1910, Ref. Wohltmann
[Geb. 17. Mai 83 Sagschütz; Wohnort: Halle a. S.; Staatsangeh.: Preußen; Vorbildung: Realgymn. Reichenbach i. Schl. Reife O. 03; Studium: Halle 3, Breslau 1, Halle 7 S.; Rig. 22. Dez. 09.] [U 10. 1797

Scholz, William [pr. Arzt aus Lüben (Schles.)]: Ueber einen Fall von Tuberkulose der Schleimhaut der Oberlippe ... Würzburg, Becker's Univ.-Buchdr., 1894; 30 S. 8.
Würzburg, Med. Fak., Inaug.-Diss. v. 1894

Scholz, William, Dipl.-Ing.: Die Stellung der Segelschiffahrt zur Weltwirtschaft und Technik. Kiel 1910: (Lippert, Naumburg a. S.). 37 S. 4° (8°) ¶ (Ersch. vollst. als: Probleme d. Weltwirtsch. 1.)
Kiel, Phil. Diss. v. 28. Juni 1910, Ref. Harms
[Geb. 7. März 84 Erfurt; Wohnort: Erfurt; Staatsangeh.: Preußen; Vorbildung: Oberrealsch. Magdeburg Reife M. 02; Studium: Berlin Techn. Hochsch. 8, Kiel 3 S.; Rig. 15. Jan. 10.] [U 10. 2331

Scholz, William, die Stellung der Segelschiffahrt zur Weltwirtschaft u. Technik, s.a. Probleme der Weltwirtschaft. 1.

Die Stellung der Segelschiffahrt zur Weltwirtschaft und Technik. Von Dr. William Scholz, Dipl.-Ing. Mit 13 Taf. Jena: Fischer 1910. X, 295 S. 4°(8°)
(Probleme d. Weltwirtschaft. 1.) [10. 11624

Scholze [illegible]

Chorgesangschule, Theoretisch-praktische, für Lehrer- und Lehrerinnen-Bildungsanstalten, Mittelschulen, Chorvereine, Lehrer und Freunde des Gesanges, verfaßt von Anton Scholze, Bürgerschullehrer, Organist und Chormeister des Männergesangvereines in Warnsdorf. J. Fritsche-Schöpfer'sche Buch-, Kunst- und Musikalienhandlung. Reichenberg. 1898

Scholze, Ant., theoretisch-praktische **Chorgesangschule.** Von den ersten Anfangsgründen bis zur Ausbildg. im 4stimm. Gesange in lückenloser Stufenfolge, streng nach method. Grundsätzen im allgemeinen u. nach den neueren Gesichtspunkten üb. Gesangunterricht im besonderen, f. Lehrer- u. Lehrerinnen-Bildungsanstalten, Mittelschulen, Mädchenlyzeen u. verw. Anstalten verf. 2., verb. Aufl. (II, 188 S.) gr. 8. Wien 907. A. Pichler's Wwe. & Sohn. Geb. 4.

Scholze, Ant., das Handwerkerfest. Ein Liederspiel m. verbind. Deklamation. Für Solo-, zwei- u. dreistimm. Gesang m. Klavierbegleitg. Dichtung v. Jos. Gertler. Musik v. Sch. Werk 23. Textbuch. (13 S.) 8. Wien 904. A. Pichler's Wwe. & Sohn. n. — 10

(F) **Scholze, A.**, Katholisches Kirchenliederbuch. 8°. (80 S.) Eger: Kobrtsch & Gschihay 1906. K —.50

Scholze, Ant., Orgellehre. D. inn. Einrichtg., Pflege, Instandhaltg. u. Behandlg. d. Orgel, sow. d. Orgelspiel. M. e. Geschichte u. d. Namen berühmter Meister d. Orgel. Für Lehrer-Bildungsanstalten u. angeh. Organisten bearb. gr. 8. (48 S.) Wien 898. C. Graeser & Co. Geb. n. 1. —

— **theoretisch-praktische Singlehre** f. Volks- u. Bürgerschulen u. die unteren Klassen der Mittelschulen. Ein eingeh. Wegweiser f. Lehrer u. Lehramtskandidaten, nach den Grundsätzen der Pädagogik im allgem. u. den mod. Gesichtspunkten üb. Gesangunterricht im besonderen bearb. W. 26. (112 S.) gr. 8. Wien (906). A. Pichler's Wwe. & Sohn. n. 2. 40

— Taschenliederkranz. 100 der beliebtesten Männerchöre, f. österreich. Lehrerbildungsanstalten u. Mittelschulen ausgewählt u. durchgesehen. W. 30. (VIII, 263 S.) 11,5×19,5 cm. Wien (907). K. Graeser & Co. Geb. in Leinw. 3.

Scholze, Bruno, Swenald. Schauspiel in 4 Aufzügen. 8. (84 S.) Leipzig 887, Mutze. *

Scholze, E., u. H. **Heidrich,** d. Besoldung d. sächs. Volksschullehrer. E. übersichtl. u. vergleich. Darstellg. d. Gehaltsstaffeln u. sonst. Gehaltsverhältnisse d. sächs. Volksschullehrer in Stadt u. Land. 12. (V, 81 S.) Zittau 896. (W. Fiedler.) n. 1. 50

— — dasselbe. Nachtrag zu d. Gehaltsstaffelbuch. 12. (16 S.) Ebd. 898. n. 1. —

Scholze, E., wie lerne ich perspektivisch zeichnen? Für Schüler bearb. Zugleich Begleitwort zu E. Scholzes Apparat f. perspektiv. Körperzeichnen. gr. 8. (8 S. m. 1 Taf.) Zittau (902). P. Haeckel's Nachf. — 30

Scholze, Ernst, der löbauer Berg im Mittelpunkte der mythenreichen Oberlausitz. Für Besucher und Freunde des löbauer Bergs bearb. 16. (47 S. mit 2 ill. Stnt.) Löbau 853, (Breyer.) *

Scholze, Ernst, der Czorneboh im Lausitzer Gebirge. Ein Büchlein zum Nutz u. Frommen aller Besucher des Czornebohs. 16. (24 S.) Löbau 851, Dümmler. 1½ ngl

—— Vorlegeblätter deutscher Currentschrift bearb. im Zumpeschen Ductus. qu. gr. 8. (50 Bl.) Löbau 853. (Bautzen, Weller.) *

—— vierzeilige Vorlegeblätter deutscher Currentschrift. Bearb. im Zumpeschen Ductus. qu. gr. 8. (25 Bl.) Bautzen 853, Weller.

Scholze, Friedrich Gottlieb (Lauban) A. S. 608/44

Exercitatio iuridica de iuris vitae atque necis ex servitute orti iustitia, secundum iuris naturae principia. Präs. Friedrich Gottlieb Zoller.
Leipzig (Langenheim) 4. X. 1776. 32 S. 31261

Die Wahrheit über die Heidenmission und ihre Gegner. (Vortrag, geh. 1904 zu Karlsruhe.) Von J. **Scholze**, (Geometer in Pforzheim). Berlin: W. Süsserott 1905. (22 S.) 8° [Umschlagt. F.]
Sonderbeilage der 'Deutschen Kolonien'.
— [**Abhandlungen**, Koloniale. H. 4.] '07. 11551

Scholze, Johann Friedrich (Zittau) U. S. Erfurt 1768, 2

Dissertatio inauguralis iuridica sistens selecta quaedam de procuratoribus capita.
Präs. Rudolph Christoph Henne.
Erfurt (Nonne) 6. IV. 1768. 23 S. 31262

SPERONTES (d. i. *Joh. Sigism. Scholze*, geb. 20. März 1705 in Lobendau bei Liegnitz, studirte wahrscheinlich in Leipzig, † daselbst Ende Septbr. 1750. — Goedeke IV, 80, 43, nach Chrysander's Vierteljahrschrift f. Musikwissenschaft, I (1885), S. 44 ff.)

SPERONTES (d. i. *Johann Sigismund Scholze*), Das Kätzgen, ein Schäferspiel in 1 Aufzuge. 1746. Leipzig, Gedruckt bey G. A. Stopffel. 4°.

— — Die Kirms, ein Schaferspiel in 1 Aufzuge von *Sperontes*. 1746. Leipzig. Gedruckt mit Stopffelischen Schriften. 4°.

— Singende Muse an der Pleisse in 2 mahl 50 Oden. Der neuesten und besten musicalischen Stücke mit den darzu gehörigen Melodien zu beliebter Clavier-Uebung und Gemüths-Ergötzung. Nebst einem Anhange aus J. C. Günthers Gedichten. Leipzig, auf Kosten der lustigen Gesellschaft (wahrscheinlich aus Studenten bestehend). 1736. 4°. Enorm selten!

— — Singende Muse an der Pleisse in 2 mahl 50 Oden, der neuesten u. besten musical. Stücke mit den darzu gehörigen Melodien zu beliebter Clavier-Übung u. Gemüths-Ergötzg. Nebst e. Anhang aus J. C. Günthers Gedichten. Mit Titelkpfr.: Ansicht der Promenade an der Thomaskirche in Leipzig mit allegor. Figuren am Fuss, desgl. mit vielen kl. symbol. Holzschnittfiguren im Text u. in den Text gestoch. Notenbeigaben. Leipzig, auf Kosten der lustigen Gesellschafft. 1741. 4°.
Ein schönes Expl. war in Prof. Kürschner's Bibl. (C. G. Boerner's Mai-Auct. 1904, no. 1253.)

— — Dasselbe. Nebst 1.—3. Fortsetzg. in je 2 mahl 25 Oden. 1742, 1743 u. 1745. Gr. 8°. (28 Mk., Halbkalbldrbd., M. Edelmann, Nürnb., 1901; jetzt viel theurer!)

— — Singende Muse an der Pleiße in 2. mahl 50 Oden, derer neuesten und besten musicalischen Stücke, mit denen darzu gehörigen Melodien zu beliebter Clavier-Uebung und Gemüths-Ergötzung, anjetzo viel verändert und verbessert auch vermehrter ans Licht gestellet in Leipzig. 1747. Mit origineller Titelvignette von Schleuen und über 100 reizenden kleinen Holzschnitten im Text. — Erste Fortsetzung in 2. mahl 25 Oden ... Leipzig 1742. — Zweyte Fortsetzung, in 2. mahl 25 Oden .... Leipzig 1743. — Dritte Fortsetzung, in 2. mahl 25 Oden ... Leipzig 1745. — Zusammen 4 Bde. Gr. 8°. Mit reizenden gestoch. Titeln u. vielen Zierleisten etc. (220 Mk., schöner Hprgtbd. im Style der Zeit, etwas stockfl., sonst schönes Expl., Max Perl's Berliner Oct.-Auct. 1907, no. 865.) So cplt. eine Rarität!

— — Singende Muse an der Pleiße in 2 mahl 50 Oden, Derer neuesten und besten musicalischen Stücke, mit denen darzu gehörigen Melodien zu beliebter Clavier-Übung und Gemüths-Ergötzung, anjetzo viel verändert und verbessert auch vermehret ans Licht gestellet in Leipzig 1747. — Singende Muse an der Pleiße. Erste Fortsetzung, in 2 mahl 25 Oden Derer neuesten besten und leichtesten musicalischen Stücke, mit denen dazu gehörigen Melodien versehen und zu beliebter Clavier-Übung und Gemüths-Ergötzung ans Licht gestellet: in Leipzig 1742. Gedruckt bei Johann Gottlob Immanuel Breitkopf. Mit gestochenen Titeln. Bd. I: 59 Bll., vor dem Titel und am Schluß je ein weißes Bl. Bd. II: 26 Bll. u. 1 Bl. Register. Gr. 8°. (100 Mk., in alten Ganzlederbdn., C. G. Boerner, 1909.)

[SCHOLZE, JOH. SIGISMUND, Ps.:] SPERONTES Singende Muse an der Pleisse in 2. mahl 50 Oden Derer neuesten und besten musicalischen Stücke, mit denen darzu gehörigen Melodien zu beliebter Clavier-Übung und Gemüths-Ergötzung, anjetzo viel verändert und verbessert auch vermehrter ans Licht gestellet. Leipzig [Breitkopf] 1747. 8°. 2 und 56 (statt 58) Bl. *Mit gestochenem Titel und 75 Musikstücken in Kupferstich.* — [Vorgebunden:] Sperontes Singender Muse an der Pleisse Dritte Fortsetzung. in 2. mahl 25 Oden Derer neuesten besten und leichtesten musicalischen Stücke . . . Leipzig 1745. *Gestochener Titel* und 27 Bl. *mit 50 Musikstücken in Kupferstich.* — [Vorgebunden ferner ein unvollständiges Exemplar der „Zweyten Fortsetzung" der „Singenden Muse an der Pleisse" von 1743, dem die 5 ersten Textbll. mit 10 Musikstücken fehlen.] In einem benutzten und am Rücken etwas lädierten HPgtbd. d. Z.

H.-G. IV. 129: „Vollständige Exemplare sind fast nicht mehr aufzufinden!" (1913). Eitner IX. 225. Schnapper II. 966. Hirsch III. 1059

— — Dasselbe. Wortgetreuer Neudruck in 75 Exemplaren für die Mitglieder des Leipziger Bibliotheken-Abendes 1904. Leipzig 1905. 4°. 3 Bll. Frontispice, Kupfertitel, Zueignung, Musiknoten u. viele kleine Holzschnitt-Vignetten, 98 S. Text, 1 Bl. Register, 2 Bll. Nachwort von A. Köster. Exemplar No. 51 auf Büttenpapier mit Exlibris (Radierung) von B. Héroux. Pappband mit Zeichnung von Walter Tiemann. Privatdruck. (50 Mk. Adolf Weigel, c. 1908.)
C. G. Boerner's Leipziger Febr.-Auct. 1909, no. 1752. — 27 Expll. davon wurden auf Kaiserl. Japan. Pap. gedruckt (1 Expl. im Orig.-Ppb. 120 Mk., Edm. Meyer, Berlin, c. 1905.)

— — Das Strumpfband, ein Schäferspiel in 1 Aufzuge, entworfen: von *Sperontes*. 1748. Leipzig, Druckts G. A. Stopffel. 4°. (In Stuttgart.) (1 Mk. F. Butsch, Augsb., 1878; jetzt theurer!)
Sämmtlich rar!

— Das Strumpfband, ein Schäferspiel in einem Aufzuge, entworfen: von Sperontes. 1748. Leipzig, druckts Gottfried August Stopffel. [1748]. 4°. 20 S. *Mit 1 gestochenen Liedkomposition auf S. 14.* Neueres Hl.n.
H.-G. VII. 374

Scholze, O., gegen die Missourische Inspirations-Lehre u. deren Früchte. 8. (20 S.) Hermannsburg 890. Missionshandlg. — 20

— gegen Wöhlings Schrift v. der Eingebung der heiligen Schrift. 8. (16 S.) Ebd. 891. — 10

Scholze, Otto, meine Entlassung aus dem geistlichen Amte der sächsischen Landeskirche. Den Gemeinden erzählt. gr. 8. (40 S.) Zwickau 882. (Dresden, J. H. Naumann.) *

Scholze, R., Der Turner, Festsp. m. lebend. Bild., Zittau 1900, 8 S., 8°.

Schom. Topograph. Beschreibung von Peterwardein mit seinen Umgebungen. 8. s. l. 1820.

Schomacker, Frau Hanna, s.a. Treyden, Rhold.

Schomacker, Hanna, Klumpe-Dumpe u. andere Märchen. 12. (82 S.) Hamburg 892. Verlagsanstalt u. Druckerei, A.-G. n. 1. 20

— Liebeswirren. Novellen. 8. (V, 227 S.) Ebd. 893. n. 3. —

Schomacker, H., bunte Märchen. 12. (290 S.) Leipzig 887. Friedrich. n. 3. —; geb. n. 4. —

Schomacker, Hanna, bunte Märchen. 2. Aufl. 12. (166 S.) Leipzig 896. G. Fock, Verlag. Geb. in Leinw. m. Goldschn. 1. 50

Sturm. Schauspiel in 3 Aufz. von Reinhold Treyden [d. i. Hanna Schomacker]. Berlin-Friedenau: Bur. Fischer 1910. 53 S. 8° [10. 17685

Schomacker, Jos., Beitrag zum forensisch-chemischen Nachweise d. Resorcin u. Brenzcatechin im Thierkörper. gr. 8. (45 S.) Dorpat 886. Schnakenburg. n. 1. 20

Die Lüneburger Chronik des Propstes **Jakob Schomaker**. Hrsg. von Theodor Meyer, Prof. am Johanneum. *Lüneburg: Herold & Wahlstab 1904.* (XVII, 216 S.) 8° [04. 7043

Schöman, s.a. Schömann

Schöman, Xaver

—— Lehrbuch der allgemeinen und speciellen Arzneimittellehre als Leitfaden zu academ. Vorlesungen und zum Selbststudium. 2., verm. und verb. Aufl. auf dem Grunde der neuesten preuss. Pharmacopöe. Lex.-8. (XLVI und 858 S.) Jena 856(57,) Mauke. *

Schöman, Xav., Lehrbuch der allgemeinen und speciellen Arzneimittellehre als Leitfaden zu academ. Vorlesungen und zum Selbststudium. 3., auf dem Grunde der preuss. Pharmacopöe verfasste und durch Aufnahme der neuesten Arzneimittel sehr verm. Aufl. Lex.-8. (XXIV und 854 S.) Jena 862, Mauke's Verlag. *

Schöman, Xav., Lehrbuch der Arzneimittellehre als Leitfaden zu academ. Vorlesungen und zum Selbststudium. gr. 8. (XX und 640 S.) Jena 853, Mauke. *

Schöman, Xav., Lehrbuch der allgemeinen und speciellen Receptirkunst für Aerzte als Leitfaden zu academ. Vorlesungen und zum Selbststudium. 2., verm. und verb. Aufl. auf dem Grunde der neuesten preuss. Pharmacopöe. Lex.-8. (XII und 291 S.) Jena 856, Mauke. Thlr. *

—— Lehrbuch der allgemeinen nnd speciellen Receptirkunst für Aerzte als Leitfaden zu academ. Vorlesungen und zum Selbststudium. 3., auf dem Grunde der preuss. Pharmacopöe verfasste, verb. und verm. Aufl. Lex.-8. (XVI und 296 S.) Jena 862, Mauke's Verlag. *

—— Lehrbuch der Receptirkunst für Aerzte als Leitfaden zu academ. Vorlesungen und zum Selbststudium. gr. 8. (XII und 248 S.) Jena 854, Mauke. *

Schöman, Xav., das malum coxae senile. Monographie. Fol. (VII und 192 S. mit 4 Stnt. in Fol.) Jena 851, Mauke. *

Schomann, Paul, die Brieftaube. Ihre Geschichte, Zucht, Pflege u. Dressur, sowie ihre Verwendg. zu militär. u. anderen Zwecken. In freier Uebertragg. d. Werkes v. La Perre de Roo u. nach eigener Erfahrg. bearb. Mit 23 Abbildgn. gr. 8. (VI, 224 S.) Rostock 883. Werther. n. 3. 60

Schomann, Robert [aus Rostock in Mecklenb.]: . . . Ueber die Brommesaconsäure . . . Königsberg i. Pr., Druck v. H. Jaeger, 1896; 2 Bl., 40 S., 2 Bl. 8.
Königsberg, Phil. Fak., Inaug.-Diss. v. 16. Mai 1896

Schömann, Georg Friedrich. Ein Ueberblick seines Lebens und Wirkens. 8. (20 S.) Berlin 879, Calvary und Comp. *
Aus: Jahresbericht über die Fortschritte der classischen Alterthumswissenschaft, besonders abgedruckt.

Schömann, Franz

— Erläuter. der Civilgesetzgebung Napoleons u. Justinians, aus sämmtl. Quellen u. nach ihrem Subsidiaritätsverhältnisse in Vergleichung mit d. Preuß. Landrecht. 1s Hft. 8. Gieß. 808.

— Fragmente aus seinen civilistischen und criminalistischen Vorlesungen. gr. 8. Jena, Crocker. 810.

Schömann, Franz, Fragmente aus seinen civilistischen u. criminalistischen Vorlesungen. Fortsetzung. gr. 8. Jena, Cröcker. 814.

Schömann, (F.,) Handbuch des Civilrechts. 2 Bde. gr. 8. Gießen 805 u. 6, jetzt Ferber.

— Handbuch des Civilrechts, Erläuterungen zu Höpfner und Waldeck ꝛc. 2 Bände. 8. Gießen, Müller. 810.

Schoeman, Franz: Lehre vom Schadensersatze. Giesen u. Wetzlar 1806.

Th. 1. Culpa.
„ 2. Dolus, Mora, Pactum, Edictum, Idquod Interest, Casus.

Schömann, Frz., Lehre vom Schadenersatze. 2r Thl. gr. 8. Gießen 806. (Fr. Fleischer in Leipzig.) 3/4 ℛ︎ (1r Thl. fehlt.)

Schömann, Fr.: Lehre v. Schadenersatz. *Giess. u. Wetzl.*, Tasché u. Müller. 806. 2 Thle. 8. (1 Thl. 12 Gr.)

Schoemann, Frc.: D. obss. ad repletionem summi ingenii Thibautiani laborum et ad juris interpretationem necessariae perspectae. *Jena.* 811.

— Diss. observationes juridicae ad reflectionem summi ingenii et ad juris interpretationem necessariae ac perspectae. 8. Leipz. 811.

Schömann, Fr.: Prüf. d. Theorie d. Culpa des Hrn. Aeg. v. *Löhr*, als Bestätig. sr. Abh. üb. Culpa. *Giess.*, Tasché u. Müller. 806. 8. (6 Gr.)

Schömann, Franz, das römische Civilrecht mit dem preuß. und franz. verglichen. 1r Bd. gr. 8. Schwerin, Bödner 808. Rthlr.

Schömann, Frz., das römische Civilrecht nach dem Pandectentexte mit dem preuß. u. französ. verglichen. gr. 8. Gießen 808. (Fr. Fleischer in Leipzig.) 5/6 ℛ︎

Schömann, Frz., († d. 2. Dec. 1813.) das röm. Civilrecht mit d. preuß. u. französ. verglichen. 1r Bd. gr. 8. Gieß. 808. Tasché. 20 gl

Schoemann, Gg. De Etymologici magni fontibus. I. De Zenobii commentario rhematici apolloniani. Fragmenta Zenobii collegit disposuit commentario instruxit G. Sch. 29 S. **Progr.** St. G. *Danzig* 1881.

Schoemann, Georg De Etymologici magni fontibus. II. De Zenobii praeter commentarium rhematici Apolloniani scriptis verisimilia. 1 (8 S.). **Progr.** Städt. G. *Danzig* 1887 (29).

Schoemann, Geo. De Etymologici Magni fontibus particula III de Diogeniano, s. Commentationes in honorem Guil. Studemund.

Röper, Gottlieb: Zum Gedächtnis des Br. G. Röper. * 9. Nov. 1812, † 19. Aug. 1886. Rede bei der Trauerfeier in der Loge „Zur Einigkeit" in Danzig am 27. Aug. 1886 gehalten von [Georg] Schömann. [Danzig 1886.] 16 S. 8⁰ [Umschlagtit.]

Geschichte des Innern Orients der Johannisloge zur Einigkeit in Danzig im ersten Jahrhundert seines Bestehens. Jubiläumsschrift von G[eorg] **Schoemann.** Danzig [1902]: Sauer. 115 S. 8⁰ [Umschlagtit.]
NebstVerzeichn. der Oberbeamten seit 1801.

Schoemann, G(eorg) F(riedr.), griechische Alterthümer. 1. Bd.: Das Staatswesen. gr. 8. (VII und 543 S.) Berlin 855, Weidmann'sche Buchh. *

Schoemann, Georg Friedr., griechische Alterthümer. 1. und 2. Bd. gr. 8. Berlin, Weidmann'sche Buchh. à Bd. * 1 Thlr. 6 Ngr. *

Inhalt:
Bd. 1. Das Staatswesen. 2. Aufl. (XI und 575 S.) 861.
„ 2. Die internationalen Verhältnisse und das Religionswesen. (VII und 527 S.) 859.

Schoemann, Georg Friedr., griechische Alterthümer. 2. Bd.: Die internationalen Verhältnisse und das Religionswesen. 2. Aufl. gr. 8. (VI und 567 S.) Berlin 863, Weidmann'sche Buchh. *
1. Bd. 2. Aufl. Ebendas. 1861. * 1 Thlr. 6 Ngr.

Schoemann, G. F., griechische Alterthümer. 1. u. 2. Bd. 3. Aufl. gr. 8. Berlin 871. 73. Weidmann n. 9. —
1. Das Staatswesen. (VIII, 600 S.) n. 4. —
2. Die internationalen Verhältnisse u. das Religionswesen. (VIII, 613 S.) n. 5. —

Griechische Alterthümer v. G[eorg] F[riedrich] Schoemann. 4. Aufl. neu bearb. v. J[ustus] H[ermann] Lipsius. Bd 1. *Berlin: Weidmann 1897.* 8. [97. 1919

Schoemann, G. F., griechische Alterthümer. 4. Aufl., neu bearb. v. J. H. Lipsius. 2. Bd. Die internationalen Verhältnisse u. das Religionswesen. gr. 8. (VII, 644 S.) Berlin 902. Weidmann. n. 14. —
Bd. 1 Ebd. 897. n. 12. —.

Schömann, G. F. Animadversiones ad Aristophanis Acharnenses. Pr. 1868. 17 S. 4°. 1.75

Schoemann, G. F., animadversiones ad Aristophanis Acharnenses. Gryphiswaldiae 868. (Berlin, Calvary & Co.) gr. 4. (17 S.) n. 12 ngr.

— Animadv. diorthoticae (zu Aeschylus, Euripides u. Sophocl.) Pr. 1868. 18 S. 4°.

—— Animadversiones Diorthodicae. gr. 4. (18 S.) Greifswald 863, (Koch's Verlag.) *

— Animadversionum ad veterum gramm. doctrinam de articulo cap. I. Pr. 1862. 15 S. 4°.
— — cap. II. Gel. 1862. 16 S. 4°.
— — cap. III. Pr. 1862. 13 S. 4°.
— — cap. IV/1. Pr. 1868. 16 S. 4°.
— — cap. IV/2. Pr. 1868. 19 S. 4°.
— — S.-A. 1864. 67 S.

Schoemann, Georg Friedr., animadversionum ad veterum grammaticorum doctrinam de articulo cap. I—IV. pars 1. 2. gr. 4. Cap. 1. (15 S.) Cap. 2. (16 S.) Cap. 3. (16 S.) Cap. 4. partes 1 et 2. (35 S.) Greifswald 862,63, (Koch's Verlag.) à Cap. * 6 Ngr. *

—— animadversiones ad veterum grammaticorum doctrinam de articulo. (Commentatio ex suppl. annalium philolog. seorsum typis exscripta.) gr. 8. (67 S.) Leipzig 864, Teubner.

—— Animadversiones de Ionibus. (Index scholarum in universitate litteraria Gryphisvaldensi habendarum. 4maj. (17 S.) Gryphiae 856, (libr. Kochiana.) *

— Animadversiones de iudiciis heliasticis. Gel. 1847. 11 S. 4°.

—— Animadversiones de nomothetis Atheniensium. 4maj. (18 S.) Gryphiswaldiae 854, libr. Kochiana. *

Schömann, G. F., Animadversiones ad veterum grammaticorum placita de adverbiis. Pr. 1860. 17 S. 4°. —.75

—— Animadversiones ad veterum grammaticorum placita de adverbiis. gr. 4. (17 S.) Greifswald 860, (Koch's Verlagsbuchh.) *

—— Prolusio de Romanorum anno saec. ad Vergil. ecl. IV. 4maj. (16 S.) Gryphiswaldiae 856, libr. Kochiana. *

Schömann, Geo. Frid., Ansichten über die Genien. Einladungsschrift zu e. an J. Winckelmanns Geburtstage den 9. Decbr. von Prof. O. Jahn zu haltenden Vortrag. gr. 8. ($1^{3}/_{4}$ B.) Greifswald 845, (Koch's Verl.) *

Schömann, Geo. Fr., Ansichten üb. die Genien. Einladungsschrift zu e. an J. Winckelmanns Geburtstage d. 9. Decbr. v. Prof. O. Jahn zu haltenden Vortrag. gr. 8. Greifswald 845. (Otte.) n. $^{1}/_{6}$ ₰

— antichità greche. Traduzione dell' Ab. Rud. Pichler. Vol. I. Le condizione interne degli stati greci. Vienna 857. Gerold. 8. (VIII, 520 S.) 1 ₰. 15 ngr.

Schoemann, Geo. Frid., Antiquitates juris publici Graecorum. 8maj. ($29^{1}/_{2}$ B.) Gryphiswaldiae 838, [Koch's Vrlsh.]

— De Apolline custode Athenarum. Gel. 1856. 85 S. 4°.

— dissertatio de appendice Theogoniae Hesiodeae. 4. (27 S.) Ebd. 851. n. 8 ngr

—— Dissertatio de appendice Theogoniae Hesiodeae. 4. (27 S.) Gryphiswaldiae 853, libr. Kochiana. *

Schoemann, G.F. (Bearb.), s. Aeschylus: Eumeniden.

Schoemann, Georg Friedrich (Bearb.), s. Aeschylus: Gefesselter Prometheus.

Schoemann, Georg Friedrich (Bearb.), s. Aeschylus: Der gelöste Prometheus.

Schöman, G. F., Das kylonische Attentat, die Naukraren u. die Alkmäoniden. S.-A. 1875. 22 S. 1.—

Schömann, G. F., Einige Bemerkungen üb. d. Schönheit in d. plast. Kunstwerken d. Griechen. Gel. 1843. 16 S.

Schömann, Geo. Fr., de Bogislao Magno, Pomeraniae Principe. Oratio. 8maj. (3 B.) Gryphiswaldiae 830, (Mauritius.) — 8

— De Oceanidum et Nereidum catalogis Hesiodeis. Pr. 1843. 26 S. 4°.

Schömann, G. F., De causa hereditaria in Isaei oratione de Philoctemonis hereditate. Pr. 1842. 12 S. 4°. —.75

—— Dissertatio de causa Leptinea. (Index Scholarum in universitate litt. Gryphisvaldensi habendarum.) 4maj. (10 S.) Gryphisvaldae 855, (libr. Kochiana.) *

—— Disputatio de Aristotelis censura carminum epicorum. 4. (27 S.) Gryphiswaldiae 853, libr. Kochiana. *

— Zu Aischylos Choephoren. S.-A. 1877. 49 S.

Schömann, Geo. Fr., de comitiis Atheniensium libri III. 8maj. Greifsw. 819. Mauritius. 2 ₰

Schoemann, De Romanorum curiarum comitiis. Pr. 1882. 11 S. 4°.

— Commentatio I. critica ad Ciceronis lib. de natura deorum. Pr. 1850. 27 S. 4°.
— — II. Pr. 1850. 15 S. 4°.
— — III. Gel. 1850. 20 S. 4°.
— — IV. Pr. 1857. 13 S. 4°.
— — V. Pr. 1857. 13 S. 4°.
— — VI. Pr. 1857. 18 S. 4°.

— Comparatio Theogoniae Hesiodeae cum Homerica. Pr. 1847. 28 S. 4°.

Schoemann, Geo. Friedr., comparatio theogoniae Hesiodeae cum Homerica. gr. 4. (28 S.) Gryphiae 847, Koch. (Verlag.) n. $^{1}/_{3}$ ₰

— De compositione Theogoniae Hesiodeae. Pr. 1854. 26 S. 4°.

—— Dissertatio de compositione theogoniae Hesiodeae. 4maj. (26 S.) Gryphiswaldiae 854, libr. Kochiana. *

— Dissertatio de Cupidine cosmogonico. Pr. 1852. 26 S. 4°.

—— de Cupidine cosmogonico dissertatio. 4maj. (26 S.) Gryphiae 852, libr. Kochiana.

— Schediasma de Cyclopibus. Pr. 1859. 12 S.

—— Schediasma de Cyclopibus. gr. 4. (12 S.) Greifswald 859, Koch's Verlagsbuchh. *

— De extremarum mundi partium descripfione Hesiodea. Pr. 1846. 18 S. 4°.

—— de ecclesiis Lacedaemoniorum. 4maj. (3 B.) Gryphiswaldiae 836, (Koch's Vrlsh.) *

— Emendationes Agamemnonis Aeschyleae. Pr. 1854. 38 S. 4°.

—— Emendationes Agamemnonis Aeschyleae. 4 maj. (38 S.) Gryphiswaldiae 854, libr. Kochiana. *

— emendationes Agamemnonis Aeschyleae. Ebend. 855. 4. (38 S.) n. 12 ngr.

Schoemann, G. F., Emendationes in Ciceronis lib. I de natura deorum. Pr. 1849. 16 S. 4°. 1.—

Schömann, G. F., Emendationes aliquot locorum corruptorum in Apollonii libro de adverbiis. Pr. 1860. 16 S. 4°. —.75

—— Emendationes aliquot locorum corruptorum in Apollonii libro de adverbiis. gr. 4. (16 S.) Greifswald 860, Koch's Verlagsbuchh. *

Schoemann, G. F., Emendat. aliquot locorum corrupt. in Apollonii libro de adverbiis. Pr. 1861. 16 S. 4°. 1.—

— Die Epheten u. der Areopag. S.-A. 1875. 19 S.

Schömann, G. F., Cicero de finibus lib. 5. Pr. 1841. 11 S. 4°.

Schömann, G. F., Ad lyricorum Graecorum fragmenta. Pr. 1835. 13 S. 4°.

Schömann, G. F., Prolusio de Cratini iunioris fragmento. Pr. 1858. 16 S. 4°.

—— Prolusio de Cratini junioris fragmento. gr. 4. (16 S.) Greifswald 858, (Koch's Verlagsbuchh.) *

— De Hecate Hesiodea. Pr. 1851. 28. S. 4°.

—— das Ideal der Hera. Rede am 9. Decbr. 1846 in der Aula zu Greifswald gehalten. gr. 8. (36 S.) Greifswald 847, Koch's Vrlgsh. *

— dissertatio de Jovis incunabulis. 4. (23 S.) Ebd. 852. n. 8 ngr

—— Dissertatio de Jovis incunabulis. 4. (23 S.) Gryphiswaldiae 853, libr. Kochiana. *

— Dissertatio de falsis indiciis lacunarum Theogoniae Hesiodeae. Pr. 1848. 27 S. 4°.

Schömann, G. F., De interpolationibus Theogoniae Hesiodeae. I. Pr. 1848. 15 S. 4°. 1.20
— — II. Pr. 1849. 19 S. 4°. 1.50

— s. Isaei, Orationes.

—— die Lehre von den Redetheilen nach den Alten dargestellt und beurtheilt. gr. 8. (VIII und 244 S.) Berlin (861)62, Hertz. *

Schömann, G. F., Disputatio de locis quibusdam Taciti vitae Agricolae. Pr. 1859. 19 S. 4°. 1.—

—— Disputatio de locis quibusdam Taciti vit. Agricolae. gr. 4. (19 S.) Greifswald 859, (Koch's Verlagsbuchh.) *

Schömann, G. F., De ludis Nemeis. Pr. 1832. 8 S. 4°.

— Mantissa animadversionum ad Aeschyli Prometheum. Pr. 1844. 14 S. 4°.

—— noch ein Wort über Aeschylus' Prometheus. gr 8. (49 S.) Greifswald 859, Koch's Verlagsbuchh.

—— Dissertatio de veterum criticorum notis ad Hesiodi opera et dies. 4maj. (23 S.) Gryphisvaldae 855, (libr. Kochiana.) *

— De Nymphis Meliis Gigantibus et Erinnysin Theogoniae Hesiodeae. Pr. 1845. 19 S.

Schömann, G. F., Observationes in Theophrasti oeconomicum. Pr. 1839. 20 S. 4°.

—— Specimen observationum in Theophrasti oeconomicum et Philodemi libr. IX de virtutibus et vitiis. Dissert. 4maj. ($4\frac{1}{4}$ B.) Gryphiswaldiae 839, (Koch's Vrlsh.) *

—— Opuscula academica. Vol. I.: Historica et antiquaria. 8maj. (VII und 381 S.) Berolini 856, libr. Weidmann. *

—— Opuscula academica. Vol. 2.: Mythologica et Hesiodea. Lex.-8. (III und 544 S.) Berlin 857, Weidmann'sche Buchh. *

—— dass. — Vol. 3.: Miscellanea. Lex.-8. (IV und 496 S.) Ebendas. 858. *
Vol. 1: Historia et Antiquaria. Ebendas. 1856. * 2 Thlr.

Schoemann, Georg Friedr. Carl, Opuscula academica. Vol. IV. Miscellanea. gr. 8. (VII, 365 S.] Berlin 871, Weidmann'sche Buchh. *
I—III. Ebendas. 1850—58. * ℳ 23.

—— Oratio de laudibus civitatis Gryphiswaldensis. gr. 4. (13 S.) Greifswald 857, Koch's Verlagsbuchh. *

Schömann, G. F., De populi Latini originibus. Pr. 1834. 8 S. 4°.

— Dissertatio de Pandora. Pr. 1853. 31 S. 4°.

—— de Pandora. Commentatio mythologica. 4maj. (31 S.) Gryphiswaldiae 853, libr. Kochiana.

—— Dissertatio de Phorcyne ejusque familia. 4maj. (30 S.) Gryphiswaldiae 853, libr. Kochiana. *

— De phratriis atticis. Pr. 1835. 12 S. 4°.

— De poesi theogonica Graecorum. Pr. 1849. 20 S. 4°.

—— gefesselter Prometheus des Aeschylus, s. Aeschylus.

Schömann, G. F., der attische Process, s. Calvary's philologische und archäologische Bibliothek.

— der attische Proceß ꝛc., s. Mor. H. E. Meier.

Schömann, G., F., Quaest. grammat. cap. II. De particulae que significatione in compositis. Pr. 1865. 16 S. 4°. —.75
— — cap. III. De particulae que cognatis. Pr. 1865. 11 S. 4° —.60

— quaestionum grammaticarum capita 1—3. Greifswald 865. (Koch's Verlag.) Jedes Cap. n. 4 ngr.
Cap. 1. De particulae que origine et significatione copulativa. (14 S.)
Cap. 2. De particulae que significatione in compositis. (16 S.)
Cap. 3. De particulae que cognatis. (11 S.)

Schömann, G. T., Quaest. gramm. epimetrum. Pr. 1867. 18 S. 4°. Greifswald

Schömann, G. F., De quinqueremi Attica ab Herodoto commemorata. Pr. 1888. 8 S. 4°.

—— Dissertatio de reddendis magistratuum gestorum rationibus apud Athenienses. 4. (14 S.) Gryphiswaldiae 855, (libr. Kochiana.) *

Schömann, G. F., Dissertatio de re publica Platonica. Gel. 1818. 12 S. 4°.

— Recognitio quaestionis de Spartanis homoeis. Pr. 1850. 32 S. 4°.

—— Recognitio quaestionis de Spartanis Homoeis. (Index scholarum in universitate litteraria Gryphisvaldensi habendarum.) 4maj. (32 S.) Gryphisvaldae 855, (libr. Kochiana.) *

— Rede üb. den Einfluß der Reformation auf d. Verbesserung d. gelehrten Schulen. 8. Greifsw. 817.

— Relatio de C. B. Becceri libris II de antiqua religione Atheniensium. Pr. 1858. 15 S. 4°. —.75

—— Relatio de Christoph. Basil. Becceri libris II de antiqua religione Atheniensium. gr. 4. (15 S.) Greifswald 858, Koch's Verlagsbuchh. *

—— Prolusio de religionibus exteris apud Athenienses. gr. 4. (18 S.) Greifswald 857, (Koch's Verlagsbuchh.)

Schömann, G. F., De reticentia Homeri. Pr. 1853. 23 S. 4°. 2.—

—— Dissertatio de reticentia Homeri. 4maj. (23 S.) Gryphiswaldiae 853, libr. Kochiana. *

— Scholia in Ionis Eur. canticum I. Pr. 1860. 24 S. 4°. 1.50

— Scholiorum in Ionis Euripideae episodium. part. I. Pr. 1864. 19 S. 4°. 1.50
— — part. II. Gel. 1864. 18 S. 4°. 1.—

—— scholiorum in Ionis Euripideae episodium primum part. 1 et 2. gr. 4. (37 S.) Greifswald 864, (Koch's Verlag.) à Part. * 6 Ngr.

—— Scholia in Jonis Euripideae parodum. gr. 4. (16 S.) Greifswald 861, (Koch's Verlagsbuchh.) *

— scholia in Ionis Euripideae parodum. Ebend. 862. 4. (16 S.) n. 6 ngr.

—— Scholia in Ionis Euripideae prologum. 4. (27 S.) Greifswald 859, Koch's Verlagsbuchh. *

— Commentatio de Scholiis Theogoniae Hesiodeae. Pr. 1848. 28 S. 4°.

—— **veterum scriptorum sententiae** de regno. gr. 4. (22 S.) Greifswald 861, (Koch's Verlag.) *

Schömann, G. F., De sortitione iudicum apud Athenienses. Hab. 1820. 48 S.

— Diss. de sortitione Judicum apud Athenienses ad scholl. Aristoph. Plut. v. 277. 8. Greifsw. 820. Mauritius. 5 gl.

— de sortitione judicum apud Athenienses diss. Gryphisw. 821. 8. 5 gr.

Schoemann, G. F., De Theognide. Pr. 1861. 20 S. 4°. 1.20

—— **Schediasma** de Theognide. gr. 4. (20 S.) Greifswald 861, (Koch's Verlag.) *

— De Theogonia Hesiodea in sacris non adhibita. Pr. 1845. 11 S. 4°.

— **die Hesiodische Theogonie** ausgelegt u. beurtheilt. Berlin 868. Weidmann. gr. 8. (VIII, 308 S.) n. 2 ℛ

Schömann, G. F., Schediasma de Epicuri Theologia. Pr. 1864. 18 S. 4°.

—— **Schediasma** de Epicuri theologia. gr. 4. (18 S.) Greifswald 864, (Koch's Verlag.) *

Schoemann, G. F., De Epicuri theologia. Pr. 1865. 18 S. 4°.

—— **Dissertatio** de Titanibus Hesiodeis. 4maj. (4½ B.) Gryphiswaldiae 844, (Koch's Verl.) * —

Schömann, G. F., De transpositione versuum in Aeschyli Eumenidibus. Pr. 1844. 14 S. 4°. 1.—

Schömann, G. F., Dissertatio de Tullo Hostilio rege Romanorum. Pr. 1847. 26 S. 4°.

—— **de Tullo Hostilio** rege Romanorum. Dissert. critica. 4maj. (26 S.) Greifswald 847. Koch's Vrlgsh.

— De Typhoeo Hesiodeo. Pr. 1861. 28 S. 4°.

—— die **Verfassungsgeschichte** Athen's nach G. Grote's history of Greece kritisch geprüft. gr. 8. (98 S.) Leipzig 854. [Berlin,] Weidmannsche Buchh.

—— das sittlich-religiöse **Verhalten** der Griechen in der Zeit ihrer Blüthe. Eine Rede am 9. Decbr. 1847 zu Greifswald gehalten. gr. 8. (37 S.) Greifswald 848, Koch's Vrlgsh.

Schömann, G. F., Vindiciae Jovis Aeschylei. Pr. 1846. 22 S. 4°.

—— **Vindiciae** Jovis Aeschylei. 4maj. (2¾ B.) Greifswald 846, (Koch's Verl.)

Schömann, Geo. Fr., üb. den Vortrag d. Geschichte auf Schulen. 8. Greifsw. 815. Mauritius. 3 gl.

Schömann, G. F., Ueber die Hesiodische Weltanschauung. Pr. 1842. 14 S. 4°.

—— **Winckelmann** u. die Archäologie. Rede am 9. Dec. 1841 in der Aula zu Greifswald gehalten. gr. 8. (2 B.) Greifswald 845, Koch's Verl.

Schoemann, Georg Friedrich Karl

Schömann. G. F. C., Commentatio Macrobiana. Diss. 1871. III. 47 S.

Schoemann, Geo. Frid. Carol., commentatio Macrobiana. gr. 8. (III, 47 S.) Leipzig 871. Teubner. n. 1. —

Schoemann, H. Apollonius von Perga. 16 S. Zweiter Teil.
Περὶ νεύσεων καὶ περὶ διωρισμένης τομῆς. 16, 12 SS.
Progr. *Treptow a. R.* 1878. *Putbus* 1881.

Schoemann, Ign. Franc. Xav., de Lithotomia Celsiana critico-chirurgica. Commentat. 4maj. (4¼ B. u. 2 Stnt.) Jenae 841, libr. Bran.

Schoemann, Ign. Franc. Xav., de tumore cranii recens natorum sanguineo. Dissertat. inaug. med. 8maj. (2 B.) Jenae 832, Frommann.

Schoemann, Johannes, appr. Arzt a. Putbus ⟨Rügen⟩: Aus dem königl. pathologischen Institut zu Kiel. Zur Lehre von der inneren Einklemmung. 3 Fälle von Defekten im Mesenterium. Kiel 1907: Schmidt & Klaunig. (18 S.) 8°
Kiel, Med. Fak., Ref. Heller, Diss. v. 2. Mai 1907
[Geb. 18. März 80 Putbus, Rügen; Wohnort: Kiel; Staatsangeh.: Preußen; Vorbildung: Kgl. Pädagogium Putbus Reife O. 00; Studium: Berlin K. W. A. 9 S.; Coll. 19. Apr. 07; Approb. 20. März 06.]

Schömann, Otto [prakt. Arzt aus Pommern]: Über Leukaemie in verschiedenen Lebensaltern mit besonderer Berücksichtigung eines Falles im 76sten Jahre .... Greifswald, Druck v. Julius Abel, 1887; 24 S. 8°.
Greifswald, Med. Fak., Inaug.-Diss. v. 12. Aug. 1887.

Schoemann, P.: Über die gegenseitige mechanische Verwandlung gleicher Dreiecke und Parallelogramme mittelst unmittelbarer Konstruktionen. — Soest. — G. — 27 S. mit 8 Fig.-Taff.

Schoemann, Peter [Gerichtsref. aus Trier]: Das Pactum de compensando ... Trier, F. Lintz'sche Buchdr., 1897; 40 S. 8.
Erlangen, Jur. Fak., Inaug.-Diss. v. 1897

Schömann, Rudolf [pr. Arzt aus Pommern]: Zur Casuistik der Arthrektomia genu. ... Greifswald, Druck v. Julius Abel, 1888; 36 S. 8°
Greifswald, Med. Fak., Inaug.-Diss. v. 8. Dez. 1888

Schombart, J., De hydrope ventriculorum cerebri. 43 pp. Duisb. 4°.
1799

Schombart, Ludw. Heinr. (Eschweiler)
Dissertatio medica inauguralis de apoplexia.
Giessae [7.] Sept. 1762: Braun. 36 S. 4°
pro gradu doctoris rite consequendo

Schomberg, L., und W. Schomberg, Gedanken bei Behandlung der biblischen Geschichten in der Oberklasse der evangelischen Volksschulen. 2 Tle. gr. 8. Wittenberg 886, Herrosé's Verlag. à Tl. * ℳ 1.80. *
Inhalt:
Tl. 1. Das alte Testament. (VIII, 151 S.)
" 2. Das neue Testament. (IV, 178 S.)

Schomberg, L., u. W. Schomberg. Gedanken bei Behandlung der biblischen Geschichten in der Oberklasse der evangelischen Volksschule. 2 Tle. 2. u. 3. verm. u. verb. Aufl. gr. 8. Wittenb., Herrosé. à Tl. * 2 25; geb. in 1 Bd. * 5 25
1. Das alte Testament. 2. Aufl. (X, 199 S.) 890; 3. Aufl. (XI, 216 S.) 892.
2. Das neue Testament. 2. Aufl. (231 S.) 890; 3. Aufl. (237 S.) 892.

Schomberg, L., u. W. Schomberg, Gedanken bei Behandlung der biblischen Geschichten in der Oberklasse der evangelischen Volksschule. 2 Tle. 4., verm. u. verb. Aufl. gr. 8. Wittenberg, R. Herrosé. à n. 2. 25; in 1 Bd. n. 4. 50; geb. n. 5. 25
1. Das alte Testament. (IX, 232 S.) 894.
2. Das neue Testament. (IV, 247 S.) 895.

Gedanken bei Behandlung der biblischen Geschichten in der Oberklasse der evangelischen Volksschule. Von L. Schomberg ... u. W. Schomberg ... 5., verm. u. verb. Aufl. Tl 1. 2. *Wittenberg: R. Herrosé 1898.* 2 Bde 8.
1. Das alte Testament. (XI, 276 S., 1 Taf.)
2. Das neue Testament. (1 Bl., 291 S.) [98. 9169 H.

— u. W. **Schomberg**, Gedanken bei Behandlung der biblischen Geschichte in der Oberklasse d. evangelischen Volksschule. 2 Tle. in 1 Bde. 6., verm. u. verb. Aufl. gr. 8. (XI, 266 u. 320 S. m. 1 Taf.) Wittenberg 901. R. Herrosé. n. 5. —; geb. n. 6. —

Schomberg, L., u. W. **Schomberg**, Gedanken bei Behandlg. der biblischen Geschichte in der Oberklasse der evangel. Volksschule. 2 Tle. 7. Aufl. gr. 8. Wittenberg 907. R. Herrosé. à 2.50; in 1 Bd. geh. 5.—; geb. 6. —
1. Das alte Testament. (XI, 260 S. m. 1 Taf.)
2. Das neue Testament. (320 S.)

— — die biblischen Geschichten des alten u. neuen Testaments. Im Anschluß an das Lehrbuch „Gedanken bei Behandlg. der bibl. Geschichten in der evangel. Volksschule". Nebst e. Anh., enth.: I. Bilder aus der Kirchengeschichte, II. Bibelkunde, III. Geographie v. Palästina m. (farb.) Karte. gr. 8. (V, 224 S.) Ebd. 894. n. — 80

Schomberg, L., 25 Psalmen in unterrichtlicher u. erbaulicher Betrachtung f. Schule u. Haus. gr. 8. (128 S.) Dresden 901. A. Huhle. n. 1. 40

Schomberg, L., u. W. Schomberg

— — Stoffe zur Behandlg. d. kleinen Katechismus Dr. Martin Luthers. gr. 8. (XII, 344 S.) Ebd. 897. n. 3. 60; geb. n. 4. 50

Schomberg, Ralph

Schomberg, Raph., aphorismi practici seu observationes medicae. 8. Amsterd. 753. Schreuder. 8 ß

— epitome, vide Swieten.

Schomberg, R(alph) (Ed.):

s.: Swieten, Gerard Freiherr van: Commentariorum in Hermanni Boerhaave aphorismos compendium. (Auszüge.) Francofurti et Lipsiae: 1762

JB 2.001

Schomberg, W., geometrische Aufgabensammlung. [Konstruktionen u. Berechngn.] Für den Elementar-Unterricht in der Raumlehre zusammengestellt. 8. (42 S.) Bernburg 886. Bacmeister. n. — 40

Schömberg, Heinrich Adolph [Wirkl. Name], s. Belmont [Pseud.]

Schömberg, M.: Umwandlungstabellen, s. Horn, O.

Schoembs, Jak., Beiträge zur Kenntnis der Mayasprachen. (III, 46 S.) gr. 8. Dortmund 906. F. W. Ruhfus. n. 2. 40

Schoembs, Jak., die neue Familie. Roman in 2 Bde. 8. (458 S.) Dortmund (901). F. W. Ruhfus. n. 6. —; in 1 Leinw.-Bd. n. 7. 20

(B) Schoembs, Jak., d. neue Familie. 901. — Ohne Schuld verschuldet. 902. Ladenpreise aufgehoben.

Material zur Sprache von Comalapa in Guatemala. Von Dr. Jakob **Schoembs**. Dortmund: F. W. Ruhfus 1905. (XI, 227 S.) 8° [05. 6643 6

Ohne Schuld verschuldet. Eine Erzählung von Jakob **Schoembs**. *Dortmund: F. W. Ruhfus [1902].* (315 S.) 8° [F.] [02. 1187 6

Schoembs, Jakob: Ariosts Orlando Furioso in der englischen Litteratur des Zeitalters der Elisabeth. *Soden a. T. 1898: P. J. Pusch.* (VII, 107 S.) 8° [F. u. Ant.]
Strassburg, Phil. Diss. v. 1898

Schomburg, A., die neue Erzieherin, s. a. Bloch's, Ludw., Kinder-Theater.

Die neue Erzieherin. Ein kleines Stückchen z. Aufführen in 3 Aufz. von A. Schomburg. *Berlin: E. Bloch [1898].* (24 S.) 8° [F.]
= Kinder-Theater, Ludwig Blochs. No 53. [01. 4596

Schomburg, Carl Oskar, s. Schomburg, Karl Oskar

Schomburg, Charlotte, appr. Arzt: Ueber narbige Oesophagusstrikturen und ihre Behandlung unter besonderer Berücksichtigung zweier Fälle der Hallenser chirurgischen Universitätsklinik. Halle a. S. 1909: Hohmann. 58 S. 8°
Halle, Med. Diss. v. 13. Febr. 1909, Ref. v. Bramann
[Geb. 13. Febr. 88 Gutenswegen; Wohnort: Halle a. S.; Staatsangeh.: Preußen; Vorbildung: Frauen-Gymn. Leipzig Reife Prüfungskommiss. Dresden M. 02; Studium: Leipzig 1, Freiburg i. B. 1, Halle 8 S.; Coll. 10. Febr. 09; Approb. 1. Febr. 09.] [U 09. 1630

Schomburg, Dietrich: Die Dominikaner im Erzbistum Bremen während des dreizehnten Jahrhunderts. Mit e. einl. Übersicht über d. Ausbreitung d. Ordens in Deutschland bis 1250. Braunschweig 1910: Limbach. 71 S. 8° ¶ (Aus: Zeitschrift d. Gesellsch. f. niedersächs. Kirchengesch. Jg. 15.)
Jena, Phil. Diss. v. 12. Aug. 1910, Ref. Cartellieri
[Geb. 13. Nov. 84 Bremen; Wohnort: Bremen; Staatsangeh.: Bremen; Vorbildung: Gymn. Höxter Reife O. 06; Studium: Jena 1, Halle 1, Heidelberg 1, Jena 5 S.; Rig. 26. Febr. 10.] [U 11. 2510

Schomburg, Elias Hugo, a. Holzminden: The Taming of the Shrew. Eine Studie zu Shakesperes Kunst. Halle a. S. 1904: E. Karras. (122 S.) 8° ¶ (Aus: Studien z. engl. Philologie.)
Göttingen, Phil. Fak., Ref. Morsbach, Diss. v. 18. Okt. 1904
[Geb. 22. Mai 80 Altendorf b. Holzminden; Wohnort: Holzminden; Staatsangeh.: Braunschweig; Vorbildung; Gymn. Holzminden Reife O. 00; Studium: Freiburg 1, Leipzig 2, Göttingen 6 S.; Rig. 22. Juni 04.]

Schomburg, Elias Hugo, The taming of tne shrew, s. a. Studien zur englischen Philologie. XX.

The taming of the shrew. Eine Studie zu Shaksperes Kunst von Elias Hugo Schomburg. Halle a. S.: Niemeyer 1904. (122 S.) 8°
= Studien z. englischen Philologie. 20. 05. 330 2

Schomburg, H. E., Gethsemane u. Golgatha. Passionsbilder in Lied u. Wort. (14 S.) 8. Braunschweig 910. J. Neumeyer. — 20

— Die erste Schiefertafel. Skizzen u. Bilder. (123 S.) 11. 8. Ebd. 910. 1. —

Schomburg, Hans, cand. med. aus Bremen: **Untersuchung der Entwicklung der Muskeln und Knochen des menschlichen Fusses an Serienschnitten und Rekonstruktionen und unter Zuhülfenahme makroskopischer Präparation.** Am 30. Mai 1900 von d. med. Fakultät d. Univ. Göttingen gekr. Preisschrift. *Göttingen 1900: Dieterich.* (61 S.) 8°

Schomburg, Hans, cand. med. aus Bremen: **Untersuchung der Entwicklung der Muskeln und Knochen des menschlichen Fusses an Serienschnitten und Rekonstruktionen und unter Zuhülfenahme makroskopischer Präparation.** *Göttingen 1900: Dieterich.* (61 S.) 8° ¶ Gekr. Preisschr. — [Vgl. 1900/1901 Göttingen No 107.]
Göttingen, Med. Diss. v. [28. Febr.] 1902
(Nicht für den Austausch)

Schomburg, [Hugo]: Eine Schülerwanderung durch Holland. (Aus dem Lüdenscheider General-Anzeiger vom 28. August 1909.) S. 15—19. 4.
Progr. Realgymn. u. Realschule *Lüdenscheid* 1910 (504).

Schomburg, J. A., Betrachtungen über die neuere deutsche Berggesetzgebung mit Rücksicht vornehml. auf Oesterreich, Preußen, Sachsen und Thüringen, im Anschlusse an das beigedruckte Berggesetz des Großherzogth. Sachsen vom 22. Juni 1857. gr. 8. (VII und 336 S. mit Anhang 60 S.) Leipzig 857, Voigt und Günther. *

J. A. Schomburg, Betrachtungen über die neuere deutsche Berg-Gesetzgebung mit Rücksicht vornehmlich auf Oesterreich, Preußen, Sachsen und Thüringen. Leipzig, 1858.

Schomburg, J. Ant., De venaesectione in apoplecticis morbis haud indiscriminatim instituenda. 19 pp. Gott. 4°. *Doering*, I, 157. Erl. Beytr. 84, XII, 185. *Schlegel*, VII, 283.

1783

Schomburg, J. C., Entscheidung der Frage: wer d. Gallische Nation gewesen. 8. Eisenach, Wittekind. 762.

Schomburg, Josias Sigismund (Blankenburg/Harz) A. S. 1266/14

**Dissertatio inauguralis medica sistens aegram strangulatione uteri syncoptica laborantem.
Präs. Georg Wolffgang Wedel.
Jena (Krebs) IV. 1717. 40 S.**

Gew.: Georg Wolffgang Wedel. 31264

Schomburg, K., Darstellung der städtischen Verwaltung v. Kassel in den J. 1822—1829, s. a. Zeitschrift d. Vereins f. hess. Geschichte u. Landeskunde.

Darstellung der städtischen Verwaltung von Kassel in den Jahren 1822 1829. Verfasst von dem damaligen Bürgermeister KARL SCHOMBURG. Im Auftrage des Stadtraths von Kassel herausgegeben von dem Verein für hessische Geschichte und Landeskunde. Kassel 1872. Comm. von August Freyschmidt. 8o

Schomburg, Karl, Briefwechsel u. Nachlaß mit biograph. Andeutungen herausgeg. von Karl Bernhardi. Mit S.'s Bildniß. gr. 8. Kassel 845, Bohné. n. 2 ₰ Velinp. n. $2^1/_2$ ₰

Schomburg, Karl Oskar

Schomburg, Carolus Oscar: De gangraena quaedam, addita historia feminae gangraena spontanea affectae. Halis (1846): Ploetz. 31 S. 8°
Halle-Wittenberg, Med. Diss. v. 16. Okt. 1846
Geb. Tilleda (Kr. Sangerhausen) 29. 10. 1804 [vielmehr: 1824]. V.
Verf. erlebte die Diplomerneuerung 1896 als praktischer Arzt in Dresden, vgl. Anh. Nr. 399.

Schömburg, W., elektrischer od. Dampfantrieb f. Reversierstrassen, s. a. Sammlung berg- u. hüttenmänn. Abhandlgn.

Elektrischer oder Dampfantrieb für Reversierstrassen. Von W. **Schömburg**. Mit 1 Taf. Kattowitz: Gebr. Böhm 1907. (12 S.) 8°
Aus: Berg- u. Hüttenmännische Rundschau.
= Sammlung Berg- u. Hüttenmännischer Abhandlungen. H. 17. (o8. 3249

Schomburgk, Hans, Wild u. Wilde im Herzen Afrikas. 12 Jahre Jagd- u. Forschungsreisen. Mit 1 (farb.) Kartenbeilage, 8 Voll- u. 103 Textbildern nach Orig.-Aufnahmen v. Hans Schomburgk u. J. Mc. Neil u. e. Vorwort v. Carl Hagenbeck. (XV, 373 S.) gr. 8. Berlin 910. E. Fleischel & Co. 8.—; geb. 10.—

Schomburgk, Herm., Jubiläums-Festspiel in 2 Aufzügen zur Feier des 50jährigen Stiftungs-Festes des Architekten- u. Ingenieur-Vereins zu Hamburg am 17. IV. 1909. (37 S.) 8. Hamburg (909). (Boysen & Maasch.) — 60

[Lied.] Schwestern-Fest des Provinzial-Kapitels von Niedersachsen. Sonnabend, den 2. Juli 1910. [Unterz.:] Herm. **Schomburgk.** [Hamburg: 1910.] 2 Bl. 8°
Lied ohne Noten: „Die Festesfreud' verhallet, bald ist es wieder still, . . ."

Schomburgk, Jh. Fr., (+ . . .) s. Entscheidung d. Frage: Wer die Gallische Nation etc.

Schomburgk, Johann Friedrich (Querfurt) A. S. 175/15

De privatione iurisdictionis ob eius abusum exercitatio academica. Präs. Gustav Heinrich Mylius.
Leipzig (Langenheim) 26. III. 1755. 23 S.

Gew.: Ferdinand Wilhelm von Funck. 31265

Schomburgk, Johann Georg (Querfurt) A. S. 564/43

Specimen continens caput iuris controversum an filius abstinens ab hereditate paterna possit petere praelegatum. Präs. Christian Heinrich Breuning.
Leipzig (Rumpf) 17. III. 1769. 8 S. 31266

Schomburgk, O. A., s. Schomburgk, R. H., Reisen in Guiana.

Schomburgk, Otto (Hrsg.):

s.: Fortschritte der Geographie und Naturgeschichte. Bd 2 - 5. Weimar: 1846 - 1848

JB 6.155

Schomburgk, [illegible]

Schomburgk, Rich., Reisen in Britisch-Guiana in den Jahren 1840—1844, im Auftrage des Königs v. Preussen ausgeführt. Nebst e. Fauna u. Flora Guiana's nach Vorlagen von Johs. Müller, Ehrenberg, Erichson, Troschel u. And. Mit Abbildgn. (Holzschn.) u. e. (lith. u. color.) Karte von Britisch-Guiana aufgenommen von Sir Rob. Schomburgk. 3 Thle. gr. 4. (1. Thl. XVIII u. 469 S. 2. Thl. XIV u. 530 S.) 3. Thl. a. u. d. T.: Versuch einer Fauna u. Flora von Britisch-Guiana. Nach Vorlagen von Johs. Müller, Ehrenberg, Erichson, Klotzsch, Troschel, Cabanis u. And. gr. 4. (VIII u. 729 S.) Leipzig 848, Weber. In Engl. Einband. Subscr.-Pr.: (1. u. 2. Thl. n. $13^1/_3$ ₰ 3. Thl. n. $6^2/_3$ ₰) n. 20 ₰

Schomburgk, Rob. Herm., geograph.-statist. Beschreibung v. Britisch Guiana; seine Hilfsquellen u. seine Ertragsfähigkeit, d. gegenwärt. u. zukünft. Zustand d. Kolonie u. deren Aussichten. A. d. Engl. v. O. A. Schomburgk. gr. 8. (10 B., 1 Karte u. 2 ill. Vign.) Magdeburg 841, Baensch.

Schomburgk, Rob. Herm., geograph.-statist. Beschreibung von Britisch Guiana; seine Hilfsquellen u. seine Ertragsfähigkeit, der gegenwärtige u. zukünftige Zustand der Kolonie u. deren Aussichten. Aus d. Engl. v. O. A. Schomburgk. Nebst 1 Karte vom britisch Guiana (mit 2 Vign. u. illum.). gr. 8. Magdeburg 841. Schmilinsky. 1 ₰

Schomburgk, Sir Rob. H., Karte von Britisch-Guiana, nebst d. Quelllande des Parima [Rio Branco u. Orinoco], vornehmlich nach den in den Jahren 1835—1844 veranstalteten, im Colonial-Office zu London befindlichen Aufnahmen. Maassstab 1 : 2,500000. gr. Fol. Lith. u. color. Leipzig 848, Weber. n. 1 ₰

—— Reisen in Guiana u. am Orinoko während d. J. 1835—1839. Nach seinen Berichten u. Mittheilungen an d. geograph. Gesellschaft in London hrsg. v. O. A. Schomburgk. Mit e. Vorw. v. Alex. v. Humboldt u. dess. Abhandl. üb. einige wichtige astronom. Positionen Guiana's. gr. Lex.-8. ($33\frac{1}{2}$ B., 6 col. Ansichten u. 1 Karte. Leipzig 841. [Berlin, Klemann.] *

Schomburgk's, Rob. Herm., Reisen in Guiana u. am Orinoko während der Jahre 1835—1839. Nach seinen Berichten und Mittheilungen an die Geographische Gesellschaft in London herausgeg. von O. A. Schomburgk. Mit e. Vorwort von Alex. von Humboldt u. dessen Abhandlung über einige wichtige astronom. Positionen Guiana's. Mit 6 color. Ansichten u. 1 Karte. gr. Lex.-8. Leipz. 841, Geo. Wigand. n. $6^{2}/_{3}$ ℳ

Schomburgk, W., die Geschichtsschreibung üb. den Zug Karl's V. gegen Algier. 1541. Inaugural-Dissertation. gr. 8. (75 S.) Leipzig 875. (Rossberg.) n. 1. 50

Schomburgk, W., die Pack'schen Händel, s. Taschenbuch, historisches.

Schomburgk, Wilhelm: Das gesetzliche Pfandrecht des Frachtführers. Leipzig 1907: A. Edelmann. (VIII, 52 S.) 8°
Leipzig, Jur. Fak., Diss. v. 14. Mai 1907
[Geb. 1. März 82 Leipzig; Wohnort: Leipzig-Connewitz; Staatsangeh.: Sachsen; Vorbildung: Thomassch. Leipzig Reife O. 02; Studium: Lausanne 1, Leipzig 2, Berlin 2, Leipzig 3 S.; Rig. 19. Juni 06.]

Schomer, Herm., Zusammenstellung der im Gebiete des ehemaligen Königreichs Hannover geltenden Bestimmungen über das Stempelwesen. Hannover 867. Meyer. gr. 8. (VI, 130 S.) n. 15 ngr.

Schomer, Johann Friedrich [Praes.], s. Taddel, Johann Jakob: De Jesuitis caute tolerandis.

Schomer, Just. Chr., collegium Anti-Calvinianum. 8. Güstrow, Kiesewetter. 707.

— collegium Anti-Pontificium de modo disputandi contra Pontificios. 4. Lübeck, Böckmann. 753.

— — Anti-Socinianum. 4. Rostock, Kiesewetter. 725.

— — novissimarum controversiarum. 4. Rostock. 721.

— doctrina moralis. 8. Güstrow. 729.

— exeg. in epist. Pauli ad Ebraeos. 4. Güstrow. 729.

— — in epistolas Pauli Minores. 4. ibid. 706.

— — in epist. ad Roman. et Corinth. 4. Rostock. 705.

— theologia moralis. 8. Rostock, Kiesewetter. 717.

Schömers, A., Sachregister zur Zeitschrift f. Rechtspflege, s.: Zeitschrift f. Rechtspflege.

Schomerus, Adf., die durch den Diplococcus lanceolatus hervorgerufenen Rachen- u. Kehlkopferkrankungen, s.: Mitteilungen aus d. hamburg. Staatskrankenanstalten. VIII, 12. (Reiche, F.)

Schomerus, Adolf, Approb. Arzt aus Marienhafe: **Symptomatologie** des Sanduhrmagens mit besonderer Berücksichtigung der operativen Behandlung auf Grund der in der Göttinger chirurgischen Klinik von Ostern 1899 bis Januar 1904 beobachteten und der in der Literatur veröffentlichten Fälle. *Göttingen 1904: Dieterich.* (114 S.) 8°
Göttingen, Med. Diss. v. [30. Juli] 1904

Schomerus, Adf., Symptomatologie des Sanduhrmagens m. besond. Berücksicht. der operat. Behandlung auf Grund der in der Göttinger chirurgischen Klinik von Ostern 1899 bis Jan. 1904 beobachteten u. der in der Literatur veröffentl. Fälle. Diss. (114 S.) 8. Göttingen 904. (Vandenhoeck & Ruprecht.) n. 2. 40

Schomerus, Fr., Das Arbeitsverhältnis in der optischen Werkstätte bei Carl Zeiss in Jena, 1906. 8⁰. Jena, Selbstverlag, 1907. — 2. Aufl. 8⁰. Ebd. 1908.

Schomerus, Fr., s. Fortschritt, sozialer.

Schomerus, engl. Gewerksch., s. Festgaben f. Neumann.

Schomerus, Frdr., Halbtagsschicht statt Ganztagsschicht f. verheiratete Fabrikarbeiterinnen, s.a. Fortschritt, sozialer.

Schomerus, Friedrich: Halbtagschicht statt Ganztagschicht für verheiratete Fabrikarbeiterinnen.—Leipzig: Dietrich 1906. 16 S. 8⁰ (Sozialer Fortschritt. No. 72.)

— Neben- u. Folgewirkungen der englischen Gewerkschaften, s.a. Festgaben f. Friedrich Julius Neumann.

Schomerus, F., Neben- und Folgewirkungen der englischen Gewerkschaften. Tübingen, 1905. 39 S.

Schomerus, Fr., Wege u. Ziele der Baugenossenschaft. Nach e. Vortrag, geh. am 5. II. 1908 im Auftrag der Jenaer Baugenossenschaft. (25 S.) gr. 8. Jena 908. G. Fischer. — 50

Schomerus, Friedrich, Dr. d. Staatswiss.: **Das Kleingewerbe,** insonderheit das Bäcker-, Konditor- und Fleischergewerbe, monographisch und statistisch bearbeitet. *Stuttgart: W. Kohlhammer 1902.* (VIII, 94 S.) 8° [F.]
Tübingen, Staatswiss. Diss. v. 1902
(Nicht für den Austausch)

Schomerus, Johs., das Treiben d. Gehölze u. ihre Verwendg. f. d. Winterflor, s. a. Neumann's, J., gärtner. Büchersammlg, Bd. 14.

[F.] Das Treiben der Gehölze und ihre Verwendung für den Winterflor. Von Johannes Schomerus. *Neudamm: J. Neumann 1898.* (4 Bl., 78 S., 1 Bl.) 1 Bd 8.
= Büchersammlung, J. Neumanns Gärtnerische. Bd 14. 98.10039

Schomerus, Menko [approb. Arzt aus Marienhafe in Ostfriesland]: Fünf Fälle von Tumor Cerebelli. Ein Beitrag zur Symptomatologie und Diagnose der Kleinhirngeschwülste .... Melsungen, W. Hopf's Buchdr., 1887; 44 S. 8°.
Göttingen, Med. Fak., Inaug.-Diss. v. 7. Mai 1887.

Schomerus, Menko, fünf Fälle von Tumor Cerebelli. Ein Beitrag zur Symptomatologie und Diagnose der Kleinhirngeschwülste. Inaugural-Dissertation. gr. 8. (44 S.) Melsungen 887. (Göttingen, Vandenhoeck und Ruprecht's Verlag.) *

Schommarz, Ph. Pet., († ...) Predigten für den frommen Landmann auf alle Sonn- u. Festtage des ganzen Jahres. 3 Thle. gr. 8. Augsb. 779. Rieger. 2 ℳ 20 ℊ

Schommer, J., Vorlegeblätter engl. u. deutscher Schrift, zum Gebr. in Schulen. qu. 4. Trier 824. Lintz. 12 ℊ

Schommer, s.: Entscheidungen des königl. preuß. Oberverwaltungsgerichts in Staatssteuersachen.

Schommerts, Theodor, approb. Arzt aus Erkelenz (Rhld.): **Aus** d. Bonner Universitäts-Frauenklinik. **Die Erfolge der Naht** des frischen Dammrisses. *Bonn 1904: C. Georgi.* (37 S.) 8°
Bonn, Med. Diss. v. 4. Aug. 1904

FSC
www.fsc.org
MIX
Papier | Fördert gute Waldnutzung
FSC® C083411

Kolibri 360 GmbH
Ferdinand-Jühlke-Straße 7
99095 Erfurt, Deutschland
produktsicherheit@kolibri360.de